KB051365

지리교육학

지리교육학(개정판)

초판 1쇄 발행 2014년 3월 21일
초판 3쇄 발행 2017년 3월 6일
개정판 1쇄 발행 2022년 1월 28일

지은이 조철기

펴낸이 김선기
펴낸곳 (주)푸른길
출판등록 1996년 4월 12일 제16-1292호
주소 (08377) 서울특별시 구로구 디지털로 33길 48 대륭포스트타워 7차 1008호
전화 02-523-2907, 6942-9570~2
팩스 02-523-2951
이메일 purungilbook@naver.com
홈페이지 www.purungil.co.kr

ISBN 978-89-6291-946-2 93980

GEOGRAPHY EDUCATION

지리교육학의 체계적 지도 및
자기주도적 학습을 위한

지리교육학

개정판

조철기 지음

푸른길

머리말

이 책은 초판 머리말에서도 밝혔듯이 '지리교육학'이라는 학문을 교수자의 입장에서는 체계적으로 가르치고, 학습자의 입장에서는 자기주도적으로 학습할 수 있도록 하기 위한 목적에서 집필되었다. 그러한 목적은 개정판을 내는 이 시점에서도 변함이 없다.

이 책은 초판과 같이 모두 9개의 장으로 구성되어 있다. 다만 초판과 다른 점은 '지리수업을 위한 교수·학습 자료의 개발' 장은 없애고 이를 지리수업설계의 하위 절로 옮겼으며, '지리교수 전략 및 방법 탐색' 장을 '지리교수'와 '지리 교수·학습 방법'이라는 두 개의 장으로 분리하였다는 점이다.

초판과 마찬가지로 이 9개의 장들이 서로 연결고리를 형성하고, 장 내의 절들이 서로 연계될 수 있도록 하는 데 무엇보다도 주안점을 두었다. 또한 각 장이 끝날 때마다 학습한 내용을 확인해 볼 수 있도록 핵심적인 내용을 중심으로 연습문제를 엄선하여 실었으며, 이와 더불어 2002학년도 이후 중등임용고사에 출제된 문제를 풀이와 함께 실어 임용시험을 준비하는 데도 도움을 줄 수 있도록 하였다.

한편 초판이 출판된 후 2015 개정 교육과정이 고시되었다. 따라서 개정판에서는 핵심역량기반 교육과정으로도 불리는 2015 개정 사회과 교육과정을 제3장 '지리교육과정의 내용조직 및 특징'에 필요한 부분들을 실었으며, 제1차 사회과 교육과정부터 2015 개정 사회과 교육과정까지의 특징적인 내용을 부록에 실었다. 이는 사회과 교육과정 문서를 따로 찾아보아야 하는 번거로움을 덜 수 있을 것이다.

개정판을 기획하면서 860페이지에 이르는 초판을 분량을 대폭 줄이려고 마음 먹었다. 그러나 초판과 마찬가지로 최신의 정보를 더하고, 단순히 이론을 소개하는 차원에 머물지 않고 좀 더 쉽게 이해할 수 있도록 실제적인 사례를 포함시키다 보니 마음처럼 되지 않았다. 책의 분량이 많다는 것은 학습자에게 부담이 아닐 수 없다. 그러나 저자가 독자에게 베푸는 친절과 배려로 이해해 주기를 바라며, 분량이 주는 중압감에서 벗어나 도전해 보라고 권하고 싶다. 이 책이 지리교사가 되고자 하는 학생들에게 조금이라도 희망의 메시지를 던져 줄 수 있기를 바랄 뿐이다.

솔직히 9개의 장을 유의미하게 구성하는 데는 어려움이 있었다. 몇몇 장은 주요 관심 분야이기에 큰 무리가 없었지만, 몇몇 장은 다소 감당하기 어려웠다. 혹시 이 책의 내용을 제대로 파악하기 어려워 정확한 의미를 전달하지 못하는 부분이 있다면, 언제든지 조언과 비판해 주기를 바라며 적극 수용하여 반영할 것을 약속드린다. 마지막으로, 이 책의 초판에 보여 준 독자들의 무한한 관심과 사랑에 감사드린다.

2021년 11월 경북대학교에서

조 철 기

초판 머리말

이 책은 '지리교육학'을 체계적으로 가르치고, 자기주도적으로 학습할 수 있도록 하기 위한 목적에서 집필되었다. 학부 과정에서 지리교육학을 처음 접하게 되는 학생들은 학습하는 동안 많은 애로점을 호소한다. 이는 아마도 지리교육학이 종합적인 학문의 성격을 지니고 있을 뿐만 아니라, 지식의 구조가 명료하지 않아 나타나는 현상이라고 생각한다. 따라서 저자는 이 책을 모두 9개의 장으로 구성하면서, 이 장들이 서로 연결고리를 형성하고, 장 내의 절들이 서로 연계될 수 있도록 하는 데 무엇보다도 주안점을 두었다. 또한 각 장이 끝날 때마다 학습한 것을 확인해 볼 수 있도록 핵심적인 내용을 중심으로 연습문제를 엄선하여 실었으며, 이와 더불어 2002학년도 이후 중등교사임용시험에 출제된 문제를 해제와 함께 실어 임용시험을 준비하는 데에도 도움을 줄 수 있도록 하였다.

저자는 처음에 모두 10개의 장에 약 400페이지 정도의 분량을 예상하고 집필을 시작하였다. 그러나 시간이 지나면서 계속해서 페이지가 늘어 두 배가 되고 말았다. 여기에는 여러 이유가 있겠지만, 좀 더 최신의 정보를 더하고, 단순히 이론을 소개하는 차원에 머물지 않고 좀 더 쉽게 이해할 수 있도록 실제적인 사례를 포함시키다 보니 그렇게 되었다. 책의 분량이 많다는 것은 학습자에게 부담이 아닐 수 없다. 그러나 저자가 학생들에게 베푸는 친절과 배려로 이해해 주기 바라며, 분량이 주는 중압감에서 벗어나 먼저 도전해 보라고 권하고 싶다. 이 책이 지리교사가 되고자 하는 학생들에게 조금이라도 희망의 메시지를 던져 줄 수 있기를 바랄 뿐이다. 다만, 저자의 입장에서 분량 관계상 '제10장 지리교육의 과제와 전망'이라는 주제로 범교과적 주제인 시민성교육, 다문화교육, 개발교육, 환경교육, 미래교육 등을 집필하고도 싣지 못한 것은 아쉬움으로 남는다. 이는 추후 과제로 남겨 둔다.

솔직히 말해 저자의 능력으로 9개의 장을 유의미하게 구성하는 데에는 어려움이 있었다. 몇몇 장들은 저자의 주요 관심 분야이기에 큰 무리가 없었지만, 몇몇 장들은 다소 감당하기 어려운 부분도 있었다. 혹시 저자가 내용을 제대로 파악하지 못하여 정확한 의미를 전달하지 못하였다면, 언제든지 조언과 비판을 해 주기를 바라며 적극 수용하여 반영할 것을 약속드린다.

저자의 역량은 부족하지만, 이 책을 무사히 마무리할 수 있었던 것은 그만큼 많은 시간을 쓸 수 있었기 때문이다. 많은 시간을 허락하고 묵묵히 인내해 준 나의 가족(은경, 준영, 화영)에게 이 책을 바친다. 또한 부족한 저자를 배움의 길로 안내해 주신 한국교원대학교 권정화 교수님께 이 책을 통해 다시 한 번 감사의 말씀을 드린다. 마지막으로, 출판 시장의 어려움 속에서도 출간을 기꺼이 허락해 주신 김선기 사장님, 그리고 독자의 수고로움을 조금이나마 덜 수 있도록 깔끔하게 편집해 주신 박미예 씨에게 고마움을 전한다.

2014년 3월, 경북대학교에서

조 철 기

차례

머리말 4

초판 머리말 6

제1장
지리교육의 이데올로기와 패러다임

1. 다양한 관점으로의 여행 14
2. 교육의 이데올로기 16
   1) 하버마스의 분류 17
   2) 파이너의 분류 18
   3) 아이즈너의 분류 19
3. 지리교육의 이데올로기 20
   1) 존스톤의 분류 20
   2) 월포드의 분류 21
   3) 슬레이터의 분류 21
   4) 영국 지리교육과정과 이데올로기 23
4. 지리교육의 패러다임 24
   1) 실증주의: 공간과학으로서의 지리교육 24
   2) 인간주의(인본주의): 학생중심 지리교육 25
   3) 실증주의 지리교육 vs 인간주의 지리교육 26
   4) 구조주의(급진주의): 사회비판 지리교육 29
   5) 포스트모더니즘: 다양성과 지리교육 33

☞ 연습문제 37

☞ 임용시험 엿보기 38

제2장
지리교육의 목적과 목표

1. 지리교육의 가치와 중요성 44
   1) 자유주의 교육에서 본 지리교육의 가치 44
   2) 지리교육의 내재적 정당화 45
   3) 지리교육의 중요성 46
2. 지리교육의 목적 46
   1) 내재적 목적 46
   2) 외재적 목적 48
3. 지리수업목표 52
   1) 수업목표 52
   2) 지리수업목표의 하위 분류 53
   3) 행동주의와 수업목표 54
   4) 행동목표의 대안: 표현적 목표(결과) 62

☞ 연습문제 64

☞ 임용시험 엿보기 65

제3장
지리교육과정의 내용조직 및 특징

1. 지리교육과정의 내용조직 원리 74
2. 지역적 방법 76
   1) 지역/권역 구분 방법 76
   2) 지역적 방법의 사례 77
   3) 지역적 방법의 장단점 78
3. 주제적 또는 계통적 방법 78
   1) 등장 배경 78
   2) 주제적 또는 계통적 방법의 사례 79
   3) 주제적 또는 계통적 방법의 장단점 83
4. 지역-주제 방법 84
   1) 지역적 방법과 주제적 방법의 절충 84
   2) 지역과 주제가 결합되는 두 가지 방식 85
   3) 지역-주제 방법의 장단점 86

5. 쟁점 또는 문제 중심 방법 87
1) 쟁점과 문제란? 87
2) 쟁점 또는 문제 중심 내용조직 사례 87
3) 쟁점 또는 문제 중심 방법의 장단점 93

6. 지평확대법과 그 대안들 93
1) 지평확대법/환경확대법/동심원확대법 93
2) 탄력적 환경확대법 96
3) 지평확대역전방법 96

7. 핵심역량 중심 방법 98
1) 핵심역량 98
2) 핵심역량기반 교육과정의 사례 104
3) 2015 개정 사회과 교육과정과 핵심역량 106
☞ 연습문제 108
☞ 임용시험 엿보기 109

제4장

학습이론

1. 학습에 대한 4가지 관점 118

2. 가네의 위계학습이론 119
1) 맥락과 의미 119
2) 학습의 조건 120
3) 학습의 유형 122
4) 학습의 결과 124
5) 학습의 단계와 교수 사태 126
6) 위계학습이론이 지리학습에 미친 영향 127

3. 피아제의 인지발달이론 132
1) 피아제 이론의 특성과 주요 개념 132
2) 아동의 인지발달 단계 135
3) 인지발달이론이 지리교육에 미친 영향 140

4. 오수벨의 유의미학습이론 147
1) 학습의 유형 147
2) 유의미 수용학습 148
3) 유의미학습이론의 적용: 선행조직자 모형 –연역적 추리 149
4) 선행조직자 모형의 지리수업에의 적용 152
5) 유의미학습이론의 지리교육에의 적용 154

5. 브루너의 인지발달이론 158
1) 브루너의 지적 스펙트럼 158
2) 인지 성장과 지식의 표상 방식 159
3) 나선형 교육과정 160
4) 발견을 통한 개념 교수: 발견학습–귀납적 추리 161
5) 인지발달이론이 지리교육에 미친 영향 161

6. 비고츠키의 사회문화이론 162
1) 개인적 사고의 사회적 기원 163
2) 문화적 도구와 인지발달 164
3) 근접발달영역과 비계 166
4) 비고츠키의 사회문화이론의 함의 171
5) 사회문화적 구성주의와 지리교육 173
☞ 연습문제 176
☞ 임용시험 엿보기 177

제5장

지리학습

1. 학습 스타일 188
1) 학습 스타일 파악의 중요성 188
2) 콜브의 학습 스타일 189
3) VAK 학습 스타일 191
4) 가드너의 다중지능이론 195
5) 개별화 학습/교육과정차별화 198

2. 지리적 지식 199
1) 지식이란 무엇인가? 199
2) 선언적 지식, 조건적 지식, 절차적 지식 201
3) 명제적 지식과 방법적 지식 202
4) 명시적 지식과 암묵적 지식 203
5) 신 교육목표분류학과 지식의 유형 204
6) 사회적 실재론과 지식: 강력한 지식으로서 학문적 지식 205
7) 실체적 지식과 구문론적 지식 208

3. 지리적 사고력 209
1) 사고력의 의미와 유형 209
2) 지리적 사고력의 유형 210
3) 공간적 사고 212
4) 관계적 사고 215
5) 통합적/융합적 사고 219
6) 전이와 메타인지 223
7) 비판적 사고와 창의적 사고 226

4. 지리적 개념 230
1) 개념이란 무엇인가? 230
2) 개념의 분류 및 유형 231
3) 개념도 242
4) 오개념 255

5. 지리적 기능 및 역량 264
1) 지리적 의사소통 능력 264
2) 도해력/비주얼 리터러시 265
3) 문해력과 구두표현력 287
4) 수리력 312
5) 슬레이터의 기능 분류: 지적 기능, 사회적 기능, 실천적 기능 316
6) 사고기능과 사회적 기능 317
7) 역량 319
☞ 연습문제 321
☞ 임용시험 엿보기 322

제6장

지리교수

1. 교수 스타일 332
1) 지리 14-18과 교수 스타일 332
2) 로버츠의 교수 스타일 분류 335

2. 교사를 위한 전문적 지식 337
1) 슐만의 교수내용지식(PCK) 339
2) 엘바즈의 실천적 지식 343
3) 쇤의 반성적 실천가로서의 교사 344
4) 교과교육 전문가로서의 지리교사 347

3. 수업컨설팅과 수업비평 349

4. 쉐바야르의 교수학적 변환과 극단적 교수 현상 352
1) 교수학적 변환 352
2) 극단적 교수 현상 353
☞ 연습문제 357
☞ 임용시험 엿보기 358

제7장

지리 교수·학습 방법

1. 개념학습 364
1) 개념학습의 중요성과 난점 364
2) 개념 교수·학습 이론 366
3) 개념 교수·학습 요소 368
4) 개념 교수·학습 모형 371
5) 이중부호화이론과 다중표상학습 374

2. 설명식 수업 377
1) 설명이란? 377
2) 연역적 추리에 근거한 설명식 수업 378

3. 발견학습 382
1) 귀납적 추리에 근거한 발견학습 382
2) 순수한 발견학습 vs 안내된 발견학습 383

4. 탐구학습 386
1) 탐구의 기초로서 질문 386
2) 플랜더스의 언어적 상호작용모형 393
3) 탐구학습의 의미와 재개념화 394
4) 과학적 탐구학습의 절차와 단계 398
5) 가치탐구와 비판적 탐구 403

5. 문제기반학습(PBL) 또는 문제해결학습 409
1) 문제기반학습의 등장배경 409
2) 실제적 과제에 기반을 둔 문제기반학습 410
3) 문제기반학습과 탐구학습의 차이점 412
4) 문제기반학습의 구성요소 및 단계 412

6. 가치수업 414
1) 지리를 통한 가치교육 414
2) 가치교육과 정치적 문해력 418
3) 가치교육과 환경적 문해력 421
4) 가치교육의 접근법들 423

7. 논쟁문제해결 및 의사결정 수업 449
1) 논쟁적 쟁점에 대한 지리적 관심 449
2) 논쟁문제해결 수업 모형 454
3) 의사결정 수업 모형 458
4) 논쟁적 쟁점에 대한 의사결정 지리수업 사례 461

8. 협동학습 465
1) 협동학습과 소모둠(집단)학습 465
2) 협동학습의 의의 466
3) 협동학습을 위한 계획과 관리 469
4) 협동학습의 필요조건과 특징 473
5) 협동학습의 유형 475

9. 게임과 시뮬레이션 496
1) 학습의 관점에서 게임과 시뮬레이션의 의의 496
2) 게임과 시뮬레이션 활동의 계획과 관리 497
3) 게임과 시뮬레이션 활동의 유형 500

10. 사고기능 학습 518
1) 지리를 통한 사고기능 교수·학습 전략 518
2) 지리를 통한 사고기능 교수·학습의 실제 522
3) 사고기능 교수·학습에서 결과보고의 중요성 529
4) TTG 및 MTTG 전략과 결과보고 531

11. 야외조사학습 534
1) 조사학습과 교수 전략 534
2) 야외조사학습과 교수 전략 540
☞ 연습문제 563
☞ 임용시험 엿보기 565

제8장
지리수업설계

1. 수업설계 590

2. 수업지도안 590
1) 수업지도안의 목적과 형식 590
2) 수업지도안의 주요 구성요소 592

3. 수업설계 모형 597
1) 딕과 캐리의 수업설계 모형 597
2) 딕과 레이저의 수업설계 모형 597
3) 윌리엄스의 체제적 지리수업설계 모형 600
4) 목표 모형과 과정 모형 601

4. 지리수업의 계열적 설계: 탐구계열 609
1) 계열적 설계의 의미 609
2) 활동계획의 설계 방법 613
3) 탐구과정에 초점을 둔 활동계획 617
4) 장소감 발달에 초점을 둔 활동계획 619

5. 교육과정차별화를 반영한 지리수업의 설계 624
1) 교육과정차별화 전략 624
2) 교육과정차별화 방법 627

6. 지리학습의 계속성과 진보를 위한 설계 631
1) 계속성 631
2) 진보 632

7. 지리교육과정 개발과 지리교사의 전문성 634

8. 지리수업자료의 개발 639
1) 자료의 선정 원리 639
2) 자료의 제작 및 준비 642
3) 자료의 역할: 증거와 기능의 실습 647
4) 수업자료: 교과서 651
☞ 연습문제 664
☞ 임용시험 엿보기 665

제9장

지리평가

1. 평가의 개념과 목적 680

2. 평가의 유형 682
1) 목적에 따른 분류: 진단평가, 형성평가, 총괄평가 682
2) 참조 유형에 따른 분류: 규준참조평가 vs 준거참조 평가 684
3) 학습에 대한 평가 vs 학습을 위한 평가 686

3. 수행평가 vs 참평가 691
1) 전통적 평가의 한계와 대안적 평가의 등장 692
2) 수행평가의 개념과 특징 695
3) 참평가의 개념과 특징 697
4) 아이즈너의 교육적 감식안 700
5) 참평가와 수행평가의 비교 701
6) 수평평가의 유형 702
7) 수행평가 자료의 기록 708

4. 선택형 문항 분석 713
1) 문항난이도 714
2) 문항변별도 714
3) 오답지 매력도 715
4) 타당도와 신뢰도 715
☞ 연습문제 718
☞ 임용시험 엿보기 719

참고문헌 734

[부록 1] 사회과 교육과정 766

[부록 2] 2015~2021학년도 임용시험 문제 790

찾아보기 827

제1장

지리교육의 이데올로기와 패러다임

1. 다양한 관점으로의 여행
2. 교육의 이데올로기
   1) 하버마스의 분류
   2) 파이너의 분류
   3) 아이즈너의 분류
3. 지리교육의 이데올로기
   1) 존스톤의 분류
   2) 월포드의 분류
   3) 슬레이터의 분류
   4) 영국 지리교육과정과 이데올로기
4. 지리교육의 패러다임
   1) 실증주의: 공간과학으로서의 지리교육
   2) 인간주의(인본주의): 학생중심 지리교육
   3) 실증주의 지리교육 vs 인간주의 지리교육
   4) 구조주의(급진주의): 사회비판 지리교육
   5) 포스트모더니즘: 다양성과 지리교육

1. 다양한 관점으로의 여행

교육을 받는다는 것은 어떤 목적지에 도달하는 것이 아니다.
그것은 다양한 관점으로 여행하는 것이다(Peters, 1965).

피터스(Peters, 1965)는 '지식의 형식(forms of knowledge)'과 '입문(initiation)'으로서의 교육을 강조한다. 그는 교육이란 교사가 그들의 교과에서 내재적으로 가치 있다고 여기는 지식의 형식에 학생들을 입문시키는 과정으로 정의한다. 즉 교과는 외부적이고 수단적인 외재적 가치가 아니라 그 교과의 고유한 본질적 논리에 비추어 내재적으로 정당화되어야 한다는 것이다. 그리고 지식의 형식으로 입문시키는 교육은 학생들로 하여금 어떤 목적지에 도달하는 것이 아니라, 다양한 관점을 가지고 나아가도록 하는 것을 의미한다.

교과를 배우는 것의 의미와 중요성은 어디에 있는가? 교과를 가르치는 가치와 의미에 관한 이와 같은 질문에 대한 대답은 다양하게 전개되어 왔다. 쓸모 또는 유용성이라는 관점에서 듀이(Dewey)의 철학에 근거하여 학습자의 '생활사태'를 중요시하였는가 하면, 이러한 유용성에 의존한 교육에 대한 반발로 브루너(Bruner)는 '지식의 구조'라는 개념을 제시하였다. 브루너와 비슷한 맥락에서, 피터스(Peters, 1966)는 현대로 오면서 교과를 점점 실용적인 외재적 가치로 설명하려는 현상을 비판하면서 교과의 '내재적 가치'를 강조하였다. 교과의 내재적 가치에 주목한다는 것은 그 교과에서 문제가 되는 행위 그 자체를 규명하고 거기에 무엇인가 가치롭게 여길 만한 것이 없는가를 찾으려는 시도이다. 여기에서 교과를 나타내는 용어로 사용된 것이 '지식의 형식(forms of knowledge; 정확하게는 '지식의 여러 형식들')'[1]이라는 개념이다.

허스트와 피터스(Hirst and Peters, 1970)가 교과를 지칭하는 것으로 사용하고 있는 지식의 형식의 분류 기준은 다름 아닌 학문을 그 성격이 비슷한 것끼리 묶어 놓은 것이다.[2] 각 지식의 형식은 그 자체의 분명한 논리적 구조와 형식 속에 들어 있는 지식을 주장하는 데 필요한 일련의 특별한 기능과 방

---

1 피터스(Peters, 1966)는 『윤리학과 교육』에서 지식의 형식과 동의어로 사고와 행위의 형식, 이해의 형식, 탐구의 형식, 활동의 형식, 의식의 양식 등 다양한 용어로 사용한다. 지식의 형식이 이런 모든 표현을 대표하게 된 것은 피터스의 동료인 허스트(Hirst, 1965)의 논문과 허스트와 피터스(Hirst and Peters, 1970)가 그들의 책에서 '지식의 형식'이라는 용어를 주로 사용했기 때문이다. 결국 지식의 형식이란 '앎의 형식(즉 인간의 행위로서의 앎이 여러 가지 형식으로 표현된다고 할 때의 그 앎의 형식)'을 뜻하는 것으로 이해하는 것이 옳을 듯하다(이홍우 외 역, 2003: 27).

2 허스트와 피터스(Hirst and Peters)는 지식의 형식을 ① 논리학과 수학 ② 자연과학 ③ 인문과학 ④ 역사 ⑤ 종교 ⑥ 문학과 예술 ⑦ 철학 ⑧ 도덕적 지식 등 8가지로 분류하고 있다(Hirst and Peters, 1970). 한편 지리교육학자 그레이브스(Graves, 1984: 65-80)는 허스트의 지식의 형식의 개념을 끌어와서 지리를 수학, 자연과학, 인문과학의 접점으로 설명한다.

법을 가지고 있다. 즉 각 학문은 그것에 사용되는 '주요 개념'과 '탐구방법'을 가지고 있기 때문에, 지식의 형식은 이들을 유사한 것끼리 범주화하여 분류한 것이다. 그리고 이와 같은 관점에서 볼 때, 지식의 형식이란 이론적 지식이며 이는 브루너(Bruner)가 그 구조적 성격에 비추어 파악하고자 한 학문적 지식과 동일한 것이다.

피터스(Peters, 1966)는 『윤리학과 교육』(Ethics and Education)에서 '지식의 형식'을 '공적 언어에 담겨 있는 공적 전통(유산)', '분화된 개념 구조' 등과 동일한 의미로 사용하고 있다. 따라서 지식의 형식은 인간이 오랜 역사를 통해 누적적으로 발전시켜 온 공적 유산으로 이는 우리 인간이 사용하는 언어에 담겨 있으며, 그러한 언어는 분화된 개념구조를 보인다(이홍우 외 역, 2003: 303). 이와 같이 분화된 사고의 형식으로서 지식의 형식은 각각 독특한 '내용(개념)'뿐만 아니라, 그 내용을 축적하고 비판하고 수정하는 방법으로서의 '탐구방법(공적 판단기준 또는 검증 방법)'을 가지고 있다. 허스트(Hirst)와 다른 많은 교육이론가들에 따르면, 지식의 형식의 중요한 개념, 그것의 독특한 논리적 구조(개념과 지식에 대한 요구가 결합되는 방식을 다루는 규칙과 발견법), 형식적인 탐구활동 방식(과학적 방법, 현상학적 방법), 가설이나 주장을 검증하고 판단하는 데 필요한 기준 등에 유의하면, 학문을 명확히 이해할 수 있다. 그러므로 학문의 내용을 파악한다는 것은 그것의 주요 개념을 배우고, 그 논리적 구조를 이해하며, 그 경험 영역 안에서 통제된 탐구활동을 할 수 있고, 발견의 결과나 성과의 장점과 가치를 결정하는 것을 알게 된다는 것을 의미한다. 따라서 교과를 가르치고 배운다는 것은 각 교과가 가지는 사고의 형식(지식의 형식) 안에 들어가서 그것을 자기 자신의 것으로 내면화하는 과정이다. 즉 사고의 형식에 입문하는 과정이 곧 교육의 과정이다.

이와 같은 관점에서 볼 때, 지식의 형식은 우리 삶의 세계를 받쳐주고 있는 궁극적인 기반이며, 지식의 형식을 배우는 것은 선택이 아니라 의무이다. 따라서 '왜 지식의 형식을 배워야 하는가?'라는 질문을 던지는 행위는 우리의 삶 그 자체를 부정하는 결과가 된다. 그러므로 지식의 형식으로서 학문적 내용 그 자체를 다루는 것은 그다지 나쁜 것이 아니다. 그러나 그러한 지식의 형식으로서 학문적 내용은 그것이 전달되는 교육적 상황을 염두에 두지 않는 한 공허한 지식 또는 자신의 삶에 아무런 영향을 주지 않는 지식으로 될 가능성이 많다.

따라서 교과교육이란 그 교과에서 내재적으로 가치 있는 지식의 형식으로 입문(initiation)하도록 하는 과정이다. 즉 교육이란 경험 있는 교사가 경험 없는 학생들로 하여금 사적 감정과는 관계 없는 객관적 세계로 돌리도록 해 주는 것이다. 여기에서 입문한다는 것은 단순한 기능이나 방법을 알게 된다는 것이 아니라, 새로운 신념이나 가치의 체계로 접근하는 것을 의미한다. 학생들이 입문해야 할 정신세계는 추상적이고 형이상학적 세계가 아니라, 사실의 세계이며, 표현의 세계이다. 학생들로 하여금 현재의 세계에 드러나 있지 않는 많은 것을 접하도록 함으로써 보편적으로 받아들여지고 있는 감정, 정서, 사상, 관념, 신념 등의 예속에서 벗어나도록 이끌어주는 작업이다. 즉 교과를 통한 학습이란 어떤 목적지에 도달하는 것이 아니라, 다양한 관점을 가지고 나아가도록 하는 것이다.

교수적 관점에서 볼 때, 교사가 해야 할 가장 중요한 일은 자기가 알고 있는 사고의 형식 안으로 학생들을 이끌어 들이는 일이다. 학생이 지식의 형식에 들어 있는 개념과 탐구방법을 내면화한 후에는 교사와 학생 사이에는 오직 정도의 차이만 있을 뿐, 본질적인 차이는 없다. 지식의 형식에로 입문한다는 것은 교사와 학생이 모두 공동의 세계를 탐색하는 경험에 함께 참여하는 것이다.

그러나 교사들은 일반적으로 학생들에게 교과서에 제시된 교과의 내용을 그대로 전수할 뿐, 그들 스스로가 교과의 내용을 검토하거나 교과의 개념구조를 스스로 확인하고 체계화하는 데에 별다른 관심을 기울이지 않는 경향이 있다. 다시 말하면 오직 교과를 통한 목표달성이라는 수단적 활동에만 관심을 가지며, 교과의 내재적 가치는 등한시한다. 이와 같은 문제는 교과의 가치를 외재적으로 정당화함으로써 나타나는 것으로 내재적 가치로 전환할 때 자연적으로 해결될 수 있다. 따라서 교사의 교수 활동은 내재적으로 가치 있는 지식의 형식에 학생들로 하여금 온전하게 입문하도록 하는 것이다. 여기에서 교사의 역할은 인류의 지적 유산을 전수하는 삶을 살면서 스스로의 변화를 꾀하고, 그와 동시에 그 변화를 다시 학생들에게 전달하려고 하는 존재로 인식되어야 한다.

이상과 같이 논의한 지식의 형식은 결국 사고의 형식으로서, 교육에는 다양한 사고의 형식을 반영하는 이데올로기와 언어가 존재한다. 이러한 이데올로기는 세계에 대한 우리 자신, 우리 자신에 대한 세계를 설명하기 위해 작동하는 일련의 가치와 신념이다. 즉 이데올로기는 우리 인간의 마음에 자리잡고 있는 사고와 신념의 환경으로서, 우리의 가치와 태도를 구체화하고 우리의 반응과 의견을 형성하고 구체화하도록 하는 것과 밀접한 관련이 있다. 교육 및 교육과정에는 다양한 이데올로기가 있으며, 이러한 교육 및 교육과정에 대한 이데올로기적 범주화는 지리교육의 이데올로기적 범주화에 큰 영향을 미친다.

2. 교육의 이데올로기

이데올로기(ideology)란 쉽게 이야기해서 세계를 바라보는 총체적인 방법을 제공하는 다양한 신념과 가치 체계라고 할 수 있다. 패러다임(paradigm)은 어떤 한 시대 사람들의 견해나 사고를 근본적으로 규정하고 있는 테두리로서의 인식의 체계 또는 사물에 대한 이론적인 틀이나 체계이다.

우리가 교육 및 지리교육의 이데올로기 및 패러다임에 주목한다면, 교육 및 지리교육을 바라보는 다양한 관점을 이해할 수 있다. 여러 학자들은 교육 및 지리교육의 이데올로기 및 패러다임 분류를 시도하였는데, 그들은 궁극적으로 이전의 이데올로기 및 패러다임을 비판하면서 마지막 분류에 초점을 두는 경향이 있다.

1) 하버마스의 분류

독일의 철학자 하버마스(Habermas, 1972)는 우리 인간이 기울이는 관심의 영역을 다음과 같이 3가지로 분류하였다.

- 기술적 관심(technical interest)
- 실천적 관심(practical interest)
- 해방적 관심(emancipatory interest)

그후 이들 각각에 해당하는 3가지 유형의 지식을 분류하였다.

- 경험·분석적 지식(experiential and analytic knowledge)
- 해석학적 지식(hermeneutical knowledge)
- 비판적 지식(critical knowledge)

하버마스는 특히 인간의 해방적 관심에 주목하면서, 비판적 지식의 중요성을 강조한다. 이러한 지식의 분류는 교육 및 지리교육의 이데올로기 및 패러다임을 이해하는 데 많은 도움을 준다(표 1-1).

표 1-1. 하버마스의 지식의 유형

인간의 관심	지식의 유형	특징
기술적 관심	경험·분석적 지식	• 자연적 세계에 대한 정복과 통제 • 확실성과 기술적 통제에 관심 • 도구적 지식으로서의 수단적 교육 • 교육의 직업적/신고전적 기원

실천적 관심	해석학적 지식	• 사회적 세계를 형성하는 문화적 전통에 대한 이해와 참가 • 생활세계 속 개인의 상호주관적 의미의 이해에 관심 • 인간의 개인적이고 사회적 개발에 초점을 두는 교육 • 교육의 자유적/진보적 기원
해방적 관심	비판적 지식	• 무지에 대한 억압, 인간 이성에 대한 권위와 전통의 속박으로부터 벗어나려는 욕망 • 인간의 허구적인 의식과 제도에 대한 비판을 통해 인간 해방을 목적 • 사회정의와 민주적 원칙에 따라 사고하고 행동하도록 함 • 교육의 사회 비판적 기원

(Habermas, 1972)

2) 파이너의 분류

파이너(Pinar, 1975)는 교육에 대한 이데올로기적 접근을 시도하였다. 그는 교육의 이데올로기를 다음과 같이 3가지로 제시하였다.

- 전통주의자
- 실존적 재개념주의자
- 구조적 재개념주의자

전통주의자란 교육에 대한 전통적이고 보수적인 접근을 하는 사람들을 지칭한다. 반면 재개념주의자는 전통주의자에 비판적 입장을 견지하는 사람들로 보다 철학적이고 사회·경제적인 맥락에서 교육을 바라보는 새로운 경향을 말한다. 이러한 재개념주의자는 다시 실존주의와 정신분석학에 이론적 바탕을 두고 개인의 교육적 경험의 분석과 의미의 추구에 관심을 두는 실존적 재개념주의자와 마르크스주의에 바탕을 두고 교육과정의 정치적, 사회적 맥락의 분석과 이데올로기에 초점을 두는 구조적 재개념주의자로 구분된다(표 1-2).

표 1-2. 교육에서의 이데올로기적 접근

질문 \ 관점	전통주의자	재개념주의자	
		실존적	구조적
교육과정의 기본질문	• 타일러(Tyler)의 논리(4가지 질문) • 철학적 판단 유보 • 가치 중립성 • 절차와 방법 중시	• 교육적 경험의 본질은 무엇인가? • 나는 누구인가? • 나는 어떻게 진정한 나 자신을 발견할 수 있는가?	• 교육경험의 속성은 무엇인가? • 사회적 불평등의 원인은 무엇인가? • 학교는 어떻게 사회 정의를 실현할 수 있는가?

해답의 원천	• 경험과학적 분석 • 행동주의 심리학 • 기능주의 사회학 • 체제 공학	• 생활세계의 분석 • 실존주의 철학 • 정신분석학 • 역사적 · 문화적 분석	• 마르크스 경제학 • 비판주의 사회학 • 역사적 · 이념적 분석
교육과정의 개념	• 의도된 학습경험 • 계획과 설계 • 체제적 운영	• "currere" • 자아 발견 • 자기 해방	• 의미의 창조 • 창조적 개혁 • 사회적 해방
학교의 기능과 역할	• 생산체제 • 현 체제 유지 • 사회적응 유도	• 개인의 함양 • 불평등의 감소 • 자아의 발견	• 상호작용의 망 • 권력의 배분 • 사회정의 구현
교육과정의 가치기준	• 과학 • 객관성과 실증성	• 자아의 가치 • 정의	• 인간 본연의 가치 • 사회정의

(허숙, 1997: 37)

3) 아이즈너의 분류

아이즈너(Eisner, 1979)는 교육 및 교육과정에서의 이데올로기를 다음과 같이 4가지로 분류하였다. 그리고 각각의 특징은 표 1-3과 같다.

- 자유주의적 인문주의 전통(the liberal humanitarian tradition)
- 아동중심(진보주의) 전통(the child-centred tradition)
- 실용주의 전통(the utilitarian tradition)
- 재건주의 전통(the reconstructionist tradition)

표 1-3. 교육에서의 이데올로기와 언어

이데올로기	주요 가치	개념/언어	
자유주의적 인문주의	• 교과/학문 • 가치 있는 것으로 입문 • 문화유산 • 적합성	• 문화유산 • 지식의 형식 • 지적 성장 • 사고 기능 • 인지적 개발	• 우수(excellence) • 성취(attainment) • '옳은' 답변(정답) • 정당화된 해석 • 내재적 가치로서의 교육
아동중심 (진보주의)	• 아동 • 개인적 발달 • 개인적 성장 • 개인적 관련성 • 자율 • 전인적 발달	• 경험 • 발견 • 통합(인간과 지식의) • 관련성 • 흥미 • 개인적 느낌	• 자유로운 표현 • 개인적 표현 • 하기(doing)/활동 • 문제해결 • 의미 형성

실용주의	• 노동과 경제 • '직업'	• 기능 • '방법을 아는 것' • 수단으로서의 학교교육	• 직업적 관련성 • 정보 가공
재건주의	• 사회를 변화시키기	• 사회적 · 정치적 이해 • 고정관념에 대한 문제제기 • 정의, 평등, 불평등 • 사회적 활동 • 관심	• 기득권 • 권력 • 대안적 관점 • 비판적 인식

(Eisner, 1979에 근거하여 Slater, 1992 재구성)

3. 지리교육의 이데올로기

1) 존스톤의 분류

영국의 지리학자 존스톤(Johnston, 1986)은 지리교육에 대한 이데올로기적 접근을 시도하지는 않았지만, 하버마스(Habermas)의 지식의 유형의 관점에 토대하여 지리학의 패러다임을 다음과 같이 분류하였다.

- 기술적 통제로서의 지리(geography as technical control)
- 상호적 이해로서의 지리(geography as mutual understanding)
- 해방으로서의 지리(geography as emancipation)

기술적 통제로서의 지리는 실증주의 지리학을 의미하는 것으로 세계를 예측하고 조작할 수 있는 능력을 강조하는 지리지식의 관점이다.

상호적 이해로서의 지리는 인간주의 지리학을 의미하며, 세계에 대한 인식과 이해를 강조하는 지리지식의 관점이다.

마지막으로 해방으로서의 지리는 실재론 또는 구조주의 지리학과 관련되며, 세계를 구성하는 영향력에 대한 비판적 이해를 강조하는 지리지식의 관점이다. 이러한 3가지 범주가 일반적으로 지리교육에 대한 이데올로기적 접근의 기초가 된다.

2) 월포드의 분류

영국의 지리교육학자 월포드(Walford, 1981: 215-222)는 미국의 교육학자 아이즈너(Eisner, 1979)가 범주화한 교육적 이데올로기[자유주의적 인문주의 전통, 아동중심(진보주의) 전통, 실용주의 전통, 재건주의 전통]에 기반하여 지리교육과정 및 지리교수에 영향을 미치는 이데올로기를 다음과 같이 4가지로 제시하였다.

- 자유주의적 인문주의 전통에 따른 지리교육
- 아동중심 전통에 따른 지리교육
- 실용주의 전통에 따른 지리교육
- 재건주의 전통에 따른 지리교육

먼저, 자유주의적 인문주의 전통에 따른 지리교육은 피터스(Peters), 허스트(Hirst), 오크쇼트(Oakeshott) 등 자유주의 교육학자들이 주장하는 것처럼 교사가 가치 있다고 여기는 지리적 지식을 학생들에게 전수하여 입문하도록 하는 주지주의 교육을 말한다.

둘째, 아동중심 전통(진보주의)에 따른 지리교육은 듀이(Dewey)와 같은 진보주의 교육학자가 주장하는 것처럼 아동의 일상적인 경험을 중시하고 아동의 자아발달과 성숙한 인간 육성을 목표로 한다. 따라서 아동중심 전통에 따른 지리교육은 학생중심 지리교육 또는 (일상)생활중심 지리교육의 이론적 기반을 제공한 인간주의 지리교육과 밀접하게 관련된다.

셋째, 실용주의 전통에 따른 지리교육은 미국식 교육이 강조하는 것으로 교육의 쓸모(직업 등을 얻기 위한)를 강조하며, 교육을 사회적·국가적 요구를 실현하기 위한 도구적(수단적) 가치로 간주한다.

마지막으로, 재건주의 전통에 따른 지리교육은 교육을 사회적·공간적 불평등 해소하여 사회정의를 실현하기 위한 해방적 가치로 간주한다.

3) 슬레이터의 분류

슬레이터(Slater, 1992: 103-104) 역시 아이즈너(Eisner, 1979)의 교육적 이데올로기에 기반하여 지리교육 이데올로기 및 패러다임을 보다 구체적으로 제시하였다. 실증주의 지리학을 실용주의, 인간주의 지리학을 진보주의 및 자유주의, 급진적 구조주의 지리학을 재건주의와 각각 연계시켜 지리교육적 이데올로기를 상정하고 각각의 특징을 논의하였다.

특히, 슬레이터는 피터스(Peters)의 지식의 형식(forms of knowledge)과 입문(initiation)으로서의 교육관에 기초하여, 지리교육적 이데올로기의 범주화의 의의를 설명한다. 지리교육적 이데올로기는 각각 상이한 개념군과 검증방법을 가지는 일종의 지식의 형식으로서, 지리교육은 이러한 상이한 이데올로기와 언어를 수용하여 다른 관점으로 나아가야 한다는 것이다(표 1-4). 그렇게 될 때 지리교육은 학생들로 하여금 다른 관점으로 나아가도록 할 수 있으며, 그들로 하여금 새로운 관점을 발견할 수 있도록 기여한다는 것이다.

슬레이터(Slater, 1992: 97)에 의하면, 지리교육적 이데올로기는 서로 다른 가치와 견해를 반영하는 명백한 언어와 어휘를 사용하고 있기 때문에 지리교육이 나아갈 방향과 범위를 제공한다. 또한 상이한 지리교육적 이데올로기는 각각의 개념군과 검증방법이 있기 때문에 교사들이 어떤 이데올로기적 관점에 따라 수업을 계획하느냐에 따라 교수전략이 달라져야 한다(표 1-5).

표 1-4. 지역지리학 이후 지리학의 패러다임

패러다임 입장	우선사항/가치 강조	개념/언어	
과학적 패러다임	• 일반화 • 추론 • 예측 • 모델링	• 공간 • 분석 • 변수 • 문제해결	• 패턴 • 법칙 • 가설검증
인간주의 패러다임	• 개인적 이해 • 개인적 의미 • 해석	• 장소, 인간 • 아름다운 장소 • 느낌 • 장소상실	• 장소감 • 추악한 장소 • 표현
진보적/급진주의적 패러다임	• 사회를 이해하기 • 사회를 비판하기	• 사회, 구조 • 권력 • 집단 • 이기주의	• 조직 • 기득권 • 압력단체 • 평등/불평등

(Slater, 1992)

표 1-5. 지리교육에서의 이데올로기와 언어

지리교육의 이데올로기		개념군	검증방법(설명과 이해의 방법)
전통적·보수적 접근	실증주의	공간, 공간패턴, 공간관계, 공간프로세스, 인간과 환경의 상호작용, 집합적 행동	분석, 예측과 모델링, 일반화와 법칙, 수학적 추론(연역), 가설검증, 문제해결, 지각과 결정 분석, 의사결정
자유주의적·해석학적 접근	인간주의	장소, 인간과 장소, 장소감, 장소의 혼, 사적지리	개인적 이해, 개인적 의미, 해석, 성찰, 감정이입, 내부자와 외부자의 입장, 개인적 반응의 분석

사회비판적 접근	구조주의	사회, 구조, 이익집단, 권력, 시·공간에서의 기득권적 이해관계, 사회복지, 사회정의, 급진적 이해, 사회·역사적 이해	비판적 분석, 비판이론, 사회이론과 분석, 사회·정치적 분석, 해석, 비판적 성찰
	포스트 모던	장소의 복합적 실재, 공간 실천, 텍스트로서의 경관, 점이적 장소, 차이의 공간, 장소와 정체성, 사회·문화적 특징, 공간에 대한 감각적 경험	비판적 분석, 해석, 성찰, 해체, 공간의 실재와 표상의 이해

(Slater, 1992: 103; Slater, 1994: 150; Slater, 1996: 209의 것에 근거하여 재구성)

4) 영국 지리교육과정과 이데올로기

지리교육의 이데올로기는 영국의 지리교육과정을 통해 확인할 수 있다. 영국의 1991년 국가교육과정의 기초가 된 실용주의는, 영국에서 지리교육이 본격적으로 시작된 19세기부터 지리교육의 기저에 존재했던 이념이다(표 1-6). 실용주의적 교육관은 교육을 학생들에게 지식과 기능을 제공하고 일자리를 얻어 삶을 영위하는 데 도움을 주는 것으로 보는 입장이다. 이후 1950년대~1970년대에는 지적 도전을 강조하고 세대 간 문화유산의 전달 기능을 중요시하는 고전적 인문주의를 기초로 하여, 지리교육이 대학에 기반을 둔 학문적 교과로 자리매김되었다. 1970년대~1980년대에는 학생 개인의 성장을 강조하는 진보주의 교육관의 영향 아래 교육과정프로젝트가 추진되었고 이를 기초로 탐구학습 및 가치교육이 강조되었다(Rawling, 2000, 212-213). 그리고 국가교육과정이 본격적으로 도입된 1990년대에 지리교육계는 다시 한 번 실용주의적 관점의 영향을 받게 되었다(장영진, 2003).

표 1-6. 교육관과 지리교육

교육관	특성	지리교육에 미친 영향
실용주의	• 학생에게 지식과 기능을 제공 • 교육은 일자리를 얻고 삶을 영위하는 데 기여함	• 19세기: 위치에 대한 지식 및 영국의 경제지리, 지역지리를 강조 • 1991년: 국가교육과정에서 지도, 위치에 대한 지식, 영국 및 과거 대영제국의 지리를 강조
고전적 인문주의	• 지식은 인생을 준비하는 데 기여함 • 세대 간 문화유산의 전달 기능을 강조 • 이론 및 지적 도전을 강조	• 1950년대~1960년대: 지리학의 발달로 지리과의 위상이 높아짐 • 1960년대~1970년대: 신지리학의 도입으로 과학적 방법과 이론, 통계적 기법을 강조
진보주의	• 학생 개인의 성장을 강조 • 기능, 태도, 가치 등을 개발하는 매체로서 교과가 이용됨	• 1970년대~1980년대: 지리교육과정 프로젝트 수행 • 지리과목을 통한 탐구학습, 기능과 태도, 가치 등을 강조 • 1960년대~1970년대: 학생중심의 초등교육 • 1990년대 말: 사고기능 강조
급진주의	• 교육은 사회를 변화시키는 동인 • 교과 자체보다 쟁점과 비판적 교육에 관심	• 1970년대~1980년대: 환경교육, 평화교육, 지구교육 강조 • 지속가능한 발전에 대한 교육 및 시민성교육 강조

(Rawling, 2000: 212; 장영진, 2003: 646 재인용)

이와 같은 지리교육에 대한 이데올로기적 이론화는 지리교육과정의 구성뿐만 아니라 지리수업 계획에서 교사들이 가져야 할 다양한 관점과 범위를 인식하게 한다. 즉 지리교육과정을 구성하는 행위자가 어떤 이데올로기적 관점을 견지하느냐에 따라 교과서의 체제와 내용이 달라질 수밖에 없다. 또한 지리교사들이 어떤 지리교육적 이데올로기의 관점에 따라 그들의 수업을 계획하고 실천하느냐에 따라 그들의 수업목표, 내용, 방법은 달라질 수밖에 없으며, 내용과 방법의 연결고리도 달라진다. 예를 들면, '지리적 안목을 넓히고 심화시킬 수 있는 적절한 교육과정 및 교수과정의 내용과 방향은 무엇인가?' 라고 질문을 던질 수 있다. 이에 대한 답변은 현재의 지배적인 담론인 전통적·보수적 접근으로서의 실증주의적 패러다임의 이데올로기와 언어만으로는 한계가 있을 수밖에 없다는 것이다. 따라서 이러한 실증주의적 패러다임의 이데올로기와 언어를 극복할 수 있는 인간주의 패러다임뿐만 아니라 구조주의 및 포스트모던 패러다임에 주목할 필요가 있다.

4. 지리교육의 패러다임

- 실증주의 – 사회를 예측하고 조작할 수 있는 능력
- 인간주의 – 세계에 대한 상호 인식과 이해
- 구조주의 – 세계를 구성하는 영향력에 대한 비판적 이해

1) 실증주의: 공간과학으로서의 지리교육

경험주의와 실증주의 과학은 경험의 세계에서 작동하고 중립성을 가정한다. 즉 관찰자 외부에 존재하는 데이터의 수집을 중요시한다. 실증주의 과학은 획득된 데이터를 사용하여 일반적인 법칙을 구축한다. 이렇게 구축된 법칙들은 사건을 설명하고 예측하는 데 사용된다. 따라서 실증주의 과학이 추구하는 목적은 지리적 설명(geographical explanation)에 있다. 경험적·분석적 지식은 기술적 통제(technical control)의 이데올로기와 연결된다. 이런 지식은 본질적으로 보수적인 것으로 간주된다. 왜냐하면 기존의 사회조직을 주어진 그대로 받아들이기 때문이다.

이러한 지식이 중등학교 지리교육에 사용된 사례로는 도시구조 모델[버제스(Burgess)의 동심원 이론, 호이트(Hoyt)의 선형이론 등], 공간이론[베버(Weber)의 공업입지론과 크리스탈러(Christaller)의 중심지이론 등], 계량화(최근린지수, 중력모형 등) 등이 대표적이다. 그리고 미국의 1970년대 고등학교 지리 프로젝트였던

HSGP 역시 실증주의 지리교육의 실현과 밀접한 관련이 있다. 실증주의 지리교육은 교수학적인 측면에서 개념, 원리, 법칙, 일반화 등에 관심을 두는 '개념학습'에 대한 관심을 불러일으켰다. 그리고 브루너(Bruner)가 주장한 발견학습을 비롯하여, 문제제기-가설설정-가설검증-일반화로 이어지는 '과학적 탐구학습' 또는 '사실 탐구'가 주요 교수학습 방법으로 자리 잡게 되었다.

이러한 일반화와 법칙추구적인 공간과학으로서 지리교육은 기존의 개성기술적인 연구로서의 지역지리에 대한 비판을 제기하였다. 지역지리에 기반한 지리교육은 많은 지리적 사실들은 순전히 반복적으로 제시하여 암기하도록 함으로써 학생들에게 지적인 자극과 도전을 거의 제공하지 못했다는 비판을 받았다. 그리하여 공간과학으로서의 지리교육은 구체적이고 특수한 사실보다는 보편적이고 일반적인 공간과 관련한 개념, 법칙, 일반화, 이론 등을 가르치는 데 주안점을 두게 되었다. 그러나 이러한 공간과학으로서의 지리교육은 이후에 논의할 여러 대안적 접근들에 의해 또 다른 비판에 직면하게 된다.

2) 인간주의(인본주의): 학생중심 지리교육

공간과학으로서의 지리교육에 대한 대안적 접근 중의 하나는 인간주의 지리교육이다. 현상학에 기초한 인간주의 지리교육은 학생들을 표준적이고 보편적인 공적지리를 받아들이는 수동적인 행위자로 간주하는 것을 거부한다(McEwen, 1986). 인간주의 지리교육의 목적은 인간과 장소에 대한 자기인식(self awareness)과 상호이해(mutual understandings)에 있다. 인간주의 지리교육은 특히 다양한 인간의 삶에 대한 존중과 관용, 감정이입(empathy)과 장소감(sense of place)에 초점을 둔다.

인간주의 지리교육의 출발점은 학생들이 일상적으로 경험하여 체득한 개인지리 또는 사적지리이다. 학생들은 각각 자신의 직접적인 경험뿐만 아니라 다른 사람들이나 미디어를 통해 간접적으로 세계를 이해한다. 이것은 바로 그들의 사적지리 또는 개인지리를 형성한다. 사람들이 그들이 살고 있는 문화 속에서 세계에 대해 상이한 경험을 가지고 있는 것처럼, 개인지리는 사람마다 다르다. 그리고 개인지리는 끊임없이 재형성되며, 그러한 개인지리는 심상지도, 장소에 대한 무수한 이미지와 기억, 사물들이 존재하는 방식에 대한 아이디어, 장소와 쟁점에 관한 느낌 등으로 구성된다.

학생들의 개인지리는 그들이 세계를 바라보는 방식을 결정짓는다. 즉 학생들의 개인지리는 그들이 본 것, 주의를 기울이는 것, 당연하게 여기는 것, 그것을 설명하는 방식에 영향을 준다. 학생들이 장소에 대해 기억하는 것은 선택적인 경향이 있다. 개인지리는 학생들이 그들의 환경 내에서 어떻게 행동하며, 상호작용하는 문화 내에서 문화를 형성하는 데 우리 자신이 어떻게 기여하는가에 영향을 준다.

교육과정 설계에서 이러한 사적지리 또는 개인지리가 내용 구성을 위한 원리로 작동하며, 지리수업은 이를 더욱 풍요롭게 해 주는 것이다. 따라서 인간주의 지리교육은 교수학적 측면에서 학습자의 일상생활에 근거한 학습자 중심 교수법을 강조하게 된다. 이러한 현상학적 태도는 세계에 대한 학생들의 관점과 경험을 중심적인 것으로 간주하기 때문에 지리교사들은 세계에 대한 그러한 학생들의 관점과 일치하는 방법으로 가르칠 필요가 있다. 한편 인간주의 지리교육은 인간의 다양한 가치와 관점에 대한 존중을 강조함으로써, 가치교육에 대한 관심을 불러일으키는 계기가 되었다.

3) 실증주의 지리교육 vs 인간주의 지리교육

(1) 슬레이터: 과학으로서의 지리와 개인적 반응으로서의 지리

슬레이터(Slater, 1993)는 지리를 '과학으로서의 지리(geography as science)'와 '개인적 반응으로서의 지리(geography as personal response)'로 구분한다. 여기서 과학으로서의 지리란 '실증주의 지리학 패러다임에 근거한 지리'를 의미하며, 개인적 반응으로서의 지리란 '인간주의 지리학 패러다임에 근거한 지리'를 의미한다. 과학으로서의 지리와 환경에 대한 개인적 반응으로서의 지리는 모두 지리에 기반을 둔 활동을 통하여 학생들의 이해를 발달시키는 데 기여한다. 그러나 이 둘이 지향하는 관점은 매우 상이하다.

과학으로서의 지리는 추상화와 현실의 모형 작성으로 성격을 규정지을 수 있으며, 추론하는 기술을 강화시키는 데 중요한 역할을 함으로써 지리교육의 발달에 큰 공헌을 해 왔다. 과학으로서의 지리는 현재 대부분의 학교교육에서 잘 정립되어 있으며, 계속해서 지리교육에서 중요한 역할을 수행할 것이다.

그러나 많은 지리학자들은 이러한 과학적 지리에 대한 반발로서 세계를 어떻게 볼 것인가에 대한 대안적 개념들을 제시하였다. 그중의 하나가 인간주의 접근으로서 이는 개인적 장소 탐색을 강조한다. 학생들은 자신들의 장소의 의미를 분명히 표현하도록 격려받는다. 개인의 장소에 대한 의미는 타인과 공유하는 것일 수도 있지만 자신만의 것일 수도 있다. 인간주의 지리학은 장소와 경관에 대한 개인적인 내면 성찰과 정서적인 유대감을 밝혀냄으로써 개인적 경험과정과 의미 형성을 위한 가능성을 제공한다. 환경에 대한 개인적 반응으로서의 지리는 우리의 경험에 관심을 가지고, 인지적으로 구성되었든 감성적으로 구성되었든 간에(특히 감상적으로 구성되지만) 일상생활의 해석에 관심을 갖게 한다.

공간에 대한 객관적이고 분석적인 탐구를 강조하는 과학으로서의 지리와 장소에 대한 인간의 주관적이고 개인적인 의미를 강조하는 개인적 반응으로서의 지리는 서로 병렬적이거나 대조적인 것으로 제시되기보다는 서로를 보완하는 것으로 제시될 필요가 있다. 과학으로서의 지리가 강조하는 객관적 지식, 개인적 반응으로서의 지리가 강조하는 개인적 선호 및 감정뿐만 아니라 마르크스주의 지리학이 강조하는 사회정의는 서로 보완적인 관계 속에서 지리를 더 풍요롭게 할 수 있다. 그림 1-1에서 왼쪽 그림은 과학으로서의 지리의 관점을 모식화한 것이라면, 오른쪽 그림은 개인적 반응으로서의 지리의 관점을 모식화한 것이다.

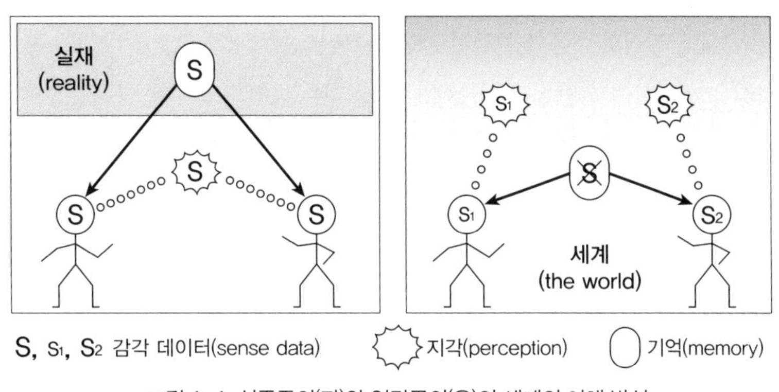

그림 1-1. 실증주의(좌)와 인간주의(우)의 세계의 이해 방식

(2) 로웬탈: 공적지리와 사적지리(개인지리)

과학으로서의 지리와 개인적 반응으로서의 지리라는 지리적 개념화와 유사한 공적지리(public geography)와 사적지리(private geography)의 구분에 주목할 필요가 있다. 공적지리는 학문지리(academic geography)라고도 불리며, 사적지리는 개인지리(personal geography)라고도 불린다.

로웬탈(Lowenthal, 1961)은 우리 각각이 가지고 있는 환경적 신념, 선호, 동기의 본질과 기원에 관해 곰곰이 생각했다. 그는 우리 인간의 각각이 개인화한 환경적 지식과 가치를 사적지리(private geography)라 불렀다. 그는 비록 각각의 사적지리는 독특하지만, 다양하게 공유된 지각력을 통해 지구의 자연적 실재를 인식할 수 있는 우리의 공통된 역량에 기초하여 공유한 지각적 경험을 모든 사적지리(private geographies)의 공통적인 기초로 보았다. 이러한 사적지리를 지리교육에 최초로 도입한 사람이 오스트레일리아 지리교육학자 피엔(Fien, 1983)이다.

공적지리 또는 학문지리가 학문중심 교육과정에서 주장하는 모학문의 지식의 구조를 강조한다면, 사적지리 또는 개인지리는 진보주의 교육과정에서 주장하는 것처럼 아동 또는 학생들의 체험된 경험을 강조한다. 이러한 사적지리 또는 개인지리라는 용어가 등장하게 된 것은 인간주의 지리학이 지리교육으로 들어오면서부터이다. 일대일로 대응시키는 것은 다소 무리가 있지만, 공적지리 또는 학문지리는 대체로 실증주의 지리학에서 구축되었던 지식의 구조나 공간 개념에 주목하는 것이라면, 사적지리 또는 개인지리는 인간주의 지리학에서 그 대상으로 하는 장소에 주목하는 것이 된다.

그리고 앞에서 논의한 지리교육의 목표와 관련하여 볼 때, 공적지리 또는 학문지리가 타일러(Tyler)나 블룸(Bloom) 등에 의해 주장된 행동목표와 밀접한 관련을 가진다면, 사적지리 또는 개인지리는 아이즈너(Eisner)의 표현적 결과(목표)와 더욱 밀접한 관련을 가진다. 그리고 공적지리와 사적지리는 지식의 관점에서도 비교할 수 있는데, 공적지리가 주로 명제적 지식 또는 명시적 지식과 관련된다면, 사적지리는 암묵적 지식과 더욱더 밀접한 관련을 가진다.

학생들은 자신을 비롯하여 사람들이 장소에 대해 느끼는 감각과 의미를 탐색함으로써, 주관적인 사적지리를 인식할 수 있다. 개인은 누구나 자신의 주위의 장소에 대한 의식적이거나 무의식인 감정을 가지고 있다. 이러한 환경에 관한 감정과 지식은 각 개인마다 독특하다. 사적지리 또는 개인지리는 실재이든 상상의 것이든 세계에 대한 지각과 경험에 토대를 두고 있으며, 그 결과 나타나는 환경에 대한 감정과 이미지는 실제로 존재한다. 이러한 사적지리는 인정되고, 존중받고, 공식적인 지리교육에서 강화되어야만 한다.

마찬가지로 사적지리는 공적지리와 대조적이거나 병렬적으로 이해되기보다는 서로 보완적인 관계로 인식될 필요가 있다. 사적지리의 탐색과 개인의 경험, 선호, 태도와 감정에서의 사적지리의 기초에 대한 평가는 학생들로 하여금 입지분석으로써 공적지리가 어떻게 풍요롭게 될 수 있는지에 대한 감각을 제공할 수도 있다. 사적지리와 공적지리 사이의 상호작용은 학생들로 하여금 자신들의 환경에 관한 감정과 태도를 명료화하면서, 동시에 자신들이 살고 있는 공간이 자신들에게 미치는 영향과 그들이 공간에 미치는 영향의 상호작용적 성격을 깨닫게 해 줄 것이다.

(3) 브루너: 패러다임적 사고와 내러티브적 사고

브루너(Bruner, 1996)는 인간의 두 가지 사고 양식을 상정하면서 '패러다임적 사고(paradigmatic mode of thought)'와 '내러티브적 사고(narrative mode of thought)'를 구분하였다. 이러한 패러다임적 사고와 내러티브적 사고는 각각 실증주의 지리학(과학으로서의 지리)과 인간주의 지리학(개인적 반응으로서의 지리)에 조응된다.

종래의 교육 방식은 지식의 본질을 주체의 밖에 존재하는 객관적 존재(reality)로 인식하는 환원주의적 입장을 갖고 있었다. 따라서 지식이란 주체에게 제시되는 대상을 과학적 탐구 방법에 의해 정확히 파악할 때 얻어질 수 있다고 생각했다. 이러한 인식론적 가정은 원인-결과로 현상을 파악하려는 뉴턴 이래의 근대적인 패러다임을 그대로 반영한다. 그래서 절대 불변한 객관적인 지식이 있다고 믿었고 그것을 학생들에게 전달, 습득하도록 했다. 지식에 관한 인간의 이러한 사고 양식을 패러다임적 사고라고 한다.

그러나 이와 같은 종래의 패러다임적 사고는 오늘날에는 적합하지 않다. 오늘날에는 지식이 점점 더 빨리 변하고 있다. 21세기의 변화된 세상, 다시 말해 정보의 홍수 속에 살고 있는 이 시대에 지식을 패러다임적 사고로 받아들일 경우, 거의 혼돈 상태가 된다. 이제 사람들은 변화하는 예측 불가능한 세계를 다뤄야만 하게 되었고, 그에 따라 내러티브적 사고가 중요한 의미를 띠게 되었다. 내러티브적 사고란 지식의 생성적인 본질을 가리키는 말로써, 이야기를 만드는 마음의 인지적 작용을 의미한다. 패러다임적 사고가 사물과 사건들의 불변성에 연결된 '존재'의 세계를 만든다면, 내러티브적 사고는 삶의 요구들을 반영하는 인간적 세계를 이해하려 한다. 내러티브적 사고는 수많은 관점들과 '세계'를 만들어 냄으로써 가설 검증(패러다임적 사고)이 아닌 가설 생성을 수행한다. 따라서 내러티브적 사고는 과학자들이 위대한 발견들을 이끌어내는 '과학자들의 직관적 사고'와 '은유적 계기'를 통해 창의적이고, 인간의 상상력을 중시하는 형태를 띠게 된다(한승희, 1997).

이제 학생들은 추상적 사고방식과 감성적 지각 사이의 낡은 구분을 극복할 수 있는 방법을 배운다. 이제 주체 외부에 존재하는 추상적 사고방식은 별다른 의미나 매력을 갖지 못하게 되었다. 그러한 사고들은 주체가 구체적으로 경험 가능할 때 의미를 갖게 된다. 가령 프랙탈(fractal)이라는 추상적 개념보다는 주체가 눈이라는 자연현상 속에서 그 구현된 실체를 보고 배우는 것이 더 의미 있는 설명일 것이다. 지식의 경계 소멸 현상은 결국 교육에서 지식을 바라보는 패러다임적 사고와 내러티브적 사고의 결합을 요구한다.

표 1-7. 패러다임적 사고와 내러티브적 사고

	패러다임적 사고	내러티브적 사고
기존의 교육 환경	• 불변하는 객관적 지식 • 추상적, 보편적	• 삶의 요구를 반영하는 인간적 지식 • 구체적, 경험적
변화된 교육 환경	추상적 사고방식과 감성적 지각	

4) 구조주의(급진주의): 사회비판 지리교육

사회비판 지리교육은 실재론 또는 구조주의 지리학을 배경으로 한다. 실재론 또는 구조주의 지리

글상자 1.1

내러티브

폴킹혼(Polkinghorne, 1988)은 내러티브(narrative)와 이야기를 거의 동일한 개념으로 간주한다. 내러티브는 스토리를 가진 이야기, 즉 시간적 연쇄로 이루어진 일련의 사건들이다. 이러한 내러티브에는 소설, 수필 등 문학작품에서 영화, 텔레비전 쇼, 신화, 일화, 뮤직비디오, 만화, 회화, 광고, 전기 그리고 뉴스 기사 등이 포함된다.

수업은 교사와 학생, 그리고 학생과 학생 간의 언어적 상호작용을 통해 이루어진다. 이러한 언어적 상호작용은 주로 말과 글을 통해 이루어진다. 롱에이커(Longacre, 1976)는 연속(succession)과 계획(projection)이라는 두 개의 매개 변수를 사용하여, 담론을 내러티브적(narrative), 절차적(procedural), 설명적(expository), 권고적(hortatory) 혹은 논쟁적(argumentative) 등 4가지로 분류하였다. 여기서 '연속'이란 담론의 진술이 시간의 흐름에 따라 계열적으로 이루어져 있는지에 관한 것이다. 그리고 '계획'이란 담론의 진술이 과거(완료된) 시간, 현재 시간, 미래 시간 중 어떤 것을 나타내는지와 관련된다.

▶ 담론의 유형

	−계획된	+계획된
+연속	내러티브적 담론 • 1인칭/3인칭 • 행위자 중심 • 완료된 시제 • 연대순	절차적 담론 • 특별한 시점 없음 • 행위를 당하는 사람 중심 • 계획된 시제 • 연대순
−연속	설명적 담론 • 관련자 필요 없음 • 과제 중심 • 시제에 대한 초점 없음 • 논리적	권고적 담론 • 2인칭 • 청자 중심 • 양식, 시제 없음 • 논리적

(Longacre, 1976; McPartland, 1998: 343 재인용)

위의 표를 통해 볼 때, 담론의 한 양식으로서 내러티브는 다른 담론과 확연히 구분된다. 내러티브적 담론(narrative discourse)은 과거형 시제를 통해 연대순으로 진술되어 있으며, 무엇보다 1인칭 또는 3인칭의 행위자(화자)에 초점이 맞추어져 있다. 내러티브적 담론은 플롯을 통해 이야기하는 다양한 상황과 사건이 시간의 흐름에 따라 주제와 함께 결합되면서, 갈등, 불확실한 결과, 상반된 관점, 긴장의 순간 등을 구체화한다.

이와 대조적으로 설명적 담론(expository discourse)은 연대순이라기보다는 논리적 순서에 의해 진술된다. 또한 사실, 주제, 개념, 원리에 초점이 맞추어져 있으며, 무엇보다 행위자(화자)가 없는 비인칭의 주술관계를 이루고 있다. 내러티브 담론의 목적이 언어 또는 문자를 사용하여 픽션 또는 논픽션의 이야기를 말하는 것이라면, 설명적 담론은 기술 또는 설명을 제공하는 것이다.

맥파틀랜드(McPartland, 1998)는 내러티브의 지리교육적 가치를 다음과 같이 제시한다.

첫째, 지리적 상상력의 발달에 기여한다. 맥파틀랜드(McPartland, 1998: 346)에 의하면, 지리적 상상력이란 장소와 그곳에 거주하는 사람들의 이미지를 정확하게 구성하거나 재구성하는 능력이다. 따라서 인간과 장소에 대한 개인의 경험과 타인의 경험이 표상된 내러티브를 통한 학습은, 학생들로 하여금 특별한 장소와 상호작용하고 특정한 인간의 이미지를 구성하거나 재구성하도록 함으로써 지리적 상상력을 연습하도록 도와준다.

둘째, 감정이입적 이해의 발달에 기여한다. 내러티브를 통한 감성적 반응이 보다 구체화된 것이 감정이입적 또는 공감적 이해(empathetic understanding)이다. 감정이입적 이해란 내러티브에 등장하는 행위자의 의도와 사상, 감정 등을 이해하는 것이다. 감정이입은 학생들로 하여금 타인의 입장에서 지리적 현상에 대해 생각하도록 해 주며, 지리적 현상을 다양한 시각에서 바라보도록 도와줄 수 있다.

셋째, 지리적 지식과 이해, 사고기능의 발달에도 기여한다. 내러티브는 기본적으로 지리적 사실을 쉽게 기억하기 위한 전략으로 활용될 수 있다. 지리학습에서의 지리적 사실은, 설명과 이해에 앞서 인지해야 할 기본이 되는 요소이다. 이건(Egan, 1986)에 의하면, 이야기는 특히 마음속에 깊은 인상을 주기 위해 강력한 이미지를 만들기 때문에, 상대적으로 대중의 마음속에 오랜 기억으로 남게 된다. 또한 내러티브는 사고기능을 발달시킬 수 있는 중요한 도구가 될 수 있다. 내러티브가 독자로 하여금 일차적으로 상상력과 감정이입적 이해를 자극하지만, 내러티브를 지리 수업에서 어떻게 활용하느냐에 따라(예, 불일치 자료 전략) 그 외의 지리적 사고 역시 촉진할 수 있다.

넷째, 내러티브는 지리수업 자료와 교수내용지식(PCK)으로서 역할을 한다. 즉 내러티브는 지리수업의 중요한 소재가 되기도 하지만, 교사가 내용을 전달하는 주요한 수단이나 방식, 즉 '교수내용지식'으로서 기능하기도 한다. 구드먼드스도티어(Gudmundsdottir, 1995)에 의하면, 교사가 알고 있는 이야기들은 내러티브를 통해 교수내용지식으로 변형된다. 예를 들어, 서로 다른 교사가 동일한 자료를 사용하여 특정 주제와 관련된 수업을 하더라도, 그들의 수업은 다를 수밖에 없다. 왜냐하면 동일한 수업 자료들은 교사들의 내러티브를 통해 상이한 수업 내용으로 변환되기 때문이다.

학은 사람들에게 세계를 구축하는 메커니즘과 기저에 놓여 있는 영향력에 대한 이해를 제공한다. 구조주의는 인간 세계에서 발생하는 모든 일들은 개인에 의해서가 아니라 우리 자신의 통제와 실행 범위를 넘어서 있는 익명의 구조에 의해서 그것의 형태와 기능이 궁극적으로 결정된다고 주장하는 철학이다. 예를 들면, 우리는 개별적인 여자와 남자로서 도시 주변에서 행동하고 이동할지 모르지만, 우리의 활동의 본질은 우리의 삶을 구성하는 젠더 관계라는 보다 심층적인 구조에 의해 결정된다는 것이다(Morgan and Lambert, 2005).

사회비판 지리교육의 목적은 학생들로 하여금 공간적 현상을 비판적으로 인식하도록 하고, 사람들의 삶을 억제하는 메커니즘을 확인하며 그러한 것을 제거하거나 대체하도록 함으로써 학생들을 잘못된 이데올로기로부터 자유롭게 해방(emancipation)시키는 것이다. 달리 말하면, 사회비판 지리교육의 목적은 사회적·공간적 모순 또는 불평등을 해결하는 사회적 변화(social change), 즉 사회정의(social justice)의 실현에 두는 것이다.

사회비판 지리교육은 영국에서 1980년대 매우 강조되었지만, 1990년대 초반 국가교육과정이 제정되면서 급속히 후퇴하게 된다. 영국에서는 1984년에서 1987년까지의 짧은 기간이었지만, 지리교육과정개발협회(Association for Curriculum Development in Geography)의 지원 속에서 발행된 지리학과 지리교육에서의 급진적 관점을 반영한 저널『지리와 교육의 현대적 쟁점들(Contemporary Issues in Geography and Education)』은 사회비판 지리교육의 전개를 촉진하는 계기가 되었다. 그리고 1986년 「보다 나은 세계를 위해 지리를 가르치는 것(Teaching Geography for a Better World)」이라는 주제로 열린 오스트레일리아 지리교사협회(Australian Geography Teachers' Association)의 연례학술대회와 그 출판물(Fien and Gerber, 1986)은 사회비판 지리교육을 통한 '사회 및 환경 정의(social justice or environmental justice)'의 실현을 더욱 촉구하였다.

사회비판 지리교육은 공간과학으로서의 지리교육이 공간적 결과에만 치중한 나머지 사회는 거의 전적으로 무시되었다고 비판한다(Slater, 1992: 106). 즉 공간과학으로서의 지리교육을 통해 공간과 관련한 일반적인 이론, 원리, 법칙은 배울 수 있겠지만, 그러한 공간이 어떻게 형성되고, 그렇게 형성된 공간이 무엇을 의미하는지, 그리고 이와 같은 공간에서 우리는 어떻게 행동해야 하는지와 관련해서는 외면해 버리는 결과를 초래한다는 것이다. 따라서 사회비판 지리교육이 더 이상 공간적 결과를 가르칠 것이 아니라, 이러한 공간적 결과의 사회적 프로세스를 밝힐 수 있는 방향으로 나아가도록 촉구한다.

사회비판 지리교육은 또한 인간주의 지리교육에서의 개인주의에 대해서도 비판적이다. 사회비판 지리교육은 인간주의 지리교육이 공간 및 지역의 사회 문제를 '개인'의 차원에서만 접근한다고 비판한다. 개인의 환경 인식과 의사결정 및 공간 행동이 순전히 개인의 '자율적 선택의 문제'라기보다는, 사회구조적으로 형성되고 재생산된다는 점을 강조하는 것이다. 그림 1-2에서 인간주의 지리교육이 '장소애착과 장소감'에 관심을 가진다면, 사회비판 지리교육은 장소와 관련된 다양한 스케일, 재현, 배제와 포섭 등에 관심을 가진다. 이에 따라, 사회비판 지리교육은 국제간의 갈등, 인권 문제, 인종차별, 성차별, 빈곤, 실업, 지역 격차, 환경 문제 등 사회적으로 쟁점화되고 있는 문제에 초점을 둔다(Fien, 1988: 124). 허클(Huckle, 1997: 248)은 사회비판 지리교육과정이 학생들로 하여금 다음과 같은 질문에 답할 수 있도록 계획되어야 한다고 주장한다.

- 인간과 지리(장소, 공간, 인간과 환경과의 관계)는 어떻게 사회적으로 구성되는가?
- 인간과 지리는 사회를 구성하는 데 어떤 역할을 할 수 있는가?
- 인간은 역사, 경제, 국가, 시민사회 등이 그들의 삶과 지역적, 세계적 지리에 영향을 미칠 때, 그것들을 어떻게 이해해야 하고 관련지어야 하는가?
- 인간에게 그들의 정체성, 갈망, 소속감, 삶의 의미를 제공하는 것은 무엇인가?
- 어떤 사회적·문화적 자원들이 인간의 상상력을 넓히도록 할 수 있으며, 지속가능한 장소와 공

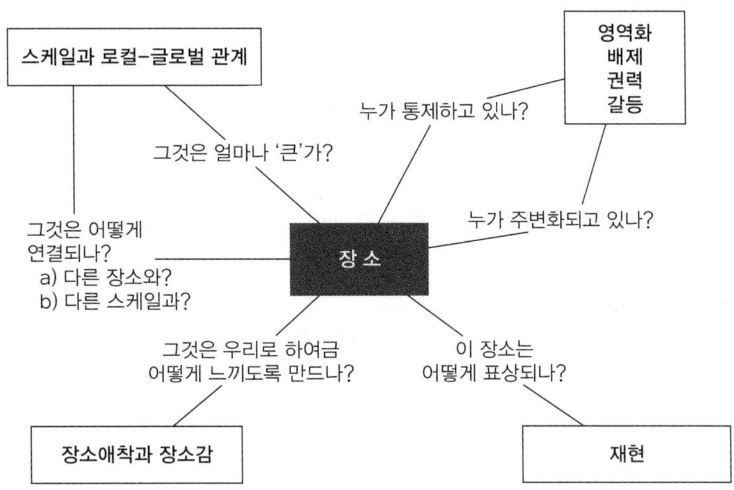

그림 1-2. 장소 개념의 복잡성과 다차원성

동체를 만드는 데 그것들을 이용할 수 있으며, 삶에서 정체성, 소속감, 의미를 개발하는 데 그것들을 이용할 수 있는가?

- 어떤 갈망과 소속감을 나는 개발해야 하는가, 그리고 어떤 종류의 사회, 지리, 공동체가 나에게 나의 정체성과 갈망을 표출하게 하는가?

사회비판 지리교육은 지리교육을 통한 시민성 교육, 글로벌 교육, 환경교육 등과 같이 사회적·환경적 관점에 관심을 가지게 한다. 따라서 사회비판 지리교육의 궁극적인 지향점은 학생들로 하여금 현실 문제에 적극 개입하여 사회 및 환경 정의, 즉 지속가능성을 실천하도록 하는 데 있다. 지리교육을 통한 사회적·환경적 개입은 사회비판 지리교육의 기초가 되며, 지리교육은 더 이상 가치중립적인 지식 교육이 아닌 가치 및 도덕교육을 지향하게 된다. 지리수업은 학생들에게 지리적 쟁점에 대한 비판적 인식능력, 탐구능력, 의사결정능력, 사회참여능력 등을 조장하는 데 초점을 두어야 한다.

5) 포스트모더니즘: 다양성과 지리교육

모건(Morgan, 1996: 63-67)은 포스트모던적 전환이 지리교육에 부여하는 의미를 다섯 가지로 제시하고 있다.

첫째, 일반적 프로세스에 대한 관심으로부터 장소의 지리적, 역사적 특수성에 대한 관심으로의 전환이다. 기존의 지리교육은 실증주의에 의한 이론과 법칙이 중요시되고, 일반적이고 보편적인 모형으로 장소를 설명하였다. 그러나 이와 같은 모형은 탈맥락화된 것이며, 그 장소 고유의 지리적, 역사적 특수성을 고려하여 장소의 맥락을 통해 현상을 해석해야 한다고 주장한다.

둘째, 다양한 스케일(scale)의 사회적 구성(social construction)에 대한 인식이다. 이를 이론화하기는 힘들지만, 지리적 연구를 위한 토대를 형성하는 개념(집, 로컬리티, 도시, 지역, 국가, 세계 등)에 있어서 절대적인 것은 없다는 의미이다. 모든 사건은 그것들이 연구되는 스케일에 따라 다른 의미를 가진다는 것을 중요시한다. 이러한 다양한 스케일은 장소에 대한 인식이 상이한 환경하에서는 상이한 의미를 가진다는 것을 제시한다.

셋째, 상대주의(relativism)의 수용이다. 실증주의에서와 달리 포스트모더니즘에서는 '실재(reality)'를 발견되기를 기다리고 있는 것으로 간주하지 않는다. 즉 포스트모더니스트에게는 실재란 그림 1-3과 같이 형이상학적으로 존재하는 유일한 진리가 아니라 개인들에 의해 인지되면서 서로 간에 상호주관적으로 공감되어 나타나는 표상으로 이해될 수 있다는 것이다. 따라서 지식은 사회적 또는 문화적으로 구성되는 것으로 진리는 상대적이라는 것이다.

넷째, 사회생활의 특징으로서 다원론(pluralism)과 다양성(diversity)의 인식이다. 포스트모더니즘은 사회생활과 사회적 갈등이 더 다원적인 현상이라고 주장한다. 예를 들면, 도시 내부의 주거분화, 인종의 분화 등은 정치·경제적 요인, 사회·문화적 요인 등 어느 하나의 요인으로 환원될 수 없는 것으로 다원적 관점에서 설명하지 않으면 제대로 이해할 수 없다는 것이다.

다섯째, 문화에 대한 포스트모던의 강조와 텍스트(text)로서 장소를 간주하는 관점이다. 포스트모더니즘은 지리교사들로 하여금 더욱 문화에 관심을 가지도록 한다. 텍스트로서의 장소에서 중요시

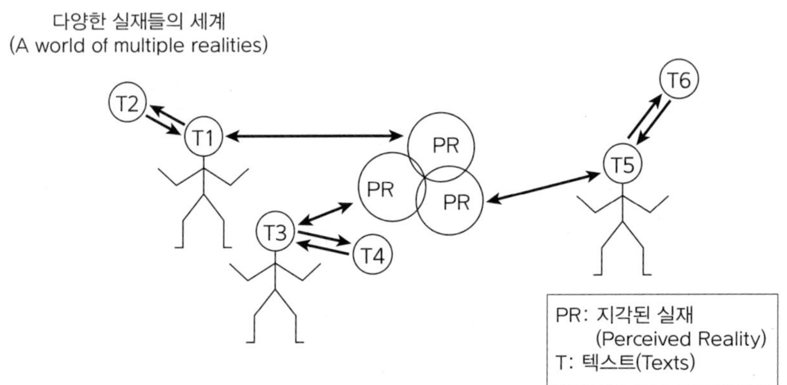

그림 1-3. 포스트모더니즘의 세계에 대한 이해 방식

(Slater, 1996: 295-296)

되는 것은 그곳의 객관적 실체가 아니라 그곳이 함축하고 있는 상징과 표상을 이해하는 것이다. 따라서 이와 관련한 지리수업은 학생들이 텍스트로서의 장소의 상징과 표상을 읽고 해석하는 능력뿐만 아니라, 그들이 장소에 부여하는 의미와 관련하여 '의미의 지도'를 만드는 것을 중요시한다.

이 가운데에서 가장 중요한 것은, 포스트모던적 접근은 지식이 세계에 대한 '진실한' 설명을 제공할 수 있다는 사고를 거부하는 '반정초주의(anti-foundation)'라는 것이다(Morgan, 2002: 21). 실증주의, 인간주의, 급진주의(구조주의)에서 다루어지는 지식의 차이에도 불구하고, 이들은 모두 객관적이고 '실제적인(real)' 세계를 기술하거나 설명하고 있다는 점에서 모두 모던적이라는 것이다. 그것들은 모두 세계에 대한 '진리(truth)'를 파헤치려고 하는 것으로서, 지식에 대해 정초주의적(foundational)인 것으로 간주될 수 있다. 단지 이들 사이에는 '진리'의 본질, 그리고 접근방법에 차이가 있을 뿐이다.

따라서 포스트모던적 관점은 일반적이고 보편적인 진리에 접근할 수 있다는 사고를 거부하는 것으로 '다양성'과 '차이'로의 전환을 의미하는 것이라고 할 수 있다. 이론이란 단지 공간에 대한 특정한 이야기를 들려주는 하나의 '텍스트(texts)' 또는 '서사(narratives)'에 지나지 않는 것으로서 부분적 지식이라는 것이다. 따라서 포스트모던적 관점에 의하면, 모든 지식과 이론은 부분적이며, 맥락적이다. 즉 그것은 인종, 젠더, 계급, 국적, 연령 등에 따라 다르게 부여되는 인간의 산물에 지나지 않는다. 세계에 대한 중립적이고 명백한 표상으로서의 텍스트는 존재하지 않으며, 지식은 특정한 관점과 맥락에서 유래되며, 지식의 생산은 그러한 관점에서 상대적인 것으로 간주될 수 있다.

모건(Morgan, 2002: 23)에 의하면, 포스트모더니즘은 우리가 '보다 나은 세계를 위해 지리를 가르치는 것'이라고 할 수 있는 사고를 변화시킬 수 있는 것으로, 자본주의 세계경제체제라고 하는 하나의 억압적인 권력이 존재한다는 주장을 거부하는 비판적 지리교육에 해당된다. 모더니즘적 사고의 불행한 결과는 억압의 다른 측면들이 무시되는 것으로, 지리에서의 포스트모던 비판이 바로 이러한 접근을 변화시킬 수 있다. 예를 들면, 세계체제론(world systems theory)에 의해 제안된 '단일 논리로서의 자본주의'에 대해 거부한다는 것이다. 즉 사회적 진화를 단일한 팽창의 서사에 초래된 것, 자본의 논리에 의해 초래된 변화로 봐서는 안 된다는 것이다. 비록 경제적 과정들의 매우 실제적인 요청과 결과들을 인식하지만, 자본주의 역사에서 평가절하될 수 없는 과학, 정치, 문화의 글로벌적 역사에 대해 고려하는 것이 중요하다.

이처럼 포스트모던적 관점에서는 정치경제적 접근에서 간과하고 있는 사회·문화적 관점으로 나아가도록 한다. 사회적 불평등을 정치·경제적 관점에서만 분석하는 것이 아니라 이와 관련한 폭 넓은 관점에서 관심을 가진다. 1970년대에는 마르크스주의가 인문지리에서 우세한 비판적 접근이었지만, 현재는 페미니스트, 반인종주의, 동성애(queer), 환경지리(green geographies) 등이 '비판적 지리적 상상력(critical geographical imagination)'을 풍부하게 확장시키고 있다. 한편, 보다 젊은 소장파 연구자들은 오늘날 자본주의와 불평등, 경제적 분배와 관련된 기존의 계급 정치학 등을 더 이상 중심적인 분석 대상으로 보지 않으며, 문화적, 환경적, 정치적, 사회적 주제에 관심을 가진다. 이러한 토대 위에서 기존의 학문에서 무시되어 왔던 대중문화에 주목하여, 장소를 둘러싼 사회 집단 간의 의미의 투쟁이라는 시각에서 이를 해석하고자 한다(Gilbert, 1997: 77).

이러한 점에서 포스트모던 지리교육의 의미는 먼저 내용지식의 다양화에 있다. 기존의 지리교육에서 무시되어 왔던 대중문화에 대해서 주목하면서, 포스트모던 공간을 통한 지리교육은 학생들로 하여금 어떻게 공간이 몸(개인)으로부터 글로벌(세계)에 이르는 모든 스케일에서 권력과 이데올로기로 채워지는지에 대해 배워야 할 필요가 있다는 것을 제안한다. 학생들은 함정과 가능성을 동시에 가진 사회적으로 구성된 다원화된 공간에서 그들의 삶을 어떻게 살 것인가를 배워야 한다.

이러한 지리교육은 제3의 공간적 접근(Thirdspace approach)으로서 학생들로 하여금 포섭과 배제의 지리가 구성되는 방법을 탐구할 수 있도록, 그리고 그들의 일상적 경관을 읽을 수 있도록 도와주는 교수전략이다(Morgan, 2003: 131-132). 다시 말하면, 제3의 공간적 접근에 의한 지리교육은 학생들로 하여금 공간이 어떻게 사회적 관계의 생산, 재생산에 끊임없이 관계되는지를 탐구할 수 있는 계기가 되도록 해야 한다는 것이다. 따라서 포스트모던 지리교육은 차이의 공간에서 나타나는 다양한 불평등의 문제를 제기하는 비판적 교육을 가능하게 한다는 것이다.

모건(Morgan, 2002: 16)에 의하면 비판적 지리교육(critical geography education)은 4가지의 특징을 가지고 있다.

첫째, 실증주의에 대한 비판이다. 비록 학교 지리교육과정은 실증주의가 우세하지만, 탈실증주의 시대의 가능성을 탐색하려는 지리교육과 관련하여 실증주의 입장에 광범위한 비판을 제기한다.

둘째, 가치의 중요성을 부각시킨다. 우리의 앎에 대한 방법은 불가피하게 맥락적이고 부분적이다. 학교교육에 대한 비판이론들은 인간 일상생활에서 이데올로기가 중요하게 작용한다는 것을 지적한다. 이러한 인식하에서 지리교사들은 인종, 젠더, 연령, 장애 등의 문제에 대해 민감한 접근방식을 발전시켜야 한다.

셋째, 비판사회이론의 도입이다. 급진적 전통을 지지하는 교사들은 학생들로 하여금 사회적 욕구와 환경 복지에 대해 고민하도록 수업을 설계한다. 이를 위해 페미니즘, 네오마르크스주의, 환경론 등과 관련된 비판사회이론을 도입한다.

넷째, 권력을 부여하는 페다고지의 개발이다. 이러한 지리교육은 포스트모던 교육에서 줄기차게 주장되고 있는 비판적 페다고지(critical pedagogy)와 그 맥락을 같이한다고 할 수 있다.

연습문제

1. 교육을 바라보는 다양한 관점을 제시하고, 상이한 관점을 비교하여 설명해 보자.

2. 공적지리(또는 학문지리)와 사적지리(또는 개인지리)의 차이점을 비교해 보고, 지리교육에서 사적지리가 갖는 의의를 목적, 내용, 방법, 평가의 측면에서 설명해 보자.

3. 과학으로서의 지리와 개인적 반응으로서의 지리를 비교하여 설명해 보자.

4. 지리교육에 있어서 패러다임적 사고와 내러티브적 사고의 차이점을 비교하여 설명하고, 내러티브적 사고의 의의에 대해 설명해 보자.

5. 사회비판 지리교육과 포스트모던 지리교육의 유사점과 차이점에 대해 설명해 보자.

6. 다음 용어 및 개념에 대해 설명해 보자.

> 지식의 형식, 기술적 관심, 실천적 관심, 해방적 관심, 경험·분석적 지식, 해석학적 지식, 비판적 지식, 전통주의자, 실존적 재개념주의자, 구조적 재개념주의자, 표현적 결과(목표), 실용주의, 고전적 인문주의, 진보주의, 급진주의, 학생중심주의

임용시험 엿보기

1. (가), (나) 수업에서 이루어지는 학생들의 학습에 대한 설명으로 가장 알맞은 것은? **[1.5점]**

(2009학년도 중등임용 지리 1차 1번)

구분	(가)	(나)
교사의 교수 철학	학생들은 과학적 탐구를 통해 지식을 획득하는 것이 중요하다.	학생들은 일상적 경험을 통해 지식을 구성하는 것이 중요하다.
학습목표	중심지이론의 원리를 이해한다.	학교에서 새로운 매점의 입지를 결정한다.
교수·학습 방법	가설 설정, 자료 수집, 결론 도출의 과정을 통한 탐구수업과 구조화된 수업 절차를 강조한다.	학생들에게 복합적이고 의미 있는 문제에 기초한 활동에 참여할 기회를 제공한다.

① (가) 수업에서는 사실 중심의 지식을 습득한다.

② (가) 수업에서는 자신들의 생활공간을 관찰하고 이해한다.

③ (나) 수업에서는 주변 지역에 대해 경험적 지식을 습득한다.

④ (나) 수업에서는 가치중립적이고 법칙추구적인 지식을 습득한다.

⑤ (나) 수업에서는 과학적 원리를 통한 핵심적인 모형과 개념을 이해한다.

2. (가)와 (나)는 지리지식에 대한 두 관점을 도식화한 것이다. (가)와 (나)에 대한 설명으로 옳은 것을 〈보기〉에서 골라 바르게 짝지은 것은? (2011학년도 중등임용 지리 1차 10번)

(가)

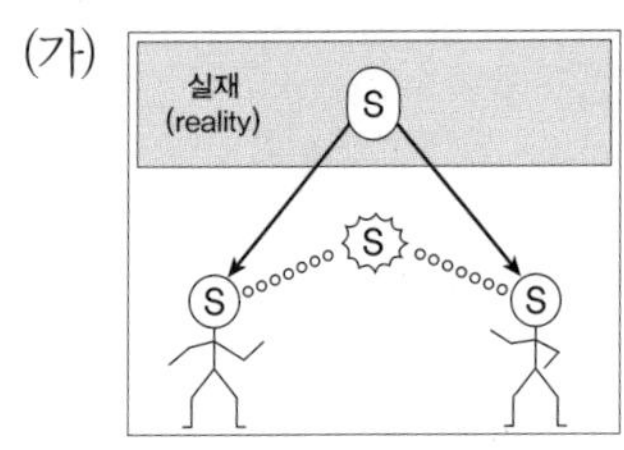

S, S1, S2 감각 데이터(sense data)

·실재란 두 사람의 외부에 존재하며, 두 사람은 현상을 동일하게 지각하고 기억한다.

(나)

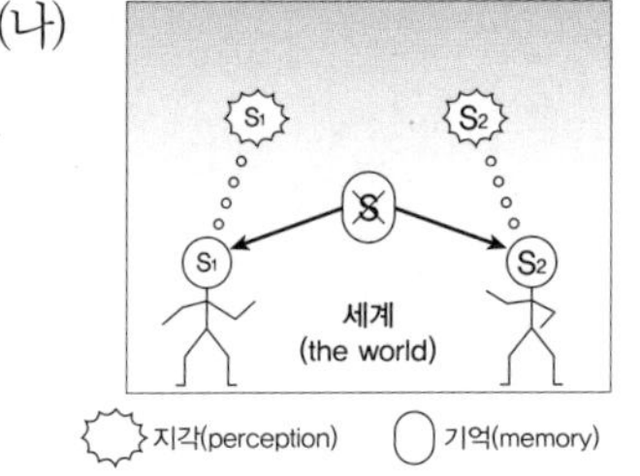

지각(perception) 기억(memory)

·두 사람은 세계 속에 함께 존재하지만, 현상을 서로 다르게 지각하고 기억한다.

〈보 기〉

ㄱ. 지리지식이란 지리학자들이 일련의 검증과 합의를 통해 객관화하고 일반화한 것이다. 따라서 지리교육 내용으로서 지식은 모학문에서 구축된 개념, 원리, 법칙, 이론 등이다.
ㄴ. 지리지식이란 다른 사람들과의 상호작용에 의해 사회적으로 구성되는 것이다. 따라서 지리교육 내용으로서 지식은 학생들이 사회적 관계 속에서 경험하게 되는 것들이다.
ㄷ. 지리지식이란 인간의 경험 밖에 존재하는 것이 아니라 일상생활의 경험을 통해 얻어지는 것이다. 따라서 지리교육 내용으로서 지식은 '장소감'과 같이 학생들 개인이 장소에서 독특하게 경험하게 되는 것들이다.

	(가) - (나)		(가) - (나)		(가) - (나)
①	ㄱ - ㄴ	②	ㄱ - ㄷ	③	ㄴ - ㄷ
④	ㄷ - ㄱ	⑤	ㄷ - ㄴ		

3. (가)와 (나)는 현행 한국지리 교과서에 수록된 내용이다. (가)와 차별되는 (나)의 서술 방식의 특징으로 옳지 않은 것은? **[1.5점]** (2011학년도 중등임용 지리 1차 8번)

(가) 토양은 암석이 풍화된 물질 또는 하천이나 바다에 퇴적된 물질이 토양 형성 작용을 받아 형성된다. 토양은 크게 성대 토양과 간대 토양으로 구분된다. 성대 토양은 기후대와 거의 일치하여 분포하므로 위도에 따라 토양의 분포가 다르게 나타난다. 우리나라에 분포하는 성대 토양으로 갈색 삼림토, 포드졸토, 적색토 등이 있다.
(나) 달리는 차창 밖 풍경이 산비탈의 과수밭으로 펼쳐졌을 때 우리 일행은 남도의 황토를 가까이서 볼 수 있었다. 누런 황토가 아닌 시뻘건 남도의 황토를 처음 보는 사람들에게는 그런 자체가 시각적 충격이 아닐 수 없었을 것이다. 전라북도 정읍, 부안, 고창 땅 갑오 농민 전쟁의 현장 황토현에 가 본다면 더욱 실감할 남도의 붉은 황토는 그 날 따라 습기를 머금고 검붉게 피어오르고 있었다.

① 수사적 장치를 통해 친절한 텍스트를 지향하고 있다.
② 저자 또는 화자가 텍스트에 적극적으로 개입하고 있다.
③ 다양한 사실과 정보를 논리적 순서에 따라 구성하고 있다.
④ 학생들로 하여금 상상적·감정이입적 이해를 끌어낼 수 있다.
⑤ 브루너(J. Bruner)의 서사적 사고(narrative thinking)에 기반하고 있다.

4. 다음 자료를 읽고 물음에 답하시오. **[30점]** (2009학년도 중등임용 지리 2차 3번)

> ㉠인간은 환경과의 상호작용을 통해 삶을 영위해 왔다. 시대적·지역적 조건에 따라 환경이 인간 생활에 커다란 영향을 미치기도 하고 인간이 환경의 영향력을 통제하기도 한다. 이러한 인간과 환경과의 관계에 대한 이해는 지리학의 전통적인 연구 주제로 환경 문제가 심각해지는 현대사회에서 더욱 중시되고 있다.
>
> 한국의 국토 공간에서 인간과 환경과의 관계를 잘 보여 주는 대표적인 지역으로 간척지를 들 수 있다. ㉡간척지는 갯벌이라는 독특한 해안 환경에 적극적인 인간 활동이 개입되어 만들어진 문화경관으로 지역성과 역사성을 동시에 지니고 있다.
>
> 조선 시대에 전통적인 방법으로 조성된 소규모의 간척지, 일제강점기 때 근대적 간척 기술을 도입하여 만들어진 간척지, 해방 이후 국가 기관이나 기업이 추진한 대규모의 간척지가 황해안과 남해안을 중심으로 다양하게 분포하고 있다. 일부 간척지에는 당시에 조성한 촌락의 원형이 남아 있어서 간척지의 주민 생활을 파악할 수 있다. 일제강점기에 개척된 김제의 광활면 간척지와 해방 이후 조성된 부안의 계화도 간척지는 이의 대표적인 사례이다.
>
> ㉢이러한 간척지 개발은 국토를 확장하는 중요한 사업으로 인식되어 왔으나 최근 간척지의 환경 오염, 갯벌 생태계 파괴 등의 부정적 결과가 나타나면서 간척 사업의 타당성에 대한 재평가가 이루어지고 있다.

4-1. 김 교사는 자료의 밑줄 친 부분을 지리수업의 내용지식으로 선정하였다. ㉠ 경험-분석적 지식, ㉡ 역사-해석적 지식, ㉢ 비판적 지식의 학문적 배경(패러다임)을 밝히고, 그에 적합한 기능 함양, 수업 논리, 수업 방법을 각각 제시하시오. **[15점]**

5. 최 교사는 (가)의 루소(J. Rousseau)의 글과 (나)의 현대지리교육학자인 피엔(J. Fien)의 글을 읽고, 공통적으로 파악할 수 있는 지리교육의 방향을 추출하여 (다)와 같이 정리하였다.

(2007학년도 중등임용 지리 5번)

> (가) 그의 지리는 그가 살고 있는 마을에서 시작할 것이며, 다음에 그의 아버지의 시골집, 그리고 그들 사이의 장소들, 그 근처의 하천, 그리고 태양에 대해 그리고 어떻게 자신의 길을 찾는지에 대해 다룰 것이다. 이것이 만남의 장소이다.
>
> (나) 지리교육의 목적은 학생 개개인이 지니고 있는 지리 세계를 확장하는 것이다. 이는 세계에 대한 개인적, 문화적 견해로 구성되어 직접적이고 개인적인 경험과 환경적 의미에 의해 윤색된다. 그리고 이는 (A) 학생들의 의미 부여 활동과 그들이 매일매일의 일상생활에서 개입하는 실제 지리적 세계와 관련된다.
>
> (다) 추출된 지리교육의 방향: 경험(체험)중심 지리교육, (   ) 지리교육, (   ) 지리교육

폴라니(M. Polanyi)는 지식을 그 성격에 따라 명제로 언어화할 수 있는 명시적 지식과 언어화할 수 없는 암묵적 지식으로 대비한 바 있는데 (가)와 (나)에서 공통적으로 강조하는 지식은 어느 쪽에 속하는 것인지를 쓰고, (나)의 (A)를 지칭하기 위해 지리교육학자들이 사용한 용어를 적고, (다)의 빈칸에 들어갈 수 있는 가장 적절한 것 2가지를 쓰시오. **[4점]**

- 지식의 종류: ______________________
- 용　　어: ______________________
- 지리교육의 방향: 경험(체험)중심 지리교육,

(　　　　　) 지리교육, (　　　　　) 지리교육

문항 분석: 평가 요소 및 정답 안내

1번 문항

- 평가 요소: (가) (과학적) 탐구학습/(나) 구성주의 학습의 구별
- 정답: ③
- 답지 해설: ①·②·③은 (나)의 특징에 가깝고, ④·⑤는 (가)의 특징이다.

2번 문항

- 평가 요소: (가) 실증주의 관점/(나) 인간주의 관점의 구별
- 정답: ②
- 보기 해설: ㄱ은 실증주의 관점, ㄴ은 사회적 구성주의 관점, ㄷ은 인간주의 관점

3번 문항

- 평가 요소: (가) 설명식 텍스트/(나) 내러티브 텍스트의 구별
- 정답: ③
- 답지 해설: ①·②·④·⑤는 내러티브 텍스트의 특징이며, ③은 설명식 텍스트의 특징이다.

4번 문항

- 평가 요소: 지식의 유형과 지리학 및 지리교육의 패러다임과의 연계
- 정답 해설: 하버마스는 지식을 경험-분석적 지식, 해석학적 지식, 비판적 지식으로 구분하였다. 이를 지리학 및 지리교육의 패러다임과 연계하면, 경험-분석적 지식은 실증주의 패러다임, 해석학적 지식은 인간주의 패러다임, 비판적 지식은 구조주의 패러다임과 밀접하게 연계된다. 이들 각각에 대한 특징은 표 1-5를 참조하면 된다. 기능 함양, 수업 논리, 수업 방법에 대해 심광택(2007)은 다음과 같이 제시하고 있다. 경험-분석적 지식과 관련한 학습(내용) 방법, 학습 논리, 수업 원리, 학습 평가는 각각 공간(유형·과정)학습, 개념탐구 중심, 설명·확실성, 지필 중심 평가로 제시하고 있으며, 해석학적 지식과 관련해서는 각각 장소(경관·정체성 학습), 문제해결 중심, 이해·확률성, 수행 중심 평가로 제시한다. 비판적 지식과 관련해서는 각각 환경(변화·발전) 학습, 의사결정 중심, 토론·논쟁성, 동료 중심 평가로 제시하고 있다.

5번 문항

- 평가 요소: 지식의 유형/인간주의 지리교육과 학생중심 지리교육
- 정답: 암묵적 지식/사적지리(개인지리)/학생(아동)중심 지리교육, 생활중심 지리교육

제2장

지리교육의 목적과 목표

1. 지리교육의 가치와 중요성
   1) 자유주의 교육에서 본 지리교육의 가치
   2) 지리교육의 내재적 정당화
   3) 지리교육의 중요성

2. 지리교육의 목적
   1) 내재적 목적
   2) 외재적 목적

3. 지리수업목표
   1) 수업목표
   2) 지리수업목표의 하위 분류
   3) 행동주의와 수업목표
   4) 행동목표의 대안: 표현적 목표(결과)

1. 지리교육의 가치와 중요성

1) 자유주의 교육에서 본 지리교육의 가치

피터스(Peters, 1965)와 같은 고전적 자유주의 교육학자들은 교육적 경험이 사람을 변화시킬 수 있기 때문에 교육적 경험 그 자체를 소중히 하였다. 달리 말하면, 교육의 외재적인 동기(extrinsic motives)보다는 내재적인 동기(intrinsic motives)를 더욱 소중히 하였다. 지리교육의 관점에서 보면 지리교육과정은 어떠한 외재적 목적을 가질 수 없으며, 지리를 가르치고 배우는 활동은 그 자체로 가치 있기 때문에 학교에서 가르치는 것이다. 지리교수·학습이 가치 있는 활동이라고 간주되는 이유는 지리가 학생들에게 인간과 환경과의 관계에 대한 지식이나 지리적 안목을 제공해 주는 내재적 목적을 가지고 있기 때문이다(Lambert and Balderstone, 2000).

교육은 인간이 추구해야 할 어떤 방향성과 관계 있는 것이며, 그 방향은 인류가 추구해야 할 바람직하고 가치 있는 어떤 것이어야 한다. 자유주의 교육학자인 피터스(Peters, 1966)는 교육을 가치 있는 세계에 입문하는 것이라고 하였다. 이러한 의미에 따르면, 지리교육이란 지리를 통해 가치 있는 세계에 입문하도록 하는 것이다.

교육이 교육다우려면, 즉 가치 있으려면 피터스에 따라 적어도 규범적 준거, 인지적 준거, 과정적 준거를 갖추어야 한다. 따라서 지리교육은 적어도 이러한 3가지 기준을 만족할 때 교육으로서 가치 있다고 할 수 있을 것이다.

(1) 규범적 준거: 교육목적

교육개념의 규범적 준거란 교육목적에 관한 것으로 교육이 실현하고자 하는 '가치 있는 상태'가 무엇인가를 제시해 주는 것이다. 즉 교육은 교육의 개념 속에 내포된 '내재적 가치'를 추구해야 한다는 것을 밝혀 주는 기준이다. 교육은 가치 있는 것을 전달함으로써 그것에 헌신하는 사람을 만들어야 한다. 교육은 인간을 인간답게 하는 것을 목적으로 해야지 교육이 수단이 되어서는 안 된다는 것을 의미한다. 즉 교육을 외재적 가치 또는 도구적 가치로 바라보아서는 안 된다는 것이다.

(2) 인지적 준거: 교육내용

인지적 준거는 내재적 가치를 실현하기 위한 교육내용을 밝히는 것으로 피터스는 지식의 이해, 지적 안목의 형성을 위한 '지식의 형식'을 교육내용으로 해야 한다고 보았다. 여기서 지식의 형식이란 인간의 경험을 체계화, 구조화한 것이다. 즉 교육은 지적안목을 길러 주는 것이어야 한다.

(3) 과정적 준거: 교육방법

과정적 준거는 교육방법을 제시한 것으로 피터스는 도덕적으로 온당한 방법이 교육의 과정적 준거가 된다고 보았다. 교육은 교육받는 사람의 의식과 자발성을 존중하여 그들이 스스로 어떤 사태와 현상에 대하여 독립적으로 사고할 수 있도록 도와주는 활동이어야 한다. 따라서 학생들에게 적당히 높은 점수를 얻도록 하는 결과로서의 교육이 아니라 학생들로 하여금 세상을 다른 시각으로 볼 수 있도록 도와줄 수 있는 교육이 되어야 한다.

2) 지리교육의 내재적 정당화

자유주의 교육학자인 피터스(Peters, 1965, 1981)는 교육은 교사가 그들의 교과에서 내재적으로 가치 있다고 여기는 지식의 형식에 학생들을 입문시키는 것으로 보았다. 이러한 관점에서 보면, 지리교육은 지리를 통하여 가치 있는 세계에 입문(initiation)하도록 하는 것이다.

지식의 형식(forms of knowledge)이란 학문을 성격이 비슷한 것끼리 묶어놓은 것이다. 이러한 지식의 형식이 갖추어야 할 조건은 크게 내적 조건과 외적 조건으로 구분된다. 내적 조건은 고유한 개념과 진위검증방식을 가져야 하고, 외적 조건은 다른 지식으로 환원되지 않는 환원불가능성을 가져야 한다. 이러한 지식의 형식의 조건을 갖추고 있는 교과로 우리가 흔히 말하는 7자유주의 교과인 논리학과 수학, 자연과학, 인문과학, 역사학, 종교학, 문학과 예술, 철학을 제시하였다.

따라서 자유주의 교육사상가들의 입장에서는 지리는 하나의 교과가 될 수 없다. 즉 지리는 지식의 형식의 내적·외적 조건을 충족시키지 못하므로 지식의 한 분야에 불과하다는 것이다. 지리는 내적으로 지리만이 가지는 고유한 개념이 없으며, 이러한 개념을 검증할 수 있는 방법도 없다. 그리고 외적으로 지리학의 지식은 환원되어 버린다. 예를 들면, 경제지리학은 경제학에서 개념을 빌려온 것이므로, 경제학으로 환원가능하다. 따라서 지리는 지식의 한 분야에 불과하다는 것이다.

그러나 이에 대한 반론도 만만치 않다. 자유주의 사상가들의 주장처럼 교과가 굳이 지식의 형식이 될 필요는 없다는 것이다. 예를 들면, 지리교육학자 그레이브스(Graves, 1984: 78)는 지리가 인문과학, 자연과학, 수학에 동시에 입문할 수 있음을 강조한다.

3) 지리교육의 중요성

지리교육의 중요성에 대해서는 국제지리교육헌장이나 여러 국가의 지리교육과정을 통해, 그리고 여러 지리교육학자들을 통해 제시되고 있다. 특히 영국의 2007 국가지리교육과정은 지리 교과의 중요성을 간명하게 표현하였는데, 그것은 다음과 같다.

> 지리 학습은 **장소**에 대한 학생들의 관심과 경이감을 자극한다. 그래서 **복잡하고 역동적으로 변화하는 세계**를 학생들이 이해할 수 있게 한다. 지리 학습은 장소들이 어디에 있는지, **장소와 경관**이 어떻게 형성되는지, 인간과 환경이 어떻게 상호작용하는지, 다양한 경제와 사회와 환경이 서로 어떻게 **연결**되는지를 설명한다. 지리 과목은 **개인 스케일에서 세계 스케일**에 이르기까지, **모든 스케일**에서 **학생 자신의 경험**을 통해 **장소**를 학습하도록 한다.
>
> 지리 학습은 현재와 미래의 세계와 인간 삶에 영향을 미치는 **쟁점들**에 관하여 **질문하고, 조사하고, 비판적으로 생각**하도록 한다. 여기서 야외 조사는 필수적이다. 학생들은 **공간적으로 사고하는 법**을 배우며, 지도와 비주얼 이미지, 그리고 **지리정보체계(GIS)와 같은 새로운 기법을 사용하는 방법을 학습**한다. 이를 통해 **정보를 획득하고 표현하며 분석**할 수 있게 된다.
>
> 지리 과목은 **세계 속에서 자신의 장소를 탐험**하고, **다른 사람들에 대한 가치와 책임을 탐색**하며, **지구의 환경과 지속가능성**을 학습함으로써, 학생들에게 **글로벌 시민**이 되도록 이끈다.

2. 지리교육의 목적

지리교육의 일반적인 목적은 주로 내재적 가치와 외재적 가치(도구적 가치)의 관점에서 진술된다.

1) 내재적 목적

(1) 의미

지리교육의 내재적 목적은 지리를 배우는 경험 그 자체가 가치 있는 학습(지리적 안목을 길러 주고, 지리적 지식과 이해의 발달을 도모하는 등)이라는 것을 진술하는 것이다. 이는 피터스(Peters)를 비롯한 자유주의 교육학자들이 강조한다. 지리 교과 고유의 목적으로 교육의 학문적 요구와 밀접한 관련을 가진

표 2-1. 지리교육의 내재적 목적과 외재적 목적

분류	배경	사례
내재적 목적	• 학문적 요구 • 피터스의 강조 • 교육적 경험 그 자체	• 지리적 안목 • 지리적 통찰력 • 지리적 사고력 • 지리적 상상력
외재적 목적	• 도구적 목적 • 수단적 목적 • 사회적 요구 • 국가적 요구 • 국제적 요구	• 시민성 -로컬(지역) 시민성 -국가 시민성 -세계 시민성 -다중 시민성 -다문화 시민성 -생태 시민성 • 향토애 • 국토애 • 국제이해

다. 따라서 지리교육의 내재적 목적은 지리적 안목, 지리적 통찰력, 지리적 사고력, 지리적 상상력 등의 육성과 밀접한 관련을 가진다.

(2) 유형

서태열(2005)은 지리교육의 내재적 목적은 '지리적 안목'의 육성에 있다고 보았다. 이는 전통적으로 장소 및 지역 탐구, 공간 탐구, 인간과 자연과의 관계 탐구 측면에서 접근한 것이며, 최근에는 지리도해력이 중요해지고 있다고 주장한다. 그리하여 그는 지리교육의 내재적 목적을 장소감, 공간능력의 형성, 공간적 의사결정 능력, 지리도해력, 인간-사회-환경과의 관계로 제시하면서 다음과 같이 설명하고 있다(서태열, 2005: 68).

첫째, 지리는 장소와 지역에 대한 지식과 이해, 그 안에 거주하는 인간이 부여한 의미체계, 이들이 결합하여 생성되는 일체감, 소속감, 애착과 입지감(sense of location), 영역감 등의 형태로 총체적으로 나타는 장소감을 가르는 것을 목적으로 한다.

둘째, 패턴의 지각 및 비교 능력, 정향 능력, 시각화 능력을 포함한 통찰력과 안목을 의미하는 공간능력(spatial ability)을 형성하도록 한다.

셋째, 공간능력을 바탕으로 지리적 문제, 쟁점, 질문에 대한 의사결정을 하거나 공간적 의사결정 및 문제해결능력을 함양하도록 한다.

넷째, 지도, 지구의를 비롯한 시각적 자료의 표현, 이를 이용한 공간정보의 수집, 획득, 조직, 분석, 해석의 과정을 통한 의사소통의 능력, 즉 지리도해력을 발달시킨다.

다섯째, 자연에 대한 경외감을 포함하여 '사회 환경과 인간이 환경을 어떻게 이용하고 오용하는가'

에 이르기까지 '인간-사회-환경과의 관계'에 대한 인식을 고양하고, 이를 통해 올바른 관계와 가치를 모색하도록 한다.

한편 최근에는 지리교육의 내재적 목적으로 '지리적 상상력'이 강조된다. 지리적 상상력(geographical Imaginations)이란 밀스(Mills, 1959)가 주장한 사회적 상상력과 대비되는 개념이다. 하비(Harvey, 1973)에 의하면, "지리적 상상력이란 장소와 공간에 대한 감수성이다. 이는 개인(들)으로 하여금 그(들) 자신의 전기(biographies)에서 공간과 장소의 역할을 인식하도록 하며, 그들 주변에서 자신들이 볼 수 있는 공간들과 관련시키도록 하며, 개인들과 조직들 간의 교호작용이 이들을 분리시키는 공간에 의해 어떻게 영향을 받는가에 대해 인식하도록 하며, 다른 장소들에서의 사건들의 적실성을 판단하도록 하며, 공간을 창조적으로 설계하고 이용하도록 하며, 그리고 타인들에 의해 만들어진 공간적 형태들의 의미를 이해하도록 한다."

2) 외재적 목적

(1) 의미

외재적 목적은 도구적 또는 수단적 목적으로 진술된다. 교육의 사회적 요구, 국가적 요구, 국제적 요구와 밀접한 관련을 가진다. 특히 지리교육에 대한 중요성이 침체된 때에는 지리교육이 유용하다는 것을 사회에 알릴 필요성으로 인해 외재적 목적 또는 도구적 목적이 강조되는 경향이 있는 것으로 나타났다.

지리교육의 외재적 목적은 국제적 이해를 촉진하거나, 향토애, 국토애, 시민성 함양 등으로 표현된다. 예를 들면, 페어그리브(Fairgrieve, 1926)가 "지리는 사회적·정치적 문제들에 대해 건전하게 생각할 수 있는 미래 시민의 자질을 길러 준다"라고 한 것은 외재적 목적 또는 도구적 목적을 언급한 것이다.

(2) 유형

지리교육의 외재적 목적을 대표하는 시민성은 스케일에 따라 로컬(지역) 시민성(또는 능동적 시민성)(향토애), 국가 시민성(국토애), 세계(글로벌) 시민성(인류애), 다중 시민성 등으로 구별되며, 이에 더해 최근에는 다문화 시민성, 생태 시민성 등도 강조된다.

① 로컬(지역) 시민성

로컬 시민성(local citizenship)은 한 국가의 구성원이라기보다는 지역사회 또는 지방자치단체의 구성원, 즉 지역 주민에게 요구되는 자질이다. 지역 시민성은 지역화에 대응하는 시민의 자질로서 자신이 속한 지역의 정체성을 확립하고 공동체가 추구하는 목적을 실현하기 위해 자발적으로 참여하는 시민성이다. 자신이 속한 집단과 공동체가 직면한 문제를 자신의 문제로 인식하고 합리적으로 해결하기 위해 능동적으로 참여함으로써 공동체의 선과 복지를 향상시키기 위해 헌신하는 태도이다. 지역 시민성에서는 정체성의 획득과 공동체에 대한 자발적 참여가 강조된다. 로컬 시민성은 일종의 향토애라고 할 수 있으며, 가장 능동적인 참여가 강조된다는 점에서 적극적 또는 능동적 시민성(active citizenship)이라고도 불린다.

② 국가 시민성

근대 국민국가에서는 시민들에게 국가 시민성(national citizenship)을 요구했다. 국가 시민성은 한 국가의 구성원 전체, 즉 국민 모두에게 동일하게 요구되는 자질을 의미했다.

오늘날, 국민국가(nation-state)는 시민성을 부여하는 공식적인 기초 단위다(Turner, 1997). 한 국가의 시민은 그 국가의 영토에 기반하여 정치적, 법적 구조와 제도를 통해 어떤 권리와 의무를 부여받는다. 시민성은 국민국가라는 유럽적인 개념과 관계되며, 여전히 권리와 의무에 기반한 시민성에 매우 중요한 기제로 작용한다.

국가 시민성은 상상의 산물이다. 국가가 상상의 공동체인 이유는, 국가는 작은 동네나 마을처럼 모든 시민끼리 서로 알고 지내거나 만나서 대화를 나누는 것이 불가능하기 때문이다. 그러므로 국가적 통합과 동포애(애국심, 국토애)는 본래부터 존재하는 것이 아니라 상상적으로 구성되는 것이다.[1] 국가는 상상의 산물이지만, 그렇다고 국가 자체가 속임수이거나 거짓은 아니다. 국가의 질서/경계는 실질적으로 수호되고 유지되며 국가적 관념과 이상에 따라 많은 사람들이 국가를 위해 죽거나 누군가를 죽이기도 한다.

그러나 20세기 후반 세계화와 지역화가 진전되면서 새로운 형태의 시민성, 즉 세계 시민성과 로컬 시민성이 요구되고 있다.

③ 세계(글로벌) 시민성

세계 시민성(global citizenship)은 한 국가의 구성원이 아니라 세계 공동체의 구성원, 즉 세계시민에게 요구되는 자질이다. 세계 시민성은 세계화에 대응하는 시민의 자질로서 특정한 집단이나 국가의 이해관계를 초월하여 보편적 가치를 추구하고 그것을 실천하는 시민성이라 할 수 있다. 즉 인권, 환

1 우리는 국가 정체성을 공기처럼 아주 자연스럽게 보는 경향이 있다. 그러나 사실 국가는 인류 역사상 최근에 와서야 나타난 독특한 현상이다. 대부분의 역사에서 사람들은 근대 국가보다 훨씬 작은 규모의 문화 공동체를 통해 정체성을 형성해 왔다. … 그들은 그들의 마을, 교구, 도시 등을 통해 정체성을 형성했던 것이다(Anderson, 1991).

경과 기후, 전쟁과 평화, 핵과 대량살상무기, 빈곤과 기아, 전염병 등의 문제와 관련하여 특정한 집단이나 국가의 입장을 초월하여 인류 전체의 보편적 관점에서 접근하고 해결하기 위해 적극 참여하는 시민의 자질이다. 한마디로 세계시민성은 보편적 가치를 추구하는 초집단적·초국가적인 반성과 참여로 특징지어진다.

④ 다중 시민성

최근 세계화와 지역화가 급속하게 진전되면서 현대사회에서 요구되는 시민성의 개념과 성격도 변화하고 있다. 근대 국민국가 시대와 달리, 세계화와 지역화 시대에 각 시민은 지역사회, 국가, 세계 공동체의 수준에서 다중적인 지위를 중첩적으로 갖게 되고, 각 공동체는 구성원들에게 서로 다른 자질과 덕목을 요구하고 있다.

세계화와 지역화 시대에 살고 있는 개인은 한 국가의 '국민(national citizen)'이고, 동시에 세계 공동체의 '세계 시민(global citizen)'이면서 특정한 지역사회의 '지역 주민(local citizen)'이다. 그래서 한 시민에게 국민으로서의 자질과 행위양식, 세계 시민으로서의 자질과 행위양식, 지역 주민으로서의 자질과 행위양식이 동시에 요구된다. 세계화와 지역화가 동시에 진행되면서, 한 사람이 국민, 세계 시민, 지역 주민이라는 다중적인 지위를 동시에 갖게 되고, 국가, 세계 공동체, 지역사회는 각 구성원에게 서로 다른 시민의 자질을 요구한다. 이렇게 여러 가지 공동체의 수준에서 다중적인 지위를 갖는 한 시민에게 요구되는 다양한 형태의 시민의 자질을 다중 시민성(multiple citizenship)이라고 부른다. 다중 시민성은 한 개인에게 서로 다른 수준의 지위들이 부여되고, 다중적인 지위에 대해 다양한 형태의 자질이 요구되는 것을 가리킨다.

표 2-2. 시민의 다중적 지위와 다중 시민성

시민의 다중적 지위	다중 시민성
국민	• 국가 시민성(national citizenship) −한 국가의 구성원 전체에게 동일하게 요구되는 자질 −국가적 정체성, 애국심, 국가적 문제의 해결 능력
세계 시민	• 세계 시민성(global citizenship) −세계 공동체의 구성원에게 요구되는 자질 −보편적 가치를 추구하는 초집단적·초국가적인 반성과 참여
지역 주민	• 로컬(지역) 시민성(local citizenship) −지역사회의 구성원에게 요구되는 자질 −지역의 정체성의 획득과 공동체에 대한 참여

(박상준, 2009: 48−50)

⑤ 다문화 시민성

세계화로 인한 초국적 이주는 전 세계적으로 국민국가(nation−states) 내부의 다양성을 증가시키고 있을 뿐만 아니라, 인종, 문화, 언어, 종교, 민족 등의 관점에서 다양성에 대한 인식도 높였다.

국가 간 이주의 증가, 민주 국가 내부에 존재하는 구조적 불평등에 대한 인식의 확대, 그리고 국제 인권에 대한 인식과 정당성의 확산으로 전 세계 국가들, 특히 서구 민주국가에서 시민성 및 시민성 교육과 관련한 복잡한 문제들이 대두되었다.

다문화사회(multicultural society)는 시민들의 다양성을 반영하는 동시에, 모든 시민이 헌신할 수 있는 보편적인 가치, 이상, 목표를 보유하는 국민국가를 건설해야 하는 문제에 직면해 있다(Banks, 1997). 정의 및 평등과 같은 민주적 가치를 중심으로 국가가 통합되어야만 다양한 문화, 인종, 언어, 종교 집단의 권리를 보호할 수 있고, 그들의 문화적 민주주의와 자유를 누릴 수 있다. 캐나다 정치학자인 킴리카(Kymlicka, 1995)와 뉴욕대학의 인류학자인 로살도(Rosaldo, 1997)는 다양성과 시민성에 대한 이론을 구축하였다. 킴리카와 로살도가 공통적으로 주장하는 바는 민주사회에서는 민족집단들과 이민자 집단들이 국가의 시민 문화에 참여할 권리뿐만 아니라 자기 고유의 문화와 언어를 유지할 수 있는 권리를 가져야 한다는 것이다. 킴리카는 이러한 개념을 다문화적 시민성(multicultural citizenship)으로, 로살도는 문화적 시민성(cultural citizenship)이라고 하였다. 1920년 드라츨러(Drachsler)는 이를 문화적 민주주의(cultural democracy)로 칭하였다.

세계 대부분의 국가에서 문화, 인종, 언어, 그리고 종교의 다양성은 존재한다. 대부분의 국민국가에서 주어진 과제 중의 하나는 다양한 집단을 구조적으로 포용하여 그들이 충성심을 느낄 수 있는 국가를 건설하는 동시에, 해당 집단이 고유의 문화를 보존할 수 있도록 기회를 보장해 주어야 한다는 것이다. 다양성과 통일성 간에 정교한 균형을 이루는 것이 민주국가의 핵심목표인 동시에 민주사회에서 이루어지는 교수학습의 핵심목표가 되어야 한다. 국가가 국민들 내부에 존재하는 다양성에 대응할 때, 통일성을 중요한 목표로 삼아야 한다. 정의, 평등과 같은 민주주의적 가치를 중심으로 통합을 이룰 때만이, 국가는 소수집단의 권리를 보호하고 다양한 집단의 참여를 보장할 수 있다(Gutmann, 2004).

⑥ 생태 시민성

지구적인 환경 문제의 확산이라는 현시대적 상황은 공간적 영역이 제한된 전통적인 시민성에서 탈피하여 새로운 유형의 시민성에 대한 논의를 요구하고 있다. 즉 기존의 시민성 논의에 대한 부분적 변화가 아니라 생태적으로 재구성된 근본적으로 새로운 형태의 시민성이 필요하다는 것이다. 이러한 흐름을 받아들여 새롭게 재구성된 형태로 등장한 개념이 생태 시민성(ecological citizenship)이다(Dobson, 2003; 김병연, 2011).

생태 시민성의 특징은 크게 3가지로 제시할 수 있다(김병연, 2011). 첫째, 생태 시민성의 주요한 차원은 비영역성(non-territoriality)으로 이는 기후변화와 같이 전 지구적 성격을 가지는 환경문제와 생태 시민성을 연계시키는 중요한 특징이며 상호 연계성과 상호 의존성에 기반하고 있다.

둘째, 생태 시민성은 권리보다 책임과 의무를 강조하고, 생태 시민에게 요구되는 책임과 의무는 비호혜적이며, 시·공간적 및 물질적 관계성에 기반하고 있다. 생태 시민의 의무는 다른 사람들에게 영향을 미칠 수 있는 모든 개인적 행위에 대한 책임으로 설명할 수 있고, 이러한 책임은 자신과 상호작용을 통해 영향을 받게 되는 비인간 생물종에게까지 확장된다(Dobson, 2003).

표 2-3. 생태 시민성의 주요 특징

구분	생태 시민성의 특징
활동 영역	공적/사적 영역
행위 동기	관계성(의무, 책임 수행)
동기적 가치	배려, 공감, 정의 (인간과 자연 간의) 비상호호혜성
스케일	비영역적(생태발자국의 지구적 분포) 비차별적(포괄적)
배려와 책임의 범위	과거/현재/미래 세대 비인간(인간·자연 공동체)

(Dobson, 2003; 김병연, 2011)

셋째, 생태 시민성은 공적 영역뿐 아니라 사적 영역에서 발생되는 환경 문제를 중요하게 고려하고 있다. 그래서 사적 영역에서 생태적 덕성을 중요한 자질로 요구하고 있다. 환경 문제를 일으키는 동시에 그 문제를 해결해야 할 책임의 중심에 '개인'이 서게 된 상황에서 공적 영역에만 국한되었던 시민의 활동 장소가 사적 영역으로 침투하게 된 것이다.

이상에서 논의한 생태 시민성의 주요 특징을 살펴보면 다음 표 2-3과 같다. 생태 시민성 개념은 우리 사회가 직면한 지구기후 변화와 이에 대한 대응이라는 과제를 성찰적으로 바라보고 새로운 방향을 제시하는 데 기여할 수 있다. 또한 지구기후변화를 비롯하여 4대강 사업, 밀양 송전탑 반대 시위 등 이 시대를 살아가는 시민들이 접하게 되는 실천적 상황은 생태 시민성이 갖는 의미를 보다 분명하게 보여 주는 계기가 될 수 있다.

3. 지리수업목표

1) 수업목표

수업목표는 교사가 한 차시의 수업을 위해 진술하는 구체적이고 명세적인 목표이다. 수업목표는 '의도된 학습결과'와 유사한 의미로 사용되며, 일반적으로 행동적 목표로 진술된다. 사실상 보다 명세적이고 단기적인 행동적 목표일수록 의도된 학습결과가 성취될 가능성이 높다고 할 수 있다. 특히 수업목표가 간단한 지식 또는 인지적 목표일 경우에는 의도된 학습결과를 더욱더 쉽게 알아볼 수 있다.

수업목표가 의도된 학습결과이지만, 실제 많은 수업에서는 의도되지 않는 학습결과들이 나타날 수 있다. 이것은 교사가 수업목표를 달성하는 데 실패했다는 것을 의미하는 것은 아니다. 왜냐하면 학생들은 교사가 관심을 두지 않았던 문제를 유심히 볼 수도 있으며, 교사가 가르친 사고를 더 발전시켜 두세 단계 더 전개해 나아갈 수도 있기 때문이다. 또한 어떤 학생들은 과목 전체를 꿰뚫는 통찰력을 가졌을 수도 있다. 이러한 사례는 수업목표를 행동적 목표 또는 의도된 학습결과로 진술하는 것의 한계를 보여 주는 것이다. 이러한 행동적 수업목표 진술의 한계에도 불구하고, 교사들은 여전히 학생들의 학습활동이 자신들이 설정한 학습목표에 맞추어 진행되어야 한다고 믿고 있고 실제 수업에서도 그렇게 하고 있다.

2) 지리수업목표의 하위 분류

교사가 교육에 대한 어떤 관점을 가지고 있든지 간에, 매일매일 달성하고자 의도하는 단기적인 수업목표를 상세화할 필요가 있다(Pring, 1973). 많은 학자들은 단기적인 수업목표를 분류하기 위해 고심하여 왔다. 가장 간단하게 분류하는 방식이 지식, 기능, 가치와 태도로 구분하는 방식이다. 이러한 분류는 매우 유용하지만, 실제로 목표를 설정할 경우 지식, 기능, 가치와 태도 등은 별개의 것이 아니라 동시에 고려되어야 할 것이다. 최근에는 지리적 문제를 이해하고 합리적으로 해결하기 위한 참여와 실천이 강조되고 있다. 따라서 지리수업의 목표는 지식, 기능, 가치와 태도, 행동과 실천의 관점에서 진술될 수 있다(표 2-4).

표 2-4. 지리수업목표 진술을 위한 하위 영역

영역	내용
지식	지리학과 경험에서 도출된 지식(사실, 개념, 원리, 법칙 등)
기능	정보활용(처리)능력, 의사소통능력(구두표현력, 문해력, 수리력, 도해력), 탐구능력, 문제해결능력, 의사결정능력, 사고기능
가치·태도	시민성, 갈등/쟁점의 합리적 해결 태도, 바람직한 자세
행동·실천	의사결정의 실천, 문제해결을 위한 행동과 실천

3) 행동주의와 수업목표

(1) 블룸의 교육목표분류학

한편, 제2차 세계대전 이후 미국의 심리학자와 교육학자들은 명세적인 교육목표분류학(taxonomy of educational objectives)을 만들기 위해 공동작업을 수행하였다. 이들이 교육목표분류학을 만들게 된 동기는 학생들이 어떤 유형의 지식을 성취하였고, 어떤 유형의 지식을 성취하지 못하였는가를 확인하는 데 있었다. 이를 위해서는 목표를 분류할 필요성이 제기되었다. 먼저 교육목표는 인지적 영역, 정의적 영역, 운동기능적 영역으로 구분되고, 다시 각각의 영역은 하위 영역으로 구분하였다. 인지적 영역이 지식과 능력에 관심을 둔 목표라면, 정의적 영역은 감정적 상태나 태도와 관련된 목표이고, 운동기능적 목표는 기계적 혹은 조작적 기능에 관한 목표이다.

교육목표분류학에 대한 연구 결과는 두 권의 책으로 출판되었는데, 1권은 인지적 영역을 다룬 것이고(Bloom, 1956), 2권은 정의적 영역을 다룬 것이다(Krathwohl, et al., 1964). 운동기능적 영역에 관한 책은 아직까지 출판되지 않았고, 다만 다른 학자들에 의해 연구된 것이 있을 뿐이다(Harrow, 1972). 이 중에서 지리 수업목표 진술을 위해 가장 많이 활용되는 것은 인지적 영역과 정의적 영역이며, 운동기능적 영역은 활용 정도가 매우 낮다. 따라서 여기에서는 인지적 영역과 정의적 영역에 대해서만 간단하게 살펴본다.

① 인지적 영역

블룸(Bloom, 1956)은 인지적 영역(cognitive domain)을 '지식', '이해', '적용', '분석', '종합', '평가' 등 6개의 하위 분야로 나누고, 각 분야를 다시 하위 요소들로 세분하였다. 이들은 서로 위계 관계를 가지고 있는데, 지식과 이해를 하등정신과정(lower-mental process)으로 보고, 적용, 분석, 종합, 평가를 고등정신과정(higher-mental process)으로 보았다. '이해'를 위해서는 하위 단계의 '지식'이 있어야 하고, 상위 수준의 '적용' 능력이 생기기 위해서는 반드시 '지식'과 '이해'를 전제 조건으로 하여야 한다. 따라서 학생들에게 어떤 것을 '평가'하라고 요구하는 것은 다른 범주의 목표들을 모두 포함한 작업을 수행하라고 요구하는 것과 마찬가지이다(Graves, 1984). 그레이브스(Graves, 1984)의 예를 들면, 데이비스의 지형윤회설의 타당성을 '평가'하기 위해서는 다음과 같은 여섯 단계의 인지적 영역을 모두 포함해야 한다.

1. 사용된 전문용어를 아는 것
2. 제기된 문제의 본질을 이해하는 것

3. 타당하게 알려진 경관들에 대해 이론을 적용하는 것
4. 이론에서 사용된 내재적 가정들과 원리들을 분석하는 것
5. 얻은 증거에 관한 어떤 종류의 결론이 나타날 때까지 그 이론에 대한 찬성과 반대의 증거를 종합하는 것
6. 이론을 설명방식으로 사용할 가치가 있는가의 여부를 판단하는 것

그리고 상위 수준으로 올라갈수록 높은 차원의 복잡한 행동이 이루어진다. 이 6가지 목표 가운데서 지식 수준은 가장 단순한 것에 속하며 이해, 적용, 분석, 종합의 순서로 점차로 복잡해져서 평가가 가장 복잡한 지적 조작을 요하는 것으로 가정된다. 그리고 지식부터 이해력, 적용력, 분석력, 종합력, 평가력까지 각 유목들은 독립성과 계열성을 전제로 하고 있다. 이러한 인지적 영역의 하위 분야의 각각에 대한 의미와 지리적 사례는 표 2-5에 제시되어 있다.

표 2-5. 블룸의 인지적 영역과 지리적 사례

분류	정의	사례
지식	사실, 개념, 원리, 경향, 기준, 과정 등을 기억할 수 있는 능력에 관한 것이다.	위선 66.5°N의 이름은 북극권이라고 명명하고, 12월에 인도의 마드라스(Madras) 지방으로 불어오는 바람은 북동계절풍임을 알고 있다.
이해력	의사소통의 표현수단이 어떠한 형태로 나타나든지 간에(언어, 기록, 도표 등), 학생은 의사소통의 정확한 의미를 이해할 수 있는 것을 내포한다.	특정지역에 대하여 정확하게 기술적인 설명을 할 수 있다는 것은 이 지역에 대하여 이해한 것을 그대로 옮기는 것이다. 이 범주는 더 확대될 수 있어서 때로는 이해된 것을 해석하고 예측하는 능력까지도 포함된다.
적용력	학생이 학습한 지식을 가지고 새로운 상황에 적용하는 능력을 보여 주는 행동들을 말한다.	학생들에게 중력모델의 지식을 이용하여 두 도시 간의 자동차 통행이 그들의 인구의 곱에 비례하는가의 여부를 발견하도록 요구하는 것이다. 또 다른 예로, 주어진 자료를 이용하여 어떤 지역의 특정한 산업에 대한 입지계수를 계산해 낼 수 있는 능력이다.
분석력	학생들에게 어떤 상황에서 요소들을 분리해 내거나, 사상들의 상호관계성을 분석하거나, 혹은 주어진 진술에 내재하는 원리들을 찾아내도록 요구하는 목표들을 기술한 것이다.	자동차 도로의 노선에 대한 결정을 내리기 위해 고려하여야 할 요소의 종류를 분류하는 것이다.
종합력	학생들로 하여금 많은 요소들을 결합시켜 전체 혹은 어떤 종류의 패턴을 만들도록 요구하는 목표들을 말한다.	버려진 채석장에 위락공원의 개발을 위한 계획을 세우는 것이다.
평가력	내재적 또는 외재적 증거를 가지고 가치판단할 수 있는 학습행위나 능력들을 포함한 목표를 말하는 것이다.	데이비스의 지형윤회설의 타당성을 평가하는 작업을 한다면 하나의 평가적인 수업목표라고 볼 수 있다.

(Graves, 1984에 근거하여 재구성)

블룸의 이러한 위계적인 분류법을 사용하면, 목표가 얼마나 균형 있게 진술되었는지를 판단할 수 있기 때문에 유용하다. 예를 들면, 진술된 목표들이 지식 목표에만 중점을 두었는지, 아니면 분석, 종합, 평가 등이 골고루 활용되었는지를 판단할 수 있다. 따라서 블룸의 위계적 분류법은 학교현장에서 이원목적분류표라는 형식을 통해 평가문항이 얼마나 균형 있게 분포하고 있는지를 평가하는 데 많이 활용된다. 또한 교육목표분류학은 진술된 목표가 학생들의 능력 수준에 비추어 어려운지의 여부를 어느 정도는 판단해 낼 수도 있다. 예를 들어, 수준이 낮은 학생들에게 분석력, 종합력, 평가력 등의 고등정신능력을 평가하는 것은 문제의 소지가 있을 수 있다. 물론 지식과 이해력 영역이라고 하더라도 난이도가 높으면 어려울 수도 있다. 여기서는 6개의 하위 영역의 더 세부적인 범주에 대해서 언급하지 않는다.

블룸의 교육목표분류학은 교육 연구와 실제 현장에 적용하면서 몇몇 단점과 현실적인 한계가 나타났다. 먼저, 블룸의 교육목표분류학은 인지적 단계가 간단한 것에서부터 복잡한 것으로 위계적으로 설정되어 있고 높은 단계들이 아래 단계들을 포섭하도록 되어 있는데, 여기에서 학생들 개개인이 지니고 있는 교육적 경험을 배제할 가능성을 내포하고 있다. 또한 인지적 과정이 단순한 것에서 복잡한 것으로 나아가는 단순한 구조로서, 모든 전 단계들을 완벽히 마스터해야만 더 복잡한 단계를 숙달할 수 있다는 일차원적이고 나선형적 구조를 띠고 있다. 이는 학생들의 다양성을 간과하는 오류를 범할 수 있다.

② 정의적 영역

블룸의 인지적 영역(affective domain)의 하위 범주들은 수업목표 또는 평가목표를 진술하는 데 많이 활용되는 데 비해서, 정의적 영역은 실제적으로 활용 빈도가 매우 낮다. 왜냐하면 지리를 비롯한 사회과에서는 전통적으로 정의적 영역을 '가치와 태도'라는 하나의 범주로 다루기 때문이다. 그리고 정의적 영역은 하위 범주로 구분하기가 인지적 영역보다 훨씬 더 어렵기 때문이기도 하다. 교육에서 정의적 영역이 중요하다는 것은 누구나 인식하는 것이지만, 교사들이 수업활동을 전개할 때는 좀 더 쉽게 식별할 수 있고 측정할 수 있는 인지적 영역에 집중하려는 경향성도 무시할 수 없다.

크레스호올 등(Krathwohl et al., 1964)은 정의적 영역을 위계적 순서에 따라 '수용(주의)', '반응', '가치화', '조직화', '인격화' 등 5개의 하위 분야로 나누고, 각 분야를 다시 하위 요소들로 세분하였다. 이 5개의 위계 수준은 내면화 정도에 기초한 것이다. 따라서 수용(주의)에서 가장 고차적인 인격화로 갈수록 내면화 정도가 매우 높은 목표라고 할 수 있다. 이러한 정의적 영역을 표 2-6과 같이 지리교육에 적용하려는 시도도 있었다(Styles, 1972).

표 2-6. 크레스호올 외(Krathwohl et al., 1964)의 정의적 영역과 지리적 사례

분류	정의 및 지리적 사례
수용	사람은 각기 다른 문화적·자연적 환경에 살고 있다는 것을 학생들이 자각하게 하는 목표이다. 여기서는 다른 문화적 환경에 대한 정보도 기꺼이 수용할 줄 알고, 보다 의미 있는 학습을 위하여 어떤 환경을 선택하도록 하는 것이다.
반응	처음에는 학생들에게 남부 인도의 농업에 관한 세부적인 정보를 찾아보도록 시키고, 그다음에는 구체적으로 열거되어 있지 않은 자료의 출처를 찾는 것을 기꺼이 받아들이며, 마지막으로 타밀나드(Tamilnad) 농업의 문제점에 관해 날카로운 안목을 개발시켜 주는 것이 주요 목표들이다.
가치화	학생들이 ① 휴일을 위한 별장의 개발부터 그 지역의 자연미를 보존하는 것은 가치 있는 활동이라고 수용하고, ② 자연미의 보존지역에 대한 선호도를 나타내며, ③ 그러한 가치들을 시행하는 행동 등이 포함된다.
조직화	학생들에게 ① 추상적 원리로써 어떤 가치를 발달시키는 것이다. 예를 들면, 자원채굴은 소득을 증가시켜 준다는 단순한 이유 때문에 좋은 일이라고 생각해서는 안 된다는 가치를 가지는 것이다. ② 학생들이 학습한 가치를 토대로 하여 그들의 개인적 가치체계를 발전시키는 것이다. 예를 들면, 토지개발 계획안을 수립할 때는 생활환경에 미치는 영향력이나 환경의 질적인 측면을 고려한 후, 설정된 준거에 비추어 습관적으로 판단하게 되는 경우를 말한다.
인격화	학생들이 갖고 있는 일반화된 가치체계에 맞추어 일관성이 있으면서도 인격화된 행동을 하도록 하는 것을 목적으로 한 것이다. 예를 들면, 이러한 목표는 학생들이 세계의 전쟁(예, 이스라엘-아랍분쟁)에 관해 일관성 있게 반응하도록 하는 것으로, 그 전쟁을 야기시킨 범인을 찾는 것이 아니라 다른 사람들의 견해를 존중하면서 양측의 주장을 조화시켜 주는 방법을 찾아보려고 노력하는 반응을 보이도록 하는 것이다. 이와 같은 행동을 보이는 학생은 모든 가치체계가 완전히 내재화되어 있는 상태이고, 또한 그 가치체계와 동일시된 상태라고 보아도 무방할 것이다.

(Styles, 1972; Graves, 1984 재인용)

글상자 2.1

지리에서 '감성(정서)'의 중요성

지리는 장소에 관한 것이며, 장소는 강력한 감성적 반응을 불러일으킨다(Tanner, 2004). 예를 들면, 아름다운 장소는 경외감을, 혹독한 환경은 두려움을 불러일으킬 수 있다. 그리고 사람들은 평범한 장소이지만 개인적으로 중요한 장소에 대해 애착을 느낀다. 감성적으로 읽고 쓸 수 있는 사람은 자신의 느낌을 인식하고 관리할 수 있으며, 다른 사람들과 건설적이고 효과적인 관계를 구축할 수 있다. 이러한 학습 능력은 감성적 문해력(emotional literacy) 또는 감성지능(emotional intelligence)이라 불리며(Goleman, 1996), 학생들에게 이를 길러주기 위해서는 그들의 장소에 대한 느낌과 반응에 주목할 필요가 있다. 특히 지리는 실제적인 장소와 사람의 삶에 관심을 가지기 때문에, 이러한 감성적 문해력을 발달시키는 데 중요한 기여를 할 수 있다.

지리학습에서 자신의 집이나 학교, 그리고 로컬지역에서의 경험은 중요한 자원이 된다. 이러한 경험은 학생들로 하여금 자연환경 및 건조환경과 접촉하여 장소감을 발달시키도록 하며, 환경을 위한 경외감과 배려의 윤리를 가지게 한다. 학생들이 살고 있는 장소에 대한 정의적 또는 감성적 지도화 활동은 그들이 일상적으로 접촉하는 장소를 새롭게 경험할 수 있는 기회를 제공하며, 자신의 감성과 느낌을 알고, 서로 의사소통할 수 있는 많은 기회를 제공한다. 그리고 이 활동은 학생들의 감성적 문해력(emotional literacy)을 발달시킬 수 있게 한다.

감성적 문해력이라는 용어는 스타이너(Steiner)에 의해 처음으로 사용되었다. 스타이너는 감성적 문해력은 3가지 요소를 가진다고 제안한다. 첫째는 자신의 감성(emotion)을 이해할 수 있는 능력이며, 둘째는 다른 사람들에

게 귀 기울일 수 있는 능력이며, 셋째는 생산적으로 감성을 표현할 수 있는 능력이다(Steiner and Perry, 1997: 11). 한편, 감성지능(emotional intelligence)이라는 용어는 골먼(Goleman)에 의해 대중화되었는데, 그는 성공적인 삶을 위해 감성지능은 IQ(Intelligence Quotient)보다 더 중요 할 수 있다고 주장한다(Goleman, 1996). 다중지능이론에 관한 가드너(Gardner)의 연구(Gardner, 1983)에 기반하여, 골먼은 감성지능이 5가지의 주요 영역을 포함한다고 주장한다. 이들 중 처음 3가지는 가드너의 자기이해지능(intrapersonal intelligence)과 관련되는 반면, 나머지 두 개는 EQ(Emotional Quotient)의 대인관계적 양상(interpersonal aspects)과 관련된다. 감성적 문해력과 감성지능은 밀접하게 관련되며, 종종 서로를 대체하여 사용된다. 감성적 문해력은 보다 폭넓은 개념으로 인식되어 교육에서 사용되는 빈도가 높아지는 반면, 감성지능은 기업 및 리더십과 더 밀접하게 관련된다(Tanner, 2004: 24).

이러한 정의적 영역은 인간주의 지리교육에 의한 가치교육에 대한 관심으로 더욱더 주목받게 되었다. 슬레이터(Slater, 1993)가 인간주의 지리교육을 환경에 대한 '개인적 반응으로서의 지리(geography as personal response)'라고 명명한 것에서도 정의적 영역에 대한 강조점을 읽을 수 있다. 인간주의 지리교육에서 강조하는 개인지리 또는 사적지리, 그리고 장소감은 환경에 대한 개인적 반응으로서의 지리가 발현된 것으로, 학생들의 환경과 장소에 대한 경험, 즉 느낌, 지각, 가치와 태도 그 자체이다.

(2) 블룸의 신 교육목표분류학

앞에서 블룸(Bloom)의 교육목표분류학 자체가 갖는 한계를 몇 가지 지적하였다. 그러나 교육목표분류학이 현장 교사들에 의해 광범위하게 사용되지 않는 현실적인 문제도 제기되고 있다(강현석, 2006). 먼저, 부족한 시간으로 인하여 분류학에 근거해 수업목표를 설정하고, 수업 활동을 구상하고, 평가문항을 작성하는 데는 문제가 있을 수 있다는 것이다. 두 번째로 최근 구성주의 학습관의 등장에 의해 행동주의 교육관의 산물인 교육목표분류학은 더 이상 의미가 없다는 것이다. 즉 학습 성과는 내용과 행동의 명세화를 넘어서 다양한 행동의 변화를 포함해야 한다는 것이다. 세 번째로 교육목표분류학은 너무 합리적이면서 복잡하기 때문에, 수업을 계획하고 검사문항을 작성하는 데 적용상의 한계가 있을 수 있다는 것이다. 특히, 고차 수준의 목표를 개념화하고 적용하는 것은 교사들에게 매우 어려운 일이다.

블룸의 교육목표분류학이 이론적이며, 현실적인 문제를 가지고 있음에도 불구하고, 그동안 교육계에서는 광범위하게 적용되어 왔다. 이는 교육목표분류학이 인지과학자들이 분류하는 지식의 유형과 어느 정도 일치하는 점이 있으며, 학습자의 행동 차원을 비교적 체계적으로 분류하고 있기 때문이다. 최근 이러한 몇 가지 문제점을 수정하기 위해서 인지 심리학자들, 교육과정 이론가 및 교육 연구가, 시험과 평가 전문가들이 모여 블룸(Bloom)의 신 교육목표분류학(revision of Bloom's taxonomy)2을 고안하였다(Krathwohl, 2002).

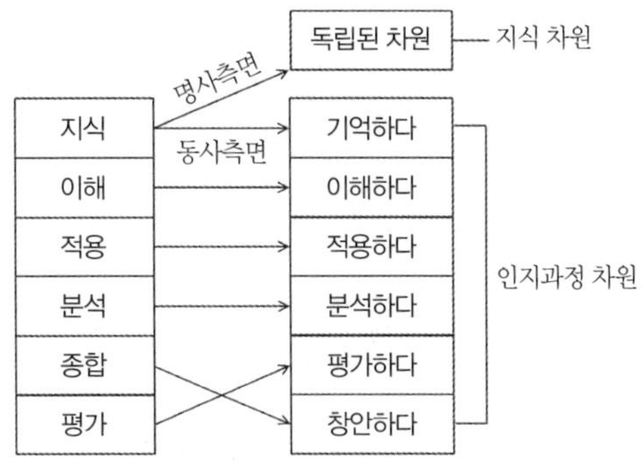

그림 2-1. 블룸의 교육목표분류학과 신 교육목표분류학의 비교
(Krathwohl, 2002)

블룸의 신 교육목표분류학은 명사로 이루어진 지식 차원(knowledge dimension)과 동사로 이루어진 인지과정 차원(cognitive process dimension)으로 구성된 이차원적 구조를 이룬다. 지식 차원은 사실적 지식, 개념적 지식, 절차적 지식, 메타인지 지식 등의 하위범주로, 인지과정 차원은 기억하다, 이해하다, 적용하다, 분석하다, 평가하다, 창안하다 등의 하위범주로 구성된다.

신 교육목표분류학은 기존의 블룸의 교육목표분류학의 범주를 유지하면서 수정을 가한 것이다. 신 교육목표분류학은 기존의 교육목표분류학의 6개 범주(지식, 이해, 적용, 분석, 종합, 평가) 중 '지식(knowledge)'을 독립된 명사적 측면의 '지식 차원'과 동사적 측면의 '기억하다(remember)'로 분화하였다. 그리고 이해(comprehension), 적용(application), 분석(analysis)은 그대로 유지하되, 동사의 형태로 이해하다(understand), 적용하다(apply), 분석하다(analyze)로 각각 변환되었다. 종합(synthesis)은 창안하다(create), 평가(evaluation)는 평가하다(evaluate)라는 동사 형태로 변환되었는데, 이들은 서로 위계가 바뀌었다(그림 2-1).

기존의 블룸의 교육목표분류학이 일차원적이고 나선적인 구조를 지니고 있었다면, 새로 개정된 블룸의 신 교육목표분류학은 명사로 이루어진 지식 차원과 동사로 이루어진 인지과정 차원으로 구성된 이차원적 구조를 이루고 있다. 지식 차원은 y축에 사실적 지식(factual knowledge), 개념적 지식(conceptual knowledge), 절차적 지식(procedural knowledge), 메타인지적 지식(meta-cognitive knowledge) 등으로 위계화되고, 인지과정 차원은 x축에 기억하다, 이해하다, 적용하다, 분석하다, 평가하다, 창안하다 등으로 위계화된 것이 신 교육목표분류학 표이다(표 2-7).

2 여기에서 말하는 블룸의 신 교육목표분류학이란 블룸이 새로운 교육목표분류학을 창안한 것이 아니라, 기존에 블룸이 만든 교육목표분류학을 크레스호올(Krathwohl)이 개정한 것을 의미한다. 따라서 정확하게는 개정된 교육목표분류학이라는 의미가 타당하지만, 강현석 외(2005)에 의해 신 교육목표분류학이라고 번역되어 사용되고 있기에 그대로 따르기로 한다.

표 2-7. 블룸의 신 교육목표분류학 표

지식 차원 \ 인지과정 차원	기억하다	이해하다	적용하다	분석하다	평가하다	창안하다
A. 사실적 지식						
B. 개념적 지식						
C. 절차적 지식						
D. 메타인지 지식						

(Krathwohl, 2002)

먼저 블룸(Bloom)의 신 교육목표분류학 표의 y축에 해당되는 지식 차원을 살펴보면, 사실적 지식, 개념적 지식, 절차적 지식, 메타인지 지식 등으로 구분되며, 각각 2~3개의 하위 유형으로 이루어져 있다(표 2-8). 4개의 지식 차원은 각각 다음과 같이 정의된다.

표 2-8. 블룸의 신 교육목표분류학의 지식 차원

주요 유형	하위 유형
A. 사실적 지식	Aa. 전문용어에 대한 지식 Ab. 구체적 사실과 요소에 대한 지식
B. 개념적 지식	Ba. 분류와 유목에 대한 지식 Bb. 원리와 일반화에 대한 지식 Bc. 이론, 모형, 구조에 대한 지식
C. 절차적 지식	Ca. 교과의 특수한 기능과 알고리즘에 대한 지식 Cb. 교과의 특수한 기법과 방법에 대한 지식 Cc. 적절한 절차의 사용 시점을 결정하기 위한 준거에 대한 지식
D. 메타인지 지식	Da. 전략적 지식 Db. 인지과제에 대한 지식(적절한 맥락적 지식 및 조건적 지식 포함) Dc. 자기-지식

(Krathwohl, 2002)

첫째, '사실적 지식(A)'은 교과나 교과의 문제를 해결하기 위해 숙지해야 할 기본적 요소들이다. 학구적 학문에 대한 대화, 그것을 이해하고 체계적으로 조직하는 데 전문가들이 사용하는 기본적인 요소로 이루어져 있다. 이는 기본 요소들을 포함하고 있어서 학생들이 그 학문에서 문제를 풀거나 공부할 때 반드시 알아야 한다. 사실적 지식은 전문용어에 대한 지식(Aa)과 구체적 사실과 요소에 대한 지식(Ab)으로 구성되어 있다.

둘째, '개념적 지식(B)'은 요소들이 통합적으로 기능하도록 하는 상위구조 내에서 기본 요소들 사이의 상호관계를 나타내는 것으로, 지식의 유목과 분류, 그리고 그들 사이의 관계에 대한 지식(보다 복잡하고 조직화된 지식 형태)을 포함하고 있다. 이는 분류와 유목에 대한 지식(Ba)과 원리와 일반화에 대한 지식(Bb), 이론, 모형, 구조에 대한 지식(Bc)으로 구성되어 있다.

셋째, '절차적 지식(C)'은 어떤 것을 수행하는 방법, 탐구방법, 기능을 활용하기 위한 준거, 알고리즘, 기법 등을 의미하는 것이다. 여기서 '어떤 것'이란, 완전히 틀에 박힌 일상적인 일에서부터 새로운 문제를 해결하는 일까지 넓은 범위에 걸쳐 있다. 사실적 지식과 개념적 지식은 '내용'을 나타내는 반면에, 절차적 지식은 '방법'에 관한 것이다. 절차적 지식은 교과의 특수한 기능과 알고리즘에 대한 지식(Ca)과 교과의 특수한 기법과 방법에 대한 지식(Cb), 적절한 절차의 사용 시점을 결정하기 위한 준거에 대한 지식(Cc)으로 구성되어 있다.

표 2-9. 블룸의 신 교육목표분류학의 인지과정 차원

상위 범주	하위 범주	
1.0 기억하다	1.1 재인하기	1.2 회상하기
2.0 이해하다	2.1 해석하기 2.3 분류하기 2.5 추론하기 2.7 설명하기	2.2 예증하기 2.4 요약하기 2.6 비교하기
3.0 적용하다	3.1 집행하기	3.2 실행하기
4.0 분석하다	4.1 구별하기 4.3 귀속하기	4.2 조직하기
5.0 평가하다	5.1 점검하기	5.2 비판하기
6.0 창안하다	6.1 생성하기 6.3 산출하기	6.2 계획하기

(Krathwohl, 2002)

넷째, '메타인지 지식(D)'은 지식의 인지에 대한 인식 및 지식과 인지 전반에 대한 지식을 의미한다. 이는 '전략적 지식(Da)'과 '적절한 맥락적 지식 및 조건적 지식을 포함한 인지 과제에 대한 지식(Db)', '자기-지식(Dc)'으로 구성되어 있다.

다음으로 신 교육목표분류학 표의 x축에 해당하는 인지과정 차원은 기억하다, 이해하다, 적용하다, 분석하다, 평가하다, 창안하다의 6개 범주로 구성되어 있으며, 각각 2~7개의 하위 유형으로 구성된다(표 2-9). 이들 중 기억하다는 파지와 관련이 있고, 나머지 5개는 전이와 관련이 있다.

첫째, '기억하다(1.0)'는 장기기억으로부터 관련된 지식을 인출하는 것으로 제시된 자료와 일치하는 지식을 장기기억 속에 넣는 재인하기(1.1)와 장기기억으로부터 관련된 지식을 인출하는 회상하기(1.2)가 있다.

둘째, '이해하다(2.0)'는 구두, 문자, 그래픽을 포함한 수업 메시지로부터 의미를 구성하는 것으로, 전이를 중심으로 한 교육목표의 인지과정 차원 중 가장 넓은 범주에 속하며 또 가장 많이 활용되고 있다. 학생들은 자신이 알고 있는 지식과 새로 습득한 지식을 서로 관련지을 수 있을 때 이해하게 되는 것이다. 이해하다에는 해석하기(2.1), 예증하기(2.2), 분류하기(2.3), 요약하기(2.4), 추론하기(2.5), 비교하기(2.6), 설명하기(2.7)가 있다.

셋째, '적용하다(3.0)'는 특정한 상황에 어떤 절차들을 사용하거나 시행하는 것으로 주로 절차적 지식과 관련이 깊다. 어떤 절차를 유사한 과제에 적용하는 집행하기(3.1)와, 어떤 절차를 친숙하지 못한 과제에 적용하는 실행하기(3.2)가 있다.

넷째, '분석하다(4.0)'는 자료를 구성부분으로 나누고, 그 부분들 간의 관계, 그리고 부분과 전체구조가 어떻게 되어 있는가를 결정하는 것이다. 하위 범주에는 제시된 자료를 관련된 부분과 관련되지 않은 부분으로, 중요한 부분과 중요하지 않은 부분으로 구분하는 구별하기(4.1)와 요소들이 구조 내에서 어떻게 기능하는가를 결정하는 조직하기(4.2), 제시된 자료를 기반으로 하고 있는 관점, 편견, 가치, 혹은 의도를 결정하는 귀속하기(4.3)가 있다.

다섯째, '평가하다(5.0)'는 준거나 기준에 따라 판단하는 것으로, 내적 일관성에 의한 점검하기(5.1)와 외적 기준의 불일치를 탐지하는 비판하기(5.2)로 이루어진 2개의 하위 유형을 포함한다.

여섯째, '창안하다(6.0)'는 요소들을 일관적이고 기능적인 전체로 형성하기 위해 새로운 구조로 재조직하는 것을 의미한다. 관찰할 수 있으며, 새로운 좋은 결과를 나타냈을 때 비로소 창안활동을 하였다고 할 수 있다. 문제가 주어지면 대안적인 해결책을 산출하는 생성하기(6.1)와 어떤 과제를 성취하기 위한 절차를 고안하는 계획하기(6.2), 해결책을 수행하여 기술된 목표를 만족시키는 산출물을 창안하는 산출하기(6.3)의 3개 하위 유형을 포함한다.

4) 행동목표의 대안: 표현적 목표(결과)

앞에서도 언급했듯이 교사가 어떤 목표를 학생들에게 제시하든지 간에 학습의 결과는 의도했던 결과와 의도하지 않았던 결과가 동시에 나타나게 된다. 교사는 이러한 학습결과를 예견해야 하고, 또한 기꺼이 받아들여야 한다. 왜냐하면 학습활동에서의 진보란 교사가 미처 예기치도 않았지만, 학생들의 지적인 발달이나 우연한 경우의 발견학습을 통해서 흔히 이루어지기 때문이다. 이와 같이 의도하지 않았던 학습결과에 대하여 많은 교사들은 교육과정의 필수적인 부분으로 간주하고 있다. 또한 의도하지 않은 학습결과를 통해 학생들 스스로가 사고하는 정신을 촉진시킬 수 있고, 교육과정상의 목표들에서 전혀 진술되지 않았던 어떤 사상에 도달할 수 있다고 보고 있다.

어떤 학습 분야는 의도된 학습결과를 행동적 또는 세부적인 목표로 진술하기가 매우 어렵다. 아이즈너(Eisner, 1969)는 행동적 수업목표에 대한 대안으로서 '표현적 목표(표현적 결과: expressive objectives)'를 제시하였다. 표현적 목표란 학생들이 무엇을 배우게 되는지를 정확하게 처방할 수는 없으나, 학생들이 문제를 갖고 직면하게 되는 '교육적 만남(교육적 상황, educational encounter)'을 기술하는 것이다. 그러나 이런 상황에서 여러 문제들과 부딪쳐서 학생들이 얻게 되는 지식, 기능, 가치와 태도가 무엇인지 정확하게 알 수는 없다.

그레이브스(Graves, 1984)는 표현적 목표의 사례를 다음과 같이 제시하였다. 어떤 학생에게 학교 주변지역의 버려진 땅에다 무엇을 할 수 있을지를 조사하라고 요구한다. 이 학생의 조사 결과에 대해서는 그다지 기대할 수 없기는 하지만, 이 학생은 조사를 통해 토지의 소유권과 이 땅을 이용하고자 하는 사회의 한 구성원으로서의 결정이 어느 정도 법에 제한받는가 등의 요인들을 고려하게 된다. 또한 이 토지를 다른 용도로 사용할 경우, 그 사회가 얻게 될 혜택 등도 고려하며, 이 지역을 미적인 즐거움을 주는 곳으로 만들기 위해 조경에 관해서도 염두에 두게 되고, 그 지역에 대한 교통과 접근성까지 생각하게 된다. 이 학생에게는 이러한 '교육적 만남(상황)'이 일어나게 되는데, 이것이 바로 표현적 목표(결과)이다.

한편, 슬레이터(Slater, 1993)는 환경에 대한 '개인적 반응으로서의 지리'를 강조하면서, 이는 학생들에게 개인적인 장소 탐색을 강조한다고 주장한다. 학생들은 자신들의 장소의 의미를 분명히 표현하도록 격려받으며, 이러한 의미는 타인과 공유하는 것일 수도 있지만 자신만의 것일 수도 있다. 개인적 반응으로서의 지리에 근거한 질문에 대한 답변의 결과는, 교사들이 과제를 어떻게 구조화하였는지보다는 학생들이 자신의 생각과 반응을 어떻게 구조화하는지에 따라서 훨씬 더 많이 좌우된다. 따라서 환경에 대한 개인적 반응으로서의 지리에서 질문은 아이즈너의 표현적 목표나 표현적 결과(Eisner, 1969)를 반영한다. 여기서 학생들에게는 교육적 만남(상황)이 주어진다. 공식적인 학습 내용의 관점에서는 학생들이 무엇을 학습할지 정확히 진술하거나 알 수는 없다. 그러나 이러한 환경에 대한 개인적 반응으로서의 지리는 개인적 의미와 이해를 개발하는 데에는 건설적이고 유익하다고 판단된다. 중요한 것은 탐구과정과 개인적인 환경 지식과 환경 경험을 탐색할 수 있는 기회이다.

학생들 스스로 발견한 새로운 상황들 또는 교육적 만남은 훨씬 더 흥미와 창의성을 유발할 가능성이 많다. 따라서 학생들의 학습 과정을 통해 나타나는 표현적 목표 또는 표현적 결과는 학생들마다 상당히 다양하고 독특할 수밖에 없다. 그러므로 수업목표 또는 평가목표에 근거하여 평가하는 방법과 동일한 방식으로 학생들의 다양한 표현적 목표의 성취를 측정하는 것은 불가능하다.

연습문제

1. 교육의 내재적 목적과 외재적 목적의 차이점을 기술하고, 지리교육의 내재적 목적과 외재적 목적을 각각 제시해 보자.

2. 지리교육의 내재적 목적으로서 '지리적 상상력'이란 무엇이며, 특히 최근에 와서 왜 중요해지고 있는지에 대해 설명해 보자.

3. 지리교과가 전체 교육과정에 어떤 기여를 할 수 있는지를 명백한 기여와 폭넓은 기여로 구분하여 설명해 보자.

4. 현대사회에서 지리를 왜 가르쳐야 하는지를 지리교육의 역할, 목적, 가치, 중요성의 측면에서 설명해 보자.

5. 지리교육의 외재적 목적으로서 '시민성'은 최근 다중 시민성의 관점에서 재개념화되고 있다. 다중 시민성이란 무엇인지 설명해 보자.

6. 지리수업목표 진술에 주로 사용되는 영역 구분인 지식, 기능, 가치와 태도, 행동과 실천에 대해 적절한 사례를 들어 설명해 보자.

7. 블룸의 교육목표분류학과 신 교육목표분류학의 차이점에 대해 설명해 보자.

8. 최근 우리나라 교육과정에서는 창의·인성 교육을 강화하고 있는데, 지리교육에서 학생들의 정의적 영역 또는 감성을 자극할 수 있는 방안에 대해 설명해 보자.

9. 행동주의적 관점에서 진술되는 수업목표와 아이즈너가 주장한 표현적 목표(결과)의 차이점을 지리교육적 사례를 통해 설명해 보자.

임용시험 엿보기

1. 지리교육의 내재적 목표를 3가지 영역(지식·이해, 기능, 가치·태도)의 관점에서 기술하고, 가치·태도 영역 평가의 유의할 점과 바람직한 방법에 대해 논하시오. 그리고 김 교사가 수업 자료의 〈학습 활동〉 a, b를 통해 추구하는 기능 목표를 각각 제시하고, 그와 관련된 〈학습 주제〉 A, B를 〈학습 내용〉으로부터 각각 2가지씩 설정하시오. **[20점]**

(2009학년도 중등임용 지리 2차 2번)

□ 김 교사의 수업 자료

〈학습 주제〉

A. ____________________, ____________________

B. ____________________, ____________________

〈학습 내용〉

인간은 두 가지 공간 즉, 공적 공간(광장)과 개인 공간(밀실) 중 어느 한쪽에 갇혀 있다고 느낄 때, 그곳으로부터 벗어나고자 하는 공간에 대한 새로운 욕망을 분출한다. 현대인의 공간 욕구는 꾸준히 증가하였다. 현대인의 밀실에 대한 관심은 커지고 욕망은 다양해진 반면에, 광장에 대한 관심은 줄어들고 획일적인 모습을 나타낸다. 최근, 우리 사회는 다수자 – 소수자의 이분법적 문제 설정으로 다문화 가정이란 용어를 만들어 광장에서 소수자에 대한 국민적 관심을 촉구하고 있다.

오늘날 공간(장소)은 세계적 차원에서 보다 나은 기회를 찾아 이동하는 인구가 증가하고 국가 간 경계를 넘어 새롭게 생산되고 소비되고 있다. 예를 들면, 1970년대 초반 한국 이주민들이 로스앤젤레스에 코리아타운을 조성하였고, 2000년대 접어들어 필리핀 이주민은 서울 혜화동 로터리 부근을 리틀마닐라로 재영토화하면서 그들만의 주말공동체(필리핀 남성 제조업 노동자 중심의 공동체)를 형성해 가고 있다. 그곳 공적 공간에서 이주민들에게 관용을 베풀고 배려하는 시민 단체의 활동이 지속되고 있다. 하지만, 한국인 마음속에 필리핀 이주민들을 한국 사회의 구성원으로서 인식할 것인가 아니면 판단을 유보할 것인가 하는 갈등은 개인 공간 속에 여전히 쟁점의 불씨로 남아 있다.

〈학습 활동〉

a. 이주자 지역공동체의 형성을 인구 이동과 적응 측면에서 파악해 본다.

b. 쟁점에 대해 토론하고, 그 결과를 바탕으로 자신의 입장을 정리해 본다.

2. 아래 제7차 교육과정 문서의 (나)와 동일한 성격의 지리교육 목적관을 가지고 있는 교사는 누구인지 쓰고, 두 교사가 생각하는 지리교육 목적이 성격상 어떤 차이점이 있는지를 30자 이내로 기술하시오. 그리고 B 교사가 생각하고 있는 지리교육의 목적을 요약하여 30자 이내로 문장으로 다시 진술하시오. **[4점]** (2007학년도 중등임용 지리 3번)

〈7차 교육과정 문서의 일부〉

(가) 사회의 여러 현상과 특성을 그 사회의 지리적 환경, 역사적 발전, 정치·경제·사회적 제도 등과 관련시켜 이해한다.
(나) 인간과 자연의 상호작용에 대한 이해를 통하여 장소에 따른 인간 생활의 다양성을 파악하며, 고장, 지방 및 국토 전체와 세계 여러 지역의 지리적 특성을 체계적으로 이해한다.

A 교사

① 지리교육의 목적은 애국심을 기르는 것이다.
② 지리교육의 목적은 세계 시민의 자질을 육성하는 것이다.
③ 지리교육의 목적은 국제이해의 정신을 함양하는 것이다.

B 교사

① 지리교육의 목적은 환경 속의 대상을 지각하고 관련짓는 능력을 기르는 것이다.
② 지리교육의 목적은 특정한 범위 안에서 방향을 잃지 않는 힘을 키우는 것이다.
③ 지리교육의 목적은 패턴을 찾아내고 가시화하는 능력을 육성하는 것이다.

• 교　사: ______________________________

• 차이점: ______________________________

____

• B 교사의 생각: ______________________________

3. 홍 교사는 평소에 지리교육에서 정의적 영역의 목표를 보다 강화해야 한다고 생각하였다. 다음에 제시된 교육과정 목표 진술 가운데 홍 교사가 중요하게 생각하는 내용 4가지를 글에서 찾아 쓰시오. **[4점]** (2006학년도 중등임용 지리 6번)

세계 속에서 국토가 지니는 위상을 알고, 국토의 자연환경과 인문환경을 요소별로 파악하여 이들 간의 상호작용을 종합적으로 이해한다. 지역 지리에 대한 여러 가지 관점을 바탕으로 우리나라 전체 및 각 지역의 지역 구조 형성 과정과 지역성을 이해한다. 사실이나 현상을 지리학의 기본개념이나 지리적 법칙에 맞추어 사고하는 능력을 기른다. 국토의 지리적 현상과 관련된 다양한 정보를 수집하여 도표화, 지도화하고, 이를 종합, 분석, 응용할 수 있는 능력과 국토의 공간 문제를 합리적으로 해결하기 위한 탐구 능력, 의사결정 능력 및 사회 참여 능력을 기른다. 지역성을 바탕으로 각 지역의 역할을 이해함으로써 지역 간 협력을 추구하는 태도를 기른다. 국토 공간을 바르게 이해함으로써 국토애를 가지며, 환경에 대한 가치를 올바르게 인식하고, 국토통일의 의지를 기른다.

• ______________________ • ______________________

• ______________________ • ______________________

4. 다음은 김 교사가 고등학교 2학년 학생들에게 "중·남부 아프리카" 단원을 지도하기 위해 구상한 수업 절차이다. 다음 물음에 답하시오. **[총 4점]** (2003학년도 중등임용 지리 4번)

■학습 주제: 중·남부 아프리카의 이해
■학습 활동: 모둠별로 학습지를 통해 선정한 사례 국가에 대한 주제를 이해한 후, 그 내용을 노래 가사로 만들어 발표한다.

〈1차시 수업〉
(가) 단계: 학생들을 7개의 모둠으로 구성한다.
(나) 단계: 사례 지역을 모둠별로 중복되지 않도록 선정하여 해당 사례 국가의 학습지를 배부한다.
• 사례 지역: 나이지리아, 케냐, 에티오피아, 르완다, 소말리아, 수단, 남아프리카 공화국
(다) 단계: 각 모둠은 학습지를 통해 사례 지역의 주제를 잘 표현할 수 있는 핵심 단어를 선정한다.
• 주제: 발전 가능성, 자연환경, 기아, 분쟁, 사막화, 인종 차별
(라) 단계: 개사할 원곡을 선정하고, (다) 단계에서 선정한 핵심 단어를 바탕으로 노래 가사를 만든다.
(마) 단계: 다음 차시까지 모둠별로 개사를 완성하고, 모든 모둠원이 가사를 외워 발표할 수 있도록 준비한다.

〈2차시 수업〉
(가) 단계: 모둠별로 준비한 가사가 적힌 전지를 칠판에 붙이고, 노래 가사 양식을 제출한다.
(나) 단계: 모둠별로 노래를 발표한다. 발표는 다양한 형식과 소품을 동원하여 창의적이고 개성 있는 발표회가 되도록 한다.

(다) 단계: 나머지 모둠은 미리 받은 모둠별 평가서에 발표 내용의 주제를 적고, 평가 항목별로 1~5점을 기준으로 채점을 한다. 채점 기준은 핵심 내용의 포함 여부, 가사 흐름의 매끄러움, 가사 전달력, 홍보 효과, 안무와 무대 의상 등이다.
(라) 단계: 교사는 모둠별 평가 결과를 합산하여 가장 우수한 모둠을 선정하고, 활동 내용을 정리한다.
(마) 단계: 가장 우수한 모둠의 노래를 다 함께 불러본다.

4-1. 아이스너(E. Eisner)가 제시한 표현적 목표는 흔히 교수적 목표보다 훨씬 흥미로운 것으로 나타나는 경우가 많다. 왜냐하면 학생 스스로가 발견한 새로운 상황들은 그들에게 창조성을 유도하기 때문이다. 위의 수업 절차 가운데 이러한 의도가 가장 잘 반영된 단계를 1차시와 2차시에서 각각 하나씩 쓰시오. **[2점]**

1차시: 2차시:

4-2. 2차시 (다) 단계의 수업 절차에서 제시된 채점 기준 가운데에서 인지적 기능과 개념을 포함하고 있는 항목을 하나 쓰시오. **[2점]**

5. 다음은 〈지역 개념과 우리 나라의 지역 구분〉을 주제로 하여 A, B 두 교사가 다른 교실에서 진행하는 수업 장면의 일부를 묘사한 것이다. 제시된 내용을 읽고 물음에 답하시오. **[4점]**

(2002학년도 중등임용 지리 2번)

〈A 교사의 수업 장면〉

"지역이란, 자연환경과 인문환경이 결합되어 독특한 성격을 가지는 지표상의 범위를 말합니다. 그 한 예로 우리들이 소속되어 살아가고 있는 고장을 들 수 있지요.

우리나라의 지역은 지역의 특성을 고려하여 중부 지방, 남부 지방, 북부 지방으로 크게 나누어집니다. 중부 지방과 북부 지방 경계는 휴전선으로 하고, 중부 지방과 남부 지방의 경계는 금강 하류와 소백산맥을 잇는 선으로 합니다. 그리고 다시, 중부 지방은 수도권, 관동 지방, 충청 지방으로 나누고, 남부 지방은 호남 지방, 영남 지방, 제주도 지방으로 나누며, 북부 지방은 관서 지방, 관북 지방으로 나눕니다.

자 여러분, 이제 잘 알겠지요?"

〈B 교사의 수업 장면〉

> "지역이란, 특정한 기준에 비추어 통일성을 드러내는 지표의 일부로서 지리 연구의 기본단위가 됩니다. 그것은 실세계 속에 객관적으로 존재하는 구체적인 실체가 아니라, 연구자가 연구의 편의를 위해 임의적으로 만든 개념에 불과합니다.
> 지역은 본질적으로 매우 복잡하기 때문에 지역을 구분하는 단 하나의 기준이란 있을 수 없습니다. 연구 목적에 따라 지역 구분의 기준이 달라진다는 것이지요.
> 자, 그럼 여러분은 과연 우리 나라를 어떤 기준으로 어떻게 구분하시겠습니까?"

① A, B 두 교사는 기본적으로 상이한 인식론적 수업관을 토대로 수업을 진행하고 있다. 각각 어떤 인식론적 기반을 가지고 있는지 쓰시오.

A 교사: ______________________

B 교사: ______________________

② B 교사가 견지하고 있는 학습이론에 적합한 평가 방식을 쓰시오.

____

6. 아래 지도는 지구촌의 주요 분쟁 지역을 나타낸 것이다. 지도를 읽고 물음에 답하시오. **[4점]**

(2002학년도 중등임용 지리 4번)

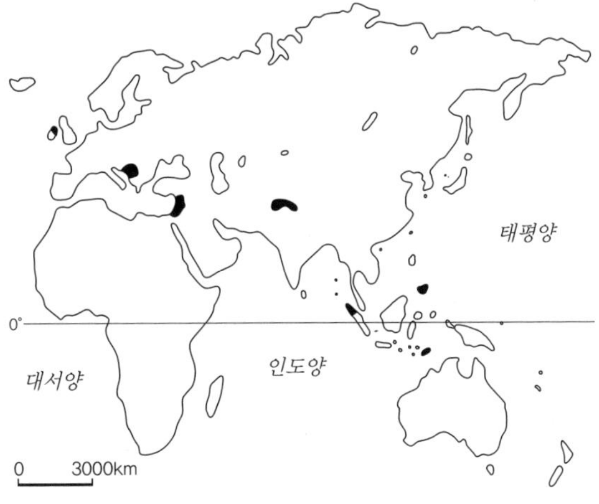

〈지구촌의 분쟁〉을 주제로 하는 지리수업에서 달성하여야 할 학습목표를 정의적 측면에서 한 가지만 기술하시오.

____

문항 분석: 평가 요소 및 정답 안내

1번 문항

- 평가 요소: 내재적 목적/평가/기능 목표/학습 주제
- 정답: 지리교육의 목적은 내재적 목적과 외재적 목적으로 구분된다. 내재적 목표란 지리교과 고유의 목표를 의미하며 이를 지식과 이해, 기능, 가치와 태도의 측면에서 진술하면 다음과 같다. 먼저 지식과 이해와 관련한 내재적 목표는 지리적 안목의 육성이다. 좀 더 구체적으로 말하면 다양한 스케일에서의 장소 및 지역에 대한 탐구라고 할 수 있다. 둘째, 기능과 관련한 내재적 목표는 공간정보의 수집, 획득, 조직, 분석, 해석의 과정을 통한 지리적 의사소통 능력, 지리도해력 등을 들 수 있다. 셋째, 가치·태도와 관련한 내재적 목표는 인간과 환경과의 관계, 지리적 상상력이다. 인간과 환경과의 관계에 대한 탐구를 통해 각 지역 간의 상호의존과 인간과 환경의 상호관련성에 대한 인식을 높이고, 환경의 질을 유지·향상시키도록 하는 바람직한 가치와 태도가 무엇인지를 인식할 수 있다. 또한 지리적 상상력을 발휘함으로써 주변 장소와 공간이 나와 어떤 상호작용을 하는지를 깨닫게 도와준다. 가치·태도 영역을 평가할 때는, 현재 일반화된 지식중심의 평가 방식으로 가치·태도 영역을 평가하지 않도록 유의해야 한다.

  가치·태도 영역의 평가는 정의적 특성들이 학생들에게 있어서 어떻게 발현되고, 표현되며, 개발되어야 하는지에 초점을 둘 필요가 있다. 그리고 의사소통과 관련하여 취급해야 할 사회적 기능도 함께 고려해야 한다. 인간과 자연 및 사회 현상에 관한 피상적 지식의 습득에 대해 평가하기보다는 인간-자연-사회 현상의 상호관계에 대해 깊이 있는 이해를 하고 있는지, 개인과 사회가 마주하는 문제의 해결 능력을 얼마나 향상시킬 수 있는지를 평가할 수 있어야 한다. 가치·태도 목표의 올바른 평가 방법은 정량적인 총괄 평가가 아닌 정성적인 수행평가, 동료평가, 자기평가를 활용하는 것이 바람직하다.

2번 문항

- 평가 요소: 내재적 목적/외재적 목적
- 정답: B 교사/내재적 목적 – 지리적 안목 육성, 외재적 목적 – 시민성 함양/공간능력(내재적 목적) – 공간조망능력, 공간정향능력, 공간가시화능력
- 정답 해설: (가)는 외재적 목적에 가깝고, (나)는 내재적 목적에 가깝다. 그리고 A 교사는 외재적 목적을 강조하고, B 교사는 내재적 목적을 강조한다.

3번 문항

- 평가 요소: 정의적 영역의 목표
- 정답: 지역 간 협력을 추구하는 태도/국토애/환경에 대한 가치를 올바르게 인식/국토 통일의 의지
- 답지 해설: 제시문의 전반부는 지식목표, 중반부는 (사고)기능목표로서 인지적 영역의 목표이며, 후반

부는 가치와 태도 목표로서 정의적 영역의 목표이다.

4번 문항

- 평가 요소: 표현적 목표(결과)/동료평가
- 정답:

  4-1번: (라) 단계/(나) 단계

  4-2번: 핵심 내용의 포함 여부

5번 문항

- 평가 요소: 교사의 수업관/평가
- 정답: A 교사 – 객관주의 인식론, B교사 – 구성주의 인식론/수행평가, 과정평가, 질적평가

6번 문항

- 평가 요소: 정의적 영역의 목표
- 정답: 세계 평화(협력)에 기여하고자 하는 태도를 육성한다. 타문화에 대해 이해한다.

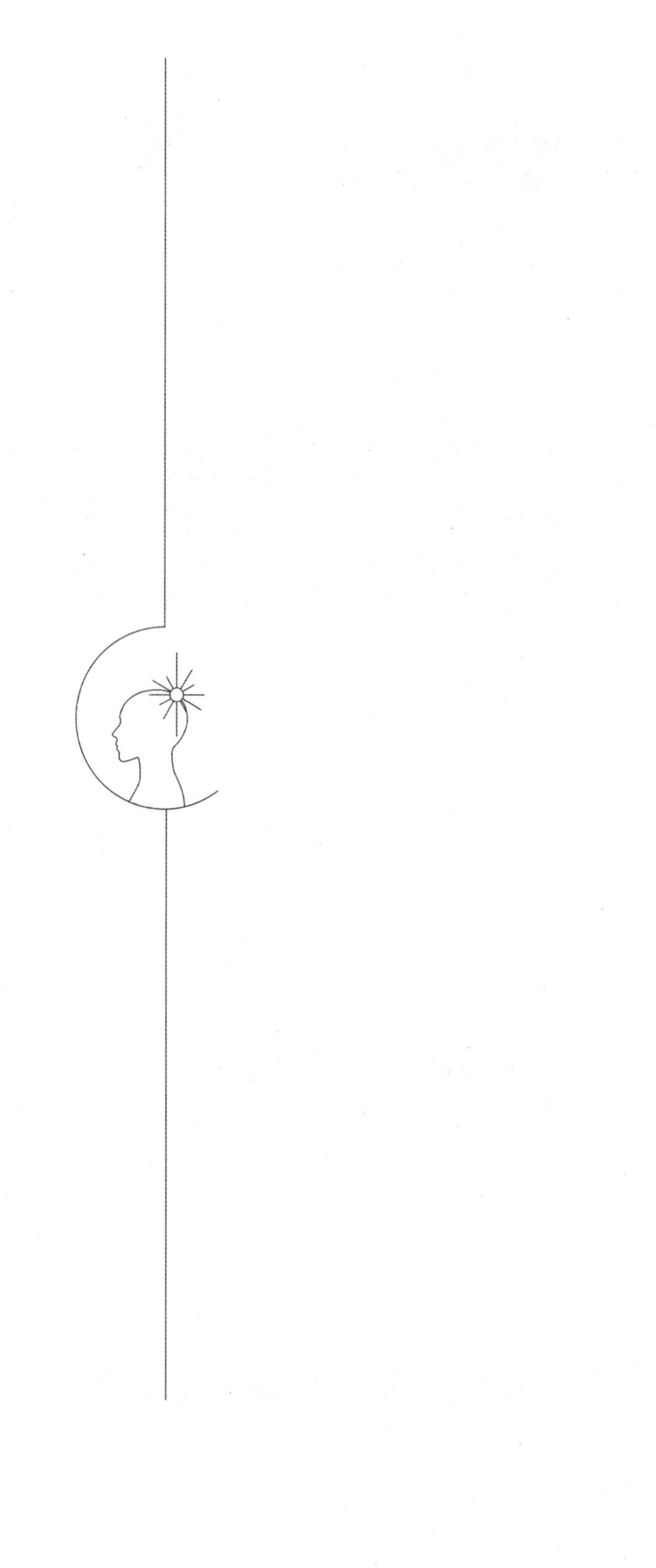

제3장

지리교육과정의 내용조직 및 특징

1. 지리교육과정의 내용조직 원리
2. 지역적 방법
   1) 지역/권역 구분 방법
   2) 지역적 방법의 사례
   3) 지역적 방법의 장단점
3. 주제적 또는 계통적 방법
   1) 등장 배경
   2) 주제적 또는 계통적 방법의 사례
   3) 주제적 또는 계통적 방법의 장단점
4. 지역-주제 방법
   1) 지역적 방법과 주제적 방법의 절충
   2) 지역과 주제가 결합되는 두 가지 방식
   3) 지역-주제 방법의 장단점
5. 쟁점 또는 문제 중심 방법
   1) 쟁점과 문제란?
   2) 쟁점 또는 문제 중심 내용조직 사례
   3) 쟁점 또는 문제 중심 방법의 장단점
6. 지평확대법과 그 대안들
   1) 지평확대법/환경확대법/동심원확대법
   2) 탄력적 환경확대법
   3) 지평확대역전방법
7. 핵심역량 중심 방법
   1) 핵심역량
   2) 핵심역량기반 교육과정의 사례
   3) 2015 개정 사회과 교육과정과 핵심역량

1. 지리교육과정의 내용조직 원리

교육과정을 조직하는 데 중요하게 고려해야 할 요소는 범위(scope)와 계열(sequence)이다. 여기서 '범위'가 무엇을 얼마나 깊이 가르칠 것인가의 문제라고 한다면, '계열'은 무엇을 어느 학년에 가르칠 것인가의 문제라고 할 수 있다. 원래 계열화의 원리로 가장 많이 언급되는 것이 나선형 교육과정으로, 여러 학문에서 핵심개념이나 주제를 선택하여 그것의 복잡성과 깊이를 점증하도록 구성하는 방식이다.

이러한 계열화의 원리는 교과에 따라 차이가 있는데, 지리 교과의 경우 내용을 조직하는 계열화 원리로 가장 많이 사용되는 것이 학문적 접근에 따라 구분하는 '지역적 방법'과 '계통적 방법'이다. 왜냐하면, 지리학의 지식의 구조는 일반적으로 지역지리학(지지)과 계통지리학으로 구분되기 때문이다. 이러한 모학문의 학문 구조는 지리교육과정을 개발하는 데 일정한 지침을 제공해 주고, 교사들에게는 다양한 대주제와 소주제로 구성된 교수요목 내의 짜임새를 갖게 해 주는 수단을 제공한다. 따라서 지역적 방법이 주로 '지역지리학(지지)'의 전통을 따른다면, 계통적 방법은 '신지리학(공간조직론 또는 공간과학으로서의 지리학)'의 전통을 따른다고 할 수 있다. 그렇다고 이 두 가지의 내용조직 원리가 보편타당하게 적용되는 것은 아니다. 경우에 따라서는 이 두 가지 방식을 절충한 형식을 취하기도 하는데, 이러한 절충형은 편의상 '지역-주제 방식'이라고 한다. 그리고 학자에 따라서는 이러한 구분에 더하여 패러다임 방법, 개념 중심 방법, 원리 중심 방법 등을 제시하기도 하나, 이들은 넓은 의미에서 보면 계통적 방법에 포함된다고 할 수 있다.

이러한 지리 교과의 모학문인 지리학의 분류 체계에 기반한 내용조직 원리 이외에도 다양한 원리들이 개발되어 왔다. 미국의 경우 사회과라는 새로운 교과의 내용조직을 위한 원리로 '지평(환경)확대법'이 널리 채택되고 있다. 또한 학생들이 일상적인 생활 속에서 경험하게 되는 사회적 또는 지리적 문제나 쟁점을 중심으로 내용을 구성하기도 한다. 앞에서도 잠깐 언급했듯이 최근 일부 선진국들은 지식기반 사회에서 학생들에게 절실하게 요구되는 핵심역량(core competencies or key competencies)을 중심으로 내용을 구성하는 '역량기반 교육과정'을 채택하고 있다.

지리교육과정 개발에 대한 논의는 영국을 중심으로 활발하게 이루어졌는데, 그 이유는 영국이 전통적으로 학교 단위의 교육과정을 운영하는 시스템이었기 때문이다. 즉 학교마다 지리교육과정의 내용을 조직하는 방식에 대한 논의가 활발하게 진행되면서 학교마다 독특한 내용조직 원리를 구안하여 적용하였던 것이다. 그러나 영국 역시 1990년대 초반에 국가교육과정이 제정되면서, 지리교육과정의 내용조직 원리에 대한 논의는 많이 사라져 버리고 말았다. 그 후 국가교육과정이 여러 번 개정을 거치면서, 가장 최근에 개정된 교육과정에서 이에 대한 논의가 다시 시작되었다. 즉 교사에게 교육과정에 대한 자율권을 더 많이 부여하기 위해 교육과정 대강화의 취지를 살려 핵심개념(key concepts)과 핵심프로세스(key processes) 위주로 내용을 구성하였다. 이에 대해서는 개념 중심의 내용 구성 방법에서 자세히 살펴본다.

이상의 논의를 종합하면, 현재 국가 수준의 지리교육과정에서 일반적으로 사용되고 있는 내용조직 원리는 표 3–1과 같이 지역적 방법, 계통적 방법, 지역–주제 방법, 쟁점 또는 문제 중심 방법, 핵심 역량 중심 방법 등으로 구분할 수 있다. 그리고 사회과로 확장하면 이에 더하여 지평(환경)확대법, 통합 교육과정, 교육과정 지역화 등이 내용조직 방식으로 활용되고 있다.

표 3–1. 지리교육과정의 내용조직 원리

유형	특징
지역적 방법	• 대륙 중심의 전통적인 지역구분 • 대표적 사례: 우리나라 제7차 교육과정에 의한 「사회 1」
계통적 방법	• 모든 학년에서 학습해야 할 핵심적인 지식, 개념, 주제를 선택하여 그것의 복잡성과 깊이를 점증하도록 구성하는 방식 • 대표적 사례: HSGP, 2009 개정 교육과정에 의한 중학교 「사회」, 고등학교 「한국지리」, 「세계지리」
지역–주제 방법	• 지역적 방법과 계통적 방법의 결합 • 대표적 사례: 2007년 개정 교육과정 세계지리의 일부 단원
쟁점 또는 문제 중심 방법	• 쟁점(issues) 또는 문제를 중심으로 내용을 구성하는 것으로, 일반적으로 각각의 쟁점이 가장 전형적으로 나타나는 지역을 사례로 전개하게 된다. 따라서 일종의 지역–주제(쟁점) 방식이라고 할 수 있다. • 대표적 사례: GIGI(Geographical Inquiry into Global Issues), 일본의 고등학교 지리 A와 지리B의 일부 단원, 오스트레일리아 뉴사우스웨일즈주 지리교육과정의 일부 단원
핵심 역량 중심 방법	• 핵심 역량 중심의 내용 구성 • 범교과적 핵심 역량과 교과의 핵심역량이 유기적으로 결합되도록 구성함 • 대표적 사례: 캐나다 퀘벡주, 프랑스, 독일, 뉴질랜드 등의 교육과정
지평 확대법 (환경 확대법, 동심원 확대법)	• 학생이 경험하는 공간의 범위를 점차 확대하며 구성하는 방식 • 대표적 사례: 우리나라 초등학교 사회과, 미국 사회과
통합 교육과정	• 여러 학문에서 공통된 주제(개념) 또는 사회적 문제(쟁점)를 중심으로 해서 통합적으로 구성하는 방식 • 대표적 사례: 2015 개정에 의한 고등학교 「통합사회」
교육과정 지역화	• 학생이 경험하는 지역의 특성을 반영하여 교육내용과 방법을 구성하는 방식 • 대표적 사례: 초등학교 3학년과 4학년 「사회」의 지역화 교과서 「사회과 탐구」(예, 남구의 생활, 대구의 생활 등)

2. 지역적 방법

지역적 방법은 실증주의 패러다임에 의한 신지리학 또는 공간조직론이 확산되기 이전까지는 가장 일반적이고 보편적인 내용조직 원리였다. 물론 현재까지도 지역적 방법은 여전히 지리교육 내용조직 원리의 한 축을 형성하고 있지만, 1960년대 이전에 비하면 그 영향력은 다소 감소하고 있다고 할 수 있다. 지역적 방법은 지역성 또는 지역적 차이(regional differentiation)를 종합적으로 이해하기 위한 내용조직 방식이라고 할 수 있다.

1) 지역/권역 구분 방법

지역적 방법의 내용체계는 먼저 세계를 대륙별(5대양 6대주)로, 국가를 지역별로 구분한 후, 각각의 하위지역을 구성한다. 예를 들면, 세계를 아시아, 유럽, 아프리카, 아메리카, 오세아니아, 극지방 등으로 구분한 후, 아시아의 경우 동부아시아, 동남아시아, 서남아시아 등과 같이 하위지역으로 세분

표 3-2. 2015 개정 교육과정에 의한 세계지리 내용 체계

영역	내용 요소	
세계화와 지역 이해	• 세계화와 지역화 • 세계의 지역 구분	• 지리 정보와 공간 인식
세계의 자연환경과 인간 생활	• 열대 기후 환경 • 건조 및 냉·한대 기후 환경과 지형 • 독특하고 특수한 지형들	• 온대 기후 환경 • 세계의 주요 대지형
세계의 인문환경과 인문 경관	• 주요 종교의 전파와 종교 경관 • 세계의 도시화와 세계도시체계 • 주요 에너지 자원과 국제 이동	• 세계의 인구 변천과 인구 이주 • 주요 식량 자원과 국제 이동
몬순아시아와 오세아니아	• 자연환경에 적응한 생활 모습 • 최근의 지역 쟁점: 민족(인종) 및 종교적 차이	• 주요 자원의 분포 및 이동과 산업 구조
건조 아시아와 북부아프리카	• 자연환경에 적응한 생활 모습 • 최근의 지역 쟁점: 사막화의 진행	• 주요 자원의 분포 및 이동과 산업 구조
유럽과 북부아메리카	• 주요 공업 지역의 형성과 최근 변화 • 최근의 지역 쟁점: 지역의 통합과 분리 운동	• 현대 도시의 내부 구조와 특징
사하라 이남 아프리카와 중·남부아메리카	• 도시 구조에 나타난 도시화 과정의 특징 • 최근의 지역 쟁점: 자원 개발을 둘러싼 과제	• 다양한 지역 분쟁과 저개발 문제
평화와 공존의 세계	• 경제의 세계화에 대응한 경제 블록의 형성 • 세계 평화와 정의를 위한 지구촌의 노력들	• 지구적 환경 문제에 대한 국제 협력과 대처

(교육부, 2015, 176)

한다. 국가의 경우 우리나라를 예로 들면 중부 지방, 남부 지방, 북부 지방 등으로 구분한 후, 중부 지방을 수도권, 관동 지방, 충청 지방 등과 같이 세분한다. 여기에서 주의해야 할 것은, 세계나 국가의 하위지역을 구분할 때 사용되는 지역 구분 방식이 다양하다는 것이다. 지리적 지역 구분 방식이 주로 사용되지만, 경우에 따라서는 자연지역(예를 들면, 건조기후 지역, 사바나기후 지역), 정치지역(행정구역, 예를 들면, 국가, 충청 지방), 경제지역(예를 들면, 선벨트지역, 남동임해공업지역), 문화지역(예를 들면, 앵글로아메리카, 영남 지방)으로 구분되기도 한다.

한편, 2015 개정 교육과정에 의한 세계지리에서는 지역구분 방식이 이전의 대륙중심 방식과 다소 상이한 점을 취하고 있다. 지역 또는 권역을 크게 4가지로 구분하고 있는데, 몬순아시아와 오세아니아, 건조 아시아와 북아프리카, 유럽과 북부아메리카, 사하라 이남 아프리카와 중·남부아메리카가 그것이다. 몬순아시아와 오세아니아는 경제권, 건조 아시아와 북아프리카는 기후권과 문화권, 유럽과 북부아메리카 그리고 사하라 이남 아프리카와 중·남부아메리카는 개발도상국과 선진국이라는 대비를 보여 준다(표 3-2).

2) 지역적 방법의 사례

이러한 지역적 방법을 이용한 대표적인 사례는 우리나라 제7차 교육과정에 의한 중학교 「사회 1」이었으며(표 3-3), 가까운 일본의 중학교 지리교육과정도 아직까지 지역적 방법을 채택하고 있다. 그

표 3-3. 제7차 교육과정에 의한 「사회 1」(지리 영역)의 내용 체계

단원	내용	
(1) 지역과 사회 탐구	(가) 지역의 지리적 환경 (다) 지역 사회의 문제와 해결	(나) 지역 사회의 변화와 발전
(2) 중부 지방의 생활	(가) 우리 나라의 중앙부 (다) 관광 자원이 풍부한 관동 지방	(나) 인구와 산업이 집중된 수도권 (라) 발전하는 충청 지방
(3) 남부 지방의 생활	(가) 해양 진출의 요지 (다) 임해 공업이 발달한 영남 지방	(나) 농업과 공업이 함께 발달하는 호남 지방 (라) 관광 산업이 발달한 제주도
(4) 북부 지방의 생활	(가) 대륙의 관문 (다) 문호를 개방하는 관북 지방	(나) 북부 지방의 중심지 관서 지방
(5) 아시아 및 아프리카의 생활	(가) 경제가 성장하는 동부 아시아 (다) 석유 자원이 풍부한 서남 아시아와 북부아프리카	(나) 문화가 다양한 동남 및 남부 아시아 (라) 발전이 기대되는 중·남부아프리카
(6) 유럽의 생활	(가) 일찍 산업화를 이룬 서부 및 북부 유럽 (다) 민족과 문화가 다양한 동부 유럽과 러시아	(나) 관광 산업이 발달한 남부 유럽
(7) 아메리카 및 오세아니아의 생활	(가) 선진 지역 앵글로아메리카 (다) 발전 가능성이 큰 오세아니아와 극지방	(나) 자원이 풍부한 라틴아메리카

이외에도 여러 국가에서 아직도 이 방법을 사용하고 있다.

3) 지역적 방법의 장단점

다수의 학자들은 지역지리학이야말로 지리학의 본질이라고 주장한다. 그뿐만 아니라 지리교사들 역시 지역적 방법으로 구현된 지리교육과정이야말로 지리 교과의 정수라고도 한다(Graves, 1984; 서태열, 2005). 그럼에도 불구하고, 지역적 방법은 지역지리학이 가지고 있는 구조적인 한계로 인하여 이후 유행하게 되는 계통적 방법을 선호하는 학자들과 교사들에 의해 여러 문제가 제기되었다.

표 3-4. 지역적 방법의 장단점

장점	• 특정 지역을 종합적으로 다룰 수 있다. • 지역이 내용조직을 위한 구조 또는 제목이 되기 때문에 내용조직이 용이하다. • 지역별로 정리된 교재나 참고자료가 풍부하다. • 비전문가도 쉽게 가르칠 수 있다.
단점	• 학습 내용이 주로 지리적 사실(fact)을 백과사전식으로 나열하고 있어 학습량이 너무 많다. • 유의미한 학습이 되지 못하고 기계적인 암기학습이 될 가능성이 높다. • 교수의 초점이 지역성 또는 지역적 차이의 규명에 있기 때문에, 지역 간의 유사성과 지역 간의 관계에 대한 학습이 이루어지지 않을 가능성이 높다. • 지역적 차이를 단순히 환경결정론적 관점에서 기술하는 경향이 있다.

(Graves, 1984; 서태열, 2005)

3. 주제적 또는 계통적 방법

1) 등장 배경

지역적 방법에 기초한 지리교육의 내용구성은 1950년대 이후 급속하게 발전하는 지리학의 지식들을 반영하기 어려운 한계점을 드러냈다. 그래서 지리교육학자들은 지리교육과정의 내용구성을 새롭게 구성하도록 요구받았으며, 브루너가 제시한 지식의 구조와 나선형 교육과정에서 그 해결책을 찾고자 했다. 1950년대 이후의 학문중심교육과정과 신사회과교육의 영향으로 미국의 지리교육계는 지리교육과정을 주제적 또는 계통적 방법으로 구성하려는 시도가 이루어졌는데, 그것이 결실을 맺은 것이 고등학교 지리 프로젝트인 HSGP(High School Geography Project)이다. HSGP는 신사회과교육의 영향으로 사회과학으로서의 지리를 표방하게 되어 자연지리를 제외한 인문지리(도시의 지리, 제조업과 농업, 문화지리, 정치지리, 주거와 자원)와 사례지역(일본)으로 내용을 선정하여 내용 구성을 기존의 지역적 방법에서 계통적 방법으로 전환했을 뿐만 아니라, 교수·학습 방법 역시 기존의 기계적 암기학습 위주에서 탐구학습(역할극, 시뮬레이션 등을 포함한)으로 전환하게 하는 혁신적인 교육과정으로 평가받는다. 이후 여러 국가에서는 지리교육과정의 내용구성을 주제적 또는 계통적 방법으로 전환하게 된다.

2) 주제적 또는 계통적 방법의 사례

(1) 개념 중심의 나선형 교육과정

계통적 방법(systematic approach)은 앞에서 살펴본 지역적 방법과는 대비되는 것으로 사용되며, 주제적 방법(thematic approach), 개념적 방법(conceptual approach), 원리중심의 방법과 거의 유사한 의미로 사용된다. 왜냐하면 계통적 방법에 대한 강조는 1950년대 이후 지역지리학에 대한 반작용으로 등장하여 개념, 이론, 원리, 법칙 등에 초점을 둔 신지리학 또는 공간조직론에서 그 기원을 찾을 수 있기 때문이다. 이러한 신지리학으로 대변되는 계통지리학은 사실보다는 계통지리의 주제와 잘 결합될 수 있는 개념, 원리, 법칙 등을 중요시한다. 특히, 계통적 방법 또는 주제적 방법은 학문중심교육과정에서 강조하는 지식의 구조를 중심으로 한 개념중심의 나선형 교육과정과 가장 잘 부합한다.

개념중심의 나선형 교육과정을 구성하기 위해 지리교육학자들은 지리학의 기본개념(basic concepts) 또는 핵심개념(key concepts)을 파악하는 데 심혈을 기울였다. 개념(concept)은 다양하고 복잡한 현상, 대상, 사건 등을 공통된 것끼리 분류하여 놓은 범주이다. 이런 개념은 복잡 다양한 지리적 현상을 보다 명확하게 파악하고 설명할 수 있도록 도와준다. 개념은 무조건 암기해야 하는 교과서적 지식이 아니라, 학생들이 실제로 경험하는 지리적 현상을 객관적인 입장에서 보다 명확하게 이해하도록 도와주는 도구이다. 지리교육과정의 범위와 계열을 추출된 지리적 개념에 의거하여 나선형으로 조직하는 것이 개념중심의 나선형 교육과정이다.

이와 같이 개념 중심의 나선형 교육과정(spiral conceptual curriculum)을 구성하기 위해서는 초·중등학교에서 배워야 할 '핵심개념(key concepts)'을 선택해야 한다. 핵심개념은 지리적 현상을 종합적으로 이해하기 위한 기초적인 것이며, 많은 주제와 정보를 포함하는 개념이어야 한다. 그래서 핵심개념은 지리학에서 지리적 현상을 파악하는 데 기초가 되는 주요 개념들에서 추출된다. 1960년대 이후 신지리학에서 지리적 현상을 파악하는 데 기초가 되는 공간과 관련된 주요 개념들이 많이 제시되었고, 일부 지리교육학자들은 이러한 개념들 중에서 핵심개념(예를 들면, 공간적 입지, 공간적 결합, 공간적 상호작용, 공간조직)을 추출하여 나선형 교육과정을 구성한 사례들이 있었다. 그러나 이들 사례들은 주로 지리교육학자 개인에 의해 주장된 것이며, 현재의 지리적 지식(개념)을 반영하지 못하는 한계를 지닌다.

그러나 영국은 2007년 국가교육과정(National Curriculum)의 개정을 통해, 중등학교 모든 교과의 학습프로그램(PoS)을 핵심개념(key concepts)과 핵심프로세스(key processes) 중심으로 재조직하였다. 지리 교과의 경우 제시된 핵심개념은 장소, 공간, 스케일, 상호의존성, 자연적·인문적 프로세스, 환경적 상호작용과 지속가능한 개발, 문화적 이해와 다양성이다(표 3-5). 핵심개념이 선택되면 그것과 관련된 주요한 일반화들이 선정되고, 주요 일반화와 관련된 하위개념들이 선정된다. 이렇게 선택된 핵심개념과 일반화들은 각 학년마다 연속적으로 조직되고, 학년이 올라갈 때마다 더 깊이 더 폭넓게 학습하도록 구성된다.

핵심프로세스는 핵심개념을 이해하고 탐구하기 위한 일종의 핵심기능 또는 방법적 역량이라고 할 수 있다. 핵심프로세스는 표 3-6과 같이 지리탐구, 야외조사와 야외학습, 도해력과 비주얼 리터러시, 지리적 의사소통 등이 있으며, 이들은 핵심개념과 유기적으로 결합될 필요가 있다.

표 3-5. 영국 국가교육과정의 지리 교과의 핵심개념

핵심개념	하위 항목
1.1 장소	a. 실제 장소의 자연적·인문적 특성을 이해하기 b. 장소에 대한 '지리적 상상력'을 발달시키기
1.2 공간	a. 장소 사이의 상호작용과 정보, 인간, 상품의 흐름에 의해 만들어진 네트워크를 이해하기 b. 장소와 경관이 위치한 곳, 그것들이 그곳에 있는 이유, 그것들이 만든 패턴과 분포, 이들이 변화하는 방식과 이유, 사람들을 위한 함의를 알기
1.3 스케일	a. 개인과 로컬로부터 국가, 국제, 글로벌에 이르는 상이한 스케일을 이해하기 b. 지리적 사고에 대한 이해를 발달시키기 위해 스케일 사이의 연계를 만들기
1.4 상호의존성	a. 장소들 사이의 사회적, 경제적, 환경적, 정치적 연결을 조사하기 b. 모든 스케일에서 변화의 상호의존성의 중요성을 이해하기
1.5 자연적·인문적 프로세스	a. 자연적·인문적 세계에서의 사건들과 활동들의 계열들이 어떻게 장소, 경관, 사회의 변화를 초래하는지 이해하기
1.6 환경적 상호작용과 지속가능한 개발	a. 환경의 자연적·인문적 차원이 상호관련되고 환경 변화에 함께 영향을 준다는 것을 이해하기 b. 지속가능한 개발과 환경적 상호작용과 기후변화에 대한 영향을 조사하기
1.7 문화적 이해와 다양성	a. 사회와 경제에 대한 이해를 가능하게 하는 인간, 장소, 환경, 문화 사이의 차이와 유사성을 이해하기 b. 인간의 가치와 태도가 어떻게 다르며 어떻게 사회적, 환경적, 경제적, 정치적 쟁점에 영향을 주는가를 이해하고, 그러한 쟁점에 관한 그들 자신의 가치와 태도를 발전시키기

표 3-6. 영국 국가교육과정의 지리 교과의 핵심프로세스

핵심프로세스	내용
2.1 지리탐구	a. 지리적 질문하기, 비판적·구성적·창의적으로 사고하기 b. 정보를 수집하고, 기록하고, 표현하기 c. 쟁점들을 조사할 때 출처의 증거에 대한 왜곡, 의견, 남용을 구체화하기 d. 증거를 분석하고 평가하기, 결론을 도출하고 정당화하기 위해 결과를 표현하기 e. 장소와 공간에 대한 새로운 해석을 도출하기 위하여 지리적 기능과 이해를 사용하고 적용하는 창의적 방법을 찾기 f. 적절한 조사의 순서를 제안할 수 있는 지리적 탐구를 계획하기 g. 문제를 해결하고 지리적 쟁점들에 관한 분석적 기능과 창의적 사고를 발달시키기 위한 의사결정하기
2.2 야외조사와 야외학습	a. 야외조사 도구들과 기술들을 적절하게, 안전하게, 효율적으로 선택하고 사용하기
2.3 도해력과 비주얼 리터러시	a. 지도책, 지구본, 다양한 스케일의 지도, 사진, 위성영상, 다른 지리적 데이터를 사용하기 b. 증거를 표현하기 위해 지리적 기술 등을 사용하여 다양한 스케일의 지도와 평면도를 구성하기
2.4 지리적 의사소통	a. 말과 글로 지리적 어휘와 약속을 사용하여 학생의 지식과 이해를 의사소통하기

한편, 우리나라 지리교육과정은 아직까지 핵심개념에 기반한 개념중심의 나선형 교육과정을 실현하지는 못했다. 그러나 2015 개정 교육과정에 의한 사회-지리 영역, 고등학교 통합사회는 핵심개념을 중심으로 한 교육과정을 일부 실현하고 있다(표 3-7).

이와 같이 영국의 2007 국가교육과정의 교과별 학습프로그램은 핵심개념과 핵심프로세스만을 제시함으로써 내용을 구성하는 데 교사들에게 더 많은 자율성을 부과하였다. 그렇지만 이러한 교육과정의 대강화는 때로는 교사들에게 또 다른 부담으로 작용하기도 했다.

이처럼 나선형 교육과정에 따라 지리 교육내용을 조직하기 위해서는 지리적 현상을 종합적으로 이해하는 데 필요한 핵심개념을 선정하는 것이 무엇보다 중요하다. 영국의 경우에도 지리 교과의 핵심개념을 무엇으로 선정할 것인지를 놓고 치열한 공방이 있었다. 현재 일부 지리교육학자들은 국가교육과정에서 제시하고 있는 핵심개념과 다른 사례들을 제시하기도 한다. 그렇다면 다양한 지리학적 지식들에서 핵심개념을 선정하는 기준은 무엇인가? 타바(Taba, 1962)는 개념 중심 교육과정을 구성하기 위한 핵심개념의 선정기준을 5가지로 제시했다.

- 타당성: 그 개념이 도출되는 학문분야의 개념들을 적절하게 대표할 수 있는가?
- 유의미성: 그 개념이 세계의 중요한 부분(현상)들을 잘 설명할 수 있는가?
- 적합성: 그 개념이 학생의 필요, 흥미, 성숙도에 적합하게 가르칠 수 있는가?
- 지속성: 그 개념의 중요성이 오랫동안 지속되는가?
- 균형성: 그 개념이 교육과정의 범위와 계열의 전개에 적절한가?

표 3-7. 2015 개정 교육과정에 의한 통합사회 내용체계표

영역	핵심 개념	일반화된 지식	내용 요소	기능
삶의 이해와 환경	행복	질 높은 정주 환경의 조성, 경제적 안정, 민주주의의 발전 그리고 도덕적 실천 등을 통해 인간 삶의 목적으로서 행복을 실현한다.	• 통합적 관점 • 행복의 조건	예측하기 탐구하기 평가하기 비판하기 종합하기 판단하기 성찰하기 표현하기
	자연 환경	자연환경은 인간의 삶의 방식과 자연에 대한 인간의 대응 방식에 영향을 미친다.	• 자연환경과 인간 생활 • 자연관 • 환경 문제	
	생활 공간	생활공간 및 생활양식의 변화로 나타난 문제에 대한 적절한 대응이 필요하다.	• 도시화 • 산업화 • 정보화	
인간과 공동체	인권	근대 시민 혁명 이후 확립된 인권이 사회제도적 장치와 의식적 노력으로 확장되고 있다.	• 시민 혁명 • 인권 보장 • 인권 문제	
	시장	시장경제 운영 과정에서 나타난 문제 해결을 위해서는 다양한 주체들이 윤리 의식을 가져야 하며, 경제 문제에 대해 합리적인 선택을 해야 한다.	• 합리적 선택 • 국제 분업 • 금융 설계	
	정의	정의의 실현과 불평등 현상 완화를 위해서는 다양한 제도와 실천 방안이 요구된다.	• 정의의 의미 • 정의관 • 사회 및 공간 불평등	
사회 변화와 공존	문화	문화의 형성과 교류를 통해 나타나는 다양한 문화권과 다문화 사회를 이해하기 위해서는 바람직한 문화 인식 태도가 필요하다.	• 문화권 • 문화 변동 • 다문화 사회	
	세계화	세계화로 인한 문제와 국제 분쟁을 해결하기 위해서는 국제 사회의 협력과 세계시민 의식이 필요하다.	• 세계화 • 국제사회 행위 주체 • 평화	
	지속 가능한 삶	미래 지구촌이 당면할 문제를 예상하고 이의 해결을 통해 지속가능한 발전을 추구한다.	• 인구 문제 • 지속가능한 발전 • 미래 삶의 방향	

지리학자와 지리교육학자를 비롯한 지리교육 관련 단체는 지리 교과에서 중요하게 다루어져야 할 핵심개념[빅 개념(big concepts) 또는 빅 아이디어(big ideas)]을 제시하려는 일련의 노력들을 다방면으로 기울여 오고 있다. 앞에서도 언급했지만, 지리 교과를 대표하는 중요한 핵심개념을 추출하기는 쉽지 않는데, 그 이유는 핵심개념에 대한 합의는 사람에 따라, 그리고 목적에 따라 달라지기 때문이다. 특히 지리교육과정에서 다루어져야 할 핵심개념을 추출하는 작업은 더 많은 관련 요인들을 고려해야 하기 때문에 더욱 어렵다.

(2) 주제적 또는 계통적 방법의 사례

우리나라의 2009 개정 사회과 교육과정에서 지리는 중학교「사회」, 고등학교「한국지리」와「세계지리」에서 다루어졌다. 이 교과목들은 한국지리의 7단원 '다양한 우리 국토'를 제외하면(이 단원은 북한 지역, 수도권, 영서 및 영동 지방, 충청 지방, 호남 지방, 영남 지방, 제주도 등 지역적 방법으로 조직되어 있음), 모두 주제중심의 접근법 또는 계통적 방법을 사용하고 있다(표 3-8). 엄밀한 의미에서 핵심개념을 추출하여 구성한 개념중심의 나선형 교육과정과 거리가 있지만, 계통적 방법에서는 개념에 대한 학습이 강조되므로 일종의 개념중심 방법으로도 간주할 수 있다. 현행 2015 개정 사회과 교육과정에서 중학교「사회」, 고등학교「한국지리」는 여전히 계통적 방법 또는 주제 중심 방법을 사용하고 있다. 그러나 고등학교「세계지리」는 일부 단원이 지역적 방법으로 전환되었다(부록 참조).

표 3-8. 2009 개정 지리교육과정과 내용조직

중학교「사회」	고등학교「한국지리」	고등학교「세계지리」
(1) 내가 사는 세계	(1) 국토 인식과 국토 통일	(1) 세계화와 지역 이해
(2) 인간 거주에 유리한 지역	(2) 지형 환경과 생태계	(2) 세계의 다양한 자연환경
(3) 극한 지역에서의 생활	(3) 기후 환경의 변화	(3) 세계 여러 지역의 문화적 다양성
(4) 자연으로 떠나는 여행	(4) 거주 공간의 변화	(4) 변화하는 세계의 인구와 도시
(5) 자연재해와 인간 생활	(5) 생산과 소비 공간의 변화	(5) 경제활동의 세계화
(6) 인구 변화와 인구 문제	(6) 지역 조사와 지리 정보 처리	(6) 갈등과 공존의 세계
(7) 도시 발달과 도시 문제	(7) 다양한 우리 국토	
(8) 문화의 다양성과 세계화	(8) 국토의 지속가능한 발전	
(9) 글로벌 경제와 지역 변화		
(10) 세계화 시대의 지역화 전략		
(11) 자원의 개발과 이용		
(12) 환경 문제와 지속 가능한 환경		
(13) 우리나라의 영토		
(14) 통일 한국과 세계시민의 역할		

3) 주제적 또는 계통적 방법의 장단점

주제적 또는 계통적 방법은 기존의 지역적 방법이 가지는 한계를 극복하기 위한 방편으로 도입되었지만, 이 역시 장단점을 가지고 있다. 주제적 또는 계통적 방법이 가지는 단점은 계통지리학이 지역지리학과 대비하여 가지는 한계점이기도 하다.

표 3-9. 주제적 또는 계통적 방법의 장단점

장점	• 학문의 구조와 교육내용의 계열성을 유지할 수 있다. • 학생의 인지발달 단계에 맞게 교육내용을 심화시킬 수 있다. • 개념, 원리, 법칙 등 전이력이 높은 지식을 가르칠 수 있으며, 학습의 흥미를 높일 수 있다.
단점	• 몇 개의 핵심개념으로 복잡 다양한 지리적 현상을 모두 설명하기 어렵다. 그뿐만 아니라 지리는 지역을 대상으로 하는 만큼, 지역을 종합적으로 바라볼 수 있는 안목을 길러주는 데 한계가 있을 수밖에 없다. • 핵심개념을 추출하는 것도 어려울 뿐만 아니라 추출된 핵심개념을 학생들의 발달 수준에 맞게 계열화하기도 쉽지 않다는 것이다. 자칫 동일한 개념이 계속 반복되어 흥미와 학습 의욕을 떨어뜨릴 수도 있다. • 학문적 개념이나 주제 위주로 내용이 구성되기 때문에 학생들의 흥미를 유발하기 어렵고, 일상생활에서 접할 수 있는 지리적 쟁점 또는 문제를 해결할 수 있는 문제해결력과 의사결정력을 기르는 데 한계가 있을 수 있다.

4. 지역-주제 방법

1) 지역적 방법과 주제적 방법의 절충

지리교육을 위한 많은 지식을 제공하는 지리학은 지역지리학과 계통지리학 간의 긴장 관계에 있다. 따라서 지리교육과정의 내용조직에 있어서도 지역적 방법과 계통적 방법은 늘 긴장 관계를 유지해 왔다. 따라서 지역적 방법과 계통적 방법 중 어느 하나에 기반하여 교육과정의 내용을 조직하게 되면, 비판을 받을 수밖에 없다. 앞에서도 살펴보았듯이 우리나라 2009 개정 교육과정에 의한 지리교육과정의 내용조직은 모두 계통적 방법을 따랐다(현행 2015 개정 교육과정도 세계지리를 제외하면 동일함). 기존에 무미건조한 지역적 방법으로 내용이 구성된 중학교 「사회 1」과 고등학교 「세계지리」는 학생들의 흥미를 떨어뜨리는 요인이라고 한목소리를 내었다. 그러나 막상 계통적 방법으로 바꾸고 나니, 채 시행도 되기 전부터 우려의 목소리가 높다. 중학교 「사회」, 고등학교 「한국지리」와 「세계지리」 모두 내용이 엇비슷하며, 계열성도 떨어진다는 것이다. 그리고 최근 지리학에서 다루어지고 있는 개념과 이론이 여과 없이 그대로 중등학교 교육과정으로 들어오고 있다는 것이다.

이와 같이, 지역적 방법과 계통적 방법은 늘 긴장 관계를 유지하고 있으며, 이는 지리 교과의 정체성의 문제와도 직결된다. 따라서 이러한 지역적 방법과 계통적 방법의 균형을 유지하기 위한 일련의 시도들이 있었다. 이는 지역적 방법과 계통적 방법을 절충한 것으로서 편의상 '지역-주제 방법'이라고 명명한다. 지역-주제 방법은 지리교육과정의 내용으로 먼저 세계, 대륙, 국가, 지역 등을 선정하고, 이에 계통적 요소[자연(지형, 기후, …), 인문(도시, 인구, 문화, …)]를 결합하는 것이다. 나중에 다룰 지평

(환경)확대법 또는 동심원확대법 역시 지역과 주제가 결합된 방식이라고 할 수 있다.

서태열(2005)에 의하면, 지역-주제 방법은 전통적 대륙중심의 지역적 방법의 한계에 대한 반성으로 등장하였으며, 지역을 중심으로 구성하되 새로이 등장한 계통지리학의 발전과 변화를 수용한 것이다. 즉 지역의 틀 아래에 계통적 주제나 지리적 쟁점을 활용하여 지역성을 파악하는 것이다. 그러나 최근에는 지역-주제 방법을 다소 유연하게 사용하고 있다.

2) 지역과 주제가 결합되는 두 가지 방식

테일러(Talyor, 2004)는 지리교사들이 모든 지역의 모든 양상을 가르칠 수 없기 때문에, 다양한 스케일에서 학습할 수 있는 지역을 선택하여 초점을 맞추어야 한다고 주장한다. 그녀는 지역-주제 방법을 좀 더 유연하게 접근하여, 지역과 주제가 결합될 수 있는 방식을 크게 두 가지로 제시한다.

(1) 주제 선정 후, 지역기반 사례학습

지역과 주제를 결합하는 방식 중 지역 선정 후, 지역기반 사례학습은 특정 주제가 먼저 선정된 후, 이 주제를 가장 잘 보여 줄 수 있는 여러 지역들을 선정하여 결합하는 방식이다. 다시 말하면, 지리적 주제가 탐구 계열을 위한 중심 조직자가 되게 하는 것이며, 그 후 지역기반 사례학습은 이 주제에 대한 이해를 구축하기 위해 다양한 스케일에서 다양한 지역으로부터 선택된다(그림 3-1). 예를 들면, 자연재해에 관해 탐구하는 동안 다양한 지역기반 사례학습 중의 하나로서 일본의 지진 예측 방법에 대해 학습할 수 있다. 이 모델은 지리적 지식에 대한 잘 정돈된 이해를 촉진시키지만, 세계에 관한 파편화된 지식을 심어 줄 위험이 있다.

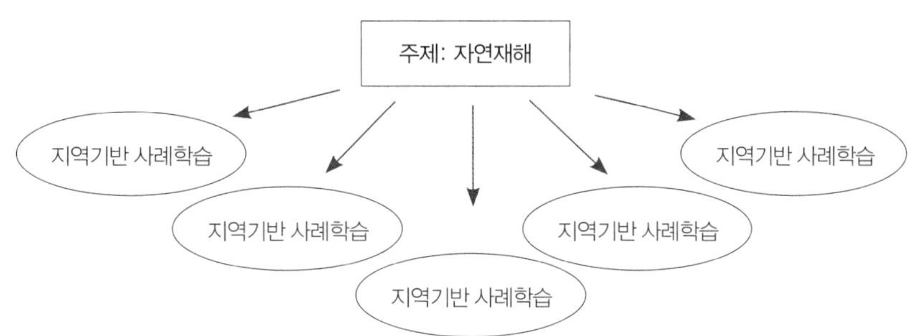

그림 3-1. 지역-주제 방법: 주제 선정 후, 지역기반 사례학습

(Taylor, 2004)

(2) 지역 선정 후, 주제기반 사례학습

지역과 주제를 결합하는 방식 중 지역 선정 후, 주제기반 사례학습은 지역이 먼저 선정된 후, 이 지역과 관련된 여러 주제들을 선정하여 결합하는 방식이다. 다시 말하면, 학습을 특정 지역(보통 국가)의 생활에 대해 개관한 후, 다수의 주제기반 사례학습으로 이루어진다(그림 3-2). 예를 들면, 일본에 초점을 둔 탐구를 하는 동안 다양한 지리적 주제 중의 하나로 일본의 지진 예측 방법에 대해 학습할 수도 있다. 이 모델은 학생들이 특정 국가를 아주 확실하게 알 수 있도록 도와주지만, 그 후 큰 지리적 개념에 관한 지식을 형성하는 것이 어렵다.

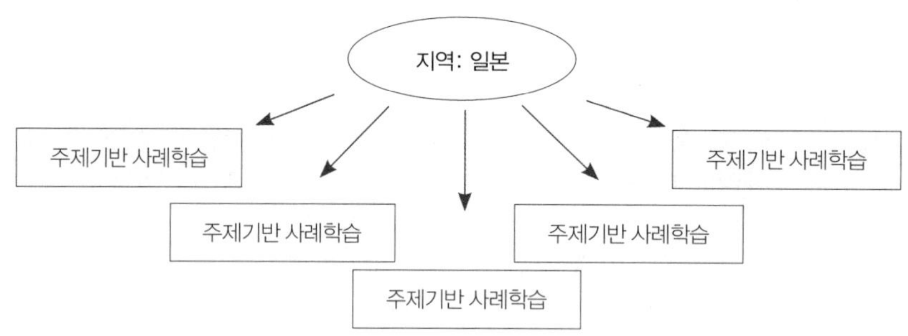

그림 3-2. 지역-주제 방법: 지역 선정 후, 주제기반 사례학습
(Taylor, 2004)

3) 지역-주제 방법의 장단점

지역-주제 방법의 장점은 각 지역의 특성을 특정 주제를 통하여 보다 분명히 제시함으로써 지역학습의 초점을 유지할 수 있다는 것이다. 그리고 계통적 방법과 지역적 방법의 결합은 종래의 정태적 지역지리에서 벗어나 동적인 지역지리에 가까워지도록 한다.

지역-주제 방법의 단점으로는 개별 지역의 다양한 모습을 이해하지 못하게 한다. 계통지리가 지나치게 강조되어 지역이 하나의 사례나 단원의 도입을 위한 절차에 지나지 않도록 만드는 경우도 있다(서태열, 2005).

5. 쟁점 또는 문제 중심 방법

1) 쟁점과 문제란?

쟁점(issues) 또는 문제(problems)는 유사한 의미로 사용하지만 서로 간에 다소 차이가 있다. 쟁점 또는 이슈는 한 가지 사안에 대해 의견의 일치를 보지 못하고, 서로 다른 생각을 가지는 것을 의미한다. 예를 들어, 환경 쟁점(환경 이슈)이란, 그 원인이나 해결 방안을 서로 다르게 생각하는 환경 문제를 의미한다. 환경 문제는 다양한 요인이 복합적으로 작용하여 발생하는 경우가 많다. 따라서 이를 분석하는 방법이나 집단의 이해관계에 따라 발생 원인을 다르게 주장할 수 있고, 그에 따른 해결책도 차이가 있기 때문에 환경 쟁점이 발생하게 된다.

이러한 쟁점 또는 문제 중심의 내용조직은 논쟁적 쟁점 또는 문제를 선정하고 그것을 비판적으로 분석하고 합리적으로 해결할 수 있는 비판적 사고력, 문제해결력과 의사결정력을 기르도록 교육내용을 재구성하는 것이다. 논쟁적인 지리적 쟁점은 개발 쟁점, 공간적 불평등 문제, 젠더 문제, 교통 문제, 소수자 문제, 빈곤 문제, 갈등, 전쟁, 인구 문제, 환경 문제 등 매우 다양하다. 쟁점 또는 문제 중심 내용조직 방식은 이러한 지리적인 논쟁적 쟁점들을 내용으로 구성하여, 이러한 쟁점 또는 문제를 해결하는 데 필요한 지식, 기능, 가치와 태도를 가르쳐야 한다는 것이다.

이러한 쟁점 또는 문제 중심의 내용구성 방법은 학생들이 일상생활을 통해 실제로 경험하게 되는 쟁점 또는 문제를 교육과정으로 끌어온다는 측면에서 시민성을 실현하기 위한 유용한 방안으로 간주된다. 그러나 쟁점 또는 문제 중심의 내용구성을 위해서는 어떤 쟁점과 문제를 선정하고 그 쟁점과 문제의 해결 방법을 어느 정도 깊이 있게 다룰 것인가에 대한 합의가 필요하다. 이러한 제반의 어려움으로 인하여 아직까지 우리나라 지리교육과정에서는 쟁점 중심의 내용구성이 이루어지지 못했다. 그리고 쟁점 중심의 지리 교과서가 개발된 사례도 없다. 그러나 미국, 영국, 일본 등의 국가에서는 특히 글로벌 쟁점 중심의 지리교육과정 및 교과서 개발이 이루어졌다.

2) 쟁점 또는 문제 중심 내용조직 사례

영국 케임브리지 프로젝트의 일환으로 개발된 『현대의 지구적 쟁점(Global Issues of our Time)』이라는 지리 교과서는 현재와 미래의 글로벌적 쟁점에 대한 탐구를 위해 표 3-10과 같이 다양한 국제적 사례 연구를 그 내용으로 선정·조직하고 있다. 총 20개 단원은 각 사례지역에서 쟁점이 되고 있는 도시화, 산업화, 교통 문제, 산성비, 산업 오염, 지구온난화, 온실효과 등의 문제들로서, 사례지역의 지리학자 및 지리교육자에 의해 집필되었다.

쟁점 또는 문제 중심의 내용구성 방법으로 만들어진 가장 대표적인 지리교육과정은 미국의 중등 지리교육 프로젝트인 『지구적 쟁점에 대한 지리탐구(GIGI: Geographic Inquiry into Global Issues)』이다. '글로벌 쟁점'이라는 지리적 지식과 '지리탐구'라는 지리적 기능을 유기적으로 결합하고 있다. GIGI는 표 3-11과 같이 10개의 주요 사례 탐구지역에 대해 각각 2개의 쟁점 중심 모듈을 개발하여 총 20개의 모듈로 구성되어 있다.

이를 재구성한 표 3-12는 이러한 20개의 모듈을 유사한 쟁점 영역끼리 범주화하고, 10개의 주요 사례 탐구지역을 중심 사례지역과 비교 사례지역으로 분류한 것이다. 중심 사례지역은 주요 사례 탐구지역 중에서 대표적인 하나의 하위지역이다. 이 하위지역은 특히 글로벌 쟁점이 현저하고, 동시에 상징적으로 나타나기 때문에 '전형지역'으로 구분된다. 비교 사례지역은 중심 사례지역과 유사한 글로벌 쟁점에 직면해 있으면서 그 문제 해결을 위해 노력하는 또 하나의 하위 지역이다. 이러한 비교 사례지역은 전형지역의 문제 상황과 유사하지만 다소 다른 측면을 가지는 '대조지역'과, 학생들이 정치적·사회적으로 내부자가 되는 '귀속지역'으로 구분된다. 여기에서 중요한 것은 글로벌적 쟁점에 대한 지리탐구를 교사와 학생들이 속해 있는 그들의 귀속지역과 연계하여 내용을 구성하고 있으며, 이를 지리탐구와 연계하고 있다는 것이다.

이와 같은 형식을 취하는 이유는 글로벌 쟁점에 놓여 있는 중심 사례지역만을 통한 학습이 사실에

표 3-10. 『현대의 지구적 쟁점(Global Issues of our Time)』의 단원 구성

단원 및 쟁점	사례 지역	단원 및 쟁점	사례 지역
1. 긍정적으로 세계를 보기	-	11. 홍콩의 신공항	홍콩
2. 아마존강 유역: 브라질의 관점	브라질	12. 타이완의 산업오염	타이완
3. 나이지리아의 빈부격차	나이지리아	13. 불가리아: 지리적 교차로	불가리아
4. 중국의 인구	중국	14. 다이아몬드 무역: 부유한 세계-가난한 세계	벨기에
5. 인도의 빈곤과의 전쟁	인도	15. 핀란드의 산성비 대책	핀란드
6. 방글라데시의 도시화	방글라데시	16. 싱가포르의 도로교통 관리	싱가포르
7. 브라질의 도시화	브라질	17. 과거의 홍수: 온실효과의 이해	영국
8. 부탄의 개발: 선과 악	부탄	18. 네덜란드와 지구온난화	네덜란드
9. 오스트레일리아의 토양 보존	오스트레일리아	19. 에너지: 영구적인 글로벌 쟁점	미국
10. 댐: 환경 재해	캐나다	20. 유럽의 생활양식을 변화시킨 것: 석탄과 철강 산업	독일

(Lidstone, 1995)

표 3-11. 『지구적 쟁점에 대한 지리탐구(GIGI)』의 사례지역과 모듈

주요 사례 / 탐구 지역	모듈, 초점, 지역	
남부아시아	**인구와 자원** 인구성장은 자원 이용가능성에 어떻게 영향을 미치는가? 방글라데시, 아이티	**종교 갈등** 종교적 차이가 갈등을 초래하는 곳은 어디인가? 카슈미르, 북아일랜드, 미국
동남아시아	**지속가능한 농업** 어떻게 지속가능한 농업을 성취할 수 있는가? 말레이시아, 카메룬, 미국의 서부	**인권** 이동의 자유는 얼마나 기본적인 인권인가? 캄보디아, 쿠바, 미국
일본	**자연재해** 자연재해의 영향이 장소마다 어떻게 다른가? 일본, 마다가스카르, 미국	**세계 경제** 세계 경제는 인간과 장소에 어떻게 영향을 미치는가? 일본, 콜롬비아, 미국
구소련	**환경오염** 환경악화의 결과는 무엇인가? 아랄해, 마다가스카르, 미국	**다양성과 민족주의** 국가는 문화적 다양성에 어떻게 대처하는가? 미국, 캐나다
동(부)아시아	**정치변화** 정치변화는 인간과 장소에 어떻게 영향을 미치는가? 홍콩, 한국, 타이완, 싱가포르, 중국, 캐나다	**인구 성장** 인구 증가는 어떻게 관리되는가? 중국, 미국
오스트레일리아/ 뉴질랜드/ 태평양	지구적 기후변화 지구온난화는 어떻게 해서 일어나는가? 오스트레일리아, 뉴질랜드, 개발도상국, 미국, 걸프만	상호의존성 지구적 상호의존성의 원인과 결과는 무엇인가? 오스트레일리아, 포클랜드군도, 미국
북아프리카/ 서남아시아	기근 사람들은 왜 굶주리고 있는가? 수단, 인도, 캐나다	석유와 사회 석유가 풍부한 국가들은 어떻게 변화되어 왔나? 사우디아라비아, 베네수엘라, 미국(알래스카)
사하라 이남의 아프리카	영·유아 사망률 왜 그처럼 많은 아이들이 열악한 건강상태로 고통받는가? 중앙아프리카, 미국	새로운 민족 국가 민족국가는 어떻게 건설되는가? 나이지리아, 남아프리카, 쿠르드
라틴 아메리카	개발 개발은 사람과 장소에 어떻게 영향을 미치는가? 아마존강 유역, 동부유럽, 미국(테네시강 유역)	도시성장 급속한 도시화와 도시성장의 원인과 결과는 무엇인가? 멕시코, 미국
유럽	폐기물 관리 왜 폐기물 관리는 지역적 관심사이자 동시에 지구적 관심사인가? 서부유럽, 일본, 미국	지역통합 지역통합의 이익은 무엇이며, 지역통합의 장애는 무엇인가? 유럽, 미국, 멕시코, 캐나다

(Hill et al., 1995; Hill and Natori, 1996: 171)

표 3-12. 『지구적 쟁점에 대한 지리탐구(GIGI)』의 모듈 재구성

쟁점 영역		모듈	주요 사례 탐구지역	중심 사례지역	비교 사례지역	
				전형지역	대조지역	귀속지역
정치	정치·민족	다양성과 민족주의	④ 구소련	CIS	브라질	미국
		정치변동	⑤ 동(부)아시아	홍콩	한국·타이완, 기타	캐나다
		신국민국가의 건설	⑧ 아프리카	나이지리아	남아프리카	캐나다
	평화·인권	종교분쟁	① 남(부)아시아	카슈미르	북아일랜드	–
		인권	② 동남아시아	캄보디아	쿠바	미국
경제	무역	세계 경제	③ 일본	일본	콜롬비아	미국
		상호의존	⑥ 오스트레일리아·태평양	오스트레일리아	포클랜드군도	미국
		지역통합	⑩ 유럽	유럽	멕시코	캐나다
	개발	지속가능한 농업	② 동남아시아	말레이시아	카메룬	미국
		석유와 사회	⑦ 서남아시아	사우디아라비아	베네수엘라	미국
		개발	⑨ 라틴아메리카	아마존강 유역	–	미국
사회	인구·도시	인구와 자원	① 남(부)아시아	방글라데시	아이티	–
		인구증가	⑤ 동(부)아시아	중국	–	미국
		도시성장	⑨ 라틴아메리카	멕시코	–	미국
	생명·건강	기아	⑦ 서남아시아	수단	–	캐나다
		유아사망률	⑧ 아프리카	중앙아프리카	인도	미국
환경	자연재해	자연재해	③ 일본	일본	방글라데시	미국
		지구적 기후변화	⑥ 오스트레일리아·태평양	오스트레일리아/뉴질랜드	개발도상국	미국
	환경보전	환경오염	④ 구소련	아랄해	마다가스카르	미국
		폐기물관리	⑩ 유럽	서부유럽	일본	미국

(草原和博, 2001: 15.)

대한 암기학습으로 흐를 가능성이 많기 때문이다. 학습자들이 귀속되어 있는 지역들은 모두 글로벌적 차원과 관련된 쟁점을 가지고 있다(Hill and Natori, 1996: 174). 따라서 그들의 귀속지역과 글로벌적 차원이 연계되어 글로벌 쟁점이 탐구될 때, 인식과 이해의 성장뿐만 아니라 성찰적·실천적 학습이 가능하여 의미 있는 수업이 될 수 있다. 다시 말하면, 글로벌 쟁점에 대한 탐구를 함에 있어서 공간적 중층(첩)화를 통하여 세계 각 지역의 문제를 인식하도록 하는 한편, 학습자가 귀속하고 있는 지역의 쟁점과 연계시켜 글로벌 시민성을 기르도록 하고 있다.

한편, 국가 수준의 교육과정에서도 쟁점 또는 문제 중심의 내용구성을 채택하고 있는 사례도 있다. 특히 일본 지리교육과정에서 고등학교는 쟁점중심에 초점을 두고 있으며, 지리 A는 쟁점중심으

로, 지리 B는 계통, 지역지리, 쟁점이 각각 단원으로 구성되어 있다. 사실 1999년 교육과정까지는 이 체제가 잘 지켜졌으나(표 3-13), 최근에 개정된 2009년 교육과정에서는 쟁점 중심 교육과정이 지리 A에서만 일부 유지되고, 지리 B에서는 완전히 사라졌다.

표 3-13. 일본 1999년 고등학교 지리교육과정의 내용 체계

고등학교		
지리 A	지리 B	
(1) 현대 세계의 특색과 지리적 기능 ㄱ. 지구상의 세계와 지역구성 ㄴ. 연계되어 있는 세계 ㄷ. 다양함을 증대하는 인간행동과 현대세계 ㄹ. 친근한 지역에서 국제화의 진전 (2) 지역성의 입장에서 파악하는 현대 세계의 과제 ㄱ. 세계의 생활·문화에 대한 지리적 고찰 ㄴ. 지구적 과제의 지리적 고찰	(1) 현대 세계의 계통 지리적 고찰 ㄱ. 자연환경 ㄴ. 자원과 산업 ㄷ. 도시 및 촌락과 생활문화 (2) 현대 세계의 지지적 고찰 ㄱ. 시정촌 규모의 지역 ㄴ. 국가규모의 지역 ㄷ. 주, 대륙 규모의 지역	(3) 현대 세계의 제과제에 대한 지리적 고찰 ㄱ. 지도화하여 파악하는 현대세계의 제과제 ㄴ. 지역구분하여 파악하는 현대세계의 제과제 ㄷ. 국가 간의 연계 현상과 과제 ㄹ. 가까운 국가들에 대한 연구 ㅁ. 환경, 에너지의 문제와 지역성 ㅂ. 인구, 식료 문제의 지역성 ㅅ. 주거, 도시문제의 지역성 ㅇ. 민족, 영토 문제의 지역성

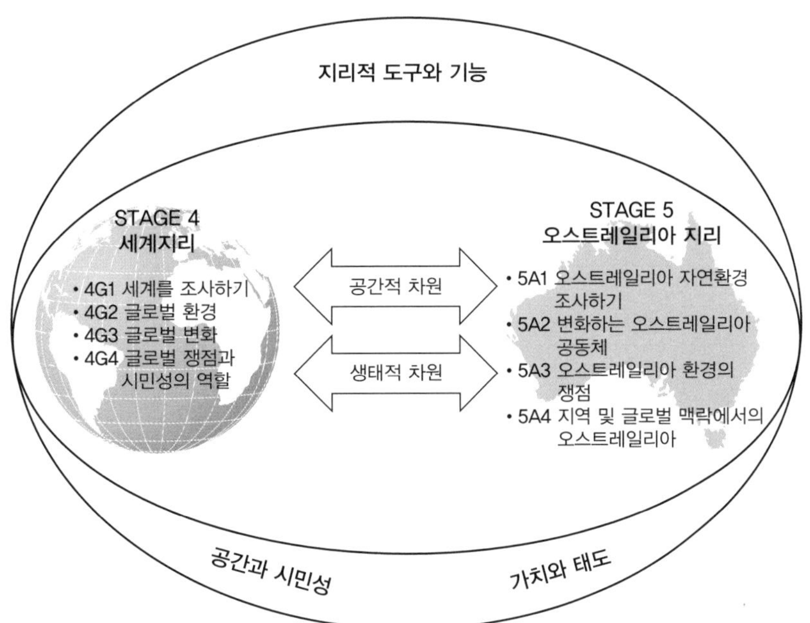

그림 3-3. 필수 교과목 'Stage 4용 세계지리'와 'Stage 5용 오스트레일리아 지리'의 내용 조직

(Board of Studies NWS, 2003: 22)

그리고 오스트레일리아 뉴사우스웨일즈주의 '지리 7-10학년 교육과정'은 크게 필수지리 교과과정과 선택지리 교과과정으로 구성되어 있다. 필수지리 교과과정은 '세계지리(Global Geography)'(Stage 4용)와 '오스트레일리아 지리(Australian Geography)'(Stage 5용)로 구분된다. 여기에서의 특징은 세계지리를 먼저 학습한 후, 오스트레일리아 지리를 학습하는 순서로 되어 있다는 것이다(이는 지평확대역전 방식에서 다시 다룸).

그리고 Stage 4용 세계지리와 Stage 5용 오스트레일리아 지리는 각각 4개의 초점 영역(focus areas)으로 구성되어 있다(그림 3-3). 여기에서 세계지리의 초점 영역 '4G4 글로벌 쟁점과 시민성의 역할'과 오스트레일리아 지리의 초점 영역 '5A3 오스트레일리아의 환경의 쟁점'이 쟁점 중심의 내용구성을 하도록 규정하고 있다.

이러한 오스트레일리아 뉴사우스웨일즈주의 지리 7-10학년 교육과정에 의해 발행된 지리교과서인 『Geography Focus』 시리즈를 중심으로 살펴보면 다음과 같다. 세계지리 교과서 『Geography Focus 1』의 글로벌 쟁점과 오스트레일리아 지리 교과서 『Geography Focus 2』의 오스트레일리아의 환경의 쟁점은 표 3-14와 같다.

표 3-14. 『Geography Focus』 1과 2의 단원 구성 체제

Geography Focus 1(Stage 4)		Geography Focus 2(Stage 5)	
대단원	중단원	대단원	중단원
세계를 조사하기	1. 세계를 열어젖히기	오스트레일리아의 자연환경을 조사하기	1. 오스트레일리아–독특한 대륙
	2. 우리의 세계와 유산		2. 오스트레일리아의 공동체들에 영향을 주는 자연재해
글로벌 환경	3. 극지방	변화하는 오스트레일리아의 공동체들	3. 오스트레일리아의 독특한 인문적 특성
	4. 산호초		4. 두 개의 오스트레일리아 공동체
	5. 산지	오스트레일리아 환경의 쟁점들	5. 지리적 쟁점들에 대한 개관
	6. 열대우림		6. 공기의 질
	7. 사막		7. 해안 관리
글로벌 변화	8. 변화하는 글로벌 관계		8. 토지와 물 관리
	9. 글로벌 불평등		9. 도시의 성장과 쇠퇴
글로벌 쟁점과 시민성의 역할	10. 기후변화		10. 쓰레기 관리
	11. 담수에의 접근	지역 및 글로벌 맥락에서의 오스트레일리아	11. 오스트레일리아의 지역적, 글로벌 연계
	12. 도시화		12. 오스트레일리아의 원조 연계
	13. 토지 침식		13. 오스트레일리아의 방위 연계
	14. 인권		14. 오스트레일리아의 무역 연계
	15. 위험에 직면한 서식지		15. 오스트레일리아를 위한 미래의 도전

3) 쟁점 또는 문제 중심 방법의 장단점

쟁점 또는 문제 중심의 내용조직 방식은 지리적 쟁점 또는 문제를 비판적으로 이해하고 합리적 해결방법을 찾는 비판적 사고력, 문제해결력, 의사결정력의 발달에 기여할 수 있다. 그리고 현대사회에서 전 지구적으로 쟁점이 되고 있는 시사적 내용으로 학습자들에게 학습의 흥미를 유발할 수 있다.

그러나 이 방법은 몇 가지 한계를 지니고 있다. 첫째, 지리학에서 구축된 지리적 현상에 대한 체계적인 지식의 구조를 가르치기 어렵다. 둘째, 지리교육과정을 통해 가르쳐야 할 지리적 쟁점 또는 문제를 선정하는 데 어려움이 있다. 셋째, 지리적 쟁점 또는 문제는 고정적인 것이 아니라 시간의 흐름과 사회의 변화에 따라 가변적인 성격을 가지기 때문에 교육과정을 자주 개정해야 하는 문제가 발생한다.

6. 지평확대법과 그 대안들

1) 지평확대법/환경확대법/동심원확대법

(1) 지평확대법의 원리

지평확대법은 환경확대법 또는 동심원확대법이라고도 불린다. 지평확대법은 아동의 경험이 자신의 가까운 곳에서 점차 먼 곳으로 지평이 확대되어 가는 것에 기초하여, 가르칠 내용을 자기 동네, 자기 고장, 자기 지방, 자기 나라, 자기 대륙, 세계의 순으로 구성하는 방법을 말한다. 그림 3-4는 1928년 영국의 지리 교과서인 『League of Nations Schoolbook』(Jones and Sherman, 1928)에 제시된 것으로 지평확대법을 잘 보여 준다. 일반적으로 지리에서는 동심원 확대법으로, 사회과에서는 지평확대법 또는 환경확대법으로 불리었다(Marsden, 2001: 16).

지평확대법 또는 환경확대법은 1940년대 초반에 미국의 한나(Hanna)에 의해 사회과(social studies)의 범위와 계열을 설정하는 원리로 정교화되었다. 한나의 환경확대법은 가족, 학교, 이웃, 주, 국가, 세계 순으로 개인이 접할 수 있는 지역의 범위를 동심원적으로 확대시키며 사회과의 계열을 구성하는 방식이다. 이러한 환경확대법은 학생들이 친숙한 가까운 지역부터 배워야 그것을 가장 잘 이해할 수 있다고 가정한다. 학생들은 가까운 지역인 집(가정), 가정, 학교, 이웃, 지역사회에서 출발하여 점차 경험이 성장함에 따라 지역의 범위를 확대해서 배워야 한다는 것이다. 이것은 학습은 "가까운 곳

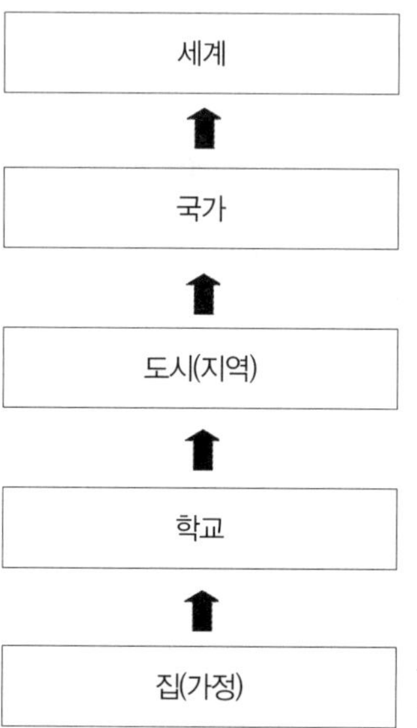

그림 3-4. 지평확대법
(Marsden, 2001: 16 재인용)

에서 먼 곳으로, 쉬운 것에서 어려운 것으로, 단순한 것에서 복잡한 것으로" 이루어져야 한다는 자연주의 교육사상가들의 원리와 유사하다(서태열, 2005).

이러한 지평확대법 또는 환경확대법은 최근 많은 비판을 받고 있지만, 여전히 사회과의 범위와 계열을 구성하는 일반적인 방식으로 사용되고 있다. 미국의 많은 주와 우리나라의 사회과는 기본적으로 지평확대법 또는 환경확대법의 틀을 유지하면서 다양한 방식으로 사회과의 범위와 계열을 구성하고 있다(표 3-15).

표 3-15. 환경확대법에 의한 사회과 구성

학년	전통적 사회과 패턴	미국 사회과교육협회 모형(1984)	한국 제7차 사회과 교육과정(1997)
유치원	자아, 학교, 공동체, 가정	사회적 상황에서 자아 인식	
1학년	가족	1차 집단에서 개인: 가정과 학교 생활	우리 집: 가족 구성원과 행사
2학년	이웃	사회집단의 기본수요 충족: 이웃	우리 이웃: 주변 조사와 그림지도
3학년	지역사회	타인과 지역의 공유: 지역사회	고장의 생활모습: 자연환경, 문화
4학년	주의 역사와 지리	다른 환경에서의 인간 생활: 지역	지역의 생활모습: 자연환경, 생산 활동
5학년	연방국가의 역사	미국인: 미국과 이웃 국가	우리나라의 국토개발과 경제 성장
6학년	세계 문화, 서반구	인간과 문화: 동반구	우리나라의 민주정치 우리나라와 관련된 나라들
7학년	세계의 지리 또는 역사	변동하는 세계: 지구촌의 관점	각 지방의 생활 각 대륙의 생활 아시아 역사

8학년	미국 역사	자유 국가의 건설: 미국	현대 세계의 전개 서양 근대사
9학년	공민 또는 세계문화	민주사회의 기본 틀: 법, 정치, 경제	현대사회의 변화와 대응 지구촌 사회와 한국
10학년	세계 역사	문화의 기원: 세계사	문화권과 지구촌 시민사회의 발전 국민 경제
11학년	미국 역사	미국의 발전: 미국사	사회과의 선택과목
12학년	미국 정부	사회과학의 선택과목	사회과의 선택과목

(박상준, 2009 재인용)

(2) 지평확대법에 대한 비판

이러한 지평확대법으로 인해 미국 사회과에서는 지리의 존립이 크게 훼손된 것으로 평가된다. 서태열(2005)에 의하면, 지리는 미국에서 사회과의 지평확대법에 공간적 차원을 빌려줌으로써 사회과에 흡수되어 7, 8학년의 세계지리 정도로 축소되었다. 그리하여 미국 사회과에서 지리는 지역적 방법으로 구성된 7, 8학년의 세계지리만이 겨우 명맥을 유지하고, 계통지리는 지평확대법에 의해 존립마저 어렵게 되었다.

그리고 이러한 지평확대법은 사회과 교육과정의 범위와 계열을 조직하는 일반적으로 원리로 활용되고 있으나 많은 비판에 직면하고 있다.

첫째, 정보사회가 되면서 다양한 미디어의 발달로 물리적으로 먼 지역에 대한 정보를 쉽게 접할 수 있게 되었다. 따라서 학생들이 직접적으로 경험하는 가까운 지역을 먼저 공부해야 한다는 지평확대법의 가정에 의문이 제기되고 있다.

둘째, 최근 세계화와 지역화가 동시에 일어나고 있는 이 시점에서 지역을 분절적·파편적으로 이해하는 것은 의미가 없다. 이제 지역을 모자이크로 파악하던 관점에서 시스템, 나아가 네트워크로 바라보아야 한다는 주장이 설득력을 얻고 있다. 로컬, 국가, 글로벌을 관계적으로 바라보아야 한다는 것이다.

셋째, 가깝고 작은 스케일인 로컬(지역사회)이라고 하여 국가나 세계보다 단순하지 않다는 것이다. 일례로 초등학교 4학년에서 시, 군, 구에 대해서 배우게 되는데, 지방자치단체의 기능과 역할에 대한 이해 보다 국가나 정부의 기능과 역할이 훨씬 더 쉽게 접하며 이해하기 쉽다.

넷째, 초등학교 저학년에서 집, 학교, 지역사회를 학습하게 되는데, 너무 내용 반복이 많으며 주로 사회적 필수 기능에만 집중하여 논쟁적 쟁점과 문제를 적극적으로 다루지 못한다(서태열, 2005).

2) 탄력적 환경확대법

탄력적 환경확대법은 앞에서 제시한 지평확대법에 대한 두 번째 비판으로부터 등장했다. 즉 세계화와 지역화가 동시에 진행되는 시점에서 다중스케일적(multiscalar) 접근의 중요성이 떠오르고 있기 때문이다.

세계화와 정보화 시대에 지구촌의 여러 지역 간 상호작용이 증가하면서, 우리가 생활하는 지역과 공간이 중첩되는 양상을 띠고 있다. 또한 학생이 경험하는 공간은 주변 지역뿐만 아니라 다른 지역이나 국가, 지구촌으로 확대되고 있다. 따라서 학생이 주변 지역의 생활모습을 객관적으로 이해하고 지역 문제를 해결하도록 도와주기 위해서, 사회과는 여러 지역들의 상호의존성을 파악할 수 있도록 구성할 필요가 생겼다.

그래서 이영희는 3, 4학년에서는 다른 지역이나 국가와의 상호 관계 속에서 고장 및 지역사회의 생활 모습을 다루고, 5, 6학년에서는 자신의 주변지역, 다른 지역과 국가, 지구촌의 상호의존 관계 속에서 자기 나라의 사회현상을 이해하고 사회문제를 해결하도록 구성하는 '탄력적 환경확대법'을 제시하였다(이영희, 2005: 24-41). 이런 논의에 따라 2007년 개정 사회과 교육과정에서는 3, 4학년에서 고장 및 지역과 관련된 우리나라 또는 다른 나라의 환경 및 생활모습을 다룰 수 있도록 함으로써 환경확대법을 탄력적으로 적용하였다.

3) 지평확대역전방법

한편, 류재명(2003)과 서태열(2003)은 대한지리학회 회보에 기고한 글에서 일명 '환경역전모형 또는 지평확대역전모형'을 주장하고 있다. 즉 세계(글로벌)를 먼저 가르치고 향토(로컬)를 가르치자는 것이다. 이러한 지평확대역전모형을 주장하는 배경으로는 다양한 미디어의 발달에 의한 정보사회로의 진입, 교통통신의 발달로 인한 이동성의 증대와 공간적 거리 제약의 극복이 제시되고 있다. 이로 인해 우리가 경험하는 것이 작은 스케일에서 큰 스케일로 확장되는 것이 아니라 동시적으로 이루어지고 있는 것이다. 특히 미디어의 발달로 인해 어린이들은 작은 스케일에서 나타나는 정보보다 국가나 세계에 대한 정보를 쉽게 접할 수 있게 된다.

인지발달이론의 측면에서 볼 때, 10세(초등학교 4학년) 이후가 되면 공간포섭관계에 대한 이해수준이 국가나 세계에 이른다. 특히 중학교에서는 국가를 넘어 세계에 이르게 되므로, 중학교부터는 세계를 먼저 가르치는 것이 가능하게 된다. 일례로, 오스트레일리아 뉴사우스웨일즈주의 경우 Stage 4에

표 3-16. 일본 중학교 지리교육과정의 내용 체계

1989년 학습지도요령	2008년 학습지도요령
(1) 세계와 세계의 제지역 ㄱ. 다양한 세계 ㄴ. 다양한 지역 (2) 일본과 일본의 제지역 ㄱ. 세계로부터 본 일본 ㄴ. 나와 가까운 지역 ㄷ. 일본의 제지역 (3) 국제사회에 있어서 일본 ㄱ. 일본과 세계의 결합 ㄴ. 일본과 국제사회	(1) 세계의 다양한 지역 ㄱ. 세계의 지역구성 ㄴ. 세계 각 지역의 사람들의 생활과 환경 ㄷ. 세계의 제지역 -아시아 -유럽 -아프리카 -북아메리카 -남아메리카 -오세아니아 ㄹ. 세계의 다양한 지역의 조사 (2) 일본의 다양한 지역 ㄱ. 일본의 지역구성 ㄴ. 세계와 비교한 일본의 지역적 특색 -자연환경 - 인구 -자원·에너지와 산업 -지역 간의 결합 ㄷ. 일본의 제지역 -자연환경을 중핵으로 한 고찰 -역사적 배경을 중핵으로 한 고찰 -산업을 중핵으로 한 고찰 -환경문제와 환경보전을 중핵으로 한 고찰 -인구와 도시·촌락을 중핵으로 한 고찰 -생활·문화를 중핵으로 한 고찰 -타지역과의 결합을 중핵으로 한 고찰 ㄹ. 가까운 지역의 조사

(文部省, 1989; 2008)

그림 3-5. 지평확대법, 탄력적 환경확대법, 지평확대역전방법

서 글로벌 지리(Global Geography)를 학습하고 Stage 5에서 오스트레일리아 지리(Australia Geography)를 학습하는데, 이는 중학교 수준에서의 지평확대역전방법이라고 할 수 있다. 또한 일본의 경우 학령

에 따른 지평확대역전모형이 적용되는 것은 아니지만, 동일한 학령을 대상으로 하는 지리 교과서 내에서 내용 구성이 세계지리를 먼저 배우고 나서, 세계 속에서의 일본의 위상과 역할에 대해 학습하는 구조로 되어 있다. 그리고 최종적으로 세계 속에서 일본의 발전방향을 모색하고 있다(표 3-16).

7. 핵심역량 중심 방법

1) 핵심역량

(1) 핵심역량의 의미

역량은 단순한 지식과 기술 그 이상이다. 역량은 특정 상황에서 사회심리적인 자원(기능과 태도를 포함하는)을 활용함으로써 복잡한 요구를 충족시킬 수 있는 능력이다. 예를 들어, 효과적인 의사소통능력은 언어에 대한 지식, 실용적인 IT, 의사소통 상대를 향한 마음가짐을 종합하여 활용하는 능력이다(Ananiandou and Claro, 2009: 8).

새로운 시대는 새로운 교육을 요구한다. 21세기 지식 기반 사회에 적합한 인재 양성을 위해 세계 여러 나라들이 최근 개인의 성공적인 삶과 사회의 발전을 위해 요구되는 핵심역량을 길러 줄 수 있는 교육으로의 전환을 꾀하고 있다(Rychen and Salganik, 2001, 2003; Trilling and Fadel, 2009). 핵심역량의 등장은 종래의 지식 중심, 전달 위주의 학교 교육에서 학습자가 지식과 정보를 실제로 활용할 수 있는 능력을 함양하고 자기주도적 학습을 할 수 있도록 하는 교육으로의 전환이 필요하다는 인식에 기초하고 있다(소경희, 2007; 김현미, 2014).

전통적인 학교교육은 지식 전달에 기반한 교육에 치중해 왔으며, 이러한 지식 전달 중심의 학교교육은 학생들을 최근의 변화하는 환경에 적절히 적응시키는 데 한계가 있다. 이러한 맥락에서 이제 학교교육은 지식 전달이 아니라 역량 개발에 초점을 두어야 한다는 문제제기와 함께 역량에 대한 관심이 증가하고 있다. 그리하여 선진국들은 사회의 주요한 변화에 대한 반응으로 교육체제를 개혁하고 있는데, 가장 대표적인 것이 '역량기반 교육과정(competency-based curriculum)'이다. 우리나라 2015 개정 교육과정 역시 이러한 역량기반 교육과정을 따르고 있다. 그렇다면, 역량(competency)이란 무엇을 의미하는 것일까?

역량은 불명확하고 혼란스러운 개념들 중 하나이다. 어느 맥락에서 누가 이야기하는가에 따라 그 용어가 가리키는 바가 의미나 내용면에서 다를 수 있을 뿐만 아니라, 한편으로는 동일한 의미를 가리키는데 서로 다른 용어들(예: competence, competency, skills 등)을 사용하고 있는 상황이 발생할 수도 있다(김현미, 2013; Roberts, 2013). 역량이 직업교육이나 인적자원개발의 맥락에서는 배타적·독점적·경쟁우위적 성격을 띤 우수한 수행을 가리킨다면, 학교교육의 맥락에서는 교육받은 학생들이라면 누구나 공통적으로 갖추어야 할 보편적 기본 역량을 의미한다. 또한 주로 'competency'가 역량을 가리키는 단어이고 'skill'이 역량을 구성하는 요소들 중 하나인 기능(또는 기술)이라는 의미로 사용되는 경우도 많지만, P21의 '21st Century Skills'에서는 이 단어를 역량이라는 의미로 사용하고 있다. 따라서 역량을 표기하고 표현하는 방식이 혼재하기 때문에 독자는 맥락에 따라 그 의미가 정확히 무엇인지 짚고 넘어가야 할 필요가 있다(김현미, 2013).

역량은 직업역량 또는 핵심역량이라는 개념으로 1960년대부터 인적자원개발이나 직업교육 분야에서 사용되었다. 이는 주로 기업이나 작업장에서 효과적이고 우수한 수행과 관련된 특성, 즉 직무를 성공적으로 수행할 수 있도록 하는 개인의 자질(특성)을 의미하는 용어였다. 스펜서 외(Spencer and Spencer, 1993)는 역량을 "준거에 따른 효과적이고 뛰어난 수행과 인과적으로 관련되어 있는 내적인 특성"으로 정의하였다. 역량은 행동 중심, 직무 중심, 통합적 관점으로 정의되는데, 'competence', 'competency', 'capability', 'skill' 등 다양한 용어가 사용되었다. 여기서 모든 직업이나 직무에서 공통적으로 요구되는 역량을 '핵심역량'으로 보고 이를 측정하기 위한 프로젝트가 미국, 영국, 오스트레일리아, 뉴질랜드 등에서 진행되었다(미국 NSA의 'Core Competencies', 영국 FEU의 'Key Competencies', 오스트레일리아 Mayer 위원회의 'Key Competencies' 등)(김기헌 외, 2010; 김현미, 2013).

(2) DeSeCo project

이렇게 직업교육이나 기업교육과 관련되었던 역량개념은 2000년대 들어 생애(life) 또는 일상생활 영역으로 확장되어 개인의 성공적인 삶과 사회에 기여하는 능력의 개념으로 검토되기 시작하였다.

DeSeCo(Definition and Selection of Key Competence) 프로젝트는 OECD에서 수행한 '핵심역량 정의 및 선정 프로젝트'이다. DeSeCo Project는 핵심역량의 교육적 논의를 본격화하였으며, 이후 이 연구 결과는 영국, 오스트레일리아, 뉴질랜드, 타이완, 캐나다, 프랑스, 독일 등 여러 나라의 교육과정 설계에 많은 영향을 주었다(홍원표 외, 2010; 손민호, 2011; 김현미, 2014).

OECD가 1997년부터 2003년까지 수행한 DeSeCo 프로젝트(Definition and Selection of Competencies: Theoretical and Conceptual Foundations)는 '성공적인 삶과 제대로 작동하는 사회를 위해 필요한

핵심역량은 무엇인가?'라는 질문을 던지고 생애 전반에서 요구되는 핵심역량을 선정하고 정의하는 작업을 진행하였다. DeSeCo 프로젝트에서 역량은 "인지적, 비인지적 측면을 모두 포함하는 개인의 심리사회적 특성들을 동원하여 어느 특정한 상황이나 맥락에서 발생하는 복잡한 요구들에 성공적으로 대응할 수 있는 능력"으로 정의된다(Rychen and Salganki, 2003: 43). 여기서 '핵심역량(Key competencies)'이란 개인이 세상을 살아가는 데 필요한 광범위한 범주의 수많은 역량들 중에서도 삶에 걸쳐서 반드시 필요한 몇 가지 역량만을 추출하기 위해서 도입한 용어이다. DeSeCo 프로젝트는 OECD 회원국 중 오스트리아, 벨기에, 덴마크, 핀란드, 프랑스, 독일, 네덜란드, 뉴질랜드, 노르웨이, 스웨덴, 스위스, 미국 등 12개 국가가 국가기여과정(CCP: Country Contribution Process)에 참여하여 핵심역량을 정의하고 선정하는 작업을 수행하였다. 그 결과 국가마다 다양하게 핵심역량이 선정되기는 하였으나 공통되는 부분을 중심으로 삶의 다양한 분야의 요구를 충족시키는 수단이 되고, 개인의 성공적인 삶과 제대로 기능하는 사회를 이끄는 데 기여하는 모든 개인에게 필요한 성격을 지니는 일반적인 역량들을 핵심역량으로 추출하였다(소경희, 2007).

DeSeCo 프로젝트에서 추출한 핵심역량은 크게 3가지 범주로, 이들은 핵심역량이 21세기를 살아가는 데 꼭 필요한 역량들이라고 제시하였다.

- 자율적으로 행동하기
- 도구를 상호적으로 활용하기
- 이질적인 집단과 상호작용하기

우선, '자율적으로 행동하기'는 복잡한 세계에서 자신의 정체성과 목표를 실현할 필요가 있으며, 권리를 행사하고 책임을 다할 필요가 있으며, 자신의 환경과 그 영향을 이해할 필요에 의하여 핵심역량으로 선정되었다. '도구를 상호적으로 활용하기'는 새로운 기술에 익숙해지고 도구를 자신의 목적에 맞게 선택할 수 있으며 세계와 적극적으로 대화할 필요성에 의하여 핵심역량으로 선정되었다. '사회적 이질 집단에서 상호작용하기'는 다원화 사회에서 다양성을 다룰 줄 알아야 하며, 공감과 사회적 자본의 중요성을 고려하여 핵심역량으로 선정되었다(Rychen and Salganki, 2003; 윤현진 외, 2007).

기본적으로 역량이란 어느 특정한 상황에서의 요구에 대하여 개인이 활용하는 지식, 인지적 능력(비판적, 분석적 사고력, 의사결정능력, 문제해결능력 등), 태도, 감정, 가치관, 동기 등을 의미한다. 한 개인에게 역량이 있다는 것은 어느 특정한 상황에서의 요구에 부응할 수 있는 능력을 갖추었다는 의미이며 이를 위해 활용할 자원을 보유하고 있다는 의미이며, 이에 더하여 이를 활성화할 수 있고 조율할 수 있다는 것을 의미한다.

2000년대 이후 세계 여러 나라에서 이루어지고 있는 초·중등학교 교육 개혁을 통해 구현되고 있는 핵심역량은, 이미 타고난, 남들보다 뛰어난, 어떤 특별한 자질로서의 역량이 아니라, 누구나 경험과 학습을 통해 기를 수 있는 보편적인 능력이나 성향으로서의 역량 개념에 기반하고 있다.

OECD는 핵심역량을 선정하는 것에서 한걸음 더 나아가 핵심역량을 지표화하고 이를 측정하려는 노력의 일환으로 2000년부터 PISA를 통해 실생활에 필요한 역량을 강조한 평가를 시행하고 있다. 이후 OECD는 미래사회를 살아갈 학생들에게는 기존과는 다른 역량을 갖출 필요가 있다고 보고 협력적 문제해결력을 새롭게 평가영역에 도입하였다. 학생들의 삶 속에서 직면할 수 있는 실제적 상황을 평가의 맥락으로 설정하고, 여러 교과 내용을 종합적으로 활용할 때 해결할 수 있도록 하였다. 현대 사회의 실제 문제들은 통합적 접근과 협력할 수 있는 능력을 요구한다. 그리고 오늘날의 지식 자체가 간학문적 성격을 지니고 융합과 통섭으로 특징지어지듯 새롭게 탄생하는 지식 분야의 경우 학문 구분도 새롭게 재구조화되고 있다. 복잡하고 복합적인 현실의 문제들을 해결하는 능력을 기르기 위해서는 지식의 축적보다는 지식의 활용성에 보다 초점을 둔 교육으로 무게 중심을 옮길 필요가 있다.

(3) P21

P21(the Partnership for 21st Century Skills)은 기능과 지리를 포함한 핵심 교과의 통합을 추진하는 미국의 기관이다. P21에는 지리를 포함한 9개의 핵심 교과(Core Subject)와 더불어 '21세기 역량(21st Century Skills)'을 규정하였다(www.p21.org).

9개 핵심 교과로는 지리, 역사, 경제, 정부와 공민(Government and Civics) 등 우리나라 사회과에 해당할 수 있는 4개의 교과와 더불어 영어, 읽기, 언어 예술(English, reading or language arts), 세계 언어(World languages), 예술, 수학, 과학 등을 제시하였다. 21세기 핵심 교과와 연동되어 다루어져야 할 21세기 간학문적인 핵심 주제를 5가지로 제시하고 있다.

- 글로벌 인식
- 금융·경제·사업·기업가주의적 문해력
- 시민 문해력
- 보건 문해력
- 환경 문해력

P21은 21세기 역량(21st Century Skills)이라고 명명한 미래 사회 핵심역량이란 21세기를 살아갈 학생들이 성공적인 삶을 영위하기 위해 필요한 지식(knowledge), 기능(skills), 전문성(expertise)을 의미한다고 정의한다. 여기서 P21의 21세기 핵심역량은 기능 측면에 보다 초점을 맞추고 있으며 이와 결합될 지식은 21세기 핵심 교과 내용에서 제공되는 것으로 볼 수 있다. 3가지 역량으로는 학습과 혁신 역량, 정보·미디어·기술 역량, 생활과 직업 역량을 들고 각각 세부 역량을 제시하고 있다(표 3-17).

표 3-17. P21의 21세기 역량

학습과 혁신 역량	정보·미디어·기술 역량	생활과 직업 역량
• 창의성과 혁신 • 비판적 사고와 문제해결 • 의사소통과 협업	• 정보 문해력 • 미디어 문해력 • ICT 문해력	• 유연성과 적응력 • 진취성과 자기주도성 • 사회적·다문화 역량 • 생산성과 책무성 • 리더십과 책임감

P21의 21세기 역량은 특히 미국의 교육과정 개혁에 많은 영향을 주고 있다. 또 한편으로 P21은 핵심역량이 교과교육에서 어떻게 구현될 수 있는지를 구체화하고자 각 핵심역량 요소별로 교과 맥락에서 학년별 관련 사례들을 개발하여 제시하는 '21세기 역량 지도(21st Century Skills Map)' 연구도 수행하였다. 지리의 경우에도 미국 지리교육협의회(NCGE)와 협동으로 21세기 기능들이 K-12 지리 교육과정에서 어떻게 통합되어 수행될 것인지, 즉 21세기 기능과 지리가 어떻게 만나게 되는지를 보여 주는 지도(상징적 의미이고 사실상은 세부 역량별로 표 형태로 제시됨)를 개발하였다(www.21stcenturyskills.org).

(4) ATC21S

ATC21S(Assessment and Teaching of Twenty-First Century Skills Project)는 오스트레일리아의 멜버른에 본부를 두고 오스트레일리아, 핀란드, 싱가포르, 미국, 코스타리카, 네덜란드 등 10개의 국가에서 200명 이상의 연구자들이 참여하는 다국적 연구 프로젝트이다.

ATC21S이 프로젝트는 21세기에 요구되는 기능을 평가할 수 있는 새로운 방법을 찾기 위해 2009년에 시작되었다. 이 프로젝트는 제조업에서 지식경제로의 전환, 디지털 테크놀로지의 확산으로 대표되는 선진국의 급속한 경제환경 변화에 대응하기 위해 시작되었다. 이 프로젝트는 시스코(Cisco), 인텔(Intel), 마이크로소프트(Microsoft)가 후원하고 있다.

이 프로젝트는 디지털 시대에 학생들이 새로운 기술과 새로운 작업방식에 익숙해질 수 있도록 하는 데 목적을 두고 있다. 그리하여 이 프로젝트는 미래사회의 지속가능한 경제발전에 초점을 두고 21세기에 필요한 핵심역량을 사고 방법, 작업 방법, 작업 도구, 세계 속에 살아가는 데 필요한 기능이라는 4개의 범주로 구분하여 각각에 대한 세부 역량을 제시하고 있다(Binkley et al., 2012; Roberts, 2013; 김현미, 2013). 교실에서 이러한 21세기 기능들을 가르침으로써 경제와 공동체를 변화시킬 수 있다고 본다.

- 사고 방법: 창의성, 비판적 사고, 문제해결, 의사결정, 학습
- 작업 방법: 의사소통, 협업
- 작업 도구: 정보통신기술(ICT), 정보문해력
- 세계 속에서 살아가는 데 필요한 기능: 시민성, 삶과 직업, 개인적·사회적 책임감

표 3-18. OECD DeSeCo 프로젝트, P21, ATC21S에서 제안한 21세기 핵심역량

OECD DeSeCo 프로젝트의 핵심역량	P21의 21세기 역량		ATC21S의 21세기 역량	
자율적으로 행동하기	학습과 혁신역량	• 비판적 사고와 문제해결 • 의사소통과 협동 • 창의성과 혁신	사고 방법	• 창의력과 혁신능력 • 비판적 사고력, 문제해결력, 의사결정능력 • 학습하는 방법의 학습, 상위인지력
도구를 상호적으로 활용하기	디지털 문해력 역량	• 정보 문해력 • 미디어 문해력 • ICT 문해력	작업 방법	• 의사소통능력 • 협동능력
이질적인 집단과 상호작용하기	직업 및 생활 역량	• 유연성과 적응력 • 진취성과 자기주도성 • 사회성과 타문화와의 상호작용능력 • 생산성과 책무성 • 리더십과 책임감 • 유연성과 적응력 • 진취성과 자기주도성 • 사회성과 타문화와의 상호작용능력 • 생산성과 책무성 • 리더십과 책임감	작업 도구	• ICT능력 • 정보문해력
			세상 속의 삶	• 지역 및 세계 시민의식 • 생애발달능력 • 개인과 사회적 책무성

(김현미, 2013)

2) 핵심역량기반 교육과정의 사례

영국, 프랑스, 오스트레일리아(빅토리아주), 캐나다(퀘벡주), 독일(헤센주), 뉴질랜드 등 세계 여러 국가들은 전통적인 학교교육에서 강조하던 지식의 축적이 아니라, 지식을 발견·활용하며 새롭게 창출할 수 있는 능력을 갖출 수 있는 역량기반 교육과정을 채택하고 있다. 그러나 이들 국가들은 표 3-19와 같이 국가별로 다양하게 핵심역량의 종류나 범주를 설정하고 있다. 이는 곧 핵심역량이 고정적 의미를 갖거나 어떤 역량이 다른 역량에 비해 절대적인 견지에서 더 큰 중요성을 갖는 것이 아니라, 오히려 선택의 문제라는 것을 나타낸다. 그렇지만 각국이 지향하고 있는 핵심역량에 기반한 교육과정은 훌륭한 삶, 잘 사는 삶을 영위하는 데 필요한 개인적 측면과 사회적 측면의 능력을 아우르면서, 동시에 사고능력으로 대표되는 지성의 계발을 적절히 연계하려는 시도로 나타나고 있다. 이

표 3-19. 외국의 국가(주) 수준의 역량기반 교육과정의 구조

구분		뉴질랜드	영국	오스트레일리아 (빅토리아주)	캐나다 (퀘벡주)
핵심역량	인성/ 가치	가치 -탁월성, 혁신·탐구·호기심 -다양성, 공평 -공동체와 참여 -생태적 지속가능성, 성실, 존중	가치, 목표, 목적	신체적·개인적·사회적 학습 -건강과 체육교육 -대인관계의 발달 -개인적 학습 -시민의식	포괄적 학습영역 -건강과 참살이 -개인적·직업적 계획
핵심역량	(핵심) 역량	핵심역량 -사고하기 -언어·상징·텍스트 활용하기 -자기 관리하기 -타인과 관계 맺기 -참여와 공헌하기	공통역량 -개인적 역량 -사회적 역량 -학습 역량 교과역량 (교과 및 학년군의 특성에 맞게 공통 역량을 재해석하여 제시)	간학문적 학습 -정보통신기술(ICT) -의사소통 -디자인, 창의력과 기술 -사고기능	범교과적 역량 -지적 역량 -방법론적 역량 -개인적·사회적 역량 -의사소통 관련 역량 포괄적 학습역영 -환경의식 및 소비자 권리와 책임 -미디어 리터러시 -시민성과 공동체 삶
교과 (학습영역/ 전문지식)		학습영역 -국어 -예술 -건강과 체육 -언어 학습 -수학과 통계 -과학 -사회 -기술	교과 교육과정 -기존의 교과 구분 유지	학문중심 학습 -예술 -영어/제2외국어 -인문학: 경제, 지리, 역사 -수학 -과학	교과 영역 -언어 -수학, 과학 및 공학 -사회과학 -예술교육 -개인발달

(이근호 외, 2012: 134 재구성)

렇게 본다면 핵심역량 교육과정이 기존의 교육과정을 대체할 새로운 어떤 것이라기보다는, 전통적인 교과 중심 교육과정을 실제 삶에 보다 부합하는 형태로 개선하고 다양한 삶의 영역에 폭 넓게 적용하고자 하는 시도라고 말할 수 있다(이근호 외, 2012: 134-135).

핵심역량에 기반한 교육과정을 운영하고 있는 이들 국가들 중에서, 교과 영역까지 핵심역량을 구체화하고 있는 곳은 캐나다 퀘벡주가 대표적이다. 캐나다 퀘벡주의 '사회과학' 교과는 초등학교(cycle 1과 cycle 2로 구분)의 경우 '지리, 역사 및 시민성 교육'이 하나의 과목으로 편성되어 있으며, 중등학교(cycle 1과 cycle 2로 구분)에서는 cycle 1에 '역사와 시민성' 과목과 '지리' 과목, cycle 2에 '역사 및 시민성 교육' 과목과 '현대 세계' 과목으로 편성되어 있다. 중등학교 cycle 1의 지리 과목의 핵심역량은 '영역의 조직 이해하기(understands the organization of a territory)', '영역적 쟁점 해석하기(interprets a territorial issue)', '글로벌 시민성에 대한 의식 구성하기(constructs his/her consciousness of global citizenship)' 등 3가지로 구성되어 있다(그림 3-6). 그리고 캐나다 퀘벡주 교육과정에서는 이러한 지리 과목의 3가지 핵심역량의 의미와 상위의 범교과 역량 및 포괄적 학습영역과의 관계에 대해 자세하게 기술하고 있다.

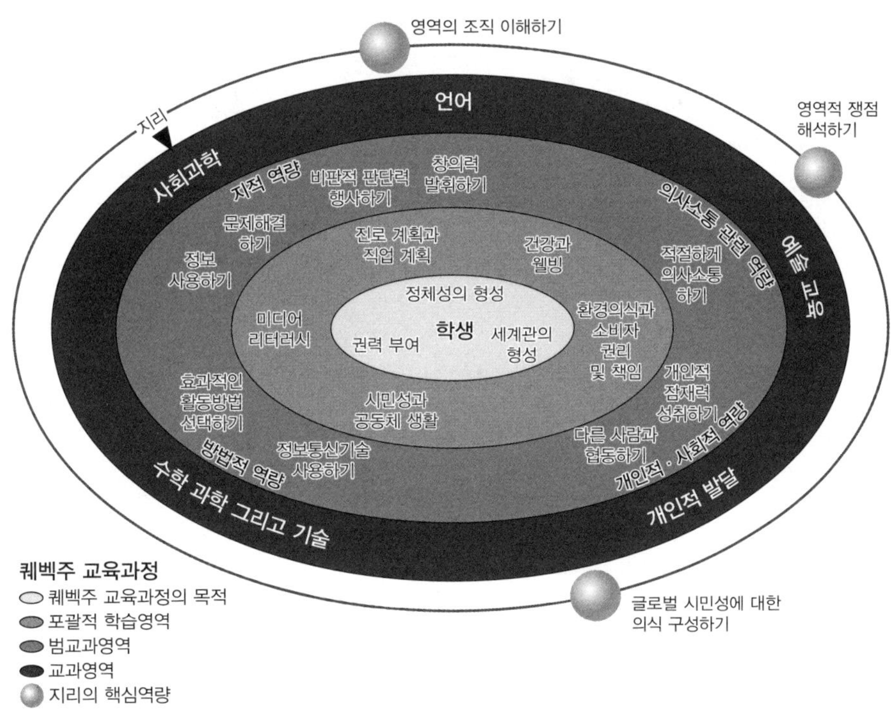

그림 3-6. 캐나다 퀘벡주의 핵심기반 교육과정과 지리의 핵심역량

(Québec Education Program, 2004: 258)

3) 2015 개정 사회과 교육과정과 핵심역량

2015 개정 사회과 교육과정의 주요한 변화는 창의융합형 인재 양성과 핵심역량 기반 교육과정이다. 인문학적 상상력과 과학·기술 창조력을 두루 갖추고 바른 인성을 겸비해 새로운 지식을 창조·융합하여 가치화할 수 있는 인재 양성에 초점을 둔다. 다음으로 창의융합형 인재가 갖추어야 할 핵심역량을 제시하고 있다. 각 과목마다 핵심역량이 무엇인지 바라보는 게 중요하다. 단편지식보다는 핵심개념과 원리를 제시하고 학습량을 적정화하여, 토의·토론 수업, 실험·실습 활동 등 학생들이 수업에 직접 참여하면서 역량을 함양하도록 한다. 총론에서는 자기관리 역량, 지식정보처리 역량, 창의융합사고 역량, 심미적 감성 역량, 의사소통 역량, 공동체 역량 등 6가지의 핵심역량을 제시하고 있다(표 3-20).

표 3-20. 2015 개정 교육과정의 총론에 제시된 핵심역량

자기관리 역량	자아정체성과 자신감을 가지고 자신의 삶과 진로에 필요한 기초 능력과 자질을 갖추어 자기주도적으로 살아갈 수 있는 능력
지식정보처리 역량	문제를 합리적으로 해결하기 위하여 다양한 영역의 지식과 정보를 처리하고 활용할 수 있는 능력
창의융합사고 역량	폭넓은 기초 지식을 바탕으로 다양한 전문 분야의 지식, 기술, 경험을 융합적으로 활용하여 새로운 것을 창출하는 능력
심미적 감성 역량	인간에 대한 공감적 이해와 문화적 감수성을 바탕으로 삶의 의미와 가치를 발견하고 향유할 수 있는 능력
의사소통 역량	다양한 상황에서 자신의 생각과 감정을 효과적으로 표현하고 다른 사람의 의견을 경청하며 존중하는 능력
공동체 역량	지역, 국가, 세계 공동체의 구성원에게 요구되는 가치와 태도를 가지고 공동체 발전에 적극적으로 참여하는 능력

그리고 중학교 사회 과목 역량은 창의적 사고력, 비판적 사고력, 문제해결력 및 의사결정력, 의사소통 및 협업 능력, 정보활용 능력 등 5가지로 제시되고 있다(표 3-21).

표 3-21. 2015 개정 교육과정에 의한 사회 과목의 핵심역량

창의적 사고력	새롭고 가치 있는 아이디어를 생성하는 능력
비판적 사고력	사태를 분석적으로 평가하는 능력
문제해결력 및 의사결정력	다양한 사회적 문제를 해결하기 위해 합리적으로 결정하는 능력
의사소통 및 협업 능력	자신의 견해를 분명하게 표현하고 타인과 효과적으로 상호작용하는 능력
정보활용 능력	다양한 자료와 테크놀로지를 활용하여 정보를 수집, 해석, 활용, 창조할 수 있는 능력

한편, 고등학교 통합사회는 인간, 사회, 국가, 지구 공동체 및 환경을 개별 학문의 경계를 넘어 통합적인 관점에서 이해하고, 이를 기반으로 기초 소양과 미래 사회의 대비에 필요한 역량을 함양하는 과목이다. 초·중학교 사회의 기본 개념과 탐구방법을 바탕으로 지리, 일반사회, 윤리, 역사의 기본적 내용을 대주제 중심의 통합적 접근을 통해 사회 현상을 종합적으로 이해할 수 있도록 구성되어 있다. 그리고 교과 역량은 글로벌 지식 정보 사회와 개인의 일상에서 성공적으로 삶을 영위하기 위해 필요한 능력을 키우는 데 초점을 두고 있다. 통회사회 과목 핵심역량은 비판적 사고력 및 창의성, 문제해결능력과 의사결정능력, 자기 존중 및 대인관계 능력, 공동체적 역량, 통합적 사고력 등 5가지로 제시되어 있다(표 3-22).

표 3-22. 2015 개정 교육과정에 의한 통합사회 과목의 핵심역량

비판적 사고력 및 창의성	자료, 주장, 판단, 신념, 사상, 이론 등이 합당한 근거에 기반을 두고 그 적합성과 타당성을 평가하는 능력과 새롭고 가치 있는 아이디어를 생성해 내는 능력
문제해결능력과 의사결정능력	다양한 문제를 인식하고 그 원인과 현상을 파악하여 합리적인 해결 방안들을 모색하고 가장 나은 의견을 선택하는 능력
자기 존중 및 대인관계 능력	자기 자신을 존중하고 자신의 삶을 주체적으로 관리하며, 나와 다른 사람들과의 관계의 중요성에 대한 인식을 토대로 다른 사람을 존중·배려하고, 다양성을 인정하고 갈등을 조정하여 원만한 대인관계를 유지하고 협력하는 능력
공동체적 역량	지역, 국가, 세계 등 다양한 공동체의 구성원으로 필요한 지식과 관점을 인식하고, 가치와 태도를 내면화하여 실천하면서 공동체의 문제 해결 및 발전을 위해 자신의 역할과 책임을 다하는 능력
통합적 사고력	시간적, 공간적, 사회적, 윤리적 관점에 대한 폭넓은 기초 지식을 바탕으로 자신, 사회, 세계의 다양한 현상을 통합적으로 탐구하는 능력

한편, 한국지리와 세계지리 역시 교과 역량을 제시하고 있지만, 핵심역량을 명확하게 구분하여 제시하고 있지는 않다. 한국지리의 경우 지리적 사고력, 분석력, 창의력, 의사 결정 능력 및 문화적 다양성을 이해하는 능력 등을, 세계지리의 경우 교과 역량을 문장으로 진술하고 있어 추출하는 데 다소 애로점이 있다.

연습문제

1. 지리교육과정의 내용조직 원리 중 지역적 방법과 계통적 방법을 비교하여 설명해 보자.

2. 지리교육과정의 내용조직 원리 중 개념 중심의 나선형 교육과정을 특히 지리의 핵심개념의 관점에서 설명해 보자.

3. 지리교육과정의 내용조직 원리 중 지역-주제 방법의 출현 배경과 구성 방법, 그리고 특징을 설명해 보자.

4. 최근 역량 기반 교육과정의 출현 배경과 지리교육과정 내용조직 원리로서 핵심 역량 중심 방법의 특징을 설명해 보자.

5. 지리교육과정 내용조직 원리로서 지평확대법(환경확대법 또는 동심원확대법), 탄력적 환경확대법, 지평확대역전법의 출현 배경과 특징에 대해 설명해 보자.

6. 우리나라 2009 개정 사회과 교육과정의 특징을 지리교과를 중심으로 설명해 보자.

임용시험 엿보기

1. 지리내용 구성 방법 중에서 지역적 방법과 계통적 방법의 장점과 단점을 각각 설명하시오. 그리고 지역적 방법의 한 종류인 '지역–주제 방법'에 의한 지리내용 구성 과정에서 지역과 주제가 어떻게 분류·통합되고, 통합된 지역과 주제가 어떻게 지리교과 내용으로 구성되는지 설명하시오. **[20점]** (2010학년도 중등임용 지리 2차 1번)

2. 지리내용을 조직하는 두 가지 방법을 도식화한 것이다. (가)와 차별되는 (나)의 특징을 〈보기〉에서 고른 것은? **[2.5점]** (2013학년도 중등임용 지리 1차 9번)

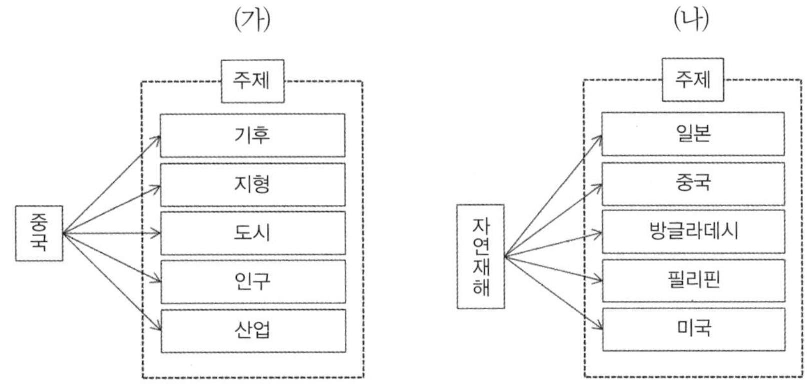

〈보 기〉

ㄱ. 특정 지역에 대한 다양한 주제를 학습할 수 있다.
ㄴ. 지역에 대한 파편화된 지식을 심어 줄 가능성이 있다.
ㄷ. 지리적 주제가 탐구 계열을 위한 중심 조직자가 되게 한다.
ㄹ. 지리적 원리를 중심으로 하위 개념들 간에 긴밀하게 결합된다.

① ㄱ, ㄴ ② ㄱ, ㄷ ③ ㄴ, ㄷ ④ ㄴ, ㄹ ⑤ ㄷ, ㄹ

3. 2007년 개정 세계지리 교육과정 내용 체계의 일부이다. 내용 구성 방식으로서 (가)와 (나)에 대한 설명으로 옳은 것을 〈보기〉에서 고른 것은? (2011학년도 중등임용 지리 1차 4번)

	영역	내용 요소
(가)	세계로 떠나는 여행	• 여행과 지리 조사 • 아시아의 종교 경관 • 유럽의 축제 문화 • 아프리카의 관광 자원 • 오세아니아의 생태 기행 • 아메리카의 다문화 체험
(나)	경제 활동의 세계화	• 식량 작물로서의 쌀과 밀 • 기호 작물로서의 커피와 차 • 에너지 자원으로서의 석유와 석탄 • 자동차 산업 • 서비스업 • 무역과 남북문제

〈보 기〉

ㄱ. (가)는 개별 대륙의 다양한 모습을 이해하는 데 효과적이다.
ㄴ. (가)는 '여행', '체험' 등 일상적 소재를 도입하여 흥미를 높이고 있다.
ㄷ. (나)에서 개별 주제를 다루는 지역의 스케일이 점차 확대되고 있다.
ㄹ. (나)의 내용 요소 중 일부는 '쌀과 밀' 등 특정 소재를 제시함으로써 초점을 명확히 하고 있다.

① ㄱ, ㄴ ② ㄱ, ㄷ ③ ㄴ, ㄷ ④ ㄴ, ㄹ ⑤ ㄷ, ㄹ

4. 표는 한국, 미국, 일본의 지리교육과정 내용조직의 사례이다. 이에 대한 설명으로 옳지 않은 것은? (2009학년도 중등임용 지리 1차 9번)

학년 \ 국가	한국	미국	일본
1	나·가족	가족	우리 동네와 학교
2	동네	이웃	근린사회
3	고장	지역사회	지역사회
4	지역	주(州)	
5	국토	미국	일본
6	우리나라와 지구촌	세계문화	세계
7	우리나라·세계	세계지리	

① 저학년(1~3학년)에서 지구적 관점을 길러 주는 데 한계가 있다.

② 학습자의 연령에 따라 공간적 경험이 확대된다는 것을 전제한다.

③ 학습자의 공간적 인지발달과 사회적 경험을 조화시키고자 하였다.

④ 우리나라에서는 사회과 통합교육과정의 준거로 활용되기도 하였다.

⑤ 한 학년에서 주제를 중심으로 다양한 스케일의 장소와 지역을 학습할 수 있다.

5. 다음은 제7차 교육과정에 제시된 7학년 사회과 내용 중 일부이다. 이를 참고로 제7차 교육과정의 내용 제시 방식의 특징을 두 가지만 쓰시오. **[4점]** (2005학년도 중등임용 지리 1번)

> 3. 남부 지방의 생활
>
> 남부 지방의 위치 특성과 자연환경 및 주민 생활을 이해한다. 지리적 조건에 따른 산업 발달의 차이, 개발에 따른 지역 문제들을 살펴본다.
>
> (가) 해양 진출의 요지
>
> ① 남부 지방이 해양 진출에 유리한 까닭을 위치 특성과 관련하여 이해한다.
>
> ② 지형의 특색을 파악하고, 이와 관련된 주민 생활을 이해한다.
>
> ③ 기후의 특색을 파악하고, 기후 자료를 활용하여 지역 간의 차이를 살펴본다.
>
> [심화 과정]
>
> ① 울릉도와 제주도의 지형 형성 과정을 살펴보고, 자연환경의 특색을 비교한다.

• ______________________________

• ______________________________

6. 다음 〈자료 1〉, 〈자료 2〉, 〈자료 3〉에서 추론할 수 있는 제7차 사회과 교육과정의 내용조직 원리를 쓰시오. **[2점]** (2005학년도 중등임용 지리 2번)

〈자료 1〉

3학년: 우리동네 그리기

〈자료 2〉

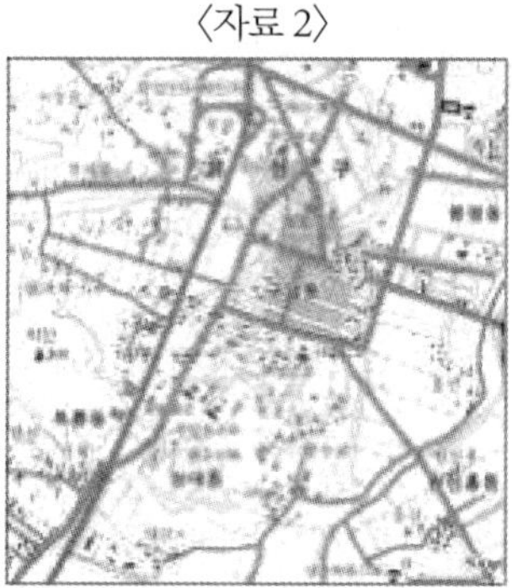

7학년: 대전광역시 유성구 지형도 읽기

〈자료 3〉

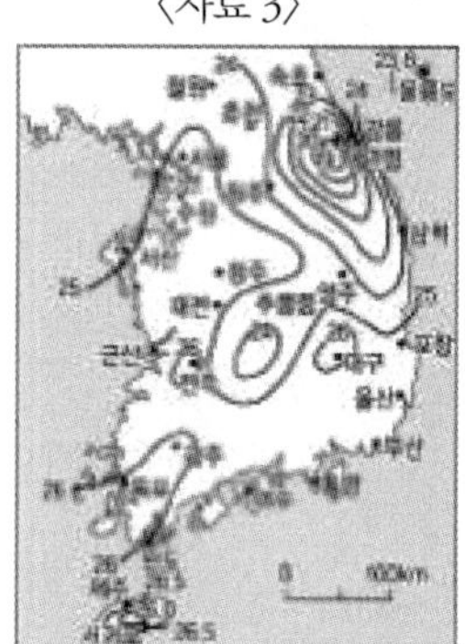

8학년: 우리나라 평균 8월 기온(℃) 조사하기

7. 다음 자료를 보고 물음에 답하시오. **[4점]** (2004학년도 중등임용 지리 3번)

1. 중부 지방의 생활	2. 남부 지방의 생활	3. 북부 지방의 생활
(1) 지형과 기후	(1) 지형과 기후	(1) 지형과 기후
(2) 산업 활동과 생활	(2) 산업 활동과 생활	(2) 산업 활동과 생활
(3) 촌락과 도시	(3) 촌락과 도시	(3) 촌락과 도시
(4) 인구 구조와 인구 이동	(4) 인구 구조와 인구 이동	(4) 인구 구조와 인구 이동
(5) 지역 개발과 환경	(5) 지역 개발과 환경	(5) 지역 개발과 환경

어느 사회 교과서의 지역 지리 부분이 위와 비슷한 체제로 구성되어 있을 때, 이와 같은 교과서 단원 구성 체제의 한계점과 그 대안을 각각 두 가지씩 쓰시오.

① 한계점 (2점): ______________________________

② 대 안 (2점): ______________________________

8. 다음은 제7차 교육과정에 제시된 중학교와 고등학교 세계지리의 교육 내용 중 일부이다. 다음 내용을 읽고, 물음에 답하시오. **[총 5점]** (2003학년도 중등임용 지리 1번)

> A: (5) 아시아 및 아프리카의 생활
> (다) 석유 자원이 풍부한 서남 아시아와 북부 아프리카
> - 위치, 범위 및 자연환경의 특색을 파악한다.
> - 다양한 문화가 형성된 배경을 파악하고, 주민 생활과의 관계를 이해한다.
> - 주요 농작물의 분포를 지리·역사적 배경과 관련하여 이해하고, 남부 아시아의 식량 문제를 조사한다.
> - 주요 자원의 종류와 분포 지역, 산업을 조사하고, 우리나라를 포함한 지역 내 국가 간의 상호 협력 관계를 알아본다.
>
> B: (4) 지역 개발에 활기를 띠는 국가들
> (가) 동남 및 남부 아시아
> - 남부 아시아 지역의 인구 및 식량 문제를 조사한다.
> - 주요 자원의 개발과 분포 및 산업 발달 현황을 파악한다.
> - 지역 개발의 현황과 전망, 문제점을 파악한다.

8-1. A와 B에서 지리내용을 구성할 때 사용한 방법은 무엇인지 쓰시오. **[2점]**

A:

B:

8-2. 교육과정의 성취 기준을 범위(scope)와 계열(sequence)이라는 관점에서만 본다면, A와 B 중 어느 것이 국민공통 기본교육과정에 포함되는 것이 적절한지 선택하고, 그 이유를 한 가지만 쓰시오. **[3점]**

9. 다음은 제7차 교육과정 내용의 일부를 정리한 것이다. 이 글을 읽고 물음에 답하시오. **[4점]** (2002학년도 중등임용 지리 1번)

> ○ 한국 지리의 학습목표는 각 지역의 지역성 및 국토의 ① ________________ 를 바르게 이해하고, 국토에 내재된 문제점을 바로 인식한 바탕 위에서 새로운 국제 질서에 부응할 수 있는 합리적인 ② ________________ 방향을 모색하는 데 있다.
> ○ 제7차 교육과정은 초·중등학교의 교육 목적을 달성하기 위한 국가 수준의 교육과정으로, ③ <u>초·중등학교에서 편성, 운영하여야 할 학교 지리교육과정의 공통적, 일반적인 기준을 제시하고 있다.</u>

①, ② 각각에 들어갈 말을 쓰고, ③에서는 중학교 사회과의 지리내용 체계와 관련하여 제7차 교육과정에서 달라진 점을 영역 및 단원 수준에서 두 가지만 서술하시오.

①______________________________

②______________________________

③______________________________

10. (가)와 (나)는 고등학교 지리교육과정의 내용구성 사례이다. (가)와 (나)의 지리내용 구성 방식을 각각 제시한 후, (가)와 비교하여 (나) 내용 구성 방식의 장점과 단점을 각각 설명하시오.

[4점] (2014학년도 중등임용 지리 전공A 서술형 1번)

(가)	(나)
○ 지도와 지리정보	○ 핀란드의 산성비 문제
○ 기후와 식생	○ 네덜란드와 지구온난화
○ 지형과 해양	○ 나이지리아의 빈부격차 문제
○ 촌락과 도시	○ 중국의 인구 문제
○ 인구와 이주	○ 인도의 빈곤 문제
○ 다양한 문화	○ 부탄의 개발 쟁점
○ 자원과 산업	○ 홍콩의 신공항 건설 문제
○ 교통과 유통	○ 타이완의 산업 오염 문제
○ 지역 개발과 환경보전	○ 싱가포르의 교통 문제

문항 분석: 평가 요소 및 정답 안내

1번 문항

- 평가 요소: 지리내용 구성 방법
- 정답: 본문의 지역적 방법과 계통적 방법, 지역–주제 방법 참조

2번 문항

- 평가 요소: 지리내용 구성 방법
  (가) 지역 – 주제기반 사례 학습/(나) 주제 – 지역기반 사례 학습의 구별
- 정답: ③
- 보기 해설: ㄴ, ㄷ은 주제–지역기반 사례 학습의 특징이며, ㄱ은 지역–주제기반 사례 학습의 특징이다. ㄹ은 둘 다 해당되지 않는다.

3번 문항

- 평가 요소: 지리내용 구성 방법
  (가) 지역 – 주제 방식(여행과 지리 조사는 제외)/(나) 주제 – 특정 소재(앞 3개)
- 정답: ④
- 보기 해설: ㄱ은 지역적 방법의 특징이며, ㄷ은 지평확대법의 특징이다.

4번 문항

- 평가요소: 지리내용 구성 방법 – 지평확대법(환경확대법, 동심원확대법)
- 정답: ⑤
- 답지 해설: ①, ②, ③, ④는 지평확대법의 특징이며, ⑤는 지평확대법의 특징이 아니다. ⑤는 지평확대법의 단점으로 이를 보완하기 위해 탄력적 환경확대법이 적용되기도 한다.

5번 문항

- 평가요소: 지리교육과정 내용 제시 방식
- 정답: 대단원과 중단원은 단원명을 구체적으로 제시하고, 소단원은 성취 기준 형태로 제시하였다./기본과정과 심화과정 등 수준별로 교육과정을 제시하였다.

6번 문항

- 평가 요소: 지리교육과정 내용조직 원리
- 정답: 지평확대법(환경확대법)

7번 문항

- 평가 요소: 지리교육과정 내용조직 원리
- 정답:

① 나열적 내용 구성-지역의 독특한 특성 파악 어려움, 반복적 내용 구성-학습자 흥미 유발에 어려움

② 주제를 중심으로 한 단원 구성 또는 주제-지역 방식으로 단원 구성, 쟁점을 중심으로 한 내용 구성

8번 문항

- 평가 요소: 지리교육과정 내용조직 원리
- 정답:

8-1번: 전통적 대륙 중심의 지역적 방법/지역-주제 방법

8-2번: B/포괄 범위가 협소하고, 내용 구성에 있어서 단순한 구조를 가지고 있기 때문

9번 문항

- 평가 요소: 지리교육과정
- 정답: 공간구조, 국토 발전/지리 영역의 내용-7학년 과정으로 통합, 내용량 감축을 위해 단원 수 감소

10번 문항

- 평가 요소: 지리교육과정 내용조직 원리
- 정답: (가)는 계통적 방법(또는 주제적 방법)이며, (나)는 쟁점(문제) 중심 방법[또는 지역-주제(쟁점) 방식]이다. (나)의 장점은 지리적 쟁점(문제)을 합리적으로 해결하는 능력이나 비판적 사고력을 발달시키는 데 보다 용이하다. 단점은 지리적 현상을 체계적으로 이해하고 설명할 수 있는 지식을 일관되게 가르치기 어렵다.

제4장

학습이론

1. 학습에 대한 4가지 관점

2. 가네의 위계학습이론
   1) 맥락과 의미
   2) 학습의 조건
   3) 학습의 유형
   4) 학습의 결과
   5) 학습의 단계와 교수 사태
   6) 위계학습이론이 지리학습에 미친 영향

3. 피아제의 인지발달이론
   1) 피아제 이론의 특성과 주요 개념
   2) 아동의 인지발달 단계
   3) 인지발달이론이 지리교육에 미친 영향

4. 오수벨의 유의미학습이론
   1) 학습의 유형
   2) 유의미 수용학습
   3) 유의미학습이론의 적용: 선행조직자 모형 –연역적 추리
   4) 선행조직자 모형의 지리수업에의 적용
   5) 유의미학습이론의 지리교육에의 적용

5. 브루너의 인지발달이론
   1) 브루너의 지적 스펙트럼
   2) 인지 성장과 지식의 표상 방식
   3) 나선형 교육과정
   4) 발견을 통한 개념 교수: 발견학습–귀납적 추리
   5) 인지발달이론이 지리교육에 미친 영향

6. 비고츠키의 사회문화이론
   1) 개인적 사고의 사회적 기원
   2) 문화적 도구와 인지발달
   3) 근접발달영역과 비계
   4) 비고츠키의 사회문화이론의 함의
   5) 사회문화적 구성주의와 지리교육

1. 학습에 대한 4가지 관점

교사는 다양한 학습이론을 함께 사용하여 다양한 학생들을 위한 생산적인 학습환경을 만들 수 있다. 표 4-1에 제시된 주요 학습이론은 교수를 위한 세 기둥(구성주의, 인지적-정보처리, 행동주의)으로 간주할 수 있다(Woolffolk, 2007). 학생들은 먼저 재료에 대해 이해하고 알아야 한다(구성주의). 그다음에 그들이 이해한 것을 기억해야 한다(인지적-정보처리). 그리고 학생들은 새로 습득한 기능과 이해를 좀 더 유창하고 자동적인 것이 되도록 만들기 위해 연습하고 적용해야 한다(행동주의). 이 과정 중에서 어

표 4-1. 학습에 대한 4가지 관점

	인지적		구성주의	
	행동주의(Skinner)	정보 처리(J. Anderson)	심리적/개인적(Piaget)	사회적/상황적(Vygotsky)
지식	• 획득하는 고정된 지식 체계 • 외부로부터 자극받음	• 획득되는 고정된 지식체계 • 외부로부터 자극받음 • 선행지식이 정보의 처리 방식에 영향을 미침	• 지식체계는 변화하며 사회적 세계에서 개인적으로 구성됨 • 학습자가 가지고 있는 것을 기초로 하여 형성됨	• 사회적으로 구성된 지식 • 구성원들이 기여하는 바를 기초로 하여 공동으로 구성함
학습	• 사실, 기술, 개념의 습득 • 훈련과 연습을 통해 일어남	• 사실, 기술, 개념 및 전략의 습득 • 효과적으로 전략을 적용함으로써 일어남	• 선행 지식을 재구조화하는 능동적 구성 • 이미 알고 있는 것과 연결되는 여러 차례의 기회와 다양한 과정들을 통해 일어남	• 사회적으로 정의된 지식과 가치를 협동적으로 구성함 • 사회적으로 만들어진 기회들을 통해 일어남
교수	• 전달, 제시(말해 줌)	• 전달 • 학생들을 더 정확하고 완전한 지식으로 안내	• 더 완전한 이해를 할 수 있도록 사고를 이끌어가고 도전함	• 학생들과 함께 지식을 구성함
교사의 역할	• 감독자 • 관리자 • 잘못된 답을 수정해 줌	• 효율적인 전략을 가르치고 시범을 보임 • 잘못된 생각을 수정해 줌	• 촉진자, 안내자 • 학생이 현재 가지고 있는 생각과 아이디어에 귀를 기울임	• 촉진자, 안내자, 공동 참여자 • 지식에 대한 각기 다른 해석들을 함께 만들어 냄; 사회적으로 구성된 개념들에 귀를 기울임
또래의 역할	• 보통 고려되지 않음	• 필요하지 않지만 정보처리에 영향을 줄 수 있음	• 필요하지 않지만 사고를 자극할 수 있음	• 지식구성 과정의 일상적인 부분임
학생의 역할	• 정보의 수동적인 수용 • 능동적 청취자, 지시를 따르는 사람	• 능동적 정보처리자, 전략 사용자 • 정보의 조직자, 재조직자 • 정보를 기억하는 사람	• 능동적으로 구성(마음속으로) • 능동적으로 사고하고, 설명하고, 해석하고 의문을 제기함	• 다른 사람과 능동적인 공동구성을 함 • 능동적으로 사고하고, 설명하고, 해석하고 의문을 제기함 • 능동적인 사회적 참여자

(Marshall, 1992; 김아영 외, 2007 재인용)

느 한 부분이라도 실패한다면, 학습의 질은 낮아질 것이다.

이와 같이 범주화된 학습이론을 모두 고찰할 수는 없다. 이 장에서 다루게 될 학습이론은 가네의 위계학습이론, 피아제의 인지발달이론, 오수벨의 유의미 학습이론, 브루너의 인지발달이론, 비고츠키의 사회문화이론 등이다. 물론 이 이외에도 지리학습을 이해하기 위해 알아야 할 학습이론이 많이 있지만, 지리학습과 가장 밀접한 관계를 맺어 온 이들 학습이론들을 중심으로 살펴본다.

그리고 이들 학습이론이 지리학습에 어떤 영향을 미쳤는지를 살펴볼 것이다. 지리학습과 관련하여 볼 때, 가네의 위계학습이론은 개념학습, 피아제의 인지발달이론은 공간적 개념화 또는 공간 개념과 아동의 공간 인지 발달, 구성주의 학습, 교육과정의 계열적 조직(지평확대), 오수벨의 유의미 학습이론은 선행조직자의 제시를 통한 설명에 의한 개념학습, 브루너의 인지발달이론은 지식의 구조와 나선형 교육과정, 표상 방식, 발견을 통한 개념학습, 비고츠키의 사회문화이론은 근접발달영역을 비롯하여 브루너에 의해 명명된 비계, 협동학습, 상보적 교수, 사회적 구성주의에 가장 지대한 영향을 미치고 있다. 이와 같은 학습이론들과 지리학습의 관계를 개략적으로 이해한다면, 다음 장에서 본격으로 논의하게 될 지리학습을 이해하는 데 많은 도움이 될 것이다.

2. 가네의 위계학습이론

1) 맥락과 의미

가네(Gagné)의 학습이론은 행동주의에서 출발하여 이후에는 정보처리 이론을 수용하였다. 그렇지만 가네의 위계학습이론은 전반적으로 경험주의와 실증주의, 귀납적 방법, 행동주의를 이론적 배경으로 하고 있다. 따라서 위계학습이론은 학습되는 지식이 절대적 진리라는 가정을 하고 있다.

위계학습이론이란 학습이 문자 그대로 위계적 단계, 즉 귀납적 일반화 과정에 따라 이루어진다는 것을 의미한다. 더욱이 가네는 관찰이야말로 개념 학습을 위한 가장 기본적인 기능이자 일반화를 위한 탐구의 시작으로 간주한다. 그는 이러한 가정을 전제로 학습은 감각적 지각을 변별하고, 그 결과로 얻어진 자료를 조직하며, 그것으로부터 일반화를 추론하고, 추론된 결과를 검증하는 등의 일련의 단계를 거치면서 일어난다고 주장한다.

가네(Gagné, 1985)의 학습에 관한 정의는 행동주의에 기반하고 있다. 그는 학습의 원인이 성장뿐만 아니라 오랜 기간 지속되는 성향과 능력의 변화에도 있다고 보았으며, 이러한 학습의 결과는 행동의 변화로 관찰 가능하다고 보았다. 행동의 변화는 학습자가 학습상황에 임하기 전에 보였던 행동과 학습한 후에 나타내는 행동을 비교함으로써 알 수 있다. 또한 그런 행동의 변화로 표현되는 학습의 결과는 어떤 행위를 수행하는 능력은 물론이고, 태도·흥미·가치관 등의 변화를 통해서도 얻어진다고 보았다. 그는 행동이 변화되어 나타난 학습의 결과는 비교적 오랫동안 지속된다고 봄으로써, 운동에 의해서 나타나는 근육의 발달과 같은 일시적인 신체의 변화와 구분한다.

가네는 학습형태를 신호학습, 자극반응학습, 언어연합학습, 연쇄학습, 변별학습, 개념학습, 규칙학습, 문제해결학습, 이렇게 8가지로 제시하였다. 이 중 비교적 고차원적인 학습의 형태는 인지발달론에 바탕을 두기도 한다. 가네가 제시한 상위적 학습 형태는 행동을 수행하는 방법에 관한 지식, 즉, 지적 기능이 관련되어 있다. 특히 6번째 이후의 개념학습, 규칙학습, 문제해결은 그런 지적 기능에 의해 일어난다. 지적 기능은 인지적 전략으로 불리기도 하며, 내적으로 조직화된 사고기능의 특수한 한 형태를 말한다. 지적 기능은 학습·기억·사고 과정의 안내 역할을 하며, 이 때문에 학습 전략과 상위적 학습은 내적으로 체계화된 이해와 관련된다.

가네는 이러한 인간 학습의 결과로 얻어지는 산출물을 5가지의 능력(지적 기능, 언어정보, 인지전략, 운동기능, 태도)으로 분류하고, 그 각각의 능력들을 교수활동을 통해 가르쳐야 하는 목표로 보고 있다. 학습형태와 방법 및 절차(학습사태)는 수업목표가 무엇인가에 따라 달라지기 때문에, 5가지 다양한 수업목표에 따라 학습조건이 달라질 수밖에 없다. 이러한 이유로 가네의 수업이론을 목표별 수업이론이라고도 부른다. 목표별 수업이론은 목표에 따라 학습조건이 달라지기 때문에 학습 조건적 수업모형이라고도 하며, 또는 학습위계이론, 과제 분석이론이라고도 한다.

2) 학습의 조건

학습의 조건은 내적 조건과 외적 조건으로 나뉜다. 내적 조건은 학습자의 상태라고 할 수 있는데 학습자 변인을 의미한다. 즉 학습자의 선행 학습능력, 내부 인지과정, 학습동기, 자아개념, 주의력 등을 포함하는 개념이다. 학습자의 조건을 나타내는 것으로 학습자가 지금 어느 정도의 선행학습이 이루어졌는지, 학습하려는 능동적인 자세를 가지는지, 학습에 대한 자신감이나 집중력을 가지고 있는지 파악해야 함을 의미한다.

외적 조건은 교사의 행동이라고 볼 수 있다. 학습자의 조건인 내적 조건에 따라 외적 조건을 달리하게 되는데, 이러한 외적 조건에는 강화, 접근, 연습을 포함한다. 강화란 새로운 학습은 그 행동이 일어날 때 만족스러운 보상이 있을 때 잘 습득된다는 것이다. 접근이란 학습자에게 주는 자극과 학습자의 반응이 시간적으로 접근되어 있을 때 학습효과가 높다는 것을 의미한다. 연습은 학습 과제를 되풀이하여 반복하면 학습효과가 높아진다는 것을 의미한다. 교사는 학습자의 내적 조건에 맞게 외적 조건인 강화, 접근, 연습을 달리해서 학습의 상태에 이르도록 하는 것이다.

가네와 관련된 교수 이론은 학습의 조건 또는 학습이 일어나는 상황과 관련된다. 가네의 이론을 적용하는 데 있어 다음과 같은 두 가지 단계가 중요하다. 첫 번째는 학습 결과물의 형태(지적기능, 언어정보, 인지전략, 운동기능, 태도)를 구체화하는 것이다. 두 번째는 교수에 영향을 미치는 교수 사태나 요인을 결정하는 것이다. 교수 사태는 내적이거나 외적일 수도 있다. 내적 사태는 개인적 성향(학습동기, 자아개념, 주의력, 선행학습 능력)과 인지적 과정(강화, 접근, 연습)을 포함한다. 반면, 외적 사태는 교수적이며 학습을 향상시키기 위해 의도적으로 계획되고 배열된다(그림 4-1).

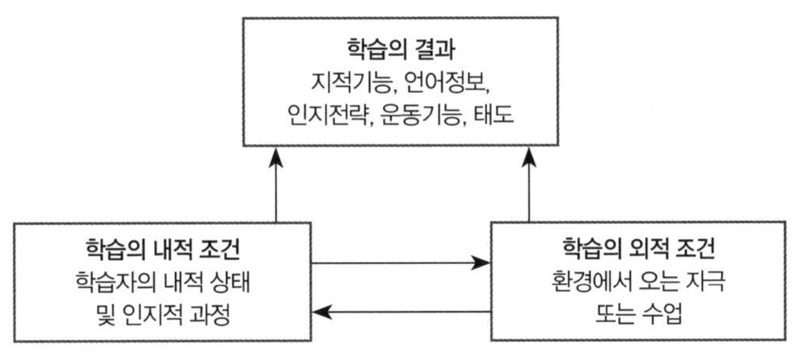

그림 4-1. 학습의 결과와 교수 사태의 관계

가네는 학습을 누적적인 과정으로 인식하고, 위계적 단계에 따른 수업의 과정을 암시한다. 학습의 위계는 지적 기능의 조직화된 집합이다. 이러한 학습 전제 조건을 고려하여 가네의 교수·학습이론을 간단하게 정의하면, 학습자의 내적 조건에 따라 외적 조건을 잘 조절해야 한다는 교사중심의 강의법이다. 또한 학습 유형은 위계적 순서에 따라야 한다고 제시한다.

1. 인간의 학습된 능력은 차원이 낮은 단계에서 높은 단계로 축적되어 왔다.
2. 차원이 높은 수준의 지식이나 기술을 학습하려면 반드시 차원이 낮은 단계를 먼저 습득해야 가능하다.
3. 주어진 학습과제는 그 복잡성의 정도에 따라 위계적으로 상이한 수준의 학습능력이 필요하다.
4. 위계적으로 상이한 수준의 학습과제를 수행하기 위해서는 학습 유형이 달라야 한다.

3) 학습의 유형

가네는 학습의 본질을 학습의 과정과 결과를 이용해 기술한다. 그는 특히 행동에 변화를 일으키는 학습을 4가지의 기본적인 학습유형과 4가지의 고차원적 학습유형으로 나누고, 각 학습유형마다 학습이 일어날 수 있는 조건을 내적 조건과 외적 조건으로 나누어 제시한다.

가네는 행동에 따라 학습의 유형을 신호학습, 자극반응학습, 언어연합학습, 연쇄학습, 변별학습, 개념학습, 규칙학습, 문제해결학습의 8가지로 제시한다. 그리고 기본적인 학습을 신호학습, 자극반응학습, 언어연합학습, 연쇄학습의 4가지 유형으로 나누고(표 4-2), 이보다 더 고차적인 학습유형을 변별학습, 개념학습, 규칙학습, 문제해결학습으로 세분화한다(표 4-3).

가네는 이상과 같이 서술한 4가지의 기본적 학습유형 외에 4가지의 고차원적 학습유형을 제시하고, 각 학습유형의 특성과 그 적용사례를 보여 준다. 고차원적 학습은 기본적인 학습과정을 통해서 형성된 일련의 단순한 자극-반응 연합이 그보다 더 분화되고 복잡한 연합과 연쇄를 구성함으로써 나타나는 행동의 변화이다.

표 4-2. 가네의 기본적인 학습의 유형

유형	정의 및 학습의 조건
신호학습	• 파블로프가 연구했던 고전적 조건화를 의미하는 신호학습 • 신호학습의 내적 조건 -학습자가 태어날 때부터 가지고 있는 반사기능 -학습은 타고난 반사기능을 통해서 무조건자극이 무조건반응, 즉 반사적 행동을 유발함으로써 일어남 • 신호학습의 외적 조건 -인접성과 반복성 -신호학습은 반드시 조건자극이 무조건자극에 앞서 이루어져야 함 -자극이 주어지는 시간적 간격은 0~1.5초이어야 함
자극반응 학습	• 조작학습과 시행착오 학습으로 일컬어지기도 하는 스키너의 조작적 조건화와 손다이크의 도구적 조건화를 의미함 • 자극과 반응의 단일결합이 관련되어 있고, 그 단일결합은 학습이 진행됨에 따라 더욱 강해짐 • 이런 학습 유형은 고등동물에서는 흔하게 관찰되나 학생들의 학습현상에서는 그 예를 쉽게 찾아볼 수 없고, 단지 어린 아동들의 행동에서만 간간이 관찰할 수 있음 • 어린이들이 젖병을 쥐고 우유를 빨아먹는 행위가 이러한 학습형태의 한 예를 보여 줌 • 조작학습의 내적 조건 -보상 및 강화를 받을 행동을 제시함 -모든 행위가 내적 조건이 될 수는 없으며 반드시 강화나 보상을 받을 수 있는 행동만이 내적 조건이 됨 • 조작학습의 외적 조건 -이와 더불어 어떤 행동에 뒤따르는 보상이나 강화를 조작학습이 일어날 수 있는 외적 조건으로 제시함 -보상 및 강화는 내·외적 조건과 관련이 있으며 조작학습의 필요조건이 됨

언어연합 학습	• 언어적 연합에 의한 학습은 단어나 언어로 주어진 자극에 의해 언어적 반응이 일어남으로써, 언어와 언어가 연합되어 일어남 • 어떤 사물을 보고 그 이름을 부르는 경우가 언어적 연합에 의한 학습유형의 예임 • 언어연합에 의한 학습은 지적 활동의 초보적 단계이자 그보다 고차원적 학습의 도구가 됨 • 언어적 연합에 의한 학습의 내적 조건 –자극과 반응의 관계를 이해하기 위해서는 그 구성요소(특성과 이름)가 학습되어 있거나 숙지하고 있어야 함 • 언어적 연합에 의한 학습의 외적 조건 –연합의 단위가 적절한 순서로 제시되어야 함 –연합에 대한 암시가 주어져야 함 –언어연합의 길이를 너무 길게 하지 말아야 함 –올바른 언어연합이 제시되어야 함
연쇄학습	• 연쇄학습은 텔레비전을 켠다든가 세탁기를 작동하는 행위와 같이 신체적 반응의 연쇄적 연합에 의해서 일어나는 학습을 의미함 • 연쇄학습이 신체적 반응의 연쇄적 연결에 의해서 일어나지만, 각 반응 간의 개별적 연합은 언어적 연합과 그 순서를 기초로 하여 이루어짐 • 가네는 바람직한 연쇄학습이 일어나기 위해서는 연쇄적 연합을 구성하는 모든 단위 연합들이 이미 학습되어 있어야 한다고 주장함

표 4-3. 가네의 고차원적인 학습의 유형

유형	정의 및 학습의 조건
변별학습	• 변별학습은 단순히 한 자극의 특성을 지각하고 그에 대한 반응을 나타내는 언어연합과 달리, 일련의 연합들 중에서 여러 가지의 연합을 구분하고 각각의 연합에 따라 다르게 반응할 때 일어나는 학습을 의미함 • 이러한 유형의 학습은 일련의 자극들 중에서 한 자극의 독특한 특징을 지각하고, 그 특징에 따라 다르게 반응함으로써 일어남 • 학생들이 여러 가지 암석들 중에서 장석과 석영을 다른 암석과 구분하는 경우가 변별학습의 한 예임 • 변별학습은 다른 유형의 고차원적 학습의 바탕이 되기 때문에, 일반적으로 인식되고 있는 정도 이상으로 학습에 중요함 • 변별학습의 내적 조건 –사물의 변별에 필요한 다양한 반응의 연합과 연쇄를 회상하고 다른 용어로 진술할 수 있는 학습자의 능력 • 변별학습의 외적 조건 –반응에 대한 선택적 강화 –학생들은 기대되는 반응에 따라 되풀이되어 주어지는 강화를 통해서 변별능력을 획득함
개념학습	• 변별학습이 일련의 자극을 구분하고 각 자극에 따라 다르게 반응할 때 일어남에 비하여, 개념학습은 일련의 자극을 같은 유목의 자극으로 인식하고 어느 자극에나 동일한 반응을 나타날 때 일어남 • 학생들은 이러한 반응을 통해서 사물이나 사건을 범주화하거나 유목화함으로써 개념이라는 학습의 결과를 얻음 • 개념학습은 학습할 개념이 지니는 추상성의 정도에 따라서 구체적 개념학습과 정의적 개념학습으로 나눔 • 구체적 개념학습 –피상적으로는 서로 다르게 보이는 일군의 현상적 사물에 대해서 그 사물의 공통적인 속성에 따라 동일하게 반응할 때의 학습 –구체적 사물과 사건들을 어떤 공통적 준거 속성에 따라 분류할 때 일어남 –가네는 이러한 구체적 개념학습이 모든 학습상황에서 일어나는 것은 아니라고 강조함 –구체적 개념학습의 내적 조건

개념학습	·학습자의 변별능력: 구체적 개념을 학습하기 위해서, 학습자는 여러 가지 자극들 중에서 그 개념과 관련이 있는 자극과 관련이 없는 자극을 구분할 수 있는 능력을 갖추고 있어야 함 –구체적 개념학습의 외적 조건 ·학습될 개념의 본질적 속성에 대한 서술 및 표현, 그 개념의 '실례' 또는 '비실례(비예)'가 되는 사건, 현상 및 사물 등의 제시, 그리고 반응에 따라 주어지는 강화 등 • 정의적 개념학습 –정의에 의해서 개념이 획득되는 학습 –정의적 개념은 관찰할 수 있는 구체적 속성이나 지칭할 수 있는 가시적 대상이 없는 추상적인 속성으로서, 반드시 정의에 의해서 기술할 수밖에 없는 개념 –정의적 개념은 학습자가 직접 지각할 수 있는 특징을 나타내는 '실례'나 '비실례'를 제시하기가 어려울 뿐만 아니라, 그런 교수법에 의해서는 쉽게 학습되지 않음 –정의적 개념학습의 내적 조건 ·학습될 개념과 관련이 있는 사물의 개념 또는 이름과 관련이 있는 개념들 사이의 관계를 나타내는 개념들로서 학습자가 이미 알고 있는 것들임 –정의적 개념학습의 외적 조건 ·그중에서도 중요한 것으로서 언어나 텍스트에 의한 정의와 그 개념의 '실례'와 '비실례'
규칙학습	• 규칙은 학습자의 행동을 통제하고 그로 하여금 현상들 사이의 관계를 드러나게 하는 내적 상태를 나타냄 • 규칙은 또한 일련의 경험을 추론하여 획득된 능력으로서 보통 여러 개의 개념으로 구성되며, 언어적 진술이나 명제의 형식으로 표현됨 • 규칙학습은 몇 개의 개념을 연쇄적으로 연결하여 일련의 자극에 대하여 일련의 수행을 통해 반응하는 과정 • 규칙학습의 내적 조건 –학습할 규칙을 구성하는 개념들에 대한 지식의 파지와 획득 • 규칙학습의 외적 조건 –학습의 결과로 기대되는 행동의 본성에 대한 진술, 규칙을 구성하는 개념들의 회상, 규칙과 관련된 힌트, 강화 등
문제해결	• 문제해결은 이미 학습한 몇 개의 규칙을 적용하여, 새로운 상황에서 문제를 해결할 뿐만 아니라 더욱 상위적인 규칙을 획득하는 과정 • 다른 학습유형과 달리, 문제해결은 보통 몇 단계의 과정을 통해서 일어나며, 그 결과로 고차원적 지리지식 및 과정지식이 얻어짐 • 문제해결의 내적 조건 –학습할 규칙을 구성하는 개념들에 대한 지식의 파지와 획득 • 문제해결의 외적 조건 –학습의 결과로 기대되는 행동의 본성에 대한 진술, 규칙을 구성하는 개념들의 회상 또는 얘기, 규칙과 관련된 힌트, 강화 등

4) 학습의 결과

가네는 학습의 유형과 그 조건 외에 학습된 결과도 5가지 유형으로 분류하고, 각 유형의 학습결과를 얻는 조건을 제시한다. 가네에 따르면, 내적 조건은 학습자의 준비도를 뜻하며, 외적 조건은 적절한 학습여건 및 그 상황을 의미한다. 일반적으로 학습의 조건은 학습의 종류와 그 결과를 구분하는 기준이 될 뿐만 아니라, 교육의 이론과 실제가 처방적 특성을 이루는 배경이 될 수 있다. 그러나 가네는 학습의 유형에 대한 조건과 학습의 결과에 대한 조건을 따로 제시함으로써 학습의 유형과 각 유형별 학습결과의 관계를 분명히 밝히지 못한다. 그러므로 실제 학습과정은 가네가 제시한 8가지의 학습유형과 그 조건만으로 충분히 이해할 수 없으며, 학습의 결과와 그것이 학습된 과정 사이의 보다 구체적인 관계에 대한 이해가 요구된다.

가네는 학습의 결과를 학습된 것으로 정의하고, 그 종류를 학습이 이루어지는 과정의 형태가 아닌 학습된 능력에 따라 분류한다. 그에 의하면, 학생들의 학습된 결과는 그들의 제반 행위로부터 관찰할 수 있으며, 그 결과로부터 학습된 능력을 추론할 수 있다. 가네는 내적 조건과 외적 조건을 통해 학습자가 습득하게 되는 학습의 결과를 언어정보, 지적기능, 인지적 전략, 운동기능, 태도 등 5개의 위계에 따라 나타낸다(표 4-4).

표 4-4. 위계학습의 결과로 나타난 학습 능력

학습의 결과		학습 능력
언어정보		• 학습자가 어떤 사실을 문장으로 진술하거나 자신의 생각을 말로 표현할 때 적용하는 학습된 능력을 의미한다(선언적 지식 또는 명제적 지식). • 개별적 사물의 명칭, 단순한 사실정보와 이들을 통해 이루어지는 복합적인 정보까지 포함된다. • 언어 정보는 맥락 속에서 정보를 제시하도록 하며, 예를 들어서 '배가 아프다/배가 떠난다/시원한 배를 먹었다'에서 '배'의 의미를 각각 아는 것이다.
지적 기능	변별학습	• 말 그대로 구별하는 것이다. b와 d를 구별할 수 있는 것이다.
	개념학습	• 대상이나 사건을 '개념' 안에서 분류하는 것으로, 이것 역시 구체적 개념과 정의된 개념으로 구분된다. 귀납적으로 관찰된 내용인 구체적 개념을 먼저 알고 그다음 연역적으로 사고하는 정의된 개념을 알게 된다. • 구체적 개념의 예는 '트라이앵글'을 보고 이것이 트라이앵글임을 아는 것이고, 정의된 개념의 예는 '자유', '애국심'과 같은 개념을 아는 것이다.
	하위 법칙(규칙)	• 개념들을 수행과 관련된 상황에 적용하는 것으로 더하기의 앞선 단계인 언어정보에서 더하기의 개념을 알고 난 뒤 5+1을 수행하는 것이다.
	상위규칙 또는 문제해결	• 하나의 문제 해결을 위해 하위 규칙들을 연결하는 것이다. 특정 지역의 지형과 위치가 주어졌을 경우 이 지역의 강우량을 예측하는 것이다.
인지적 전략		• 인지전략은 학습을 하거나 문제를 해결할 때 학습자의 사고과정이나 행동을 제어하는 내면적인 과정으로, 사고하는 방법을 말한다. • 예를 들면 '학습 계획표 짜기'를 들 수 있다. 학습자 내부에서 원리를 터득하는 것을 의미한다.
운동기능		• 운동기능은 반복학습이나 반복적인 수행을 통해 기능적인 능력을 길러내는 것이다.
태도		• 태도는 어떤 대상에 대한 행동의 방향을 결정하는 데 영향을 미치는 개인의 내면적 상태를 가리키는 것이며, 이는 보상이나 강화를 통해 형성된다.

5) 학습의 단계와 교수 사태

가네는 학습이 9개 단계의 과정을 거쳐 일어난다고 주장한다. 9개의 학습의 단계는 크게 '학습을 위한 준비', '획득과 수행', '학습의 전이'와 같이 포괄적인 범주로 나눌 수 있다(표 4-5). 학습을 위한 준비 단계는 학습과제를 시작하는 단계이며, 획득과 수행 단계는 새로운 능력의 학습을 나타내고, 학습의 전이 단계는 새로운 기능을 배운 후 진행된다.

한편, 가네는 이러한 9개의 학습의 단계에 따른 교수 사태를 각각 제시하고 있다. 교수(또는 수업) 사태란 학습 성과에 도달하기 위해 학습의 형태와 방법 및 절차 등 외적 조건을 조성하는 것이다. 그러나 이러한 교수 사태는 반드시 내적 조건과 목표에 따라 조절되어야 한다.

표 4-5. 학습의 단계에 따른 교수 사태

학습의 단계		교수 사태
학습을 위한 준비	주의집중	• 학습자들에게 시작할 시간이라는 것을 알린다. • 다양한 방법으로 학습자에게 주의력을 획득시키는 단계이다.
	기대	• 학습자들에게 학습 목표와 기대되는 수행의 형태와 양에 대해 알려준다. • 학습이 끝났을 때의 조건이 무엇인지에 대해 기대감을 주는 단계이다.
	인출	• 학습자들에게 하위 개념과 법칙을 기억하도록 한다. • 학습자가 새로운 정보를 학습하는 데 필요한 기능을 숙달하는 단계이다. • 교사는 먼저 새로운 학습과 관련된 선수학습이 무엇인지를 결정해야 하고, 그다음 그것을 지적해 주거나 다시 회상시켜야 한다
획득과 수행	선택적 지각	• 새로운 개념이나 법칙을 제시한다. • 학습자에게 학습할 내용, 즉 새로운 내용을 제시하는 단계이다. • 학습은 새로운 정보의 제시를 요구한다.
	의미적 부호화	• 정보를 기억하는 방법에 관한 암시를 제공한다. • 학습할 과제의 모든 요소들을 결합시키는 데 필요한 방법을 제시하는 단계이다. • 학생들이 이전 정보와 새로운 정보를 적절히 결합시키고 그 결과를 장기기억에 저장할 수 있도록 도움이나 지도를 받아야 한다. 이를 통합교수라 칭한다.
	인출과 반응	• 학습자들에게 새로운 예의 개념이나 법칙을 제시하도록 한다. • 통합된 학습의 요소들이 실제로 학습자에 의해 실행되는 단계이다. • 이 단계에서는 학습자가 실제로 새로운 학습을 했는지를 증명하는 기회를 준다. • 연습문제를 작성하거나, 숙제를 하거나, 수업시간의 질문에 대답하거나, 그들이 배운 것을 실습할 수 있는 기회를 제공함으로써 유발된다.
	강화	• 학습의 정확도를 확인한다. • 이 단계는 수행이 얼마나 성공적이었고 정확했는지에 대한 결과를 알려주는 단계이다. • 성공적인 수행에는 긍정적인 피드백이 제공되며, 이는 과제의 수행에 대한 강화의 기능을 한다. • 피드백을 통해서 학생들은 스스로 최초의 목표를 달성했는지를 알게 되고, 수행의 개선이 필요한 학생들은 얼마나 더 많은 연습이 필요한지를 알게 된다.

학습의 전이	인출의 암시	• 새로운 내용에 관한 짧은 퀴즈를 푼다. • 이 단계에서는 다음 단계의 학습이 가능한지를 알기 위한 평가를 실시한다. • 단순한 암기가 아니라 이해가 이루어졌는지를 점검하기 위해서, 시험 상황에서는 전에 주어진 상황과 유사한 문제 사태를 제공해야 한다.
	일반화	• 특별한 복습을 제공한다. • 새로운 학습이 다른 상황으로 일반화되거나 적용될 수 있는 경험을 제공해야 한다. • 이 단계의 특징은 반복과 적용이다.

6) 위계학습이론이 지리학습에 미친 영향

가네의 위계학습이론은 특히 1970년대 이후 영국의 지리교육에 상당한 영향을 미쳤다. 특히, 가네가 분류한 학습의 유형 중, '개념학습'이 지리교육에 큰 영향을 미쳤다. 이 당시 영국 지리교육계는 실증주의에 기반한 신지리학의 지리적 지식을 중등학교 교육과정으로 끌어오던 시기로, 사실 중심에서 벗어나 개념에 기반한 지리교육과정의 내용 구성과 교수·학습을 강조했기 때문이다.

개념은 복잡한 환경을 축소하여 유사한 속성들을 간단히 요약한 것으로 이전의 학습을 새로운 경험 또는 학습과 연결시켜 환경을 이해하는 데 도움을 준다. 즉 개념은 사실보다 훨씬 더 전이력이 높아 학습의 효율성을 높일 수 있다. 이러한 측면에서 개념학습에 대한 관심이 더욱 증가하게 되었다.

영국의 지리교육학자인 네이쉬(Naish, 1982)의 경우, 가네(Gagné, 1966)가 구분한 관찰에 의한 개념(concepts by observation)과 정의에 의한 개념(concepts by definition)을 지리의 개념 분류에 적용했다. 관찰에 의한 개념으로는 하천, 해변, 운하, 언덕, 농장, 가게, 가로 등이 있다. 이런 개념들은 쉽게 볼 수 있거나 관찰될 수 있으며, 지시하는 대상물을 표현하는 구체적인 개념이다. 정의에 의한 개념은 사물이나 사건의 전체 속성이 관찰될 수 없는 경우에 쓰인다. 이런 개념들을 직접적으로 경험하기 어려운 것들이다. 예를 들면, 한 도시의 중심부에 위치한 광장의 매점이나 상점들을 통칭할 때 사용하는 '시장'이란 용어는 쉽게 지각될 수 있다. 그러나 금융시장, 외환시장 등에 사용되는 시장이란 개념은 이와 관련된 어떤 구체적인 경험을 체험하기에 매우 어려운 것이다. 이와 마찬가지로 언급된 대상이 인간의 표준에 비해 그 규모가 엄청나게 클 때(예, 대륙), 그러한 개념을 획득하는 것은 어렵다. 어떤 개념들은 사물이나 사건을 언급하는 것이 아니라, 인간에 의해 발달된 사상을 언급하는 경우가 있다. 이런 개념들은 직접적으로 관찰되는 현상들을 말하는 것이 아니라, 가네가 말한 정의에 의한 개념이다. 지리학에서 흔히 사용되는 인구밀도가 좋은 일례이다. 인구밀도란 실제로 존재하지 않기 때문에 관찰될 수 없으나, 인구와 면적 간의 관계를 정의한 것으로 사람수/㎢로 나타낸다. 이러한 종류의 개념의 예로는 상대습도, 입지계수, 연결도 등을 들 수 있다. 이런 개념들은 인간의 목적(이를테면, 어떤 특정한 연구나 설명을 하기 위한 목적)에 적합한 방식으로 구조화된 관계를 나타낸 것이다.

표 4-6. 관찰에 의한 개념과 정의에 의한 개념의 비교

관찰에 의한 개념	정의에 의한 개념
키스	사랑
날씨	기후
항구	배후지

(Graves, 1982: 36)

관찰에 의한 구체적인 개념은 정의에 의한 추상적 개념보다는 훨씬 이해하기 쉽다. 왜냐하면 관찰에 의한 개념은 구체적인 사례를 관찰하고 대조함으로써 개념을 학습하기 때문이다. 우리는 관찰을 통해서 항구도시와 다른 유형의 도시를 구별할 수 있다. 그러나 우리가 배후지라는 개념을 이해하려면, 배후지의 개념을 정의해야만 이해할 수 있다. 지도상에 도시의 윤곽을 그려서 배후지의 개념에 관해 개략적인 관찰이 가능할지라도, 배후지를 전체적인 면으로 관찰할 수는 없다(Graves, 1982).

관찰에 의한 개념 또는 구체적인 개념과 정의에 의한 개념의 구분은 학습 내용을 계열적으로 조직하기 위한 하나의 방편으로 사용되었다. 즉 학령이 낮은 단계의 학생들에게는 구체적인 관찰에 의한 개념을 제시하고, 학령이 높아질수록 추상성이 높은 정의에 의한 개념을 계열적으로 조직한다. 개념을 분류하는 다른 방법은 가장 일반적이고 중심이 되는 개념을 피라미드의 최상위에, 좀 더 구체적인 것을 그 아래로 계층을 조직하는 것이다. 높은 수준의 개념을 이해하기 위해서는 구체적이고 관찰가능한 개념을 먼저 학습하도록 교육과정을 작성하는 것이 바람직하다(Graves, 1984). 그림 4-2와 그림 4-3은 개념의 난이도를 고려해서 개념을 이용할 수 있는 기준을 제시한 것이다. 이것 역시 교육과정을 계획할 때 중요한 쉬운 개념은 교육과정의 맨 앞 부분에, 어려운 개념은 중간에, 매우 어려

표 4-7. 관찰에 의한 개념과 정의에 의한 개념의 비교

관찰에 의한 개념	• 단순한 기술적 개념 –일상적인 매일매일의 경험에서 얻어진 것이지만, 지리교육과정을 통해 강화될 수 있는 개념: 예, 하천, 지류, 공장, 강어귀, 백화점, 바람 등 • 좀 더 어려운 기술적 개념 –개념의 규모가 상당히 큰 것이거나, 특정한 곳에 입지되어 있기 때문에 직접적으로 경험하기 어려운 개념: 예, 대륙, 권곡, 툰드라 –두세 개의 다른 개념을 이해하고 있어야만 주어진 개념을 이해할 수 있는 것: 예, 대수층(aquifer; 바위, 공극률, 물의 개념이 먼저 요구됨), 기능지역 • 매우 복잡한 기술적 개념 –다수의 관련된 개념들에 대한 이해가 요구되는 개념: 예, 지하수면, 기복, 하계, 중심업무지구, 도시계층
정의에 의한 개념	• 두 변수에 대한 관계를 단순하게 정의한 것 –예, 인구밀도, 입지계수, 도로망에서의 연결도 • 세 개 이상의 변수들 간의 관계가 더욱 복잡하게 정의된 것 –예, 대기이동과 기압경도, 전향력 간의 관계에 대한 이해를 나타내는 지균풍

(Graves, 1984)

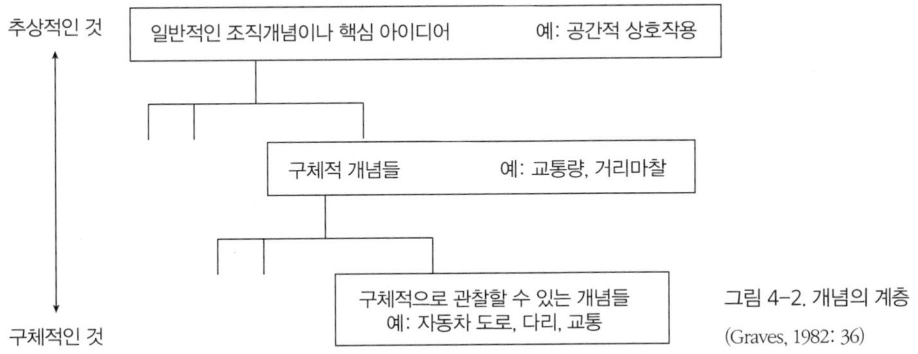

그림 4-2. 개념의 계층
(Graves, 1982: 36)

운 개념들은 맨 끝에 위치시키는 것이다.

이상과 같이, 지리교육에서 가르치는 개념들은 난이도 수준이 상당히 다르다. 가장 단순한 개념들은 직접 관찰될 수 있는 형상이나 과정과 관련된 개념들, 학습자가 살고 있는 주변 환경에서 경험할 수 있는 형상이나 과정들을 기술하는 개념들이다. 가장 어려운 개념들은 추상화된 본질들의 관계를 표현하는 원리나 정의에 의한 개념이다. 이와 같이 난이도에 따른 개념의 구분은 매우 중요하다고 볼 수 있다. 그 이유는 단순한 개념들에 대한 학습은 발견이나 발견할 수 있는 자극을 제공함으로써 이루어질 수 있으나, 매우 복잡하고 어려운 개념들에 대한 학습은 보다 직접적인 교수방법이 효과적이기 때문이다.

관찰에 의한 개념은 지적 발달의 초기 단계에서 학습하게 되지만, 언어나 다른 기호(예, 수학적 기호)에 의해 공식적으로 정의된 개념은 학습자가 가설-연역적인 방법으로 추리하는 정신발달의 단계에 이르러야 이해하게 된다. 지리학에서 사용되는 고차원적 개념을 이해하는 과정은 정신적인 성숙과정 및 정교한 언어발달과 깊이 관련되어 있다. 이러한 관계를 이해하기 위해서는 피아제의 인지발달 이론이 매우 유용한 도구라고 볼 수 있으나, 구체적 조작단계의 아동이 연역적 추론을 할 수 없다는 점이 의문시되고 있다(Bryant, 1974).

앞에서 살펴보았듯이, 가네는 각기 다른 학습조건을 요구하는 8가지 학습유형을 제안하였다. 각 학습유형은 복합성의 순서에 따라 최하위의 신호학습에서 최상위의 문제해결의 단계까지 위계적으로 배열되어 있다. 이에 착안하여, 그레이브스는 가네가 제시한 8가지의 학습유형과 관련이 깊은 지리적 사례들을 제시하였다. 표 4-8은 1번에서 5번까지의 개념학습 이전의 학습유형이 개념학습을 위해서 얼마나 필요한가를 보여 주고 있고, 개념들이 원리학습과 문제해결학습에는 어떻게 적용되는가를 보여 주고 있다(Graves, 1982).

이와 같이 개념의 중요성이 강조되면서, 지리교사의 역할은 학생들에게 지리적 사실을 알려주기

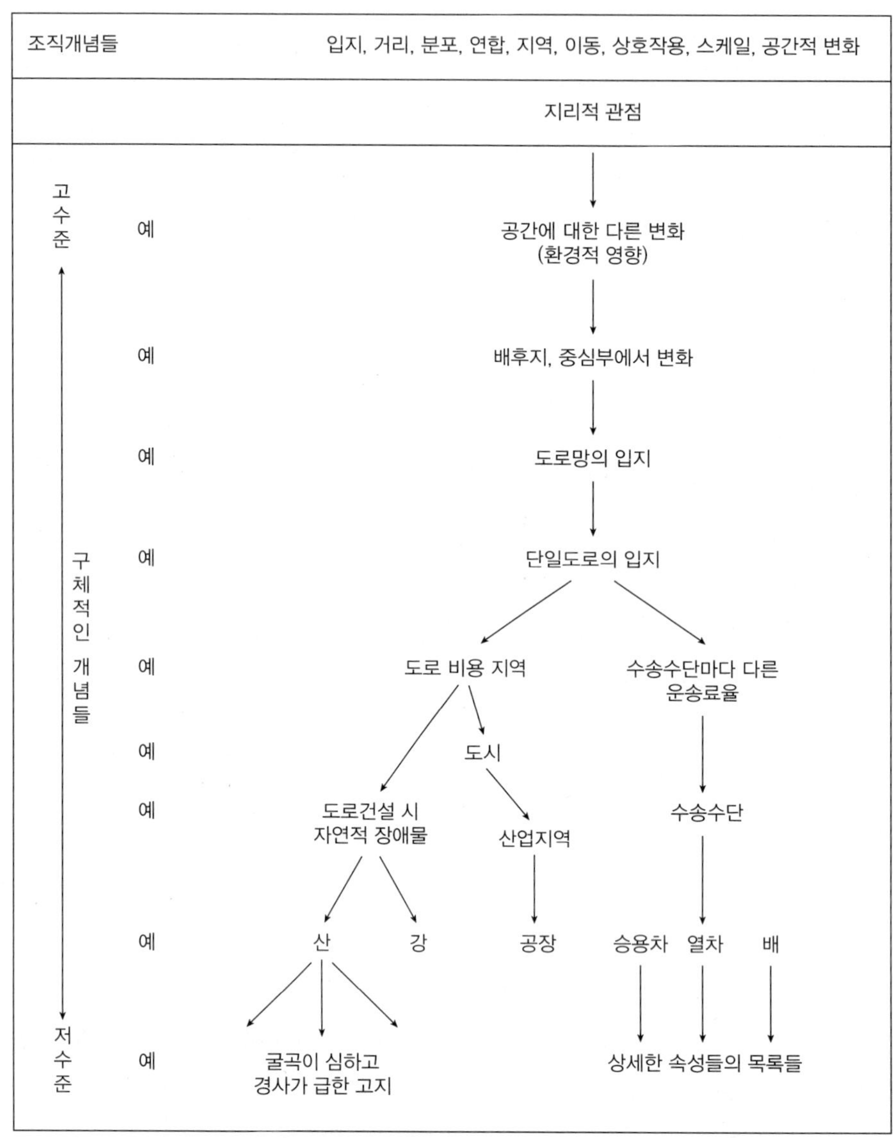

그림 4-3. 운송망 계획에 포함된 개념의 위계

(Graves, 1982: 37 재인용; 이경한 역, 1995: 56)

보다는, 개념학습에 적절한 경험을 제공하는 것이 강조된다. 그러나 학생들이 사전적 정의를 통해 개념을 충분히 이해할 수 없기 때문에, 귀납적인 교수 방법을 사용하게 된다. 그러므로 교사들은 학생들이 의문을 갖는 개념들의 실례(exemplars)와 비실례(non-exemplars)를 토대로 분류, 구별, 명명, 비교할 수 있는 기회를 제공할 필요가 있다.

표 4-8. 가네의 학습유형과 지리교과의 사례

학습유형	지리교과의 사례	조 언
1. 신호학습	학생이 지리부도에 대해서 즐거운 반응을 한다.	감정적 반응, 흔히 조건화의 결과 좋은 반응은 동기유발에 도움을 준다.
2. 자극-반응학습	교사는 말로 화면에 투사된 그림이나 지도를 보고 묻는다. 교사는 구체적인 질문을 통해서 학생들의 지각이 맞는지 알아보려 한다.	질문은 자극이다. 학생들의 대답은 반응이다. 교사는 정답을 강조한다.
3. 연쇄학습	초기 정착자들이 어떤 유형의 거주지를 선호했는지 생각해 보도록 일련의 자극과 반응이 연속된다.	전에 학습한 2개 이상의 자극-반응이 연결될 때 일어난다. 한 반응은 다른 반응을 위한 자극이 될 수 있다.
4. 언어연합학습	용어들의 연결이 이루어진다. 예, '주택 도시', '도시 계층'(더 복잡한 연합을 가져온다. 예, '대도시중심은 주택 도시를 가진다')	학습의 공통적인 형식, 연쇄성의 변종 언어를 가지고 인간의 재능을 실험할 수 있다. 말은 지각을 상징한다.
5. 변별학습	학습자는 여러 도시 지역들의 건축양식들을 식별할 수 있다.	이것은 분류를 돕기 때문에 개념학습의 기초이다. 대상, 사건, 생각의 유사한 속성들의 식별도 포함한다.
6. 개념학습	'교외 지역의 주택유형'의 개념을 안다.	추상화된 속성으로 자극을 분류한다. 1~5까지의 학습유형을 포함하고 있다. 선별한 추상적인 속성으로 경험을 분류한다.
7. 규칙학습	학생들은 '단독주택이 수입이 높은 교외지역에서 발견되는 경향이 있음'을 학습한다.	법칙은 관계를 표현하는 2개 이상의 개념들을 연계시킨 것이다.
8. 문제해결학습	학생들은 도시 내에서 공간적으로 높은 수입 지역을 정의하는 방법을 알려고 한다.	관찰하고자 하는 새로운 상황을 살펴보기 위해서 개념과 법칙을 사용한다.

(Graves, 1982, 41-43; 이경한 역, 1995: 61; 이희연 역, 1984: 231-234)

또한 앞에서 살펴보았듯이, 가네의 위계학습이론은 개념학습의 초기 발달 단계의 중요성을 강조하였다. 예를 들어 자극-반응 학습 시 이와 관련된 자극의 성질을 파악하는 것이 필요하다. 자극들이 아동의 연령과 능력에 적합한지, 아니면 지도와 문헌 자료일 경우 너무 복잡하고 추상적인지를 고려해야 하며, 반응에 대한 적절한 강화의 중요성도 강조되어야 한다. 건설적인 동기 유발을 개발하려면, 학습에는 보상이 있어야 한다.

또한 언어의 중요성에도 관심을 가져야 한다. 언어를 통해 개념을 명명하고 규칙과 문제들을 표현하기 때문에, 언어는 강력한 학습도구가 될 수 있다. 아동이 소집단 토론에 건설적으로 참여할 때, 언어는 학생들의 사고에 도움을 줄 수 있다. 그리고 언어는 창조적인 사고를 하도록 자극을 줄 수 있다. 이러한 대화의 기초는 놀이, 모형 역할극 학습과 다양한 문제해결 학습 활동 안에서 이루어진다. 이런 집단 활동은 사회적 상호작용에도 가치가 있다.

3. 피아제의 인지발달이론

피아제(Piaget)는 9세 아동에게 다음과 같은 질문을 하였다. 너는 어느 나라 사람이니?-스위스 사람이요.-어째서 그렇지?-스위스에 살고 있으니까요?.-너는 제네바 사람이기도 하니?-아뇨, 그럴 순 없어요. 난 이미 스위스 사람인 걸요. 스위스 사람이면서도 또 제네바 사람일 수는 없잖아요(Piaget, 1965; 1995: 252).

이 학생에게 지리를 가르친다고 생각해 보자. 이 학생은 하나의 개념(제네바)을 다른 개념(스위스)의 하위개념으로 분류하기 어려울 것이다. 이와 같이 아동과 성인의 공간적 개념화에는 차이점이 있다. 그리고 성인과 아동 간에는 또 다른 차이점도 있다. 아동의 시간 개념은 성인의 시간 개념과는 다를 수 있다. 예를 들면, 아동은 가령 언젠가는 형의 나이를 따라잡을 수 있을 것이라고 생각할 수도 있고, 과거와 미래를 혼동할 수도 있다. 피아제(Piaget)의 인지발달이론은 이런 차이가 존재하는 이유에 대한 중요한 단서를 제공할 수 있다.

피아제의 인지발달이론이 처음 등장했을 때는 거의 주목을 끌지 못했지만, 점차 인간의 인지발달 분야에서 선도적인 위치를 차지하게 되었다. 이 절에서 피아제의 인지발달이론을 완전하게 요약하는 것은 불가능하다. 피아제의 인지발달이론에서 주장하는 핵심적인 개념들과 단계들을 중심으로 살펴본 후, 이를 지리교육에서 적용한 사례들을 고찰하고자 한다.

1) 피아제 이론의 특성과 주요 개념

피아제는 인지발달이 연령에 따라 4단계를 거치면서 발달한다고 설명하는 단계적 인지발달이론을 제시하였다. 피아제는 인간은 두 가지의 기본 경향, 즉 불변적인 인지기능(cognitive function)을 물려받는다고 하였다. 여기서 인지기능은 자연환경과 상호작용하는 선천적 양식으로서 추상적 특성을 지니며, 아동의 지능발달 과정에서 항상성의 특징을 나타내는 기능적 불변체이다. 이러한 인지기능은 조직화(organization)와 적응(adaption)의 두 가지로 나뉜다. 첫 번째 경향은 조직화를 추구하는 것이다. 즉 행동과 사고를 결합 및 배열하여 일관성 있는 체계로 만들고자 하는 것이다. 두 번째 경향은 환경에 적응하고자 하는 것이다. 조직화와 적응은 반사와 같은 신체적 반응이 아니라 타고난 정신적 경향성으로서, 인지 발달에 직접적인 영향을 미치는 요소이다. 인지발달은 조직화의 원리에 의한 계속성과 적응에 의한 불연속성을 동시에 지닌다. 또한 조직화와 적응은 서로 상보적 관계를 맺고 있으며, 인지가 발달하는 전 과정을 통해 부단히 진행된다.

(1) 조직화

인간은 사고 과정을 심리적 구조로 조직화하려는 경향을 가지고 태어난다. 이러한 심리적 구조는 세상을 이해하고 세상과 상호작용하기 위한 체계이다. 단순한 구조들은 계속해서 결합되고 조정되어서 더 정교해지고 효율적이게 된다. 즉 조직화는 신체적 운동 또는 인지적 행동을 통합하거나 조직화하여 더 상위적인 정합적 체제를 구성하는 경향을 말한다. 개인이 비교적 오랜 기간 동안 인지발달의 계속성을 유지하는 것은 조직화의 원리에 기인한다. 사물과 자연현상에 대한 아동의 설명 체계는 일정한 과정에 따라 점차적으로 복잡해지고 추상적인 수준의 구조로 계속 발달하는데, 그 원인도 조직화의 기능에서 비롯된다. 예를 들어, 아주 어린 영아는 어떤 물체가 손에 닿았을 때 그것을 쳐다보거나 또는 잡을 수 있다. 그러나 쳐다보는 것과 잡는 것을 동시에 할 수는 없다. 그러나 영아가 발달함에 따라, 이러한 두 개의 분리된 행동구조를 물체를 쳐다보고 손을 내밀어서 붙잡는 고차적 수준의 협응된 구조로 조직화한다. 물론 여전히 각 구조를 따로 사용할 수도 있다.

피아제는 이러한 구조에 도식(schemes)이라는 특별한 이름을 붙였다. 도식은 인지구조 또는 사고의 기본단위이다. 도식은 우리가 주변 세계의 사물과 사건을 정신적으로 표상하거나 그에 대해 생각하게 해 주는 조직화된 행동 체계 또는 사고 체계이다. 즉 특정 방법으로 행동을 할 수 있는 잠재력으로서, 환경에 적응하는 과정과 관련된 지식 및 기술이 포함된다. 도식은 아주 작고 구체적일 수 있다. 가령 유아가 빨대를 잡는 것은 '빨대' 도식이라 할 수 있다. 유아가 우유를 마시기 위해 우유병을 잡거나 눈에 보이는 장난감을 잡고 입에 가져가는 등의 행동은 '잡기' 도식이라고 말하며, 이와 같은 도식은 몇 개가 모여 인지구조를 형성한다. 또는 마시기 도식이나 식물 분류하기 도식같이 더 크고 일반적일 수도 있다. 사고과정이 더 조직화되고 새로운 도식이 발달하면서 행동도 더 정교해지고 환경에 더 적합해진다. 도식은 동일한 행동을 반복적으로 수행하게 하는 기능을 한다.

(2) 적응

사람들은 심리구조를 조직화하려는 경향뿐만 아니라, 환경에 적응(adaption)하려는 경향도 타고난다. 적응은 생물학적 적응과 비슷한 의미를 지닌다. 적응에는 동화(assimilation)와 조절(accommodation)이라는 두 가지 기본 과정이 있다. 즉 적응은 아동이 인지구조를 통해 주변 환경에서 일어나는 현상이나 사건을 다룸으로써, 외부세계의 현상과 사건을 내적 인지구조에 통합하여 조화된 평형 상태를 형성하는 과정 또는 그 원리이다. 적응은 동화와 조절의 두 가지 상보적 과정으로 대별된다.

동화(assimilation)는 기존의 도식을 사용해서 주변에서 일어나는 일들을 이해하고자 할 때 일어난다. 동화는 인지구조를 통해 환경에 반응하는 과정, 새로운 정보를 기존의 인지구조에 통합하는 과정, 외부의 실체에 관한 정보를 기존의 설명 체계에 맞추어 변형하는 과정 등을 지칭한다. 학습자는 이미 가지고 있는 인지구조에 따라 주어진 정보의 의미를 해석하거나 그 인지구조의 수준에 맞게 정보를 조정한다. 동화는 새로운 어떤 것을 이미 알고 있는 것에 맞추어서 이해하고자 하는 것이다. 동화는 자료변환이나 자료해석과 같은 탐구 과정에 특히 잘 나타난다. 표로 제시된 자료를 그래프로 나타내는 것, 표나 그래프가 보여 주는 경향성을 말하는 것, 문장에 담겨진 의미를 찾아 자신의 말로 표현하는 것 등이 동화의 예이다.

조절(accommodation)은 새로운 상황에 반응하기 위해 기존의 도식을 변화시켜야 할 때 일어난다. 자료가 기존의 어떤 도식과도 부합될 수 없다면, 더 적절한 구조가 개발되어야 한다. 새 정보를 우리의 사고에 맞추는 것이 아니라 우리의 사고를 새 정보에 맞추어 적응해야 한다. 이와 같이 주어진 정보를 수용할 수 있도록 정보가 요구하는 인지적 수준과 범위에 맞게 도식 또는 인지구조가 변하는 과정을 조절이라고 한다. 학생들의 직관적 사고나 일상적 경험을 통해 획득된 오개념이 정개념으로 바뀌는 과정도 조절의 한 유형이다.

사람들은 기존의 도식들이 효과가 있으면 이 도식들을 사용하고(동화), 새로운 것이 필요할 때에는 이 도식들을 수정 및 첨가함으로써(조절) 점점 복잡해지는 환경에 적응한다. 대부분의 경우 두 과정이 모두 필요하다. 빨대로 빨기와 같은 이미 확립된 패턴을 사용하는 것조차도, 빨대의 크기나 길이가 전에 사용하던 것과 다르다면 어느 정도는 조절을 할 필요가 있다. 팩에 든 주스를 마셔본 적이 있다면 빨기 도식에 새로운 기술을 첨가해야 한다는 것을 알 것이다. 즉 주스 팩을 누르지 말아야 한다. 그렇게 하지 않으면 빨대를 통해 주스가 공중으로 솟아올라 무릎에 떨어질 것이다. 새로운 경험이 기존 도식에 동화될 때마다 도식은 약간 확장되고 변화하며 따라서 동화는 조절을 어느 정도 포함한다.

동화와 조절이 어느 것도 사용되지 않을 때도 있다. 사람들은 낯선 것을 대하게 되면 그것을 무시해 버리기도 한다. 경험은 개인이 그 순간에 하고 있는 생각의 유형에 맞추어 여과된다. 예를 들어, 외국어로 된 대화를 우연히 듣게 되었을 때 그 언어에 대한 지식이 없는 한 여러분은 그 대화를 이해하고자 노력하지 않을 것이다.

(3) 평형화

피아제에 따르면, 조직화와 동화, 그리고 조절은 일종의 복잡한 균형잡기 행동으로 볼 수 있다. 그의 이론을 보면, 균형을 추구하는 행위인 평형화(equilibration) 과정에서 사고가 실제로 변화한다. 평형화는 동화와 조절을 통제하는 과정, 즉 동화와 조절 사이의 계속적인 재조정 과정이다. 이는 인지구조가 항상성과 안정성을 유지하면서 연속하여 상위 단계로 변화, 발달, 성장하려는 원동력이 된다. 평형화는 생물과 인간이 주변 환경과 조화를 이루려는 내적 욕구, 또는 인지적 갈등을 해소하려는 타고난 성향이며, 인지발달 단계, 주요 개념 및 이론이 형성되는 지적 발달 과정, 구체적인 학습과정 등을 통해 일어난다.

피아제는 사람들이 그러한 균형을 이루기 위해 자신의 사고과정의 적절성을 끊임없이 검증한다고 가정하였다. 평형화 과정의 작용원리를 간단히 말하면 다음과 같다. 특정 도식을 어떤 사건이나 상황에 적용해서 그 도식이 효과가 있으면 평형상태가 유지된다. 그 도식이 만족스러운 결과를 내놓지 않으면 불평형(disequilibration) 상태가 되고 우리는 불편함을 느낀다. 이런 불편함은 동화와 조절을 통해 해결책을 추구하려는 동기를 불러일으키고, 그 결과 사고가 변화하게 된다. 물론 불평형의 정도가 적절해야 한다. 우리는 불평형의 정도가 너무 적으면 변화할 생각이 없을 것이고, 너무 많으면 변화하기가 불안할 것이다.

2) 아동의 인지발달 단계

아동이 성장함에 따라 실제 어떤 차이를 보인다고 피아제가 가정했는지 살펴보기로 하자. 피아제는 모든 사람들이 동일한 네 단계(감각운동기, 전조작기, 구체적 조작기, 형식적 조작기)를 정확하게 같은 순서로 거쳐 나간다고 믿었다. 이 단계들은 일반적으로 특정한 연령과 관련되어 있다. 하지만 특정 연령의 모든 아동들에게 해당되는 것이 아니라 일반적 지침에 불과하다. 피아제는 사람들이 오랜 과도기를 거쳐 한 단계에서 다음 단계로 이동할 수 있다고 보았으며, 한 개인이 어떤 상황에서는 어느 한 단계의 특성을 보여도 다른 여러 상황에서는 그보다 더 높거나 낮은 단계의 특성을 보일 수 있다고 지적하였다. 따라서 어떤 아동의 연령을 안다고 해서 그 아동이 어떤 식으로 사고할 것인지를 안다고 장담할 수는 없다.

피아제는 인지발달을 인지구조의 계속적인 조직화 및 재조직화의 과정으로 본다. 피아제는 또한 인지적 발달 과정을 질적으로 구분되는 네 단계로 규정한다. 피아제에 의하면 각 단계의 사고 양식은 질적으로 다르다. 인지발달 단계는 특정 행동이 나타나는 기간으로서 몇 가지의 독특한 인지구조로 이루어져 있다. 그러나 몇 개의 인지구조가 통합되었다고 해서 그것을 발달단계로 부르지는 않는다. 발달단계로 불리려면 최소한 다음과 같은 특성을 지녀야 한다(Brainerd, 1978).

표 4-9. 피아제의 인지발달 단계

단계	대략적 연령	특징
감각운동기	0~2세	• 전기호적(presymbolic), 전언어적(preverbal)인 감각적 활동이나 신체적인 활동이다. • 모방, 기억, 그리고 사고를 사용하기 시작한다. • 물체가 숨겨졌을 때 그 존재가 없어지는 것이 아님을 인식하기 시작한다(대상영속성). • 반사행동에서 목표지향적 행동으로 이동한다.
전조작기	2~7세	• 언어 사용 및 상징적 사고 능력을 점진적으로 발달시킨다. • 한 방향으로 논리적 조작을 할 수 있다. • 다른 사람의 관점을 파악하기가 어렵다(자기중심적).
구체적 조작기	7~11세	• 구체적(실제의) 문제를 논리적 방식으로 해결할 수 있다. • 보존법칙을 이해하며, 분류와 서열화를 할 수 있다. • 가역성을 이해한다.
형식적 조작기	11세~성인	• 추상적 문제들을 논리적인 방식으로 해결할 수 있다. • 사고가 더 과학적이 된다. • 사회적 쟁점, 정체성에 관한 관심이 발달한다.

- 각 단계는 질적으로 다른 인지구조로 구성되어 있다.
- 아동은 누구나 문화·사회·국가를 초월하여 반드시 감각운동 단계, 전조작 단계, 구체적 조작 단계, 형식적 조작 단계와 그 순서에 따라 발달한다.
- 상위단계의 인지구조는 하위단계의 인지구조를 바탕으로 형성된다.
- 특정 발달단계를 이루는 여러 개의 도식과 다양한 인지구조가 하나의 총화를 구성한다.

피아제의 인지발달이론은 이와 같이 인지구조가 질적으로 다른 네 단계를 거쳐서 발달한다고 설명한다(표 4-9). 그 이론은 또한 지능이 보편적 과정에 따라 발달함을 강조한다. 이와 같은 특성 때문에 각 단계의 아동은 질적으로 다른 양식에 따라 사고하고 행동한다.

① 감각운동기

인지발달의 첫 시기를 감각운동기(sensorimotor)라 부르는데, 0~2세의 아동들이 이에 해당된다. 이 시기 아동들의 사고는 보고 듣고 움직이고 만지고 맛보는 것 등으로 이루어진다. 즉 감각운동기란 감각과 운동 활동만을 포함하기 때문에 붙여진 시기이다. 이 시기 동안 유아는 대상영속성(object permanence)을 발달시킨다. 이는 물체가 자신의 지각 여부에 관계없이 환경 속에 존재한다는 것을 이해하는 것이다. 즉 감각운동기에는 대상들이 독립적이고 영속적인 존재라고 이해한다. 감각운동기의 두 번째 중요한 성취는 논리적인 목표지향 행동(goal-directed actions)을 하기 시작한다는 것이다. 즉 목표를 향한 의도적인 행동을 하게 된다.

② 전조작기

전조작기는 2~7세의 아동들이 이에 해당된다. 아동은 감각운동기가 끝날 무렵이면 많은 행동도식을 사용할 수 있다. 그러나 이 도식들이 물리적 행위에 얽매여 있는 한, 과거를 회상하거나 정보를 기억해두거나 계획을 세우는 데에는 전혀 쓸모가 없다. 이런 일들을 할 수 있기 위해서는 피아제가 조작(operation)[1]이라고 부른 것, 즉 물리적으로서가 아니라 정신적으로 수행되고 역전될 수 있는 행동(가역성)이 필요하다. 전조작기(preoperational)의 아동들은 이러한 정신적 조작들을 아직 숙달하지 못했지만, 숙달을 향해 나아가고 있다.

피아제에 의하면, 행동과 구별되는 첫 번째 유형의 사고는 행동도식을 상징도식으로 만드는 것이다. 따라서 단어, 몸짓, 신호, 심상 등의 상징을 형성하고 사용하는 능력은 전조작기의 주요 성취이며, 아동들이 다음 단계의 정신적 조작 숙달에 더 가까워지게 해 준다. 이와 같이 상징을 다루는 능력을 상징적 기능(semiotic function)이라고 부른다.

아동이 전조작기를 거치는 동안, 물체에 대해 상징적 형태로 사고하는 능력의 발달은 일방적 논리를 사용하는 데 국한된다. 아동이 '거꾸로 생각'하거나 과제의 단계들을 어떻게 역전시킬지를 생각하는 것은 대단히 어렵다. 양의 보존과 같이 전조작기 아동이 하기 어려운 많은 과제들은 가역적 사고(reversible thinking)를 필요로 한다. 이는 구체적 조작기에 들어서야 가능하다.

보존(conservation)은 사물의 양이나 수가 아무 것도 보태거나 빼내지 않는 한, 배열이나 외관이 변한다 해도 동일하게 유지된다는 원리이다. 즉 물체의 어떤 속성들은 외형이 변한다 해도 그대로 남아 있다는 원리이다. 피아제에 의하면 전조작기의 아동은 보존개념에 어려움을 가지고 있다.

피아제가 동일한 양의 물을 담은 두 개의 물 컵(폭이 넓고 길이가 짧은 컵, 폭이 좁고 길이가 긴 컵)을 사용하여 보존개념을 실험하였을 때, 전조작기의 유아는 폭이 좁고 길이가 긴 컵에 담긴 물의 양이 많다고 했다. 피아제는 이러한 원인에 대해 이 유아는 물의 높이라는 차원에 주의를 집중하고 있기 때문이라고 설명한다. 이 아이는 한 번에 한 차원 이상을 고려하지 못한다. 즉 탈중심화(decentering)하는 데 어려움을 겪는다. 전조작기 아동은 지름의 감소가 높이의 증가를 보상한다는 것을 이해하지 못한다. 그렇게 하려면 두 가지 차원을 동시에 고려해야 하기 때문이다. 이와 같이 전조작기의 아동은 이 세상이 어떻게 보이는지에 대한 자기 자신의 지각으로부터 벗어나기가 어렵다.

---

1 경험이 내면화됨에 따라 인지구조가 발달하고, 인지구조가 발달할수록 환경에 대한 적응에 더욱 고차적인 사고가 요구된다. 피아제는 사고에 의한 환경에 대한 적응을 조작(operation)으로 부른다. 조작은 인지적·논리적 규칙을 따르며, 내적으로 표상화된 활동을 뜻하기도 한다. 조작은 논리적 사고의 기본 단위이며, 논리적 추리를 통제하는 인지적 활동이다. 가장 고차적인 조작은 가설을 설정하여 검증할 수 있는 형식적 조작이다.

이것은 전조작기의 또 하나의 중요한 특징을 보여 준다. 피아제에 의하면, 전조작기 아동은 자기중심적(egocentric)인 경향이 있어서 이 세상과 다른 사람들의 경험을 자기 자신의 관점에서 바라본다. 즉 '자기중심성'이란 다른 사람들도 세상을 자신이 경험하는 것과 같은 방식으로 경험한다고 가정하는 것이다. 피아제가 말하는 자기중심성은 이기적이라는 의미가 아니다. 아동들이 다른 모든 사람들도 자기 자신과 똑같은 감정, 반응, 관점을 갖는다고 가정한다는 것을 의미할 뿐이다.

자기중심성은 아동의 언어에서도 분명하게 나타난다. 여러분은 어린아이들이 가끔씩 아무도 듣고 있지 않는데도 자신이 하고 있는 일에 대해 신나게 이야기하는 것을 본 적이 있을 것이다. 이런 일은 아동이 혼자 있을 때에도 일어날 수 있지만, 다른 아이들과 여럿이 함께 있을 때 심지어 더 자주 일어난다. 즉 아이들이 서로 간에 제대로 된 상호작용이나 대화를 하지 않고 각자 열심히 혼자만의 이야기를 하는 것이다. 피아제는 이것은 집단독백(collective monologue)이라고 불렀다. 즉 집단독백은 아동이 집단 속에서 말을 하지만 실제로 상호작용하거나 의사소통을 하지 않는 대화 형태이다.

③ 구체적 조작기

구체적 조작기는 7~11세의 초등학생에 해당된다. 피아제는 이 단계의 실제적인 사고를 기술하기 위해 구체적 조작(concrete operation)이라는 용어를 만들어 냈다. 이 단계의 기본적 특징은 물리적 세계의 논리적 안정성에 대한 인식이다. 즉 구성요소들이 바뀌거나 변환된다 해도 원래의 특성들은 그대로 유지된다는 것을 깨달을 뿐 아니라, 이러한 변화가 역전될 수 있다는 것을 이해하는 것이다.

피아제에 따르면, 학생의 보존문제 해결능력은 추론의 3가지 기본적 측면인 동일성, 보상, 그리고 가역성에 대한 이해에 달려 있다. 동일성(identity)을 완전히 숙달한 학생은 아무 것도 첨가하거나 제거하지 않는 한 그 물질은 동일한 상태로 남아 있다는 것을 안다. 보상(compensation)을 이해한 학생은 한 방향의 변화가 다른 방향의 변화에 의해 보상될 수 있다는 것을 안다. 가역성(reversibility)을 이해하게 된 학생은 이미 이루어진 변화를 정신적으로 상쇄시킬 수 있다. 가역성이란 피아제식 논리적 조작의 특성으로, 가역적 사고라고도 부른다. 이는 일련의 단계를 거쳐 사고하고 그 단계들을 정신적으로 되돌려서 출발점으로 되돌아가는 능력이다.

이 단계에서 숙달되는 또 하나의 중요한 조작은 분류(classification)이다. 분류는 한 무리에 속하는 물체들의 한 가지 특성에 주목하고, 그 특성에 따라 물체들을 묶는 능력에 달려 있다. 이 시기에 이루어지는 좀 더 높은 수준의 분류는 한 유목이 다른 유목에 속하는 것을 알아보는 것이다. 하나의 도시는 특정한 주에 속해 있을 수도 있고 특정한 국가에 속해 있을 수도 있다. 아동들은 여러 위치들에 이러한 진보된 분류를 적용하게 되면서 우주, 은하계, 태양계, 지구, 북반구, 동아시아, 대한민국, 경상남도, 진주시, 봉래동 516번지에 사는 아무개 같은 완벽한 주소에 매료되고는 한다.

분류는 또 가역성과 관련이 있다. 하나의 과정을 정신적으로 되돌려 놓을 수 있는 능력을 갖게 되면서, 구체적 조작기의 학생들은 물체들을 분류하는 데 한 가지 이상의 방법이 있다는 것을 알게 된다. 예를 들어, 학생들은 단추들을 색깔에 따라 분류할 수 있고, 그런 다음 크기나 구멍의 수에 따라 다시 분류할 수 있다는 것을 이해하게 된다.

서열화(seriation)는 대상들을 크기, 무게, 부피와 같은 한 가지 측면에 따라 순서대로 배열하는 것, 즉 큰 것에서 작은 것으로 또는 그 반대의 순서에 따라 배열하는 과정이다. 순서 관계를 이해하게 되면 A<B<C(A는 B보다 작고 B는 C보다 작다)와 같은 논리적 연속체를 만들어 낼 수 있다. 전조작기 아동과는 달리, 구체적 조작기의 아동은 B가 A보다는 크지만 C보다는 작다는 개념을 이해할 수 있다.

보존, 분류, 서열화 같은 조작들을 다룰 수 있게 됨에 따라 구체적 조작기의 학생들은 마침내 대단히 논리적이고 완벽한 사고체계를 발달시킨다. 그러나 이 사고 체계는 여전히 물리적 현실에 얽매여 있다. 이 시기의 논리는 조직화되거나 분류되거나 조작될 수 있는 구체적 상황들에 기초를 두고 있다. 예를 들어, 이 단계에 있는 아동들은 방에 있는 가구들을 실제로 옮기기 전에 마음속으로 여러 가지로 달리 배치해 볼 수 있다. 실제로 배치를 해 보면서 시행착오를 거쳐 문제를 해결할 필요가 없다. 그러나 구체적 조작기의 아동은 많은 요인들을 한꺼번에 통합해야 하는 가설적이고 추상적인 문제들에 대해서는 아직 추론하지 못한다. 이러한 종류의 통합 또는 협응은 피아제의 다음 인지발달단계, 즉 형식적 조작기의 일부이다.

④ 형식적 조작기

형식적 조작기는 11세 이상의 학생들과 성인에 해당된다. 어떤 학생들은 학교에 다니는 동안 구체적 조작기에 머무르며, 심지어는 평생에 걸쳐 머물러 있을 수 있다. 그러나 대개의 경우 학교에서 하게 되는 새로운 경험들은 학생들에게 구체적 조작으로는 해결할 수 없는 문제들을 제시한다.

실험실에서 하는 실험이나 일상생활의 여러 상황에서 많은 변인이 상호작용하는 경우, 많은 변인들을 통제하고 여러 가능성을 검증해 볼 수 있는 사고 체계가 필요하다. 이것이 피아제가 형식적 조작(formal operation)이라고 불렀던 능력이다. 즉 형식적 조작은 추상적으로 사고하고 많은 변인들을 통합하는 정신적 과업이다.

형식적 조작기에는 사고의 초점이 실제에서 가능성으로 옮겨간다. 상황들을 직접 경험해야만 상상할 수 있는 것은 아니다. 형식적 조작을 습득한 학생들은 사실과 배치되는 질문에 대해서도 생각할 수 있다. 학생들 대답을 보면 이들이 형식적 조작의 특징인 가설연역적 추론(hypothetico-deductive reasoning)을 한다는 것을 알 수 있다. 형식적 사고를 하는 사람은 가설적 상황을 고려하여 연역적 추론을 할 수 있다. 즉 가설연역적 추론은 문제에 영향을 줄 수 있는 모든 요인들을 파악하는 데서 시작하여, 특정한 해결책을 이끌어 내고 이를 체계적으로 평가하는 형식조작적 문제해결 전략이다. 형식적 조작에는 특정한 관찰로부터 일반적 원리를 규명해 내는 '귀납적 추론'도 포함된다. 형식조작적 사고를 하는 사람은 가설을 설정하고, 이를 검증할 정신적 실험을 고안하고, 가설에 대한 타당한 검증을 완수하기 위해 변인들을 분리하거나 통제한다.

3) 인지발달이론이 지리교육에 미친 영향

(1) 지리교육 내용의 계열성과 지리 교수·학습

피아제의 인지발달이론은 교육과정의 내용을 계열적으로 조직하는 데 단서를 제공했다. '계열성'은 어떤 주제와 학습과제를 언제 또는 어느 학년에 제시해야 할 것인지에 관한 문제로서, 학습준비도의 한 요소이다. 학습준비도는 교육과정 개발에 있어서 다음과 같이 4가지의 처방적 기준을 제시한다(Brainerd, 1978).

- 교수·학습 자료는 현재의 인지발달 수준을 넘지 않아야 한다. 교수·학습 자료는 학습자의 인지구조와 관련된 내용으로 개발한다.
- 어떤 특정 주제를 통해 인지구조의 변화를 촉진하기 위한 시도를 하지 말아야 한다. 한 주제보다는 여러 상황을 동시에 이해할 수 있는 주제나 소재가 인지구조의 변화에 더 효과적이다.
- 교육과정 내용의 주제와 개념이 인지발달 과정에 나타나는 주제와 개념의 순서에 일치해야 한다. 인지발달 순서에 바탕을 두어 개발된 교육과정을 '발달에 기초한 교육과정'으로 부른다.
- 교육과정은 인지발달 과정을 진단하고, 그에 맞추어 수업이 진행되도록 구성해야 한다. 이상적으로는 개별화(교육과정차별화) 수업이 이루어지도록 한다.

피아제의 인지발달이론은 역시 지리교육과정을 계열화하는 데 많은 영향을 주었다. 앞에서 살펴본 지평확대법은 피아제의 인지발달단계이론에 근거하고 있는 것이다. 그리고 페어그리브(Fairgrieve, 1926)는 피아제의 인지발달이론에 근거하여 지리 교수·학습은 알고 있는 것에서 미지의 것으로, 특수한 것에서 일반적인 것으로, 구체적인 것에서 추상적인 것으로 나아가야 한다고 주장하였다. 이것은 직관과 경험을 기초로 한 것으로, 심지어 경험이 많은 성인들조차도 추상적이고 어려운 개념을 직면할 때 구체적인 사례가 가지는 가치를 알고 있다.

그리고 교사가 하는 일 중에 가장 중요한 기능은 각 발달 단계에 적절한 학습 활동을 제시하는 것이다. 예를 들어, 전조작기 단계는 학교 밖 야외활동과 함께 다양하고 자극적인 환경을 수업시간에 제시해야 한다. 왜냐하면 정신적 발달에는 자발적인 활동이 중요하므로, 교사는 학생들이 능동적으로 학습에 참여할 수 있는 환경을 제공해야 하기 때문이다. 따라서 브루너(Bruner)가 제시한 행동적 표상이 더욱 적절할 것이다. 그리고 구체적 조작 단계에서는 세계를 이해할 수 있도록 실생활의 구체적인 사례들을 학생들에게 제시할 필요가 있다. 브루너가 제시한 영상적 표상이 다른 것보다 더 적절할 것이다.

한편 피아제의 인지발달이론에서 인지갈등과 비평형은 지리 교수·학습에서 학생들이 가지게 되는 오개념의 발생 원인을 진단하고 이를 정개념으로 치유하기 위한 연구에 많은 영향을 끼쳤다. 여기에 대해서는 제5장의 오개념 부분에서 자세하게 살펴본다.

(2) 환경에 대한 지각과 공간적 개념화

1970년대 초에 환경지각에 관한 학문적 관심이 증가하였다. 학생들을 대상으로 한 환경지각 연구는 피아제의 인지발달이론으로부터 많은 아이디어를 끌어왔으며, 이러한 연구들은 교사들이 학생들의 지리학습을 이해하는 데 많은 도움을 주었다. 특히 지리교육에서는 학생들의 환경지각을 파악하기 위해 인지도(cognitive map) 또는 심상지도를 많이 활용하였다. 학생들이 작성한 인지도는 지리교사들에게 학생들의 사전 학습정도, 현재의 지각상태, 학생들의 지각 능력에 관한 지식을 제공해 주는 것으로 간주되었다. 그리고 인지도는 학생들의 환경 지각에 영향을 주는 요인, 특히 가까운 지역과 먼 지역을 지각하는 데 영향을 주는 장애요인과 한계가 무엇인지를 이해할 수 평가도구가 되는 것으로 간주되었다. 이러한 학생들의 공간인지와 환경지각에 대한 자세한 내용은 제5장의 지리학습에서 자세하게 살펴본다.

이러한 학생들의 환경지각은 공간적 개념화(spatial conceptualization)를 형성하는 데 도움을 주며, 지도학습에 중요한 역할을 한다. 지리교사들은 학생들의 공간능력과 공간적 개념화를 발달시키는 데 많은 관심을 보였다. 지리교사들은 학생들의 공간능력을 신장시키기 위해 단순한 놀이, 제3자의 관점에서 대상 또는 물체를 바라보도록 하는 모형 조작, 인지도 작성, 3차원 모형을 2차원의 지도로 전환하는 연습 등의 활동을 고안하였다. 이러한 지리학습에서의 공간적 개념화를 발달시키기 위해 지리교육자들과 지리교사들은 피아제의 인지발달이론을 많이 활용하였다.

지리교육에서는 피아제의 인지발달이론을 적용하여 학생들의 공간적 개념화를 공간입지, 공간분포, 공간관계 등의 관점에서 파악하려고 하였다. 엘리어트(Eliot, 1970)는 공간능력(spatial ability)을 3가지로 구분하면서 그 본질에 대해서 많은 관심을 가졌다. 첫째, 공간능력은 공간적 패턴을 정확하게 인식하고 상호비교할 수 있는 능력이다. 둘째, 공간능력은 다양한 공간적 패턴이 제시되어도 혼돈하지 않는 능력이다. 셋째, 공간능력은 추상적으로 대상을 다룰 수 있고, 공간 속의 대상들을 지각·인식·구별하고, 관련지을 수 있는 능력이다. 바로 이러한 공간능력이 공간적 개념화라고 주장하였다.

피아제의 인지발달이론에 따르면, 이러한 공간능력은 아동의 인지적 성장과 함께 발달한다. 학생들의 공간능력은 자기 주변의 정태적, 지각적 공간 인식에서 개념적 공간에 대한 이해로 성장한다. 학생들은 먼저 자신이 실제로 보고서 알 수 있는 것을 지각 대상으로 한다. 그러나 학생들이 지각에 의존하던 것에서 벗어나서 자유롭고 탄력적인 정신적 조작 체계를 내면화할 때, 진정한 개념적 이해에 도달하게 된다. 여기에 도달하기 위해서 학생들은 자신의 관점으로만 사물을 바라보는 자기중심적 공간관을 포기해야 한다. 그리고 추상적으로 바라볼 수 있는 타인의 조망능력을 가져야 한다. 이러한 조망능력은 어린 학생들에게 좌, 우, 상, 하, 전, 후와 같은 관계들을 이해하게 해 주고, 길이, 면적의 크기, 부피, 투영적 관계(projective relation)를 비교할 수 있게 해 준다. 이러한 능력은 초등학생들에게 공간의 크기, 거리, 좌표 체계를 알게 해 준다.

피아제의 인지발달이론은 아동들이 공간을 이해하는 발달 단계에 대한 기본적인 모형을 제공했다. 특히 캐틀링(Catling, 1973)은 피아제의 인지발달이론을 옹호하면서 이에 근거하여 아동들의 공간적 개념화의 발달 특성, 즉 공간인지발달 단계를 연구하였다. 그는 공간관계를 위상적 관계(topological relation), 투영적 관계(projective relation), 기하학적(유클리디언) 관계(Euclidian relation)라는 3가지 발달 패턴으로 살펴보았다. 위상적 단계의 아동들은 장소들 간의 관계를 자기를 중심으로 연결된 것으로 단순히 기술할 수 있을 뿐이다. 그리고 투영적 단계의 아동들은 장소들 간의 관계를 자기중심에서 벗어나 타자중심적 관점에서 파악하기 시작하며, 좀 더 추상적인 용어로 표현할 수 있게 된다. 그러나 기하학적 단계에 이르면, 아동들은 장소들 간의 관계를 자신과 타자 중심에서 벗어나 추상적인 준거틀(특히 좌표)을 사용하여 종합적으로 정확하게 이해하거나 설명할 수 있게 된다.

한편 캐틀링(Catling, 1973)은 피아제의 인지발달이론에 토대하여 아동의 공간인지발달 단계(즉 공간관계에 대한 이해의 단계)를 다음과 같이 제시하였다. 그리고 그는 아동의 공간능력의 발달을 그림 4-4와 같은 지도 그리기로 설명하였다.

첫째, 감각운동기인 0~2세의 유아들은 행동 공간 내에서 움직인다(Hart and Moore, 1973). 이 시기의 학습은 주로 보거나 만지는 행위를 통해 지각적으로 이루어진다. 이 시기에는 처음으로 실제적인 공간 세계를 인식하기 시작한다. 이 시기의 공간관은 전반적으로 자기중심적이다. 약 2세경부터 아동은 지각적 이해 단계를 벗어나 정신적 공간 표상이나 개념화로 성장한다.

둘째, 전조작기인 약 2~7세경 아동들은 위상적 관계를 이해하기 시작한다. 이 시기의 아동들에게

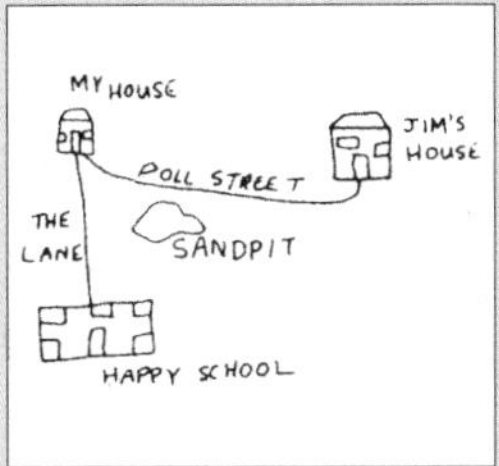

① 위상적
매우 자기중심적: 집과 연관된 알려진 장소
전적으로 영상적: 방향거리, 정향
축척 없음: 좌표체계가 없는 지도

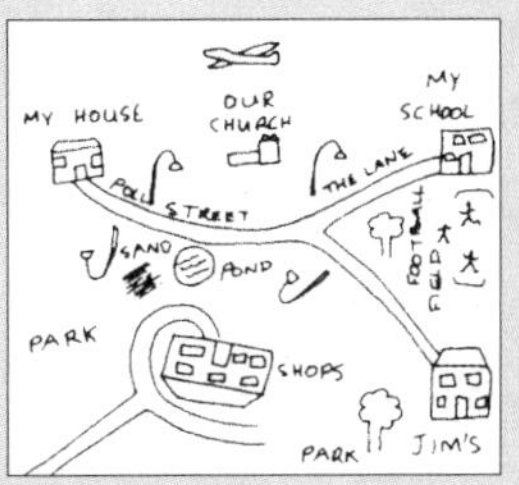

② 투영적 I
여전히 본질적으로 자기중심적
부분적으로 좌표체계, 알려진 장소와 연결
방향이 정확해지나, 축척과 거리는 부정확
도로는 평면 형태이지만 건물은 영상적: 조망적 관점의 미발달

③ 투영적 II
나아진 좌표체계
통로의 연속성: 약간의 평면적 형태의 건물
방향, 정향, 거리와 축척이 형성된 보다 나아진 조망능력

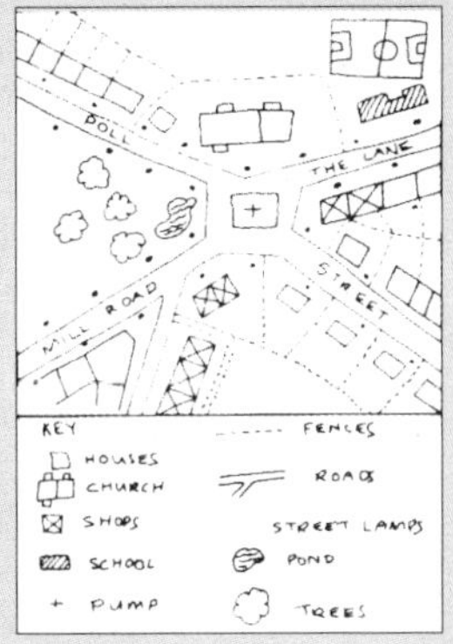

④ 기하학적
추상적으로 좌표화되고 위계적으로 통합된 지도
정확하고 세밀함: 방향, 정향, 거리, 형태, 크기, 스케일이 대체로 정확함, 평면 형태의 지도, 영상적 심볼이 없어 단서가 필요함

학생들이 표상한 인지도를 분석해서, 인지도 작성 능력의 단계를 알 수 있다.
첫 단계인 감각운동기의 학생들은 아직 지도화 능력이 발달하지 않았고, 지도라기보다는 낙서에 가깝다.
두 번째 단계는 **자기중심적인 공간지각 단계(투영적 단계)**로서, 경관 구성 요소들의 상호관련성을 이해하지 못한 채로 현상들을 묘사하는 단계이다. 가정이 중심이고 지도의 주요 내용은 도로이다. 학생들은 자기들의 경험 중 중요한 의미를 지니는 것만을 묘사한다. 이러한 투영적 단계는 다시 두 단계로 나눌 수 있다.
객관적 공간인지 단계(투영적 단계 I)의 학생들의 그림 지도는 매우 자기중심적이나, 요소들 간의 관계가 좀 더 뚜렷하게 표현되고 장소 간의 상호연계가 나타난다. 지도의 일부만 종합화되고, 개인적으로 중요하다고 생각되는 현상은 크기가 과장되어 있다.
추상적 공간인지 단계[투영적 단계 II와 기하학적(유클리디언) 단계](보통 11~12세경)의 학생들은 조감적 관점(vertical viewpoint)이 반드시 필요하다는 것을 깨닫게 된다. 지도상의 요소들을 종합할 수 있고, 거리도 비율을 고려해서 표현한다. 일부 요소들은 아직도 첫 단계처럼 그림으로 표현하기도 한다. 그리고 학생들 자신에게 편리한 형태와 상징을 사용하기도 하고, 지도의 내용물을 문자로 직접 표현하기도 한다. 이 단계를 지나면서 아동은 점진적인 성장이 이루어지고, 학생들의 선별적, 목적적 성격을 이해하게 된다. 인지도의 작성 능력과 공간적 개념화의 관계는 매우 밀접하다.

그림 4-4. 인지도 표현의 발달단계, 아동의 지도화 개발 방법

(Catling, 1978; 이경한 역, 1995: 64 재인용)

는 근접성, 격리정도, 순서의 개념이 발달한다. 아동은 다른 사람의 관점에서 모형을 인식하기 어렵기 때문에 아직도 자기중심적인 관점을 지닌다. 자기가 관심을 갖는 것이 자신의 작은 세계가 된다. 점진적으로 개별적이고 연계가 없는 가정, 지표물, 친숙한 장소를 바탕으로 고정된 준거체계(fixed system of reference)를 지니게 된다. 아동은 수직과 수평을 인지해서 종합적 이해가 발달하기 시작한다.

셋째, 구체적 조작기인 7세경 아동들은 공간관계를 조작하는 능력이 발달함에 따라서 투영적 관계에 대한 이해가 발달하기 시작한다. 상대적 배치와 입지를 인식하고 대상들을 약간의 질서를 가지고 지도화할 수 있다. 자신과 관계가 있는 지역에 우선권을 부여하고, 타인의 관점으로 대상들을 배열하기가 어렵다는 면에서 아직도 자기중심적이다. 먼 지역, 즉 아동의 경험이 적은 지역을 다룬 지도보다 도로와 자기 집 주변을 다룬 지도를 쉽게 그리고 잘 이해한다.

넷째, 약 9세 이후의 아동들은 기하학적(유클리디언) 관계에 대한 이해가 발달한다. 좌표 체계를 적용해서 공간관계를 이해할 수 있을 때 대상들의 위치를 알고 크기, 비율, 거리의 측면에서 대상들을 관련시킬 수 있으며, 전체적인 틀을 바탕으로 해서 대상들을 위치시킬 수 있게 된다. 엘리어트(Eliot, 1970)가 지적한 바와 같이, 아동들은 지도 내 또는 관련된 지도 간의 상대적 위치, 그리고 타인의 관점을 고려한 전체적인 표현이 가능하게 되면서 인지적 조직과 정신적 조작 체계가 발달하게 된다. 그리고 다른 관점으로 대상들을 상호관련시킬 수 있는 조망 능력이 발달한다. 형식적 조작이 발달해서 학생들은 구체적인 특성으로부터 정신적으로 추상화된 이론적 공간까지 인식할 수 있다

표 4-10. 공간인지발달 단계의 요약

연령	공간인지의 조직 수준	공간적 관계의 유형	표상 방법	준거체계	위상적 표현 형태
설명	공간적 이해는 피아제가 제안한 인지발달 단계와 관련	공간 속에서 사물을 위치시키고 관련시키는 방법의 이해 단계	아동이 공간물을 표상하는 방법 (Bruner, 1967)	아동이 알고 있는 점들을 서로 연계시키는 준거 형태	아동이 자신의 인지도를 가지고 지도를 그리는 형태의 특성
11.5	형식적 조작기				↑ (즉 일반지도)
7~11.5	구체적 조작기		↑ 상징적 표상	↑ 좌표화된 준거체계	↑ 조감도
2~7	전조작기	↑ 투영적 ↑ 기하학적	↑ 영상적 표상	↑ 고정된 준거체계	↑ 나열식
0~2	감각운동기	↑ 위상적	↑ 행동적 표상	↑ 자기중심적 준거체계	

(Hart and Moore, 1973; Graves, 1982: 46-47)

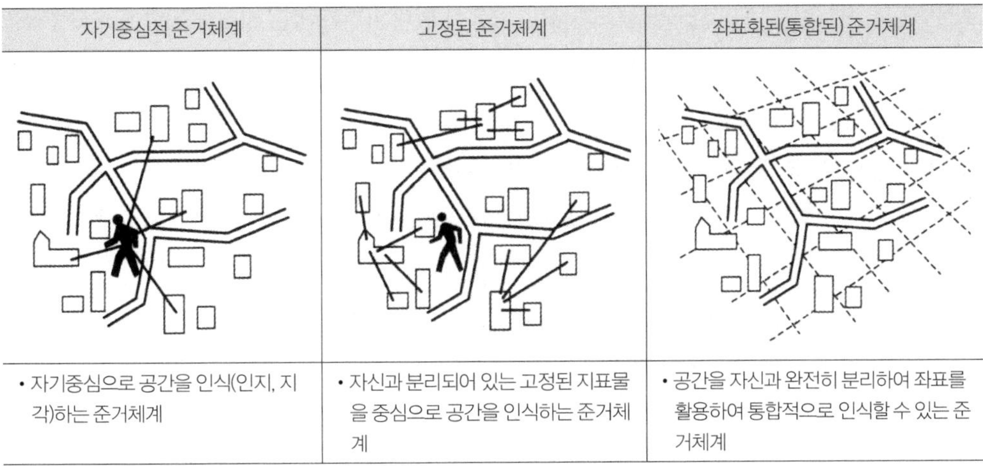
자기중심적 준거체계
고정된 준거체계
좌표화된(통합된) 준거체계
• 자기중심으로 공간을 인식(인지, 지각)하는 준거체계
• 자신과 분리되어 있는 고정된 지표물을 중심으로 공간을 인식하는 준거체계
• 공간을 자신과 완전히 분리하여 좌표를 활용하여 통합적으로 인식할 수 있는 준거체계

그림 4-5. 공간인지발달 단계와 준거체계

(Kitchin and Blades, 2002: 64-65 재인용)

한편 하트와 무어(Hart and Moore, 1973)는 이상과 같은 공간인지발달 단계를 표 4-10과 같이 요약하여 제시하였다. 여기서 공간인지발단단계와 관련하여 준거체계(systems of reference)를 제시하고 있다. 준거체계란 아동이 공간을 인식(인지, 지각)하는 데 기준이 되는 틀로서 자기 자신, 타자(또는 사물), 좌표 등이 이에 해당된다. 그는 이에 따라 준거체계를 자기중심적 준거체계(egocentric systems of reference), 고정된 준거체계[fixed(discrete areas) systems of reference], 좌표화된(통합된) 준거체계(co-ordinated systems of reference)로 구분하였다. 따라서 자기중심적 준거체계란 자기중심으로 공간을 인식(인지, 지각)하는 준거체계이며, 고정된 준거체계란 자신과 분리되어 있는 고정된 지표물을 중심으로 공간을 인식하는 준거체계를 의미한다. 그리고 좌표화된(통합된) 준거체계란 공간을 자신과 완전히 분리하여 좌표를 활용하여 통합적으로 인식할 수 있는 준거체계를 의미한다.

(3) 구성주의 학습

피아제의 이론은 학생들의 사고에 대한 이해와 더불어 활동과 지식의 구성을 강조하였다. 피아제는 교사를 지도하기보다는 아동의 사고를 이해하는 데 더 관심이 많았다. 그러나 그는 교육철학에 관한 일반적 관점을 제시한 바 있다. 피아제는 교육의 주된 목표가 아동이 학습하는 방법을 학습하도록 도와주는 것이어야 하며, 교육은 학생의 정신을 공급해 주는 것이 아니라 형성해 주어야 한다고 생각했다(Piaget, 1969: 70). 피아제는 우리가 아동의 말을 주의 깊게 듣고 아동의 문제해결 방식에 세심한 주의를 기울임으로써, 아동이 어떻게 사고하는지에 대해 많은 것을 배울 수 있다는 것을 가르쳐주었다. 우리가 아동의 사고를 이해한다면, 아동이 현재 가지고 있는 지식과 능력에 교육방법을 더 잘 맞출 수 있을 것이다. 이러한 점에서 피아제의 이론은 급진적 구성주의의 모태가 된다.

피아제의 근본적인 통찰은 사람들이 각자 자신의 이해를 구성한다는 것이다. 즉 학습이 구성적 과정이라는 것이다. 교사는 또한 학생들이 인지발달의 어떤 수준에서든지 학습과정에 능동적으로 참여하기를 바랄 것이다. 피아제는 다음과 같이 이야기하고 있다.

> 지식은 현실의 복사본이 아니다. 어떤 대상을 알거나 어떤 사건을 안다는 것은, 그 대상이나 사건을 보고 단순히 정신적 복사본이나 심상을 만드는 것이 아니다. 어떤 대상을 안다는 것은 그 대상에 행위를 가하는 것이다. 그 대상을 수정하고 변화시키는 것이고, 이러한 변화의 과정을 이해하는 것이며, 그 결과 그 대상이 구성되는 방식을 이해하는 것이다(Piaget, 1964: 8).

어떤 학생이든지 자신의 사고를 검증하고, 도전받고, 피드백을 받고, 다른 사람들이 문제를 어떻게 푸는지를 보기 위해서는 교사나 또래와 상호작용할 필요가 있다. 교사나 또래 학생이 어떤 것에 대해 새로운 사고방식을 제안할 때 아주 자연스럽게 불평형(인지적 갈등)이 생겨난다. 일반적으로, 학생들은 행동하고, 조작하고, 관찰하고 난 후 자신의 경험에 대해 교사에게 또는 서로에게 말하거나 글로 써야 한다. 구체적인 경험은 사고에 원자료를 제공한다. 다른 사람들과 의사소통하는 것은 학생들이 자신의 사고능력을 사용하고 검증하고, 때로는 변화시키게 만든다.

런던대학 킹스칼리지의 과학교육을 통한 인지적 속진(CASE: cognitive acceleration through science education)은 피아제의 이론과 아울러 비고츠키의 이론에 바탕을 둔 교육과정 및 교수-학습 개발 전략이다(Shayer and Adey, 2002). 이러한 배경으로 지리교육에서 학생들의 사고기능 학습을 촉진하기 위한 수업 전략을 개발하였는데, 그것은 바로 뉴캐슬대학교의 데이비드 리트(David Leat) 교수를 비롯한 〈지리를 통해 사고하기(Thinking Through Geography)〉 팀에서 개발한 『지리를 통해 사고하기(Thinking Through Geography)』(1998)(조철기 역, 2013)와 『지리를 통해 더 많이 사고하기(More Thinking Through Geography)』(2001)이다. 여기에서는 피아제의 인지발달이론에서 주장하는 사고발달(분류하고, 순서화하기 등)에 초점을 두고 있다.

이와 같이 피아제의 이론은 현재의 지리교육에서도 매우 강조되고 있는 활동중심의 교수·학습, 인지적 갈등 유발 교수·학습 전략, 아동중심 교수·학습 방법 및 자료의 개발, 개별화(교육과정차별화) 교수·학습 전략에 영향을 미치고 있다고 할 수 있다.

4. 오수벨의 유의미 학습이론

1) 학습의 유형

오수벨(Ausubel et al., 1978)은 학습의 주요 유형을 4가지로 분류하였다. 먼저 지식이 획득되는 방식에 따라 수용학습(reception learning)과 발견학습(discovery learning)으로 구분하였으며, 지식을 학습자 자신의 인지구조에 통합시키는 방식에 따라 암기학습(또는 기계적 학습, rote learning)과 유의미 학습(meaningful learning)으로 구분하였다.

수용학습과 발견학습의 구분은 학습자가 학교 안팎에서 획득하는 이해의 대부분이 발견된다기보다 제시되기 때문에 의미가 있다. 학교 수업에서 대부분의 학습자료가 언어적 형태로 제시되기 때문에 언어적 수용학습이 반드시 암기학습이라고 단정할 수는 없다. 오수벨은 학습 이전의 문제해결이나 비언어적 경험 없이도 학습이 유의미하게 될 수 있다는 것을 인식하는 것이 중요하다고 주장했다.

오수벨은 암기학습과 유의미 학습, 그리고 수용학습과 발견학습이 각각 양분되는 것이 아니라, 그림 4-6과 같이 상호관련된 연속적인 관계를 이루기 때문에 암기학습은 유의미 학습으로, 수용학습은 유의미한 수용학습이나 발견학습으로 연결될 수 있다고 설명한다.

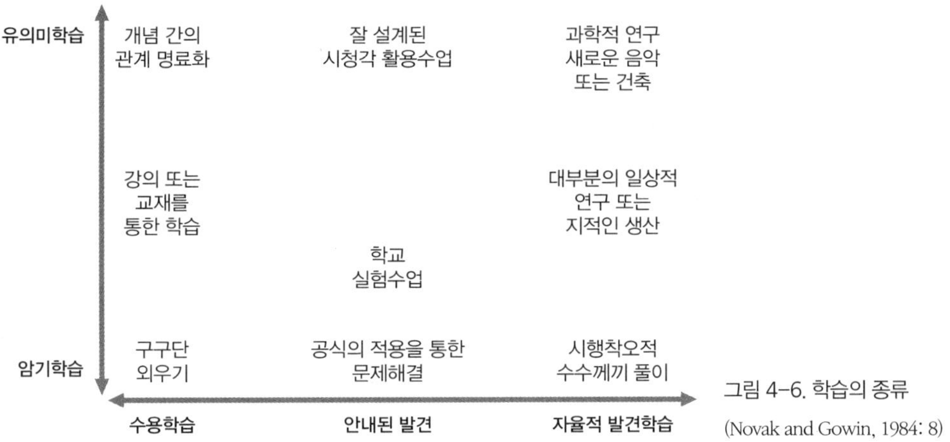

그림 4-6. 학습의 종류
(Novak and Gowin, 1984: 8)

(1) 수용학습과 발견학습

오수벨은 교육에서 수용학습의 역할을 매우 강조하였는데, 그렇다고 발견학습의 가치를 부정하는 것은 아니다. 오수벨이 수용학습을 강조한 것은 학교교육이 대부분 수용학습의 형태로 이루어지는 실용적인 측면을 반영한 것이다. 수용학습에서는 교사가 학습할 모든 내용을 최종적 형태로 학습자에게 전달하며 학습자는 단지 이를 수용한다. 학습자에게는 스스로의 독립적인 발견이 허용되지 않으며, 단지 학습과제 또는 학습자료를 내면화하거나 통합하는 것만이 요구된다.

수용학습은 유의미 수용학습이나 암기학습으로 연결될 수 있다. 유의미 수용학습은 교사에 의해 주어진 잠재적으로 유의미한 학습과제나 학습자료가 학습자의 인지구조에 유의미하게 연결될 때의 수용학습을 말한다. 기계적인 암기에 의한 수용학습의 경우에는 학습과제가 잠재적으로 유의미하지 않을 뿐 아니라, 내면화 과정을 통해 인지구조에 연결될 때도 유의미하게 연결되지 않는다.

반면에 발견학습은 학습자가 학습할 주요 내용이 주어지지 않고 학습자 스스로 발견한다. 그러나 학습자가 학습할 주요 내용을 내면화하기 이전에 먼저 발견해야 한다. 즉 발견학습은 학습자가 학습할 내용을 우선 발견하고, 그 후에 수용학습에서처럼 발견한 내용을 내면화한다.

(2) 유의미 학습과 암기학습

일반적으로 수용학습은 반드시 암기이고, 발견학습은 반드시 유의미하다고 인식하는 경우가 대부분이다. 그러나 오수벨은 학습이 일어나는 조건, 즉 지식이 인지구조에 통합되는 방식에 따라서 유의미 학습과 암기학습으로 구분한다.

유의미 학습은 새로운 학습과제가 학습자의 기존 인지구조에 유의미하게 정착될 때 일어난다. 반면에 기계적 암기학습은 학습자가 학습과제를 이해하지 못한 채 자신의 인지구조에 임의적으로 관련짓거나, 단지 기계적인 반복을 통해서 암기할 때 일어난다. 즉 기계적 암기학습은 학습자의 인지구조에 새로 학습할 과제와 관련된 개념이 존재하지 않을 때 일어나며, 따라서 새로운 정보는 암기에 의해서 기계적으로 학습된다. 따라서 새로 획득된 정보와 이미 저장된 정보 사이에는 어떠한 상호작용도 이루어지지 않은 채, 학습자의 인지구조 내에 아무렇게나 저장된다.

암기학습과 유의미 학습은 학습의 과정뿐만 아니라 학습의 결과에도 차이가 있다. 암기학습의 결과는 이미 파지하고 있는 인지구조와 독립적인 단편적인 지식으로서 후속 학습에 뚜렷한 영향을 미치지 않는다. 반면에 유의미 학습과정을 통해서 획득된 지식은 조직적이고 종합적인 지식 체계를 이루어 관련된 후속 학습 내용과 유의미하게 연결된다.

2) 유의미 수용학습

오수벨의 학습이론은 유의미 언어학습 또는 유의미 수용학습이라 부르며, 설명식 교수(expository

teaching)라고도 불린다. 이렇게 불리게 되는 이유는 앞에서 살펴본 유의미 학습이 무엇인지를 알면 바로 이해될 수 있다. 오수벨은 학습에 가장 큰 영향을 미치는 것은 학습자가 이미 알고 있는 것이라고 하면서, 학습자가 기존에 가지고 있는 지식에 대해 가장 큰 의미를 부여하였다. 유의미 학습이란 바로 새로 학습할 내용이 학습자의 인지구조에 존재하고 있는 기존의 개념과 유기적으로 연관될 때 일어난다.

오수벨(Ausubel, 1963)이 유의미 학습을 주장하게 된 배경은 다음과 같다. 당시 브루너(Bruner)가 주장한 발견학습은 구체적 사실에서 일반적 원리를 발견해 내는 귀납적 추리를 강조했는데, 실제로 교실수업에서는 이러한 학습이 많은 문제점을 가지고 제대로 이루어지지 않았기 때문이다. 오수벨은 사람들이 기본적으로 발견이 아닌 수용을 통해 지식을 습득한다고 믿었다. 오수벨은 학습이 개념이나 원리에서 출발하여 구체적 사례로 나아가는 연역적 추리에 의해 이해되는 것이며, 구체적 사례들로부터 일반적 개념이 발견되는 귀납적 추리에 의해서 되는 것은 아니라고 보았다.

오수벨은 유의미 학습이론에서 새로운 정보와 인지구조 내에 이미 존재하고 있는 개념과의 연결 과정을 강조하기 위해 포섭(subsuming) 또는 포섭자(subsumer)라는 용어를 사용한다. 포섭자란 학습자의 인지구조에 있는 개념, 아이디어, 정보 등을 나타내는 것이다. 따라서 유의미 학습은 새로운 정보가 학습자의 인지구조에 있는 기존의 관련 포섭자로 동화되는 것을 의미한다. 대개 새로운 정보가 학습자의 인지구조에 들어오면 기존의 개념에 동화되어 새로운 의미를 형성한다. 이와 같이 유의미 학습 과정에서 포섭자는 조금씩 수정되고 분화된다. 이렇게 유의미하게 학습된 정보는 암기에 의해서 학습된 정보보다 더 오랫동안 지속된다.

3) 유의미 학습이론의 적용: 선행조직자 모형–연역적 추리

(1) 선행조직자

선행조직자(advance organizer)는 새롭게 학습할 학습과제와 학습자의 인지구조에 있는 선행지식을 연결하는 기능을 한다. 선행조직자는 새롭게 학습할 학습과제보다 더 추상적이고, 일반적이며, 포괄적이고, 선행지식과 관련되어 있는 아이디어나 개념이다. 특히 선행조직자는 학습자의 인지구조에 있는 관련 선행지식이 새롭게 소개되는 학습과제와 연결시키기 어려울 때 필요하다. 이런 상황에서 제시되는 선행조직자는 이후 제시되는 학습과제와의 관련성뿐만 아니라 인지구조에 이미 존재하고 있는 개념과의 관련성을 증가시키는 매개체 기능을 한다. 이때의 선행조직자는 인지구조에 이미 존재하고 있는 개념을 수정(조절)하여 학습을 더욱 촉진시키는 기능도 한다(Ausubel, 2000).

선행조직자는 학습과제보다 먼저 제시해야 효과가 있으며, 텍스트, 시각 자료(사진, 그림, 지도, 도표, 삽화, 모형 등), 유추(새로운 개념을 학생이 이미 알고 있는 정보와 연결시킴으로써 가르침), 개념도, 실물, 모델화된 시범 등 다양한 형식으로 제시될 수 있다. 이를테면 지진에 대한 수업에는 지진으로 파괴된 건물과 다리의 사진을, 인구이동에 관한 수업에서는 서로 다른 시기의 인구이동을 보여 주는 유선도 등을 선행조직자로 이용할 수 있다. 또한 지리교사는 모형을 제시하여 지형의 형태(고원, 산지, 언덕 등)를 설명하고 학습자에게 각 지형의 주요 특성에 대해 설명하도록 할 수 있다. 선행조직자 그 자체가 학습이 가능하며, 학생들에게 친숙하고 이해될 만한 용어와 언어로 진술될 때 그 효과는 더욱 커진다(노석준 외 역, 2006).

선행조직자는 비교 선행조직자와 설명 선행조직자로 나뉜다. 비교 선행조직자는 선행지식들 간의 관계, 비슷한 특성, 차이 등을 명료하게 드러냄으로써 선행지식들의 변별도를 증가시켜 서로 연결시키고, 선행지식의 적절한 위치에 학습과제를 고정시킨다. 비교 선행조직자는 학생들이 이미 알고 있지만 현재 상황에 적절한 것임을 알아차리지 못하고 있는 정보를 일깨워준다. 그러므로 비교 선행조직자는 학생들에게 친숙한 학습과제에 효과적이다. 한편 비교 선행조직자가 선행지식들을 연결시키는 인지적 다리(cognitive bridge)의 역할을 하는 과정은 포괄적인 지식에 더 하위적인 지식이 통합되는 통합적 조정의 과정이다.

설명 선행조직자는 하위적 학습(포섭)과 학생들에게 생소하거나 관련 선행개념을 가지고 있지 않은 내용의 학습에 특히 효과적이다. 설명 선행조직자는 학생들이 새롭게 학습할 내용을 이해하는 데 필요한 새로운 지식을 제공한다. 설명 조직자는 학습자가 새로운 학습과제를 이해하는 데 필요한 새로운 지식(개념 정의와 일반화)을 포함한다. 새로운 학습과제와 직접 관련된 선행지식이 없을 때, 학습과제보다 먼저 제시된 설명 선행조직자는 포섭자가 되어 그보다 더 하위적 개념들로 선정·조직된 학습과제가 연결되는 개념 또는 아이디어가 된다. 설명 선행조직자는 학습자의 인지구조에 있는 기존의 개념의 포섭자가 되어 점진적으로 분화한다.

(2) 점진적 분화

오수벨의 유의미 언어학습의 관점에서 개념의 발달은 가장 일반적이고 포괄적이며 추상적인 선행조직자가 먼저 제시되고 그다음에 구체적인 학습자료가 제시될 때 가장 잘 이루어진다. 따라서 학습자의 개념의 발달은 점진적으로 분화된다. 즉 포섭이 계속적으로 일어나면 학습자의 인지구조가 변화하는데, 학습자가 기존에 가지고 있는 개념이 새로운 정보에 의해서 바뀌는 것이다. 이와 같이 포섭 과정을 통해서 관련 선행개념이 점점 변화되면서 분화되는 것을 점진적 분화라고 한다.

(3) 통합적 조정

개념의 분화가 일어나는 동안 하나 또는 그 이상의 개념에 대해 새로운 의미가 획득될 수 있다. 새로운 의미가 형성됨에 따라, 이전에는 지금 주어진 개념과 관련된 것으로 받아들여지지 않았던 정보가 적절하고 포섭적인 것으로 인정될 수 있다. 이와 같은 과정을 통합적 조정이라고 한다. 학습자가 서로 의미가 일치하지 않는 개념에 직면하면 인지적 불일치(부조화)를 경험하는데, 이러한 인지 불일치는 두 개념 사이의 관계가 명확해지는 통합적 조정의 과정을 통해서 해소된다.

(4) 수업의 절차

조이스와 웨일(Joyce and Weil, 1980)은 오수벨의 유의미 학습이론을 바탕으로 선행조직자 모형의 교수·학습 단계를 그림 4-7과 같이 제시하였다. 이 모형은 선행조직자의 제시, 학습과제 및 자료의 제시, 학습자의 인지구조 강화 등의 3단계로 구성되어 있다.

1단계는 수업목표를 명료화하고 선행조직자를 제시한다. 선행조직자는 학습될 자료를 제시하기 전에 학습자에게 제공되는 더욱 추상적인 아이디어나 개념들이다. 선행조직자는 다음에 제시될 학습과제들보다 더 높은 추상성, 일반성, 포괄성을 지니는 도입 자료의 역할을 한다. 또한 선행조직자는 새로운 학습을 교수할 수 있는 인지적 구조를 제공한다. 결국 선행조직자는 뒤따라오는 자료를 소개하고 요약해 주는 총괄적인 개념에 대한 진술문이다. 앞에서도 언급했듯이 선행조직자는 비교 선행조직자와 설명 선행조직자가 있다.

2단계는 구조화된 논리적인 구조로 학습될 자료를 제시한다. 교사는 학생들에게 선행조직자를 제공한 후 새로운 자료를 제시한다. 여기서 중요한 것은 학습자료가 분명한 논리적 절차에 따라 구조화되어야 한다는 것이다. 그리고 구체적인 예를 들어가며 유사점과 차이점에 따라 내용을 제시한다. 이 단계에서 제시된 새로운 자료는 학생들에게 새로운 학습의 주요 요소들을 요약하도록 하고, 자료

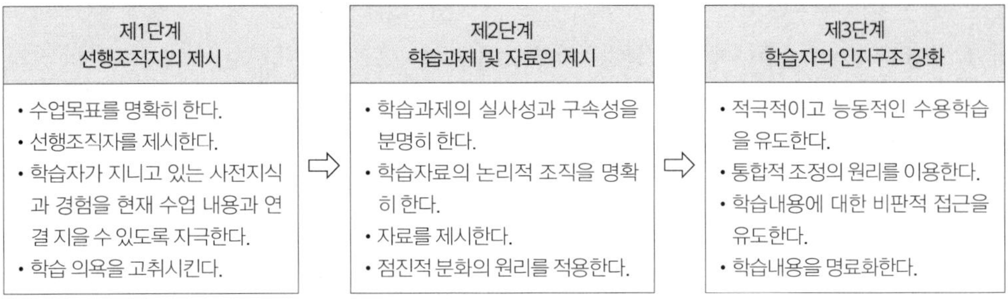

제1단계 선행조직자의 제시		제2단계 학습과제 및 자료의 제시		제3단계 학습자의 인지구조 강화
• 수업목표를 명확히 한다. • 선행조직자를 제시한다. • 학습자가 지니고 있는 사전지식과 경험을 현재 수업 내용과 연결 지을 수 있도록 자극한다. • 학습 의욕을 고취시킨다.	⇨	• 학습과제의 실사성과 구속성을 분명히 한다. • 학습자료의 논리적 조직을 명확히 한다. • 자료를 제시한다. • 점진적 분화의 원리를 적용한다.	⇨	• 적극적이고 능동적인 수용학습을 유도한다. • 통합적 조정의 원리를 이용한다. • 학습내용에 대한 비판적 접근을 유도한다. • 학습내용을 명료화한다.

그림 4-7. 선행조직자 모형의 교수·학습 단계

들 간의 차이점이나 유사점들을 진술하도록 요구하는 활동을 포함한다.

3단계는 새로운 학습자료와 학생들의 기존 지식 간의 관계를 강조한다. 이 단계의 중요한 역할은 학습과제와 내용을 다시 선행조직자와 연결시키는 것이다. 학생들은 선행조직자를 다시 참고해야 하고, 선행조직자에서 발견한 명제들을 관련시켜 새로운 자료의 여러 측면들을 살펴보아야 한다. 그리하여 원래의 선행조직자를 확장시킬 수 있도록 해야 한다. 교사는 학생들에게 선행조직자와 새로운 자료 간의 중요한 관계들을 충분히 이해하도록 하기 위해 자료 내에서 표현된 아이디어들을 말로 표현하거나 새로운 학습을 부가적인 사례나 개념에 응용하도록 해야 한다. 여기서 학생들은 그들 앞에 있는 자료나 학습과제들을 명료화하기 위한 질문을 할 수 있다. 마지막 3단계는 교사와 학생에게 자료와 과제를 평가할 수 있는 기회를 제공한다.

이상과 같은 선행조직자 교수·학습 모형은 먼저 제시되는 선행조직자가 가장 포괄적인 아이디어를 지닌 연역적 모형이다. 이 모형은 교사가 학생들에게 학습해야 할 주제를 위한 선행조직자를 제시하고, 논리적 개념 구조로 순서화된 상세한 학습자료를 지원한다. 그리고 학습과제와 내용을 다시 선행조직자와 연결시켜 학습자의 인지구조를 강화한다. 이러한 설명식 교수 모형은 교사가 학생들에게 모든 것을 제시하는 일방적인 모형이 아니다. 이 모형을 성공적으로 실시하기 위해서는 교사와 학생 간의 규칙적인 상호작용이 필요하다는 것을 인식해야 한다.

4) 선행조직자 모형의 지리수업에의 적용

오수벨의 유의미 학습이론은 선행조직자 모형 또는 설명식 교수 모형으로서 지리수업의 개발에 사용되었다. 여기에서는 존스(Jones, 1989)가 '지리에서 유의미 학습을 위한 설명식 교수'라는 제목하에 하나의 지리수업 사례로 제시한 것을 중심으로 살펴본다. 존스(Jones, 1989)는 글상자 4.1에 제시된 것처럼, '제철 공업도시'를 사례로 하여 선행조직자 수업 모형 또는 설명식 교수 모형을 개발하였다.

교사는 단원의 구조를 완성하고 나면, 선행조직자 모형을 활용하여 수업을 설계할 수 있다. 수업의 첫 번째 단계는 학생들에게 설명 선행조직자를 제공하는 데 집중해야 한다. 설명 조직자의 정의, 기술, 그리고 나서 그것이 의미하는 것의 사례가 제공되어야 한다. 영화, 슬라이드, 사진, 지도 해석 연습, 야외조사, 읽기, 생생한 교사의 묘사는 모두 유용하다. 이 수업의 처음 단계에서는 추상적인 용어에 초점을 둔 질문들, 토론, 교사에 의해 유도된 학생 활동이 가장 중요한 특징이 되어야 한다. 학생들은 추상적인 개념들을 앞으로 이어질 수업들에 유의미하게 적용하기 위해 완전하게 파악해야 한다. 일단 학생들이 그러한 추상적 개념들의 의미를 파악했다면, 선행조직자들이 그 단원을 위해 개발된 하위개념들을 통해 사례학습에 적용될 수 있다. 다음의 개요는 하나의 사례로서 철강 공업도시를 사용하여 일련의 수업들을 발달시키기 위한 한 가지 방법을 제공한다.

(1) 1단계: 선행조직자의 제시

3가지의 선행조직자, 즉 변형(transformation), 원료(raw materials), 생산자와 소비자 재화(제품)(producer and consumer goods)가 이 수업의 처음에 제시되어야 한다. 학생들은 철강도시의 정의에 초점을 둔 간단한 토론을 준비하기 위해 글상자 4.1의 [자료 1]에 있는 정보를 읽어야 한다. 철강도시를 다른 공업도시들과 차별화시키는 구체적인 특징들이 확인될 수 있고, 이러한 특징들은 이후 수업에 비교의 기초로서 사용될 수 있다. 그 후 피츠버그라는 철강도시는 그 사례로서 구체화될 수 있고, 철강도시의 구체적인 특징들이 사례인 피츠버그와 관련성 측면에서 논의될 것이다. 영화, 슬라이드, 그래프, 표, 지도, 다른 그림 자료 및 통계 자료들이 그 사례인 피츠버그의 정확한 위치를 파악하고 학생들이 피츠버그라는 도시의 자연환경과 인문환경의 정신적 이미지를 획득할 수 있도록 도와주기 위해 사용되어야 한다.

(2) 2단계: 각 선행조직자들의 구체적인 개념들을 확인하기

학생들에게 글상자 4.1의 [자료 2]에 근거한 유인물을 제공한다. 학생들이 선행조직자를 이해했으면, 개념들(변형, 원료, 생산자와 소비자 재화)을 사례인 피츠버그에 적용할 수 있어야 한다. 이를 위해, 교사는 다음과 같은 질문을 할 수 있다. 어떤 3가지의 속성들이 철강 공장이 입지하는 데 결정적인 영향을 미칠까? 이러한 속성들은 공통적으로 무엇을 가지고 있는가?(공통점이 무엇인가?) 각각의 속성은 그것의 입지에 얼마나 중요한가? 철강 도시의 특징들을 보여 주는 몇몇 그림(사진)을 전시할 수 있는가? 그것들은 우리에게 철강 공장들의 입지에 관해 무엇을 들려주는가? 3가지 속성들 각각은 철강을 생산하는 도시로서 피츠버그와 어떻게 관련이 있는가?

교사는 3가지의 개념이 피츠버그 사례에서 선행조직자에 대한 이해를 어떻게 제공하는지를 학생들이 이해하도록 지원할 수 있다. 각각의 선행조직자는 동일한 방식으로 다루어질 수 있다. 그 내용을 강화하기 위한 다양한 기법들이 여기에서 사용될 수 있다. 그것들은 질문들, 그림들, 사진들, 슬라이드, 영화, 보충적인 읽기 자료, 야외조사, 시뮬레이션 게임, 도서관 조사, 통계적 실습(연습)을 포함한다.

(3) 3단계: 인지구조를 강화하기

학생들은 이제 새롭게 습득한 자료를 이전에 학습한 자료에 관련시킬 수 있어야 한다. 이것은 학생 활동(student activity)을 포함한다. 학생들은 선행조직자가 학습활동과 어떻게 관련되는지를 보여주기 위해 명제들 또는 일반화들을 고안함으로써 하위개념들(subconcepts)에 연결시키도록 요구받을 수 있다(글상자 4.1의 [자료 3]). 그러나 학습을 유의미하게 만들기 위해, 그 개념들을 선행조직자들과 다시 관련시켜야 한다. 그렇게 될 때 학습은 처음에 정착된 인지구조에 안착된다. 학생들의 학습을 더욱더 강화하기 위해, 학생들은 그들이 새롭게 획득한 지식을 아래에 묘사된 것처럼 다른 사례들 또는 사례학습에 적용하도록 요구받을 수 있다. 학생들은 학습된 내용과 그것을 지원하기 위해 사용된 자료에 관한 질문을 하도록 격려받아야 한다. 마지막으로, 이 단원의 개념적 구조와 목표들은 형성평가를 위한 기초를 제공할 수 있다. 그것은 교사에게 먼저 학생들이 그 자료를 얼마나 잘 이해했는지, 다음으로 수업이 얼마나 성공적이었는지를 결정하도록 할 것이다.

5) 유의미학습이론의 지리교육에의 적용

앞에서도 살펴보았듯이, 존스(Jones, 1989)는 '지리에서 유의미 학습을 위한 설명식 교수'라는 주제를 통해 오수벨의 유의미 학습의 의미와 구성요소(선행조직자, 일반성, 포섭, 점진적 분화, 통합적 조정)를 설명한 후, 설명식 학습모형으로서 조이스와 웨일(Joyce and Weil, 1980)이 제시한 오수벨의 선행조직자 수업 모형을 제시하고 있다. 그 후 오스트레일리아 뉴사우스웨일즈주의 지리교육과정에 제시된 주제들을 제시하고, 이 주제들이 학생들을 위한 유의미한 학습 단원의 기초를 제공할 수 있는 선행조직자 또는 기본적인 개념들을 알아보는 데 이용될 수 있다고 주장한다. 특히 '공업도시'라는 주제를 사례로 하여, 공업도시라는 선행조직자가 어떻게 단원 개발에 활용될 수 있는지를 개념도와 결합하여 제시하고 있다(그림 4-8 참조). 그리고 나서 오수벨의 선행조직자 수업모형을 사용하여, 오스트레일리아 뉴캐슬의 제철 공업도시에 대한 수업 계획을 보여 준다(글상자 4.1 참조).

이처럼, 오수벨의 유의미학습이론은 지리교육에 있어 개념도와 설명식 수업에 많은 영향을 주었다. 개념도와 관련하여서는 제5장, 설명식 수업과 관련하여서 제7장에 자세하게 소개한다.

글상자 4.1

오수벨의 선행조직자 수업 모형을 활용한 지리수업 사례
-'제철 공업도시'를 사례로-

1. 공업도시의 선행조직자 선정

공업도시는 원료가 생산자와 소비자 재화(제품)로 변형되는 과정이 일어나는 장소이다.

선행조직자: 변형, 원료, 재화(제품)의 생산자와 소비자

'공업도시'라는 토픽의 구조

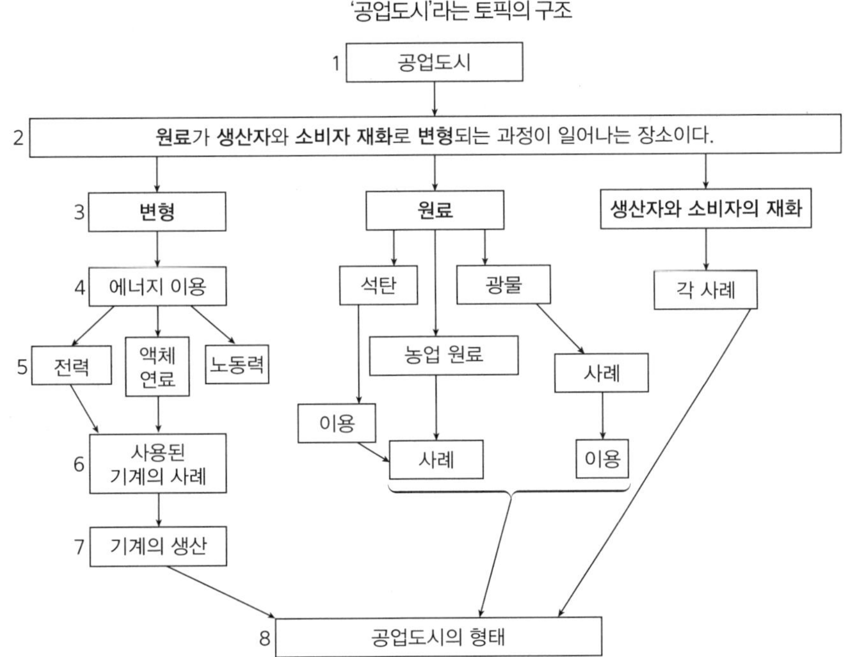

2. 수업의 실행

1) 선행조직자의 제시

[자료 1] 철강공업도시-피츠버그

철강도시는 원료를 가공하여 공장에서 상품을 제조한다. 원료를 가공하여 소량의 생산품을 만드는 공장들은 중공업이라 불린다. 경공업은 예를 들면, 자동차, 텔레비전, 토스터 등과 같은 고가의 완제품을 만든다. 가공과 제조는 공업도시를 위한 경제적 기초를 제공한다.

공업도시는 원료들이 집합하는 장소이다. 대량의 원료들은 공장에 인접해 있지 않다면 값싸게 운송되어야 한다. 철도와 수상 교통이 종종 사용된다. 공장들은 또한 원료와 제조된 생산품들을 위한 건물과 저장을 위한 공간을 요구한다. 수상 교통 또는 철도에 인접한 평평한 토지가 이상적이다. 대량의 에너지가 소비된다. 제조업은 에너지를 사용하여 원료를 생산품으로 전환한다. 전기, 석유, 천연가스가 에너지원으로 사용된다.

공업도시는 일반적으로 중심업무지구(CBD)나 그 인근에 사무실과 본사가 있다. 사무실은 소비자들에게 생산품의 판매와 배달을 처리한다. 그러나 공장들은 중심업무지구나 거주지 인근에 입지하지 않는다. 공장들은 그 도시의 나머지 지역에 소음과 매연의 영향을 줄이려는 환경에 입지한다. 어떤 도시 안으로 원료의 이동과 그 도시로부터 밖으로 완제품의 이동은 공업도시를 위한 기능을 제공한다.

2) 각 선행조직자들의 구체적인 개념들을 확인하기

[자료 2] 제조업과 도시: 피츠버그의 사례

미국 철강산업의 중심인 피츠버그는 공업도시의 하나의 사례이다. 피츠버그는 오하이오강을 형성하는 앨러게니(Allegheny)강과 머난거힐라(Monongahela)강이 만나는 펜실베이니아주에 위치해 있다(미국의 지도를 사용하여 주, 도시, 강들의 위치를 파악하라).

피츠버그와 그 주변 지역은 펜실베이니아주에 있는 가장 큰 철강 생산지이다. 피츠버그 지역의 인구는 약 300만 명이며, 그중에서 도시인구의 1/4이 철강산업에 종사한다(피츠버그와 주변 지역의 지도를 사용하라).

피츠버그는 중공업이 발달되었다. 중공업은 많은 양의 원료를 사용한다. 석탄은 주변 강들 근처에서 채굴되고, 철광석은 미네소타의 메사비산맥으로부터 바지선과 철도를 통해 운반된다. 석회석은 근처에서 구할 수 있다. 대부분의 산업들이 철로와 마찬가지로 하천들의 제방을 따라 뻗어 있다. 수상 교통과 철도는 원료를 운반하기에 가장 비용이 저렴한 운송수단이다.

석유로부터 생산된 전기가 이들 산업에 에너지를 제공한다. 완성된 철강제품은 일반적으로 미국의 소비자들에게 운송되기 전에 저장된다.

경공업 또한 발달되어 있다. 경공업은 철강을 사용하여 고가의 생산품을 만들어, 미국의 전역에 분배된다.

제조업 지역을 벗어나면, 피츠버그는 다른 도시들과 유사하다. 그곳은 대기업의 사무실들을 위한 상업적 중심지뿐만 아니라, 그 하천들을 따라서 그리고 그 하천들을 내려다보는 언덕에 위치한 레스토랑, 소매점, 호텔, 주거 지역 등을 포함하고 있다.

3) 인지구조를 강화하기

[자료 3] 피츠버그와 다른 공업도시들

피츠버그는 거대한 철강 시장의 중심에 위치해 있다. 피츠버그는 철도나 바지선에 의해 운반되는 부피가 큰 원료들이 집합하는 장소이다. 공장들은 원료들을 가공하여 완제품을 생산하고 그 후 소비자들에게 배달된다.

비록 현재 철강산업 지역 주변에 발달된 많은 새로운 산업들이 있지만, 철강 생산은 여전히 피츠버그의 경제적 기초를 제공한다.

피츠버그는 대규모 인구를 부양하기 위한 활동들과 시설들을 제공하는 중공업과 경공업을 가진 큰 철강공업도시이다. 피츠버그의 지리적 입지는 피츠버그를 미국 북부의 철강 지역의 중심에 있도록 한다.

다른 사례학습에 적용

1. 스웨덴의 조선업 도시인 예테보리(Göteborg)의 산업 경관과 피츠버그의 산업 경관은 어떻게 다른가?
2. 피츠버그라는 철강도시와 비교할 때, 상이한 원료들의 유용성은 뭄바이와 같은 면방직 공업도시를 위해

서는 어떻게 다른가?
3. 오스트레일리아와 영국의 어떤 도시들이 피츠버그와 같은 산업 경관을 가지고 있는가?
4. 제3세계 국가들의 산업도시들은 피츠버그와 어떤 차이가 있는가?
5. 피츠버그에서 묘사된 산업활동 또는 기능들을 제외하면, 어떤 산업활동 또는 기능들이 세계의 특정 도시들에서 발견되는가?

(Jones, 1989: 41-43)

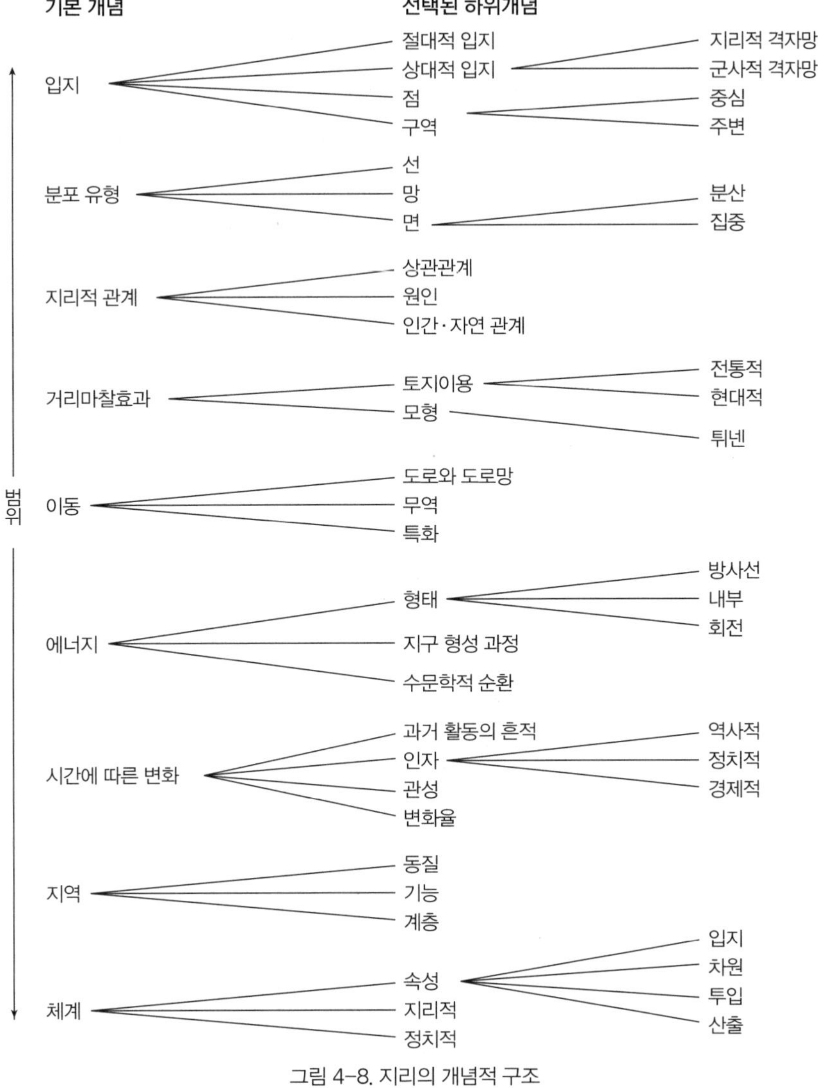

그림 4-8. 지리의 개념적 구조

(Jones, 1989: 39; 이경한 1999: 139 재인용)

5. 브루너의 인지발달이론

1) 브루너의 지적 스펙트럼

브루너(Jerome Bruner)는 초기에는 경험주의 인식론 및 귀납적 추리, 행동주의 심리학, 피아제의 인지발달이론을 수용하여 아동의 사고 방법과 학습 방법을 설명하는 수업이론을 체계화하였다(Bruner, 1960; 1968). 그러나 1980년대 후반에는 이에 대한 한계를 인식하고 비고츠키의 사회문화적 구성주의를 수용하여 이를 확대 발전시켰다(Bruner, 1986). 브루너가 제시한 초기의 학습 또는 수업에 대한 관점은 지식의 구조와 발견학습, 그리고 전이를 비롯한 피아제의 인지발달이론을 근거로 학습 준비도(readiness for learning)와 나선형 교육과정(spiral curriculum)(Bruner, 1960), 그리고 지식의 표상방식(mode of representation)과 계열(sequence)(Bruner, 1968) 등을 제시하였다. 그리고 1980년대 후반에는 비고츠키의 이론으로 전환하면서 수업에서의 교사의 역할을 비계설정(scaffolding)에 비유하였다. 최근 브루너(Bruner, 1996)는 사고의 유형을 패러다임적 사고(paradigmatic mode of thought)와 내러티브적 사고(narrative mode of thought)로 구분하고, 패러다임적 사고에서 내러티브적 사고로 전환할 것을 주장한다.

브루너가 1960년대에 피아제의 이론만 적용했을 때는 자연과 환경에 대한 경험 등 학습에 미치는 외적 요인에 주된 관심을 가졌다(Bruner, 1960, 1968). 그러나 브루너는 1962년에 출판된 비고츠키의 영문판 저서의 서문을 작성하기 위해 비고츠키의 저서를 읽은 이후, 특히 1980년대 후반(Bruner, 1986)부터 비고츠키의 사회문화적 구성주의를 수용하면서 학습에 미치는 요인으로 사회문화적 상황과 언어를 매개로 한 사회적 과정을 더 중요시하게 된다. 브루너는 현재 피아제의 인지발달이론에서 설명하는 평형화에 의한 인지구조의 변화보다 비고츠키의 사회문화적 구성주의를 더 선호하는 경향을 보인다. 그리하여 브루너는 학습을 학생과 교사 사이의 언어를 기반으로 한 협상을 통해 이루어지는 계약으로 설명하는 비고츠키의 이론을 수용하여, 학습을 통한 지식의 획득과 탐구 능력의 습득에 있어서 교수와 사회적 상호작용의 중요성을 강조한다. 브루너는 또한 비고츠키가 제시한 근접발달영역(ZPD)에서 이루어지는 수업에서 교사의 역할을 비계의 설정과 이용에 비유하여 기술한다. 브루너에 따르면, 근접발달영역(ZPD)에서는 학생이 처음에 교사의 도움으로 학습의 목표와 내용을 알고 학습의 방향을 인식하며, 점차 스스로 문제를 해결하고, 새로운 개념과 이론도 이해하게 된다. 브루너는 학습이 사회문화적 상황에서 이루어지며, 지식과 실체는 자연에서 발견되는 것이 아니라 사회·문화적으로 구성된다고 주장한다.

특히 브루너의 지식의 구조, 지식의 표상 방식, 귀납적 추리에 의한 발견학습, 나선형 교육과정, 직관적 사고, 내러티브 사고 등이 대표적인 것으로 이에 대해 주목할 필요가 있다.

2) 인지 성장과 지식의 표상 방식

브루너는 발달심리학자로서 인지성장이론(cognitive growth theory)을 체계화했다. 그는 피아제(Piaget)처럼 발달상의 변화를 인지구조와 연결시키지 않고, 아동이 지식을 표상하는 다양한 방식을 강조했다. 브루너는 인간발달의 기능적인 측면을 강조하고 있으며, 이는 교육과 학습에 대해 중요한 시사점을 제공해 준다.

브루너(Bruner, 1964: 1)는 인간의 지적 발달이 영아기부터 시작하여 가능한 한 완전한 수준까지 이루어지기 위해서, 여러 가지 기능의 향상이 필요하다고 보았다. 이러한 기능의 향상은 언어 능력의 향상 및 체계적인 교육을 접하는 정도에 따라 좌우된다. 아동이 발달해 감에 따라 행동은 즉각적인 자극으로부터 제약을 덜 받는다. 인지 과정은 변화하는 환경에서 동일한 반응을 유지하거나 같은 환경에서 다른 반응을 보일 수 있도록 자극과 반응 간의 관계를 매개한다.

브루너(Bruner, 1964)에 의하면 사람들은 지식을 행동적(enactive), 영상적(iconic), 상징적(symbolic)인 3가지 방식으로 표상한다. 이와 같은 지식의 표상 방식(mode of representation)은 다양한 형식의 인지

표 4-11. 브루너의 지식의 표상 방식

표상 방식	표상 유형
행동적 (enactive)	• 운동 반응, 대상과 환경의 측면을 조작하는 방식이다. • 예를 들면, 자전거 타기, 운전하기, 매듭 만들기와 같은 행동은 주로 근육의 움직임으로 표현된다. • 자극은 행동을 부추기는 작용으로 정의된다. • 걸음마 단계에 있는 아동들에게 공(자극)은 던지고 튕기는 어떤 것(행동)으로 정의된다.
영상적 (iconic)	• 행동이 없는 정신적 이미지, 변경할 수 있는 대상과 사건에 대한 시각적 특징이다. • 아동은 물리적으로 존재하지 않는 대상에 대해 생각할 수 있는 능력을 습득한다. • 정신적으로 대상을 변형하고 그 대상에 대해 어떤 행동을 할 수 있는지와는 별도로, 그 대상의 특성에 대해 생각한다. • 영상적 표상(예: 그림, 사진, 그래프, 지도, 아이콘 등의 시각 이미지)을 통해 대상을 인식할 수 있게 된다.
상징적 (symbolic)	• 상징 체계(예: 언어, 수학 기호)를 이해할 수 있으며, 언어적 지시의 결과로 상징적인 정보를 변경할 수 있다. • 상징적 표상은 마지막으로 발달하여 가장 선호되는 표상이지만, 사람들은 지식을 행동적 표상과 영상적 표상으로 표현하는 능력을 계속 보유한다. • 테니스공의 느낌을 경험하고, 공에 대한 정신적 그림을 그리며 단어로 설명할 수 있다. • 상징적 표상의 일반적인 장점은 학습자가 다른 양식에서보다 더 유연하고 강력하게 지식을 표상하고 변형할 수 있다는 점이다.

(Bruner, 1964)

적 과정과 관련된다(표 4-11). 브루너가 주장한 가장 지적으로 요구되는 지식의 표상 방식은 상징적으로 언어와 숫자를 통하여 표상하는 것이다. 즉 단어와 숫자는 아이디어를 조작하고, 가설을 형성하고, 압축된 강력한 방식으로 사고를 표상하기 위해 사용될 수 있다. 만약 우리가 아이디어를 보다 쉽게 이해하도록 만들고 싶다면, 우리는 아이디어를 시각적으로 표상할 수 있다. 더욱이 우리가 아이디어를 훨씬 더 접근하기 쉽도록 만들고 싶다면, 우리는 아이디어를 행동적으로, 즉 행동을 통해 표상할 수 있다.

브루너의 이론은 모든 연령의 학습자가 인지적 능력과 사회적, 물리적 환경에 대한 경험을 기준으로 자극과 사건에 의미를 부여한다고 가정하므로 구성주의적이다. 브루너의 표상방식은 피아제의 발단 단계에서 학습자들이 개입하는 조작과 유사한 면이 있지만(예: 감각운동-행동적, 구체적 조작-영상적, 형식적 조작-상징적), 단계 이론은 아니다. 브루너의 이론에 의하면, 개념은 동시에 여러 가지 방식으로 표상될 수 있다.

3) 나선형 교육과정

지식을 다양한 방식으로 표상할 수 있다는 사실은 교사들이 학습자의 발달 수준에 따라 다양하게 교수할 수 있다는 것을 제안한다. 예를 들면, 교사는 아동이 추상적인 수학 기호를 이해하기 전에 행동적(블록)이거나 영상적(그림)인 표상으로 수학적 개념과 조작을 제시해 줄 수 있다. 브루너는 학습자의 인지발달을 촉진하는 수단으로서 교육을 강조했다. 학습자들이 이해하지 못하기 때문에(즉 준비성이 부족함) 특정한 개념을 가르칠 수 없다는 말은, 실제로는 학습자들이 교사가 가르치려고 계획한 방식을 이해하지 못하는 것이라는 뜻이다. 다시 말하면, 학습자에게 맞는 적절한 표상 방식을 사용하지 못했다는 것이다. 나선형 교육과정은 학생의 학습 준비도(readiness for learning), 즉 학습자의 발달과정과 지적 수준에 맞춘 교육과정을 말한다. 더 구체적으로 말하면, 나선형 교육과정은 학습자가 주제를 완전히 이해하기까지 학년에 맞는 소재를 이용하여 반복적으로 제시하는 교육과정을 말한다. 교사의 교수는 아동의 인지 능력과 부합해야 한다.

브루너(Bruner, 1960)가 "어떠한 내용이라도 각 연령의 학습자에게 의미 있는 방식을 사용하면 모든 연령을 대상으로 가르칠 수 있다"라고 한 제안은 논란이 많기로 유명하다. 브루너의 주장은 잘못 해석되어 모든 연령의 학습자에게 어떤 내용이라도 가르칠 수 있다는 의미로 받아들여졌다. 그러나 사실은 그렇지 않으며, 브루너는 내용을 수정하도록 권한다. 즉 처음에는 아동이 이해할 수 있도록 개념을 간단한 양식으로 가르치고 연령이 높아지면서 보다 복잡한 양식으로 제시해야 한다.

나선형 교육과정에서 중요한 것은 학습의 계열(sequence)이다. 계열화 원리는 학습자가 학습내용을 이해하고, 해석하며, 전이하는 과정에 유용한 과제를 적절한 순서로 조직하는 원칙이다. 계열은 교육과정 내용을 학년이 올라감에 따라 단절하지 않고 계속적으로 연결시켜야 한다는 원칙적 특성인 계속성과 그것을 위계적 관계가 유지되도록 구성해야 한다는 계열성의 원리로 나뉜다. 계열성은 논리적 조직과 심리적 조직에 의해서 보장받는다. 논리적 조직은 지식체계의 논리적 순서와 구조에 따른 조직이며, 심리적 조직은 학습자의 인지적 발달 수준과 심리적 상태에 따른 조직이다.

어떤 지리적 지식이든지 적절한 계열에 따라 제시할 때 그 구조는 쉽게 이해된다. 그러나 한 가지 내용을 모든 학습자가 쉽게 학습할 수 있는 보편적인 순서나 계열은 없다. 특정한 학습자를 위한 최적의 계열은 학습자가 겪은 과거의 학습경험, 발달단계, 교수·학습 자료의 특성, 개인차 등에 의해서 결정된다. 브루너(Bruner, 1968)에 따르면, 일반적이고 기본적인 것을 제일 먼저 가르치는 것이 효과적이다. 또한 학습과제는 행동적 표상방식, 영상적 표상방식, 상징적 표상방식의 순서로, 그리고 적절한 수준의 불확실성이 계속 유지될 수 있도록 제시하는 것이 바람직하다.

학생들이 상징적으로 세계를 표상하기 시작하는 단계로 접어들면서, 점차적으로 추상화의 정도를 증가시키는 소위 나선형 교육과정으로 같은 주제들을 가르칠 수 있다. 이러한 접근은 개념발달에도 적용되는 것이다. 세계에 대한 경험이 풍부해짐에 따라 개념들이 좀 더 정확하게 되고, 궁극적으로 새롭고 추상적인 개념들이 이해될 때까지 학생들은 그 개념을 세련화하는 것이다.

4) 발견을 통한 개념 교수: 발견학습-귀납적 추리

브루너의 수업이론은 개념학습과 사고발달을 촉진하는 효과적인 교수·학습 전략으로 발견학습(discovery learning)을 강조한다. 브루너는 경험주의와 귀납적 추리를 받아들여 학습자 스스로 노력하여 새로운 정보를 얻는 과정을 발견으로 규정하고, 그에 효과적인 방법으로 귀납적 일반화 과정을 강조한다. 이러한 발견학습은 오수벨의 유의미학습이론에 영향을 받은 연역적 추리에 근거한 설명식 수업과 대조를 이룬다. 발견학습에 대해서는 제7장에서 자세하게 살펴본다.

5) 인지발달이론이 지리교육에 미친 영향

브루너의 인지발달이론에서 핵심적인 개념들인 지식의 구조, 지식의 표상 방식, 나선형 교육과정, 발견학습, 직관적 사고, 그리고 그가 처음으로 사용한 비계(scaffolding), 내러티브적 사고 등은 지리교육에 상당한 영향을 미쳤다.

지리교육에서는 피아제의 인지발달이론의 도입과 함께, 특히 브루너의 지식의 표상 방식에도 관심을 가졌다. 사실 피아제의 인지발달이론은 단계 모델인 반면, 브루너의 3가지의 지식의 표상 방식은 단계적으로 발달하는 단계 모델이 아니다. 그럼에도 불구하고, 지리교육에서는 마치 브루너의 3가지의 표상 방식을 피아제의 인지발달단계와 대응시켜 단계 모델인 것처럼 오인하기도 하였다. 전조작기에는 행동적 표상 방식, 구체적 조작기에는 영상적 표상 방식, 형식적 조작기에는 상징적 표상 방식에 의존할 수 있다. 그러나 브루너는 어떤 발달 단계에 있든지 간에 이러한 3가지의 표상 방식을 잘 결합하여 사용하면 지식을 가르칠 수 있다고 보았다.

그레이브스(Graves, 1980)는 10대 학생들은 행동적 표상, 영상적 표상, 상징적 표상을 모두 사용할 수 있지만, 학생들의 학습에 필요한 경우에는 행동적 혹은 영상적 표상방식을 사용할 수 있다고 지적하였다. 야외 스케치나 지도를 그릴 때는 행동적 표상방식을 사용한다. 예를 들어, 지리교사들이 학생들에게 순위-규모 법칙과 같은 상징적 모형을 가지고 추상적 개념을 이해하도록 시킬 때, 학생들의 이해를 돕기 위하여 영상적 모형을 이용한 구체적인 사례를 사용할 수도 있다. 구체적 조작 단계에 있는 아동들은 일반 법칙이나 이론을 이해할 수 없기 때문에, 특정한 사례나 경우를 이용한 직접적인 접근방법을 택해야 하는 것이다. 이는 아동에게 보다 더 구체적인 의미를 부여할 수 있는 접근방법의 필요성을 강조하는 것이다.

한편, 로버츠(Roberts, 2003)는 『Learning Through Enquiry』에서 지리탐구를 통한 수리력(numeracy)의 발달을 위해 '활동적인 숫자(active numbers)'라는 개념을 도입하였다. 활동적인 숫자란 숫자를 실제적인 것으로 만들기 위한 방안이다. 이를 위해 브루너의 지식의 표상 방식과 결부하여 설명한다. 숫자를 실제적인 것으로 만드는 또 하나의 방법은 숫자를 교실에서 실연해 보이는 것이다(제5장 참조). 로버츠에 의하면 행동적 표상은 일부 학생들이 수학적 이해에 문제를 가지고 있기 때문에 특히 수리력과 관련된 지리적 아이디어를 가르치는 데 유용하다.

6. 비고츠키의 사회문화이론

최근에는 비고츠키의 사회문화이론 또는 사회문화적 구성주의에 대한 관심이 점증하고 있다. 사회문화이론은 문화가 아동이 세상에 관해 무엇을 학습하고 어떻게 학습할 것인지를 결정함으로써 인지발달을 이루어낸다는 이론이다. 이러한 사회문화적 이론은 70여 년 전에 38세의 나이로 요절한

러시아 심리학자 비고츠키(Vygotsky)에 의해 주장되었다. 비고츠키는 인간의 활동이 문화환경 속에서 일어나며, 이러한 환경을 벗어나서는 이해될 수 없다고 생각했다. 그의 주요개념 중 하나는 인간의 특정한 정신구조와 과정들이 다른 사람과의 상호작용에서 그 뿌리를 찾을 수 있다는 것이다. 이러한 사회적 상호작용은 인지발달에 단순히 영향을 미치는 정도가 아니라, 실제로 인지구조와 사고과정을 만들어 낸다. 사실 비고츠키는 사회적으로 함께하는 활동을 내면화된 과정으로 변환시키는 것이 발달이라고 보았다. 이와 같은 비고츠키 이론의 요점들은 표 4-12와 같다.

표 4-12. 비고츠키의 사회문화이론의 요점들

- 사회적 상호작용은 중요하다. 지식은 둘 이상의 사람들 사이에서 함께 구성된다.
- 자기 규제는 행동의 내면화(내적 표상의 발달)와 사회적 상호작용 속에서 일어나는 정신적 작용을 통해 계발된다.
- 인간 발달은 언어와 상징과 같은 도구의 문화적 전수를 통해 일어난다.
- 언어는 가장 중요한 도구이다. 언어는 사회적 언어에서 개인적 언어, 그리고 내적 언어로 발달한다.
- 근접발달영역은 아동들이 스스로 할 수 있는 것과 타인의 도움으로 할 수 있는 것 간의 차이를 말한다. 근접발달영역 내의 어른 또는 또래와의 상호작용은 인지발달을 촉진한다.

(Meece, 2002: 169-170; 노석준 외 역, 2006 재인용)

1) 개인적 사고의 사회적 기원

비고츠키(Vygotsky, 1978: 57)는 "아동의 문화적 발달에서 모든 기능은 두 번 나타난다. 즉 처음에는 사회적 수준에서, 그리고 나중에는 개인적 수준에서 나타나며, 처음에는 사람들 사이에서, 그다음에는 아동 안에서 나타난다"라고 하였다. 다시 말해, 고등정신과정은 처음에는 아동이 다른 사람과 함께 활동하는 동안 '공동으로 구성'된다. 이러한 지식의 공동구성 과정은 사람들이 상호작용하고 타협하여 이해에 이르게 되거나 문제를 해결하는 사회적 과정으로, 최종 결과물은 모든 참여자들이 만들어 낸다는 것이다. 그런 다음 이 과정이 아동에게 내면화되고 아동의 인지발달의 일부가 된다. 예를 들어, 아동은 다른 사람들과 함께 활동하면서 그들의 행동을 통제하기 위해 언어를 사용한다. 그러나 나중에는 사적 언어를 사용하여 자신의 행동을 통제할 수 있다. 따라서 비고츠키에게 사회적 상호작용은 문제해결과 같은 고등정신과정의 기원이 된다.

피아제와 비고츠키는 둘 다 인지발달에서 사회적 상호작용을 강조했지만, 피아제는 사회적 상호작용의 역할을 비고츠키와 달리 생각했다. 피아제는 상호작용이 변화의 동기를 일으키는 불평형 상태, 즉 인지적 갈등을 일으킴으로써 발달을 촉진한다고 보았다. 따라서 피아제는 또래들은 서로 대등한 수준에 있으며 각자 생각에 도전을 할 수 있기 때문에 또래들 간의 상호작용이 가장 도움이 된다고 믿었다. 반면에 비고츠키(Vygotsky, 1978; 1986)는 아동의 인지발달이 자신보다 더 유능하거나 사고가 더 발달한 사람들, 즉 부모나 교사 같은 사람들과의 상호작용에 의해 촉진된다고 주장하였다. 물론 학생들은 성인과 또래 둘 다로부터 배울 수 있다.

2) 문화적 도구와 인지발달

비고츠키는 실제적인 도구(예, 인쇄기, 컴퓨터, PDA, 인터넷 등)와 상징적 도구(언어, 수, 부호, 지도 등)를 포함하는 문화적 도구(cultural tools)가 인지발달에 대단히 중요한 역할을 한다고 믿었다. 즉 문화적 도구란 사람들이 의사소통하고, 생각하고, 문제를 해결하고, 지식을 창출하게 해 주는 실제적인 도구와 상징적 도구이다. 비고츠키는 모든 고등정신과정이 언어, 기호, 상징 등의 문화적 도구의 도움을 받아 완수된다고 믿었다. 성인들은 이러한 도구들을 매일 매일의 활동을 통해 아동들에게 가르치며, 아동들은 이러한 도구들을 내면화한다. 그리고 이러한 문화적 도구는 학생들이 자신의 발달을 이끌어나가도록 도움을 줄 수 있다.

아동은 성인이나 자신보다 유능한 또래들과 상호작용하게 되면서, 서로 생각을 교환하고 개념들에 대해 생각하거나 개념을 표상하는 방식을 주고받는다. 이처럼 상호작용을 통해 공동으로 만든 생각들이 아동에게 내면화된다. 따라서 아동의 지식, 생각, 태도, 가치는 자신의 문화와 소속집단의 더 유능한 구성원들이 제공하는 행동방식과 사고방식을 스스로 채택하거나 거기에 맞춤으로써 발달한다. 이렇게 아동들은 기호와 상징과 설명을 주고받으면서 주변 세계를 이해하고 학습하는 문화적 도구를 발달시키기 시작한다. 비고츠키의 이론에서 언어는 문화적 도구에서 가장 중요한 상징체계이며, 다른 문화적 도구를 사용할 수 있는 기초가 된다.

언어는 인지발달에 대단히 중요하다. 언어는 생각을 표현하고 질문을 제기하는 수단을 제공해 주고, 사고를 하기 위한 범주와 개념들을 마련해 주며, 과거와 미래를 연결해 주기 때문이다. 비고츠키(Vygotsky, 1978: 28)에 의하면, 인간의 특별한 언어 능력은 아동들이 어려운 과제를 해결할 때 보조도구를 제공하게 해 줄 뿐 아니라, 충동적인 행동을 억제하게 해 주고, 행동으로 옮기기 전에 문제의 해결책을 계획하게 해 주며, 자신의 행동을 숙달하게 해 준다. 또한 비고츠키(Vygotsky, 1987: 120)는 사고는 말에 의존하고, 사고의 수단에 의존하며, 아동의 사회문화적 경험에 의존한다고 주장했다. 비고츠키는 사적 언어(private speech) 형태의 언어가 인지발달을 이끌어간다고 믿었다. 여기서 사적 언어란 아동의 사고와 행동을 인도하는 아동의 혼잣말을 의미한다. 이러한 말은 궁극적으로 소리 없는 내적 언어로 내면화된다.

아동의 주변에서 많은 시간을 보낸 사람들은 아이들이 종종 자기 자신에게 말을 한다는 것을 알고 있다. 피아제는 아이들이 자기 자신을 향해 하는 말을 '자기중심적 언어'라고 불렀다. 그는 이러한 자기중심적 언어가 아동이 다른 사람의 눈을 통하여 세상을 보지 못한다는 것을 보여 주는 증거라고 가정했다. 아이들은 듣는 사람의 요구나 관심을 고려하지 않은 채, 자신에게 중요한 일들에 대해 이야기한다. 아동이 성숙해감에 따라, 특히 또래와 의견이 불일치하게 되면서 사회적 언어를 발달시킨다고 피아제는 믿었다. 아동들은 남의 말을 듣고 생각을 교환하는 것을 학습한다. 그러나 비고츠키는 어린 아동의 사적 언어에 대하여 피아제와는 전혀 달리 생각하였다. 그는 이러한 혼잣말들이 인지적 미성숙을 드러내는 것이 아니라, 아동들이 자신의 생각과 문제해결을 계획하고 감독하고 이끌어가는 능력인 자기 조절을 하게 만듦으로써 인지발달에 중요한 역할을 한다고 주장하였다.

비고츠키는 자기 조절이 일련의 단계를 거쳐 발달한다고 믿었다. 아이들이 성숙해감에 따라, 자기를 향한 언어는 소리내어 하는 말에서 속삭이는 말로, 또 조용히 입술만 움직이는 것으로 점차 변화해나간다. 끝으로 아동들은 단어들을 머릿속으로만 생각한다. 단어를 소리내어 말하는 데서 조용한 내적 언어로 옮아가는 이러한 일련의 단계들은, 사람들이 의사소통을 하고 서로의 행동을 조절함에 따라 고등정신기능이 어떻게 사람들 사이에 처음으로 나타나는지 보여 준다. 그다음에는 인지과정으로 개인 내에 다시 나타나는지를 보여 주는 것이다. 표 4-13은 자기중심적 언어 또는 사적 언어에 대한 피아제와 비고츠키의 이론을 비교하고 있다. 사적 언어는 학생들이 자신의 사고를 조절하도록 돕기 때문에, 학교에서는 사적 언어를 사용하도록 허용하거나 격려해 줄 필요가 있다. 어린 학생들이 문제를 풀고 있을 때 완전한 침묵을 강요하는 것은 문제풀기를 훨씬 더 어렵게 만들 수 있다.

표 4-13. 자기중심적 언어 또는 사적 언어에 대한 피아제 이론과 비고츠키 이론의 차이

구분	피아제	비고츠키
발달적 중요성	타인의 관점을 받아들이고 상호적 의사소통에 참여하는 능력이 없음을 나타낸다.	외면화된 사고를 나타낸다. 자기인도 및 자기지시를 하기 위한 목적으로 자신과 의사소통을 한다.
발달의 과정	나이가 들면서 줄어든다.	어릴 때는 증가하다가 점차 밖으로 소리내지 않게 되면서 내적인 언어적 사고가 된다.
사회적 언어와의 관계	부정적이다. 사회적·인지적으로 미성숙한 아동이 자기중심적 언어를 더 많이 사용한다.	긍정적이다. 사적 언어는 다른 사람들과의 사회적 상호작용을 통해 발달한다.
환경 맥락과의 관계		과제난이도와 함께 증가한다. 사적 언어는 답을 얻기 위해 더 많은 인지적 노력이 필요한 상황에서 스스로를 이끌어가는 유익한 기능을 한다.

(김아영 외, 2007: 54 재인용)

3) 근접발달영역과 비계

(1) 근접발달영역

근접발달영역(ZPD: Zone of Proximal Development)은 독자적 문제해결에 의해 결정되는 아동의 현재 발달수준과 성인의 지도나 더 유능한 또래들과의 협력에 의해 아동이 달성할 수 있는 발달수준 사이의 영역이다(Vygotsky, 1978: 86). 이것은 실제로 학습이 이루어질 수 있는 영역이므로, 교육이 성공할 수 있는 영역이다. 근접발달영역은 핵심개념으로 독립적인 문제해결 시 드러나는 실제 발달 단계와 성인의 지도나 보다 능력 있는 또래와의 협력 아래 문제해결 시 드러나는 잠재적인 발달 단계 간의 거리를 일컫는다(Vygotsky, 1978: 86).

근접발달영역에서 교사와 학습자(성인/아동, 튜터/학습자, 모델/관찰자, 마스터/도제, 숙련자/초보자)가 난이도 때문에 학습자 혼자 수행할 수 없는 과제를 함께 공부한다. 근접발달영역은 집단행동이라는 마르크스주의 사상을 반영한 것으로, 보다 많은 지식을 지니거나 숙련된 사람이 상대적으로 부족한 사람에게 지식과 기능을 나누어주며 과제를 수행하는 것을 일컫는다(Bruner, 1984). 근접발달영역은 성인이나 또래의 도움을 받아서 학습이 일어날 수 있는 곳을 의미하는데, 이는 그림 4-9가 의미하는 것처럼 아동 간에는 차이가 있다.

근접발달영역이 학생들의 학습을 위해 가지는 함의는 다음과 같다(Roberts, 2003). 첫째, 학생들이 수행해야 할 학습 활동은 학생들이 이미 할 수 있는 것, 즉 그들의 이전의 발달 영역(zone of previous development)을 넘어서야 한다. 둘째, 학생들이 수행해야 할 학습 활동은 학생들이 이미 할 수 있는 것을 넘어서는, 즉 그들의 근접발달영역 내에서의 도전들을 제공함으로써 학생들이 진보할 수 있도록 도와줄 필요가 있다. 근접발달영역은 한 학급에 있는 상이한 학생들에 따라 다를 것이다. 셋째, 학생들은 고등사고능력을 성취할 수 있도록 탐구 활동에서 도움을 받을 필요가 있다. 그리고 이러한 도움은 점차 줄여 나가야 하며, 학생들이 독립적으로 탐구할 수 있도록 해야 한다. 넷째, 학생들이 수행해야 할 학습 활동은 학생들의 근접발달영역을 넘어서지 않아야 한다. 즉 학생들이 특정한 시간에 성취할 수 있는 것을 넘어서지 않아야 한다.

(2) 비계

비고츠키는 학생들이 그들의 현재 사고 수준을 넘어서는 근접발달영역 내에서 활동할 때, 고차적 사고를 성취하기 위해 교사 또는 또래의 도움을 필요로 한다는 것을 제안한다. 이와 같은 학습을 위한 약간의 도움(support or assistance)에 관한 비고츠키의 아이디어는 브루너를 비롯한 심리학자들에

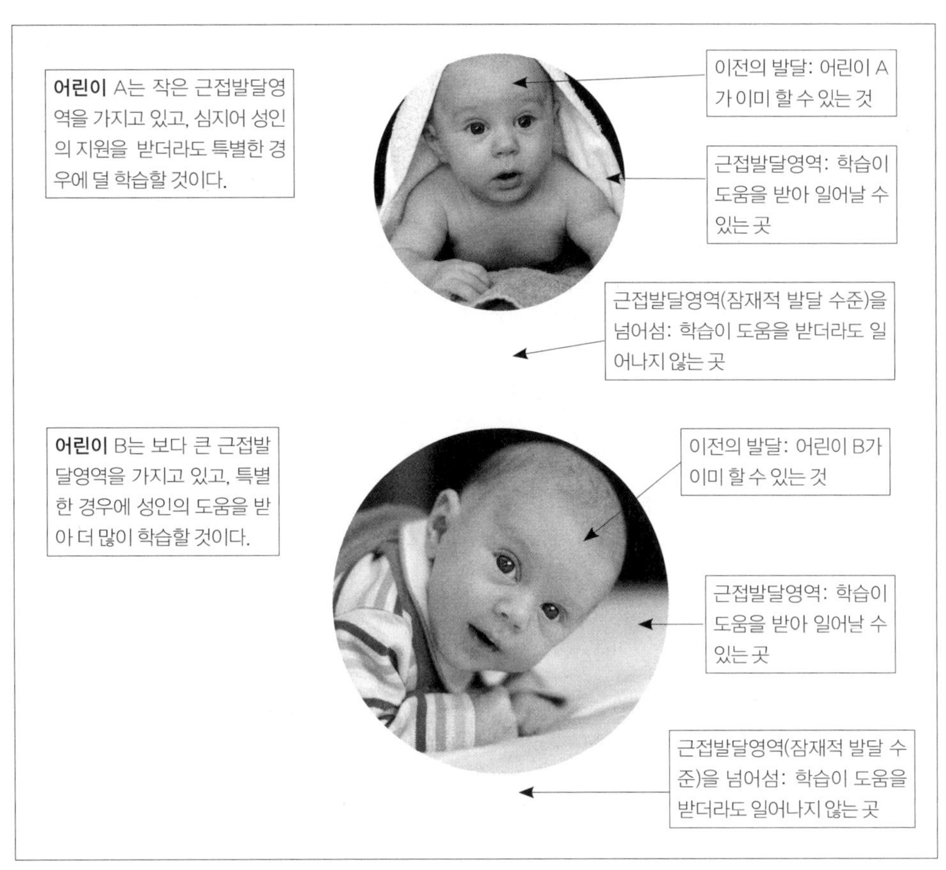
어린이 A는 작은 근접발달영역을 가지고 있고, 심지어 성인의 지원을 받더라도 특별한 경우에 덜 학습할 것이다.
이전의 발달: 어린이 A가 이미 할 수 있는 것
근접발달영역: 학습이 도움을 받아 일어날 수 있는 곳
근접발달영역(잠재적 발달 수준)을 넘어섬: 학습이 도움을 받더라도 일어나지 않는 곳
어린이 B는 보다 큰 근접발달영역을 가지고 있고, 특별한 경우에 성인의 도움을 받아 더 많이 학습할 것이다.
이전의 발달: 어린이 B가 이미 할 수 있는 것
근접발달영역: 학습이 도움을 받아 일어날 수 있는 곳
근접발달영역(잠재적 발달 수준)을 넘어섬: 학습이 도움을 받더라도 일어나지 않는 곳

그림 4-9. 두 어린이의 사례에 의해 묘사된 근접발달영역

(Roberts, 2003: 30)

의해 비계(scaffolding)로 명명되었다.

로버츠(Roberts, 2003)는 비계를 '간단한 방향 전환: 메타포, 지도, 여행'에 대한 비유를 통해 설명한다. 비계는 유용한 메타포(metaphor)이다. 비계는 건물을 짓는 과정 전과 건물을 짓는 동안에 올려지고, 특정 건물을 만드는 것을 지원하기 위해 고안된다. 비계는 임시적, 일시적인 특징을 가진다. 즉 비계는 건물이 완성되면 제거된다. 새로운 건물이 지어질 때, 더 많은 비계가 필요하다. 교육적 비계는 학생들이 도움 없이 할 수 있는 것보다 더 높은 이해의 수준을 성취하도록 지원한다. 궁극적인 목적은 학생들이 독립적으로 이러한 성취 수준들을 달성할 수 있도록 하는 것이다.

만약 지리학자들이 도움을 위한 메타포에 대해 생각했다면, 그들은 당연히 비계 대신에 지도(maps) 또는 여행(journeys)의 아이디어를 떠올렸을 것이다. 만약 우리가 이전에 가보지 못했던 어느 곳으로 가려고 한다면, 그 길을 알고 있는 어떤 사람들이 우리를 그곳으로 데려다 줄 수 있다. 그러

글상자 4.2

근접발달영역(ZPD)

1920년대와 1930년대에, 비고츠키는 어린이들이 개념적 사고(conceptual thinking)를 어떻게 발달시키는지를 조사하기 위한 일련의 연구를 수행했다. 그는 어린이의 발달 수준과 개념에 대한 학습 사이의 관계에 관심이 있었다. 그는 어린이들의 정신 연령, 즉 현재의 발달 수준을 알아내기 위해 문제해결 검사를 사용했다. 이 당시의 연구는 어린이들이 어떤 도움을 받아왔다면, 정신 연령 검사는 타당하지 않은 것으로 간주되었다. 그러나 비고츠키는 이것에 이의를 제기했으며, 어린이의 정신 연령을 알아내는 것은 학습의 완성점이라기보다는 오히려 출발점이어야 한다고 주장했다. 비고츠키는 『사고와 언어(Thought and Language)』에서 다음과 같이 썼다.

"우리는 상이한 접근을 시도했다. 예를 들면, 두 명의 어린이의 정신 연령이 8세라는 것을 발견했기 때문에, 우리는 그들 각각에게 혼자서 다룰 수 있는 것보다 어려운 문제들을 제공하고 약간의 도움을 제공했다. 여기서 도움이란, 해결에 있어서 실마리, 유도 질문 또는 몇몇 다른 형태의 도움을 뜻한다. 실험을 통해 비록 한 어린이는 9세를 위해 설계된 문제들을 넘어설 수 없었지만, 나머지 한 어린이는 협력하여 12세를 위해 설계된 문제들을 해결할 수 있었다는 것을 발견했다. 한 어린이의 실제적인 정신 연령과 그가 문제를 해결할 때 도움을 받아 도달하는 수준 사이의 차이는 그의 근접발달영역(ZPD: zone of proximal development)을 나타낸다. 즉 우리의 사례에서, 이러한 근접발달영역이 첫 번째 어린이는 1세였지만(9세-8세), 두 번째 어린이는 4세(12세-8세)였다. 우리는 정말로 그들의 정신 발달(mental development)이 동일하다고 말할 수 있을까?(Vygotsky, 1962: 103)"

근접발달영역(ZPD)의 몇몇 핵심적인 양상들은 위의 인용문으로부터 구체화될 수 있다.

- 근접발달영역은 어린이가 도움을 받지 않고 이미 성취할 수 있는 것을 능가한다.
- 근접발달영역은 한계를 가지고 있다. 근접발달영역을 넘어서는 영역이 있다. 그곳에서는 문제가 너무 어려워 어린이들이 심지어 도움을 받더라도 해결할 수 없다.
- 개별 어린이는 도움을 받아 성취할 수 있는 자신만의 근접발달영역을 가지고 있다. 어린이들이 도움을 받아 성취할 수 있는 학습 영역에는 큰 차이가 있다.

근접발달영역의 개념과 관련하여 발달된 비고츠키의 아이디어들은 교수와 학습을 위해 중요하다(Vygotsky, 1962: 140).

- 훌륭한 교수는 학생의 발달보다 앞서서 발달을 안내하는 수업이다. 만약 어린이들이 도움을 받지 않고 다룰 수 있는 문제를 해결하도록 제공받는다면, 이것은 근접발달영역을 사용하는 데 실패하고 학생들은 새로운 것들을 학습하는 데 실패할 것이다. 어린이들은 근접발달영역 내에서 새로운 것들을 학습할 수 있다. 비고츠키는 그들을 학습하는 데 무르익고(ripe) 있는 것으로 기술했다.
- 어떤 어린이는 단지 그의 발달 상태에 의해 설정된 한계들 내에서만 진보하도록 기대될 수 있다. 활동이 근접발달영역, 즉 어린이들이 도움을 받아 성취할 수 있는 것을 넘어서지 않아야 한다는 것은 중요하다.
- 도움을 받는다면 모든 어린이는 혼자서 할 수 있는 것보다 더 많은 것을 할 수 있다. 어린이들의 개념 학습(conceptual learning)은 성인 또는 더 능숙한 동료와의 협동으로 근접발달영역 내에서 발달된다.
- 어린이가 오늘 협력하여 할 수 있는 것(문제)은 내일 혼자서 할 수 있다. 어린이들이 궁극적으로는 활동을 독립적으로 할 수 있어야 한다는 것이 중요하다.

(Roberts, 2003: 29)

나 혼자서 그곳에 도착하는 방법을 배울 수는 없을지 모른다. 독립적으로 여행하는 것을 배우기 위해서, 우리는 지도의 도움을 받을 수 있다. 학습을 통해 우리는 지도를 독립적으로 사용할 수 있으며, 결국 지도는 우리의 마음속에 내면화될 수 있다. 즉 우리는 여행할 수 있는 방법에 대한 심상지도(mental map)를 가지게 된다. 그러나 만약 우리가 새로운 여행을 하기를 원한다면, 우리는 새로운 지도에 대한 도움이 필요할 것이다.

교사에 의한 비계는 크게 수업 계획 단계에서 이루어질 수도 있으며, 학습 활동에 이루어질 수도 있다. 수업 계획 단계에서 이루어지는 비계는 복잡한 주제를 간단히 하기, 개념적 구조 제시하기, 적절한 학습의 계열 계획하기 등이 있다. 수업 계획 단계에서 제공되든, 학습 활동 동안에 제공되든 비계의 역할은 다음과 같이 요약할 수 있다(Roberts, 2003). 첫째, 비계는 대화를 포함하는 교사와 학습자 사이의 협동적인 상호작용의 과정이다. 둘째, 교사가 학생들이 지식을 구성할 수 있도록 비계를 제공하기 위해서는 학습자의 마음속에 들어갈 필요가 있다. 즉 교사들은 학생들이 무엇을 생각하고 있는지를 알고 이해할 필요가 있으며, 무엇을 잘못 이해하고 있는지를 알 필요가 있다. 비계에 능숙해지기 위해, 교사들은 자신의 전공 분야에 대한 완전한 지식과 함께 학습자의 특성과 출발점에 대한 정확한 지식을 가질 필요가 있다. 비계에 능숙하기 위하여 교사들은 학습자들에게 이야기하는 만큼

글상자 4.3

비계(scaffolding): 차이가 차이를 만든다

비록 비고츠키가 비계(scaffolding)라는 용어를 사용하지는 않았지만, 이 개념을 처음 발달시켰다. 어린이들에게 적용한 실험 연구에서, 그는 어린이들의 개념이 성인들과 협동하여 어떻게 발달될 수 있는가를 연구했다. 그는 어린이들이 혼자서는 해결할 수 없는 문제들을 다룰 수 있도록 해 주는 성인의 '약간의 도움(light assistance)'에 주목했다. 비고츠키(Vygotsky, 1962)는 『사고와 언어(Thought and Language)』에서 어린이가 문제해결 활동에 참여할 때 제공받을 수 있는 몇 가지 도움의 유형을 언급했다.

- 해결에 있어서 실마리 제공하기
- 설명하기
- 질문하기
- 어린이에게 설명하도록 하기
- 유도질문하기
- 정보 제공하기
- 수정하기

브루너 외(Wood, Bruner and Ross, 1976)는 교육적 맥락에서 비계(scaffolding)라는 단어를 처음 사용했다. 즉 어린이 또는 초보자가 도움을 받지 않고는 노력으로 해결할 수 없는 문제를 해결할 수 있고, 과제를 수행할 수 있거나 목표를 성취할 수 있도록 하는 과정을 일종의 비계로서 기술했다. 그들은 도제 과정의 본질, 즉 성인 또는

전문가가 어린이 또는 초보자에게 도움을 주는 수단을 조사하기 위해 어린이들에게 실험적인 연구를 실시했다(Wood et al., 1976: 90). 그들은 어린이들이 건물용 블록으로 피라미드를 만들어야 하는 과제를 설계했다. 그것은 도전적인 과제였지만, 어린이들의 역량이 완전히 미치지 않을 만큼 어려운 문제는 아니었다. 또한 학습이 잠재적으로 이후의 활동에 적용될 수 있는 과제였다.

이 실험들에서 지도교사는 어린이들이 가능한 한 많이 스스로 활동하도록 했으며, 찬성의 분위기(atmosphere of approval)를 만들었다. 그들은 지도교사와 학습자들의 상호작용에 관한 데이터를 수집했고, 비계가 모델링(modelling)과 모방보다 훨씬 더 많이 포함되었다는 것을 발견했다. 그들은 지도교사들이 다음과 같은 대화와 중재를 통해 이 활동에 비계를 설정했다는 것을 발견했다.

- 과제를 단순화하고 과제에 포함된 단계의 수를 줄임으로써
- 목적을 인식하도록 하고, 학습자들로 하여금 다음 단계를 과감히 하도록 도와줌으로써
- 어린이가 도출한 해결과 이상적인 해결 사이의 불일치를 주지시킴으로써
- 문제해결 활동 동안의 좌절과 위험을 통제하지만, 지도교사에 대한 과도한 의존을 불러일으키지 않음으로써
- 이상적인 버전을 입증함으로써

웹스터 외(Webster et al., 1996)는 어린이들의 문해력 발달에 관한 대규모 연구 프로젝트의 일부분으로써 비계에 관한 아이디어들을 연구하고 발달시켰다. 그들은 6학년과 7학년(10~12세)의 수업에서 과제와 상호작용에 대한 세부적인 데이터를 수집했다. 비록 그들은 학생들의 요구에 적절한 과제를 고안한 교사들의 중요성을 인정했지만, 과제들에 대한 학습이 어린이들이 무엇을 또는 어떻게 배웠는지를 결정하기에는 불충분하다는 것을 발견했다. 상이한 교사들은 동일한 과제들을 상이한 방식으로 중재했다. 그들은 '어린이들의 학습에 대한 가장 강력한 결정 요인, 즉 차이를 만드는 차이'(Webster et al., 1996: 151)는 교사들이 학습 과정에 어떻게 '비계를 설정'하는가에 달려 있다는 것을 발견했다. 그들이 복잡한 상호작용들의 세트라고 했던 비계설정(scaffolding)을 함으로써, 어른들은 어린이들의 사고를 안내하고 촉진한다. 이러한 정의는 비계가 교사들이 단순히 도움을 제공하는 것 그 이상이라는 것을 강조한다. 비계는 대화를 포함하는 협동적인 과정이며, 학습자들도 교사들만큼이나 중요한 역할을 수행한다. 웹스터 외(Webster et al., 1996: 96)는 비계가 '교사와 어린이 사이의 비판적 연계(critical link)'라고 결론지었다. 그들은 자신들의 연구 데이터로부터 이러한 비판적 상호작용과 중재가 일어날 때의 교수와 학습의 다양한 구성요소들을 구체화했다.

- 어린이들을 과제에 참여하도록 하는 것
- 어린이들이 그들이 이해한 용어로 과제들을 표현하도록 도와주는 것
- 어린이들이 개념을 적용하고 발달시키도록 도와주는 것
- 어린이들이 그들의 학습을 표면화하도록 도와주는 것. 어린이들이 학습 활동들을 어떻게 진행하고 있는지에 귀 기울이는 것

이 연구 데이터는 비계의 본질이 교사마다 다양하다는 것을 보여 주었다. 그들은 '교사들은 비계에 능숙하기 위해 탐구 분야에 대한 완전한 지식과 함께 학습자의 특성들과 출발점에 대한 정확한 지식을 가져야 한다'라고 결론지었다(Webster et al., 1996: 151).

(Roberts, 2003)

그들에게 귀 기울일 필요가 있다. 셋째, 비계는 학습자들에게 그들이 도움을 받을 수 없을 때보다 더 높은 이해의 수준에 도달하도록 할 수 있다. 넷째, 일부 학생들은 다른 학생들보다 더 많은 비계를 필요로 할 것이다. 그러나 궁극적인 목적은 학생들이 유사한 개념적 구조를 사용할 수 있게 하고, 독립적으로 조사 활동의 계열을 계획할 수 있게 되는 것이다. 그러나 학생들은 더 복잡한 탐구 활동에서 새로운 개념적 구조를 사용하기 위해서는 또 다시 비계가 필요하다. 다섯째, 비계의 궁극적인 목적은 학습자들이 비계에 대한 요구 없이 독립적으로 활동을 수행할 수 있도록 하는 것이다.

4) 비고츠키의 사회문화이론의 함의

비고츠키의 사회문화이론은 광범위한 만큼 교육에 많은 시사점을 제공한다. 먼저 앞에서도 살펴보았듯이, 비고츠키는 아동의 인지는 그가 속한 문화의 성인들이나 더 유능한 또래들과의 일상적인 대화 및 상호작용을 통해 발달한다고 믿었다. 이런 사람들은 아동이 지적으로 성장하는 데 필요한 정보와 지지를 제공하는 안내자와 교사의 역할을 한다. 브루너(Bruner)는 성인의 이러한 도움을 비계(scaffolding)라고 불렀다(Wood, Bruner and Ross, 1976). 비계는 학습과 문제해결을 위한 지원이며, 이러한 지원은 단서 제공, 격려, 문제를 여러 단계로 나눠주기, 예를 들어 주기 등 학생이 학습자로서 독립적으로 성장할 수 있게 해 주는 것이다.

이러한 교수 비계(instructional scaffolding)는 학습자의 능력 이상의 과제를 통제하여, 학습자들이 집중해서 빠르게 과제를 해결할 수 있도록 하는 과정을 일컫는다. 교수 비계에는 5가지 주요 기능, 즉 도움 제공하기, 도구로 작용하기, 학습자의 범위 확대하기, 다른 경우라면 불가능했을 과제 성취를 가능하게 하기, 필요한 경우에만 선별적으로 사용하기가 있다.

학습 초기에는 교사가 해야 할 일이 많지만, 이후에는 교사와 학습자가 책임을 공유한다. 학습자의 실력이 점차 향상됨에 따라 교수 비계가 줄어들면서, 학습자는 독립적으로 과제를 수행할 수 있게 된다. 학습이 근접발달영역 내에서 일어날 수 있도록 비계를 사용하고, 학습자의 능력이 향상됨에 따라 비계를 상향 조정하는 것이 중요하다. 근접발달영역 안에서 학습하도록 학습자들을 격려해야 한다.

앞에서도 언급했듯이 비계는 근접발달영역 안에서 잘 부합되는 용어이기는 하지만, 비고츠키 이론의 공식적인 용어가 아니라는 것에 주의할 필요가 있다. 비계는 반두라(Bandura)의 참여자 모델링 기법(participant modeling technique)의 일부분이다. 참여자 모델링 기법이란 학습 초기에 교수자가 모델로서 기능을 보여 주고 도움을 제공하며, 학습자가 기능을 익혀감에 따라 학습 보조물을 점차적으로 제거하는 것이다. 이는 교수 보조 장치들을 이용하여 기능을 습득하기까지 여러 단계에 거쳐 안내한다는 점에서 조형(shaping)과 관련이 있다.

비고츠키 이론이 적용된 다른 예로 상보적 교수(reciprocal teaching)가 있다. 상보적 교수법은 교사와 학습자 소집단 간의 대화를 수반하는데, 교사가 먼저 학습 활동을 시범으로 보여 주면 학습자들과 교사가 번갈아가며 교사의 역할을 맡는다. 예를 들어, 읽기를 하는 동안 질문하는 법을 배우는 중이라면, 교사가 자신의 이해도를 가늠하기 위해 질문을 던지는 방법을 보여 주는 것이다. 비고츠키 이론의 관점에서 볼 때, 상보적 교수법은 학습자들이 기능을 익히기까지 사회적인 상호작용과 비계를 통해 이루어진다.

비고츠키 이론의 또 다른 주요 적용 분야는 또래 협동(peer collaboration)으로서 집합 행동이라는 개념을 반영한다(Bruner, 1984). 또래가 함께 협력할 때, 공유된 사회적 상호작용이 교수 기능을 한다. 연구에 따르면 협력 집단은 학습자 개개인이 역할을 부여받을 때 가장 효과적이며, 모든 학습자들이 역량을 갖추었을 때 다음 단계로 넘어갈 수 있다.

마지막으로, 비고츠키 이론과 상황인지와 관련된 적용 사례는 도제(apprenticeships)를 통한 사회적 안내이다. 도제란 초보자가 전문가와 함께 작업 관련 활동을 하는 것으로, 학교나 대행 기관과 같은 문화적 기관에서 일어난다. 학습자의 인지 발달을 돕는다는 점에서 근접발달영역과 잘 부합하며, 또한 능력 이상의 과업을 맡게 된다는 점에서 도제는 근접발달영역 내에서 작용한다고 할 수 있다. 초보자들은 전문가들과 일함으로써 중요한 과정에 대한 이해를 공유하고 이를 자신의 현재 지식과 통합하게 된다. 이러한 점에서 도제는 사회적인 상호작용에 크게 의존하는 변증법적 구성주의의 한 형태라고 할 수 있다.

이상과 같은 사례들은 보조된 학습(assisted learning) 또는 안내된 발견(guided discovery)과 일맥상통한다(김아영 외, 2007). 보조된 학습 또는 안내된 발견이란 학습의 초기 단계에 전략적 도움을 주고 학생이 독립적이 되어감에 따라 이러한 도움을 점진적으로 줄여나가는 것이다. 보조된 학습 또는 안내된 발견을 하게 하려면, 적절한 때에 적절한 양의 정보와 격려를 제공해 주고 학생 스스로 점차 더 많은 부분을 감당하게 하는 비계가 필요하다. 교사는 자료나 문제를 학생의 현재 수준에 맞추거나, 기술이나 사고과정을 시범으로 보여 주거나, 학생들이 복잡한 문제의 단계들을 밟아나가게 하거나, 문제의 일부를 풀어주거나, 자세한 피드백을 주고 수정하게 하거나, 또는 학생이 주의의 초점을 바꾸게 만드는 질문을 던짐으로써 학습을 보조할 수 있다.

5) 사회문화적 구성주의와 지리교육

비고츠키의 사회문화적 구성주의는 최근 지리 수업을 설계하는 주요 원리로 사용되고 있다. 비고츠키의 사회문화적 구성주의를 토대로 지리 수업을 설계한 대표적인 사례로는 로버츠(Roberts, 2003)의 『Learning Through Enquiry』, 테일러(Taylor, 2004)의 『Representing Geography』, 마틴(Martin, 2006)의 『Teaching Geography in Primary Schools』 등이다. 특히 로버츠(Roberts, 2003)는 탐구를 통한 지리학습의 이론적 배경으로서 비고츠키의 사회문화적 구성주의를 도입하면서 이에 대해 자세하게 다루고 있다. 앞에 제시된 근접발달영역, 비계와 관련한 글상자(4.2와 4.3)는 모두 이 책에 제시된 것이다.

로버츠(Roberts, 2003)는 '어린이들은 어떻게 학습하는가?: 사회적 구성주의(social constructivism)'라는 제목으로 이에 대해 집중적으로 조명을 하고 있다. 구성주의의 중심적 아이디어는 우리가 세계를 우리 스스로 능동적으로 이해함으로써 세계에 관해 학습할 수 있다는 것이다. 즉 지식은 이미 주

글상자 4.4

구성주의(constructivism)

구성주의는 피아제(Piaget), 비고츠키(Vygotsky), 브루너(Bruner) 및 다른 심리학자들의 연구로부터 발달되어 널리 수용되고 있는 학습이론이다. 구성주의의 중심적 아이디어는 우리가 세계를 우리 스스로 능동적으로 이해함으로써 세계에 관해 학습할 수 있다는 것이다. 즉 지식은 이미 주어진 것으로 우리에게 전달 또는 전수될 수는 없다(Barnes and Todd, 1995). 다음 아이디어들은 이러한 구성주의의 중심적인 아이디어와 관련된다.

1. 우리가 세계를 어떻게 바라보고 이해하는가 하는 것은, 우리가 현재 사고하는 방법들에 달려 있다. 우리는 텅 빈 마음이 아닌 사물들이 어떻게 존재하며, 사물들이 어떻게 작동하는가에 대한 가정들로부터 세계를 이해한다. 우리는 또한 기대와 가치를 가지고 있다. 이것들은 모두 우리가 보고 듣고 정보를 이해하는 것에 영향을 끼친다. 우리는 단지 우리가 이미 알고 있는 것과 관련하여 의미를 구성한다.
2. 각각의 개인은 세계를 상이하게 보고 이해한다. 왜냐하면 개인은 상이한 경험과 사회적·문화적 만남을 통해 세계에 관한 지식을 발달시켜 왔기 때문이다.
3. 새로운 지식을 구성할 때, 우리는 건물을 증축하는 것처럼 분리된 새로운 지식의 '일부'를 우리가 이미 가지고 있는 것에 추가하지는 않는다. 새로운 정보를 이해하기 위해 우리는 그것을 우리가 이미 알고 있는 것에 통합하고 재구성한다.
4. 우리의 세계에 대한 구성은 고정되어 있는 것이 아니라 계속해서 수정되고 있다. 왜냐하면 우리는 새로운 것들을 경험하고 새로운 사고 방법들을 접하기 때문이다.

'사회적 구성주의(social constructivism)'는 우리가 세계를 이해하는 데 있어서 다른 사람들의 역할을 강조한다. 우리가 가지고 있는 지식은 다른 사람들과 고립되어 구성되는 것이 아니라, 다른 사람들, 예를 들면 가족, 친구들, 우리가 속한 집단들과의 상호작용을 통해 구성된다. 우리는 세계에 참여함으로써, 그리고 우리가 사물들을 이해하는 방법을 다른 사람들과 공유하고, 토론하고, 논쟁함으로써 세계를 이해한다. 우리는 일부 공통된 이해를 발달시키지만, 개인적인 경험들이 상이하기 때문에 우리는 모두 세계를 약간 다르게 본다.

일부 사람들은 상호작용을 고려하는 것만으로는 충분하지 않다고 주장할 것이다(Jackson, 1987). 어떤 집단·사회·문화 내에서, 세계를 보고 지식을 구성하는 어떤 방법들은 다른 방법들보다 우선권을 부여받는다. 지배적인 이해의 방법들은 우리가 살고 있는 사회구조에 영향을 줄 수 있다. 우리가 우리의 삶에서 접촉하게 되는 것은 우리가 참여하는 문화에 의해서뿐만 아니라, 세계가 다른 사람들, 제도들, 미디어를 통해 우리 문화 내에서 우리에게 보여 주는 방법에 따라 제한받는다. '지배적으로 보는 방법들(dominant way of seeing)'은 '대안적으로 보는 방법(alternative way of seeing)'의 발달을 방해할 수 있다.

비록 구성주의 이론이 우리 마음속의 세계, 즉 우리가 구성해 온 세계를 강조하지만, 이것은 세계에 대한 어떤 구성도 타당하거나 가능하다는 것을 의미하지는 않는다. 비록 상이한 개인들과 집단들이 세계를 상이하게 바라보지만, 이것은 무슨 일이든 허용된다는 것을 의미하지는 않는다. 우리는 물질세계와 관련하여 세계를 이해해야 한다. 왜냐하면 물질세계는 우리의 지각에 의해 알려질 수 있기 때문이다.
만약 우리가 이러한 학습이론을 받아들인다면, 우리는 또한 학생들은 단지 그들에게 전달된 아이디어들만을 가지고는 학습할 수 없다는 사실을 받아들여야 한다. 즉 학생들은 지리적 지식의 구성(construction of geographical knowledge)에 능동적으로 참여해야 한다. 사회적 구성주의 학습이론의 수용은 탐구 활동이 어떻게 발달되어야 하는지에 대한 함의를 가진다.

- 우리는 학생들의 현재의 지식과 이해하는 방법들을 고려할 필요가 있다.
- 우리는 학생들이 새로운 정보를 탐구하고 그것을 그들이 이미 알고 있는 것과 관련시킬 수 있는 시간을 허용할 필요가 있다. 즉 이해한다는 것은 즉각적인 과정이 아니다.
- 우리는 학생들이 다른 학생들과의 토론을 통해 새로운 지식을 형성한다는 것을 고려하여, 그들의 현재의 지식을 재형성하고 재구성할 수 있는 기회를 제공할 필요가 있다.
- 우리는 학생들에게 그들이 사물을 보는 방법을 알도록 할 필요가 있으며, 그들에게 사물을 보는 상이한 방법들을 알도록 할 필요가 있다.
- 우리는 학생들에게 모든 지리적 지식은 구성되어 왔다는 것을 알도록 할 필요가 있다. 우리가 지리적으로 아는 것은, 특별한 시간과 공간에서의 관심으로부터 특별한 질문을 제기한 사람들에 의해 구성되어 온 것이다. 지리학자들은 세계를 보는 방법들과 세계를 이해하기 위해 이론들을 구성하는 방법들을 발달시켜 왔다. 드라이버 등(Driver et al., 1994: 6)은 '만약 과학을 공부하는 학생들이 과학자들이 세계를 이해하는 방법들에 접근하려고 한다면, 그들은 개인적인 경험적 탐구를 넘어설 필요가 있다'라고 주장한다. 유사하게, 만약 학생들이 지리학자들이 이해하는 방법들에 접근하려 한다면, 그들은 지리 교과의 개념과 모델에 입문될 필요가 있으며, 이들 개념과 모델을 그들 스스로 사용하는 것을 학습할 필요가 있다.

(Roberts, 2003: 27-28)

어진 것으로 우리에게 전달될 수는 없다. 우리가 서로 고립해서 살고 있지 않는 것처럼, 세계에 대한 우리의 지식은 우리가 살고 있는 맥락에서 '사회적으로 구성된다(socially constructed)'고 한다. 이것은 우리가 살고 있는 문화적 맥락(cultural contexts)에 의해 영향을 받고 그것에 기여하는 방법들을 통해 세계를 이해한다는 것을 의미한다.

연습문제

1. 가네의 위계학습이론이 지리교육의 개념학습에 미치는 영향에 대해 설명해 보자.

2. 피아제의 인지발달이론의 주요 개념을 제시하여 설명한 후, 지리교육의 공간인지발달 단계에 미친 영향을 설명해 보자.

3. 오수벨이 주장한 유의미 학습과 기계적 암기학습의 차이점을 기술한 후, 선행조직자 모형(설명식 교수)에 대해 설명해 보자.

4. 브루너의 인지발달이론이 지리교육에 미친 영향을 그가 주장한 주요 개념들을 중심으로 설명해 보자.

5. 비고츠키의 사회문화이론의 핵심개념을 제시한 후, 그의 이론이 교수·학습에 미친 영향을 설명해 보자.

6. 피아제의 급진적(개인적) 구성주의와 비고츠키의 사회문화적 구성주의의 유사점과 차이점에 대해 설명해 보자.

7. 다음 용어 및 개념에 대해 설명해 보자.

신호학습, 자극반응학습, 언어연합, 연쇄, 변별학습, 개념학습, 규칙학습, 문제해결, 관찰에 의한 개념, 정의에 의한 개념, 상위 개념, 동위 개념, 하위 개념, 접합 개념, 이접 개념, 관계 개념, 조직화, 적응, 도식, 동화, 조절, 평형화, 불평형, 조작, 보존, 자기중심성, 위상적 관계, 투영적 관계, 기하학적(유클리디언) 관계, 자기중심적 준거체계, 고정된 준거체계, 좌표화된(통합된) 준거체계, 행동적 표상, 영상적 표상, 상징적 표상, 급진적 구성주의, 사회적 구성주의, 유의미 학습, 선행조직자, 포섭, 점진적 분화, 통합적 조정, 개념도, 학습준비도, 나선형 교육과정, 지식의 구조, 발견학습, 귀납적 추리, 연역적 추리, 안내된 발견, 근접발달영역, 비계, 사회적 구성주의, 사회적 언어, 자기중심적 언어, 상보적 교수, 또래협동, 참여자 모델링 기법, 도제

임용시험 엿보기

1. 다음은 오수벨(D. Ausubel)의 설명식 수업 단계에 따라 작성한 중학교 3학년 '인구 성장과 경제 발달'에 대한 수업과정안이다. 이에 대한 설명으로 가장 알맞은 것은?

(2009학년도 중등임용 지리 1차 7번)

학습목표: 인구 성장과 경제 발달 간의 관계를 설명할 수 있다.		
교수·학습 활동		교수·학습 자료
(가)	부모의 형제 수와 자신의 형제 수를 비교하도록 한다.	
(나)	인구 성장과 경제 발달 간의 관계를 설명한다.	
(다)	〈자료 1〉을 보고 연평균 인구 성장률이 높은 국가와 낮은 국가를 분류하도록 한다. 〈자료 2〉를 보고 1인당 GDP가 높은 국가와 낮은 국가를 분류하도록 한다.	〈자료 1〉 세계 국가별 연평균 인구 성장률 지도 〈자료 2〉 세계 국가별 1인당 GDP 지도
(라)	〈자료 3〉을 보고 중부 아프리카와 서부 유럽 인구 성장률 추이를 비교하도록 한다. 〈자료 4〉를 보고 중부 아프리카와 서부 유럽 경제 성장률 추이를 비교하도록 한다. (1960~2000년)	〈자료 3〉 중부 아프리카와 서부 유럽 인구 성장률 그래프 〈자료 4〉 중부 아프리카와 서부 유럽의 경제 성장률 그래프 (1960~2000년)
(마)	(다)~(라)의 학습 활동 결과를 확인한 후 인구 성장과 경제 발달 간의 관계에 대하여 정리한다.	

① (가)는 학습자의 기존 인지구조와 갈등을 일으키는 선행조직자이다.

② (나)는 새로운 지식을 내면화하여 학습자의 기존 인지구조를 수정하는 과정이다.

③ (다)는 학습자의 인지구조에 파지(retention)되어 있는 지식을 재생하도록 하는 과정이다.

④ (다), (라)는 (나)의 학습 활동 결과 얻은 지식을 점진적으로 분화시키는 과정이다.

⑤ (마)는 (다)~(라)의 학습 활동으로부터 새로운 일반화를 발견하도록 하는 과정이다.

2. 빙하지형에 대한 수업 장면의 일부다. ㉠~㉤에 대한 설명으로 알맞지 않은 것은? **[2.5점]**

(2010학년도 중등임용 지리 1차 6번)

> 교사: (설악산 흔들바위 사진을 보여 주며) 이곳은 수학여행 때 봤던 흔들바위예요. 흔들바위는 기반암인 화강암이 풍화되고 남은 핵석이 지표면에 남은 거랍니다. 그렇다면 당연히 기반암과 핵석은 동일한 암석이겠죠?
>
> 학생들: (고개를 끄덕인다.)
>
> 교사: (미국 북동부 지역에 있는 큰 바위 사진을 보여 주며) ㉠사진 속의 바위는 화강암인데 이 바위 아래의 기반암은 퇴적암입니다. 이 바위도 흔들바위처럼 생겼는데 핵석일까요?
>
> 영희: ㉡네, 이것도 바위니까 핵석인 것 같아요.
>
> 미영: 저는 핵석이 아닌 것 같아요. 기반암의 풍화로 만들어진 거라면 바위와 기반암의 암석 종류가 같아야 하는데 이건 다르잖아요.
>
> 교사: 그렇다면 이처럼 큰 바위가 어떻게 이곳에 있게 되었을까?
>
> 철수: (웃으면서) 아주 힘센 거인
>
> 학생들: (그렇게 힘센 거인이 어디 있냐고 철수를 놀린다.)
>
> 교사: 아니에요. 철수 말처럼 정말 힘센 거인이 갖다 놨어요. 그럼 그 거인이 무엇일지 생각해 봅시다.
>
> 철수: 아! 알았다. 물이에요. 큰 홍수 때 하천을 따라 떠내려온 거예요.
>
> 교사: 아주 좋은 추론이네요.
>
> 정수: ㉢하천이 운반했다면 바위 표면이 둥근 모양이지 않을까요? 사진 속 바위는 각진 모양인데…….
>
> 교사: 사진 속 바위와 같은 종류의 기반암은 약 60km 북쪽에 위치하고 있어요. 물보다 더 큰 힘을 가진 거인이 무엇일까요?
>
> 학생들: (웅성거린다.)
>
> 교사: 여러분 힌트 하나 더 주겠어요. 지난 시간에 배운 북미 대륙빙하의 크기 변화를 보여 주는 지도를 떠올려 보세요. ㉣빙하기에는 빙하가 남쪽으로 확장했지만, 현재는 북쪽으로 후퇴했죠.
>
> 철 수: 아! 그 거인은 빙하예요. ㉤빙하기에 확장된 빙하가 바위를 운반한 거예요. 그리고 빙하가 후퇴하면서 바위만 이곳에 남은 거예요.

① ㉠은 학습자의 인지적 갈등을 유발하기 위한 질문이다.

② ㉡은 새로운 내용을 기존의 스키마(schema)에 동화시키는 과정이다.

③ ㉢은 기존의 스키마(schema)를 조절함으로써 인지적 갈등을 해결하는 과정이다.

④ ㉣은 교사가 학습자의 근접발달영역 내에 비계(scaffold)를 제공하는 과정이다.

⑤ ㉤은 사회적 상호작용과 개인의 내면화 과정을 거쳐 평형상태에 도달한 것이다.

3. 수업 시간에 김 교사와 학생 A, B가 나눈 대화를 비고츠키(L. Vygotsky)의 사회·문화적 관점으로 설명할 때 옳지 않은 것은? **[2.5점]** (2011학년도 중등임용 지리 1차 1번)

> 학생 A: 선생님, 동영상 자료가 너무 어려웠어요.
> 학생 B: 동영상 해설도 어려운 용어가 너무 많아서 저도 잘 모르겠어요.
> 교사: ㉠어떤 부분을 이해하지 못하겠니?
> 학생 A: 신생대 제4기 기후 변화에 따라 해수면이 변화하면서 일어나는 지형형성작용에 관해 잘 모르겠어요.
> 학생 B: 저는 신생대 제 4기의 기후도 잘 모르겠어요.
> 학생 A: 신생대 제 4기는 빙하기와 간빙기가 반복적으로 나타난 시기야.
> 학생 B: 아, 그렇구나.
> 교사: 기후변화가 해수면의 변화를 가져오고, 침식기준면도 변화시켜 하천의 침식작용에 커다란 영향을 주지. ㉡그 결과 다양한 지형이 발달하는 것을 알겠니?
> 학생 A: 대충은 알 것 같은데……. 잘 모르겠어요.
> 학생 B: 저는 모르겠어요.
> 교사: 그러면 내가 신생대 제4기의 기후 변화와 지형형성작용에 대해 설명해 줄게.
> ㉢(교사가 신생대 제4기를 모식적으로 제시하는 시각 자료와 일상에서 볼 수 있는 경관 사진을 보여 주면서 해수면의 변화가 지형형성작용에 어떤 영향을 주는지 설명한다.)
> 학생 A: ㉣이제 신생대 제4기 지형형성작용에 대해 알 것 같아요.
> 학생 B: 저도 이제 조금은 알 것 같아요.

① ㉠과 ㉡은 비계설정(scaffolding)을 위해 학생의 현재 발달 수준을 진단한 것이다.

② ㉣로 보아 ㉢은 학생 A의 현재 발달 수준과 잠재적 발달 수준 사이에서 이루어졌음을 알 수 있다.

③ 학생 A가 교사와 대화를 나누면서 이해한 것처럼, 학습자는 언어를 통한 사고와 반성으로 지식을 구성한다.

④ 교사와 학생 A, B의 대화를 볼 때, 학생 A보다 학생 B에게 더 상세한 비계를 제공할 필요가 있다.

⑤ 지리수업 과정에서 제시하는 개념은 학생의 현재 개념 수준에서 스스로 해결할 수 있는 수준으로 제시하는 것이 좋다.

4. [수업 A]와 [수업 B]에 대한 설명으로 옳은 것을 〈보기〉에서 고른 것은?

(2011학년도 중등임용 지리 1차 5번)

> **[수업 A]**
> (가) 학생들은 ○○도에 위치한 도시의 인구 순위별 규모 그래프를 작성한다.
> (나) 학생들은 우리나라 도시의 인구 순위별 규모 그래프를 작성한다. 다른 나라 도시의 인구 순위별 규모 그래프를 작성하는 활동을 반복한다.
> (다) 학생들은 (가), (나) 단계를 통해 도시의 순위와 규모 간의 패턴을 파악한다.
>
> **[수업 B]**
> (가) 학생들은 저차중심지에서 고차중심지로 갈수록 중심지 간의 거리가 멀고, 배후지가 넓게 나타남을 교사의 설명으로 이해한다.
> (나) 학생들은 중심지의 규모와 분포를 나타내는 지도를 통해 중심지의 규모별 간격 및 배후지의 크기를 파악한다.

〈보 기〉

> ㄱ. [수업 A]는 '일반화 → 추론 → 사실 관찰'의 순으로 진행되었다.
> ㄴ. [수업 A]는 학생들이 단계에 따라 일정한 결과를 얻을 수 있도록 교사에 의해 미리 구조화되었다.
> ㄷ. [수업 B]는 개별 사례들의 분석을 통해 일반화를 도출하는 귀납적 수업 모형이다.
> ㄹ. [수업 B]는 학생들이 새로운 정보를 해석하는 데 기준이 되는 지적인 비계를 먼저 제시하였다.

① ㄱ, ㄴ ② ㄱ, ㄷ ③ ㄴ, ㄷ ④ ㄴ, ㄹ ⑤ ㄷ, ㄹ

5. 김 교사는 한국지리 교과서의 '인구'와 '도시' 단원에서 서로 관련되는 내용을 재구성한 수업을 계획하고 있다. (가)와 (나)는 김 교사가 수업에 사용할 자료로서, (가)는 한국지리 교과서에 수록된 지도이며, (나)는 어느 문학작품에서 발췌하여 만든 카드 묶음이다. 이를 읽고 물음에 답하시오. **[35점]** (2011학년도 중등임용 지리 2차 1번)

(가)

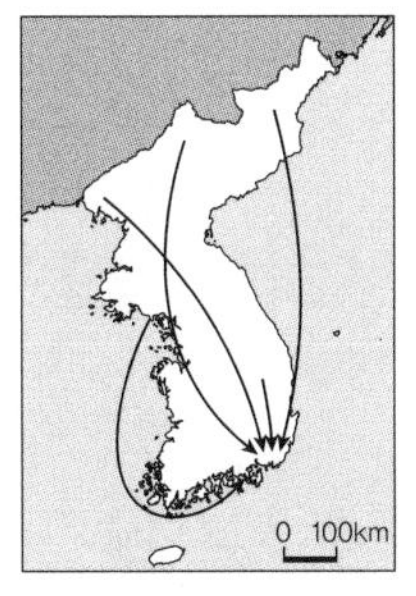

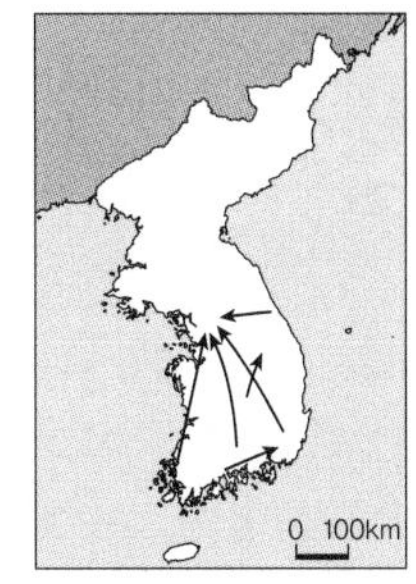

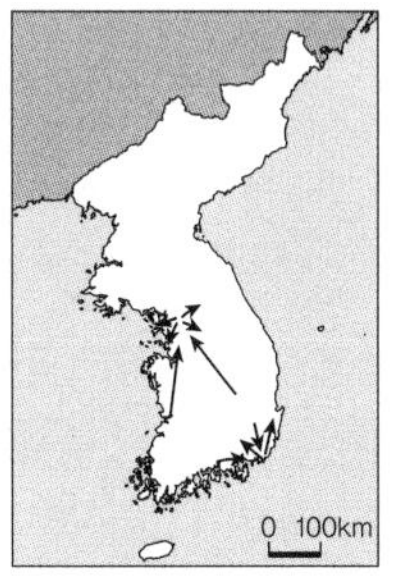

(나)

A 광이부리말에는 이제 충청도, 전라도에서 한밤중에 괴나리봇짐을 싸거나 조그만 용달차에 짐을 싣고 온 이농민들이 밀려오기 시작했다. 일자리를 찾아 도시로 온 이농민들은 돈도 없고 마땅한 기술도 없어 괭이부리말 같은 빈민 지역에 둥지를 틀었다. 판잣집이라도 얻을 돈이 있는 사람은 다행이었지만, 그나마 전셋돈마저 없는 사람들은 괭이부리말 구석에 손바닥만한 빈 땅이라도 있으면 미군부대에서 나온 루핑이라는 종이와 판자를 가지고 손수 집을 지었다. 집 지을 땅이 없으면 시궁창 위에도 다락집을 짓고, 기찻길 바로 옆에도 집을 지었다. 그리고 한 뼘이라도 방을 더 늘리려고 길은 사람들이 겨우 다닐 만큼만 내었다. 그래서 괭이부리말의 골목은 거미줄처럼 가늘게 엉킨 실골목이 되었다.

B 괭이부리말은 인천에서도 가장 오래된 빈민 지역이다. 지금 괭이부리말이 있는 자리는 원래 땅보다 갯벌이 더 많은 바닷가였다. 괭이부리말에 사람들이 모여 살기 시작한 것은 인천이 개항하고 난 뒤부터이다. 개항 뒤 밀려든 외국인들에게 삶의 자리를 빼앗긴 철거민들이 괭이부리말로 들어와 갯벌을 메우고 살기 시작했다. 일본 식민지 정부는 항구가 가까운 만석동에다 공장을 많이 세웠다. 밀가루 공장, 옷 공장, 목재 공장, 그리고 태평양 전쟁을 치르려고 만든 조선소와 커다란 창고가 들어섰다. 그러자 가난한 식민지 노동자들이 일자리를 찾아 괭이부리말로 꾸역꾸역 모여들었다.

C 세월이 가고, 남보다 열심히 일하거나 운이 좋은 사람들은 돈을 모아 괭이부리말을 떠났다. 괭이부리말에 남은 이들은 여전히 가난한 사람들이었다. 괭이부리말도 점점 도로를 낸다, 주거 환경을 개선한다 하면서 기찻길 옆의 판잣집들이 철거되었다. 시궁창이 복개되면서 시궁창 옆의 판잣집들도 사라졌다. 절대로 아파트 같은 건 생기지 않을 것 같던 괭이부리말 근처에도 아파트 공사가 시작되었다. 괭이부리말이 부자가 되어서 변하게 된 것이 아니라, 이제 도시 전체가 찰 대로 다 차 근처까지 아파트를 짓지 않으면 안 될 지경이 된 것이다. 괭이부리말은 큰길과 이어진 동네 어귀부터 변하기 시작했다. 판잣집들이 헐리고 상자곽 같은 빌라들이 들어서기 시작했다.

D 전쟁이 막바지에 이를 무렵인 1·4후퇴 때 황해도에 살던 사람들이 고기 잡던 배를 타고 괭이부리말로 피난을 왔다. 전쟁만 끝나면 곧 돌아가려고 피난민들은 바닷가 근처에 천막을 치고 살았다. 그러나 전쟁이 끝났어도 고향으로 돌아갈 수는 없었다. 배를 가지고 피난 온 사람들은 할 수 없이 인천 앞바다에서 고기잡이를 하며 살게 되었고, 몸만 달랑 도망쳐 온 사람들은 미장이나 목수가 되어 부둣가에서 품을 팔았다. 여자들은 아기를 둘러업고 영종도나 덕적도에 가서 굴도 캐고 동중과 바지락도 캐다가 머리에 이고 팔러 다녔다.

5-1. 김 교사는 학생들에게 (가)를 설명한 후 (나)를 나누어 주고 카드를 맞게 배열하도록 하였다. 이 수업 과정에서 (가)의 역할을 설명하고, (가)를 토대로 (나)를 학습의 순서에 맞게 배열한 후 그 준거를 제시하시오. 그리고 적합한 '수업 주제'와 '수업목표'를 각각 두 가지 진술하고, 이를 바탕으로 '주요 학습 요소(용어)'를 A와 C에서 각각 두 가지만 선정하여 제시하시오. **[20점]**

5-2. (가)와 (나)를 통해 기를 수 있는 지리적 의사소통 능력을 각각 설명하고, (나)를 활용하여 달성할 수 있는 지리교육의 내재적 목적을 두 가지만 제시하고 설명하시오. **[15점]**

6. 중학교에서 지리를 담당하는 김 교사는 중학교 1학년 학생들의 지리교과와 관련된 공간인지의 발달 상태를 조사하였다. 조사한 어느 학생의 인지 상태는 다음과 같았다.

(2007학년도 중등임용 지리 6번)

> 학생은 자신으로부터 연결되는 고정된 지표물을 중심으로 공간을 파악하며, 자기 자신과 경험에 의하여 연결된 지표물이 다른 (가)장소나 공간을 파악하는 중요한 틀이 되며, 자신과 이 지표물로 연결된 통로가 공간인지를 확장하는 중요한 근거가 된다.

이 학생의 인지 상태는 하트와 무어(R. Hart & G. Moore)에 따르면 어떤 단계인지를 쓰고, 이 단계에 상응하는 피아제(J. Piaget)의 공간인지발달 단계는 어떤 것인지를 적고, (가)를 지칭하는 용어를 쓰시오. **[4점]**

- 인지 상태의 단계: ______________________
- 피아제의 단계: ______________________
- 용어: ______________________

7. 강 교사는 '생활 공간의 형성과 변화' 단원을 가르치고 난 뒤, 학생들이 개념들을 학습한 결과에 대해 다음과 같이 정리하였다. (2007학년도 중등임용 지리 7번)

> 학생들은 자동차, 도로 등과 같은 (가)관찰할 수 있는 개념들을 알고 있었으며, 이를 토대로 하여 교통망, 교통량, 거리마찰과 같은 구체적인 개념들을 파악하고, 이를 바탕으로 일반성이 높고 중심적인 개념인 (   )에 대해 이해하고 있었다.

위의 내용을 토대로 지리개념학습의 일반적 원리를 수준과 순서를 고려하여 하나의 문장으로 진술하시오. 그리고 (가)와 같은 개념들 중 육안으로 직접 관찰하기 힘들 경우, 이를 학습하기 위해 지리수업에서 사용할 수 있는 시각적 매체를 적고, (　　)에 들어가기에 적합한 지리개념을 1가지만 쓰시오. **[4점]**

• 원리: ____________________

____

• 매체: ____________________

• 개념: (____________________)

8. 손 교사는 지형 단원의 도입 수업을 통해 학생들에게 매우 높은 수준의 추상성, 일반성, 포괄성을 지닌 개념 틀을 제시하는 것이 중요하다고 판단하였다. 이에 손 교사는 PPT로 작성한 개념도와 대표적인 분지 지형 슬라이드를 보여 주면서 아래 제시된 내용을 설명하였다. 이와 같이 본 차시 학습에 앞서 제시한 개념 틀을 오수벨(D. Ausubel)이 지칭한 용어로 쓰시오. 그리고, 오수벨의 수업 모형 2단계와 3단계를 각각 간략하게 쓰시오. **[3점]** (2006학년도 중등임용 지리 2번)

우리나라는 산지가 많아 대부분의 취락이 분지 내에 발달해 있다. 분지에는 규모에 따라서 촌락, 소도시, 대도시 등이 발달한다. 소규모 분지는 대부분 농경지로 이용되고 있다. 중규모 분지에는 중심부에 시가지가 있고, 외곽에 농경지가 분포한다. 그리고 대규모 분지에는 서울과 같은 대도시가 자리 잡고 있다.

• 용어: ____________________

• 2단계: ____________________

____

• 3단계: ____________________

9. 아래 표에서 (가)는 구체적인 사례를 관찰하고 대조함으로써 학습이 이루어지는 개념들인 반면, (나)는 구체적인 사례와는 거리가 먼 개념들이다. (나)와 같은 개념들을 가네(R. Gagné)가 지칭한 용어로 쓰시오. 그리고 (나) 개념들을 귀납적 방법으로 수업하기 어려운 이유를 20자 이내로 설명하시오. **[2점]** (2006학년도 중등임용 지리 5번)

(가) 개념	(나) 개념
가옥 구조, 도로, 다목적 댐, 하안단구, 해안단구, 돌리네, 자연제방, 배후습지	인구밀도, 출생률, 사망률, 상대습도, 입지계수, 대륙도, 인구부양비, 자연증가율

• 용어: ______________________________

• 이유: ______________________________

____

10. 고등학생 민호와 나영이는 여름 방학 때 평야 지형 관찰에 대한 수행 평가 과제를 작성하기 위하여 경상남도 사천시 삼천포항 부근의 와룡산 일대를 가 보았다. 이곳을 선상지라고 배웠던 기억이 났기 때문이다. 그런데 민호는 문득 한국지리 수업 시간에 '선상지는 하천 상류에 형성되는 퇴적 지형'이라고 배웠던 기억이 떠올랐다. (2006학년도 중등임용 지리 10번)

> 민호: 아니? 이곳은 하천 하류인데 왜 삼각주가 안보이고 선상지가 나타나지? 이곳은 선상지가 아닌가 봐! 그러면 이곳 말고 다른 지역을 찾아보지 않을래?
> 나영: 지난 빙기 때에는 해수면이 하강하였기 때문에 남해안 일대가 육지였다고 했었지. 그렇다면 이곳이 지금은 하류이지만 그 시기에는 상류였지 않을까? 만약 그 시기에 형성된 것이라면 선상지라고 판단해도 될 것 같은데…….

민호와 나영이의 대화 과정에서 두 학생의 사고 과정을 피아제(Piaget)의 동화(assimilation)와 조절(accommodation) 개념을 적용하여 이해하고자 한다. 두 학생은 동화와 조절의 어느 경우에 해당하는지 쓰고, 그에 해당하는 대화 내용을 요약하여 쓰시오. **[4점]**

• 민호의 경우: (   ) ______________________________

____

• 나영의 경우: (   ) ______________________________

____

문항 분석: 평가 요소 및 정답 안내

1번 문항

- 평가 요소: 오수벨의 설명식 수업(유의미 언어학습)
- 정답: ④
- 답지 해설: ①에서 선행조직자는 (나)이며, ②의 설명은 조절에 해당되며, ③에서 설명하고 있는 것은 (가)이며, ⑤는 통합 조정의 원리로 인지구조의 강화에 해당된다. 그리고 오수벨의 설명식 수업은 연역적 추리이며, 귀납적 추리에 해당되는 것은 브루너의 발견학습이다.

2번 문항

- 평가 요소: 피아제의 인지발달이론과 비고츠키의 사회문화이론
- 정답: ③
- 답지 해설: ③은 또 다시 인지적 갈등을 유발하는 과정이다.

3번 문항

- 평가 요소: 비고츠키의 사회문화이론
- 정답: ⑤
- 답지 해설: ⑤가 정답이 되려면, 현재 개념 수준이 아니라, 현재 발달 수준을 넘어서는 잠재적 발달 수준(근접발달영역) 내에서 도움을 받아 해결할 수 있는 수준으로 제시해야 한다.

4번 문항

- 평가 요소: [수업 A] 귀납적 추리/[수업 B] 연역적 추리
- 정답: ④
- 보기 해설: ㄱ에서 [수업 A]는 귀납적 추리(사실–추리–일반화)이며, ㄷ에서 [수업 B]는 연역적 추리(일반화–사실)이므로 틀린 설명이다.

5–1번 문항

- 평가 요소: 학습이론/카드 배열/수업 주제, 수업목표, 수업 요소
- 정답: (가)의 역할은 선행조직자, 지적 비계, 모델화된 시범, 줌아웃, 조형(shaping) 등의 역할을 하는데, 선행조직자가 가장 근접한 것 중의 하나라고 할 수 있다. (나)는 B(일제강점기) – D(6.25 전쟁) – A(이촌향도) – C(역도시화) 등 시기별 인구이동 순으로 나열할 수 있다.

5–2번 문항

- 평가 요소: 지리적 의사소통 능력/내재적 목적

• 정답: (가)는 그래프로 도해력, (나)는 텍스트로 문해력과 관련이 깊다. (나)는 내러티브 자료로서 이를 활용하여 달성할 수 있는 내재적 목적으로는 '지리적 상상력', '장소감' 등 지리교과의 내재적 목적을 기술하면 된다.

6번 문항

• 평가 요소: 공간인지발달 단계
• 정답: 고정된 준거체계를 가지는 투영적 단계/구체적 조작기/준거체계

7번 문항

• 평가 요소: 관찰에 의한 개념과 정의에 의한 개념
• 정답: 구체적인 개념에서 시작하여 추상적인 개념으로 위계적으로 학습한다./사진, 슬라이드, 영상 등/공간적 상호작용, 공간결합, 공간구조, 공간조직 등

8번 문항

• 평가 요소: 오수벨의 유의미 학습이론/설명식 교수
• 정답: 선행조직자/학습자료의 제시/인지구조의 강화

9번 문항

• 평가 요소: (가)관찰에 의한 개념/(나)정의에 의한 개념
• 정답: 정의에 의한 개념/관찰이 어려운 추상적 개념으로서 구체적 사례를 통해 일반화할 성질의 것이 아니다.

10번 문항

• 평가 요소: 피아제의 인지발달이론
• 정답: 동화–선상지는 하천 상류에 나타나므로 이곳 하천 하류에 나타나는 것은 선상지가 아니다./조절–빙기 때 해수면이 하강하여 이곳은 상류에 해당하기 때문에 선상지라고 판단할 수 있다.

제5장

지리학습

1. 학습 스타일
   1) 학습 스타일 파악의 중요성
   2) 콜브의 학습 스타일
   3) VAK 학습 스타일
   4) 가드너의 다중지능이론
   5) 개별화 학습/교육과정차별화

2. 지리적 지식
   1) 지식이란 무엇인가?
   2) 선언적 지식, 조건적 지식, 절차적 지식
   3) 명제적 지식과 방법적 지식
   4) 명시적 지식과 암묵적 지식
   5) 신 교육목표분류학과 지식의 유형
   6) 사회적 실재론과 지식: 강력한 지식으로서 학문적 지식
   7) 실체적 지식과 구문론적 지식

3. 지리적 사고력
   1) 사고력의 의미와 유형
   2) 지리적 사고력의 유형
   3) 공간적 사고
   4) 관계적 사고
   5) 통합적/융합적 사고
   6) 전이와 메타인지
   7) 비판적 사고와 창의적 사고

4. 지리적 개념
   1) 개념이란 무엇인가?
   2) 개념의 분류 및 유형
   3) 개념도
   4) 오개념

5. 지리적 기능 및 역량
   1) 지리적 의사소통 능력
   2) 도해력/비주얼 리터러시
   3) 문해력과 구두표현력
   4) 수리력
   5) 슬레이터의 기능 분류: 지적 기능, 사회적 기능, 실천적 기능
   6) 사고기능과 사회적 기능
   7) 역량

1. 학습 스타일

1) 학습 스타일 파악의 중요성

> 학습…, 즉 효과적인 활동은 학습자들에게 선행 경험을 끌어와서 현재의 경험을 이해하고 평가할 수 있게 한다. 그리하여 학습자는 미래의 행동을 형성하고 새로운 지식을 구축할 수 있게 된다(Abbott, 1994).

지리교사는 학습자의 특성뿐만 아니라 학습자의 특성이 학습의 과정과 결과에 어떠한 영향을 주는지에 대해 더 많이 고려해야 한다. 학생의 학습 방법이 그들의 지리학습에 어떻게 영향을 줄 수 있는지를 탐색하는 것도 중요하다. 학생들은 모두 동일한 방식으로 학습하지 않는다. 학생들은 각자 자신의 경험에 비추어 지리를 학습하는 가장 성공적인 방법이 무엇인지를 구체화할 수 있다. 즉 학생들은 자신들이 가장 효과적으로 반응했던 수업 유형, 교수 전략, 학습 활동을 구체화할 수 있다. 학습자의 상이한 학습 스타일에 대한 중요성은 많은 방법으로 연구되었다.

지리교사들은 자신 나름대로의 교수 스타일과 전략을 발달시킬 필요가 있다. 교사들은 상이한 학습의 결과를 성취할 수 있고, 상이한 학습의 스타일 또는 과정을 촉진하며, 상이한 학생들이 학습하는 다양한 방법에 반응할 수 있는 다양한 전략을 사용한다. 일련의 교육학자들은 특정 학습방법에 대한 학습자들의 선호를 기술하기 위해, 상이한 학습 스타일을 구체화하려고 시도했다.

이런 학습 스타일의 유형 분류는 학생들이 가장 잘 학습할 수 있는 상이한 방식이 있음을 보여 준다. 학습 스타일의 유형을 분류하는 목적은 학생들이 학습하는 다양한 방법들을 기술하는 것이지, 그들의 학습 능력을 평가하는 것이 아니다. 어떤 유형의 학습 스타일이 다른 유형의 학습 스타일보다 뛰어난 것이라고 말할 수는 없다. 각각의 학습 스타일은 장점과 단점을 가지고 있다. 실제로 대부분의 학생들은 이런 학습 스타일의 유형 중에서 단지 하나만을 따르는 것이 아니라, 이런 방법들의 조합을 통해 학습한다. 그리고 학생들은 종종 교과에 따라, 장소와 시간에 따라 다른 학습 스타일을 선호할 것이다.

이론적으로 교사는 학생들로 하여금 그들이 가지고 있는 상이한 학습 스타일에서 가장 잘 작동할 수 있는 능력을 발달시킬 수 있도록 지원함으로써, 더 유능하고 다재다능한 학습 능력을 가진 학습자가 되도록 도와줄 수 있다. 그러나 교사들이 모든 수업에서 학생들 각각의 모든 학습 스타일에 맞출 수는 없다. 따라서 지리교사들은 그들이 계속해서 가르쳐 오고 있는 지리수업이 모든 학생들에게 그들이 익숙해 하는 방법으로 학습할 수 있는 기회를 제공하고 있는지를 반성해야 한다. 또한 개별 학생들이 지리를 학습하는 상이한 방법을 고찰한다면, 지리교사들은 학습자로서의 학생들에 관해 더 많은 것을 발견할 수 있다.

교사는 학생들이 상이한 학습 스타일에 대해 인식하도록 하고, 자신이 가장 잘 학습할 수 있는 방법에 대해 고찰하도록 해야 한다. 이것은 학생들로 하여금 자신의 학습, 기능, 특별한 장점에 관해 성찰하도록 할 수 있다. 그렇게 될 때, 학생들은 상이한 정보와 상황에 효과적으로 대응할 수 있는 기능을 발달시킬 수 있고, 자신의 학습에 대해 더 많은 책임감을 가질 수 있다. 교사는 학생들이 다양한 방식으로 학습할 뿐만 아니라 다양한 학습 기능을 사용할 수 있는 훌륭하고 다재다능한 학습자가 되도록 도와주어야 한다.

교사들은 학생들이 학습하는 다양한 방법을 고찰함으로써, 학생들이 학습하는 상황 또는 맥락에서 그들에게 도움을 줄 수 있는 가장 적절한 전략을 효과적으로 선택할 수 있다. 빅스와 무어(Biggs and Moore, 1993: 310)는 이런 학습 스타일에 대한 검토는 중요하다고 주장한다.

> 교사들은 학생들이 학습을 하는 유일한 하나의 방법이란 존재하지 않는다는 것을 인식해야 한다. 즉 어떤 방법은 다른 방법들보다 더 효과적이다. 교사들에게는 학생들이 가장 바람직한 방법으로 학습할 수 있는 기회를 최적화하는 것이 가장 중요하다(Briggs and Moore, 1993, 310).

지리교사는 학생들이 능동적으로 활동에 참여할 수 있도록, 그들이 지리를 학습하는 과정에 더욱 주의를 기울일 필요가 있다. 그렇게 될 때 학생들은 보다 깊이 있는 학습을 할 수 있다.

2) 콜브의 학습 스타일

콜브(Kolb, 1976)는 학습자들이 선호하는 학습 방법을 기술하기 위해 4가지 유형의 학습 스타일 목록(Learning Style Inventories)을 고안했다. 이런 학습 스타일의 유형은 허니와 멈포드(Honey and Mumford, 1986)를 비롯하여 많은 다른 학자들에 의해 채택되어 발전되었다(표 5-1).

콜브가 분류한 4가지의 학습 스타일을 지리와 연관지어 사례로 제시하면 다음과 같다.

먼저, 동화자는 지리 정보를 추상적으로 인식하고 이를 신중하게 처리하기를 좋아한다. 동화자는 개별적인 지리적 현상을 관찰하여 이를 통합하는 데에도 뛰어나며 이론적 모형을 만드는 능력이 탁월하다는 장점이 있다. 동화자는 달리 말하면, 분석적 학습자다.

둘째, 조절자는 지리 정보를 구체적으로 인식하고 이를 적극적으로 처리하는 것을 좋아한다. 동화자의 강점은 무엇인가를 행하는 데에서 발휘된다. 특히 조절자는 새로운 경험 속에 자신을 관여시키고 위험을 무릅쓰는 경향이 있으며 시행착오를 통해 문제를 해결하기를 좋아한다. 동화자는 따라서 역동적인 학습자이다.

셋째, 수렴자는 지리 정보를 추상적으로 인식하고 이를 신중하게 처리하기를 좋아한다. 수렴자는 생각을 실제로 응용하는 데 탁월하다는 장점이 있다. 따라서 의사결정 능력과 문제해결 능력이 뛰어나다. 수렴자는 달리 말하면 조직적·상식적 학습자이다.

마지막으로, 확산자는 지리 정보를 구체적으로 인식하고 이를 신중하게 처리하기를 선호한다. 확

표 5-1. 학습 스타일의 유형

조절자(역동적인 학습자)	확산자(상상력이 뛰어난 학습자)
• 자기주도적, 창의적 • 위험과 변화를 겪는 것을 좋아함 • 새로운 상황에 흥미 있어 하고 잘 적응함 • 호기심이 많고 조사하는 것을 좋아함 • 창의적이고, 실험을 좋아함 • 진취성을 보여 줌 • 문제해결자 • 다른 사람을 참여시킴 • 다른 사람들의 의견과 느낌을 구함 • 충동적이고, '서두를 수 있음' • '시행착오'를 겪고, 본능적인 반응을 함 • 지원(도움) 네트워크에 의존함	• 상상력이 풍부하고 창의적임 • 유연하고, 많은 대안들을 볼 수 있음 • 다채로움(공상을 사용함) • 통찰을 사용함 • 새로운/상이한 상황에서 자신을 상상하는 데 익숙함 • 서두르지 않고, 격식을 차리지 않으며, 친절함 • 갈등을 피함 • 다른 사람들에게 귀기울이고, 아이디어를 소수의 사람들과 공유함 • 모든 감각을 사용하여 해석함 • 귀기울여 듣고, 관찰하고, 질문을 함 • 민감하고, 감성적이며, 감정이 풍부함 • 준비될 때까지 서두르지 않음
수렴자(상식적인 학습자)	**동화자(분석적인 학습자)**
• 조직적이고, 질서정연하며, 구조적임 • 실천적이고, '실제적 행위(hands-on)' • 세심하고 정확함 • 아이디어를 문제해결에 적용함 • 새로운 상황을 검증하고 그 결과를 평가함으로써 학습함 • 이론을 유용하게 만듦 • 목적을 충족시키기 위해 추론을 사용함 • 훌륭한 탐정 기능, 즉 '검색과 해결' 기능을 가지고 있음 • 상황을 관리하는 것을 좋아함 • 자기주도적으로 행동하고, 그리고 나서 피드백을 받음 • 사실적인 데이터와 이론을 사용함	• 논리적이고 구조적임 • 지적이고, 학문적임 • 읽기와 조사하기를 좋아함 • 평가적이고, 훌륭한 종합자임 • 사색가이고 토론자임 • 정확하고, 철저하며, 신중함 • 조직적이고, 계획을 따르는 것을 좋아함 • 경험을 이론적 맥락에 두는 것을 좋아함 • 과거의 경험들을 찾아 그것으로부터 학습을 추출함 • 천천히 반응하고 사실을 원함 • 개연성을 추정함 • 너무 감성적이게 되는 것을 피함 • 종종 경험을 기록하여 그것을 분석함

(Kolb, 1976; Fielding, 1992)

산자의 가장 큰 강점은 지리적 상상력을 발휘하는 데 있다. 확산자는 다양한 관점으로부터 구체적인 상황을 바라보는 능력이 탁월하다. 확산자는 상상력이 뛰어난 학습자이다.

3) VAK 학습 스타일

앞에서도 언급했지만 학습 스타일에 따른 교수에 대해서는 상이한 관점이 있다. 그럼에도 불구하고 학습 스타일에 대한 고려는 교사의 교수에 다양성을 부가할 수 있다. 학습 스타일의 또 다른 분류 방식으로 VAK 학습 스타일이 있다. 이는 표 5-2와 같이 학습자의 학습 스타일을 시각적 학습자(visual learners), 청각적 학습자(auditory learners), 운동기능적 학습자(kinaesthetic learners)로 분류한다.

일부 학교들은 학생들의 학습 스타일에 관한 정보를 가지고 있지만, 교사들 또한 학습자의 학습 스타일을 관찰이나 표 5-3과 같은 간단한 설문지를 사용하여 발견할 수 있다. 그러나 이와 같은 조사는 신중하게 다루어져야 한다.

교사는 이러한 학습 스타일의 관점을 고려하여 학습 자료 및 정보를 선택하고 표현하는 것이 중요하다. 앞에서도 언급했지만 모든 학습자들은 학습 스타일을 결합하여 사용하지만, 많은 학습자들은 하나의 학습 스타일에 강한 선호를 보인다. 지니스(Ginnis, 2002)에 의하면, 일반적으로 사람들의 29%는 비주얼 학습자이고, 37%는 운동기능적 학습자이며, 34%는 청각적 학습자이다. 학생들이 상이한

표 5-2. VAK 학습 스타일의 주요 특성들

- **시각적(Visual: V) 학습자들은 보는 것으로부터 학습한다.** 시각적 학습자들은 쓰여진 단어들을 읽고 보고 반복해서 씀으로써 기억하는 것을 선호한다. 그들은 그림을 통해 사고할 수 있고, 지도, 다이어그램, OHP, 잘 묘사된 교과서들, 비디오로부터 잘 배울 수 있다. 이러한 학습자들은 수업의 내용을 완전히 이해하기 위해서는 교사의 신체언어와 얼굴 표정을 볼 필요가 있으며, 비주얼 장애물을 피하기 위해 교실 앞에 앉는 것을 선호할 수 있다. 비주얼 학습자들은 종종 정보를 흡수하기 위해 상세하게 노트하는 것을 선호하며, 만약 그들이 지루하게 된다면, 그들은 주위를 둘러보거나 뭔가를 끼적거리거나 어떤 다른 것들을 본다.
- **청각적(Auditory: A) 학습자들은 듣는 것으로부터 학습한다.** 청각적 학습자들은 교사들에게 귀기울여 듣는 것을 선호하고 어떤 것에 관해 이야기하는 것을 좋아한다. 그들은 종종 매우 유창하게 그리고 논리적 순서로 이야기하며, 단어들을 큰 소리로 반복함으로써 기억한다. 학생들은 토론하고, 무언가를 이야기하며, 다른 사람들이 말하는 것을 들음으로써 가장 잘 학습하고, 쓰여진 정보는 그것이 들려지기 전까지는 아무 의미를 가지지 못한다. 이러한 학습자들은 종종 텍스트를 크게 읽거나 테이프 레코더를 사용함으로써 이익을 얻는다.
- **운동기능적(Kinaesthetic: K) 학습자들은 이동하고, 행하고, 만져봄으로써 학습한다.** 운동기능적 학습자들은 참여하고 무언가를 시도하고, 손으로 움직이는 접근을 통해 가장 잘 배운다. 그들은 천천히 말할 수 있고, 많은 손 동작을 사용할 수 있다. 그들은 무언가를 반복하여 행함으로써 기억한다. 그들은 오랫동안 앉아 있는 것이 어렵다는 것을 발견할 수 있으며, 활동을 위한 그들의 요구에 의해 산만하게 될 수도 있다.

(Ferretti, 2007)

방식으로 학습한다는 것을 이해하는 것은 중요하며, 그러므로 이것을 지원하기 위한 다양한 자료와 교수 전략을 사용하는 것 또한 중요하다. 그러나 가장 성공적인 학생들은 다양한 방식으로 정보에 접근할 수 있는 사람이라는 것을 명심할 필요가 있다. 그러므로 교사들은 학생들이 항상 선호하는 학습 스타일로만 활동하도록 해서는 안 되며, 더 유연하고 보다 전방위 학습자가 되도록 상이한 학습 스타일의 발달을 격려해야 한다.

베스트(Best, 2011)에 의하면 학생들은 단 하나의 학습 스타일을 가지고 있다기보다는 오히려 선호하는 학습 스타일을 가지고 있으며, 단지 한 방식으로만 학습하는지는 않는다(예를 들면, 모든 학생들이 선호하는 학습 스타일은 아닐지라도 어느 정도는 청각적인 경로를 통해 학습할 수 있음에 틀림없다). 그리고 학습 선호는 고정된 것이 아니라 발전할 수 있다. 따라서 교사들은 학생들이 모든 학습 스타일을 발달시킬 수 있도록 돕기 위해 모든 것을 수행해야 한다. 그렇게 될 때 학생들은 더욱더 세련된 개인이 된다.

이러한 학습 스타일은 VAK 3가지에 한정되는 것이 아니며, 학습자들은 일련의 다른 요소들에 따라 학습에 대한 선호를 가질 수 있다. 예를 들면, 전체적/부분적 학습자, 분석적 학습자 또는 상상력을 통한 학습자 등이 있을 수 있다. 따라서 지리교사의 핵심적인 역할은 학생들이 가능한 한 폭넓은 학습선호를 어떻게 발달시킬 수 있는지를 구체화하는 것이다.

특히 지리는 다양한 학습경험을 제공하기에 매우 이상적인 교과이다. 프레티(Ferretti, 2007)는 표

표 5-3. 학생들과 함께 사용하기 위한 VAK 설문지

당신은 어떤 감각으로 학습하기를 선호하는가?			
상황: 당신이 …할 때?	당신이 선호하는 행동의 코스: 당신은…?		
	시각적(Visual)	청각적(Auditory)	운동기능적(Kinaesthetic)
단어를 쓸 때	단어를 시각화하려고 한다(단어가 정확히 보이는가?).	단어를 듣는다(단어가 정확히 들리는가?).	단어를 쓴다(단어가 정확히 느껴지는가?).
집중할 때	단정치 못한 것에 의해 가장 산만해짐	소음에 가장 산만해짐	소음 또는 육체적 장애에 가장 산만해짐
좋아하는 예술 유형을 선택할 때	미술	음악	댄스/조각
누군가에게 보상할 때	노트에 있는 그들의 활동에 관해 칭찬을 쓰는 경향이 있음	그들에게 말로 칭찬하는 경향이 있음	그들의 등을 토닥거리는 경향이 있음
대화할 때	매우 빠르게 말하지만, 쓸모없는 대화를 제한되게 한다. 많은 이미지를 사용한다. 예를 들면, '그것'은 건초더미에서 바늘 찾기야.	약간의 주저함과 명료한 말투와 함께, 논리적 순서로 일정한 속도로 유창하게 대화한다.	많은 손동작을 사용하고, 행동과 느낌에 관해 이야기하며, 보다 긴 침묵과 함께 훨씬 느리게 말한다.

사람을 만날 때	대개 그들의 생김새/배경을 기억한다.	대개 이야기한 것/그들의 이름을 기억한다.	대개 그들과 함께했던 것/그들의 감성을 기억한다.
영화, TV를 보거나 소설을 읽을 때	장면/사람들이 어떤 모습인지를 가장 잘 기억한다.	이야기한 것/음악의 사운드를 가장 잘 기억한다.	발생했던 것/등장인물의 감성을 가장 잘 기억한다.
휴식을 취할 때	일반적으로 읽기/TV를 선호한다.	일반적으로 음악을 선호한다.	일반적으로 게임, 스포츠를 선호한다.
누군가의 기분(분위기)을 해석하려고 할 때	주로 그들의 얼굴 표정을 주목한다.	그들의 목소리 톤에 주의를 기울인다.	몸동작을 본다.
무언가를 회상할 때	본 것/사람들의 얼굴/사물의 모습을 기억한다.	이야기한 것/사람들의 이름/농담을 기억한다.	수행한 것/그것이 어떤 느낌이었는지를 기억한다.
무언가를 기억할 때	무언가를 반복해서 씀으로써 기억하는 것을 선호한다.	단어를 크게 소리내어 반복하여 읽음으로써 기억하는 것을 선호한다.	무언가를 반복해서 행함으로써 기억하는 것을 선호한다.
옷을 선택할 때	옷이 어떤 모양이며, 옷이 잘 어울리는지, 그리고 색깔에 의해 거의 전적으로 선택한다.	브랜드, 옷들이 무엇을 '말'하는지에 많은 관심을 기울인다.	주로 옷들이 어떤 느낌인지, 편안함, 질감 등에 관해 주로 선택한다.
화가 날 때	침묵하고 속을 끓인다.	화를 밖으로 폭발시킨다.	호통치며 말하고, 주먹을 꽉 쥐며, 사물을 던진다.
활동하지 않을 때	뭔가를 둘러보고, 끼적거리며, 유심히 본다.	자신에게 또는 다른 사람에게 말한다.	꼼지락거리고, 걸어다닌다.
자신을 표현할 때	종종 다음과 같은 구절을 사용한다. 나는 본다/나는 상황을 이해한다(get the picture)/이것에 관한 해결의 빛을 던집시다(Let's shed some light on this)/나는 그것을 묘사할 수 있다(I can picture it).	종종 다음과 같은 구절을 사용한다. 좋아(That sound right)/듣고 있어(I hear you)/생각이 난다(That rings a bells me)/갑자기 딱 분명해졌어(It suddenly clicked)/반가운 소리네(That's music to my ears).	종종 다음과 같은 구절을 사용한다. 맞는 말이야(That feels right)/답을 찾고 있어(I'm groping for an answer)/나는 그것을 파악했어(I've got a grip on it)/구체적인 예가 필요해(I need a concrete example).
사업차(일로) 사람을 접촉할 때	면대면 접촉을 선호한다.	전화에 의존한다.	걷거나 먹는 동안에 일에 관해 이야기하는 것을 선호한다.
학습할 때	단어, 삽화, 다이어그램을 읽고 보며, 그것을 스케치하는 것을 선호한다.	강의에 참석하여 듣고, 강의에 대해 이야기하는 것을 좋아한다.	몰두하고, 손을 움직이며, 그것을 시험해 보고, 노트를 기록하는 것을 좋아한다.
새로운 물건을 조립할 때	먼저 다이어그램을 본다./지시사항을 읽는다.	먼저 무엇을 해야 하는지를 누군가에게 물어본다.	먼저 조각들을 가지고 작업을 한다.
그 후, 여러분의 두 번째 선택은 …일 것이다.			
	여러분이 그것을 조립할 때, 질문을 하거나/여러분 자신에게 이야기를 한다(A), 그 후 그것을 행한다(K).	당신에게 보여달라고 그들에게 요구한 후(V), 그것을 시도한다(K).	질문을 한 후(A), 다이어그램/지시사항을 본다(V).
전체 반응			

(Ferretti, 2007: 113-114 재인용)

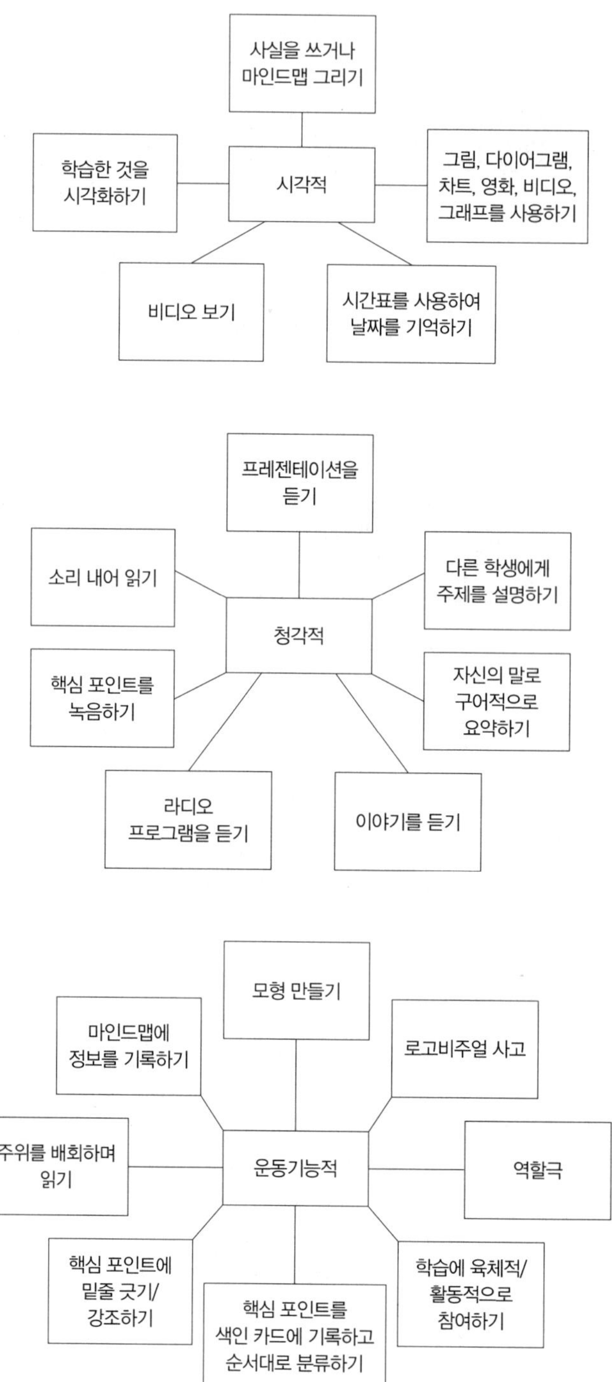

그림 5-1. 상이한 학습선호를 위한 활동

(Best, 2011: 32)

표 5-4. 상이한 학습 스타일에 적합한 과제와 활동

학습 스타일	교수자료	학생활동
시각적 (Visual)	• 다이어그램 • 차트 • 잘 묘사된 텍스트 • 사진 • 팸플릿 • 인터넷 • 지형도 • 지리부도 • 묘사된 프레젠테이션	• 거미 다이어그램 • 개념도 그리기 • 텍스트의 색깔 강조하기와 같은 텍스트 관련 지시 활동(DART) • 웹 기반 조사 • 지형도 활동 • 지도와 다이어그램 주석 달기 • 기억으로부터의 지도
청각적 (Auditory)	• 프레젠테이션 • 논평을 가진 비디오 • 큰 소리로 읽을 수 있는 텍스트 • 라디오 방송 • 초청 연설 • 음악을 사용하여 쟁점을 도입하기	• 토의 • 모둠 활동 또는 짝 활동 • 역할놀이 • 인터뷰 • 스토리텔링 • 마인드 무비
운동기능적 (Kinaesthetic)	• 학생들의 참여와 함께 상호작용 화이트보드를 사용한 프레젠테이션 • 실천적 예증	• 모형 만들기 • 카드 분류 • 개념도 그리기 • 야외조사 활동 • 게임과 시뮬레이션 • 역할놀이 • 미스터리 • 살아있는 그래프 • 기억으로부터의 지도 • 동물 만들기

(Ferretti, 2007)

5-4와 같이, 상이한 학습 스타일에 적합한 교수자료와 학생활동의 사례를 제시하고 있으며, 베스트(Best, 2011)는 그림 5-1과 같이 상이한 학습선호를 위한 활동 사례를 제시하고 있다.

4) 가드너의 다중지능이론

가드너(Gardner, 1983)는 다중지능이론을 통해 8가지의 지능을 제시하였다. 그것은 논리·수학 지능(logical-mathematical intelligence), 언어 지능(linguistic intelligence), 공간 지능(spatial intelligence), 신체·운동 지능(bodily-kinesthetic intelligence), 음악 지능(musical intelligence), 대인관계 지능(interpersonal intelligence), 자기이해 지능(intrapersonal intelligence), 자연탐구 지능(natural intelligence)이다. 결론적으

로 가드너는 학습자들은 상이한 학습 도전에 상이한 방식으로 반응하며, 학생들이 학습할 때 다양한 스타일과 전략을 사용한다는 것을 보여 준다. 학습자의 학습 스타일은 그들의 특정한 학습경험에 직접적인 영향을 끼친다(Davidson, 2002). 이러한 학습 스타일의 차이는 학습자들에게 다양한 자료와 활동을 제공함으로써 상이한 방법으로 배울 수 있는 기회를 제공해야 한다는 것을 의미한다. 교사의 교수는 개별 학습자들의 요구를 충족시킬 수 있도록 교육과정차별화 전략에 더욱더 주의를 기울여야 한다(Battersby, 2000).

베스트(Best, 2011)는 가드너의 다중지능이론을 지리수업에 적용하는 데 명심해야 할 핵심 포인트를 다음과 같이 제시한 후, 다중지능을 위한 학습활동을 표 5-5와 같이 제시하였다.

- 학생들의 지능 프로파일을 결정하는 데 목적이 있는 진단 검사가 도움이 될 수 있고, 이는 학생들의 다재다능한 능력에 관한 유용한 정보를 생성한다.
- 그러나 가드너는 학생들의 지능 프로파일은 결코 고정되어 있지 않다고 주장한다. 대신 그것들은 학생들이 성장함에 따라 끊임없이 변화하는 것으로 간주될 수 있다.
- 지리는 모든 다중지능을 발달시킬 수 있는 충분한 기회를 제공하지만, 지리교사들은 가드너가 제시한 지능의 일부를 육성하기 위한 창의적인 방법을 발견할 필요가 있다.
- 지리교사들의 임무는 학생들이 모두 그들의 지능을 발달시킬 수 있도록 돕는 데 있어야 한다.
- 모둠활동에서는 다양한 지능을 가진 학생을 함께 모둠으로 배열하는 것이 현명할 것이다. 이것은 과제를 다루는 데 다양성을 담보할 것이다.
- 가드너는 또한 잠재적인 지능으로서 실존적·도덕적 지능을 고려했지만, 결국에는 그것들을 제외했다. 가드너가 제시한 지능들이 본질적으로 구체적인 영역들에서의 성향(적성)을 나타내는 것처럼, 다른 부가적인 지능들을 부가해야 한다는 주장들이 있다. 여러분은 교실에서 어떤 학생이 위에 언급된 지능들 중의 하나에 쉽게 적합하지 않는 지능을 보여 주는 것을 발견할 수 있다. 예를 들면, 매우 창의적인 학생이 있을 수 있다. 그와 같이, 가드너의 이론을 여러분 자신의 환경에 적합하게 하기 위해 채택하는 데 열린 마음을 가져라. 기억하라. 하나의 이론은 엄격하게 검정받지 않은 채 남아 있다는 것을.

표 5-5. 다중지능을 위한 학습활동

구체적인 활동들이 학생들의 지능에 호소하고 지능을 발달시키기 위해 사용될 수 있다. 구체적인 활동들은 다음과 같다.

대인관계 지능

- 다른 사람들로부터 학습하기
- 다른 사람들과 이야기하여 답변을 공유하고 얻기
- 모니터링을 사용하기
- 모둠에서 활동하기
- 학습 후 노트를 비교하기
- 다른 사람을 가르치기

자기이해 지능

- 학습을 위한 목적과 목표를 설정하기
- 학습을 통제하기
- 인간의 시각(관점)을 찾아내기
- 학습에서의 개인적 관심을 창출하기
- 자기주도적 학습을 수행하기
- 경험한 것과 이것을 불러일으킨 느낌을 반성하고, 글로 쓰거나 토론하기

신체운동 지능

- 행함으로써 학습하기
- 현장 학습
- 행동하기: 예를 들면, 포인트를 글로 쓰거나 마인드 매핑하기
- 카드분류 활동
- 육체적 연습을 하는 동안 학습에 대한 정신적 검토
- 역할극과 드라마
- 모형 만들기
- 활동하는 동안 이동하기

언어지능

- 책, 테이프, 강의, 프레젠테이션으로부터 학습하기
- 소리내어 읽기
- 생각을 자신의 단어로 표현하기
- 생각을 순서대로 조직하거나 핵심 포인트를 구별하기 위해 브레인스토밍하기
- 학습한 것을 다른 학생에게 구술로 또는 글로써 표현하기
- 학습을 시작하기 전에 답변되어야 할 질문들을 쓰기
- 텍스트를 읽은 후, 자신의 단어로 소리내어 요약하기 그리고 이것을 글로 쓰기
- 해결해야 할 십자말풀이와 단어 퍼즐 만들기
- 쟁점을 논쟁하고 토론하기

논리·수학 지능

- 핵심 포인트를 순서대로 기록하고 그것들을 넘버링하기
- 마인드맵을 사용하기
- 컴퓨터 스프레드시트를 사용하기
- 데이터를 분석하고 해석하기
- 흐름도를 사용하여 단계들을 따를 수 있도록 정보를 쉽게 표현하기
- 사건을 기억하기 위해 타임라인을 사용하기
- 문제를 만들고 해결하기

음악 지능

- 학습 전에 음악을 사용하여 긴장을 풀기
- 리듬 있게(율동적으로) 읽기
- 음악적 접근을 사용하여 핵심 단어들을 기억하기
- 학습 내용을 반영하는 음악을 공부하기
- 노래, 시엠송, 랩 또는 운문을 쓰기

자연탐구 지능

- 야외에서 학습하기: 예를 들면, 현장 학습에서
- 자연적 세계를 구체화하고 분류하기
- 자연 전문가인 초빙연사에게 귀기울여 듣기
- 환경적 쟁점을 조사하기
- 자연과 환경에 관해 읽기
- 환경적 주제를 가진 역할극을 고안하기

공간 지능

- 영화, 비디오, 슬라이드, 파워포인트 프레젠테이션으로부터 학습하기
- 상이한 색깔로 핵심 포인트를 강조하기
- 읽을 때, 사건을 마음의 눈으로 시각화하기
- 정보를 다이어그램 또는 그림으로 전환하기
- 마인드맵, 상징, 다이어그램을 사용하기
- 어떤 토픽에 관한 핵심적인 사실을 가진 포스터를 설계하기
- 상이한 관점을 얻기 위해 그 방의 상이한 배경 또는 영역에서 공부하기

(Best, 2011: 28-29)

5) 개별화 학습/교육과정차별화

교수 스타일과 학습 스타일에 관한 연구의 중요한 함의 중 하나는 교사들은 자신의 교수에 다양한 학습활동을 활용할 필요가 있다는 것이다. 게다가 교사들은 학생들의 학습 선호의 차이를 고려하여 학생들이 선호하는 활동을 사용함으로써 학습동기를 지속시킬 수 있다. 또한 학생들이 선호하지 않는 활동을 사용할 때는 부가적인 지원과 격려를 제공함으로써 학습동기를 지속시킬 수 있다(Kyriacou, 2007: 45).

교사들이 각 학생의 환경, 능력, 동기, 선호하는 학습 스타일을 신중하게 고려함으로써 학생들의 학습 요구를 가장 잘 충족시킬 수 있는 방법을 고려한 결과, 개별화 학습(personalized learning)이라는 개념이 출현하였다. 개별화 학습은 교사가 교육과정과 교수방법을 각 학생의 특정한 학습 요구에 어떻게 적절하게 맞출 수 있으며, 각 학생이 보다 효과적으로 학습에 접근하는 데 요구되는 기능들을 발달시킬 수 있는 개별화된 지원을 어떻게 제공할 수 있는지와 관련된다(Kyriacou, 2007: 45).

개별화 학습의 기원은 원래 성취수준이 낮은 학생들 사이의 불평을 방지하기 위한 방법으로 고안되었다. 그러나 개별화 학습은 점차 모든 학생들의 요구를 보다 잘 충족시키기 위한 훌륭한 실천이라는 관점으로 인식되기 시작했다. 많은 국가에서 개별화 학습은 교육의 질을 개선하고, 학생들의 성취를 향상시키기 위한 정책적 차원에서 실현되고 있다(Kyriacou, 2007: 45). 이러한 개별화 학습의 본질은 학생들이 학습 시, 그들의 요구에 적절하고 성공적으로 몰입할 수 있는 경험을 제공하는 것이다(Pollard and James, 2004).

특히 예비교사들은 일련의 교수, 학습, 행동관리 전략에 대한 지식과 이해를 가질 필요가 있다. 그리고 예비교사들은 학습을 개별화하는 방법과 모든 학생들이 그들의 잠재력을 성취하도록 할 수 있는 기회를 제공하는 방법을 알 필요가 있다(Kyriacou, 2007: 45).

모든 교과에서 성공적인 교수는 중간 정도의 학생을 지향하는 것이 아니라, 학습자들의 독특하고 개별적인 요구, 기능과 능력이 존중받고 더욱 계발될 수 있도록 하는 데 초점을 두는 것이다(Best, 2011). 베스트(Best, 2001)는 개별화 학습의 목적은 학생들이 협동적인 학습 환경에서 활동함으로써 그들의 잠재력을 성취할 수 있도록 하는 것이라고 주장한다. 한편, 교육과정차별화(differentiation, 교육과정차별화가 필요한 학생들은 매우 유능한 학생들, 보다 낮은 능력을 가진 학생들, 특별한 교육적 요구를 가진 학생들이 해당된다)는 개별화 학습의 일부분으로 간주될 수 있다. 왜냐하면 교육과정차별화는 특히 학습자들에게 제시되는 학습 자료 및 과제의 유형에 관심을 기울이기 때문이다(Best, 2011). 지리학습은 다음과 같은 방법으로 차별화될 수 있다(Best, 2011).

- 학습의 폭에 의해 – 더 유능한 학생들은 더 폭넓은 학습에 대처할 수 있다.
- 학습의 깊이에 의해 – 더 유능한 학생들은 더 깊이 있는 학습에 대처할 수 있다.
- 학습의 속도에 의해 – 더 유능한 학생들은 더 빠른 속도에 대처할 수 있다.
- 과제에 의해 – 난이도가 다양한 과제들이 상이한 수준의 학생들을 위해 고안될 수 있다.
- 학습선호에 의해 – 예를 들면, 시각적, 청각적, 운동기능적 선호를 고려한다.
- 결과에 의해 – 예를 들면, 고차 능력을 가진 학생들은 더 상세한/고차수준의 활동을 할 수 있다.
- 자극 자료에 의해 – 교사가 활동지 대신 신문기사를 사용한다.
- 교사의 지원에 의해 – 성취수준이 낮은 학생들에게 더 많은 지원을 제공한다.
- 젠더에 의해 – 소년과 소녀들의 개성과 관심을 반영하여 상이한 학습활동을 제공한다.

이상과 같은 개별화 학습 또는 교육과정차별화 전략에 대한 더 자세한 내용은 제8장에서 다룬다.

2. 지리적 지식

1) 지식이란 무엇인가?

지식이란 무엇인가? 지식이 정보, 이해와는 어떻게 다른지 명료화할 필요가 있다. 지식, 정보, 이해를 구분하는 하나의 방법은 위계적 관점을 따르는 것이다. 사실(facts)과 정보(information)는 지식의 피라미드에서 가장 낮은 곳에 위치한다. 그리고 사실과 정보는 종종 분리되고 연결되지 않으며 그 자체로는 거의 가치를 가지지 않는다. 사실과 정보는 분석, 비판적 사고, 심층적 이해 등을 포함하는 고차적 사고를 위한 기초를 제공한다. 그러나 이러한 구분을 기계적으로 받아들여서는 곤란하다. 허스트와 피터스(Hirst and Peters, 1970: 83)는 '지식과 이해'가 일반적으로 위계 패턴에 따라 벽돌을 쌓듯이 지어지지 않는다고 주장한다.

지식, 정보, 이해를 구분하는 것은 이론적 수준에서는 유용하지만, 실천적인 측면에서 어려울 수 있다. 하나의 간단한 사례를 들어보자. 아침에 일어나 밤에 눈이 내렸다는 것을 발견한 것을 상상해 보라. '지난 밤에 눈이 왔다'라는 이 진술은 무엇이 일어났는지를 간단하게 기술한 것이다. '기온이 −2℃로 떨어졌다'와 같은 더 정확한 관찰은 기온이 날씨의 상황과 관련된다는 더 조직된 지식의 구조를 제공한다. 마지막으로, '바람이 남쪽으로 방향을 바꾸어 곧 눈이 녹을 것이다'라는 날씨의 패턴과 프로세스에 대한 이해를 보여 준다. 비록 3가지 진술 모두 몇몇 지식의 형식을 포함하고 있지만, 사고의 수준은 다르다.

지식의 스펙트럼의 한쪽 끝에서는 '정보 및 사실'과 관련되는데, 이는 '무기력한 사실적 지식(inert factual knowledge)'이다. 화이트헤드(Whitehead, 1929: 13)는 무기력한 사실적 지식이란 활용되거나 검증되거나 새롭게 조합되는 과정 없이 단순히 마음에 받아들여진 관념들이라고 정의한다. 그는 지식이 생성될 당시의 생명력을 잃고서 현학적이며 틀에 박힌 관념으로 전락한 지식은 유용하지 못할 뿐만 아니라 유해할 수도 있다는 점을 강조하면서, 교육은 삶 자체에 유용해야 한다고 주장하고 있다.

한편 지식은 스펙트럼의 다른 한쪽 끝에서 발전하고 있는 '이해 및 의미'와 연결되는데, 이는 '응용된 또는 강력한 지식(applied or powerful knowledge)'이 된다(Scoffham, 2011). 응용된 지식은 기억을 강조하기보다는 패턴, 관계, 일반화에 더 중요성을 부과한다. 그리고 응용된 지식은 우리의 이전 경험을 구축하고, 우리가 새로운 방법으로 세계를 이해할 수 있도록 한다. 이러한 응용된 강력한 지식은 흥미 있는 논쟁을 열어젖히고, 우리로 하여금 우리의 가치들을 명확히 표명하도록 한다. 이뿐만 아니라 이러한 사고는 학생들의 지적 능력을 조명하는 이점을 가진다. 따라서 이 두 가지 지식은 확연한 차이가 있다(그림 5-2).

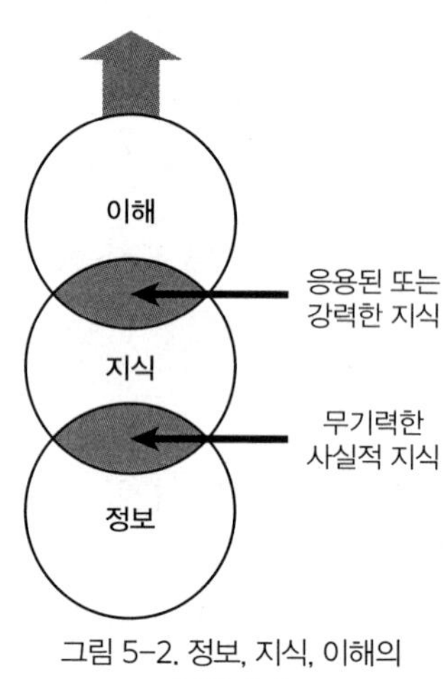

그림 5-2. 정보, 지식, 이해의 중첩 관계
(Scoffham, 2011: 126)

지리가 단지 정보와 사실만이 아니라면 무엇을 의미하는가? 일부 사람들은 세계와 그것이 어떻게 작동하는가에 대한 관점이라고 말한다. 즉 지리는 세계에 대한 지식과 세계에 관한 지식이다. 그것은 사물들이 어디에 입지하고 있는가에 관한 지식일 뿐만 아니라, 인간과 자연환경, 인간과 인간환경 사이의 상호관련성에 대한 지식이다. 이러한 지식에서 본질적인 것은 지리의 빅 아이디어(big ideas), 즉 장소, 공간, 스케일, 상호의존성, 지속가능성 등에 대한 이해이다. 이러한 이해들은 우리의 지식을 로컬에서 글로벌 맥락에 더 현명하게 적용할 수 있게 한다. 즉 문제를 해결하고 해결책을 수행하기 위해 창의성과 비판적 사고를 사용하는 것을 의미한다(Martin and Owens, 2011).

최근 영국의 국가교육과정 개정에서는 '핵심지식(core knowledge)'에 대한 관심을 불러일으켰다. 그렇다면 '지리적 핵심지식(geographical core knowledge)'이란 무엇인가? 핵심지식을 규정하는 것은 쉬운 과업이 아니다. 마틴과 오언스(Martin and Owens, 2011)는 '이해(understanding)'를 발달시키기 위해 요구되는 지식을 핵심지식으로 간주한다. 이들은 지식과 이해의 관계를 언어의 구조라는 메타포

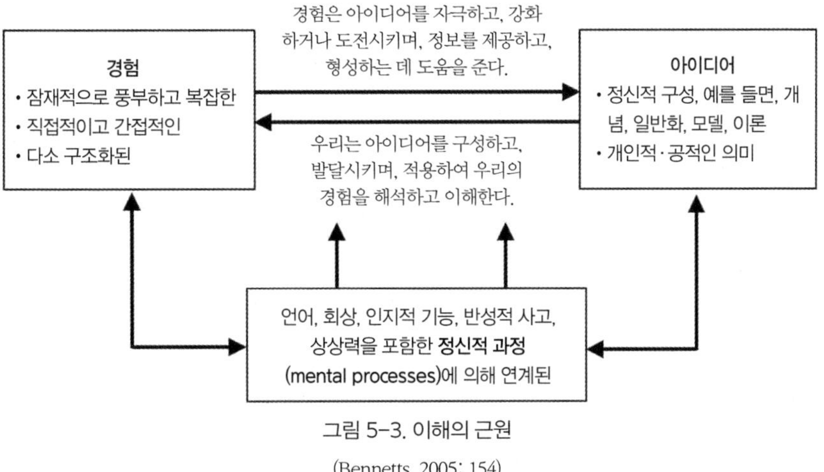

그림 5-3. 이해의 근원

(Bennetts, 2005: 154)

를 이용하여 설명한다. 언어는 어휘와 문법을 매개로 한다. 예를 들어, 어떤 학생이 파편화된 많은 지리적 사실과 정보를 학습했다고 하자. 이는 단순히 어휘(vocabulary)의 목록을 학습함으로써 언어(language)를 학습하는 것과 같다. 많은 단어를 알고 있을지 모르지만 아직 언어를 말할 수 없다. 왜냐하면 그것은 문법(grammar)을 필요로 하기 때문이다. 마찬가지로 문법만을 안다고 해서 언어를 말할 수 있는 것은 아니다. 왜냐하면 몇몇 어휘가 필요하기 때문이다. 지리의 문법은 지리의 아이디어들과 개념들 속에 있으며, 지리적 이해에 중요한 역할을 한다. 즉 어휘와 문법은 함께 작동할 필요가 있다. 따라서 핵심지식은 어휘[사실적 지식(factual knowledge)]와 문법(어휘가 어떻게 이해를 위해 구조화될 수 있는지)을 위해 필요한 기초로 간주될 수 있다. 이해와 분리되어 발달된 핵심지식은 거의 가치가 없다. 마찬가지로 핵심지식의 기초없이 이해를 발달시키는 것 또한 의미가 없다.

지리적 핵심지식은 단지 우연히 학습되지 않는다. 이것이 지리적 핵심지식을 학교에서 배워야 하는 이유이다. 학교는 학생들이 핵심지식을 이해하고, 핵심지식의 타당성을 질문하며, 그렇게 함으로써 그들의 로컬 환경을 넘어 이동할 수 있는 기회를 가질 수 있는 유일한 장소일지 모른다(Young, 2011: 15).

2) 선언적 지식, 조건적 지식, 절차적 지식

각 교과 또는 영역은 각각 고유한 지식을 가지고 있는데, 교육의 관점에서 지식은 크게 3가지로 구분된다. 이러한 지식의 종류로는 사실, 신념, 견해, 일반화, 이론, 가설, 세상사에 관한 태도, 언어정보, 주관적인 의견, 글, 조직화된 문장들과 같은 선언적 지식(declarative knowledge, 또는 명제적 지식), 다양한 인지활동을 어떻게 수행하는가에 대한 절차적 지식(procedural knowledge, 또는 방법적 지식), 선언적 지식과 절차적 지식을 언제, 그리고 왜 적용해야 하는지를 아는 조건적 지식(conditional knowledge)이 있다.

학생들이 어떤 학습 과제를 수행하기 위해 필수 불가결한 선언적 지식과 절차적 지식을 가지고 있다고 해서, 그 학습 과제를 잘 수행할 것이라고 보장할 수는 없다. 조건적 지식은 학습자들이 과제 목적에 맞는 선언적 지식과 절차적 지식을 선택하고 사용하는 데 도움이 된다. 정보처리 이론의 관점에서 볼 때, 조건적 지식은 대부분 정보처리 네트워크 속에 있는 명제들로서 장기기억에 표상되며, 그것이 적용되는 선언적 지식 및 절차적 지식과 연계된다. 조건적 지식은 자기규제학습의 통합된 부분이다. 학습자들이 어떤 과제에 몰입하기 전에 어떤 학습 전략을 사용할 것인지를 결정할 것을 요구한다. 이해력에 문제가 있다는 것이 인지되었을 때, 학습자들은 무엇이 더 효과적인 것으로 입증될 것인지에 관한 절차적 지식에 기초하여 자신들의 전략을 수정한다. 따라서 초보적 학습자와 전문적 학습자를 구별하는 것은 선언적 지식보다는 절차적 지식과 조건적 지식의 습득 정도에 달려 있다고 할 수 있다.

3) 명제적 지식과 방법적 지식

명제적/선언적 지식이란 학교가 아닌 다른 곳에서는 습득할 수 없는 일반적인 학문적 지식이다. 사물에 대해 무엇인가를 아는 것(know what)을 명제로 표현한 지식이다. 따라서 명제적 지식은 '어떤 것에 대한 지식'이라고 할 수 있다(서태열, 2005).

영국의 철학자 라일(Ryle)은 명제적 지식과 함께 방법적 지식(know how)이라는 용어를 고안하고 지식이라는 말을 명제에 한정하지 않고 능력과 기능에도 적용하였다. 방법적 지식은 절차적 지식, 실용적 지식, 수행적 지식, 실천적 지식 등 여러 이름으로 표현된다. 방법적/절차적 지식은 실제 생활과 직업에서 필요한 실용적 지식이라고 할 수 있다. 방법적 지식은 '어떻게 아는가(know how)'와 밀접한 관련을 지닌 것으로 능력과 기능에 더욱 초점을 둔다. 따라서 방법적 지식은 '어떻게'에 대한 지식이라고 할 수 있다(서태열, 2005).

'지구가 둥글다'는 것을 아는 것이 명제적 지식이라면, '지구가 둥글다는 점을 이용하여 먼 바다를 항해할 줄 아는 것'은 방법적 지식에 해당된다. 여기서 알 수 있는 것은 방법적 지식의 상당 부분은 명제적 지식의 습득을 통해서 얻을 수 있다는 것이다(서태열, 2005).

4) 명시적 지식과 암묵적 지식

서태열(2005)은 지리적 지식을 분류함에 있어서 이와 같은 지식의 구분 방법 외에, 명시적 지식과 암묵적 지식에도 주목한다. 특히 암묵적 지식(또는 개인적 지식)은 언어로 명시화하는 데 한계가 있는 개인의 신체 내부에 있는 체험구조로서 제1장에서 언급한 개인지리 또는 사적지리와 밀접한 관련을 가진다.

명시적 지식과 암묵적 지식은 지식을 객관적·절대적 지식관과 상대적·주관적 지식관으로 구분하여 보는 입장이다. 상대적·주관적 지식관의 입장을 보이는 대표적인 인물이 폴라니(Polanyi)이다.

폴라니의 입장은 '암묵적 지식 혹은 개인적 지식'의 개념을 통해 제시된다. 폴라니는 '개인적 지식(personal knowledge)'이라는 용어를, 노나카 이쿠지로(野中 郁次郎)로는 형식지(explicit knowledge)에 대비하여 '암묵지(tacit knowledge, 암묵지식, 묵시적 지식, 개인적 지식, 인격적 지식, 유기체적 지식, 당사자적 지식, 개인적 체득지 등으로 번역되기도 한다)'라는 용어를 사용했다.

암묵적 지식이란 '개인의 신체 내부에 있는 체험구조'를 말하며, 이러한 체험구조는 말로 표현하거나 전달할 수 없는 언어의 경계를 뛰어넘어 존재한다고 본다. 이를 연장하면, 지식은 어느 정도의 명시적 부분과 암묵적 부분으로 이루어져 있다고 볼 수도 있다. 즉 지식의 명시적 부분이란 명제로서 언어화할 수 있는 부분을 의미하고 묵시적 부분이란 명제로서 언어화할 수 없는 부분을 의미한다(서태열, 2005).

폴라니의 암묵적 지식을 강조하는 지식관은 절대적·객관적 지식을 거부하는 특징을 가지고 있다. 그는 지식의 암묵적 측면과 지식의 전달이 체험을 통해서만 가능하다는 점을 강조하여 절대적·객관적 지식관을 거부하고, 인식 주체의 지적인 열정과 능동적인 해석적 노력을 강조하여, 암묵적·개인적 지식 개념을 대안으로 제시하고 있다.

폴라니의 암묵적 지식 개념은 구성주의와도 상통한다. 왜냐하면 무엇을 할 수 있는 능력으로 나타나는 지식은 우리 자신이 확장된 일부로 체화되고, 새로운 상황을 만날 때 그 사용을 통하여 계속적으로 재구성된다고 보는 점에서 그러하다.

이와 같이 암묵적 지식이 가진 개인적 체득성, 확장성, 실천성이라는 성격을 염두에 두면, 피엔(Fien, 1983: 44-55)이 제기한 인간주의 지리교육 및 개인지리(personal geography)에 주목할 필요가 있다. 피엔이 지리교육의 목적을 개인지리의 세련화, 확장, 질적 향상에 둔 것은 바로 이러한 암묵적·개인적 지식의 확장성과 구체성에 초점을 둔 것이며 지리교육 내용으로서 지식에 대한 개념의 지평을 넓히고자 한 것이다. 결국 개인지리는 폴라니의 암묵적·개인적 지식과 맞닿아 있으며, 이러한 개인지리에서 다루는 지식이 바로 암묵적·개인적 지리지식(personal geographical knowledge)이다.

또한 피엔은 개인지리(사적지리)에서 발견되는 지식의 형태와 학문지리(공적지리)에서 발견되는 지식의 형태 간에는 인식론적으로 중대한 차이가 있다고 지적한다. 후자는 주로 계통적이고 학문적 성격이 강하다. 개인지리가 세계에 대한 개인적, 문화적 견해로 구성되어 직접적이고 개인적인 환경적 의미에 의해 윤색되는 데 비해, 학문지리는 방법적으로는 파생되어 나와 대체적으로 객관적이거나 일반화된 세계에 대한 견해를 제공한다. 지리적 지식은 양자 형태 모두 한쪽 없이는 다른 한쪽이 충분히 이해될 수 없으므로 지리교수에서 각각 중요한 위치를 가지고 있다.

그리고 그는 오늘날 지리교육이 실패한 원인 중의 하나는 형식지리 및 지리적 지식에 기울인 과도한 관심에서 찾을 수 있으며, 그것은 학생들의 개인지리를 구성하는 일상적인 지리경험이 갖는 학문의 경험적 기초를 무시하는 결과를 초래한다고 비판하였다. 즉 학생들의 의미부여 활동과 그들이 매일매일 개입하는 실제 지리적 생활을 고려하지 못함으로써 학생들의 삶과 가장 관계 깊은 지식을 무시하였으며, 지리를 이미 '만들어진', 그리고 '획득되어야 할' 지식체로만 보아왔다는 것이다(서태열, 2005).

5) 신 교육목표분류학과 지식의 유형

최근 교과 지식은 제2장에서 살펴보았던 앤더슨과 크레스호올(Anderson and Krathwohl, 2001)의 신 교육목표분류학의 관점에서 '사실적 지식', '개념적 지식', '절차적 지식', '메타인지적 지식'으로도 구분된다. 킨더와 램버트(Kinder and Lambert, 2011)는 표 5-6과 같이 이러한 지식의 유형을 지리 교과와 연계하여 설명하고 있다.

표 5-6. 신 교육목표분류학에 의한 지식의 분류

구분	내용
사실적 지식 (factual knowledge)	• 용어를 포함하는 사실적 지식 • 교과에서의 어휘
개념적 지식 (conceptual knowledge)	• 조직적 구조와 모델, 원리와 일반화를 포함하는 개념적 지식 • 교과에서의 문법
절차적 지식 (procedural knowledge)	• 교과에서 학문적인 조사와 탐구를 하는 방법, 그리고 의사소통을 언급하는 지식 • 지리의 경우 도해력을 강조
메타인지적 지식 (meta-cognitive knowledge)	• 사고, 분석적 또는 조직적 전략들의 적용을 포함하여 학습에서 개인의 자기효능감(self-efficacy)을 언급하는 지식

(Kinder and Lambert, 2011)

6) 사회적 실재론과 지식: 강력한 지식으로서 학문적 지식

지식에 대한 관점은 다양하다. 따라서 지식을 어떻게 개념화하느냐의 문제는 교육과정, 교수와 학습, 평가에 상이한 의미를 부여한다고 할 수 있다. 영국의 경우, 2010년 연립정부가 탄생하면서 교육 분야에서 지식에 대한 논쟁이 촉발되었다. 이러한 지식의 개념에 대한 논쟁은 소위 '지식의 전환(knowledge turn)'으로 간주되었다(Lambert, 2011). 이러한 사건은 기존의 신노동당 정부에 의해 지지되어 온 역량 및 기능에 대한 관심에서 지식에 대한 관심으로의 전환을 불러일으켰다. 이러한 일련의 지식에 대한 논쟁을 이해하기 위해서는 3가지의 지식의 개념화에 대한 이해가 필수적이다(표 5-7). 퍼스(Firth, 2011)는 이러한 지식의 범주화는 교육정책뿐만 아니라 교육이론 및 실천에 매우 중요한 영향을 미친다고 주장한다.

먼저, 절대주의(absolutism)는 보통 실증주의와 관련되며, 지식은 인간의 외부에 존재하고 보편적이라는 관점을 취한다. 절대주의는 확고불변한 실재(reality)가 있으며, 중립적인 관찰자가 외부 세계를 객관적으로 관찰할 수 있다고 가정한다. 지식은 외부의 실재와 직접적으로 관련되기 때문에 객관적이다. 절대주의 관점에 의하면 개인은 앎에 대한 객관적인 방법을 가지고 있으며, 그것은 자신의 관심, 요구, 상황과 독립적으로 실재를 인식한다.

둘째, 상대주의(relativism)는 사회적 구성주의와 포스트모더니즘과 관련되며, 절대주의와 상반된 관점을 취한다. 따라서 상대주의는 절대주의에 대한 유일한 대안으로 간주된다(Bleazby, 2011: 455). 절대주의가 보수적이라면, 상대주의는 진보적이다. 상대주의는 지식의 경계의 쇠퇴와 탈분화를 강조한다. 상대주의자들은 확고불변한 실재, 즉 절대적 진리를 부정한다. 상대주의에 따르면, 지식과 진리는 외부에 따로 떨어져 있지 않다. 지식과 진리는 개인에 의해 구성되며, 특정한 개인, 문화, 시간, 장소에 따라 상대적이다. 개인의 신념과 기대는 '저기'에 있다고 가정하는 것에 강력하게 영향을 준다. 실재에 대한 상이한 재현들을 비교하기 위한 객관적인 표준은 없으며, 모든 의견과 신념은 동등하게 진실하다고 믿는다. 따라서 상대주의는 지식을 교육과정에 구조화하고 계열화하는 데 있어서 학습자의 경험과 관심에 근거해야 한다고 주장한다.

마지막으로 사회적 실재론(social realism)은 지식과 교육과정에 대한 대안적 관점으로 지식에 대한 절대주의적 입장을 취하는 절대주의와 지식의 사회적 구성을 강조하는 상대주의 모두에 대해 비판적이다(Maton and Moore, 2010: 2). 사회적 실재론에 의하면, 지식에 대한 절대주의 관점과 상대주의 관점 둘 다 문제점을 내포하고 있다. 절대주의는 지식의 객관성을 강조하지만, 지식의 사회적 기초를 무시한다. 반면 상대주의는 지식은 권력을 가진자들에 의해 재현된 것으로 간주하는 동시에, 지식의

표 5-7. 지식의 3가지 개념화

지식에 대한 관점(인식론)	절대주의 (실증주의)	상대주의 (사회적 구성주의/포스트모더니즘)	실재론 (사회적 실재론)
의미	• 지식은 외부에 있고, 고정적이며, 보편적이고 확실하다. • 지식은 사회적, 역사적 맥락과는 독립적이다. • 지식은 직접적인 관찰 또는 현상에 대한 측정을 통해 발견되고 입증된다. • 객관적인 표준에 의해 진리는 결정된다. • 경계는 정해져 있고 고정적이다.	• 지식은 상황적이고, 이데올로기적이며, 상대적이다. • 지식은 사회적으로 생산된다. • 지식은 연구되고 있는 현상에 부착된 의미를 통해 구축된다. 연구자들은 데이터를 확보하기 위해 연구 주제와 상호작용한다. 연구는 연구자와 주제 둘 다 변화시킨다. 지식은 맥락적이고 시간에 의존적이다. • 상이한 실재의 재현들, 모든 의견과 신념을 비교할 수 있는 객관적인 표준이 동등하게 적용되지 않는다. • 경계의 종말	• 지식은 객관적이고 틀릴 수 있다. • 지식은 사회적으로 구성된다. • 지식은 체계적으로 제도화된(일상화된) 비판에 의해 끊임없이 수정될 수 있다. • 지식이 생산되는 구체적인 상황이 있다. 이러한 상황은 정해져 있지 않다. 이러한 상황은 역사적이고 사회적이지만 또한 객관적이고 진리를 확정한다. • 학문적인 경계들이 인정되고 유지되지만, 또한 새로운 지식의 창출과 습득을 위해 횡단한다.
존재론	• 실재는 사람이 알고 있거나, 생각하거나 믿고 있는 것에 대해 독립적으로 존재한다. 즉 실재는 존재한다.	• 실재는 사회적으로 구성된다. 우리는 우리 자신의 상황성과 관심을 초월하거나 억제할 수 없다. 따라서 몇몇 궁극적인 고정된 실재가 있을지라도, 우리는 그것이 실제로 존재하는 것처럼 그것을 알 수는 없을 것이다.	• 실재는 사람이 알고 있거나, 생각하거나 믿고 있는 것과 독립적으로 존재하지만, 인간의 지식과 지각은 실재의 필수적인 부분이다.
교육 과정	• '전통적인' 교육과정 • 교과 지식은 특정 맥락과 그것을 유의미하게 만드는 인간의 관심으로부터 추출된다. • 내용중심 교육과정 • 사회적으로 보수적인 교육과정 • 따라야 할 교육과정	• 지식의 약한 경계와 탈분화 • 교육과정 내용을 포괄적으로, 즉 보통 기능, 학습하는 방법을 학습하기, 결과의 관점으로 명문화 • 학교 교과들의 통합 • 포괄적인 기능과 도구적인 결과를 가진 교육과정	• 지식의 구조, 형식과 개념, 교육과정 구조 간의 친밀한 연계 • 비록 차별화의 형식과 내용이 고정되어 있지 않고 변할지라도, 학문들 간의 차별화 그리고 이론적 지식과 일상적 지식 간의 차별화가 필수적인 교육과정 • 참여의 교육과정
교육의 목적	• 지배적인 지적 전통/규범으로의 유도	• 학습하는 방법을 학습하고, 삶과 일을 위해 학습하기	• 강력한 지식의 습득

(Firth, 2013: 64-65에 의해 재구성)

객관성을 거부한다. 머턴과 무어(Maton and Moore, 2010: 1)는 사회적 실재론자들은 지금까지 지식을 절대주의와 상대주의라는 이분법을 통해 고찰해 왔다고 비판하면서, 이는 교육에 대한 잘못된 이해로 이어진다고 주장한다.

사회적 실재론자 영(Young, 2011)은 영국의 현재의 교육과정에 대한 반성적 사고를 위해 표 5-8과 같이 3가지 유형의 미래 지식(future knowledge)을 제안한다. 그에 의하면 대부분의 교사들은 미래 지식 1을 보수적인 지식으로 간주하여 거부할 것이며, 미래 지식 2가 가장 중요하다고 생각할 것이다. 미래 지식 2에서는 '학습하는 방법을 학습'하고 학습을 위한 평가와 사고기능에 매우 주의를 기울이

표 5-8. 미래 지식의 유형

유형	특징
미래 지식 1	• 교과 경계가 고정되고 엘리트주의 지식의 형식으로 유지된다. • 소수의 선택된 사람들을 위한 교과지식, 그 자체로 바람직한 목적으로서의 교과지식 • 절대주의/실증주의
미래 지식 2	• 교과 경계가 제거되거나 적어도 침투성이 있고, 유동적이다. • 학습하는 방법 학습 또는 사고기능 중시 • 상대주의/사회적 구성주의
미래 지식 3	• 학문적 경계들이 인정되고 유지되지만 새로운 지식의 생성과 습득을 위해 교차된다. • 사회적 실재론

(Young, 2011)

며, 학습의 과정은 교수의 내용보다 우선시된다. 미래 지식 3은 학교지리에서 덜 발달되어 있다. 이것은 지리지식을 사회적 구성으로 간주하는 것이며, 지리교사의 역할은 학생들을 사회적으로 가치 있는 지식으로 안내하는 것이다.

이처럼 영국의 지식 논쟁을 주도한 교육사회학자인 영(Young, 2011)은 권력을 가진 사람들의 지식(knowledge of the powerful)에 반대되는 것으로서 강력한 지식(powerful knowledge)의 개념을 제안했다. 일반적으로 권력을 가진 사람들의 지식은 교육과 삶에서 불평등을 영속시키는 것으로, 사회에서 권력을 가진 사람들과 관련된 매우 지위가 높은 지식으로 간주된다. 반면 강력한 지식은 신뢰할 수 있고, 오류의 가능성이 있으며, 잠재적으로 정련할 수 있는 지식을 말한다.

영(Young, 2011)은 지리가 모든 젊은이들이 습득하기를 원하는 강력한 지식을 제공하는지에 대해 질문을 던진다. 여기서 강력한 지식이란 학문적 지식(disciplinary knowledge)을 말하며, 이에 반대되는 것이 일상적, 사회적 지식(everyday, social knowledge)이다. 강력한 지식으로서 학문적 지식은 맥락독립적 지식(context-independent knowledge), 일상적, 사회적 지식(context-independent knowledge)은 맥락의존적 지식이다(Young, 2008). 맥락의존적 지식은 개인에게 그들의 일상생활의 세세한 것에 대처하도록 한다. 맥락독립적 지식은 삶의 특정한 사례 및 형태와 연결되지 않는 학문의 개념적 지식(conceptual knowledge)으로 구체적인 맥락을 넘어서 보편성을 주장하는 일반화를 위한 기초를 제공한다(Young, 2008: 15).

유사하게 마틴과 오언스(Martin and Owens, 2011)는 지리적 지식을 강력한 지식(powerful knowledge), 일상적 지식(everyday knowledge), 문화적 지식(cultural knowledge), 편견을 가진 지식(biased knowledge)으로 구분한다(표 5-9).

표 5-9. 지리적 지식의 유형 분류

강력한 지식 (powerful knowledge)	• 권력을 가진 사람들에 의해 정의되는 것이 아니라, 이러한 지식을 이해하고 있는 사람들에게 권력을 주기 때문에 강력함. • 학생들이 태어난 세계를 이해하고 그 세계의 미래에 관한 논쟁에 참가하기 위해 최선의 기회를 제공하는 과학, 사회과학, 인문학을 횡단하는 지식
일상적인 지식 (everyday knowledge)	• 모든 사람들이 일상적인 경험으로부터 형성한 지식으로 강력한 지식에 기여하고 강력한 지식에 의해 확장됨. • 어린이들의 일상 지식은 교육과정을 위한 중요한 출발점이 됨.
문화적 지식 (cultural knowledge)	• 특정 문화적, 환경적 맥락 내에서 발달된 지식 • 예를 들면, 동일한 현상을 묘사하기 위해 사용된 단어들의 수, 이누이트들에게 눈(snow)은 환경적 맥락에 따라 매우 다양함. • 비와 같은 현상이 어떻게 인지되는가 하는 것은 서로 다른 문화 집단 간에 상이함.
편견을 가진 지식 (biased knowledge)	• 불완전하고 편견을 가지며, 오개념에 근거할 수 있는 지식 • 우세한 특정 개인 또는 집단의 관점을 반영하는 지식

(Martin and Owens, 2011)

7) 실체적 지식과 구문론적 지식

1980년대 이후 교사교육 분야에서 일한 사람들은 교사들이 그들의 교수에서 능력을 발휘하기 위해 필요한 지식의 기초(knowledge bases)를 구체화해 왔다. 로지(Rosie, 2001)는 교과 또는 내용 지식(subject or content knowledge)의 양상들인 3가지 지식의 형태를 구체화하고 있다. 마틴(Martin, 2006)은 이들 3가지 지식을 다음과 같이 설명하고 있다.

- 실체적(존재적) 지식(substantive knowledge, 본질적 지식): 실체적(존재적) 지식은 학문의 본질이다. 즉 어떤 교과의 사실과 개념이며, 이들 사실과 개념을 조직하기 위해 사용된 프레임워크이다. 교수의 관점에서 이것은 '나는 무엇을 가르칠 것인가?' 또는 '어린이들은 무엇을 배워야 하는가?'라는 질문과 관련된다.
- 구문론적 지식(syntactic knowledge, 통사적 지식): 구문론적 지식은 실체적(존재적) 지식이 생성되고 확립되는 방법들과 관련된다. 달리 말하면 그 교과 공동체가 새로운 지식 또는 확립된 지식을 바라보는 새로운 방법을 생성하기 위해 행하는 프로세서에 대한 지식이다. 이러한 의미에서 이것은 탐구의 방법에 관한 것이다. 가르칠 때 이것은 '나는 이것을 어떻게 가르칠 것인가?' 또는 '어린이들은 이것을 어떻게 하면 가장 잘 배울 수 있을까?'라는 질문과 관련된다.
- 신념(beliefs): 교과에 관한 신념은 지식의 본질적이고 구문론적인 양상들이 해석되는 방법과 어

떤 교과지식이 어떻게 가르쳐질 수 있는가에 놓여 있는 가치에 영향을 준다. 신념은 교사가 '나는 왜 이것을 가르칠 계획인가, 왜 이런 방식으로?' 또는 '어린이들은 이것을 그리고 이러한 방식으로 학습함으로써 어떤 이익을 얻을 수 있나?'라는 질문에 답하는 데 도움을 준다.

3. 지리적 사고력

1) 사고력의 의미와 유형

사고(thinking)라는 말은 정신적 과정과 정신적 결과물 모두를 지칭한다. 사전에서 '사고'라는 단어의 뜻을 찾아보면 생각하다, 믿다, 추측하다, 어림짐작하다, 가설, 증거, 추론, 평가하다, 계산하다, 의심하다, 이론화하다 등 너무도 다양하여 간단하게 정의내리기 어렵다(조철기, 2014: 513). 이러한 사전적 정의에서 알 수 있는 것은 사고란 단순한 사실의 암기에서부터 고도의 논리적·창의적 사고에 이르기까지 다양한 범위와 질적인 차이를 갖는 복합적인 속성을 지닌다는 것이다.

최근 교육의 주된 관심은 학생들에게 사고력 또는 사고기능(thinking skills)을 함양시키는 것이다. 사고력 또는 사고기능은 저절로 학습되기도 하지만 교수와 학습을 통해 더욱더 발달되고 확장될 수 있다. 이러한 사고기능이 충분히 학습되고 자동화되지 않는다면, 새로운 상황에 전이(transfer)되기 어렵다. 이러한 사고력은 일반적으로 저차사고력(lower-order thinking)과 고차사고력(high-order thinking)으로 구분되는데, 특히 교수·학습의 관점에서 중요한 것은 고차사고력의 확장이다.

뉴먼(Newman, 1991: 325-326)에 의하면, 고차사고력은 도전적이고 확장적인 정신의 사용으로 넓게 정의될 수 있다. 비판적 사고, 창의적 사고, 문제해결력, 의사결정력 등이 모두 여기에 포함된다. 도전적이고 확장적인 정신 작용은 과거에 학습한 지식의 통상적인 응용으로는 문제가 해결되지 않기 때문에 새롭게 해석하고, 분석하고, 정보를 조정할 때 일어난다. 반면, 저차사고력은 일상적이고 기계적이며 제한적인 정신의 사용이다. 저차사고력은 과거에 기억한 정보의 제시, 이미 학습한 공식에 숫자의 삽입, 각주의 규칙을 상황에 따라 응용하는 것 등과 같이 일반적으로 통상적인 사고 절차의 반복이라고 할 수 있다(차경수·모경환, 2008: 269 재인용).

한편, 제5장에서는 사고기능의 유형에 대해 언급했다. 영국의 국가교육과정에서는 사고기능의 유형을 정보처리기능, 추론기능, 탐구기능, 창의적 사고기능, 평가기능으로 제시했다. 그리고 지금까지 지리교육의 중요한 목표로 제시되어 온 지리적 상상력, 통찰력, 비판적 사고력, 탐구 능력, 문제해결 능력, 메타인지, 창의력, 의사결정력 등은 보다 고차적인 지리적 사고력에 도달하기 위해 채택된 적절한 사고 전략의 각 유형이라고 할 수 있다(강창숙·박승규, 2004).

사고력의 유형 역시 너무도 많아 일일이 열거하기가 어려울 정도다. 사고력은 위계에 따라 저차사고력과 고차사고력으로 구분한다. 블룸의 지식 분류의 관점에서 저차사고력이란 지식과 이해, 고차사고력이란 분석, 종합, 평가를 흔히 말한다. 이에 더하여 고차사고력에는 비판적 사고력, 창의적 사고력, 문제해결력, 의사결정력, 메타인지 등이 포함된다. 그리고 최근 과학교육 분야에서도 시스템 사고가 강조되기도 한다. 이러한 사고 유형은 특정 교과에 한정된 사고가 아니라, 범교과적 사고 유형이라고 할 수 있다. 그리고 이러한 사고 유형들은 사실 엄격하게 구분되는 것이 아니라 서로 중첩되기도 한다. 따라서 명료하게 정의내리는 데도 한계가 있을 수밖에 없다.

이와 같이 학자나 기관에 따라 사고기능과 고차사고력의 범주는 상이하기 때문에, 공통된 분모를 산출하기는 매우 어렵다. 그러나 학생들에게 고차사고력이나 사고기능을 길러주기 위한 가장 적절한 교수·학습 방법은 구성주의에서 강조하는 토론에 기반한 모둠학습으로 간주된다.

2) 지리적 사고력의 유형

지리적 사고는 어떤 지리적 사실이나 현상으로부터 발생해서 어떤 지리적 결론을 내리게 되기까지 그 사이에서 일어나는 상상과정이라고 정의할 수 있다(임덕순, 1979: 197). 그렇다면 지리(교육)학자들에 의해 논의된 지리적 사고의 유형에는 어떤 것이 있을까? 이찬(1975)은 지리적 사고를 분포적 사고, 관계적 사고, 지역적 사고로, 임덕순(1979)은 공간적 상호작용에 관한 사고, 지역적 연관에 관한 사고, 자연과 인간 관계적 사고, 4차원적 사고로, 최석진 외(1989)는 분포사고와 관계사고로 제시했다(서태열, 2005: 110 재인용). 그리고 이양우(1990)는 이찬의 연구 결과에 종합적 사고만을 추가하면서 지리적 사고는 일반적으로 인간 활동의 무대로서 거주공간을 학습할 때, 종합, 분석, 판단, 추리의 작용을 가리키는 말이라고 제시하였다. 홍기대(1996) 역시 앞의 연구와 동일한 지리적 사고 모형을 제시하였으며, 임덕순(1993)은 기능상관적 사고, 지역관계적 사고, 추리적 사고, 개념 형성적 사고, 4차원적 사고로 제시하고 있다(장의선, 2007: 86 재인용). 그리고 장의선(2007)은 상호관계에 따른 사회·문화적 범주화, 장소성 인식, 관계적 사고, 시간에 따른 공간적 인식을 제시하였지만 표현상의 용어에서만 약간의 차이가 있을 뿐 대체로 유사한 의미의 범주들을 단순 나열적으로 제시하고 있어 지리적 사고의 영역을 세분화하거나 체계화한 연구는 찾아볼 수 없다.

단지 일부 연구(강창숙·박승규, 2004; 박선희, 2005)에서는 고차적 사고력, 지리 기능, 고급 사고력 등으로 지리적 사고력에 대한 위계를 시도하였지만, 이는 영역특수적 관점에서 본 고유한 사고 형태로서 지리적 사고라고 보기에는 어렵다(장의선, 2007). 이러한 일반론적 사고 혹은 사고력 이론을 지리교육에 그대로 적용한다면 환원주의에 의한 비판을 면하기 어려울 것이다.

한편, 장의선(2007)은 시스템 사고에 입각하여 지리적 사고력을 전일주의 사고, 연결망 사고, 피드백 사고, 조정적 사고로 구분한 후 그 하위 범주로 지역적 사고, 관계적 사고, 시·공간적 맥락적 사고, 인간과 자연의 조화 사고로 분류하였다. 그러나 이러한 사고의 분류는 서로 간에 중첩되는 부분이 많고, 지역, 공간, 상징경관, 생태계를 분리하여 인식하여 한계를 지닌다. 따라서 최근의 지리적 지식 및 사고의 관점에서 지리적 사고력을 재개념화할 필요가 있다.

그리고 지리교육과정을 통해서도 지리적 사고력이 강조되기도 한다. 오스트레일리아 국가교육과정에서는 일반적 역량(모든 교과를 통해 함양해야 할 역량)의 하나로서 비판적 사고와 창의적 사고를 강조한다.[1] 즉 지리교육과정은 논리적으로, 비판적으로, 창의적으로 사고할 수 있는 학생들의 능력을 발달시킨다는 것을 강조한다. 이와 더불어 메타인지적 사고와 홀리스틱 사고 또한 강조하고 있다(ACARA, 2011).

한편 프리먼과 모건(Freeman and Morgan, 2009)은 지속가능한 개발을 위한 지리교육과정 및 지리적 사고를 구축하기 위해 립맨(Lipman, 2003)의 다차원적 사고(multidimensional thinking) 모델을 끌어온다. 이 모델은 지속가능한 개발 영역과 특히 관련된 사고에 대한 3가지 중요한 관점을 강조하기 때문이다. 지속가능한 개발을 위한 다차원적 사고는 비판적 사고(critical thinking), 창의적 사고(creative thinking), 배려적 사고(caring thinking)로 요약된다. 립맨(Lipman) 모델의 함의는 이 3가지의 사고 양식이 동시에 실천될 때, 지속가능한 개발을 위한 다차원적 사고를 할 수 있다는 것이다. 이에 덧붙여 시스템 사고(systems thinking), 미래사고(future thinking), 비주얼 사고(visual thinking)를 제시한다.

이처럼 여러 지리교육학자들에 의해 지리적 사고력에 대한 논의가 전개되어 왔다. 이 중 비판적 사고력, 창의적 사고력, 메타인지적 사고, 시스템 사고, 배려적 사고 등은 지리적 사고력으로 한정되기보다는 범교과적 사고력이라고 할 수 있다. 그러나 이 중 관계적/연결적 사고, 홀리스틱 사고는 범교과적 사고력이 될 수도 있지만, 지리학자나 지리교육과정(Massey, 1991; Jackson, 2006; Matthews and Herbert, 2004; ACARA, 2011)에서 특히 중요하게 간주된다. 또한 관계적 사고와 홀리스틱 사고는 융합적 사고와 일맥상통하기 때문에 혼종적 사고와 더불어 이후 논의에서 중점적으로 살펴본다.

1 사실 비판적 사고와 창의적 사고는 캐나다 퀘벡주 지리교육과정을 비롯하여 여러 나라의 지리교육과정에서도 강조된다. 그렇지만 이러한 창의적 사고와 비판적 사고는 일반적 또는 범교과적 사고기능으로서 지리적 사고력으로 한정하기에는 무리가 있다.

3) 공간적 사고

공간 능력과 관련된 연구 경향과 더불어 최근 공간적 사고라는 개념에 대한 관심이 증가하고 있다. 주지하다시피 공간은 지리학의 전통적 연구 대상이기에 공간적 사고라는 말이 완전 새로운 개념이나 단어는 아닐 것이다. 그런데 최근 공간적 사고의 개념 정립에 많은 지리학자, 지리 교육자들이 관심을 가지고 있다. 그런데 공간적 사고가 무엇이고 이를 구성하는 요소가 무엇인지에 대해 아직까지 완전한 일치가 이루어지지는 않은 것으로 보인다(김민성, 2007).

공간적 관계와 관련한 능력은 공간적 분포와 패턴을 인식하고, 장소들을 연계시키며, 공간적으로 분포된 현상을 연관시키고, 공간적 위계를 이해하고 사용하며, 지역화하고, 실제 세계의 참조 체계로 정향시키며, 언어적 설명으로부터 지도를 상상하고, 지도를 스케치하고 비교하며, 지도를 중첩하고 분해하는 것이다(Golledge and Stimson, 1997: 158; 김민성, 2007).

공간적 사고란 일반적으로 공간을 점유하고 있는 사물에 대한 공간 정보를 부호화하고, 공간적 이미지들을 표상하고 변환하며, 공간적 관계를 추론하고 의사결정을 내리는 일련의 정신적 활동을 의미한다(마경묵, 2011: 70).

지리 교과는 다양한 사고력을 함양하는 데 공헌할 수 있지만, 사고를 표상 체계에 따라 구분했을 때 지리 교과가 다른 교과보다 중요시하는 사고가 있다면 그것은 바로 공간적 사고일 것이다. 거쉬멜(Gersmehl, 2008)은 공간적 사고를 다른 학문에서는 대체할 수 없는 지리학에서만 달성할 수 있는 독특한 사고로 간주한 바 있다. 지리학은 전통적으로 장소 및 지역 탐구, 공간 탐구, 인간과 환경과의 관계 탐구라는 3가지 성분으로 구성된다(서태열, 2005). 지리학의 탐구 과정에서 공간 패턴 파악, 공간 관계의 인식, 공간 추론 등의 공간적 사고는 기본적인 사고 기능이다. 공간적 사고가 지리 탐구의 필수적 도구가 된다는 것은, 곧 지리교육이 학생들에게 공간적 사고를 할 수 있는 다양한 경험들을 제공할 수 있으며 이를 통해 공간적 사고를 향상시킬 수도 있음을 의미한다(마경묵, 2011: 70).

공간적 사고는 학문이나 직업 세계뿐만 아니라 우리의 모든 일상에서 필요한 기본적 능력 중 하나이다. 특히 공간적 사고는 지리 탐구의 과정에서 작동하는 지리적 사고의 핵심적 역할을 한다. 왜냐하면 지리 탐구 과정에서 작동하는 지리적 사고는 다루어지는 대상과 관계없이 공간적 시각화, 공간적 정향(오리엔테이션, 독도), 공간적 관계, 공간 추론 등 다양한 공간적 사고를 필요로 하기 때문이다. 그래서 지리 탐구는 공간적 사고를 핵심으로 지리적 지식, 지리적 기능, 지리적 이론과 모델 그리고 지리적 상상력 등이 복합적으로 작동하면서 이루어진다(마경묵, 2011).

이와 같은 공간적 사고가 구체적으로 어떤 요소들로 구성되어 있는가에 대해서는 아직 일치된 견해는 없다. 공간적 사고나 공간 능력이 연구되는 학과에 따라서 또 학자들마다 다양한 의견들이 제시되고 있으며 이에 대한 많은 연구들이 진행 중이다(표 5-10). 공간적 사고의 구성요소와 관련해서 학자와 교과에 따라 분류와 포함관계 그리고 강조에 있어서의 약간의 차이가 존재하지만 일반적으로 공간적 시각화, 공간 정향, 공간 관계로 구성되어 있는 것으로 정리할 수 있다(마경묵, 2011).

지리 분야에서도 공간적 사고의 구성 요소에 대한 많은 논의들이 있었다. 이 중에서 골리지와 스팀슨(Golledge and Stimson, 1997: 157)은 심리학에서의 주장과 가장 유사한 분류를 제시하고 있는데 그들은 공간 능력이 공간적 시각화, 공간 정향, 공간 관계의 3가지로 구성되어 있다고 보았다. 첫 번째 차원인 공간적 시각화는 가장 잘 알려져 있으며 광범위하게 인정되는 요소이다. 심리학적 검사에서 보통 이런 기능들은 전체적인 사물의 표상을 구성하는 부분 요소들 간의 움직임들을 시각화하거나, 사물을 보는 시점을 바꾸고, 사물의 차원을 바꾸는 등의 문항들을 통해 검사되고 있다. 그들은 이런 능력들은 많은 수학 문제 및 기하학적 구조를 이해하는 데 중요한 요소이며 오늘날 지리학에서 광범위하게 자주 사용되고 있다고 보았다(마경묵, 2011).

두 번째 요소는 공간 정향이다. 이것은 구성 요소들의 배치가 여러 시각에서 어떻게 나타날 수 있는가를 상상하고, 자신이 위치하고 있는 방향과 관련해서 공간적 관계들을 밝혀내는 능력으로 규정하였다. 심리검사에서 이런 능력의 측정은 방해요소가 있어도 사물의 배열을 인식하고 유지하는 능

표 5-10. 공간적 사고의 구성 요소

<table>
<tr><th>연구자</th><th>공간적 사고의 요소</th><th>의미</th></tr>
<tr><td>마이클 외
(Michael et al., 1957)</td><td>1. 공간적 시각화
2. 공간 관계와 오리엔테이션(정향)
3. 근운동감각적 이미지(운동감)</td><td rowspan="4">• 공간적 시각화: 지시된 변형 과정 이후 물체의 모습이 어떠할 것인지를 예상하는 능력, 마음속으로 2차원 혹은 3차원의 공간적 형상을 조작하고, 비틀고, 변환하는 능력
• 빠른 회전(공간 관계): 어떤 대상이 회전했을 때의 모습을 알아내는 능력
• 공간 관계: 개별 자극들 사이의 패턴, 모양, 배치, 위계, 연합을 분석하는 능력
• 공간적 오리엔테이션: 어떤 시각적 자극이 다른 각도에서 어떻게 달라 보일지를 상상하는 능력
• 종결(차폐)속도(speed of closure): 사물의 일부만이 제시될 때 종합적인 모습을 인지하는 것
• 종결의(차폐) 유연성(flexibility of closure): 복잡한 시각 맥락에서 숨겨진 자극을 찾아내는 것
• 시각 기억: 자극의 배열, 위치, 방향 기억과 관련됨
• 근운동감각적 이미지(운동감)(kinesthetic): 왼쪽, 오른쪽을 빠르게 구분하는 능력</td></tr>
<tr><td>맥기
(McGee, 1979)</td><td>1. 공간적 시각화
2. 공간 오리엔테이션(정향)</td></tr>
<tr><td>로만
(Lohman, 1988)</td><td>1. 공간적 시각화
2. 빠른 회전(공간 관계)
3. 종결(차폐)속도</td></tr>
<tr><td>캐럴
(Carroll, 1993)</td><td>1. 공간적 시각화
2. 공간 관계
3. 종결(차폐)속도
4. 종결의(차폐) 유연성
5. 지각 속도
6. 시각 기억</td></tr>
</table>

(김민성, 2007; 마경묵, 2011 재구성)

력인 장의존성(field dependence) 검사나 오른쪽, 왼쪽으로 임의대로 회전시킨 후 자신의 위치를 묻는 방향 감각 검사 등이 있다. 이 능력은 지도 읽기 능력, 이미지 프로세싱을 포함하는 많은 지리 과제에서도 중요한 요소이다. 그것은 또한 길 찾기나 내비게이션에서도 중요하다(마경묵, 2011).

로만(Lohman, 1979)은 세 번째 요소인 공간 관계에 대하여 적어도 명확히 규정되어 있으나 동시에 논란의 여지가 있는 것을 모아놓은 차원으로 간주하였다. 셀프와 골리지(Self and Golledge, 1994: 158)는 이 차원에 다음과 같은 것을 포함시켰다. 공간 분포와 패턴을 인식하는 능력, 형태를 분별하는 능력, 윤곽을 기억하고 표상하는 능력, 위치를 연결시킬 수 있는 능력, 공간적으로 분포된 현상들의 연관성을 발견하는 능력, 공간적 계층을 이해하고 사용하는 능력, 지역을 구분하는 능력, 거리조락과 분포의 최근린 효과를 이해하는 능력, 실세계에서 길을 찾는 능력, 랜드마크를 인식하는 능력, 지름길을 찾는 능력, 실세계의 준거체제로 정향하는 능력, 언어 표현을 통해서 지도를 상상하는 능력, 스케치 지도를 그리는 능력, 지도를 비교하는 능력, 지도를 중첩하거나 해체하는 능력 등 일반적인 지리 수업에서 흔히 발견되는 많은 활동들이다(마경묵, 2011).

마경묵(2011)은 공간적 사고의 기능들을 상세하게 분류한 골리지와 스팀슨(Self and Golledge, 1994: 156), CSTS(2006, 40–48), 거쉬멜(Gersmehl, 2008: 97)(표 5–11) 등의 연구를 토대로 공간적 사고의 구성요소를 공간적 사고의 수준에 따라 공간적 시각화, 공간 정향, 공간 관계, 공간 추론으로 세분화하여 제시하였다(표 5–12).

표 5–11. 거쉬멜(Gersmehl, 2008)이 제시한 공간적 사고 내용

공간적 사고	핵심질문
입지표현(Location)	어디에 있는가?
장소의 상황묘사(Condition)	거기에 무엇이 있는가?
장소 간의 연계(Connection)	어떻게 연계되어 있는가?
장소들을 비교(Comparison)	장소들 간의 유사점과 차이점은 무엇인가?
장소의 영향권(Aura)	그 영향력이 어디까지 미치는가?
지역 구분(Region)	주변의 어느 지역과 특정한 특성을 같이하는가?
점이적 성격 찾기(Transition)	장소들 사이의 점이적 특성은 무엇인가?
장소에 대한 유추(Analog)	먼 곳에 떨어져 있는 어떤 한 장소와 유사한 특징을 가진 곳은 어디인가?
공간 패턴 찾기(Pattern)	치우침, 집적, 선형, 도넛, 파상 등 어떤 패턴이 나타나는가?
공간 패턴 비교(Pattern Comparison)	공간적 패턴은 유사한가?
규칙의 예외를 찾기(Exceptions)	예상보다 더하거나 덜한 특성을 보이는 지역은 어디인가?
패턴 변화 분석(Pattern Changing)	어떻게 확산되는가?
공간 모델 고안(Spatial Model)	장소는 하나나 그 이상의 상호작용적 과정에 의해서 어떻게 연계되는가?

(마경묵, 2011 재인용)

표 5-12. 공간적 사고의 구성요소의 상세화

공간적 사고의 구성요소		내용
공간적 시각화	1. 공간 정보의 표상	감각 기관을 통해 인식된 공간을 구성하는 요소들의 색, 크기, 형태, 위치, 조직, 방향, 윤곽 등을 인식하고 기억하고, 정신적으로 그려내는 기능
	2. 공간 정보의 변환	감각 기관을 통해 인식된 사물을 정신적으로 표상해서, 시점, 차원, 크기, 방향, 형태 등을 변환할 수 있는 능력
공간 정향	3. 오리엔테이션	참조체제 속에서 자신의 위치를 파악하고 주변 사물들의 배치나 방향들이 변해도 자신의 위치를 파악하는 능력
	4. 내비게이션	환경 속에서 자신의 위치를 파악하고 자신의 목적지를 찾아가는 능력
공간 관계	5. 공간 특성 비교	공간을 구성하는 요소들의 상호 작용으로 만들어진 공간의 배열적, 구조적, 기능적 특징을 파악하는 능력
	6. 공간 연계 이해	두 개 이상의 공간들 사이의 관계를 이해하는 능력
	7. 공간 패턴 이해	공간 분포의 규칙성을 발견하는 능력
	8. 공간 계층 이해	공간상에 나타나는 계층 구조를 이해하는 능력
	9. 공간 구분	공간을 일정한 기준에 따라 구분하는 능력
공간 추론	10. 공간 변화 추론	공간을 구성하는 요소들의 배열, 특성, 관계 등을 통해서 공간특성의 변화를 판단하는 능력
	11. 공간적 의사결정	자신의 환경 속에서 획득한 정보를 바탕으로 공간과 관련해서 합리적 의사결정을 하는 능력
	12. 추상적 공간사고	비공간적 현상을 공간적 특성에 맞추어 사고하는 능력

(마경묵, 2011)

4) 관계적 사고

최근 지리학에서는 네트워크적 연결성을 강조하는 관계적 전환(relation turn)이라 불리는 학문적 경향이 등장하고 있다(박배균·김동완, 2013). 관계적 전환에 주목하는 학자들은 다양한 행위자들이 네트워크적 연결을 통해 관계를 형성하고, 이 관계들이 행위자들의 인식 방식, 담론, 행동 등에 중요한 영향을 미친다고 주장한다(Dicken et al., 2001; 박배균, 2013, 35-36 재인용). 네트워크적 연결성을 중심으로 사회공간적 과정과 관계를 이해하려는 학자들에 따르면, 행위자들은 네트워크적 연결망을 통해 서로 영향을 주고받고, 또한 그런 네트워크의 확장을 통해 무한하게 상호연결된다. 따라서 영역적 경계나 장소적 뿌리내림은 별로 중요하게 고려할 필요가 없는 개념으로 취급되고는 한다(Latour, 1993).

이른바 오늘날 우리의 생활공간을 해석하기 위해서는 관계성(relationality)에 주목할 필요가 있다(Massey, 2005). 이러한 관계성은 공간과 사회의 관계, 스케일 간의 관계, 자연과 인간의 관계, 이주 등의 관점에서 이해될 수 있다. 장소, 공간, 지역, 영역과 마찬가지로 스케일이나 자연과 같은 지리적 개념들 역시 존재론적 측면에서 분석의 틀이 되기보다는 관계성에 기초를 둔 인식론적 측면에서 담론적 구성물이자 실천적 분석의 대상으로서 접근되고 있다(박경환, 2014).

공간과 사회의 관계에 대한 개념화에 있어서 관계적 전환은 하나의 이론에 의존하지 않고 지난 수십 년 동안 구축되어 온 지리적 사고 및 이론에 기반한다. 매시(Massey, 1991; 2005)의 열린 장소감과 관계적 공간을 비롯하여, 장소는 다양한 종류의 실체들 간의 관계의 산물이라는 하비(Harvey, 1996)의 주장은 관계적 방식으로 지리에 관해 사고한 훌륭한 사례이다. 장소와 공간에 대한 유사한 관계적 이해는 또한 머독(Murdoch, 2006: 20)과 같은 다른 인문지리학자들의 연구에서도 나타난다.

이와 같은 관계적 사고를 채택함으로써, 인문지리학자들은 전통적인 지리적 개념에 대해 열린 그리고 역동적인 이해를 추구한다. 오늘날 인문지리학자들은 장소를 경계화된 위치 또는 단순히 지도상의 한 점으로 간주하기보다는 오히려 장소를 다수의 공간적으로 확산된 사회적 네트워크가 함께 모이는 곳으로 간주한다. 그러한 사회적 네트워크는 차례로 상이한 위치에서 동시에 일어날 수 있는 정치적, 경제적, 문화적 프로세스와 연결되며, 종종 그러한 프로세스는 글로벌적인 관계를 가진다.

이러한 관점의 결과로, 장소는 그 자체로 로컬화된 지리적 차이가 지속되도록 도와주는 독특한 특성들을 유지하지만, 장소는 또한 그러한 로컬을 초월하는 공간-사회 관계에 연결된다. 장소는 여전히 독특하지만, 경계화되어 있지 않다. 즉 장소는 열려 있고, 역동적이며, 공간과 사회 간의 관계에서 계속적인 변화의 결과이며, 공간을 횡단하여 사회적 관계를 확장하고 변경하는 것의 결과이다. 우리는 관계적 용어로 계속해서 사고할 수 있고, 상상할 수 있다(Bosco, 2013).

1980년대 이후 세계화의 진전으로 지리학에서는 절대적 공간 개념에서 공간의 상대적 관계적 속성에 주목하게 된다. 지리학에 있어서 상대적 공간 개념이 정치경제학적, 구조주의적 입장에서 부상하기 시작했다면, 공간에 대한 '관계적인 사고'에 대한 강조가 보다 본격화된 것은 포스트구조주의에 입각한 연구들이 급속히 증가한 1990년대 중반 이후부터이다(Jones, 2009). 우리의 생활공간을 제대로 이해하기 위해서는 현상 간의 관계와 상호작용을 관찰해야만 한다. 이러한 입장의 관계적 접근은 '비스케일적' 접근으로도 불리는데, 이는 사회적 과정을 특정한 공간적 스케일과 등치시키는 것에 반대하기 때문이다(박경환 외, 2012).

지리학에서의 관계적 전환은 본질적으로 관계적 사고(relational thinking)와 맥락을 같이한다. 관계적 사고에 대한 강조는 지리학이 전통으로 매몰되어 온 이분법적 사고(dualistic thinking)에 대한 반작용이다. 지리에는 다양한 이분법적 사고(인간과 비인간, 동물과 비동물, 육지와 물, 행위와 구조, 국가와 사회, 문화와 경제, 공간과 장소, 블랙과 화이트, 남자와 여자, 자연과 문화, 로컬과 글로벌, 시간과 공간)가 존재한다. 관계적 전환은 이러한 범주들이 이미 주어진 것이 아니라 사회적으로 구성된 것으로, 관계적으로 이해하고 사고할 것을 강조한다(Cloke and Johnston, 2005).

지리(학)는 전통적으로 자연과 인간(문화, 사회)과의 관계 탐구를 중심 주제로 설정해오고 있다. 최근 다수의 지리학자들은 자연과 문화라는 범주는 더 이상 세계를 이해하고, 재현하는 효과적인 방법이 아니라고 주장한다(Castree and Braun, 2001; Castree, 2005; Murdoch, 2006). 이들은 과학과 기술 연구에서 큰 성과를 낸 브루노 라투르(Bruno Latour), 존 로(John Law), 도나 해러웨이(Donna Haraway) 외의 관점을 끌어와, 지리에서의 관계적 전환을 모색하고 있다. 특히 많은 지리학자들의 관계적 사고는 라투르(Latour, 1993)의 『우리는 결코 근대인이었던 적이 없다(We Have Never Been Modern)』(홍철기 역, 2009)에 기반하고 있다. 라투르(Latour, 1993)는 근대라는 것은 우리가 정화(purification, 예를 들면, 순수하게 '자연적인' 것)와 변형(translation, 예를 들면, '문화적인' 것, 즉 어떤 것이 어떻게 '자연적인 것'을 손상시키는지를 고려하는 것)의 실천을 분리하여 고찰한다는 것을 의미한다고 주장한다. 즉 근대는 순수한 자연과 사회, 사물(대상, 객체)과 주체, 비인간과 인간을 분리하여 인식한다는 것이다.

이들은 자연과 사회라는 범주를 확연하게 구분하는 이분법적 사고에 반대하며, 대신 세계는 사회적인 것 이상도 자연적인 것 이하도 아니라는 것을 강조한다(Castree, 2005). 예를 들면, 이들은 삼림을 순수하게 자연적인 현상으로 설명하기보다는 오히려, 삼림이 어떻게 개념적이고, 이데올로기적이며, 실제적이고, 산만하고, 실천적이고, 역동적이며, 정치적인지, 즉 셀 수 없이 얽히고설킨 인간(human)과 비인간(nonhuman)의 관계의 산물인지를 기술하려고 한다. 이러한 방식으로 삼림과 같이 어떤 정체성은 다른 중요한 요소들과의 상호연결을 통해 일시적으로 구성된다. 따라서 삼림은 자연적(natural) 또는 비자연적(unnatural), 자연그대로의(pristine) 또는 오염된(contaminated)이라는 관점에서 정의되는 것이 아니라, 그것의 사회적–물질적 현상(social–material phenomena) 간의 관계의 관점에서 정의된다(Castree, 2005). 이거나/아니거나, 밖에/안에, 객체/주체, 몸/정신, 자연/문화와 같은 구분의 서구적인 상상력은 순수하지 않고 혼합적이며 혼종적인 세계의 상상력에 의해서 거부된다(Castree, 2005; Massey and collecitve, 1999). 이러한 관점으로부터 인간은 다양하고, 상호관련적이며, 우연적인 사회–생태적 존재(socio–ecological beings)라는 통합된 네트워크 내에 뿌리내리게 된다.

특히 1990년대 중반 이후, 인문지리학 내의 하위 학문들 간의 경계가 약해지면서 '관계적 사고'에 대한 요구가 더 촉발되었다(Allen et al., 1997; Sunley, 2008). 예를 들면, 일부 경제지리학자들이 '관계적 경제지리(relational economic geography)'를 강조하기 시작했다. 이들은 경제활동의 공간조직의 역동적인 변화에 영향을 주는 행위자와 구조 간 관계의 복잡한 결합을 분석하는 데 초점을 둔다(Amin, 2002; Boggs and Rantisi, 2003). 특히 보그스와 란티시(Boggs and Rantisi, 2003)는 경제지리학의 관계적 전환을 요약하면서 이러한 관계적 전환이 구조와 행위주체 간의 이분법적 문제설정, 거시적인 것과 미시적인 것 사이의 긴장, 그리고 사회적 환경과 네트워크에 대한 '글로벌-로컬'이라는 이분법적 스케일의 문제를 넘어서기 위한 시도의 일환이라는 점을 밝힌 바 있다(박경환, 2014). 이러한 관계적 경제지리는 우선적으로 행위자들의 사회-공간적 관계들이 다양한 지리적 스케일에서의 경제적 변화의 보다 넓은 구조 및 변화와 밀접하게 관련되는 방법과 연관된다. 사회-공간적 관계는 공간적인 것과 사회적인 것 간의 관계 그리고 생산의 사회적 관계라는 측면에서 조명되어 왔다.

영(Yeung, 2004)은 관계적 경제지리에서 관계성의 본질을 그림 5-4와 같이 크게 3가지 측면에서 접근한다. 행위-구조 관계성은 행위자 네트워크 이론(actor-network theory)과 네트워크적 사고, 스케일적 관계성은 로컬, 지역, 국가, 글로벌이라는 스케일의 관계성, 즉 관계적 스케일을, 사회-공간 관계성은 사회공간 변증법과 관련된다. 나아가 앞에서 언급한 자연과 사회(환경과 인간)의 관계성은 사회적 자연과 연결된다. 이러한 관계성은 이분적 관계가 다시 상상될 수 있게 한다. 즉 그림 5-4는 관계성이 행위자와 구조, 글로벌-로컬 스케일, 사회적인 것과 공간적인 것 간의 개념적 연결을 통해 어떻게 작동하는지를 보여 준다(Boggs and Rantisi, 2003). 예를 들어, 로컬(그리고 다른 공간적 스케일들)에 대한 글로벌의 관련성을 상정하지 않고서는 글로벌에 대해 생각하는 것은 불가능하다.

이상과 같이 최근 지리학자들은 장소를 관계적으로 이해하고 사고한다. 이는 지리학자들이 장소를 시·공간을 횡단하여 뻗어 있는 다중적인 사회적 관계에 의해 구성되는 것으로 본다는 것을 의미한다. 장소를 고립된 것으로 간주하는 이분법적 사고에서 벗어나 장소를 관계적으로 사고하는 경향이 늘어나고 있는 것이다.

우리가 살고 있는 장소는 중립적으로 또는 객관적으로 묘사하기 어렵다. 왜냐하면 장소는 모순과 복잡성으로 가득 차 있고, 상호의존적이고 끊임없이 변하기 때문이다. 매시(Massey, 1991)는 이러한 장소의 속성에 토대하여 외향적이고 진보적인 장소감을 강조한다. 즉 그녀는 경계화된 장소가 아니

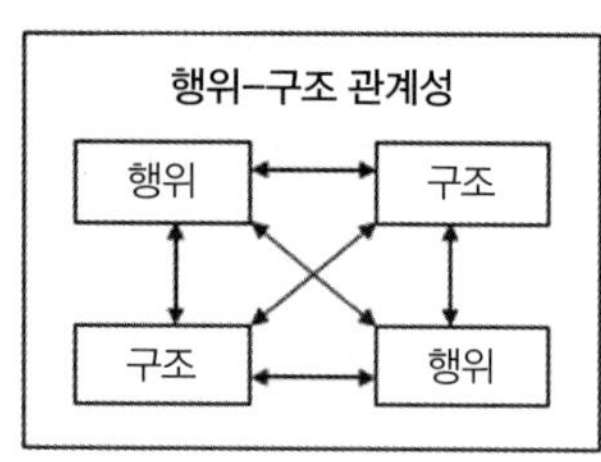

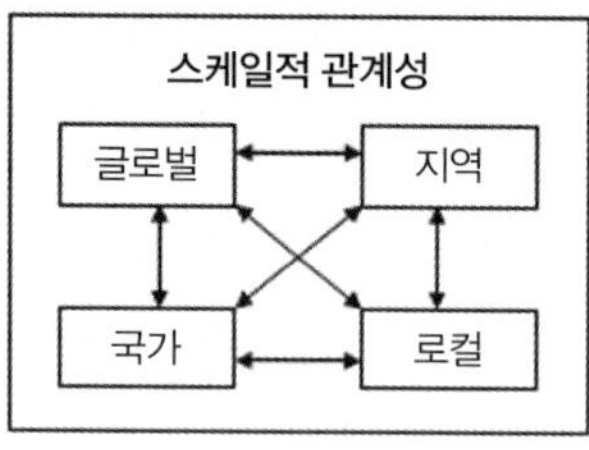

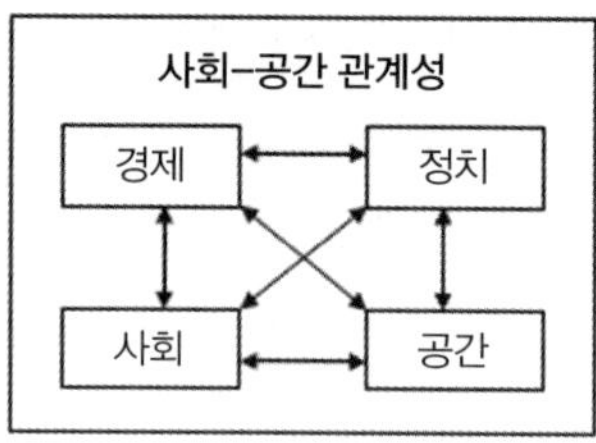

그림 5-4. 관계적 경제지리에서 관계성의 본질

(Yeung, 2004, 43)

라 사회적 관계의 네트워크로서 장소를 바라본다. 따라서 관계적 사고는 전통적인 경계화된 공간을 초월한 지리적 상상력의 발달과 관련된다. 이러한 대안적 지리적 상상력은 세계에서 장소가 일련의 영역에 집중화된 것보다 다수의 네트워크를 따라 탈중심화되어 있다는 것을 깨닫도록 한다. 즉 이러한 대안적 지리적 상상력은 시민성을 관계적이고 글로벌적으로 형성된 것으로 인식하게 한다.

지리수업을 통해 관계적 사고를 길러주기 위한 방법으로는 상품사슬을 통한 추적활동이 대표적이다(Hartwick, 1998; Garlake, 2007, 114; Kalafsky and Conner, 2014). 다국적 기업이 생산하는 상품사슬에 대한 탐구는 우리가 연결된 세계에 살고 있다는 것을 잘 보여 준다. 이러한 상품의 사례로는 우리가 일상적으로 소비하는 청바지, 햄버거, 콜라 등 무수히 많다. 학생들은 특정 상품의 상품사슬에 대한 추적활동을 통해 원료, 생산 및 가공, 유통, 소비를 통해 자연현상과 인문현상을 함께 만나게 되며, 그들이 소비하는 것이 글로벌 상호의존성을 함축하고 있다는 것을 배우게 된다. 그리고 학생들은 글로벌 상호의존성으로부터 누가 이익을 얻고 누가 이익을 잃는지를 탐구하게 된다. 이를 통해 학생들은 서구 자본주의의 횡포를 이해하고, 제3세계 국가를 위한 책임성을 가지게 된다.

학습의 관점에서 관계적 사고의 중요성은 수학교육학자인 스켐프(Skemp, 1987)에 의해서도 강조되었다. 그는 이해의 양상을 도구적 이해(instrumental understanding)와 관계적 이해(relational understanding)로 구분한다. 도구적 이해란 '이유 없는 법칙'처럼, 수학의 내용을 이해할 때 진정한 이해가 아닌 단순암기를 의미하는 것이다. 지리의 관점에서 보면 도구적 이해는 지리적 현상이 분포하고 있는 사실(fact)을 단순히 암기하는 분포적 사고 또는 모자이크식 사고와 밀접한 관련이 있다고 할 수 있다. 반면 관계적 이해란 단순히 암기를 바탕으로 한 이해가 아닌, 자신이 이해하고자 하는 내용이 '왜', '어떻게' 만들어졌는지에 대한 상호관계를 이해하는 진정한 의미의 이해라고 말할 수 있다. 즉 관계적 이해는 학습자 자신이 가지고 있는 기존의 스키마(schema)에 대한 적절한 '동화와 조절'을 통해 진정한 이해를 만들어가는 과정인 것이다(김혜란, 2009).

5) 통합적/융합적 사고

2015 개정 교육과정이 문·이과 통합교육과정을 지향하면서, 통합사회와 통합과학에 대한 관심이 높아지고 있다. 이와 더불어 통합적 사고력 역시 주목을 받고 있다. 통합적 사고란 직관적 사고(감성)와 분석적 사고(이성)를 활용하여 다양한 학문 분야의 지식과 재료를 이해하고 넓은 관점에서 포괄하여 종합하는 사고능력이다. 이를 위해서는 여러 교과에 대한 호기심을 가지고 주의를 기울이려는 성향과 다양한 관점, 의견, 신념, 가치관 등에 대하여 이해, 존중, 수용하려는 열린 태도가 필요하다.

(1) 홀리스틱 사고

오스트레일리아 국가지리교육과정에서는 핵심개념을 7가지로 제시하고 있다. 그것은 장소, 공간, 환경, 상호연결, 지속가능성, 스케일, 변화이다. 이 중에서 상호연결은 관계적 사고와 매우 밀접한 관련이 있다. 그리고 상호연결은 지리적으로 사고하는 것이 무엇인지를 보여 주는 개념이라고 할 수 있다.

> 상호연결의 개념은 지리적 학습의 어떤 대상도 독립적인 것으로 간주될 수 없다는 것을 강조한다. 상호연결은 지리적 현상이 환경적 프로세스, 사람들의 이동, 무역과 투자의 흐름, 상품과 서비스의 구입, 문화적 영향, 아이디어와 정보의 교환, 정치적 권력과 국제적 합의 등을 통해 서로 연결되는 방법에 관한 것이다. 상호연결성은 복잡하고, 상보적이거나 상호의존적일 수 있으며, 장소의 특성에 강력한 영향을 끼친다. 상호연결성의 중요성에 대한 이해는 학생들로 하여금 분리된 지식군보다는 오히려 연결된 것으로서 다양한 지리적 양상을 볼 수 있도록 도와주는 홀리스틱 사고(holistic thinking)로 이어진다(ACARA, 2013; Maude, 2014: 44).

지리학습에서 상호연결성이 갖는 의미는 지리학습의 어떤 대상도 독립적인 것으로 간주될 수 없다는 것이다. 오스트레일리아 국가지리교육과정에 의하면, 이러한 상호연결이라는 개념에 대한 이해는 다음과 같은 방법으로 발전된다(ACARA, 2014; Maude, 2014).

- 장소, 인간, 조직은 다양한 방식으로 다른 장소와 상호연결되어 있다. 이러한 상호연결은 장소의 특성과 변화에 중요한 영향을 끼친다.
- 환경적·인문적 프로세스들, 예를 들면, 물순환, 도시화, 인간유발 환경변화는 장소들 간에 그리고 장소들 내에서 작동하는 원인과 결과의 상호관계들이다. 그것들은 때때로 물질, 에너지, 정보, 행동의 흐름을 통해 상호연결의 네트워크를 포함하는 시스템으로서 조직될 수 있다.
- 홀리스틱 사고는 장소 내에서/장소 사이에서의 현상과 프로세스 간의 상호연결을 보는 방법(way of seeing)에 관한 것이다.

여기에서 주목해 볼 수 있는 것은 오스트레일리아의 국가지리교육과정이 핵심역량 중의 하나로 비판적·창의적 사고를 강조하고 있지만, 지리의 핵심개념인 상호연결성의 관점에서 강조하는 사고는 '홀리스틱 사고'라는 것이다. 홀리즘(holism)의 어원은 그리스어의 '홀로스(holos/전체)'이며, 홀리즘은 모든 현상이 서로 연관되어 있고 영속적인 진화의 과정 중에 있다고 보는 세계관 중의 하나이다.[2] 홀리스틱 이해는 학생들에게 다양한 주제들을 통합하고 종합하는 방법과 설명하는 방법을 학습하기 위한 기회를 제공한다.

지리적으로 사고하는 것은 일상적인 사고와 다르다. 만약 이들이 동일하다면 지리수업이 필요 없을 것이다. 지리적으로 사고하는 것은 일종의 절차적 지식(procedural knowledge)으로 간주될 수 있다. 즉 지리적으로 사고하는 것은 명백한 절차가 있다. 지리적으로 사고하는 것은 역사적으로 사고하는 것, 과학적으로 사고하는 것, 수학적으로 사고하는 것 등과 동일하지 않다.

지리적으로 사고하기는 교사의 시범을 통해서뿐만 아니라, 의사결정 또는 문제해결을 포함하는 질 높은 지리적 탐구와 직접적인 경험을 통해 학습된다. 지리적으로 사고하는 데 있어서 중요한 것 중의 하나는 탐구에 대한 관계적 접근(또는 홀리스틱 접근)을 채택하는 것이다. 관계적 접근 또는 홀리스틱 접근은 자연적인 요인이 인문적인 요인을 고려하고, 로컬 현상과 보다 넓은 글로벌 프로세스들 간의 연계를 고려하는 것이다.

지리적으로 사고하는 것은 관계적 또는 홀리스틱 틀 내에서 질문하는 것을 포함한다. 지리에서 홀리스틱 전통은 지리의 다양한 관심들을 통해 홀리스틱 설명을 성취하기 위한 시도이다. 지리는 '자연지리', '인문지리', '환경지리'를 포함하는 홀리스틱 학문이며 교과이다(Rawding, 2013). 간단히 말해, 홀리스틱 지리들은 지구의 모든 것을 포함하는 지리들인 것이다. 그렇지 않다면, 지리 교과를 통한 학습은 파편화된 하위 분야를 온전히 이해할 수 없다.

지리학에 있어서 홀리스틱 전통은 탐구 주제와 관련한 많은 변수들 간의 상호연결을 이해하는 것이다. 예를 들어, 자연환경을 인간활동과 관련지어 이해하는 것이 홀리스틱 접근이다. 홀리스틱 접근은 인간과 장소와의 복잡한 관계 예측을 위해 지도나 모형으로 단순화시키는 것에 반대한다. 반면 홀리스틱 접근은 학생들로 하여금 복잡한 세계를 관계적 사고를 통해 이해하도록 하는 데 초점을 둔다. 지리적 토픽에 대한 홀리스틱 접근을 위해 요구되는 다양한 자료는 교사가 범교육과정 교과들 간의 연계를 설정할 수 있는 진정한 기회를 제공한다(Rawding, 2013: 51-52). 학습에 홀리스틱 접근을 도입하는 것은 다양한 정보를 더 효과적으로 맥락화되도록 할 수 있고, 학생들에게 빠른 변화에 직면한 환경에서 평생학습을 위해 학생들이 준비하도록 하는 일련의 기능들을 발달시키도록 할 수 있

---

2 이러한 홀리즘이라는 단어는 1926년 남아프리카 연방의 스머츠(Smuts)라는 철학자가 『홀리즘과 진화(Holism and evolution)』라는 책에서 처음으로 사용했다. 스머츠는 "어느 부분을 아무리 쌓아가더라도 결코 전체에 도달할 수 없다. 왜냐하면 전체는 부분의 총화보다 훨씬 큰 것이기 때문이다"라고 하였다. 홀리즘에 의하면, 인간과 자연은 서로 분리된 존재가 아니라 유기체적으로 연결되어 있다고 본다.

다(Thompson and Clay, 2008).

(2) 하이브리드 사고

통합적/융합적 사고를 위해서는 경계넘기(transgression)가 필요하다. 현재 우리는 하이브리드 세상에 살고 있지만, 여전히 순수성 또는 순혈주의에 사로잡혀 있다. 학문의 세계뿐만 아니라 일상생활에서도 그러하다. 특히 근대 이후 학문의 칸막이화가 가속화되면서 경계넘기로서의 혼종적 사고 또는 하이브리드 사고(hybrid thinking)는 터부시되었다. 순수성을 강조하는 학문과 문화에서는 차별만 있을 뿐 차이(다양성)에 대한 존중과 배려는 부족하다. 순수성을 강조하는 학문과 문화는 깊이는 있을지 모르나 창의성에 필수적인 다양성이 결여된다.

최근 지리학을 비롯하여 사회과학뿐만 아니라 자연과학 분야에서도 혼종성(hybridity)에 대한 관심이 높다(홍성욱, 2003). 최근 혼종성을 쉽게 접할 수 있는 이유는 세계화로 인해 인적, 물적, 지적 자원의 이동이 잦아지고 새롭고 이질적이며 다양한 문화, 사람, 정보 등에 노출되다보니 두 가지 이상의 특성이 결합되어 나타나는 이종적인 특성과 장점이 새로운 매력과 흡입력을 가지게 되었기 때문이다. 특히 사고력의 측면에서도 동양과 서양의 대비되는 사고나 특성을 혼합하고 융합함으로써 생겨나는 독특함을 선호하며, 개성과 차이를 유연하게 받아들이는 새로운 사고력과 태도가 주목을 받게 되었다. 무엇인가 늘 새롭고 발전적이며 창조적인 것을 꿈꾸는 인간의 사고력과 상상력, 자아 성취를 위한 바람 등은 이제 지식을 이해·수용하여 더 독특하고 새로운 차원으로 끌어올리는 방향으로 흐르게 된 것이다. 그러므로 하이브리드 세상에서 한 개인이 자신의 느낌, 생각, 창의력을 제대로 펼쳐나가도록 돕는 것이 교육의 또 다른 임무로서 부각될 수밖에 없다(김영만, 2009).

혼종적 사고 또는 하이브리드 사고는 경계넘기를 지향한다. 예를 들면, 최근 학문 간의 경계뿐만 아니라 대중문화 내의 장르 간 또는 대중문화와 고급문화 간의 경계가 허물어지고(예를 들면, 팝페라), 음식에서 경계를 넘어 혼합되고 있다(예를 들면, 퓨전 음식). 이러한 사례들은 혼종적 사고 또는 하이브리드 사고의 결과이다. "전지구적으로 사고하되 국지적으로 행동하라(Thinking Globally, Act Locally)"도 혼종적인 정신이다.

혼종성은 기존의 이분법적 사고를 뛰어넘어 스펙트럼으로 사고한다. 혼종성은 기존에 존재하는 것을 새로운 방식으로 섞는 융합적 사고를 지향한다(홍성욱, 2003). 혼종적 사고는 다양한 사물과 현상 그리고 공간이 만나는 경계에 서서 이러한 다양성을 창조적으로 받아들인다는 점에서 융합적 사고와 직결된다. 이러한 혼종적 사고는 창의적 사고의 근원이며, '혼종적 지식인'은 복잡한 위험사회를 극복할 수 있는 새로운 유형의 지식인이다. 왜냐하면 혼종적 사고는 타자를 존중하고 배려하는 인성

과도 결부되기 때문이다. 따라서 현재 우리나라 교육에서 강조하는 창의인성 교육을 위한 중요한 사고력이 바로 혼종적 사고다(문용린, 2010).

앞에서도 언급했듯이, 혼종적 사고란 경계(인간과 자연, 진보와 보수, 여성과 남성, 과학과 종교, 진리와 거짓, 모던과 포스트모던 등)를 뛰어넘어 생각하는 것이다. 경계를 뛰어넘어 생각한다는 것은 경계를 구성하는 각각의 단위들이 어떻게 연결되어 있는가를 숙고함으로써 다양한 네트워크가 구성되는 원리를 직관적으로 이해하고, 궁극적으로 그러한 인위적인 경계를 극복하는 힘을 키우는 것이다. 그러한 의미에서 혼종적 사고는 사고의 전환을 요구한다.

홍성욱(2003)은 혼종적인 사고의 방법을 다음과 같이 제시한다. 첫째, 하나를 생각했다면 그것과 다른 각도에서 생각해 본다. 둘째, 둘을 생각했으면, 이제 두 개의 대립쌍이 아니라 스펙트럼식으로 사고해 본다. 이를 위해서, 그 둘 사이의 중간을 생각해 본다. 셋째, 이것이냐 저것이냐보다 이것저것 모두의 방식으로 사고하는 것이 중요하다. 넷째, 세상을 고립된 군도가 아니라, 네트워크로, 생태학적 시스템으로 사고하는 습관을 기른다. 다섯째, 기존에 존재하는 서로 다른 두 가지를 엮어서 새로운 것을 만들어 본다. 창의적 사고는 과거에 전혀 존재하지 않았던 것을 만드는 것이 아니다. 창조란 남들이 하지 못하는 방식으로 둘 이상의 상이한 요소를 연결시키는 능력이라고 할 수 있다. 여섯째, 세상에 대한 지나치게 자신만만한 태도를 경계한다. 지금과 같은 복잡하고 불확실한 세상에서 현재 진행되는 변화를 완벽하게 이해하거나, 미래를 완전히 예측하는 것은 불가능하다. 마지막으로, 이 모든 것을 위해서 경험과 실수로부터 배우는 것을 두려워하지 말아야 한다.

6) 전이와 메타인지

(1) 전이

전이(transfer)는 학습에서 매우 핵심적인 주제이며, 종종 복잡한 인지적 과정들을 포함한다. 전이는 지식을 새로운 방식으로 새로운 상황에 적용하거나 다른 내용을 옛 위치에 적용하는 것을 지칭한다. 전이는 또한 선행 학습이 후행 학습에 어떻게 영향을 미치는가를 설명한다. 전이를 위해서는 인지적 역량이 중요하다. 그 이유는 전이가 없다면 모든 학습이 상황적 측면에서 특수하며, 많은 교수시간을 새로운 상황에 맞게 다시 가르치는 데 소비해야 하기 때문이다.

인지적 관점에서 볼 때, 전이는 기억 네트워크 속에 있는 지식들을 활성화시키는 것과 관련이 있다. 이러한 전이에는 상이한 유형들이 있다. 정적 전이(positive transfer)는 선행 학습이 후행 학습을 촉진할 때 일어난다. 부적 전이(negative transfer)는 선행 학습이 후행 학습에 지장을 주거나, 그것을 더

표 5-13. 전이의 유형

유형	특징	사례
근접 전이 (near transfer)	• 상황들 간에 많은 중첩이 있음. • 원래의 맥락과 전이 맥락이 매우 유사함.	• 분수법을 가르친 후, 학습자에게 동일한 형식의 내용에 관해 시험을 보는 것
원격 전이 (far transfer)	• 상황들 간에 중첩이 적음. • 원래의 맥락과 전이 맥락이 유사함.	• 분수법을 명시적으로 배운 적도 없이, 완전히 다른 상황에 적용해 보도록 하는 경우
축어적 전이 (literal transfer)	• 원래대로의 기능 혹은 지식이 새로운 과제에 전이됨.	• 학습자들이 분수법을 학교 안팎에서 사용할 때 일어남
도해적 전이 (figural transfer)	• 어떤 문제에 대해 생각하거나 학습하기 위하여, 일반적인 지식의 몇 가지 측면들을 특별한 문제에 비추어 생각하거나 사용하는 것. 예를 들면, 비교, 유추, 은유.	• 학습자들이 학습에 직면했을 때, 자신들이 관련 분야에서의 선행 학습을 숙달하기 위해 사용했던 것과 동일한 학습 전략들을 사용할 때 일어남
저진로 전이 (자동적 전이) (직접적 사용) (low-road transfer)	• 잘 설정된 기능들이 동시에, 그리고 가능한 자동으로 전이 • 고도로 숙달된 기술을 깊이 생각할 필요가 전혀 없이, 자발적이고 자동적으로 전이가 이루어짐. • 핵심조건으로는 충분한 연습, 다양한 상황과 조건, 과잉학습으로 인한 자동성 획득	• 다른 종류의 여러 자동차 운전 • 공항에서 탑승구 찾기
고진로 전이 (의식적 전이) (미래의 학습을 위한 대비) (high-road transfer)	• 상황들 간 연계의 명시적인 의식적 추상화와 관련된 전이 • 추상적 지식을 새로운 상황에 의식적으로 이용 • 학습자들이 어떤 규칙, 원리, 원형(prototype), 도식 등을 학습한 후, 그것을 자신들이 학습한 방법보다 더 일반적인 의미에 사용할 때 일어남 • 핵심조건으로는 많은 상황에 적용될 수 있는 원리, 주요개념, 혹은 절차의 의도적 추상화, 강력한 교수-학습환경에서의 학습	• 수학에서 배운 절차를 학교신문의 기사 배치에 적용
전향도달 전이 (forward-reaching transfer)	• 행동과 인지를 그 학습 맥락으로부터 하나 이상의 잠정적인 전이 맥락으로 추상화할 때 일어남 • 고진로 전이의 한 유형 • 유추에 의한 사고	• 학습자들이 미적분학을 공부하는 동안, 그들은 어떻게 그것이 물리학에도 관련될 수 있는지에 대해 생각할 수 있음
후향도달 전이 (backward-reaching transfer)	• 이전에 학습한 기능과 지식의 통합을 허용해 주는 상황의 전이 맥락 특성들 속에서의 추상화함 • 고진로 전이의 한 유형 • 유추에 의한 사고	• 학습자들이 어떤 물리학 문제에 관해 연구하는 동안, 그들은 그 물리학 문제를 해결하는 데 있어 유용할지 모르는 미적분학에서의 어떤 상황들을 생각해내려고 노력할 수 있음 • 유추에 의한 사고

(노석준 외 역, 2006: 265-274에 의해 재구성)

어렵게 만드는 것을 의미한다. 무전이(zero transfer)는 어떤 형태의 학습이 후행 학습에 별다른 영향력을 미치지 않음을 의미한다. 그 외의 전이 유형은 다음과 같다(표 5-13).

(2) 메타인지

메타인지(metacognition)란 인지적 활동에 관한 의도적인 의식적 통제를 지칭한다(Brown, 1980). 메타인지의 핵심적 의미가 '인지에 대한 인지(cognition about cognition)'이기 때문에, 초인지 또는 상위인지라고 불리기도 한다. 메타인지는 스스로 자기가 하는 사고가 잘 되고 있는지, 잘못되고 있다면 어떻게 하면 잘 되게 할 수 있는지 등을 반성하는 정신 작용이다. 사람이 하는 사고는 완벽한 것이 아니며, 특히 현대 사회에서의 사고는 언제나 새로운 증거로 인해 바뀌는 것이 당연하다. 이러한 사고의 전환은 자기가 지금까지 해 온 사고가 어떠했는가를 정확하게 판단할 수 있을 때만 가능하다. 어떤 문제를 해결하기 위하여 가설을 세우고, 증거를 수집하여 결론을 내리는 탐구과정을 거치는 것이 탐구력이라면, 여기에 지금까지 자기가 한 탐구과정 전체에 오류가 없었는지를 다시 사고하는 것이 메타인지이다. 따라서 고차사고력을 잘 발휘하는 사람은 이미 메타인지를 잘하고 있는 경우가 많다.

따라서 메타인지는 두 가지의 기능과 관련되어 있다. 첫째, 사람들은 어떤 과제가 어떤 기능과 전략, 그리고 자원들을 필요로 하는가를 이해해야 한다. 메타인지는 과제 또는 문제를 덜 충동적이고 더 현명하게 해결하려는 경향과 관련이 깊다. 만약 한 학생이 지리적 쟁점 또는 문제에 직면하게 될 때 스스로 '이것은 무엇에 관한 거지? 내가 어떻게 한다면 그것이 나에게 도움이 될까'라고 묻는다면, 그들은 메타인지를 사용하는 것이다. 둘째, 사람들은 그 과제가 성공적으로 완수되었는지를 확신하기 위하여, 이들 기능들과 전략들을 어떻게 그리고 언제 사용할지를 알아야 한다. 어린이들은 메타인지를 통해 그들 자신의 수행을 평가하고, 그들이 무엇을 학습했다고 느꼈는지뿐만 아니라 그들이 사용한 어떤 전략들이 도움이 되는지 그렇지 않는지를 구체화한다. 따라서 메타인지 활동은 선언적 지식, 절차적 지식, 조건적 지식을 과제에 전략적으로 적용해 보는 것이라고 할 수 있다.

한편, 브루너(Bruner, 1996: 88)는 메타인지를 반성하기[going meta, 반성(reflection)과 동일한 의미] 또는 학습해 온 것을 돌아보기(turning around on what one has learned)로 묘사하고 있다. 반성(going meta)은 학생들이 그들 자신의 사고 과정을 알도록 하는 것과 관련된다. 학생들은 반성하기를 통해 그들의 사고과정이 훨씬 더 공유되고, 평가되며, 발달될 수 있도록 그들의 사고과정들을 말로 나타내려고 시도할 것이다. 연구에 의하면 이러한 학생들의 반성하기가 학습을 향상시킬 수 있다(Bruner, 1996; Leat and Nichols, 1999). 학생들로 하여금 반성하도록 격려하는 것은 탐구 과정 내내 일어날 수 있으며, 따라서 결과보고 활동(debriefing activities)을 요약하는 데 국한될 필요는 없다.

리트(Leat, 1998)에 의한『Thinking Through Geography』에서는 모둠별 활동에 대한 결과보고(debriefing)를 강조한다. 모둠활동을 한 후 활동에 대한 결과보고에서 자주 사용될 수 있는 주요 질문은 다음과 같다.

(i) 너의 답/해결책/결과는 무엇이니?

이 질문은 보충 질문을 수반하여 학생들이 학습내용을 더 명료하게 하도록 하며, 다른 학생들의 이야기에 대해 논평하고, 끼어들고, 질문하도록 한다.

(ii) 너는 그 문제를 어떻게 해결했니?/너는 그것을 어떻게 했니?

이 질문은 학생들이 그들의 사고(thinking)에 관해 이야기하도록 한다. 사고하고 사고한 것을 이야기하는 과정에서 사용된 것이 바로 메타인지이다. 이런 과정을 통해 학생들은 사고와 학습에 관해 이해하기 시작하며, 다른 맥락들에 전이될 수 있는 지리의 주요 개념들에 대해 명백하게 이해하기 시작한다(Roberts, 2003).

7) 비판적 사고와 창의적 사고

(1) 비판적 사고

정보사회에서는 수많은 정보들의 진위, 유용성, 적합성 등을 분석하고 평가할 수 있는 능력, 즉 비판적 사고력이 요구되고 있다. 또한 비판적 사고력은 사회현상을 과학적으로 조사하기 위해, 수집한 자료의 타당성이나 적합성을 분석하고 평가하는 데 필요하다. 그리고 사회문제나 쟁점을 해결하기 위한 대안의 합리성과 적합성을 평가할 때에도 비판적 사고력이 필요하다. 비판적으로 사고한다는 것은 어떤 것을 그대로 받아들이지 않고 의문을 제기하는 것이다. 이는 특정 대상의 신뢰성과 타당성을 분석하고 평가하는 질문을 제기하는 것에서 시작된다. 즉 비판적 사고력은 객관적인 근거에 의거해 대상을 합리적으로 분석하고 평가하는 모든 과정을 포함한다(차경수·모경환, 2008; 박상준, 2009; Martin, 2006).

비판적 사고력(critical thinking)은 탐구력이나 문제해결력 등과 유사한 측면을 가지고 있다. 그러나 그 본질은 어떤 사물이나 상황, 지식 등의 순수성이나 정확성 여부, 어떤 지식이 허위인가 진실인가 등을 평가하는 정신적 능력이다. 이것은 곧 이성적인 판단(합리적 판단, 논리적 판단)을 의미한다는 점에서 다른 고차사고력과 구분된다. 베이어(Bayer, 1985)는 비판적 사고력의 특징을 다음과 같이 제시하고 있다(박상준, 2009 재인용).

- 증명할 수 있는 사실에 관한 주장과 가치에 관한 주장을 구분한다. (사실과 의견의 구분)
- 서술한 주장이 사실과 일치하는 정확성을 갖는지 판단한다. (객관적인 근거에 의거해 평가하기)
- 어떤 정보가 상황이나 논쟁과 관련이 있는 것인지 없는 것인지를 구별한다.

- 정보원의 신뢰성 여부를 판단한다.
- 뒤에 숨어 있는 가정을 확인할 수 있다. (숨겨진 가정과 의도를 찾아내기)
- 추리의 과정에서 논리적 모순성을 발견해 낸다.
- 왜곡, 편견, 고정관념 등을 지적해 낸다. (다른 관점에서 바라보기)
- 근거 있는 주장과 근거 없는 주장을 구별한다. (제시된 근거의 타당성 평가하기)
- 어떤 상황이나 문제가 논쟁이 될 만한 것인가를 결정한다.
- 모호한 주장과 논쟁을 찾아낸다.

이러한 비판적 사고력 함양을 위한 수업을 통해 학생들이 비판적 사고성향을 습득할 수 있도록 해야 한다. 이는 개방적인 수업분위기와 토론을 통하여 달성될 수 있으며, 아래와 같은 요소들이 포함되어야 한다.

- 명료성 · 정확성 · 공정성에 대한 열망
- 대상의 원천까지 확인하려는 열정
- 증거를 찾으려는 욕구
- 사회적으로 인정되는 것에 대해 기꺼이 의문 제기하기

(2) 창의적 사고

창의성(creativity)은 다양성과 주관적 성격을 지니기 때문에 명확하게 규정하기 어렵다. 창의적 사고(creative thinking)는 일반적으로 혼란스런 문제 또는 상황을 독창적인 방법으로 해결하는 사고능력이라고 할 수 있다. 즉 창의적 사고력은 문제를 해결하기 위해 독창적인 아이디어를 제시하며 정교화시키고 기존의 것들을 새롭게 변형하고 활용할 수 있는 사고능력이다.

토랜스(Torrance, 1966)는 창의적 사고의 구성요소를 4가지로 제시하였다.

- 유창성(fluency): 개방된 문제들에 대한 해결책을 찾을 때 많은 아이디어를 제기하는 것
- 유연성(flexibility): 다양한 관점에서 문제를 바라보도록 자신의 관점(발상)을 전환하는 것
- 독창성(originality): 독특한 생각과 행동을 만드는 것
- 정교성(elaboration): 아이디어를 세부적으로 그리고 심도 있게 확장하는 것

한편 립맨(Lipman, 2003: 312–317)은 다차원적 사고(multidimensional thinking) 모델과 함께 창의적 사고가 갖는 특징을 12가지로 제시했다.

- 독창성: 전례에 따르지 않고 독창적으로 생각하는 것
- 생산성: 문제 상황에 적용되어 성공적인 결과를 가져오는 생각
- 상상: 마음속에 가능한 세계를 구체적으로 그리는 생각
- 독자성: 다른 사람이 생각하는 것과 달리 독자적으로 생각하는 것
- 실험: 확실한 증거를 찾고 분석함으로써 미완성의 해결책을 실험하는 것
- 총체성: 의미를 부여하는 전체–부분 또는 목적–수단의 관계 속에서 결과물을 선택하는 것
- 표현: 주체가 대상에 대한 생각을 자신의 경험과 결합해 표현해내는 것
- 자기 초월: 이전의 수준과 결과를 넘어서 초월하려는 노력
- 경이로움: 독자적인 아이디어가 기발한 생각일 뿐만 아니라 놀라운 결과를 가져오는 것
- 산출: 자신에게 기쁨과 만족을 줄 뿐만 아니라 다른 사람의 창의성을 자극하는 것
- 산파적 사고: 산파와 같이 최고의 지적 결과물을 탄생시키는 것
- 발명: 창의성의 필요조건으로서 문제의 적절한 해결책을 새로 제시하는 것

창의적 사고는 아이디어를 생성하고 확장하며, 가설을 제시하고, 상상력을 적용하며, 대안적인 혁신적 결과를 찾는 활동이다. 창의적 사고는 문제를 해결하는 과정에서 대안을 찾거나 예측할 때, 다른 고차사고력과 중복되어 나타날 수 있다. 그래서 지리탐구의 과정에서 자연스럽게 신장될 수 있도록 하는 것이 좋다. 지리의 관점에서 창의적 사고는 지리적 상상력과 관련이 깊다.

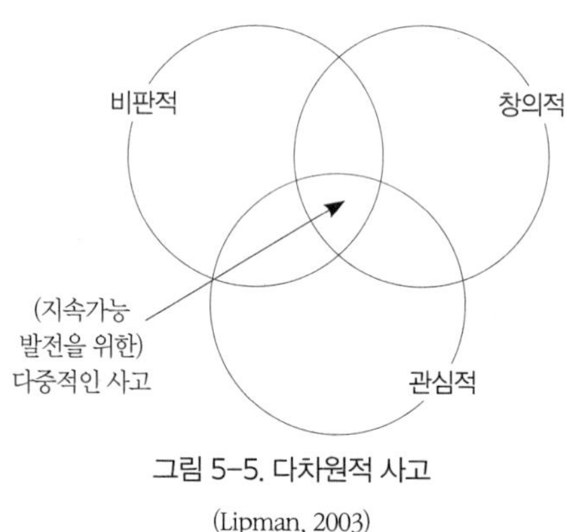

그림 5–5. 다차원적 사고
(Lipman, 2003)

(3) 비판적 사고와 창의적 사고의 차이점

피셔(Fisher, 2003: 6–20)는 창의적 사고와 비판적 사고를 표 5–14와 같이 구분한다.

피셔(Fisher, 2003)는 쟁점, 문제해결, 미래사고 등을 다룰 때 창의적 사고와 비판적 사고의 결합이 가장 강력하게 요구된다고 주장한다. 비판적 사고자들은 창의적인 요소 없이 가능한 해결책들을 구

체화할 수 있다. 반면 창의적 사고자들은 창의적 아이디어들이 실현 가능한지를 판단하기 위해, 비판적 사고의 객관적·분석적 기능이 필요하다. 본질적으로 창의성은 학생들에게 다음 사항을 요구한다(Martin, 2006).

- 아이디어들을 가지고 놀이를 할 것을 요구한다.
- 알려진 것을 상이하게 보도록 요구한다.
- 받아들여지고 있는 것을 의문시하도록 요구한다.
- 의미를 생성하고 스스로 의미를 인정하도록(소유하도록) 요구한다.
- 가능성과 전망에 대해 알고 개방적이도록 요구한다.

비판적 사고력은 창의적 사고력과 구별된다. 창의적 사고력이 독창적인 가설을 만들고 검증하기 위해 적합한 자료를 찾는 단계라면, 비판적 사고력은 수집한 자료의 신뢰성과 타당성을 분석하고 평가하는 단계라고 할 수 있다.

표 5-14. 창의적 사고와 비판적 사고

창의적 사고	비판적 사고
• 종합(synthesis)	• 분석(analysis)
• 발산적(divergent)	• 수렴적(convergent)
• 수평적(lateral)	• 수직적(vertical)
• 가능성(possibility)	• 개연성(probability)
• 상상력(imagination)	• 판단(judgement)
• 가설 형성(hypothesis forming)	• 가설 검증(hypothesis testing)
• 주관적(subjective)	• 객관적(objective)
• 어떤 정답(an answer)	• 정답(the answer)
• 우뇌(right brain)	• 좌뇌(left brain)
• 개방적(open-ended)	• 폐쇄적(closed)
• 연합한(associative)	• 선형의(linear)
• 사색하는(speculating)	• 추론하는(reasoning)
• 직관적인(intuitive)	• 논리적인(logical)
• 예 그리고(yes and)	• 예 그러나(yes but)

(Fisher, 2003: 6-20)

4. 지리적 개념

1) 개념이란 무엇인가?

지리교육에서 '개념'에 대한 관심은 기존의 지역지리 중심의 교육에서 벗어나 공간과학으로서의 지리교육으로 이동에 의한 것이다. 네이쉬(Naish, 1982: 35)는 지역지리 중심의 지리교육에서 실증주의에 기반한 지리교육으로 이동하면서 지리교육의 목표가 세계의 다른 지역들에 대한 기술(description) 중심에서, 개념(concepts)과 원리(principles)를 향해 이동했는지를 설명한다. 지역지리 교육이 지리적 사실에 관심을 가졌다면, 실증주의 지리교육은 개념에 관심을 가지게 된 것이다.

그렇다면 개념이란 무엇일까? 인간은 다양한 경험들을 범주화하는 방식으로 자신들의 경험을 조직하는 능력을 갖고 있다. 이러한 과정을 통해 다양한 경험들은 개념이라 불리는 것 아래에 포섭된다. 따라서 개념은 '사건, 상황, 대상 또는 그것들이 공통적으로 가지고 있는 속성에 대한 아이디어'(Naish, 1982: 35), 또는 사물, 사건, 행동, 프로세스, 관련성 등에 대한 일반화된 아이디어들(Bennetts, 2008)로, 또는 복잡하고 거대한 세계에 대한 우리의 경험을 더 다루기 쉬운 단위들로 구분하는 방법들로 정의(Taylor, 2008: 50)되기도 한다. 로버츠(Roberts, 2013) 역시 개념을 어떤 사물, 현상, 생각에 부여하는 이름으로, 언어로 세상을 재현하는 방식으로 간주한다. 이처럼 개념은 비슷한 여러 사건, 아이디어, 대상, 또는 사람을 묶는 데 사용하는 범주로서, 추상적이며 실제 세계에는 존재하지 않는다.

유사한 방식으로, 그레이브스(Graves, 1980)는 개념이 어떤 경험의 본질적인 속성들에 집중함으로써 정신(mind)이 현실(reality)을 단순한 방식으로 구조화할 수 있게 하는 기본적인 분류적 고안물(classificatory device)이라고 주장한다. 또한 그레이브스는 지리교사들이 지리학이라는 학문 내의 인지적 계층(cognitive hierarchy)에 대해 훨씬 더 잘 알 필요가 있다고 주장한다. 사실 이것은 교사들에게 하나의 도전이다. 왜냐하면 아동들이 다양한 지리 개념에 대한 이해를 어떻게 발달시키는지에 관한 확실한 안내가 거의 없기 때문이다.

개념은 속성들을 분류하고, 그런 속성들을 명명하며, 그것들을 다른 사람들과의 의사소통에 회상하고 사용하기 위한 것이다. 개념화하기(conceptualising)는 유목화하기(catergorising)의 과정으로 간주될 수 있다. 개념은 엄청난 정보를 우리가 손쉽게 다룰 수 있는 크기의 단위로 조직해 주는 기능을 한다. 따라서 개념은 인간들로 하여금 복잡한 세계를 정신적으로 다룰 수 있게 해 준다.

2) 개념의 분류 및 유형

(1) 핵심개념과 조직개념

① 핵심개념

개별 교과에서는 이러한 개념에 주요(main), 핵심(key), 중요(big), 기본(basic), 조직(organizing) 등의 다양한 수식어를 붙여 사용하기도 한다. 이러한 용어들은 정확하게 정의되지는 않는다. 테일러(Taylor, 2008)에 의하면, 핵심(key)은 특별하게 중요하거나 유용하다고 판단되는 개념들과 관련되는 반면, 중요(big)는 매우 추상적이거나 가장 위계가 높은 개념(예를 들면, 공간)에 해당되는 것이다. 베네츠(Bennetts, 2010: 38)는 핵심개념을 교과의 본질과 관련하여 가치 있는 통찰을 제공하기 위하여 주장되는 아이디어들로 정의한다. 따라서 핵심개념은 특정 교과를 통해 학습해야 할 내용에 대한 폭넓은 범위를 가지며, 그 교과 내의 다른 주요한 아이디어와도 밀접한 연관을 가진다. 결국 핵심개념은 특정 교과의 학습에 대한 핵심을 제공하는 것으로서, 학생들의 이해의 발달과 조직에 중요한 기여를 한다고 판단되는 것이다.

지리교육에서 개념은 지리적 지식과 이해를 기술하고 범주화하기 위해 사용되어오고 있다. 그러나 어떤 개념이 '핵심'인지, 개념이 교사들에 의해 어떻게 사용되어야 하는지에 관한 합의는 없다(Brooks, 2013). 그렇다면 지리의 핵심을 형성하는 핵심개념(key concepts)은 무엇인가? 많은 연구가 핵심개념을 분류하기 위해 시도되어 왔다.

캐틀링(Catling, 1976)은 뚜렷이 구별되지만 근본적으로는 상호관련되는 3가지의 핵심개념, 공간적 입지(spatial location), 공간적 분포(spatial distribution), 공간적 관계(spatial relations)가 있으며, 지리의 본질에 관한 다양한 아이디어들이 이런 3가지의 기본개념(basic concepts)으로 축소될 수 있다고 주장했다. 공간과 장소에 관한 기본적인 아이디어(fundamental ideas)는 계속해서 지리교과의 다양한 발달에 있어서 핵심에 놓여 있다.

최근 영국 국가교육과정에서는 핵심개념이라는 용어를 직접적으로 사용하여 별도로 제시하고 있는데, 이는 학습에 있어서 핵심개념이 가지는 의의를 끌어올리는 중요한 계기가 되고 있다. 베네츠(Bennetts, 2010: 33)에 의하면, 각 교과의 새로운 학습프로그램에서 핵심개념을 별도로 분리하여 제시한 것은 각 교과 학습의 기저를 이루는 많은 핵심개념들이 존재한다는 확신적인 주장에 의한 것이다. 따라서 학생들은 개별 교과를 통해 그 교과의 지식, 기능, 이해를 발달시키기 위해서 무엇보다 핵심개념에 대한 이해가 선행될 필요가 있다.

영국 국가교육과정에서 각 교과의 핵심개념은 전체 교육과정에서 그 기저를 이루는 중요 아이디어들(big ideas)을 보여 주고 있다. 그렇지만 핵심개념과 관련하여 해결되어야 할 문제들은 여전히 남아 있다. 첫째, 핵심개념이 새로운 학습프로그램의 중요한 요소이지만 핵심개념이 정확하게 무엇인지, 선정 기준은 무엇인지(어떤 의미에서 핵심인지)에 대한 명확한 준거가 부족하다는 것이다. 둘째, 핵심개념이 강조되면서 새로운 국가교육과정이 '개념 기반 교육과정(concept based curriculum)'으로 규정되기도 하는데(Rawling, 2008), 오히려 핵심개념이 너무 폭넓고 추상적이어서 교사들의 교육과정 계획에 적절한 안내를 해 주지 못할 가능성이 있다는 것이다(Lambert, 2007).

영국 국가교육과정의 지리 교과를 위한 핵심개념이 지리의 고유한 개념인지, 아니면 다른 교과에서도 중요하게 다루는 개념인지 구분해 볼 필요가 있다.[3] 장소, 공간, 환경(인간과 환경과의 관계)은 지리

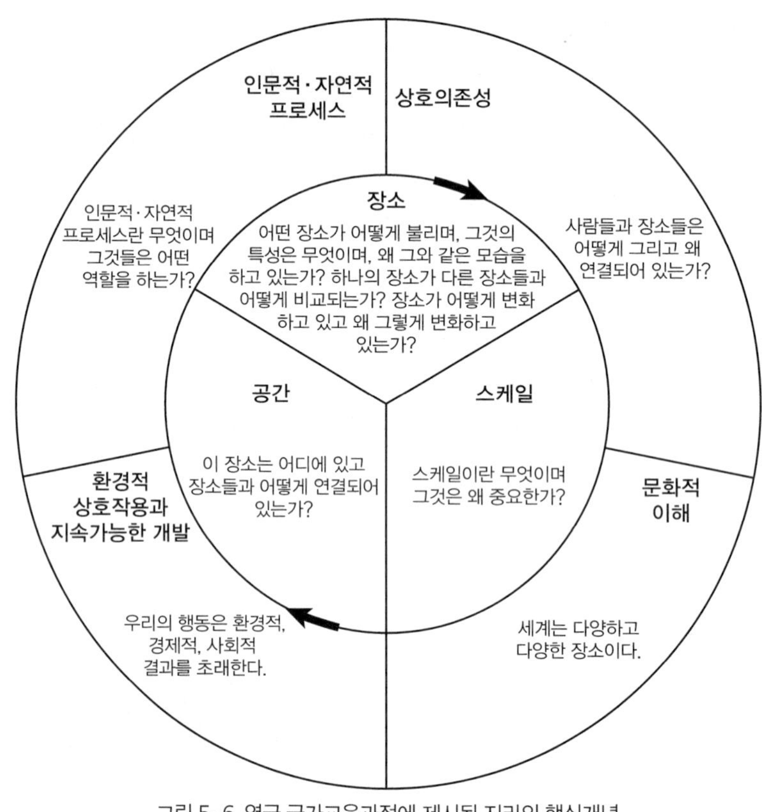

그림 5-6. 영국 국가교육과정에 제시된 지리의 핵심개념

(Martin and Owens, 2011: 28)

3 지리에서 중요하게 취급되는 많은 개념들 중에는 다른 학문에서 유래한 것들도 있다. 예를 들면, 지형과 관련된 많은 개념들은 지질학으로부터, 날씨 및 기후와 관련한 많은 개념들은 기상학에서, 경제지리학과 관련한 많은 개념들은 경제학으로부터 끌어온 것이다. 그러나 이들 학문 역시 지리에서 발전된 아이디어들을 도입할 수 있다는 점에서 서로의 관계는 변증법적이다.

만의 고유한 개념은 아니지만 중심적 개념으로 간주된다. 스케일 역시 시간적 스케일(예를 들면, 낮과 밤, 계절, 역사적 시기), 측정의 스케일(예를 들면, 지도에서의 비율) 등 다양한 관점에서 사용되지만, 특히 공간적 스케일은 중요하다. 스케일은 독립적 개념으로 다루기에는 한계가 있지만 지리적 현상에 대한 탐구에 있어서 중요한 기제로서 작동한다. 스케일이라는 지리적 렌즈를 통한 '확대와 축소(zooming in and out)'는 세계에 대한 우리의 이해를 강화시킨다.

패턴과 프로세스, 상호관계·상호작용·상호의존, 연속성과 변화, 정체성과 다양성, 개발과 지속가능성 등은 다른 교과에서도 널리 사용되고 있기 때문에, 범교과적 학습을 위한 개념으로 간주된다. 그러나 지리적 관점에서 볼 때 지역 간의 상호의존은 이동 또는 이주와 관련되며, 이들은 문화적 이해와 다양성과 결부된다는 점에서 중요하다. 지속가능한 개발은 지속가능성과 개발이라는 잠재적

표 5-15. 지리의 중요한 핵심개념 또는 빅 아이디어

학교위원회 프로젝트: 역사, 지리, 사회과학(1976) (Marsden, 1995)	리트(Leat, 1998)	지리 고문 및 장학관 네트워크 (Geography Advisers and Inspectors Network, 2002)
의사소통 권력 신념과 가치 갈등/합의 연속/변화 유사성/차이 원인과 결과	원인과 결과 분류 의사결정 개발 불평등 입지 계획 시스템	편견 / 상호의존 인과관계 / 경관 변화 / 스케일 갈등 / 입지 개발 / 지각 분포 / 지역 미래 / 환경 불평등 / 불확실성
홀러웨이 등(Holloway et al., 2003)	**잭슨(Jackson, 2006)**	**QCA(2007)**
공간 시간 장소 스케일 사회적 형성 자연 시스템 경관과 환경	공간과 장소 스케일과 연결 근접성과 거리 관계적 사고	장소 공간 스케일 상호의존성 자연적·인문적 프로세스 환경적 상호작용과 지속가능한 개발 문화적 이해와 다양성
오스트레일리아 국가지리교육과정 (ACARA, 2012)	**클리포드 등(Clifford et al., 2009)**	**핸슨(Hanson, 2004)**
장소 / 공간 환경 / 지속가능성 상호연결성 / 스케일 변화	공간 / 경관 시간 / 자연 장소 / 세계화 스케일 / 개발 사회 시스템 / 위험 환경 시스템	인간과 자연과의 관계 공간적 변화 서로 연결된 다층 스케일에서 작동하는 프로세스 시공간의 통합적 분석

(Taylor, 2008; Roberts, 2013)

으로 갈등을 일으키는 개념이 불편하게 결합된 것으로서 긴장 관계를 내포하고 있다.

지리에서 중요하게 다루어져야 할 핵심개념(key concepts), 중요 개념(big concepts), 중요 아이디어(big ideas)를 제시하려는 일련의 노력들은 다방면에서 이루어져 왔다. 그러나 지리에서 중요한 핵심개념을 추출하기는 쉽지 않는데, 그 이유는 핵심적인 개념들에 대한 합의가 사람마다 다르며, 목적마다 다를 수밖에 없기 때문이다. 특히 교육과정에서 다루어져야 할 지리의 핵심개념을 추출하는 작업은 더 많은 관련 요인들을 고려해야 하기 때문에 더욱 어려울 수밖에 없다. 앞에서 살펴본 표 5-15에 제시된 지리에서의 핵심개념들은 특정한 사회적·정치적 상황에서 다양한 사람들의 사고를 통해 개발된 것으로써, 상이한 목적을 위해 제시되어 왔으며 상이한 강조점을 가지고 있다.

예를 들면, 리트(Leat, 1998)가 제시한 핵심개념들은 지리를 통한 사고에 관한 강조와 연계된 일반적인 인지과정의 중요한 요소들을 중심으로 추출한 것이다. 그리하여 지리의 고유한 개념과는 직접적인 관련이 적다. 그리고 잭슨(Jackson, 2006: 199)은 글로벌 사회의 소비자로서 학생들이 '지리적으로 사고하도록 하기'를 강조하면서, 이를 위한 지리에서의 핵심개념으로 공간과 장소, 스케일과 연결, 근접성과 거리, 관계적 사고를 제시하고 있다. 특히 관계적 사고는 나머지 3개와 달리 방법과 학습전

표 5-16. 2015 개정 교육과정에 의한 지리과 핵심개념

사회-지리 영역		통합사회	
영역	핵심개념	영역	핵심개념
지리 인식	지리적 속성	삶의 이해와 환경	행복
	공간 분석		자연환경
	지리 사상		
장소와 지역	장소		생활공간
	지역		
	공간관계	인간과 공동체	인권
자연환경과 인간 생활	기후 환경		
	지형 환경		시장
	자연-인간 상호작용		정의
인문 환경과 인간 생활	인구의 지리적 특성		
	생활 공간의 체계	사회 변화와 공존	문화
	경제 활동의 지역구조		
	문화의 공간적 다양성		세계화
지속가능한 세계	갈등과 불균등의 세계		
	지속가능한 환경		지속가능한 삶
	공존의 세계		

략이 포함되어 있는 개념으로서, 자아와 타자의 지리를 비교함으로써 차이와 유사성(예를 들면, 성, 인종, 계층 등)에 관해 생각하는 방법으로 정의된다(Jackson, 2006: 199-200). 반면 홀러웨이 외(Halloway et al., 2003)는 대학에서 지리학을 배우는 학생들에게 필요한 핵심개념을 지리학에서 가장 기본이 되는 아이디어들을 중심으로 추출하여 제시하고 있다.

한편, 우리나라도 2009 개정 교육과정부터 핵심역량에 관심을 보이기 시작했고, 현행 2015 개정 교육과정에서는 핵심역량뿐만 아니라 핵심개념을 구체화하여 제시하고 있다(표 5-16).

② 조직개념

브룩스(Brooks, 2013)는 개념을 위계적 개념(hierarchical concept), 조직개념(ogranisational concept), 발달 개념(developmental concept)으로 구분한다. 그에 의하면 위계적 개념은 교육과정, 조직개념은 교수법, 발달 개념은 학습자와 관련된다. 즉 위계적 개념이 교과에 초점을 둔 것으로 내용 컨테이너로서의 개념이라면, 조직개념은 교수법에 초점을 둔 것으로 아이디어, 경험, 프로세스에 대한 연계를 도와주는 개념이다. 그리고 발달 개념은 학습자에 초점을 둔 것으로 이해를 심화시키는 과정을 반영하는 개념이다. 물론 브룩스는 위계적 개념 그 자체에도 어느 정도 그 개념에 내재된 조직(ogarnization)이 있다는 것을 인정하지만, 위계적 개념은 개념이 어떻게 사용되는가에 관한 것이 아니라, 개념이 지리적 지식과 어떻게 관련되는지에 초점을 두고 있다고 본다.

한편, 로버츠(Roberts, 2013)는 실체개념(substantive concept)과 조직개념(organizing concept)으로 구분한다. 실체개념은 지리적 실체나 내용과 관련 있으며(예, 호수, 기후 등), 조직개념은 지리학의 틀이 된다(예, 장소, 공간, 스케일 등). 그녀는 조직개념을 '2차 개념(second order concept)'으로도 부르는데, 브룩스와 논리와 일맥상통한다. 실체개념이 교과의 내용과 관련이 된다면 조직개념 또는 2차 개념은 교수법에 초점을 두어 아이디어, 경험, 프로세스에 대한 연계를 도와주는 개념이라고 할 수 있다.

리트(Leat, 1998)의 빅 개념(big concepts, 원인과 결과, 분류, 의사결정, 개발, 불평등, 입지, 계획과 시스템)과 매시(Massey, 2005)의 연구에 토대한 테일러(Taylor, 2008)의 조직개념(organisational concepts, 다양성, 변화, 상호작용, 지각과 재현)은 개념들을 일상적 경험과 고차적인 지리적 아이디어들을 연결시키는 방법으로서 사용한다. 위계적 개념이 학습 내용을 규정 짓는다면, 여기서 명백한 차이점은 빅 개념 또는 조직개념은 지리학습을 발달시키는 도구로서 간주된다는 것이다(Brooks, 2013).

③ 핵심개념 및 조직개념을 통한 교육과정 계획 시 유의사항

지리를 위한 핵심개념의 일부를 조직개념으로 간주하려고 하는 관점에 주목할 필요가 있다. 조직개념에 대한 관심은 일찍이 영국을 중심으로 학습에 대한 계열성을 담보하기 위한 목적에서 전개되어 왔다(서태열, 2005). 그러나 조직개념 역시 핵심개념과 마찬가지로 주장하는 학자 또는 사용 목적에

따라 상이하게 분류된다.

영국 국가교육과정의 지리 교과를 위한 핵심개념을 조직개념의 관점에서 접근하려는 시도가 일부 있었다. 램버트(Lambert, 2007)는 장소, 공간, 스케일을 조직개념으로 간주한 반면, 베네츠(Bennetts, 2008)는 장소, 공간, 환경을 조직개념으로 간주하였다. 특히, 램버트(Lambert, 2007)에 의하면, 장소, 공간, 스케일은 지리에서 가장 중요 아이디어(big ideas) 또는 가장 중요 개념(big concepts)이며, 이들은 서로 연계된다. 장소는 독특성을 가지며, 표상되고, 동적이며, 지리적 상상력과 관련되는 것으로 보다 작은 개념들이 위치할 수 있다. 공간 역시 그 아래에 입지, 흐름, 분포, 네트워크 등의 하위개념을 동반할 수 있다. 그리고 스케일은 개인, 로컬, 지역, 국가, 글로벌 등으로 구분되며, 이들 사이의 상호연결 및 상호의존성과 관련된다. 결국 장소, 공간, 스케일은 지리라는 언어를 구성하는 어휘와 문법으로서 기능하는 조직개념이다.

한편, 테일러(Taylor, 2008)는 지리에서의 조직개념을 다양성, 변화, 상호작용, 지각과 표상으로 제시하였다. 그림 5-7은 4가지의 조직개념에 대한 지리적 질문을 보여 주는데, 각 조직개념이 새로운 지리 학습프로그램의 어떤 핵심개념과 관련되는지를 보여 준다. 테일러에 의하면 이 4가지의 조직개념은 영국 국가교육과정의 새로운 학습프로그램에서 매우 반복적으로 사용되고 있다. 테일러는 새로운 지리 학습프로그램의 핵심개념이 4개의 조직개념과 어떻게 관련되는지를 표 5-17을 통해 더욱 자세하게 보여 주고 있다.

테일러(Taylor, 2008)는 장소, 공간, 시간을 조직개념으로 간주하지는 않았지만, 중앙에 배치함으로써 이들의 기본적인 중요성을 강조하고 있다. 조직개념은 어떤 장소가 어떻게 표상되는가를 고려함으로써, 또는 특정 지역 내에서 환경들의 다양성을 탐구하도록 함으로써 우리로 하여금 장소, 공간, 시간을 조직하고 공부하도록 한다. 우리는 수업에서 장소 또는 공간을 보다 명백하게 규정하고 싶어 할 수 있다. 예를 들면, 하천, 침식, 도시, 브라질 등의 내용 개념이 더 명료하지만, 장소, 공간, 시간은 역시 항상 그곳에 있음에도 불구하고 뚜렷하게 드러나지 않는다.

핵심개념과 조직개념에 대한 관심은 교사들에게 교육과정을 계획하는 자율성과 유연성을 제공하기 위한 것이다. 그러나 이러한 핵심개념과 조직개념을 통하여 교육과정을 계획하는 데 몇 가지 유의해야 할 사항이 있다.

첫째, 핵심개념에 대한 학습이 학생들의 지리적 지식과 이해, 기능을 확장시키는 첫 번째 단계로 잘못 해석될 소지가 있다는 것이다. 롤링(Rawling, 2008)에 의하면, 학생들이 일상적인 지리적 문제에 대한 이해의 폭을 넓힐 때 점점 앎에 도달하고 비로소 중요 아이디어 또는 중요 개념에 대한 이해에 도달할 수 있다. 따라서 교육과정 계획은 핵심개념에서 출발해야 하는 것이 아니라, 학습의 마지막

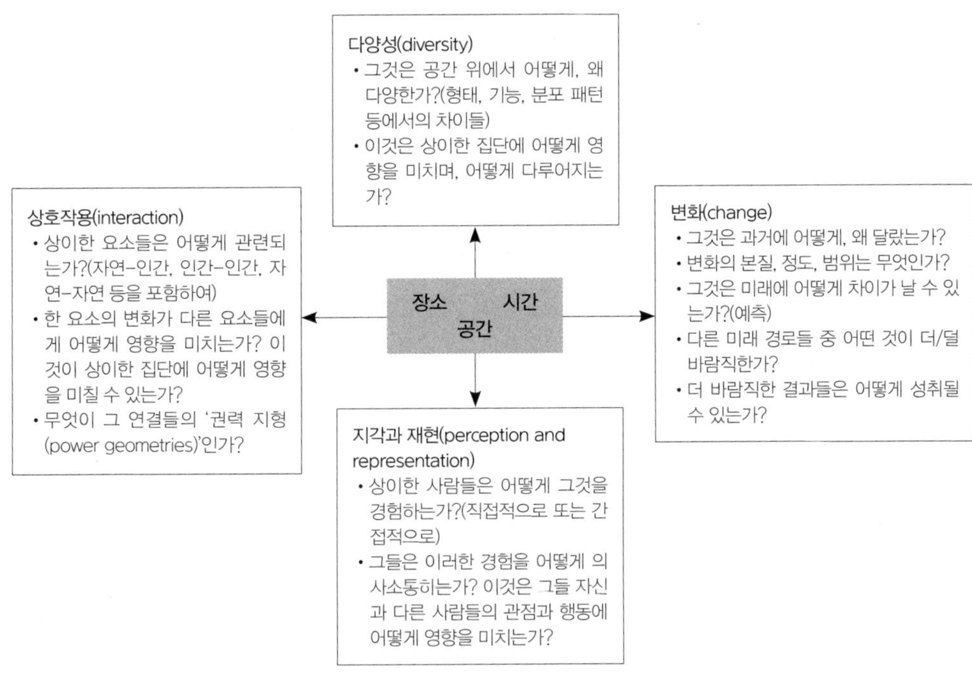

그림 5-7. 조직개념들로부터 추출할 수 있는 질문들

(Taylor, 2008: 52)

표 5-17. 영국 지리국가교육과정의 핵심개념과 4개의 조직개념과의 관계

핵심개념	4개의 조직개념과의 관계
장소	학습프로그램에서 장소에 대한 기술은 어떻게 인간이 장소를 지각하고, 인간이 장소를 어떻게 다른 사람들에게 표상하는지에 특별히 중요성을 부과하고 있다.
공간	학습프로그램에서 공간에 대한 기술은 대개 장소 사이의 상호작용과 관련될 뿐만 아니라, 변화와 다양성을 고려하고 있다.
스케일	학습프로그램에서 스케일에 대한 진술은 처음에는 기본적인 지식에 대한 것이지만, 이후 진술은 스케일 사이의 상호작용을 강조하고 있다.
상호의존성	상호작용에 대해 특별히 강조하고 있다.
자연적·인문적 프로세스	변화에 초점을 두고 있다.
환경적 상호작용과 지속가능한 개발	역시 변화에 기반한 지속가능한 개발과 함께 상호작용에 관한 또 다른 초점을 두고 있다.
문화적 이해와 다양성	사람들 사이의 다양성과 상호작용에 초점을 두고 있다.

단계에서 이러한 핵심개념에 대한 이해에 도달할 수 있도록 해야 한다.

둘째, 이와 유사한 맥락에서 지리 교육과정을 계획할 때 핵심개념은 절대적인 것이 아니라 주요한 자원 중의 하나라고 인식할 필요가 있다. 즉 핵심개념은 학생들이 기억해야 할 사실의 뭉치가 아니라, 지리적 사고를 위한 사고의 경제(economies of thought)로 간주될 필요가 있다. 따라서 지리교사들은 학습 내용을 선택하고, 교수·학습을 계획하고, 평가를 고안할 때 핵심개념을 반드시 명심해야 한다. 그러나 핵심개념은 지리교사가 학생들에게 직접 가르쳐야 할 무언가가 아니며, 학습을 위해 핵심개념에 대한 정의를 바로 제시할 필요는 없다.

셋째, 핵심개념은 학습 내용에 대한 선택을 암시하는 것이 아니기 때문에, '장소', '공간', '스케일' 등으로 명명된 수업 단원을 만들 필요가 없다. 중요한 것은 지리교사들이 핵심개념이 의미하고 있는 것을 정확하게 이해하는 것이며, 그렇게 될 때 학생들로 하여금 지리적으로 사고하도록 할 수 있다. 따라서 지리교사들은 그들이 선택한 장소와 토픽에 대한 학습을 통해, 학생들로 하여금 자연스럽게 핵심개념에 대한 이해에 도달하도록 지원할 필요가 있다.

(2) 자연발생적 개념과 과학적 개념

개념(concept)은 다양한 맥락에서 다양한 것들을 뜻하는 것으로 사용되는 매우 일반적인 용어이다. 비고츠키(Vygotsky, 1962)는 개념을 자연발생적 개념(spontaneous concept)과 과학적 개념(scientific concept)으로 구분하였다.

자연발생적 개념은 일상적 개념이라고도 불리며 일상생활을 통한 세상과의 직접적인 경험으로부터 생겨난다. 자연발생적 개념은 가르쳐진다기보다는 패턴을 인식하거나 사고하는 과정을 통해 습득된다. 아동을 보면 어린 연령대에서부터 자신들의 경험을 범주화하고, 언덕, 도로, 상점, 공원과 같은 개념들을 이해하는 능력을 갖는다(물론 아동들이 사용하는 언덕, 도로, 상점, 공원이라는 개념이 동일하지는 않겠지만). 단어를 잘못 사용하는 아동들을 보면 어른들과 다른 방식으로 개념을 이해하고 있다는 것을 알 수 있으며, 개념이 발전하기 위해서는 충분한 시간이 필요하다. 우리는 성장하면서 자연발생적 개념들을 지속적으로 획득해 간다. 우리는 일상생활을 통해 개인지리(personal geographies)를 경험하기 때문에 자연발생적 개념들은 지리교육에 적합하다. 마스덴(Marsden, 1995)은 자연발생적 개념을 일상적 개념(vernacular concept or everyday concept)이라 불렀다(Roberts, 2013).

반면, 비고츠키는 개별 학문에 의해 개발된 개념들을 과학적 개념이라 불렀다. 과학적 개념은 기술적 개념(technical concept) 또는 이론적 개념(theoretical concept)으로도 불린다(Roberts, 2013).

(3) 구체적 개념과 추상적 개념

앞 장에서도 살펴보았듯이, 가네(Gagné, 1966)는 단순하고 기술적인 관찰에 의한 개념[concepts by definition, 구체적인 개념(concrete concepts)]과 더 복잡하고 조직적인 정의에 의한 개념[concepts by definition, 추상적인 개념(abstract concepts)]으로 구별하였다.

이러한 개념 분류를 브룩스(Brooks, 2013)는 위계적 개념이라고 하였다. 개념들을 분류하는 또 다른 방법은 개념들을 위계적으로 조직하는 것이다. 보다 고차적인 개념들(higher level concepts)은 공간적 상호작용(spatial interaction) 또는 공간적 불평등(spatial inequality)과 같은 더 일반적인 조직개념들이다. 이런 분류 방법이 가지는 함의는 개념들이 구체적인 개념들(specific concepts)과 보다 높은 수준 또는 추상적 개념들(higher level or abstract concepts)로 이해될 수 있다는 것이다. 이런 보다 높은 수준의 지리의 조직개념들이 무엇인지에 대해 심사숙고할 필요가 있다.

개념은 우리 인간의 경험과 관련된 구체적이고 전혀 모호하지 않거나(예를 들면, 날씨, 농장, 여행), 보다 깊은 통찰을 제공하기 위해 만들어진 더 추상적이고 정의하기 어려운 것일 수 있다(예를 들면, 기후, 공간적 상호작용, 권력, 문화). 이러한 추상적 개념들을 더욱 명료화하고 완전하게 하기 위해 개별 개념에 대해 정의를 내리거나, 기술적인 설명을 덧붙이거나, 특정 개념을 적용한 사례를 제시하기도 한다. 결국 개념은 직접적으로 볼 수 있는 것뿐만 아니라, 직접적으로 볼 수 없는(경험할 수 없는) 것들에 관해 의사소통할 수 있는 도구로서 역할을 한다(Roberts, 2013).

구체적 개념은 우리의 감각을 통해 경험하는(즉 보고, 듣고, 느끼는) 사물, 사건, 현상과 관련이 있다(예, 거리, 바람 등). 몇몇 구체적 개념들은 다른 개념들에 비해 감각을 통해 이해하는 것이 더 쉽다[예, 거리(street)는 광역도시권(conurbation)보다 시각화하기 쉽다]. 반면, 추상적 개념은 우리의 감각을 통해 경험할 수 없으며, 아이디어와 관련이 있기 때문에 머릿속에서만 재현된다. 몇몇 개념들은 다른 개념들에 비해 더 추상적이다. 즉 '상호의존성(interdependence)'은 '무역(trade)'에 비해 더 추상적이며, '사회정의(social justice)'는 '불평등(inequality)'보다 더 추상적이다. 개념들은 구체적 혹은 추상적 개념으로 분류하는 것이 가능하지만, 이분법보다는 아주 간단한 구체적 개념에서부터 극단적인 추상적인 개념에 이르는 연속선으로 파악하는 것이 유용하다(Roberts, 2013).

구체적 개념과 추상적 개념은 모두 그들의 속성에 따라 정의되지만, 모든 정의가 명료한 것은 아니다. 하나의 개념이 무엇을 포함하고 배제하는지가 명료하지 않을 수 있다. 예를 들어, 마을(village), 타운(town), 도시(city)의 명확한 차이는 무엇일까? 과학 분야의 '에너지'와 같이 몇몇 추상적 개념들은 하나의 학문 영역 내에서 합의된 정의를 갖기도 하지만, 다른 추상적 개념들은 엄격하게 정의되지 않을 뿐 아니라 정의나 의미가 논쟁의 대상이 되기도 한다(Castree, 2005; Roberts, 2013).

이런 구체적인 개념들의 복잡성은 그것들이 경험하기에 얼마나 어려우며 다른 개념들에 대한 이해가 요구되는지 아닌지에 달려 있다. 추상적 개념들의 복잡성은 정의된 관계들에 포함된 변수의 수에 영향을 받는다. 이것은 중요한 구분이다. 왜냐하면 구체적으로 관찰할 수 있는 전자는 발견의 과정을 통해 학습될 수 있는 반면, 더 추상적인 본질의 관계를 표현하는 후자는 직접적인 방법으로 가르쳐야 한다. 이에 대해서는 제6장에서 살펴본다.

학습방법과 관련해서 볼 때 구체적 개념은 속성모형을 중심으로, 추상적 모형은 '실례'를 중심으로 한 원형모형으로 학습하는 것이 이해를 하는 데 효과적이라는 실험결과가 있다(차경수·모경환, 2010).

(4) 마스덴의 위계적 개념

'개념'의 가장 일반적인 사용 중의 하나는 개념을 지리 교과의 내용을 범주화하는 방법으로서 사용하는 것이다. 즉 지리적 아이디어 또는 내용을 위한 컨테이너로서 사용하는 것이다. 이러한 점에서, 개념은 아이디어, 일반화 또는 이론을 대표하는 것으로 사용된다. 개념이 이러한 식으로 사용될 때, 개념은 위계적으로 재현된다. 따라서 일부 개념들은 핵심(key), 또는 기초(foundational) 또는 주요(main)로서 기술된다. 테일러(Taylor, 2008)는 이러한 유형의 개념들을 분류사(classifiers)로 언급한다. 왜냐하면 그러한 개념들은 가르쳐져야 할 지리적 지식을 분류하기 때문이다(Brooks, 2013).

마스덴(Marsden, 1995)은 지리의 개념들에 대한 검토에서 개념은 두 가지 차원, 즉 추상적–구체적(abstract–concrete), 기술적(전문적)–일상적[technical–vernacular(everyday)]을 가진다고 제안했다.

마스덴(Marsden)은 개념들의 복잡한 성격을 분명히 하기 위해 두 개의 차원을 이용하였는데, 추상적인 것–구체적인 것(abstract–concrete), 기술적인 것(전문적인 것)–일상적인 것[technical–vernacular(everyday)]의 차원으로 구분하고, 이들을 조합하여 추상적–기술적(전문적, abstract–technical, 이하 AT) 개념, 추상적–일상적(abstract–vernacular, 이하 AV) 개념, 구체적–기술적(전문적, concrete–technical, 이하 CT) 개념, 구체적–일상적(concrete–vernacular, 이하 CV) 개념의 4가지 종류로 분류하였다. 이때 AT 개념은 좀더 원리에 가까운 개념이라 할 수 있으며 수자원과 같이 단원 명칭으로도 사용할 수 있다. CT 개념은 위의 AT, AV 개념의 이해를 위한 전제 조건으로 언어적 정의의 수준에 의해 획득되는 조작적 개념들이다. CV 개념은 매우 구체적 개념으로 AT, AV, CT 개념의 재료들이 된다(서태열, 2005; Brooks,

		차원2	
		기술적(T)	일상적(V)
차원1	추상적(A)	추상적–기술적 (예: 적용)	추상적–일상적 (예: 침식)
	구체적(C)	구체적–기술적 (예: 마식)	구체적–일상적 (예: 해변, 해빈, 해수욕장)

그림 5–8. 위계적 개념들의 차원들

(Marsden, 1995)

2013)(그림 5-8 참조).

브룩스(Brooks, 2013)는 그림 5-8과 같이 조합된 각각의 개념에 대한 사례를 제시하고 있다. 그림 5-8에 사용된 사례들은 싱가포르 지리 'O'레벨(영국의 GCSE와 동등한) 시험 교수요목의 자연지리 부분으로부터 가져온 '주요 개념들(Main Concepts)'의 목록에서 선정된 것이다.[4] 그는 그림 5-8이 가지는 의의를 두 가지로 제시한다. 첫째, 개념들이 상이한 맥락에서 어떻게 사용될 수 있는지를 보여 주는 것이다. 둘째, 개념들은 추상적-구체적, 기술적(전문적)-일상적 차원으로 구체화될 수 있다는 것이다. 두 차원들은 유용하다. 왜냐하면 그것들은 일부 개념들은 다른 개념들보다 더 일반적(일상적)이고 더 구체적이라는 것을 보여 주기 때문이다. 추상적-기술적(전문적)인 개념들은 구체적-일상적인 개념들보다 이해하기 더 어렵다. 교육과정 입안자들에게, 이것은 실질적인(실체적인, substantive) 지리적 내용을 차별화하고, 그들에게 구체적-일상적 개념들에서 추상적-기술적(전문적) 개념들로 지리적 내용을 구조화하도록 할 수 있다.

앞에서 제시한 핵심개념(예를 들어, 영국의 2007년 국가지리교육과정의 핵심개념인 장소, 공간, 스케일 등)은 위계적 개념으로 간주될 수 있다. 롤링(Rawling, 2007)은 핵심개념의 위계적 본질에 주목한다. 공간과 장소를 지리 아이디어들 계층의 가장 상층에 있는 가장 일반화되고 추상적인 개념(generalised and abstract)으로 묘사한다. 롤링(2007: 17)은 내용 컨테이너와 추상적 아이디어로서 이들 핵심개념은 교육과정 계획을 위한 출발점으로 사용되는 것이 아니라, 더 세부적인 교육과정의 살을 붙일 뼈대로 사용되어야 한다고 주장한다. 개념들이 내용 컨테이너로서 사용될 때, 내용지식(content knowledge)의 추상적-구체적 본질과 기술적-일상적 본질을 구별하는 것이 가능하다[그러므로 종종 학문적인 문헌에서는 실체개념(substantive concepts)으로 언급된다]. 이러한 점에서 교육과정의 목적 또는 결과를 결정하는 데 도움이 된다. 그러나 그러한 목적을 성취하는 방법에 대한 프로세스나 '의미'는 아니다.

(5) 사회과의 개념 분류

'개념'이라는 용어는 상이한 방식으로 사용될 수 있다. 특정한 사람, 장소, 사건 등을 제외하면 대다수의 명사들은 개념들이다. 그러나 형용사를 부가하거나 두 개념을 결합하면 복합개념(compound

4 브룩스(Brooks, 2013)는 일부 독자들은 그림 5-8에서 사례로 제시한 것에 동의하지 않을 수 있다고 인정한다. '해변(beach)'이 실제로 구체적인 개념인지에 대해서는 논란의 여지가 있을 수 있다. 지형학자들과 서퍼들은 무엇이 '해변(beach)'을 구성하는지에 관해 논쟁을 할 수 있다. 개념의 정확한 의미는 종종 논쟁적이다. 예를 들면, '장소(place)'와 같은 개념은 상이한 전문가들에 따라 상이한 의미를 가질 것이다. 즉 어떤 사람에게는 구체적인 것이지만, 다른 사람에게는 매우 추상적인 것일 수 있다. 게다가 일부 개념들이 지리적인가에 대한 일부 논의들이 있을 것이다. 즉 시간(time)은 지리적 분석의 핵심적인 부분이지만, 지리 개념으로 항상 고려되는 것은 아니다.

concepts)이 형성된다. 예를 들어, 하천과 오염은 각각 하나의 개념이지만, 하천오염은 그것의 구성요소 개념(component concepts)과는 다른 또 하나의 개념이다.

차경수·모경환(2008: 210-212)은 개념을 상위개념, 동위개념, 하위개념으로 구분한다. 개념이 포괄하는 정도가 높은 것은 상위개념, 그 정도가 동일한 것은 동위개념, 낮은 것은 하위개념이다. 개념도를 그려보면 이러한 위계관계가 명확해진다. 육지는 대양과 동위개념이며, 지구의 하위개념, 그리고 섬이나 산의 상위개념이 된다. 로버츠(Roberts, 2013)는 이와 유사하게 포섭개념(nested concept)을 제시한다. 개념의 위계적 포섭은 러시아의 마트료시카 인형처럼 하나의 개념 속에 다른 개념이 포함된 형태를 말한다. 주소는 위계적 포섭의 좋은 사례이다. 주소는 집 번호, 거리, 마을, 카운티, 국가, 대륙, 세계, 우주로 구성된다.

차경수·모경환(2008: 210-212)은 개념을 접합개념, 이접개념, 관계개념으로 분류하기도 한다. 개념을 구성하는 여러 가지 속성들이 부가적으로 모여서 개념을 구성하는지, 아니면 이들 속성이 대안적으로 개념을 구성하는지에 따라서 분류가 달라진다.

사회 계급은 교육, 수입, 직업 등 몇 개의 특징이 부가적으로 모여서 개념을 구성하게 되는데, 이러한 개념을 접합개념(conjunctive concept) 또는 결합개념이라고 한다. 그러나 국민이라는 개념은 출생에 의해서, 혈연에 의해서, 귀화에 의해서, 결혼에 의해서 등 여러 가지 중 어느 하나에 의해서 각각 독립적으로 또는 대안적으로 성립될 수 있다. 이처럼 개념을 구성하는 특징이 여러 개의 대안을 가지고 있을 때, 이러한 개념을 이접개념(disjunctive concept) 또는 비결합개념이라고 한다.

이에 비해 관계개념(relational concept)은 고정된 특징을 가지고 있지 않기 때문에 오직 다른 것과의 비교나 사건, 대상 등의 관계에서만 성립되는 개념이다. 사회과에서 흔히 사용되는 정의롭다, 평화롭다, 멀다, 가깝다, 공정하다 등의 개념은 그 자체로서는 의미가 명백하지 않고 항상 다른 것과 비교할 때 의미가 생긴다. 예컨대 가깝다는 것은 멀다는 것과 비교할 때 의미가 생기는 것과 같다. 관계개념은 속성보다는 그 개념이 쓰이는 상황과 맥락을 이해하는 것이 중요하다.

3) 개념도

제4장의 학습이론에서, 오수벨의 유의미 학습이론이 지리교육에 미친 영향을 다루면서 '개념도'에 대해 언급했다. 여기에서는 그러한 논의의 연장선상에서 개념도를 활용한 지리학습에 대해 간단하게 살펴본다. 개념도에 대해 살펴보기 전에, 개념도가 거미 다이어그램과 풍선 다이어그램과 어떻게 다른지 알아본다. 그리고 마지막에는 마인드맵과의 차이점에 대해서도 알아본다.

(1) 거미 다이어그램과 풍선 다이어그램

거미 다이어그램(spider diagrams)은 하나의 중심적인 단어 또는 아이디어를 가지고 있고 관련되는 단어들과 아이디어들이 이를 둘러싸고 있다. 그림 5-9의 거미 다이어그램은 중학교 수업에서 소규모 모둠이 오염에 대한 아이디어들을 서로 공유하며 만든 것이다. 여기에서 알 수 있듯이 그들의 처음 아이디어들은 분류되지 않았고, 풍선껌에서 산성비에 이르는 스케일의 범위를 보여 준다.

반면에 풍선 다이어그램(bubble diagrams)은 학생들로 하여금 넓은 범주들을 구체화하도록 한 후 이것들을 다시 하위범주로 구분하도록 한다. 즉 풍선 다이어그램은 학생들이 거미 다이어그램에서 나타난 범주들을 하위 범주로 구분할 수 있도록 도와준다. 그림 5-10의 풍선 다이어그램은 중학교 수업에서 소규모 모둠이 도시 지역의 문제들에 관한 아이디어들을 서로 제안하여 만든 것이다.

거미 다이어그램과 풍선 다이어그램은 브레인스토밍보다 개별 학생에게 훨씬 더 광범위한 반응을 불러일으킬 수 있다. 또한 거미 다이어그램과 풍선 다이어그램은 선행지식에 대한 기록을 제공하며, 탐구 활동의 마지막에 서로 비교하기 위해 사용될 수 있다. 이러한 거미 다이어그램과 풍선 다이어그램은 학생들이 상당한 기존 지식을 가지고 있을 것 같은 토픽을 다루는 수업에 적합하다.

한편 원인과 결과로 이루어진 특정 주제에 대한 글쓰기와, 브레인스토밍을 위한 도구로서 나무 다이어그램(tree diagram)이 사용된다. 나무 다이어그램을 통해 학생들은 자신들의 글쓰기에 더 많은 세부사항을 포함시킬 수 있고, 자신과 동료의 글쓰기를 더 구성적으로 분석할 수 있게 된다(Taylor, 2004). 그림 5-11은 스키 산업의 쇠퇴와 관련한 원인과 결과 나무 다이어그램을 보여 준다. 그리고 그림 5-12는 열대우림 개발을 둘러싼 집단, 문제점, 해결책 등을 브레인스토밍하여 기록할 수 있는 다이어그램을 보여 주며 이는 열대우림 개발과 관련한 글쓰기를 위해 다양한 요인들을 분석하는 데 도움을 준다. 이 다이어그램은 A4 사이즈로 확대 복사를 해야 한다. 나무 다이어그램은 마인드맵

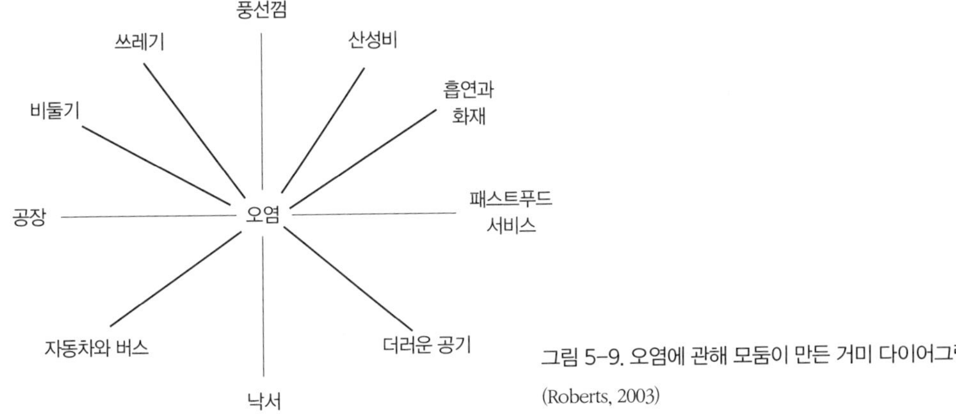

그림 5-9. 오염에 관해 모둠이 만든 거미 다이어그램
(Roberts, 2003)

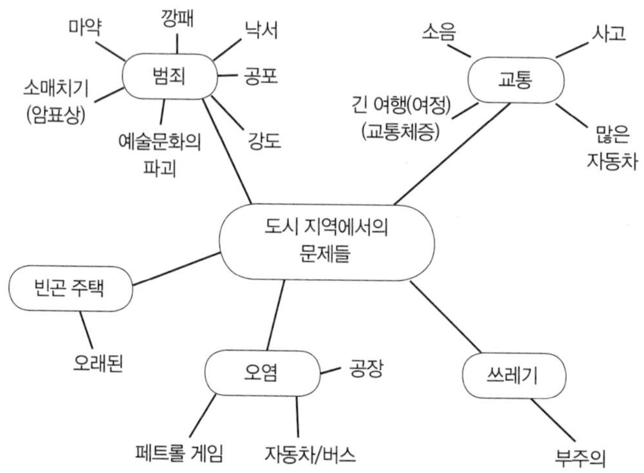

그림 5-10. 도시 지역의 문제들에 관한 풍선 다이어그램

(Roberts, 2003)

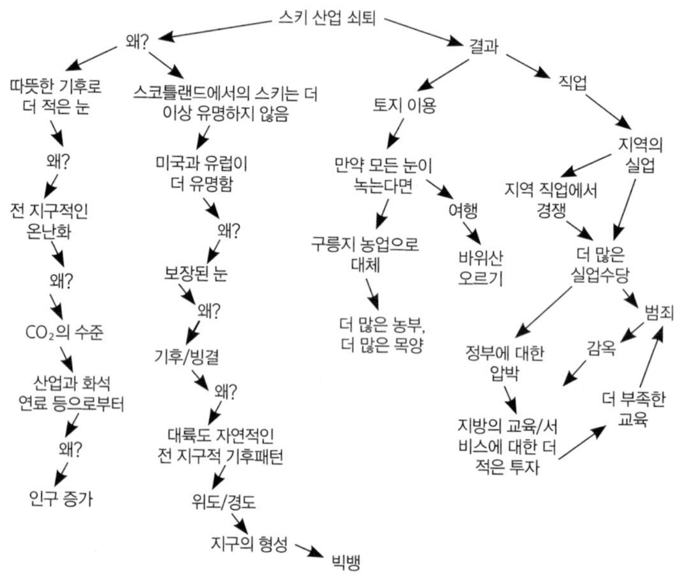

그림 5-11. 스키 산업 쇠퇴에 대한 원인과 결과 나무

(Rider and Roberts, 2001: 28)

과 같이 각각의 아이디어들은 각자의 중심 가지에서 떨어져 나온 나뭇잎 부분으로 이어진다(Buzan, 1993). 학생들은 필요한 만큼 더 많은 선을 그릴 수 있다. 그리고 학생들의 기억을 돕기 위해서 각각의 주가지에 다른 색상을 사용하는 것이 이상적이며 그것은 매력적으로 보일 것이다(Taylor, 2004).

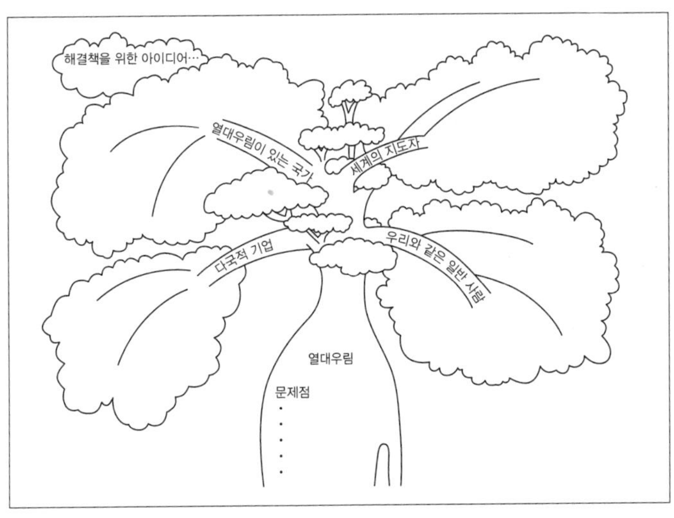

그림 5-12. 열대우림 개발에 관한 나무 다이어그램
(Taylor, 2004)

(2) 개념도란?

개념도(concept map)는 지식을 조직하고 표상하기 위한 그래픽 도구로 보통 어떤 형태의 원 또는 박스에 에워싸인 개념들, 그리고 두 개념들을 연결하는 연결선에 의해 나타난 개념들 간의 관계를 포함한다(Novak and Cañas, 2008). 즉 개념도는 개념들 사이의 관계와 위계를 보여 주는 그림이다. 따라서 개념도는 개념 체계 또는 지식의 구성요소를 관련성에 따라 위계적으로, 그리고 수평적으로 나타낼 수 있다(Novak, 1977; Novak and Gowin, 1984). 개념도는 지도의 꼭대기에 가장 포괄적이고, 더욱 일반적인 개념들이 있으며 아래에는 하위개념들을 두는 계층적 구조를 가진다. 이와 같이 사용될 때 개념도는 분류 기능을 가질 뿐만 아니라 관계들을 탐구하기 위해 사용된다. 개념들이 계층적으로 배열되지 않더라도 개념도는 교육적으로 가치가 있을 수 있다.

개념도는 설명 과정의 윤곽을 그리는 하나의 방식이다. 개념도는 어떤 토픽을 시작할 때 사용하여 학생들의 기존의 지식과 이해를 표출하도록 할 수 있으며, 이후 단계에서 새로운 또는 확장된 이해를 종합하고 조직하도록 할 수 있다. 이러한 개념도는 1972년 미국 코넬대학교의 노박(Novak)과 그의 연구 그룹에 의해 처음으로 개발되었다. 그들은 오수벨(Ausubel, 1963)의 유의미 학습이론에 영향을 받았다. 오수벨(Ausubel, 2010: 4)에 따르면, 학습은 학습자의 인지구조에 잠재적으로 새롭고 유의미한 재료를 관련시키는 활동적인 과정에 의존한다. 노박은 개념도에 관한 그의 아이디어를 계속해서 발전시켰으며(Novak, 2010; Novak and Cañas, 2008), 개념도를 폭넓게 사용할 것을 격려했다.

리트와 챈들러(Leat and Chandler, 1996)의 논문을 비롯하여, 니콜스와 킨닌먼트(Nichols and Kinninment, 2001)는 『More Thinking Through Geography』에서 지리를 통한 사고기능의 학습을 위해 개념도의 중요성에 주목하여 이를 도입하고 있다. 니콜스와 킨닌먼트(Nichols and Kinninment, 2001)가 개념도는 학생들에게 복잡성을 이해하도록 하고, 그들의 아이디어들을 정렬하도록 하며, 궁극적으로 지리적 패턴, 프로세스, 사건에 대한 더 통일성 있고 정교한 설명을 할 수 있도록 도와주는 흥미있는 방법이라고 주장한다.

개념도는 지리적 지식 체계를 구성하는 개념, 법칙, 이론 등의 조직적 관계, 그런 지리적 지식이 발달해 온 과정 및 분화된 정도, 그 지식체계를 이루는 핵심적 요소들을 일목요연하게 보여 준다. 앞에서도 언급했듯이 개념도는 가장 포괄적이거나 추상적인 구성요소를 맨 위에 두고, 하위적이고 구체적인 개념일수록 아래에 두어 작성한다. 즉 아래로 내려갈수록 분화된 개념이 제시된다. 예를 들어, 입지에 대한 개념도를 생각해 보자. 개념도의 맨 위에 '입지'라는 가장 포괄적 개념이 제시되고, 그 아래에 더 구체적인 개념인 '절대적 입지'와 '상대적 입지'가 위치하게 된다. 이와 같이 개념도는 지리적 지식 체계를 구성하는 개념들의 조직적인 관계뿐만 아니라, 개념의 분화된 정도와 개념과의 관계 등을 보여 주기 때문에 지리교육에서 매우 유용하다.

(3) 개념도 그리기 방법

지리적 개념의 습득은 지리를 학습하는 과정에서 근본적으로 중요하다. 왜냐하면 만약 교사가 학생들이 이해해야 할 특정 개념들의 어려움의 수준을 안다면, 그리고 학생들이 이러한 개념들에 대한 이해를 어떻게 습득하는지를 안다면, 교사는 상이한 연령과 능력을 가진 학생들을 위한 적절한 학습 경험을 더욱더 효과적으로 구체화하고 준비할 수 있기 때문이다(Lambert and Balderstone, 2000: 205).

리트(Leat, 1998)에 의하면, 학생들에게 교과에 관한 그들의 개념 또는 아이디어를 그릴 수 있게 하는 것은 학생들로 하여금 학습하는 것을 도와주는 매우 효과적인 방법이다. 학생들은 개별적으로 또는 모둠으로 어떤 질문 또는 문제에 반응하여 많은 요점들을 쓰도록 요구받을 수 있다. 이때 학생들은 그들이 화살표와 함께 기록한 주요 포인트들을 연결하고, 그들의 생각들을 더 완전하게 설명하거나 그들이 활동 중에 있어야 한다고 믿는 지리적 프로세스들에 대한 보다 명확한 그림을 제공하도록 격려받을 수 있다. 이것은 학생들에게 그들의 현재 생각에 대한 시각적 기록을 제공하며, 종종 새로운 자극의 효과 또는 더 세부적인 아이디어를 가지는 조직적인 연결장치(organising connectors)로서 역할을 하는 연결들을 제공한다. 이 과정은 학생들에게 지식을 더 구체적으로 만들고, 보다 깊은 이해를 열어젖히며, 교사에게는 학생들의 생각에 대한 시각적 기록이 학생들의 활동 수준과 주요 오개념에 대해 알려준다. 즉 개념도는 교사에게 학생의 지식과 이해에 대한 도움이 되는 차별화된 평가를 제공한다(Butt, 2002: 102).

교사가 학생들의 학습을 이해해야 하는 것은 중요한 도전적인 과제 중의 하나이다. 특히 지리교사들은 학생들로 하여금 지리적 개념에 대한 이해를 발달시켜야 하는 과제에 직면하고 있다. 네이쉬(Naish, 1982)는 지리교사들이 사실적인 정보보다는 개념학습을 위한 적절한 경험을 제공해야 한다고 주장하였으며, 많은 지리교육학자들 또한 개념학습의 중요성을 강조하고 있다. 예를 들면, 슬레이터(Slater, 1970)는 개념학습이 학생들로 하여금 자연적, 경제적, 사회적, 정치적 환경에 관해 추상적으로 그리고 논리적으로 사고할 수 있는 능력을 발달시킬 수 있다고 제안한다. 그리고 가예와 로빈슨(Ghaye and Robinson, 1989)은 교사들이 학생들의 '생각의 구조'를 발견하고 이해하는 방법을 개발해야 한다고 주장한다. 그들은 '개념도'가 지리교사들로 하여금 '의미를 구성하는' 행위와 관련된 인지적 과정을 배울 수 있도록 한다고 제안한다.

앞에서도 살펴보았듯이, 리트와 챈들러(Leat and Chandler, 1996)는 개념도가 '정보에 대한 강력한 시각적 조직자(visual organizers)'를 제공함으로써, 그리고 학생들에게 지리 교과에 대한 그들의 현재의 지식에 접근하도록 격려함으로써 학생들의 인지발달을 지원할 수 있는 큰 잠재력을 가지고 있다고 주장한다. 즉 그들은 개념도의 사용은 학생들의 학습을 보다 유의미하게 만들고, 학생들의 이해력을 증진시키며 오개념을 드러내도록 도와준다고 주장한다.

이러한 개념도와 관련한 내용은 니콜스와 킨닌먼트(Nichols and Kinninment, 2001)가 편저한 『More Thinking Through Geography』의 8장에서 다루고 있다. 이 책에서는 개념도에 대한 이론적 근거를 제시하면서, 개념도 그리기의 순서뿐만 아니라 3가지의 유용한 실제적인 사례를 통해 자세하게 설명하고 있다. 이 책에서 개념도 그리기는 리트와 챈들러(Leat and Chandler, 1996)가 이미 표 5-18과 같이 제시하였던 것을 수정하여 싣고 있다.

앞에서도 살펴보았듯이 개념도에 대한 아이디어는 원래 노박과 고윈(Novak and Gowin, 1984)에 의해 제시되었다. 리트와 챈들러(Leat and Chandler, 1996)는 노박과 고윈(Novak and Gowin, 1984)이 생각했던 대로 개념도 그리기 과정을 개관하고, 모든 개념들이 의미를 위해 다른 개념들에 의존하는 것처럼, 이질적인 정보의 조각들 사이에 만들어진 연결의 수와 질은 이해를 심화시킬 수 있는 잠재력을 가지고 있다고 주장한다. 그들은 원인과 결과의 개념이 개념도 그리기의 잠재력을 탐색할 수 있는 유용한 방법을 제공한다고 제안한다. 왜냐하면 다양한 요인들 사이의 관계를 설명하는 것이 가능하기 때문이다. 그리고 이러한 개념도의 종류는 개념들의 관계가 위계적인 구조를 가지는 위계적 개념도를 비롯하여, 수평적 구조를 가지는 네트워크 개념도에 이르기까지 다양하다. 그림 5-13은 유

표 5-18. 개념도 그리기 순서

1. 카드(6~16개의 개념 조각 카드)를 자세히 살펴보고, 카드에 대해 토의하며, 여러분이 이해하지 못한 카드는 옆에 따로 두어라.
2. 종이(A3) 위에 카드를 두고 당신이 이해한 방식으로 그것들을 배열하라. 그 용어들 간의 가능한 연결에 대해 토의하라. 그러한 많은 연결들을 가진 카드들은 서로 가까이 둘 수 있지만, 더 많은 카드들이 후에 추가될 수 있기 때문에 모든 카드 사이에 충분한 공간을 두어라.
3. 여러분이 만족스러울 때, 종이(A3)에 카드들을 고정시켜라.
4. 연결될 것 같은 용어들 사이에 선을 그어라.
5. 선 위의 연결에 대한 간단한 설명을 써라. 화살표를 사용하여 연결이 어떤 방향으로 진행되는지를 보여 주어라. 서로 다른 연결들은 어떤 한 쌍의 용어를 위해 두 방향으로 갈 수도 있고, 어떤 방향으로 한 가지 이상의 연결이 있을 수도 있다. 모든 용어들 사이에 연결이 이루어질 필요는 없다.
6. 여러분이 중요하다고 생각되는 용어 중 빠진 용어가 있다면 빈 카드에 추가하고, 연결들을 추가하라.
7. 여러분은 개념들 간의 상호관련성을 탐구하여 전체에 대해 완전히 이해하고 설명할 수 있어야 한다.

(Leat and Chandler, 1996: 110; Roberts, 2013 일부 수정)

능한 10학년 영국 학생이 잉글랜드와 웨일즈의 국립공원에서 경험할 수 있는 문제에 대한 이해를 요약하기 위해 만든 개념도의 사례를 보여 준다.

가예와 로빈슨(Ghaye and Robinson, 1989)은 교사들이 수업 설계 도구로서 개념도를 어떻게 사용할 수 있는지를 보여 준다(그림 5-14). 지식 구조 다이어그램(knowledge structure diagram)은 수업의 핵심(core)을 형성하기 위해 선택된 개념들 사이의 연결을 보여 주는 시각적 구조틀(visual framework)을 제공한다. 그 후 사용된 사례학습과 활동은 이런 핵심 아이디어들을 분명히 하는 데 도움을 주는지 아닌지를 검토하는 데 도움이 될 것이다.

핵심 아이디어들(key ideas)이 중요하고 이해를 나타낸다면, 교사들은 학생들로 하여금 그 개념들과 개념들 간의 관계들을 이해할 수 있는 기회를 제공하기 위해 개념도를 계획해야 한다(Leat and Chandler, 1996: 109).

제4장에서도 살펴보았듯이, 개념도 그리기는 여러 다른 목적을 위해 사용될 수 있는 유연한 교수·학습 전략이다. 개념도는 단원의 도입부에서 학습에 대한 선행지식을 확인하는 데 사용되어 탐구를 위한 선행조직자를 미리 제공할 수 있으며, 단원의 마지막에 사용되어 그 단원에 대한 요약을 제공할 수도 있다. 개념도 그리기는 또한 학생이 글쓰기 활동을 준비하는 효과적인 방법일 수 있다. 특히 이런 글쓰기 활동이 학생들의 이해의 깊이를 드러내도록 하는 데 사용될 때 그러하다.

리트와 챈들러(Leat and Chandler, 1996: 111)는 개념도 그리기가 교육과정차별화를 위해서도 폭넓게 활용될 수 있다고 주장한다. 왜냐하면 개념도 그리기는 동일한 기본적 구조틀 내에서 각 모둠이 수행하는 공통의 과제이기 때문이나, 동일한 수업을 받더라도 각 모둠의 성격이나 능력 또는 맥락에

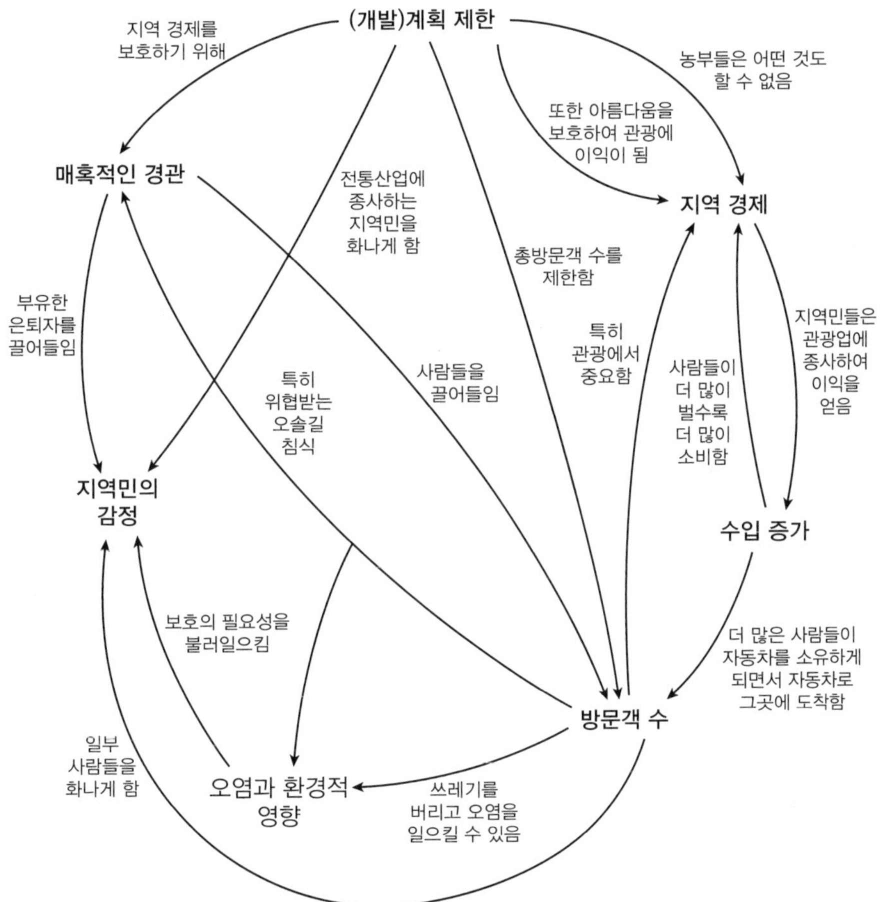

그림 5-13. 국립공원의 문제에 대한 이해를 보여 주기 위해 만든 개념도

따라서 수행하는 과제의 결과가 달라질 수 있기 때문이다. 개념도 그리기는 또한 수업에서 중요한 것에 집중하게 하며, 학생들이 가지고 있는 오개념(misconception)을 확인할 수도 있다. 학생들은 종종 정보카드(information cards)의 패턴 또는 계열을 발견하는 데 너무 신경을 쓰는 경향이 있다. 이때 교사는 학생들에게 개념들 간의 연결을 설명하는 것이 더 중요하다는 조언을 할 필요가 있다. 교사는 또한 활동을 관찰하거나 결과보고를 통해 학생들이 개념들 간의 연결을 하지 않았거나 잘못 연결한 것을 검토하여 피드백을 제공할 필요가 있다. 학생들이 어떻게 개념을 획득하는지를 이해하는 것은, 지리교사들에게 학습을 계획하고 이런 학습에 대한 인지적 결과를 평가하는 데 도움을 줄 수 있다. 지리교사가 특정한 개념이 학생들에게 어려운 정도를 이해하고 있고, 학생들이 어떻게 이런 개념에 대한 이해를 습득하게 되는지를 알고 있다면, 상이한 연령과 능력을 가진 학생들을 위해 더 효

25차시 수업

조직개념: 공간적 상호작용

핵심질문의 계열

1. 국가 코드(Country Code)란 무엇인가?
2. 사람은 왜 국가 코드를 따르도록 격려받는가?
3. 전원지역 위원회(Countryside Commission)의 역할은 무엇인가?
4. 시골은 어떤 면에서 자원이라고 할 수 있는가?

주요 자료

1. 국가 코드로부터 하나의 규칙을 각각 포함하고 있는 10개의 카드를 포함하여, 일련의 번호가 붙은 사각형의 모양으로 시골을 통과하는 경로(길 또는 노선)

학생들의 과제(들)

1. 학생들은 무작위 숫자들을 가진 표를 사용하여 그 경로를 따라 이동하며, 그들이 도착한 각 사각형에 있는 지시들을 따른다.
2. 학생들은 전원지역 위원회를 위해 눈길을 끄는 포스터를 설계한다.
3. 학생들은 각각의 다른 포스터의 장점을 판단한다.

지식 구조 다이어그램

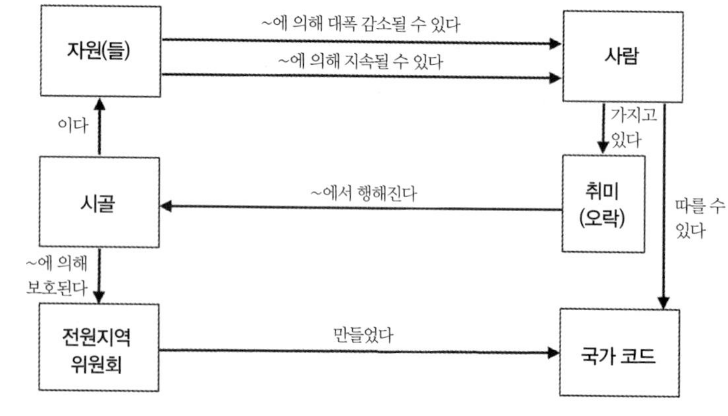

그림 5-14. 수업 설계 도구로서 '지식 구조 다이어그램' 사용하기

과적이고 적절한 학습 경험을 구체화하고 준비할 수 있을 것이다.

글상자 5.1

개념도 사용을 위한 일반적인 절차

학생들이 조사하고 있는 핵심질문을 확실히 알도록 하라. 학생들은 개념도의 꼭대기에 그것을 쓸 수 있다. 그리고 학생들은 개념도를 구성하는 목적을 이해한다(선행지식을 인출하기 위해, 자료를 분석하기 위해 등). 만약 학생들이 개념도를 사용하는 데 익숙하지 않다면, 모형을 보여 주면서 그 과정을 시범보여 주는 것은 가치가 있다. 몇몇 개념과 연계가 이미 포함된 불완전한 개념도가 도입 또는 교육과정차별화의 수단으로서 제공될 수 있다. 어떤 목록 또는 카드에, 스티커 노트 또는 라벨에 개념들을 프린터하여 학생들에게 제공하라. 일부 개념들은 시작 시에 사용될 것이며, 나머지는 보관함에 남겨둘 것이다. 지시사항은 선택된 결정에 따라 다양하지만, 다음을 포함할 것이다.

- 짝으로 활동하라.
- 여러분이 생각하기에 서로 관련되는 6개의 개념들을 보관함에서 선택하라.
- 그것들을 종이 시트에 배열하라. 그것들 사이에 연계를 그릴 수 있고, 그 연계들에 라벨을 붙일 수 있도록 충분한 공간을 남겨두어라.
- 개념들 간의 가능한 연계들을 토론하라.
- 여러분이 동의했을 때, 서로 관련된다고 생각하는 개념들을 함께 연결하는 선들을 그려라.
- 선 위에 그 개념들이 어떻게 서로 관련되는지를 쓰라(또는 가능한 관계들의 목록으로부터 적절한 구를 사용하라)
- 관계들의 방향을 표시하기 위해 화살표를 그려라.
- 여러분이 처음의 6개 개념 세트 사이에서 할 수 있는 한 많은 연계를 구체화했을 때, 보관함으로부터 또 다른 개념을 선정하여, 그것을 개념도에 두어라. 그리고 가능한 한 많은 연결을 구체화하고 관계의 본질을 적어라. 또 하나의 개념을 선정하고, 다시 동일하게 활동하라.

짝으로 활동한 후, 학생들은 그들의 활동을 다른 짝에게 보여 줄 수 있다. 4명으로 구성된 모둠은 전체 학급 토론에서 제기할 포인트들을 기록할 수 있다. 하나 또는 두 짝 또는 모둠들은 그들의 개념도를 학급 학생들에게 보여 줄 수 있다. 학습 토론은 이후에 이어지며, 상이한 제안들이 도출되고, 학생들의 추론을 조사하고, 학생들에게 불확실성을 표현하도록 하며, 오해를 수정하도록 할 수 있다. 만약 단순한 연계들의 수보다 오히려 그 연계들에 관한 추론의 질에 시간과 주의가 제공된다면, 개념도에서 그 부분에 대한 중요성을 강화할 수 있고, 미래에 개선된 개념도로 이어질 수 있다.

전체 탐구질문의 맥락에서 개념도의 구성을 결과보고하라. 어떤 개념들이 다른 개념들과 명확한 연계들을 가졌을 것 같은가? 연계의 본질은 무엇이고 그것들은 얼마나 강했는가? 연계의 네트워크는 무엇인가? 학생들은 어떤 관계들에 대해 불확실해 했는가? 어떤 관계들이 더 많은 조사를 필요로 하는가?

만약 개념도가 연계들에 관한 심사숙고를 격려하기 위해 사용되었다면, 이 활동은 증거를 사용한 연계의 조사로 이끌 수 있다. 예를 들면, 학생들이 다양한 개발 지표들 간의 연계에 관해 심사숙고했다면, 결과보고는 상호관련 기법과 데이터베이스를 사용함으로써, 그리고 갭마인더(Gapminder)와 같은 웹사이트를 사용함으로써 상호관련성에 관한 가설을 검토할 수 있다.

(Roberts, 2013)

(4) 개념도의 활용

개념도는 교육과정, 교수·학습, 평가 등 지리교육의 여러 측면에서 이용된다. 첫째, 개념도는 교육과정 계획과 수업의 설계에 이용할 수 있다. 개념도는 인지구조를 이루고 있는 개념들의 수평적 관계뿐만 아니라 수직적인 관계도 나타낼 수 있다. 그러므로 학생들이 작성한 개념도는 교육과정 내용의 논리적인 구조와 계열을 학생들이 가지고 있는 심리적인 구조와 학습 과정에 맞추어 조직하는 준거로 이용될 수 있다. 즉 교육과정 설계 시 포괄적이고 통합적인 개념들은 교육과정 설계의 기초가 되고, 좀 더 구체적이고 특정한 개념들은 구체적인 수업자료와 학습 활동을 선택하는 준거로서 이용된다.

둘째, 개념도는 지리 교수·학습을 위한 훌륭한 도구가 될 수 있다. 개념도를 이용해서 학습 이전에 학습자들이 학습해야 할 주요 개념과 명제를 제시해 줄 수 있으며, 선행조직자로서 개념도를 제시하여 학습자에게 개념들을 통합적으로 이해하도록 할 수 있다. 또한 개념도는 수업이 시작되기 전 학습할 내용에 대해 학생들이 어떠한 생각을 가지고 있는지를 알아보기 위해 이용될 수 있다. 교사는 학생들이 작성한 개념도에서의 개념 간 위계, 관계, 그리고 연관 등을 바탕으로 학습할 내용에 대해 학습자가 어떤 오개념을 가지고 있는지 확인할 수 있다. 또한 이를 바탕으로 학생들이 가지고 있는 오개념을 수정하기 위해 어떤 학습자료를 선정하고, 어떻게 조직해야 할 것인지를 계획할 수 있게 된다.

셋째, 개념도는 평가 도구가 된다. 개념도는 수업 전, 수업 중, 수업 후 등 학습의 다양한 단계에서 작성할 수 있다. 학생들이 수업 전에 작성한 개념도는 선행학습의 특성뿐만 아니라 학습할 내용 및 과제에 대한 학생들의 오개념을 파악할 수 있도록 해 주기 때문에, 진단평가의 도구로 이용될 수 있다. 수업 중에 작성한 개념도는 학습이 이루어지는 과정에서 작성한 것이므로, 학습자 스스로 자신이 어느 정도 개념을 이해하고 있는지에 대해 점검할 수 있는 기회를 제공해 준다(Nichols and Kinninment, 2001: 126). 또한 동료들의 개념도와 비교해 봄으로써 자신의 학습 정도에 대한 이해를 높일 수 있다. 그리고 학생들이 수업 후에 작성하는 개념도는 학습의 결과를 보여 주기 때문에, 학습자에 따라 개념이 어떻게 분화되었는지를 보여 준다. 또한 개념도 그리기는 이해의 정도를 평가할 수 있는 수행평가에 필수적인 도구 또는 수단으로 이용될 수 있다.

마지막으로, 지리교육과정에 근거하여 저술한 지리 교과서와 지리교사용 지도서의 맨 뒷부분에는 지리 교과서의 전체 내용이나 장 또는 단원의 내용이 개념도로 정리되어 있는 경우가 많다. 지리교사가 작성한 개념도를 표준개념도로 부른다면, 학생들이 작성한 개념도는 인지도(cognitive map)(Diekhoff and Diekhoff, 1982)로 부를 수 있다. 인지도는 사고의 과정을 종이에 그리는 그림으로서, 개

글상자 5.2

개념도의 활용 및 유의사항

개념도는 지리탐구의 모든 양상에 적절하다. 개념도는 다음을 위해 사용될 수 있다.

- 학생들에게 그들의 기존지식을 사용하여 개념들 간의 연계, 예를 들면, 상이한 개발 지표들 간의 연계를 심사숙고하도록 격려함으로써 호기심을 유발한다. 이 사례에서, 추론적 연계들은 상이한 지표들 간의 상호관계의 범주를 관찰하기 위한 데이터베이스를 사용함으로써 탐구의 이후 단계에서 검토될 수 있다.
- 탐구를 위한 '스캐폴더' 또는 '선행조직자(Ausubel, 1960)'를 제공한다. 노박(Novak)은 탐구의 시작에 '전문가 골격 개념도(expert skeleton concept maps)'라고 부른 것을 학생들에게 제시하도록 한다.
- 지리적 자료, 예를 들면, 보고서 또는 영화에 표현된 정보를 표상하도록 한다.
- 학생들이 탐구로부터 학습한 것에 대한 그들의 표상을 지원한다.
- 학생들의 이해를 평가하고, 오해를 인출한다. 활동단원의 시작부분에서는 진단적으로, 활동단원 중간에는 형성적으로, 활동단원의 말에는 총괄적으로.
- 학생들에 의해서는 복습 목적을 위해, 그들 자신의 이해를 검토하기 위해
- 교사들 위해서는 활동단원을 계획하는 것을 돕는 도구로서, 소개되어야 할 핵심개념들과 그것들 간의 연계의 본질을 구체화하기 위해

한편 개념도 활용 계획 시 고려해야 할 사항은 다음과 같다.

- 개념도의 사용은 조사되고 있는 것에 대한 이해를 발달시키는 데 어떻게 기여할 수 있는가? 조사되고 있는 토픽 또는 쟁점은 개념들 간의 연계를 구체화하는 데 적합한가?
- 탐구의 어떤 양상이 개념도를 지원할 수 있는가? (호기심 유발하기, 데이터 이해하기, 학습에 관해 반성하기)
- 만약 개념도가 원자료에 적용되려면, 어떤 개념들과 연계들이 발견될 것 같은가?
- 활동은 개별적으로, 짝으로, 소규모 모둠으로 수행되어야 하는가? (최대 3명 내지 4명)
- 학생들은 어느 정도로 선택을 하며, 어떤 선택들이 교사에 의해 이루어져야 하는가? (예를 들면, 개념의 목록에 관해, 함께 시작할 개념, 사용할 데이터)
- 얼마나 많은 개념들이 처음에 그리고 총괄적으로 사용되는가? (보통 6~20개가 적절하다)
- 개념들은 학생들에게 어떻게 제시되어야 하는가? (예를 들면, 칠판 또는 워크시트에 기록, 카드에 프린트, 스티커 라벨에 프린트, 학생들이 스티커 노트에 기록)
- 학생들은 어떤 지원이 필요한가? [예를 들면, 프로세스를 시범보이기(모델링), 완성된 개념도 보여 주기, 골격 개념도 제공하기, 토론을 통해 개인과 모둠에 도움 주기]
- 학생들은 연계들에 쓰기 위한 가능한 단어들의 목적을 제공받을 필요가 있는가? 모든 개념도를 함께 사용하기 위한 일반적 목록, 특정 개념 목록에 적합한 소규모 목록, 목록 없음.
- 이 활동의 결과는 어떻게 보고되어야 하는가?

(Roberts, 2013)

념도와 마찬가지로 학생들이 가지고 있는 개념 체계 또는 학습한 지리적 지식의 구성요소들 사이의 관계를 나타내는 하나의 수단으로 이용될 수 있다.

(5) 개념도의 장단점

개념도의 장단점에 대해서는 많은 학자들이 주장하고 있다. 먼저 니콜스와 킨닌먼트(Nichols and Kinninmnet, 2001)에 의하면, 개념도는 다음과 같이 많은 장점을 가지고 있다.

- 개념도는 지리의 중요한 개념(Big Concepts) 중 하나인 '원인과 결과'에 초점을 둔다.
- 개념도는 대부분의 학생들이 기억하기 위해 아이디어들을 저장하는 데 도움이 되는 시각적 조직자(visual organizers)와 정보의 요약자(summarizers of information)이다.
- 개념도는 학생들이 확장된 글쓰기(extended writing)를 조직할 때 유용한 계획 도구가 될 수 있다(예를 들면, 비교하기와 설명하기 기능).
- 개념도는 차별화에 대한 훌륭한 접근일 수 있다. 왜냐하면 모든 학생들은 토론을 통해 이 활동에 쉽게 접근할 수 있으며, 학생들은 그들의 개념도를 자유롭게 조직할 수 있기 때문이다. 연결의 수와 질은 다양하다. 어떤 두 개의 개념도도 동일하지 않을 것이다.

표 5-19. 개념도의 장단점

장점	단점
• 개념들 간의 연결을 강조하며, 심층적인 사고와 이해를 격려한다. • 학생들에게 활동적인 참여를 격려한다. • 개념들 간의 관계에 대한 이해 또는 오해를 드러낼 수 있다. • 학습자들 사이에서 또는 교사들과 학습자들 사이에서 토론의 질을 강화할 수 있다. • 이해의 증가를 예증하는 데 사용될 수 있다. • 많은 학생들은 텍스트 프레젠테이션보다 복잡한 관계들의 비주얼 프레젠테이션이 이해하고 기억하기 쉽다는 것을 발견한다. • 학생들에게 광범위하게 사용되며, 고등교육에서 개념도 사용에 관한 연구는 개념도의 효과를 증명하였다(Hay et al., 2008; Davis, 2011). 그리고 학교지리에서도 그렇다(Leat and Chandler, 1996).	• 개념도를 구성하는 것은 도전적이다. 비록 이것은 심층적인 사고를 요구한다는 점에서 장점으로 간주될 수 있지만, 개념도가 처음 사용될 때 그것들의 구성은 교사의 많은 지원을 요구할 수 있다. • 개념도는 구성하는 데 시간이 소비되며, 완전한 결과보고를 요구한다. 그렇지 않으면, 학생들은 그들의 지도에 포함된 어떤 오개념을 가질 수 있다. • 교사에 의한 개념도의 평가는 시간을 많이 소모한다. • 개념도는 너무 많이 겹치는 연계로 인해 복잡할 수 있으며, 따라서 명료하기보다 오히려 혼란스러울 수 있다. 복잡한 개념도는 쉽게 기억할 수 없다. 특히 많은 개념들이 사용될 때, 생산적이라기보다는 오히려 복잡성을 가중시킨다. • 개념도는 관계를 지도화기 위한 도구로서 설계되었다. 따라서 지리적 토픽과 쟁점을 위해서는 적합하지 않다. 질문이 주장들, 반론들, 상이한 관점들과 관련되는 곳에서, 툴민(Toulmin)의 '주장 패턴 다이어그램'이 더 적절할 수 있다.

(Roberts, 2013)

- 개념도는 도전적이다. 학생들은 요인들과 개념들이 관련되는 것을 명확히 하고 어떻게 관련되는지를 설정해야 한다. 이것은 연역적, 귀납적 추론과 심사숙고(speculation)를 포함한다.
- 개념도는 진단평가를 위한 강력한 도구이다. 교사는 개념도를 통해 토픽에 대한 학생들의 이해 정도를 쉽게 해석할 수 있다.
- 마지막으로, 약간 보잘것없지만, 개념도는 단지 '장학사가 방문할' 때가 아니라도 일 년 중 언제라도 학생들의 활동을 확인할 수 있는 벽면 전시를 가능하게 한다.

한편, 로버츠(Roberts, 2013)는 개념도의 장단점을 표 5-19와 같이 제시하고 있다.

4) 오개념

(1) 오개념 또는 대안적 개념화란?

구성주의 관점에서 학습이란 학습자의 능동적인 지식 구성 과정을 의미하며, 그 지식이 갖고 있는 의미는 학습자 개인의 경험에 근거하여 이해된다. 교사가 학생들에게 학습할 내용을 제시할 때, 학생들은 자신의 일상적인 경험을 통해 이미 형성된 선개념(preconception)을 바탕으로 지식을 구성해 나간다.[5] 그러나 이러한 선개념은 현재의 과학적 안목으로 볼 때 옳은 지식일 수도 있지만, 잘못된 지식일 수도 있다. 특히 학습자는 선개념을 신념화시키는 경향이 있어서, 새로운 학습에 악영향을 미친다는 점을 간과하고 있다.

1960년대 오수벨(Ausubel)이 학생의 선개념이 학습에 미치는 영향을 지적한 이래, 과학교육자들은 학습자들에게 이미 형성되어 있는 학습 이전의 개념이 그 시대의 과학적 지식과 다를 경우를 오개념(misconceptions)이라 하여 자연과학 분야에서 폭넓은 실증적 연구들을 수행해 왔다.

오개념 연구는 학문의 성격상, 선개념을 명확하게 정의할 수 있는 자연과학 특히 과학과나 수학과에서 활발히 진행되고 있다. 지리학의 경우 자연과학과 사회과학의 성격을 동시에 가지고 있어 오개념 연구가 가능한 분야이며, 실제로 이에 대한 연구가 이루어져 오고 있다.

지리에서의 오개념 연구는 1990년대 초반(Nelson et al., 1992)에 시작되어 1990년대 후반 도브(Dove,

---

5 학생들이 다양한 과학적, 지리적 개념들에 관한 수업에 가져오는 아이디어들은 오개념(misconceptions), 어린이들의 과학(children's science), 대안적 구조틀(alternative frameworks), 선개념(preconceptions), 정식으로 배우지 않은 신념들(untutored beliefs), 직관적 개념들(intuitive notions), 대안적 개념화(alternative conceptions)로 간주되어 왔다(Dove, 1999: 7).

글상자 5.3

거미 다이어그램(웹 구조)/마인드맵/개념도

거미 다이어그램, 마인드맵, 개념도는 지리교육에서 종종 상호교환하여 사용된다. '마인드맵'과 '개념도'는 특별한 의미를 가지고 서로 다르게 발달되어 왔지만, 이 용어들이 사용되는 방식은 서로 구분되지 않기도 한다. 그러나 이 3가지 그래픽 조직자는 구별될 필요가 있다. 왜냐하면 그것들은 지리교육에서 서로 다른 목적을 성취할 수 있도록 하기 때문이다(Davies, 2011). 아래의 표는 거미 다이어그램(웹 구조), 마인드맵, 개념도의 특징 및 차이점을 개관하고 있다.

거미 다이어그램, 마인드맵, 개념도의 차이점

	거미 다이어그램	마인드맵	개념도
형태	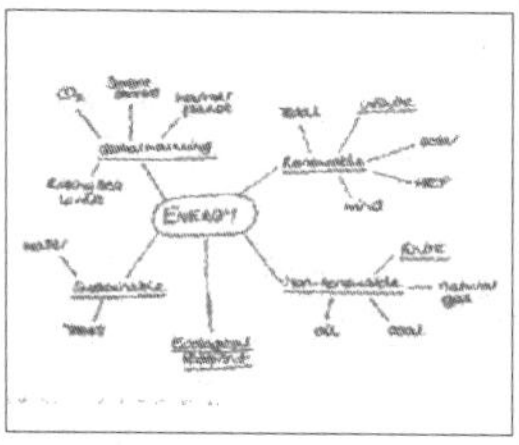	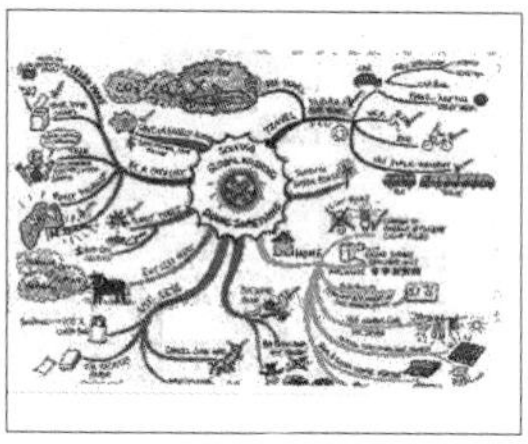	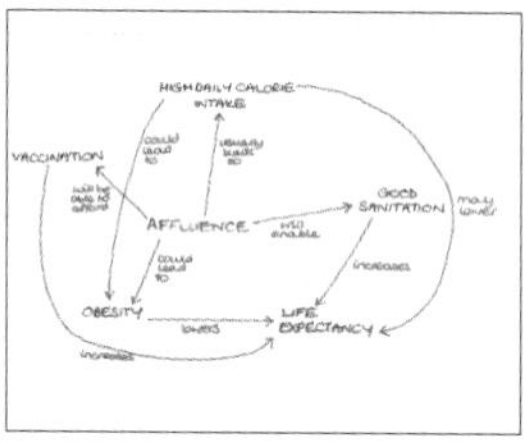
기원	일반적으로 수십년 동안 사용되어 왔다.	부잔(Buzan, 1974)	노박(Novak, 1972)
역할	정보와 아이디어들을 범주들과 하위범주들로 유목화한다.	정보를 범주들과 하위범주들로 유목화한다.	개념들 간의 관계를 구체화한다.
특징/차이점	특별한 규칙은 없다. 원하는 대로 발전할 수 있다. 유용한 만큼 하위범주들과 연계들로 발전될 수 있다. 유목화하기 위해 색깔을 사용할 필요가 없다.	분류에 강조점을 둔다. 범주들과 하위범주들로 구분한다. 색깔을 사용하여 범주들을 분류한다. 그림을 사용한다.	개념들 간의 연계의 본질을 라벨로 설명하는 데 강조점을 둔다. 다이어그램들의 결절들은 개념들이다. 원래의 형태에서, 개념들은 위계적(계층적)으로 배열된다.

(Roberts, 2013: 142)

마인드맵은 거미 다이어그램(웹 다이어그램)과 동일한 목적을 위해 사용되지만, 색깔과 그림을 사용하기 때문에 더 정교하다. 비록 거미 다이어그램이 그래픽 조직자로서 매우 유용하지만, 마인드맵 구조와 차이점이 있다(이상우, 2009; 2012). 첫째, 마인드맵 구조는 주, 부, 보조가지 등으로 나뉘어 단계별로 진행된다. 하지만 웹 다이어그램은 그런 것이 없다. 둘째, 한 가지 낱말이나 주제에 대하여 마인드맵 구조는 다양하고 창의적 사고를 해 나가면서 뻗어 나가지만, 웹 다이어그램은 창의성보다는 한 낱말이나 주제에 따른 사실, 상황, 환경, 문화, 사람 등에 대한 정보를 사고·기록·분류하게 해 준다. 셋째, 마인드맵 구조는 창의적인 면(특히 사고의 확장-폭넓은 사고)에 중심을 두었다면, 웹 다이어그램은 사고와 이해(특히 사고의 깊이)에 중심을 둔다. 넷째, 마인드맵 구조는 어찌 보면 전혀 연관성이 없을 법한 내용과도 연결이 가능하게 해 준다. 하지만 웹 다이어그램은 그렇지 못하다. 다섯째, 마인드맵 구조는 주로 (창의적) 사고의 발전과 그에 따른 정리(기억)에 핵심이 있다. 그러나 웹 다이어그램은 사건, 사실의 분류와 이해에 중심이 있다.

한편 개념도 역시 거미 다이어그램과 구별된다. 거미 다이어그램은 정보를 분류하는 것이 아니라 브레인스토밍을 통해 가능한 한 많은 정보를 모으는 데 목적을 둔다. 반면 개념도는 어떤 주제 또는 쟁점을 구성하는 개념들 간의 관련성에 대한 그래픽 조직자(graphic organizers)로 다이어그램의 결절(nodes)보다는 오히려 연결(links)을 강조한다(Ghaye and Robinson, 1989; Leat and Chandler, 1996). 학생들이 수행해야 할 주요 과제는 개념들 사이의 연결 및 연관성을 구체화하고 관계를 제시하는 것이다.

1999)에 의해 이루어졌으며, 국내에서는 김진국(1998)에 의한 연구가 대표적이다. 특히 이들 연구의 공통점은 자연지리 분야를 중심으로 오개념 연구가 이루어졌다는 것이다. 도브와 김진국은 피아제의 구성주의 학습이론과 오수벨의 유의미 학습이론을 배경으로 하여, 오개념이 형성되게 되는 원인과 오개념의 유형에 대해서 언급한다.

사실 학생들이 가지고 있는 대안적 개념화(alternative conceptions)를 기술하기 위한 용어에 관해 논쟁이 계속되어 왔다(Dove, 1999). 그러나 최근에는 학생들이 가지고 있는 대안적 개념화를 지칭해 왔던 다양한 용어들에 대한 정의에 어느 정도 합의에 도달하였다. 예를 들면 선개념(preconceptions)은 형식적인 교수가 일어나기 전에 어떤 토픽에 관해 학생들이 가지고 있는 불완전하거나 순진한 개념(incomplete or naive notion)을 의미한다(Kuiper, 1994). 오개념(misconceptions)은 일반적으로 학생들이 형식적인 모델이나 이론에 노출되어 이것을 부정확하게 동화한 경우에 사용된다(Driver and Easley, 1978; Kuiper, 1994). 오개념은 또한 부정확한 정신적 구성(incorrect mental construct)을 기술하기 위해 사용된다(Fisher an Lipson, 1986). 실수(error)는 과학자들이 부정확한 것으로 간주하는 답변을 위해 사용된다.

대안적 개념화는 단순히 과학적으로 받아들여지는 관점을 제시함으로써 수정될 수 있다. 그러나 오스본 외(Osborne et al., 1983)가 지적한 것처럼, 일단 대안적 개념화가 학생들의 지식 속에 뿌리내리게 되면 학생들은 종종 변화시키는 데 어려움을 겪게 되며, 심지어 학생이 모순되는 정보를 수용한 이후에도 없어지지 않고 계속 유지된다.

대안적 개념화를 확인하는 것은 중요하다. 왜냐하면 학생들의 대안적 개념화는 더 심층적인 학습에 대한 장벽으로 작용할 수 있기 때문이다(Ausubel, 1968). 제4장에서 살펴보았듯이, 유의미 학습이 일어나도록 하기 위해 학생들은 기존의 인지구조에 새로운 정보를 연관지을 수 있어야 한다. 인지구조가 대안적 개념화를 포함하는 경우에, 학생들은 이해 없이 학습할지 모른다. 유사한 모습을 가진 지형들이 공통된 기원을 가진다는 가정은 하나의 대안적 개념화의 사례이다. 예를 들어, 만약 학생

표 5-20. 대안적 개념화의 공통된 원천들

대안적 개념화의 원천	사례
과학적 용어의 부정확한 사용	'충적토'라는 용어는 일반적으로 하천에 의해 만들어진 모두 굳지 않은 물질로 간주하지만, 더 제한된 관점은 충적토가 단지 실트 규모의 입자만을 포함하고 있다는 것이다(Whittow, 1984). 또한 충적토는 호수 또는 바다의 퇴적물이 아니라 보통 흐르는 물에 의해 퇴적된 물질에 적용된다(Goudie et al., 1994).
특정한 사례에 대해 과도한 일반화를 적용함	모든 얕은 토양 단면은 젊다(오래되지 않았다)고 추측하는 것이다. 그러나 사막의 토양은 풍화가 거의 일어날 수 없기 때문에 얇지만 오래되었다. 유사하게 모든 물은 언덕 아래로 흐른다고 가정하는 것도 해당된다. 하지만 석회암 지역에서 물은 폐쇄된 시스템 내에 유지되며, 통일된 지역적 지하수 패턴에 반응하기보다는 오히려 지하의 균열 시스템에 반응한다(Nelson et al., 1992).
시간에 따른 정의의 변화를 인식하는 데 실패함	'사막'이라는 용어는 원래 뜨겁고 매우 건조한 지역에 한정되었지만, 현재는 강수의 부족보다는 오히려 낮은 기온과 생리적 한발(physiological drought)을 가진 중위도 분지와 냉대 지역을 포함한다. 유사하게 주빙하(periglacial)라는 용어는 원래 플라이오세(홍적세) 빙상에 인접한 춥고, 건조한 지역에서 작동하는 프로세스에 적용되었지만, 현재는 시기(대) 또는 빙상과의 근접성에 관계없이 빙하에 의하지 않은 프로세스와 기후의 특징들을 포함한다.
밀접하게 관련된 개념들을 혼동함	'다공성(porous)'과 '투과성(permeable)'을 예로 들 수 있다. '투과성'은 액체/기체가 암석 또는 토양을 통과할 수 있는 용이성과 관련되는 반면, '다공성'은 물질의 총량에 대한 빈 공간(구멍)의 비율로서, 암석/토양 내에서 유지될 수 있는 물의 양과 관련된다.
유사한 모습을 가진 지형들이 동일한 기원을 가지는 것으로 추측함	모든 원추형 언덕은 화산 지형으로 가정하는 것이다. 그러나 원추형 언덕들은 석유 또는 소금 돔, 가파른 배사구조, 탑과 원뿔 카르스트 경관일 수 있다.
유사한 모습을 가진 지형들이 동일한 물질로 만들어졌다고 추측함	모든 토르(tors, 가파른 잔여 언덕)는 화강암으로 만들어져 있다고 추측하는 것이다. 그러나 토르는 또한 사암과 같은 다른 암석 유형에서 만들어질 수도 있다.
특정한 지형들이 단지 하나의 형태를 가지는 것으로 추측함	모든 산 정상은 뾰족하다고 추측하는 것이다.
암석들을 특정한 색깔과 관련시킴	모든 석회암을 황색으로 간주하여, 회색과 흰색 종류는 인식되지 않는다고 추측하는 것이다.
지형들이 어떤 규모(크기)가 있다고 추측함	현무암 기둥(basalt columns)이 실제보다 크다고 추측하는 것이다. 유사하게 드럼린과 양배암이 실제보다 크다고 믿는 것이 있다.
특정한 지형들을 특별한 위치들과 동일시함	도상구릉(inselbergs)을 사막과 관련시키는 것이다. 그러나 도상구릉은 사바나 지역에서도 발생할 수 있다. 유사하게 모든 V자 계곡과 폭포가 어떤 하천의 고지대에서 발견된다고 추측하는 것도 사례가 될 수 있다. 그러나 그것들은 또한 바다로부터 융기된 해안 지역에서처럼 충분한 고도가 있는 저지대에서도 일어날 수 있다.
현재의 프로세스들이 현재의 지형들을 만들었다고 추측함	많은 사막 지형들, 예를 들면, 와디는 현재의 프로세스들보다는 오히려 과거 하천의 이벤트(fluvial events)에 의한 것이다. 유사하게 현대의 하천(streams)의 대부분은 보다 높은 방출(discharge)의 시기 동안 발달된 보다 큰 계곡들의 부적응자들이다.

(Dove, 1999: 12)

들이 모든 원뿔형의 언덕이 화산이라고 가정한다면, 그들은 유사한 형태의 지형들이 상이한 기원들을 가진다는 것을 받아들이는 데 어려움을 겪을지 모른다. 학생들은 다양한 이유로 자연지리와 환경

지리에서 대안적 개념화를 발달시킨다. 표 5-20은 구체적인 사례와 함께 이런 이유들의 일부를 보여 준다. 대안적 개념화의 배후에 놓여 있는 이유들에 대한 더 자세한 논의를 위해서는 도브(1999)를 참조하면 된다.

구성주의는 학습자들이 수동적으로 정보를 수용하는 것이 아니라, 오히려 그들이 인지한 것으로부터 지식을 능동적으로 구성한다고 믿는다. 피아제(Piaget)는 산, 하천, 기후 등을 포함하여 자연현상에 관한 어린이들의 대안적 개념화에 관한 선도적인 연구를 수행했다(Piaget, 1929; 1930). 그러나 1970년대에 과학에서의 특정 개념들에 대한 어린이들의 지각에 관한 드라이버와 이즐리(Driver and Easley, 1978)의 연구는 과학에서 구성주의 운동의 시작을 알리는 것으로 널리 받아들여지고 있다. 이 연구는 초등학생, 중등학생, 대학생의 다양한 과학적 개념들에 대한 대안적 개념화와 관련한 더 많은 연구를 자극했다. 몇몇 연구는 지리에서 가르치는 내용과 중첩된다. 예를 들면, 먹이사슬에 대한 학생들의 사고에 관한 연구가 그렇다.

1990년대 동안 과학교육에서의 구성주의 운동은 비판을 받아왔다. 존슨과 고트(Johnson and Gott, 1996)는 학생들의 반응에 대한 타당도와 신뢰도를 의심했다. 그리고 솔로몬(Solomon, 1994)은 인터뷰 상황에서 학생들이 단순히 질문자를 만족시키기 위해 답변들을 만들어 내었다는 것을 포함하여 많은 일반적인 관심을 불러일으켰다. 지리교사들은 학생들의 대안적 개념화를 조사함으로써 학습에 관한 통찰을 얻을 수 있다.

(2) 오개념 형성 원인과 유형

김진국(1998)은 이러한 대안적 개념화 또는 오개념의 형성 원인을 학습자 변인, 교사 변인, 교과서 변인, 대중 매체의 영향 등으로 제시한다. 먼저 학습자 원인으로는 인지구조의 미성숙, 감각적 경험의 차이, 일상생활 및 학문에서 사용되는 언어의 의미차, 잘못된 관찰, 특수한 경험의 지나친 일반화, 한자어의 음에 의존하여 뜻을 이해하려는 경향 등을 제시하고 있다. 그리고 교사 변인으로는 교사의 잘못된 개념 설명, 수업 내용의 재조직, 언어를 통한 의미 전달, 준비도 미확인 상태에서의 수업 등을 제시하고 있다. 또한 교과서 변인으로는 단원 구성, 개념 설명의 오류 및 생략, 용어의 잘못된 선택 및 문장의 문법적 구조에 따른 의미차 등을 제시하고 있다. 마지막으로 대중 매체는 일반적인 지리 지식과 다른 흥미 위주의 매우 특수한 경우가 많으므로 학생들이 그러한 사례를 과도하게 일반화할 경우에 오개념이 형성될 수 있다.

김진국(1994)은 이러한 다양한 원인으로 형성되는 지리교육에서의 오개념 유형을 지식 체계에 근거하여 사실과 관련된 오개념, 개념과 관련된 오개념, 일반화와 관련된 오개념으로 구분하여 제시하

표 5-21. 오개념 유형과 사례

유형	사례
사실과 관련된 오개념	• 울릉도에서 독도는 육안 가시거리 내에 위치해 있는 것으로 알고 있다. • 아프리카와 아메리카 대륙이 거리상 제일 먼 것으로 알고 있다. • 한국에서 인도까지 가는 것보다 한국에서 오스트레일리아까지의 거리가 가깝다고 알고 있다. • 간도와 만주를 동일지역으로 알고 있다. • 북극이 남극보다 더 추운 곳으로 알고 있다. • 우리나라는 겨울일 때 태양과의 거리가 제일 멀고 여름일 때 태양과의 거리가 제일 가까운 것으로 알고 있다.
개념과 관련된 오개념	• 삼각형 모양의 퇴적지형만이 삼각주가 되는 것으로 알고 있다. • 풍화를 바람에 의해서 일어나는 지형형성작용으로 알고 있다. • 고기압과 저기압을 절대적 수치개념으로 알고 있다. • 지형도란 지형이라는 특수한 목적을 가진 주제도로 알고 있다. • 소축척보다 대축척이 축척을 많이 한 것으로 알고 있다. • 홑집을 방이 하나란 뜻으로 알고 있다. • 부영양화 현상은 수중에 영양염류가 풍부하므로 무조건 좋은 현상이라고 알고 있다. • 간석지와 간척지를 동일한 것으로 알고 있다.
일반화와 관련된 오개념	• 보르네오섬은 환태평양조산대의 일부분에 위치해 있으므로, 화산이나 지진이 자주 발생하는 것으로 알고 있다. • 강하구 어디든지 삼각주가 형성되는 것으로 알고 있다. • 동해안은 조석의 차가 없는 것으로 알고 있다. • 감조하천은 서해안에만 나타나는 것으로 알고 있다. • 석회암 지역에는 물의 집수불량으로 인해 논농사가 안 되는 것으로 알고 있다. • 사막을 산이 없고 평탄한 모래층으로만 구성되어 있는 것으로 알고 있다. • 공업도시는 2차산업에 종사하는 인구비율이 가장 높은 것으로 알고 있다. • 후진국은 산업구조상 3차산업의 비율이 가장 적은 것으로 알고 있다. • 석회암 지역은 우리나라의 태백산 지역에만 나타나는 것으로 알고 있다.

(김진국, 1994에서 발췌)

표 5-22. 지리교과서에 나타난 개발에 대한 오개념

오개념		진실에 보다 더 가까운 것	
1	개발은 경제적 성장과 고도의 기술혁신을 의미한다.	1	개발은 중요한 경제적 차원이지만, 또한 정치적, 사회적, 환경적 변화와 성장을 포함한다.
2	개발은 1차, 2차, 3차 활동에 종사하는 사람들의 비율에 의해 측정될 수 있다. 즉 한 국가가 '발달'한다는 것은 3차 산업을 향한 '스케일'로 상향 이동하는 것이다.	2	완전한 오개념: (a) 그것은 각 범주 내의 직업, 부, 상황의 차이점을 무시한다. 벼농사를 짓는 영세 농민은 석유 재벌과 미국의 중서부의 밀농사를 짓는 농부와 같이 분류된다. 상파울루의 구두닦이 소년, 은행 지점장, 미용사는 모두 3차 산업 종사자이다. (b) 그것은 2차 산업의 발전이 3차 산업으로 가는 길에 놓인 단계라고 가정한다. 어떻게 공장 경제에서 저임금 노동자들이 착취되고 있는가? 제3세계 대부분의 도시들이 어떻게 아무 것도 존재하지 않던 것에서 3차 산업이 대부분이 되도록 뛰어넘을 수 있었는가?
3	빈곤의 주요 원인은 빈곤을 경험하고 있는 나라들이 너무 많은 인구를 가지고 있기 때문이다. (피해자의 탓으로 돌림)	3	오래전에 타파된 또 다른 신화이다. 영국, 네덜란드, 다른 유사한 국가들은 인구가 밀집해 있지만, 세계에서 가장 부유한 국가에 속한다.

4	'인구과밀'은 어떤 지역의 자원이 그곳에 살고 있는 인구를 부양할 수 없을 때이다.	4	'지역의 자원'이 무엇인가라는 질문을 해라. 거대한 인구를 부양하는 영국의 주택 개발 단지라는 자원은 무엇인가? 이는 자원을 축적하고 끌어당길 수 있는 힘과 부를 가지고 있는가에 대한 질문이다. 가나, 잠비아와 같은 낮은 인구밀도를 가진 세계 많은 지역들에 살고 있는 사람들은, 자원들을 세계의 나머지 국가들에게 공급하며 여전히 가난하다.
5	엄격한 출생률 정책을 가진 국가는 그렇지 않은 국가보다 '더 나은 장소'이다.	5	비록 인구 조절이 중기간의 경제 향상에 역할을 할 수 있지만, 그것은 결코 개발의 만병통치약이 아니다. 특히 그것이 향상된 가족의 안전, 교육, 삶의 표준 결과가 아니라면 그러하다. 장기적으로 적은 노동가능 인구와 많은 노년인구를 가진 중국의 결과는 무엇일까?
6	많은 제3세계 국가들은 살기에 불편하고, 희망이 없는 장소이다.	6	특히 동남아시아와 열대 아프리카 국가들에 대한 부정적인 고정관념은 편향된 미디어 이미지와 서구와의 타당하지 않는 통계상의 비교에 대한 현명하지 않은 수용에 근거한다. 많은 국가에서 끔찍한 빈곤과 부정의가 있지만, 여전히 그 인구의 60~80%는 끔찍한 빈곤에 있지 않으며, 많은 사람들은 좋은 환경에서 만족스러운 삶을 살고 있다.
7	원조와 해외의 도움은 제3세계 국가가 '발전'할 수 있는 유일한 방법이다.	7	제3세계 국가들의 국민들과 정부들이 그들 자신의 국가의 발달에 거의 기여하지 못했다고 하는 것은, 역사적인 유럽의 식민주의와 현대의 금융의/문화적 신식민주의 둘 다를 포함하는 식민주의의 산물이다. 식민주의는 서구의 관점을 재현하는데 그것은 실재의 증거에 의해 틀렸음이 입증된다. 아마도 이런 세계화의 시대 동안, 몇몇 자본집약적인 성장의 유형은 외국 자본 없이는 불가능하다. 그러나 이것은 누구의 발전에 관한 것인가?
8	제3세계의 수출품은 거의 모두 1차 생산물이다.	8	방글라데시, 중국, 인도, 파키스탄, 필리핀, 스리랑카, 남아프리카, 태국의 수출품 중 70%는 제조업 상품이다.

(Robinson and Serf, 1997)

였다(표 5-21).

지리교사들은 학생들의 학습 활동을 통해 형성된 오개념에 대해 알 필요가 있지만, 오개념을 유발하는 교과서의 자료도 비판적으로 평가할 필요가 있다. 지리 교수·학습 자료로서의 교과서에 대해서는 제8장에서 다루지만, 여기에서는 교과서에 나타난 오개념에 대한 연구만 살펴본다. 로빈슨과 서프(Robinson and Serf, 1997)는 영국에서 인기 있는 지리교과서인 워프와 부셀(Waugh and Bushell, 1992: 84-93)에 의한 『Key Geography』 시리즈 중 「Interactions」에 묘사된 '개발' 쟁점에 관한 심각한 오개념을 제시했다(표 5-22 참조). 그들은 이 교과서의 '세계 개발(World Development)' 단원이 어떻게 개발의 본질과 빈곤의 원인을 당연시하는지를 보여 준다. 이런 교과서 분석에서 강조하는 것은 이런 교과서를 폐기처분하라는 것이 아니라, 교사가 학생들로 하여금 비판적 기능을 개발할 수 있도록 도와주어야 한다는 것이다. 그렇게 될 때, 학생들 역시 특별한 쟁점들이 표현되는 방식의 한계를 알 수 있다. 학생들로 하여금 자료의 '숨겨진 가정'과 오개념을 구체화하도록 격려하는 것은 개념학습을 도와줄 수 있다.

(3) 개념 변화

개념 변화 프로그램들은 학습자들이 가지고 있는 오개념 문제를 해결하고자 한다. 개념 변화의 관점에서 볼 때, 학생들의 사고 변화를 위해서는 적어도 다음 3가지 조건이 충족되어야 한다(신종호 외 역, 2006: 422).

- 현존하는 개념이 불만족스러워야 한다.
- 대체될 개념이 이해 가능한 것이어야 한다.
- 새로운 개념이 반드시 실제 세계에 유용한 것이어야 한다.

어떤 사람에게 특정 주제에 대한 생각을 변화시키기 위해 설득해 본 사람이라면 인정하듯이, 오개념이 형성된 상황에서 개념을 변화시키는 과정은 쉽지 않다. 연구에 의하면 학습자에게 상당한 인지적 관성이 있기 때문에, 개념을 변화시키기 위해서는 교사가 적극적인 역할을 담당해야 한다고 제안한다.

오개념의 개념 변화를 위한 효율적인 학습전략으로 인지적 갈등 전략이 많이 사용된다. 인지적 갈등 전략은 학습자들이 자신의 선개념에 의해 설명할 수 없는 현상을 직면하게 함으로써, 자신의 생각이 잘못된 것임을 명확히 인식시키는 교수전략이다. 과학 분야에서 많은 연구가 실시되었으며, 인지갈등 전략이 전통적인 교수 방법에 비해 학습자의 개념 변화에 상당한 효과가 있었다는 결론을 도출해 내고 있다. 과학 교육에서 오개념의 개념 변화를 위해 많이 채택되고 있는 이론이 피아제의 인지적 비평형 이론과 하슈웨(Hashweh)의 인지 갈등 모형이다.

먼저, 피아제(Piaget, 1965)의 인지적 비평형 이론에 대해 살펴보자. 피아제의 인지발달이론은 인지

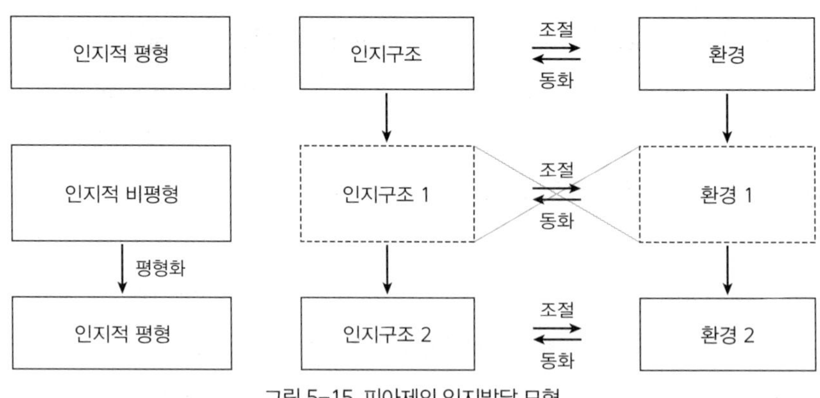

그림 5-15. 피아제의 인지발달 모형

갈등이 정신 성장의 핵심적인 역할을 한다는 가정에 기초하고 있다. 피아제는 인지구조와 외적 자극 사이에 동화와 조절이 원만하게 이루어질 때 평형 상태에 있다고 보았다. 그리고 학습자가 지니고 있는 인지구조와 괴리감을 보이는 외적 자극이 주어졌을 때, 인지구조와 새로운 환경과의 동화와 조절이 불능상태에 빠지는 것을 비평형 또는 갈등 상태라고 하였다. 이 갈등 상태는 내적인 동기 유발을 위해 필수적인 것이며, 새로운 인지구조의 형성에 필수적으로 선행되어야 할 과정이라고 보았다. 인지적 비평형 상태의 해결은 학습자가 가지고 있는 인지구조의 변화에 의해서 가능하다. 피아제는 이를 위해서 학습자의 자연환경과의 상호작용, 학습자의 성장, 사회적 상호작용 등의 필요성을 강조하였다. 이 새로운 지적 평형 상태는 이전의 지적 평형 상태보다 질적으로 발달된 상태이며, 피아제는 이것을 인지적 발달이라고 하였다.

다음으로, 하슈웨(Hashweh, 1986)는 피아제가 말한 인지구조와 환경과의 갈등 이외에 인지구조와 인지구조 사이의 갈등 관계를 설정하였다. 즉 학생들의 선개념과 환경과의 갈등, 그리고 선개념과 새로 학습하게 될 과학 개념과의 갈등을 제시하였다.

하슈웨(Hashweh)의 개념변화 모형이 피아제의 이론과 어떻게 다른지를 설명하면 다음과 같다. 첫째, C1과 C2가 공존할 수 있다는 가정을 가지고 있다. 피아제는 새로운 인지구조는 기존의 인지구조의 질적인 변화에 의해서만 가능하다고 보았으나, 하슈웨(Hashweh)의 모형은 기존의 인지구조의 변화 없이도 새로운 인지구조의 수용이 가능하다고 주장한다. 새로운 인지구조의 의미 있는 수용은 갈등 2가 해소되어야 하겠지만, 갈등 2의 해소 이전에 C2의 도입이 가능하다는 점에서 피아제의 이론과 매우 상이하다.

둘째, 인지구조라는 용어 대신에 개념이라는 용어를 사용했다. 이것은 인지구조가 지식만이 아니라, 다른 일반적인 또는 보다 심층적인 구조를 포함할 수도 있기 때문이다.

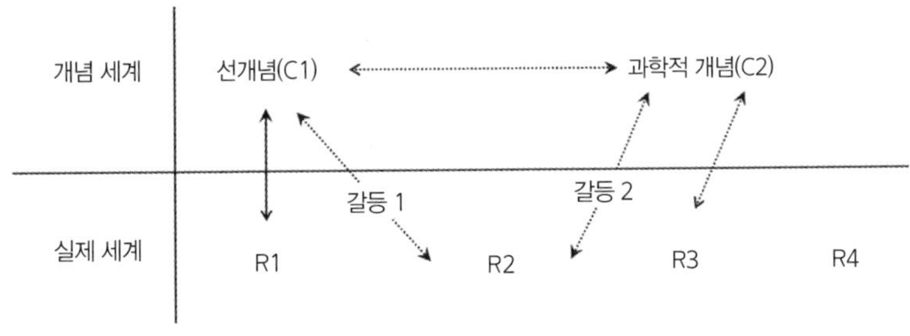

그림 5-16. 하슈웨의 개념 변화 모형

(Hashweh, 1986)

5. 지리적 기능 및 역량

1) 지리적 의사소통 능력

교과교육을 통해 실현되어야 할 가장 기본이 되는 기능은 일반적으로 문해력(literacy), 도해력(graphicacy), 수리력(numeracy), 구두표현력(oracy) 등을 들 수 있다. 발친(Balchin, 1972)은 모든 학생들이 개발해야 할 의사소통 능력을 그래픽 의사소통, 구술적 의사소통, 언어적 의사소통, 수리적 의사소통 등 4가지로 구분하고, 이를 학습을 위한 기본적인 능력인 구두표현력(oracy), 문해력((literacy)과 수리력(numeracy), 도해력(graphicacy)과 관계 짓는다(그림 5-17).

앞에서도 살펴보았듯이, 브루너(Bruner)는 지식이 표상될 수 있는 상이한 3가지 방법, 즉 단어와 수를 통한 상징적 표상(symbolic representation), 사진, 그래프, 지도, 아이콘 등과 같은 시각 이미지를 요약하는 방법을 통한 영상적 표상(iconic representation), 행동을 통한 행동적 표상(enactive representation)으로 구분하고 있다. 문해력과 수리력이 상징적 표상과 밀접한 관련이 있다면, 도해력은 영상적 표상과 밀접한 관련이 있다. 특히 지리는 이와 같은 모든 기능을 아우를 수 있는 가장 대표적인 교과라고 할 수 있다. 지리탐구의 관점에서 본다면 문해력, 도해력, 수리력은 모든 교과를 통해 달성되어야 할 가장 기본적인 능력인 동시에 지리교과의 본질적인 능력이라고 할 수 있다.

슬레이터(Slater, 1996: 216)에 의하면, 지리교육에서 문해력, 도해력, 수리력, 구두표현력은 어느 하나가 우월하거나 열등하지 않고 특정 목적을 위하여 보다 적절하거나 덜 적절할 뿐이다. 즉 이들은 단순한 수준에서 매우 복잡한 수준, 그리고 비판적 수준에 이르기까지 매우 다양할 뿐만 아니라 상호보완적이다. 그러므로 적절히 통합되고 상위의 수준으로 나아갈 때, 최고의 의사소통이 이루어질 수 있다고 하였다(그림 5-18).

구두표현력 (Oracy)	구술적 의사소통 (Oral communication)	그래픽 의사소통 (Graphic communication)	도해력 (Graphicacy)
문해력 (Literacy)	언어적 의사소통 (Verbal communication)	수리적 의사소통 (Numerical communication)	수리력 (Numeracy)

그림 5-17. 지리학습과 의사소통의 기본적인 4가지 형태

(Balchin, 1972)

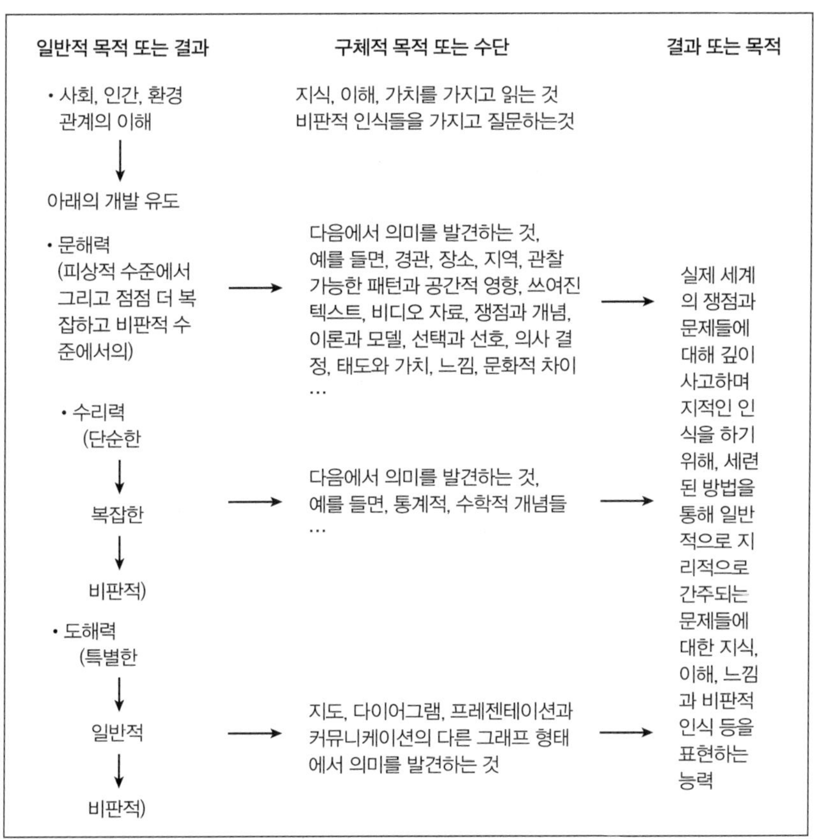

일반적 목적 또는 결과
구체적 목적 또는 수단
결과 또는 목적
• 사회, 인간, 환경 관계의 이해
지식, 이해, 가치를 가지고 읽는 것
비판적 인식들을 가지고 질문하는것
아래의 개발 유도
• 문해력
(피상적 수준에서 그리고 점점 더 복잡하고 비판적 수준에서의)
다음에서 의미를 발견하는 것, 예를 들면, 경관, 장소, 지역, 관찰 가능한 패턴과 공간적 영향, 쓰여진 텍스트, 비디오 자료, 쟁점과 개념, 이론과 모델, 선택과 선호, 의사 결정, 태도와 가치, 느낌, 문화적 차이 …
실제 세계의 쟁점과 문제들에 대해 깊이 사고하며 지적인 인식을 하기 위해, 세련된 방법을 통해 일반적으로 지리적으로 간주되는 문제들에 대한 지식, 이해, 느낌과 비판적 인식 등을 표현하는 능력
• 수리력
(단순한
복잡한
비판적)
다음에서 의미를 발견하는 것, 예를 들면, 통계적, 수학적 개념들 …
• 도해력
(특별한
일반적
비판적)
지도, 다이어그램, 프레젠테이션과 커뮤니케이션의 다른 그래프 형태에서 의미를 발견하는 것

그림 5-18. 지리에서 문해력, 수리력, 도해력의 확장(Slater, 1996: 216)

2) 도해력/비주얼 리터러시

(1) 지리도해력

지리교육에서는 기능적인 측면에서 문해력, 구두표현능력, 수리력, 도해력 등 다양한 범위에 걸친 의사소통 기능을 기를 수 있다. 보드먼(Boardman, 1983)은 도해력을 문해력, 수리력, 구두표현력 등의 의사소통 기능 중 가장 지리적인 것으로 보았으며, 특히 지리를 통해 길러지는 도해력을 '지리도해력(geographicacy)'이라고 표현했다.

도허티(Daugherty, 1989: 9)는 지리가 이와 같은 4가지 의사소통 기능에 공헌하지만, 그중에서도 지도, 지구의, 항공사진, 다이어그램, 도표를 이용하고 회화적 자료를 활용할 수 있는 지리도해기능과 직접관찰에 보다 관심을 기울여야 한다고 주장하였다. 결국 지리는 현상에 대한 직접 관찰(1차적 자

료)뿐만 아니라, 2차적 자료의 활용을 통해 관찰력과 추리력을 길러준다고 할 수 있다. 특히 학교의 교실 수업에서는 지도, 항공사진, 그래프 등의 2차적 자료를 통한 도해적 기능의 발달이 더욱 중요시되며, 이는 학습자 개인의 의사소통능력을 향상시킨다고 할 수 있다. 지리는 공간조직으로 표현되는 지표 현상의 공간적 배열과, 그들 간의 관계가 입지, 변화, 이동하는 쟁점에 대한 의사결정에서 중대한 역할을 하기도 한다.

지리탐구에서 마주하게 되는 자료에는 단어로 된 텍스트 이외에, 일련의 기호와 상징으로 구성된 것들도 있다. 도해력은 단지 지도만을 의미하는 것이 아니라, 수업과 평가에서 학생들에 의해 사용될 수 있는 다양한 형태를 띤다(Gerber, 1989: 179). 여기에는 지도를 비롯하여 그래프, 통계지도, 단면도, 다이어그램(순서도, 조직도, 현장 스케치, 풍배도, 토양분류도), 사진(사진, 항공사진) 등 일련의 기호들로 구성되어 있는 것을 포함한다. 특히 지리교사들은 수업과 평가에 사용될 수 있는 도해력의 범위를 인식하는 것이 중요하다. 즉 그것에 익숙해야 할 뿐만 아니라, 그것들의 질을 잘 알아야 하며 언제 그것들을 사용할 것인지를 아는 것이 중요하다. 또한 도해력을 지리수업과 평가에서 얼마나 자주 사용하는지, 학생들로 하여금 그들의 지리 공부에 도해력을 사용하도록 어떻게 격려하는지 아는 것도 중요하다(Gerber, 1989: 179-180).

도해력은 크게 지리적 정보를 그래픽 형태로 전환하는 것과, 그래픽 형태로 제시된 표상을 해석하는 것으로 구분할 수 있다. 그래픽으로 전환시킬 수 있는 능력은 그래픽 표현물을 해석할 수 있는 능력의 기초가 된다. 지리적 정보를 그래픽 형태로 전환하는 능력은 지리적 정보를 점, 선, 면을 이용하여 표상하는 능력을 의미한다. 따라서 도해력과 관련하여 지리수업과 평가에서 일차적으로 할 수 있는 것은, 수치 자료를 그래픽 자료로 표현할 수 있는 능력의 개발과 이에 대한 평가이다. 하지만 실천적인 면에서 본다면, 만들어진 그림, 지도, 그래프, 다이어그램 등을 읽고 해석하는 데 초점이 맞추어진다. 이와 같이 지리적 정보를 그래픽 형태로 전환하거나 그래픽 형태의 정보를 해석하는 능력을 도해력(graphicacy)이라고 한다.

'사진은 천 개의 단어보다 가치 있다'라는 말이 있다. 이것이 가지는 의미는 독자들이 이러한 그래픽 메시지가 전달하고자 하는 의미를 제대로 해독할 때 가치가 있다는 것이다. 다양한 그래픽은 일련의 기호들로 구성되어 있으며, 단어와 달리 이러한 기호들은 고정된 의미를 가지지 않는다. 그러므로 의도된 그래픽 메시지를 이해하기 위해서는 독자들에 의해 해독될 필요가 있다. 이러한 기호들은 범례에 의해 설명되기도 하지만, 특히 그래픽을 만든 사람과 그것을 읽는 사람 사이의 상호적인 교감이 중요하다. 이는 그것을 읽는 사람들에 의해 의미가 부여되기 때문이다. 그러므로 그래픽 표상은 독자들이 이해할 수 있도록 고안되어야 하는 것은 당연하며, 독자들이 그것의 의미를 제대로 읽어낼 수 있어야만 가치를 지니게 된다(Gerber, 1989: 180).

지리교육에서 도해력의 중요성은 발친과 콜먼(Balchin and Coleman, 1965)에 의해 최초로 제기되었다. 이후 발친(Balchin, 1972)이 영국지리교육학회(Geographical Association) 회장 취임연설에서 도해력을 '언어나 숫자로 전달할 수 없는 공간적 정보와 아이디어를 기록하고 전달하는 하나의 의사소통'이라고 정의한 이후, 이는 지리교육에서 보편적으로 수용되었다. 지리도해력, 즉 지도와 그 밖의 시각적 표현을 통한 공간정보의 이해와 의사소통은 지리교과 고유의 사고기능이다. 지리를 통해서만 학생들은 체계적으로 지도, 지구의를 비롯한 시각적 지리자료를 표현할 수 있으며, 이를 이용한 공간정보의 수집, 획득, 조직, 분석, 해석의 과정을 통한 의사소통 능력을 키울 수 있다. 즉 이를 통해 지리도해력을 발달시킬 수 있는 것이다. 지도와 도표는 장소와 그곳에서 살아가고 있는 사람들에 대한 정보를 저장하고 교환하는 데 매우 유용한 방법이다. 지도는 지리 교수·학습을 위한 중요한 자료임과 동시에, 지리 교과에서 길러줄 수 있는 고유한 능력인 지리도해력의 신장에 가장 중요한 도구가 된다. 그리고 지리학에 있어서도, 지도는 지리학자들이 세계의 패턴과 변화과정을 기술하고 공간조직에 대한 연구와 상이한 과정으로 발달해 온 지역에 대한 지식을 다루는 데 중요한 도구로 사용된다. 결국 지리도해력은 지리적 정보를 분석하는 것으로써 표, 그래프, 차트, 다이어그램의 정보를 언어로 번역하거나(읽고 해석하거나), 지도를 해석하고, 공간적 패턴을 찾아 이를 비교하는 것, 그리고 지도 투영의 왜곡을 이해하는 것 등을 포함한다. 또한 지도화 기능은 방향, 스케일, 입지, 상징, 비교와 추론 등과 관련한 기능으로 세분할 수 있다. 그리고 언어, 지도, 그래프, 모델, 그림과 영상, 원격탐사 이미지, 항공사진, 그래프, 방송, 컴퓨터처리결과와 통계 등의 자료를 해석, 분석, 종합하는 것이라고 할 수 있다(서태열, 2005).

(2) 공간인지와 도해력

지도는 사람과 장소에 대한 정보를 저장하고 의사소통하는 하나의 방법이다. 이런 지도를 읽고 사용하는 방법을 아는 것은 아동의 지리도해력(geographicacy) 발달에 공헌한다. 베디스(Beddis, 1983)는 학생들이 다른 언어의 발달을 위해 도움을 받을 수 있는 것처럼, 지도의 '언어'를 이해하도록 도움을 받을 수 있다고 주장한다. 지리교사가 학생들에게 지도의 언어를 이해하도록 도와주는 것은 주요한 관심사가 된다.

공간인지(spatial cognition)는 지도 기능(map skills)의 발달과 함께 도해력의 중요한 부분을 형성한다(Boardman, 1983). 캐틀링(Catling, 1976)에 의하면, 학생의 공간능력은 공간적 위치, 공간적 분포, 공간적 관계라는 3가지 차원에 대한 이해력과 관계된다. 이러한 공간능력은 아동의 인지적 성장과 함께 발달한다. 마스덴(Marsden, 1995: 78)에 의하면, 발달 초기 단계의 아동은 공간에서의 행동(action in space)에서 공간에 대한 지각(perception of space)으로, 그 후 공간에 관한 개념화(conceptions about space)로 이동한다. 그러므로 공간적 개념화(spatial conceptualisation)는 학생들의 지적 발전에 중요한 기여를 한다.

심상지도(mental maps)는 사람들이 장소에 대한 자신의 심상을 표현하는 지도이다. 이는 종종 아동의 지도 그리기 능력과 공간 인지에 대해 알아내는 유용한 방법으로 간주된다(Boardman, 1987; 1989). 심상지도 그리기는 학생들로 하여금 집 혹은 그들이 다니는 학교 등과 같은 공간 환경에 대한 기억을 지도로 그리게 하는 것이다. 그 후 이러한 심상지도 혹은 인지도(cognitive maps)는 더 형식적인 지도들과 비교되거나 정확성을 평가받기도 한다. 같은 길을 따라 집에 가거나 같은 지역에 살고 있는 학생들의 경우, 그들이 그린 심상지도를 비교하여 유사성과 차이점을 확인하도록 요구받을 수도 있다.

보드먼(Boardman, 1987)은 이런 심상지도가 교사들에게 학생들의 공간 지각에 대한 이해를 제공하며, 학생들이 공간을 어떻게 표상하는지에 대한 정보를 제공해 준다고 주장한다. 이런 심상지도의 본질과 심상지도가 보여 주는 세부사항은 학생들이 환경에 대한 경험을 지리적으로 표상할 수 있는 능력을 나타낸다. 보드먼(Boardman, 1987)은 학생들이 그린 심상지도의 정확성이 자신의 공간 환경과 얼마나 친밀한지를 보여 주는 지표라고 보았으며, 이러한 정확성은 그들이 그리려고 한 경로의 거리에 영향을 받는다고 하였다.

매튜(Matthews, 1984)에 의하면, 어린이들이 심상지도 그리기를 통해 공간 환경을 표상할 수 있는 능력은, 그들이 성장함에 따라 심상지도에 더 많은 정보를 보여 주고자 하는 경향이 있음에도 불구하고 학습 과정은 단순한 선형적 발달을 따르지 않는다. 어린이들은 상이한 환경에 대하여 상이한 방법으로 배운다. 결과적으로 어린이들의 지도화 능력과 정확성은 연령이 증가함에 따라 향상되지만, 그들은 이러한 지도화 기능을 간단한 방법으로 획득하지는 않는다. 보드먼(Boardman, 1989)에 의하면, 그러한 자유연상 스케치 지도화(free-recall sketch mapping)는 문제가 될 수도 있다. 어린이들이 종이 위에 보여 줄 수 있는 것보다 공간적 환경에 대해 실제로 훨씬 더 많이 알고 있을지도 모르기 때

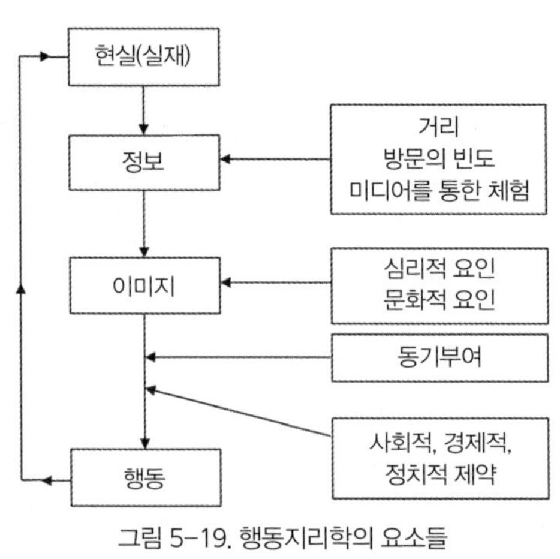

그림 5-19. 행동지리학의 요소들
(Bale, 1981: 97)

문이다.

인지도 그리기(cognitive mapping)는 단지 어린이들의 친밀하고 근접한 공간 환경에 대한 지각만을 검토하는 데 사용되어서는 안 된다. 그것은 사람들의 '실제 공간' 혹은 장소에 대한 지각의 영향을 검토하기 위해, 문제해결학습 및 의사결정학습에 효과적으로 적용될 수 있다. 예를 들어, 베일(Bale, 1981)은 경제 활동과 관련된 의사결정에 관한 공간 지각의 영향을 탐구하기 위해 학생들의 심상지도를 사용했다(그림 5-19). 학생들은 '잠재적인 자동차 생산업자'의 역할을 맡고, 영국의 50개 타운의 거주 적합성(residential desirability)을 평가한다. 이 수업에서는 각각의 타운에 할당된 점수를 분석하여 영국의 '공간 선호도 지도'를 만든다. 학생의 지각이 미치는 영향이 고려될 수 있고, 학생들이 만든 결과물은 산업가의 지각에 대한 경제적 조사의 결과와 다른 지역의 경제적 잠재력과 비교된다. 산업입지에 영향을 미치는 요인들의 복잡한 상호작용에 대한 학생들의 이해력을 발달시키기 위해, 이와 같은 상상적인 의사결정 연습 활동을 계획할 수 있다.

글상자 5.4

심상지도와 장소학습

심상지도(mental map)라는 용어는 다른 용어로도 사용되는데, 가장 대표적인 것이 톨먼(Tolman, 1948)에 의해 처음 사용된 '인지도(cognitive map)'이다. 이 외에도 추상 지도(abstract maps)(Hernandez, 1991), 인지적 형상(cognitive configurations)(Golledge, 1977), 인지적 이미지(cognitive images)(Lloyd, 1982), 인지적 표상(cognitive representations)(Downs and Stea, 1973), 인지적 도식(cognitive schemata)(Lee, 1968), 개념적 표상(conceptual representations)(Kirasic, 1991), 환경적 이미지(environmental images)(Lynch, 1960), 심상 이미지(mental images)(Pocock, 1973), 심상지도(mental maps)(Gould and White, 1974), 심상적(정신적) 표상(mental representations)(Gale, 1982), 정향 도식(orientating schemata)(Neisser, 1976), 장소 도식(place schemata)(Axia et al., 1991), 공간적 표상(spatial representations)(Allen et al., 1978), 공간적 도식(spatial schemata)(Lee, 1968), 위상적 표상(topological representations)(Shemayakin, 1962), 위상적 도식(topological schemata)(Griffin, 1948), 세계 그래프(world graphs)(Lieblich and Arbib, 1982) 등으로 사용된다(Kitchin & Blades, 2002: 2).

2007년 개정 사회과 교육과정에 의한 고등학교 『사회』의 4단원 '장소 인식과 공간 행동'에서는 장소학습과 관련하여 심상지도를 다루고 있다. 이는 "일상생활 속에서 접하게 되는 장소에 대한 인식이 개인에 따라 차이가 있음을 이해한다"라는 성취기준을 반영한 것이다(교육과학기술부, 2009: 30).

장소는 주관적인 개념으로 그 범위는 인식하는 사람과 상황에 따라 다양하게 나타난다. 우리 고장, 우리 동네, 우리 학교 등 장소의 범위는 다양하다. 동일한 장소라도 그 인식은 개인이나 집단에 따라 다를 수 있다. 개인의 경우에는 나이, 성, 직업, 교육 수준, 개인적 경험 등에 따라 장소에 대한 인식에 차이가 나타난다. 예를 들면, 교외의 한적한 농촌을 두고 도시민은 여가를 즐길 수 있는 장소로 인식한다면, 농민은 농업 생산 활동을 하는 삶의 터전으로 인식할 수 있다. 이와 같은 개인의 장소에 대한 인식 차이는 심상지도를 통해 더욱 자세하게 알아낼 수 있다.

심상지도는 장소에 대한 개인의 주관적인 인식을 지도로 표현한 것이다. 많이 알고 있거나 중요하다고 생각되는 곳은 크고 자세히 그리고, 잘 모르는 곳은 작고 간략하게 그린다. 심상지도는 어린이들의 공간 인지를 표현하기 위한 수단으로써 주로 로컬 스케일, 즉 학교 주변이나 자기 집 주변에 대한 그리기로 이용된다. 또한 국가 스케일, 대륙 스케일, 글로벌 스케일에서의 심상지도의 차이를 규명할 수도 있다.

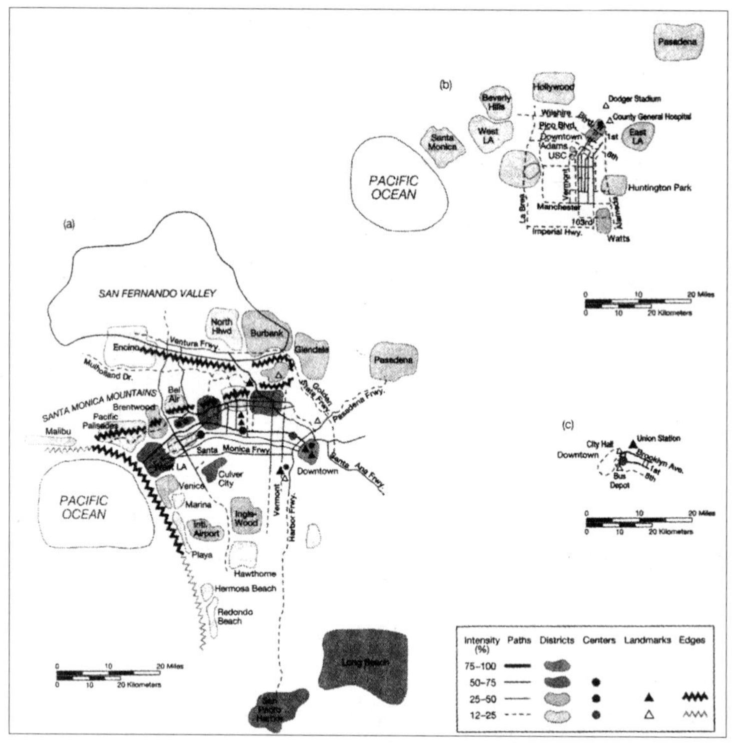

거주민에 따라 다르게 그린 로스앤젤레스 심상지도
(Downs and Stea, 1973: 120–122)

(3) 장소감과 도해력

심상지도와 유사하게 학생들의 개인적 경험과 지식을 로컬에서 글로벌에 이르는 다양한 스케일에 적용하여 지도화할 수 있다(Roberts, 2003). 만약 학생들이 공간과 장소에 관해 사고하기 위한 기초로써 훌륭한 입지적 지식을 발달시키고 싶다면, 그 출발점은 그들 자신의 개인적 지식 및 경험과 함께하는 것이다. 그들 자신의 경험을 지도화하는 것은 학생들로 하여금 지리부도를 공부하고, 지도기능을 발달시키며, 입지적 관련성에 대한 인식을 발달시키도록 격려할 수 있다. 예를 들면, 우리나라의 시와 도의 경계가 어디인지 추측하여 지도에 표시하고 지명을 명명하도록 한다. 그리고 나서 지리부도를 사용하여 경계를 수정한다. 그리고 학생들이 방문했던 모든 장소와 그들이 들었던 모든 장소를 지도에 표시한다.

로버츠(Roberts, 2003)는 가족 관계에 대한 지리를 장소 또는 인구에 대한 학습에 활용하여, 친척 빙고(relative bingo)를 활용한 지도그리기 학습의 사례를 보여 준다. 핵심질문으로 "우리의 친척은 어디에 살고 있고, 왜 그런가?"라는 질문을 던진다. 그리고 친척 빙고 격자가 개인적 지식을 수집하기 위해 사용되고, 그 후 지도화와 토론을 위한 기초로 활용된다(표 5-23). 학생들은 격자의 각 박스를 위한 상이한 학생을 찾으면서 교실을 돌아다닌다. 그들이 적절한 사람을 찾았을 때, 그들은 적절한 격자 공간에 사람의 이름과 관계를 적는다. 학생들은 격자를 완료하면, 지도화 활동을 시작한다. 그림

표 5-23. 친척 빙고 격자: 학급에서 다음 지역에 친척이 있는 친구들 찾기

셰필드에	유럽에	더운 기후를 가진 지역에	남반구에
비영어권 국가에	섬에	작은 마을에	또 다른 국가에서 태어난
한 국가에서 또 다른 국가로 이주해 온	계속해서 동일한 지역에 살고 있는	그/그녀가 싫어하는 장소에	시골에
그/그녀가 좋아하는 장소에	대도시에	산지 지역에	유럽 이외의 대륙에

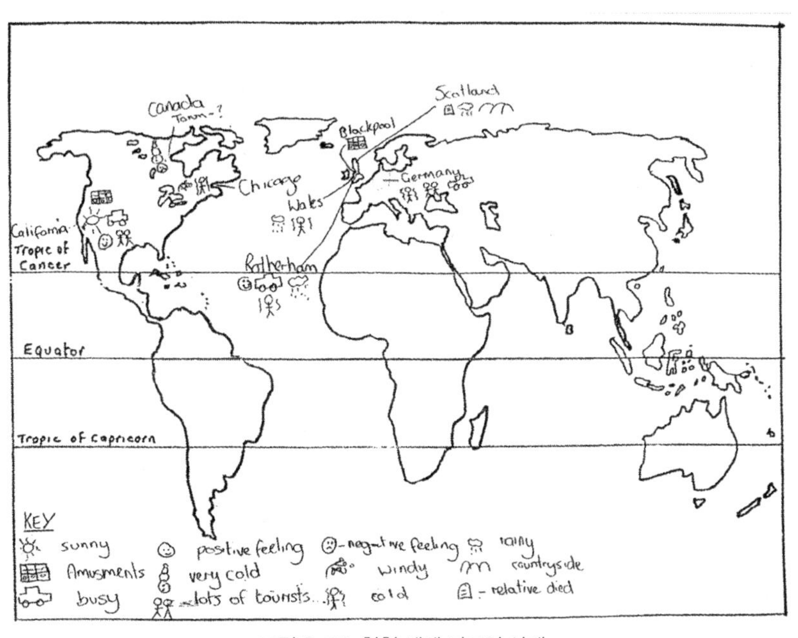

그림 5-20. 친척 세계 지도의 사례

(Roberts, 2003: 175)

5-20은 이와 같은 활동을 통해 친척 세계지도를 완성한 사례이다.

한편 장소에 대한 개인적 경험은 직접적일 수도 있고 간접적일 수도 있다. 굿디(Goodey, 1971)(그림 5-21)와 매튜(Matthews, 1992)(그림 5-22)는 어린이들의 환경을 통한 경험의 원천에 대한 모델을 고안하였다. 이 두 모델은 젊은이들의 환경적 지식에서의 직접적 경험과 간접적 경험 모두의 역할을 강조한다. 굿디의 모델은 정보기술의 영향 이전에 만들어졌음에도 불구하고, 많은 젊은이들을 위한 간접적인 경험의 원천을 보여 준다. 매튜의 모델은 간접적 지식과 직접적 지식의 범주를 포함하고 있지만, 경험과 메시지가 중재되는 '경험의 렌즈'를 포함하고 있는 것이 특징적이다. 경험과 메시지가 중재되는 방법은 연령, 성, 민족, 계층, 문화적 경험에 의해 영향을 받을 수 있다.

학생들은 자신들이 장소에 대해 개인적으로 경험한 것을 정의적 지도화(affective mapping) 또는 감성적 지도화(emotional mapping) 활동을 통해 표현할 수 있다. 정의적 또는 감성적 지도화 활동은 학

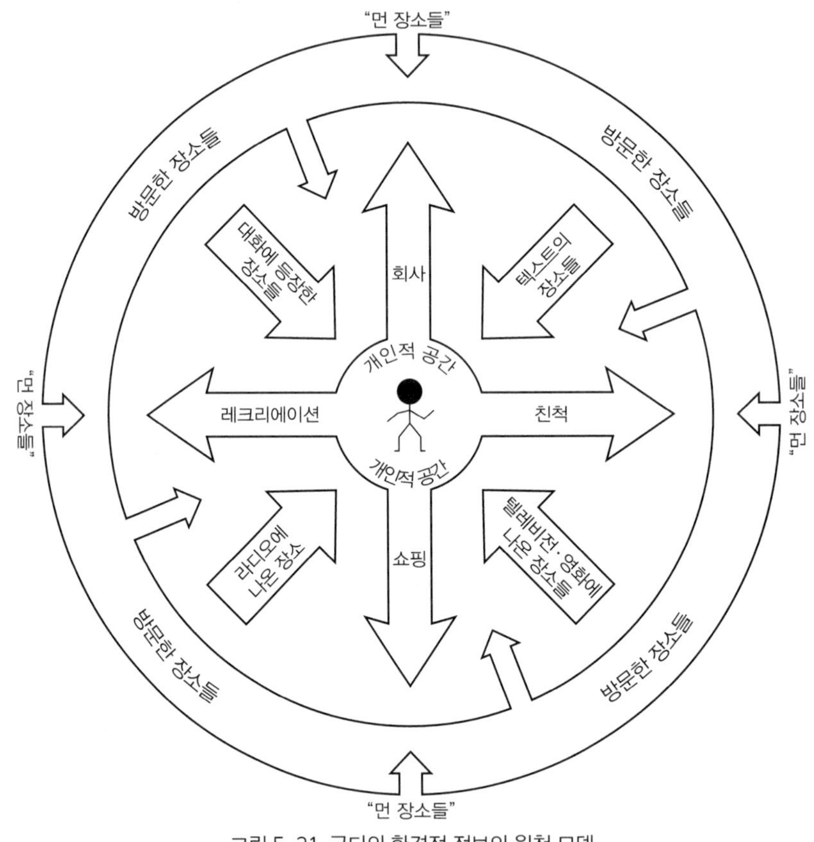

그림 5-21. 굿디의 환경적 정보의 원천 모델

(Goodey, 1971)

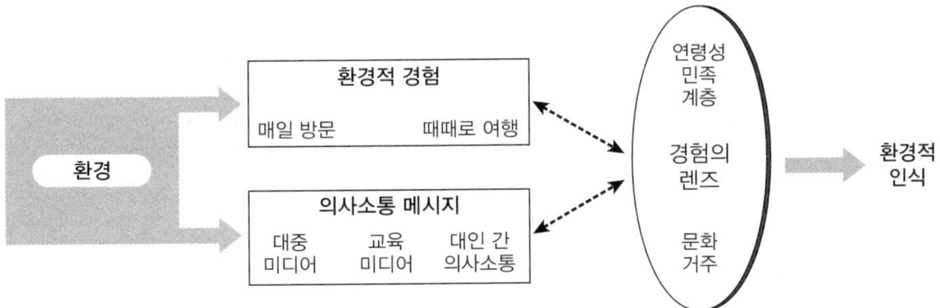

그림 5-22. 매튜(Matthews)의 어린이들의 환경적 인식 모델

(Matthews, 1992)

생들이 자신이 살고 있는 장소에 대해 느끼는 다양한 감성을 기호로 나타내는 것이다. 이러한 감성적 또는 정의적 영역을 표현하기 위한 지도학습 방법으로는, 로버츠(Roberts, 2003)가 중학생에게 적용한 정의적 지도 그리기(affective mapping)가 대표적이다.6 정의적 지도화는 특정 장소가 불러일으키는 느낌을 지도에 그리는 것을 의미한다. 학생들이 자신이 장소에 대해 느끼는 것을 다양한 기호로 표시하고, 이에 대한 설명을 부가적으로 기입하게 된다.

정의적 지도화 활동을 가장 간단하게 적용할 수 있는 사례는 자신이 다니고 있는 학교의 다양한 장소에 대한 느낌을 지도화하는 것이다. 학생들은 자신이 다니는 학교의 상이한 장소에 대한 나의 느낌이 어떤지를 구체화하고, 학교 환경을 개선하기 위해서는 무엇이 이루어져야 할 것인가에 대해 글쓰기를 할 수 있다. 먼저 교사는 학생들에게 학교 전체를 나타낸 지도를 제공하고, 학생들로 하여금 상이한 장소에 대한 그들의 느낌(예를 들면, 두려움, 무서움, 좋아함, 싫어함 등등)을 다양한 기호(다양한 표정을 나타낸 얼굴 기호)를 사용하여 지도에 나타내도록 한다. 학생들은 장소에 대한 자신의 느낌을 스스로 고안한 기호를 사용하여 표시하고, 느낌에 대한 이유를 간단하게 설명해야 한다(그림 5-23). 즉 학생들은 자신이 사용한 기호를 범례에 따로 제시하고, 각각의 범례 옆에는 느낌에 대한 간단한 이유를 기록한다. 학생들이 느낌을 지도화할 때 야기되는 쟁점은 동일한 장소에 관해 상충되는 느낌을 가질 수 있다는 것이다. 예를 들면, 학생은 동일한 장소에 대해 위험한(두려운) 것으로도, 좋아하는 장소로도 표시할 수 있다. 왜냐하면 장소에 대한 경험은 시간, 날씨, 분위기에 따라 달라질 수 있기 때문이다. 그리고 마지막으로 학생들은 학교 환경을 개선하기 위한 글을 교장 선생님께 편지로 쓴다.

6 정의적 지도 그리기는 초등학교 학생에게도 매우 유용한 기법이다. 휘틀(Whittle, 2006)은 초등학생들이 야외조사 시 여행 막대기(Journey Sticks)를 가지고 환경을 관찰한 경험을 교실로 돌아와서 정의적 지도 그리기를 하도록 하였다. 그리고 포터와 스코팸(Potter and Scoffam, 2006)은 초등학생 3~4학년을 대상으로 그들 학교의 상이한 장소에 대한 느낌을 지도로 표현하는 감성적 지도 그리기(emotional mapping)를 실시하였다. 정의적 지도화에 관한 더 많은 정보를 얻고자 한다면, 영국지리교육학회(GA)의 홈페이지를 참조할 수 있다(www.geography.org.uk/projects/valuing places/cpdunits/thinkmaps).

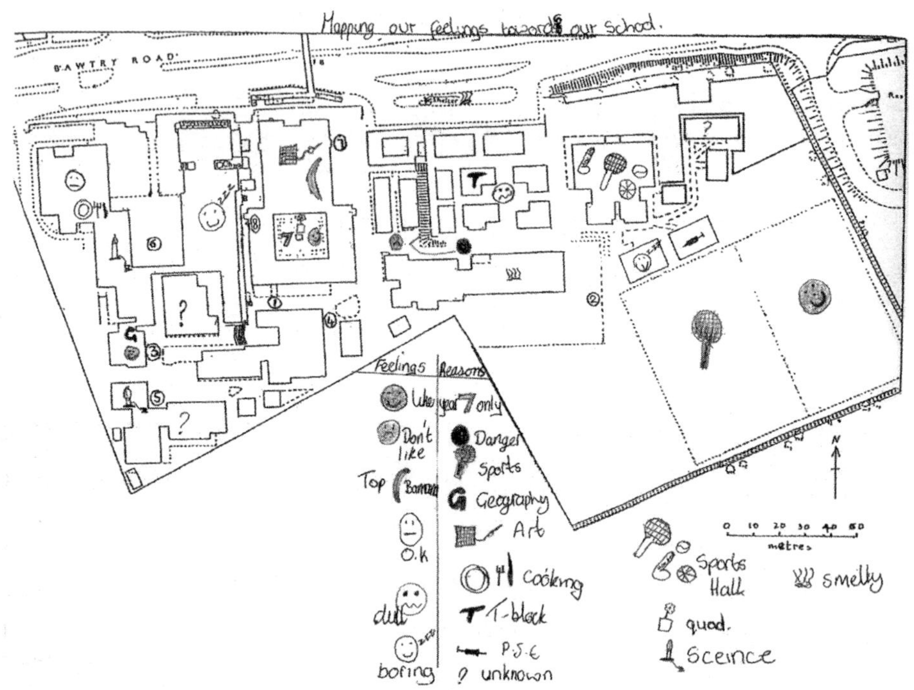

그림 5-23. 중학생 다니엘이 자신이 다니는 학교에 대해 그린 정의적 지도

(Roberts, 2003)

그리고 수업의 정리 시간에는 학교의 다양한 장소에 대한 서로의 느낌을 공유한다. 한편, 이와 같은 정의적 지도화는 학교 스케일을 넘어 자신이 살고 있는 로컬 스케일로 확장될 수도 있다.

이러한 정의적 지도화는 단순히 장소에 대한 느낌 차원에서 벗어나, 배제와 포섭의 장소에 대한 감성적 지도화 활동으로 심화될 수 있다. 퍼스와 비덜프(Firth and Biddulph, 2009)는 영국의 지리교육과정 프로젝트 중의 하나인 〈젊은이들의 지리(Young People's Geographies)〉의 실천 사례로서, 감성적 지도화(emotional mapping)를 제시하고 있다. 젊은이들은 서로 간에, 그리고 교사들과 그들의 부모들과는 매우 다르게 집, 학교, 도시, 시골 등을 경험한다. 젊은이들은 그러한 공간과 장소에서 그들만의 담론을 상상하고, 정의내리고, 창조한다(Firth and Biddulph, 2009: 21). 이는 젊은이들의 정체성 형성과 밀접한 관련이 있는데, 주로 공간과 장소에서의 포섭과 배제의 논리를 통해 발현된다.

이 사례는 로버츠(Roberts, 2003)의 정의적 지도화 사례와 유사하지만, 학생들이 자신이 다니는 학교에서 배제되거나 포섭된다고 느끼는 장소에 대한 감성적 지도를 그려야 하는 활동으로 심화된다는 점이 특징이다(표 5-24). 이러한 감성적 지도화 활동은 또한 학생들의 삶의 일부분인 다른 장소/공간, 즉 지역의 쇼핑/레저 센터 또는 로컬 타운/도심에 사용될 수 있다. 감성적 지도화 활동의 의의는

표 5-24. 배제와 포섭의 장소에 대한 감성적 지도화 활동 절차

단계	활동 내용
1	• 학생들은 자신이 다니는 학교의 지도를 제공받고, 학교의 상이한 장소들(예: 식당, 교과 교실, 스포츠 시설, 학년/튜터실, 쉬는 시간과 점심시간에 가는 곳)에 대해 생각한다.
2	• 학생들은 학교의 상이한 장소/공간에서 어떻게 느끼는지를 기술한다. 학생들은 장소에 대한 느낌을 지도에 기록한다. • 첫 번째로 학생들은 학교의 다양한 장소와 공간에 대한 자신의 감성적 경험을 포착하도록 개인별 지도를 완성한다. 그러한 감성적 경험의 재현은 아마도 개별 학생들에게 부과되는 것이 최선이며, 다양한 방식으로 행해질 수 있다.
3	• 이러한 첫 번째 지도화 이후, 학생들은 자신의 개인적 반응을 다른 학생들과 비교하고, 지도의 배후에 놓여 있는 그들의 사고/느낌을 설명할 시간을 가진다. • 일련의 질문들이 이 활동으로부터 제기될 수 있는데, 그것은 학생들에게 지도를 완성한 결과로서 나타난 그들의 경험, 느낌, 패턴을 설명하도록 도울 수 있다. • 학생들은 왜 그들의 튜터실에서 안전하다고 느끼는가? 무엇이 운동장의 구석진 곳이 쉬는 시간과 점심시간에 겁나게 만드는가? 학생들은 어디에서 방과 전후 또는 쉬는 시간에 친구를 만나는가? 학생들은 점심시간에 어디에 가는가?
4	• 그리고 나서 학생들은 그룹별로 더 상세하게 학교에 대한 그들의 지식과 경험을 조사한다. • 학생들은 학교의 상이한 장소들에 관한 자신의 경험과 느낌을 반영하거나 재현한다고 느끼는 이미지를 디지털 사진으로 찍는다. • 이 활동의 목적은 일련의 이미지를 수집하여 그들 학교의 다른 사람들에게 보여 줄 콜라주를 만들기 위한 것이다. 학생들은 다음 과정을 거치게 된다. – 학교 컴퓨터의 할당된 공간에 자신이 찍은 이미지를 저장하기 – 학교의 공간과 장소에 관한 자신들의 경험과 느낌을 가장 잘 나타낸다고 느끼는 이미지를 선정하기 – 자신의 콜라주를 만들기 – 다른 사람들과 공유하기
5	• 학생들은 또한 학교의 다른 사람들(다른 학년의 학생과 교사 등)이 동일한 장소에 관해, 또는 학교의 다른 공간/장소에 관해 어떻게 느끼는지를 조사한다. • 이러한 활동은 학생들에게 자신의 직접적인 경험과 느낌을 넘어서 볼 수 있도록 하며, 자신의 체험된 지리와 다른 사람들의 체험된 지리 간의 보다 넓은 연결을 만들 수 있게 한다.

(Firth and Biddulph, 2009)

학생들에게 학교와 로컬 지역의 상이한 공간과 장소에 대한 자신의 경험을 명확히 하고, 사회적 배제와 포섭에 대한 자신의 개념화를 비판적으로 검토하도록 하며, 이러한 경험과 개념이 지도화될 수 있는 방법을 고찰할 수 있도록 한다는 것이다(Firth and Biddulph, 2009). 이를 통해 학생들은 자신의 장소감과 장소 정체성을 확인하고 발달시킬 수 있다.

(4) 지도 및 단면도와 도해력

지도학습은 다양한 축척의 지도와 평면도를 어떻게 만들고 사용하며, 해석하는지를 배우는 것이다. 학생들은 또한 지도상에 정보를 표현하기 위해 적절한 기법을 선택하고 사용할 수 있어야 한다.

표 5-25. 지도학습의 유형

지도 사용하기(using maps)	지도상의 특징을 경관의 특징과 직접 관련짓기
지도 만들기(making maps)	정보를 지도 형식에 약호화하기
지도 읽기(reading maps)	지도 언어의 요소를 성공적으로 탈약호화하기
지도 해석하기(interpreting maps)	선행 지리지식을 지도에서 관찰되는 특징과 패턴에 관련짓기

(Weedon, 1997: 169)

위든(Weedon, 1997: 169)은 지도학습을 위한 기능을 지도 사용하기, 지도 만들기, 지도 읽기, 지도 해석하기 등으로 구분한다(표 5-25). 그리고 거버와 윌슨(Gerber and Wilson, 1984)은 학생들에게 지도활동 기능(mapwork skills)을 발달시키기 위해서 평면도 조망(투시법과 기복), 배열(위치, 방향, 방위), 비율(축척, 거리, 선택), 지도 언어(기호, 상징, 단어, 숫자) 등의 필수적인 지도의 구성요소를 고려해야 한다고 주장한다.

지리교사들이 학생들로 하여금 지리학습을 위한 4가지 기능을 익히도록 하는 것은 큰 도전이다. 그리고 지리교사들이 학생들에게 지도의 필수적인 구성요소를 이해하도록 하는 것 역시 도전적인 과업이다. 지리교사들이 학생들에게 지도학습을 위한 4가지 기능을 익히도록 하려면, 먼저 지도의 필수적인 구성요소에 대한 학습이 선행되어야 한다. 따라서 지리교사들은 지도학습을 위한 기능들을 통합한 학습활동을 계획하기 전에, 지도의 필수적인 구성요소 각각에 대한 학습에 초점을 맞출 필요가 있다. 예를 들어, 학생들은 지도에서 등고선이 기복을 나타내기 위해 어떻게 사용되는가를 이해하기 전까지는, 경관의 특성을 해석할 수 없을 것이다. 보드먼(Boardman, 1989)에 의하면, 실제로 지리교사가 학생들에게 지도의 필수적인 구성요소들을 개별적으로 소개하였을 때, 학생들은 보다 높은 성취를 이루었다. 거버(Gerber, 1981)는 또한 학생들이 한 번에 지도의 구성요소 중 하나의 요소만을 학습했을 때는 매우 성공적이었으나, 종종 여러 구성요소들이 함께 다루어질 때 어려움을 경험한다는 것을 관찰하였다. 따라서 여기에서도 지도의 필수적인 구성요소 각각을 구분하여 살펴본다.

위치(location) 개념은 지도학습에서 가장 기본적인 것이다. 지도상의 장소, 물체, 사건의 구체적인 위치는 좌표를 사용하여 절대적 위치로 표시되거나, 방향과 거리를 사용하여 상대적 위치로 표시된다. 어린이들이 지도에서 지점을 정해 주는 좌표(grid reference)를 사용하는 것은 수학에서의 그래프를 그리고 읽을 수 있는 능력을 구축해 준다. 그러므로 좌표에 어려움을 경험하고 있는 학생들의 경우, 몇 발자국 뒤로 물러서서 좌표의 기본적인 사용에서부터 4자리 좌표(four figure grid reference)에 이르는 기능을 점점 발달시킬 필요가 있다. 학생들은 4자리 좌표가 기준점(reference point)에서 만날 때까지, 한 손의 하나의 손가락을 사용하여 동향(동방위, easting, 원점의 동쪽)으로 따라가고, 또 다른 한 손의 하나의 손가락을 사용하여 북향(북방위, northing, 원점의 북쪽)을 따라갈 수 있다. 학생들이 이러한 원리를 이해했을 때, 격자 방안(grid square) 내에서 특정 지점의 위치를 더 정확하게 찾기 위해 6자리 좌표(six-figure grid reference)를 사용할 수 있게 된다.[7]

지도를 실제 방위에 맞게 놓고, 방위(direction)를 기술하는 것은 중요한 기능이다. 학생들은 지리적 활동을 하는 동안에 나침반을 이용하여 방위를 기술하는 방법을 학습해야 하며, 정확한 용어를 사용할 것을 권장받는다. 예를 들어, 지도상에서 강이 흐르고 있는 방향을 기술하거나, 어떤 장소들이 서로서로 연관되어 있는지를 기술할 때 방위를 사용할 수 있어야 한다. 교실의 벽에 기점을 표시하고, 학생들에게 방위를 기술하도록 하는 실천적인 과제를 부여할 수 있다. 다시 실천적인 사례와 함께, 특히 풍향은 바람이 불어오는 방향을 의미한다는 것을 강조하여 잠재적인 혼란을 피하도록 하는 것이 중요하다.

축척(scale) 개념은 학생들에게 거리를 정확하게 측정하는 것뿐만 아니라, 투시법(perspective)과 비율(proportion)을 이해하도록 요구하기 때문에 일부 학생들에게는 어려울 수 있다. 축척을 사용하기 위한 기본적인 원리들은 수학에서 배울 수 있다. 하지만 학생들이 어려움을 경험하고 있을 때, 한 번

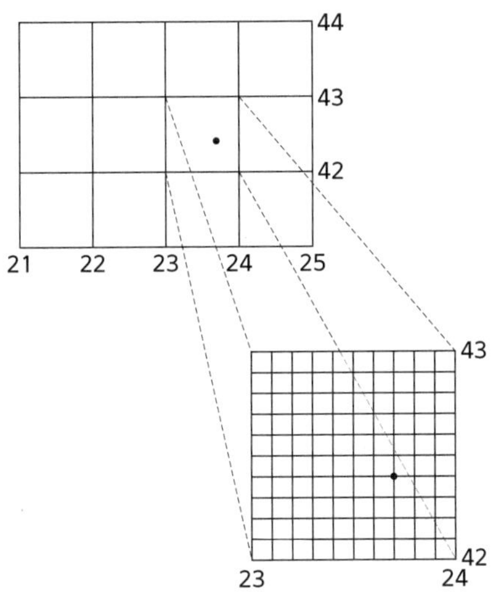

☞ 좌측 지도상의 점의 위치를 4자리 좌표로 표시할 때는 가로축을 먼저 읽고 그다음 세로축을 읽기 때문에 2342가 된다. 그리고 2342의 격자 방안을 가로축과 세로축 각각 10등분하면 6자리 좌표를 만들 수 있다. 가로축의 좌표는 동쪽으로 가면서 230, 231, …, 239, 240이 되고, 세로축의 좌표는 북쪽으로 가면서 420, 421, … 429, 430이 된다. 따라서 지도상의 점의 위치를 6자리 좌표로 표시하면 237424가 된다.

그림 5-24. 4자리 좌표와 6자리 좌표 읽기

7 소축척지도(예를 들면, 우리나라 전도, 세계지도)에서는 위치(수리적 위치)가 경위선 좌표로 표시되지만, 대축척지도의 지형도에서는 경위도 좌표 간격이 너무 넓어 위치를 표시하는 데 제 역할을 하지 못한다. 우리나라의 지형도는 평면격자좌표가 표시되어 있으나, 실제로 거의 활용되지 않고 있다. 따라서 지형도에서 (절대적) 위치를 나타내는 학습이 제대로 이루어지지 않고 있는 것은 큰 문제점이라 할 수 있다. 그러나 영국의 경우 우리나라와 달리 지형도의 가로축(easting)과 세로축(northing)에 각각 두 자리 숫자의 좌표(grid reference)가 표시되어 있고, 이들이 각각 만나는 지도상의 위치는 4자리 좌표(four figure grid reference)로 표시된다. 그리고 각 격자 방안(grid square)은 가로와 세로를 각각 10등분하여 가로축과 세로축이 각각 세 자리 숫자의 좌표를 형성하고, 이들이 결합하여 6자리 좌표(six-figure grid reference)를 형성한다.

더 몇 단계 뒤로 돌아가서 보다 어린 어린이들에게 사용되는 전략을 사용할 필요가 있다. 교사는 학생들에게 작은 단계별로 상이한 축척들을 사용하도록 요구하는 매우 구조화된 과제를 제공할 필요가 있다. 또한 학생들이 다른 축척으로 된 동일한 지역의 지도를 가지고 비교하고, 그것을 사용하여 유사한 치수(measurements)를 만들어 보는 것도 매우 중요하다. 눈금이 있는 학교의 평면도와 그 지역의 지도를 사용하는 것은 유용하다. 왜냐하면 학생들은 그들이 측정하고 있는 사물들을 볼 수 있기 때문이다.

일단 학생들이 방향을 기술하고 더 공통적인 지도활동 기능들에 익숙해지기 위해 좌표와 축척을 사용하는 데 요구되는 기능을 학습했다면, 그들은 다양한 경로 따라가기(route following) 연습을 할 수 있다. 교사는 학생들이 경로를 따라가거나 여행을 계획하는 데 필요한 기능을 사용할 수 있도록, 상상력이 풍부한 활동을 고안할 수 있다. 예를 들어, 보물찾기, 미스터리 여행, 도망자 추적 등이 이에 해당된다. 좌표는 경로의 특징 혹은 위치를 대신하여 사용될 수 있다.

높이, 경사 그리고 기복을 보여 주는 등고선(contours)은 학생들이 종종 어려움을 경험하는 또 하나의 개념이다. 만약 학생들이 지형도에 나타난 자연 경관을 해석할 수 있으려면, 그들은 등고선 패턴을 구체화하고 이해할 수 있어야만 한다. 그러므로 이는 중학교 단계에서 학생에게 처음 소개한 후, 그 기능에 대한 이해와 사용을 강화하고 발전시키도록 하기 위해 몇 번이고 다시 다룰 필요가 있는 기능이다.

등고선을 이해하는 데 어려움을 겪는 학생들을 위해 시각적인 입체 자료를 만든다면 도움이 될 수 있다. 진흙 혹은 세공용 점토를 사용하여 등고선을 그릴 수 있는 간단한 경관 모형을 만들 수 있다. 그 후 학생들은 이 입체 모형에 등고선을 그릴 수 있고, 다시 모을 수 있는 층으로 자를 수도 있다.

학생들이 입체 모형에 표시된 등고선을 통해 땅의 고도와 경사를 파악할 수 있게 되었다면, 일반적인 지형도에 나타난 등고선 패턴과 지형을 검토하는 학습으로 나아갈 수 있다. 학생들은 지형 경관(예를 들어, 석회암, 빙하)을 해석하려고 시도하기 전에, 구체적인 경관의 구성요소(예를 들어, 언덕, 계곡, 능선과 돌출부)를 어떻게 식별하는지를 배워야만 한다.

단면도(cross-section) 그리기는 어떤 지역의 기복을 해석하는 데 사용될 수 있는 특별한 기능이다. 비록 단면도는 학생들로 하여금 그래프를 그릴 수 있도록 하는 기능이지만, 교사들은 종종 학생들이 이러한 기능을 발달시키도록 다양한 전략과 지원 자료를 사용할 필요가 있다. 보다 어린 학생들을 위해서는 일반적으로 단순한 등고선 패턴을 이용하여 수평·수직 눈금이 표시된 그래프상에 단면도를 그리도록 한다. 이를 통해 학생들은 등고선을 그래프로 변형하는 데 요구되는 단계들에 집중할 수 있다. 교사들이 단면도를 그리는 상이한 단계들을 보여 주는 자료 시트를 만든다면 도움이 될 것이다.

지형도로부터 직접 단면도를 그리는 단계로 이동할 때, 교사들은 학생들에게 처음에는 굵은 등고선(계곡선)에만 집중하도록 할 필요가 있다. 그래프 종이에 단면도를 위한 축을 그릴 때, 학생들에게 축척(수치)에 있어서 지나친 수직적 과장을 피할 수 있는 방법을 보여 줄 필요가 있다. 보드먼(Boardman, 1996)에 의하면, 5:1의 수직적:수평적 축척 비율이 완만한 기복의 경관을 외관상 산지의 형태로 변화시키는 위험을 최소화할 수 있는 평균적인 최대의 과장이다.

학생들로 하여금 지도 기능을 학습하고 실천하도록 도와줄 수 있는 매우 효과적인 방법의 하나가 독도(orienteering) 활동이다. 종종 '지리적 스포츠'로 묘사되는 독도법은 지도 기능을 학습하는 활동적인 방법을 제공하며, 특별한 기능에 초점을 두기 위해 다양한 환경에서 사용할 수 있는 전략이라는 장점을 가진다. 학생들은 학교나 마을에서 간단한 독도법을 연습할 수 있다. 보드먼(Boardman, 1989: 329)은 독도법의 다른 이점을 다음과 같이 제시한다.

> 독도법은 지도 읽기 기능을 사용할 수 있는 실천을 제공할 뿐만 아니라, 지도의 축척에 대한 이해를 비롯하여 지형, 경사, 접근성에 대한 안목을 발달시키는 데 도움을 준다. 이 스포츠는 필수적으로 내비게이션과 관련되며, 지도 해석에 관한 의사결정하기, 나침반을 사용하여 방위를 확인하는 것을 포함한다. 독도법은 지도를 활용하여 자기의존성을 발달시키는 데 도움을 준다. 즉 참여자에게 그들 자신의 결정에 대한 책임감을 부여한다(Boardman, 1989: 329).

현재 학생들이 지도활동(mapwork) 기능을 학습하거나 실습하는 데 사용할 수 있는 유용한 컴퓨터 소프트웨어가 점점 늘어나고 있다. 몇몇 소프트웨어는 학생들이 지도의 기호에 대한 지식과 이해 혹은 좌표를 사용할 수 있는 능력을 시험할 수 있는 간단한 활동을 포함하고 있다. 몇몇 프로그램은 단면도가 어떻게 그려질 수 있고, 특정 등고선 패턴이 어떻게 해석될 수 있는지를 실례를 들어 보여 준다. 그리고 다른 프로그램들은 기복 패턴에 대한 3차원 영상을 제공하기도 한다. 또한 다양한 지도와 항공사진을 포함하고 있는 CD Rom은 상상력이 풍부한 활동을 개발하기 위해 사용될 수 있다. 디지털화된 지도 데이터는 GIS(지리정보시스템) 소프트웨어과 함께 사용하기에 유용하다. 그러한 소프트웨어는 지도에서 보이는 지역의 기복을 3차원 영상으로 제공할 수 있다. 비록 기술적인 발달이 계속되고 있지만, 실제로 그것들이 학생들의 도해력 기능, 특히 경관의 특징을 인식하고 해석할 수 있는 능력을 강화시킬 수 있을지는 검토해 보아야 한다.

점진적인 방법으로 학생들의 도해력 기능을 개발할 수 있지만, 베일리와 폭스(Bailey and Fox, 1986:

114)는 이러한 기능의 학습이 결코 선형적이지 않으며, 지도학습의 목표를 설정하는 유일한 방법은 존재하지 않는다고 주장한다. 지리교사들은 지도를 이해하고 이용하는 다른 양상들을 알 필요가 있다. 그렇게 될 때, 지리교사들은 그것들을 자신의 교수에 도입하고 발전시킬 수 있다. 축척과 관련하여 예를 들면, 11~14세 사이의 학생들은 축척을 사용하여 거리를 측정하고 치수(measurement)를 변환하는 방법을 학습해야 한다. 그들은 축척에 맞게 평면도를 그리고, 상이한 축척의 지도들을 비교하며, 지도에 나타난 정보를 사용하여 거리와 방위의 관점에서 경로를 기술할 수 있는 기회를 가져야 한다. 14~16세 사이의 학생들은 경사도, 평면도의 수직적 과장을 파악하고, 지도에 보이는 경관의 특징을 축척을 이용한 계산을 통해 정확히 파악하는 방법을 학습해야 한다. 16세 이후의 학생들(post-16)은 유역의 밀도와 분기율과 같은 더욱 복잡한 계산을 수행하거나, 유역분지의 면적과 같은 면적의 범위를 설정하는 데 축척을 사용할 수 있어야 한다.

학생들은 지리를 배우는 동안 지도활동(mapwork) 기능을 사용하고 적용할 필요가 있는 평가 과제와 마주칠 것이다. 지형도 읽기는 중등학교의 대부분의 시험에 포함되어 있다. 영국의 중등학교의 경우, 지도학습과 관련된 평가는 보통 3가지로 범주화된다(Boardman, 1985). 첫째, 학생들이 특정한 좌표의 특징을 구체화하고, 거리를 측정하며, 방향을 진술하고, 경사도의 크기를 측정하기 위해 특별한 기능을 사용하는 문항들이다. 둘째, 학생들에게 지도 위에 보이는 정보를 또 다른 형태, 예를 들어, 스케치 지도 혹은 단면도로 전환하거나 변형하도록 요구하는 문항들이다. 이것은 항공사진에 보이는 사물의 특징과 지형도상의 사물을 일치시켜야 하는 문항들을 포함한다. 마지막으로, 학생들이 그들의 지도활동 기능을 자연환경과 인문환경 모두의 특징을 기술하고 해석하는 데 적용해야 하는 문항들이 있다. 이것은 학생들에게 이러한 기능들을 그들의 지리적 지식 및 이해와 결합하도록 요구한다. 예를 들어, 학생들은 어떤 지도에서 보이는 기복, 유역, 촌락, 교통 등의 패턴을 기술하고 설명하도록 요청받을 수 있다.

(5) 이미지와 비주얼 리터러시

학교지리의 주요한 부분은 세계에서 볼 수 있는 것에 관한 것이며, 지리교사들은 실재(reality)를 교실 수업에 가져오기 위해 시각자료에 매우 의존한다(Robinson, 1987: 103).

① 비주얼 리터러시

최근에는 사진과 슬라이드와 같은 이미지 또는 시각 자료를 단지 지리수업에 활용하는 수준을 넘어, 이러한 이미지 또는 시각 자료에 재현된 지리적 현상을 분석하고 해석하는 데 초점을 둔 비주얼 리터러시(visual literacy) 교육이 강조되고 있다. 특히 영국의 지리국가교육과정에서는 학생들이 함양해야 할 핵심프로세스(key processes) 또는 핵심기능(key skills) 중의 하나로 도해력과 비주얼 리터러시를 강조하고 있다. 도해력과 비주얼 리터러시는 지도, 사진과 슬라이드, 위성영상 등을 분석하고 해석하며, ICT 또는 GIS 등의 지리적 기술을 활용하여 다양한 스케일의 지도와 평면도를 만드는 활동을 의미한다.

우리는 TV, 영화, 잡지, 사진, 광고 등의 이미지로 가득 찬 시각적인 시대에 살고 있다. 따라서 교사들은 학생들이 그러한 미디어에서 정보를 해독할 수 있도록 도와주어야 할 의무가 있다(Leat, 1998). 이처럼 미디어에 재현된 정보를 해독할 수 있는 능력을 비주얼 리터러시(visual literacy)라고 한다(그림 5-25). 학생들은 시각 자료로써 사진에 표상된 지리적 현상을 자신의 사고 및 감성 작용을 통해 읽고 해석하며, 의미를 부여할 수 있어야 한다. 학생들은 스스로 능동적인 사고와 감성 과정을 통해 다양한 시각 자료를 해석하고 의미를 부여할 수 있지만, 이러한 기능은 학습을 통해 더욱 풍부하게 될 수 있다(Robinson, 1987: 13). 그러나 교사들은 시각 자료를 활용한 지리수업에서 이러한 기능에 뚜렷한 주의를 기울이지 않는다. 지리교사들은 이러한 기능이 자연스럽게 학생들에게 침투되기를 기대하지만, 대개는 그러한 일이 일어나지 않는다.

리트(Leat, 1998)는 지리수업에 사용되는 사진이 학생들의 사고기능을 촉진하기 위한 도구로서 역할을 하기 위해, 지리교사들이 고려해야 할 세 가지 사항을 제시하고 있다. 첫째, 지리교사들은 학생들이 사진에 무엇이 있는지 알기 위해 사진을 대충 훑어보는 것이 아니라 보다 주의 깊게 보도록 해야 한다. 둘째, 지리교사들은 학생들이 단지 사진을 면밀하게 관찰하는 것을 넘어서서, 그들이 이미 알고 있는 것과 사진에서 보이는 것 사이에 연결을 만들 수 있도록 해야 한다. 마지막으로, 지리교사들은 학생들이 사진에서 증거를 이용하여 추측하고 가설을 세워보도록 해야 한다.

지리수업에 사용되는 시각 자료는 우리가 살고 있는 세계를 비추어 주는 객관적인 창이 아니다.

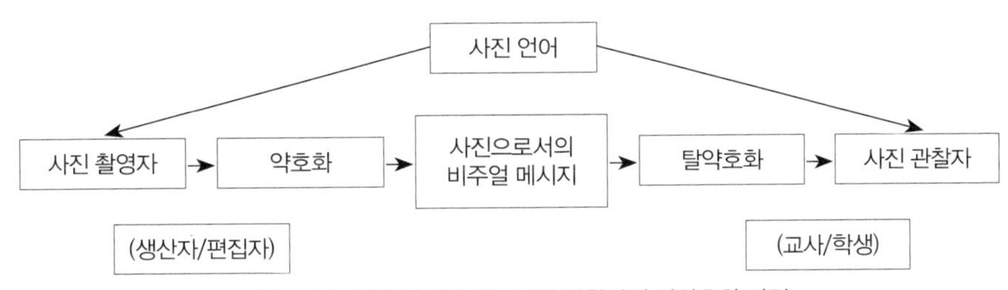

그림 5-25. 사진 이미지 만들기와 관찰자의 탈약호화 과정

(Butt, 1991: 51-55에 근거하여 재구성)

그것을 그 시각 자료를 만든 사람들의 의도적인 선택일 뿐만 아니라, 무의식적 선택을 반영하는 사회적으로 구성된 재현의 산물이다(Taylor, 2004). 따라서 학생들이 시각 이미지를 자세히 관찰하고 이러한 선택의 과정을 고려할 수 있을 때, 그 이미지를 만든 사람과 문화의 목적 및 관심에 대해서도 배울 수 있을 것이다(Mackintosh, 2004: 124). 또한 학생들이 이미지를 자세하게 관찰할 때, 이미지를 만든 사람의 특성과 동기에 관해 질문할 때, 그리고 관찰자로써 그들에게 그 이미지가 주는 의미에 관해 질문을 할 때 비로소 학습은 더욱 풍부해질 수 있다.

로즈(Rose, 2001)에 의하면, 시각 이미지에 대한 의미가 만들어지는 과정에서 3가지 요소가 작용한다. 이 3가지 요소는 이미지의 생산, 이미지 그 자체, 다양한 청중들이 이미지를 바라보는 관점이다. 이미지를 분석할 때 이 3가지의 국면을 고려한다면, 다음과 같은 질문을 할 수 있을 것이다.

- 이 이미지를 누가, 언제, 왜 만들었나?
- 이 이미지의 생산에 관여한 문화적 맥락은 무엇일까?
- 이 이미지는 어떻게, 왜 만들어졌을까?
- 이 이미지는 어떻게 구성되어 있는가?
- 청중들은 어떤 형태와 맥락에서 이 이미지를 바라볼까?
- 다른 청중들은 이 이미지를 어떻게 해석할까?
- 그들은 이 이미지를 다른 이미지 또는 텍스트와 관련시킬까?

② 비전 프레임과 개발나침반

교사는 지리수업에서 학생들이 사진 자료를 잘 분석할 수 있도록, 적절한 질문으로 잘 구조화된 틀을 제공할 필요가 있다. 여기서 교사의 효과적인 교수전략은 학생들이 이미지를 관찰하고, 접근하고, 탐구하고, 해석하는 기능을 발달시킬 수 있도록 하는 것이다. 테일러(Taylor, 2004)에 의해 제시된 비전 프레임(Vision Frame)과 버밍엄 개발교육센터에서 제공한 개발나침반(Tide, 1995)은 한 장의 사진 자료를 상세하게 분석할 수 있도록 다양한 질문에 의해 비계가 설정된 구조화된 프레임이다.

먼저 비전 프레임은 로빈슨과 서프(Robinson and Serf, 1997)에 의해 처음 제시된 것으로, 한 장의 사진 자료를 상세하게 분석하기 위한 목적으로 만들어 졌다(그림 5-26). 로빈슨과 서프(Robinson and Serf, 1997: 57)는 표 5-26과 같이 사진을 활용하여 개발할 수 있는 학습 기능을 8가지로 제시하면서, 이를 촉진하기 위한 비계 장치로써 비전 프레임을 제시하고 있다. 이러한 비전 프레임을 더욱더 발전시킨 사람이 바로 테일러(Taylor, 2004)이다. 사진과 그림이 광고에 사용될 때 많은 함축적인 정보를 담

표 5-26. 사진을 활용하여 개발될 수 있는 학습 기능

• 신중하게 시각 자료를 관찰하고, 말로 논평하기	• 시각 자료로부터 정보를 습득하기
• 정보를 분석하고 평가하기	• 자신의 관점을 이미지와 관련시키기
• 상이한 해석에 대한 가치를 인식하기	• 이미지에 대한 해석을 글 또는 말로 표현하기
• 묘사된 인간 또는 상황과 감정이입하기	• 사진들 간의 연계를 만들기

(Robinson and Serf, 1997: 57)

고 있는 것처럼, 비전 프레임은 시진을 포함한 이미지를 분석하는 기능에 특별히 초점이 맞추어져 있다. 학생들은 교사에 의해 제공된 이미지나 학생들 자신이 가져온 이미지를 비전 프레임의 구조에 집어넣고, 이를 활용해 이미지 분석 기능을 적용하게 된다. 비전 프레임은 하나의 이미지를 세부적으로 관찰하고 숙고할 수 있는 구조를 제공해 준다.

지리수업에서 비전프레임을 통한 이미지 또는 사진 분석 활동은 모둠학습을 통해 이루어지는 것이 바람직하다(Taylor, 2004). 모둠학습을 통해 모둠별로 서로 협동하면서, 이미지에 대한 자신들의 생각과 느낌을 공유할 수 있기 때문이다. 학생들은 이미지에 대해 토론해야 하고, 질문의 계열에 따라 활동지에 답을 써야 한다.

비전 프레임은 하나의 일반적인 모델로써 고안되었기 때문에, 또한 다른 탐구 계열에서도 사용될 수 있다. 따라서 비전 프레임은 학생들로 하여금 일련의 전체 이미지를 탐구하도록 도울 수 있을 것이다. 교사는 학생들의 탐구 활동이 피상적이지 않고 엄밀하도록 하기 위해, 비전 프레임을 사용하여 새로운 이미지를 세부적으로 검토하도록 격려할 필요가 있다. 그림 5-27은 케냐의 한 농촌 마을에서 김매기를 하고 있는 가족의 사진과, 이 사진에 대한 다양한 질문들로 구성된 비전 프레임을 결합하고 있다.

다음으로 버밍엄의 개발교육센터(DEC: Development Education Centers)에서 제공한 개발나침반[development compass rose, 자연적(Natural)·경제적(Economic)·사회적(Social)·누가 결정하나?(Who decides?, 정치적(Political)]을 이용하여(Tide, 1995a; 1995b), 적절한 이미지의 세부적인 모습을 구조화할 수 있다. 개발나침반은 학생들로 하여금 이미지에 대한 그들의 반응을 성찰할 수 있도록 도와주는 하나의 활동으로 이끈다. 버밍엄의 개발교육센터는 사진꾸러미를 제공하고 있는데, 이는 도전적인 학습 활동을 조직할 때 주요한 자원으로 이용될 수 있다(고미나·조철기, 2010). 개발나침반을 활용한 사진 읽기 사례는 그림 5-28과 그림 5-29와 같다.

그림 5-28의 사진은 남부 이라크의 습지대를 배경으로 하고 있다. 이곳에 살고 있는 사람들은 마시 아랍(Marsh Arabs)으로, 물 위에 떠 있는 실트와 갈대로 구성된 섬에 살고 있는 세계에서 가장 원시

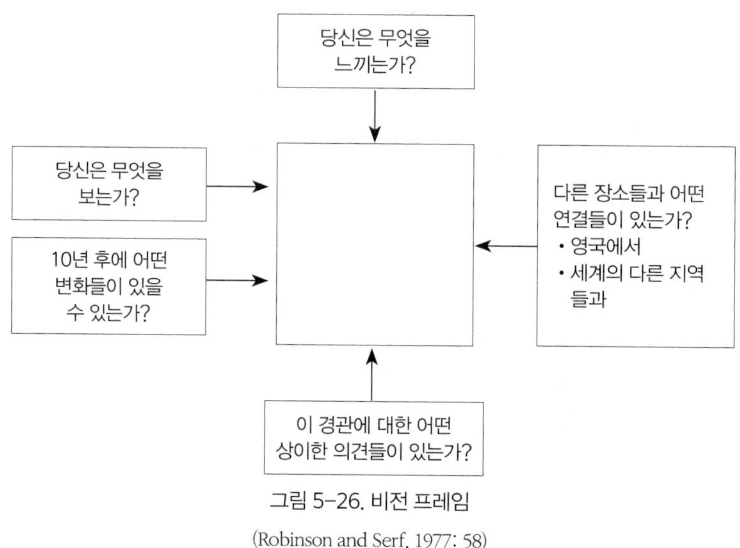

그림 5-26. 비전 프레임

(Robinson and Serf, 1977: 58)

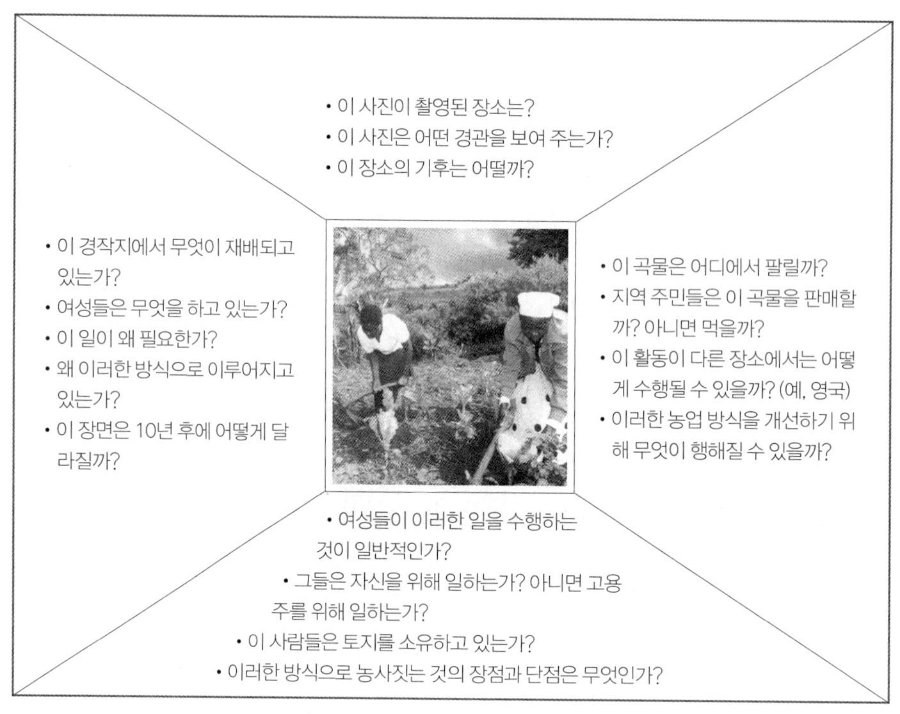

그림 5-27. 비전 프레임을 통해 사진 읽기

* Taylor, 2004, 11-12의 비전 프레임과 Lambert and Balderstone, 2000, 136의 사진과 질문을 재구성한 것임.

** 사진 출처: Action Aid, 'Family weeding in Kapsokwony, rural Kenya'

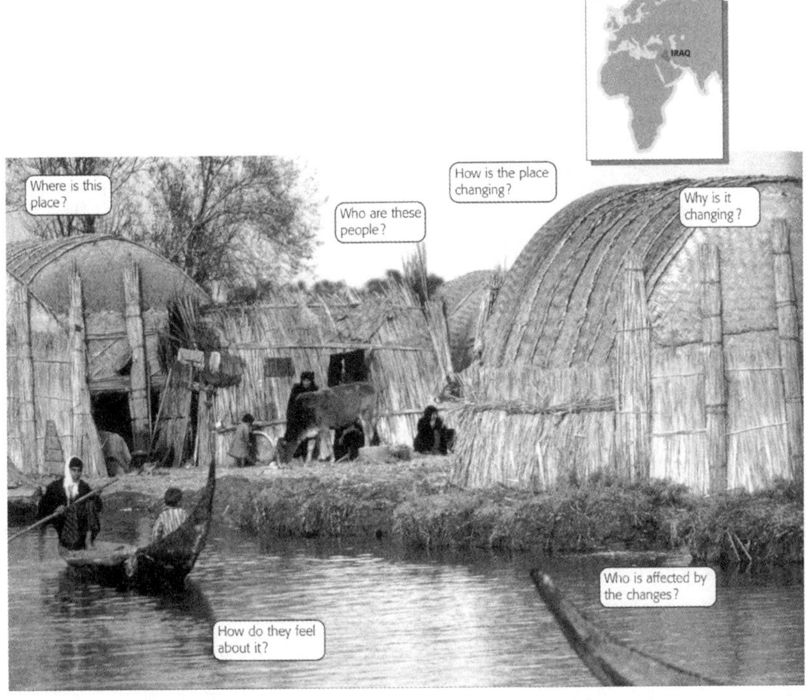

그림 5-28. 이라크의 마시 아랍(Marsh Arabs)이 살고 있는 습지대

(Geog. 3: 6-7)

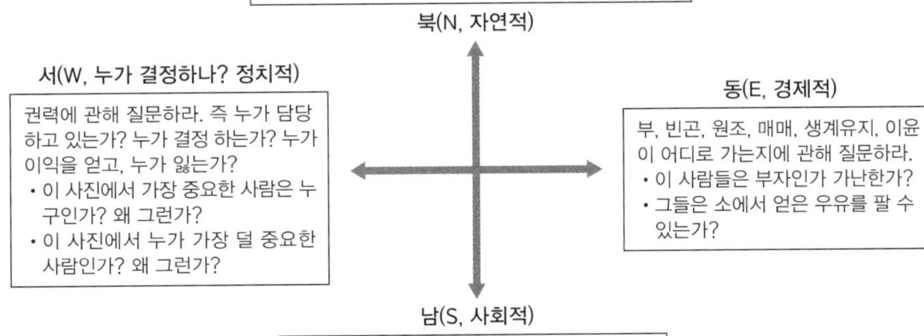

자연환경(기후, 생물, 물, 다른 자연 자원 등)에 관해 질문하라. 그리고 사람들이 자연환경과 어떻게 상호작용하고, 자연환경에 영향을 주는지에 대해 질문하라(예를 들면, 농사를 짓고 건물을 지음으로써).
• 이 갈대 섬은 얼마나 큰가?
• 그들이 이 물을 마시기 위해 사용하는가?
북(N, 자연적)
서(W, 누가 결정하나? 정치적)
권력에 관해 질문하라. 즉 누가 담당하고 있는가? 누가 결정 하는가? 누가 이익을 얻고, 누가 잃는가?
• 이 사진에서 가장 중요한 사람은 누구인가? 왜 그런가?
• 이 사진에서 누가 가장 덜 중요한 사람인가? 왜 그런가?
동(E, 경제적)
부, 빈곤, 원조, 매매, 생계유지, 이윤이 어디로 가는지에 관해 질문하라.
• 이 사람들은 부자인가 가난한가?
• 그들은 소에서 얻은 우유를 팔 수 있는가?
남(S, 사회적)
사람들의 삶의 방식, 문화, 전통, 관계에 관해 질문하라.
• 보트에 있는 두 사람은 어디에 갔다 왔는가?
• 왜 중앙에 있는 오두막은 다른가?

그림 5-29. 사진 분석을 위한 프레임으로써 개발나침반의 질문

글상자 5.5

미디어 리터러시(media literacy)

미디어는 상징적인 내용을 수용자들에게 전파하기 위해, 전문집단이 기술적인 도구로써 사용하는 모든 채널을 의미한다. 미디어는 단순히 대중매체의 의미를 넘어선, 모든 '재현의 양식'이다(이무용, 2005). 미디어의 종류는 신문이나 잡지에서부터 소설, 사진, 그림, 영화, 음악, 일상언어, 지도에 이르기까지 매우 다양하다. 또한 의미가 생성되고 전달되는 특정 공간이나 장소 역시, 하나의 미디어라고 할 수 있다. 최근에는 활자미디어와 음성미디어, 영상미디어, 뉴미디어에 이어, 심지어 최근에는 이벤트와 축제, 거리, 광장, 건축물, 쇼핑몰 등이 '공간미디어'로 간주되기도 한다.

> … 미디어는 우리에게 세계에 대한 투명한 창을 제공하는 것이 아니라, 세계에 대한 중재된 버전을 제공한다. 미디어는 실재를 있는 그대로 보여 주는 것이 아니라, 실재를 재-현(re-present)한다(Buckingham, 2003).

미디어는 현실을 그대로 반영하기보다는 특정 목적에 따라 취사선택하여 구성된 것으로 인식된다. 즉 미디어는 사회적 구성물이다. 지리의 가장 큰 장점은 세계를 볼 수 있고 이해할 수 있는 안목과 통찰력을 제공해 준다는 것이다. 그러나 잘못된 미디어의 선택은 교실 안팎으로 세계를 이해하는 데 장애를 일으킬 수 있다. 예를 들어, 텔레비전 자료를 사용할 때, 우리가 세계를 바라보는 방식은 어느 정도 그 프로그램이나 이미지를 제작하는 사람에 의해 통제된다. 즉 미디어를 통해 제공되는 지리적 지식 또는 자료는 지리적 현상에 대한 재현의 산물인 것이다. 이러한 재현들은 다양한 주체와 목적에 의해, 특별한 방식으로 구성되고 구조화된다. 그러므로 교사와 학생들로 하여금 미디어가 그들의 지리적 지식과 이해를 형성하도록 하는 데 어떤 역할을 하는지를 이해하기 위해서는, 미디어 리터러시(media literacy)의 발달이 필요하다.

매스터먼(Masterman, 1985: 243)은 미디어 텍스트에 대한 비판적 읽기를 범교육과정 차원에서 이루어져야 할 과제로 인식하고 있다. 특히 그는 지리에 대한 학습에서 미디어 리터러시의 중요성을 강조한다. 왜냐하면 지리는 시각적 이미지들로 가득 차 있는 교과이지만(특히 지리는 간접적인 경험을 제시해 주는 교과로서, 주로 수업에 직접 가져올 수 없는 국가 또는 세계의 지역을 다룬다), 종종 이러한 미디어들은 이것들이 구성되는 것에 대한 비판적 이해 없이 사용되고 있기 때문이다.

미디어 리터러시를 위한 지리교육은, 텔레비전의 뉴스, 다큐멘터리, 드라마, 영화, 비디오 등과 같은 다양한 미디어 프로그램에서 서로 다른 지역과 장소가 어떻게 재현되는지에 대한 분석을 통해 적용될 수 있을 것이다. 또한 이러한 미디어를 접하면서 우리는 특정 지역의 사람들이나 문화에 대해 어떠한 해석을 하게 되는지, 그리고 어떠한 영향을 받게 되는지를 논의할 수 있을 것이다. 미디어를 통해 재현되는 공간, 장소, 인간은 미디어 리터러시를 위한 지리교육의 내용이 될 수 있다. 미디어 리터러시를 위한 지리교육은 또한 미디어의 관점이나 재현에 관한 문제만이 아니라, 사회·문화의 문제와 관련하여 미디어에 관한 다양한 주제를 보다 폭넓게 다룰 수 있을 것이다.

지금까지 지리를 통한 미디어교육이 주로 '미디어를 활용한 교육'에 치우쳐졌다면, 이제는 '미디어에 대한 교육' 또는 '미디어 이해를 위한 교육'으로 전환을 시도할 필요가 있다. 이러한 전환을 위해서는 미디어를 사회적으로 구성된 하나의 텍스트로 간주함으로써, 독해해야 할 대상으로 인식할 필요가 있다. 지금까지 '미디어를 활용한 교육'에서는 미디어를 지리수업에서 학생들의 흥미와 동기를 유발하기 위한 장치, 사실이나 개념을 확인하기 위한 수단으로 제시하였다. 그러나 '미디어 이해를 위한 교육'에서는 미디어에 재현된 인간과 장소를 이해·분석·해석·평가할 수 있는 미디어 리터러시에 초점을 두는 교육으로의 전환을 강조한다. 그렇게 될 때, 학생들은 텍스트로서의 미디어에 재현된 공간과 장소를 읽고 해석하는 능동적인 학습자가 될 수 있다.

적인 부족 중의 하나이다. 1990년대에 사담 후세인은 마시 아랍을 쫓아내기 위해 습지대에 있는 물을 퍼내었으며, 이 지역은 사막으로 변하기 시작했다. 이로 인해 많은 마시 아랍은 도시로 가거나 난민 캠프로 갔다. 그러나 2004년에 실시된 프로젝트에 의해 습지대가 다시 복원되었다. 개발나침반(DCR: development compass rose)은 이러한 배경을 가진 장소에 대한 사진과 관련된 질문을 던지고 답변을 찾는 데 도움을 준다. 개발나침반은 이 장소의 사람들과 그들의 삶에 관해, 더 많은 것을 발견할 수 있도록 도와준다. 개발나침반은 나침반에 근거하여 각각의 방위에 해당되는 질문을 부여하며, 이는 상이한 방식으로 사용될 수도 있다. 예를 들면, 그림 5-28에 제시된 질문들과 같이 사진에서 실제로 볼 수 있는 것에 관한 질문에 답변할 수도 있고, 이 사진의 배후에 숨겨져 있는 것에 관해 보다 심층적인 질문을 할 수도 있다.

3) 문해력과 구두표현력

(1) 문해력의 의미와 유형

지리 교수·학습을 위해 사용되는 많은 자료는 인쇄된 단어와 언어의 형태를 가진다. 학생들은 일상적인 삶에서 자신의 개인지리(personal geographies) 형성에 기여하는 다양한 종류의 읽기 자료, 신문, 잡지, 광고, 만화, 팸플릿, 게시물, 인터넷에서의 텍스트, 엽서, 편지, 소설, 노래 등과 만나게 된다. 게다가 학생들은 지리수업을 통해 더 형식적인 정보 텍스트(information text)로서의 교과서 속의 텍스트 및 자료와 만나게 된다. 이러한 모든 종류의 텍스트는 교사와 학생들이 세계를 이해할 수 있도록 기여하기 때문에, 지리탐구와 밀접하게 관련될 수 있다(Roberts, 2003: 52).

지리탐구에서 문해력은 단지 읽고 쓰기에 초점을 두는 단순히 기술적인 것에 국한되는 것이 아니라, 학생들의 사고 활동을 통하여 텍스트로부터 그 의미를 끌어내는 탈코드화(탈약호화) 능력을 의미한다. 즉 학생들이 텍스트의 구조와 의미를 이해할 수 있도록 하는 것으로써, 학생들로 하여금 텍스트를 반복적으로 읽도록 하여 텍스트가 어떠한 목적으로 구조화되어 있는지에 대해 이해할 수 있도록 해야 한다. 다시 말하면 지리탐구에 있어서의 문해력이란 가장 충만한 지리적 감각으로써, 자기 자신과 다른 사람들의 가치, 이해, 관점을 읽고, 분석하고, 명료화하고, 해석하기 위한 일련의 과정으로 이해되어야 한다.

이러한 문해력에 대한 관점은 다양하다. 모건과 램버트(Morgan and Lambert, 2005)는 맥라렌(McLaren, 1998)이 주장하는 3가지의 문해력의 유형, 즉 기능적 문해력, 문화적 문해력, 비판적 문해력을 제시하면서, 현대사회로 올수록 비판적 문해력의 중요성이 강조되고 있다고 주장한다. 기능적 문해

글상자 5.6

비판적 문해력(critical literacy)

최근 지리교육은 지리적 기능(지도, 그래프, 차트, 사진, 신문기사 등을 읽고 해석하는 능력인 문해력, 수리적 사고력, 도해력)을 강조하고 있다. 또한 가치내재적인 쟁점문제에 대한 관심, 즉 지역적, 세계적 스케일에서의 공간적 쟁점, 환경문제 등에 대한 학습자의 의사결정 능력을 기르는 데 초점을 두기 시작했다. 따라서 지리교육에서도 공간적 쟁점을 비판적으로 읽고 해석할 수 있는 비판적 문해력이 요구된다.

지리교육은 더 나은 삶의 질을 찾기 위한 갈등이 발생하는 사회공간에서, 지속가능성, 사회 및 환경 정의와 같은 큰 쟁점을 사회적, 정치적 맥락의 관점에서 비판적으로 탐구하는 것이 되어야 한다. 이를 위해서는 교사와 학생들이 사회공간에서 나타나는 현상을 정치적, 사회적, 경제적, 문화적 맥락과 관련하여 읽어 낼 수 있는 능력인 '지리적 문해력'이 요구된다. 지리 교수·학습은 이에 근거한 성찰을 통하여, '보다 나은 세계'를 만들기 위해 적극적으로 참여하고 개입할 수 있는 구조로써 가르쳐야 한다.

따라서 지리교육에서 가장 기본적인 기능 및 능력으로 간주되는 문해력(literacy), 수리력(numeracy), 도해력(graphicacy) 등은 재개념화될 필요가 있다. 문해력이란 단지 읽고 쓰기에 초점을 두는 단순히 기술적인 문제에 국한되는 것이 아니라, 텍스트로부터 의미를 끌어내는 능력을 의미한다. 문해력이란 가장 충만한 지리적 감각으로서 자기 자신과 다른 사람들의 가치, 이해, 관점을 읽고, 분석하고, 명료화하고, 해석하기 위한 일련의 과정으로 이해되어야 한다. 경관, 장소, 지역, 관찰 가능한 패턴과 공간적 영향, 텍스트, 비디오 자료, 쟁점과 개념, 이론과 모델, 선택과 선호, 의사결정, 태도와 가치, 느낌, 문화적 차이 등을 피상적 수준이 아니라 더욱 복잡한 수준에서 해석할 수 있는 것으로 이해해야 한다. 즉 지리교육이 학생들로 하여금 현상 유지를 위한 수동적 행위자가 아니라, 그들의 삶과 환경을 조절하는 데 필요한 능력을 제공해야 하는 것이다. 이를 위해서 문해력은 단지 어휘를 읽는 수준이 아니라 삶의 세계를 비판적으로 읽고 분석할 수 있는 비판적 문해력이어야 한다.

사회비판적 지리교육의 지향점은 현실을 정상적이고 당연한 것으로 받아들여 유지시키는 '순진한 사고(native thinking)'가 아니라, 비판적 문해력을 통한 '비판적 사고(critical thinking)'의 발달에 있다. 비판적 사고는 '자기 교정적'이어야 하고, '맥락에 민감'해야 하며, '판단을 위한 준거에 의존적'이어야 한다. 예를 들면, 도시에 대한 고정관념을 문제시해야 하며(자기 교정적), 도시에 대한 학습에서 그들의 경험이 모델에 적합한지를 검토하고(맥락에의 민감), 그 지역의 실제적인 특성에 관해 더 깊게 사고해야 한다(판단을 위한 준거에 의존). 만약 비판적 사고가 이러한 특성에 근거하여 전개된다면, 학생들은 더 성찰적이고 복잡한 맥락적 지식을 다룰 수 있고, 추론할 수 있는 능력을 발전시킬 수 있다(Leat and McAleavy, 1998: 112).

수리적 사고는 통계적 수치, 수학적 개념들에서 의미를 발견하는 것으로, 단순한 수준에서 복잡한 수준으로, 그리고 비판적 수준으로 나아가야 한다. 그리고 도해력은 지도, 다이어그램, 프레젠테이션, 그래프 등에 질문을 던지고, 가정을 읽고, 한계를 발견할 수 있는 능력이다. 즉 주어진 정보를 넘어 추론하는 능력으로써, 이 역시 특별한 수준에서 일반적 수준으로, 그리고 비판적 수준으로 나아가도록 해야 한다.

지리적 문해력으로서의 비판적 문해력은 사회공간과 관련한 정치적 문해력 및 사회적 문해력뿐만 아니라, 환경윤리와 관련된 생태적 문해력과도 밀접한 관련이 있다. 지금이야말로 지리교육이 학생들에게 정치적·사회적 문해력뿐만 아니라 생태적 문해력을 기르는 데 초점을 두어야 할 시기이다. 지리교육은 발전과 개발이라는 근대적 사고를 해체하고, 지속가능성을 위한 사고의 녹색화와 생태화로의 대전환을 모색할 때이다. 지리교육은 포스트모더니즘과 생태학의 접점을 통해 인간과 환경의 상호의존성에 초점을 두어야 한다. 이를 위해서는 인간 중심의 사고와 인식론을 극복하고, 인간을 포함한 모든 사물이 상생할 수 있는 심층생태학(deep ecology)과 에코페미니즘(eco-feminism), 그리고 심층시민성(deep citizenship)에 관심을 기울여야 한다. 사회비판적 지리교육이 자연과 환경을 배제시키고 인간, 사회, 공간만을 대상으로 하여서는 온전한 것이 되지 못한다. 따라서 사회비판적 지리교육은 환경에 대한 새로운 이론과 실천의 영역을 구축해야 한다.

(Slater, 1996)

력(functional literacy)은 읽고 쓸 수 있는 능력을 포함한다. 이것은 활자화된 단어를 구어(생각어)로 탈약호화할 수 있고, 구어(생각어)를 활자화된 단어로 약호화할 수 있는 것을 의미한다. 문화적 문해력(cultural literacy)은 학생들이 어떤 의미, 가치, 관점을 채택하도록 교육시키는 것을 포함한다. 이것은 지리적 기술(geographical description), 또는 지리적 설명(geographical explanation)과 같이, 글쓰기의 장르를 되풀이하도록 요구받는 문해력의 유형이다. 문화적 문해력은 교사가 '훌륭한' 설명, 잘 표현된 주장, 명료하게 작성된 지도나 다이어그램 등으로 인식하는 것을 학생들로 하여금 쓸 수 있도록 하는 것이다. 비판적 문해력(critical literacy)은 독립적으로 분석하고 해체할 수 있는 기능의 발달과 관련된다. 이것은 텍스트가 가지고 있는 선택적 관심을 폭로하기 위해 텍스트의 숨겨진 의미들을 탈약호화할 수 있는 것을 포함한다. 무어(Moore, 2000: 87)는 상이한 문해력의 유형에 대한 함의를 다음과 같이 설명한다.

우리는 기능적 문해력과 문화적 문해력이 학생들로 하여금 변하지 않는 사회 속에서 성공하도록 도우려고 하는 반면, 비판적 문해력은 상이한 교육적 의제를 염두에 둔다고 말할 수 있다. 즉 비판적 문해력은 모든 사람들이 성공하도록 도와줄 수 있는 측면에서, 변화하는 사회 그 자체를 목표로 한다.

프레리를 비롯하여 이들이 주장하는 문해력은 단순히 읽고 쓰는 차원을 넘어, 공간 및 사회 현상을 비판적으로 독해할 수 있는 비판적 문해력이다. 이러한 비판적 문해력은 정치적 문해력(political literacy)과 유사한 개념으로 사용되기도 한다. 이는 최근 지리학 및 지리교육에서 마르크시즘에 의한 구조주의 및 후기구조주의, 그리고 포스트모더니즘의 도입과 일맥상통한다. 다양한 스케일에서의 공간적 불평등을 해소하고, 더 나은 세계를 만들기 위해서는 바로 이러한 비판적 문해력을 길러주어야 한다.

한편 지리는 장소에 관한 것이며, 장소는 강력한 감성적 반응을 불러일으킨다(Tanner, 2004). 예를 들면, 아름다운 장소는 경외감을, 혹독한 환경은 두려움을 불러일으킬 수 있다. 그리고 사람들은 평범한 장소이지만 개인적으로 중요한 장소에 대해 애착을 느낀다. 감성적으로 읽고 쓸 수 있는 사람은 자신의 느낌을 인식하고 관리할 수 있으며, 다른 사람들과 건설적이고 효과적인 관계를 구축할 수 있다. 이러한 학습 능력은 감성적 문해력(emotional literacy) 또는 감성지능(emotional intelligence)이라 불리며(Goleman, 1996), 학생들에게 이를 길러주기 위해서는 그들의 장소에 대한 느낌과 반응에 주목할 필요가 있다. 특히 지리는 실제적인 장소와 사람의 삶에 관심을 가지기 때문에 이러한 감성적 문해력을 발달시키는 데 중요한 기여를 할 수 있다.

지리학습에 있어서 자신의 집이나 학교, 그리고 로컬지역에서의 경험은 중요한 자원이 된다. 이러한 경험은 학생들로 하여금 자연환경 및 건조환경과 접촉하여 장소감을 발달시키도록 하며, 환경을 위한 경외감과 배려의 윤리를 가지게 한다. 학생들이 살고 있는 장소에 대한 정의적 또는 감성적 지도화 활동은 그들이 일상적으로 접촉하는 장소를 새롭게 경험할 수 있는 기회를 제공하며, 자신의 감성과 느낌을 알고, 서로 의사소통할 수 있는 많은 기회를 제공한다. 그리고 이러한 활동은 학생들의 감성적 문해력(emotional literacy)을 발달시킬 수 있게 한다.

(2) 언어와 학습

> 언어는 모든 수업에서 지리를 학습하기 위한 매개체로 제공된다. 그러므로 수업의 설계와 준비에서 언어는 주요한 고려사항이 되어야만 한다(Butt, 1997: 154).

> 언어는 우리로 하여금 새로운 경험에 관한 사고를 공유할 수 있게 하고, 어떤 다른 종들이 할 수 없는 방식으로 삶을 함께 조직할 수 있게 한다(Mercer, 2000: 4).

제4장에서 살펴본 피아제와 비고츠키의 이론의 사례에 비추어보면, 언어는 아동의 사고의 발달에 중요한 역할을 한다. 지리교사들은 지리수업에서의 활동이 학생들의 말하기, 듣기, 읽기, 쓰기 능력을 발달시킬 수 있도록 학습방법을 탐색할 필요가 있다. 지리교사들은 학생들에게 이러한 문해력을 발달시킴으로써 지리에 대한 이해를 어떻게 강화시킬 수 있는지를 검토할 필요가 있다. 학생들이 지리 교과가 가지고 있는 전문적인 언어(technical language)를 학습할 때, 그들은 지리에 대한 보다 고차적인 이해를 할 수 있을 것이다.

이와 같이 언어는 모든 학습을 위해 중요한 도구이다. 그러나 학교 현장에서 일반적으로 언어와 관련한 학습은 국어 교과에 한정시키는 경우가 허다하다. 이는 우리나라 교육 현실만의 문제가 아니라, 영국에서조차도 그러한 인식이 팽배해 있었다. 그러나 벌록 보고서(Bullock Report)가 발표된 이후 이에 대한 인식은 점차 바뀌게 된다. 벌록 보고서의 원래 명칭은 「삶을 위한 언어(A Language for Life)」로, 여기에는 언어 학습과 관련한 권고사항들이 담겨져 있다(DES, 1975). 그중 네 번째 권고사항은 다음과 같다.

> 각 학교는 학교교육이 이루어지는 기간 내내, 언어(language)와 읽기(reading)의 발달에 모든 교사들이 참여하도록 하는 범교육과정(범교과) 언어를 위한 체계적인 정책을 가져야 한다(DES, 1975: 514).

이러한 벌록 보고서의 권고사항은 영국의 학교들과 교사들에게 범교과적으로 언어에 관심을 가지게 하는 계기가 되었다. 영국의 국가교육과정이 제정된 이후에도, 범교과에서 언어 또는 문해력 학습을 담당해야 한다고 구체적으로 명시하고 있다. 따라서 현재 영국의 경우 모든 교사들은 학생들에게 언어를 발달시킬 방법을 고찰하도록 요구받고 있다. 그러나 우리나라의 경우 교육과정에서 범교과적 차원으로 언어 또는 문해력에 대한 강조를 구체적으로 명시하고 있지는 않다. 영국 국가교육과정(National Curriculum)은 모든 교과가 학생들의 언어 기능의 발달에 기여해야 한다는 것을 구체적으로 명시하고 있다.

> 학생들은 말하기와 글쓰기 모두에서 명확하게 자신을 표현하고, 그들의 읽기 기능을 발달시키도록 배워야 한다. 그들은 문법적으로 정확한 문장을 사용하고 활자화된 영어로 효과적으로 의사소통하기 위해, 맞춤법을 따라 쓰고 구두점을 찍는 것을 배워야만 한다.

이 진술문은 철자법, 구두법 그리고 문법의 중요성에 대한 국가의 관심사를 반영한 것이다. 사실 이러한 규정은 명백히 중요함에도 불구하고, 학습에서의 언어의 역할에 대한 다소 협소한 관점을 보여 준다고 할 수 있다. 버트(Butt, 1997: 154)는 학습이라는 행위는 언어의 다른 유형들을 이해하고 사용하는 것과 밀접하게 관련된다고 주장한다. 슬레이터(Slater, 1989)는 지리에서의 언어의 기능을 크게 두 가지로 제시한다. 하나는 현재 학습하고 있는 것과 알려진 것을 의사소통하는 기능을 하며, 다른 하나는 학습 활동의 한 부분으로 존재한다는 것이다. 후자는 학습을 위한 말하기, 읽기, 쓰기의 중요성을 강조한다(Roberts, 1986).

심리학자 및 지리교육학자를 중심으로 언어와 학습 간의 관계, 그리고 어린이들의 사고의 발달에 있어서 언어의 역할에 관한 연구가 이루어졌다. 언어의 역할은 구체적인 개념의 획득에서부터 더 추상적인 아이디어를 표상하는 것에 이르기까지 점점 더 중요해지고 있다. 지리에서는 윌리엄스(Williams, 1981), 슬레이터(Slater, 1989), 카터(Carter, 1991), 버트(Butt, 1993)에 의해 지리 학습에 대한 언어의 역할을 고찰하였다. 그럼에도 불구하고, 아직까지 인지발달에 있어서 언어의 역할에 대한 결정적인 증거는 부족하다.

최근 로버츠(Roberts, 2003)는 지리탐구의 관점에서 언어와 학습의 관계를 3가지로 제시한다. 첫째, 언어는 학습의 수단이다. 둘째, 우리가 지리를 학습할 때, 또한 지리의 언어를 학습한다. 셋째, 교사들은 언어를 통한 학습을 촉진하는 '교실 생태학(classroom ecology)'을 만들 수 있다. 이 3가지에 대해 좀 더 자세히 살펴보자.

첫째, 언어는 학습의 수단이다. 사람들은 언어를 다른 사람들과 의사소통하기 위해서뿐만 아니라, 스스로 사물을 이해하기 위해서 사용한다. 비고츠키(Vygotsky)는 사고를 발달시키는 데 있어서 언어의 역할을 강조했다. 비고츠키는 '큰 소리로 대화하는 것(taking out loud)'이 아동들이 문제를 해결하는 데 어떻게 도움을 주었는지를 언급했다. 그는 이러한 '외면적 독백(external monologues)'이 사고의 발달과 밀접하게 관련이 있으며, 외면적 독백은 어린이들이 성장함에 따라 내면화하게 된다고 믿었다. 그는 사고(thought)는 단어(말)(words)를 통해 생겨난다고 주장한다.

> 단어(말)(words)와 사고(thought)의 관계는 사물(thing)이 아니라 과정(process)이며, 사고에서 단어(말)로, 단어(말)에서 사고로… 왔다 갔다 하는 계속적인 이동이다. 사고는 단순히 단어(말)(words)로 표현되지는 않는다. 즉 사고는 단어(말)(words)를 통해 생겨난다. 모든 사고는 어떤 것과 다른 어떤 것을 연결하는 경향이 있으며, 사물들 사이의 관계를 설정하는 경향이 있다. 모든 사고는 이동하고, 성장하고 발달하며, 기능을 실현하고, 문제를 해결한다(Vygotsky, 1962: 125).

비고츠키(Vygotsky)의 주장은 상당히 추상적이지만, 아마도 우리는 모두 토론이나 글쓰기를 통해 사고를 발달시켜 온 개인적 경험을 가지고 있을 것이다. 우리가 토론에 참여할 때, 자신의 아이디어, 느낌, 사고를 단어(말)(words)로 표현하려고 시도함으로써 그것들을 발달시킨다. 비록 우리가 토론에서 침묵을 지키고 앉아 있더라도, 자신이 마음속으로 무엇을 말하고 있는지를 계속해서 탐색하고 있을 수 있다. 이러한 내적 대화(inner dialogue)는 우리가 생각하고 있는 것을 정리하도록 도와준다. 유사하게, 우리가 글을 쓸 때, 글쓰기 그 자체의 과정은 아이디어, 느낌, 사고를 명료화하고 발달시키도록 도와준다. 글쓰기는 어중간한 아이디어를 구체화할 수 있게 한다. 언어와 학습에 관한 비고츠키(Vygotsky, 1962)의 연구는 언어와 학습에 관한 많은 후속 연구에 영향을 끼쳐 왔다.

만약 교사들이 학생들로 하여금 지리탐구를 통해 학습하기를 원한다면, 그들은 학생들에게 자신의 사고를 형성할 뿐만 아니라 대화와 글쓰기를 통해 다른 사람들과 의사소통할 수 있도록 언어를 사용할 수 있는 기회들을 제공할 필요가 있다. 교사들은 학생들이 잠정적이고 탐구적인 대화와 글쓰기를 통해 사고를 발달시킬 수 있는 시간을 제공해야 한다. 이것은 아이디어들을 정렬하는 과정을 중요하게 여기고, 학생들이 어떤 것을 다른 어떤 것과 연결시키고 사물들 사이의 관계를 설정하도록 하는 기회를 제공하는 전략을 고안하는 것을 의미한다.

둘째, 학생들은 지리를 학습할 때 또한 지리의 언어를 학습한다. 지리는 학생들에게 세계를 보는 방법(ways of seeing)과 말로 표현하는 방법(ways of verbalizing, putting thought into words)을 제공한다. 만약 지리교사가 학생들이 지리적으로 보고 말하는 방법에 접근하기를 원한다면, 학생들은 지리 교과에 내재되어 있는 지리만의 명백한 문해력(distinct literacy)을 사용할 필요가 있다. 카운셀(Counsell, 2001: 14)은 지리 교과의 당연한 문해력(natural literacy)을 발견해야 한다고 주장한다. 만약 문해력 전략에 빗장이 채워진다면 곧 재앙이 닥칠 것이라고 하면서, 문해력 전략에 빗장을 치지 말라고 경고한다. 웹스터 외(Webster et al., 1996: 17)는 문해력을 분리된 기능으로 간주하기보다는 오히려 어떤 교과를 학습하는 필수적인 부분으로서 강조한다.

> 우리는 교육과정 밖에서 숙달되어야 할 기능의 계열(sequence of skills)로써 문해력을 생각하는 것보다는, 오히려 상이한 교과 영역들의 명백한 문해력을 형성하도록 도울 수 있는 그러한 경험들을 구체화해야 한다(Webster et al., 1996: 17).

지리의 명백한 또는 당연한 문해력은 지리의 전문적 용어에 국한되는 것이 아니다. 이것은 지리 교과가 제기하는 질문들의 유형과, 이러한 질문들에 답변하기 위해 정보가 구조화되는 방법을 포함한다. 이것은 지리 교과의 개념들(concepts)과 조직 구조(organising frameworks)를 포함한다. 지리교사들은 학생들에게 지리를 가르칠 때, 지리적으로 사고할 수 있고 지리적으로 언어를 사용할 수 있도록 가르친다.

셋째, 교사들은 언어를 통한 학습을 촉진하는 교실 생태학(classroom ecology)을 만들 수 있다. 지리교사가 학생들의 지리적 문해력(geographical literacies)을 발달시키기를 원한다면, 다양한 방법을 통해 언어의 사용을 촉진하고 발달시킬 교실 환경(classroom environments)을 만들 필요가 있다. 교실 환경을 만드는 것은 물리적 환경과 사회적인 환경 모두에 주의를 기울이는 것을 의미한다. 학생들이 문해력을 발달시킬 수 있는 물리적 환경의 사례는 읽고 싶은 상황을 자극하기 위해 전시물을 제공하고, 학생들의 활동을 칭찬하는 전시물을 게시하며, 매력적인 읽기 자료들(예를 들면, 책, 잡지, 안내책자 등)을 제공하며, 사전과 용어 사전 등을 준비하는 것 등이다.

또한 지원적인 사회적 환경을 만드는 것이 중요하다. 웹스터 외(Webster et al., 1996: 2)는 문해력이란 교실의 사회적 시스템 속에서 구성된 생태학이라고 하였다. 생태학은 유용한 메타포이다. 즉 지리학자들은 생태계의 상호관련된 구성요소 및 프로세스의 이해를 통해, 생태계의 복잡성들을 잘 알고 있다. '생태학으로서 문해력'을 생각하는 것은 문해력이 많은 요소들을 포함할 수 있다는 것을 강조한다. 예를 들면, 읽기, 글쓰기, 말하기 등의 프로세스, 이들 사이의 연계, 교사와 학습자 사이의 관계의 복잡성 등이다. 이것은 문해력을 일련의 인지적 기능으로써뿐만 아니라, 일련의 복잡한 사회적 프로세스로써 강조한다. 교사들은 교실 수업 환경이 폭넓고 다양한 언어의 사용을 얼마나 촉진하는지를 반성해 볼 필요가 있다(표 5-27). 표 5-27에 사용된 질문들은 각각 교실기반 실행연구(classroom-based action research)를 위해 사용될 수 있다.

학생들은 교실에서 지리를 경험하는 방법들을 통해, 교사들이 사용하고 표현하는 언어를 통해, 그리고 학생들이 언어를 사용하도록 격려받는 방법을 통해 지리와 지리의 언어를 배운다. 케어니(Cairney, 1995: 33)는 교사들의 교실을 구조화하는 방법이 소중한 가치가 있는 문해력에 강한 영향을 끼치며, 교실 수업에서 학생들의 사회적 상호작용과 활동은 구성되는 지식과 문해력을 제한할 수도 있다고 주장한다. 학생들은 문해력의 관점에서 소중한 것들을 명료한 활동으로부터 배우는 것만큼 교실 생태학이라는 잠재적 교육과정으로부터 배운다.

지리교사는 언어가 학생들의 학습에 어떻게 영향을 줄 수 있는지를 이해할 필요가 있다. 학생들은 지리와 언어의 사용에 있어서 성공적인 학습자가 되기 위해, 말하기, 듣기, 읽기, 쓰기 등에 대한 기회를 제공받을 필요가 있다. 여기서 말하기(speaking)란 다양한 청중들에게 정보와 아이디어를 명료하고 효과적으로 전달하는 것이며, 듣기(listening)는 다른 사람들의 말에 경청하여 의미, 의도, 느낌을 파악하는 것이다. 그리고 읽기(reading)는 확신을 갖고 활자화된 텍스트로부터 아이디어, 정보, 자극을 획득하는 것이며, 쓰기(writing)는 정확하게 그리고 적절하게 이해를 표현하고, 정보와 창의적인 아이디어를 표현하는 것이다(SCAA, 1997).

지리는 학생들에게 교실과 교실 밖에서의 다양한 경험을 제공하여 언어 기능을 발달시키도록 할 수 있다. 학생들의 지리적 어휘가 풍부해질 때, 지리 교과에 대한 이해를 획득하고 발달시킬 수 있다.

표 5-27. 교실의 문해력 환경에 관해 반성하기

읽기	• 지리에서 읽기의 목적은 무엇일까? • 학생들이 수업에서 읽을 수 있는 어떤 기회들이 있는가? • 읽기에 있어서 상이한 성취 수준을 가진 학생들이, 적절하고 도전적인 텍스트들을 읽을 수 있는 어떤 기회가 제공되는가? • 학생들은 무엇을 읽는가? • 학생들은 어떻게 읽는가?(개별, 모둠별, 학급) • 학생들은 얼마나 오랫동안 읽는가? • 수업에서, 숙제에서 확장된 읽기를 위한 기회들이 있는가? • 학생들은 읽고 있는 것을 이해하기 위해 어떻게 도움을 받는가? • 학생들은 글쓰기 활동[예를 들면, 텍스트 관련 지시활동(DARTs)] 또는 토론에 의해 읽기에 도움을 받는가? • 학생들은 지리와 관련한 폭넓고 다양한 읽기 문제를 알게 되는가? • 학생들은 읽는 것에 대한 선택권을 가지는가? • 교실의 물리적 환경이 읽기를 소중하게 여기는가? • 교실의 사회적 환경이 의미를 위한 읽기를 격려하는가? • 학생들은 읽고 있는 것에 대해 의문시하는 태도와 함께 비판적으로 읽도록 격려받는가? • 학생들의 읽기에 젠더 차이가 있는가?
(글)쓰기	• 지리에서 글쓰기 활동의 목적은 무엇인가? • 학생들이 글쓰기를 할 어떤 기회들이 있는가? • 글쓰기 활동들이 차별화(개별화)되어 있는가? • 학생들은 교실에서 어떤 종류의 글쓰기를 하는가? • 학생들은 글쓰기를 짝으로 또는 소규모 모둠별로 계획할 기회를 가지는가? • 학생들은 토픽 또는 글쓰기 형식의 관점에서 써야 할 것에 관해 어떤 선택권을 가지는가? • 학생들은 얼마나 오랫동안 글쓰기를 하는가? • 학생들은 전체 학급 토론, 소규모 모둠 토론, 읽기를 통해 글쓰기에 어떻게 지원을 받는가? • 학생들은 단어 수준에서, 문장 수준에서, 의미 수준에서 글쓰기에 어떻게 지원을 받는가? • 학생들은 다양한 청중들(교사/상상된/실제)을 위해 글쓰기 하는 것을 학습하는가? • 학생들의 글쓰기 활동이 완료된 이후, 그것을 더 많이 이용할 수 있는가? • 교실의 물리적 환경이 학생들의 글쓰기를 소중하게 여기는가? • 교실의 사회적 환경이 글쓰기에 대한 긍정적인 태도를 격려하는가? • 글쓰기는 학생들로 하여금 그들의 아이디어들을 정리하도록 도와주기 위해 어느 정도로 사용되는가? • 학생들은 이해하기 어렵다고 발견한 것에 관해 반성적으로 글을 쓸 기회들을 제공받는가? • 글쓰기 활동이 평가된다면, 학생들은 평가 준거를 알고 있는가? • 학생들의 글쓰기에 젠더 차이가 있는가?
말하기와 듣기	• 지리수업에서 대화의 목적은 무엇인가? • 교사의 대화는 수업 대화에서 어느 정도를 차지하며, 학생의 대화는 수업의 대화에서 어느 정도를 차지하는가? • 지리수업에서 대화를 위한 기본 원칙이 정해져 있는가? • 학생들은 학급 토론에 기여할 기회들을 어느 정도로 가지는가? • 학생들은 소규모 모둠 토론에서 그들의 아이디어들을 시험적으로 탐색할 기회들을 가지는가? • 학생들은 학급의 나머지 학생들에게 말로 정보와 아이디어들을 표현할 기회들을 가지는가? • 교실 환경이 학습의 수단으로서 말하기와 듣기를 소중히 여기는가? • 말하기와 듣기가 어떤 방식으로 읽기 및 글쓰기와 관련되는가? • 학생들이 전체 학급과 소규모 모둠 토론에 기여하는 방식에서 젠더 차이가 있는가?

(Roberts, 2003)

교사가 학생들로 하여금 그들의 학습활동에 대해 효과적으로 글쓰기를 하고, 확신을 가지고 말하도록 하는 것은 지리적 아이디어를 이해하고 연결하도록 도와준다. 읽기와 듣기는 학생들이 텍스트와 자료의 정보 및 아이디어에 접근하기 위해 필요하며, 학생들의 지식과 이해를 확장하고 통합하도록 도와준다(SCAA, 1997: 1).

(3) 말하기와 듣기: 대화/구두표현력

이해를 위한 가장 효과 있는 방법 중의 하나는 대화이다. 이는 형식적인 교육에서든 일상생활에서의 학습에서든 모두 해당된다. 사물에 관해 이야기하는 새로운 방식은 사물을 보는 새로운 방법으로 이어진다(Barnes and Todd, 1995: 4).

대화가 학습 과정에서 중요한 역할을 한다는 것은 오랫동안 인식되어 오고 있다. 심리학자들은 대화의 기능을 크게 두 가지로 구분한다. 첫째, 서로 의사소통하고, 우리가 가지고 있는 문화를 공유하고 발달시키기 위한 수단이다. 둘째, 우리 스스로 세계를 이해하기 위한 수단이다. 즉 우리가 말하는 것처럼 우리 자신의 사고를 조직하고, 우리가 이미 수행해 온 것에 관해 반성하기 위한 수단이다(Roberts, 2003). 비고츠키(Vygotsky, 1962)는 언어의 역할을 강조했지만, 특히 세계를 이해하고자 하는 학습에 있어서 대화의 역할을 강조했다. 그는 어린이들이 도움이 되는 성인들과의 대화를 통해 고차사고로 나아간다고 생각했다.

학생들이 지리에 대해 말할 수 있는 적절한 기회를 제공하는 것은 그들의 언어 능력과 지리 교과에 대한 이해를 발달시키는 데 중요하다. 대화를 통해 학생들은 언어를 사용하여 생각을 조직할 수 있고, 아이디어를 구체화할 수 있다. 학생들은 일련의 맥락에서 대화할 수 있는 기회를 제공받아야 하며, 기술하기, 설명하기, 협상하기, 설득하기, 탐색하기, 가설 설정하기, 도전하기, 주장하기 등을 포함한 지리에서의 다양한 목적을 위해 대화할 수 있는 기회를 제공받아야 한다. 카터(Carter, 1991: 2)는 학습에서 대화를 사용하는 방법을 표 5-28과 같이 제시한다.

일반적으로 교사의 이야기가 지리 교실 수업을 지배한다. 로버츠(Roberts, 1986)와 버트(Butt, 1997)는 의사소통이 일어나는 과정을 통제하는 방법에 주목하였다. 특히 교사들은 학생들이 학습하는 데 도움을 주기 위해, 사용되는 대화에 강력한 영향을 행사한다. 교사들은 또한 지리에서 중요하다고 생각하는 것에 대하여, 그리고 학습 과정에서 학생들의 역할에 대한 메시지를 전달한다. 로버츠(Roberts, 1986: 68)는 교사의 이야기가 지리 교과에서 흥미를 전달하고, 학생들에게 동기를 부여하며,

표 5-28. 학습과 대화 사용 방법

관계맺기(engage)	새로운 정보를 현재의 경험과 지식에 관련시키기
탐구하기(explore)	조사하기, 가설 설정하기, 사색하기, 질문하기, 협상하기
변형하기/재구성하기 (transform/restructure)	주장하기, 추론하기, 정당화하기, 고찰하기, 비교하기, 평가하기, 확인하기, 재보증하기, 명료화하기, 선택하기, 수정하기, 계획하기
표현하기(present)	이해를 입증하고 전달하기, 이야기하기, 기술하기
반성하기(reflect)	새로운 이해를 고찰하고 평가하기

(Carter, 1991: 2)

의미가 충분히 탐구될 수 있는 대화에서 가장 잘 실행될 수 있는 지리의 전문적 언어를 학생들에게 소개하는 수단이라고 하였다.

전체 학급 대화에 관한 연구에 따르면, 대화는 교사에 의해 지배된다는 것을 계속해서 보여 준다. 교사들은 대부분의 질문을 하고 그러한 질문의 대다수는 정보에 관한 회상을 요구하지만, 대부분은 거의 사고를 요구하지 않는 낮은 수준의 질문이다. 반즈(Barnes, 1976)는 전형적인 질문과 답변 수업에서, 정보를 이해한 것은 학생이 아니라 교사였다는 것을 보여 주었다. 즉 교사들이 지식의 구성을 통제했다. 반즈의 연구를 확장시킨 머서(Mercer, 1995)는 교실에서의 대화가 어떻게 '공통의 이해' 또는 '공통의 지식'을 창출하기 위해 사용될 수 있는지를 연구해 왔다. 머서의 최근 연구(Mercer, 2000)는 교실에서 효과적으로 대화를 사용하는 유능한 교사들의 특성을 구체화했다(표 5-29). 그의 연구는 유능한 교사들이 학생들에게 논리적으로 사고하고, 자신의 사고 과정을 명확하게 하도록 격려했다는 것을 보여 주었다. 그는 '공통의 지식'을 구축하기 위해, 교실에서 아이디어를 서로 교환하는 것이 중요하다는 것을 강조했다.

표 5-29. 유능한 교사의 특성

닐 머서(Neil Mercer, 2000)는 초등학교에서의 교육을 연구하는 멕시코 대학의 실비아 로자스-드럼몬드(Sylvia Rojas-Drummond)와 그녀의 동료들에 의해 수행된 연구에 몰두했다. 그들은 수학에서 읽고 이해하는 능력과 문제해결력에서 훌륭한 결과를 성취한 교사들과, 유사한 학급과 활동하여 덜 훌륭한 결과를 얻은 교사들을 비교했다. 비디오 기록에 대한 장황한 분석과 해석 이후에, 그들은 더욱더 훌륭한 교사들은 다음과 같은 특성들을 공유한다고 결론지었다.

1. 그들은 질문과 답변 계열을 지식을 검증하기 위해서뿐만 아니라, 이해의 발달을 안내하기 위해 사용했다. 이 교사들은 종종 학생들의 이해의 초기 수준을 발견하기 위해 질문을 사용했으며, 그들의 교수를 그에 상응하여 적합하게 했다. 또한 '왜'라는 질문을 사용하여, 학생들이 논리적으로 사고하고 학생들이 하고 있는 것에 관해 반성하도록 격려했다.

2. 그들은 '교과 내용'뿐만 아니라, 문제를 해결하고 경험을 이해하는 절차를 가르쳤다. 이것은 교사들이 학생들에게 문제해결 전략의 사용을 사례를 들어 보여 주고, 학생들에게 수업 활동의 의미와 목적을 설명하며, 학생들에게 자신의 사고 과정을 명확하게 하도록 격려하기 위한 기회로써 학생들과의 상호작용을 활용하는 것을 포함했다.

3. 그들은 학습을 사회적 의사소통 과정으로 간주했다. 이것은 교사들이 학생들 사이의 아이디어 교환과 상호지원을 조직하

고, 학생들에게 교실 사건들에 더 능동적이고 목소리를 내는 역할을 하도록 격려함으로써 나타났다. 또한 현재의 활동을 과거의 경험과 명백하게 관련시키도록 하며, 학급의 '공통의 지식'을 구축하는 자료로써 학생들의 기여를 활용하는 것으로 나타났다.

(Mercer, 2000, 159-160)

교사들이 수업 관리의 측면에서 학생들의 이야기를 엄격하게 통제하게 되고, 학생들은 논의되고 있는 것에 대해 협상할 기회를 거의 가지지 못한다는 비판이 있다(Butt, 1997). 따라서 이러한 비판을 완화하기 위해서는, 학생들의 이야기에 더욱더 초점을 맞출 수 있는 구체적인 수업 전략이 필요하다. 지리수업에서 학생들이 대화하도록 하기 위해서는 소규모 모둠활동을 통한 협동학습 전략을 사용하는 것이 적절하다. 모둠활동과 협동학습에 관련된 교수 전략에 대해서는 제7장에서 자세하게 살펴보겠지만(제7장의 8절 참조), 여기서는 대화/구두표현력을 촉진하기 위한 효과적인 방법으로써 모둠활동과 협동학습에 대해 간단하게 살펴본다. 협동학습은 학생들을 자극하고 동기를 부여할 뿐만 아니라, 쟁점 또는 문제에 대해 토론하도록 하여 보다 고차적인 사고를 획득할 수 있다(Slater, 1989). 버트(Butt, 1997: 159)는 토론 과제가 명료하게 설정되고, 모둠활동의 지속성이 견고하게 설정되며, 절차를 다시 보고하는 것이 명료하며, 교사의 개입이 시간적으로 적절하다면, 그 결과들은 인상적이라고 주장한다.

반즈와 토드(Barnes and Todd, 1995)는 협동하여 활동하는 학생들이 개념적 이해를 강화하기 위해 탐구적인 대화를 사용할 수 있었다는 것을 발견했다. 그들은 소규모 모둠활동이 학생들에게 일시적으로 아이디어를 표현하고, 그것을 다른 학생들의 아이디어에 비추어 검증하며, 그들의 이해를 다시 형성할 수 있는 기회를 제공했다는 것을 보여 주었다. 레이드 외(Reid et al., 1989)는 대화를 통해 이해를 발달시킬 수 있는 활동의 계열을 제시했다(표 5-30). 이 계열은 두 가지 유형의 대화를 사용하고 있다. 하나는 '탐구적 대화(exploratory talk)'로 그것을 통해 학생들은 스스로 이해할 수 있다. 또 다른 하나는 '표현적 대화(presentational talk)'로, 그것을 통해 학생들은 청중과 의사소통해야 한다.

표 5-30. 이해를 촉진하기 위한 대화를 사용할 때의 단계들

레이드 외(Reid et al., 1989)는 오스트레일리아 교실에서의 소규모 모둠활동을 연구하여, 학습을 촉진하는 활동의 계열을 참여, 탐구, 변형, 발표, 반성 등으로 구체화했다. 반즈와 토드(Barnes and Todd, 1995)는 이 5가지 단계가 소규모 모둠활동뿐만 아니라 수업의 계열을 계획하는 데 영향을 주기 위해 사용될 수 있다고 생각했다. 그들은 이 단계들이 의미하는 것을 다음과 같이 해석했다.

1단계: 참여(Engagement) – 경험 또는 정보를 제공하는 것과 관련되며, 학생들의 관심을 불러일으키는 것을 포함한다.

2단계: 설명(Explanation) – 일종의 소리내어 사고하기(thinking aloud)로서, 학생들이 이미 알고 이해하고 있는 것과 관련

하여 새로운 경험 또는 정보를 처음으로 탐색하는 것이다.

3단계: 변형(Transformation) – 교사가 학생들에게 새로운 자료를 가지고 분류하기, 재정렬하기, 정교화하기, 자료를 다양한 목적에 적용하기 등에 착수하도록 요구하는 단계와 관련된다. 이것은 학생들이 새로운 자료를 만들거나 그들 스스로 사고하도록 최선을 다하는 단계일 것이다.

4단계: 발표(Presentation) – 모둠활동의 필수적인 단계가 변형 단계 동안에 생산된 새로운 자료를 청중을 위해 재정렬하는 것이라는 것을 암시한다.

5단계: 반성(Reflection) – 학생이 단원 또는 학습 계열의 내용뿐만 아니라, 그들이 경험한 모둠 토론에 포함된 학습 과정에 관해 명확하게 반성하도록 하는 기회와 관련된다.

이 5가지 단계는 구성주의 학습이론의 필수적인 아이디어를 통합하고 있다. 이들 단계에서 학생들은 그들이 이미 알고 있는 것과 관련하여 사물들을 스스로 이해하는 데 능동적으로 참여함으로써 학습한다.

(Barnes and Todd, 1995: 85)

만약 학생들이 지리탐구의 일부분으로 토론을 사용한다면, 토론을 통해 학습하는 데 요구되는 사회적 기능과 인지적 기능을 발달시킬 수 있는 교실 환경을 조성하는 것이 중요하다. 사회적인 면에서, 모든 학생들이 걱정 없이 그들의 생각, 관점, 느낌을 표현할 수 있고, 서로 존중하면서 들을 수 있는 분위기를 만드는 것이 중요하다. 인지적인 면에서도, 학생들이 그들이 말한 것에 대한 이유를 제시하는 것을 배우고 다른 학생들이 말한 것을 검토할 수 있는 것이 중요하다. 이런 종류의 교실 환경은 우연히 생기지 않으며, 만들어지는 것이기 때문에 교사의 역할이 중요하다. 교실에서의 대화가 탐구의 수단으로써 사용될 때, 그것이 전체 학급 토론, 형식적인 역할극(역할극에 대한 자세한 내용은 제7장 9절 참조), 초빙 연사, 소규모 모둠활동 중 무엇을 위한 것이든지 간에 토론을 위한 기본원칙에 우선적으로 주의를 기울일 필요가 있다.

머서(Mercer, 2000)는 초등학교에서 '대화 수업'의 성공은 교실에서 탐구의 공동체(communities of enquiry)를 만드는 교사들에게 달려 있다는 것을 발견했다. 그는 대화 수업을 시작하는 초기 단계에, 교사가 학생들과 함께 명백한 기본원칙을 토론하고 동의하는 것이 중요하다는 것을 발견했다. 두 학급이 동의한 기본원칙은 표 5-31에 제시되어 있다. 기본원칙을 설정하기 위해서는 우선적으로 시간을 가지는 것이 의미가 있다. 기본원칙을 만드는 데 학생들의 참여는 성공을 위한 핵심이다.

소규모 모둠활동은 학생들이 표현적 대화(presentational talk)보다는 탐구적 대화(exploratory talk)를 사용할 수 있는 기회를 제공해야 한다. 탐구적 대화는 다음과 같이 정의된다.

표 5-31. 교실에서의 대화를 위한 기본원칙

교실에서의 대화를 위한 다음의 기본원칙은 실비아 로하스-드럼몬드(Sylvia Rojas-Drummond)와 협동으로 닐 머서(Neil Mercer)에 의해 개발된 '대화 수업(Talk lesson)' 프로젝트 중, 두 개의 멕시코 초등학교에서 동의한 것이다.

대화를 위한 우리의 기본원칙	우리의 대화 규칙
우리가 동의한 것은 다음과 같다. 아이디어를 공유하기 이유를 제시하기 아이디어를 의문시하기 곰곰이 생각하기 동의하기 모든 사람이 참여하기 모든 사람이 반드시 책임감을 인정하기	우리는 아이디어를 서로 공유하고 귀기울여 듣는다. 우리는 한 번에 한 명씩 이야기한다. 우리는 서로의 의견을 존중한다. 우리는 아이디어를 설명하기 위해 이유를 제시한다. 만약 우리가 동의하지 않는다면, 우리는 '왜?'라고 질문한다. 우리는 궁극적으로는 합의에 도달하려고 노력한다.

(Mercer, 2000)

> 탐구적 대화는 파트너들이 서로의 아이디어에 대해 비판적·구성적으로 참여하는 것이다. 관련된 정보가 공동으로 고려되도록 제공된다. 제안한 것들이 도전받고 또 다시 도전받을지 모른다. 그러나 이러한 과정에서 이유가 제시되어야 하며, 대안 또한 제공된다. 합의는 공동의 발달을 위한 기초로써 시도하게 된다. 지식은 대중 앞에서 설명할 수 있도록 만들어지고, 추론은 대화에서 명백히 이루어진다(Mercer, 2000: 98).

소규모 모둠의 탐구적 대화는 학생들이 다른 학생들과 아이디어를 시험해 보는 것으로, 종종 불확실하며 불완전하다. 그러나 학생들이 알고 있는 것을 다시 생각하고 몇몇 공통의 이해에 도달하려고 시도한다는 점에서 긍정적이다. 소규모 모둠활동은 학생들로 하여금 공통의 이해에 도달할 수 있는 최선의 방법 중의 하나이지만, 그것은 잘 관리될 필요가 있다. 그것은 적절한 활동(activities)을 필요로 하며, 특별한 전략이 요구된다.

소규모 모둠활동의 규모, 구성 및 시간을 관리하는 정확한 하나의 방법은 없다. 교사들은 2~5명, 또는 더 많은 학생들로 구성된 모둠을 성공적으로 사용해 왔다. 반즈와 토드(Barnes and Todd, 1995)는 3명 내지 4명으로 구성된 모둠을 추천했지만, 소규모 모둠과 보다 큰 모둠 모두 이점이 있다고 제안했다. 모둠이 작을수록 개인들이 참여할 가능성이 더욱 높아진다. 반면에 모둠이 클수록 관점의 다양성과 아이디어의 통합을 위한 잠재력이 더욱 높아진다. 만약 4명 이상으로 구성된 모둠을 사용한다면, 모둠 내에서 학생들에게 특별한 역할을 할당하여, 모든 학생들이 토론에 참여할 수 있도록 활동을 구조화하는 것이 바람직하다.

모둠활동을 관리하는 많은 방법이 있다. 모둠 구성은 약간의 생각을 요구한다. 그러나 가능한 한 다양성의 가치를 고려하여, 다양한 능력의 학생을 혼합하여 모둠을 편성하는 것이 바람직하다. 이를 통해 성취수준이 낮은 학생들은 성취수준이 높은 학생들의 도움을 받을 수 있다. 그리고 성취수준이 높은 학생들은 설명하고 해석하는 것을 통해서 배우게 된다. 게다가 개별 글쓰기 활동에서는 우수하지 않지만 모둠활동에서는 스타인 학생들이 있으며, 그 반대인 경우도 있다. 상이한 사람들과 활동하는 것은 학생들에게 더욱더 새로운 아이디어와 의견과 만날 수 있도록 하며, 학생들에게 더 명료하게 자신을 설명하도록 격려한다. 학생들은 친밀 모둠에서 활동하는 것이 더 편안하다는 것을 발견하지만, 친밀 모둠은 진행 중인 토픽에 대한 엄정한 검토를 하지 않고 너무 쉽게 합의에 도달할 수 있다(Barnes and Todd, 1995: 93).

교사들은 차별화된 활동, 상이한 젠더를 위한 요구, 문화적 관점 등의 특별한 이유로 모둠 구성원을 선별할 수 있다. 궁극적으로, 모둠의 구성은 학급 학생들을 잘 알고 있는 교사들의 전문적 판단에 귀착된다. 모둠활동은 짝별로 2~3분간의 짧은 토론에서부터, 몇 차시에 걸친 협동 활동까지 다양화될 수 있다. 이것은 모둠활동을 사용하는 이유와 활동의 본질에 달려 있다. 로버츠(Roberts, 2003)는 모둠활동을 조직하기 위한 유용한 전략을 표 5-32와 같이 제시하고 있다.

표 5-32. 모둠활동 조직을 위한 유용한 전략

버즈 모둠 (buzz groups)	학생들은 학급 토론 전에 1~2분간 짝별로 무언가를 토론한다. 이것은 학생들에게 전체 학급 토론에 기여할 수 있는 더 많은 자신감을 줄 수 있다.
눈덩이토론 (snowballing)	학생들은 짝별로 활동을 시작한다. 그 후 각각의 짝은 그들이 활동해 온 것을 공유하기 위해 또 다른 짝과 결합한다. 그 후 4명으로 구성된 각각의 모둠은 활동한 것을 공유하기 위해 4명으로 구성된 또 다른 모둠과 결합한다. 마지막으로 토론은 전체 학급으로 확대되어 개방된다.
직소 모둠 (jigsaw groups)	이것은 4개의 단계를 거친다. 1. 학생들은 예를 들면, 도시의 교통문제와 같은 공통의 관심사를 가지고 '홈 모둠(home group)'에서 활동을 시작한다. 그들은 '그들의 도시'와 교통문제의 본질에 관해 제공받은 자료를 공부한다. 2. 각 홈 모둠은 교통문제를 해결하기 위한 상이한 방법을 토론하기 위해 각각의 '토픽 모둠'에 대표를 보낸다. 자료는 각 토픽 모둠이 사례를 공부하고 토론할 수 있도록 제공된다. 각 대표는 선택에 관해 가능한 한 많이 이해하려고 시도한다. 3. 대표들은 그들의 홈 모둠으로 다시 돌아가서 선택한 것에 관해 서로 알려준다. 홈 모둠은 그들 도시를 위해 무엇이 최선일지를 결정한다. 4. 각 홈 모둠은 결정한 것을 학급 학생들에게 보여 주고 설명한다.
3인조 듣기 (listening triads)	학생들은 각각 특별한 역할을 가지고 있는 3명으로 구성된 모둠에서 활동한다. 각각의 역할은 연설자(speaker), 질문자(questioner), 기록자(recorder)이다. 연설자는 공부하고 있는 무언가에 관해 이야기한다. 질문자는 듣고, 질문을 하여 확실하게 이해를 한다. 기록자는 노트필기하고 다른 두 명에게 피드백을 제공한다. 만약 이 활동이 토론을 해야 할 3가지 양상이 있는 것으로 조직된다면, 학생들은 3가지의 역할을 모두 번갈아가며 경험할 수 있다.

(Roberts, 2003)

표 5-33. 소규모 모둠활동: 3인조 듣기의 사례

이 수업에서, 3인조 듣기는 고베 지진에서 무엇이 일어났으며, 왜 일어났는지에 대한 학생들의 이해를 증가시키기 위해 사용되었다.

시작

- 전체 학급 학생은 1995년 1월에 발생한 고베 지진에 대한 텔레비전 뉴스 프로그램을 시청한다.

발전: 질문하기를 위한 전체 학급의 준비

- 교사는 학생들이 3명으로 구성된 모둠에서 이것에 관해 토론할 것이며, 질문하기 기능이 중요하다고 설명한다.
- 몇몇 사례와 함께, 개방적 질문과 폐쇄적 질문에 대해 소개한다.
- 모든 학생들은 고베 지진에 관한 3가지의 개방적인 질문을 쓴다.
- 학생들은 3명으로 구성된 모둠(3인조 듣기)에 배정되고, 숫자 1, 2, 3이 부여된다.

학생 1은 질문자(questioner)가 될 것이다.
학생 2는 인터뷰 대상자(interviewee)가 될 것이다.
학생 3은 서기(secretary)가 될 것이다.

3인조 듣기 1단계

학생 1은 학생 2에게 질문한다. 서기는 관찰하고 기록한다.

3인조 듣기 2단계

각 서기는 다른 모둠으로 이동하고 새 모둠에게 기록한 것을 들려준다. 현재 새 모둠의 3명의 학생들은 각 모둠에서 질문을 받고 대답했던 것과의 유사성과 차이점에 관해 토론한다.

종합 결과보고(plenary debriefing)

- 어떤 질문들이 정보를 발견하는 데 가장 효과가 있었나? 그 이유는 무엇인가?
- 당신의 가장 성공하지 못한 질문은 무엇이었나? 그 이유는 무엇인가?
- 당신이 발견한 것과 모둠 사이에 어떤 차이점이 있었나?
- 질문자들이 쉽다고 생각한 것은 무엇이었고, 어렵다고 생각한 것은 무엇이었나?
- 인터뷰 대상자가 쉽다고 생각한 것은 무엇이었고, 어렵다고 생각한 것은 무엇이었나?
- 서기가 쉽다고 생각한 것은 무엇이었고, 어렵다고 생각한 것은 무엇이었나?
- 당신은 무엇이 고베에 관한 가장 중요한 정보였다고 생각하나?

(Roberts, 2003)

모둠활동에서 가장 중요한 쟁점들 중 하나는 교사가 모둠에 개입할 때이다. 모둠활동을 하고 있는 동안 다가가 '너희들 어떻게 되어가고 있니?'라고 묻는 것은 학습을 방해할 수 있다. 왜냐하면 그들의 흐름을 깨뜨릴 수 있고, 다시 토론으로 돌아오는 데 오랜 시간이 걸리게 할지 모르기 때문이다. 교사는 학생들과 상호작용하고 있지 않을 때, 일을 하고 있지 않고 있다고 느끼는 경향이 있다. 일반적으로 학생들이 활동을 잘하고 있다면, 그러한 행위가 비록 매력적이라고 하더라도 모둠을 방해해서는 안 된다. 대신 교사는 결과보고 단계에서 그들의 생각과 통찰을 끌어올 수 있도록, 모둠이 말하는 것에 귀를 기울이도록 노력해야 한다.

한편 구성주의 학습은 모둠학습과 대화에 기반하고 있다. 학생들끼리의 대화, 학생들과 교사들 간의 대화는 학습에서 중요하다. 학생들이 스스로 이야기하는 것이 의미가 되므로, 학생들은 언어를 통해 많은 것을 학습한다. 또한 그들은 아이디어와 해석을 의사소통하고 공유하는 대화를 통해 더 잘 이해할 수 있다. 리트(Leat, 1998)는 사고기능을 발달시키기 위한 구성주의 학습 전략이 모둠활동을 가장 잘 실현한다는 것을 증명하였다. 그러나 모둠학습이 실패할 경우도 있다. 이는 학생들이 과제를 수행하는 데 협동적인 학습을 위한 노력을 하지 않았기 때문이다. 이 경우 학생들은 모둠으로써 활동한 것(working as groups)이라기보다, 모둠 안에서 활동한 것(working in groups)이다.

수업을 시작할 때 학생들이 짝별로 이야기하도록 하는 간단한 전략은 훌륭한 아이디어이다. 예를 들어, 짝별로 세계의 인구분포와 같은 지도에 나타난 지리적 특징을 서로 말하도록 하는 것이다. 한 명은 세계 백지도를 가지고, 다른 한 명은 세계의 인구분포를 보여 주는 지도를 가진 채, 두 학생은 서로 등을 맞대고 앉는다. 후자의 학생은 전자의 학생에게 지도에서 나타난 인구분포를 이야기하고, 전자의 학생은 적절한 음영과 라벨을 백지도 위에 표시한다. 이 활동은 학생들에게 적절한 지리적 용어를 사용하도록 할 뿐만 아니라, 특정한 이이디어에 대한 이해를 증진시켜주는 기회가 된다. 이는 또한 학생들에게 지도와 다이어그램을 사용하는 데 익숙해지도록 한다. 이것의 주요 이점은 학생들이 관리할 수 있는 시간 내(대략 10분 정도)에 이야기할 수 있는 명확한 초점을 제공해 준다는 것이다.

(4) 읽기

학교의 가장 중요한 목적은 언어 재능의 다른 양상들처럼 읽기를 세계에 참여하고 이해하는 중요한 일부분으로 간주하는 자신감 있고, 야심차며, 비판적인 독자들을 만드는 것이어야 한다(Traves, 1994: 97).

학생들은 지리 학습활동에서 다양한 읽기 기능을 사용해야 한다. 지리학습을 위한 탐구기반 접근은 학생들로 하여금 다양한 텍스트와 다른 정보 자료를 폭넓게 읽을 것을 요구한다. 지리탐구를 위해 사용될 수 있는 많은 데이터들은 인쇄물의 형태를 띤다. 학생들은 일상적인 삶에서 자신의 개인지리들(personal geographies)에 기여하는 많은 읽기 문제에 마주친다. 예를 들면, 신문, 잡지, 광고, 만화, 안내책자, 게시판, 문자다중방송(Teletext), 인터넷상의 텍스트, 엽서, 편지, 소설, 노래 등이다. 게다가 학생들은 지리수업, 특별히 지리를 위해 쓰인 교과서와 자료를 통해 형식적인 정보 텍스트(information texts)에 접촉할 것이다. 이러한 모든 유형의 텍스트는 세계를 이해하는 방법에 기여하기 때문에 지리탐구에 적절하다. 이러한 텍스트 읽기 활동은 대체로 글쓰기와 대화를 포함한다.

이후에 다룰 글쓰기 수업과 마찬가지로, 학생들은 다른 자료로부터 정보를 선택하고, 비교하고, 종합하고, 평가할 필요가 있다. 그들은 또한 다른 기능들을 사용하여 사실과 의견을 구별하고, 자료에서 편견(bias)과 객관성(objectivity)을 인식할 필요가 있을 것이다. 이것에 더하여 만약 학생들이 지리 텍스트를 읽고 이해하려면, 지리만의 고유하고 광범위한 어휘를 숙달해야 한다.

지리 수업에서 읽기 기능의 발달은 종종 간과된다. 로버츠(Roberts, 1986)에 의하면, 지리를 포함한 사회과 수업에서 대부분의 읽기는 30초가 되지 않게 짧게 나타난다. 이러한 짧은 텍스트는 텍스트에 대한 비판적 평가 또는 몰입을 위한 충분한 기회를 제공하지 못한다. 로버츠(Roberts, 1986: 72)는 지리 교사들이 첫 번째로 학생들이 가진 어려움을 앎으로써, 두 번째로 다양한 읽기 자료를 제공함으로써, 그리고 세 번째로 학생들이 집중적으로 읽고 그들이 읽은 것의 의미를 파악할 수 있는 활동을 고안함으로써 읽기 기능의 발달을 도울 수 있다고 주장한다.

학급 학생들이 돌아가며 읽기(reading around the class)는 빈번하게 사용되는 전략이다. 이는 특별한 학습 활동으로 이끄는 전략이라기보다는 오히려 통제 전략으로 종종 사용된다. 학생들은 보통 돌아가며 텍스트의 짧은 부분을 읽기를 요청받는다. 때때로 교사는 학생의 이해도를 확인하기 위해 질문을 하지만, 보통 읽기 기능을 개선하기 위한 것이며, 내용을 평가하거나 의미를 설명하기 위한 어떤

표 5-34. '재구성 텍스트 관련 지시활동'의 유형과 특징

유형	특징
계열화하기 텍스트 관련 지시활동	• 텍스트가 시간의 흐름에 따른 프로세스와 변화를 기술하고 있는 경우에 적합하다. • 예를 들면, 세인트헬렌스산(Mount St Helens)의 분화 과정, 도시의 성장, 긴 지질시대에 걸쳐 일어난 경관의 변화, 상품사슬 등을 들 수 있다. • 텍스트를 조각들로 분할하고, 잘라서 봉투 속에 넣는다. 짝별로 학생들에게 봉투 하나씩을 배분한다. 학생들을 위한 과제는 텍스트를 적절한 계열 속에 놓는 것이다. • 다른 지리적 사례는 계열의 여러 단계를 묘사하는 다이어그램, 지도, 그래프, 그림 등을 포함하는 것이다. 이것들 역시 조각으로 나누어 학생들에게 제시된다. 학생의 과제는 두 부분으로 구성된다. 1. 다이어그램/지도/그림/그래프를 텍스트의 조각들과 연결시키기. 이것은 텍스트에 대한 면밀한 읽기와 다시 읽기를 요구할 수 있다. 2. 연결된 텍스트와 삽화들을 계열 순으로 배열하기 • 이 활동은 학생들에게 텍스트를 더 면밀하게 읽도록 하며, 또한 텍스트를 전체적으로 이해하도록 격려한다.
다이어그램 완성 텍스트 관련 지시활동	• 어떤 사물 또는 현상의 구조와 구성요소를 기술하고 있는 텍스트에 적합하다. • 이 활동은 구조의 상이한 부분들과 관련된 용어에 주의를 집중시킨다. • 예를 들면, 물순환, 생태계, 화산, 도시 지역 등을 조사하기 위해 사용될 수 있다. • 교사는 하나의 텍스트와 관련된 다이어그램, 지도 또는 그래프를 선정한다. 이 텍스트는 학생들에게 전체로서 제시된다. 교사는 다이어그램에서 정보가 있는 대부분의 라벨을 제거한다. 학생들이 수행해야 할 과제는 다음과 같다. –텍스트를 읽고 기술하고 있는 것의 상이한 구성요소들을 확인하기 –텍스트를 면밀히 읽고 정확한 용어를 찾아 다이어그램을 다시 완성하기 • 이 활동은 텍스트에 대한 면밀한 읽기와, 라벨이 붙여져야 할 다이어그램/지도/그래프에 대한 세심한 주의 둘 다를 요구한다.

(Lunzer and Gardner, 1979)

개입은 없다. 만약 읽기 능력이 부족한 학생이라면, 수동적인 경청자로서 얻는 것이 거의 없을 것이다. 교사들은 학생들의 읽기에 주의를 기울여야만 하는데, 그것은 그 교과 내에서 언어와 문해력 발달의 중요한 양상으로서 가치가 있어야 한다.

전형적인 수업에서의 읽기 활동은, 전체 텍스트를 굳이 이해하지 않더라도 정보를 찾아낼 수 있는 단순한 발견을 요구한다. 이러한 읽기는 학생들의 사고를 요구하지 않는 읽기라고 할 수 있다. 버트(Butt, 1997: 163)는 또한 텍스트와 활동지에 있는 문장의 길이와 복잡성, 친숙하지 않은 전문적인 활동, 텍스트의 밀도, 활자 크기와 개념의 추상성은 또한 학생들이 이해하지 못하도록 하는 문제점을 낳을 수 있다고 주장한다.

'텍스트 관련 지시활동(DARTs: Directed Activities Related to Text)'은 학생들이 전체로서 텍스트의 의미를 이해하는 것을 강조하면서, 텍스트의 구조와 의미에 초점을 둔 일련의 활동들이다. 텍스트 관

표 5-35. '분석과 재구성 텍스트 관련 지시활동'의 유형과 특징

유형	특징
밑줄 긋기 또는 강조하기 다음에 재구성하기	• 정보가 특정 방식을 통해 범주화될 수 있는 텍스트에 적합하다. • 교사는 어떤 범주들로 구조화되어 있는 텍스트를 선택한다. 교사는 이 텍스트를 분석하는 데 유용한 범주들을 결정하고, 학생들에게 범주들을 제공한다. • 학생들을 위한 과제는 다음과 같다. -상이한 범주들을 확인하기 -범주들을 상이하게 표시함으로써 그것들을 구별하기(예를 들면, 상이한 밑줄 긋기, 상이한 형광펜으로 강조하기, 컴퓨터에 밑줄 긋기와 이텔릭체로 표시하기) -텍스트를 분석하여 범주화한 정보를 상이한 형태, 즉 표, 다이어그램, 흐름도, 개념도 등으로 재구성하기 • 이 활동은 전체 텍스트에 대한 면밀한 분석, 즉 텍스트를 구성요소의 부분들로 분석하는 것을 요구한다. • 텍스트의 재구성은 텍스트로부터 선정한 필수적인 정보만을 포함하지만, 유의미한 방법(표, 다이어그램, 흐름도, 개념도 등)으로 재구성된다.
텍스트에 라벨 붙이기 다음에 재구성하기	• 완전한 텍스트 또는 상이한 유형을 결합하고 있는 텍스트에 적합하다. • 교사는 잘 구조화된 문단을 가진 텍스트를 선별하거나 고안한다. • 텍스트는 학생들에게 전체로써 제시되지만, 각 문단 위에 라벨붙이기를 위한 공간을 제공하기 위해 수정될 수 있다. • 학생들을 위한 과제는 다음과 같다. -각 문단에 적합한 하위 제목 고안하기 -전체 텍스트를 위해 적합한 제목 고안하기 -하위 제목들을 다이어그램 또는 표로 재구성하기 • 이 활동은 각 문단에 대한 면밀한 읽기를 요구하며, 의미를 요약하는 기능을 발달시킨다. • 다른 사례로는 학생들에게 사진 모음집을 제시하고, 사진들을 선택하여 각 문단과 연결하도록 요구한다. 이것은 컴퓨터에서 가장 쉽게 이루어질 수 있다. • 사진들과 텍스트를 적절하게 연결시키기 위해 학생들은 텍스트를 면밀히 읽어 의미를 파악해야 하며, 사진들을 면밀히 관찰해야 한다. 학생들은 각 문단들과 사진들을 연결한 후 연대기 순서대로 놓아야 한다.

(Lunzer and Gardner, 1979)

련 지시활동(DARTs)은 학생들이 텍스트의 의미를 이해하며 텍스트가 상이한 목적들을 위해 구조화되는 방법들을 이해하도록 돕기 위해, 텍스트를 면밀히 읽고 난 후 다시 한 번 읽도록 격려한다. 텍스트 관련 지시활동(DARTs)은 학생들에게 그들이 읽고 있는 텍스트를 이해하는 데 도움을 주며, 그로 인해 그들의 읽기 능력을 발달시키도록 도와주기 위해 사용될 수 있다. 이러한 텍스트 관련 지시활동(DARTs)은 크게 재구성 텍스트 관련 지시활동(reconstruction DARTs)과 분석과 재구성 텍스트 관련 지시활동(analysis and reconstruction DARTs)으로 구분된다.

먼저, 재구성 텍스트 관련 지시활동에 대해 살펴보면 다음과 같다. 재구성 텍스트 관련 지시활동은 교과서나 신문기사를 그대로 사용하는 것이 아니라, 학생들이 텍스트를 재구성할 수 있도록 교사가 적절한 방식으로 변경할 필요가 있다. 즉 교사는 텍스트를 조각으로 자르고 그것을 봉투에 넣는다. 학생들은 봉투를 받아 텍스트를 읽고 재구성하게 된다. 이러한 재구성 텍스트 관련 지시활동은 다시 계열화하기 텍스트 관련 지시활동(sequencing DARTs)과 다이어그램 완성 텍스트 관련 지시활동(diagram completion DARTs)으로 구분된다(표 5-34).

다음으로 분석과 재구성 텍스트 관련 지시활동에서는 교사가 텍스트를 약간 수정할 수 있지만, 학생들에게 전체로 제시된다. 이 활동에는 두 개의 단계가 있으며, 학생들은 두 단계에 모두 집중해야 한다. 첫 단계는 텍스트 분석이다. 이것은 텍스트에 밑줄 긋기, 조각들로 분할하기, 사진에 라벨 붙이기 등의 형태를 취한다. 두 번째 단계는 텍스트 재구성이다. 이것은 목록, 표, 흐름도, 지도 또는 다이어그램의 형태로 만드는 것이다. 이러한 분석과 재구성 텍스트 관련 지시활동은 다시 밑줄 긋기 또는 강조하기 활동 후에 재구성하기와 텍스트에 라벨 붙이기 활동 후에 재구성하기로 구분된다(표 5-35).

(5) (글)쓰기

① 글쓰기의 유형

지리 수업에서 이루어지는 글쓰기의 유형은 일반적으로 의사전달적 글쓰기(transactional writing), 표현적 글쓰기(expressive writing), 시학적 글쓰기(poetic writing) 등 크게 3가지로 구분된다(Slater, 1993; Butt, 1997). 이러한 글쓰기 유형을 구분한 배경은 학교에서 주로 이루어지는 글쓰기가 의사전달적 글쓰기에 치우쳐 있기 때문이다. 즉 표현적 글쓰기가 출발점이 되어, 더 분명하고 명백한 의사전달적 글쓰기와 상상적인 시학적 글쓰기로 나아갈 수 있도록 해야 한다는 것이다. 슬레이터(Slater, 1993)는 표현적 글쓰기를 중심으로 의사전달적 글쓰기와 시학적 글쓰기가 양극단에 위치한다고 하면서, 이 3가지의 특징을 다음과 같이 설명한다.

먼저, 의사전달적 글쓰기(transactional writing)는 사물이 어떤 상태가 되도록 하기 위한 언어로써, 사람들에게 통지하고, 조언하고, 설득하고, 가르치기 위한 글쓰기와 말하기이다. 의사전달적 글쓰기는 사실을 기록하고, 의견을 교환하고, 생각을 설명하고, 이론을 구축하고, 사업상 거래를 하고, 캠페인을 지휘하고 대중의 견해를 변화시키는 데 이용된다. 의사전달적 글쓰기는 정확한 정보를 정해진 순서에 따라 전달한다.

둘째, 표현적 글쓰기(expressive writing)는 종이 위에 혼자 말하기라고 부를 수 있는 종류의 글쓰기이다. 표현적 언어는 자아와 밀접한 관련이 있는 언어이다. 이는 말하는 사람을 내보여 주는 기능을 하며, 그의 의식과 이해를 글로 표출하는 기능을 한다. 표현적 말하기나 글쓰기에서 개인은 사실로부터 사색으로, 개인적 비화로부터 정서적 분출까지 비약하면서 자유롭게 느낀다. 이것은 새로운 생각들이 잠정적으로 탐색되고, 생각들이 반쯤 말하여지고 반쯤 표현되는 방식이다. 표현적 글쓰기는 자신의 경험을 회상하여 있는 그대로 제시하는 것이며, 혹은 명료화시키는 과정에서 사고를 제시하는 것이다.

마지막으로, 시학적 글쓰기(poetic writing)는 단어를 그 자체를 위하여 하나의 형식으로 만드는 것이다. 시학적 글쓰기의 기능은 글 쓰는 사람을 즐겁게 하거나 만족시키는 대상을 산출하는 것이며, 독자의 반응은 그 만족을 공유하는 것이다.

이러한 글쓰기의 유형을 통해 학교에서 학생들이 하는 글쓰기를 분석한 결과, 글쓰기의 대부분은 정보를 복사하고, 재조직하며, 보고하고, 변형하는 것을 포함하는 의사전달적 글쓰기에 해당하였다. 특히 지리 교과서에 제시된 탐구활동의 경우, 의사전달적 글쓰기를 요구한다. 그러나, 버트(Butt, 1997: 160)는 이런 의사전달적 글쓰기의 경험은 학생들의 학습에 도움이 될 수 없을 수도 있다고 지적한다. 슬레이터(Slater, 1993: 113)는 글쓰기 경험을 통한 학습의 필요성을 정교화하였다.

> 비인격적이고, 비표현적인 글쓰기를 위한 요구는 학습을 심각하게 방해할 수 있다. 왜냐하면 그것은 생생한 학습 과정으로부터 학습되어야 하는 것, 즉 이미 알려진 것과 새로운 정보 사이를 연결하는 것을 고립시키기 때문이다. 잠정적이고, 불분명하고, 주저하며, 앞뒤로 움직이는 표현적인 양식(expressive mode)을 통하여 오래된 지식과 새로운 지식 간의 연결과 연계가 이루어질 수 있다. 그 후에야 학생들은 형식적인 의사전달 모드(transactional mode)에서 이해를 할 준비가 되어 있을지 모른다(Slater, 1993: 113).

웹스터 외(Webster et al., 1996)의 연구 역시 중등학교 지리수업에서 글쓰기가 정보를 복사하여 전환하는 데 치중하고 있다는 것을 보여 준다.

> 학생들은 문장들 속에 있는 빈 공간을 채우고, 문장들을 완성하고, 단답형의 질문에 답변함으로써 학습지를 완성했다. 이러한 종류의 사례들은 범교과적으로 모든 수업에서 발견될 수 있으며, 중등학교 교사들에게 매우 익숙하다. …교사들이 학생들에게 전략적으로… 읽기 혹은 글쓰기를 지원하고 형성하도록 한 경우는 거의 없었다(Webster et al., 1996: 133).

버트(Butt, 2001: 17) 역시 다음과 같이 지적했다.

> 현재 지리 시험지는 학생들에게 하나의 문장으로 이루어진 답변을 쓰도록 요구하는 경향이 있다. 또한 더 복잡한 답변에 대해 더 많은 점수를 부여하고자 한다면, 3~4줄 정도의 답변을 위한 공간이 제공된다. 학생들은 단지 (비율적으로 보다 적은) "고차적인" 질문을 통해, 일반적으로 받아들여지는 의미에서 확장된 글쓰기에 접근할 수 있을 뿐이다(Butt, 2001: 17).

사실 지리에서는 의사전달적 글쓰기뿐만 아니라, 심미적이고 상상적인 글쓰기를 위한 많은 기회가 있다. 학생들은 야외조사 활동에서 방문했던 장소에 대한 시를 쓸 수 있는 기회를 제공받을 수도 있다. 잡(Job, 1998)은 학생들이 장소에 대한 느낌을 표현하기 위해 어떻게 하이쿠(Haiku, 일본의 전통 단시)를 지을 수 있는지를 기술하고 있다. 지리에서 심미적 목적을 위해 글쓰기를 하는 것은 학생들로 하여금 지리적 상상력을 풍부하게 할 수 있다. 이는 학생들을 자극하고 모든 감각을 사용하도록 한다.

② 청중 중심 글쓰기

버트(Butt, 1993: 24)는 학생들에게 그들이 일상적으로 우연히 만나는 상이한 청중들을 위해 글쓰기를 하도록 함으로써, 표현적 언어(expressive language)가 지리를 통해 어떻게 격려될 수 있는지를 탐구했다. 표현적 글쓰기(expressive writing)는 학생들로 하여금 더 실제적인 청중들(realistic audiences)을 위해 글을 쓰게 함으로써, 평가자로서의 교사의 역할을 제거한다. 버트(Butt, 1997: 161)는 학생들로 하여금 다양한 청중들을 대상으로 글쓰기를 하도록 하는 것이 지리에서 더 독창적이고 창의적인 글쓰기를 가능하게 한다고 주장한다.

> 학생들이 글을 쓰는 청중을 바꿈으로써 그들의 생각, 학습 그리고 이해 과정을 바꿀 수 있다. 궁

극적으로 지리 수업에서 그들의 글쓰기와 말하기를 향상시켜 줄 수 있다는 것이 확실해졌다 (Butt, 1997: 161)

버트(Butt, 1993: 24)는 청중중심 글쓰기(audience-centred writing)에서 청중을 바꾸는 것이 학습 과정에 효과가 있다는 것을 발견했다. 청중 중심 글쓰기는 활동관련 토론을 증가시켰고, 이를 통해 많은 질문들이 제기되었다. 또한 청중이 인지하고 있는 관점에 대해 이해할 수 있었으며, 개인적 가치의 명료화로 이어졌다. 이런 청중중심 글쓰기에서 청중은 학생 자신, 또래 집단, 어른, 교사, 실제 청중, 상상된 청중이 될 수 있다.

청중중심 글쓰기는 확실히 학생들의 언어 기능을 발달시키기 위한 전략으로써 탐구할 가치가 있다. 그러나 이 전략을 효과적으로 사용하려면, 필요한 전제조건을 설정하는 데 주의를 해야 한다 (Butt, 1993: 22).

- 좋은 청중중심 글쓰기를 하기 전에 신뢰와 목적의식이 설정될 필요가 있다. 남학생들은 여학생들만큼 쉽사리 이러한 신뢰감을 드러내지 못했다.
- 학생들이 마음속으로 교사를 평가자로 생각하는 것을 제거하는 것이 중요하지만, 이는 또한 매우 어렵다.
- 청중중심 글쓰기는 활동 계획(schemes of work)에 통합되어야 하지만, 과도하게 사용되어서는 안

표 5-36. 지리에서 글쓰기 활동을 위한 상상된 청중

- **신문 또는 소식지:** 특별한 청중들이 구체화될 수 있다. 예를 들면, 학교, 로컬 공동체 또는 도시, 지방 신문의 독자 등이 해당된다.
- **문자다중방송(teletext) 또는 시팩스(CEEFAX) 뉴스 보도**(페이지당 50단어로 제한된): 토픽적인 사건을 위해 이것들은 실제적인 것과 비교될 수 있다.
- **라디오 또는 텔레비전 뉴스 보도**(몇 분으로 제한된)
- **일기예보**
- **비디오에 대한 해설**
- **여행 안내책자:** 아마도 상이한 유형의 관광객에 초점이 맞추어져 있다.
- 관광객을 관심을 끌기 위한 **안내판**
- 특별한 장소에 관한 전단지
- **쟁점에 관한 홍보 전단지:** 흥미를 가질 사람들을 대상으로 하고 있다. 예를 들면, 지역 주민들
- **하원의원 또는 시의원에게 보내는 편지**
- **친구 또는 친척에게 보내는 편지 또는 엽서**
- **친구 또는 친척에게 보내는 이메일**

(Roberts, 2003)

된다.

- 청중들은 실제적이고 그럴 듯해야 한다.
- 청중중심 글쓰기를 통해 학생들의 참여, 토론, 탐구의 수준이 증가하도록 허용된다면, 지리적 성취 또한 상승할 것이다.

③ EXEL 프로젝트

학생들은 국어 시간에 글쓰기를 할 수 있는 기회를 가지지만, 이것은 지리 수업에서 공통적으로 사용할 수 있는 전략이 아니다. 지리교사들은 글쓰기에 어려움을 경험하는 학생들을 돕기 위해 '글쓰기 프레임(writing frame)'을 사용한다. 글쓰기 프레임은 엑서터대학교의 확장적 문해력 프로젝트(EXEL: Exeter Extending Literacy) 팀에 의해 개발되었다. 글쓰기 프레임은 학생들이 자신의 글쓰기 레퍼토리에 자신을 동화시킬 수 있을 만큼 글쓰기 구조에 충분히 친숙하게 될 때까지 학생들을 도와주는 전략이다(EXEL, 1995). 글쓰기 프레임은 학생들의 글쓰기를 비계설정(scaffold)하기 위한 기본적인 골격 구조와 다양한 핵심 단어 및 구절로 구성되어 있다. 글쓰기 프레임을 사용하는 의도는, 학생들이 다양한 글쓰기 프레임을 사용함으로써 그것들의 일반적인 구조에 점점 익숙해지도록 하기 위해서이다(표 5-37, 그림 5-30, 표 5-38).

> 글쓰기 프레임을 구성하는 시작어, 연결어, 문장 수식어의 견본은 학생들에게 어떤 구조를 제공한다. 학생들은 그 형식이 없을 때보다, 이를 사용함으로써 그들이 말하고자 하는 것을 전달하는 데 집중할 수 있다(EXEL, 1995).

표 5-37. EXEL 프로젝트와 글쓰기 프레임

엑서터대학교의 확장적 문해력 프로젝트(Exeter Extending Literacy Project: EXEL)는 1992년에 초등학교 어린이들이 문해력을 학습의 수단으로써 더 효과적으로 사용할 수 있도록 하기 위한 목적으로, 데이비드 레이와 모린 루이스(David Wray and Maureen Lewis)에 의해 착수되었다. 이 프로젝트는 교사들과 협력하여 읽기와 글쓰기를 모두 개선시키기 위한 일련의 전략들을 발달시켰다.

이 프로젝트는 하나의 모델, 즉 구성주의에 근거하여 텍스트와의 확장적 상호작용(EXIT: Extending Interactions with Text) 모델을 발달시켰다. 이것은 텍스트를 활용하는 학습에 포함된 10가지 프로세스를 구체화했다(Wray and Lewis, 1997).

1. 선행지식을 활성화하기	2. 목표를 설정하기	3. 정보를 찾아내기
4. 적절한 전략을 채택하기	5. 텍스트와 상호작용하기	6. 이해를 모니터링하기
7. 기록하기	8. 정보를 평가하기	9. 기억을 도와주기
10. 정보를 전달히기		

이러한 프로세스를 지원하기 위해, 루이스와 레이는 두 가지의 지원 유형, 즉 KWL(Know, Want, Learn) 격자와 글쓰기 프레임(writing frames)을 발달시켰다. KWL 격자는 다음과 같은 질문에 의해 제목이 붙여진 3줄로 구성되어 있다.

• 나는 무엇을 알고(*know*) 있는가? • 나는 무엇을 알기를 원하는가(*want*)? • 나는 무엇을 배웠는가(*learn*)?

EXEL 프로젝트는 이러한 격자가 어린이들에게 그들의 조사 단계를 알도록 도움을 주고, 그들에게 논리적 구조를 제공했다는 것을 발견했다. 이 프로젝트에 관여한 교사들은 '나는 이 정보를 어디에서 발견할 수 있는가?'라는 부가적인 줄을 삽입했다. 그들은 4줄 격자를 KWFL 격자라고 명명했다.
글쓰기 프레임(writing frames)은 '어린이들의 논픽션 글쓰기를 비계설정하고 유도하기 위해' 레이와 루이스에 의해 고안되었으며, '특히 읽기에 어려움을 가진 어린이들에게 유용한' 것으로 발견되었다(1997: 27). 글쓰기 프레임은 상이한 텍스트 유형을 위해 생산되었으며, 그러한 텍스트의 유형에 적합한 문장 시작어 및 연결어와 함께 골격을 형성하고 있다. 글쓰기 프레임은 비고츠키(Vygosky)의 근접발달영역(ZPD)에서 제안된 교사의 지원에 근거한 것으로서, 4단계의 학습 프로세스의 일부분으로 사용되도록 의도되었다.

1. **교사의 모델링/시범(teacher modelling/demonstration)** 교사는 가급적이면 이 활동에 관해 혼잣말로 연속적인 논평을 하면서 어린이들이 무엇을 하도록 기대되는지를 모델화된 시범을 통해 보여 준다.
2. **협동 활동(collaborative activity)** 교사와 어린이들은 어린이가 쉬운 부분을 수행하고, 교사가 어려운 부분을 맡음으로써 함께 활동한다.
3. **지원된/비계 활동(supported/scaffold activity)** KWL 격자, 글쓰기 프레임, 대화를 통한 지원 등과 같이 몇몇 비계의 형식이 제공된다.
4. **개별/독립적 활동(individual/independent activity)** 어린이는 지원없이 활동을 수행할 책임을 진다.

이 목적은 글쓰기 프레임의 사용 이후에, 어린이들이 그것의 지원 없이도 유사한 형식으로 글쓰기를 하는 것이다. 모든 비계처럼, 글쓰기 프레임은 단지 일시적인 지원을 제공하기 위해 의도되었다.

아래에 주어진 각각의 빈 칸을 완성하세요. 더 많은 정보를 가지고 있다고 생각하면 한 줄 이상을 쓸 수도 있습니다.

• 열대우림이 사라질 때 비는 노출된 토양에 직접적으로 내린다. 이것은 지표면의 토양에 ______________________ ____야기 시킨다.

• 표토에 있는 영양분은 ____.

• 열대우림의 나무에서 토양으로 떨어지던 나뭇잎들은 이젠 더 이상 볼 수가 없다. 이것은 ______________________ ____하기 때문에 토양의 영양분에 영향을 미친다.

• 노출된 지표 위를 흐르는 빗물(runoff)이 증가한다. 지금 강으로 흐르는 물은 ______________________ ____.

그림 5-30. 열대우림에 관한 글쓰기 프레임

(Butt, 2001)

표 5-38. 글쓰기 프레임이 학생들에게 제공하는 도움

• 일련의 일반적인 구조에 대한 경험을 제공하기
• 제공된 연결어가 텍스트의 결합력 있는 매듭을 유지시켜 주는 구조를 제공함으로써, 학생들이 글을 쓰고 있는 것에 대한 '감각'을 유지하도록 도와주기
• 연결어와 문장 시작어의 다양한 어휘를 제공함으로써, 학생들의 경험을 친숙한 '그리고 나서(and then)'를 넘어 확장시키기

• 학생들이 인칭대명사의 신중한 사용에 의해 수집한 정보를 그들로 하여금 개인적 해석을 하도록 격려하기. 글쓰기 프레임은 학생들이 가지고 작업하는 정보에 대한 소유권을 그들에게 주어야 한다.
• 학생들이 텍스트를 단지 고스란히 베끼기보다는, 그들의 이해력을 증명하고 정보를 다시 정리하도록 격려함으로써 학습한 것에 대해 선택하고 생각하도록 요청하기
• 학생들에게 자존감과 동기를 향상시키는 중요한 구성요소인 글쓰기에서의 성공을 성취할 수 있게 하기
• 학생들, 특히 풀이 죽은 몇몇 경험을 하거나 일관된 글쓰기가 어려운 학생들이 빈 종이를 제출하는 것을 막기
• 어린이들에게 글쓰기 과제의 개요 제공하기

(EXEL, 1995)

EXEL 팀은 글쓰기 프레임을 사용한 교수 모형을 개발하였다(그림 5-31). 이 과정은 항상 토론 또는 교사의 모델링과 함께 시작해야 한다. 그리고 나서 협동(교사와 학생/모둠) 학습 활동으로 이동하며, 마지막으로 학생들은 글쓰기 프레임의 지원(비계 활동)을 받아 글쓰기를 한다. 글쓰기 프레임은 학생들이 수정하고 추가할 수 있는 초고라는 것을 명확히 해야 한다. 글쓰기 프레임의 목적은 이 과정의 마지막에서 학생들이 '독립적인' 글쓰기를 할 수 있는 자질을 향상시키는 것이다.

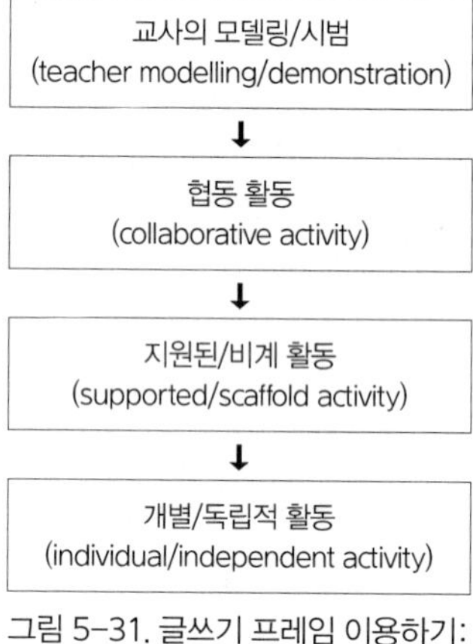

그림 5-31. 글쓰기 프레임 이용하기: 교수 모형

4) 수리력

지리는 상징적 표상으로서의 수와 밀접한 관련이 있는 교과이다. 중등학교 교과서를 보면, 지리가 얼마나 수리적 지식과 관련된 교과서인가를 알 수 있다. 실제로 지리 교과서의 모든 부분이 수를 포함하고 있을 정도이다. 심지어 주제에 대한 질적 접근이라고 할지라도 수와 수학적 개념이 내재되어 있다. 학생들은 통계, 비율과 관련하여 다양한 수학적 개념과 접하게 된다. 게다가 지도와 그래프에는 지리탐구를 위한 수와 기호가 통합되어 있다. 즉 학생들은 데이터를 시각적으로 표상하고, 그것을 수를 활용해 2차적인 데이터로 해석한다. 학생들은 지도와 그래프를 사용하기 위해 좌표와 축척에 대해 이해해야 한다.

지리교사들은 수를 사용할 때 언제나 실제적인 것으로 만들 필요가 있다. 수를 실제적인 것으로 만드는 것은, 수를 학생들의 기존의 지식과 경험 또는 그들이 묘사나 유추를 사용하여 관찰하거나 상상할 수 있는 것에 관련시키는 것을 포함한다. 예를 들면, 사람들의 수는 학교, 학교가 위치한 타운이나 도시에 있는 사람들의 수와 관련될 수 있다. 거리는 학교와 특별한 장소와의 거리라는 용어로

설명될 수 있고, 킬로미터와 이 거리를 상이한 형태의 교통수단을 사용하여 이동하는 데 걸리는 시간으로 고려될 수 있다. 특히 수를 실제적인 것으로 만들 때, 비율의 정확성을 가지도록 하는 것이 중요하다. 학생들은 수와 측정 단위의 의미를 알 수 있을지 모르지만, 그들이 마주치는 특별한 수들이 높은지 낮은지 알지 못할 수도 있다. 예를 들면, 1인당 평균 칼로리와 관련한 수의 범위를 강조하기 위해서는 어떤 시각적 표상으로 묘사된 높고 낮은 디스플레이 차트를 만드는 것이 효과적이다.

만약 학생들이 숫자가 실제적으로 실제 세계에서 표상하는 것을 알지 못한다면, 학생들로 하여금 GNP, 출생률, 사망률, 연강수량 등과 관련한 자료를 사용하도록 기대할 수 없다. 수를 실제적으로 만들기 위해 교사들은 학생들의 마음을 들여다볼 필요가 있다. 그들은 학생들이 알고 싶어하고, 이해하고 싶어하고, 우연히 만나게 되는 것을 알 필요가 있다. 대부분의 학생들은 자신의 경험과 다른 사람의 경험, 미디어, 형식적인 교육으로부터 얻은 지리를 인식하고 있다. 예를 들면, 인구(평균수명, 총인구수, 인구밀도, 인구이동 수), 기후(최고기온, 최저기온, 기후그래프), 물을 포함한 에너지 이용률, 관광객 수 등이 있다.

지리수업에서 양적 데이터를 효과적으로 이용하기 위해서는 분류가 필요하다. 다시 말하자면 순위를 매기거나, 목록과 하위 목록으로 분류하는 것이다. 목록화 활동은 다양한 방식으로 이루어질 수 있다. 그리고 그래프(또는 지도)에 대해 말하는 활동은 그래프 또는 지도에 나타난 통계적 정보를 해석하는 학생들의 능력을 발전시킨다.

로버츠(Roberts, 2003)는 숫자를 실제적으로 만들기 위한 지리탐구 전략으로 똑똑한 어림짐작(intelligent guesswork), 최고와 최악(best and worst), 활동적인 숫자(active numbers)를 제시한다.

똑똑한 어림짐작은 동기유발을 위한 활동이다. 학생들은 실제로 완전한 정보를 제공받기 전에 통계적 정보와 관련하여 추측을 한다. 대부분의 학생들은 자신의 경험, 다른 사람, 미디어, 공식적인 교육을 통해 많은 지리적 양상에 대해 어느 정도 인식하고 있기 때문에 똑똑한 어림짐작 활동이 가능하다(표 5-39).

최고와 최악 활동은 수치 데이터의 공부를 통해 살기 좋은 최고의 장소는 어디이며, 최악의 장소는 어디인가?와 같은 활동을 하는 것이다(표 5-40).

마지막으로 활동적인 숫자는 상징적 표상인 숫자를 교실에서 행동적 표상으로 시연해 보이는 것이다. 즉 이 활동이 수업에서 의미하는 것은, 숫자가 숫자를 표상하는 학생들과 함께 행동으로 시연된다는 것이다. 이와 관련한 실제 활동 사례는 로버츠(Roberts, 2003)를 참고하라.

표 5-39. 똑똑한 어림짐작 활동 사례

(a) 절차

1. 학생들은 탐구활동의 초점을 소개받는다. 학생들은 몇몇 요소가 빠진 정보, 예를 들면 특별한 지표에 대해 수치가 없는 국가 목록을 제공받는다. 교사는 정보가 당혹함의 요소를 불러일으키고 호기심을 유발하도록 하는 태도를 보일 필요가 있다(예를 들면, 나는 …인지 궁금해? 나는 x를 위한 수치가…와 비슷할지 궁금해? 나는 네가 어떻게 추측할지 정말로 알고싶어).
2. 학생들은 개별적으로 또는 짝으로 활동한다. 학생들은 수치 또는 순위를 추정하고 그것들을 기록하는 똑똑한 어림짐작을 한다.
3. 전체 학급 토론: 어림짐작 공유하기. 교사는 어림짐작이 옳은지 틀린지에 대한 논평 없이 모든 어림짐작을 수용한다. 교사는 호기심 있는 태도를 취한다(나는 그것이 정답일지 궁금해. 다른 사람들은 어떻게 생각할까?).
4. 전체 학급 토론: 사고를 탐색하기. 교사는 어림짐작 배후에 놓여 있는 사고를 탐색한다(이것은 흥미 있다. 너는 그러한 숫자를 어떻게 선택했니? 너는 그것에 관해 어떻게 확신하니? 다른 사람들은 어떻게 생각할까?). 사고의 배후에 놓여 있는 이유는 칠판에 요약될 수 있다. 수업의 이러한 수업과정을 통해 학생들이 그들의 지식과 지리적으로 추론하고 있는 방법을 알 수 있다. 오개념도 종종 나타나며, 이것들은 수치가 드러날 때 또는 이후의 탐구 활동에서 알게 된다.
5. 정답 제시: 교사는 학급 학생들에게 '정답'을 알기를 원하는지를 물어본다. (그들은 항상 알기를 원한다) 교사는 데이터를 제공하고 학생들은 이것을 그들의 어림짐작 옆에 쓴다.
6. 결과보고(debriefing): 너는 어떤 수치를 맞추었니? 너는 왜 이것이라고 생각하니? 어떤 수치가 놀라웠니? 왜? 이들 숫자에 대한 너의 설명 중에서 어떤 것이 가장 그럴 듯한 것 같니?

(B) 과제 시트

표에 있는 각 국가에 대해 평균기대수명을 추정하고, 2번째 칸에 그 수치를 적어라.

- 여러분의 어림짐작에 따라 이들 16개 국가의 평균기대수명의 순위를 제시하라. 3번째 칸에 평균기대수명이 가장 높은 국가에 대해서는 1을 적고, 두 번째로 가장 높은 국가에 대해서는 2를 적어라.
- 1위와 2위인 국가명에 밑줄을 그어라.
- 15위와 16위인 국가명에 다른 색깔로 밑줄을 그어라.

1. 국가명	2. 평균기대수명	3. 순위
오스트레일리아		
방글라데시		
볼리비아		
브라질		
중국		
인도		
이탈리아		
자메이카		
일본		
말라위		
폴란드		
사우디아라비아		
남아프리카공화국		
튀니지		
영국		
미국		

(C) 평균기대수명: 16개 국가를 위한 데이터

1. 국가명	2. 평균기대수명	3. 순위
오스트레일리아	80	=2
방글라데시	59	11
볼리비아	63	10
브라질	69	=9
중국	71	9
인도	69	=9
이탈리아	80	=2
자메이카	75	5
일본	81	1
말라위	38	13
폴란드	74	6
사우디아라비아	72	=7
남아프리카공화국	51	12
튀니지	72	=7
영국	78	3
미국	77	4

출처: Population Reference Bureau wall chart(2002)

(Roberts, 2003)

표 5-40. 최고와 최악 활동 사례

(a) 제안된 절차

시작: 동기유발하기(브레인스토밍 활동)
- 만약 당신이 다른 도시/다른 국가에 살아야 한다면, 어디에 살고 싶은가?
- 이들 장소는 왜 살기에 좋은 장소일까?
- 당신은 기관들, 예를 들면, 국제연합(사례 b)에 의해 선정된 장소들의 목록에 동의하는가?

데이터 사용하기: 준거 결정하기
- 학생들은 준거 목록을 공부하고, 그들에게 가장 중요한 5가지 준거를 결정한다.

데이터 이해하기: 순위 매기기

탐구의 이 부분은 컴퓨터의 데이터베이스에 있는 정보를 사용하여 수행될 수 있거나 통계, 지도책, 지도 등을 사용할 수 있다. 학생들의 과제는 다음과 같다.
- 각각의 준거에 따라 주어진 장소의 목록을 순위화하기
- 합계를 얻기 위해 순위의 숫자를 합산하기
- 그들의 최고와 최악의 장소를 구체화하기
- 그들의 최고와 최악의 장소를 지도에서 위치 찾기
- 최고와 최악의 장소에 대한 세부사항을 가지고 지도에 주석 달기

학습에 대한 반성: 결과보고(debriefing)
- 어떤 장소들이 최고와 최악 장소로 나타났는가?(가능하면 큰 지도에서 위치를 찾아라)
- 만약 이들 장소에 대한 또 다른 순위가 있다면(예를 들면, 국제연합에 의한), 순위를 어떻게 비교할까?(다른 순위를 보여 주어라)

• 최고와 최악의 장소의 분포에 어떤 패턴이 있는가?
• 이들 장소에 관한 수치는 전체적인 이야기를 들려주는가? 이들 최고의 장소들에서 살기에 좋지 않도록 하는 것들이 있는가? 이들 최악의 장소들에서 살기에 나쁘지 않도록 하는 것들이 있는가?

(b) 사례

인간개발지수(Human Development Index)(평균기대수명, 교육, 국내총생산에 근거한)에 따라 세계에서 살기에 최고와 최악의 국가들의 순위

최고 10개 국가		최악 10개 국가	
1	노르웨이	164	말리
2	스웨덴	165	중앙아프리카공화국
3	캐나다	166	차드
4	벨기에	167	기니비사우
5	오스트레일리아	168	에티오피아
6	미국	169	부르키나파소
7	아이슬란드	170	모잠비크
8	네덜란드	171	부룬디
9	일본	172	니제르
10	핀란드	173	시에라리온

출처: UNDP, 2002

(Roberts, 2003)

5) 슬레이터의 기능 분류: 지적 기능, 사회적 기능, 실천적 기능

슬레이터(Slater, 1993)는 지리탐구 학습에 있어서 질문, 자료, 일반화를 강조한다. 특히 그녀는 학습 과제에 자료의 수집과 처리 방법을 적용하는 기능을 연습해야 한다고 주장한다. 그녀는 이러한 자료를 처리하기 위한 기능을 표 5-41과 같이 지적 기능(intellectual skills), 사회적 기능(social skills), 실천적 기능(practical skills)으로 구분한다. 이러한 목록들은 지리학습을 통해서 학생들이 길러야 할 중요한 기능들로 균형 있게 성취되어야 한다. 그러나 우리나라를 비롯하여 대부분의 학교에서는 지적 기능에 대한 강조에 치우친 나머지, 사회적 기능과 실천적 기능에 대한 학습에 소홀히하는 면이 많다. 최근에는 지적 기능 중에서도 고차적인 사고기능에 대한 강조와 더불어, 특히 사회적 기능에 대한 강조가 증가하고 있다.

표 5-41. 자료처리의 기능/전략/과제 목록

지적 기능(intellectual skills)	사회적 기능(social skills)	실천적 기능(practical skills)
• 지각과 관찰 • 기억과 회상 • 수업/정보의 이해 • 정보의 구조화, 분류, 조직 • 질문 제기와 가설 설정 • 정보와 사고의 응용 • 정교화와 해석 • 분석과 평가 • 파악과 종합 • 논리적으로, 확산적으로 상상력을 동원하여 사고하기 • 비판적이고 성찰적으로 사고하기 • 일반화, 문제해결, 의사결정 • 태도와 가치의 명료화 • 사실, 사고, 개념, 주장, 결과, 가치, 의사결정, 느낌에 대하여 의사소통하기	• 다른 사람과 의사소통하고 계획 세우기 • 집단 토론에 참여하기 • 다른 관점과 의견에 귀 기울이기 • 역할을 맡기 • 감정이입하기 • 독자적으로 작업하기 • 다른 사람을 도와주기 • 집단을 이끌기 • 야외조사나 연구조사에 참여하기 • 선택과 구별하기 • 책임감을 갖고 예의바르게 행동하기 • 학습에 대한 책임감을 받아들이기 • 학습과제를 착수하고 조직하기	• 말하기, 읽기, 쓰기, 그리기, 행동하기 • 도구와 장비 다루기 • 책과 학습자료 찾기 • 도시 골목 걷기 • 지도를 사용하기 • 야외조사(답사)를 조직하기 • 벽면에 전시할 내용을 준비하기 • 설문조사를 실시하기 • 도시 계획 담당자와 인터뷰하기 • 그래프 작성하기 • 사진 촬영하기 • 건물을 스케치하기 • 통계를 제시하기 • 보고서 작성하기

(Slater, 1993: 62)

6) 사고기능과 사회적 기능

표 5-41의 지적 기능 중에서 지각과 관찰, 기억과 회상, 수업/정보의 이해를 제외하면 대부분이 고차적인 사고기능에 해당된다. 이러한 고차적인 사고기능은 지리교육에서 1990년대 이후 구성주의 학습의 도입과 함께 강조되고 있다. 우리나라의 교육과정도 마찬가지이며, 특히 2009 개정 사회과 교육과정의 사회, 한국지리, 세계지리의 목표와 평가에서도 고차사고기능과 사회적 기능에 대해 강조하고 있다(표 5-42). 한편 영국의 국가교육과정에서는 특히 명시적으로 사고기능에 대한 학습을 강조하고 있다. 영국 국가교육과정은 표 5-43과 같은 방식으로 사고기능(Thinking Skills)을 정의하고 범주화하고 있다. 사고기능을 사용함으로써 학생들은 '무엇을 아는 것(knowing what)'뿐만 아니라 '방법을 아는 것(knowing how)', 즉 학습하는 방법을 학습하는 것(learning how to learn)에 초점을 둘 수 있다. 표 5-43의 사고기능들은 핵심기능(Key Skills)을 보완하며, 국가교육과정 속에 뿌리내려져 있다.

최근 많은 국가에서 사고기능과 창의성 그리고 감성적 학습을 강조하고 있다. 많은 교육학자 및 심리학자들은 감성적 추론(emotional reasoning)과 인지적 추론(cognitive reasoning)의 결합을 통해, 보다 심층적이고 장기적인 학습이 일어난다고 주장한다(Martin, 2006).

1990년대 후반에 뉴캐슬대학교의 데이비드 리트(David Leat)는 지리교수와 관련된 사고기능 접근

표 5-42. 2009 개정 지리교육과정에 나타난 고차사고 기능

구분		고차사고 기능
중학교 사회	목표	사회 현상과 문제를 파악하는 데 필요한 지식과 정보를 획득, 분석, 조직, 활용하는 능력을 기르며, 사회생활에서 나타나는 여러 문제를 합리적으로 해결하기 위한 탐구 능력, 의사 결정 능력 및 사회 참여 능력을 기른다.
	평가	기능 영역의 평가에서는 지식의 습득과 민주적 사회생활을 하는 데 필수적인 정보의 획득 및 활용 기능, 탐구 기능, 의사 결정 기능, 집단 참여 기능을 측정하는 데 초점을 둔다.
한국지리	목표	국토 공간 및 자신이 살고 있는 지역의 당면 과제를 인식하고, 이를 합리적으로 해결할 수 있는 지리적 기능 및 사고력, 창의력 그리고 의사 결정 능력을 기른다. 일상생활에서 접하게 되는 다양한 지리 정보를 선정, 수집, 분석, 종합하고, 이를 일상생활과 여가 등에 활용할 수 있는 능력을 기른다.
	평가	기능 영역은 지리적 현상을 이해하는 데 필요한 각종 자료와 정보를 수집, 비교, 분석, 종합하는 능력과 함께 지도, 도표, 사진, 컴퓨터 등을 이용하여 표현할 수 있는 능력을 평가하도록 한다. 단순한 지리적 사실을 묻기보다는 문제 해결력, 사고력, 창의력을 측정할 수 있는 다양한 형식의 평가를 실시한다.
세계지리	목표	세계 여러 지역에 대한 지리 정보를 수집, 분석, 평가하고, 그 지역에 대한 주제를 선정하고 탐구하는 능력을 기른다. 아울러 수집, 분석된 지리 정보를 도표화, 지도화하는 능력을 함양한다.
	평가	기능 영역의 평가에서는 지역과 관련되는 각종 지리적 정보의 수집, 비교, 분석, 종합, 평가, 적용 능력을 평가한다.

에 관한 연구 프로젝트를 실시했다. 그 결과물이 리트(Leat, 1998)가 편저한 『지리를 통해 사고하기(Thinking Through Geography)』이다. 이 책에서는 비판적 사고기능과 창의적 사고기능을 함께 다루고 있으며, 사고기능을 학습할 수 있는 8가지 수업전략을 제시하고 있다(조철기 역, 2013 참조). 한편 리트(Leat, 1998)는 사고기능 접근이 전체 교육과정을 구성할 수는 없다고 주장한다. 즉 사고기능 접근이 중요하고도 긴요하지만, 모든 교육적 병폐에 대한 만병통치약은 아니라는 것이다.

사고기능에 대한 강조와 더불어, 사회적 기능에 대한 관심도 높아지고 있다. 리드비터(Leadbeater, 2008, 147)는 현재 학교들이 성장하고 있는 어린이들과 세계에 적합한 교육을 하지 못한다고 비판한다. 그에 의하면, 모든 것이 언제 어디서나 이루어질 수 있는 24/7(매일매일)의 세계에서, 학교들은 엄격한 학년, 학기, 시간표와 함께 작동한다. 이러한 학교 체제는 대부분의 사람들이 동일한 장소에서 동일한 과업을 동시에 수행할 때는 의미가 있을 수 있었지만, 점점 다른 시간과 장소에서 사람들이 일하게 되면서 그 의미가 줄어들고 있다. 이제 학교는 혁신이 필요한 경제에서 학습을 위한 장소가 되어야 한다. 전통적인 학교는 개인적인 창의력과 협동적 문제해결을 거의 격려하지 못했기 때문에, 학습은 실제 세계의 경험과 격리되었다. 전통적인 학교에서의 교수는 인지적 기능(cognitive skill) 또는 하드 스킬(hard skill)에 과도하게 초점을 두는 반면, 사회성(sociability), 팀워크(teamwork), 상호존중(mutual respect)과 같은 소프트 스킬(soft skills)에는 거의 초점을 두지 않았다.

지식은 시간의 흐름에 따라 천천히 축적되는 안정적인 것이 아니다. 지식은 점점 최종 산출물이기

표 5-43. 영국 국가교육과정에서의 사고기능

정보처리기능	정보처리기능은 학생들로 하여금 관련 정보의 위치를 파악하고 수집하며, 분류하고, 순서화하며, 비교하고, 대조하며, 부분/전체 관계를 분석하도록 할 수 있다.
추론기능	추론기능은 학생들로 하여금 의견과 행동을 위한 이유를 제공하고, 유추(귀납적 추리와 연역적 추리)하고, 그들이 생각한 것을 설명하기 위해 정확한 언어를 사용하고, 이유 또는 증거에 입각한 판단과 결정을 하도록 할 수 있다.
탐구기능	탐구기능은 학생들로 하여금 적절한 질문을 하고, 문제를 제기하고 규정하며, 무엇을 할 것이며 어떻게 조사할 것인지를 계획하고, 결과를 예측하고 결론을 예상하며, 결론을 검증하고 아이디어들을 개선하도록 할 수 있다.
창의적 사고기능	창의적 사고기능은 학생들로 하여금 아이디어들을 생성하고 확장하며, 가설을 제시하고, 상상력을 적용하며, 대안적인 혁신적 결과들을 찾도록 할 수 있다.
평가기능	평가기능은 학생들로 하여금 정보를 평가하고, 그들이 읽고 듣고 행한 것의 가치를 판단하고, 자신 또는 다른 사람들의 활동 또는 아이디어들의 가치를 판단할 준거를 발달시키고, 그들의 판단에 확신을 가지도록 할 수 있다.

(DfEE, 1999: 23-24; Leat, 1998)

보다 오히려 과정으로 간주된다. 지식은 수행적이며, 개별 전문가들의 소유물이라기보다는 오히려 집합적으로 생산된다. 또한 '만약을 위해서(just-in-case)'라는 원리보다는 오히려 '알맞은 때에(just-in-time)'의 원리에 개발되며, 동적이고 변화한다. 이러한 지식과 학습에 관한 새로운 관점은 교육이 무엇(what)보다는 어떻게(how)와 더 관련되어야 한다는 것을 시사한다. 이것은 문제해결(problem-solving), 사고기능(thinking skills), 메타인지(meta-cognition) 또는 '학습하는 방법을 배우기(learning how to learn)'와 같은 고차적인 인지적 기능(higher order cognitive skills)의 발달을 요구한다. 게다가 지식이 집합적으로 구성된다는 것은 팀워크(teamwork), 감정이입(empathy), 협력(cooperation)과 같은 소프트 스킬(soft skills)의 습득을 요구한다.

7) 역량

램버트와 모건(Lambert and Morgan, 2010)에 의하면, 이러한 지식기반 사회에서는 지리 교과를 통한 교수·학습이 일련의 역량(competence)에 근거해야 한다. 즉 지리교육과정은 학생들이 디지털 및 지식 경제에서 성공하기 위해 요구되는 기능 또는 역량을 중심으로 설계되어야 한다. 그리고 이러한 역량은 대개 전통적인 교육과정 지식보다는 오히려 새로운 자본주의 문화에서 생존하기 위해 요구되는 소프트 스킬(soft skills)과 관련된다. 이러한 역량 중심의 교육과정을 실현하기 위한 프로젝트로서 대표적인 것은 영국 RSA의 〈Opening Minds〉 프로젝트로, 현재 영국의 200개 이상의 학교가 참여하고 있다. 〈Opening Minds〉 접근은 교과 영역들의 재편성을 비롯하여, 학생들이 일련의 경험을 통해 습득해야 할 역량에 초점을 두고 있다. 〈Opening Minds〉는 교육과 교육과정에 관해 사고하는 혁신적이고 통합적인 방법들을 촉진한다. 교사들은 5가지의 핵심역량(key competences)의 발달에 근거하여 자신의 학교를 위한 교육과정을 설계하고 개발한다. 여기서 5가지 핵심역량이란 시민성(citizenship), 학습(learning), 정보 관리하기(managing information), 사람들과 공감하기(relating to people), 상황 관리하기(managing situations) 등이다. 역량기반 접근(competence based approach)은 학생들이 단지 교과 지식을 습득하도록 하는 것이 아니라, 그것을 보다 넓은 학습과 생활의 맥락 내에서 사용하고 적용하도록 할 수 있다. 그것은 또한 학생들에게 상이한 교과 영역들을 연결하고 지식을 적용할 수 있도록, 학습에 대한 더 전체적이고 일관성 있는 방법을 제공한다.

제3장에서도 언급했듯이, 역량기반 교육과정은 최근 선진국을 중심으로 국가 및 주 수준의 교육과정에서 실시되고 있다. 특히 캐나다 퀘벡주의 경우 범교과 핵심역량뿐만 아니라, 교과별 핵심역량을 별도로 제시하고 있다. 범교과 핵심역량은 정보 사용하기, 문제해결하기, 비판적인 판단력 행사하기, 창의력 발휘하기 등과 관련되는 지적 역량, 효과적인 작업 방법 선택하기와 ICT 활용하기에 관련성을 갖는 방법적 역량, 정체성 형성하기와 협동하기로 이루어지는 개인적·사회적 역량, 의사소통 관련 역량 등 4가지로 구성된다. 한편 지리 과목의 핵심역량은 영역의 조직 이해하기(understands the organization of a territory), 영역적 쟁점 해석하기(interprets a territorial issue), 글로벌 시민성에 대한 의식 구성하기(constructs his/her consciousness of global citizenship) 등 3가지로 구성되어 있으며, 이들은 범교과 핵심역량과 연계된다.

연습문제

1. 학습 스타일의 유형을 제시하여 설명하고, 자신의 학습 스타일은 어디에 해당하는지 설명해 보자.

2. 학습의 관점에서 본 지식의 유형을 제시하여 설명하고, 최근 강조되고 있는 지식에 대한 관점을 설명해 보자.

3. 최근 지리학습에서 강조되고 있는 개념, 핵심개념, 조직개념에 대해 사례를 들어 설명해 보자.

4. 지리학습에서 나타날 수 있는 오개념의 원인, 유형별 사례, 해결 방안에 대해 설명해 보자.

5. 지리학습을 위한 기능의 유형을 분류하여 설명한 후, 특히 최근 교육에서 강조되고 있는 소프트 스킬과 핵심 역량에 대해 설명해 보자.

6. 지리학습을 위해 학생들에게 요구되는 의사소통 능력에 대해 설명해 보자.

7. 지리도해력이란 무엇이며, 왜 학생들의 지리학습에 있어서 중요하게 다루어져야 하는지에 대해 설명해 보자.

8. 다음 용어 및 개념에 대해 설명해 보자.

조절자, 확산자, 수렴자, 동화자, 선언적 지식, 절차적 지식, 조건적 지식, 사실적 지식, 개념적 지식, 메타인지적 지식, 무기력한 지식, 강력한 지식, 핵심개념, 조직개념, 선개념, 오개념, 대안적 개념화, 개념 변화, 문해력, 도해력, 수리력, 구두표현력, 지적 기능, 사회적 기능, 실천적 기능, 사고기능, 창의적 사고, 비판적 사고, 정보처리기능, 추론기능, 탐구기능, 평가기능, 문제해결력, 의사결정력, 소프트 스킬, (핵심)역량, 심상지도, 기능적 문해력, 문화적 문해력, 비판적 문해력, 교실 생태학, 버즈 모둠, 직소 모둠, 눈덩이토론, 3인조 듣기, 텍스트 관련 지시활동, 의사전달적 글쓰기, 표현적 글쓰기, 시학적 글쓰기, 청중중심 글쓰기, 글쓰기 프레임

임용시험 엿보기

1. 김 교사는 학생들이 자연제방에 대해 오개념(misconception)을 갖고 있다는 것을 알고 다음과 같이 수업을 진행하였다. ㉠~㉤에 대한 설명으로 적절하지 않은 것은? **[2.5점]**

(2009학년도 중등임용 지리 1차 4번)

> 김 교사는 ㉠학생들에게 자신이 생각하고 있는 자연제방의 모식도를 그려보게 하였다. ㉡3~4명의 소집단을 구성하여 학생들이 그린 모식도를 서로 비교해 보도록 하였다. 대부분의 학생들은 김 교사가 예상한 대로 ㉢하천의 양안을 따라 좁고, 길게 발달한 모양의 자연제방을 그렸다. 특히, 그 모양은 하천과 배후습지 사이에 위치한 볼록[凸]지의 모습이었다. ㉣김 교사는 학생들에게 자연제방을 찍은 여러 장의 사진을 보여 주고, ㉤사진에서 자연제방을 찾아 그 특징을 설명해 보도록 하였다. 마지막으로 김 교사는 그동안 학생들이 자연제방에 대해 잘못 알고 있었던 부분을 명확하게 지적하고 설명하였다.

① ㉠: 학생들의 자연제방에 대한 선지식을 확인하기 위해 도해적으로 표현하게 한 것이다.

② ㉡: 학생들 간에 자연제방에 대한 이해 수준이 다르다면 상호작용을 통해 자연제방에 대한 오개념이 수정될 수 있다.

③ ㉢: 자연제방에 포함된 '제방'이라는 일상적 용어와 교과서, 참고서에 자주 등장하는 과장된 모식도가 학생들의 오개념 형성에 영향을 주었을 것이다.

④ ㉣: 학생들의 자연제방에 대한 선지식과 상충되는 사진을 제시하여 인지적 갈등을 유발하는 것이 목적이다.

⑤ ㉤: 교사가 보여 준 사진 속의 자연제방은 자연제방에 대한 학생들의 사적지리를 대표한다.

2. 다음은 지리수업에 활용되는 자료에 대한 설명이다. (가)와 (나)에 해당하는 표현 방식은 〈보기 A〉에서, (다)와 (라)에 해당하는 기능 유형은 〈보기 B〉에서 골라 바르게 연결한 것은?

(2012학년도 중등임용 지리 1차 1번)

> 지리수업에서 활용되는 자료는 대부분 (가)<u>인쇄된 단어나 글자와 같은 문자적 형태를 띠거나, 숫자나 통계와 같은 수치적 형태</u>를 띠고 있다. 전자의 사례로는 신문, 잡지, 소설 등이 있으며, 후자의 사례로는 총인구수, 인구 밀도, 출생률, 사망률, 연평균기온, 연평균 강수량 등이 있다. 특히 후자의 경우 다양한 기호와 결합되어 (나)<u>지도, 그래프, 단면도, 다이어그램 등의 형태</u>로 표현된다. 이에 따라 지리학습에서는 (다)<u>지리적 정보를 점, 선, 면을 이용하여 그래픽 형태로 전환하는 능력</u>과 (라)<u>그래픽 형태로 제시된 표현을 해석하는 능력</u>을 중시하고 있다.

〈보 기 A〉

ㄱ. 영상적 표현 방식(iconic representation)
ㄴ. 행동적 표현 방식(enactive representation)
ㄷ. 상징적 표현 방식(symbolic representation)

〈보 기 B〉

a. 사회적 기능(social skills)
b. 실천적 기능(practical skills)
c. 인지적 기능(intellectual skills)

	(가)	(나)	(다)	(라)
①	ㄱ	ㄴ	a	b
②	ㄱ	ㄷ	b	c
③	ㄴ	ㄷ	a	b
④	ㄷ	ㄱ	b	c
⑤	ㄷ	ㄱ	c	a

3. (가), (나)의 예시로 적합한 것을 〈보기 A〉에서, (다), (라)가 나타내는 지식의 종류를 〈보기 B〉에서 알맞게 고른 것은? **[1.5점]** (2009학년도 중등임용 지리 1차 13번)

> 예비교사인 명희는 교육실습 중 자신이 가르친 「관광자원이 풍부한 관동 지방」 단원의 수업 녹화 테이프를 분석한 후 자신이 사용한 질문의 유형을 분석하였다. 분석 결과, 명희는 수업시간에 (가)<u>개방적 질문</u>은 전혀 사용하지 않았으며, (나)<u>폐쇄적 질문</u>에만 의존하여 수업을 진행하였다는 것을 알게 되었다. 명희는 (다)<u>폐쇄적 질문에 비해 개방적 질문이 학생들의 발산적 사고를 촉진한다는 사실</u>을 깨닫고 다음 수업에서는 개방적 질문을 많이 활용해야겠다고 생각했다. 그러나 다음 수업에서도 명희는 복잡하게 진행되는 (라)<u>수업환경에서 언제 개방적, 혹은 폐쇄적 질문을 던지는 것이 효과적인지</u> 몰라 개방적 질문을 제대로 활용할 수 없었다.

〈보 기 A〉

ㄱ. 최한월 평균기온이 3℃ 상승하면 생활이 어떻게 달라질까?
ㄴ. 강원도에 새로운 스키장을 건설한다면 어디가 좋을까?
ㄷ. 기후 그래프에서 막대그래프가 나타내는 것은 무엇인가?

〈보 기 B〉

a. 명제(선언)적 지식 b. 방법(절차)적 지식
c. 상황(조건)적 지식

	(가)	(나)	(다)	(라)
①	ㄱ	ㄴ	a	b
②	ㄱ	ㄷ	a	c
③	ㄴ	ㄱ	b	a
④	ㄴ	ㄷ	b	c
⑤	ㄷ	ㄱ	c	a

4. (가)와 (나)는 박 교사가 지리수업에서 사용한 두 유형의 학습 활동지이다. (가)와 (나)에 대한 설명으로 옳지 않은 것은? (2011학년도 중등임용 지리 1차 7번)

(가)

1. 다른 지역이나 국가에서 온 자원 및 상품

	자원 또는 상품	생산지
식품		
의류		
기타		

1) 직접 그린 백지도에 생산지의 위치 표시하기
2) 백지도에 자원 또는 상품의 생산지 쓰기
3) 백지도에 우리 지역과 화살표로 연결하기

2. 우리 지역에서 다른 지역이나 국가에 판매하는 것

종류	자원 또는 상품

3. 지역과 국가가 물자 교류로 '상호의존'하는 까닭 정리하기

(나)

1. 초콜릿 포장지를 보고 원료와 상품이 생산된 지역 알아보기
   1) 원료산지와 생산지 찾기
   2) 지리부도를 이용하여 위치 확인하기
2. 초콜릿 생산에 숨어 있는 '관계' 살펴보기
   1) 코코아 생산지와 초콜릿 소비지 조사하기
   2) 자본가와 노동자의 관계 살펴보기
3. '착한 초콜릿'(공정무역)을 통해 새로운 '관계' 모색하기
   1) 공정무역의 의미 파악하기
   2) 착한 소비로 진정한 지구적 관계 맺기

① (가)는 (나)보다 지도 그리기 활동을 중시한다.

② (나)는 (가)보다 가치와 태도 영역을 중시한다.

③ (나)는 (가)보다 사례 학습을 통한 깊이 있는 학습이 용이하다.

④ (가)와 (나)는 다른 지역·국가 간의 연결을 강조한다.

⑤ (가)와 (나)에서 핵심개념(key concept)은 자원과 상품이다.

5. (가), (나)는 중학교 사회 1 교과서에 제시된 탐구활동 사례이다. 이에 대한 설명으로 옳은 것만을 〈보기〉에서 있는 대로 고른 것은? **[1.5점]** (2013학년도 중등임용 지리 1차 5번)

(가)

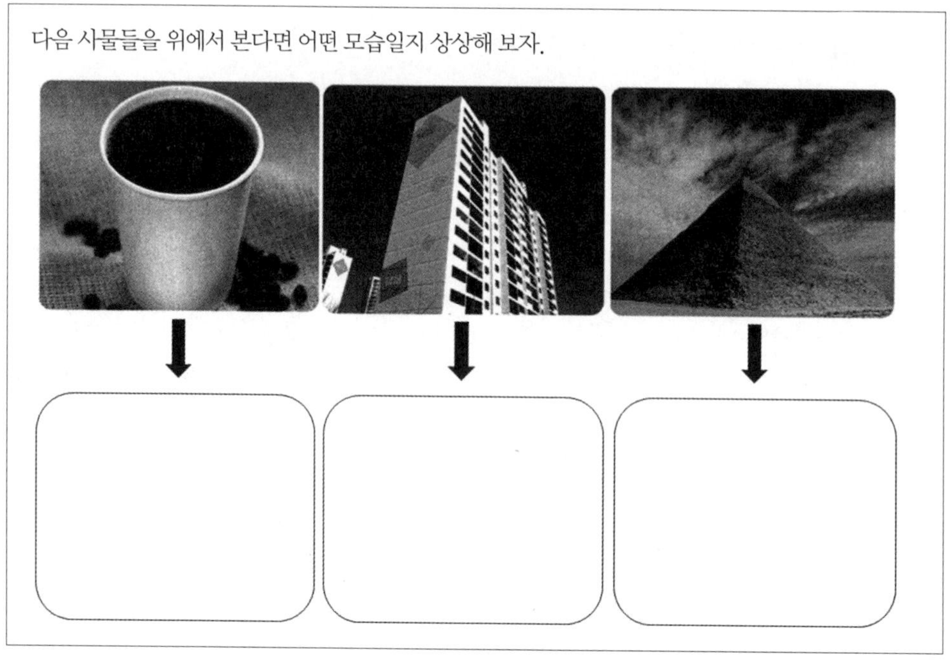

(나)

※ 다음 지도를 보고 활동해 보자.

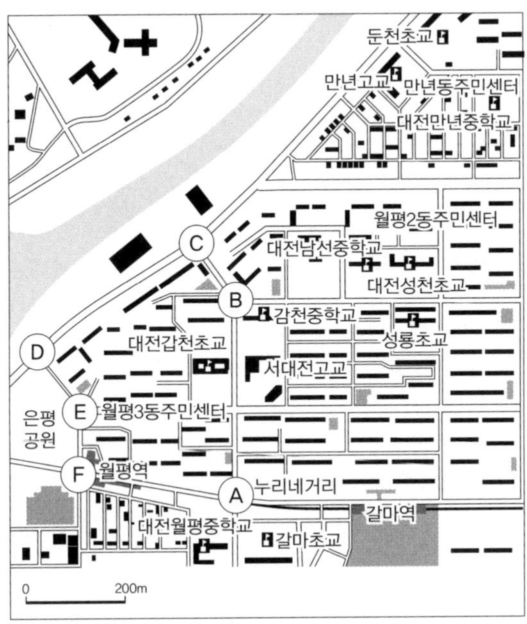

○ 이곳을 처음 방문한 친구가 A 지점에 있다고 가정하자. 친구는 휴대폰 통화에만 의지해서 B, C, D, E 지점을 지나 F 지점에 도달해야 한다. 친구에게 전화를 걸어 찾아오는 방법을 어떻게 설명할 수 있을지 생각해 보자.

〈보 기〉

ㄱ. (가)는 동일한 사물일지라도 보는 위치에 따라 형태가 다르게 보인다는 것을 알게 하는 활동이다.

ㄴ. (가)는 항공사진이나 입체지도를 읽는 데 도움을 줄 수 있는 사전 활동이다.

ㄷ. (가)는 (나)보다 정향능력(orientation ability)을 측정하는 데 적절한 평가도구이다.

ㄹ. (나)는 사물의 위치를 표현할 때 사용되는 방향과 거리에 대해 학습하는 활동이다.

① ㄱ, ㄴ ② ㄱ, ㄷ ③ ㄷ, ㄹ

④ ㄱ, ㄴ, ㄹ ⑤ ㄴ, ㄷ, ㄹ

6. 최 교사는 유럽 지역이 동부, 서부, 남부, 북부로 구분된다는 사실 자체보다는 왜 이렇게 구분하는지를 이해하고 나아가 그 구분의 타당한 준거를 제시할 수 있는 능력이 더 중요하다고 생각하였다. 이러한 사고를 바탕으로 다음과 같이 유럽 지역 단원 수업을 설계하였다.

(2006학년도 중등임용 지리 9번)

〈수업목표〉

- 유럽은 동부 유럽, 서부 유럽, 남부 유럽, 북부 유럽으로 구분된다.
- 유럽을 구분하는 준거와 방식이 다양함을 이해한다.
- 유럽은 자연환경과 인문환경의 특성에 따라 4개의 지역으로 구분할 수 있다.

〈수업 내용〉

- 유럽 지역을 4개의 지역으로 구분한 지도를 제시하고, 어떠한 기준으로 구분하였는지를 질문한다.
- 언어·종교·민족 분포도를 제시하고, 유럽 문화의 다양성을 설명한다.
- 유럽의 기후·식생 분포도를 제시하고, 지형 및 해양과의 관련성을 설명한다.
- 유럽의 농업 지역 구분도를 제시하고, 기후와의 관련성을 질문한다.

라일(G. Ryle)은 지식의 유형을 구체적 현상에 대한 지식(명제적 지식)과 이 지식을 어떻게 알게 되었는지에 대한 지식(절차적 지식)으로 구분하였다. 위 글을 바탕으로 최 교사가 생각하는 명제적 지식과 절차적 지식에 해당하는 사례를 각각 1가지씩 쓰시오. **[2점]**

• 명제적 지식: ______________________

____

• 절차적 지식: ______________________

____

문항 분석: 평가 요소 및 정답 안내

1번 문항

- 평가 요소: 오개념
- 정답: ⑤
- 답지해설: ⑤에서 ㉤은 학생들의 사적지리와 관계가 없다.

2번 문항

- 평가 요소: 브루너의 표현(표상) 방식의 세 가지 유형/지리적 기능의 세 가지 유형
- 정답: ④

3번 문항

- 평가 요소: 지리적 질문/지리적 지식
- 정답: ②

4번 문항

- 평가 요소: 수업설계(지식/기능/가치와 태도)
- 정답: ⑤
- 답지 해설: ⑤에서 (가)와 (나)에서의 핵심개념은 연결 또는 상호의존성(관계)이다.

5번 문항

- 평가 요소: 지도 읽기
- 정답: ④
- 보기 해설: ㄷ에서 (나)가 정향능력을 측정하는 데 적절한 평가도구이다.

6번 문항

- 평가 요소: 지식의 유형(명제적 지식과 절차적 지식)
- 정답: 유럽은 동부 유럽, 서부 유럽, 남부 유럽, 북부 유럽으로 구분된다./유럽은 자연환경과 인문환경의 특성에 따라 4개 지역으로 구분할 수 있다(분포도와 구분도를 이용).

제6장

지리교수

1. 교수 스타일
   1) 지리 14–18과 교수 스타일
   2) 로버츠의 교수 스타일 분류
2. 교사를 위한 전문적 지식
   1) 슐만의 교수내용지식(PCK)
   2) 엘바즈의 실천적 지식
   3) 쇤의 반성적 실천가로서의 교사
   4) 교과교육 전문가로서의 지리교사
3. 수업컨설팅과 수업비평
4. 쉐바야르의 교수학적 변환과 극단적 교수 현상
   1) 교수학적 변환
   2) 극단적 교수 현상

열정적인 교사는 가장 최신의 교수적 접근의 필요성을 인식할 뿐만 아니라, 채택하기를 원할 것이다. 그러한 접근은 학생들의 학습을 가장 효과적으로 자극하고 지원할 것이며, 목적에도 적합하고 교사의 도덕적 임무와도 관련된다(Day, 2004: 82; Lambert and Balderstone, 2010 재인용).

1. 교수 스타일

교수 전략을 선택하는 것은 내용을 선택하는 것만큼 중요하다(Slater, 1988: 55)

1) 지리 14-18과 교수 스타일

교수란 학생들이 학습을 효율적이고 성공적으로 수행할 수 있도록 도와주는 행위이다. 교사의 성공적인 교수는 저절로 이루어지는 것이 아니라 학습의 산물임을 잊어서는 안 된다. 교사는 학생들이 가장 효율적으로 학습할 수 있도록 수업 활동을 설계하는 방법을 배워야 한다. 그럼에도 불구하고, 일반적으로 교사들은 어떻게 가르칠 것인가에 대한 문제 인식보다는 무엇을 가르칠 것인가에 신경을 쓰는 경향이 있다(Roberts, 1996: 237). 이 두 가지는 경중을 따질 수 없을 만큼 중요하기 때문에, 둘 사이의 균형을 유지할 때 좋은 수업이 이루어질 수 있다.

교수법(pedagogy)이란 교사가 학생들로 하여금 학습하도록 가르치는 행위이다. 사실 교수법은 교사의 실천적 경험 또는 지식에 의존하는 경우가 많다(Kyriacou, 1986: 330). 그리고 예비교사 등과 같이 경력이 미미한 교사의 경우, 교수 경험이 풍부한 교사들에 의해 도움을 받을 수도 있다. 그러나 도움을 받는다 할지라도, 자신의 교수에 관해 생각하고 그러한 충고를 해석할 수 있는 구조틀을 발달시켜야 한다.

그러한 구조틀로서 유용한 것이 바로 교수 스타일(teaching style)이다. 교수 스타일이란 교사가 지리를 수업에서 어떻게 가르칠 것인가와 관련된다. 교수 스타일은 학생들이 지리를 학습하는 방법에 영향을 주기 때문에(Naish, 1988), 지리를 학습하는 학생들의 교육적 경험에 매우 중요한 영향을 미친다. 교사의 교수 스타일은 자신의 행동(학생들을 참여시키려고 하는 태도와 방법)과, 의도된 학습을 실현하기 위해 선택한 전략(strategy)에 의해 결정된다(Leask, 1995).

어떤 교사는 특정 교수 스타일과 전략이 자신의 개성과 교수 철학에 가장 적절하다고 생각할 수도 있지만, 다양한 교수 스타일과 전략을 개발하는 것이 중요하다. 왜냐하면 교사는 자신이 선호하는 교수방법뿐만 아니라, 학생들의 특성과 요구(태도, 능력, 선호하는 학습 스타일) 및 의도된 학습결과를 함께 고려해야 하기 때문이다. 교사는 수업을 위해 교수·학습에 관한 교수학적 지식(pedagogical knowledge), 수업 관리, 학습 환경, 학급 규모, 유용한 학습 자료 등을 결정해야 한다. 학생들이 처한 맥락 또한 다양하므로, 효과적인 수업을 위해서는 다양한 교수 스타일과 전략이 필요하다.

다양한 교수 스타일과 전략을 구분하는 데 사용되는 용어들이 항상 도움이 되는 것은 아니다. 예를 들면, 교수 스타일은 크게 진보적인 교수 스타일과 전통적인 교수 스타일로 구분된다. 그러나 이러한 용어는 가치함축적이고 매우 고정관념적이다. 일반적으로 진보적인 교수는 탐구중심이고, 학생중심이며, 문제해결과 관련되기 때문에 기대되고 좋은 것으로 간주된다. 반면에 진보적인 교수는 최근에 주목받기 시작하여 지적인 실체가 부족하다는 점에서 부정적인 것으로 간주되기도 한다. 한편 전통적인 교수는 구시대적이고, 독단적이며, 강의에 의존하고, 창의적 기회가 부족하다는 점에서 부정적인 것으로 간주된다. 그러나 학문적인 표준을 유지하는 데 신뢰할 수 있고 효과적이라는 점에서, 전통적 관점을 긍정적으로 바라보기도 한다. 이처럼 상이한 교수 스타일에 대한 장점과 단점에 대한 의견들은 다양하다. 실제로 교수 스타일의 장단점에 관한 이야기들은 단지 교사가 어떻게 가르칠지에 대한 부분적인 관점만을 제공한다.

한때 지리교육 연구에서는 상이한 교수 스타일과 학생들의 학습의 효과성 간의 관계에 초점을 두어 왔다. 이러한 연구들은 종종 특정 교수 스타일이 다른 교수 스타일보다 더 낫다고 평가하는 경향이 있었다. 왜냐하면 특정 교수 스타일이 더 효과적이라고 믿게 되거나, 로버츠(Roberts, 1996: 235)가 주장한 것처럼 그것이 연구자의 특정한 교육목적 및 철학에 더 관련되기 때문이다. 이러한 경향은 1970년대 이후 영국의 학교위원회(School Council)가 주도한 학교지리 프로젝트에서도 나타났는데, 이들 프로젝트에서는 특정한 교수 스타일을 지지하고 가치를 부여했다. 로버츠(Roberts, 1996)는 '조기에 학교를 떠나는 학생들을 위한 지리(GYSL)' 프로젝트를 렌윅(Renwick, 1985: 235)의 주장을 인용하여 다음과 같다고 주장한다.

> '조기에 학교를 떠나는 학생들을 위한 지리(GYSL)' 프로젝트는 강의 중심 교수방법으로부터 경험적 학습으로의 전환을 강조했다. … 이 프로젝트는 특히 교사에 의해 잘 구조화된 상황에서 발견/조사학습으로의 이동을 강조한다. 교사는 안내자와 자극자가 되도록, 그리고 전통적인 설명적 접근을 포기하고 더 개방적인 학습을 지지하도록 격려된다(Renwick, 1985: 235).

다음으로 '지리 14-18' 프로젝트(또는 Bristol Project, 성취수준이 높은 학생들을 위한 1970년대 학교위원회

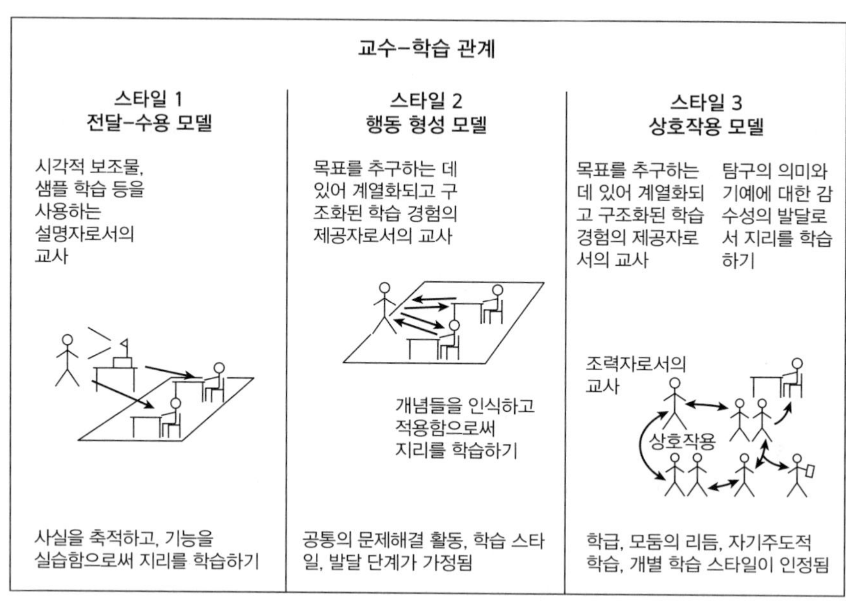
교수–학습 관계
스타일 1
전달–수용 모델
시각적 보조물, 샘플 학습 등을 사용하는 설명자로서의 교사
사실을 축적하고, 기능을 실습함으로써 지리를 학습하기
스타일 2
행동 형성 모델
목표를 추구하는 데 있어 계열화되고 구조화된 학습 경험의 제공자로서의 교사
개념들을 인식하고 적용함으로써 지리를 학습하기
공통의 문제해결 활동, 학습 스타일, 발달 단계가 가정됨
스타일 3
상호작용 모델
목표를 추구하는 데 있어 계열화되고 구조화된 학습 경험의 제공자로서의 교사
탐구의 의미와 기예에 대한 감수성의 발달로서 지리를 학습하기
조력자로서의 교사
상호작용
학급, 모둠의 리듬, 자기주도적 학습, 개별 학습 스타일이 인정됨

그림 6–1. 지리 교수·학습의 대안적 스타일

(Tolley and Reynolds, 1977: 27)

지리 프로젝트)는 교실에서의 지리 교수와 학습의 관계에 대한 3가지 스타일을 구체화하였다(그림 6–1). 이 3가지는 전달–수용 모델, 행동 형성 모델, 상호작용 모델로써, 특히 3번째 스타일인 상호작용 모델을 가장 선호했다. 이 프로젝트의 주요한 목적 중의 하나는 학교기반 교육과정 개발을 통해 교사의 교수 스타일에 영향을 주는 것이었다. 이 프로젝트는 전달–수용 모델과 행동 형성 모델(구조화된 학습 접근)의 단점을 강조한 반면, 의사결정 과정에서의 가치를 중시하면서 상호작용 모델에 내재된 심층적인 학습과정을 매우 강조하였다.

마지막으로 '지리 16–19' 프로젝트는 교수·학습에 관한 탐구기반 접근(enquiry based approach)을 사용했다. 탐구기반 접근은 단순히 조사하고, 결론을 내리며, 다른 사람들의 의견을 수동적으로 받아들이는 것이 아니다. 오히려 학생들에게 질문, 쟁점, 문제에 관해 능동적으로 탐구할 것을 요구한다(Naish et al., 1987: 45). 이 프로젝트는 교수·학습에 대한 접근의 연속체에 관심을 가지면서(그림 6–2), 교사에 의한 직접 교수와 독립적인 탐구의 균형을 제시하였다(Naish et al., 1987: 46). 특히 이 프로젝트의 탐구기반 학습은 구조화된 문제해결(structured problem solving)과 개방적인 발견(open–ended discovery)에 초점을 두었다(Naish et al., 1987: 45).

2) 로버츠의 교수 스타일 분류

교수 스타일과 이것이 실제로 교실 수업에서 실현되는 것 사이에는 간극이 있다. 교사는 교수 스타일과 전략에 관한 학습을 실천하며, 이를 비판적으로 분석해야 한다. 이를 위해 로버츠(Roberts, 1996)는 교수 스타일과 전략을 찾기 위한 상이한 구조틀을 제시했다. 그녀는 교사들이 반즈 외(Barnes et al., 1987)가 제시한 참여의 차원(닫힌, 구조화된, 협상된)을 자신의 교수 스타일로 구체화하고(표 6-1), 이를 교수 전략을 채택하기 위한 분석적 도구로 사용할 수 있다고 주장한다(Roberts, 1996, 238). 로버츠(Roberts, 1996)는 이러한 참여의 차원을 고찰한 후, 지리에서의 상이한 교수·학습 스타일을 분석하고 해석하는 데 사용할 수 있도록 표 6-2와 같은 구조틀을 만들었다. 교사들은 이 구조틀을 연구함으로써, 어떤 지리수업이 특정 교수·학습 스타일과 일치할 수 있는지를 생각할 수 있다.

먼저 교수·학습의 폐쇄적 스타일에서는 교사가 내용을 선정하고 그것이 학습자에게 제시되는 방법을 통제하기 때문에, 학습자들은 수동적이다. 이런 내용은 학생들이 학습해야 할 '권위적인 지식'으로 제공된다. 교사는 또한 이런 내용 또는 데이터를 조사하고 분석하는 절차와 방법을 미리 규정하여 결정한다. 학생들은 교과서와 활동지에 나타난 지시 또는 강의식 수업을 통해 제시된 지시를 따른다. 교사는 학습결과, 핵심 아이디어, 일반화를 미리 결정하여, 학생들로 하여금 타당한 결론으로 받아들이도록 한다.

둘째, 교수·학습의 구조화된 스타일(framed style)은 더 분명한 지리적 질문들에 의해 안내된다. 교사가 여전히 지리 학습과 탐구의 초점을 결정하지만, 학생들은 자신의 질문을 만들도록 격려받는다. 교사는 학생들에게 해결해야 할 질문 또는 문제를 제시함으로써 학습에 대한 동기를 유발한다. 교사

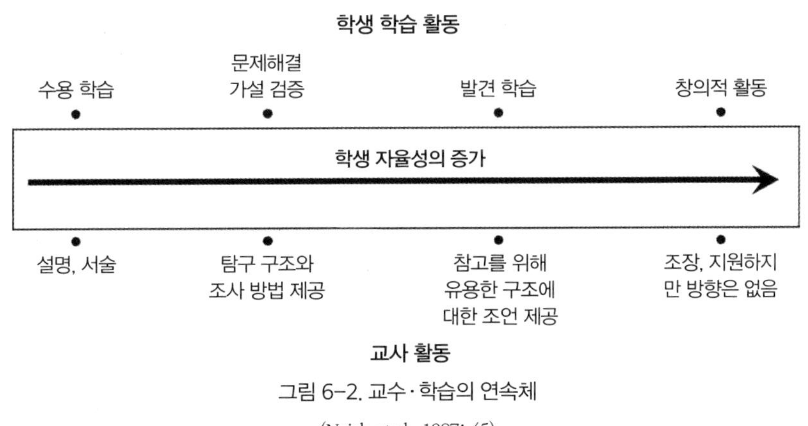

그림 6-2. 교수·학습의 연속체

(Naish et al., 1987: 45)

표 6-1. 참여의 차원

	닫힌(closed)	구조화된(framed)	협상된(negotiated)
내용	교사에 의해 견고하게 통제됨 협상의 여지가 없음	교사는 토픽, 준거틀, 과제를 통제한다. 즉 명료화된 준거	각 지점에서 논의됨. 즉 합의된 결정
초점	권위적인 지식과 기능. 즉 단순화하고 획일적인 지식과 기능	경험적인 검증, 교사에 의해 선택된 프로세서, 학생의 아이디어들에 대한 일부 합법화에 대한 강조	정당화와 원리 탐색, 학생의 아이디어들에 대한 강력한 합법화
학생들의 역할	수용, 통상적인 순서와 방법, 수행, 원리에 거의 접근할 수 없음	교사의 사고에 합류, 가설 설정, 검증 실시, 교사의 프레임 통제.	목적과 방법을 비판적으로 토론, 프레임과 준거를 위한 책임성 공유.
핵심개념	'권위': 적절한 절차와 정답	'접근': 기능, 프로세서, 준거에 대한	'적실성': 학생들의 우선순위에 대한 비판적 토론
방법	설명: 워크시트(닫힌), 노트 필기, 개별 연습, 판에 박힌 실천 활동. 교사는 평가한다.	제안을 끌어내는 토론과 함께 설명, 개별/모둠 문제해결, 제공된 과제 목록, 결과에 대한 토론, 그러나 교사는 심판을 본다.	목적과 준거에 관한 그룹 및 학급 토론, 의사결정. 학생들은 활동을 계획하고 수행하며, 발표하고, 성공 여부를 평가한다.

(Barnes et al., 1987)

표 6-2. 지리 교수·학습 스타일을 찾기 위한 구조틀

	닫힌	구조화된	협상된
내용 (content)	교사에 의해 선택된 탐구에 초점	주제 내에서 학생들에 의해 선택된 탐구에 대한 초점(예를 들면, 어떤 화산을 학습할 것인지를 선택하기)	학생은 탐구의 초점을 선택한다(예를 들면, 어떤 경제적으로 덜 발달한 국가(LEDC)를 조사할 것인지를 선택하기).
질문 (questions)	교사에 의해 선택된 탐구 질문과 하위질문	교사는 활동을 계획하여 학생들이 질문과 하위질문을 구체화할 수 있도록 한다.	학생들이 질문을 고안하고 질문을 조사하기 위한 방법을 계획한다.
데이터 (data)	교사에 의해 선택된 모든 데이터. 데이터는 권위적인 증거로 제시된다.	교사는 다양한 자료들을 제공하고, 학생들은 명백한 준거를 사용하여 그것들로부터 적절한 데이터를 선정한다. 학생들은 데이터에 질문하도록 격려받는다.	학생들은 학교 안팎에서 데이터의 출처를 찾고, 출처로부터 적절한 데이터를 선별한다. 학생들은 데이터에 대해 비판적이도록 격려받는다.
데이터 이해하기 (making sense of data)	미리 결정된 목표를 성취하기 위해 교사에 의해 계획된 활동. 학생들은 지시를 따른다.	학생들은 상이한 기법과 개념적 구조에 안내되고, 그들을 선별적으로 사용하여 학습한다.	학생들은 그들 자신의 해석과 분석 방법들을 선택한다. 학생들은 쟁점에 관해 그들 자신의 결론에 도달하고, 그들 자신의 판단을 한다.
요약 (summary)	교사는 데이터, 활동, 결론에 대한 모든 결정을 함으로써 지식의 구성을 통제한다.	교사는 학생들을 지리지식이 구성되는 방법으로 인도한다. 학생들은 선택해야 할 것에 대해 알게 되고, 비판적이도록 격려받는다.	학생들은 교사의 안내와 함께 그들 자신이 관심과 흥미를 가진 질문을 조사할 수 있게 되고, 그들의 조사를 비판적으로 평가할 수 있게 된다.

(Roberts, 1996: 24)

가 여전히 자료와 내용을 선택하지만, 그것들은 보통 학생들이 해석하고 평가해야 할 증거로서 제시된다. 구조화된 스타일에서 교사는 학생들에게 지리탐구에 포함된 과정과 기법을 이해하도록 도와준다. 여기서 평가는 중요하다. 왜냐하면 학생들은 상이한 정보와 데이터를 표현하거나 분석하기 위한 기법의 장점과 단점을 이해할 필요가 있기 때문이다. 학생들은 상충하는 정보 또는 관점을 탐구해야 하며, 이러한 정보를 검토함으로써 상이한 결론에 도달할 수 있다.

마지막으로 교수·학습의 협상된 스타일(negotiated style)에서는 교사가 학습해야 할 일반적인 주제를 구체화하지만, 학생들이 그들의 탐구를 안내할 질문들을 개별로 또는 모둠별로 만든다. 학생들은 이러한 질문들을 교사와 협상한다. 교사는 또한 사용할 정보의 적합성뿐만 아니라, 탐구방법과 계열에 관해 안내를 한다. 학생들은 정보를 독자적으로 수집하며, 수집한 데이터를 표현하고, 분석하며, 해석할 적절한 방법을 선택한다. 협상된 탐구의 결과 또는 결론이 항상 예측 가능한 것은 아니다. 학습의 과정은 학습의 결과만큼이나 중요하다. 그러므로 학생들이 선정한 데이터의 한계를 스스로 고찰하고, 사용한 방법을 검토한다면 도움이 될 수 있다.

교사들은 가르치는 방법을 단지 자신의 교육철학에만 의존하는 것이 아니다. 교사가 가르쳐야 할 내용은 지리 교육과정과 교과서에 기술되어 있다. 물론 교사들은 가르치는 방법을 선택하는 데 있어서 그런 내용에 근거해야 할 뿐만 아니라, 유용한 시간, 학생들의 특성, 유용한 자료 등도 고려해야 한다. 제8장에서는 교수·학습 자료 중의 하나로 교과서에 대해 언급한다. 여기서 제시된 구조틀은 교과서에 제공된 활동을 분석하는 데 유용할 것이다. 로버츠(Roberts, 1996)는 많은 교과서에서 제공하는 활동들이 어떻게 폐쇄적 참여의 차원에서 작동하는지를 기술하고 있다. 교사들은 교과서가 학생들의 지식을 어느 정도로 통제하고 있고, 지식을 어느 정도로 구조화하고 있으며, 어떻게 지식을 구성하는 원리에 접근하고 있으며 학생들이 자신의 조사를 수행할 수 있도록 하고 있는지에 대해 질문하고 검토할 필요가 있다(Roberts, 1996: 249). 교사들은 학생들로 하여금 심사숙고하여 자신의 질문을 만들도록 격려할 수 있는 활동들을 계획하거나 고안할 필요가 있다.

2. 교사를 위한 전문적 지식

교사들은 어려운 직업을 가지고 있다. 다양한 천사들의 압력에 직면하여, 교사들은 그들의 동기와 그들의 자존감을 유지시키기 위해 고군분투해야 한다(Kincheloe and Steinberg, 1998: 1).

심지어 최선의 교육과정도 학습자들에게 동기를 부여할 수 있는 기능과 흥미로운 방식으로 내용을 가르칠 수 있는 깊이 있는 지식을 가지고 있는 교사가 없다면 효과가 없을 수 있다(QCA, 2006).

교사는 교육과정의 최종 운영자로서 수업을 설계하고 조정하며 실행하는 사람이다. 가르칠 때 교과서의 진도를 나간다고 생각하는 교사와 가르치는 동안에 학생들이 무엇을 배우기를 원하며, 자신이 가르치는 한 차시 한 차시 수업이 수업목표와 어떻게 관련되는지를 고민하는 교사의 수업은 차이가 나게 마련이다. 이 차이는 학생들이 수업에 열중하게 하기도 하고 마음이 떠나게 할 수도 있다. 교사에게 요구되는 능력 중 지식의 양은 교사가 갖추어야 할 능력의 필요조건이자 충분조건이다. 교사에게 요구되는 것은 어떤 내용을 어떻게 조직하여 가르칠 것인가를 연구하려는 노력과 의식이다. 바로 이러한 부분에서 교사의 전문성이 요구된다(박선미, 2006).

교사가 갖추어야 할 지식에 대한 논의는 여러 학자들에 의해 전개되어 왔다. 폴라니(Polanyi, 1958)는 개인적 지식(personal knowledge)을, 오크쇼트(Oakeshott)는 전문적 지식(technical knowledge or expert knowledge)과 실천적 지식(practical knowledge)을, 엘바즈(Elbaz, 1981; 1983) 역시 실천적 지식(practical knowledge)을, 그리고 슐만(Shulman, 1986; 1987)은 특히 교수내용지식(pedagogical content knowledge)을 강조하였다. 그리고 클랜디닌(Clandinin, 1985)은 교사만의 특별한 지식이 개인의 모든 의식적, 무의식적 경험에 영향을 받아 형성되고 행동으로 표현되는 신념체계라는 점에서 이 지식을 개인적인 실천적 지식으로 명명하였다.

특히 최근에는 이에 더하여 반성적 실천가로서의 지리교사에 대한 관점이 중요하게 부각되고 있다. 슐만(Shulman, 1987)은 교수내용지식을 교사가 갖추어야 할 전문적 지식으로 보았지만, 최근에는 이에 대한 지식만으로 학생들을 잘 가르치기 어렵고 교사의 전문성을 충분히 갖추기 어렵다는 인식이 증가하고 있다. 그래서 최근에는 전문적 지식의 측면이 아니라, 반성적 실천에 초점을 맞추어 교사의 전문성을 제시하는 입장들이 등장하였다. 교사는 자신의 수업활동에 대해 스스로 성찰하여 개선하며, 교수능력을 향상시키려고 노력해야 한다. 이런 교사가 반성적 실천가로서의 교사이다.

반성적 실천가로서의 교사는 교육 현장의 실행연구자, 실천적 지식의 생산자로서 교수내용지식과 전문적 자질을 갖춘 교사이다(박상준, 2009: 44-45). 그들은 지리 내용과 관련된 교수방법을 충분히 습득하고, 그것을 교실 상황과 학생의 특성에 적합하도록 효과적으로 가르치는 교수자이다. 또한 체크리스트를 활용한 수업관찰, 자기 수업에 대한 관찰일기 쓰기, 자기 수업의 비디오 분석하기, 자기 수업에 대한 학생의 설문조사법 등을 활용하여 자기 수업에 대해 실행연구를 실시하고, 자기 수업에 대해 성찰한다. 나아가 이런 실행연구와 성찰을 통해 자기 수업의 실행과정을 반성적으로 연구하면서, 교육내용을 적합하게 가르치는 방법적 지식인 실천적 지식(practical knowledge)을 형성한다. 이러한 반성적 실천가의 개념은 쇤(Schön, 1983; 1987)에 의해 제시되었는데, 그는 행위 중 반성(reflection-in-action), 행위 후 반성(reflection-on-action)이라는 개념을 사용하였다. 박상준(2009: 45-46)은 쇤의 이런 개념을 차용하여, 반성적 실천가로서 교사가 수행하는 역할을 수업 중 반성(reflection-in-teaching), 수업 후 반성(reflection-on-teaching), 수업 컨설팅(consulting of teaching)이라는 용어를 사용하여 설명한다.

1) 슐만의 교수내용지식(PCK)

최근 교사가 갖추어야 할 지식으로 교수내용지식이 강조되고 있다. 즉 교수내용지식은 교사의 전문성을 뚜렷하게 구분하는 중요한 개념으로 제시되고 있다. 교과교육에서 교수내용지식에 대한 연구는 교사가 학생을 가르침에 있어서 교과의 내용에 따라 서로 다른 양상의 특수한 형식을 갖춘 교사 지식이 있음을 강조하였다(홍미화, 2006).

교수내용지식을 처음으로 개념화하여 제시한 슐만(Shulman, 1986)은, 교사에게 필요한 지식을 (교과)내용지식(SCK: Subject Content Knowledge), 교수내용지식(PCK: Pedagogical Content Knowledge), 교육과정지식(Curriculum Knowledge)으로 구분하여 제시하였다. 그는 단순한 내용지식은 교육적으로 무의미한 것이며, 그것은 학생들에게 가르치기 위한 교수내용지식으로 변화되어 제시될 때 그 의미를 찾을 수 있다고 하였다. 따라서 교수내용지식은 교과내용을 연구하는 학자와 그 교과를 잘 가르치는 유능한 교사를 구별해 주는 중요한 개념이 된다.

이어서 슐만(1987)은 교사가 잘 가르치기 위해 갖추어야 할 최소한의 지식 범주(categories of the knowledge base)를 7가지로 확장하여 제시하였다. 그것은 (교과)내용지식(SCK: Subject Content Knowledge), 일반교수지식(GPK: General Pedagogical Knowledge), 교수내용지식(PCK: Pedagogical Content Knowledge), 교육과정지식(Curriculum Knowledge), 학습자와 그들의 특성에 대한 지식(Knowledge of learners and their char-

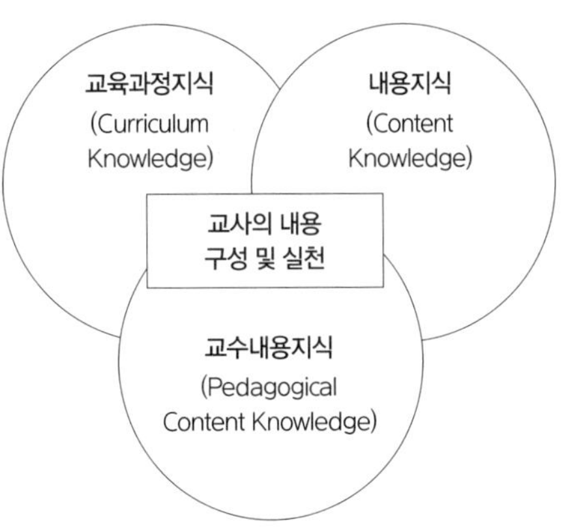

그림 6-3. 교수적 측면에서의 교사의 전문적 지식
(Banks et al., 1999: 94)

acteristics), 교육적 맥락에 대한 지식(Knowledge of educational context), 교육의 목적 · 의미 · 가치 · 철학적 · 역사적 배경에 대한 지식[Knowledge of educational ends(aims), purposes, values and philosophical and historical influences]이다.

특히 이 중에서 교과와 직접적으로 관련되며, 교사들이 교수활동에서 내용을 구성하고 실천하는 데 가장 필수적으로 요구되는 지식이 그림 6-3에 제시된 내용지식(CK)과 교수내용지식(PCK)이다. 그리고 여기에 교육과정 지식과 일반적 교수지식이 각각 보조적인 역할을 한다(Bright and Leat, 2000: 256). 특히 교과의 내재적 가치에 초점을 둘 때, 교수적 측면에서 중요하게 취급되어야 할 지식의 목록은 내용지식과 교수내용지식이다.

① 교과내용지식

교과내용지식은 특정 교과에 대한 지식을 의미한다. 즉 교과내용지식은 특정 교과를 통해 학생들이 습득하기로 기대되는 개념과 기능이다. 교사는 이러한 교과내용지식을 집, 초 · 중등학교, 대학교에서의 교육, 그리고 개인적 연구와 독서 등 다양한 원천으로부터 축적한다. 이러한 원천들은 모두 교사가 가지는 지식의 양과 구조에 영향을 준다. 비록 교사마다 그들이 가지는 내용지식의 원천이 다르다고 할지라도, 교사가 소유한 내용지식은 그들의 교수를 위한 가장 큰 확신의 영역일 것이다. 교사는 내용지식의 폭과 깊이를 확장 · 심화하도록 노력해야 한다. 이러한 과정은 교사에게 자신의 교수에 대해 확신을 가질 수 있도록 지원한다. 그러나 조심해야 한다. 교사들은 이러한 내용지식의 소유 정도를 유능한 교사의 핵심적인 척도로 간주할 수 있지만, 교사는 그러한 내용지식을 효과적인 교수로 반영하는 것이 무엇보다 중요하다.

② 일반교수지식

일반교수지식이란 교실 수업의 조직과 관리를 안내하기 위해 설계되는 폭넓은 원칙과 전략을 의미한다. 예를 들면, 학생들을 배치하기, 효과적인 학습을 위한 학습 환경을 관리하기, 자료와 다른 설비를 관리하기, 학급 학생들에 대한 주의와 관심을 얻고 지속시키기, 불만이 있는 학생을 격려하기, 능력이 부족한 학생을 격려하기, 유능한 학생을 확장시키기 등이 이에 해당된다. 교사는 일반교수지식을 발달시킴으로써, 교실은 교사 자신과 학생들을 위해 더욱더 다양하고 활동적인 장소가 된다.

③ 교수내용지식

교수내용지식은 교과내용지식과 교수법(pedagogy)의 결합을 의미한다. 즉 교사가 교과내용지식을 학생의 유의미한 학습활동을 위해 효과적으로 변형하는 데 요구되는 지식과 이해이다. 교수내용지식은 특정 교과(예를 들면, 지리)의 개념에 대한 효과적인 교수 · 학습을 위해 필요한 특정 지식을 제공한다. 예를 들면, 지리교사가 학생들에게 지리의 특정 개념을 가르치는 방법에 대해 가지고 있는 지식은 국어교사가 시를 가르치는 방법에 관해 가지고 있는 지식과는 다를 것이다.

교사는 자신의 교과의 특정 개념에 대한 교수를 계획할 때, 자신의 교수내용지식을 채택해야 한다. 교사는 또한 학생들에게 자신의 교과 내의 프로세스들을 어떻게 소개할 것인지를 신중하게 고려할 필요가 있다. 예를 들면, 학생들은 정보를 조사할 때 어떤 프로세스를 검토해야 하는가? 간단히 말해 교수내용지식은 교사 자신의 특정 교과를 위한 교수법이다. 이것은 교과마다 상이할 것이다.

슐만(Shulman, 1986: 9)에 의하면, 교수내용지식은 교사 자신의 교과 영역에서 가장 규칙적으로 가르쳐지는 토픽들, 이러한 아이디어들의 가장 유용한 재현의 형식, 가장 강력한 유추, 묘사, 실례, 설명, 예증을 의미한다. 즉 교사가 학생들에게 자신의 교과를 이해할 수 있도록 교과를 재현하고 표현하는 방법이다. 교수내용지식은 특정 주제 혹은 개념을 가르치기 위해 유용한 형식이나 비유, 예시, 설명 등 달리 말하면 교과를 학생들이 이해할 수 있도록 제시하는 방식, 학생들과 상호작용하는 방법 등을 의미한다.

교수내용지식은 교사가 자신의 수업설계에 관한 평가를 어떻게 구축할 것인지를 포함한다. 그렇게 될 때 피드백은 학생들의 학습에 대한 이해를 강화하고, 교사에게 다음 차시의 수업을 효과적으로 계획할 수 있도록 한다. 한편 교사의 교수내용지식은 자신의 교과의 역사적 발달에 대한 이해를 포함해야 한다. 즉 교사는 자신의 교과가 어떻게 현재와 같이 되었는지를 이해해야 한다.

④ 교육과정지식

교육과정지식은 특정 교과의 교수를 위해 학령에 따라 만들어진 (국가 및 주 그리고 학교) 교육과정에 대한 지식을 의미한다. 또한 교육과정지식은 특정 교과의 교육과정과 관련하여 유용하고 다양한 수업 자료, 특정 환경에서 특정 교과의 교육과정 자료를 사용하기 위한 지시 사항과 금기 사항을 포함한다. 또한 교육과정지식은 국가가 고시한 사회과 교육과정 및 지리교육과정에 대한 지식, 국가수준의 성취도 평가, 성취기준에 대한 지식을 포함한다.

⑤ 학습자와 그들의 특성에 대한 지식

학습자와 그들의 특성에 대한 지식은 다양한 학습자에 대한 지식이다. 학습자와 그들의 특성에 대한 지식은 학습자에 대한 경험적 또는 사회적 지식을 포함한다. 즉 특정 연령의 학생들은 어떤 모습이며, 그들은 학교와 교실에서 어떻게 행동하며, 그들은 무엇에 관심을 가지고 심취하는지, 그들의 사회적 본성은 무엇인지 등에 대한 지식이다. 그리고 날씨 또는 흥미 있는 사건과 같은 맥락적 요인들이 학생들의 활동과 행동에 어떻게 영향을 미치는지, 교사와 학생 간 관계의 본질은 무엇인지, 학습자들에 대한 인지적 지식(즉 실천에 대한 정보를 제공하는 학생의 발달에 대한 지식), 특정 학습자 집단에 대한 지식(즉 이들 학습자들과의 규칙적인 접촉을 통해 발달하는 지식, 학생들이 무엇을 알 수 있고 무엇을 알 수 없으며, 그들이 무엇을 할 수 있고, 무엇을 할 수 없는지, 또는 그들이 무엇을 이해할 수 있고, 무엇을 이해할 수 없는지에 대한 지식)이다.

⑥ 교육적 맥락에 대한 지식

교육적 맥락에 대한 지식은 학습이 일어나는 모든 상황에 대한 지식을 의미한다. 즉 교육적 맥락에 대한 지식은 학교, 교실, 대학뿐만 아니라 비공식적 환경, 그리고 공동체와 사회라는 더 폭넓은 교육적 맥락에 대한 지식을 포함한다. 교육적 맥락에 관한 지식은 학급 집단, 교실, 학교 거버넌스와 자금 조달 운용에서부터 공동체와 문화의 특성에 이른다. 그리고 학생들의 학습에서의 발달과 교사의 수업 수행에 영향을 주는 일련의 교수적 맥락을 포함한다. 또한 교육적 맥락에 관한 지식은 학교의 유형과 규모, 통학 가능 거리, 학급 규모, 교사들을 위한 지원의 범위와 질, 교사들이 그들의 수행에 관해 받는 피드백의 양, 학교에서의 관계들의 질, 교장의 기대와 태도, 학교 정책, 교육과정 및 평가 과정, 모니터링과 리포팅, 안전, 학교 규칙과 학생들에 대한 기대, 학교 운용 방식을 통해 학생들에게 영향을 미치는 가치들을 포함하는 암묵적(hidden) 그리고 비형식적(informal) 교육과정 등을 포함한다. 특히 오늘날의 다문화 교실에서 교사는 다양한 교육 및 문화 시스템으로부터 학생들을 가르쳐야 한다.

⑦ 교육의 목적·의미·가치·철학적·역사적 배경에 대한 지식

이것은 학생들이 받는 교육이 지향하는 가치와 우선 순위에 관한 지식을 의미한다. 교수는 한 차시의 수업 또는 몇 차시의 수업을 위한 단기적인 목표뿐만 아니라 장기적인 목적의 의미에서 유목적적인 활동이다. 어떤 사람들은 교육의 장기간의 목적을 사회가 잘 작동하는 데 기여할 수 있는 유능한 노동자들을 생산하는 데 두는 반면, 다른 사람들은 교육을 그 자체의 내재적 가치로 간주하기도 한다. 교육의 목적은 명백하고 구체적이라기보다는 오히려 함축적인 경향이 있다.

이상과 같은 교사가 갖추어야 할 7가지 지식은 경중을 따질 수 없을 만큼 모두 중요하다. 슐만은 교수내용지식을 교사가 갖추어야 할 최소한의 지식 중 하나로 제시했는데, 최근에는 교수내용지식이 더욱 부각되고 있다. 무엇보다도 슐만이 제시한 교수내용지식이 중요한 것은 그것이 교과특정 또는 영역특정(subject-specific 혹은 domain-specific) 교수법적 지식이라는 것이다. 교과의 특정한 내용지식을 학습자를 고려하여 적절하고 효율적인 교수법으로 교수하는 교사의 전문적 지식이라는 점에서 교수내용지식은 전문가 자질로 중시되고 있으며, 영역특정이라는 점에서 교사를 해당 교과의 학자나 일반 교육학자와 구별해 준다.

2) 엘바즈의 실천적 지식

슐만이 제시한 교사가 갖추어야 할 7가지 지식은 교사의 수업 실천에 매우 중요하다. 이에 더해, 교사가 장기간의 경험을 통해 구축한 실천적 지식(practical knowledge)은 매우 중요하다. 이러한 실천적 지식에 대한 논의를 주도한 학자는 엘바즈(Elbaz, 1981; 1983; 1991)이다. 엘바즈는 중등학교 교사들의 수업 실천에 대한 연구를 통해 교사들이 자신의 가르치는 일을 위해서 적극적으로 사용하는 일련의 복잡한 이해 체계를 가지고 있음을 발견하고, 이것을 '실천적 지식'이라고 개념화하였다.[1] 그는 교사는 이론적 지식뿐만 아니라 경험을 통해 얻게 되는 암묵적 차원의 실제적 지식을 갖고 있음에 주목하였다. 그는 교사 자신이 가지고 있는 지식을 실제 상황에 근거하여, 개인의 가치와 신념을 바탕으로 재구성한 것을 실천적 지식이라고 명명했다(Elbaz, 1983: 5).

이처럼 실천적 지식은 이론적 지식과 대비되는 개념이며, 교사가 교육적 실천행위를 통하여 획득하는 지식이라고 생각하기 쉽다. 그러나 실천적 지식은 인간의 삶과 행위를 설명하는 역동적인 개념이면서, 이론과 무관한 것도 이론과 동일한 것도 아닌, 이론과 실천 사이를 부단히 오고 가면서 새롭게 자신의 이론을 창조해나가는 지혜로운 활동이자, 가르침과 배움의 세계를 동시에 갖는 교사의 삶을 의미하는 말이다(홍미화, 2006). 즉 실천적 지식이란, 교사 개개인이 가지고 있는 이론적 지식을, 그가 관계하는 실제 상황에 맞도록 자신의 가치관이나 신념을 바탕으로 종합하고 재구성한 지식이며, 이러한 실천적 지식은 그의 교수행위에 근거가 된다.

이와 같은 실천적 지식의 특징은 다음과 같이 3가지로 제시할 수 있다(박선미, 2006; 강창숙, 2007; 마경묵, 2007). 첫째, 교사는 다양한 상황에 적절하게 활용할 수 있는 지식을 가지고 있다는 것이다. 둘째, 이러한 지식은 교사가 강의나 책을 통해 배운 이론적 지식, 자신의 가치관과 현장 경험 등의 요인이 통합되어 형성된 지식이라는 것이다. 셋째, 이러한 지식은 현장에서 일어나는 교사의 모든 행동과 판단의 근거로서 사용된다는 것이다.

한편 엘바즈는 실천적 지식의 주요 양상을 3가지로 제시했다(Elbaz, 1981). 이 3가지는 내용(content), 정향(orientation), 구조(structure)이다(김혜숙, 2006). 이 중에서 '내용'은 교사의 실천적 지식을 드러내는 가장 기본적인 양상인 동시에 좀 더 구체적으로 설명해 줄 수 있는 범주이다. 내용은 다시 5가지로 범주화되는데, 그것은 교사 자신에 대한 지식(knowledge of self), 교수환경에 대한 지식(knowledge of

1 교사의 실천적 지식은 상황적 지식(situated knowledge), 개인적인 실천적 지식(personal practical knowledge)(Clandinin, 1985), 행위 중 앎(knowing in action)(Schön, 1983), 장인 지식(craft knowledge), 교사의 개인적 이론(teacher's personal theories) 등 다양하게 지칭된다(강창숙, 2007).

the milieu of schooling), 교과에 대한 지식(knowledge of subject matter), 교육과정에 대한 지식(knowledge of curriculum), 수업에 대한 지식(knowledge of instruction)이다.[2] 이러한 내용을 분석하는 것은 힘들고, 장황하며, 매우 구체적인 작업을 요하는 어려운 일이었지만, 그는 이것을 토대로 정향과 구조에 대한 이차적인 분석이 이루어졌음을 밝히고 있다(Elbaz, 1981: 45-49). 다음으로 '정향'은 실천적 지식이 생성되고 사용되는 배경을 파악하는 방법이며, 이는 상황적 정향, 개인적 정향, 사회적 정향, 경험적 정향, 이론적 정향으로 구분된다. 정향이 교사의 지식의 관점을 정리할 수 있는 틀이라면, 그 지식의 위계조직을 드러내는 것은 '구조'이다. 교사의 지식은 일반성의 정도에 따라 실행 규칙, 실천 원리, 이미지로 조직되어 있다. 구조는 교사가 지향하는 수업의 방향·목적·전략과 관계 깊으며, 교사의 경험적이고 개인적인 차원의 지식을 보다 효율적으로 보여 준다(홍미화, 2005: 118).

교사의 실천적 지식은 슐만의 교수내용지식과 매우 유사하다. 왜냐하면 지식의 내용은 교수내용지식의 구성 요소와 특히 유사하기 때문이다. 슐만이 교수내용지식을 처음으로 개념화하여 제시한 이후부터 계속된 논의들에서 제시하고 있는 교수내용지식의 범주나 교수내용지식의 구성요소들은 실천적 지식의 내용에 대응하는 것이라고 할 수 있다(홍미화, 2006).

3) 쇤의 반성적 실천가로서의 교사

우리는 대부분 훌륭한 지리교사가 되고자 한다. 훌륭한 지리교사가 되기 위해서는 실천에 대한 반성이 요구된다(Lambert and Balderstone, 2009).

교사들이 대학에서 배운 이론적 지식을 실제 교육현장에 적용할 때, 이것이 잘 작동하지 않는다는 것을 알게 된다. 교사의 실천의 장인 교육현장은 이론적 지식이 그대로 적용될 수 있을 정도로 안정되고 통제된 상황이 아니다(Schön, 1983). 특히 교수 경험이 많지 않은 예비교사의 경우 그들이 가진 이론적 지식을 자신이 가르치는 학생 수준에 맞도록 내용과 방법을 선택하여 수업을 조직하고 학

---

2 교과에 대한 지식은 교사가 교과를 가르치는 데 있어서 알아야 하는 것이 무엇인가에 대한 지식이다. 즉 학습자가 꼭 알아야 하는 내용은 무엇이며 이 내용이 왜 알만한 가치가 있는지에 대해서 아는 것으로 곧 교과 내용에 대한 지식이다. 교육과정에 대한 지식은 교과를 지도하는 데 요구되는 교육과정에 대한 이해와 관련된다. 수업에 대한 지식은 학습자에 대한 지식을 바탕으로 그에 맞게 가르치는 교수방법에 대한 지식을 말한다. 교사 자신에 대한 지식은 교사 개인의 가치와 목적에 관한 지식이다. 즉 전문가로서 자신을 어떻게 보고 있는지, 교사 스스로가 생각하고 있는 역할과 책임은 무엇인지 등에 관련된 지식을 말한다. 교수환경에 대한 지식은 교사가 자신의 활동과 관계된 모든 교육 환경에 대해 가지고 있는 신념이라고 할 수 있다. 즉 어떻게 교실 상황을 보고 있는지 그리고 동료 교사들, 학교 행정가를 어떻게 생각하고 있는지 등과 관련된 지식이다(Elbaz, 1981).

생들이 유의미하게 학습할 수 있도록 연출하기란 무리이다. 쇤(Schön)은 교사의 경력이 증가할수록 자신만의 교수 내용과 방법에 대한 전문적 지식이 증가한다고 하면서, 교사들 스스로 실천적 지식을 개발하여 온 방법을 반성(reflection)의 개념으로 설명하였다. 따라서 교사의 전문적 자질 향상을 위해 중요한 것이 쇤의 반성적 실천(reflective practice) 개념이다.

최근 이러한 반성(reflection)과 실천(practice)은 교사의 전문성 개발을 위해 더욱 주목을 받고 있다. 반성과 실천, 즉 교사 스스로의 반성을 통한 실천이자 실천을 수반한 반성을 토대로 한 실천적 지식을 교사의 전문성 개발의 핵심 개념으로 논의하고 있다. 특히 쇤이 반성적 실천에 대한 책 『The Reflective Practitioner』(1983), 『Educating the Reflective Practitioner』(1987), 『The Reflective Turn: Case Studies In and On Educational Practice』(1991)를 출간하면서, 이에 대한 관심이 증가하게 되었다. 그의 반성적 실천가(reflective practitioner)라는 개념은 매우 설득력이 있다. 왜냐하면 이 개념은 초임 및 경력 교사들의 전문성 개발에 개념적 구조틀을 제공하기 때문이다(Parry, 1996).

사실 쇤의 반성적 실천이라는 개념은 새로운 것이 아니라 듀이(Dewey)의 교육적 경험(educative experience)과 반성적 사고(reflective thought)에 그 이론적 토대를 두고 있다. 교사의 교육적 경험과 반성적 사고 간의 상호작용에 대한 듀이의 사고는 그의 책 『How We Think』(1933), 『Experience and Education』(1938), 『The Relation of Theory to Practice in Education』(1964)에 투영되어 있다. 반성적 사고에 근거한 교육적 경험은 교사들로 하여금 충동적이고 단순히 판에 박힌 활동으로부터 벗어나도록 한다(Dewey, 1933: 17). 또한 반성적 사고는 교사들로 하여금 예지력을 가진 행동으로 안내하고, 그들이 알고 있는 관점 또는 목적에 따라 수업을 계획할 수 있게 하며, 자신의 행동이 무엇에 관한 것인지를 알도록 한다(Dewey, 1933: 17). 그렇다고 듀이가 교육적 경험만을 강조한 것은 아니며, 이론적 지식과의 유의미한 연결을 강조했다.

쇤의 반성적 실천의 개념은 행위 중 앎(지식)(knowledge in action), 암묵적 지식(tacit knowledge), 행위 중 반성(reflection in action)이라는 3가지의 기본적인 구성에 의해 특징지어진다.

행위 중 앎(지식)은 우리의 지적인 행동에서 드러나는 노하우(know-how)로 간주된다(Schön, 1987: 25). 쇤(Schön, 1987: 25)은 '앎(the knowing)'은 '행위 중에' 있다고 주장한다. 계속해서 쇤은 교사는 자발적이고, 능숙한 수행을 통해 앎을 드러낸다고 한다.

암묵적 지식(또는 개인적 지식)은 말로 표현할 수 없고 이론화되지 않는 지식을 의미한다. 이러한 암묵적 지식은 그것 속에서 내포된 암묵적 앎을 기술함으로써, 때때로 우리의 행동을 관찰하고 반성함으로써 분명히 표현될 수 있다(Schön, 1987: 25).

쇤(1987)은 듀이가 불확실함 혹은 의심의 상태일 때 반성의 주기가 시작된다고 한 것처럼, 일상적인 행위를 이끄는 행위 중 앎을 방해하는 무언가가 있을 때, 즉 어떤 놀라움이 있을 때 의식적인 반성이 일어난다고 보고 있다. 이 의식적인 반성은 행위 후 반성(reflection on action)과 행위 중 반성(reflection in action)의 두 가지 방식으로 가능해진다고 보았다. 행위 후 반성은 교사가 자신의 행위 중 앎이 예기치 못한 결과에 어떻게 기여할 수 있는지를 발견하기 위해 자신이 행한 것에 관해 다시 생각하는 것이다. 즉 놀라움이 왜 일어났는지를 이해하기 위하여 행위를 돌이켜 생각해 보는 것을 의미한다. 행위 후 반성이 일단 일어나면, 현상과 어떤 거리를 두게 되며 평가적이고 비판적으로 그 상황을 숙고할 수 있게 된다. 따라서 침착하고 면밀하게 무슨 일이 일어났으며, 왜 그 일이 일어났고, 그 현상을 예기했던 '행위 중 앎'의 실패 원인이 무엇인지를 재고하는 능력이 생기게 되는 것이다(강창숙, 2007).

숀(Schön, 1983)은 반성 중에서 특히 행위 중 반성에 주목하였다. 행위 중 반성은 행위가 진행되는 상황에서 행위 기저의 앎을 표면화하고 비판하며 재구성한 후 재구성한 앎을 후속 행위에 구현하여 검증하는 것이다. 진정한 전문가로서의 능력은 행위 중 반성과 보다 밀접한 관련이 있다. 이는 전문적 행위를 하고 있는 동안 변화가 내재된 행위 방식에 대해 생각하며, 자신이 무엇을 하고 있는지를 알고 있다는 것을 의미한다. 따라서 '행위 중 반성'은 실천적 이론과 실험을 포함하게 되며, 이러한 과정을 통해 진정한 전문성 발달이 이루어질 수 있다(이진향, 2002). 즉 행위 중 반성을 통해 실천가로서의 교사는 전문적 실천가로 성장하게 된다.

행위 중 반성은 놀람으로부터 시작한다. 수업은 자신이 계획할 때 생각하지 못했던 문제가 끊임없이 나타난다. 수업 준비를 아무리 철저히 해도 수업 장면에서 예측할 수 없는 부분이 있게 마련이기 때문에 교사는 재즈 연주자가 상대 연주자의 리듬과 멜로디에 맞추어서 즉흥적으로 연주하듯이 학생의 이해 수준이나 주어진 여건 속에서 적합한 소재와 방법을 동원하여 수업을 진행한다. 예를 들면, 어떤 예비교사가 호남 지방의 고속도로를 나타내는 지도를 보면서 각 고속도로의 노선을 설명하는데 그 지도가 적합하지 않다거나 "우리나라의 서쪽에 있는 나라가 어디죠?"라는 질문에 학생들의 반응이 없을 경우에, 교사는 상황에 맞게 판단하여 수업을 진행해야 한다. 이러한 상황에서 교사가 당황하거나 놀랐다면 그는 벌써 반성의 단계로 진입한 것이다. 그렇지만 그렇지 않은 경우는 반성이 이루어지지 않은 채 지나가버리고 만다. 놀람의 경험은 그것을 가져온 행위 기저의 암묵적 앎을 표면화하고 이를 비판적으로 고찰함으로써 앎을 재구성하도록 한다. 이는 숀의 잠정적 앎의 단계에 해당한다(박선미, 2006).

행위 중 반성은 잠정적 앎을 즉석에서 실천에 옮겨 검증할 때 교사의 실천적 지식으로 전환될 수 있다. 학생들이 우리나라와 중국의 위치 관계나 주요 고속도로의 위치를 알지 못한다는 사실은 교사가 실제 수업을 실행함으로써 비로소 깨달은 것이다. 즉 교사는 가르치는 과정에서 비로소 학생의 수준이나 어려움을 알게 되고, 그 상황에서 순간적으로 해결책을 모색한다. 잠정적 앎을 즉석에서 실천에 옮겨 그 결과가 좋으면 새로운 실천적 지식이 형성되는 것이고 그렇지 못하면 행위 중 반성의 초기 단계로 돌아간다. 새롭게 형성된 실천적 지식은 실천가의 행위 속에 녹아 행위 중 앎으로 표출된다. 이러한 실천을 수반한 반성의 개념은 교사의 전문성 개발을 위한 핵심 개념으로 평가된다(박선미, 2006).

이와 같이 반성적 교육과정 및 수업 실천은 교사들에게 지리 교육과정 및 수업설계에 대한 대안적인 접근들을 검토할 수 있는 기회를 제공한다. 그것은 교사들에게 전문적 판단을 가진 교육과정 및 수업 개발자와 의사결정자로서 행동하도록 요구한다.

4) 교과교육 전문가로서의 지리교사

지리 교육과정은 국가 수준에서 만들어지며, 이에 근거하여 교과서가 출판된다. 그렇다면 지리 교육과정과 교과서의 내용이 교실 수업에서 교사에 의해 그대로 전달되는가? 앞에서도 살펴보았듯이, 교사가 어떤 교육 철학과 이데올로기적 관점을 가지고 있느냐에 따라 지리 교육과정은 다양하게 해석되고 다르게 가르쳐진다. 즉 교사는 단순히 정해진 교육과정을 그대로 학생들에게 전달하는 역할을 수행하거나, 자신의 교육관과 철학에 따라 교육과정을 해석하여 가르칠 수 있다. 또한 나아가 교육과정을 재구성하고 개발하는 데 참여할 수도 있다. 학교에서 교사가 교육과정을 어떻게 이해하여 가르치는지와 관련하여, 교사의 역할은 교육과정 전달자(teacher as curriculum conduit), 교육과정 조정자(teacher as mediators of curriculum), 교육과정 이론가(teacher as curriculum theorizers)로 분류될 수 있다(Ross, 1994: 51–58).

교육과정 전달자로서의 지리교사는 국가 수준의 지리교육과정에서 의도한 목표와 내용체계에 의거하여 지리 교과서의 내용을 그대로 전달하는 역할을 한다. 교육과정 전달자로서의 교사는 정해진 교육내용을 효과적으로 전달하기 위한 교수방법을 선택하는 정도의 권한만을 갖는다. 그래서 국가 수준의 교육과정을 충실히 따르면, 국가가 만든 공식적 교육과정과 지리교사가 교실에서 가르친 실행된 교육과정이 거의 비슷하게 나타난다. 따라서 학생은 국가가 의도한 교육과정을 그대로 배우게 되며, 교사는 자신의 교육관이나 입장을 배제시키고 국가에서 의도한 지리 교육과정과 교과서에 제시된 목표와 내용을 학생에게 충실하게 전달하게 된다. 이런 교사는 사회과 교육과정을 학생에게 그대로 전달하는 통로의 역할을 한다. 따라서 교사의 역할이 지나치게 수동적 전달자에 머무는 한계를 지닌다. 또한 교사가 의도하지 않았을지라도, 국가의 교육과정을 단순히 전달하는 지리교사는 학생들에게 전통적인 가치와 규범을 내면화시키고 기존의 사회 질서와 권위에 순응하도록 주입하는 결과를 초래할 수 있다.

교육과정 조정자로서의 지리교사란 국가 수준의 교육과정을 재구성하여 가르치는 지리교사를 의미한다. 즉 국가 수준의 교육과정에서 의도한 것과 달리, 실제 학교 현장에서 많은 교사들은 교육과정을 단순하게 전달하는 것이 아니라 나름대로 교과서를 능동적으로 해석하고 재구성하여 가르친다. 지리교사들은 자신의 교육관, 지리 교과에 대한 입장, 지리 내용의 이해 정도에 따라, 지리 수업 목표와 내용을 다르게 해석하고 재구성하여 가르친다. 그에 따라 국가 수준의 교육과정과 지리교사가 실제로 교실에서 실행한 교육과정은 차이가 난다. 이처럼 지리교사는 지리 교육과정의 수동적 전달자가 아니라 능동적 수행자이다. 하지만 교육과정의 조정자로서의 지리교사는 교육과정을 개발하거나 교과서를 집필하는 과정에 참여하지 못하며, 기존 교육과정을 변화시키고자 하는 역할을 수행하지 못하는 한계를 지닌다.

교육과정 이론가로서의 지리교사는 교육과정 개발 과정에 적극적으로 참여하여 이를 변화시키는데 주체적인 역할을 한다. 교육과정의 이론가로서 지리교사는 지리 교과서를 해석하고 재구성하여 가르칠 뿐만 아니라, 자신의 수업활동에 대해 스스로 비판적으로 반성하며 개선해야 한다. 그리고 교육과정을 변화시키고 개발하는 과정에 능동적으로 참여해야 한다. 이처럼 교육과정의 이론가로서 지리교사는 '교과교육의 전문가'와 '반성적 실천가'로서의 역할을 수행하는 것이다.

세계화와 정보화가 진행되면서 정보와 지식이 급속도로 발전하고 있으며, 사회도 빠르게 변하고 있다. 그러므로 교사도 새로운 정보와 지식을 배우지 않으면, 변동하는 사회를 정확하게 이해하지 못하고 학생을 제대로 가르치기 어렵다. 이런 학문적, 사회적 환경의 변화에 대응하고 교과 내용을 효과적으로 가르치기 위해, 지리교사는 지리 교육내용과 관련된 지식을 계속 배우기 위해 노력해야 한다. 이것이 교과교육의 전문가로서의 지리교사가 갖추어야 할 전문성이다. 또한 지리교사는 교과 내용의 교수와 관련된 지식 이외에, 자신의 수업활동에 대해 스스로 성찰하여 문제를 개선하고 교수 능력을 향상시키려고 노력해야 한다. 이것이 반성적 실천가로서의 지리교사가 갖추어야 할 자질이다. 지리교사의 전문성은 교과교육의 전문가와 반성적 실천가의 측면에서 찾을 수 있다.

교과교육의 전문가로서 지리교사가 되기 위해서는 앞에서 논의한 지리의 내용지식과 교수내용지식에 대한 이해가 무엇보다 선행되어야 한다. 즉 교과교육의 전문가로서 지리교사는 지리와 관련된 내용을 충분히 이해하고, 적합한 교수방법을 활용하여 학생들에게 효과적으로 가르칠 수 있는 지식과 기능을 갖추어야 한다.

3. 수업컨설팅과 수업비평

현재 수업장학에 대한 대안적 접근으로 수업컨설팅이 일반적으로 채택되고 있다. 그러나 이혁규(2008)는 수업장학뿐만 아니라 수업컨설팅의 한계를 지적하면서 수업비평을 강조한다. 그렇다면 수업비평은 수업장학, 수업평가, 수업컨설팅과 어떻게 다를까? 이혁규(2008: 23)는 이들을 표 6-3과 같이 비교한다. 그러면, 이혁규(2008)의 논의를 중심으로 수업비평이 수업장학, 수업평가, 수업컨설팅과 어떤 차이점이 있는지를 살펴보자.

사실 장학, 평가, 컨설팅, 비평 등의 용어가 내포하는 의미 범위는 다양하다. 왜냐하면 여러 학자들이 이 용어를 매우 다양하게 사용하고 있기 때문이다. 하나의 용어가 자신의 설명력이나 유용성을 높이기 위해서 그 의미를 점점 확장하는 경향도 이와 관련이 있다. 예를 들어, '장학'이라는 개념은 처음 사용될 때는 교사의 행동을 감시하고 통제하고 학교를 시찰하던 관리적 성격이 강하였으나, 지금은 교사의 전문성을 인정하고 교사를 돕고 지원하는 협동적 성격으로 변화하였다. 따라서 확장된 장학 개념을 적용하면 그 개념의 우산 아래 평가, 컨설팅, 비평 등의 개념이 모두 포섭되어 버린다. 따라서 구분과 변별을 위해는 각각의 개념이 지닌 일차적 의미를 기준으로 논의할 수밖에 없다.

첫째, 수업 관찰의 주된 목적에 대해 이야기해 보자. 수업장학은 교사의 수업 행위를 변화시켜 교수·학습 방법을 개선하는 것을 지향한다. 수업평가는 교사의 수업행위를 평가하고 등급화하는 것이, 수업컨설팅은 컨설팅을 의뢰한 교사의 고민과 문제를 해결해 주는 것이 관찰의 주된 목적이다. 이에 비해 수업비평은 수업 현상을 이해하고 해석하며 판단하는 데 치중한다. 장학, 평가, 컨설팅의

표 6-3. 수업개선 프로그램의 비교

구분	수업장학	수업평가	수업컨설팅	수업비평
주된 관찰 목적	교사의 교수 행위 개선	교사의 수업 능력 측정과 평가	교사의 고민이나 문제 해결	수업 현상의 이해와 해석
실천가와 관찰자의 관계	교사/장학사	평가자/피평가자	의뢰인/컨설턴트	예술가/비평가
주된 관찰 방법	양적·질적 방법	양적 방법	양적·질적 방법	질적 방법
산출물 형태	수업 관찰 협의록	양적·질적 평가지	컨설팅 결과 보고서	질적 비평문
관찰 정보의 공유자	관련 당사자	관련 당사자	관련 당사자	잠재적 독자
관찰 결과의 활용	교사의 수업 전문성 향상에 관한 정보 제공	교사의 수업 설계 및 실행 능력에 대한 평가	원칙적으로 의뢰인의 판단에 의존함	수업 현상에 대한 감식안과 비평 능력 제고
참여의 강제성 여부	의무적 참여	의무적 참여	자발적 참여	자발적 참여

(이혁규, 2008: 23)

경우 수업을 이해하고 해석하는 활동이 수단적 의미를 가지지만, 수업비평은 그것을 직접적으로 지향한다. 이렇게 보면 수업비평은 여타 활동과 구별되는 목적을 가지면서, 동시에 여타 활동이 내실 있게 운영될 수 있는 토대가 되는 활동임을 알 수 있다. 수업현상을 이해하고 해석하는 안목을 갖지 않고서 장학, 평가, 컨설팅 활동이 내실 있게 운영되기는 어렵기 때문이다.

둘째, 수업 실천가와 수업 관찰자 사이의 관계는 어떠한지도 살펴볼 필요가 있다. 수업장학에서는 교사와 장학사로, 수업평가에서는 평가자와 피평가자로, 수업컨설팅에서는 의뢰인과 컨설턴트로 수업 실천가와 수업 관찰자가 만난다. 반면에 수업비평에서는 양자가 예술가와 비평가의 관계로 은유된다. 이는 앞의 3가지 제도적 실천과 비교하여 보면 상대적으로 독특한 관계이다. 장학, 평가, 컨설팅 모두 암묵적으로 관찰자로서의 장학사, 평가자, 컨설턴트가 수업 실천가에 비해 우위에 있다. 다만 수업컨설팅의 경우는 양자의 관계가 비교적 수평적이다. 수업컨설팅 개념 자체가 타율적인 장학이나 평가의 문제점을 개선하기 위해 나타난 것이기 때문이다. 여기서 수업 실천가와 관찰자는 의뢰인과 컨설턴트로 만나며, 전문가인 컨설턴트는 수업과 관련된 다양한 정보를 제공하여 수업 실천가가 자신의 문제를 스스로 해결해 가는 것을 돕는 조력자의 역할을 한다. 이에 비해 수업비평에서 상정하는 예술가와 비평가의 관계는 훨씬 복잡하다. 오늘날 예술 작품의 가치는 궁극적으로 비평 공동체의 판단에 의해 결정된다. 이 점에서 비평 공동체는 예술가의 우위에 있다. 그러나 이것이 개별 예술가 위에 비평가가 존재한다는 것을 함의하지는 않는다. 왜냐하면 개별 비평가가 최종적 판단의 역할을 하지 않기 때문이다. 개별 비평가의 판단은 독자 또는 다른 비평가의 판단에 열려 있는 하나의 시선에 불과하다. 따라서 비평 공동체는 설득과 공감에 기반한 민주적 공동체인 셈이다. 그리고 이 열린 대화에 예술가 또한 평등한 입장에서 참여할 수 있다.

다음으로 주된 수업 관찰 방법을 살펴보자. 원칙적으로 4가지 접근 모두에 양적·질적 방법이 활용될 수 있다. 그런데 여기서 주목할 점은 비평과 평가의 차이이다. 상대적으로 수업평가에는 양적 수업 관찰법이 많이 사용되며, 수업비평에는 질적 수업 관찰법이 많이 활용된다. 일반적으로 평가자는 그 타당성이 미리 확인된 양적 관찰 척도를 활용하여 교사를 등급화한다. 따라서 수업평가의 경우 평가자의 개인적 목소리가 드러나는 경우는 드물다. 반면에 수업비평은 비평가가 자신의 전문적인 식견을 바탕으로 질적 자료 수집을 통해 수업의 의미를 읽어 내어 독자가 이해 가능한 용어로 표현한다. 따라서 질적 수업비평문에는 비평가 자신의 목소리가 드러난다. 그리고 이렇게 드러난 비평가 자신은 그 글을 읽는 독자의 심판 대상이 된다.

셋째, 수업 관찰의 결과가 기록되는 형식에서도 차이가 난다. 수업장학과 관련된 정보는 주로 수업관찰 협의록에 기록되어 교사의 수업 행위를 개선하는 데 활용된다. 수업평가의 경우에는 교사의 교수행위가 양적·질적 평정지에 기록되어 교사를 평정하는 데 사용된다. 수업컨설팅의 경우에는 컨설팅을 요청하는 사람이 쉽게 읽을 수 있는 관찰 보고서의 형태로 관찰 결과가 정리될 것이다. 수업비평의 경우에는 질적 비평문의 형식으로 관찰 결과가 기록된다. 그런데 이런 기록 방식의 차이는 누가 이 기록물의 중요 독자인가와도 관련성이 있다. 3가지 접근법은 수업 관찰 결과물이 주로 수업을 실행한 교사 본인과 소수의 관련자에게만 제공되어 활용된다. 반면 수업비평문은 다른 비평과 마찬가지로 수업 현상에 관심을 가지는 많은 사람들을 내포 독자로 삼는다. 이렇게 폭넓은 독자를 열린 대화에 초청함으로써 비평은 스스로 또 다른 비평에 노출된다. 그리고 비평에 대한 또 다른 비평이 가능한 구조는 수업에 대한 논의를 풍부하게 확장하는 데 도움을 준다.

마지막으로, 수업 실천가가 수업 공개를 결정하는 것과 관련하여 강제성의 여부도 다소 차이가 있다. 자기장학이나 자기평가 등의 개념이 있기는 하지만 수업장학이나 수업평가는 강제성의 측면이 강하다. 반면에 수업컨설팅과 수업비평은 자발적인 참여의 성격이 강하다. 수업컨설팅의 경우 자발성의 원칙을 매우 중시한다. 수업비평 또한 자신의 수업실천을 비평에 노출시키고자 하는 자발적인 교사들의 존재를 필요로 한다. 이 점은 다른 비평 장르와 구별되는 수업비평의 독특성이기도 하다. 예술 작품이 전시나 발표를 통해 공개됨으로써 예술가의 의도와 관계없이 자동적으로 비평가의 시선에 노출되는 것과는 달리 수업 실천은 자동으로 공개되지 않는다. 따라서 수업비평이 가능하기 위해서는 교사의 자발적인 참여 의사가 매우 중요하다.

지금까지 몇 가지 측면에서 수업비평이 다른 제도적 접근과 어떻게 다른지를 살펴보았다. 각각의 접근법들은 그 제도화의 정도가 다르다. 수업장학의 경우 제도화 정도가 가장 높은 반면, 수업평가나 수업컨설팅은 비교적 최근에 등장하였다. 수업비평이라는 아이디어는 더 최근에 나왔다. 새로운 제도가 모색되는 것은 기존의 제도적 실천이 순기능을 하지 못한다고 많은 사람들이 판단할 때이다. 공개와 소통, 그리고 사물을 보는 감식안의 성장을 중시하는 수업비평이 활성화되고 하나의 제도적 실천으로 정착된다면 우리의 수업 실천을 개선하는 데 많은 도움이 될 것이다.

이러한 수업비평이 학교현장에 일상적 실천으로 정착되기 위해서는 먼저 두 가지 오해가 해소되어야 한다. 첫째, 특별한 수업만 비평의 소재가 될 수 있다는 생각이다. 이것은 잘못된 생각이다. 당연히 모든 수업이 비평의 대상이 된다. 겉으로는 평범해 보이는 수업이라 할지라도 모든 수업은 특이성을 가지고 있다. 한편에는 교과와 학생에 대한 고유한 관점을 지닌 교사가 있고, 다른 한편에는 매순간 상이하게 반응하며 성장하는 학생들이 존재하기 때문이다. 또한 양자가 만나는 양상은 학습의 내용과 조건에 따라 다양하고 풍부하다. 따라서 모든 수업이 별 차이 없이 똑같다는 편견은 수업 현상을 피상적으로 바라보는 관성에서 연유하는 것이다. 모든 수업에 공유해야 할 경험과 자극과 정보가 존재함을 인정하는 것이 수업비평을 일상화하는 출발점이 된다.

둘째, 전문적인 비평가만 수업비평을 할 수 있다는 생각이다. 물론 수업비평을 전문으로 하는 독립적인 비평가를 상정해 볼 수도 있을 것이다. 예를 들어, 문학 비평의 경우 문학 작품을 쓰는 작가와 비평 활동을 하는 비평가는 어느 정도 구분되어 있다. 그리고 문학 비평가라는 이름을 공식적으로 사용하기 위해서는 권위 있는 평론집에서 수상하는 등단 절차가 필요하다. 그러나 수업비평의 일상화는 이런 전문적 비평가가 아니라 수업 실천가에게 더 필요하다. 즉 모든 교사가 자신과 동료의 수업을 성찰할 수 있는 비평적 소양을 지닐 수 있어야 한다. 수업 현상을 올바로 이해하는 교육적 감식안은 모든 교사에게 요구되는 능력이다. 동시에 수업 실천의 의미를 말과 글로 언어화하여 표현할 수 있는 능력 또한 매우 중요하다. 이런 능력이야말로 수업 실천을 개선하는 데 본질적으로 중요한 능력이기 때문이다.

4. 쉐바야르의 교수학적 변환과 극단적 교수 현상

1) 교수학적 변환

쉐바야르(Chevallard, 1985)는 학문적 지식을 가르칠 지식으로 변환하는 것과 같이, 교육적 의도를 가지고 지식을 변환하는 것을 교수학적 변환(didactic transposition)이라고 하였다. 이러한 교수학적 변환에 대한 국내의 관심은 강완(1991)이 수학적 지식의 교수학적 변환에 대한 연구를 하면서 시작되었다. 지리의 경우 김민정(2002)이 지리수업에서의 교수학적 변환(didactic transposition)과 이에 근거한 수업을 설계하여 실시한 후, 여기에서 나타나는 극단적인 교수 현상을 지적하였다.

조성욱(2009)은 표 6-4와 같이 교수학적 변환에 의한 지리지식의 변화 과정을 일반 지식, 교수학적 변환, 가르칠 지식, 학습자 등으로 이루어지는 4단계로 제시하고 있다. 지리교사들은 학문적 지식을 주어진 수업시간 내에 효율적으로 가르치기 위해, 지리교과의 내용에 들어 있는 지리학자의 사고를 학생의 사고에 맞게 변환할 책임을 가지고 있다. 따라서 학습에의 장애를 최소화할 수 있도록, 교사들은 교수학적 변환을 시도한다.

지리지식의 교수학적 변환 과정은 표 6-5에서처럼 크게 두 차례에 걸쳐 일어난다. 1차 교수학적 변환은 지리교육 연구자와 교과서 저자에 의해, 학문적 지식으로서의 지리지식이 교육과정과 교과서로 변환된다. 지리교사는 2차 교수학적 변환의 주체가 된다. 지리교사는 학문적인 지식이 교육적

표 6-4. 교수학적 변환에 의한 지리지식의 변환 과정

주제별 \ 단계별	(1) 일반 지식	(2) 교수학적 변환	(3) 가르칠 지식	(4) 학습자
과정	객관적 지식	분석 ↓ 재구성	변환된 지식	주관적 지식
지식의 변환	지리학 지식		지리교육 지식	나의 지식
주체	지리학자	지리교육학자, 교과서 저자, 교사	교사	학습자
지식생산 특징	탈개인화 탈배경화 탈시간화		가개인화 가배경화 가시간화	개인화 배경화 시간화

(조성욱, 2009: 216)

인 의미를 가질 수 있도록 지리학자의 지리가 학생의 지리로 적절하게 변환된 형태의 지식을 구성하고 전달하는 교량 역할을 한다. 이러한 교수학적 변환에서 가장 중요한 점은 교사의 전공 지식, 즉 교사가 가지고 있는 교과 내용에 대한 이해 정도라고 할 수 있다. 이와 같이 교수학적 변환은 지식의 생산자인 학자가 아니라 교사에 의해서 이루어지지만, 그 중요한 기반은 전공 지식에 대한 깊이 있는 이해에 바탕을 두고 있다.

교실 수업의 상황에서 교사는 자신의 개인화/배경화(personalization /contextualization)를 거친 지식을 가르치기 위한 지식으로 바꾸기 위해 탈개인화/탈배경화(depersonalization/decontextualization)시켜야 한다. 또한 학생들의 개인화/배경화가 용이하도록 학생들에 맞춰 내용을 변환해야 한다. 나아가 학생들 스스로 이 과정에 참여할 수 있도록 이끄는 것까지도 교사의 몫이다. 이러한 측면은 교수학적 변환 과정을 이해하는 방법을 제공해 준다. 따라서 교수학적 변환의 실제적인 문제는 어떻게 교실에서 지식을 효율적으로 학습하도록 변형시키는가 하는 것이다. 이러한 노력에 있어서 어려움은 학생의 개인화/배경화와 탈개인화/탈배경화의 두 과정을 어떻게 균형 있게 조화시켜 나가는가에 있다. 이 두 과정이 균형 있게 이루어지지 않으면, 학생들은 의미가 간과되거나 구조화가 덜 된 지식을 소유하게 된다. 그러므로 바람직한 교수학적 변환의 방향은 개인화/배경화, 탈개인화/탈배경화의 과정에 대한 올바른 이해를 바탕으로 했을 때 가능하다(김민정, 2002).

2) 극단적 교수 현상

교사는 학문적 지식에 대한 교수학적 분석과 재구성을 통하여 가르칠 지식으로 변환하고, 이는 교

표 6-5. 지리지식의 교수학적 변환 과정

지리지식의 변환 과정	교수학적 변환
학문적 지식으로서 지리지식 ↓	1차 교수학적 변환 (지리교육 연구자, 교과서 저자)
교육과정으로 변환 ↓	
교과서로 변환 ↓	
교사에 의한 분석 ↓	2차 교수학적 변환 (교사)
교사에 의한 재구성 ↓	
교사의 교수 행동 ↓	
학생의 지식	

(조성욱, 2009: 216)

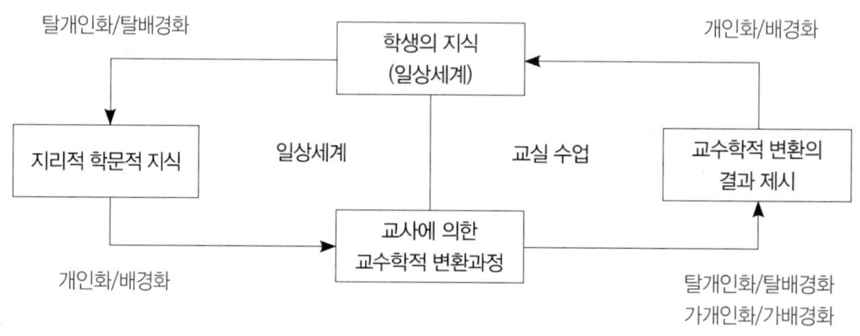

그림 6-4. 교수학적 변환의 도식

(강완, 1991; 김민정, 2002: 118)

사의 교수 행동에 의해서 학습자에게 전달된다. 그러나 브루소(Brousseau, 1997)는 교수행동에서 나올 수 있는 극단적인 교수 현상을 4가지로 지적하였다. 이는 학습자의 지식 구성을 방해하는 토파즈 효과(Topaze effect), 학습자에 대한 판단 오류인 쥬르댕 효과(Jourdain effect), 본질에 이르지 못하는 메타 인지적 이동(meta-cognitive shift), 암기에 머무르게 하는 형식적 고착(formal abidance)이다(표 6-6). 한편 김민정(2002)은 지리 수업의 관찰을 통해서, 이 네 가지의 극단적인 교수현상에 두 가지를 추가하였다. 이 두 가지는 학생들이 지식을 추구하거나 깊이 파고들어 생각하지 않도록 절대적인 것처럼 표현하는 도그마화(dogmatization)와, 도식화하고 단순화하여 학생들의 내용 이해 과정에서 필요한 확대된 적용들을 언급하지 않은 지나친 단순화(over-simplification)이다(조성욱, 2009). 김민정(2002)은 특히 교사의 지나친 단순화를 교수학적 변환 중에서 학생들의 배경화(contextualized)에 대한 가장 소극적 교수 현상으로 보았다.

표 6-6. 교수학적 변환에 나타나는 극단적 교수 현상

극단적 교수 현상	교수 상황	용어의 유래
토파즈 효과 (Topaze effect)	풀이에 대한 명백한 힌트를 주거나 유도 질문을 하여 문제와 함께 해답을 제시함으로써, 학생들이 지식을 스스로 구성하는 것을 방해하는 상황	마르셀 파뇰(Marcel Pagnol)의 희곡에 나오는 등장인물인 토파즈(Topaze)의 학습 지도 과정에서 유래
쥬르댕 효과 (Jourdain effect)	학생의 행동이나 대답이 사실은 평범한 단서나 의미로 야기된 것임에도 불구하고, 교사가 어떤 지식이 형성되었음을 보여 주었다고 인정해 버리는 상황	모리에르(Moriere)의 희곡인 「Le Bourgeois Gentilbomme」에 등장하는 인물인 쥬르댕(Jourdain)에서 유래
메타 인지적 이동 (meta-cognitive shift)	진정한 지식을 가르치기 어려운 경우 교수학적 고안물이나 발견적 수단 자체가 지도의 목적이 되어 버리는 상황	
형식적 고착 (formal abidance)	탈개인화되고 탈배경화된 형식적 지식을 체계적으로 해설하게 하며, 이를 반복적으로 연습하게 하는 상황	

(Brousseau, 1997; 조성욱, 2009: 217 재인용)

글상자 6.1

지리수업에서 나타난 극단적인 교수 현상의 사례

토파즈식 외면치레(Topaz effect)	쥬르댕식 외면치레(Jourdain effect)
• 실제 지리수업 중 침식분지에서의 기온 역전 현상 설명 사례 T: 밑에는 찬 공기가 있고 위에는 따뜻한 공기가 있어, 이럴 경우 대기가 안정되니, 불안정되니? T: 불안정? 차가운 게 밑에 있는데? 안정이지. 그럼 이런 곳에 뭐가 발생할까? 구름 비슷한 거 있잖아. -교사는 질문에서 단서를 제공하고 있음. -교사가 학생들의 개인화/배경화에 치중	• 실제 지리 수업에서 잘못된 근거에서 나온 결론, 예외를 무시하거나 과대평가하는 것, 부분적 적용되는 것을 견해에 적용, 본질적 의미와 관계 없는 흥미 유발 사례나 자료가 제시되면서 수업이 이루어지기도 하죠. -경험사례와 본질적인 내용과의 적절하지 못한 연결 -교사는 학생의 탈개인화/탈배경화에 지나치게 지중
메타 인지적 이동(meta-cognitive shift)	**도그마화(dogmatization)**
• 실제 지리수업에서 제주도 토양의 특성을 설명하는 과정 중의 사례 T: 제주도는 현무암으로 많이 이루어졌죠? 돌하르방 같은 거 보면 구멍이 많죠? 그러니까 비가 오면 어떻게? 물이 밑으로 잘 빠지겠죠? -교사는 교사 스스로 고안한 모형을 제시 -학생들의 이해를 위한 가개인화/가배경화에 치중 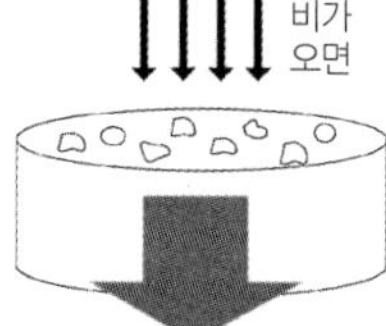 	• 실제 지리수업에서 논의의 여지가 있거나 복잡한 주제를 다루는 사례 T: 우리나라는 콩 같은 농산물을 전부 수입해서 오니까 그래프에 식량작물이 줄어든 거예요. S: 우리콩으로 만든거 많은데. T: 그건 상술이야. 전부 수입이야. -학생들로 하여금 교사 자신의 말이 진리로 받아들여지도록 유도 -학생들의 혼란을 막기 위해 배경화에 간섭
지나친 단순화(over-simplification)	**형식적 고착(formal abidance)**
• 실제 지리수업에서 지질구조와 자원을 설명하는 과정의 사례 T: 신생대-페르시아만-석유 T: 우리나라 신생대-두만강, 포항, 동해시 일부-갈탄 -주요 키워드의 나열로 관련 내용을 지나치게 단순화, 파편화 -학생들의 개인화/배경화 간과	실제 지리수업에서 교사는 지리내용 중 추상적인 개념이나 복잡한 상호작용의 결과로 이해되어야 하는 지리적 일반화 내용이 있어서, 교사 자신이 재구성한 문장을 학생들이 반드시 이해하지 못하더라도 그냥 되풀이하도록 요구하는 현상이다. T: 자 그럼 중심지이론, 여기서는 중심지가 어떻게 분포되어 있고, 중심지들 간의 계층은 어떠한가를 밝히는 것이야. 자 먼저, 이들 분포는 규칙적인데…. -교사는 지나치게 탈배경화된 지식을 전달 -과정을 무시한 결과의 이해

* T: 교사
S: 학생

연습문제

1. 지리 14-18 프로젝트의 교수 스타일의 유형을 제시하고, 각각의 특징에 대해 설명해 보자.

2. 지리교수에 있어서 교사가 갖추어야 할 지식의 기초를 슐만이 제시한 7가지 지식, 특히 내용지식(CK)와 교수내용지식(PCK)의 관계를 중심으로 설명해 보자.

3. 엘바즈의 실천적 지식과 쇤의 반성적 실천가에 대해 설명해 보자.

4. 교과 전문가로서의 지리교사의 3가지 유형에 대해 각각 설명해 보자.

5. 수업컨설팅과 수업비평의 차이점에 대해 설명해 보자.

6. 지리지식의 교수학적 변환 과정을 설명한 후, 교수학적 변환에 나타나는 극단적 교수 현상을 지칭하는 여러 용어를 제시하고 그 의미를 설명해 보자.

7. 다음 용어 및 개념에 대해 설명해 보자.

> 전달-수용 모델, 행동형성 모델, 상호작용 모델, 닫힌 교수·학습 스타일, 구조화된 교수·학습 스타일, 협상된 교수·학습 스타일, 교과내용지식, 교수내용지식, 실천적 지식, 반성적 실천가, 행위 중 반성, 행위 후 반성, 교육과정 전달자, 교육과정 조정자, 교육과정 이론가, 수업컨설팅, 수업비평, 교수학적 변환, 극단적 교수 현상, 토파즈 효과, 쥬르댕 효과, 메타 인지적 이동, 형식적 고착, 도그마화, 지나친 단순화

임용시험 엿보기

1. 최 교사의 '우리나라 지체구조'에 대한 수업 장면이다. 이에 대한 분석으로 옳은 것만을 〈보기〉에서 모두 고른 것은? (2011학년도 중등임용 지리 1차 6번)

> 교 사: ㉠자, 다음은 신생대입니다. 신생대는 가장 최근의 땅이에요. 우리나라에서는 두만강이나 포항, 동해시 일부가 신생대 땅이에요. 여기에는 석탄 자원 중에서도 갈탄이 매장되어 있어요. 갈탄은 탄소 함량이 낮아요.
> 학생들: (아무런 반응이 없다.)
> 교 사: 두만강 근처에 있는 유명한 탄광이 뭐지?
> 학생들: (모른다는 듯이 웅성거린다.)
> 교 사: 아오지라는 탄광이죠. 여기에서는 무엇을 많이 생산할까요?
> 학생들: 석탄이요.
> 교 사: 석탄 중에서도 가장 많이 묻혀 있는 것이 무엇이라고 했었죠? ㉡무연탄이나 역청탄이 아니라 탄소 함량이 낮은 석탄의 종류라고 했죠?
> 학생들: 갈탄이요.
> 교 사: 그래요. 갈탄이에요. 이런 곳이 암석화가 덜 되어 있는 가장 최근의 땅이에요.

〈보 기〉

ㄱ. 수업 장면에서 교사에 의한 '교수학적 변환(didactic transposition)'이 나타난다.
ㄴ. ㉠은 교사가 파편화된 형태로 지리지식을 단순화하여 제시하고 있다.
ㄷ. ㉡은 교사의 발문에 정답을 찾을 수 있는 단서가 제공되어 학생들의 능동적 사고 과정을 저해한다.
ㄹ. ㉠과 ㉡은 교사가 학생들의 '개인화(personalization)'와 '배경화(contextualization)'를 고려한 교수 행동이다.

① ㄱ, ㄷ ② ㄴ, ㄹ ③ ㄱ, ㄴ, ㄷ ④ ㄱ, ㄴ, ㄹ ⑤ ㄱ, ㄷ, ㄹ

2. 다음 중학교 수업 장면에 나타난 교사와 학생의 언어적 상호작용에 대한 분석 내용으로 옳은 것을 〈보기〉에서 고른 것은? (2010학년도 중등임용 지리 1차 10번)

> 교 사: 여러분 방금 나누어 준 지도에서 태백산맥을 넘어가는 대관령 주변 지역을 찾아보세요. 그곳은 산지일까요, 평야일까요?
>
> 학생들: 산지예요.
>
> 교 사: 그런데 어떻게 알았어요?
>
> 학생들: 등고선을 보고 알았어요.
>
> 교 사: (가)<u>그래요, 등고선을 보고 알 수 있어요.</u> 그럼, 전 시간에 배운 것을 확인합시다. 등고선 간격이 좁으면, 경사는 어떻지?
>
> 학생들: 급해요.
>
> 교 사: 아주 잘했어요. 그런데 지도에서 영동고속국도가 통과하는 평창군의 대관령면 일대는 산지임에도 불구하고, 등고선의 간격이 주변에 비해 좁아요, 넓어요?
>
> 학생들: 넓어요.
>
> 교 사: 그렇죠. (나)<u>자, 여기 지도를 보세요.</u> 대관령면 일대는 해발고도가 약 800m가 넘는 산지임에도 기복이 완만한 평탄면이 넓게 나타나요. 혹시 고랭지 배추에 대해 들어 본 학생 있어요? 있으면 손들어 보세요.
>
> 학생들: (약 10명의 학생이 손을 든다.)
>
> 교 사: 우리반에는 약 10명 정도의 학생이 고랭지 배추에 대해 들어 봤네요. 고랭지 배추는 지도 상의 이 일대에서 많이 재배됩니다. 그럼 지금부터 (다)<u>대관령면 일대에서 고랭지 배추가 많이 재배되는 요인들을 추출하여 자연적, 사회·경제적 요인으로 분류해 봅시다.</u>

〈보 기〉

ㄱ. 수업 장면에서 언어적 상호작용의 주도권은 교사와 학생에게 양분되어 있다.
ㄴ. 수업 장면에서 교사의 발문은 사실 인지 및 확인을 요구하는 폐쇄적 발문이 지배적이다.
ㄷ. (가)와 (나)는 플랜더스(N. A. Flanders)의 상호작용 범주화 중 '지시하기'에 해당된다.
ㄹ. (다)는 블룸(B. S. Bloom)의 인지적 목표 분류 중 '분석(analysis)'을 요구하는 발문이다.

① ㄱ, ㄴ ② ㄱ, ㄷ ③ ㄴ, ㄷ ④ ㄴ, ㄹ ⑤ ㄷ, ㄹ

3. (가)는 교사의 실천적 지식 개발을 위한 '행위 중 반성'에 관한 글이고, (나)는 중학교 1학년 「남부 지방의 생활」에 대한 수업 장면이다. (가)에 기초하여 (나)의 ㉠~㉤을 해석한 것으로 가장 알맞은 것은? (2009학년도 중등임용 지리 1차 6번)

(가)

'행위 중 반성'은 교사의 실천적 지식 개발을 위한 핵심개념으로 평가된다. 수업에서는 자신이 계획할 때 생각하지 못했던 문제가 끊임없이 나타난다. 예상하지 못한 학생들의 반응을 보고 교사가 놀랐다면 그는 반성의 단계로 진입한 것이다.

놀람의 경험은 교사의 암묵적 앎을 표면화하고 비판적으로 고찰함으로써 그것을 재구성하도록 한다. 재구성된 암묵적 앎을 잠정적 앎이라고 한다. 잠정적 앎은 교사가 수업 중 즉석에서 실천하여 효과가 검증될 때 교사의 실천적 지식으로 전환된다. 새롭게 형성된 교사의 실천적 지식은 유사한 수업 상황에서 자연스럽게 표출된다.

(나)

교 사: 우리나라의 황해안에서 가장 가까운 나라가 어디예요?

학생들: (㉠대부분의 학생들이 대답하지 못한 채 웅성거린다.)

교 사: (학생들이 중국의 위치를 알지 못한다는 사실에 당황한다. ㉡중국의 위치를 알려줄 수 있는 지도를 준비하지 못한 상태이다. 잠시 생각한 후) ㉢여러분! 사회과부도 73쪽을 펴 보세요. 지도를 보고 우리나라 황해안에서 가장 가까운 나라가 어디인지 찾아보세요. 찾았어요? 어디예요?

학생들: (큰 목소리로) 중국, 중국이에요!

교 사: 그래요. ㉣우리나라 황해안에서 가장 가까운 나라는 중국입니다. 중국은 개방 정책으로 경제 성장이 급속하게 이루어져 우리나라와의 교역이 증가하고 있어요. 따라서 중국과 가까운 이곳에 공업단지가 조성되는 것입니다. ㉤그럼 이 지역 공업단지의 위치를 확인해 봅시다.

① ㉠은 반성의 단계에 진입한 것이다.

② ㉡은 암묵적 앎을 재구성한 잠정적 앎에 해당한다.

③ ㉢은 잠정적 앎을 즉석에서 실천에 옮기는 행위이다.

④ ㉣은 새롭게 형성된 교사의 실천적 지식이다.

⑤ ㉤은 유사한 수업 상황에서 실천적 지식이 표출된 것이다.

4. 김 교사는 '환경문제'에 대한 수업을 앞두고 다음의 (가), (나), (다)와 같은 내용을 고민하였다. 지리 교수를 계획하기 위하여 (가)에 대한 지식을 (나)에 대한 지식으로 변환하는 과정을 무엇이라고 하는지 쓰시오. 그리고 (나)와 같이 교과 전문가로서 김 교사가 갖추어야 할 중요한 지식은 무엇인지 슐만(Shulman)의 용어로 쓰고, (다)에서 교사에게 요구되는 지식은 무엇인지 쓰시오. **[4점]** (2008학년도 중등임용 지리 1번)

> (가) 최근 지리학계에서는 환경문제에 대해 어떤 논의들이 이루어지고 있는가?
> - 환경문제와 관련해서 최근에 강조되고 있는 개념이 있는가? 있다면 무엇인가?
> - 환경문제를 다루는 데 적절한 사례가 되는 지역은 어디인가?
>
> (나) 이번 단원에서는 무엇을, 어떻게 가르칠 것인가?
> - 학생들은 다양한 환경문제와 그와 같은 환경문제의 발생 배경 등에 대해 잘 이해할 수 있을까?
> - 환경문제는 어느 범위에서 다루어야 할까? 지역적 스케일? 국가적 스케일? 혹은 국제적 스케일?
> - 이 단원을 교사 중심의 설명식 수업으로 할 것인가, 아니면 학습자 중심의 탐구수업으로 할 것인가?
> - 학생들에게 현지조사연구를 어느 정도 시킬 것인가?
>
> (다) 학생들은 학습 주제에 관해 얼마나 알고 있을까?
> - 환경문제에 대한 학생들의 인지상태를 어떻게 파악할 것인가?
> - 학생들의 인지상태에 대한 정보를 개인별, 수준별 학습에 어떻게 적용할 것인가?

- (가)에서 (나)로의 변환 과정을 일컫는 용어: ________________
- (나)에서 김 교사가 갖추어야 할 지식(슐만의 용어): ________________
- (다)에서 교사에게 요구되는 지식: ________________

문항 분석: 평가 요소 및 정답 안내

1번 문항

- 평가 요소: 교수학적 변환
- 정답: ③
- 보기 해설: ㄹ에서 ㉠과 ㉡은 학생들의 개인화와 배경화를 고려하지 않은 교수 행동이다.

2번 문항

- 평가 요소: 수업에서 교사와 학생의 언어적 상호작용/질문(발문)과 답변
- 정답: ④
- 보기 해설: ㄱ에서 언어적 상호작용의 주도권은 교사에게 있다고 해야 한다. ㄷ에서 (나)는 '지시하기'이지만, (가)는 '학생의 생각을 수용하거나 인용하는 말'이다.

3번 문항

- 평가 요소: 실천적 지식/행위(수업) 중 반성
- 정답: ③
- 답지 해설: ①에서 ㉠은 예상치 못한 학생들의 반응을 보여 준다. ②에서 ㉡은 교사가 반성의 단계에 진입한 것이다. ④에서 ㉣은 단지 교사가 기존에 가지고 있는 지식이다. ⑤에서 ㉤이 지리부도에서 위치를 찾아보는 것이 아니므로, 유사한 수업 상황에서 실천적 지식이 표출된 것이라고 보기 어렵다.

4번 문항

- 평가 요소: 교사가 갖추어야 할 지식/교수학적 변환
- 정답: 교수학적 변환/교수내용지식/학습자에 관한 지식

제7장

지리 교수·학습 방법

1. 개념학습
   1) 개념학습의 중요성과 난점
   2) 개념 교수·학습 이론
   3) 개념 교수·학습 요소
   4) 개념 교수·학습 모형
   5) 이중부호화이론과 다중표상학습
2. 설명식 수업
   1) 설명이란?
   2) 연역적 추리에 근거한 설명식 수업
3. 발견학습
   1) 귀납적 추리에 근거한 발견학습
   2) 순수한 발견학습 vs 안내된 발견학습
4. 탐구학습
   1) 탐구의 기초로서 질문(발문)
   2) 플랜더스의 언어적 상호작용모형
   3) 탐구학습의 의미와 재개념화
   4) (과학적) 탐구학습의 절차와 단계
   5) 가치탐구와 비판적 탐구
5. 문제기반학습(PBL) 또는 문제해결학습
   1) 문제기반학습의 등장배경
   2) 실제적 과제에 기반을 둔 문제기반학습
   3) 문제기반학습과 탐구학습의 차이점
   4) 문제기반학습의 구성요소 및 단계
6. 가치수업
   1) 지리를 통한 가치교육
   2) 가치교육과 정치적 문해력
   3) 가치교육과 환경적 문해력
   4) 가치교육의 접근법들
7. 논쟁문제해결 및 의사결정 수업
   1) 논쟁적 쟁점에 대한 지리적 관심
   2) 논쟁문제해결 수업 모형
   3) 의사결정 수업 모형
   4) 논쟁적 쟁점에 대한 의사결정 지리수업 사례
8. 협동학습
   1) 협동학습과 소모둠(집단)학습
   2) 협동학습의 의의
   3) 협동학습을 위한 계획과 관리
   4) 협동학습의 필요조건과 특징
   5) 협동학습의 유형
9. 게임과 시뮬레이션
   1) 학습의 관점에서 게임과 시뮬레이션의 의의
   2) 게임과 시뮬레이션 활동의 계획과 관리
   3) 게임과 시뮬레이션 활동의 유형
10. 사고기능 학습
   1) 지리를 통한 사고기능 교수·학습 전략
   2) 지리를 통한 사고기능 교수·학습의 실제
   3) 사고기능 교수·학습에서 결과보고의 중요성
   4) TTG 및 MTTG 전략과 결과보고
11. 야외조사학습
   1) 조사학습과 교수 전략
   2) 야외조사학습과 교수 전략

1. 개념학습

제4장과 제5장에 걸쳐, 개념학습의 관점에서 개념의 정의, 특성, 유형 분류, 오개념, 개념도 등에 대해 살펴보았다. 여기에서 이러한 개념을 학생들이 효과적으로 학습하도록 하기 위해, 개념 교수방법에 대해 살펴본다. 지리교육에서 개념 교수방법에 대한 논의는 매우 적은 편이다. 지리교육에서 개념 교수방법을 제시한 연구로는 이경한(2001; 2004)의 논문이 대표적이다. 따라서 학습이론에서 제시하고 있는 개념 교수방법을 중심으로 살펴본 후, 이경한(2004)이 제시한 개념 교수방법을 비롯하여 사회과 교육에서 주로 사용되고 있는 개념 교수방법을 제시한다(이경한, 2004; 차경수·모경환, 2008; 박상준, 2009).

1) 개념학습의 중요성과 난점

(1) 개념학습의 중요성

우리는 흔히 지리적 사실과 개념을 혼동한다. 지리적 사실이 구체적이며, 특정 지역이나 특징, 통계, 패턴에 대한 것이라면, 개념은 사실, 사건, 사물 등에서 유사한 속성을 분류하여 만들어 낸 고안물이다. 학생들이 구체적인 사실을 넘어 일반화를 시작하는 순간 개념이 필요하다. 학생들이 단순한 사실적 지식을 축적하는 것이 아니라 지리를 이해하기 위해서는 세상을 이해하고 아이디어를 공유하는 데 활용하는 다양한 개념들을 습득해야 한다. 학생들은 지리가 사실에 기반한 학문이 아니라 '세상을 바라보는 강력한 방법'인 핵심 개념들을 통해 발전해 온 학문임을 깨달아야 한다(Roberts, 2013; Jackson, 2006: 203).

개념을 습득해야 하는 가장 중요한 이유는 개념 없이는 생각하거나 의사소통을 할 수 없기 때문이다. 우리는 일반화하고, 사실과 아이디어를 서로 연결시키고, 설명을 발전시키고, 추상적으로 사고하기 위해 개념이 필요하다.

개념적 이해가 발달하게 되면 학생들은 세상을 다르게 바라보고 해석할 수 있으며 자신들의 개인 지리를 넘어서게 된다. 또한 일반화되고 추상적인 방식으로 사고할 수 있게 된다. 일상적 개념과 이론적 개념이 서로 끊임없이 영향을 주고받는 과정 속에서 지리적 개념은 발달하게 된다. 학생들은 이론적 개념을 일상적 개념과 연결지어 가면서 이해한다(Roberts, 2013).

지리학습을 통해 얻어지는 이론적 개념들은 학생들이 가진 일상적 개념들을 확장시켜 줄 뿐 아니라 학생들이 일상생활 속에서 만나게 되는 세상을 이해하는 방식을 향상시켜 준다.

(2) 개념학습의 난점

개념적 이해를 습득하거나 발달시키는 것은 사실(fact)을 배우는 것보다 훨씬 어렵다. 사실은 암기할 수 있다. 즉 학생들은 사실을 상기함으로써 자신들이 알고 있다는 것을 증명할 수 있다. 반면 학생들이 개념의 뜻을 기억해내거나 선다형 문항에서 찾아낼 수 있다고 해서 반드시 그 개념을 이해하고 있는 것은 아니다. 학생들은 운하나 교구(parish) 경계의 의미를 알지 못해도 지도에서 운하나 교구의 경계를 나타내는 기호를 찾을 수 있다. 단어를 알고 뜻을 기억하는 것은 개념을 이해하는 것과는 다르다(Roberts, 2013).

학생들이 개념을 이해하기 위해서는 개념이 실세계에서 표상하는 바가 무엇인지 알아야 하고, 그 개념에 포함된 것과 포함되지 않은 것을 알고, 그 개념을 다른 사례나 상황에 연결시키고 적용할 수 있어야 한다. 학생들은 개념을 나타내는 단어를 머릿속에 넣어 두고 그 개념을 활용해 사고해야 한다. 개념의 이해 특히 지리교육의 핵심적 개념들은 학생들이 관계된 배경지식과 아이디어를 확대시켜감에 따라, 그리고 개념의 미묘한 차이에 대해 알아감에 따라 계속해서 심화될 수 있다. 이러한 이유로 개념적 이해를 간단한 방법으로 평가하는 것은 어렵다(Roberts, 2013).

몇몇 지리적 개념들은 다른 것들에 비해 훨씬 어렵다. 구체적 개념들은 추상적 개념들보다 일반적으로 이해하기 쉽지만 쉬운 정도에도 차이가 있다. 아래의 경우에 해당할수록 개념들은 이해하기 어려운 경향이 있다(Roberts, 2013).

- 개념이 학생들이 경험할 수 있는 범위 이상의 것과 관련이 있을 경우(예, 대부분의 영국 학생들에게 해변보다 빙하가 더 어렵다)
- 개념이 엄청나게 큰 것과 관련이 있을 경우[예, 연담도시(conurbation)는 타운(town)보다 이해하기 어렵다]
- 지리수업에서만 접할 수 있는 개념일 경우(예, 강수량)
- 개념에 포함된 단어가 다른 과목이나 일상생활에서는 다른 의미를 가질 경우(예, 에너지)

추상적 개념에 대한 어려움 정도도 다양하다. 추상적 개념들은 명료하게 정의될 수 있거나[예, 허니폿(honeypot)], 학생들의 일상생활과 연결될 수 있는 경우(예, 기대수명) 이해하기 쉽다. 추상적 개념들은 아래의 경우에 해당할수록 어려워진다(Roberts, 2013).

- 다른 개념에 대한 이해가 선행되어야 하는 경우[예, 바이옴(biome)]

• 다양한 의미를 갖고 있거나 상황에 따라 의미가 달라지는 경우(예, 지속가능발전, 세계화)
• 매우 추상적인 경우(예, 사회정의)
• 개념에 포함된 단어가 사고 수준에 따라 다른 방식으로 활용되는 경우(예, 장소, 공간, 스케일)

2) 개념 교수·학습 이론

개념은 사물, 사건, 생각을 범주화하는 마음의 구조로 교과 교육에서 가장 큰 영역을 차지한다. 학습이론가들은 학생들이 개념을 형성하는 방법에 대해 다양한 해석을 제시했다. 이와 관련하여 대표적인 것이 속성(attribute), 원형(prototype), 실례(exemplar)에 초점을 둔 3가지 이론이다.

(1) 속성

정사각형, 삼각형, 둘레의 길이와 같은 일부 개념들은 그 개념을 정의하는 요소인 잘 정의된 속성(attribute)을 가지고 있다. 예를 들면, 면, 닫힌, 등변, 등각 등은 정사각형이라는 개념의 속성이다. 학습자는 사각형이 이러한 속성을 가지고 있어야 한다는 규칙에 근거해서 사각형의 예를 판단할 수 있다. 여기에서 크기, 색깔, 방향 등과 같은 다른 속성은 중요하지 않다. 그래서 학습자는 사각형을 분류할 때 이것들을 고려하지 않는다. 브루너(Bruner, 1968)를 비롯하여 초기의 학습이론가들은 학습자들이 개념의 본질적인 속성을 알아내고, 그에 따라 예들을 분류함으로써 개념을 습득한다고 주장하였다. 개념들은 각각의 정의를 기초로 해서 다른 것과 구분되므로, 이것을 개념학습의 규칙지향 이론(rule-driven theory)이라 한다.

그러나 잘 정의된 속성에 기초한 개념학습은 많은 비판을 받았다. 왜냐하면 많은 개념들은 잘 정의된 속성이 없으며, 여러 개념을 구분하기 위한 규칙을 만들어 내는 것도 어렵기 때문이다. 특히 명확한 과학적 개념이 아닐 때 더욱 그러하다. 예를 들어, 민주당원 또는 공화당원의 개념의 속성은 무엇인가? 일반 뉴스에서 자주 접하는 용어임에도 불구하고, 대부분 사람은 다소 정확한 방법으로 그 개념을 정의할 수 없다. 자동차와 같은 일반적인 개념도 불분명한 경계를 가지고 있다. 예를 들어, 버스를 자동차로 설명하는 사람도 있지만, 그렇지 않는 사람도 있다.

(2) 원형

개념학습에 대한 최근의 관점은 원형(prototype)을 강조한다. 사람들은 마음속에 각 개념의 진수를 담고 있는 심상을 가지고 있는데, 그것이 원형이다. 다시 말하면, 원형이란 한 개념 또는 범주를 가장 잘 대표하는 것이다. 따라서 개념학습의 두 번째 이론은 민주당원, 공화당원, 심지어 자동차와 같은 개념이 하나의 원형으로서 기억 속에 나타난다는 것이다(김아영 외, 2007). 예를 들어, 부시 미 대통령, 클레멘스 토마스 미 연방 대법관, 그 밖의 사람들이 공화당원 개념의 원형이 될 수 있으며, 또한 민주당원을 위한 다른 원형들도 존재한다. 유사하게 현대 소나타나 르노삼성 SM5처럼 일반적인 승용차가 자동차를 나타내는 원형이 될 수도 있다.

많은 사람들에게 '새'라는 범주를 가장 잘 대표하는 새는 참새이다. 제비의 경우 새의 범주에 속하며 원형과 아주 비슷하지만, 닭과 타조의 경우에는 비슷한 점도 있지만 다른 점도 있다. 한 범주의 경계 부분에 이르면 특정 사례가 정말 그 범주에 속하는지를 결정하기 어려울 수 있다. 예를 들어, 전화기는 가구인가? 엘리베이터는 탈것인가? 올리브는 과일인가? 어떤 것이 특정 범주에 속하는지 여부는 명확하다기보다는 정도의 문제이다. 범주들은 그 경계가 분명하지 않고 흐릿하다. 그러므로 어떤 사건, 대상, 아이디어들은 다른 것들에 비해 하나의 개념을 대표하기에 더 좋은 실례일 수 있다(김아영 외, 2007).

(3) 실례

개념의 구체적인 실례(exemplars)만이 존재할 뿐이다. 초기 심리학자들은 개념이 한 무리의 규정적 속성(defining attributes) 또는 독특한 특징들(distinctive features)을 공유한다고 가정하였다. 그러나 1970년대부터 개념의 속성에 관한 관점들에 의문이 제기되기 시작하였다. 일부 개념들은 분명한 규정적 속성들을 가지고 있지만, 대부분의 개념들은 그렇지가 않다.

개념학습의 세 번째 이론은 속성도 원형도 아닌 '실례(exemplars)'를 강조한다. 학습자들이 반드시 그들이 접한 사례들로부터 하나의 원형을 구성할 필요가 없다는 것이다. 학습자들은 오히려 개념의 가장 전형적인 예인 실례를 저장한다. 예를 들어, 개에 대한 경험이 있는 학생들은 원형을 구성하는 대신에 기억의 실례 속에 진돗개, 삽살개, 셰퍼드의 이미지들을 저장한다.

실례에 기반한 개념학습 이론은 우리가 실례를 참고해서 특정 개념 또는 범주의 구성원들을 알아본다고 주장한다. 실례란 특정한 개, 새, 파티, 가구 등에 대한 실제의 기억이다. 우리는 어떤 물건이 실례와 동일한 범주에 속하는지 여부를 알기 위해 그 물건을 실례와 비교한다. 예를 들어, 만약 여러분이 공원에서 쇠와 돌로 만들어진 이상한 모양의 벤치를 보았다고 하자. 여러분은 이것을 집의 거실에 있는 소파와 비교해 봄으로써 이 불편하게 생긴 물건이 과연 의자인지, 아니면 불투명한 경계선을 넘어선 조각인지를 판단할 것이다.

원형은 실례에 대한 경험이 축적되면서 형성되는 것으로 간주된다. 특정한 사건들에 대한 일화기억들이 시간이 지남에 따라 흐려지기 시작하면서, 그때까지 경험한 모든 소파의 실례들로부터 평균적인 또는 전형적인 소파의 원형이 자연스럽게 만들어진다는 것이다.

이상과 같은 속성, 원형, 실례에 기초한 3가지 이론은 각각 개념학습의 다른 측면을 설명할 수 있다. 예를 들어, 정사각형이나 짝수와 같은 개념은 속성에 의해, 자동차와 같은 것은 원형에 의해, 그리고 새나 개와 같은 것은 실례로 부호화될 것이다.

3) 개념 교수·학습 요소

한 개념이 몇 개의 구체적인 속성만을 가지고 있다면, 개념학습은 단순화될 수 있다. 예를 들어, 삼각형이라는 개념의 속성은 면, 닫힌, 세 개의 직선 등이다. 이렇게 삼각형은 세 개의 본질적인 속성만 가지고 있으며, 이 속성들은 관찰 가능하다. 따라서 삼각형이라는 개념은 배우기 쉽다. 반면에 민주주의, 정의, 편견과 같은 개념은 잘 정의된 속성들이 없다. 이러한 개념들은 추상적이기 때문에, 실례들이나 원형은 사람에 따라 매우 다양하다. 이러한 개념들은 삼각형과 같은 개념보다 훨씬 학습하기 힘들며, 가르치기도 훨씬 어렵다.

개념의 복잡성과 관계없이 개념을 잘 가르치기 위해서는 개념에 대한 정의와 함께 신중하게 선택한 '실례들'과 '비실례들'을 학생들로 하여금 경험하도록 해야 한다. 교사가 제시한 실례들이 정의된 속성 또는 규칙에 기초하여 구성되었다면, 그것들은 모든 중요한 속성을 설명할 것이다. 만약 그렇지 않다면, 학습자는 교사가 제시한 실례들을 바탕으로 유용한 원형이나 일련의 실례들을 구성할 것이다. 이와 같이 교사가 개념을 가르칠 때 그 개념에 대한 정의를 먼저 제시하고 그다음에 예를 들어 개념을 설명할 수 있다. 또는 일련의 실례들을 보여 주고 학생들의 개념 형성을 도와주는 안내된 발견법을 선택할 수도 있다.

학습에는 원형과 규정적 속성이 둘 다 중요하다. 아동들은 실생활의 많은 개념들을 어른이 지적해 준 가장 좋은 실례나 원형을 통해 처음으로 배운다. 그러나 실례가 애매할 때(올리브는 과일인가?)에는 규정적 속성에 의거하여 결정을 내린다. 올리브는 먹을 수 있는 부분에 씨가 있는 음식으로써 과일의 규정적 속성에 들어맞으므로, 전형적이거나 원형적인 과일은 아닐지라도 과일임이 분명하다.

개념을 효과적으로 교수하기 위한 수업에는 실례(examples)와 비실례(nonexamples), 적절한 속성과 부적절한 속성, 개념의 명칭, 정의 등 4가지 요소가 반드시 있어야 한다(표 7-1). 그리고 개념들을 일반화하고 변별하기 위한 단계들은 표 7-2와 같다.

개념의 속성이나 정의에 대해 논의하기 전에, 먼저 실례와 비실례를 검토하는 것이 더 효과적이다

(Joyce, Weil and Calhoun, 2006). 개념에 관한 수업을 할 때에는 학생들이 범주를 확립할 수 있도록 원형이나 가장 좋은 실례로부터 시작하는 것이 좋다. 예를 들어, 교사가 과일에 대한 수업을 할 때, 과일의 전형적 실례인 사과에서 시작해서 토마토나 아보카도 같은 덜 전형적인 실례로 나아갈 수 있다. 이러한 실례들은 과일이라는 범주가 다양한 가능성을 포함한다는 것과, 한 범주 내에 부적절한 속성이 있을 수 있다는 것을 보여 준다. 이는 과소일반화 혹은 과일 범주에 속하는 어떤 음식을 범주에서 잘못 배제하는 오류를 방지하게 해 준다. 비실례는 학습하고자 하는 개념에 아주 근접하되, 결정적인 속성 한두 가지를 갖고 있지 않은 것으로 선택해야 한다. 예컨대 고구마는 맛이 달기는 하지만 과일은 아니다. 비실례를 포함시키는 것은 '과도한 일반화' 혹은 과일이 아닌 물질을 과일에 포함시키는 오류를 방지할 것이다.

학생들이 어느 정도 제시된 문제의 개념을 파악했을 때, 스스로 가설을 수립하고 검증한 방식에 대해 생각해 보게 하는 것이 유익하다. 자신의 사고를 되돌아보는 것은 학생들이 상위인지 기술을 발달시키는 데 도움을 주며, 사람에 따라 서로 다른 방식으로 문제에 접근한다는 것을 알게 해 준다 (Joyce, Weil and Calhoun, 2006).

학생들이 일단 어떤 개념을 충분히 이해하게 되면, 그 개념을 직접 사용해 보아야 한다. 즉 학생들은 새로 학습한 개념을 자신이 가지고 있는 관련 도식의 지식 망에 연결해 보아야 한다. 제4장과 제5장의 개념학습에서 다룬 개념도 그리기(concept mapping)는 학생들의 개념을 확장하고 연결시킬 수

표 7-1. 개념 교수·학습을 위해 필요한 요소

실례와 비실례	가르치는 개념이 복잡할수록, 또 나이가 어리거나 능력이 부족한 학생들일수록 더 많은 실례를 들어 줄 필요가 있다. '실례'와 '비실례'는 때로 '긍정적 사례'와 '부정적 사례'라고도 불리는데, 둘 다 범주의 경계를 분명하게 하는 데 요긴하게 쓰인다. 박쥐(비실례)가 왜 새가 아닌지를 따져 보는 것은 학생들이 새라는 개념의 경계를 정하는 데 도움을 줄 것이다.
적절한 속성과 부적절한 속성	'날다'라는 속성은 동물을 새로 분류하기에 적절한 속성이 아니다. 많은 새들이 날 수 있지만 어떤 새들은 날지 못하며(타조, 펭귄), 어떤 동물들은 새가 아닌 데도 날 수가 있다(박쥐, 날다람쥐). 새라는 개념을 논의할 때에는 날 수 있는 능력을 포함시켜야 하지만, 날 수 있다는 속성 하나만으로는 어떤 동물을 새로 규정하지 못한다는 것을 학생들이 이해하도록 해야 한다.
명칭	명칭은 개념을 이해하는 데 필요한 것이기는 하지만, 명칭을 학습했다고 해서 반드시 그 개념을 이해하는 것은 아니다. 학생들이 '과일'이라는 명칭을 이미 학습했더라도, 토마토와 아보카도가 과일이라는 것은 이해하지 못했을 수도 있다.
정의	좋은 정의는 두 가지 요소를 갖는다. 즉 새로운 개념의 더 일반적인 범주를 지정하고, 그 개념의 규정적 속성을 언급하는 것이다. 예를 들어, 과일은 먹을 수 있는 부분에 씨가 있는(규정적 속성) 음식(일반적 범주)이다. 등변삼각형은 세 변의 길이가 똑같고 세 모서리의 각이 똑같은(규정적 속성) 단순폐쇄평면 도형(일반적 범주)이다. 이런 정의는 개념을 관련된 지식의 도식 내에 배치할 수 있게 해 준다.

(Joyce, Weil and Calhoun, 2006)

표 7-2. 개념들을 일반화하고 변별하기 위한 단계들

단계	예시
개념 명명하기	의자(chair)
개념 정의하기	사람이 앉을 수 있도록 등받이를 가지고 있는 좌석
관련된 속성 제공하기	좌석, 등받이
관련되지 않은 속성 제공하기	다리, 크기, 색상, 재료
실례들을 제공하기	편안한 의자, 높은 의자, 공기(beanbag) 의자
비실례들을 제공하기	벤치, 책상, 등받이가 없는 의자(stool)

(노석준 외, 2004)

있는 훌륭한 도구가 된다. 개념은 고립되어 존재하지 않으며, 오히려 복잡한 도식 속에서 다른 것들과 연관되어 있다. 개념도 그리기는 학습자가 개념들 사이의 관계를 시각적으로 구성하도록 도와주는 하나의 전략이다. 이것은 학생들로 하여금 개념 간 관계를 시각적으로 나타내도록 함으로써, 학생들이 활동적인 역할을 하도록 한다. 그리고 교사들은 개념들 간 관계에 대한 학생들의 이해를 평가하기 위해 지도를 사용할 수 있다. 따라서 개념도 그리기는 학생과 교사 모두에게 유용하다.

이상과 같은 개념 교수·학습에서 교사들이 학생의 이해력과 사고력을 길러주기 위해서 지켜야 할 일반적 지침들이 있다. 일반적으로 개념학습에서 교사가 주의해야 할 몇 가지 지침들을 살펴보면 다음과 같다(Martorella, 1991: 143-144; 박상준, 2009 재인용).

- 그 개념에 적합한 실례들을 논리적 순서대로 배열하여 제시하라. 이 경우에 개념의 원형에 적합한 실례를 제시하라.
- 실례와 비실례 사이의 유사성, 차이점, 결정적 속성 등에 대해서 토론할 수 있는 단서, 방향, 질문 등을 제시하면서 개념의 학습을 활성화시켜라.
- 제시된 실례들을 최적의 실례와 비교하도록 요청하고, 비교가 적합한지를 토론하면서 점검하라.
- 결정적 속성이 명확하지 않거나 모호한 개념이라면, 가장 적합하다고 생각되는 실례들의 특성을 제시하도록 하라.
- 개념의 정의가 명백하다면, 적절한 단계에서 개념을 정의하고 그 정의를 속성이나 실례와 연결시켜라.
- 가르치려는 개념과 학생이 이미 학습하여 알고 있는 개념이나 경험을 연관시켜 토론시켜라.
- 개념을 학습하는 중간에 비실례를 제시하면서, 학생들이 그 개념을 이해했는지를 확인하는 과정을 가져라.

• 학생들이 학습한 개념을 새로운 상황에 적용하거나 새로운 실례를 창의적으로 제시하도록 요청함으로써, 학습의 고차원적 단계를 평가하는 과정을 가져라.

4) 개념 교수·학습 모형

사회과에서는 학습이론에서의 개념 교수에 착안하여, 개념 교수·학습을 '속성모형', '원형모형', '상황모형'으로 분류하기도 한다(Howard, 1987: 85–106, 136–154; 차경수, 1997: 173–181, 이경한, 2004: 54–61). 속성모형은 모든 대상들이 공유하는 결정적 속성 또는 정의적 속성을 제시하여 개념을 가르치는 방식을 강조한다. 반면에 원형모형은 추상적 개념을 전형적으로 보여 주는 원형 또는 대표적 사례를 제시하여 개념을 가르치는 방식을 강조한다. 상황모형은 개념과 관련된 상황 또는 학생의 경험을 제시하여 개념을 가르치는 방식을 제안한다. 사실 상황모형은 사회과에서 독자적으로 만들어 낸 것으로, 여기서는 학습이론의 측면에서 속성모형과 원형모형만을 살펴본다.

(1) 속성모형

속성모형(attribute model)은 개념학습의 방법 중에서 가장 오래된 것으로, 고전모형(classic model)이라고 부르기도 한다. 속성모형에 의하면, 개념의 인식은 경험들로부터 추출된 정보들로 구성되는데, 이 정보는 한 개 이상의 결정적 속성 또는 정의적 속성 목록으로 구성된다(Howard, 1987: 90–91). 다시 말하면 한 개념이 다른 개념과 구별되는 고유한 결정적 속성을 가지고 있기 때문에 개념이 성립되고, 모든 개념의 결정적 속성은 항상 제시되고 인식될 수 있다고 속성모형은 가정한다(Banks, 1990: 94). 따라서 속성모형은 모든 대상들이 공유하고 있는 결정적 속성 또는 정의적 속성을 추출할 수 있고, 학생들은 그와 같은 결정적 속성 또는 정의적 속성에 의거하여 개념을 획득한다는 것을 강조한다.

속성모형에서 개념이 형성되는 과정을 살펴보자. 우리가 많은 대상이나 사건을 관찰하거나 경험한 것들로부터 공통된 속성을 가진 것끼리 분류하여 하나로 명명하면, 공통된 대상이나 사건을 범주화하는 새로운 개념이 형성된다. 예컨대 수많은 종류의 날아다니는 것들을 관찰하고, 그것들의 공통된 정의적 속성–깃털이 있다, 부리가 있다, 알을 낳는다 등–을 추출하여 한 범주로 분류한다. 그리고 그 범주들에 포함되는 모든 대상들을 적절하게 부를 수 있는 용어인 '새'를 붙인다(Howard, 1987: 90).

이러한 개념 형성의 과정을 고려할 때, 개념의 학습은 공통된 속성에 기초하여 관찰 대상을 분류하고, 그 대상에서 다른 대상과 구별되는 속성들을 추출하여 분류하고, 그 대상에서 다른 대상과 구별되는 속성들을 추출하여 일반화하고, 그런 공통된 속성에 의거하여 그 대상에 명명할 어떤 단어를 적용할 수 있는 능력으로 구성된다. 간단히 말하면, 개념의 형성은 대상을 분류하고 범주화하여 이름을 붙이는 과정이다(Banks, 1990: 90).

따라서 어떤 개념이 공유하고 있는 결정적 속성을 이해한다면, 그 개념을 더 잘 습득할 수 있다. 결정적 속성 또는 정의적 속성은 한 개념으로 분류되는 모든 대상들이 공통적으로 갖는 고유한 속성이다. 따라서 개념은 결정적 속성에 기초하여 전체 대상을 추상적으로 진술한 범주이다. 반면에 비결정적 속성 또는 일반적 속성은 그 개념에 속한 특성이지만, 다른 대상 또한 그 특성을 가지고 있다. 따라서 일반적 속성은 다른 대상과 구별할 때 결정적으로 중요한 특성이 되지 못한다.

속성모형에 따른 개념학습에 관한 경험적 연구들은 개념의 결정적 속성을 잘 보여 주는 긍정적 사례(positive examples)가 많이 제시될 때, 개념이 가장 효과적으로 학습된다는 점을 보여 주었다(Banks, 1990: 91). 뉴욕, 파리, 서울과 같은 도시의 긍정적 사례가 바티칸, 동베를린 같은 특수한 경우와 혼동되지 않도록 제시될 때, 학생들은 도시의 속성을 잘 인식하고 적절하게 구별할 수 있다는 것이다. 반면에 부정적 사례(negative examples)는 긍정적 사례와 반대되는 속성을 보여 주는 예이고, 학생들이 다른 사례들과 혼동하지 않고 그 개념을 분명하게 식별할 수 있도록 도와준다. 예를 들면, 자유의 부정적 사례는 지나친 방종이다.

속성모형에 따라 개념을 가르치려면, 교사는 먼저 개념과 관련된 문제를 제시하고, 개념을 간략히 정의한다. 그리고 그 개념의 결정적 속성과 비결정적 속성을 검토하고, 그 개념에 분류되는 적합한 실례(긍정적 사례)와 그렇지 않은 비실례(부정적 사례)를 제시한다. 그 후 교사는 학생들이 개념을 정확하게 이해했는지를 확인하기 위해 새로운 대상이나 사례에 적용하여 설명하도록 요청하고, 그 개념과 관련되어 있는 사회현상을 검토하도록 요구한다.

1. 문제 제기
2. 개념의 정의
3. 개념의 결정적 속성 검토
4. 개념의 실례와 비실례 제시
5. 개념의 이해도 검증
6. 관련된 사회현상 검토

(2) 원형모형

속성모형이 여러 가지 한계를 드러내면서, 1970년대 이후 그 대안으로 원형모형이 제시되기 시작했다. 원형모형(prototype model)은 결정적 속성 또는 정의적 속성이 명확하지 않은 추상적 개념들을 가르치기 위해서 제시되었다. 이 모형에 따르면, 개념은 대상이나 사건의 결정적 속성에 의해 인식되는 것이 아니라 그 개념에 적합한 원형 또는 대표적인 사례(best example)에 의해서 인식될 수 있다(Howard, 1987: 93-100; 차경수, 1997: 176-177). 그러므로 원형모형은 결정적 속성을 갖지 않는 개념을 전형적으로 보여 주는 원형 또는 대표적 사례가 있고, 학생들은 그런 원형이나 대표적 사례에 의거하여 개념을 획득한다는 것을 강조한다.

여기에서 원형(prototype)이란, 그 개념에 속하는 대상들과 사례들이 갖는 속성들을 평균적으로 소유한 사례를 이상적으로 추상화시킨 형상이다. 원형은 실제로 존재하는 대상이나 사례를 가리키는 것이 아니라 그 개념에 속한 대상과 사례가 공통적으로 지닌 속성을 갖는 이상적인 유형이다. 한마디로 원형은 어떤 대상이나 사례의 속성을 가장 잘 드러내주는 이상적인 형상 또는 대표적 사례이다. 이러한 원형은 구체적인 대상이나 사건을 파악하고 분류하는 잣대 또는 기준이 되며, 그 원형에 얼마나 근접되어 있는가에 따라 어떤 대상이나 사례들이 그 개념으로 분류된다. 예컨대 자본주의의 원형은 실제로 존재하는 시장경제의 모습이 아니라, 자본주의 특성을 가장 잘 보여 주기 위해 인위적으로 고안된 이상적인 유형이다. 자본주의의 원형은 자본가의 경제활동 지배, 생산수단의 사유화, 이윤 추구를 위한 상품 생산, 경쟁 같은 속성을 지니는 이상화된 유형이다. 이렇게 이상화된 유형의 자본주의는 현실 세계에 존재하지 않으며, 따라서 우리가 자본주의라고 부르는 경제체제가 이런 속성을 모두 공유하고 있는 것은 아니다. 그럼에도 불구하고 우리는 자본주의의 원형에 의거해서 현실 세계에서 작동하는 경제체제의 모습을 파악하고 그것에 근접한 형태의 경제체제를 보통 자본주의로 분류하여 파악한다.

실제로 사람들이 어떤 대상이나 사례들을 이해하는 과정은 어떤 단어의 의미를 이해하는 과정과 유사하다. 사람들은 사전에 규정된 단어의 전형적인 의미를 기억하고, 책을 읽다가 그 단어를 접하게 되면 그 단어의 전형적인(사전적인) 의미와 비교하여 그 의미를 이해한다. 만약 그 단어의 전형적인 의미와 비교하여 이해되지 않는다면, 다시 사전을 찾아서 그 단어의 다른 의미를 찾을 것이다. 마찬가지로 사람들이 '개'라는 동물을 인식하는 과정을 살펴보면, 사람들은 먼저 개의 속성이 아니라 개의 원형 또는 대표적 사례를 기억한다. 그리고 개와 비슷한 동물을 만나게 되면 개의 원형과 비교하여 그 동물이 개인지 늑대인지를 구분한다는 것이다.

이러한 원형모형에 따르면, 교사는 먼저 개념과 관련된 문제를 제시한 후 개념의 원형이나 대표적 사례를 제시하고, 그 개념에 분류되지 않는 비실례를 설명한다. 그리고 교사는 학생들에게 원형이나 대표적 사례를 통해서 그 개념이 지닌 속성을 도출하고, 그런 원형과 속성에 의거하여 개념을 정의해 보도록 요청한다. 그다음 학생들이 개념을 정확하게 이해했는지를 확인하기 위해 새로운 대상이나 사례에 적용하여 설명하도록 요구한다. 마지막으로 그 개념과 관련되어 있는 사회현상을 검토하도록 요청한다.

1. 문제제기
2. 개념의 원형(대표적 사례) 제시
3. 개념의 비실례 제시
4. 개념의 속성 검토
5. 개념의 이해도 검증
6. 관련된 사회현상 검토

(3) 상황모형

상황모형은 학생의 경험을 중시한다. 원형모형의 가짜 정도라고 보면 된다. 상황모형은 개념과 관련된 상황 또는 학생의 경험을 제시하여 개념을 가르치는 방식이다. 상황모형은 학생들이 이미 많은 사회적 경험을 가지고 있다고 간주하면서, 원형모형의 대표적인 사례를 학생의 경험으로 대체한다.

5) 이중부호화이론과 다중표상학습

(1) 개념 교수: 이중부호화이론

개념 교수에 있어서 그림이나 다이어그램, 지도 같은 시각적 보조물이 있다면 학습에 도움이 된다. 즉 구체적인 실례, 또는 실례의 그림을 직접 다뤄 보는 것은 학생들이 개념을 학습하는 데 도움이 된다. 개념을 가르치는 데 그림 한 장은 백 마디 말보다 더 가치가 있을 수 있다. 어떤 연령의 학생들에게든 지리의 복잡한 개념들을 다이어그램이나 그래프로 보여 줄 수 있다. 이를 '이중부호화'라고 하며, 학생들은 개념과 관련된 텍스트와 그림이 함께 제시될 때 훨씬 더 이해를 잘하게 된다.

학습 자료의 두 가지 표상 양식을 동시에 제시하는 것이 효과적이라는 연구는 주로 인지부하이론 중 페이비오(Paivio)의 이중부호화모형(dual codification model)에 기초하여 이루어졌다. 이중부호화모형에 의하면 두 가지 유형의 학습 자료를 동시에 제공하면 한 가지만 제시할 때보다 학습 효과가 높

I 유형

위선은 적도를 기준으로 하여 남북으로 평행하게 그어진 가상의 가로선이다. 위도란 위선상에서의 위치를 나타내는 좌표 값으로, 적도를 0°로 하여 북쪽은 북위 90°, 남쪽은 남위 90°가 된다.
기후는 위도에 따라 달라진다. 위도에 따라 기후가 달라지는 이유는 태양이 지구에 빛을 전달하여 지구를 따뜻하게 데워 주는데 지구가 둥글기 때문에 태양이 지표면을 비추는 각도에 따라 일사량이 달라져 수직으로 비추는 지역과 비스듬히 비추는 지역의 기온이 다르기 때문이다. 적도 부근에서는 태양이 수직에 가깝게 비추기 때문에 일사량이 많아 일 년 내내 덥고, 극지방에서는 태양 빛을 적게 받아 일 년 내내 춥다. 적도에서 극지방으로 갈수록 기온이 낮아지며, 북반구에서는 북쪽으로 갈수록, 남반구에서는 남쪽으로 갈수록 추워진다. 저위도와 고위도 사이의 중위도 지방에서는 비교적 온화한 기후가 나타난다. 위도에 따라 기후가 달라지므로, 그에 따라 사람들의 생활 모습도 달라진다. 저위도에 사는 사람들은 얇고 간단한 옷을 입지만, 고위도에 사는 사람들은 두꺼운 옷을 입는다.

II 유형

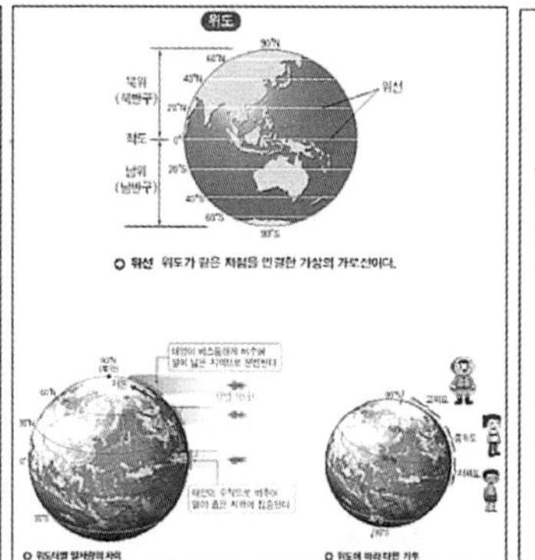

III 유형

위선은 적도를 기준으로 하여 남북으로 평행하게 그어진 가상의 가로선이다. 위도란 위선상에서의 위치를 나타내는 좌표 값으로, 적도를 0°로 하여 북쪽은 북위 90°, 남쪽은 남위 90°가 된다.
기후는 위도에 따라 달라진다. 위도에 따라 기후가 달라지는 이유는 태양이 지구에 빛을 전달하여 지구를 따뜻하게 데워 주는데 지구가 둥글기 때문에 태양이 지표면을 비추는 각도에 따라 일사량이 달라져 수직으로 비추는 지역과 비스듬히 비추는 지역의 기온이 다르기 때문이다. 적도 부근에서는 태양이 수직에 가깝게 비추기 때문에 일사량이 많아 일 년 내내 덥고, 극지방에서는 태양 빛을 적게 받아 일 년 내내 춥다. 적도에서 극지방으로 갈수록 기온이 낮아지며, 북반구에서는 북쪽으로 갈수록, 남반구에서는 남쪽으로 갈수록 추워진다. 저위도와 고위도 사이의 중위도 지방에서는 비교적 온화한 기후가 나타난다. 위도에 따라 기후가 달라지므로, 그에 따라 사람들의 생활 모습도 달라진다. 저위도에 사는 사람들은 얇고 간단한 옷을 입지만, 고위도에 사는 사람들은 두꺼운 옷을 입는다.

IV 유형

위선은 적도를 기준으로 하여 남북으로 평행하게 그어진 가상의 가로선이다. 위도란 위선상에서의 위치를 나타내는 좌표 값으로, 적도를 0°로 하여 북쪽은 북위 90°, 남쪽은 남위 90°가 된다.
기후는 위도에 따라 달라진다. 위도에 따라 기후가 달라지는 이유는 태양이 지구에 빛을 전달하여 지구를 따뜻하게 데워 주는데 지구가 둥글기 때문에 태양이 지표면을 비추는 각도에 따라 일사량이 달라져 수직으로 비추는 지역과 비스듬히 비추는 지역의 기온이 다르기 때문이다. 적도 부근에서는 태양이 수직에 가깝게 비추기 때문에 일사량이 많아 일 년 내내 덥고, 극지방에서는 태양 빛을 적게 받아 일 년 내내 춥다. 적도에서 극지방으로 갈수록 기온이 낮아지며, 북반구에서는 북쪽으로 갈수록, 남반구에서는 남쪽으로 갈수록 추워진다. 저위도와 고위도 사이의 중위도 지방에서는 비교적 온화한 기후가 나타난다. 위도에 따라 기후가 달라지므로, 그에 따라 사람들의 생활 모습도 달라진다. 저위도에 사는 사람들은 얇고 간단한 옷을 입지만, 고위도에 사는 사람들은 두꺼운 옷을 입는다.

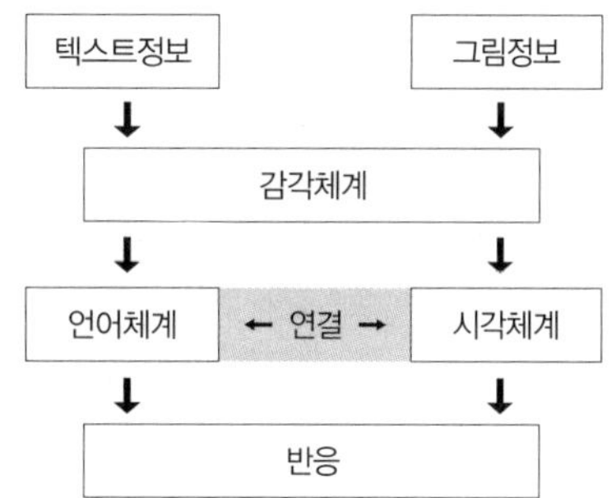

그림 7-1. 이중부호자료의 정보처리과정 및 실험 검사지
(박선미 외, 2012)

다는 것이다. 이중부호화모형의 지지자들은 동일한 정보에 대해 텍스트와 그림으로 기억된 정보가 텍스트만으로 기억되거나 그림만으로 기억된 정보보다 쉽게 재생된다고 주장한다. 그림 7-1에서 볼 수 있듯이 텍스트와 그림을 함께 제시하면 언어와 시각체계 둘 다 부호화되기 때문에 텍스트만 제시될 때보다 그 내용을 더 잘 기억하는 효과가 나타나게 된다(박선미 외, 2012).

박선미 외(2012)는 이러한 이중부호화 이론을 적용하여 텍스트와 그림 자료 제시 방식에 따른 지리 학습의 효과를 분석하였다. 텍스트나 그림만 제시하는 것보다, 텍스트와 그림을 함께 제시했을 때(검사지 IV 유형) 지리 학습의 효과가 크다는 것을 증명하였다.

(2) 만화 학습: 이중부호화이론과 다중표상학습

최재영(2007)은 만화의 학습 효과를 뒷받침하는 근거로 이중부호화이론(dual coding theory)과 다중표상학습(multiple representation)을 제시했다. 이중부호화이론은 언어 정보 및 그림 정보가 서로 분리

글상자 7.1

정보처리 학습이론: 인지부하이론

우리가 새로운 정보를 학습할 때, 학습과정은 자료의 양이나 복잡성과 같이 개인의 통제를 벗어난 요인에 의해 영향을 받는다. 그러나 교수·학습 과정에서, 교사와 학습자는 수업을 조직하는 방법이나 정보를 이해할 수 있게 만드는 전략 등과 같은 요인들은 통제할 수 있다. 인지부하이론(cognitive load theory)은 작업기억(working memory, 개인이 정보를 처리하는 동안 정보를 유지하는 정보 저장고, 즉 의식적인 사고활동이 일어나는 곳)의 한계를 인식하고, 효과적인 수업을 위해 작업기억의 용량을 조정하는 것을 강조한다. 인지부하이론은 작업기억의 한계를 조정하기 위해, 다음의 3가지 요소를 제시한다.

- 의미덩이 짓기(chunking)
- 자동화(automaticity)
- 이중처리(dual processing)

먼저, '의미덩이 짓기(chunking)'는 정보의 개별적 단위를 보다 크고 의미 있는 단위로 묶는 정신과정이다. 의미덩이를 이룬 정보를 기억하는 경우, 낱개 항목을 기억하는 것보다 작업기억의 공간을 덜 차지하게 된다.

의미덩이를 짓지 않은 정보	의미덩이를 지은 정보
U, n, r	Run
2492520	24 9 25 20
L, v, o, l, o, u, e, y	I love you
Seeletsthiswhyworks	Let's see why this works

작업기억의 한계를 극복하는 두 번째 방법은 과제를 처리하는 과정을 자동화시키는 것이다. 자동화(automaticity)는 자각이나 의식적인 노력 없이 수행할 수 있는 정신적 조작의 사용이다. 자동차의 운전은 자동화의 힘과 효율성을 보여 주는 좋은 예이다. 운전이 자동화된 사람이라면, 운전하는 동시에 말하고 들을 수도 있을 것이다.

마지막으로 이중처리(dual processing)는 시각과 청각의 두 구성요소가 작업기억에서 함께 정보를 처리하는 방식이다. 각 구성요소의 용량에 한계가 있을지라도, 시각과 청각은 독립적으로 작업하면서 동시에 공동으로 작업하기도 한다. 따라서 시각적 과정은 청각적 과정을 보충하며, 역으로 청각적 과정도 시각적 과정을 보충한다. 시각과 언어(청각) 정보를 동시에 제시하는 것은, 두 가지 경로로 기억에 정보를 보내준다는 점에서 중요하다. 언어로 된 설명이 시각자료로 보충될 때, 학생들은 더 많이 배울 수 있다. 그러나 안타깝게도 교사들은 종종 언어만을 사용하여 정보를 제시하기 때문에, 학생들의 작업기억 처리능력을 최적화하여 사용하지 못한다. 이와 같이, 이중처리이론은 언어적 정보와 시각적 표상을 함께 제시하는 것이 장기 기억에 도움이 된다고 주장한 페이비오(Paivio, 1986)의 이중부호화이론과 밀접한 관련이 있다(그러나 동일하지는 않다).

(신종호 외 역, 2006: 325-327, 339-340)

된 표상을 가지며, 이들을 별도로 제시하기보다는 함께 제시하는 것이 효과적이라고 제안한다. 왜냐하면 두 가지로 서로 다르게 부호화된 정보들은, 둘 중 하나를 놓치더라도 다른 하나를 통해 기억해 낼 수 있기 때문이다(Paivio, 1986). 인간의 장기 기억은 시각적 체계와 언어적 체계로 이루어져 있어, 이 두 체계가 상호작용할 때 장기 기억을 더욱 효과적으로 할 수 있다. 이러한 이중부호화이론은 개념학습에 적용되어 학생들에게 복잡한 개념을 가르치는 방법에 대한 단서를 제공했다. 학생들이 특정 개념을 글로 읽기만 했을 때보다, 그림(다이어그램, 사진)을 함께 보여 주었을 때 그 개념에 대한 이해도가 훨씬 높다는 것이다(신종호 외 역, 2006: 339). 즉 학생들에게 언어정보와 그림정보를 동시에 제공했을 때, 문제해결에서 보다 높은 수행을 보이게 된다. 최재영(2007)은 이에 착안하여, 언어정보와 그림정보를 둘 다 지니고 있는 만화의 경우 학생들의 회상률을 높일 수 있을 것이라 보았다.

'다중표상학습'이란 외적인 표상이 둘 이상 제공되는 학습으로, 글과 그림이 함께 제공되는 만화 역시 다중표상학습의 한 형태라고 볼 수 있다. 다중표상학습이 주목을 받는 이유는 이중부호화이론에 근거하여 학습자들이 기억을 효과적으로 하도록 도와주기 때문이다. 또한 같이 제공되는 여러 표상들이 각각 다른 정보를 제시해 주므로, 서로 다른 인지과정을 유도할 수 있다. 그리고 특정한 외적 표상에 대해 학습자가 잘못된 해석을 내리는 것을 막아줌으로써, 개념의 심도 있는 이해를 도와줄 수 있다(Ainsworth, 1999; 최재영, 2007 재인용).

이러한 다중표상학습의 주장과 달리, 학생들은 다양한 표상들을 연계하고 통합하는 것을 어려워한다. 즉 자기에게 친숙한 한 가지의 표상에만 집중하고, 다른 표상은 무시하는 경향을 보일 수 있다는 것이다. 그러나 최재영(2007)에 의하면 만화는 학생들로 하여금 외적 표상을 연계하고 통합하는 것을 촉진시키도록 도움을 줄 수 있다. 왜냐하면 일반적인 다중표상학습의 형태인 '삽화가 딸린 글'과는 달리, 만화는 칸이라는 구조를 지니고 있기 때문이다. 만화는 칸 단위로 내용이 분산되어 있으며, 그 칸 안에서 글과 그림이 이미 연계되어 제시된다. 이로 인해 학습자들이 글과 그림을 보다 쉽게 연계시켜 통합할 수 있을 것이다.

2. 설명식 수업

1) 설명이란?

설명(exposition)은 가장 기본적이고 빈번하게 사용되는 교수전략 중의 하나이다. 학생들은 교사가 하는 설명을 듣고, 사고하고, 대답함으로써 학습을 하게 된다. 따라서 수업에서 교사의 설명은 학생들의 학습에 많은 영향을 미친다. 키리아쿠(Kyriacou, 1997: 40)는 교사가 수업에서 사용하는 설명의 목적을 다음과 같이 요약하고 있다.

- 학습경험의 구조와 목적을 명확하게 하기
- 정보를 제공하기, 기술하기, 설명하기(또는 예증하기)
- 질문과 토론을 사용하여 학생들의 학습을 촉진하기

예비교사나 초임교사들이 가장 선호하는 교수 전략은 주로 설명에 의존한다. 왜냐하면 학생들에게 효과적으로 정보를 제공하고, 기술하며, 설명할 수 있는 능력은 교수에 입문하는 예비교사나 초임교사에게 가장 필수적인 기능 중의 하나이기 때문이다. 그리고 학생들은 대개 교사가 배워야 할 내용에 대해 명료하게 설명할 때 열중하게 되고, 그것이 자신의 성취를 달성하는 데 중요한 역할을 한다고 믿는다. 이러한 관점을 지지하는 많은 연구의 증거들이 있다.

교사들은 초임교사 시절 한 번쯤 학생들에게 특정 주제 또는 개념을 설명하기 위해 과도하게 준비한 경험이 있을 것이다. 초임교사들은 종종 짧은 프레젠테이션을 준비하기 위해 몇 시간을 소비한다. 그러나 이런 프레젠테이션은 대개 텍스트로 가득 찬 읽기 자료를 포함하거나, 너무 많은 시각 자료를 포함한다. 결국 초임교사들은 학생들에게 특정 주제 또는 개념에 대한 적절한 설명을 제공하지 못하게 된다. 이러한 교사의 경험은 교수에 관한 학습의 중요성을 일깨워준다. 또한 이러한 경험은 교사들이 다루어야 할 지리적 내용에 관한 생각 일변도에서 벗어나 학생들의 관심과 흥미를 불러일으킬 수 있는 적절한 자극과 이해를 발달시킬 수 있는 방법을 생각하도록 전환시켜 준다는 점에서 의의가 있다. 교사의 설명이 학생들이 따라갈 수 있도록 명료한 구조를 가진다면, 수업의 목표를 충분히 달성할 수 있을 것이다.

2) 연역적 추리에 근거한 설명식 수업

제4장에서도 살펴보았듯이 설명식 수업은 기계적인 암기에 의존하는 수용학습 또는 강의식 수업과는 다르다. 기계적인 암기학습(rote learning)은 학습자가 정보를 회상할 수 있도록 하지만, 그것을 반드시 이해할 수 있게 하는 것은 아니다. 왜냐하면 기계적으로 학습된 자료는 기존의 지식과 연결되지 않기 때문이다. 교사에 의한 설명식 교수를 체계화한 것이 오수벨(Ausubel, 1968)의 유의미 학습

이론 또는 유의미 언어학습이론(meaningful verbal learning)이다. 브루너(Bruner)가 사람들이 귀납적 추리에 의해 지식을 발견한다고 믿었던 것과 달리, 오수벨(Ausubel, 1968)은 발견이 아닌 수용을 통해 지식을 습득한다고 주장한다. 개념, 원리, 아이디어들은 일반적 개념이 구체적 사례로 나아가는 연역적 추리(deductive reasoning)에 의해 이해되는 것이지, 구체적 사례들로부터 일반적 개념이 발견되는 귀납적 추리에 의한 것이 아니라는 것이다.

오수벨의 유의미 학습이론은 설명식 교수(expository teaching)로 불리며, 설명을 위해 가장 중요한 기능 중의 하나는 선행조직자(advance organizers)를 제공하는 것이다. 선행조직자란 이후에 제시될 모든 정보를 포괄할 수 있을 만큼 충분히 광범위한 진술문이다. 이러한 선행조직자를 사용하는 목적은 3가지이다. 선행조직자는 제시된 자료에서 중요한 부분에 주의를 기울이게 하고, 앞으로 제시될 개념들 간의 관계를 부각시켜 주며, 이미 가지고 있는 적절한 정보를 일깨워주는 것이다. 즉 선행조직자를 제공한다는 것은 학생들이 수행해야 할 학습과제와, 수업 동안에 일어날 의도된 학습결과를 먼저 제공하는 것이다. 유의미 언어학습 또는 설명식 교수는 학생들에게 새로운 아이디어들을 그들이 이미 소유하고 있는 기존의 지식과 이해에 관련시킬 것을 요구한다. 이러한 선행조직자가 효과적으로 작용하기 위해서는 학생들이 그것을 이해해야 한다. 그리고 선행조직자는 실제로 조직하는 기능을 통해 앞으로 사용될 기본개념들과 용어들 간의 관계를 나타내어주어야 한다. 구체적인 모형이나 도해, 또는 유추는 특히 훌륭한 조직자이다(Robinson, 1995).

제4장에서도 살펴보았듯이, 오수벨의 유의미 언어학습이 설명식 학습과 동일한 의미로 사용된 것은 조이스와 웨일(Joyce and Weil, 1980)이 오수벨의 아이디어를 사용하여 3단계로 구성된 설명식 수업의 모형을 개발하여 제시했기 때문이다.

1단계에서는 수업의 목표를 명료하게 하고 학습자의 선행지식과 이해에 대한 인식을 끌어올리기 위해 선행조직자가 제시된다. 2단계에서는 학습되어야 할 자료 또는 논리적인 방식으로 수행해야 할 구조화된 과제가 제시된다. 3단계의 목적은 이러한 새로운 자료를 학습자의 기존의 인지구조에 관련시킴으로써 인지발달을 강화하는 것이다(그림 4-7 참조).

오수벨의 선행조직자 개념은 지리수업에 다양한 방식으로 적용될 수 있다. 학생들에게 수업의 목표에 관해 알려줄 때, 선행조직자는 종종 지리개념과 용어를 소개하거나 적절한 지리적 언어의 사용을 강화하기 위해 사용될 수 있다. 제4장에서 선행조직자 모형을 활용한 설명식 지리수업의 사례를 제시했지만, 여기에서는 램버트와 발더스톤(Lambert and Balderstone, 2000: 254-255)이 고안한 또 다른 사례를 제시한다(표 7-3).

이 수업은 교사가 학생들에게 학습과제에 대해 알려주고 학습의 결과를 요약하는 데 교사의 설명

표 7-3. 선행조직자 모형을 활용한 설명식 지리수업

교사:

우리는 외국의 대기업들이 영국에 새로운 공장을 짓는 데 투자는 이유를 찾으려고 합니다. 그러한 기업 중 한 사례는 한국의 대기업인 LG로, 이 회사는 남부 웨일즈의 뉴포트 인근에 새로운 2개의 공장을 짓고 있습니다.

학습활동:

학생들은 남부 웨일즈 뉴포트 인근의 LG 공장 건설에 관한 2개의 뉴스 기사를 시청한다. 이 기사의 정보와 교사가 만든 자료 시트의 정보는 공장의 입지를 설명하는 주석을 단 스케치 지도를 생산하는 데 사용된다. 그리고 나서 학생들은 뉴포트 지역과 남부 웨일즈의 투자를 요약하는 흐름도를 만든다. 이 수업의 마지막 단계에서 교사는 학생들의 이해를 탐색하기 위해 질문을 한다. 그리고 LG와 같은 다국적 기업에 의한 내부 투자의 긍정적 영향과 부정적 영향을 칠판에 있는 도표에 완성하도록 한다.

수업의 마지막에 교사는 요약을 한다.

LG와 같은 회사들은 종종 다국적 기업으로 간주된다. 왜냐하면 그것들은 한 국가 이상에서 영업을 하기 때문이다. 그들이 영국과 같은 다른 국가들에 하는 투자는 때때로 '내부 투자(inward investment)'라고 불린다. 왜냐하면 이 투자로 인한 이윤의 대부분이 다국적 기업에게로 돌아가며, 결국 그 국가를 벗어나기 때문이다.

이것은 우리가 세계화라고 부르는 중요한 경제적 과정의 결과이다. 오늘날 많은 경제활동은 세계 여러 국가들에서 발생하는 생산, 조직, 분포와 글로벌적으로 깊은 관련을 맺는다.

선행조직자 (advance organizer)	발달 단계 (development phase)	강화 단계 (consolidation phase)
전체학급 교수 • 새로운 사례학습과 개념을 소개하기 위한 교사의 설명 • 적절한 어휘 강조 • 산업입지에 관한 선행학습과의 연계 • 학습과제와 활동 설명 비디오 1–새로운 사례학습을 도입	비디오 2–LG 공장의 영향 • 학생들은 공장의 입지에 대한 이유를 보여 주는 주석을 단 스케치 지도와 흐름도를 만드는 주요 활동을 수행한다.	교사의 설명 • 질문을 사용하여 내부 투자에 대한 이해 탐색하기 • 학습을 통합(강화)하기 위한 요약 도표(영향에 대한 이해) • 핵심개념과 어휘(내부 투자, 세계화, 다국적 기업)를 강조하는 '수업의 마무리 검토'

(Lambert and Balderstone, 2000: 254–255)

이 하는 역할을 묘사하고 있다. 교사들이 수업을 효과적이고 효율적으로 관리하기 위해서는 시작과 마무리가 중요하기 때문에, 선행조직자와 수업의 마무리 검토를 제공하는 것은 설명식 수업에서 매우 중요한 부분이다.

교사는 학생들에게 설명의 구조를 명료하게 제시하는 것이 중요하다. 교사가 하는 설명은 말로도 이루어지지만, 때때로 설명의 주요 요소들은 자료 시트나 칠판에 탐구 질문 또는 하위 주제로서 요약될 수도 있다. 이것은 학생들에게 새로운 학습을 위한 구조틀을 제공하고, 학생들이 다른 정보와 개념을 기존의 인지구조에 통합하는 데 도움을 준다. 워터하우스(Waterhouse, 1990)는 교사의 설명에서 사용되는 공통적인 구조를 표 7-4와 같이 제시한다.

설명식 교수는 교사들에게 교과 내용에 대한 높은 수준의 전문적 지식뿐만 아니라, 두 가지의 기본적인 도전을 요구한다. 첫째, 교사의 설명은 학생들의 관심과 주의를 끌고 지속시켜야 한다. 둘째, 교사의 설명 스타일과 내용은 학급의 모든 학생들을 위해 적절한 수준에 맞추어져야 한다. 교사가 학생들의 주의를 끌고 지속시키기 위해서는 수업 관리 능력뿐만 아니라, 자극적이고, 명료하며, 카리스마적이거나 영감을 주는 프레젠테이션이 필요하다. 교사는 효과적인 설명식 수업을 위해 표정, 눈 맞춤, 몸동작과 같은 비언어적 행동을 효과적으로 이용해야 한다.

지리교사는 수업에서 그래프, 지도, 다이어그램 그리기와 같은 몇몇 기법 또는 기능을 학생들에게 설명해야 한다. 이 상황에서 지리교사는 학생들에게 수행해야 할 상이한 단계를 설명한다. 교사의 이러한 방법에 대한 설명이 있어야, 일반적으로 학생들은 그러한 기법들을 적용하여 학습활동과 과제를 수행할 수 있다. 지리교사들은 이러한 설명에 있어서 신중한 계획을 세워야 하며, 전달에 있어서 명료성을 가져야 한다. 지리교사는 이러한 설명이 효율적으로 이루어지도록 하기 위해서 간단한 그래프, 윤곽도, 자료시트 등을 직접 만들 수 있다.

교사의 설명은 단지 훌륭한 전달 기능 이상을 요구한다. 교사가 무언가를 효과적으로 설명한다는 것은, 그러한 설명이 학생들의 기존의 지식과 이해 수준을 고려함으로써 이루어질 수 있다. 즉 교사는 학생들로 하여금 설명하는 내용을 따라가고 이해할 수 있도록 하는 적절한 구조를 제공함으로써, 유의미한 수업을 할 수 있다. 따라서 설명식 수업은 학생들에게 정보를 단순히 재생하는 것보다 더 많은 것을 할 수 있다. 설명식 수업은 학생들에게 새롭고 도전적인 아이디어와 일반화를 제공하는 데 중요한 역할을 한다. 키리아쿠(Kyriacou, 1997)는 효과적인 설명하기의 주요 특징을 표 7-5와 같이 제시하고 있다.

표 7-4. 설명에 사용되는 구조의 유형

계열적 구조(sequential structure)	사건의 계열, 어떤 프로세스의 단계, 원인과 결과의 연쇄 설명하기
연역적 구조(deductive structure)	일련의 규칙 또는 원리를 설명하고 정당화한 후, 이러한 원리에서 비롯되는 사례들 또는 결과들에 대한 기술이 이어짐
귀납적 구조(inductive structure)	학생들이 일반화 또는 규칙을 도출하는 데 도움을 받는 많은 사례 또는 사례학습을 보여 줌
문제해결 구조(problem solving structure)	학생들에게 증거, 대안적 해결책의 장점과 단점을 평가하게 함으로써 해결책을 찾거나 의사결정을 하도록 격려함
비교와 대조 구조(compare and contrast structure)	다양한 상황들 또는 사건들 간의 유사성과 차이점을 구체화하기
주제 구조(subject heading structure)	흥미롭고 주의를 끌 수 있는 많은 정보를 포함한 프레젠테이션을 조직하기

(Waterhouse, 1990)

표 7-5. 효과적인 설명의 주요 특징

구분	특징
명료성	설명은 명료하고 적절한 수준에 맞추어져 있다.
구조	주요 아이디어는 유의미한 조각들로 분리되어 있고, 논리적인 순서로 함께 연결되어 있다.
길이	설명은 매우 간결하며, 질문들과 다른 활동들과 결합되어 있다.
주의	전달은 학생들의 주의와 관심을 지속시키기 위해, 목소리와 신체 언어를 적절하게 사용한다.
언어	설명은 과도하게 복잡한 언어의 사용을 피하고 새로운 용어들을 설명한다.
사례	설명은 사례들, 특히 학생들의 경험 및 관심과 관련한 사례들을 사용한다.

(Kyriacou, 1997: 42-43)

3. 발견학습

1) 귀납적 추리에 근거한 발견학습

발견학습은 학습자가 학습할 주요 내용이 주어지지 않고 학습자 스스로 발견하는 학습형태이다. 그러나 학습자가 학습할 주요 내용을 내면화하기 이전에 먼저 발견해야 한다. 즉 발견학습은 학습자가 학습할 내용을 우선 발견하고, 그 후에 수용학습에서처럼 발견한 내용을 내면화한다.

브루너의 수업이론은 개념학습과 사고발달을 촉진하는 효과적인 교수·학습 전략으로 발견학습을 강조한다. 브루너는 경험주의와 귀납적 추리를 받아들여 학습자 스스로 노력하여 새로운 정보를 얻는 과정을 발견으로 규정하고, 그에 효과적인 방법으로 귀납적 일반화 과정을 강조한다.

브루너는 학생들이 자신이 공부하고 있는 주제의 구조를 이해하는 데 초점을 둔다면 학습이 더 의미 있고 유용하고 기억하기 쉬울 것이라고 주장한다. 브루너는 학생들이 정보의 구조를 파악하기 위해서는 능동적이어야 한다고 생각한다. 즉 교사의 설명을 받아들이는 데 그치지 않고, 스스로 핵심적인 원리들을 파악해내야 한다는 것이다. 이 과정을 발견학습(discovery learning)이라 한다. 발견학습에서는 교사가 예들을 제시하고 학생들은 이 예들의 상호관계, 즉 주제의 구조를 발견해내기 위해 노력한다. 따라서 브루너는 교실에서 하는 학습이 구체적인 실례(exemplars)를 사용해서 일반적 원리를 도출해내는 귀납적 추리(inductive reasoning)를 통해 이루어져야 한다고 믿는다. 다음은 브루너가 지리 교과를 대상으로 하여 제시한 발견학습의 한 사례이다.

발견학습의 방법은 수학이나 물리학과 같이 고도로 체계화된 교과에 국한될 것이 아니다. 이것은 하버드대학교의 인지문제연구소에서 실시한 사회생활과의 실험연구에서 이미 밝혀진 바다. 이 연구에서는 6학년 학생들에게 미국 동남부 지역의 인문지리 단원을 전통적인 방법으로 가르치고 난 뒤에 미국 북중부 지역의 지도를 보여 주었다. 이 지도에는 지형적인 조건과 자연자원이 표시되어 있을 뿐 지명은 표시되어 있지 않았다. 학생들은 이 지도에서 주요도시가 어디 있는가를 알아내게 되어 있었다. 학생들은 서로 토의한 결과 도시가 갖추어야 할 지리적 조건에 관한 여러 가지 그럴듯한 인문지리 이론을 쉽게 만들어 내었다. 말하자면 시카고가 오대호 연안에 서게 된 경위를 설명하는 수상교통이론이라든지, 시카고가 메사비산맥 근처에서 서게 된 경위를 설명하는 지하자원이론이라든지, 아이오와의 비옥한 평야에 큰 도시가 서게 된 경위를 설명하는 식품공급이론 따위가 그것이다. 지적인 정밀도의 수준에 있어서나 흥미의 수준에 있어서나 할 것 없이, 이 학생들은 북중부의 지리를 전통적인 방법으로 배운 통제집단의 학생들보다 월등하였다. 그러나 가장 놀라운 점은 이 학생들의 태도가 엄청나게 달라졌다는 것이다. 이 학생들은 이때까지 간단하게 생각해 온 것처럼 도시란 아무 데나 그냥 서는 것이 아니라는 것, 도시가 어디에 서는가 하는 것도 한 번 생각해 볼만한 문제라는 것, 그리고 그 해답은 생각을 통해 발견될 수 있다는 것을 처음으로 깨달았던 것이다. 이 문제를 추구하는 동안에 재미와 기쁨도 있었거니와, 결과적으로 그 해답의 발견은 적어도 도시라는 현상을 이때까지 아무 생각 없이 받아들여 오던 도시의 학생들에게 충분한 가치가 있는 것이었다.

(브루너 저, 이홍우 역, 1985: 81-85; 서태열, 2006, 213 재인용)

2) 순수한 발견학습 vs 안내된 발견학습

귀납적 접근법은 학생들이 직관적 사고(intuitive thinking)를 하게 만든다. 브루너(Bruner, 1960)는 직관적 사고를 개발할 수 있는 방법, 절차, 내용 등을 교육과정에 포함시켜야 한다고 주장한다. 논리적 추리에 바탕을 두지 않는 육감이나 문제해결을 직관이라고 한다. 직관적 사고는 일정한 단계를 따르는 분석적 사고와 달리, 특정 분야에 대한 느낌에 바탕을 둘 뿐 어떤 확정적인 단계도 따르지 않는 전체적인 인식을 말한다. 즉 직관적 사고는 상상의 도약을 통해 올바른 지각이나 실현가능한 해결책에 도달하는 것이다.

브루너(Bruner, 1960)는 교사가 학생들에게 불완전한 증거에 의거해서 추측을 하게하고, 이 추측을 체계적으로 입증하거나 반증하게 함으로써 이러한 직관적 사고를 키울 수 있다고 주장한다. 예를 들어, 바닷물의 흐름과 선박산업에 대해 가르치고 나서, 교사는 학생들에게 3개의 항구가 그려진 옛 지도들을 보여 주고 어느 것이 중요한 부두가 되었을 것인지 추측하게 한다. 그런 다음 학생들은 체계적인 연구를 통해 자신들의 추측을 확인해 볼 수 있다. 불행히도 실제 교육에서는 잘못된 추측을 처벌하고, 안전하지만 창의적이지 못한 답변에 보상을 줌으로써 직관적 사고를 억누를 때가 많다.

흔히 학생들이 스스로 많은 작업을 하는 순수한 발견학습과 교사가 방향을 제시해 주는 안내된 발견(guided discovery)을 구분한다. 예를 들어, 교사가 해안침식지형의 종류에 대해 가르칠 때, 학생들에게 개념들에 대한 실례(해식애, 해안단구, 파식대, 노치, 해식동, 시아치)와 비실례(사빈, 사구, 해안평야)를 둘 다 제시한 후, 학생들에게 그 밖의 실례와 비실례를 제시해 보게 한다. 또한 학생들의 직관적 추리를 장려하기 위해서 학생들에게 고대 그리스의 지도를 보여 주고 주요 도시들이 어디에 있다고 생각하는지 묻는다. 처음 몇 번의 추측에 대해서는 의견을 개진하지 말고, 여러 가지 아이디어가 나올 때가지 기다렸다가 답을 이야기해 준다. 메이어(Mayer, 2004: 17)는 순수한 발견학습에 관한 30년에 걸친 연구를 개관하고 다음과 같은 결론을 내렸다.

> 무덤에서 계속 되돌아오는 좀비들처럼, 순수한 발견도 늘 옹호자를 거느리고 있다. 그러나 증거에 입각한 교육실천 접근법을 취하는 사람이라면 누구나 다음과 같은 질문을 하지 않을 수 없

글상자 7.2

'안내된 발견'의 사례

지 교사는 초등학교 6학년 학생들과 사회수업에서 경도와 위도에 대한 수업을 하려고 한다. 준비 과정으로 그녀는 비치볼을 구입하고, 낡은 테니스공을 찾고, 세계지도와 지구의를 준비하였다.
지 교사는 학생들이 세계지도에서 자신들이 사는 지역을 확인하게 함으로써 수업을 시작하였다. 그리고 이렇게 말했다. "만약 여러분이 들판에서 도보여행을 하다 길을 잃고 부상을 당했다고 가정해 봅시다. 여러분은 휴대전화를 가지고 있지만 여러분이 어디에 위치하고 있는지 정확하게 설명할 필요가 있어요. 그 상황에서 어떻게 할 수 있을까요? 여러분이 있는 지역의 지도를 가지고 있지만 그것은 강과 산의 지형을 보여 주는 지도예요." 학생들은 이 문제에 대해 토론하면서 자신의 위치를 확인할 수 있는 일상적인 방법(도로와 거리의 표시판)을 쓸 수 없다는 것을 깨달았다.
지 교사는 계속했다. "우리에게 문제가 있는 것 같네요. 우리가 어디에 위치하고 있는지를 구조대원들에게 알려야 하는데, 그것을 어떻게 해야 할지 모르고 있어요. 우리가 어떻게 이 문제를 해결할 수 있는지 알아봅시다."
지 교사는 비치볼과 지구의를 들었고 학생들에게 두 가지를 비교할 것을 요구했다. 학생들은 비치볼에서 동, 서, 남, 북 방향을 확인하였다. 그리고 지 교사는 공의 가운데 부분에 원을 그렸다. 학생들은 이것을 적도로 인식하였다. 학생들은 테니스공을 가지고서도 위와 같은 활동을 하였고, 지 교사는 공을 반으로 자른 후 학생들에게 두 개의 반구를 보게 하였다.
지 교사는 계속해서 비치볼에 다른 여러 개의 수평선을 그린 다음, 학생들에게 말했다. "이제 각각의 선들을 비교해 봅시다." "모든 선이 수평해요."라고 영주가 자원해서 말했다. "영주야, 계속해 봐. 수평하다는 의미가 뭐지?" 영주는 손으로 공을 가리키며 설명하였다. "모든 선이 서로 교차되지 않아요." 지 교사는 "맞아."라고 웃으면서 고개를 끄덕였다.
지 교사는 추가적으로 비교를 했다. "모든 선은 동쪽과 서쪽으로 이어져요. 이 선들은 적도에서 멀어질수록 짧아

지지요." 지 교사는 이 내용을 칠판에 적었다. 비교가 끝난 후에 지 교사는 학생들이 토론해 왔던 선들을 지칭하는 용어가 '위선'이라고 소개하였다.

지 교사는 비치볼에 위도의 수직선을 그리는 것을 계속하고, 아래에 제시된 것과 같이 그 선들을 확인하였다.

이어지는 토론은 다음과 같다.

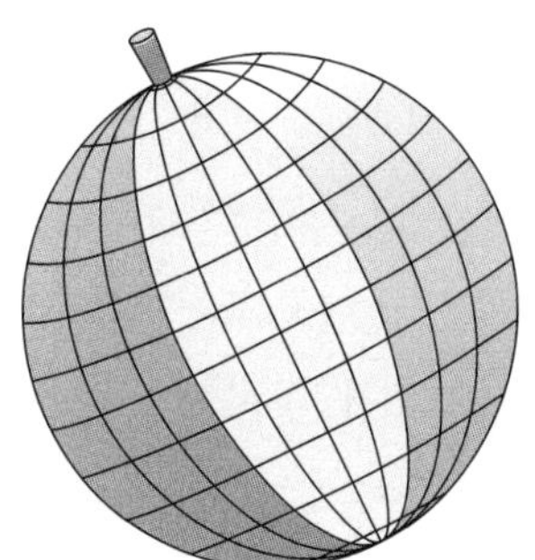

지 교사: 어떻게 이 선들을 위도의 선들과 비교할 수 있죠?
서연: 양쪽 선들 모두 공 둘레를 둘러싸고 있어요.
지 교사: 맞아요. 다른 의견 없나요?
유미: 길이요. 양쪽 선들 모두 서로 길이가 똑같아요.
은기: 무엇의 길이?
유미: 위에서 아래로 내려오는 선과 가로지르는 선의 길이요.
지 교사: 우리가 옆으로 가로지르는 선을 뭐라고 말했지요?
유미: 위선이요.
범기: 우리가 그 선들은 점점 짧아진다고 말했잖아. 그런데 어떻게 그 선들의 길이가 같아?
민서: (경선을 가리키며) 내 생각에는 이 선들이 더 긴 것 같아.
지 교사: 어떻게 길이를 확인해 볼 수 있을까?
범기: 테이프나 줄 같은 것을 가지고 선들을 재 봐요.
지 교사: 여러분은 범기의 제안을 어떻게 생각해요?

모든 학생은 범기의 제안이 좋을 것 같다고 동의했다. 그래서 지 교사는 범기가 공의 다른 지점에서 줄을 감고 있는 동안 줄들을 잡고 있는 것을 도와주었다.

명훈: (경도를 두르고 있는 두 개의 선을 잡으면서) 둘 다 길이가 똑같아.
정우: 위선을 둘러싸고 있는 줄은 아니야.

줄의 길이를 비교한 후, 지 교사는 학생들에게 그들이 발견한 내용을 2명으로 이루어진 모둠에게 요약하도록 시켰다. 학생들은 다양한 결론을 내렸다. 지 교사는 이 결론을 재진술하도록 도와주었다. 지 교사는 다음의 결론을 칠판에 적었다.

경선들은 적도에서 가장 간격이 넓다. 위선들은 모든 곳에서 같은 거리에 떨어져 위치한다.

경선들은 길이가 같다. 위선들은 적도에서 북으로 혹은 남으로 향할수록 짧아진다.

경선들은 극점에서 서로 교차한다. 위선과 경선들은 전체 지구의 주변을 서로 교차한다.

지 교사는 수업을 진행하며 계속 질문했다. "자, 이 사실들이 정확한 위치를 확인하는 데 우리에게 어떤 도움을 줄까요?" 몇 가지 안내를 통해 위치를 선이 교차하는 지점에서 추적해 낼 수 있다고 수업에서 결론지었다. 그리고 지 교사는 다음 날 그것에 대해 알아볼 것이라고 말했다.

(Eggen and Kauchak, 2001; 신종호 외 역, 2010: 389-392 재인용)

다. 발견학습이 효과가 있다는 증거가 어디 있는가? 항상 자유로운 발견이 요청되고는 하지만 이를 지지하는 증거는 찾기 힘들다.

안내받지 않은 발견 또는 순수한 발견은 학령 전 아동들에게는 적합할 수 있다. 그러나 전형적인 초·중등학교에서 교사의 지도를 받지 않는 활동들은 관리하기 어려울 뿐만 아니라 비생산적인 경우가 많다. 이런 상황에서는 안내된 발견이 더 선호된다. 예를 들어 다음과 같이 대답하기 어려운 질문, 당혹스러운 상황, 또는 흥미로운 문제들을 학생들에게 제시한다. 이 단어들을 함께 묶게 해 주는 원리는 무엇인가? 교사는 이런 문제들을 해결하는 방법을 설명해 주는 대신에, 알맞은 자료들을 제공한 후 학생들 스스로 관찰하고 가설을 세우고 해답을 검증하도록 격려한다.

글상자 7.2는 안내된 발견의 사례로서, 구성주의 학습과 일맥상통한다(왜냐하면 교사에 의해 적절한 비계가 제공되기 때문에). 지 교사의 수업을 살펴보고 지 교사가 구성주의 원리들을 어느 정도 적용했는지 알아보자.

4. 탐구학습

1) 탐구의 기초로서 질문

(1) 질문의 의미와 유형

교사는 학생들에게 질문하고 학생들은 교사의 질문에 답한다. 질문하기(questioning)는 또 하나의 중요한 교수 기능이다. 수업에서 교사와 학생, 학생과 학생 간의 대화를 발달시키기 위해 질문을 사용하는 것은 중요한 교수 기능이다. 교사는 질문을 하고 학생들에게 반응하게 함으로써, 학생들의 사고와 학습(인지적 발달)을 유도할 수 있다. 일반적으로 교사의 질문들은 주제와 관련된 틀을 발달시키기 위한 계획에 따라 이루어진다.

질문하기 기능은 상이한 다양한 방법으로 사용될 수 있다. 간단한 질문은 학생들이 이해에 초점을 두게 할 수 있으며, 교사는 이를 통해 학생들의 이해 정도를 빨리 측정할 수 있다. 저차적인 질문들(lower order questions)은 정보에 대한 회상을 요구하며, 이에 대한 답변은 종종 명확한 정답과 오답으로 구분된다. 더 복잡하고 지적으로 도전적인 질문들은 심사숙고(speculation)와 심층적인 사고(deeper thinking)를 격려할 수 있다. '고차적인 질문들(higher order question)은 학생들에게 정보에 관해 사고하고, 평가하거나 적용하도록 요구한다.

또한 질문은 공통적으로 보통 하나의 정답만을 가지고 있는 폐쇄적인 질문(closed questions)과 일련의 다양한 답변들이 가능한 개방적 질문(open questions)으로 구분된다. 폐쇄적 질문은 수렴형 질문(convergent question)과 지시적 질문으로, 개방형 질문은 확산적 질문(divergent question)과 비지시적 질문으로 불리기도 한다. 질문하기의 스타일은 교사의 의도에 의해 영향을 받는다(Butt, 1997). 지리수업에서 행해지는 대부분의 질문들은 폐쇄적인 질문들이다. 여기에서 교사가 폐쇄적 질문을 사용하는 목적은 학생들이 특정 추론 과정을 익히도록 도와줌으로써 지리적 지식과 이해가 발달되는 방법을 구조화하고 통제하기 위해서이다. 교사는 학생들이 이미 알고 있는 것을 답하도록 요구한다. 그러한 폐쇄적 질문하기는 실제로 학습의 과정을 제한할 수 있다.

> 왜냐하면 교사와 학생들 간의 대화는 추측 게임이 되기 때문이다. 교사는 지식을 가지고 있고, 질문하기를 통해 학생들로부터 정답을 이끌어 내려고 시도한다. 차례로 학생들은 선호된 반응, 즉 정답을 향해 도달해 간다. 대신 학생들은 교사와 눈을 마주치지 않기 위해 머리를 책상 아래로 고정시키는 다양한 전략을 채택하게 된다(Carter, 1991: 1).

이러한 폐쇄적인 질문과 답변으로 이루지는 형태의 수업은 실제적으로 많은 학습과정을 제한한다. 그러한 수업 활동은 탐구 과정에서 많은 학생들을 배제시킨다. 적극적으로 참가하는 학생들 역시 가장 적절한 방법으로 배우고 있는 것이 아니다. 정답을 추측하는 것은 단지 담화가 학습을 어떻게 강화시킬 수 있는지에 대한 매우 제한된 표상에 지나지 않는다(Butt, 1997: 155-156).

새로운 학습을 촉진하기 위해서는 더 개방적인 질문들이 학생들로 하여금 개념과 사고를 탐색하도록 할 수 있다. 이러한 개방적인 질문들에 마주했을 때 학생들은 종종 자신이 없어 머뭇거리고, 교사는 학생들의 반응을 예상할 수 없기 때문에 관리하고 통제하는 데 어려움을 겪을 수 있다. 이러한 상황에서 교사들은 더 많은 질문을 하거나 학습을 확장·강화하기 위한 일관성 있는 요약을 제공하기 전에, 학생들의 대답에 먼저 귀를 기울이고 이해하려고 해야 한다. 로버츠(Roberts, 1986: 70)는 개방적인 질문의 기능을 다음과 같이 설명한다.

> 개방적인 질문은 학생들로 하여금 교사들의 마음속에 있는 것을 추측하기보다 오히려 그들 마음속에 있는 것을 말로 나타내도록 한다. 개방적인 질문들은 학생들로 하여금 새로운 지식에 대해 스스로 이해할 수 있게 하며, 새로운 지식을 그들이 이미 알고 있는 지식의 관점에서 해석할

수 있게 한다. 개방적인 질문하기는 학생들이 말하는 것을 강조하며, 심지어 학생들이 잘못 이해하거나 교사의 생각과 일치하지 않는 것을 말할 때에도 그러하다. 개방적인 질문하기는 탐구적인 대화(exploratory talk)로 이어지고, 더 많고 더 나은 교실 토론으로 이어지며, 학생들이 스스로 훨씬 더 많이 참여할 수 있게 한다(Roberts, 1986: 70).

로버츠(Roberts, 1986)는 또한 교사들이 하는 질문들을 기술하는 데 사용될 수 있는 분석적인 구조틀을 제공하고 있다(그림 7-2). 이 구조틀은 질문하기의 두 가지 차원을 고려하고 있다. 한 가지 차원은 더 개방적인 질문들이 학생들로 하여금 어떻게 일련의 답변들을 고찰하도록 격려할 수 있는지를 보여 준다. 또 다른 차원은 고차적인 사고(higher order thinking)를 촉진하는 질문들에 대해 학생들에게 요구되는 인지적 요구의 증가를 보여 준다. 만약 지리수업에서 요구되는 질문의 대다수가 사실적인 회상(factual recall) 또는 제한된 이해(limited comprehension)라면, 교사들은 학생들에게 사실을 기억하는 것이 무언가를 이해하거나 산출하는 것보다 더 중요하다는 인상을 줄 수 있다.

그러나 로버츠(Roberts)에 의하면, 개방적 질문과 폐쇄적 질문이 명확하게 구분되는 것은 아니다. 예를 들면, 교사가 학생들에게 "이 프로그램은 관광이 태국에 끼친 영향에 관해 무엇을 보여 주었

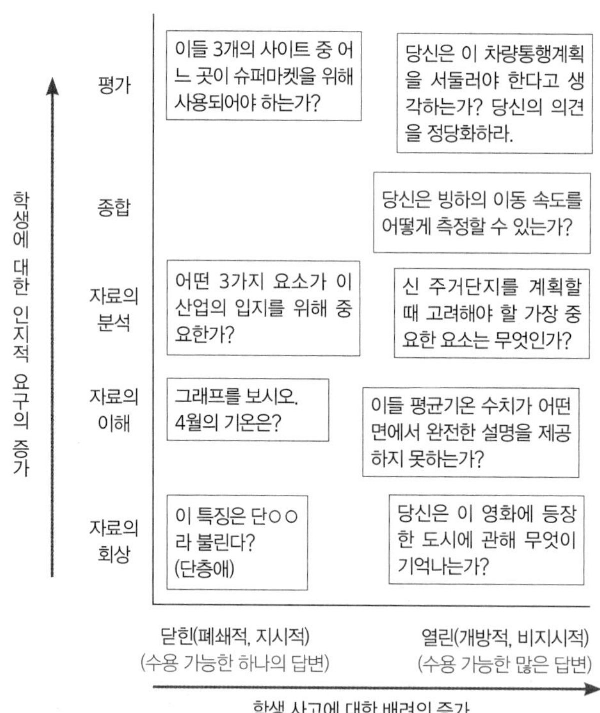

그림 7-2. 질문하기의 두 차원
(Roberts, 1986: 69)

나?"라고 질문을 했다고 하자. 교사가 생각하기에 중요한 것들을 구체화하도록 요구한 것이라면 폐쇄적 질문일 수 있다. 그러나 그 질문이 학생들에게 관광의 영향에 관한 사고를 탐색하도록 하기 위한 것이라면, 그것은 개방적 질문일 수 있다. 따라서 개방적 질문과 폐쇄적 질문 간의 구별은 교사가 학생들의 사고를 이해하려고 하는 것인지, 아니면 통제하려고 하는 것인지에 달려 있다.

카터(Carter, 1991)는 폐쇄적인 회상적 질문(closed recall questions)에서부터 평가적 질문과 문제해결 질문에 이르는 일련의 질문 유형들을 더욱더 구체화하고 있다(표 7-6). 교사들은 각각의 질문하기 방법이 지리수업에서 차지하는 위치를 이해할 필요가 있다. 폐쇄적 질문하기는 지리적 용어와 정보를 회상할 수 있는 학생들의 능력을 검토할 때 특히 유용할 수 있다. 교사가 학생들이 특정 아이디어에 대해 이해를 하고 있는지를 조사하려고 할 때, '너는 왜 그렇게 생각하니?' 또는 '너는 그것에 관해 어떻게 생각하니?' 등의 개방적 질문을 통해 더 광범위한 개인적 반응을 끌어낼 수 있다.

질문의 스타일과 마찬가지로, 언제 개입을 하고 안 할지와 관련된 질문의 타이밍에 대한 교사의

표 7-6. 질문의 유형들

질문의 유형	설명
1. 데이터 회상 질문 (a data recall question)	• 학생들에게 사실을 기억하도록 요구하고, 데이터를 보지 않고 정보를 기억하도록 요구한다. • '이 국가의 주요 곡물은 무엇인가?'
2. 명명식 질문 (a naming question)	• 학생들에게 사건, 프로세스, 현상이 다른 요인들과 어떻게 연결되는지에 관한 통찰을 보여주지 않고, 그것을 단순히 명명하도록 요구한다. • '이러한 해안 퇴적의 과정을 무엇이라고 하는가?'
3. 관찰 질문 (an observation question)	• 학생들에게 그들이 본 것에 대해 설명하도록 하지 않고, 기술하도록 요구한다. • '토양이 메말랐을 때 무엇이 일어났었나?'
4. 통제 질문 (a control question)	• 학생들의 학습보다는, 오히려 그들의 행동을 수정하도록 하는 질문들의 사용을 포함한다. • '존(John), 앉을래?'
5. 가상 질문 (a pseudo-question)	• 교사가 한 가지 이상의 반응을 받아들일 것처럼 보이도록 질문이 구성되지만, 사실 교사는 명백하게 그렇지 않다고 결심한다. • '그렇다면 이것은 통합 철도 네트워크인가?'
6. 심사숙고적 질문 (a speculative question)	• 학생들에게 가상적인 상황의 결과에 관해 사색하도록 요구한다. • '나무 없는 세상을 상상해 보라, 이것이 우리의 삶에 어떻게 영향을 미칠까?'
7. 추론 질문 (a reasoning question)	• 학생들에게 어떤 것들이 왜 일어나거나 일어나지 않는지에 대한 이유를 제공하도록 요구한다. • '도대체 무엇이 이 사람들을 그렇게 화산 가까이 살도록 할까?'
8. 평가 질문 (an evaluation question)	• 학생들에게 어떤 상황이나 논쟁에 대해 찬반을 따져 보도록 하는 질문이다. • '이 마을 주변으로 우회도로를 만드는 것에 대해 얼마나 찬성하는가?'
9. 문제해결 질문 (a problem-solving question)	• 학생들에게 질문에 대한 답변을 발견하는 방법들을 구성하도록 요구한다. • '우리는 이 지점의 하천 유속을 어떻게 측정할 수 있고, 그것을 하류와 어떻게 비교할 수 있을까?'

(Carter, 1991: 4)

표 7-7. 훌륭한 질문하기의 속성들

- 유창하고 정확하게 질문하기
- 질문들을 학생들의 준비 상황에 맞게 하기
- 다양한 학생들을 질문-답변 과정에 참여시키기
- 단지 회상에 관한 것만이 아니라, 다양한 지적 기능에 관한 질문들에 초점을 두기
- 각각의 답변을 동등한 타당성으로 받아들이지 않고, 민감하게 받아들이기
- 정확하고 적절한 답변들이 나올 수 있도록 질문을 재조정하기
- 폐쇄적인 질문뿐만 아니라 개방적인 질문을 사용하여, 창의적 사고와 가치판단이 생기도록 하기

(Marsden, 1995: 94)

결정은 학생들의 학습에 영향을 끼칠 것이다. 스미스(Smith, 1997: 126)에 의하면, 어떤 교사들은 너무 빨리 개입을 한 후, 자신의 단어로 답변을 제공한다. 이러한 상황에서 학생들은 충분히 질문에 대한 사고를 하지 못하며, 단지 수동적인 학습자로 전락하기 쉽다. 교사는 학생들에게 반성할 수 있는 시간을 허용하고, 구체적인 것에서 일반적인 것에 이르기까지 학생들의 토론을 확장하도록 해야 한다. 이는 심층적인 사고를 격려하고 학생들의 관심을 유지시키도록 하는 데 도움을 줄 수 있다.

마스덴(Marsden, 1995: 94)은 질문을 탐구학습의 기초를 형성하는 것으로 간주한다. 그는 훌륭한 질문하기의 속성들을 표 7-7과 같이 구체화하고 있다.

질문의 유형을 학문적 지식의 관점에서 분류하는 것은 지리를 통한 탐구수업에서 매우 의미가 있다. 왜냐하면 지리를 통한 탐구수업은 과학적 지식뿐만 아니라, 학습자 개인의 주관적 경험, 즉 가치와 태도에도 관심을 가지기 때문이다. 로버츠(Roberts, 2003: 37)에 의하면, 지리학적 지식이 변함에 따라 지리적 질문도 변화되어 왔다. 즉 경험주의 지리학에서는 '무엇(what)?'과 '어디(where)?'라는 기술적인 질문을 주로 하였고, 실증주의 지리학에서는 '왜(why)?'라는 과학적 법칙을 찾는 질문을 하였다. 인간주의 지리학에서는 인간의 선호와 지각에 대한 질문으로, 그리고 급진주의 지리학에서는 사회적 관계를 강조하는 질문인 '그것으로 인해 어떤 영향이 나타날 것인가(with what impact)?', '무엇을 해야만 하는가(what ought)?' 라는 질문으로 확장되어 왔다. 따라서 질문의 유형을 표 7-8과 같이 객관적인 질문과 주관적 질문으로 구분하는 것은 지리탐구를 위해 중요하다. 왜냐하면 이는 탐구수업이 학생들로 하여금 그들의 지식을 자극할 것인가, 아니면 가치·태도를 자극할 것인가와 밀접한 관련을 가지기 때문이다.

교사들은 질문을 효과적으로 사용하기 위해 많은 기능을 개발할 필요가 있다. 적절한 질문들을 구체화하고, 이를 명료하게 표현할 수 있는 것은 매우 중요하다. 이것은 학생들의 답변을 관리할 수 있고 학생들의 현재 지식과 이해를 고려할 수 있는 교사의 능력에 달려 있다. 교사들이 가능한 한 많은

표 7-8. 객관적 질문과 주관적 질문의 비교

객관적 질문(사실적 질문)	주관적 질문(개인적, 가치적 질문)
• 어디에 위치(입지)하고 있는가? • 그것은 왜 거기에 있는가? • 그것의 입지와 연계의 결과들은 무엇인가? • 의사결정 시 어떤 공간적 대안들을 고려해야 하는가? • 누가, 누구를 위하여 결정하는가?	• 당신이 관심을 갖고 있는 장소는 어디인가? • 이 장소에 대한 당신의 지각은 무엇인가? • 다른 사람들의 생각은 무엇인가? • 이 장소를 설명하는 데 사용된 언어는 무엇인가? • 장소에 대한 사람들의 반응들에 의해서 증명된 것처럼 이 장소가 사람들에게 주는 의미는 무엇인가?

학생들에게 질문을 하며, 또한 지명된 학생들에게 적절한 질문들을 하는 것이 중요하다.

질문을 계열화하기(sequencing)는 교사들로 하여금 수업의 대화를 발전시키는 데 도움을 줄 수 있는 적절한 방법이다. 이것은 교사가 학생들의 이해를 발달시키거나 탐색하려고 할 때 사용될 수 있는 중요한 기능이다. 이러한 계열화는 교사들에게 학생들의 학습을 관찰하고 촉진시킬 수 있도록 도와준다. 이러한 맥락에서 교사가 제공하는 피드백의 질은 중요하다. 교사들은 학생들의 참여가 소중히 취급되고 존중될 수 있는 긍정적인 수업 분위기를 만들기 위해 모든 노력을 기울일 필요가 있다. 적절한 칭찬과 격려는 학생들의 자존감을 보호하며, 그들의 자신감을 향상시키도록 도와준다. 그러므로 질문들이 사용되는 방법은 수업 분위기와 학생들과 교사들 사이에서 발전하는 친밀한 관계(rapport) 형성에 중요한 영향을 끼칠 수 있다.

(2) 핵심질문의 중요성

교사가 학습 활동을 조직하고 설계하는 데 첫 번째 과제로써 핵심 질문을 확인하는 작업은 매우 유용하다(Slater, 1993). 우선 핵심적인 도입 질문이 정리될 필요가 있다. 이 작업이 이루어지고 나면 교수 학습 전략 및 학습 활동을 위한 자원을 선정할 수 있게 된다. 슬레이터(Slater, 1993)는 핵심질문을 수업목표를 진술하는 협의의 방식으로 사용한다. 오스트레일리아 퀸즐랜드의 지리교육학자 콕스(Cox, 1989)는 지리 탐구를 위한 핵심질문의 목록을 다음과 같이 보다 간결하게 제시하였다.

1. 사물이 어디에 입지하고 있는가?
2. 그것들은 왜 거기에 있는가?
3. 그 입지가 초래한 결과는 무엇인가?
4. 의사결정에서 어떠한 대안적 입지가 고려될 수 있는가?

지리탐구학습의 과정에서 가장 중요한 것은 적절한 질문을 사용하는 것이다(King, 1999). 질문의 명료화와 구체화는 탐구학습 활동을 계획하는 출발점인 동시에, 이를 통해 학생들로 하여금 이해를 자극하고 개선시키며 궁극적으로 의미 있는 학습을 할 수 있게 한다. 콜링우드(Collingwood)는 질문과 답변이 서로 연결될 수 없다면 진정한 이해에 도달할 수 없기 때문에, 이들은 긴밀하게 연계되어야 한다고 하였다. 슬레이터(Slater, 1993: 3)에 의하면, 기존의 지역지리 패러다임에 의한 지리수업은 질문을 제기하고 일련의 추론을 개발하는 분석의 과정은 제외된 채, 오직 결론만을 제시하였다. 핵심 질문과 답변의 분리로 인해, 학생들은 학습 자료와 인지 활동의 구조 형성을 위한 원천들을 박탈당하게 되었다.

교사 주도의 설명식 수업에서는 질문과 답변이 교과서에 제시된 내용을 되풀이하면서 이루어진다. 교사의 설명은 거의 전적으로 짤막한 구절로 대답할 수 있는 질문들이며, 이러한 질문과 답변의 반복은 단답형 시험문제에 정답을 적는 방법을 연습시키는 인상을 준다. 교사는 거의 모든 경우에 학생들에게 질문을 하지만, 그 질문은 교과서의 설명의 순서를 정확하게 따라 나가게 된다. 따라서 학생들은 때로 교과서의 문구를 그대로 인용하며, 대답을 하는 동안에 전혀 심각한 생각을 할 필요가 없다. 교사의 질문에 대하여 학생들이 꼬박 꼬박 대답을 하는 것은 표면상의 성의에 불과하며, 그것은 교사의 질문에 대해서는 대답을 해야 한다는 수업의 규칙 때문에 취해지는 행동이라고 볼 수 있다.

마찬가지로, 최근의 주제나 개념에 토대한 지리 수업에서도 이와 같은 괴리가 나타날 수 있다. 여기에서 학생들의 학습활동이란, 고작 그 주제나 개념에 대해서 노트 필기하는 것밖에 없다. 따라서 어떤 개념적 토대가 적용되든지 간에, 교사와 학생은 모두 질문과 답변을 연결시키지 못할 가능성이 크다. 이러한 문제 인식은 표 7-9에 제시된 상이한 접근 방식을 통해 잘 알 수 있다. 예를 들어, 주제적, 개념적 접근에 제시된 사례를 보면 정확히 학생들이 무엇을 학습하도록 기대하는지가 분명하지 않다. 그러나 탐구식 혹은 질문식 접근에 제시된 사례는 학생들에게 어떤 활동을 기대하고 있는지, 그리고 학습이 어디로 나아갈 것인지에 대한 생각이 제시되어 있다.

표 7-9. 주제적 접근, 설명식 접근, 탐구식 접근

주제적/개념적 접근	설명적/분석적 접근	탐구식/질문식 접근
• 입지와 교통로의 관련성 • 자원의 영향 • 역사적 이유 • 절대적/상대적 입지의 특성 • 우연적 요소와 기타 요인들	• …의 분포를 기술한다. • …의 입지 이유를 제시한다. • …의 여러 특성을 열거한다. • …의 특성을 설명한다. • …의 변화를 설명한다.	• 사물이 어디에 입지하고 있는가? • 그것들은 왜 거기에 있는가? • 그 입지가 초래한 결과는 무엇인가? • 의사결정에서 어떠한 대안적 입지가 고려될 수 있는가?

2) 플랜더스의 언어적 상호작용모형

플랜더스(Flanders)의 언어적 상호작용모형이란, 수업과정에서의 교사와 학생 간의 언어적 상호작용을 분석하여 수업의 형태 및 질을 분석하는 것이다. 목적은 교사들의 비지시적 수업 진행에 중점을 두어, 결과적으로 학생들의 민주적 태도 향상에 도움을 주는 것이다. 즉 수업 형태의 유형이 지시적인지, 비지시적인지를 도출하는 데 있다. 이는 수업 형태가 학생 중심인지 교사 중심인지를 알아보는 자료의 역할을 한다. 이러한 해석이 중요한 이유는 구성주의가 교육학에 본격적으로 영향을 미친 1960년대 이후 학생중심 수업을 교사중심 수업보다 더 긍정적인 학습 형태로 해석하기 때문이다.

플랜더스의 언어상호작용 분석법으로 수업 형태를 분석하여 그 결과가 바람직하게 나왔다고 해서, 그 수업이 곧 잘된 수업이라고 단정할 수는 없다. 좋은 수업이란 내용과 형태가 모두 좋아야 한다고 볼 수 있는데, 플랜더스의 언어상호작용 분석법에서는 수업내용을 분석하지 못한다.

표 7-10. 플랜더스의 언어적 상호작용 분석 항목

<table>
<tr><td rowspan="7">교사의 발언</td><td rowspan="4">비지시적 발언</td><td>1. 학생의 느낌을 받아들이는 말: 학생들이 틀릴 것이라는 부담이 없는 상태에서 학생들의 느낌을 받아들이고 명백히 하는 것. 느낌은 긍정적일 수도 부정적일 수도 있으며, 예언이나 회상의 느낌도 포함함.</td></tr>
<tr><td>2. 칭찬 혹은 격려의 말: 학생의 행동을 칭찬하거나 권장하는 것. 다른 학생을 희생시키는 일이 없는 긴장을 풀기 위한 농담 등.</td></tr>
<tr><td>3. 학생의 생각을 수용하거나 인용하는 말: 학생이 말한 생각을 명백히 하거나 도와주고 발달시키는 것. 교사가 자기 생각을 보충할 때는 범주 5로 간주함.</td></tr>
<tr><td>4. 질문: 학생이 대답할 것을 기대하면서 질문하는 말</td></tr>
<tr><td rowspan="3">지시적 발언</td><td>5. 강의: 내용이나 절차에 대한 사실이나 의견을 말하는 것. 교사 자신의 생각을 표현하는 것.</td></tr>
<tr><td>6. 지시 또는 명령: 지시 또는 학생의 복종을 기대하는 명령</td></tr>
<tr><td>7. 비판이나 권위: 학생의 좋지 못한 행동을 수정하기 위한 교사의 말. 꾸짖는 것. 권위에 입각해서 교사 자신의 행동을 정당화하는 자기 언급</td></tr>
<tr><td rowspan="2">학생의 발언</td><td>반응</td><td>8. 학생의 단순 반응적인 말: 교사의 단순한 질문에 대한 학생의 단순 답변</td></tr>
<tr><td>주도</td><td>9. 학생의 자진 발언: 학생이 자진하여 말하는 것. 교사의 개방적인 질문에 대하여 학생이 자진하여 여러 가지 생각, 의견, 이유 등을 말하는 것.</td></tr>
<tr><td colspan="2">기타</td><td>10. 활동, 침묵, 혼동: 실험/실습/토론/책 읽기/머뭇거리는 것. 잠시 동안의 침묵 및 관찰자가 학생 간의 의사소통과정을 이해할 수 없는 혼동의 과정.</td></tr>
</table>

☞ 언어적 상호작용에서 2/3(67%)는 교사의 말과 학생의 말이며, 이 중에서도 2/3(44%)는 교사의 말이다. 또한 교사의 말 중 2/3(30%)는 지시적인 말이다. 이상적인 수업을 위해서는 2/3법칙을 깨뜨리고 교사의 지시적 말을 줄여야 한다.

3) 탐구학습의 의미와 재개념화

원래 탐구학습이란 학습자로 하여금 학문적 지식(지식의 구조)을 학자가 연구를 수행 하는 방식으로 탐구하도록 한다는 원리이다. 학자들이 하는 일이란 지금까지 밝혀지지 않은 새로운 원리를 탐구하고 발견함으로써, 현상을 보다 잘 이해하는 것이다. 이와 마찬가지로 교과를 배우는 학습자도 질문을 던지고 스스로 탐구하여 문제를 해결해야 한다는 것이다. 하지만 학자들이 하는 일의 본질 또는 교육방법의 원리로서의 탐구를 지나치게 문자 그대로 해석한다면, 교과교육에 적용하는 데 한계가 있다.[1] 따라서 탐구학습의 원리를 재해석하여 적용할 필요가 있다.

학자라고 해서 모두 탐구를 통하여 새로운 이론과 법칙을 만들어 내지는 않는다. 어떻게 보면, 대부분의 학자들이 하는 일이란 다른 사람들이 발견한 이론을 이해하고 배우는 것이다. 다른 학자들의 이론을 이해하고자 할 때, 학자들은 그 이론을 맹목적으로 받아들이지 않는다. 그들은 그 이론이 요구하는 것과 동일한 방식으로 현상을 보고, 그 이론의 타당성(그 이론이 과연 현상을 정확하게 기술 또는 설명하고 있는가?)을 비판적으로 검토한다. 따라서 학자들의 활동을 특징짓는 용어로서의 탐구는 반드시 새로운 이론을 만들어 내는 과정만을 지칭하는 것이 아니라, 종래의 이론을 이해하는 과정까지 포함한다고 보아야 한다(이홍우, 2001: 80). 이러한 관점에서 본다면, 학습자도 학자가 하는 것과 동일한 수준까지는 아니더라도 본질적으로 동일한 종류의 비판적 검토를 할 필요가 있다. 교과의 지식을 맹목적으로 암기한다는 것은 이러한 비판적 검토를 거치지 않는다는 것이며, 따라서 자기 자신의 것으로 소화되지 않은 상태에서 학습한다는 것을 의미한다.

그러면 탐구학습의 원리는 어떻게 재해석되어야 하는가? 사실 암기식 수업이 문제가 되는 것은 학습자로 하여금 암기하는 데 실패하도록 하는 데 있다. 암기식 수업에 의한 지식은 학습자의 바깥에 머물러 있을 뿐, 학습자의 안에 들어가지 못한다. 여기서 지식이 학습자의 안으로 들어간다는 것은 마음의 한 부분이 되어 안목이 생긴다는 것이다. 예를 들면, 지리학적 지식을 가지고 있다는 것은 그러한 지식이 학습자의 마음의 한 부분이 되어서 지리적인 안목으로 사물과 현상을 이해할 수 있다는 것이다. 그러나 암기식 수업에 의한 지식은 학습자가 입으로는 말할 수 있다 하더라도 지식이 학

1 '탐구'를 문자 그대로 해석했을 때 나타날 수 있는 한계점은 두 가지 측면에서 접근할 수 있다. 먼저 탐구학습을 지지하는 사람들은, 학생들에게 탐구할 문제를 내어 주고 지리학자가 하듯이 탐구하도록 하는 것을 탐구학습의 공식으로 생각한다. 그렇게만 하면 탐구학습이 저절로 되는 것으로 간주하는 것이다. 반면에 탐구학습에 회의를 느끼는 사람들은 학생들이 과학자와 같은 방식으로 탐구할 수 없는 존재라고 여긴다. 따라서 탐구학습의 공식처럼 수업을 진행한다면, 종래의 주입식 수업방법으로 가르쳐 오던 결과로서의 지리적 지식(중간언어)조차 제대로 가르치지 못한다고 비판한다. 이러한 두 가지 측면은 모두 교과교육에서의 탐구학습의 적용을 저해할 가능성이 있다.

습자의 바깥에 머물러 있기 때문에 안목이 되지 못한다.

지리적 안목으로 현상을 보는 방법을 배우려고 하는 학생들이 이미 지리적 안목으로 현상을 볼 수 있는 지리학자와 동일한 일을 할 수는 없을 것이다. 지리교과를 배운다는 것은 지리적 현상을 '볼 수 없는 상태'에서 조금씩 '볼 수 있는 상태'로 나아가는 것으로 인식해야 한다. 따라서 지리탐구기반 학습의 원리는 바로 이와 같이 볼 수 없는 상태에 있는 학습자를 '볼 수 있는 상태'로 나아가도록 하는 것으로 재해석될 필요가 있다. 이를 위해서는 학생들로 하여금 스스로 질문을 하도록 하고, 그 문제에 관하여 생각해 보도록 하는 것이 중요하다. 학생들이 자신의 마음으로 생각해 보지 않는다면, 배운 내용이 그들의 마음속에 들어올 가능성이 매우 적을 것이기 때문이다.

그러면 여기에서 기존의 탐구학습과 다른 의미로 사용된 지리탐구기반 학습의 개념에 대해 주목해 보자. 원래 탐구학습이란 과학적 지식을 과학적 탐구의 절차에 따라 학습자가 탐구하도록 하는 것으로서, 일반적으로 브루너(Bruner)의 발견학습과 비슷한 개념으로 사용된다. 그러나 이러한 탐구학습의 개념은 로버츠(Roberts, 2003)의 연구를 통해 볼 때, 학교 교사들에 따라 매우 다양하게 정의되며, 해석되고 있다. 여기에서 알 수 있는 것은 탐구학습을 하나의 고정된 틀로 볼 것이 아니라, 교과의 내용지식과 교사의 관점에 따라 다양하게 바라보아야 한다는 것이다.

네이쉬 외(Naish et al., 2002)에 의하면, 탐구학습은 양극단인 수용학습과 창의적 활동의 연속체로 인식되어야 한다. 이와 같이 탐구학습을 매우 폭넓게 정의한다면, 심지어 교사에 의한 설명식 수업을 통해서도 학생들로 하여금 탐구를 수행하도록 할 수 있다. 이러한 탐구학습에 대한 폭넓은 정의는 콕스(Cox, 1989)의 논의에서 확인된다. 그에 의하면, 탐구의 정신은 찾고자 하는 것을 깊게 생각하려는 학생의 마음속에 살아 있다. 탐구란 학습자가 문제에 대한 해답이나 해결책을 찾는 것을 포함하며, 그것은 수많은 학습 경험들을 통하여 만족할 수 있는 마음의 상태이다. 따라서 교사의 설명만으로 만족할 수도 있으며, 발견학습이나 문제해결학습, 혹은 창의적 활동으로 불리는 학습 경험들의 범주를 통해서도 만족할 수 있다. 이들은 단지 학생들에게 부여한 자율성의 정도에 따른 학습경험들의 상대적 개방성이나 구조화 정도 면에서 구별될 뿐이다(표 7-11).

이와 달리 학교 교육에서는 탐구학습을 일반적으로 수용학습, 발견학습, 문제해결학습 등과 별개의 것으로 간주된다. 따라서 탐구학습이라는 용어가 이들을 모두 포괄하지 못하므로, 탐구기반 학습(enquiry-based learning)이라는 용어로 대체하는 것이 바람직하다.[2] 탐구기반 학습이란 수용학습, 문

2 지리를 통한 탐구학습은 미국의 HSGP를 통해 처음으로 제시되었다. 영국에서는 HSGP의 영향을 받아 1970년대에서 1980년대의 국가수준의 특정 학령 단계를 위한 새로운 학교 지리 프로젝트(Schools Council Geography Projects)의 개발, 즉 GYSL(Geography for the Young School Leaver; 1970-1975) 프로젝트, 지리 14-18 프로젝트(the Bristol Project;

표 7-11. 탐구수업의 4가지 유형

탐구의 유형	탐구의 특성			학습 경험	학생의 자율성
실험실습	구조화된 ↑	높은 ↑	낮은 ↑	토픽, 자료, 조사 절차는 보통 실험 매뉴얼에 처방되어 있고 교사에 의해 안내된다.	실험 실습은 보통 미리 정해진 답변을 찾기 위한 것이며, 미리 정해진 활동의 완성을 포함한다.
문제해결				맥락은 대개 존재하는 문제의 특성에 의해 설정된다. 그 문제에 대한 하나 또는 더 많은 구체적인 해결책들이 존재할 수 있다. 교사에 의한 개입의 정도는 다양할 수 있다.	학생은 그 문제를 해결하기 위해 많은 접근들을 채택할 수 있다. 학생들은 그 문제와 관련하여 이러한 접근들의 상대적인 효과성을 고찰해야 한다.
발견	개방성	교사의 통제	학생의 자율성	이러한 탐구 유형은 특정 문제들의 해결에 목적을 두는 것은 아니다. 일반적으로 발견되는 것은 인지적 활동으로부터 초래하며, 다른 학생들은 꽤 다양한 결과를 도출할 수 있다.	학생들은 명시되지 않은 '목적'에 도달하기 위해 많은 접근들을 자유롭게 시도한다. 이러한 결론들은 보통 몇몇 검증을 필요로 한다.
창의적 활동	↓ 개방적	↓ 낮은	↓ 높은	이러한 탐구의 유형은 상상력, 감성적 반응, 인지적 변형, 때때로 손재주와 수평적 사고를 포함한다.	학생들은 거의 제약 없이 활동한다.

(Cox, 1989)

제해결 학습, 발견학습 등을 포괄하는 것으로, 학습자가 탐구하려고 하는 마음과 실천이라는 측면에 의미를 두는 것이다.

탐구기반 학습은 교사와 학생의 참여의 차원에 따라 다양한 형식의 탐구, 즉 닫힌 탐구, 구조화된 탐구, 열린 탐구 등으로 범주화할 수도 있다(표 6-1 참조).[3] 이러한 분류의 근거는 지리탐구의 개발에 대해 교사와 학생들이 가지고 있는 가치와 밀접한 관련을 맺는다. 즉 탐구의 의미는 교사와 학생들이 그들의 수업 실천에 부여하는 전문적 판단에 달려 있다. 따라서 지리탐구는 교사와 학생이 수업

1970-1981), 지리 16-19 프로젝트(1976-1982) 등에서 처음으로 탐구(enquiry)라는 용어를 사용하게 되었다. GYSL 프로젝트는 탐구 영역(areas of enquiry), 지리 14-18 프로젝트는 탐구 기능, 전략, 프로세스(inquiry skills, strategies and processes), 지리 16-19 프로젝트는 탐구기반 교수·학습(enquiry-based teaching and learning)을 사용하였다(Roberts, 1998: 16). 탐구기반 학습(enquiry-based learning)이란, 바로 영국의 런던대학 교육학부에서 개발한 지리 16-19 프로젝트에서 사용된 광의의 탐구학습 개념이다. 여기에 주목하는 이유는 위의 모든 프로젝트가 학습에 대한 탐구적 접근을 시도하고 있지만, 특히 지리 16-19 프로젝트가 그중에서도 가장 완전한 탐구의 형식을 제공하고 있기 때문이다(Rawling, 2001: 38).

3 사회적 구성주의로 대표되는 비고츠키(Vygotsky)의 근접발달영역(zone of proximal development)과 비계(scaffolding)의 개념은 지리탐구에서 교사의 역할의 중요성을 제시한다. 일반적으로 탐구학습은 학생들에 의한 완전히 독립적인 탐구활동을 상정하는 경향이 있다. 그러나 비고츠키의 이러한 사고에 비추어 보면, 교사들은 탐구학습을 지원·조장하는 데 결정적인 역할을 한다. 즉 학생들이 현재의 사고 수준을 넘어서는 새로운 고차 사고 활동을 할 때는 언제나 교사가 지원할 필요가 있다는 것이다(Roberts, 2003: 29).

을 통제하는 정도에 따라 다양하게 전개될 수 있다(Roberts, 2003: 34). 그러나 이렇게 분류된 3가지 목록은 탐구수업을 과도하게 단순화, 고착화시키는 오류를 범할 수 있다. 그러므로 이러한 분류는 탐구수업의 인식을 위한 하나의 틀에 지나지 않는다는 것을 명심해야 한다. 예를 들면, 수업 실천에 있어서 이러한 3가지 목록의 각 단계들이 서로 조합될 수 있기 때문에 다양한 탐구의 형식을 상정할 수 있다. 교사가 탐구의 내용, 질문, 자료원을 일방적으로 선택하는 닫힌 방법으로 시작하여, 학생들에게 데이터를 추출하고 분석하는 방법을 자유롭게 선택하도록 나아갈 수 있다. 이와 달리 학생들로 하여금 탐구내용을 선택하도록 하는 열린 방법으로 시작하여, 이것이 조사되어야 하는 방법에 대해서는 교사가 구조화된 가이드라인을 제공할 수도 있다.

탐구기반 학습의 특징은 기존의 암기학습 활동과 비교함으로써 명확해진다. 헬번(Helburn, 1968: 278-279)은 미국의 고등학교 지리교육과정 프로젝트인 HSGP(High School Geography Project)의 탐구학습 활동이 기계적 암기학습 활동과 어떻게 다른가를 그림 7-3과 같이 제시하였다. 교사 주도적인 기계적 암기학습 활동과 달리, 탐구기반 학습 활동은 학생 주도적인 탐구 과정을 통하여 그들의 사고력, 감성, 가치·태도를 기르는 데 기여한다. 따라서 본질적으로 이러한 탐구기반 학습은 수업 전

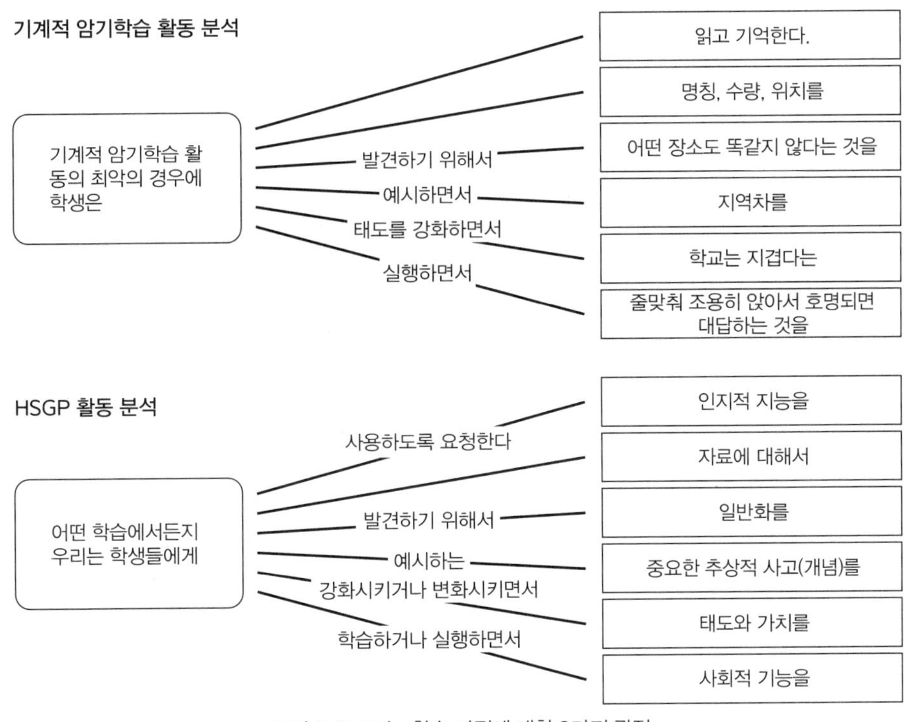

그림 7-3. 교수·학습 과정에 대한 2가지 관점

(Helburn, 1968: 278-279)

략의 변화를 포함한다. 탐구기반 학습은 교사가 '정보와 사고의 원천'을 전달하는 교수 전략을, 학생들의 '활동'을 통한 학습으로 대체시키려는 시도이다. 이것은 학생들이 기억하고 사실을 회상하는 것보다, 교과의 기본 개념들을 이해하고 적용하는 것에 더 큰 가치를 둔다. 학생들이 수동적으로 다른 사람들의 결론, 조사, 의견들을 받아들이는 것보다, 그들 스스로 사고하고, 판단하고, 의견을 형성하도록 하는 데 더 가치를 둔다.

로버츠(Roberts, 1998: 167)에 의하면, 지리탐구기반 학습은 학생들에게 정보와 지식이 어떻게 구성되고, 그것이 어떻게 해석되고 평가되는지, 그리고 상이한 태도와 가치가 설명되는 방식에 대한 인식의 기회를 제공한다. 지리 16-19 프로젝트의 지리탐구기반 학습은 학습자로 하여금 지식, 기능, 가치·태도를 함께 탐구하도록 할 뿐만 아니라, 교실 안과 밖에서의 탐구를 조장한다(표 7-12). 따라서 지리탐구기반 학습의 본질은 탐구가 교실 안에서 일어나는지 밖에서 일어나는지, 학생들이 전적으로 활동을 하는지 아닌지, 탐구경로를 따르는지 아닌지에 있는 것이 아니다. 탐구학습에서 중요한 것은 교실 수업에서, 그리고 학교 밖의 학생들의 삶에서 그들에게 던져지는 지식에 대한 탐구적이고 비판적인 접근의 확장에 있다.

표 7-12. 지리탐구기반 학습의 특징

- 탐구를 위한 출발점으로서 질문, 쟁점과 문제를 명확히 하는 학습에 대한 접근
- 탐구를 통한 의미 있는 학습의 계열에 활동적 참가자로서 학생들을 포함하는 학습에 대한 접근
- 넓은 범위의 기능과 능력(지적, 사회적, 실천적 그리고 의사소통)의 개발에 대한 기회를 제공하는 학습에 대한 접근
- 야외조사와 수업 활동이 밀접하게 통합될 수 있는 기회를 제공하는 학습에 대한 접근
- 태도와 가치가 명확해지고, 사고와 의견의 열린 교환이 일어날 수 있는 열린 탐구를 위한 가능성을 제공하는 학습에 대한 접근
- 교사 지도 활동과 더 독립적인 학생 탐구의 효과적인 균형에 대한 여지를 제공하는 학습에 대한 접근
- 학생들의 사회적 환경에 대한 이해와 그곳에 참가하는 방법을 습득하기 위한 비판적 문해력 개발에 도움이 되는 학습에 대한 접근

(Naish et al., 1987: 46)

4) 과학적 탐구학습의 절차와 단계

과학자들의 탐구과정은 일반적으로 '문제 제기→가설 설정→가설 검증→결론 도출(일반화)' 순으로 이루어진다. 그러나 대부분의 탐구학습은 이러한 탐구과정을 더욱 세분화하여 제시하고 있다. 예를 들면, 문제 제기를 문제 인식과 문제 제기로, 가설 설정을 가설설정과 가설의 인지로, 가설 검증을 자료수집, 자료분석·평가·해석, 자료를 통한 가설검증으로 세분화하여 제시하는 경우가 일반적이다

(그림 7-4). 이와 같은 탐구과정의 세분화는 그 절차의 명료화를 통해, 학습자로 하여금 탐구의 과정을 효율적으로 인지하도록 하는 데 이점이 있다.

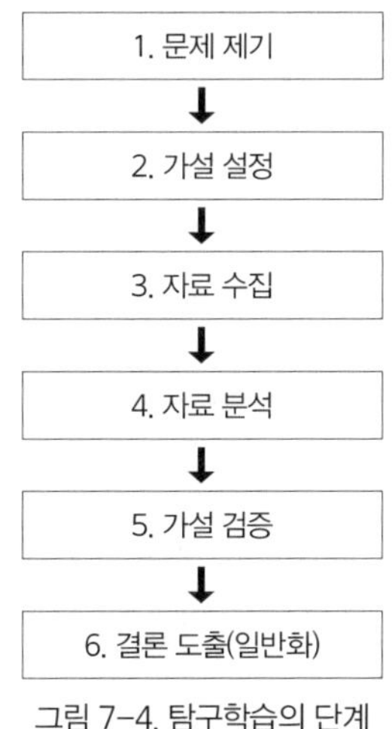

그림 7-4. 탐구학습의 단계

그러나 모든 교과가 이러한 탐구학습의 단계를 수용하고 있는 것은 아니다. 탐구할 현상이나 문제의 성격, 그리고 학습상황에 따라 탐구수업의 절차와 방식은 융통성 있게 적용될 수 있다. 슬레이터(Slater, 1982, 1993)는 과학적 탐구의 절차와 방식이 지리 교과의 특성상 적용하는 데 한계가 있다고 하면서, 가설설정과 가설검증을 제외한 보다 단순하면서 명료한 구조를 제시했다. 그리하여 슬레이터(Slater, 1993)는 기존의 탐구학습의 과정을 그림 7-5와 같이 '질문→자료의 처리와 해석→일반화'라는 보다 단순한 구조로 수정하면서 과학적 지식뿐만 아니라, 기능, 가치·태도 등을 모두 다룰 수 있도록 하였다. 이러한 질문(문제제기)으로부터 일반화에 이르는 지리에 근거한 탐구학습의 과정은 개별적이고 사소한 사실적인 정보를 더 큰 일반적 정보의 매듭으로 연계시키는 의미와 이해의 개발에 기여한다.

슬레이터의 탐구학습 과정은 지리적 질문에서 시작하여 그 질문에 답변하는 일반화로써 끝나는 단선적인 형태가 아니다. 마지막 단계의 '지리적 질문에 답변하는 기능'을 통해서 보다 고차의 지리적 질문이 새롭게 던져지며, 다시 앞의 탐구과정을 계속 밟게 되는 순환적인 탐구학습 모델을 제시하고 있다. 다시 말하면 학습자가 하나의 질문에 답변함으로써 탐구과정이 끝나는 것이 아니다. 이를 통해 또 다른 새로운 질문을 부여받게 되며, 이에 대한 답변을 다시 탐구함으로써 또 다른 관점을 발견하게 된다.

한편, 영국 학교위원회에 의한 지리 16-19 프로젝트는 16세 이후(post-16) 지리교육과정의 교수 전략을 재개발하기 위해 1976년에 착수되었다(표 7-13). 이 프로젝트는 지리교과의 인간-환경(people-environment)에 대한, 그리고 사실 탐구(factual enquiry)와 가치 탐구(values enquiry)를 결합하는 탐구에 대한 통합적 관점을 강조한다. 탐구를 위한 출발점은 반드시 질문, 문제 또는 쟁점이다. 이 프로젝트는 다음에 이어지는 사고에 영향을 주는, 질문과 활동의 계열적 구조틀인 '지리탐구를 위한 경로(the route for geographical enquiry)'를 발달시켰다(그림 7-6). 롤링(Rawling, 2001: 38)은 다른 프로젝트들 역시 학습에 대한 탐구 접근을 시도했지만, 지리 16-19 프

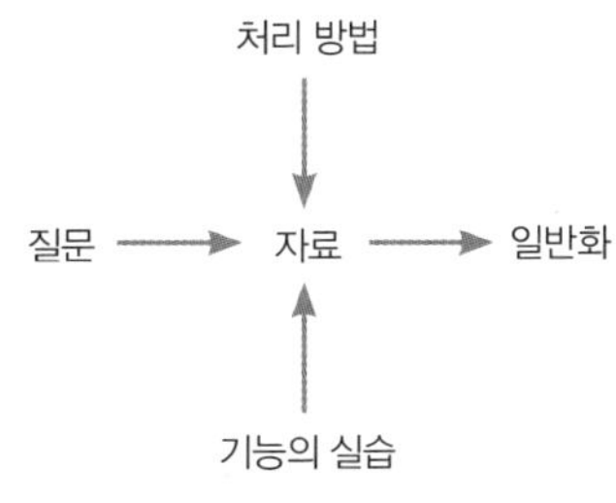

그림 7-5. 지리탐구기반 학습의 과정
(Slater, 1993: 61)

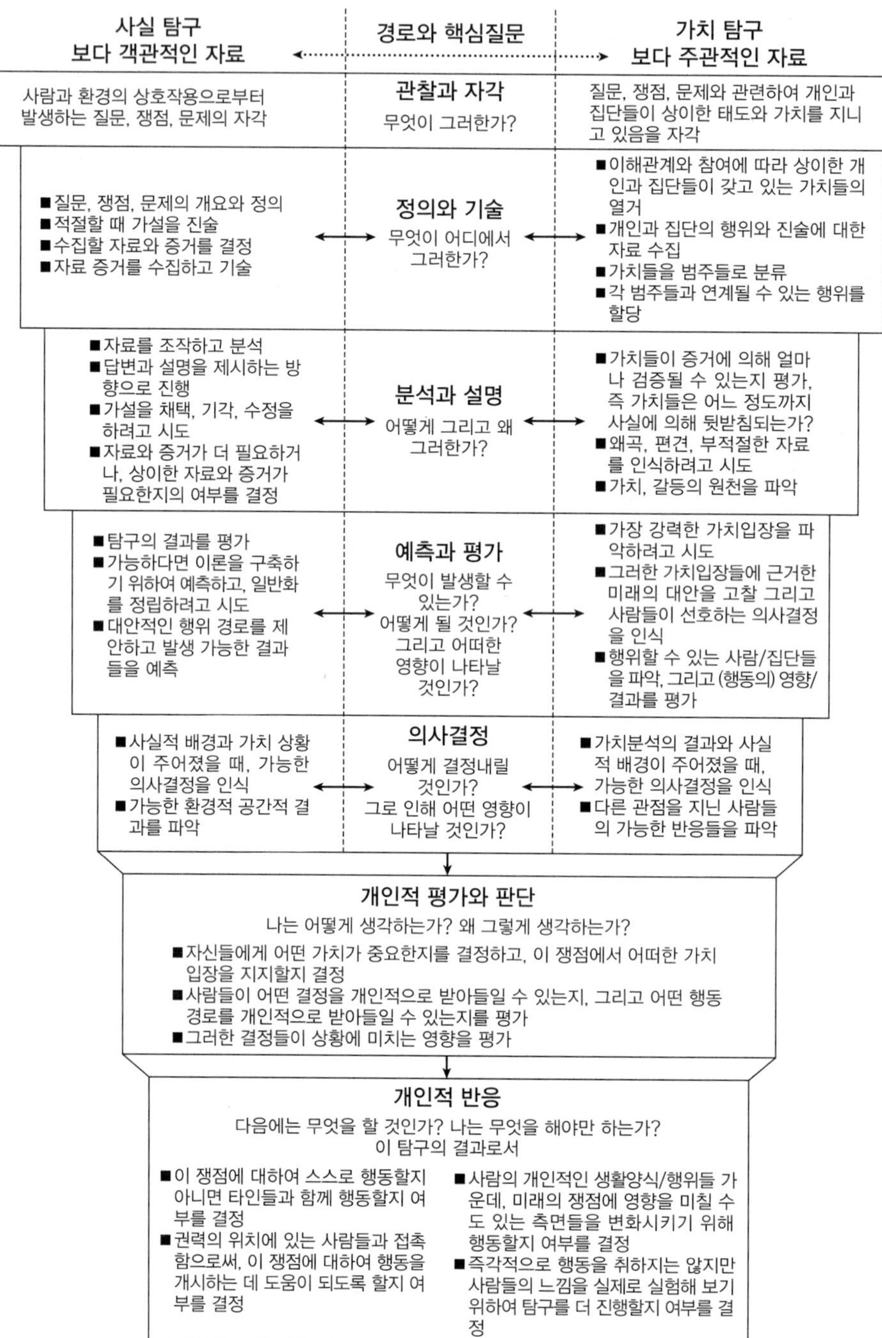

사실 탐구
보다 객관적인 자료
경로와 핵심질문
가치 탐구
보다 주관적인 자료
사람과 환경의 상호작용으로부터 발생하는 질문, 쟁점, 문제의 자각
관찰과 자각
무엇이 그러한가?
질문, 쟁점, 문제와 관련하여 개인과 집단들이 상이한 태도와 가치를 지니고 있음을 자각
■질문, 쟁점, 문제의 개요와 정의
■적절할 때 가설을 진술
■수집할 자료와 증거를 결정
■자료 증거를 수집하고 기술
정의와 기술
무엇이 어디에서 그러한가?
■이해관계와 참여에 따라 상이한 개인과 집단들이 갖고 있는 가치들의 열거
■개인과 집단의 행위와 진술에 대한 자료 수집
■가치들을 범주들로 분류
■각 범주들과 연계될 수 있는 행위를 할당
■자료를 조작하고 분석
■답변과 설명을 제시하는 방향으로 진행
■가설을 채택, 기각, 수정을 하려고 시도
■자료와 증거가 더 필요하거나, 상이한 자료와 증거가 필요한지의 여부를 결정
분석과 설명
어떻게 그리고 왜 그러한가?
■가치들이 증거에 의해 얼마나 검증될 수 있는지 평가, 즉 가치들은 어느 정도까지 사실에 의해 뒷받침되는가?
■왜곡, 편견, 부적절한 자료를 인식하려고 시도
■가치, 갈등의 원천을 파악
■탐구의 결과를 평가
■가능하다면 이론을 구축하기 위하여 예측하고, 일반화를 정립하려고 시도
■대안적인 행위 경로를 제안하고 발생 가능한 결과들을 예측
예측과 평가
무엇이 발생할 수 있는가? 어떻게 될 것인가? 그리고 어떠한 영향이 나타날 것인가?
■가장 강력한 가치입장을 파악하려고 시도
■그러한 가치입장들에 근거한 미래의 대안을 고찰 그리고 사람들이 선호하는 의사결정을 인식
■행위할 수 있는 사람/집단들을 파악, 그리고 (행동의) 영향/결과를 평가
■사실적 배경과 가치 상황이 주어졌을 때, 가능한 의사결정을 인식
■가능한 환경적 공간적 결과를 파악
의사결정
어떻게 결정내릴 것인가? 그로 인해 어떤 영향이 나타날 것인가?
■가치분석의 결과와 사실적 배경이 주어졌을 때, 가능한 의사결정을 인식
■다른 관점을 지닌 사람들의 가능한 반응들을 파악
개인적 평가와 판단
나는 어떻게 생각하는가? 왜 그렇게 생각하는가?
■자신들에게 어떤 가치가 중요한지를 결정하고, 이 쟁점에서 어떠한 가치입장을 지지할지 결정
■사람들이 어떤 결정을 개인적으로 받아들일 수 있는지, 그리고 어떤 행동경로를 개인적으로 받아들일 수 있는지를 평가
■그러한 결정들이 상황에 미치는 영향을 평가
개인적 반응
다음에는 무엇을 할 것인가? 나는 무엇을 해야만 하는가? 이 탐구의 결과로서
■이 쟁점에 대하여 스스로 행동할지 아니면 타인들과 함께 행동할지 여부를 결정
■권력의 위치에 있는 사람들과 접촉함으로써, 이 쟁점에 대하여 행동을 개시하는 데 도움이 되도록 할지 여부를 결정
■사람의 개인적인 생활양식/행위들 가운데, 미래의 쟁점에 영향을 미칠 수도 있는 측면들을 변화시키기 위해 행동할지 여부를 결정
■즉각적으로 행동을 취하지는 않지만 사람들의 느낌을 실제로 실험해 보기 위하여 탐구를 더 진행할지 여부를 결정

그림 7-6. 지리 16-19 프로젝트의 지리탐구를 위한 경로

(Naish et al., 1987: 61)

로젝트가 가장 완전한 설명을 제공했다고 주장한다.

지리탐구를 위한 경로는 기본적으로 뱅크스 외(Banks et al., 1977)의 모형을 따르고 있다. 뱅크스 외는 탐구과정을 사실 탐구와 가치 탐구로 구분하여 제시하였는데, 특히 가치 탐구는 기존의 탐구모델에서는 없던 새로운 개념이었다. 이는 기존의 탐구학습이 과학적 인식에만 초점을 두었던 것을 태도·가치 영역까지 확대시켰다는 점에서 큰 의미가 있다. 이후의 정의적 영역, 특히 시민적 자질과 관련한 탐구학습 모델은 대부분 이의 변형된 형태이다. 따라서 이러한 탐구 경로는 지리적 쟁점에 대한 일련의 탐구 단계가 사실적인 차원과 가치적인 차원 모두를 고려해야 된다는 것을 보여 준다. 즉 질문과 자료는 과학적이고 객관적인 것인 물론, 개인적이고 주관적인 것까지 포함해야 한다. 이는 방법론적으로 양적 방법(실증주의)과 질적 방법(인간주의와 구조주의, 포스트모던)을 모두 고려해야 한다는 것이며, 탐구에 대한 다원주의적, 통합적 접근을 강조하는 것이다(Roberts, 1996).

표 7-13. 학교위원회의 지리 16-19 프로젝트의 특징

교수와 학습에 대한 탐구기반 접근(enquiry-based approach)

학교위원회 지리 16-19 프로젝트는 1976년에 착수되었으며, 16세 이후 학생들(post-16)의 지리를 위한 교육과정 개선을 목적으로 하였다. 이 프로젝트는 '학습에 대한 탐구기반 접근'이 교사에 의해 구조화된 문제해결과 같은 활동에서부터 더 개방적인 발견에 이르기까지, 일련의 교수 방법들을 아우를 수 있다고 예상했다. 이 프로젝트는 어떤 신념에 대한 능동적이고, 지속적이며, 신중한 고려로써 듀이(Dewey)의 반성적 사고를 충족시키거나 이 프로젝트를 지원하는 근거와 이 프로젝트가 지향하는 결론을 고려하여 지식의 형식을 상정한다면, 학습 상황이 '탐구 지향성'을 가진다고 믿었다. 이 프로젝트에 따르면, 교수와 학습에 대한 탐구기반 접근은 학생들로 하여금 단순히 다른 사람들의 결론, 연구, 의견을 수동적으로 받아들이게 하기보다는, 오히려 질문, 쟁점, 문제에 관해 능동적으로 탐구하도록 교사가 격려하게 한다는 점에서 학습에 대한 다른 접근들과 구별된다(Naish et al., 1987 45).

지리 16-19의 탐구기반 접근의 특징

이 프로젝트는 학습에 대한 탐구기반 접근의 특성을 다음과 같이 설정하고 있다.

- 탐구를 위한 출발점으로서 질문, 쟁점, 문제를 구체화하는 학습에 대한 접근이다.
- 탐구를 통한 의미 있는 학습의 계열에서 학생들을 능동적인 참여자로서 포함하는 학습에 대한 접근이다.
- 폭넓은 기능과 능력(지적, 사회적, 실천적, 의사소통)의 발달을 위한 기회를 제공하는 학습에 대한 접근이다.
- 야외조사와 수업 활동이 긴밀하게 통합되도록 하는 기회를 보여 주는 학습에 대한 접근이다.
- 태도와 가치가 명료화될 수 있으며, 아이디어와 의견의 자유로운 교환이 일어날 수 있는 열린 탐구(open-ended enquiries)를 위한 가능성을 제공하는 학습에 대한 접근이다.
- 교사 지시 활동과 더 독립적인 학생 탐구의 효율적인 균형을 위한 범위를 제공하는 학습에 대한 접근이다.
- 학생들이 사회적 환경과 그것에 참여하는 방법에 대한 이해를 획득하도록 하기 위해, 정치적 문해력의 발달을 지원하는 학습에 대한 접근이다(Naish et al., 1987: 46).

지리탐구를 위한 경로(the route for geographical enquiry)

지리 16-19 프로젝트는 교육과정 계획을 안내할 조직적인 구조틀로써, '지리탐구를 위한 경로'를 발전시켰다. '지리탐구를 위한 경로'는 가급적 토픽적이고 증거로서 데이터에 의해 지지되는 실제적인 쟁점에 사용될 수 있도록, 질문과 학생 활동의 계열을 제공했다. '지리탐구를 위한 경로'는 1970년대와 1980년대에 혁신적이었던 탐구의 몇 가지 양상들을 통합했다.

1. 기존의 탐구활동이 가치를 배제하였던 것과 달리, 지리탐구를 위한 경로는 쟁점에 대한 조사를 하는 과정에서 '더 객관적인 데이터'와 '주관적인 데이터'의 사용을 격려한다. 이 프로젝트는 가치가 탐구 활동에 필수적이며, '태도와 가치를 무시하는 설명은 무미건조하고 의미가 없다'고 주장한다(Naish et al., 1987: 174).
2. 이 프로젝트는 학교지리에 의해 다루어지는 질문의 범위를 증가시켰다. 전통적인 탐구 질문(무엇?, 어디에?, 어떻게?, 왜?) 이외에 '지리탐구를 위한 경로'에서 무엇이 발생할 수 있는가?, 어떻게 될 것인가?, 어떻게 결정을 내릴 것인가?, 그로 인해 어떤 영향이 나타날 것인가?, 나는 어떻게 생각하는가? 등과 같은 질문들을 포함시켰다.
3. '지리탐구를 위한 경로'는 학습의 상이한 양상들이 밀접하게 통합되는 지리교육의 관점을 보여 주었다. 예를 들어 기능의 발달이 쟁점의 학습에 통합되었으며, 자연환경에 대한 학습이 인문지리에 대한 학습과 결합되었다. 또한 이론에 대한 학습이 맥락과 관련지어졌으며, '객관적인' 데이터에 대한 학습이 '주관적인' 데이터에 대한 학습과 관련지어졌다.

한편 2000년에 영국의 지리국가교육과정이 개정되었을 때, 이러한 사실 탐구와 가치 탐구를 결합한 탐구학습이 강조되기 시작했다(표 7-14). 또한 2000년 개정에서는 탐구과정이 명확히 제시되었다. 중등학교 단계(KS 3)의 탐구과정을 보면, ① 지리적 질문을 하고 쟁점을 확인하기 → ② 적절한 조사 순서를 제안하기 → ③ 자료를 수집, 기록하고 표현하기 → ④ 자료를 분석, 평가하여 결론을 도출하고 정당화하기 → ⑤ 사람들의 가치와 태도가 현대의 사회적, 환경적, 경제적, 정치적 쟁점에 어떻게 영향을 주는지 인식하고 그러한 쟁점에 대해 학생 자신의 가치와 태도를 명료화하고 발전시키기 → ⑥ 과제 및 청중에 적합한 방법으로 의사소통하기의 6단계로 제시하고 있다(표 7-14). 특히, ⑤ 단계에 제시된 현대사회의 다양한 쟁점에 대한 탐구란, 곧 가치탐구를 의미하는 것이다(DfEE, 1999; Roberts, 2003).

표 7-14. 영국 지리국가교육과정에 제시된 지리탐구

지식, 기능, 이해

교수는 지리탐구와 기능이 장소, 패턴, 프로세스, 환경 변화, 지속가능한 개발에 대한 지식과 이해를 발달시킬 때 사용될 수 있음을 확신시켜야 한다.

지리탐구와 기능

1. 지리탐구를 수행할 때, 학생들은 다음을 할 수 있도록 배워야 한다.
   a) 지리적 질문(예를 들면, '이러한 경관은 어떻게 변하고 있으며, 왜 변하고 있는가?', '이러한 변화의 영향은 무엇인가?', '나는 그것들에 관해 어떻게 생각하고 있는가?')을 하고 쟁점을 구체화하기
   b) 적절한 조사 계열 제시하기(예를 들면, 로컬적 쟁점에 관한 관점들과 사실적 증거를 수집하고, 그것들을 사용하여 결론에 도달하기)
   c) 증거를 수집하고, 기록하며, 표현하기(예를 들면, 국가에 관한 통계 정보, 하도의 특성에 관한 데이터)
   d) 증거를 분석하고 평가하며, 결론을 도출하고 정당화하기(예를 들면, 통계 데이터, 지도와 그래프를 분석하기, 계획 쟁점에 관한 상이한 관점을 제공하는 홍보 책자를 평가하기)
   e) 자신을 포함한 사람들의 가치와 태도(예를 들면, 해외 원조에 관한)가 현대의 사회적, 환경적, 경제적, 정치적 쟁점들에 어떻게 영향을 미치는지를 인식하고, 그러한 쟁점에 관한 그들 자신의 가치와 태도를 명료화하고 발달시키기
   f) 과제에 따라서 청중과 적절한 방식으로 의사소통하기(예를 들면, 컴퓨터를 사용하여 소책자를 만들어 출판하기, 주석을 단 약도를 그리기, 장소에 관한 설득적이거나 추론적인 글쓰기를 하기)

(DfEE, 1999: 22)

5) 가치 탐구와 비판적 탐구

(1) 가치 탐구: 질적 탐구 또는 개인지리 탐구

바틀렛(Bartlett, 1989: 144)은 인간이 사물을 바라보는 방법과 그것에 대한 지식에는 과학적 차원뿐만 아니라 개인적 차원이 있다고 주장하면서 지리탐구에서 질적 탐구(qualitative inquiry)를 강조한다. 이러한 개인적 차원은 인간의 지각을 통해 시작되며, 그러한 지각은 각자가 세계를 바라보는 방법을 결정한다. 따라서 우리가 세계를 바라보는 관점은 항상 각자가 소유하고 있는 지식의 틀 안에서 해석된다. 그러므로 질적 탐구는 세계에 대한 학습자 자신의 의식과 가치를 알 수 있게 해 주며, 다른 학습자들의 가치가 다를 수 있다는 것을 인정하고 서로 존중하도록 하는 데 의미가 있다. 이러한 질적 탐구는 개인지리의 탐구라는 측면에서 이해될 수 있다.

로버츠(Roberts, 2003)는 『탐구를 통한 학습(Learning Through Enquiry)』에서 개인지리(personal geographies)에 대한 탐구를 강조한다. 인간은 직접적인 경험에서뿐만 아니라 다른 사람들, 미디어, 공식적인 교육을 통한 간접적 경험을 통해 세계를 알 수 있다. 이러한 경험의 기회는 무궁무진하며, 사람들이 겪는 경험의 조합은 각각 다르게 나타날 것이다. 이러한 사람들 각각의 경험이 개인지리를 형성한다. 사람들은 자신들이 살고 있는 문화 속에서 세계에 대해 상이한 직접적 경험과 간접적 경험을 가지고 있기 때문에 각각의 개인지리는 모두 상이할 것이다. 개인지리는 심상지도, 장소와 상황에 대한 무수한 이미지와 기억, 사물들이 존재하는 방식에 대한 아이디어, 장소와 쟁점에 관한 느낌 등으로 구성된다. 또한 개인지리는 정적인 것이 아니라 끊임없이 재형성되며, 인간이 세계를 바라보는 방식을 결정짓는다. 즉 개인지리는 우리가 본 것, 주의를 기울이는 것, 당연하게 여기는 것, 그리고 그것을 자신에게 설명하는 방식 등에 영향을 준다. 우리가 기억하는 것은 이전에 사물을 보던 방법(pre-existing ways of seeing)에 의존할 수밖에 없다. 개인지리는 개인이 환경 내에서 어떻게 행동하며, 상호작용하는 문화 내에서 문화를 형성하는 데 자신이 어떻게 기여하는가에 영향을 준다.

로버츠(Roberts, 2003)는 탐구활동이 개인지리에 초점을 두어야 하는 이유를 다음과 같이 제시한다. 첫째, 개인지리에 대한 탐구는 학생들로 하여금 자신의 개인지리를 구성하는 이미지, 기억, 심상지도, 아이디어, 느낌 등의 잡다한 것을 이해하도록 도와줄 수 있다. 만약 이러한 탐구가 학생들에게 지리수업에서 배우고 있는 것을 이해하도록 할 뿐만 아니라 학교 밖 삶에서의 장소와 공간에 대한 자신의 경험을 이해하도록 도와줄 수 있다면, 학교지리의 영향은 보다 커질 것이다. 둘째, 고등교육에서 지리는 차이의 지리(geography of difference)에 점점 주의를 기울이고 있다. 현재 인문지리는 일반화에 관심을 가질 뿐만 아니라, 개인과 집단이 공간과 장소를 상이하게 경험하는 방식에도 관심을 가지고 있다(Jackson, 2000). 일반화된 설명은 개인과 집단의 삶의 현실과, 그들이 세계를 이해하는 방법을 파악하는 데 장애물이 될 수 있다. 로버츠(Roberts, 2003)는 개인지리에 초점을 둔 탐구를 위한 핵심질문을 다음과 같이 제안한다.

- 나는 나 자신의 경험으로부터 무엇을 알고 있나?
- 나는 어디에 갔다 왔나? 나는 왜 이 장소에 갔다 왔나? 어떤 목적으로?
- 내가 경험했던 장소에 대한 나의 태도는 어떠한가?
- 나는 어떤 방식으로 직접적인 경험을 통해 장소를 알고 있나?
- 내가 간접적으로 알고 있는 장소에 대한 나의 태도는 어떠한가?
- 나는 공적공간을 어떻게 사용하나?
- 나에 의해 통제되는 나의 공적공간에 대한 사용은 어떠한가?
- 다른 사람들에 의해 통제되는 나의 공적공간에 대한 사용은 어떠한가? 그리고 왜 그러한가?
- 나의 경험은 다른 젊은이들의 경험과 어떻게 비교가 되나?
- 우리는 로컬에서 그리고 다른 장소에서 젊은이들의 장소와 공간에 대한 경험을 어떻게 설명할 수 있나?

표 7-15. 개인지리에 관한 탐구의 적용 사례와 학습기회

적용 사례	학습기회
개인지리와 다른 젊은이들의 지리에 대한 탐구는 장소를 비롯한 다양한 주제에 관한 학습에 사용될 수 있다. • **장소**: 예를 들면, 로컬지역, 영국, 세계에 대한 학생들의 직접적인 지식과 간접적인 지식을 통해 • **장소**: 학생들의 삶이 다른 장소와 연결되어 있는 방식. 예를 들면, 친척, 친구, 음식, 옷, 음악, 스포츠, 재산 등을 통해 • **장소**: 다른 젊은이들이 세계를 경험하는 방식. 예를 들면, 거리의 어린이들(street children)의 삶, 난민 • **인구**: 이주. 예를 들면, 학생들의 이사를 한 경험, 어린 난민들의 경험 • **경제활동**: 쇼핑. 예를 들면, 학생들의 개인적 경험과 태도 • **여가활동**: 학생들과 젊은이들의 경험, 예를 들면, 학교와 운동장에서 공간의 이용, 공적공간의 이용, 접근과 제한	개인지리와 젊은이들의 지리에 대한 탐구는 학생들에게 다음을 할 수 있는 기회를 제공한다. • 현재의 지식과 경험을 소중히 할 수 있는 기회 • 자신의 현재 지식을 보다 넓은 지리적 아이디어에 연결시킴으로써, 자신의 현재 지식을 이해할 수 있는 기회 • 자신의 삶이 세계의 다른 장소들과 연결되는 상이한 방법들을 알 수 있는 기회 • 세계가 다양한 사람과 사회에 의해 상이하게 경험된다는 것을 알 수 있는 기회 • 자신의 경험을 학교 내에서뿐만 아니라, 데이터로부터 학습되는 다른 사람의 경험과 비교하고 대조할 수 있는 기회 • 자신의 경험을 통해 태도를 형성하는 방법을 알 수 있는 기회 • 입지적 지식을 증가시킬 수 있는 기회 • 다음의 기능을 발달시킬 수 있는 기회 –지도화하기 –기록하기 –의사소통하기 –분석하기

(Roberts, 2003)

이러한 개인지리에 대한 탐구를 적용할 수 있는 지리적 사례는 매우 다양하며, 이를 통한 학습은 학생들에게 다양한 기회를 제공한다(표 7-15; 구체적인 사례는 Roberts, 2003 참조). 학생들의 장소에 대한 개인적 경험을 조사할 수 있는 사례가 표 7-16에 제시되어 있다.

표 7-16. 장소에 대한 개인적 경험의 조사(7학년)

(a) 핵심질문

- 나는 개인적인 경험으로부터 어떤 장소들을 알고 있나?
- 왜 나는 이 장소들을 방문했었나?
- 나는 간접적으로 어떤 장소들을 알고 있나?
- 나는 이 장소들에 관해 어떻게 들어 왔었나?

(b) 자료

로컬 지역에 대한 항목들을 가진 설문지 조사(사례 b), 그리고 영국과 세계(각 항목에서의 유사한 질문들을 가진)에 대한 설문지 조사

참고하기 위한 로컬지역, 영국, 세계의 지도들

7학년 학생들의 경험들에 대한 설명

(c) 절차

① 시작: 듣기와 기억하기

- 교사는 학생들에게 탐구의 초점들을 소개한다: 각 학생들의 개인지리
- 교사는 7학년 학생의 개인지리에 대한 설명을 읽는다.
- 짝별로 학생들은,
  - 그 학생이 방문했던 장소들의 종류를 기록한다.
  - 그/그녀가 알고 있지만 방문하지 않았던 장소들의 종류를 기록한다.
  - 간단한 토론을 한다: 그/그녀는 어떤 종류의 장소들에 방문했는가? 그/그녀는 왜 이 장소들을 방문했는가? 그/그녀는 어떤 종류의 장소 들에 대해 들었는가? 그/그녀는 이 장소들에 대해 어떻게 들었는가?
- 교사는 설문지를 소개한다.

② 데이터를 사용하기: 데이터를 만들기

개별 활동: 학생들은 참고를 위한 지도들을 사용하여 설문지를 완성한다.

③ 데이터를 이해하기

확장된 글쓰기(extended writing): 학생들은 로컬지역에 대한 그들의 경험들에 관해 글을 쓰고, 만약 시간이 있다면 영국과 세계에 대한 그들의 경험에 관해 글을 쓴다. 일부 학생들은 몇몇 문장 시작어와 어휘가 필요할지 모른다.

④ 학습에 관한 반성

- 정보를 공유하기: 당신은 로컬, 영국, 세계의 어떤 종류의 장소들을 방문했는가? 왜 당신은 그곳에 갔는가? 당신은 이 수업에서 사람들의 개인지리에 관해 무엇을 배웠는가?
- 입지적 지식에 초점을 두기: 로컬지역, 영국, 세계에 대한 지도들에서 사람들이 방문한 장소들을 발견하기

(d) 조사 시트(survey sheet)

로컬지역

1. 당신이 로컬 타운에서 방문했던 장소들의 목록을 만들어라.
2. 당신이 로컬 타운에서 방문했던 장소들 중에서 5개를 선정하라. 아래의 표에 그 장소들의 이름을 쓰고, 당신이 그곳에 방문한 이유를 적어라.

	장소	방문한 이유
1		
2		
3		
4		
5		

3. 당신이 로컬 타운에서 방문했던 장소들 중에서 가장 좋아하는 장소는 어디이며 왜 그러한가?
4. 당신이 로컬 타운에서 방문했던 장소들 중에서 가장 싫어하는 장소는 어디이며 왜 그러한가?
5. 당신이 로컬 타운에서 들었지만 방문하지 않았던 장소들의 목록을 만들어라.
6. 이들 장소들 중에서 5개를 선정하라. 아래의 표에 그 장소들의 이름을 쓰고, 당신이 이 장소에 관해 어떻게 들었는지를 적어라.

	장소	이 장소에 관해 들었던 방법
1		
2		
3		
4		
5		

주석: 유사한 질문이 영국과 세계에 대한 조사들에서 사용될 수 있다.

(Roberts, 2003)

(2) 비판적 탐구

비판적 탐구(critical inquiry)는 과학적 탐구와 질적 탐구를 함에 있어서, 항상 정치·경제적, 사회·문화적 맥락을 고려하여 사회비판적 관점에서 탐구하는 것을 의미한다(Bartlett, 1989). 이러한 비판적 탐구는 개인적 차원을 넘어 사회적 차원으로 나아가며, 궁극적으로 지속가능성과 사회정의의 실현에 목표를 두고 있다. 비판적 탐구에서 '비판적'이라는 것은 가정, 사실, 행위, 정책, 가치, 신념 등을 그대로 받아들이는 것이 아니라, 의문시하고 회의적인 태도로 검토하는 것을 의미한다.

이러한 비판적 탐구를 위해서는 학교와 수업에 대한 변화된 시각이 요구된다. 학교는 사회 내의 주요한 갈등 및 긴장과 맞섬으로써 변화를 위한 행위자, 즉 사회의 가치를 의도적으로 선택하여 비판적으로 검토하는 장으로 간주되어야 한다. 또한 수업은 학생들이 현재의 문제를 해결하여 궁극적으로 사회를 개선하는 능력을 키울 수 있도록 해야 한다. 비판적 탐구가 추구하는 궁극적 목적은 사회의 각종 모순을 지적하는 데 있는 것이 아니라, 보다 나은 세계를 만들기 위한 실천에 있다.

비판적 탐구는 두 가지로 구분될 수 있다. 첫째, 교사가 그들 교과의 내용지식을 비판적으로 탐구하는 기능인 사회적 비판주의와 이데올로기 비판이다. 둘째, 실행지식으로서의 비판적 탐구 기능인 비판적 문해력 또는 비판적 사고이다. 실제 교수를 통해 학생들로 하여금 비판적 문해력 또는 비판적 사고를 조장하려고 한다면 내용지식에 대한 비판적 탐구가 선행되어야 한다. 비판적 탐구를 위한 교수를 위해서, 교사는 그들 교과의 내용지식(교수요목, 교과서, 시험)에서 실제적으로 나타나는 가치, 신념, 이데올로기, 관점 등을 비판적으로 검토해야 한다. 이를 통해 비판적 탐구를 위한 수업을 계획하고 실천할 수 있는 계기가 마련될 수 있다.

길버트(Gillbert, 1988)는 사회적 비판주의와 이데올로기 비판으로서의 비판적 탐구를 다음과 같은 관점에서 접근한다. '어떤 명제, 일반화, 광의의 개념들이 담론의 조직 구조를 제공하는가? → 개념, 용어, 은유, 전문어, 다른 문체 구조는 어떻게 이러한 기본적 요소들을 정교화하는가? → 이러한 담론들을 생성하는 근원적인 문제는 무엇인가? 텍스트는 어떻게 이러한 문제들을 유기적으로 연관짓는가? 누구의 관점으로부터? 누구의 용어로? → 어떤 이론들이 기술과 설명을 제공하는가? 어떤 관련성, 원인, 결과들이 제안되는가? 설명이 어떤 전제에 근거하고, 어떤 가정이 설명 과정에 사용되나? → 어떤 관점, 문제, 이론들이 인정되지 않는가?' 교사가 이와 같은 절차를 통해 그들 교과의 내용지식을 비판적으로 검토함으로써, 그들의 교수에 대한 문제를 제기할 수 있다. 또한 이러한 반성과 성찰을 통해 궁극적으로 그들의 교수를 비판적 탐구의 관점에서 설정할 수 있다.

다음으로 교사는 수업 활동에서 학생들로 하여금 비판적 문해력으로 비판적 사고를 하도록 격려해야 한다. 리트와 맥얼레비(Leat and McAleavy, 1998: 112)에 의하면, 수업 활동에서 '비판적 사고'는 자기 교정적이어야 하고, 맥락에 민감해야 하며 판단을 위한 준거에 의존적이어야 한다. 예를 들면, 도시에 대한 고정관념을 문제시해야 하며(자기 교정적), 도시에 대한 학습에서 그들의 경험이 모델에 적합한지를 검토하고(맥락에의 민감), 그 지역의 실제적인 특성에 관해 더 깊게 사고해야 한다(판단을 위한 준거에 의존). 만약 비판적 사고가 이러한 특성에 근거하여 전개된다면, 학생들은 더 성찰적이고 복잡한 맥락적 지식을 다룰 수 있게 되며, 추론할 수 있는 능력 또한 발전시킬 수 있다.

그러면 이러한 비판적 탐구가 교실 수업을 통해 실현되기 위한 조건에 주목해 보자. 바틀렛(Bartlett, 1989: 27)에 의하면, 비판적 탐구는 수업활동에서 교사들이 가지는 자율성과 책임감의 정도, 즉 그들의 행동에 대한 '통제의 수준'에 의해 결정된다. '비판적'이라는 것은 비난하거나 부정하는 것을 의미하는 것이 아니라, 수업활동에 뿌리내린 역사적, 사회적, 문화적 맥락에 대한 고려와 밀접한 관련이 있다. 이러한 맥락을 고려한다면 현재의 사건과 구조(예를 들면, 타인의 태도 또는 제도에 대한 관료적인 사고)에 관심을 갖게 되고, 이들 구조가 당연한 것이 아니라는 것을 다루게 된다. 결국 비판적 탐구는 교사들이 가지고 있는 전문적 지식(비판적 사회과학적 지식: 이데올로기, 권력, 통제), 그리고 그들의 사고와 행동에 의해 결정된다.

이와 같이 비판적 탐구는 당연하게 받아들이는 것, 그리고 다양한 실천에서의 가정들에 대해 문제를 제기하는 것으로부터 출발한다. 교사는 그들 교과의 내용지식과 관련한 비판적 검토뿐만 아니라, 그들의 실행지식과 관련한 의미, 가치, 동기에 대해 비판적으로 검토해야 한다. 즉 비판적 탐구를 위한 교수의 출발점은 교사들이 일상적으로 실행하고 있는 그들 교수의 기원, 과정, 결과를 비판적으로 성찰하는 자세를 갖는 데 있다. 결국 비판적 탐구는 '문제해결'을 의미하는 것이 아니라, 문제 상황을 비판적으로 검토하려는 '문제설정'에 초점을 두는 것을 의미한다. 바틀렛(Bartlett, 1989: 30-31)은 교사가 비판적 탐구를 실천하기 위한 기초와 가이드라인을 다음과 같이 10가지로 제시하고 있다.

① 탐구는 학생의 경험과 함께 시작해야 하며, 경험은 학생들이 관찰하고 행동하는 것에 부여한 주관적인 의미이다.
② 학생들은 이러한 경험들을 신중히 분석하도록 지원받아야 한다. 탐구의 출발점으로서, 학생들은 자신의 주관적 목록과 함께 분석을 시작하는 것이 중요하다.
③ 무비판적 목록(예를 들면, 성적 고정관념, 인종주의)에 근거한 경험을 재확인하는 어떤 시도도 있어서는 안 된다.
④ 교사는 학생들의 지각과 정체성이 그들의 가족, 학교, 공동체의 문화적 환경 등을 통해서 생산된다는 것을 이해시키도록 노력해야 한다.
⑤ 교사들은 학생들과의 의사소통에 대한 자기평가 방법을 강구해야 한다. 즉 지리수업에서 의사소통이 사회적 제도 및 지식을 어떻게 합법화하는지 파악하며, 학생들이 담화에 활동적으로 참가하는 것을 어떻게 방해하는지 살펴볼 수 있는 자기평가 방법을 강구해야 한다.
⑥ 지리수업은 공동체와의 활동적인 연계를 통해, 다양한 자원과 전통을 활용할 수 있도록 개방되어야 한다.
⑦ 교사들은 학교교육과정에서 자주 무시되는 전통, 역사, 지식의 형식에 대한 탐구를 개발할 필요가 있다. '무엇이 학습되고, 그것이 어떻게 학습되는가?'라는 질문은 지리의 선택, 조직, 전달에 대한 매우 상이한 접근들을 포함한다.
⑧ 학생의 경험과 그들의 공동체 생활의 연계를 통한 탐구가 실행될 필요가 있다.
⑨ 비판적 사고, 도덕적 의사결정, 사회적 참가 등을 포함하는 탐구는 학생들의 성숙 수준에 맞게 실행될 필요가 있다.
⑩ 마지막으로, 비판적 관점은 학생들의 학교와 공동체를 넘어 다른 사회적 행위들의 분석을 포함해야 한다. 이러한 사회적 행위들이 어떻게 특정 지식과 사회적 관계를 생산, 분포, 합법화하도

록 하는지를 밝힐 필요가 있다. 이를 통해 학생들의 이해 수준은 그들의 학교를 넘어 다른 제도로 훨씬 더 확장될 수 있다. 그렇게 될 때 지리수업은 쟁점에 대한 비판적 토론을 가능하게 하는 공공장소가 될 수 있다.

이와 같은 과학적 탐구, 개인지리의 탐구, 비판적 탐구가 보완적 관계로 설정되어야 한다는 것은 체리홀름스(Cherryholmes, 1996: 79)의 실용주의(pragmatism)와 심미주의(aesthetics), 그리고 비판주의(criticism)라는 관계 설정에서도 확인할 수 있다. 그에 의하면, 교사와 학생들은 그들이 어떤 종류의 사회와 삶을 원하는지에 따라(비판적 탐구), 사회적, 공간적 현상의 의미를 실용적으로 평가해야 하고(과학적 탐구), 일상적 경험의 심미적 가치를 평가(질적 탐구)해야 한다.

5. 문제기반학습(PBL) 또는 문제해결학습

1) 문제기반학습의 등장배경

문제기반학습(Problem Based Learning)은 주어진 실제적인 과제 또는 문제를 개인활동과 모둠활동을 통해 해결안을 마련하면서 학습하는 모형이다. 전통적인 학습과 문제기반학습을 비교하면 그림 7-7과 같다.

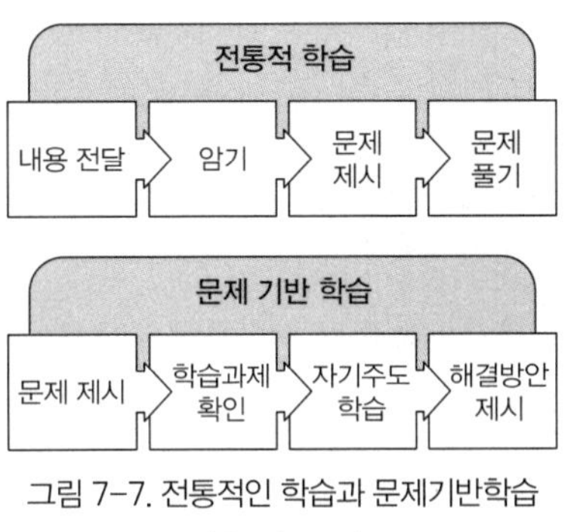

그림 7-7. 전통적인 학습과 문제기반학습
(정문성, 2013)

문제기반학습은 그 의미가 문제해결학습(Problem Solving Learning)과 같다고 볼 수 있으며 문제해결학습을 넓은 의미로 해석하면 그중 한 모형에 속한다고 볼 수 있다. 문제해결학습이란 듀이가 주장한 것으로 문제를 해결하는 과정에서 반성적 사고(reflective thinking)를 통해 학습하는 것을 말한다. 문제해결과정은 영역마다 다를 수 있기 때문에 다양한 형태의 하위 모형들이 있다. 특히 문제기반학습은 의학교육에서 출발했다.

문제기반학습은 1960년대 캐나다의 맥매스터(Mcmaster)대학교에서 연구되기 시작하였다. 그리고 그 이론적 기초는 구성주의에서 제공하고 있으므로 자기주도적학습(self-directed learning)과 협동학습(cooperative/collative learning)이 주요한 수업방법으로 작동한다. 배로우스(Barrows, 1985)는 의과대 학생들이 오랜 시간 동안 많은 의학지식을 공부하지만 실제로 환자를 진단하고, 적절한 처방을 내리는 데에 어려움을 겪는 문제를 해결하기 위해 문제기반학습을 제안하였다. 여기서 '문제기반'이라는 용어를 사용한 것은 이전의 의학교육이 의학 '지식기반' 교육이었기 때문이다. 즉 의사는 의학지식만 암기하는 수업이 아니라 환자를 직면한 '문제'상황에서 수업이 시작되어야 한다는 점을 강조하기 위함이다. 의사가 직면한 문제와 이를 해결하는 과정이 문제기반학습이다.

2) 실제적 과제에 기반을 둔 문제기반학습

문제기반학습(problem-based learning: PBL) 또는 문제해결학습(problem-solving learning)은 학생들에게 죽은 지식과 달리 많은 상황에 적용될 수 있는 융통성 있는 지식을 개발하도록 도와주는 것이 목적이다. 화이트헤드(Whitehead, 1929)에 의하면, 죽은 지식은 외워지기는 하지만 거의 실제 생활에 적용되지 않는 정보이다. 이와 달리 문제기반학습은 문제해결력, 협동심, 자기주도적 능력을 이용하여 학습에서 내재적 동기와 기능을 발달시키는 것이다. 문제기반학습에서 학생들은 문제의 해결책을 찾기 위해 서로 협력해야 한다.

문제(problem)는 문제를 해결하려는 사람이 목표를 가지고 있으나, 그 목표에 도달하기 위한 확실한 방법을 아직 찾지 못한 데서 발생한다. 이러한 문제는 잘 정의된 문제(well-defined problems)와 잘 정의되지 않은 문제(ill-defined problems)로 구분된다. 전자는 명확한 답이나 해결책이 있는 것이다. 그러나 후자는 해결책이 하나 이상이며, 다소 목표가 모호하며, 답을 찾기 위해 많은 사람이 동의하는 어떤 전략 체계를 가지고 있지 않은 것을 의미한다. 교사들과 학생들은 일상생활에서 항상 잘 정의되지 않은 문제들과 마주친다.

교사들은 학생들이 아직 문제해결에 능숙하지 않으므로, 학생들이 보다 문제해결에 능숙해질 수 있도록 도와야 한다. 학생들이 문제해결력을 원활하게 습득하도록 돕기 위해, 효과적인 교수를 하는 교사들은 다음과 같은 원리를 적용한다(신종호 외 역, 2006: 433).

- 실제 세계의 맥락에서 문제를 제시하라(실제적 과제의 제시).
- 사회적 상호작용을 이용하라.
- 초보 문제해결자에게 비계를 제공하라.
- 일반적인 문제해결전략을 가르쳐라.

최용규 외(2005)에 의하면, 문제해결학습은 쉽게 풀기 어려운 문제 사태를 학생들이 직접 경험하고 해결해 볼 수 있도록 교육의 장에 도입하여 조직한 학습방법이다. 문제해결학습의 목표는 문제해결력의 신장이며, 이를 통해 학생이 직면하는 일생생활의 문제를 다루는 데 효과적으로 활용할 수 있다. 이러한 수업 모형은 학생의 경험이나 사회, 공간 문제에 대한 생생한 정보를 활용한다. 오늘날 일반적으로 활용되는 문제해결학습의 과정은 표 7-17과 같다(최용규 외, 2005: 153-155). 그리고 이러한 문제해결학습 과정에서 교사가 해야 할 역할은 표 7-18과 같다. 이상과 같은 문제해결학습은 논쟁문제학습과 의사결정 전략에서 더 자세하게 살펴볼 것이다.

표 7-17. 문제해결학습의 과정

학습 과정	교수·학습 활동
1. 문제 사태	• 당혹스러운 문제 상황의 제시: 인지적 불일치 또는 생활에 불편을 주는 문제 사태의 제시 • 문제에 공감하기: 문제의 심각성 및 개인과 사회에 미치는 영향을 토의하기
2. 문제 원인 확인	• 문제의 본질적인 원인에 대한 브레인스토밍 • 문제의 원인에 대한 잠정적 가설 수립
3. 정보 수집	• 자료 수집: 문제해결과 관련된 정보의 수집 및 수집된 자료의 가공 • 자료를 통해 결론 얻기
4. 대안 제시	• 문제해결책에 대한 브레인스토밍 • 문제해결책의 평가
5. 검증	• 행동계획의 수립: 문제해결력을 실천하는 계획의 수립 • 결과의 정리 및 보고

표 7-18. 문제해결학습에서 교사의 역할

단계	교사 행동
단계 1: 학생들을 문제로 향하게 한다.	교사는 수업 목표를 검토하고, 중요한 논리적 요구를 기술하고, 학생들이 선택한 문제해결 활동에 참여하도록 동기를 부여한다.
단계 2: 학생들이 학습과제를 조직하도록 돕는다.	교사는 학생들이 문제와 관계된 학습 과제들을 정의하고 조직하도록 돕는다.
단계 3: 독자적, 집단적 조사를 돕는다.	교사는 학생들이 적절한 정보를 모으고, 실험하고, 설명과 해결책을 찾도록 격려한다.
단계 4: 결과물과 증거물을 만들고 제시한다.	교사는 학생들이 보고서, 비디오, 모델과 같은 적절한 결과물을 계획하고 준비하도록 지원하고, 다른 이들과 자신이 작업한 것을 공유하도록 돕는다.
단계 5: 문제해결 과정을 분석하고 평가한다.	교사는 학생들이 자신들의 조사 과정을 돌이켜 보고, 생각하도록 돕는다.

(김아영 외, 2007: 430)

3) 문제기반학습과 탐구학습의 차이점

이러한 문제기반학습 또는 문제해결학습은 학생들이 조사하여 문제를 해결하는 과정을 가르치는 교수방법이라는 점에서 탐구학습과 유사하다. 사실 탐구학습과 문제해결학습을 구분하는 것은 쉬운 일이 아니며, 그렇게 구분할 필요도 없다. 특히 탐구학습을 과학적 탐구에 국한하지 않고 광의의 의미로 해석한다면, 더욱더 문제해결학습과의 구분은 무의미해진다. 그럼에도 불구하고 여러 학자들은 문제해결학습을 조작적으로 정의한다. 탐구학습을 원래의 과학적 탐구에 한정했을 때, 문제해결학습과의 차이점을 표 7-19와 같이 요약할 수 있다.

표 7-19. 탐구학습과 문제해결학습의 비교

구분	탐구학습	문제해결학습
문제의 성격	• '과학적 문제': 사회과학자들이 객관적으로 조사하여 증명할 수 있는 문제 • 가설=객관적인 자료에 의해 확인할 수 있는 '사실문제'	• '일상생활의 문제': 학생이 경험하는 일상적인 문제 • 가설=일상적 문제의 잠정적 해결책
탐구의 과정	• 엄밀한 '과학적 탐구의 절차': 가설 설정→자료 수집 → 자료 분석 → 결론	• '일상적 문제의 해결방법': 문제 원인 확인 → 정보 수집 → 대안 제시 → 검증
자료의 성격	• '과학적·객관적 자료'	• '일상적 자료와 정보'
결론의 성격	• '일반화된 지식'의 형성: 가치중립적 지식	• 일상적 '문제의 해결책' 제시: '가치판단 포함'

(박상준, 2009: 297)

4) 문제기반학습의 구성요소 및 단계

문제기반학습에는 몇 가지 구성요소가 필수적으로 들어가게 된다(박성익 외, 2011). 첫째, 비구조화된 실제적인 문제상황이 필요하다. 문제가 무엇인지 정확하게 파악되지 않은 상황이 주어져야 한다는 것이다. 예를 들어, 환자는 자신의 상태에 대해 불충분한 정보를 가지고 의사를 만나며, 의사는 정확한 진단을 위해 환자의 말을 듣기도 하지만 의학적 방법으로 추가적인 정보를 얻어야 하는 상황을 말한다. 학생들은 문제가 무엇인지부터 파악하는 활동을 해야 하는 것이다. 이 점이 대개 구조화된 문제로 출발하는 일반적인 문제해결학습과 다른 점이다.

둘째, 참여자의 자기주도학습과정이 필요하다. 의사가 환자를 진단하기 위해서는 환자 개개인이 가지고 있는 수많은 변인들을 고려해야 하지만, 동시에 계속 발견되는 질병들, 처방들, 신약 등 끊임없이 경험하고 공부해야 하는 과정이 필요하다. 즉 문제기반학습에서 학생들은 스스로 문제를 진단하고, 해결책을 찾아가는 자기주도학습과정을 중시한다.

셋째, 가설-연연적인 추론 과정이 필요하다. 환자를 진단할 때는 현 상태에서 가장 가까운 병명을 가설로 세우고, 여러 가지 조사와 자신의 지식과 경험을 통해 가설들을 검증한 다음 정확한 진단을 하게 된다. 그러므로 문제기반학습은 지식에 대한 충분한 공부뿐만 아니라 가설을 세우고 검증하는 추론 능력도 필요하다.

넷째, 모둠 중심의 협동적 과정이 필요하다. 환자를 진단할 때는 많은 지식과 경험이 필요하므로 혼자서 감당하기보다는 협동학습 구조에서 동료들과의 활발한 토의·토론이 필요하다. 이러한 협동학습을 통해서 빠르고, 정확하고, 합리적인 결정을 할 수 있게 된다.

이러한 요소를 포함하여 슈미트 외(Schmidt et al., 2011)는 그림 7-8과 같이 문제기반학습 수업의 4가지 단계를 제시하였다.

문제기반학습에서는 3단계를 제외하고는 모든 단계에서 토의·토론을 최대한 활용해야 한다. 그래야 문제를 보다 정확히 파악하고, 정확한 방향으로 해결방안을 모색할 가능성이 많기 때문이다. 그러므로 자기주도학습도 그러한 전체 흐름 속에서 진행되는 것으로 볼 수 있다. 그리고 문제기반학습에서 가장 중요한 것은 어떤 문제를 제시할 것인가?로 볼 수 있다. 문제의 질에 따라 문제기반학습의 적합성이 좌우되기 때문이다.

1단계: 비구조화된 실제적인 문제를 제시한다.

- 교사는 다소 불확실한 문제상황을 제시한다. 그러면 학생들은 토의·토론을 통해 자신들의 지식을 동원하여 문제상황을 이해하려고 노력한다.
- 교사가 주도하는 전체활동으로 할 수도 있지만 이때부터 모둠별 활동을 할 수도 있다.

2단계: 가설을 세운다.

- 앞 단계에서 어느 정도 문제상황이 이해가 되었으면 모둠별로 토의·토론을 통해 문제상황을 설명할 수 있는 가설을 세운다.
- 그리고 가설을 증명하기 위해 어떤 학습이 필요한지 학습과제를 분명히 한다.
- 이때 과제를 분담해야 한다면 누가 어떤 과제를 분담해서 학습해 올 것인지도 정한다.

3단계: 자기주도학습을 한다.

- 학습해야 할 과제가 분명히 주어졌으므로 학생들은 각자 과제를 해결하는 자기주도학습을 한다.
- 이때 교사가 개입하여 학생들이 공부해야 할 과제들을 잘 점검하고 지도해 주면 좋다.

4단계: 결론을 내린다.

- 학생들은 모둠별로 다시 모여 각자 공부한 것을 토대로 최초의 가설을 수정하거나 정교화하고, 최종적인 결론을 내린다.

그림 7-8. 문제기반학습의 수업 단계

제시해야 할 문제는 다음과 같은 특징을 가지는 것이 바람직하다(박성익 외, 2011).

- 정답을 쉽게 찾을 수 있거나 너무 단편적인 것이어서는 안 된다.
- 문제와 관련된 지식 간의 관계가 복잡하여야 한다.
- 다양한 접근이 가능해야 한다.
- 실제 생활과 관련되어야 한다.
- 수업의 시작 때 제시되는 것으로 학습의 필요성을 일깨워줄 수 있어야 한다.
- 포괄적인 내용이어야 한다.

6. 가치수업

지리는 젊은이들의 도덕교육에 중요한 기여를 할 수 있다. 만약 윤리가 도덕적 질문 또는 특별한 도덕적 관심들에 관한 체계적인 반성으로 정의될 수 있다면, 지리적 맥락 내에서 모든 지리교사들은 윤리적 노력에 종사하고 있다(McPartland, 2006: 179).

1) 지리를 통한 가치교육

학교에서 이루어지고 있는 지리수업이 그저 벽 위에 또 다른 벽돌을 쌓아 올리고 있는 것은 아닐까? 지리를 통한 지식과 기능의 획득은 아마도 수업 활동에서 유력하고 명백하며 가장 명시적인 것일 것이다. 지금까지 가치에 대한 명시적인 교수나 가치분석, 가치명료화, 가치추론 등 가치개발을 위한 수업은 별로 강조되지 않았다. 비록 가치교육에서 제시되는 함의들이 처음에는 어렵게 보일지라도, 학생들은 자신들과 타인들의 가치와 태도에 대해 보다 잘 자각할 필요가 있다.

그러나 일부 학자들은 가치를 가르치거나 학생들의 가치와 태도에 영향을 미치고자 하는 것이 실제로 가능한지, 그리고 정당화될 수 있는지 의문을 제기하기도 한다. 이들은 가치교육이 교화라고 믿거나, 지리교사는 가치중립적 방식으로 지리를 가르쳐야 한다거나, 가치는 개인적 견해에 지나지 않는다고 생각하는 사람들이다. 그러나 가치탐구와 가치분석과 같은 학습 전략에 대해 분명히 알게 된다면, 가치학습이 교화를 방지할 수 있으며 지리 또한 가치중립적인 교과가 아니라고 주장할 수 있다. 아무리 가치교육의 실행이 어렵다고 할지라도, 상대적으로 옳고 틀리고, 좋고 나쁘고, 바람직하고 그렇지 않고 등으로 환원될 수 없는 궁극적인 가치와 도덕적 원리가 존재한다.

전달–수용 모형의 입장에서 지리교사는 학생들에게 명쾌한 답변을 제시할 책임을 갖고 있으며, 학생들을 절대적인 안내를 받아야만 하는 존재로 간주할 것이다. 따라서 교사는 정의적 영역에 대한 탐구를 시도하지 않을 것이다. 반면에 상호작용 모형의 입장에서는, 교사가 자신을 수업 중재자의 역할로 간주한다. 그는 토론을 이끌고 도와주며, 합리적 주장을 개발하고, 학생들이 가치와 태도를 탐구할 수 있도록 비위협적이고 북돋아주는 환경을 조성할 것이다. 지리교사가 학생들에게 궁극적인 대답을 제시해야만 하는 것은 아니다. 지리교사는 학생들로 하여금 더 생각해 보게끔 자극하고, 자신들의 결론이 잠정적이고 보완과 평가가 필요하다는 것을 받아들일 수 있도록 격려해야 한다. 지리교사가 자신의 관점을 열린 마음으로 견지할 수 없다면, 이 일은 어려워질 것이라는 것을 인정해야만 한다.

전통적으로 지리는 사실적 자료의 분석에 기초하여 결론을 유도하는 인지적 영역 또는 지식 측면의 학습에 중점을 두어 왔다. 지리교과는 인간과 환경과의 관계를 탐색하면서도, 교사들은 학생들이 환경의 본질을 이해하도록 돕는 데 주로 관심을 두었다. 지리교사들은 환경에 관한 사람들의 의견과 감정을 검토하려 하지 않았다. 또한 사람들이 자신이 살고 있는 환경에서 어떻게 행동하며 그 환경을 변화시키는지, 그리고 그 이유는 무엇인지 살펴보려고 하지 않았다.

교사가 학생들이 가치에 대해 문제제기를 할 수 있도록 자극하는 것은, 교육을 필수적인 사회적 기능과 행동을 발전시키는 활동으로써 간주하는 것을 의미한다. 정의적 영역에 대한 학습은 자아개념, 감성, 가치, 의사결정과 행동을 강조한다. 여러 지리교육자들(Cowie, 1978; Slater, 1993)에 의하면, 지리교과는 가치중립적 교과가 아니라 가치함축적 교과(values laden subject)이다. 학생들이 학습해야 할 교과의 내용이 선택되고 해석되는 방법과 이유뿐만 아니라, 수업에 사용하는 자료, 심지어 가르치지 않는 내용조차도 교육과정 계획가와 교사들의 결정들로부터 나온다. 이 모든 결정들은 그 사람들이 가지고 있는 가치를 토대로 이루어진다.

1970년대와 1980년대에 걸친 지리학의 발달은 인간의 가치에 대하여 크게 각성하도록 하였으며, 이로 인해 지리교육은 사회적 적실성에 관심을 기울이기 시작했다. 이 당시 지리교육에서는 학생들의 정치적 각성을 위한 교육을 비롯하여, 공간 패턴에 대한 정치적 의사결정의 영향을 고찰하였다. 이와 더불어 지리를 통한 가치교육의 필요성 역시 제기되었다. 그리하여 지리교육은 학생들의 개인적 가치와 가치 입장에 대한 자기 각성을 증진시키고, 정치 갈등에 관여된 개인이나 집단들이 지닌 가치와 태도의 차이를 고찰하는 데 중점을 두기 시작했다.

신지리학에 의한 과학으로서의 지리는 자료 수집을 위한 답사와 자료 처리를 위한 컴퓨터의 활용과 더불어, 수리력과 분석적 사고 능력의 개발을 강조하였다. 반면에 인간주의 지리학에 의한 개인적 반응으로서의 지리는 사람과 장소들에 대한 느낌과 의식적인 자기반성의 개발을 중시했다(Slater, 1993). 인간주의 지리학과 함께 행태주의 지리학은 아동중심적 접근을 반영하였으며, 이는 자연스럽게 가치교육에 대한 강조로 나타났다.

앞에서도 살펴보았듯이, 1970년대 이후 영국에서는 학교위원회가 중심이 되어 다양한 지리 프로젝트가 실시되었다. 특히 1976년에 착수한 지리 16-19 프로젝트는 지리를 학습하는 데 있어서 탐구기반 접근(enquiry-based approach)을 기반으로 하였다. 또한 '지리탐구를 위한 경로(route for geographical enquiry)'를 제시하여, 지리탐구의 필수적인 부분으로서 가치에 대한 조사를 포함했다(그림 7-6 참조). 이 접근은 지리탐구가 가치와 태도를 포함하는 통합적인 접근을 해야 한다고 강조했다. 이 프로젝트는 가치탐구를 지리 교과에서 신뢰할 만한 설명의 기본적인 요소로 간주하면서(Naish et al., 1987: 173), 가치탐구가 사람들이 무엇을 하고 왜 그것을 하는지를 설명하는 데 도움을 준다고 주장했다. 이 프로젝트의 가치탐구에 대한 특성은 표 7-20에 제시되어 있다. 지리의 거의 모든 양상들은 인간의 의사결정에 영향을 받는다. 따라서 학생들이 지리를 공부할 때, 그러한 결정에 영향을 미치는 가치와 태도를 비롯하여 관여된 권력 관계를 고려할 필요가 있다.

네이쉬 외(Naish et al., 1987: 174)에 의하면, 이 프로젝트는 지리에서 신뢰할 만한 설명은 가치입장(value positions)이 검토되어야 이루어질 수 있으며, 따라서 환경적 의사결정에 있어서 가치입장의 역할이 드러나도록 요구한다. 즉 가치와 태도를 무시하는 설명은 무미건조하고 무의미하기 쉽다는 것이다. 지리가 학생들에게 자신과 타인의 가치와 태도를 고찰할 수 있는 기회를 제공하지 못한다면, 지리교육과정은 협소화되고 이로 인해 다양한 교육적 기회를 제공하지 못하는 결과를 초래할 것이다. 지리수업에서 다양한 관점이나 가치입장과 관련된 쟁점들이 다루어지지 않는다면, 학생들은 자신의 가치를 명료화할 수 없고, 자신의 신념과 헌신을 발달시키지 못하며, 자신의 행동에 대해 확신을 가질 수 있는 기회를 가질 수 없을 것이다.

표 7-20. 가치탐구의 특성

이러한 영향력 있는 교육과정 개발 프로젝트는 지리교육에서의 가치탐구의 역할과 목적에 관한 명확한 진술을 하고 있다.
• 인간과 환경과의 상호작용에 관한 질문들, 문제들, 쟁점들과 관련된 자극 자료에 의한 학습 경험들의 계획
• 주어진 인간-환경 쟁점에 함축된 가치입장을 탐구하고 분석하는 데 목적을 둔 연습과 활동에 대한 학생들의 능동적인 참여
• 학생들은 자신의 태도와 가치를 명료화하고 발달시키기 위해 도움을 받아야 한다는 의도
• 학생들에게 자신의 태도 및 가치와 자신의 삶에서 취한 행동 간의 연계를 보도록 하는 능동적인 격려
• 학생들 자신의 개인적 삶에 전이될 수 있고 사용될 수 있는 가치탐구의 기능을 발달시킬 수 있는 기회를 제공하는 중요성

가치탐구의 기능을 발달시키기 위해, 학생들은 다음을 포함한 다양한 경험에 노출되어야 한다.

- 갈등 상황을 분석하고 토론하기
- 결정이 취해질 때, 사람들의 삶과 환경에 미치는 영향 검토하기
- 다른 사람들의 의견 및 관점에 감정이입하기
- 다양한 주장과 의견에 귀 기울이기
- 강력한 관점을 가진 사람들의 견해를 읽기
- 상황 또는 환경에 대한 자신의 느낌을 일련의 방법으로 표현하기
- 자신과 다른 관점을 가지고 있는 사람들과 협상된 합의에 도달하기

가치탐구는 학생들로 하여금 학습 상황에 있는 다른 사람들이 가지고 있는 태도와 가치에 대한 고찰을 통해, 자신의 가치를 알도록 하는 데 목적이 있다.

- 다른 사람들의 느낌과 의견에 대한 인식
- 태도, 가치, 편견의 본질에 대한 인식
- 특정 환경적, 공간적 상황에서 가치의 영향과 효과를 분석할 수 있는 능력
- 지리의 범위 내에서 모든 관점과 모든 유용한 증거를 고려하려는 의지
- 자신의 가치가 자신이 증거를 평가하는 방법에 영향을 준다는 것에 대한 자각
- 환경적 질문, 쟁점, 문제에 관한 개인적 결정을 할 수 있고, 증거와 가치의 관점에서 이것을 정당화할 수 있는 능력
- 헌신과 행동이 그들이 한 선택과 결정에 근거한다는 확신

(Naish et al., 1987: 174, 177-8)

글상자 7.3

가치와 태도

태도(attitude)와 가치(value)는 차이가 있다. 기본적으로 '태도'는 사람들이 무언가를 찬성하는가 아니면 반대하는가와 관련된다. 반면에 '가치'는 무엇이 사람 또는 조직의 신념에 지속적인 중요성을 가지는가에 관한 것이다. 이러한 간단한 정의를 다소 확장해 볼 필요가 있다.

태도는 개인, 집단, 조직이 어떤 쟁점에 대해 가지고 있는 느낌, 관점, 의견이다. 쟁점은 로컬 공원의 재개발과 같은 작은 스케일의 로컬적 쟁점에서부터, 생물 다양성의 보존과 같은 글로벌 쟁점에 이를 수 있다. 태도는 다음을 포함할 수 있다.

- 무언가를 찬성하는 느낌과 의견
- 무언가를 반대하는 느낌과 의견
- 결정하지 못했거나, 찬성도 반대도 아닌 쉽게 가늠할 수 없는 관점

무언가에 관한 '태도'는 사람들이 다른 관점과 접촉함에 따라 이동하거나 변할 수 있다. 반면에, '가치'는 무엇이 진정으로 사람과 조직에 중요한가에 관한 더 뿌리 깊고 지속적인 신념이다. 대부분의 지리적 쟁점에 관한 태도를 떠받치고 있는 가치는 다음과 같이 범주화될 수 있다.

- 사회적 가치(사람과 공동체의 미덕에 관한)
- 경제적 가치(돈과 부의 창출에 관한)

• 환경적 가치(환경 보존과 지속가능성에 관한)
• 심미적 가치(삼림 경관을 보존할 필요성에 관한)
• 정치적 가치(지역사회의 삶에 참여할 필요성에 관한)
• 도덕적 가치(윤리적으로 옳거나 그른 것, 즉 공정하거나 불공정한 것과 관련한)

맥파틀랜드(Mcpartland, 2006: 173)에 따르면, 모든 가치는 윤리적 차원을 가지기 때문에 도덕적 가치가 될 수 있다. 따라서 어떠한 쟁점을 도덕적 쟁점으로 간주한다면, 이러한 쟁점에 대한 학습과 관련된 사회적, 경제적, 환경적, 심미적, 정치적 가치들은 도덕적 가치들의 범주 내에 포함될 수 있다.
메이(Maye, 1984)에 의하면, 가치는 생활경험의 측면들과 관련하여 무엇이 중요한가에 관해 사람들이 가지고 있는 추상적인 개념이다. 그리고 가치는 사람들이 참여하는 행동과 행태와 밀접하게 관련되어 있다. 가치는 항상 추상적 용어로 불린다. 또한 가치는 가치판단, 가치차이와 가치갈등을 야기한다. 가치차이는 개인과 집단 사이에서 발생하고, 생활의 유사한 측면과 관련해서도 다른 행동들이 취해지는 경우에 추론될 수 있다.
예를 들면, 공장 설립은 무언가에 찬성하는 태도를 가질 수 있지만, 가장 중요한 기저 가치는 경제적 가치일 것이다. 즉 산업이 보조금에만 의존할 수 없는 한 돈을 벌어야 한다. 반면에 환경 단체는 새로운 개발에 반대할지 모른다. 왜냐하면 그것이 때때로 생태계를 위협하기 때문이다. 즉 환경적 가치가 떠받치고 있는 어떤 태도를 위협하기 때문이다.
그러나 그렇게 간단하지 않다. 종종 사람들 사이에서뿐만 아니라, 상이한 가치의 유형 사이에 가치 갈등이 있을 것이다. 예를 들면, 어떤 사람은 완전 고용과 위협받는 환경에 대한 보존 모두를 중요하게 여길 것이다. 이 사람에게 높은 실업률을 가진 지역에 새로운 공항을 건설하려는 제안은 환경적 가치와 사회적 가치 사이의 충돌로 이어질지 모르며, 이것은 그것을 향한 그의 태도를 결정하기 어렵게 만든다. 어떤 조직은 이윤과 환경 모두에 관심을 가질지 모른다. 따라서 사람 또는 조직이 강력한 가치를 가진다는 사실이 중요한 쟁점에 대한 태도가 반드시 직접적이라는 것을 의미하지는 않는다.
가치에 초점을 둔 탐구는 본질적으로 가치갈등에 관한 것이다. 물론 쟁점에 대한 태도를 명확히 하고, 상이한 관점에 찬성하는 증거를 조사하는 것은 중요하다. 그러나 쟁점이 어떤 사례의 사실들에 관한 합리적인 판단에 의해 해결되지는 않는다. 쟁점은 사실과 관련하여 논쟁이 이루어질 뿐만 아니라, 무엇을 가장 중요하다고 여기는 주장들을 통해서도 논쟁이 이루어진다.

(Roberts, 2003; McPartland, 2006: 172–173)

2) 가치교육과 정치적 문해력

제5장에서 학생들이 지리학습을 통해 길러야 할 중요한 기능 또는 능력으로서 문해력(literacy)에 대해 살펴보았다. 문해력은 범교과적 기능으로써 협소한 의미로는 단순히 글을 읽고 쓸 수 있는 능력이라고 할 수 있다. 이를 지리적인 관점에 적용한다면 세계를 읽고 쓰는 것이라고 할 수 있다. 그러

나 세계를 읽고 쓰는 것은 그렇게 간단한 문제가 아니다. 그리하여 최근 문해력에 대한 관점은 더욱 다양해지고 있으며, 보다 진보적인 관점에서 조명되고 있다.

비판적 문해력을 정치적 문해력의 관점에서 조명할 때, 이는 가치교육과 밀접한 관련을 가진다. 왜냐하면 비판적 문해력이란 텍스트에 내재된 언어와 이데올로기에 대한 비판적 사고의 발현이기 때문이다. 즉 우리가 사용하는 언어와 이데올로기는 가치중립적인 것이 아니라 가치내재적인 산물이기 때문이다.

1980년대 후반 영국에서는 국가교육과정 제정을 둘러싸고 지리가 제외될 위기를 맞이하였다. 이 당시 교육부 장관이었던 키스 조지프(Keith Joseph) 경은 영국지리교육학회(GA)에게 정치적 문해력을 발달시키는 데 있어서 지리의 역할에 관한 몇 가지 중요한 질문을 던졌다.

> 그리고 지리학습을 통해 이루어지는 정치적 이해가 얼마나 적절한가? 교사들은 지역적, 국가적, 국제적 수준에서 이루어지는 폭넓은 정치적 과정과 활동들에 대해 관심을 가질 수 있는 그들의 기회를 완전히 이용하고 있는가? 경제적·정치적 과정에 대한 보다 심층적인 이해가 지리 교사들이 점점 관심을 가지고 있는 환경을 어떻게 이용할지 결정하는 방법에 대한 분석을 가르치는 데 연결될 수는 없는가?[교육부 장관 키스 조지프 경이 '학교교육과정에서의 지리'라는 제목으로 1985년 6월 19일에 영국지리교육학회(GA)에서 한 연설]

정치는 가치를 촉진하는 하나의 수단이다. 정치적 문해력이란 의견에 포함된 가치 토대를 파악하고, 의사결정에 가치가 미치는 영향을 인식하는 능력을 의미한다. 어떤 측면에서 정치적 문해력은 정치적 시스템이 실제로 어떻게 작용하는지에 대한 지식으로 간주될 수 있다(표 7-21). 그러나 정치적 문해력은 또한 일상생활 속에서 정치와의 접촉을 통해 획득될 수도 있다. 정치적 문해력은 정치적 쟁점에 대한 이해, 주요 정치 참여자의 신념과 가치를 탐구할 수 있는 능력, 이러한 쟁점이 사람들에게 어떻게 영향을 미칠 것인가에 대한 이해를 요구한다(Butt, 1990).

표 7-21. 정치적 문해력을 위한 지식, 기능, 가치

A 지식

정치적 문해력이 있는 사람은 다음과 같은 사항에 대해서 이해해야 한다.

1. 권력의 본질
2. 의사결정을 하고 논쟁을 하는 일반적 방법
3. 의사결정과 논쟁의 대안적 방법과 수단

4. 자원(자본, 상품, 시간, 공간 등)은 어디에서 오고, 그것들은 어떻게 할당되는가?
5. 자원 할당의 대안적 방법
6. 주요 정치적 쟁점과 논쟁
7. 누가 어떤 정치, 목적 또는 가치를 조장하는가? 왜?
8. 논쟁과 쟁점의 본질과 그것들의 원인
9. 이러한 논쟁은 자신과 자신이 속한 집단에 어떻게 영향을 미치는가?
10. 이러한 논쟁은 타인과 그들이 속한 집단에 어떻게 영향을 미치는가?
11. 의사결정과정은 대안적 지식과 특별한 목적에 대한 상대적 적절성이라는 맥락에서 어떻게 영향을 미치는가?
12. 기본적 정치 개념
13. 부족한 정보는 어떻게 얻는가?

B 기능

정치적 문해력은 다음과 같은 능력을 포함한다.
1. 정치적 정보와 증거를 해석하고 평가하는 능력
2. 기본적 정치 개념과 일반화를 통해 정보를 조직하는 능력
3. 정치적 문제에 추론 기능을 적용하는 능력, 증거에 근거하여 건전한 논쟁을 구성하는 능력
4. 주어진 맥락에서의 특별한 정치적 행동으로 인한 결과를 인식하는 능력
5. 적절한 매체를 통하여 자기 자신의 관심, 신념, 관점 등을 표현하는 능력
6. 정치적 토론과 논쟁에 참가하는 능력
7. 다른 사람들의 관심, 신념, 관점을 인식하고 이해하는 능력
8. 감정이입을 할 수 있는 능력
9. 집단 의사결정에 참가하는 능력
10. 정치적 상황에 효과적으로 영향을 주고, 변화시키는 능력

C 가치

정치적 문해력 교육을 통해 조장되는 가치의 종류는 다음과 같다.
1. 정치적 정보에 대해 기꺼이 비판적 입장을 취하는 것
2. 자신이 특정 견해 또는 행동을 취하는 이유를 제시하는 것, 타인으로부터 그러한 이유를 기대하는 것
3. 정치적 의견을 가지고 형성한 증거에 대한 존중
4. 증거에 비추어 자기 자신의 태도와 가치를 기꺼이 변화시킬 수 있는 개방적 자세
5. 판단과 의사결정 준거로서 공정성을 가치화하는 것
6. 정치적 대안들 사이에 선택할 자유를 가치화하는 것
7. 다양한 사고, 신념, 가치, 관심에 대한 관용

(McElroy, 1988: 38 재인용, 일부 수정)

관여(involvement)는 정치적 문해력의 중요한 요소이다. 맥엘로이(McElroy, 1988)는 문해력이란 참여자들이 자신이 어떻게 관여하고 있는지를 아는 것이라고 주장한다. 참여(participation)는 민주주의에서 필수적이다. 뒤에서 논의할 역할극, 시뮬레이션, 토론과 논쟁 등의 교수 전략은 학생들에게 사람들은 특정한 관점을 가지고 있으며, 그들이 한 의사결정은 특정한 개인 또는 집단에 의해 환영받거나 거부될 수도 있다는 것을 보여 주는 데 도움이 된다. 교사가 학생들에게 의사결정이 이루어지는 과정을 이해하도록 도와주는 것은 매우 중요하다. 지리수업은 삶에서 학생들이 미래의 역할을 제

대로 수행하기 위한 전 단계로써, 학생들을 현실적인 의사결정에 참여시킬 필요가 있다. 버트(Butt, 1990)는 학생들이 정치적 체계가 다양한 스케일에서 여러 가지의 영향을 받아 의사결정이 이루어진다는 점을 자각한다면, 그들은 이러한 의사결정 과정 내에서의 자신의 위치를 파악하고 평가할 수 있을 것이라고 주장한다. 따라서 학생들의 정치적 문해력을 향상시키는 것은 그들로 하여금 더 합리적이고 확신에 찬 방법으로 실제 생활에서 의사결정을 할 수 있게 한다. 네이쉬 외(Naish et al., 1987: 177)는 학생들에게 능숙한 참여(competent participation)를 격려하기 위해, 지리는 더욱더 복잡해지고 있는 사회에서 학생들에게 정치적 문해력을 촉진하기 위한 임무를 가지고 있다고 주장한다.

3) 가치교육과 환경적 문해력

지리는 인간과 자연과의 관계, 인간과 환경과의 관계를 탐색하는 교과이다. 이러한 관점은 최근 지속가능성을 위한 환경교육의 측면에서 더욱 강조된다. 환경교육은 환경적인 프로세스 위주의 지식교육이 아니라, 가치교육과 실천교육으로 전환되어야 할 중요한 사안이다. 오리어던(O'Riordian, 1976)은 『환경론(Environmentalism)』에서 환경교육을 환경에 관한 교육(education about the environment), 환경을 통한 교육(education through the environment), 환경을 위한 교육(education for the environment)으로 분류하였으며, 이는 자연지리학자인 페퍼(Pepper, 1984)와 비판지리교육학자인 허클(Huckle, 1983)에 의해 채택되어 발전되었다. 특히 허클(Huckle, 1983)은 환경을 통한 교육(education through the environment)을 환경으로부터의 교육(education from the environment)으로 명명했으며, 이들은 환경 속에서의 교육(education in the environment)과 동일한 의미로 사용된다. 서태열(2003: 2-4)은 이러한 환경교육의 3가지 유형의 특징을 다음과 같이 요약한다(표 7-22).

환경에 대한 교육은 환경 및 그와 관련한 사상에 대한 지식과 이해를 증진시키는 환경교육을 말한다. 이러한 환경교육은 가장 일반적으로 나타나는 형태이다. 환경에 대한 지식의 전달만을 강조하며, 환경교육을 가치중립적인 것으로 간주한다. 환경으로부터의 교육 또는 환경 속에서의 교육은 환경 속에서 생물 윤리적 경외감과 새로운 도덕성을 배우는 것이다. 특히 환경으로부터의 교육은 자연환경과의 접촉을 통해서 자아의 성숙과 도덕적인 발전을 도모함으로써, 환경을 환경교육의 목적을 달성하기 위한 친숙하고도 타당한 자원으로 보는 것이다. 환경을 위한 교육은 환경 및 환경문제에 대한 학생들 자신의 반응과 관련성을 탐구하여, 현재와 미래 사회의 환경을 이용하는 데 바람직한 의사결정을 내리도록 도와주는 교육이다. 또한 이는 환경을 만드는 도덕적, 정치적 의사결정에 대한 인식능력을 증가시키고, 스스로 판단과 참여를 통해 행동 및 실천하는 것을 중시한다.

따라서 환경에 대한 교육은 주로 인지적 영역을 중시하는 사실교육, 지식교육의 형태를 띠는 것이다. 환경으로부터의 교육은 정의적 영역을 중시하며, 환경 속에서의 행동을 중시하는 정서교육 내지 기능중심교육의 형태를 띤다. 그리고 환경을 위한 교육은 가치 및 태도 그리고 실행을 중시하는 가치교육 내지 사회적 실천교육의 형태를 띤다.

서태열(2003)은 환경에 대한 교육과 환경으로부터의 교육에서 환경을 위한 교육으로의 전환을 강조하면서, 환경을 위한 교육의 구성요소들을 대안적 세계관으로서 생태적 세계관, 생태적 문해력, 환경에 대한 감수성, 생태적 윤리관, 환경쟁점에의 참여, 실천과 비판, 잠정성과 비결정성으로 제시

표 7-22. 환경교육의 형태와 환경교육자의 3가지 이미지

환경교육의 형태		환경에 대한 교육	환경으로부터의 교육	환경을 위한 교육
환경교육의 이미지		논리실증주의자	해석주의자	비판주의자
목적	환경교육의 관점	'환경에 대한' 지식	'환경 속에서의' 행동	'환경을 위한' 행동
	교육적 목적	직업적	자유주의적/진보적	사회적으로 비판적인
	학습이론	때때로 행동주의자	구성주의자	재건주의자
역할	환경교육 목적의 역할	외부적으로 부과된 그리고 당연시되는 것	외부적으로 추출된 그러나 종종 협상되는 것	비판되는 것(이데올로기의 상징으로 보여지는)
	교사의 역할	지식에서의 권위	환경 속에서의 경험의 조직자	협동적인 참여자/탐구자
	학생의 역할	학문적 지식의 수동적 수용자	환경적 경험을 통한 적극적 학습자	새로운 지식의 새로운 생성자
	교육과정 지지자	환경문제에 대한 준비된 해결책의 전파자	학습자의 환경의 외부적 해석자	새로운 문제해결 네트워크의 참여자
	교과서의 역할	환경에 대한 권위적인 지식의 기존재하는 원천	환경경험에 관한 안내를 위한 기존재하는 원천	비판적 환경탐구의 결과에 대한 생성되는 보고
지식과 권력	지식관	예정된 상품 전문가로부터 추출되는 체계적, 개인적, 객관적	직관적인 경험에서 추출되는 반구조화되고, 개인적, 주관적	생성적/발현적
	조직원리(권위의 실천)	학문	개인적 경험	환경적 쟁점
	권력 관계	권력 관계를 강화함	권력 관계에 대해 모호함	권력 관계에 도전함
연구관	연구	응용과학 객관주의자, 도구적, 양적, 비맥락적/개인주의적, 결정론적	해석주의자, 주관주의자, 구성주의자, 질적, 맥락적/개인주의자, 조명적	비판적 사회과학 대화적, 재건주의자, 질적, 맥락적/협동적, 해방적
	연구계획	예정된/고정된	예정된/반응적	협상적/발현적
	연구자	외부전문가	외부전문가	내적참여자
	주요 사례	Hungerford, Peyton and Wilkie(1983)	Van Matre(1972)	Elliot(1991)

(Robottom and Hart, 1993: 26; 서태열, 2003: 3 재인용)

하고 있다. 여기에서는 특히 생태적 문해력에 대해 살펴보겠다. 생태적 문해력이란 인간과 사회가 어떻게 서로에게 그리고 자연체계에 관련되는지, 그들이 어떻게 지속가능하게 되는지에 대한 광범위한 이해이다. 또한 세계가 하나의 물질 체계로서 어떻게 작동하는가에 대한 지식과 생명의 상호관련성에 대한 인식, 그리고 자연사, 생태학, 열역학에 근거를 둔 생명의 상호연관성에 대한 이해이다(Orr, 1992: 92; 서태열, 2003: 9).

한편 환경적 문해력은 이러한 생태적 문해력을 포괄하는 개념이다. 골레이(Golley, 1998, ix)에 의하면 환경적 문해력이란 환경에 대한 조직화된 사고방식이다. 환경적 문해력은 환경에 대해 읽을 수 있는 능력 이상의 것으로, 그것은 또한 장소에 대한 영적 감각을 개발하는 것을 포함한다. 이처럼 환경적 문해력은 자연에 대한 의식, 감성, 가치 등을 모두 포함하는 생태계에 대한 이해에서 환경윤리관에 이르기까지 넓은 범위에 걸쳐 있는 포괄적인 개념이다(서태열, 2003).

가치교육의 관점에서 환경적 문해력이 중요하게 부각되는 이유는 학생들이 특정한 환경적 가치에 주입되고 있다는 비판에서 비롯된다. 즉 학생들은 환경과 관련한 논쟁과 이론이 사실인 것처럼 받아들여 오개념을 형성한다는 것이다. 따라서 환경적 가치를 주입하거나 교화할 것이 아니라, 환경에 대한 읽기와 쓰기를 통해 자신의 가치를 판단하고 명료화하도록 해야 한다. 우리는 모든 것이 도전받으며, 지속적인 구조조차 없는 매우 복잡한 세계에 살고 있다. 이러한 세계에는 어떠한 안전지대도 없다. 지리수업의 내용이 계속해서 가치교육의 차원을 통합하지 못한다면, 도덕적 부주의(moral carelessness)로 비난받을 수 있다(Morgan and Lambert, 2005). 왜냐하면 그러한 수업은 학생들로 하여금 불확실하고 예측 불가능한 미래를 정신적으로, 그리고 감성적으로 준비시키는 데 실패할 수밖에 없기 때문이다. 그러므로 가치교육은 도덕적 발달이 일어날 수 있게 해 주는 형식적인 용기를 제공한다(Lambert and Balderstone, 2000: 290).

4) 가치교육의 접근법들

지리적 쟁점, 문제, 갈등은 사실과 지식의 문제에만 국한되는 것이 아니라, 가치의 측면을 내포하고 있다. 그리고 개인이나 집단이 이러한 지리적 쟁점, 문제, 갈등 상황에서 최종적인 결정을 할 때, 가치는 매우 중요한 요소로 작용한다. 따라서 지리수업에서 학생들이 지리적 문제 또는 쟁점에 대한 합리적인 의사결정을 내리기 위해서는 그 문제 또는 쟁점과 관련된 사실 및 지식과 가치를 동시에 탐구해야 한다. 우리는 사실탐구만으로 문제를 해결할 수 없다. 결국에는 어느 해결책이 더 적합한지, 어떤 가치가 더 바람직하고 중요한지에 대한 가치 판단이나 선택을 수반하여 결정하게 된다.

따라서 문제를 현명하게 해결하기 위해서는 사실탐구뿐만 아니라 가치탐구도 필요하다. 가치탐구(value inquiry)는 지리적 문제와 관련된 가치들을 분석하고 명료화하는 과정이고, 대립된 가치들과 대안의 결과를 예측하고 선택하는 것을 도와줌으로써 문제를 합리적으로 해결하는 데 기여할 수 있다. 이러한 점에서 지리교육에서 가치교육이 중요하다.

가치교육은 계획된 활동이다. 따라서 교사들은 가치교육을 하려는 의식적인 의도를 가질 필요가 있다. 가치교육을 성공적으로 하기 위해서 지리교사는 지리를 통한 가치교육의 적절한 접근법을 선택해야 한다. 가치교육에 대한 접근법들은 목적과 방법에 따라 가치주입, 가치분석, 도덕적 추론, 가치명료화, 행동학습 등으로 분류된다. 표 7-23은 이러한 가치교육에 대한 접근법들을 나타낸 것으로, 학생들이 자신의 가치와 행동을 검토하는 데 참여할 수 있는 정도에 따라 계열화된다.

표 7-23. 가치교육의 접근법들

a) 자신의 가치와 행동을 검토하기 위한 학생의 참여 정도

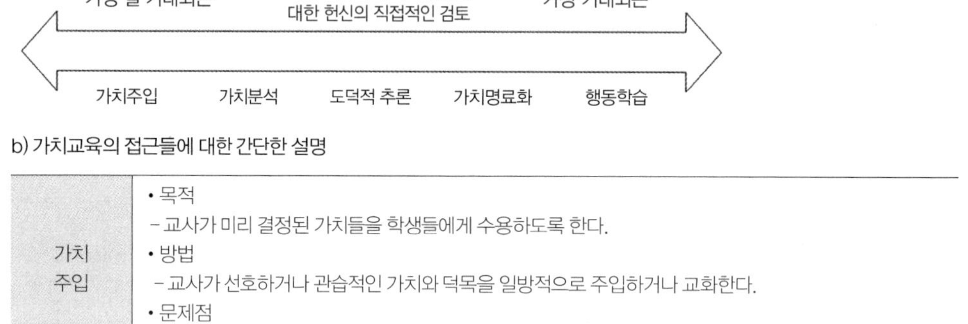

b) 가치교육의 접근들에 대한 간단한 설명

가치 주입	• 목적 - 교사가 미리 결정된 가치들을 학생들에게 수용하도록 한다. • 방법 - 교사가 선호하거나 관습적인 가치와 덕목을 일방적으로 주입하거나 교화한다. • 문제점 - 가치주입은 민주적 가치에 위반되고, 학생이 가치를 비판하고 선택할 자유를 배제시킨다.
가치 분석	• 목적 - 학생들은 가치의 쟁점과 문제를 조사하기 위해 증거를 바탕으로 구조화된 토론과 논리적 분석을 한다. 교사는 학생들의 의사결정을 도와주지만, 최종 판단은 학생들의 몫으로 남긴다. • 방법 - 증거뿐만 아니라, 추론의 적용을 요구하는 구조화된 합리적 토론, 원리 검증, 유사 사례 분석, 논쟁, 조사 - 가치문제의 인식 → 대립 가치의 확인 → 가설 설정 → 대안적 가치의 결과 예측 → 가치 선택 및 정당화 • 문제점 - 기본적인 가치 사이의 갈등을 해결할 수 있는 보편적 원리가 없음 - 가치와 대안의 우선순위를 판단할 객관적 기준이 없음 - 합리적인 개인의 가정: 합리적인 개인이 가치분석의 결과로 가장 합리적 대안을 선택할 것이라고 가정했으나, 실제로 가치 선택과 행위에는 합리성 이외에 다른 요소들(이해관계, 상황, 개인적 성격 등)이 작용함

도덕적 추론	• 목적 - 학생들에게 가치입장과 가치 선택을 위해 토론할 기회를 제공하여, 도덕적 추론 능력을 발달시킨다. - 학생들이 고차 가치에 근거한 더 복잡한 도덕적 추론을 개발하도록 돕는다. - 단순히 다른 사람과 공유하기 위한 것이 아니라 학생들의 추론 단계에서 변화를 촉진하도록 하기 위해, 그들의 가치입장과 가치 선택에 대한 이유를 토론하도록 하는 것이다. • 방법 - 학생들에게 도덕적 딜레마를 제시하고, 그 딜레마 상황에서 주인공이 어떻게 행동해야 하는가에 대한 질문에 답변하도록 하고, 자신의 추론(판단)에 대한 근거를 제시하는 단계로 이루어진다. - 도덕적 딜레마를 가지고 상대적으로 구조화되고 논쟁적인 소규모 모둠 토론을 한다. - 문제 제기 → 도덕적 딜레마 제시 → 딜레마의 해결책에 관한 진술 → 관련 문제의 토론 → 해결책의 선택 및 이유 제시 • 문제점 - 개인의 도덕적 추론 능력은 명백한 일련의 단계와 수준을 거쳐 발달한다[관습 이전 수준(1단계: 처벌과 복종 지향, 2단계: 도구적·상대주의 지향) → 관습적 수준(3단계: 타인과의 일치 또는 착한 소년·소녀 지향, 4단계: 법과 질서의 지향) → 관습 이후 수준(5단계: 사회계약과 법률적 지향, 6단계: 보편적·윤리적 원칙의 지향)]. 그러나 개인마다 차이가 있어 이는 실제와 완전히 일치하지는 않는다.
가치 명료화	• 목적 - 학생들이 자신의 행동과 다른 사람들의 행동을 통해 자신의 가치를 알게 되도록 도와주는 것을 목적으로 한다. - 학생들이 자신의 가치와 다른 사람들의 가치를 명확히 인식하도록 도와준다. - 학생들이 자신의 가치에 관해 다른 사람들과 개방적으로, 그리고 정직하게 의사소통하도록 돕는다. - 학생들이 자신의 개인적 감정, 가치, 행동을 검토할 수 있도록, 이성적 사고와 감성적 인식을 모두 사용하도록 도와준다. - 가치의 명료화, 가치의 자유로운 선택 능력을 발달시킨다. • 방법 - 역할극, 게임, 시뮬레이션, 인위적이거나 실제적인 가치가 내재된 상황, 심층적인 자기 분석 연습, 교실 밖에서의 감수성 활동, 소규모 모둠 토론 - 선택 → 선택을 소중히 하기 → 행동하기 • 문제점 - 가치 상대주의 전제: 학생이 선택한 가치와 행동의 옳음을 객관적으로 평가할 기본적 가치와 보편적 원칙이 없다. - 회의론: 가치갈등을 합리적으로 해결하기 어렵다. - 역할에 적응하는 일이 반드시 학생 자신의 가치명료화를 조장하지는 않는다. - 자기 자신의 가치보다는 다른 사람들의 가치명료화에 집중할 수 있다.
행동 학습	• 목적 - 공동체 또는 사회적 시스템의 구성원으로서, 학생들이 가치분석과 가치명료화를 통해 자신이 선택한 가치에 따라 사회적·환경적 쟁점들과 관련하여 행동할 수 있도록 한다. - 학생들에게 자신의 가치에 근거하여 개인적, 사회적 행동을 할 수 있는 기회를 제공한다. • 방법 - 분석과 명료화에 제시된 방법뿐만 아니라, 학교와 공동체 내에서의 행동학습, 그리고 집단 조직과 대인 관계의 기능을 실천한다. • 문제점 - 가치분석과 가치명료화가 충분히 이루어지지 않으면, 쟁점에 휘말리면서 오히려 도덕적으로 옳지 않고 경솔한 방법으로 행동할 수 있다.

(Huckle, 1981; Fien and Slater, 1981; Lambert and Balderstone, 2000: 293; 심광택, 2007: 55-56; 박상준, 2009에 의해 재구성)

(1) 가치주입: 교화

가치교육에서 가장 전통적인 방법은 가치주입이다. 가치주입은 학생들에게 미리 결정된 특정한 가치를 주입(inculcation)하거나 교화(indoctrination)하는 것을 목적으로 한다. 즉 전통적인 가치교육은 그 사회에서 중요시해 오던 특정한 가치와 신념을 학생들에게 주입하여 내면화시키는 것을 목표로 한다. 가치를 주입하거나 교화를 위해 주로 사용하는 방법으로는 과장된 역사적 사건, 영웅담, 교훈적 이야기, 규칙에 따른 행동 등을 통해 긍정적 강화를 하거나 나쁜 행동에 대한 부정적 강화, 교사나 타인의 모범적인 가치에 대한 모델링 등이 사용된다. 가치주입을 찬성하는 사람들은 사회에는 알아둘 만한 '기본적인 가치들'이 있으며, 이를 학생들에게 전달해야 한다고 주장한다.

이러한 전통적 가치교육은 보편적 가치가 아니라 상대적 가치를 가르치며, 학생의 자유로운 분석과 선택을 배제하는 주입 또는 교화의 교수법을 사용한다는 점에서 많은 비판을 받았다. 전통적인 가치교육은 일종의 인격교육으로, 다양한 관습적인 덕목(virtues)을 일방적으로 주입하거나 교화시킨다는 한계를 가지고 있다. 이러한 가치주입은 학생들이 가치갈등을 경험할 수 있으며, 시간이 지나면 쉽게 잊어버리기 때문에 가치나 태도 형성에 비효과적이다.

특히 가치주입은 학생들이 자율적으로 가치를 선택하고 정당화할 수 있는 자유를 인정하지 않기 때문에 적절하지 않다. 민주적 사회에서는 각 개인이 기본적 가치의 틀 안에서 자유롭게 선택하고 행동할 수 있는 권리가 보장되어야 한다. 그러나 가치주입은 교사와 타인에 의해 정당화되거나 옳다고 인정된 가치를 학생들에게 일방적으로 주입 또는 교화시킴으로써, 학생들이 스스로 가치를 선택할 수 있는 자유를 차단하게 된다.

(2) 가치분석

가치분석(values analysis)은 다양한 상황에 있는 사람들의 가치입장을 검토하는 데 적용될 수 있는 전략이다. 가치분석은 개인과 집단이 내리는 판단이 사실과 가치에 근거해야 한다고 강조한다. 쟁점을 조사하기 위해서 구조화된 합리적인 토론이 필요하며, 증거에 대한 논리적인 분석이 강조된다. 마스덴(Marsden, 1995: 6)은 학생들에게 합리적이고 방어 가능한 가치판단(value judgement)을 할 수 있는 역량과 성향을 가지도록 해 주는 것이 가치분석의 목표라고 주장한다. 이와 같이 가치분석은 전통적인 가치주입과 달리, 가치교육에서 가치갈등에 대한 반성적 탐구와 자유로운 선택을 강조한다.

가치분석은 학생들에게 가치갈등 상황을 제공하여, 합리적인 가치판단력을 길러주도록 유도한다. 즉 가치분석은 학생들이 가치판단의 과정에서 논리적 사고를 응용할 수 있도록 도와주는 교수방법들을 의미한다. 가치분석 모형은 학생들이 대립하는 갈등상황, 가치선택의 결과, 가치선택의 이유

등을 과학적으로 분석하고 결정하는 것을 강조한다. 이런 사고의 과정은 합리적 사고 또는 추론과 관련된 것으로, 기본적으로 인지적 과정에 해당된다(박상준, 2009).

이러한 가치분석을 위한 교수 전략은 여러 학자들에 의해 제공되었는데, 단계 또는 절차의 세분화 정도에 차이가 있을 뿐 가치분석의 절차는 매우 유사하다. 먼저, 피엔과 슬레이터(Fien and Slater, 1981)는 가치판단을 가능하도록 하는 역량을 성취하기 위한 가치분석의 절차를 다음과 같이 제시한다.

- 가치 쟁점을 해결하기 위해 이루어진 결정들을 확인하기
- 그 쟁점에 관해 사실이라고 알려진 것들을 수집하기
- 결정들이 객관적인 증거에 근거하도록 하기 위해 사실이라고 알려진 것들의 진실성을 확립하기
- 사실의 적실성을 확립하고, 마음을 흐리게 하는 정보를 제거하기
- 잠정적인 결정에 도달하기
- 결정에 포함된 가치 원칙들을 검증하기

메이(Maye, 1984)는 가치분석의 방법을 보다 세분화하면서, 단계에 따라 교사와 학생의 활동을 구분하여 제시하고 있다. 대체로 지리적 쟁점 또는 상황과 관련된 가치들을 분석하는 단계는 다음과 같다. 먼저 교사가 쟁점과 관련된 개인/집단의 가치를 담고 있는 다양하고 적절한 자료(예를 들면, 신문기사, 사진, 지도, 면담 자료 등)를 제공한다. 그 후 학생들은 이를 기반으로 하여 가치와 관련된 행동을 살펴보며, 이를 통해 가치를 추론하는 가치분석 과정을 거치게 된다(표 7-24).

교사의 역할은 학생들로 하여금 자유롭게 자신의 독립적인 판단을 하도록 하면서 의사결정 과정을 이해하도록 돕는 것이다. 학생들은 사실적 증거를 탐색하고 적절한 정책을 명료화함으로써, 자신의 수준에서 계획가나 다른 사람들에 의해 수행된 의사결정에 참여할 수 있다(Huckle, 1981). 따라서 학생들은 합리적인 가치분석의 과정을 사용하여 자신의 가치를 개념화하고 심문할 수 있다.

가치분석을 위해 사용되는 교수전략은 종종 공적 탐구(public inquiries)를 위한 역할극과 시뮬레이션을 포함한다. 앞에서도 언급했듯이, 가치분석의 목적은 보통 학생들이 계획이나 의사결정 과정에 포함된 사람들의 가치입장을 이해하도록 도와주는 데 있기 때문이다. 가치분석을 위한 지리적 주제들은 주로 가치갈등을 내포하고 있는 쟁점들과 관련된다. 이러한 지리적 쟁점들 또는 공공 쟁점들은 특히 토지이용을 둘러싼 개인/집단 간의 갈등(예를 들면, 새로운 교통로의 건설을 둘러싼 다양한 개인/집단 간의 갈등), 개발을 둘러싼 개인/집단 간의 갈등(예를 들면, 새로운 경제활동을 위한 부지의 선정을 둘러싼 갈등), 환경과 관련한 갈등(예를 들면, 원자력 발전소의 건설을 둘러싼 갈등) 등을 포함할 것이다. 선택된 지리적 쟁

표 7-24. 가치분석 방법의 사례

가치분석 과정의 단계	교수·학습	
	학생 활동	교사 활동
1. 자극자료 선택		가치관련 행동을 포함하고 있는 자극 자료의 준비
2. 가치 '주제'나 '문제'를 정의하기 위한 자극 자료의 초기 분석	• 자극 자료의 읽기, 보기, 듣기 • 상황을 기술한다. • 주제명을 제안한다.	질문을 통해 정확하고 사실적인 기술을 유도한다. • 여기서는 무슨 일이 일어나고 있는가? • 그것은 어디에 위치하고 있는가? • 이 상황에 맞는 이름을 생각할 수 있는가?
3. 행동상황과 관련된 사람들을 살펴본다.	• 언어 또는 글을 통해 사람들의 역할과 책임감을 살펴보고, 이름을 붙인다.	• 이 상황 속의 사람들은 누구인가? • 그들의 이름은 무엇인가? • 그들은 무엇을 하는가?(역할들) • 개방형의 차트를 작성하라.
4. 범주화된 각 사람/집단의 행동을 기술한다.	• 행동을 살펴보고 기술한다.	• 이 상황에서 각 사람들은 무엇을 했는가?/하고 있는가? • 정확한 기술을 유도한다. • 행동들을 범주화한다.
5. 행동의 이유를 추론한다.	• 언어 또는 글로 추론을 진술한다.	• 왜 이것을 하는가? • 이런 행동들을 행한 이유들은 무엇인가? • 자료들로부터 추론을 지지하기 위하여 증거를 찾아라. • 이유들을 범주화한다.
6. 가치 차이와 갈등을 결정한다.	• 비교한다. • 집단을 살펴본다. • 유사한 가치들을 지닌 사람들을 분류하기 위한 목록이나 차트를 구성한다.	• 어떤 사람들이 중요하게 여기는 것은 무엇인가? 어떤 것이 다른가? • 이 사람들 중 어떤 사람들이 그들이 중요하다고 말한 것과 다르게 행동하는가? • 유사한 가치들을 지닌 사람들을 분류하라. 이를 통해 사람들과 집단 내의 가치갈등을 알아본다.
7. 가치원, 가치차이의 이유들과 가치갈등을 가정한다.	• 이유의 개인적 목록을 적어라. • 가설을 제안하기 위한 토론집단을 구성하라. • 가치 차이, 갈등의 이유들을 설명하기 위한 스케치나 도표들을 그려라. • 관련된 사람들의 경험과 훈련의 배후를 그려라. • 가능한 가치원들의 목록으로부터 선택한다(예: 믿음, 전통, 역할, 경제적 스트레스 등)	• 너는 왜 …이 중요하다고 생각하는가? • …과 …에 무엇이 중요한가의 차이가 존재할 수 있는 이유는 무엇인가? • 너는 왜 그것이 중요하다고 생각하는가? • 그가 중요하다고 생각한 것에 영향을 미친 것은 어떤 경험인가?
8. 행동대안과 대안의 결과를 생각한다.	• 교사가 부과한 문제에 대한 결과를 가정한다(예: …가 …을 결정한다면 무슨 일이 일어날 것인가? …가 무엇을 할 수 있을까?) • 주어진 문제와 관련된 목록으로부터, 가장 가능성 있는 결과를 선택하라. • 주어진 행동들과 관련시켜 '…한 측면에서 가장 가능성 있는 사람'을 선택하라. • 만화로 제시된 상황에서 … 때문에 가능성이 없다'에 대해서 생각해 보라. • '만일 …한다면 …이다'의 진술을 완성하라. • 행동대안과 결과들을 활용해 역할극을 하라.	
9. 가설을 지지하기 위한 증거를 찾아라.	자료의 증거분석을 참고하여 선택을 지지하라.	학생들이 제시한 이유에 확신을 갖게 하기 위하여, 각 활동에 추후 질문들을 실시하라.

(May, 1984; 이경한 역, 1999: 61-62 재인용)

점들은 종종 학생들과 관계된 로컬적 쟁점들이다. 왜냐하면 로컬적 쟁점들은 학생들에게 친숙하며, 현재의 적실성과 관심을 반영하기 때문이다.

예를 들어, 역할극에서 주로 사용하는 역할카드는 학생들에게 제안된 계획에 참여한 사람들과, 이러한 계획에 의해 영향을 받는 사람들의 가치입장을 담고 있게 된다. 그뿐만 아니라 학생들에게 자신들의 발표를 준비할 수 있도록 도와줄 가이드라인을 제공한다. 이런 역할극 활동에서 학생들은 쟁점에 포함된 집단들에 의해 생산된 자료들을 분석하여 관련된 증거를 찾고, 이러한 증거가 특정 관점을 지지하기 위해 어떻게 사용되는지를 발견한다.

가치교육 전략으로서 가치분석은 한계를 지니고 있다. 허클(Huckle, 1981: 156)에 의하면, 가치분석은 일부 학자들이 품위가 낮은 합리성이라고 간주하는 것을 추구한다. 즉 학생들의 가치와 느낌(감정)을 훼손시키면서 개념과 인지적 기능을 지속적으로 촉진하는 점을 비판하는 것이다. 또한 가치분석 수업에서는 균형과 합의를 위한 합리적 의사결정 과정이 지배하게 되어, 학생들로 하여금 변화

글상자 7.4

사회과에서의 가치분석 모형

가치분석은 사회과에서 강조하고 있는 '의사결정수업'과 '논쟁문제수업'의 기초를 제공한다. 그리고 가치분석은 도덕적 추론(또는 가치 추론)과 가치탐구를 포괄하는 광의의 의미로 사용되기도 한다. 그러면 사회과에서 주로 논의되고 있는 가치분석을 위한 방법에 대해 살펴보자. 이에 대한 내용은 박상준(2009)을 참고하였다.

가치분석의 방법은 헌트와 메트칼프(Hunt and Metcalf, 1968)의 '의사결정 모형', 올리버와 세이버(Oliver and Shaver, 1966), 뉴만(Newman, 1970)의 '논쟁문제의 해결 모형', 콜버그와 튜리엘(Kohlberg and Turiel, 1971)의 '도덕발달 모형', 타바(Taba, 1971)의 '가치탐구 모형', 뱅크스와 클레그(Banks and Clegg, 1977; 1990)의 가치탐구 모형 등에서 제시되었다(Woolever and Scott, 1988: 395; Banks and Clegg, 1977: 425-440; 1990: 432-435).
헌트와 메트칼프는 미국 문화의 '문제시되는 영역 또는 폐쇄된 영역(closed areas)'과 관련된 가치문제를 분석하는 교수법을 제시했다. 그들에 따르면, 가치분석의 과정은 가치 개념을 규정하고, 대안의 결과를 예측하고, 일반적 기준에 의거하여 결과를 평가하고, 그 일반적 기준을 정당화하는 단계로 이루어진다.
올리버와 세이버, 뉴만은 공공의 쟁점을 해결하는 '논쟁문제 수업 모형' 또는 '법리모형'을 제시했는데, 특히 논쟁문제를 해결하는 과정에서 대립된 가치의 분석을 강조했다. 그들에 따르면, 공공의 쟁점은 대부분 일반적 가치들 사이의 갈등에서 발생된다. 예를 들어, 미국인들은 미국인의 신조에 포함된 기본적 가치-정의, 평등, 인간존엄성 등-에 대해 확신하고 있다. 따라서 공공 쟁점과 가치 갈등은 쟁점과 관련된 가치 대안들과 결과를 비교 분석한 후에, 미국인의 신조에서 가장 기본적 가치인 '인간 존엄성'에 근거하여 해결해야 한다고 주장했다.
논쟁문제 수업모형에서 가치를 분석하는 과정은 다음과 같다(차경수, 1977: 144).

1. 문제제기
2. 가치문제의 확인
3. 용어와 개념의 명확화
4. 사실의 경험적 확인
5. 가치 갈등의 해결
6. 대안 모색 및 결과 예측
7. 선택 및 결론

콜버그(Kohlberge, 1981)는 피아제의 인지발달에 근거하여 도덕발달론을 제시했다. 그에 따르면, 개인의 도덕적 추론능력은 명백한 일련의 단계와 수준을 거쳐 발달한다. 가치추론의 과정은 학생들에게 도덕적 딜레마를 제시하고, 그 딜레마 상황에서 주인공이 어떻게 행동해야 하는가에 대한 질문에 답변하도록 하고, 자신의 추론(판단)에 대한 근거를 제시하는 단계로 이루어진다. 개인의 도덕적 추론의 수준은 도덕적 딜레마를 해결하기 위한 답변을 분석함으로써 결정된다.
가치추론(도덕적 추론) 모형의 교수·학습 단계는 대체로 다음과 같다(차경수, 1997: 139-140).

1. 문제 제기
2. 도덕적 딜레마 제시
3. 딜레마의 해결책에 관한 진술
4. 관련 문제의 토론
5. 해결책의 선택 및 이유 제시

이처럼 가치 갈등을 분석하는 방법은 여러 학자들에 의해 제시되었지만, 사회과에서 가장 널리 알려진 가치분석의 방법은 뱅크스의 '가치탐구 모형(value inquiry model)'이라고 할 수 있다. 뱅크스는 가치에 대한 반성적 탐구와 자유로운 선택을 강조하는 가치탐구를 주장했다. 그에 의하면, 가치탐구의 주요 목표는 학생들이 정의, 평등, 인간 존엄성 등과 같은 민주적 가치들을 확신하도록 도와주는 것이다(Banks, 1990: 435-437). 가치탐구는 학생들로 하여금 가치의 원천과 가치 갈등을 확인하고, 가치 대안들의 결과를 예측한 후에 자유롭게 선택하고, 그 가치 선택을 민주적 가치의 측면에서 정당화하는 과정으로 이루어진다.
뱅크스는 '가치탐구의 과정'을 9단계로 제시하였다(Banks, 1990: 437-445).

---

1. 가치문제를 정의하고 인식하기: 관찰-구별
2. 가치 관련 행동을 서술하기: 서술-구별
3. 서술된 행동에 의해 예시되는 가치에 이름 붙이기: 확인-서술, 가설 설정
4. 서술된 행동에 포함된 대립 가치를 확인하기: 확인-분석
5. 분석된 가치의 원천에 대해 가설 세우기: 가설 설정, 가설을 증명할 자료 제시
6. 관찰된 행동에 의해 예시되는 가치의 대안적 가치에 이름 붙이기: 회상
7. 분석된 가치들의 결과에 대해 가설 세우기: 예측, 비교, 대조
8. 가치 선호를 선언하기: 가치 선택
9. 가치 선택의 이유, 원천, 결과를 서술하기: 정당화, 가설 설정, 예측

와 갈등을 거부하는 사회에 대한 관점을 획득하도록 만들 수 있다고 주장한다. 따라서 허클(Huckle, 1981: 158)은 가치분석 전략이 단순히 현상 유지(현재의 상황)를 강화하고, 미래의 삶은 절망적일 것 같다는 민주주의 사회에서의 거짓 확신을 창출할 수 있다고 주장한다.

(3) 도덕적 추론 또는 가치추론

도덕적 추론(moral reasoning)을 가치분석의 한 방법으로 간주하고 넘어갈 수도 있다. 그러나 도덕적 추론이 다소 이론적 배경과 전개 방식이 다르고, 학생들에게 부과하는 자율성의 폭이 더 넓다는 점에서 별도로 자세하게 살펴볼 필요가 있다. 도덕적 추론은 가치추론(value reasoning)으로 명명되기도 하는데, 이는 콜버그(Kohlberge)의 도덕발달론에 토대하고 있다.

마스덴(Marsden, 1995)에 의하면, 이러한 도덕적 추론은 앞에서 살펴본 가치분석과 유사한 목적을 가진다. 그러나 소규모 모둠 토론과 논쟁을 사용하여 좀 더 덜 구조화된 방식으로 가치분석을 한다는 점에서 차이가 있다(Marsden, 1995). 모둠 토론과 논쟁을 위한 사례 학습은 학생들이 해결해야 할 도덕적 딜레마(moral dilemmas)로 제시된다. 이러한 도덕적 딜레마는 학생들에게 도덕적 추론 능력을 발달시킬 목적으로, 자신의 가치입장 및 선택에 대한 이유를 토론할 기회를 제공한다.

콜버그는 피아제의 인지발달이론과 마찬가지로, 도덕성발달이론이라는 단계이론을 제시했다. 물론 현재는 비판을 받고 있지만, 그에 따르면 개인의 도덕적 추론 능력은 도덕적 자율성을 획득하기 위한 명백한 일련의 단계와 수준을 거쳐 발달한다(Kohlberge, 1981). 도덕성 발달 단계는 3수준 6단계(Ⅰ. 관습이전 수준: 1단계-처벌과 복종 지향, 2단계-도구적·상대주의 지향, Ⅱ. 관습적 수준: 3단계-타인과의 일치 또는 착한 소년·소녀 지향, 4단계-법과 질서의 지향, Ⅲ. 관습이후 수준: 5단계-사회계획과 법률적 지향, 6단계-보편적-윤리적 원칙의 지향)로 구성된다. 학생들이 이러한 연속적인 단계들을 거쳐 감에 따라, 특정한 상황에서의 도덕적 판단을 위한 증거들을 고려할 수 있으며, 다른 집단과 감정이입할 수 있을 것이다.

콜버그의 도덕성 발달 이론에서, 가치추론의 과정은 다음과 같다. 먼저 학생들에게 도덕적 딜레마를 제시하고, 주인공이 딜레마 상황에서 선택을 해야만 하는 순간에 이야기를 멈춘다. 그리고 나서 학생들은 토론을 통해 주인공이 어떻게 행동해야 하는가에 대한 질문에 답변하고, 자신 및 모둠이 한 추론(판단)에 대한 근거를 제시한다. 개인의 도덕적 추론의 수준은 도덕적 딜레마를 해결하기 위한 답변을 분석함으로써 결정된다. 다시 말하면, 도덕적 딜레마는 주로 옳거나 그른 것에 대한 갈등이 있는 이야기(story) 또는 내러티브(narrative)를 통해 제시되고, 이러한 내러티브 자료에 나타난 등장인물의 도덕적인 갈등 상황에서 나라면 어떻게 결정할 것인지를 선택하고 그 이유를 말하게 된다.

도덕적 추론 전략을 사용할 때, 교사의 역할은 학생들이 고차 수준의 전형적인 도덕적 추론에 노출되도록 시도하는 것이다. 학생들이 어떤 입장을 채택했을 때, 교사는 학생들이 현재 보여 주는 추론보다 더 높은 수준의 추론을 할 수 있도록 적절한 논쟁이 유도될 수 있는 질문을 사용해야 한다. 이러한 질문은 학생들로 하여금 그들 추론의 배후에 놓여 있는 가정과 도덕적 사고를 검토하도록 이끌 수 있다. 맥파틀랜드(McPartland, 2001; 2006)는 지리교사들에게 딜레마를 어떻게 만들고 사용할 것인가에 관해 아래와 같은 유용한 안내를 제공한다.

① 도덕적 딜레마와 학습

딜레마(dilemma)란 문제 또는 쟁점에 대한 명백하거나 정확한 답변 또는 해결책이 없을 때를 지칭한다. 정확한 답변이 있다면, 진정한 딜레마가 될 수 없다. 딜레마를 활용한 학습은 무엇보다도 학생들이 다른 가능성을 구체화하고, 해결책에 대한 토론을 발달시킬 것을 요구한다. 딜레마를 활용한 학습은 학생들에게, 쟁점들에 대한 일련의 상이한 해결책을 생각하고 찾아내기 위해 필요한 시간과 공간을 허용하기 위한 수단으로써 딜레마를 사용한다. 이러한 비판적이고 창의적인 분위기를 발달시키는 데 가장 중요한 요소들 중의 하나는, 딜레마가 쟁점에 대한 명확한 해결책이 없다는 것을 학생들이 자각하도록 하는 것이다. 딜레마를 활용한 학습이 성공적이려면 많은 필수적인 부분들을 포함해야 한다. 그중 무엇보다도 중요한 것은, 딜레마에 직면한 사람들이 어려운 결정을 위해 심사숙고를 할 필요가 있다는 것이다.

학생들이 등장인물의 딜레마적 상황에 빠져들려면, 흥미 있는 이야기(story) 또는 내러티브(narrative)가 필요하다. 지리적 이야기는 시간과 공간, 다수의 행위자, 사건, 하위 이야기들로 구성되며, 이러한 이야기 속에는 등장인물의 신념, 태도, 가치 등이 포함되어야 한다. 이야기에 반응할 때, 독자들은 자신의 신념, 태도, 가치 등에 의해 영향을 받는다. 지리교사는 학생들로 하여금 이야기 속에 내재된 가치뿐만 아니라, 독자인 학생들의 신념, 태도, 가치, 그리고 그것들 사이의 관련성을 탐구하도록 할 필요가 있다.

모호성을 자극하는 딜레마를 활용한 학습은 학생들로 하여금 사고기능을 발달시킬 수 있도록 한다. 딜레마를 활용한 학습의 가장 일반적인 원칙은 학생들이 현명한 선택을 하는 것이 무엇을 의미하는지를 탐구하도록 하는 것이다. 이러한 딜레마를 활용한 학습의 중요한 가치는 학생들의 내용지식의 습득과 최종 결정 그 자체에 있는 것이 아니다. 소규모 모둠으로 이루어진 협동학습을 통해, 딜레마를 해결하는 과정에서 습득하고 발달시키게 되는 창의성, 비판적 추론, 감정이입적 듣기 등과 같은 기능과 성향을 학습하는 데 그 가치가 있다. 즉 딜레마를 활용한 학습은 협동적인 토론학습을 통해 학생들이 상호작용하면서, 감정이입 등의 정의적 사고뿐만 아니라 창의적 사고, 논리적·분석적 사고, 의사소통, 의사결정 등의 고차사고능력을 지원할 수 있는 중요한 기법이다(그림 7-9).

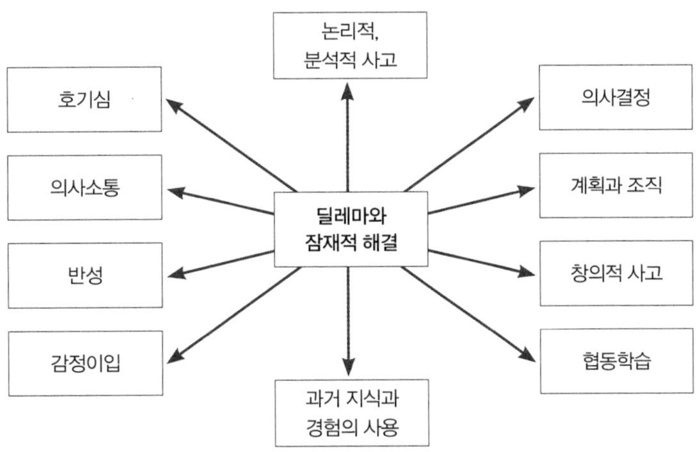

그림 7-9. 딜레마를 활용한 학습과 기능 및 성향

(Wood et al., 2007: 4)

그렇다면, 도덕적 딜레마란 무엇일까? 사람들은 상이한 행동 사이에서 선택을 해야 할 때, 도덕적 딜레마에 직면하게 된다. 도덕적 딜레마란 한 사람이 두 가지의 대안 중에서 하나를 선택해야 하며, 둘 다는 선택할 수 없는 상황을 의미한다. 사람의 각 행동에는 그러한 행동을 선택해야 하는 도덕적 주장(요구)이 존재한다. 그러나 도덕적 딜레마의 본질은 각각의 행동을 지지하는 도덕적 주장이 정교하게 균형이 유지되거나, 동등하게 가중치가 주어져야 한다. 불행하게도 두 가지 모두의 행동이 동시에 채택될 수 없으며, 그것들 중에 하나만을 선택해야 한다(McPartland, 2001). 여기서 '해야 한다'는 것은 행동 또는 결정의 두 과정들 모두 지지해야 할 이유들이 있으며, 이것은 그렇게 해야 할 사람에게 도덕적인 요구를 부과한다는 것을 의미한다(McPartland, 2001: 11). 갈등은 이러한 도덕적 요구의 병치로부터 야기되며, 그것은 도덕적 딜레마의 중심에 놓여 있다. 본질적으로 도덕적 딜레마는 동시에 다음과 같은 어떤 상황에서 존재한다.

- 딜레마 상황에 있는 사람들이 두 가지 행동이나 결정의 대안 중에 하나를 선택하도록 하는 도덕적 요구가 있다.
- 어떤 도덕적인 방법에서도 두 가지 도덕적 요구 모두 최선인 것은 아니다.
- 사람은 두 가지 대안을 모두 선택할 수는 없다.
- 사람은 두 가지 대안 중 각각을 따로 선택해야 한다.

학생들이 도덕적 추론을 발달시킬 수 있도록 도와주는 하나의 방법은, 맥락적인 세부사항이 풍부하고 그것의 중심에 도덕적 딜레마가 있는 이야기를 고찰하도록 요청하는 것이다. 도덕적 딜레마를 전달하는 매개체로서, 내러티브의 가치는 중요하다. 내러티브는 인지적 양상(이것은 무엇을 의미하는가?)과 정의적 양상(나는 이것에 관해 어떻게 느끼는가?)을 통합할 수 있으며, 학생들은 내러티브가 포함하고 있는 도덕적 포인트를 성찰하도록 요구받을 수 있다. 내러티브는 그럴 듯해야 하며, 실제적으로 정확해야 한다. 그렇지 않다면 학생들은 피상적이고, 현명하지 못하며, 도덕적으로 부주의한 판단을 할 것이다(McPartland, 2001).

② 도덕적 딜레마를 활용한 지리 교수·학습

도덕적 딜레마를 지리수업에 활용하기 위해서는 도덕적 딜레마를 만들어야 한다. 지리수업에 활용하기 위한 도덕적 딜레마를 만드는 8단계는 쟁점을 구체화하기, 쟁점을 수업 계획에 관련시키기, 다른 자료의 정확한 위치를 찾기, 핵심적인 도덕적 결정 만들기, 전기적인 세부사항 만들기, 맥락적인 세부사항 제공하기, 내러티브 수정하기, 딜레마 사용하기로 제시된다(표 7-25).

지리수업에서 '인구' 단원을 가르칠 때 개발도상국에서 빈번하게 일어나는 농촌에서 도시로의 인구이동과 관련한 딜레마적 상황을 나타내는 내러티브 자료를 만들 수 있다(표 7-26). 이 딜레마는 개

표 7-25. 도덕적 딜레마를 만드는 단계

단계	내용
1단계 쟁점을 구체화하기	• 지리적, 환경적 차원의 쟁점을 구체화하기 • 좋은 자료 출처: 신문, 지리 저널/잡지, 텔레비전 등 • 특히 신문은 수업에서 다루고자 하는 주제와 관련한 토픽적인 쟁점을 제공함
2단계 쟁점을 수업 계획에 관련시키기	• 이 쟁점을 중학교 및 고등학교의 교육과정 및 교과서의 적절한 단원 내에 위치시키기 • 본질적으로, 딜레마를 교수·학습 프로그램의 맥락 내에 통합시키기
3단계 다른 자료의 정확한 위치를 찾기	• 숙고할 만한 충분한 정보가 주어지고, 믿을 만한 도덕적 딜레마를 구성하기 위해 부가적인 배경 자료를 조사하고 모으기
4단계 핵심적인 도덕적 결정 만들기	• 수행해야 할 핵심적인 도덕적 결정을 구체화하고, 그것에 대한 찬반 주장을 목록화하기
5단계 전기적인 세부사항 만들기	• 딜레마에서 핵심적인 인물을 구체화하기, 즉 도덕적 결정을 하도록 강요된 인물 만들기 • 등장인물을 위한 간단한 전기적 세부사항을 발췌하거나 쓰기 • 내러티브 초안 쓰기-의사결정과 행위의 과정과 관련된 도덕적 요구에 더 많은 비중을 두어 구성 • 핵심적인 도덕적 행위자가 전개되고 있는 내러티브의 맥락에서 도덕적 결정을 해야만 하도록 구조화하기 • 학생들이 내러티브의 상이한 영역 사이에 연결을 하도록 할 것
6단계 맥락적 세부사항 제공하기	• 내러티브의 초안을 쓸 때, 양자택일의 행동 또는 결정을 하기 위해 학생들에게 필요한 도덕적 요구와 관련된 충분한 맥락적 세부사항을 반드시 제시하기 • 내러티브에 그래프, 지도, 안내용 책자의 발췌문, 사진 등의 부가적 자료를 보충할 수 있음
7단계 내러티브 수정하기	• 내러티브를 사용하기 전에 필요한 것을 수정하기
8단계 딜레마 사용하기	• 이 쟁점에 대한 도덕적 차원을 강조하기 위해, 도덕적 딜레마를 지리적 토픽을 가르치는 데 통합하기

(MacPartland, 2001)

발도상국의 농촌에서 도시로의 인구이동이라는 쟁점에 대한 감정이입적 도입을 제공하고 있다. 이 활동은 개발도상국에 살고 있는 많은 사람들이 취할 수 있는 어려운 결정에 초점을 둠으로써, 학생들에게 개인들이 자신의 미래를 위해 취해야 할 결정들에 대해 고찰하도록 도전시킨다. 로베르토(Roberto)는 자신과 그의 가족이 그럭저럭 생존할 수 있는 현재 살고 있는 곳에 머물러야 할까? 대도시로 감으로써 현재의 부정적인 현실을 극복할 수 있을까? 만약 그가 대도시에서 성공한다면, 그는 집에 돈을 보낼 수 있을까? 학생들이 활동을 통해 의사결정을 하게 된다면, 개인적인 성찰을 하도록 한다. 개인적인 성찰로는 나는 제공된 정보에 관해 어떤 가정들을 했을까? 내가 의사결정을 하는 데 어떤 요인들이 가장 중요했을까? 명확한 답변이 있었나? 등이 이루어질 수 있다. 마지막 후속활동으로는 학생들에게 로베르토와 그의 가족의 미래를 고찰하도록 요구할 수 있다. 그리고 학생들에게 개발도상국에서의 인구이동에 포함된 다양한 요인들, 그리고 이러한 인구이동의 결과가 도시와 농촌 지역에 미칠 수 있는 영향을 조사하도록 요구할 수 있다.

표 7-26. 농촌에서 도시로의 인구이동 딜레마

로베르토(Roberto)는 멕시코의 대도시로부터 거의 100㎞ 떨어진 작은 시골 마을에 살고 있다. 그는 현재 15살이고, 안정적인 일자리를 찾는 데 큰 어려움을 겪고 있다. 그는 때때로 아버지와 함께 시골 농장에서 일하지만, 이 일은 매우 힘들고 매우 적은 돈을 받는다. 로베르토는 3명의 남자 형제와 1명의 자매와 함께 그의 가정의 주요한 임금 노동자 중의 한 명이다. 그들은 초등학교에 다니는 남동생과 여동생을 돌보고 작은 집에 대한 집세를 지불할 만큼 충분한 돈을 벌고 있다. 로베르토는 2년 전에 도시로 이사한 한 친구로부터 편지를 받았다. 그는 그곳에는 큰 지방 자치단체가 관리하는 쓰레기 더미로부터 고철을 수집하는 일을 할 수 있으며 많은 고철을 수집한다면 충분한 돈을 벌 수 있다고 말한다. 그는 또한 로베르토에게 함께 일하기를 원한다며 그와 함께 지낼 수 있다고 이야기한다. 질문: 로베르토는 현재 시골 마을에서 대도시로 가야 할까?

인구이동과 관련된 딜레마를 활용한 수업은 도덕적 차원으로도 확장될 수 있다. 이와 관련된 지리 수업의 사례로써, 맥파틀랜드(McPartland, 2001)는 개발도상국에서 선진국으로의 인구이동의 쟁점과 관련한 도덕적 딜레마 수업을 제시한다. 보일(Boyle, 1995)은 『토르티야 장막(Tortilla Curtain)』이라는 소설에서, 부유한 백인 미국인과 가난한 멕시코 이주민 사이에 놓여 있는 경제적·사회적 구분을 포착하고 있다. 이 소설은 도덕적 차원을 탐색하기 위해 교과서의 인구 단원과 결합하여 사용될 수 있다. 이 소설의 첫 부분에 묘사된 사건은 멕시코와 미국 간의 국제적인 인구이동에 내재된 도덕적 관점을 보여 준다(표 7-27, 표 7-28).

로스앤젤레스에서 서쪽으로 몇 마일 떨어진, 토팡가 협곡(Topanga Canyon)의 큰 스페인 교회 풍의 집에 살고 있는 부유한 백인 델라니 모스바처(Delaney Mossbacher)는 자신이 운영하는 재활용 공장에 방문하기로 결정했다. 그는 새로 광택을 낸 일제 자가용에 신문, 빈 코카콜라 병, 마요네즈 병을 실은 채 집을 나섰다. 그는 도중에 아침 식사용으로 토르티야(tortillas)를 손에 든 채 길을 따라 걷고 있던 멕시코인 불법 이민자인 캔디도(Candido)를 차로 치고 말았다. 캔디도는 길옆으로 내동댕이쳐졌고, 큰 상처를 입었다. 델라니(Delaney)는 충격적인 상황에서 캔디도에게 다가가 어떤 도움이 필요한지 물었다. 캔디도는 큰 상처를 입었지만 기회를 잡았고, 델라니에게 돈을 요구했다. 왜냐하면 캔디도는 협곡을 따라 흐르는 하천 옆에 방수모포에서 아메리카(America)라는 이름의 임신한 멕시코인 여자 친구와 함께 가난하게 살고 있었기 때문이다. 델라니는 어떻게 반응해야 할까? 더 정확하게 이야기하면, 델라니는 캔디도에게 돈을 주어야 할지 말아야 할지 하나를 선택해야 하는 도덕적 딜레마에 직면하고 있다.

표 7-27. 도덕적 딜레마 수업을 위한 내러티브 자료 1

[자료 1]

토팡가 협곡(Topanga Creek)의 순례자

델라니(Delaney)의 이야기

나의 이름은 델라니 모스바처(Delaney Mossbacher)이다. 나는 피온 드라이브(Pion Drive) 32번가 아로요 블랑코(Arroyo Blanco) 건물에 산다. 이곳은 산타모니카산에 가까우며, 로스앤젤레스에서 서쪽으로 몇 마일 떨어져 있다. 나는 두 번째 아내, 아들, 두 마리의 테리어 개 그리고 한 마리의 시메스 고양이와 함께 그곳에서 살고 있다. 이 건물은 토팡가 협곡이라 불리는 깊은 계곡을 내려다보는 언덕 근처에 위치하고 있다. 이곳은 사유지이다. 이곳에는 골프장, 테니스장, 사회센터 그리고 250여 채의 집이 있다. 모든 집들은 스페인 교회 풍으로 지어졌다. 이 집들은 모두 흰색의 세 가지 색조 중 하나로 색칠되어 있고, 오렌지색 지붕을 하고 있다. 어느 누구도 자신의 집을 다른 색으로 칠할 수는 없다.

나는 평소처럼 아침 7시에 일어났고, 키라(Kyra)에게 줄 커피를 만들고 요르단(Jordan)에게 섬유질의 과일 바를 먹인 후 , 정원에서 강아지들을 산책시켰다. 아름답고 화창한 아침이었다. 온도는 대략 30도였다. 키라가 커피를 마시고 비타민 12알을 주스와 함께 먹는 동안, 나는 오렌지 3개를 짜고 허브차를 만들었다. 그리고 내가 먹기 위해 두 조각의 밀 토스트를 만들었다.

나는 환경에 대한 저널리스트다. 나는 와이드 오픈 스페이스(Wide Open Spaces)라고 불리는 잡지에 월별 칼럼을 쓴다. 나는 날마다 그리고 계절마다 그 지역의 야생화와 동물의 변화에 대한 글을 쓴다. 그 칼럼은 '토팡가 협곡의 순례자(Pilgrim of Topanga Creek)'라고 정했다. 나는 이 칼럼을 돌아가신 이모 딜러(Dillar)에게 바쳤다. 그녀 또한 환경주의자였고, 나처럼 사람들보다 자연을 더 사랑했다. 나는 칼럼에 종종 송사리, 플로리다 바다소, 그리고 점무늬 올빼미에 관한 글을 쓴다. 왜냐하면 그들이 사라질 수도 있기 때문이다. 나는 삼림파괴, 지구온난화 그리고 지구의 한정된 자원을 고갈시키고 있는 50억에 달하는 너무 많은 인구에 대해 걱정한다. 오늘 아침에 나는 라디오에서 지구상에 단지 75%의 캘리포니아 콘돌(condors)이 살아남아 있다는 것을 들었다.

키라가 요르단을 차로 데려다주고 난 후, 나는 협곡의 꼭대기에 있는 재활용 공장을 방문하기로 결정했다. 그래서 나는 방금 세차하고 왁스칠한 나의 일제 차에 신문 더미와 빈 다이어트콜라 캔을 싣고 집을 출발했다. 길은 협곡을 둘러 지나간다. 대략 10시간쯤 흘렀다. 내가 길을 따라 운전하고 있을 때, 갑자기 한 사람이 차 앞에 나타났다. 나는 뭔가 부딪히는 것을 느꼈고, 즉시 그를 치었다는 것을 알았다.

나는 먼저 내 차의 상태에 대해 생각했다. 차가 구부러졌는가? 차 보험료가 올라가지는 않을까? 그 후 나는 그를 기억했으며, 차부터 생각한 나 자신이 부끄러웠다. 그는 누구인가? 그는 어디에 있는가? 그는 심하게 다쳤는가? 그는 죽었는가? 나는 그가 길 옆의 덤불 속에 숨어 있다가 갑자기 차 앞으로 뛰어들었다고 생각했다. 이제야 나는 공포에 질린 나의 모습과, 그의 콧수염과 울부짖음을 기억한다.

나는 엔진을 끈 후 떨고 있었다. 나는 멍하게 차에서 내렸다. 내가 매우 급하게 브레이크를 밟았기 때문에, 공기 중에 먼지가 여전히 휘돌고 있었다. 다른 차들이 지나갔지만, 어느 누구도 도와주기 위해 서지 않았다. 아마도 그들은 이것이 의도된 설정이라고 생각했을지도 모른다. 사고를 가장하고 운전자들이 도와주기 위해 차에서 내렸을 때, 운전자들을 공격하고 절도하는 멕시코 범죄 집단에 대한 기사가 있었다. 길 건너 왼쪽은 협곡의 절벽이었고, 협곡의 오른쪽은 토팡가 개울의 마른 모래투석장이 몇 미터 아래에 떨어져 있었다. 나는 산쑥과 우듬지 이외에 어떤 것도 볼 수 없었고, 그가 암석과 덤불 속으로 떨어졌다고 생각했다. 나는 이러한 일이 왜 나에게 일어나야만 했는지 생각했다. 도대체 왜 내가 이런 일을 겪어야만 하는가?

그리고 나서 나는 낮은 신음소리를 들었다. 나는 도로가의 덤불 안을 보았고, 거기에 한 남자가 입에서 피를 토하며 누워 있었다. 그의 얼굴 한쪽은 심하게 멍이 들어 있었다. 그는 여전히 토르티야가 든 플라스틱 백을 들고 있었다. 그는 외국어로 무엇인가를 말했다. 나는 그가 스페인어를 말하고 있는 것을 통해 멕시코로부터 온 불법이민자라는 것을 깨달았다. 그는 아마도 협곡의 아래쪽에 살고 있을 것이다. 나는 그가 이 지역의 풀숲으로 이동해 온 멕시코인들 중 한 명인지 궁금했다. 나는 로스앤젤레스에 2년간 살았고, 여기는 멕시코인들에게 가장 가까운 곳이다. 그는 어디에서 왔을까? 그는 무엇을 원하는가? 왜 그는 차로 뛰어들었을까?

나는 조심스럽게 그를 도울 수 있는지 물어보았다. 그리고 나서 그는 웃었고 말하려고 노력했다. 피가 콧수염으로 절반정도 덮인 뾰족한 이 사이에 들러붙어 있었다. 그는 혀로 피를 핥아서 닦았다. 나는 그에게 무엇을 원하는지 물었다. 그는 다치지 않은 손가락을 문지르며 속삭였다. '돈, 돈'

문제: 델라니는 그에게 돈을 주어야만 하는가?

표 7-28. 도덕적 딜레마 수업을 위한 내러티브 자료 2

[자료 2]

토팡가 협곡(Topanga Creek)의 순례자

캔디도(Candido)의 이야기

내 이름은 캔디도 린콘(Candido Rincon)이다. 나는 33년 전에 남부 멕시코 테포즈틀란(Tepoztlan)에서 태어났다. 나는 아메리카(America)라는 이름을 가진 여자 친구가 있다. 그녀는 17살이고, 4달 후에 우리의 첫 번째 아이를 낳을 것이다. 그녀는 테포즈틀란에서 멀리 떨어지지 않은 작은 마을에서 태어났다. 나는 그녀가 4살이었을 때부터 알았다. 그녀는 나의 아내인 레수레치온(Resurreccion)의 가장 어린 여동생이다. 그녀는 내 결혼식에 꽃을 들고 온 소녀였다.

몇 년 전 나는 이다호의 감자 밭에서 일하고 있었다. 9달 후에 나는 나의 아버지가 가죽 가게에서 평생 번 돈보다 더 많이 벌었다. 우리 마을 남자들의 대부분은 북쪽에 있는 농장으로 일하러 갔다. 그들은 모두 하루 종일 앉아서 칸티나 맥주를 마시며 보내는 것에 지쳐 있었다. 단지 소수의 남자들만이 머물렀는데, 그들은 부자이거나, 제정신이 아니거나, 남자들이 북쪽으로 떠나 있을 때 그들의 아내를 훔친 남자들이었다. 이것은 나에게 일어난 일이기도 하다. 나는 집에 돌아왔고, 나의 아내가 쿠에르나바카(Cuernavaca)로 테오필로(Teofilo)라고 불리는 남자와 떠났다는 것을 알았다. 그녀는 임신 6개월이었고, 내가 그녀에게 보내준 모든 돈을 다 쓴 상태였다. 아메리카는 이 소식을 나에게 전해 준 사람이었다. 나는 너무 부끄러웠다. 나는 나의 옷을 덮고 자면서 시에라 후아레스(Sierra Juarez) 언덕을 돌아다녔다. 나는 국경을 넘으려고 노력했으나, 미국 이민당국이 나를 붙잡고 티후아나(Tijuana) 감옥에 넣었다.

감옥에서 나왔을 때, 나는 돈이 없었다. 나는 거리에서 춤을 췄다. 나는 관광객들에게 구걸했다. 나는 케로신(kerosene) 통을 훔쳤고, 단지 몇 푼의 센타보(centavos)를 버는 거리의 부랑자가 되었다. 나는 거리에서 아메리카를 다시 만났다. 그녀는 16살이었고, 그녀의 언니와 많이 닮았으며 오히려 더 예뻐 보였다. 나는 그녀에게 내가 다시 북쪽으로 가서 그녀와 함께 살 것이라고 말했다. 한 달 후 우리는 밤에 국경을 넘었고, 천사들의 도시인 로스앤젤레스로 갔다.

우리는 집을 빌릴 돈이 없었다. 도시의 거리는 매우 위험했고, 그래서 우리는 협곡의 아래 쪽에 살기로 결정했다. 우리는 강 옆의 모래 둑에서 살았다. 나무로 불을 떼고, 개울의 물을 마시고 씻었으며, 비가 올 때는 나무들 사이의 방수모포가 비를 차단해 주었다. 아메리카는 뱀과 거미를 무서워했다. 매일 나는 협곡을 떠나 일거리를 찾으러 갔다. 그것은 쉽지 않았으나, 적어도 협곡에서 우리는 경찰과 이민국으로부터 안전했다. 나는 가까스로 벽을 만들거나 협곡의 침엽수를 제거하는 일을 했다. 우리는 매우 적은 돈을 벌었다.

8월 어느 날 아침에 나는 토르티야를 사러 협곡 인근의 작은 가게에 가려고 했다. 아메리카는 불씨를 지폈다. 뜨거운 태양이 협곡의 절벽 위로 올라왔다. 아메리카는 만자니타 베리(manzanita berries)로 차를 만들 것이라고 말했다. 우리는 항상 물을 끓여 마셔야만 했다. 왜냐하면 이 지역의 큰 집들에서 흘러나온 오수들이 협곡으로 흘러들어 오기 때문이었다. 나는 협곡을 통과해 길로 나아갔다. 일하러 가는 백인들을 보고싶지 않아서 눈을 아래로 깔고 갔다. 그들에게 나는 보이지 않았다. 나는 약 30분 후에 중국 식료품점에 도착했다. 핀토콩과 토르티야를 샀다.

나는 아메리카를 생각하며 길을 따라 오고 있었다. 그녀는 협곡의 나무들 사이에서 잠들어 있을까? 처음에 나는 무엇이 나를 치었는지를 몰랐다. 나는 길 옆의 덤불로 처박혔다. 나는 엄청난 고통을 느꼈다. 얼굴은 화끈거렸고 팔은 심하게 다쳤다. 나는 곧 내가 백인의 차에 부딪쳤다는 것을 깨달았다. 나는 위에서 나를 바라보고 있는 그를 응시했다. 그는 나에게 어떤 도움이 필요한지를 물었다. 나는 이것이 좋은 기회라고 생각했고, 행복감에 웃었다. '돈을 주세요'라고 나는 말했다.

이 내러티브는 인구이동의 공간적 관점뿐만 아니라, 도덕적 관점까지 내포하고 있다. 교사가 학생들로 하여금 인구이동에 포함된 타자들의 신념, 느낌, 경험을 감정이입 및 성찰하도록 한 후, 그들이 한 선택을 도덕적 관점에서 정당화하도록 할 때, 그것은 확실히 도덕적 관심이 된다. 이러한 자료를 활용한 도덕적 딜레마 수업은 전체 학급 학생들에게 딜레마 제시하기, 소규모 모둠활동으로 딜레마 분석하기, 딜레마 확장하기, 맥락에 관해 반성하기 등의 4단계로 이루어질 수 있다(표 7-29).

다음은 버스틴(Bustin, 2007)이 '누구의 권리인가?-지리에서의 도덕적 쟁점'이라는 주제로 설계한 지리수업 사례이다. 이 수업 사례 역시 앞의 맥파틀랜드(McPartland, 2001, 2006)의 사례와 유사하게, 인구이동이라는 지리적 주제와 도덕적 쟁점을 포함하는 내러티브가 학습 자료로 제공된다. 이 내러티브에서는 5명의 인물이 등장한다. 이 수업에서는 학생들이 이야기를 읽은 후, 도덕적으로 누가 가장 좋은 그리고 가장 나쁜 등장인물이라고 생각하는지 순위를 매겨야 하고, 마지막으로 자신의 주장들을 정당화해야 한다.

먼저, 학생들은 이 사건의 계열을 확실히 이해하기 위해 스토리보드를 만들 수 있다. 학생은 이주와 사막화라는 용어에 대한 정의를 학습하고, 다음과 같은 질문에 대답하기 위해 학급 토론을 하였다. 이러한 학급 토론에 토대하여, 각각의 준거에 따라 순위매기기를 하였다.

- 여름에 비가 내리지 않는 것이 왜 수단에 사는 사람들에게 문제가 되는가?

표 7-29. 도덕적 딜레마를 활용한 수업 단계(토팡가 협곡의 순례자 활용)

단계	내용
1단계 딜레마 제시하기	▶ 교사 • 학생들에게 선진국 국민의 관점을 보여 주는 내러티브 자료(자료 1) 배부 • 학생들에게 이야기 들려주기 • 지명의 위치를 확인하고, 구체적인 사실과 개념을 명료화하기 위해 지도나 사진 활용하기 ▶ 학생 • 이야기와 수반되는 세부사항을 신중하게 고찰함 • 각자 이야기 속 등장인물의 입장이 되어, 어떤 결정을 해야 하는지를 결정함 • 자신의 의사결정을 기록하고, 자신의 관점을 지지하기 위한 이유 제시하기
2단계 딜레마 분석하기	▶ 교사 • 양자 중에서 선택한 결정에 관한 교사 주도의 토론 • 발전된 이유들의 성격이 나타남 ▶ 학생 • 선택한 결정에 대한 정당화 • 이야기의 구체적인 양상이 명료화됨 • 이 쟁점의 복잡성이 설명됨 • 비슷한 결정을 한 3-4개의 소모둠들은 최선의 이유를 선택하고 정당화함 • 학급의 나머지 학생들과 그들의 관점을 공유함
3단계 딜레마 확장하기	▶ 교사 • 학생들에게 후진국 국민의 관섬을 보여 주는 내러티브 자료(자료 2) 배부 ▶ 학생 • 후진국 국민의 관점과 관련한 이야기 자료를 읽음 • 학생들의 생각이 바뀌었는지 대답해야 함 • 학생들은 다시 한 번 결정을 정당화하는 이유를 제시해야 함 • 정보는 기록되며, 교사 주도의 전체 학급 토론을 하는 동안 논쟁이 이루어짐
4단계 맥락에 관해 반성하기	• 전체 학급은 딜레마가 뿌리내려져 있는 경제적, 역사적, 정치적 맥락을 토론함 • 학생들과 교사는 딜레마를 제거하기 위해 이러한 맥락이 변화될 수 있는 방법들을 고찰함

- 왜 라민(Lamin)은 이사하려고 결정했는가?
- 아다무(Adamu)가 물을 소유하도록 허용되어야 하는가?
- 무사(Musa)는 그의 땅을 팔았어야 했는가?
- 바시르(Bashir)는 더 많이 도왔어야 했는가?
- 삼바(Samba)는 라민(Lamin)이 가도록 해야 하는가?

등장인물에 대한 순위매기기는 먼저 옳고 그름에 대한 학생들 자신의 규칙(rules)에 근거해야 하며, 그러한 규칙은 그들의 사회적, 문화적, 종교적 배경에 의해 영향을 받을 것이다(표 7-31). 그 후 학생들은 이 이야기에 등장하는 각 인물들의 동기(motives)를 구체화해야 한다(예를 들면, 그들은 각각 무엇을 성취하려고 하는가?). 동기를 구체화한 후에, 학생들은 순위매기기에 변화가 있었는지를 확인하기 위해 다시 '동기'에 근거하여 등장인물의 순서를 매겨야 한다(활동지의 2번). 그 후 학생들은 등장인물들의 행동의 결과(consequences)를 구체화하고, 단지 이러한 결과에 근거하여 그들의 순서를 다시 매긴다(활동지의 3번). 이러한 순위매기기 과정은 학생들이 등장인물 각각에 관해 이야기하도록 하는 방법이다. 즉 이것은 토론을 위한 출발점이 될 수 있다. 학생들은 등장인물을 다음에 근거하여 3번 순위를 매긴다.

- **규칙**(rules): 이것은 옳고 그름에 관한 학생들 자신의 개인적인 규칙들이며, 보통 등장인물들에 대한 그들의 첫 번째 평가이다.
- **동기**(motives): 등장인물들이 무엇을 성취하려고 노력하고 있으며, 따라서 어떤 등장인물이 가장 고결한 의도를 가지고 있는가?
- **결과**(consequences): 등장인물들의 행동의 결과로서 무엇이 일어났으며, 그 행동에 근거했을 때 누가 옳으며 누가 그른가?

이 활동의 마지막 단계는 학생들의 도덕적 추론(moral reasoning) 방법들을 비교하는 것(누가 옳고 누가 그른가?)과, 각 방법들의 장점과 단점(규칙, 동기, 결과)을 평가하는 것을 포함한다(활동지의 4번). '라민(Lamin)의 물'이라는 자료(표 7-30)는, 자원으로써 물에 관한 토픽을 공부하고 있는 다양한 능력의 학생들로 구성된 9학년 상위권 학급을 위해 만든 내러티브이다.

표 7-30. 도덕적 딜레마 수업을 위한 내러티브 자료

라민(Lamin)의 물

이 이야기는 아프리카 수단의 도시 와우(Wau)를 배경으로 한다. 와우는 수단의 다른 장소와는 다르게, 매우 활기차고 북적거리는 장소이다.

와우 주변의 많은 시골 지역들은 실로 매우 가난하며, 대부분의 사람들이 농부이다. 최근 몇 년 동안 여름 강수가 거의 내리지 않아 사막화가 진행되어, 그곳에 살고 있는 사람들의 생계를 위협하고 있다. 와우 주변의 시골 지역에 살고 있는 많은 사람들은, 인근의 시골보다 도시에 사는 것이 보다 나을지 모른다고 생각하고 있다.

그러한 농부 중 한 명이 라민(Lamin)이다. 그는 아내와 두 아이를 가진 25살의 남자이다. 그들은 작은 농장에 살고 있지만, 라민(Lamin)의 곡식은 물 부족 때문에 계속해서 기대에 미치지 못하였다. 그는 그의 가족을 먹이고, 교육시키고, 옷을 입히기 위해 충분한 돈을 벌 수 있기를 꿈꾸고 있다. 어느 날 그들은 모든 짐을 싸서 도시로의 긴 여정을 떠났다. 그들은 들떠 있었으며 낙관으로 가득 찼다.

애석하게도 현실은 그가 희망한 것과 달랐다. 또한 일주일에 수 백명의 사람들이 와우로 이주해 왔다. 그들이 그곳에 도착했을 때, 살 곳을 찾지 못했다. 할 수 없이 전기도 없고 수돗물도 없는 황폐한 인근에 정착했다. 그는 자신과 처지가 비슷한 다른 가족들과 함께 살았다. 그들은 모두 일자리와 도시에서의 새로운 생활을 위한 기회를 찾고 있었다.

그는 이 도시의 작은 지역에서 옷을 만드는 일을 얻었지만, 많은 돈을 벌지는 못했다. 그러나 그는 걱정하지 않았다. 왜냐하면 적어도 그는 가족을 위해 충분한 음식을 제공할 수 있었기 때문이다. 문제는 물이었다.

와우에 매우 많은 사람들이 이주해 옴에 따라, 물 공급이 매우 빠르게 고갈되고 있었다. 즉 일 년에 내리는 비가 보충할 수 있는 것보다 훨씬 빨리 고갈되고 있었다. 수단의 기업가인 아다무(Adamu)는 수 년 전에 정부와 맺은 체결 덕택에 많은 물을 소유하고 있었다. 그는 물을 병에 담아 매우 비싼 가격에 사람들에게 팔았다. 그는 엄청나게 비싼 차를 몰고 다니며 수 마일 떨어진 수단의 수도 카르툼(Khartoum)에 살고 있다.

비록 와우 지역의 부자들은 터무니없이 높은 물 가격을 다행히도 지불할 수 있지만, 라민은 그렇게 할 수 없었다. 그는 무사(Musa)가 가지고 있는 땅의 중앙에 위치한 더러운 우물로부터 물을 길어 왔다. 무사는 지역의 농부이고, 라민과 그의 가족과의 친구이다.

그 이후 라민은 훨씬 더 큰 문제에 직면했다. 무사가 아다무에게 그의 땅을 팔아버렸기 때문이다. 아다무는 많은 이주자 가족들에게 그 물을 팔 수 있기를 원했기 때문에, 모든 사람들에게 우물에서 물을 길지 못하도록 하였다. 라민은 자포자기하게 되었다. 즉 그는 어느 곳에서도 전혀 물을 구할 수가 없었다.

절망 속에서 그는 로컬 정치가인 바시르(Bashir)에게 갔다. 바시르는 로컬 사람들을 돕기 위해 항상 그곳에 있어야 할 사람으로서 선출되었지만, 그는 라민과 그의 가족을 돕는 것을 거절했다.

돌보아야 할 그의 어린 가족들로 인해, 극단적인 수단을 선택할 수밖에 없었다. 그는 컴컴한 밤에 양동이를 가지고 우물로 슬그머니 떠났다. 그가 양동이에 물을 가득 채워 집으로 돌아오려고 할 때, 누군가가 그에게 소리쳤다. 그는 냉정한 지역 경찰관인 삼바(Samba)에게 붙잡혔다. 라민은 삼바에게 그냥 보내달라고 애원했지만, 그는 관심이 없었다. 라민은 아다무가 삼바에게 돈을 주고 있다고 믿었다. 왜냐하면 삼바가 귀중한 우물을 위한 경비원의 역할을 할 수 있도록 하기 위해서였다. 라민은 도둑질로 인해 붙잡혔기 때문에 감옥에 갈 수도 있다.

표 7-31. 도덕적 딜레마 수업을 위한 활동지

1. 자신의 '규칙(rules)'에 토대하여 등장인물을 순위화하고 그것을 정당화하라.

1) 가장 나쁜 사람에서 가장 좋은 사람 순으로 나열하라.
2) 그 이유를 정당화하라.

2. 각 등장인물의 '동기(motives)'를 구체화하라.

등장인물	동기-그들은 무엇을 성취하려고 하나?
라민	
바시르(정치가)	
무사(농부)	
아다무(사업가)	
삼바(지역 경찰관)	

3. 종합 정리하기: 자신이 순위화한 것을 수집하여 등장인물의 순서를 비교하라.

	규칙	동기	결과
가장 나쁜 사람			
두 번째로 나쁜 사람			
세 번째로 나쁘거나 좋은 사람			
두 번째로 좋은 사람			
가장 좋은 사람			

4. 각 도덕적 추론 방법(규칙, 동기, 결과)의 장점과 단점을 평가하라.

	장점	단점
규칙		
동기		
결과		

(4) 가치명료화

가치명료화(value clarification)는 가치주입과 달리, 개인의 가치를 조사하고 분명하게 하는 과정이다. 가치명료화는 학생이 소유한 특정한 가치를 평가하는 사고의 과정(process of thinking)을 강조한다. 가치명료화는 학생들이 다른 사람들의 가치를 검토하도록 할 뿐만 아니라, 자신의 가치를 검토하고 표현하는 것을 알게 되도록 격려한다. 가치명료화의 목적은 학생들이 이성적 사고(rational thinking)와 감성적 인식(emotional awareness)을 사용하여 자신의 개인적 느낌, 가치, 행동을 검토하도록 도와주는 것이다(Huckle, 1981). 슬레이터(Slater, 1981: 85)에 따르면, 가치명료화 과정은 사람, 장소, 대상, 쟁점에 대한 태도를 떠받치고 있으며 이에 대한 정보를 제공하는 기본적 가치를 분명히 표현하고 이해하도록 도와주는 것이다. 이러한 과정은 두 가지 이유 때문에 중요하다. 첫째, 가치명료화는 학생들이 어떤 가치를 통해 선호와 판단을 내리는지 그 과정을 인식하도록 도와준다. 둘째, 학생들은 다양한 쟁점을 통해 특정한 가치를 가지는 것의 의미를 알 수 있으며, 그 결과가 탐구될 수 있는 맥락을 제공받을 수 있다.

가치명료화 전략에서는 실제적 상황 또는 상상적 상황을 탐구하기 위해, 역할극, 게임, 시뮬레이션을 포함한 다양한 교수 전략들이 사용될 수 있다. 그러나 슬레이터(Slater, 1982: 85)는 학생들이 어떤 쟁점에 관한 자신의 입장을 정리하거나 어떤 역할을 채택하도록 요구받는 것보다, 오히려 자신의 입장 및 역할을 주장할 수 있는 기회를 제공받을 필요가 있다고 주장한다.

가치명료화 단계는 라스 외(Raths, Harmin and Simon, 1978)가 제시한 것이 대표적이다(Maye, 1984). 그들은 전통적인 가치교육이 가치의 주입 또는 교화의 위험을 내포하고 있기 때문에, 다원적 가치가 상존하는 현대사회의 가치교육으로는 적합하지 않다고 비판했다. 이에 대한 대안으로, 그들은 학생들이 자신의 가치를 명료화하고 여러 대안들을 심사숙고하여 자유롭게 선택하는 사고의 과정으로서 가치명료화 과정을 제시했다. 가치명료화 모형은 가치 상대주의, 개인의 합리성과 자율성을 전제로 하면서, 개인의 자유로운 가치선택을 강조한다. 가치명료화는 학생이 자신의 가치를 분명하게 드러내어 여러 가지 대안들 중에서 하나의 가치를 선택하고, 선택한 가치를 소중하게 정당화하며, 선택한 가치에 따라 행동하는 과정이다(박상준, 2009).

가치명료화 활동을 위한 수많은 전략들이 개발되어 왔지만, 라스 외가 제시한 가치명료화 과정은 다음과 같이 7단계를 거치게 된다. 이들은 가치명료화 활동이 선택(CHOOSING), 선택을 소중히 하기(PRIZING), 행동(ACTING)의 3가지 과정으로 구성되고, 이러한 과정은 7개의 단계로 세분화된다고 제시한다. 라스 외는 자유롭게 선택하고, 선택을 소중히 하며, 공식적으로 선언하고 행동하는 이러한 과정이 생활의 한 부분이 되어야 한다고 주장한다. 가치명료화 과정에서 교사의 역할은 질문을 통하여 학생들이 자신의 가치를 분명하게 찾을 수 있도록, 그리고 여러 가지 대안들의 결과를 신중하게 검토한 후에 자유롭게 선택할 수 있도록 도와주는 것이다(표 7-32).

1. 선택하기
   (1) 자유롭게 선택하기
   (2) 여러 대안들로부터 선택하기
   (3) 여러 대안들의 결과에 대해 심사숙고한 후에 선택하기
2. 선택을 소중히 하기
   (4) 선택을 즐거워하고 소중히 여기기
   (5) 선택을 공개적으로 발표하기
3. 행동하기
   (6) 선택에 따라 행동하기
   (7) 삶의 패턴 속에서 반복적으로 행동하기

표 7-32. 가치명료화를 위한 질문

(1) 자유롭게 선택하기

너는 처음에 그 자료를 어디에서 구했니?
너의 부모는 그것에 대해 어떻게 생각하니?
너의 선택에 모순이 있다고 생각하니 또는 타인이 반발하니?

(2) 여러 대안들로부터 선택하기

네가 이것을 선택하기 전에 그 외에 어떤 것을 고려했니?
네가 결정하기 전에 얼마나 오랫동안 깊이 생각해 보았니?
너는 다른 대안을 고려해 보았니?

(3) 여러 대안들의 결과에 대해 심사숙고한 후에 선택하기

각 대안의 결과는 어떠하니?
네 선택 뒤에 놓여 있는 가정들은 무엇이니?
너의 선택이 지닌 장점과 단점은 무엇이니?

(4) 선택을 즐거워하고 소중히 여기기

너의 선택에 기쁨을 느끼니?
그 선택이 왜 너에게 중요하니?
그것을 선택하지 않는다면, 네 인생은 어떻게 달라질 것 같니?

(5) 선택을 공개적으로 발표하기

네가 느끼는 것을 다른 학생들에게 발표할 의향이 있니?
너의 선택을 지지해 주는 청원서에 서명할 의향이 있니?
너는 그 선택을 적극 옹호할 의향이 있니?

(6) 선택에 따라 행동하기

그 선택을 실천하기 위한 너의 행동 계획은 구체적으로 무엇이니?
너는 그 선택을 실천하기 위해 어느 정도 돈을 지불할 의향이 있니?
네 선택과 같은 목적을 달성하기 위해 만들어진 조직에 가입할 의향이 있니?

(7) 삶의 패턴 속에서 반복적으로 행동하기

너는 종종 그런 행동을 하니?
너는 다른 사람들이 그런 행동에 참여하도록 권유하니?
너는 계속 그것을 실천할 의향이 있니?

(Woolever and Scott, 1988: 393; 박상준, 2009: 305 재인용)

메이(Maye, 1984)에 의하면, 가치명료화 전략은 자아분석 기법을 강조하는 다양한 절차들을 이용한다. 이러한 절차들은 가치에 대한 숙고와 진술을 요구하는 순위화, 의미변별척도(semantic differential), 척도순위화(rating scales), 투표 등이 있다. 예를 들면, 산업지역의 입지 결정(두 지역 중에서)과 관련하여 사용된 의미변별척도법, 척도순위화, 목록 순위화 기법들의 사례는 다음과 같다. 첫째, 의미변별척도법이다. 여기에 사용된 질문은 "당신은 이 산업지역을 어떻게 생각하는가? 적절한 선 위에 X 표시를 하시오."이다.

깨끗하다 ·········· ▶ 더럽다
아름답다 ·········· ▶ 추하다
조용하다 ·········· ▶ 시끄럽다
질서 있다 ·········· ▶ 무질서하다
공기가 깨끗하다 ·········· ▶ 냄새가 난다

둘째, 척도 순위화이다. 여기에 사용된 질문은 "당신은 이 산업지역에서 다음과 같은 특성들이 얼

마나 중요하다고 생각하는지를 체크하시오"이다.

	전혀 중요하지 않다	중요하지 않다	모르겠다	중요하다	매우 중요하다
청결도	---------	---------	---------	---------	---------
질서	---------	---------	---------	---------	---------
외관	---------	---------	---------	---------	---------
경관구성 (landscaping)	---------	---------	---------	---------	---------

마지막으로, 목록 순위화이다. 여기에 사용된 질문은 "당신이 이 산업입지에서 고려해야 한다고 생각하는 5가지 인자를 쓰시오. 그것들을 중요한 순으로 적으시오"이다.

가치명료화 활동의 또 다른 사례는 그림 7-10에 제시되어 있다. 그림 7-10은 세계자연보호기금(WWF, 1991)의 '파괴의 10년(Decade of Destruction)'에서 제시한 가치명료화 활동의 일부를 보여 준다. 세계자연보호기금(WWF, 1991)에 의하면, '삼림을 소중히 하기(valuing the forest)'라는 가치명료화 활동은 교사와 학생들에게 열대우림의 정치학을 탐구하고, 환경 경제와 관련한 몇몇 기본개념에 대한 이해를 발달시키도록 할 수 있다.

이 활동은 학생들에게 사람들은 왜 열대우림을 보존하려고 하는지를 질문함으로써 시작될 수 있다. 학생들의 반응은 보존을 위한 서로 다른 이유를 반영할 것이며, 이는 상이한 범주로 요약되고 분류될 것이다. 그리고 나서 학생들은 누가 열대우림을 보존하는 데 참여하고 있는지를 고찰하도록 요구받을 것이다. 학생들은 열대우림 보존을 단지 '세계자연보호기금(World Wide Fund for Nature)', '지구의 벗(Friends of the Earth)'과 같은 환경 단체에만 연결시킬 것이다. 그리하여 이것은 학생들이 생각하지 못한 다른 기관들, 즉 원주민 자신들뿐만 아니라 정부와 비정부기구의 역할에 관해 상기시킬 수 있는 기회를 제공

아마존은 … 때문에 소중하다.

a) 환경의 조정자

아마존은 로컬 및 글로벌 환경의 중요한 조정자이다. 이 삼림은 강수를 재생하고, 토양을 보호하며, 영양소를 순환시키며, 심각한 기후를 방지한다. 아마존은 또한 산소를 만들고 지구온난화를 줄여 주는 거대한 탄소의 저장소로서의 역할을 한다.

b) 과학적 지식의 원천

아마존은 지구상에서 가장 오래된 복잡한 삼림 생태계 중의 하나로서 거대한 과학적 실험실이다. 아마존은 소중한 지식을 포함하고 있고, 여전히 우리에게 알려지지 않은 진화와 생태계에 관한 많은 것을 가지고 있다.

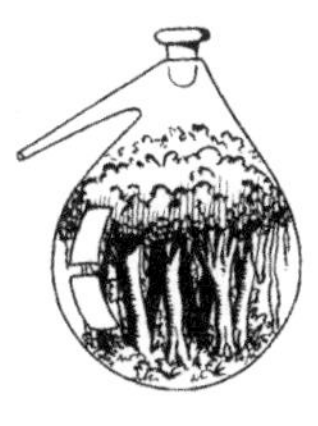

그림 7-10. '삼림을 소중히 하기' 활동지의 발췌문
(WWF, 1991; Lambert and Balderstone, 2000: 296 재인용)

할 것이다.

그림 7-10은 아마존이 소중한 많은 이유들 중의 일부를 보여 준다. 열대우림을 소중히 할 때, 사람들은 보통 이러한 가치들 중 일부를 끌어온다. 환경 경제학자들은 열대우림이 직접적인 이용 가치(direct use value, 목재, 고무, 의약품, 교육), 간접적 이용 가치(indirect use value, 유역 보호와 기후 조절과 같은 환경적 서비스), 선택 가치(option value, 사람들이 미래의 이용을 위해 삼림을 보존하는 데 기꺼이 지불할 양), 비사용 또는 존재 가치(non-use or existence value, 독특한 문화적 자산)를 가진다고 제안한다(WWF, 1991: 30).

학생들은 이러한 가치들 중의 일부를 표현할 수 있는 자신만의 방법을 가지고 있다. 아마도 그중 많은 것들은 다양한 출처, 특히 미디어를 통해 우연히 만나게 될 것이다. 학생들은 열대우림의 가치가 소중함을 표현하는 자신만의 방법들을 사용하여, 상이한 사람들이 이러한 쟁점에 관한 자료에서 자신의 관점을 어떻게 표현하고 있는지를 해석할 수 있다. 누가 경제적 부의 원천으로서 열대우림을 소중히 하는가? 누가 환경의 조정자(environmental regulators)로서 열대우림을 소중히 하는가? 누가 생계수단의 원천으로서 열대우림을 소중히 하는가? 누가 정치적 안전판의 원천으로서 열대우림을 소중히 하는가?

개인적인 가치명료화 척도(personal values clarification scales) 또는 가치 연속체(values continua)는 학생들이 자신의 개인적 가치를 명료화하는 데 도움을 줄 수 있는 유용한 도구이다. 피엔과 슬레이터(Fien and Slater, 1985)는 이 전략을 학생들이 세계시민성 함양을 위해 배워야 하는 도덕적 가치에 관한 진술문들을 고찰하도록 하는 활동에 사용하였다. 학생들은 자신의 관점과 가치입장을 명료화하기 위해 개인적 가치 명료화 척도상의 각 진술문을 읽고, 그들이 일치하는 수준에 표시한다. 이러한 전략은 학생들의 연령과 능력에 관계없이 학교 수업에 쉽게 적용할 수 있으며, 그들로 하여금 각 가치 진술문들과 관련하여 그들의 입장을 고찰하도록 할 수 있다.

그림 7-11은 지속가능한 개발에 관한 개념을 뒷받침하고 있는 가치를 조사하기 위해, '가치 연속체'가 사용된 활동의 사례를 보여 준다. 학생들은 각 진술문의 저자가 지속가능성과 개발에 대한 어떤 양상들을 선호하는지를 토론한 후, 그들이 생각하기에 그 진술문들이 가치 연속체 척도상의 어디에 있어야 하는지를 표시한다. 서로 다른 색깔의 펜을 사용하여 각 진술문에 표시된 포인트들이 결합될 때, 각 진술문의 기저에 있는 가치들이 탐구될 수 있다. 이러한 전략의 목적은 지속가능한 개발과 관련된 생태적 원리와 경제적 원리 간의 관계에 대한 비판적 분석을 촉진하는 것이다(Reid, 1996: 171).

이상과 같은 가치명료화 모형은 학생들 개인의 가치와 관련된 감정과 태도를 강조하고, 자신의 가치 선호를 확인하는 것을 도와주는 데 유용한 교수방법이다. 하지만 가치명료화는 가치 상대주의를

가치 연속체

자연환경의 보전을 지지한다.	┼┼┼┼┼┼	인간의 필요에 의한 자연환경의 개발을 격려한다.
제로 경제성장을 지지한다.	┼┼┼┼┼┼	높은 경제성장을 지지한다.
현 세대를 위한 모든 종들 간의 공정성을 지지한다.	┼┼┼┼┼┼	세대 내 공정성을 지지하지 않는다.
미래 세대를 위한 공정성을 지지한다.	┼┼┼┼┼┼	세대 간 공정성을 지지하지 않는다.

지속가능한 개발에 관한 진술문들

1. 지속가능한 개발은 우리의 어린이들을 속이지 않고 경제성장을 위해 일하는 것으로 간단히 묘사될 수 있다.	2. 지속가능성은 미래세대의 번영을 위태롭게 하지 않고 현재의 요구를 충족시킬 수 있는 역량을 의미한다.…이것은 오존층을 보호하고, 기후를 안정시키며, 토양을 보존하고, 삼림과 인구를 안정시키는 것을 수반한다.
출처: Department of the Environment's pamphlet (1993) *Sustainable Development*(p. 1).	출처: Lester Brown of the Worldwatch institute.
3. 지속가능한 개발은 미래세대가 그들의 필요를 충족시킬 수 있는 가능성을 손상시키지 않는 범위에서, 그리고 보다 나은 삶을 위한 그들의 열망을 충족시킬 수 있도록 모든 기회를 확장하지 않는 범위에서 현재 세대의 필요를 충족시키는 개발이다.	4. 지속가능한 개발은 자연환경과 경제성장 추진 간의 타협을 추구하는 것 이상을 의미한다. 지속가능한 개발은 지속가능성의 한계가 자연적 기원뿐만 아니라, 구조적 기원을 가진다는 것을 인식하는 개발에 대한 정의를 의미한다.
출처: World Commission on Environment and Development(1987) in *Our Common Future*(p.8).	출처: Michael Redclift(1987) in *Sustainable Development: Exploring the Contradictions*(p.199).

그림 7-11. 가치명료화 척도를 사용하여 지속가능한 개발에 관한 가치를 탐구하기

(Reid, 1996: 168-172)

전제하기 때문에, 학생 개개인이 가치명료화의 과정에 따라 어떤 가치와 대안을 선택하고 행동했다면, 그 가치 선택과 행동은 모두 정당한 것이 된다. 따라서 가치명료화 모형은 개인이 자유롭게 가치를 선택하고 소중히 여기게 한다는 장점이 있지만, 그 가치 선택이 정당한지를 판단할 수 있는 기본적 가치 또는 보편적 원칙을 제시하지 못하는 한계를 지니고 있다. 가치명료화 모형에서 학생들은 기본적 가치와 보편적 원칙, 그리고 보다 넓은 사회적 맥락에 비추어 자신의 가치 선택을 고려하도록 요구받지 못한다. 이로 인해 가치 선택과 정당화가 가치 상대주의 또는 회의론에 빠지기 쉬우며, 실질적으로 가치 갈등을 해결하지 못할 수도 있다(박상준, 2009).

마스덴(Marsden, 1995: 6) 역시 가치명료화가 가치교육을 위한 전략으로서 가지는 한계를 유사하게

지적하고 있다. 그에 의하면, 가치명료화의 한계는 가치들이 주관적이며, 모든 것이 개인적 선택을 위한 문제라고 간주한다는 점에 있다. 즉 모든 사람들의 의견을 아무런 고려없이 무비판적으로 중요하다고 간주한다는 것이다. 또한 그는 가치명료화가 개인의 이기심을 조성하는 경향이 있을 수 있다고 경고한다. 그러나 그는 사실탐구와 가치탐구를 결합하고 있는 지리탐구 경로(route for geographical enquiry)가 지리 교수를 위한 틀을 제공하기 위해 사용될 때, 실제로 가치명료화는 가치탐구를 위해 사용되는 여러 전략들 중의 하나로 유용하게 쓰일 수 있다고 주장한다.

(5) 행동학습

행동학습(action learning)의 목적은 학생들에게 자신의 가치에 근거하여 개인적·사회적 행동을 할 수 있는 기회를 제공하는 것이다(그림 7-12). 행동학습 전략은 가치와 관련된 문제들에 대한 해결책을 찾는 것을 강조한다. 행동학습은 학생들이 지리적 문제 또는 쟁점과 관련한 가치를 분석하고, 명료화하며, 해결책을 찾고, 궁극적으로 행동을 취하는 데 목적을 둔다.

비록 학생들이 아직 완전히 자율적인 존재는 아니지만, 행동학습에서는 학생들 스스로를 사회적, 환경적 시스템에서 상호작용하는 구성원으로 간주하도록 격려한다. 행동학습은 가치명료화와 가치분석을 위해 사용되는 전략들을 통합하지만, 또한 학생들을 자신의 가치 선택에 따라 행동할 수 있게 한다. 메이(Maye, 1984)는 행동학습 전략을 크게 두 가지로 구분한다. 하나는 행동을 유도하는 참여를 강조하는 행동 전략이다. 다른 하나는 지리적 쟁점 또는 문제에 대한 해결책을 조사하고, 결과를 예측하기 위한 사실탐구와 가치탐구를 강조하는 문제해결 전략이다. 문제해결 전략에서 학생들은 행동을 취할 수도 있으나, 행동을 취했던 사람들과 조직들을 살펴본 후 이 단계의 생략 여부를 결정할 수도 있다. 여기에서는 전자에 대해 살펴보고, 후자는 다음 절에서 별도로 살펴본다.

학생들은 참여를 통해 환경적 쟁점이나 지역문제에 관하여 더 많이 배울 수 있다. 예를 들어, 어떤 소도시의 주민들이 인근 대도시에서 주로 소매 행위를 함으로써, 자신들이 살고 있는 소도시의 일자리가 줄어드는 지역문제를 겪고 있다고 생각해 보자. 학생들은 이 소도시의 지역문제를 극복하기 위한 의사결정 상황에 접하게 된다. 의사결정을 위해 학생들은 야외조사와 구매자 조사, 사실 정보와 가치 정보를 수집하여 문제를 진단해야 한다. 이를 통해 학생들은 공적 회의, 공공 캠페인, 정치적 대표의 선출, 탄원서와 전단지를 통한 캠페인 등과 같은 실행 가능한 행동들을 결정한 후, 이러한 행동들에 직접 참여하게 된다.

학생들은 종종 학교 공동체를 통해 사회적·환경적 쟁점과 관련하여 행동할 수 있다. 이것은 세계자연보호기금(WWF)과 같은 환경 단체들에 의해 촉발된 환경 학교 계획(eco-school initiatives)의 일부분이다. 이러한 행동을 통해 학생들에 의해 조직된 재활용 계획의 실행과 같은, 학교와 학교 주위의 환경 개선 또는 학교 공동체에서의 실천의 변화를 초래할 수 있다.

이런 행동 전략들은 또한 학생들로 하여금 보다 넓은 공동체 또는 환경에 참여하도록 할 수 있다. 학교, 교사, 학생은 자신이 살고 있는 지역 내에서 소규모 보존 프로젝트나 어젠다 21(Agenda 21) 활동에서 선도적인 역할을 할 수도 있다. 행동 전략은 또한 학생들로 하여금 로컬 쟁점들에 관해 행동하도록 하며, 지리교육과정의 교수 프로그램에서 교사 이외에 성인들의 참여를 지원할 수 있다. 따라서 가치교육에 대한 행동학습 접근은 학생들의 시민성 발달을 지원하는 것으로 간주될 수 있다.

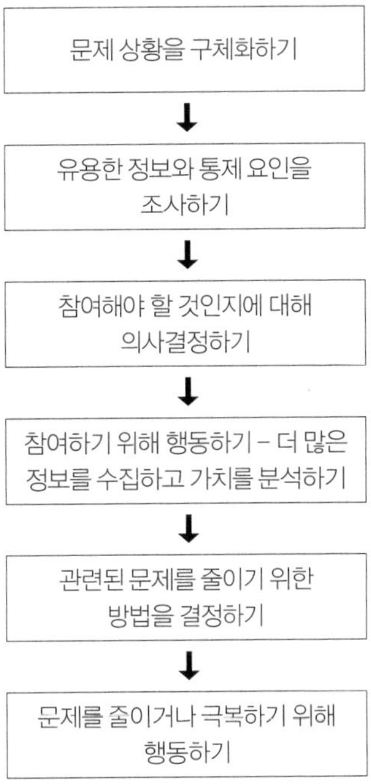

교사들과 학생들은 지리교육과정을 통해 행동학습의 결과를 재현할 수 있으며, 특히 모금 활동 계획을 통해 보다 넓은 스케일의 환경과 공동체와 관계할 수 있다. 예를 들어, 비정부기구는 다양한 직접적인 모금활동을 통해 보다 넓은 공동체 및 환경과의 연계를 제공하고 있다. 학교들과 학생들은 행동학습을 통해 학교 연계에 참여하고, 경제적으로 덜 발전된 개발도상국의 어린이들과 학교들을 후원할 수도 있다.

문제 상황을 구체화하기

↓

유용한 정보와 통제 요인을 조사하기

참여해야 할 것인지에 대해 의사결정하기

참여하기 위해 행동하기 – 더 많은 정보를 수집하고 가치를 분석하기

관련된 문제를 줄이기 위한 방법을 결정하기

문제를 줄이거나 극복하기 위해 행동하기

그림 7-12. 일반적인 행동학습 전략

(Maye, 1984)

7. 논쟁문제해결 및 의사결정 수업

1) 논쟁적 쟁점에 대한 지리적 관심

가치교육을 통해 탐구된 많은 쟁점은 본질적으로 논쟁적이다. 만약 개인과 집단이 사건 또는 쟁점의 해결방법에 대해 서로 다른 관점을 가지고 있거나 서로 다른 설명을 한다면, 어떤 쟁점이라도 논쟁적일 수밖에 없다(Oxfam, 2006). 이러한 서로 다른 관점들과 설명들이 서로 다른 의견을 가진 사람들에게 감성적 반응을 유발한다면, 그것들은 또한 논쟁적일 수 있다. 논쟁적 쟁점(controversial issues)(사회과에서는 주로 '논쟁문제'로 번역함)이란 사람들이 서로 다른 경험, 관심, 가치에 근거하여 상이한 관점들을 가지는 것이며, 쉽게 답변할 수 없을 만큼 복잡하다. 논쟁적인 쟁점은 또한 개인적, 정치적,

사회적 영향을 가지며, 감정을 불러일으키며, 가치 또는 신념의 문제를 다루는 쟁점이다(QCA, 2001). 논쟁적 쟁점은 개인적이거나, 국지적이거나, 세계적일 수 있다. 지리와 밀접한 논쟁적 쟁점 또는 공공 쟁점의 사례는 세계 도처에서 다양한 맥락에서 나타난다(예를 들면, 국립공원에서 나타난 갈등, 신공항 건설, 시내 재개발, 고속도로 노선 결정, 정유 공장의 입지 결정, 원자력 발전소 건설, 유사한 토지이용 갈등, 해안/하천 관리, 슈퍼마켓의 입지, 개발 쟁점, 관광 등).

지리교사들이 종종 지리수업에서 논쟁적 쟁점들을 조사할 때 적절한 가치교육 전략을 채택하는 데 실패한다면, 지리교사들은 '도덕적으로 부주의(morally careless)'하게 될 위험이 있다. 따라서 지리교사들이 도덕적인 부주의를 피하기 위해서는, 학습을 위해 선택한 쟁점이 적실해야 하며 지리적으로 명백한 개념적 구조(conceptual structure)를 가져야 한다(Morgan and Lambert, 2005). 그리고 지리가 논쟁적 쟁점들을 이해하는 데 어떻게 명백한 기여를 하는지를 학생들로 하여금 인식할 수 있도록 해야 한다. 이를 위해 지리교사는 적절한 지리적 개념들을 구체화해야 하며, 그것들이 탐구를 통해 어떻게 개발될 것인지에 대한 주의를 기울여야 한다.

지리수업에서 도전적인 자료를 사용하여 논쟁적 쟁점을 토론하는 것은, 학생들의 정보처리, 추론, 탐구, 창의적 사고, 평가 기능을 포함한 일련의 사고기능을 발달시킬 수 있다. 학생들은 논쟁적 쟁점에 대한 학습을 통해 다른 사람들의 아이디어를 귀 기울여 듣고, 자신의 관점에 관해 반성하며, 그들이 들은 것에 반응하여 자신의 관점을 수정하도록 격려받는다. 미디어 리터러시(media literacy)와 사진 해석을 위해 사용된 활동들(제5장 참조)을 비롯하여, 다음 절에서 살펴볼 사고기능 활동들은 또한 쟁점에 관해 비판적으로 사고하기 위한 학생들의 기능들을 발달시킬 수 있다. 맥파틀랜드(McPartland, 2006: 177)는 도덕적 쟁점들에 관한 효과적인 토론을 촉진할 수 있는 활동으로 역할극, 탐구법정(court of enquiry), 충성의 배지(badge of allegiance), 뜨거운 의자(hot seating), 동심원(concentric circles)을 제공한다(표 7-33).

영국의 '지리 학교들과 산업 프로젝트(GSIP: Geography Schools and Industry Project)'는 표 7-34와 같이 논쟁적 쟁점을 학습하기 위한 절차를 개발하였다(Corney, 1992). 이 절차는 학생들에게 가치를 분석하고 명료화하기 위한 기능들을 발달시킬 수 있는 기회를 제공하는 데 목적이 있다. 이 절차는 학생들에게 무엇을 가치화할 것인가보다는, 오히려 어떻게 평가할 것인가를 학습하도록 도움을 주는 데 강조점을 둔다. 교사는 이러한 절차를 사용하여 학생들의 정치교육에 기여할 수 있다. 왜냐하면 학생들은 쟁점에 반응하는 다양한 방법과 행동에 대한 가능한 결과들을 고찰하기 때문이다. 지리 학교들과 산업 프로젝트(GSIP) 팀은 또한 이 접근이 교화를 덜 유발하는 개방적이고, 탐구적인 수업을 보장한다고 주장했다(Corney, 1992: 51).

표 7-33. 교사가 현명한 토론을 촉진하기 위해 사용할 수 있는 도구들

유형	특징
역할극 (role play)	학생들은 도덕적 딜레마에 직면하고, 어떤 결정이 이루어져야 하는 이야기에서 특정한 역할을 맡는다.
탐구법정 (court of enquiry)	어떤 갈등의 주인공은 '법정'에서 그들의 행동을 방어해야 한다. 그곳에서 다른 학생들은 재판관, 변호사, 검사, 목격자, 배심원의 역할을 맡는다.
충성의 배지 (badge of allegiance)	학생들은 어떤 갈등의 정당성에 관해 느끼는 찬성 또는 반대의 정도(강한 찬성에서 강한 반대에 이르는 5개 정도의 범주)를 나타내는 배지를 착용한다. 학생들은 원으로 둘러 앉아 다양한 관점을 가진 다른 학생들과 그들의 관점에 대해 토론한다.
뜨거운 의자 (hot seating)	학생들은 어떤 갈등에 의해 영향을 받는 특정 사람의 집단 또는 조직의 역할을 맡는다. 이들은 '뜨거운 의자'에 앉아서, 그들의 관심사에 관해 다른 집단들로부터 질문(심문)을 받는다.
동심원 (concentric circles)	학생들은 각 짝별로 내부와 외부 동심원으로 마주보고 앉는다. 그들은 자신의 파트너와 함께 토론할 쟁점을 제공받는다. 2분 후, 외부 동심원에 앉은 학생들은 왼쪽으로 한 칸 이동하여 그들의 새 파트너와 함께 동일한 쟁점을 토론한다[일종의 스피드 데이트(speed dating: 독신 남녀들이 애인을 찾을 수 있도록 여러 사람들을 돌아가며 잠깐씩 만나 보게 하는 행사)처럼!].

(McPartland, 2006)

표 7-34. 논쟁적 쟁점을 학습하기 위한 GSIP의 절차

1. 교사들(그리고 때때로 학생들)은 쟁점을 선택한다… 그러한 쟁점은 학생들에게 흥미를 유발하여 그들을 참여시켜야 한다.

2. 학생들은 그 쟁점을 소개받는다: 처음의 지각
   - 각각의 학생들은 처음에 어떤 가치를 가지고 있는가?
   - 이 쟁점에는 어떤 상이한 가치들이 부착되어 있는가?

3. 학생들은 이 쟁점의 기저를 이루는 상이한 가치를 구체화하고 명료화한다: 정의와 기술
   - 누가 관여되어 있는가?
   - 그들은 어떤 가치를 가지고 있는가?
     - 인지적 수준에서: 사람들이 그들의 관점에 정당화를 제공하는 이유
     - 정의적 수준에서: 그들의 관점에 영향을 주는 것으로, 사람들이 가지고 있는 기저 신념들

4. 학생들은 그 쟁점의 기저를 이루는 상이한 가치들을 분석하고 평가한다.
   - 그 가치들은 사실에 의해 지지되는가?
   - 그 가치들은 분류될 수 있는가?
   - 어떤 가치들이 우선순위/권력을 가지는가?
   - 각각의 학생들은 어떤 가치들을 구체화(발견)하는가?

5. 학생들은 그 쟁점이 어떻게 해결될 수 있는지를 모의실험하고 예측한다.
   - 그 쟁점을 해결하기 위해 어떤 절차들이 사용될 수 있는가?
   - 그 쟁점에 대한 가능한 해결책은 무엇이며, 관여된 사람들을 위한 있을 법한 결과는 무엇인가?
   - 있을 법한 해결책은 무엇이며, 결과는 무엇인가?

6. 학생들은 그들 자신의 가치를 명료화하고 그 쟁점에 반응한다.
   - 각각의 학생들은 그 쟁점을 어떻게 해결하려고 시도할까? 왜 그럴까?
   - 각각의 학생들은 이 단계에서 어떤 관점들을 가지고 있나? 왜 그렇나?
   - 어떤 학생이 더 많이 탐구하기를 희망하고, 또는 학교 밖에서 그 쟁점에 참여하려고 하는가?

(Corney, 1992: 50)

교사들이 지리수업에서 논쟁적 쟁점을 회피하는 이유 중의 하나는 편견에 대한 걱정과 특정 가치를 교화하거나 주입할 가능성 때문일 것이다. 심지어 1980년대를 통해 지리교육에서의 가치와 적실성에 대한 관심이 발전했음에도 불구하고, 교사들은 가치가 학교교육으로부터 벗어나야 한다고 믿었다(Lambert and Balderstone, 2000). 그리고 일부 교사는 아직도 그렇게 믿고 있다. 이에 관해 슬레이터(Slater, 1993: 130)는 지리의 내용과 절차가 결코 가치중립적일 수 없다고 주장한다. 슬레이터(Slater, 1993: 114)는 지리교사들이 수업에서 논쟁적 쟁점을 다룰 때 교사의 역할을 고찰하도록 도와주기 위해, 스트래들링 외(Stradling et al., 1984)가 제시한 4가지 접근의 장점과 단점에 주목하게 한다(표 7-35).

표 7-35. 논쟁적 쟁점을 다루기 위한 4가지 교수 접근

잠재적 강점		잠재적 약점
• 교사 자신의 왜곡이 내포된 부당한 영향을 최소화한다. • 모든 사람들에게 자유 토론에 참가할 기회를 부여한다. • 개방적 토론의 범위를 제공한다. 즉 학생들은 교사가 미처 생각지 못하였던 쟁점과 문제를 고찰하는 데까지 나아갈 수도 있다. • 학생들에게 의사소통 기능을 연습할 수 있는 좋은 기회를 제공한다. • 만약 당신이 풍부한 배경 지식을 갖고 있다면, 원활하게 진행될 수 있다.	1. 절차적 중립성 교사는 토론집단에서 공정한 의장의 역할을 취한다.	• 학생들이 이 방법을 부자연스럽다고 생각할 수 있다. • 만약 제대로 진행되지 않으면, 교사와 학생 간의 신뢰를 해칠 수 있다. • 학교 이외의 곳에서 이 방법에 익숙해진 학생들에게 의존하며, 그렇지 않더라도 학생들이 익숙해지는 데 오랜 시간이 걸린다. • 단지 학생들이 기존에 지니고 있는 태도와 편견을 강화시킬 수도 있다. • 학습 부진 학생들에게는 너무 힘들다. • 중립적 의장 역할이 교사의 성향에 안 맞을 수 있다.
• 학생들은 교사가 어떻게 생각하든지 간에 그 생각을 짐작하려고 애쓰는 경향이 있다. 따라서 교사의 입장을 밝히는 것은 모든 것을 공명정대하게 만든다. • 만약 학생들이 교사가 그 쟁점에 대해서 어떤 입장을 취하는지를 알게 되더라도, 학생들은 교사의 편견과 왜곡을 감안하여 들을 수 있을 것이다. • 토론 전보다는 토론 후에 교사의 선호도를 밝히는 것이 더 낫다. • 학생들이 서로의 이견을 존중할 때에만, 이 방법을 사용해야 한다. • 학생들은 교사들이 중립적이기를 기대하지 않기 때문에, 이 방법은 신뢰를 유지하는 가장 좋은 방법이 될 수 있다.	2. 입장표명 교사는 토론하는 동안에 항상 자기의 견해를 밝힌다.	• 이 방법은 학생들이 교사와 상반된 견해를 주장하지 못하게 함으로써, 학급 토론을 지지부진하게 만든다. • 이 방법은 일부 학생들로 하여금 단지 교사의 생각과 다르다는 이유만으로, 자기들이 믿지도 않는 견해를 강력하게 주장하게끔 부추기게 된다. • 학생들은 가끔씩 사실과 가치를 구분하기 어렵다고 느낀다. 만약 사실과 가치의 전달자가 동일인, 즉 교사라면 더욱더 어렵게 느낄 것이다.

• 사회과 교사의 주요 역할을 쟁점들이 흑백 논리로 판단되기 힘들다는 것을 보여 주는 것이라고 생각한다면, 필수적인 접근이다. • 학생들이 한 쟁점에 대해서 두 가지 입장으로 대립되어 있을 때 필요하다. • 상반된 정보들이 엄청나게 존재하는 쟁점을 다룰 때 가장 유용하다.	3. 균형적 접근 교사는 학생들에게 광범위한 대안적 견해를 제시한다.	• 과연 균형잡힌 견해라는 것이 존재할 수 있는가? • 수업 전략으로써 사용하기에는 제한이 많다. '진리'란 두 가지 대안적 견해들 사이에 존재하는 회색 지대라는 인상을 심어줌으로써, 사안의 핵심을 회피한다. • 균형이라는 말은 사람들마다 다르게 받아들일 수 있다. 예를 들어, 미디어에서 균형이라고 말할 때, 교사 자신이 생각하는 균형과 다를 수 있다. 수업은 가치중립적이지 않다. • 이 접근방법은 매우 교사주도적 수업으로 흘러갈 수 있다. 미디어의 인터뷰처럼, 교사는 소위 균형을 유지하기 위해서 항상 도중에 끼어들게 된다.
• 저는 자주 사용합니다. 매우 흥미 있고, 학생들로 하여금 토론에 기여하게끔 자극하는 데에도 매우 효과적인 것 같습니다. • 모두가 같은 견해를 공유하는 것처럼 보이는 학생들의 경우에는 필수적이지요. • 제가 수업한 대부분의 학급은 주류가 있었습니다. 그래서 저는 이 전략과 더불어 패러디, 과장, 역할 바꾸기 등을 사용합니다. • 저는 토론이 고갈되기 시작하면, 분위기를 고조시키기 위한 수단으로 이 방법을 가끔씩 사용합니다.	4. 악마의 대변인 전략 교사는 의식적으로 학생들이 제시한 입장이나 수업 자료에 제시된 입장과 상반되는 입장을 취한다.	• 저는 모든 종류의 문제에 이 접근 방법을 사용하여 보았습니다. 학생들은 제가 악마의 대변인으로서 제시하는 견해와 저를 동일시하며, 학부모들은 제가 진술하는 견해에 대하여 우려합니다. • 이 방법은 학생들의 편견을 강화시킬 수도 있다. • 토론이 고갈되고, 시간이 25분은 남아 있을 경우에나 사용되어야 한다.

(Strading et al., 1984; Slater, 1993: 114 재인용)

앞에서 가치교육에 대한 상이한 접근들을 살펴보았다. 지리교사는 이러한 접근들과 관련된 교수 전략들을 성공적으로 실행하는 데 중심적인 역할을 해야 한다. 수업에서 상호 신뢰와 존중의 분위기를 만드는 것은 적절한 교수 전략과 자료의 선택만큼이나 중요하다. 그러한 분위기는 긍정적인 교사와 학생 관계를 만들 뿐만 아니라, 학생들 서로 간의 긍정적인 관계를 형성하도록 도와준다. 교사들은 학생과의 래포를 형성하는 것만큼이나 학생들 간의 래포를 형성하도록 노력해야 한다. 교사들은 가치교육과 관련한 내용들과 전략들을 종종 현명하게 조작할 필요가 있다. 학생들은 답변하거나 참여하는 데 압력을 받아서는 안 된다. 또한 학생들의 학습에 대한 교사의 평가는, 가치 그 자체보다 가치화하는 데 관련된 기능들을 적용할 수 있는 능력에 근거해야 한다(Maye, 1984). 교사는 능숙하고 유연하게 질문을 할 수 있어야 하며, 이것은 학생들로 하여금 가치탐구 기능을 발달시키도록 도와줄 것이다. 학생들이 가치탐구 활동을 통해 사용하는 다양한 수업 대화와 상호작용을 이해할 수 있는 교사의 능력은 학생들의 학습을 능동적으로 평가하도록 도와줄 것이다.

2) 논쟁문제해결 수업 모형

5절에서는 탐구학습과 문제기반학습[PBL: problem-based learning, 또는 문제해결학습(problem-solving learning)]의 유사점과 차이점에 대해 살펴보았다. 여기서는 논쟁문제해결 수업 및 의사결정 수업에 대해 살펴볼 것이다. 문제기반학습(또는 문제해결학습)과 논쟁문제해결 수업은 유사점이 많지만, 엄연히 차이점도 존재한다. 따라서 이를 잘 구별할 필요가 있다.

논쟁문제해결 및 의사결정 전략은 논쟁적 쟁점(논쟁문제)(controversial issues) 또는 공공 쟁점(public issues)을 대상으로 하여 지금까지 살펴본 가치교육의 다양한 전략들과 탐구학습 전략이 결합된 것이다. 논쟁적인 쟁점은 대부분 객관적으로 확인하고 증명할 수 있는 '사실문제'와, 과학적으로 증명하기 어렵고 개인의 가치판단에 따라 달라지는 '가치문제'가 혼합되어 있다. 문제를 해결하기 위해서는 관련된 사실이나 지식을 탐구하는 것뿐만 아니라, 가치를 분석하고 명료화하는 것이 요구된다. 따라

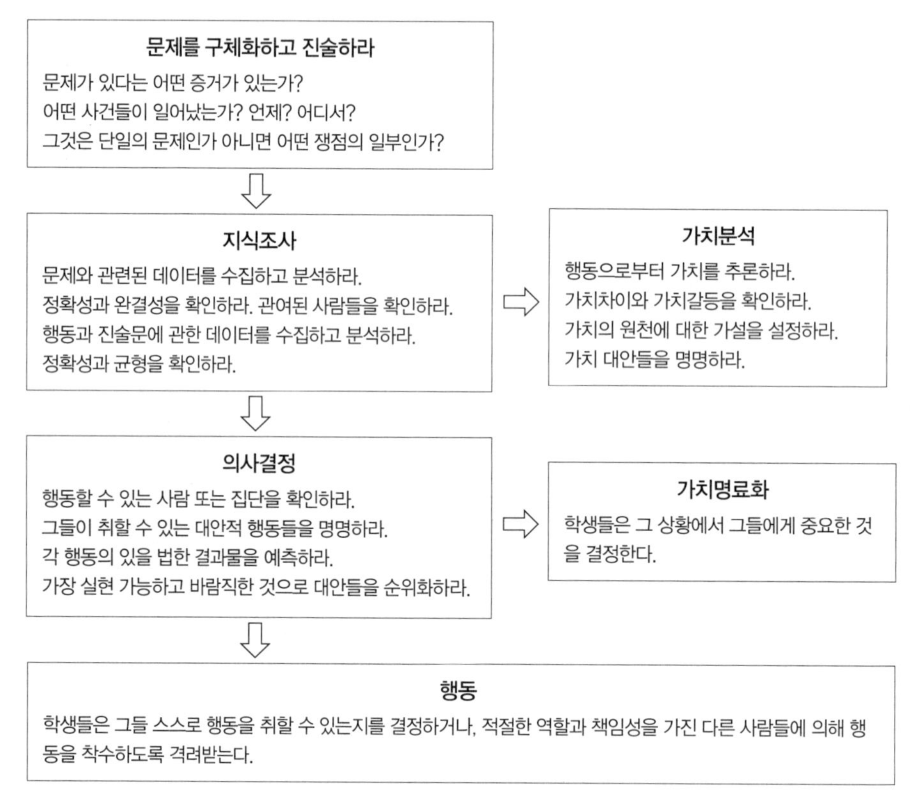

그림 7-13. 문제해결전략-일반화된 접근방법

(Maye, 1984; Lambert and Balderstone, 2000: 303 재인용)

서 지리 교과에서 논쟁적 쟁점을 합리적으로 해결할 수 있는 능력을 함양하기 위해서는 '사실탐구'와 '가치탐구'를 통해 적절한 대안을 선택하는 과정이 결합되어야 한다. 이런 측면에서 볼 때, 논쟁적 쟁점에 대한 문제해결 수업 및 의사결정 수업은 인지적 영역과 정의적 영역이 통합되어 있는 종합적 교수모형이라고 할 수 있다(차경수·모경환, 2008).

지리교사들은 학생들이 가치화와 관련한 기능을 적용하고 발달시킬 수 있도록 하기 위해, 이러한 논쟁적 쟁점(논쟁문제)에 대한 문제해결(problem-solving)과 의사결정(decision-making) 활동을 자주 사용한다. 학생들은 이러한 활동을 통해 논쟁적 쟁점들과 관련한 사실탐구(factual enquiry)와 가치탐구(values enquiry)를 수행하고, 해결책을 찾으며, 이러한 해결책에 대한 가능한 결과를 고찰한다.

글상자 7.5

사회과의 논쟁문제 수업모형

사회과에서 논쟁문제 수업모형(controversial issues teaching model)은 사회적으로 찬성과 반대의 의견이 나누어져 있고, 여러 개의 대안 중에서 어느 하나를 선택해야 하는 논쟁적인 공공문제(controversial public issues)에서 어느 하나의 입장을 합리적으로 선택하고, 그러한 선택을 옹호할 수 있는 능력을 기르는 교수 방법 중 하나이다. 논쟁문제에는 사실과 관련된 인지적인 내용도 있고, 가치 선택과 관련된 정의적인 내용도 포함되어 있기 때문에 논쟁문제 수업모형은 종합모형이라고 할 수 있다. 논쟁문제 수업에서 이루어지는 선택 역시 일종의 의사결정이라고 할 수 있다. 그러나 논쟁문제 수업은 의사결정 중에서도 사회문제, 찬반으로 대립되는 문제, 지속적으로 논의되어 온 심각한 문제에 대해서 다루는 것이다.

사회적으로 찬성과 반대의 의견이 나누어져 있고, 그 결정이 개인에게 영향을 주는 데 그치지 않고 사회의 다수와 관련 있으며, 여러 개의 선택 가능한 대안 중에서 어느 하나를 결정해야 하는 문제를 논쟁문제(controversial issues) 또는 공공문제(public isues)라고 한다. 따라서 논쟁문제가 성립하기 위해서는 개인적 차원을 넘어 그 문제가 사회의 다수와 관련이 있어야 하며, 의견이 찬성과 반대로 나누어져 있으면서 어느 한쪽도 분명한 정답이라고 보기 어려워야 한다. 만약 정답이 분명히 있는 문제라고 하면 논쟁문제로 성립될 수 없다. 또 의견이 나누어져 있고 각각의 대안 중에서 어느 하나를 선택해야 하며, 그러한 선택에 의하여 문제가 보다 더 잘 해결될 수 있다고 가정해야 논쟁문제를 다루는 의미가 있을 것이다.

사회과 수업에서 논쟁문제가 제기될 때 이것을 회피하기보다는 학생들이 이러한 문제를 관심 있게 다루어 보고 그 해결 방안을 진지하게 모색할 수 있도록 하는 노력이 중요하다. 이러한 과정을 통해 우리 사회가 당면해 있는 문제에 대해 시민들 스스로 적극적으로 나서서 문제를 해결할 수 있는 능력을 기를 수 있다. 또한 학생들은 논쟁문제 수업을 통해 개념 형성과 가치판단, 비판적 사고력 등 지적인 능력을 향상시킬 수 있을 뿐만 아니라, 타인과 함께 토론하고 협력하면서 집단적으로 문제를 해결하는 기능과 태도도 향상시킬 수 있을 것이다.

올리버와 셰이버(1966)는 공공쟁점에 대해 토론을 통해 합리적인 대안을 선택하고 그것을 정당화하는 능력을 가르치는 수업모형을 체계화시켰다. 이 모형에서는 교실 수업에서 제기된 논쟁문제를 ① 개념의 명료화, ② 경험적 증거에 의한 사실의 증명, ③ 가치갈등의 해결 등 3가지 방법을 통해 해결하려고 시도하였다. 따라서 논쟁문제는 사실문제, 가치문제, 개념 정의 문제와 관련되어 있기 때문에 세 가지 측면을 구분하여 비교·분석하는 작업이 필요하다. 이 교수모형은 특히 가치갈등의 해결을 가장 어려운 것으로 보고 이를 위해 인간존중이라는 사회의 기본적 가치, 헌법에 제시된 여러 가지 민주적 원리, 가치의 위계적 차이, 가치의 보편성과 구체성 등 다양한 기준을 매우 포괄적으로 제시하였다. 이처럼 가치갈등 해결의 기준으로서 윤리적·법률적 원칙과 가치를 기준으로 제시했다는 점에서 이 모형은 윤리-법률모형(ethical-legal model) 또는 법리모형(jurisprudential model)이라고 불린다. 또한 하버드대학교 대학원 사회과교육 프로그램에서 개발하였기 때문에 하버드모형(Harvard Model)이라고도 한다.

차경수·모경환(2008: 39)의 논쟁문제 수업모형의 교수

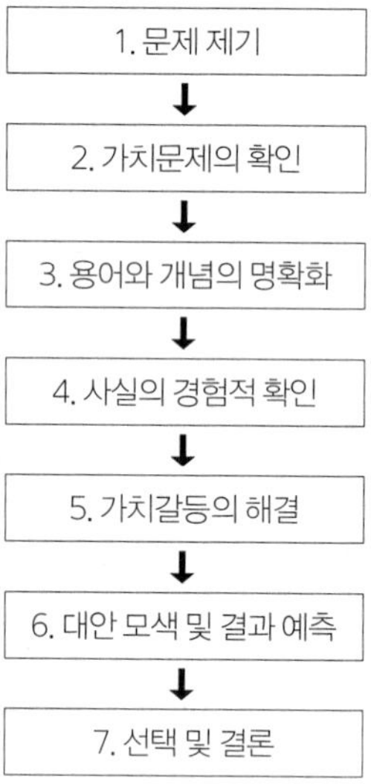

1. 문제 제기

↓

2. 가치문제의 확인

↓

3. 용어와 개념의 명확화

↓

4. 사실의 경험적 확인

↓

5. 가치갈등의 해결

↓

6. 대안 모색 및 결과 예측

↓

7. 선택 및 결론

논쟁문제 수업의 과정

(1) 문제 제기

① 학생이 흥미를 갖고 토론할 수 있는 쟁점을 선택한다.

② 학생은 논쟁문제의 발생 이유, 발생 배경, 핵심내용 등이 무엇인지 파악한다.

(2) 가치문제의 확인

① 쟁점과 관련된 사실과 가치를 구분한다.

② 쟁점의 원천인 대립 가치들을 분석한다.

(3) 용어와 개념의 명확화

① 쟁점의 토론을 위해 관련된 주요 용어나 개념을 명확하게 규정한다.

(4) 사실의 경험적 확인

① 쟁점과 관련된 당사자들이 지지하는 가치와 주장을 확인한다.

② 당사자의 가치와 주장을 증명할 사실과 자료를 제시한다.

(5) 가치갈등의 해결

① 일반적 가치와 궁극적 가치에 의거해 쟁점과 관련된 대립 가치들을 비교·분석한다.

② 어떤 가치가 더 기본적 가치이거나 궁극적 가치의 실현에 기여하는가를 비교·분석한다.

(6) 대안 모색 및 결과 예측

① 대립 가치들을 선택할 때 나타날 긍정적·부정적 결과를 예측한다.

② 대안의 예측된 결과를 비교·분석한다.

(7) 선택 및 결론

① 기본적 가치와 궁극적 가치를 실현하는 데 보다 효과적인 대안을 선택한다.

② 경험적 자료와 기본적 가치에 의거해 선택된 대안을 정당화한다.

(차경수·모경환, 2008: 187; 박상준, 2009 재인용)

논쟁문제에서 교사의 역할

켈리의 모형(Kelley, 1986: 113-138)

배타적 중립성 (exclusive neutality)	논쟁문제의 교수 자체를 반대함
배타적 편파성 (exclusive partiality)	어느 한쪽 입장만 학습하고 다른 입장에 대해서는 다루지 않음
중립적 공정성 (neutral impartiality)	다양한 시각의 논쟁문제를 학습하되 교사가 어떤 입장을 취해서 교육해서는 안 된다고 봄
신념을 가진 공정성 (committed impartiality)	다양한 시각의 논쟁문제를 학습하되 교사가 교육적으로 바람직하다고 생각하는 방향에서 지도함

하우드의 모형(Hawood; 차경수·모경환, 2008: 347 재인용)

신념형	교사가 자신의 의견을 자유롭게 제시함
객관형	교사가 자신의 의견을 밝히지 않고 다양한 관점들을 객관적으로 설명함
악마 옹호형	교사 자신의 의견과 관계없이 좌충우돌하며 학생의 의견에 대해 반대 입장을 취하면서 토론을 진행함
관점 옹호형	교사가 다양한 관점들을 제시하고 그것을 종합하여 자신의 의견을 제시함
공정한 의장형	교사와 학생이 다양한 관점들에 대해 토론하되, 교사의 의견은 말하지 않고 토론을 공정하게 진행함
선언적 관심형	교사가 먼저 자신의 입장을 밝히고 다양한 견해를 객관적으로 소개함

6가지 교사의 역할 중에서 하우드(Hawood)는 '공정한 의장형'이 가장 바람직한 교사의 역할이라고 주장하였다. 하지만 공정한 의장형으로서 교사는 교사의 역할을 너무 소극적인 부분으로 축소하고 교육의 목표를 달성하기 어려운 한계점을 지닌다는 비판을 받는다.

우리 사회의 전통과 학교 문화를 고려할 때, 논쟁문제 수업에서 교사는 '신념을 가진 공정형'의 역할을 수행하는 것이 가장 적절한 것으로 간주된다(차경수·모경환, 2008: 348; 노경주 외, 2001: 37-38, 72). 경험적인 연구들도 '신념을 가진 공정형'이 사회과의 논쟁문제 수업에 적합하다는 사실을 보여 준다(문인화, 2001: 43-47; 이광성, 2002: 245-247).

(차경수·모경환, 2008)

메이(Maye, 1984: 41)는 효과적인 인지적 전략인 문제해결에 대한 접근을 개인적인 가치명료화, 의사결정, 개인적 행동의 선택으로 이어지는 가치분석 전략과 통합하여 그림 7-13과 같이 제시한다. 그리고 그는 이러한 문제해결과 의사결정 전략을 시민성의 발달에 도움을 주는 가치 있는 지리교수 전략으로 간주한다.

3) 의사결정 수업 모형

엄격하게 말하면, 의사결정은 문제해결과 동일한 것은 아니다(Lambert and Balderstone, 2000). 의사결정(decision making)은 쟁점, 질문, 문제를 구체화하고, 증거를 조사하며, 대안을 평가하고, 행동의 과정을 선택하는 체계적인 과정이다. 지리탐구에서 의사결정은 학생들이 일련의 지리적 기능과 기법을 연습하고 발달시킬 수 있는 기회를 제공하기 위해 고안된 유의미한 학습 활동의 계열을 포함한다. 의사결정은 결정과 행동을 위한 추천으로 학습이 마무리된다. 그러나 문제해결(problem solving)은 두 개의 단계를 더 포함한다. 하나는 그러한 결정을 효과적으로 실행 또는 행동(action)으로 옮기는 것이고, 다른 하나는 이들 행동의 결과를 평가하는 것이다. 의사결정자가 결정의 결과를 예측하려고 시도하는 반면에, 문제해결자는 실제로 이러한 결과들의 진척을 추적한다.

지리에서 의사결정은 인간-환경 관계로부터 야기할 수 있는 쟁점, 문제, 질문을 이해하고 해결하는 체계적인 과정으로 간주될 수 있다. 지리에서의 의사결정 연습은 인간과 그들의 환경과의 상호작용으로부터 야기하는 특정한 쟁점, 질문, 문제에 지리탐구의 기능들의 적용에 학생들을 참여시키도록 설계된다. 학생들의 의사결정 능력에 대한 평가는 일반적으로 다음에 초점이 맞추어진다(Naish et al, 1987).

- 의사결정에 도달하는 과정에 있어서 논리적이고 매우 정연된 탐구계열을 따를 수 있는 능력
- 적절한 방법과 기법을 사용하여 상이한 자료, 데이터, 증거를 구체화하고 분석하기
- 제공된 데이터에 있는 상이한 가치와 그들 자신의 가치들을 구체화하는 데 포함된 단계들에 대한 이해
- 대안적인 해결책들과 그것들의 있을 법한 결과들을 평가할 수 있는 능력
- 논리적이고 합리적인 결정을 하고 추천을 정당화할 수 있는 능력
- 보고하기(reporting)의 질

글상자 7.6

사회과의 '의사결정 모형'

사회과에서 의사결정 수업을 위한 교수 방법은 엥글과 오초아(Engle and Ochoa, 1988), 뱅크스(Banks, 1977, 1990), 울레버와 스콧(Woolever and Scott, 1988), 차경수(1997) 등에 의해 제시되었다. 특히 울레버와 스콧(1988)은 여러 학자들이 제시한 의견을 종합하여 의사결정 모형을 제시하였으며, 차경수(1997)는 뱅크스, 울레버와 스콧의 의사결정 단계를 종합하여 제시하였다. 사회과 의사결정 모형 중 가장 많이 활용되는 모형은 뱅크스의 의사결정 모형과 울레버와 스콧(1988)의 의사결정 모형이다. 특히 뱅크스의 의사결정 모형은 1970년대 영국 학교위원회의 지리 16-19 프로젝트의 '지리탐구를 위한 경로'에 적극 도입되었다.

의사결정력은 선택이 가능한 여러 대안 중에서 자기가 추구하는 목표에 적합한 하나를 선택하는 능력을 의미한다. 급변하는 현대 사회에서 개인, 집단, 국가는 순간마다 중요한 의사결정을 해야만 하는 상황에 직면하게 된다. 의사결정은 몇 가지 요소를 필수적으로 요구한다. 우선 결정을 하기 위해 필요한 정보를 충분히 가지고 있어야 한다. 이 과정에서 사회과학적 지식을 획득하는 탐구의 과정을 거치는 것이 필요하다. 다음으로 의사결정은 바람직한 가치를 무엇으로 보느냐에 따라 크게 영향을 받는다. 특히 대안으로 제시되어 있는 가치가 모두 바람직할 경우에 더욱 그러하며, 실제로 의사결정 문제는 대부분이 이러한 경우에 해당된다. 여기에서는 가치탐구의 과정이 필수적으로 요청된다. 이러한 과정이 끝나면 가능한 대안을 모두 나열하여 그러한 대안을 선택하였을 때 나타나는 결과를 충분히 예측하고, 그 장단점을 검토하여 의사결정을 하고, 그것을 행동으로 실천한다. 의사결정 과정에서 대안의 검토와 결과의 예측은 특히 중요하다.

의사결정에 관한 기존의 사회과 수업모형들은 사회과학적 탐구의 과정과 가치탐구의 과정을 모두 포함하고 있다. 의사결정을 위해 사회과학적 탐구가 필요한 이유는 사실을 인식하기 위해 필요한 지식이나 정보가 있어야 하기 때문이다. 또한 가치탐구의 과정이 필요한 이유는 의사결정 과정에서 선택해야 할 가치가 반드시 개입되어 있기 때문이다. 의사결정은 결국 이러한 두 개의 상이한 성격의 과정을 거쳐서 최종적으로 이루어진다고 할 수 있다(차경수·모경환, 2008: 186).

뱅크스의 의사결정 모형

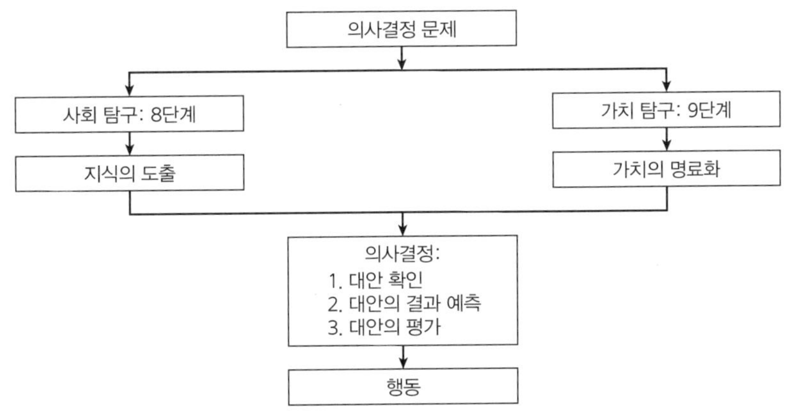

사회탐구	가치탐구
1. 문제 제기 2. 주요 용어의 정의 3. 가설의 설정 4. 관련 자료의 수집 5. 자료의 분석과 평가 6. 가설의 검증 7. 결론 도출 8. 새로운 문제의 탐구	1. 가치문제를 정의하고 인식하기: 관찰 – 구별 2. 가치 관련 행동을 서술하기: 서술과 구별 3. 서술된 행동에 의해 예시되는 가치에 이름 붙이기: 확인 – 서술, 가치 설정 4. 서술된 행동에 포함된 대립 가치를 확인하기: 확인–분석 5. 분석된 가치의 원천에 대해 가설 세우기: 가설 설정, 가설을 증명할 자료 제시 6. 관찰된 행동에 의해 예시되는 가치의 대안적 가치에 이름 붙이기: 회상 7. 분석된 가치들의 결과에 대해 가설 세우기: 예측, 비교, 대조 8. 가치 선호를 선언하기: 가치 선택 9. 가치 선택의 이유, 원천, 결과를 서술하기: 정당화, 가설 설정, 예측

울레버와 스콧의 의사결정 모형

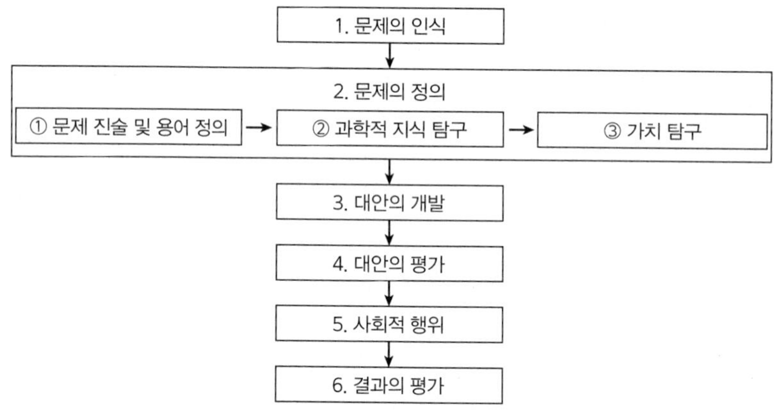

차경수 · 모경환(2008)의 의사결정 모형

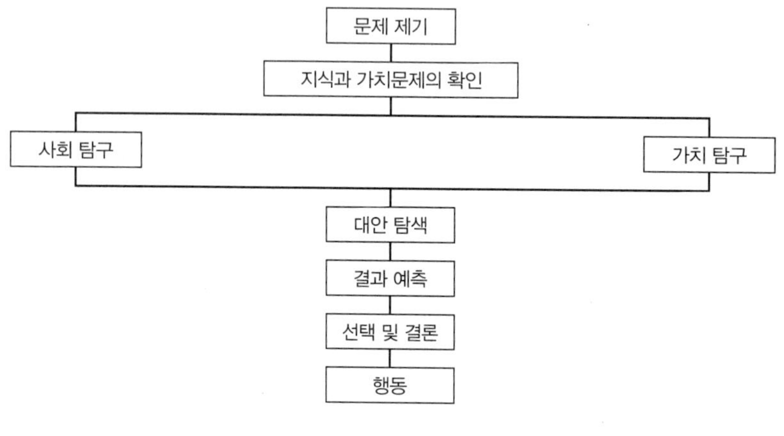

지리에서 의사결정 활동은 종종 학생들에게 하나의 역할을 취하도록 요구한다. 학생들은 자신이 채택한 사람의 역할에 대한 관점을 정당화할 수 있고 방어할 수 있는 결정에 도달하기 위해 제공된 증거와 데이터를 검토해야 한다. 이러한 의사결정 활동은 지도, 다이어그램, 사진, 통계, 신문기사 또는 잡지 기사, 관점에 대한 진술문들 등을 포함한 폭넓은 자료를 사용한다. 때때로 학생들은 한편으로 기술된 관점을 분석하고 해석해야 하며, 다른 한편으로 쟁점에 포함된 개인들과 집단들의 있을 법한 관점을 나타내거나 고찰할 필요가 있다.

이러한 의사결정 활동은 연습을 요구한다. 왜냐하면 학생들은 복잡하고 다양한 데이터를 해석하는 데 있어서 지리적 개념들과 프로세스들에 대한 자신의 지식과 이해를 사용해야 하기 때문이다. 학생들은 또한 매우 다양한 지리적 기능들과 기법들을 활용해야 한다. 여기에서 교사의 역할은 매우 중요하다. 교사는 학생들로 하여금 지리탐구 과정을 이해하도록 도와주어야 하며, 지리적 지식과 이해, 그리고 기능을 적용할 수 있는 능력을 발달시키도록 도와주어야 한다.

4) 논쟁적 쟁점에 대한 의사결정 지리수업 사례

리트(Leat, 1998)에 의한 『Thinking Through Geography』는 구성주의 학습론에 근거하여 사고기능 학습을 촉진하기 위해 만들어진 훌륭한 책이다(조철기 역, 2013 참조). 이 책은 7가지의 중요(큰)개념(big concepts)(원인과 결과, 시스템, 분류, 입지, 계획, 의사결정, 불평등, 개발)을 토대로 하여 학습 전략이 구상되었는데, 그중의 하나가 의사결정(decision making)이다. 특히 이 책에 제시된 8가지의 훌륭한 전략 중, 사실이냐 의견이냐?(Fact or Opinion?) 전략은 의사결정수업과 밀접한 관련이 있다. 여기서 사실(fact)이란 사실탐구를 의미하는 것이며, 의견(opinion)은 가치탐구를 의미하는 것이다. 앞에서도 살펴보았듯이, 의사결정 모형은 사실탐구와 가치탐구를 함께 고려하는 종합적인 모형이다.

이 책에서는 의사결정 과정에 대한 이해 없이 인간과 환경 관계를 이해하는 것은 어렵다고 주장하면서, 의사결정의 중요성을 지적한다. 이 책은 의사결정에 대해 다음과 같이 기술하고 있다.

첫째, 의사결정은 가치와 관점에 근거하며, 따라서 그것은 어떤 입장을 견지하는 것이다. 이 입장은 정보를 평가하기 위해 사용되거나, 결정을 확신하기 위해 사용된다. 이것은 '사실이냐 의견이냐?'의 사례에 잘 기술되어 있다.

둘째, 의사결정은 이미지와 경험의 영향을 강하게 받는다. 물론 이미지와 경험은 태도의 영향을 받으며, 이는 태도가 정보 처리에 영향을 주기 때문이다.

셋째, 집합적인 의사결정은 권력에 의해 결정된다. 개인과 집단들은 다양한 정도의 독재를 행사하

표 7-36. 갈등을 해결하기 위한 다양한 방법의 사례

야만적인 폭력 (Brute force)	권력을 가진 사람들은 단지 그들의 의지를 강요하고 '모든 것을 차지'할지 모른다(광산업자, 벌목 회사, 수력발전 회사는 남아메리카 인디언들에게 야만적인 폭력을 행사했다).
개선(Amelioration)(불쾌한 상황을 완화시키는 것)	역효과가 무엇이든지 간에, 의사결정자들은 패자에게 미치는 영향을 줄이려고 시도한다(새로운 길 근처에 살고 있는 주택 소유자는 조경 공사와 이중 유리창을 제공받을지 모른다).
지구제 (Zoning)	의사결정에서 어떤 지역은 어떤 이익집단에 할당되고, 다른 지역은 경쟁하는 다른 이익집단에게 할당될 것이[레이크 디스트릭트(Lake District)의 호수에서 어떤 지역들은 동력선, 보트와 카누를 팔기 위한 다른 카터(짐수레)를 허용하며, 어떤 지역들은 단지 새만 허용한다.].
시간 해결책 (Time solution)	어떤 사용자는 하루, 한 주, 일 년의 어떤 시간에 우선적인 사용권을 얻을지 모른다. 반면 다른 사용자는 다른 시간 중에 우선권을 부여받을 것이다(낚시 시즌은 낚시꾼들에게 몇 달 동안 하천을 이용하도록 허락하며, 카누를 즐기는 사람들 역시 몇 달 동안 허락을 받을 것이다. 그러나 산란 시즌 동안에는 물고기만 하천을 소유한다.).
대체 (Replacement)	만약 어떤 것이 파괴된다면, 승자는 똑같은 것을 다른 곳에 대체할지 모른다(만약 주택 개발로 꽃이 만연한 초지가 파괴된다면, 잘라낸 풀밭이 제거되거나 다른 곳에 또 다른 초지가 만들어질지 모른다.).
매수 (Buying off)	의사결정에서 패자는 그들의 반대를 철회하는 조건으로 돈이나 다른 보상을 받을지 모른다(새로운 저수지 축조로 인해 매몰될 토지를 가진 농부들은 그의 토지가 강제 매입될 것이다.).

(Leat, 1998)

는 많은 권력을 가지고 있다. 어떤 집단들은 거의 권력을 가지고 있지 못하며, 의사결정의 결과로써 원하는 것을 얻지 못할 것이다.

넷째, 의사결정은 갈등을 초래하며, 그것은 표 7-36과 같은 다양한 방법에 의해 해결될 수 있다.

이 책에서 제시하고 있는 사실이냐 의견이냐? 전략은 가치와 태도를 이해하고, 쟁점을 탐구하며, 의사결정을 연습하기 위한 목적을 가지고 있다. 진술문과 관점들이 어느 정도로 진실을 반영하고 있는지를 탐구함으로써, 학생들은 가치가 사람들이 세계를 바라보는 관점에 어떻게 영향을 주는지를 진정으로 이해할 수 있게 된다. 이 전략에는 3가지의 사례가 제시되어 있는데, 그중 하나는 '남극대륙의 미래'로 환경과 관련된 쟁점이다. 이 활동은 진술문에 내포되어 있는 가치입장을 구체화함으로써, 이익집단들의 주장에 대해 더 비판적인 접근을 발달시키는 데 목적이 있다. 여기에서 어려움을 겪고 있는 학생들에게 교사가 사용할 수 있는 질문은 "너는 왜 그것이 사실이라고 생각하니?", "너는 그것이 명백한 사실이라는 것을 어떻게 아니?" 등이다. 또한 요약정리 시간에는 "너는 어떤 것이 사실이라는 것을 어떻게 결정했니?", "너는 어떤 것이 의견이라는 것을 어떻게 결정했니?", "어떤 진술문이 다른 진술문보다 분류하기에 더 어려웠니?", "남극에서 다루어져야 할 것에 대해 왜 그렇게 많은 다른 관점들이 있니?" 등의 질문을 사용할 수 있다. 이 활동을 위한 지시 사항과 이 활동에 사용된 자료는 표 7-37과 같다.

표 7-37. 사실이냐 의견이냐? 활동의 지시사항과 자료시트

지시

1. 학생들은 보다 큰 모둠 내에서 짝 또는 3명으로 활동하도록 요청받았다.
2. 각 학생들은 관점 시트(사실이냐 의견이냐? 자료 시트 1)를 받았고, 그 진술문을 주의 깊게 읽도록 요청받았다.
3. 학급 학생들이 예를 들어, 개척하다, 우월성, 자원, 지질학, 크릴새우 등과 같은 몇몇 핵심 어휘들을 이해하고 있는지 확인하기 위해 질문을 한다(성취 수준이 낮은 학생들을 위해서는 이러한 어휘들을 칠판에 적거나 자료를 수정할 수 있다).
4. 짝으로 활동할 때, 학생들은 모든 상이한 관점들을 주의 깊게 살펴보고, '사실'과 '의견'이라는 두 가지 제목 중 하나에 그것들을 기록하도록 요청받았다(이 학급은 유능한 학급이었기 때문에 처음에 어떤 다른 도움을 주지 않았다). 학생들이 진술문을 부분으로 분할하는 것이 허용되었으며, 심지어 격려되었다.
5. 약 15분이 지난 뒤 학생들은 작성한 목록들을 그들의 주요 모둠(6명 중)의 다른 학생들의 목록들과 비교하고, 그들이 발견한 차이를 토론/분류하도록 요청받았다.

자료

우리는 20세기 초부터 남극의 바다에서 어업을 해 오고 있다. 그 누구도 이 바닷물을 소유하고 있지 않다. 우리는 생계를 어업에 의존하고 있다. 사람들이 우리가 생계를 유지하는 것을 막을 어떤 권리를 가지고 있는가? 우리나라와 가족들은 우리가 하는 일에서 이익을 얻는다. 우리가 어업 활동을 하는 것을 막지 마라. 만약 누구든지 어업 활동을 한다면, 우리는 어획량을 조절할 것이다.

어민

환경운동가

남극은 지구상의 마지막 황무지이다. 남극에서 인간 활동은 금지되어야 하거나, 적어도 신중하게 관리되어야 한다. 석탄, 석유, 어류 등을 위해 남극을 개척할 필요는 없다. 남극은 손상되기 쉬우며, 손상되면 현재와 미래에 영원히 남극을 잃게 된다. 우리는 그 지역을 어떻게 이용하는 것이 최선일지 합의를 해야만 한다. 우리는 세계 황무지 공원(World Wilderness Park)이라는 아이디어를 지지한다.

선진국은 세계의 나머지 지역에서 그들의 우월성을 유지하기 위해 남극의 자원을 개발하기를 원한다. 그들이 진정한 최후의 황무지를 황폐하게 만들 어떤 권리를 가지고 있는가? 남극은 세계가 공동으로 소유하는 것이다. 만약 자원이 사용된다면 그것들은 전 세계에 이익이 되어야 한다. 이러한 자원들의 사용은 남극 환경의 파괴를 막을 수 있도록 신중하게 관리되어야만 한다.

개발도상국의 정치인

과학자

과학자들은 1830년부터 남극에 대해 면밀히 조사해 오고 있다. 오늘날 많은 국가와 과학자들은 생물학, 지질학, 빙하와 기후에 대해 연구하고 있다. 많은 프로젝트는 인류에게 유용할 것이라는 것을 증명하고 있다. 기후에 대한 연구는 우리가 세계의 기후변화를 이해하는 데 도움을 준다. 오염에 대한 연구는 기후에 대한 인간 활동의 영향에 관한 정보를 제공하고 있으며, 새로운 자원이 발견되고 있다.

더 많은 관점

그린피스 (Greenpeace)

그린피스는 남극을 보호하기 위한 캠페인을 한다. 그들은 남극에 있는 광물에 대한 어떤 개발도 이루어져서는 안 된다고 믿고 있다. 그린피스는 남극에 있는 모든 광물 개발이 50년 동안 금지되기를 원한다. 그린피스는 남극이 보호되는 '세계 공원(World Park)'이 되어야만 한다는 아이디어를 지지한다.

광업 회사

많은 광물들이 남극에서 발견되어 왔고, 많은 지역은 여전히 탐사되어야만 한다. 우리는 유용한 자원들이 발견될 것이며, 우리가 이를 채굴하도록 허용되어야만 한다고 믿는다. 우리는 환경에 조심스럽게 다가갈 것이며, 가능한 한 피해를 최소화할 것이다. 우리는 정치인들이 남극의 광물을 채굴하도록 허용할 계획을 만들어야만 한다고 생각한다.

세계자연 보호기금

세계자연보호기금은 남극의 광물은 개발되어서는 안 된다고 믿는다. 그들은 오염을 유발시키는 사고들이 종종 일어날 수 있다고 말한다. 예를 들어, 유조선이 좌초되면 석유가 쏟아져 나오게 되며, 새, 바다표범과 같은 많은 야생동물을 죽일 수 있다. 모든 오염은 고래, 펭귄, 크릴새우, 어류에게도 문제를 일으킬 수 있다. 세계자연보호기금은 남극을 '세계공원'으로 만드는 아이디어를 지지한다.

석유 회사

1970년대의 시추는 남극에서 석유가 나온다는 징후를 발견했다. 많은 석유 회사들은 이 지역에 관심이 있다. 우리는 환경을 보존해야 할 필요성을 이해하지만, 우리의 산업은 환경에 대해 배려하는 좋은 증거들을 갖고 있다. 우리가 남극의 석유를 시추할 수 있도록 허용되어야만 한다.

8. 협동학습

1) 협동학습 vs 소모둠(집단)학습

협동학습(cooperation learning)은 원래 학교교육에서의 과도한 경쟁학습에 대한 대안으로 등장하였으며, 최근 구성주의 학습론에 의해 더욱 강조되고 있다. 오늘날 협동학습이 강조되면서, 많은 지리교사들이 협동학습을 활용하려고 시도하고 있다. 그러나 많은 교사들이 협동학습과 협력, 그리고 전통적인 소집단학습(모둠학습)을 구별하지 못하였기 때문에, 실제로는 4~5명씩 소집단(모둠)을 만들어 토론수업 또는 활동 중심 수업을 실시하면서 협동학습을 한다고 생각하였다. 하지만 소집단을 구성하여 교수·학습 활동을 실시한다는 점에서는 유사하지만, 협동학습과 소집단학습(모둠학습)은 차이가 있다.

협력(collaboration), 소집단(모둠)학습(small group learning), 협동(cooperation)이라는 용어는 종종 동일한 의미로 사용된다. 물론 이 3가지 용어 간에는 중복되는 부분이 있지만, 차이점 또한 존재한다. 협력과 협동 간의 구분은 명확하지 않지만, 판티즈(Pantiz, 1996)는 다음과 같이 구분한다. 협력(collaboration)은 다른 사람들과 어떻게 관계를 맺을 것인가, 즉 어떻게 학습하고 작업할 것인가에 관한 철학이다. 협력은 차이점을 존중하고, 권위를 공유하며, 다른 사람들 사이에 펴져 있는 지식들을 공유하기 위한 하나의 방법이다. 반면에 협동(cooperation)은 공동의 목표를 성취하기 위해 다른 사람들과 작업하는 방식이다. 협동학습은 학생들이 학습하면서 보다 적극적인 방식으로 문학 작품에 반응하기를 원했던 영국 교사들의 작업에 뿌리를 두고 있다. 미국에서의 협동학습 기원은 심리학자 듀이(Dewey)와 레빈(Lewin)의 활동에서 찾을 수 있다. 협동학습은 협력하기 위한 하나의 방식이다.

반면에, 집단(모둠)학습(group work or learning)은 단순히 몇몇 학생들이 함께 활동하는 것을 말한다. 그들은 협동하고 있을 수도, 그렇지 않을 수도 있다. 사실 많은 활동들이 집단 속에서 완성될 수 있다. 예를 들면, 지역 표본조사를 하기 위해 함께 작업할 수 있다. 더 많은 쇼핑객과 교통량을 유인할 수 있는 새로운 백화점을 짓는 계획에 대해 사람들은 어떻게 생각하고 있는가? 원자력 발전소 건설에 지역사회는 찬성하는가, 아니면 반대하는가? 여기서 중요한 것은 집단의 모든 구성원들이 그 과제를 다루는 데 확실히 참여해야 한다는 것이다. 때로 한두 학생이 전체 집단의 일을 해버리는 경우가 있다. 집단(모둠)학습은 유용할 수 있지만, 진정한 협동학습은 단순히 학생들을 집단 속에 넣는 것 이상을 필요로 한다. 협동학습은 어느 정도의 토론과 자기반성, 그리고 협동을 포함한다(Kyriacou, 1997).

존슨과 존슨, 케이건, 슬라빈 등은 전통적인 소집단(모둠)학습과 협동학습을 다음과 같이 구별하였다(정문성·김동일, 1999: 35-36).

첫째, 협동학습에서 집단은 자기뿐만 아니라 구성원 모두의 목표 달성에 관심을 갖고 협력하도록 구조화되어 있다. 따라서 구성원들은 항상 긍정적인 상호의존성을 갖고 있다. 반면에 전통적인 소집단은 항상 긍정적인 상호의존성을 갖고 있는 것은 아니다.

둘째, 협동학습에서는 명확한 개별적 책무성이 존재한다. 협동학습에서 각 개인은 개별적인 역할과 과제를 부여받기 때문에, 집단의 목표 달성을 위해 자신의 역할과 임무를 충실히 이행해야 할 책임이 분명하다. 하지만 전통적인 소집단학습에서는 개인이 다른 구성원의 목표 달성에 무임승차할 수 있다.

셋째, 협동학습에서 집단은 지적 능력이나 문화적 배경 등에서 이질적 집단으로 구성되지만, 전통적인 소집단은 동질적인 집단으로 구성되는 경우가 많다.

넷째, 협동학습에서는 모든 학생이 지도자가 될 수 있으며, 지도력에 대한 책임을 갖게 된다. 그러나 전통적인 소집단학습에서는 주로 유능한 학생이 지도자로 지정된다.

다섯째, 협동학습의 구성원은 목표 달성을 위해 서로 협력하고 격려할 책임을 지지만, 전통적 소집단학습의 구성원은 그런 책임이 없다.

여섯째, 협동학습에서는 학습에 필요한 지도력, 의사소통 기능, 상호 신뢰, 갈등의 조정 등 사회적 기능을 직접 배우게 되지만, 전통적인 소집단학습에서는 그런 사회적 기능을 획득하기 어렵다.

일곱째, 협동학습에서 교사는 집단 활동을 관찰하고 감독하는 역할을 하지만, 전통적인 소집단학습에서 교사는 그런 관찰과 감독을 거의 하지 않는다.

여덟째, 협동학습에서 교사는 집단이 어떻게 과제를 수행할 것인가에 대해 집단 구성원 각자의 역할과 임무를 부여함으로써 집단 활동의 과정을 구조화한다. 하지만 전통적인 소집단학습에서 교사는 그런 구조화 활동을 하지 않는다.

2) 협동학습의 의의

학습은 종종 개인적인 과정으로 간주된다. 학생들이 개별적으로 학습을 내면화하는 것은 분명한 사실이지만, 학생들이 함께 학습할 수 있는 기회를 제공하는 것은 중요하다. 협동학습은 더 효과적인 학습을 촉진시킬 수 있으며, 특히 학습이 창의성과 이해의 명료화를 강조할 때 더욱 그러하다.

최근 구성주의 학습에 대한 강조로 인해 학습과 학습자에 대한 개념을 재정립하게 되면서, 사회적 상호작용을 강조하게 되었다. 브루너와 헤이스트(Bruner and Haste, 1987)는 이해를 '사회적인 과정'으로 간주하면서, 교실 학습에서 사회적 환경의 중요성을 강조한다. 브루너(Bruner)는 사회적 상호작용이 학습을 용이하게 하는 데 중추적인 역할을 한다고 주장한 비고츠키(Vygotsky, 1978)의 연구에 영향을 받았다. 그리고 베네트(Bennett, 1995)는 이해를 위한 학습이 필수적으로 사회적인 과정을 포함하기 때문에, 협동학습은 지적 교환이 일어날 수 있는 상황을 만들어냄으로써 이해를 강화시킬 수 있다고 주장한다. 휘테커(Whitaker, 1995)는 협동학습의 가치를 다음과 같이 주장한다.

- 협동학습은 학생들이 안정감과 자신감을 가지고 학습할 수 있는 분위기를 만들어준다.
- 협동학습은 학생들이 서로서로 좀 더 심사숙고하여 대화할 수 있는 최적의 기회를 제공함으로써, 이해의 증가를 용이하게 한다.
- 협동학습은 협동의 정신과 상호 존중의 태도를 장려한다.

협동학습을 효과적으로 관리하였을 때, 일련의 가치 있는 학습과 대인관계 기능(interpersonal skills)을 발달시킬 수 있다. 협동학습은 학생들의 활동을 장려하며, 학생들의 학습하려는 열정과 동기부여를 강화시킨다. 또한 학생들이 서로의 생각과 의견을 공유하려는 자신감을 가지도록 도와줄 수 있다. 학생들이 서로의 생각을 상호작용하는 것은, 자신의 생각을 검토하고 자신의 이해를 향상시키는 데 도움을 준다. 특히 협동학습이 개방형 과제를 제공할 때, 학생들은 자신의 수준에서 자신이 흥미를 가지고 있는 분야와 아이디어를 탐색할 수 있는 더 많은 기회를 가질 수 있다(Robinson and Serf, 1997). 결론적으로 협동학습은 학생들이 자신의 학습에 대한 더 많은 책임감을 가지도록 해 준다. 또한 학생들이 다른 학생들의 경험뿐만 아니라, 자신의 경험을 사용하고 가치를 부여하도록 도와준다.

협동학습은 학생들이 상호협동 능력을 개발하도록 도와줄 뿐만 아니라, 학생들이 의사소통능력을 연습하고 향상시킬 수 있는 기회를 제공한다. 지리에 대한 아이디어를 토론하도록 하는 협동학습은 학생들이 지리 학습을 용이하게 하도록 도와준다. 학생들은 토론을 하면서 아이디어를 선택·조직·제시하는 과정을 통해, 개념을 강화하고 증진시킬 수 있다. 스팀슨(Stimpson, 1994: 154)은 교사의 직접적인 설명이 일반적으로 사실적인 지식을 전달하는 데 좀 더 효과적인 방법인 반면에, 토론은 지식을 장기기억에 저장하고 이해를 증진시키는 데 더 효과적이라고 주장한다. 학생들은 토론을 통해 개념에 대한 더 정확한 설명을 탐색하게 되고, 대화를 통해 이해를 더 쉽게 할 수 있다. 자콥슨 외(Jacobson et al., 1981)는 토론이 학생들에게 다음을 배울 수 있도록 도와준다고 주장한다.

- 모둠의 의견을 요약하는 방법
- 논쟁을 해결하는 방법
- 의견일치를 찾아내는 방법
- 자기 주도적인 학습 기능을 사용하는 방법
- 분석, 종합, 평가의 기능과 고차사고기능을 사용하는 방법

상이한 학습이론은 각기 다른 이유로 인해 협동학습을 지지한다. 표 7-38은 다양한 학습이론의 관점에서 협동학습을 조명한다. 먼저 정보처리 이론가들은 학생들이 지식을 연습하고, 정교화하고, 확장하는 데 도와준다는 점에서 집단 토의의 가치를 강조한다. 집단 구성원들은 서로 질문하고 설명하는 과정을 통해, 자신의 지식을 조직하고, 연결점들을 찾고, 재검토한다. 이러한 모든 과정들이 정보처리와 기억을 돕는다. 다음으로 피아제(Piaget)의 관점을 지지하는 학자들은 집단에서의 상호작용을 통해 개인이 자신의 이해력에 대해 질문을 할 수 있다고 주장한다. 또한 새로운 사고를 하도록 하는 인지적 갈등과 비평형, 즉 현재 상태를 넘어서서 새로운 방향으로 나아가는 상태를 만들어 낼 수 있다는 것을 강조한다. 마지막으로 비고츠키(Vygotsky) 이론을 지지하는 학자들은 추론·이해·비판적 사고와 같은 고등정신능력이 사회적 상호작용에서 시작되어 개인들에 의해 내면화된다고 주장한다. 어린이들은 정신적 과제를 홀로 수행할 수 있기 전에, 사회적 지원을 받으며 성취할 수 있다. 따라서 협동학습은 학생들이 학습을 진전시키기 위해 필요한 사회적 지원과 비계를 제공한다.

이상과 같이 협동학습은 소집단의 구성원들이 긍정적으로 상호작용하고 협력하여 학습과제를 수행하도록 유도한다. 이를 통해 지식의 이해뿐만 아니라 고차사고력, 문제해결력, 의사소통능력 같은

표 7-38. 협동학습에 대한 다양한 관점

고려할 점	정보처리이론(정교화)	피아제(Piaget)파	비고츠키(Vygotsky)파
집단 크기	소집단(2~4명)	소집단	두 사람
집단 구성	이질적/동질적	동질적	이질적
과제	연습/통합	탐구 학습	기술들
교사 역할	조력자	조력자	모델/안내자
잠재적 문제	빈약한 도움 제공 불공평한 참여	활동적이지 않음 인지적 갈등 없음	빈약한 도움 제공 적절한 시간/대화 제공
문제 피하기	도움 제공에 대한 직접적 교수 도움 제공을 시범 보임 상호작용 대본을 씀	논쟁을 구조화함	도움 제공에 대한 직접적 교수 도움 제공을 시범보임

(김아영 외, 2007: 506)

고차사고기능을 신장시킬 수 있다. 또한 협동학습은 구성원의 역할과 임무, 학습과제가 매우 구조화되어 있기 때문에, 학습자들이 긍정적으로 상호작용하고 협동함으로써 사회성 발달, 협동 능력, 자존감, 타인 존중 태도 등을 기르도록 도와준다. 협동학습은 특정한 지식이나 사고능력의 발달을 목표로 제시하지는 않았지만, 인지적 능력과 정의적 능력을 종합적으로 달성하고자 하는 교수·학습 모형이라고 할 수 있다(박상준, 2009).

3) 협동학습을 위한 계획과 관리

협동학습이 효과적으로 이루어지기 위해서는 진정한 협동과 목적의식을 가진 활동을 포함해야만 한다. 대부분의 교실 수업에서 학생들은 모둠을 이루어 앉지만 대개 독립적으로 학습하거나, 간혹 어떤 협동학습에 참여하여 답을 공유하라고 요청받을 뿐이다. 이것은 모둠에게 주어진 과제가 협동이나 상호협력을 요구하지 않기 때문이다. 따라서 모둠학습의 주요 이점은 사라지게 되며, 진정한 의미의 협동학습이 이루어지지 않게 된다.

교사가 모둠학습을 조직하고 관리하기 위해서는 많은 노력이 필요하다. 교사가 모둠활동에 대한 주안점을 정했다면, 학생들로 하여금 의도된 학습결과를 성취하도록 하기 위해 적절한 전략을 계획해야 한다. 이것은 토론을 위한 질문들의 계열뿐만 아니라, 자료를 고안하고 준비하는 것을 포함한다. 또한 모둠을 어떻게 조직할 것인가에 대한 결정도 해야 한다. 실제 수업 시간에는 계획된 학습이 확실하게 일어날 수 있도록 다양한 수업 관리 기능이 사용되어야 한다. 이런 기능에는 학생들이 적극적으로 과제에 참여하도록 하는 관리 기능뿐만 아니라, 안내 기능과 요약보고 기능 등이 있다. 교사는 또한 학생들의 참여와 학습을 적극적으로 관찰하고 평가해야 한다. 프리먼과 헤어(Freeman and Hare, 2006)는 핵심적인 협동학습의 단계 및 특징을 6가지로 구체화하여, 협동학습을 성공적으로 계획하고, 시작하며, 관리할 수 있는 방법에 관한 매우 유용한 안내를 하고 있다(그림 7-14).

교사가 협동학습을 통해 학생들의 토론을 자극하기 위해서는 학생들을 잘 알고 있어야 한다. 이것은 교사가 적절한 자료를 준비하고 효과적으로 학생들을 조직하는 준비 단계와 교실에서 활동을 관리하는 단계에서 모두 중요하다. 개인, 모둠, 학급 전체 수준의 질문은 교사가 학생들의 학습을 관찰하고 탐구하도록 도와준다. 학생들은 토론을 통해 아이디어들을 명확하게 인지하며, 이를 통해 다른 생각들 사이의 연계 고리를 찾아 나가면서 사고와 학습을 하게 된다. 그러므로 교사가 교실 토론과 상호협력 학습 활동을 관리하는 것은 의도된 학습목표를 달성하기 위해 필수적으로 요구되는 것이다. 교사는 학생들의 학습 관찰 능력과 학습을 듣고 이해할 수 있는 능력을 개발시킬 필요가 있다.

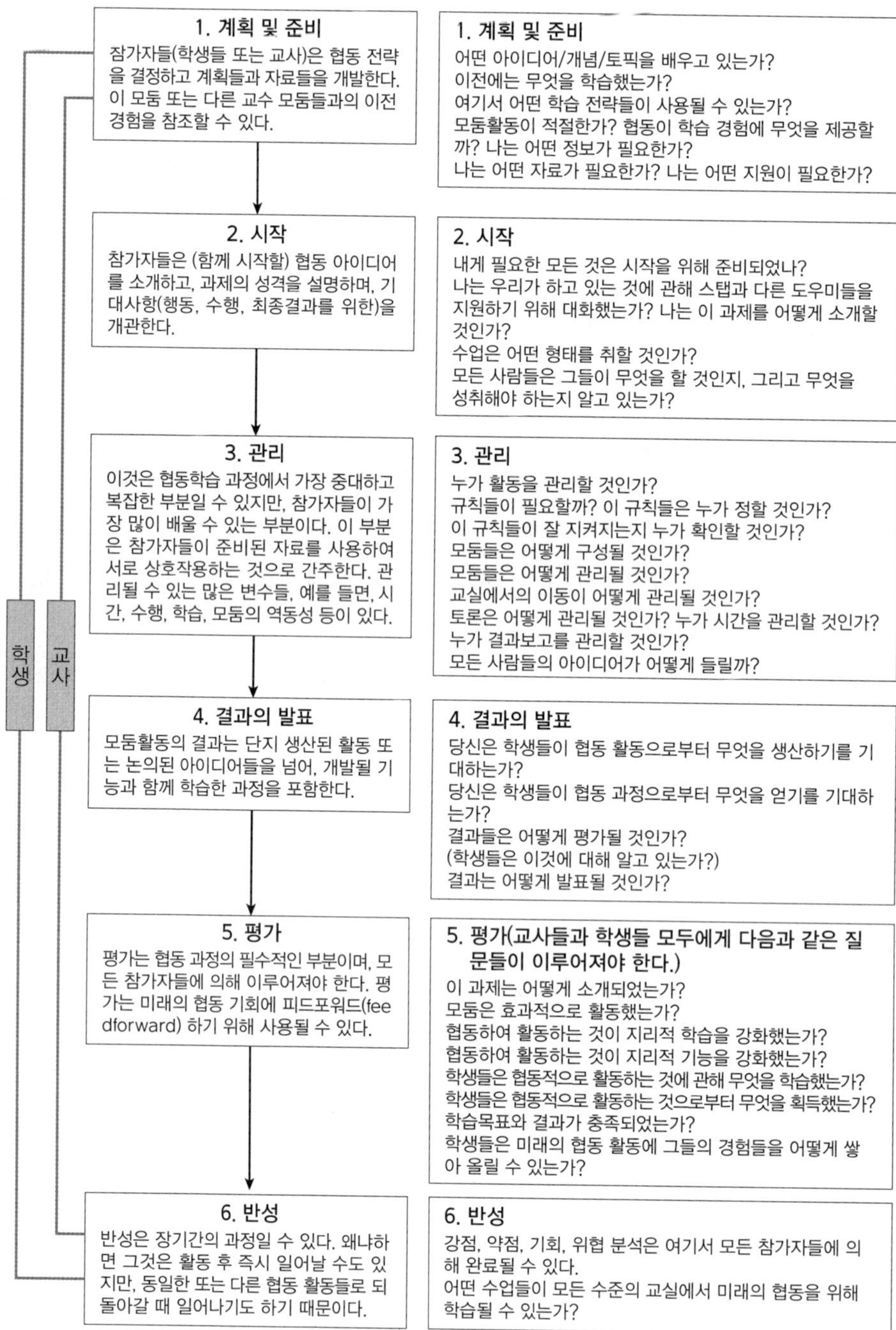

1. 계획 및 준비
참가자들(학생들 또는 교사)은 협동 전략을 결정하고 계획들과 자료들을 개발한다. 이 모둠 또는 다른 교수 모둠들과의 이전 경험을 참조할 수 있다.
1. 계획 및 준비
어떤 아이디어/개념/토픽을 배우고 있는가?
이전에는 무엇을 학습했는가?
여기서 어떤 학습 전략들이 사용될 수 있는가?
모둠활동이 적절한가? 협동이 학습 경험에 무엇을 제공할까? 나는 어떤 정보가 필요한가?
나는 어떤 자료가 필요한가? 나는 어떤 지원이 필요한가?
2. 시작
참가자들은 (함께 시작할) 협동 아이디어를 소개하고, 과제의 성격을 설명하며, 기대사항(행동, 수행, 최종결과를 위한)을 개관한다.
2. 시작
내게 필요한 모든 것은 시작을 위해 준비되었나?
나는 우리가 하고 있는 것에 관해 스탭과 다른 도우미들을 지원하기 위해 대화했는가? 나는 이 과제를 어떻게 소개할 것인가?
수업은 어떤 형태를 취할 것인가?
모든 사람들은 그들이 무엇을 할 것인지, 그리고 무엇을 성취해야 하는지 알고 있는가?
3. 관리
이것은 협동학습 과정에서 가장 중대하고 복잡한 부분일 수 있지만, 참가자들이 가장 많이 배울 수 있는 부분이다. 이 부분은 참가자들이 준비된 자료를 사용하여 서로 상호작용하는 것으로 간주한다. 관리될 수 있는 많은 변수들, 예를 들면, 시간, 수행, 학습, 모둠의 역동성 등이 있다.
3. 관리
누가 활동을 관리할 것인가?
규칙들이 필요할까? 이 규칙들은 누가 정할 것인가?
이 규칙들이 잘 지켜지는지 누가 확인할 것인가?
모둠들은 어떻게 구성될 것인가?
모둠들은 어떻게 관리될 것인가?
교실에서의 이동이 어떻게 관리될 것인가?
토론은 어떻게 관리될 것인가? 누가 시간을 관리할 것인가?
누가 결과보고를 관리할 것인가?
모든 사람들의 아이디어가 어떻게 들릴까?
학생
교사
4. 결과의 발표
모둠활동의 결과는 단지 생산된 활동 또는 논의된 아이디어들을 넘어, 개발될 기능과 함께 학습한 과정을 포함한다.
4. 결과의 발표
당신은 학생들이 협동 활동으로부터 무엇을 생산하기를 기대하는가?
당신은 학생들이 협동 과정으로부터 무엇을 얻기를 기대하는가?
결과들은 어떻게 평가될 것인가?
(학생들은 이것에 대해 알고 있는가?)
결과는 어떻게 발표될 것인가?
5. 평가
평가는 협동 과정의 필수적인 부분이며, 모든 참가자들에 의해 이루어져야 한다. 평가는 미래의 협동 기회에 피드포워드(feedforward) 하기 위해 사용될 수 있다.
5. 평가(교사들과 학생들 모두에게 다음과 같은 질문들이 이루어져야 한다.)
이 과제는 어떻게 소개되었는가?
모둠은 효과적으로 활동했는가?
협동하여 활동하는 것이 지리적 학습을 강화했는가?
협동하여 활동하는 것이 지리적 기능을 강화했는가?
학생들은 협동적으로 활동하는 것에 관해 무엇을 학습했는가?
학생들은 협동적으로 활동하는 것으로부터 무엇을 획득했는가?
학습목표와 결과가 충족되었는가?
학생들은 미래의 협동 활동에 그들의 경험들을 어떻게 쌓아 올릴 수 있는가?
6. 반성
반성은 장기간의 과정일 수 있다. 왜냐하면 그것은 활동 후 즉시 일어날 수도 있지만, 동일한 또는 다른 협동 활동들로 되돌아갈 때 일어나기도 하기 때문이다.
6. 반성
강점, 약점, 기회, 위협 분석은 여기서 모든 참가자들에 의해 완료될 수 있다.
어떤 수업들이 모든 수준의 교실에서 미래의 협동을 위해 학습될 수 있는가?

그림 7-14. 협동학습을 관리하기

(Freeman and Hare, 2006: 310)

표 7-39. 교실 토론의 질을 향상시키기

- 신중하게 계획하라. 토론은 대개 순간적 충동으로 행해지는 무엇인가가 아니다.
- 결합력 있는 2~4명의 학생들로 이루어진 소규모 모둠을 구성하라.
- 모둠이 지배적인 소수의 학생과 내성적인 다수의 학생을 포함하지 않도록 구성에 신경 써라.
- 개방적 결론을 가진 토론 주제 및 논점, 기본 틀로 작용할 수 있는 구체적인 과제를 정하라.
- 토론을 자극하고 주도할 수 있는 정보를 제공하라. 학생들은 일반적으로 토론이 형편없어지고 가치 없어짐을 빨리 깨닫는다. 그 결과는 관계된 모든 것들에 대한 좌절감뿐이다.
- 글을 읽는 데 사용되는 시간을 최소화하기 위해서, 가능한 한 많은 시각 자료를 활용하여 학생들을 위한 다양한 자료를 제작하라.
- 학생들이 말해야 하는 것을 구체화하도록, 보조 질문이나 지시사항들을 제공하라.
- 교사로서 해답 혹은 판단을 말하는 것을 피하라. 토론이 진행되는 동안 (교사의) 중립성이 필요하다. 교사의 역할에 입각한 좀 더 직접적인 개입은 학생 토론이 방향을 벗어날 때만 필요하며, 토론되고 있는 것에 대하여 교사가 다시 초점을 맞추어 주는 것이 필요하다.
- 그 활동에 얼마나 많은 시간이 할당되어야 하는지를 신중하게 생각하라. 일반적으로 학생들에게 주어지는 시간은 주의를 집중시키고 과제로부터 집중을 잃는 경향을 막기 위해서 짧아야만 한다.
- 토론으로부터 예상되는 결과에 대한 분명한 생각, 예를 들어, 주어진 문제의 해결책과 같은 것을 제공하라. 토론은 요약, 목록 혹은 일련의 결론들과 같은 구체적인 산출물을 만들어 내야만 한다.
- 토론으로부터 최고의 결과를 내려면 사후 점검이 매우 중대하다. 의도된 핵심적인 지리적 요점들은 사후 점검 연습에서 요약되고 정렬되어야 한다.

(Stimpson, 1994: 156)

모둠학습 활동에 대한 결과요약보고는 학생들의 학습을 요약하고 강화시켜준다. 스팀슨(Stimpson, 1994)은 교사들이 교실 토론의 질을 높일 수 있는 방법에 대한 몇 가지 유용한 안내사항을 제공한다(표 7-39).

교사가 협동학습을 교수 전략으로 사용하기 위해서는 더 많은 자신감이 요구된다. 교사가 협동학습을 다시 사용하기에 꺼리게 되는 배경으로는 모둠의 해체, 학생들로 하여금 과제에 적극적으로 참여하도록 하는 것의 어려움, 시간의 부족 등이 있다. 따라서 협동학습이 성공적이기 위해서는 신중한 계획이 요구된다. 베네트(Bennett, 1995)는 연구를 통해 모둠의 크기와 구성, 부여된 과제의 특성, 학생들이 사회적이고 상호협력적인 기능을 사용하는 훈련을 받은 적이 있는지의 여부 등이 협동학습의 효과에 영향을 미친다고 하였다.

(1) 모둠의 크기와 구성

모둠의 크기와 구성은 협동학습의 성공에 영향을 미치는 중요한 부분이다. 교사들은 보통 4~6명의 학생 모둠을 사용한다. 그러나 11~16세 사이의 학생들로 모둠을 구성할 때, 이상적인 모둠의 크기는 일반적으로 2명, 3명, 4명으로 간주된다(Lambert and Balderstone, 2000). 이 정도 크기의 모둠이 학생들이 충분히 참여할 수 있는 규모이다. 이보다 더 큰 모둠은 학생들이 의견을 제시하는 데 많은 시간을 기다려야 하고, 활동적으로 참여할 수 없을 가능성이 높다.

모둠의 구성을 어떻게 할 것인가 역시 중요한 문제이다. 여기에는 성별로 어떻게 구성할 것인지, 능력별로 어떻게 구성할 것인지가 중요한 관건이 된다. 스팀슨(Stimpson, 1994)에 의하면, 일반적으로 중학교 저학년의 학생들은 종종 단일 성별 모둠에서 더 편안함을 느낀다. 그러므로 혼성 모둠을 사용하여 성별 장벽을 와해시키고 사회적 관계를 강화시킬 필요가 있다고 주장한다. 어떤 교사들은 소규모 모둠학습이 강의식 수업에서는 더 적극적인 남학생들의 주도성을 방해할 수 있다고 생각한다. 한편 베네트와 던(Bennett and Dunne, 1992)은 남학생과 여학생의 수가 같거나 여학생의 수가 더 많은 학급에서는 둘 다 비슷한 학습 경험을 가지게 된다는 사실을 발견했다. 그러나 남학생의 수가 더 많을 때는 여학생들이 불이익을 받았다. 여학생들은 종종 남학생들에 의해 무시당하면서, 낮은 수준의 추리로 덜 말하는 경향이 있었다. 이러한 모둠의 상호작용은 여학생들의 학업성취에 불리하다고 밝혀지게 되었다(Webb and Kenderski, 1985).

비슷한 능력을 가진 학생들로 이루어진 협동모둠과 서로 다른 능력을 가진 학생들로 이루어진 협동모둠을 비교한 연구들은 능력별 모둠구성의 몇몇 관점들에 대해서 실질적인 회의론을 제기해 왔다(Bennett, 1995). 높은 능력을 가진 학생들은 그들이 속해 있는 모둠과 관계없이 만족스럽게 학습하는 듯했다. 그들은 종종 더 많이 이야기를 하며, 이러한 이야기는 내용면에서 더욱더 학문적인 것이었다. 그러나 낮은 능력을 가진 학생들의 모둠에서는 실질적으로 학문적인 내용과 관련된 상호작용에 더 적은 시간이 사용되었고, 관련된 설명이 거의 제공되지도 않았다. 이것은 대개 낮은 능력을 가진 모둠의 학생들이 과제에 대해 이해를 잘 하지 못하거나, 그러한 설명을 제공하는 데 필요한 지식이나 기능을 가지고 있지 않기 때문이다. 이러한 요인들로 인해 상호협력이나 협동학습을 옹호하는 대부분의 교사들은 서로 다른 능력을 가진 학생들로 협력 모둠을 구성하는 것을 선호한다. 웨브(Webb, 1989)에 의하면, 성취수준이 높은 학생들은 성취수준이 낮은 학생들과 함께 공부하거나 그 학생들을 가르쳐 주는 기회를 통해, 학문적으로 그리고 사회적으로 계속해서 성취할 수 있다.

(2) 부여된 과제의 특성

교사들이 협동학습 전략을 사용할 때, 적절한 과제를 고안하여 제시하는 것은 가장 큰 도전과제이다. 교사가 협동학습을 위한 활동 과제를 계획할 때, 인지적 요구와 사회적 요구를 고려할 필요가 있다(그림 7-15).

인지적 요구와 사회적 요구를 충족시키기 위한 상호협력적인 모둠학습에는 주요한 두 가지 유형

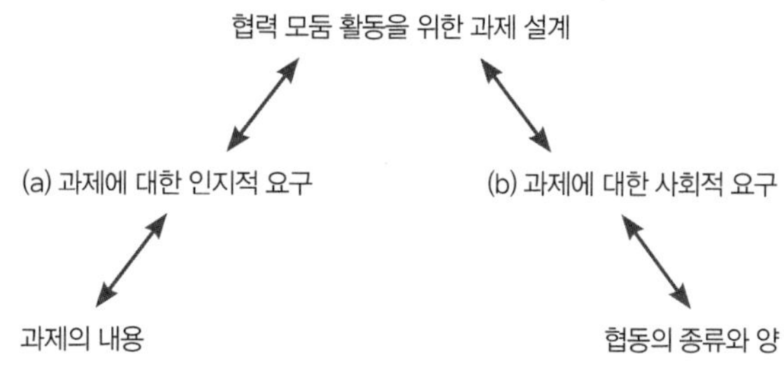

그림 7-15. 협동학습을 위해 제공된 과제에 대한 요구사항
(Bennett, 1995: 160)

이 있다. 첫 번째 유형에서 학생들은 발표 준비나 신문 기사 쓰기와 같은 구체적인 과제를 제공받는다. 이 활동의 주안점은 모둠의 결과물 생산에 있다. 학생들은 전체 활동 과제의 하위과제들을 각각 개별적으로 학습하게 되며, 모든 학생들이 자신의 하위과제를 완수해야 모둠의 결과물이 만들어질 수 있다. 학생들은 함께 활동을 계획하지만, 모둠 결과물을 만들기 위해서 개별적으로 학습한 하위과제들을 함께 끼워 맞춰야 한다는 점에서 '직소 I 모형'과 유사하다.

상호협력적 모둠학습을 위한 활동 과제의 두 번째 유형은 학생들로 하여금 문제해결이나 개방적인 조사를 통해 공통의 목적을 달성하도록 자신의 지식, 이해, 기술을 공유할 것을 요구한다('직소 II 모형' 참조). 반즈와 토드(Barnes and Todd, 1977)는 모둠학습을 위해 사용되는 느슨한(loose) 과제와 꽉 짜인(tight) 과제를 교사들이 어떻게 구별하는지를 관찰했다. 꽉 짜인 과제란 정확하거나 예측 가능한 해결책을 가지는 활동 과제를 말하며(직소 I), 느슨한 과제란 반응들이 좀 더 넓은 범위를 가질 수 있는 활동 과제를 말한다(직소 II).

4) 협동학습의 필요조건과 특징

전통적인 소집단학습에서는 무임승차, 우수한 학생의 주도와 열등한 학생의 배제와 같은 문제들이 발생한다. 이를 해결하고 협동학습이 성공적으로 이루어지기 위해서는 사전에 다음과 같은 필요조건이 충족되어야 한다(Duplass, 2004: 341-342; 박상준, 2009; 364-365 재인용).

① 교사의 감독(teacher supervision): 집단 활동의 규칙을 확립하기 위해 교사의 관리·감독이 필요하다. 교사는 각 소집단(team)에서 모든 학생들이 학습에 참여하도록 감독해야 한다. 학생들이 임무를 수행하지 않거나 잘못된 행동을 하지 않도록, 교사는 학생들이 집단활동의 규칙을 지키도록 감독해야 한다. 학생이 지켜야 할 집단활동의 규칙은 다음과 같다.

• 교대로 임무를 수행하라.
• 정보를 공유하라.
• 작은 목소리로 말하라.
• 다른 사람의 말에 귀를 기울이라.
• 주어진 시간을 현명하게 사용하라.
• 다른 사람 자체가 아니라, 그의 생각이나 주장에 대해 예의바르게 비판하라.

② 이질적 집단(heterogeneous groups): 이질적 집단은 서로 다른 능력과 배경을 가진 학생들이 목표를 달성하기 위해 협력하는 것을 배울 수 있도록 만든다.

③ 긍정적 상호의존성(positive interdependence): 긍정적인 상호의존성은 적절한 보상, 배부된 학습 자료, 역할 배정과 결합되어 있는 소집단의 목표를 통해 달성된다. 집단 활동에서 각 학생은 자신의 행동에 책임을 진다.

④ 대면적 상호작용(face-to-face interaction): 대면적 상호작용은 가까운 거리에서 시선을 마주보면서 말이나 몸짓으로 대화하도록 격려한다. 학생들은 하나의 소집단으로 서로 설명하거나 토론하고, 문제를 해결하고 과제를 완성한다.

⑤ 개별적 책무성(individual accountability): 개별적 책무성은 학생에게 개인의 임무에 대한 책임을 지도록 요구할 수 있다. 집단이 집단목표를 달성할 수 있도록 도와주는 개인의 역할과 임무는 다음

표 7-40. 협동학습에서 학생들의 가능한 역할들

역할	임무
장려자	꺼려하거나 수줍어하는 학생들을 참여하도록 장려한다.
칭찬/격려하는 사람	다른 사람이 기여한 바에 대해 감사를 표시하고 성취한 것들을 인정한다.
문지기	골고루 참여하게 하고 아무도 독점하지 못하도록 한다.
안내자	학업 내용을 돕고, 개념을 설명한다.
질문 지휘관	모든 학생들의 의문점들이 질문되고 대답되는지 확인한다.
점검자	집단의 이해를 점검한다.
감독자	집단의 주의를 과제에 유지시킨다.
기록자	아이디어, 결정사항, 계획들을 기록한다.
비평가	집단이 진보를 인지하도록 한다(혹은 발전 부족을).
정숙 담당	소음 수준을 감독한다.
재료 담당	재료들을 수거하고 돌려놓는다.

(김아영 외, 2007: 511)

과 같다(지도자, 기록자, 자료관리자, 낭독자, 격려자, 관찰자, 시간조정자, 잔심부름꾼).

⑥ 사회적 기능(social skills): 협동학습의 집단에서 교사는 각 구성원들이 서로 협동하고 사회적 기능을 사용하도록 가르쳐야 한다. 사회적 기능은 집단 구성원 사이의 긍정적 상호작용과 의사소통을 향상시키는 활동이다.

⑦ 집단활동의 과정(group processing): 집단활동의 과정은 소집단이 잘 기능하기 위한 방법과 관련된다. 집단 활동의 과정은 참여, 피드백, 강화, 명료화, 정교화 등으로 특징지어진다.

⑧ 평가(evaluation): 협동학습의 평가는 개인의 임무수행에 대한 평가와 소집단 전체의 평가를 모두 포함해야 한다.

5) 협동학습의 유형

협동학습은 새로운 것이 아니다. 그러나 교육 실천가들이 구체적인 협동학습 전략들을 개발하고, 협동학습의 효과를 평가하기 시작한 것은 단지 최근 10년간이다(Slavin, 1995). 현재 지리교사들이 선택하여 사용할 수 있는 많은 협동학습 방법이 있다. 지리 학습에서 많이 사용되는 협동학습의 유형은 카드분류 활동, 게임과 시뮬레이션을 활용한 활동(9절 참조) 등이다. 정문성 · 김동일(1999: 155-297)은 집단활동의 유형을 (1) 과제중심 협동학습-직소 모형, Co-op Co-op 모형, (2) 보상중심 협동학습-STAD 모형, TGT 모형, 직소Ⅱ와 직소 Ⅲ 모형, (3) 교과중심 협동학습-수학과의 TAI 모형, 국어과의 CIRC, 사회과의 의사결정모형, (4) 기타 협동학습-LT 모형, Pro-con 모형, CDP 모형 등으로 제시했다.

한편 슬라빈(Slavin, 1989)은 협동학습의 7가지 특징을 기준으로 크게 집단성취 분단모형(STAD), 집

표 7-41. 협동학습의 유형 분류

유형 \ 특징	집단목표	개별적 책무성	성공기회의 균등성	집단경쟁	전문화	개별화 적용
STAD	○	○	○	△	×	×
TGT	○	○	○	○	×	×
TAI	○	○	○	×	×	○
CIRC	○	○	○	×	×	○
LT	○	△	×	×	×	×
Jigsaw	×	○	×	×	○	×
Jigsaw II	○	○	○	×	○	×
GI	×	○	×	×	○	×

(Slavin, 1989: 136; 정문성 · 김동일, 1999: 41 재인용)

단계임 토너먼트 모형(TGT), 집단보조 개별학습모형(TAI), 읽기와 쓰기 통합학습 모형(CIRC), 협력학습 모형(LT), 직소모형(Jigsaw), 직소모형 Ⅱ(Jigsaw Ⅱ), 집단탐구 모형(GI)으로 분류하였다.

협동학습의 유형이 다양하므로, 각 모형에 따라 교사가 협동학습을 계획하고 진행하는 방식이 다를 수 있다. 대체로 협동학습을 시도하려는 교사가 준비해야 할 협동학습의 계획서를 소개하면 표 7-42와 같다(정문성·김동일, 1999: 115-117).

표 7-42. 협동학습의 계획서

▣ 수업 단원:

▣ 수업 주제:

▣ 학년

Ⅰ. 인지적 수업목표

1. 이 수업에 참여하기 위해 필요한 선수기능은 무엇인가?
2. 이 수업의 인지적 목표는 무엇인가?
3. 아동에게 특별하게 필요한 수정된 목표가 있는가?

Ⅱ. 대면적 상호작용의 결정

1. 소집단의 크기 결정(한 소집단을 몇 명으로 구성할 것인가?)
2. 소집단의 배정(어떤 아동을 어느 소집단에 배정할 것인가?)
3. 소집단의 배치(교실에서 소집단을 어떻게 배치할 것인가?)

Ⅲ. 긍정적 상호의존성의 구조화

1. 구호를 복창시킨다(예: '우리는 함께 살고 함께 죽는다', '내가 맡은 일에 최선을 다한다', '우리의 운명은 너에게 달려 있다')
2. 소집단의 목표를 무엇으로 할 것인가?
3. 소집단의 보상을 어떻게 할 것인가?
4. 긍정적 상호의존성을 증진시키기 위해 어떤 규칙을 사용할 것인가?
5. 각 구성원에게 어떤 역할과 과제를 분담시킬 것인가?
6. 긍정적 상호의존성을 증진하기 위해 학습자료를 어떻게 배부할 것인가?
7. 소집단 사이의 관계를 어떻게 구조화할 것인가?

Ⅳ. 사회적 기능의 실행

1. 이 수업에서 사회적 기능은 무엇인가?
2. 사회적 기능의 필요성을 아동에게 어떻게 인지시킬 것인가?
3. 각 사회적 기능을 어떻게 설명할 것인가?
4. 사회적 기능을 구성원들에게 어떻게 할당하여 사용하게 할 것인가?

Ⅴ. 사회적 기능의 실행에 대한 교사의 점검과 지도

1. 소집단의 활동을 어떻게 관찰할 것인가?
2. 사회적 기능이 사용될 때, 교사는 어떻게 피드백을 할 것인가?
3. 만약 목표로 하는 사회적 기능이 사용되지 않을 때, 어떻게 피드백을 할 것인가?
4. 협동학습 활동에 문제가 발생했을 때, 교사가 어떻게 개입할 것인가?

Ⅵ. 사회적 기능의 실행에 대한 아동의 점검

1. 관찰역할을 할 아동을 결정할 것인가?

2. 아동이 어느 집단과 어떤 구성원을 관찰해야 하는가?
3. 아동은 수업 전체를 관찰할 것인가? 아니면 수업의 일부분을 관찰할 것인가?
4. 아동에게 언제 관찰 훈련을 시킬 것인가?
5. 관찰결과를 갖고 언제 어떻게 평가할 것인가?

Ⅶ. 개별적 책무성의 구조화
각 아동이 개별적으로 학습한 것을 집단의 다른 구성원이 학습하는 데 얼마나 기여했는가를 어떻게 평가할 것인가?

Ⅷ. 과제의 설정
1. 학습과제의 성취기준을 어떻게 세우고, 설명할 것인가?
2. 사회적 기능과 성취의 기준을 어떻게 설명할 것인가?

Ⅸ. 수업의 정리와 마무리
1. 수업이 끝난 뒤 아동이 배운 것을 어떻게 요약할 것인가?
2. 아동의 성취에 대해 어떻게 평가하고 피드백을 줄 것인가?
3. 교사가 관찰한 것을 아동에게 어떻게 전달하고 논의할 것인가?
4. 교사와 아동이 관찰한 것을 통해 아동이 개인적 또는 집단적으로 사용한 사회적 기능을 어떻게 평가할 것인가?

(Putnam, 1995; 정문성·김동일, 1999: 116-117 재인용)

앞에서 제시했듯이 학습 주제와 내용에 따라 사용될 수 있는 협동학습의 유형은 매우 다양하기 때문에 모든 유형의 협동학습을 검토하기 어렵다. 따라서 여기서는 지리과에서 많이 사용되는 카드분류 활동을 비롯하여 주로 사회과 교수·학습에 적합한 직소(Jigsaw) 모형(과제분담 학습모형)과 집단성취 분담모형(STAD), 찬반(pro-con) 협동학습, 집단 탐구(GI), 집단 탐구 Ⅱ(Co-op Co-op)에 대해 살펴본다.

(1) 카드분류 활동

지리에서 상호협력적이고 협동적인 학습을 조직하는 가장 흔한 방법들 중 하나는 다양한 카드분류 활동(card sorting activities)을 사용하는 것이다. 카드분류 활동은 특히 소규모 모둠활동에서 효과적이고 유연한 방법이다. 카드분류 활동은 교사들이 학생들의 학습 중에 어떻게 개입하고 관찰해야 하며, 학생들 간의 토론이 어떻게 이루어져야 할 것인가에 대한 논점을 제공해 준다. 내쉬(Nash, 1997)는 소규모 모둠활동에서 카드분류 활동의 다양한 이점을 표 7-43과 같이 제시한다.

표 7-43. 카드분류 활동의 이점들

- 학생들이 모둠으로 학습하도록 유도하는 비교적 빠르고 간단한 방법이다.
- 학생들에게 명확하고 집중된 과제를 제공한다. 즉 학생들이 객관적으로 과제를 바라볼 수 있는 기회를 제공한다. 과제는 제한적이다.
- 어떤 연령과 능력의 학생에게도 유연하게 사용될 수 있다.

- 심지어 동일한 자료가 서로 다른 능력의 학생들로 이루어진 상황 또는 능력별 모둠 상황에 사용되더라도, 교육과정차별화를 실현할 수 있다.
- 흥미롭고 동기를 부여하는 방식으로 학생들에게 정보를 제공하는 데 사용될 수 있다.
- 학생들에게 의사소통과 상호협동 기능을 개발하도록 한다.
- 학생들에게 자신의 학습에 적극적으로 참여하게 한다.
- 교실에서 교사와 학생 간의 유의미한 접촉을 가능케 한다.

카드 분류 활동들은 다음을 포함하는 다양한 방법들로 지리수업에서 사용될 수 있다.
- 특징들을 표시해 보는 것
- 단어들과 정의들을 맞춰보는 것
- 특징들과 요인들을 분류하는 것
- 우선순위들의 순위를 매기고 밝혀내는 것
- 관계와 설명을 찾아보는 것

지리수업에서 사용되는 카드분류 활동의 사례들은 구성주의의 모둠학습에 근거한 리트(Leat, 1998)의 『Thinking Through Geography』(조철기 역, 2013), 니콜스와 킨닌먼트(Nichols and Kinninment, 2001)의 『More Thinking Through Geography』, 로버츠(Roberts, 2003)의 『Learning Through Geography』, 테일러(Taylor, 2004)의 『지리수업 설계(Re-presenting Geography)』(조철기 외 역, 2012)에 잘 나타나 있다.

위에 제시된 책에 사용된 카드분류 활동은 학생들이 지리적인 특징을 밝혀내고 경관과 토지이용 패턴을 묘사하는 관찰 활동을 지원하는 데 효과적으로 사용된다. 이 활동은 카드에 쓰여 있는 용어나 설명들을 사진이나 지도, 그리고 도표와 같은 자료에서 나타난 특징과 맞춰보는 것이다.

카드분류 활동은 지리적 용어에 대한 학생들의 지식과 이해를 개발하기 위해서 효과적으로 사용될 수 있다. 예를 들어, 다양한 개발(development) 지표들이 카드에 적혀 있고, 학생들은 이것들을 다른 카드에 적혀 있는 정의들과 맞춰볼 수 있다. 서로 다른 색깔의 카드에 용어와 정의를 쓰는 것은 활동을 조직하는 데 도움이 된다. 이러한 카드분류 활동은 더 확장되고 심화되어 사용될 수도 있다. 즉 학생들이 다양한 국가에 살고 있는 사람들의 삶의 질에 대한 훌륭한 척도를 제공하는 4~5개의 지표들을 선택하고, 이런 선택을 정당화해 보라고 요구할 수 있다(Taylor, 2004 참조).

가장 흔한 카드분류 활동들 중 하나는 다양한 지리적 특징·요인·과정들을 어떤 범주하에 분류하는 것이다. 이런 활동은 학생들이 다양한 카드들을 어떤 범주로 분류할 것인지를 결정하도록 요구한다. 예를 들어, 학생들은 대규모 다목적 댐의 건설로부터 기인하는 이점들과 문제점들을 분류하거나, 새로운 도로건설이나 주거지 개발에 대한 찬성과 반대의 주장들을 분류하도록 요구받을 수 있다(Leat, 1998 참조).

카드분류 활동을 사용한 유목적인 토론 과제는 학생들에게 다양한 대안들의 우선순위를 매기도록 하는 것이다. 다이아몬드 순위매기기(Diamond raking)는 학생들에게 아이디어들, 요인들, 문제들 또는 해결책들을 가장 중요한 것(most important)과 가장 덜 중요한 것(least important)으로 분류하도록 할 때 자주 사용된다. 짝별 또는 소규모 모둠별로 활동할 때, 학생들은 그들의 카드를 다이아몬드 형태로 조직하도록 요구받는다. 학생들은 그들이 가장 중요하다고 동의하는 것은 맨 위에, 가장 덜 중요하다고 동의하는 것은 맨 아래에 놓는다(Roberts, 2003 참조).

로버츠(Roberts, 2003)는 다이아몬드 순위매기기 활동의 사례를 보여 준다(표 7-44). 이 활동에서 학생들은 카드 세트와 함께 공부해야 할 토픽에 관한 데이터를 제공받는다. 모둠별로 학생들은 데이터를 분석하고, 어떤 요인들이 가장 중요하며 어떤 요인들이 가장 덜 중요한지를 결정한다. 학생들은 카드를 다이아몬드 순위매기기 패턴으로 배열한다. 나아가 학생들은 추가적인 세부 토픽에 관한 데이터를 제공받고, 다른 학생들이 사용하거나 종합 토론에서 토의하기 위해 스스로 다이아몬드 순위매기기 요인 카드를 만들 수도 있다.

표 7-44. 다이아몬드 순위매기기

(a) 절차

핵심질문

어떤 요인들이 산업을 입지시키는 데 중요한가?

자료

- 산업입지에 영향을 주는 요인에 관한 12개의 카드(사례 b)
- 칠판에 있는 다이아몬드 순위매기기 다이어그램(사례 c)

시작

- 교사는 학급 학생들에게 복습 과제로서 이 활동에 관해 소개한다.
- 교사는 학급 학생들로 하여금 산업들이 현재의 위치에 입지하게 된 이유에 대해 생각하도록 도전시킨다.
- 학생들을 3명으로 구성된 모둠으로 나눈다.

활동: 일반적인 다이아몬드 순위매기기 요인

- 3명으로 구성된 각 모둠은 12개의 카드를 제공받는다.
- 학생들은 사용하기를 원하지 않는 3장의 카드를 선정하기 위해 토론하고, 이것들을 한쪽에 둔다.
- 학생들은 남아 있는 9개 카드에 있는 요인들에 관해 토론하고, 가장 중요한 요인을 맨 꼭대기에 둔다.
- 학생들은 가장 덜 중요한 요인을 맨 밑에 둔다.
- 학생들은 다른 카드를 다이아몬드 패턴으로 배열한다(이 단계에서 학생들은 그것이 산업에 따라 달라진다고 말하기 시작할지 모른다. 학생들로 하여금 그들이 의미하는 것을 설명하도록 요구하고, 그들의 해석을 계속 기억하도록 요구하라. 학생들에게 그들이 일반적으로 할 수 있는 것을 하도록 요구하라).
- 각 모둠은 옆에 있는 모둠으로 이동해야 할 두 명의 학생을 결정한다. 이 두 명의 학생들은 그들의 카드 배열을 공부하고, 그것들을 기억한다.
- 각 모둠에서 두 명의 학생들은 옆에 있는 모둠으로 이동한다.
- 이 두 명의 학생들은 옆에 있는 모둠이 카드를 어떻게 배열했는지 관찰한다. 즉 유사점과 차이점을 찾는다.

• 모둠은 요인들을 그들이 둔 곳에 놓은 이유에 대해 토론한다.

중간 종합: 결과보고 지시 메시지

당신은 어떤 카드를 거절했나? 왜 그랬나? 모둠들은 어떤 카드를 맨 꼭대기에 두었나? 당신은 이 요인이 왜 중요하다고 생각하나? 모둠들은 어떤 카드를 맨 밑에 두었나? 당신은 이 요인이 왜 가장 덜 중요하다고 생각하나? 모둠들 사이에 어떤 종류의 차이가 있었나? 당신이 이 카드들을 배열하는 데 어떤 문제가 있었나? 왜 상이한 요인들이 상이한 산업에 상이하게 영향을 미치나?

활동: 특별한 산업을 위한 다이아몬드 순위매기기 요인

• 학생들은 3명으로 구성된 모둠을 유지한다.
• 그들은 특정 산업의 사례를 제공받고, 요인들을 이 사례에 적용하기 위해 그들의 카드를 재배열하도록 요청받는다(그들은 계속해서 몇몇 상이한 사례들을 제공받을 수 있다. 또한 상이한 모둠들은 상이한 사례들을 제공받을 수 있다).

요약 종합: 결과보고 지시 메시지

모든 산업을 위해 중요한 어떤 요인들이 있나? 입지에 영향을 주지만 일반적으로 덜 중요한 어떤 요인들이 있나? 특별한 입지 요인들을 가진 어떤 산업이 있나? 경제적 요인들은 얼마나 중요한가? 환경적 요인들은 얼마나 중요한가? 사회적 요인들은 얼마나 중요한가? 당신은 다이아몬드 순위매기기 활동을 통해 무엇을 배웠나? 당신은 모둠에서 어떻게 당신의 결정을 했나? 모둠들 간에는 어떤 종류의 차이가 있었나? 교실 밖 세계에서 상이한 사람들의 집단들은 동일한 산업에 대해 이것들을 다르게 순위를 매길까? 왜 그럴까? 당신은 모둠들 간의 차이가 어떻게 해결되었다고 생각하나?

(b) 요인 카드

대학 및 연구 시설과의 접근성	확장을 위한 충분한 공간	지리적 관성
근처의 쾌적한 환경 편리한 교통 연계 원료와의 접근성	강과 같은 자연적 노선, 곡저 시장과의 접근성 건물을 위한 적절한 토지	세금 감면, 인센티브, 보조금 등의 정부 정책 안정적인 노동 공급 안정적인 전력 공급

(c) 다이아몬드 순위매기기 패턴

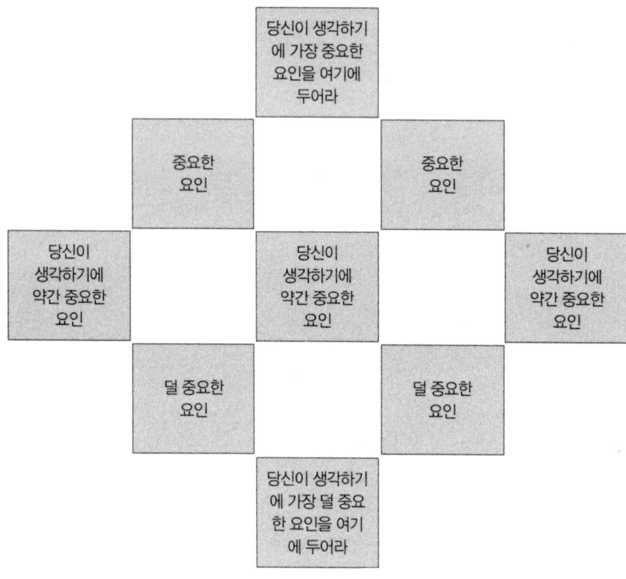

(Roberts, 2003)

위의 사례와 같이 우선순위를 밝히기 위해 정보 카드를 사용하는 것은 개방적인 결과를 가진 토론 활동을 통해 학생들의 비판적 사고와 문제해결 기능을 향상시킬 수 있는 효과적인 전략이다. 이 활동은 또한 학생들이 지리 정보 내의 관계들을 탐색할 수 있는 기회를 제공하며, 설명과 일반화를 도출하는 의미 있는 방법으로 사용될 수도 있다. 특정한 지리적 과정이나 사건들에 대한 정보는 학생들이 카드를 어떤 순서로 조직하거나, 이런 지리적 과정이나 사건들을 설명하는 흐름도로 배열될 수 있다.

(2) 직소(Jigsaw) 모형(과제분담 학습모형)

① 개관

직소(Jigsaw) 모형(과제분담 학습모형)에서 직소는 직소 퍼즐(Jigsaw puzzle)처럼 조각을 맞추어 전체 그림을 완성해 나가는 과정과 유사하여 붙여진 이름이다. 모둠 구성원들에게 서로 다른 과제를 분담하기 때문에 '과제분담 학습모형'이라고도 한다. 따라서 모든 구성원이 개별적 책무성을 가지게 되어 학습동기가 강화되고, 다른 동료들을 가르쳐야 하기 때문에 경청하는 훈련 효과도 있다. 이 학습모형은 학업성취뿐만 아니라, 다양한 인종과 문화를 가진 학생들이 사회적 관계를 형성하는 데 초점을 두고 있다. 이 모형은 학습내용을 4~6개의 하위주제로 나누어서 학생들이 한 주제를 집중적으로 학습하여 전문가가 된 후에 서로 가르치고 배우는 협동학습의 형태이다.

이 학습모형은 애론슨 외(Aronson, et al., 1978)가 전통적인 경쟁학습의 구조를 협동학습의 구조로 바꾸기 위해 개발한 것이다. 그들은 전통적인 학습의 구조를 협동학습의 구조로 전환하기 위한 조건을 2가지 제시했다. 첫째, 1명의 교사와 다수의 학생으로 구성된 경쟁학습의 구조를 4~6명으로 구성된 소집단(모둠)의 협동학습 구조로 바꾸어야 한다. 학습의 원천은 교사가 아니라 소집단 구성원이어야 하며, 학습의 성공은 구성원의 협동에 의해서만 얻을 수 있다. 둘째, 소집단 활동은 구성원들이 다른 학생의 도움 없이는 학습이 불가능하도록 구성되어야 한다. 각 구성원은 자신의 주제와 관련된 '학습단원의 일부'만을 학습자료로 제공받기 때문에, 구성원들은 학습단원 전체를 배우기 위해서 서로 협력할 수밖에 없다.

이런 방식으로 구조화된 학습방식이 직소(Jigsaw) 모형(과제분담 학습모형)이다. 직소모형은 (1) 고안된 전문가 학습지, (2) 전문가 집단 및 모집단의 활동과 의사소통, (3) 학생 전문가에 의한 학습 등으로 특징지어진다.

그러나 직소 모형에서 다루는 학습 주제와 문제가 어려운 경우에 성취수준이 낮은 학생들은 자신이 맡은 하위주제를 공부하여 다른 학생을 가르치는 데 어려움을 겪게 된다. 그 결과 과제분담 협동

표 7-45. 직소 I, 직소 II, 직소 III 모형의 차이

직소 III	직소 II*	직소 I	1단계	모집단(Home Team): 과제분담 활동
			2단계	전문가 집단(Expert Team): 전문가 활동
			3단계	모집단(Home Team): 동료 교수 및 질문 응답
			4단계	일정 기간 경과
			5단계	모집단: 퀴즈대비 공부
			6단계	퀴즈(STAD평가 방법 사용)

* 3단계가 끝나면 STAD평가로 퀴즈

(Steinbrink and Stahl, 1994: 134; 정문성, 2013 재인용)

학습이 제대로 이루어지기 어렵고, 우수한 학생이 열등한 학생들을 무시함으로써 학생들 사이의 관계가 더 나빠질 수도 있다. 또한 과제분담 협동학습을 실시하기 위해서 교사는 사전에 학습내용을 분석하여 소집단의 학생 수에 맞게 하위주제를 분류하고, 주제별로 세부적인 탐구문제 또는 토론문제를 만들어야 하는 부담을 안고 있다.

애론슨 외가 개발한 직소 I 모형에서 학생들은 학습의 전체내용을 파악하지 못할 때가 많았고, 개별보상으로 인해 다른 학생들과 적극 협력하지 않는 문제를 드러냈다. 이런 문제점을 해결하기 위해 슬라빈(Slavin)은 직소 II 모형을 개발하였다. 이 모형에서는 학생들에게 학습내용 전체를 제공하며, 집단성취 분담모형(STAD)의 평가방식을 결합하여 개별 보상의 단점을 보완하였다. 그러나 직소 II 모형은 전문가 집단의 학습 이후에, 학습 내용을 정리하고 퀴즈(형성평가)에 대비해 공부할 시간이 없는 문제점을 갖고 있다. 그래서 스타인브링크와 스탈(Steinbrink and Stahl)은 과제분담 협동학습이 끝난 후 모집단별로 학습의 기회를 주고, 일정 기간이 지난 후에 평가하는 직소 III 모형을 제시했다. 직소는 케이건(Kagan, 1994)에 의해 다양한 방식으로 변형되었다(정문성, 2013).

② 직소 I (과제분담 학습모형 I)

과제분담 협동학습의 수업단계는 학자들마다 약간 차이가 있다. 박상준(2009)은 슬라빈(Slavin, 1990), 자콥스 외(Jacobs et al., 1997: 5-6), 정문성(2006: 199) 등의 견해를 종합하여, 직소 I 의 교수·학습 과정을 다음과 같이 제시했다.

1단계: 모집단 형성하기/전문가 학습지 배부

교사는 이질적인 학생들 4~6명씩 모집단(원 모둠)을 구성한다. 다음에 교사는 모집단의 각 학생들에게 학습내용과 관련된 하위주제와 문제(탐구문제 또는 토론문제)가 기록된 전문가 학습지를 각각 하나씩 나누어 준다. 모집단의 각 학생은 전문가 학습지를 통해 학습내용의 일부만을 배부받는다(표 7-46).

표 7-46. 전문가 학습지의 예시

학습목표: 도시의 각종 문제들의 원인과 해결책을 제시할 수 있다.

전문가 학습지 1	전문가 학습지 2
* 하위주제: 도시 주거문제의 원인과 해결책은 무엇인가? * 탐구문제: ① 도시에서 주택이 부족한 이유는 무엇인가? ② 도시의 주거문제를 줄이기 위한 방법은 무엇인가?	* 하위주제: 도시 교통문제의 원인과 해결책은 무엇인가? * 탐구문제: ① 도시에서 교통 혼잡이 나타나는 이유는 무엇인가? ② 도시의 교통 혼잡을 줄이기 위한 방법은 무엇인가?

(※ 교사는 모집단의 학생 수만큼 하위주제와 문제를 분류하여, 사전에 전문가 학습지를 4~6개 만들어야 한다.)

2단계: 전문가 집단에서 학습하기

각 화생들은 모집단을 떠나 같은 하위주제와 문제를 가진 학생들끼리 모여서 전문가 집단(전문가 모둠)을 형성한다. 전문가 집단은 한 가지 하위주제와 문제에 대해 서로 협력하여 집중적으로 학습한다. 그다음 학생들은 모집단으로 돌아가, 전문가 집단에서 학습한 하위주제를 다른 학생들에게 가르칠 준비를 한다.

전문가 집단의 학생 수가 너무 많으면, 하위주제에 대한 협동학습이 잘 이루어지기 어렵다. 따라서 모집단이 6개 이상 될 경우에, 교사는 모집단을 A, B팀으로 나누어서 각 팀의 4~5명 정도가 전문가 집단을 구성하도록 만들어야 한다.

3단계: 모집단에서 다른 학생 가르치기

전문가 집단의 학습활동이 끝났으면 각 학생들은 원래의 집단으로 돌아가서 다시 모집단을 형성한다. 그다음 각 전문가 학생들이 돌아가면서 전문가 집단에서 학습한 하위주제와 문제를 다른 학생들에게 가르쳐준다. 이때 교사는 각 전문가 학생이 전문가 학습지에 기록된 내용을 그대로 읽지 말고, 자기의 말로 다른 학생들에게 설명해 주도록 지도해야 한다.

4단계: 전체 학습지 작성하기

각 모집단의 학생들은 전문가 학습지의 하위주제 4~6개를 서로 결합하여 전체 학습지를 만든다. 그 후 수업시간에 여유가 있다면, 교사는 1~2개 모집단이 전체 학습지를 학급 앞에서 발표할 기회를 부여하는 것이 좋다.

5단계: 개별 평가와 개별 보상

교사는 학생들이 전문가 집단과 모집단의 협동학습을 통해 학습내용을 얼마나 이해했는지 파악하기 위해, 퀴즈(형성평가)를 통한 평가를 개인별로 실시한다. 다음에 교사는 개인별 점수를 산출하여 우수한 학생을 개인별로 보상한다.

앞에서 간략히 살펴본 것처럼, 직소 Ⅰ은 전문가 학습지를 통해 각 학생에게 학습내용의 일부만을 제공한다. 따라서 학생들은 학습의 전체적인 계획과 내용을 알지 못한 채 학습에 임하는 한계를 지닌다. 또한 직소 Ⅰ은 개인별로 평가하여 개인별로 보상하지만, 소집단 전체에 대해서는 보상하지 않는다. 그 결과 전문가 집단에서 학습 활동을 할 때, 그리고 모집단에서 다른 학생들을 가르칠 때 다른 학생을 적극 도와주지 않고 학생들 간에 협력이 이루어지지 않는 문제점을 지닌다.

직소 Ⅰ은 학습과제의 해결을 위한 상호의존성은 높지만, 보상을 위한 상호의존성은 매우 낮다. 직소 Ⅰ이 성공하기 위해서는 학생들이 전문가 집단에서 하위주제와 문제를 충실하게 탐구하는 능력, 다른 학생들을 열심히 가르치고 다른 학생의 설명을 경청하는 의사소통능력을 기르도록 훈련을 시켜야 한다.

한편, 직소는 개인에게 무한 책임이 주어지는 구조이다. 따라서 모둠 구성에 있어서 학생들의 능력에 따라 문제가 발생할 가능성이 많다. 예를 들어, 능력이 부족한 학생은 자신이 맡은 전문과제의 학습내용을 모집단에 돌아와서 동료들에게 제대로 전달하기가 힘들고, 동료 학생들도 답답해 할 것이 틀림없다. 그러므로 이런 부분들을 고려해서 특히 능력이 떨어지는 학생들은 우수한 학생과 함께 짝을 지어주어 마치 한 사람처럼 진행하는 것이 좋다. 과제를 분담할 때에도 과제 수와 학생 수가 맞지 않으면 비슷한 방식으로 두 사람을 한 사람처럼 진행하면 된다.

직소는 상당히 오랜 시간이 걸리는 수업이기 때문에 1차시 이내에 하기는 힘들다. 그러므로 1차시는 과제분담과 전문가 활동을, 다음 2차시는 모집단에서 동료교수 활동을 하는 것이 일반적이다. 또 직소는 평가를 하지 않기 때문에 처음에는 학생들이 열심히 하지만 여러 번 하게 되면 집중력이 떨어지는 경향이 있고, 학습효과도 없는 것으로 보고되고 있다. 그러므로 필요에 따라 직소 Ⅱ나 직소 Ⅲ를 사용하는 것이 바람직하다(정문성, 2013).

③ 직소 Ⅱ(과제분담 학습모형 Ⅱ)

직소 Ⅰ은 학습내용을 하위주제와 문제로 세분화하고, 학생들이 모집단과 전문가 집단 활동을 통해 협력하여 학습하게 하는 장점이 있다. 그러나 학습결과에 대한 소집단 보상을 하지 않는다는 점에서, 슬라빈(Slavin, 1980)은 직소 Ⅰ의 평가방식으로는 협동학습의 효과를 제대로 거두기 어렵다고 주장하였다. 이에 대한 대안으로, 슬라빈은 기존의 직소 Ⅰ에 STAD 모형의 평가방식을 결합한 직소 Ⅱ를 제시하였다. 직소 Ⅱ는 향상점수에 의한 소집단 보상, 성취결과의 균등배분을 도입함으로써, 과제분담 협동학습이 더 효과를 거둘 수 있도록 만들었다.

케이건(Kagan)에 따르면, 직소 Ⅱ는 학습내용의 전체 제공, 자율적인 소집단 활동, 향상점수에 의한 소집단별 보상 등에서 직소 Ⅰ과 다르다(정문성, 2006: 197–198). 직소 Ⅱ에서는 교사가 학습의 전체적인 계획과 내용을 설명해 주고, 학생이 하위주제를 자율적으로 선택하여 공부하도록 한다. 또한 직소 Ⅱ에서는 소집단 활동의 성공과 개인의 책무성을 더 높이기 위해서 향상점수에 의한 소집단 보상을 새로 추가한다. 그래서 직소 Ⅱ는 직소 Ⅰ보다 구성원의 역할과 책무성이 더 명확하고, 과제 해결뿐만 아니라 보상의 상호의존성이 매우 높으며, 사회적 관계의 증진에 효과적이라는 장점이 있다.

직소 Ⅱ의 수업단계도 학자들마다 조금씩 다르다. 슬라빈(Slavin, 1990), 자콥스 외(Jacobs et al., 199: 27–28), 정문성(2006: 2002–202) 등의 견해를 종합하여, 박상준(2009)은 직소 Ⅱ의 교수·학습 과정을 다음과 같이 제시한다.

1단계: 모집단 형성하기/학습단원 전체 읽기

교사는 이질적인 학생들 4명씩 모집단을 구성한다(학습단원의 내용을 여러 가지 하위주제로 분류하고, 전문가 집단 활동이 효과적으로 진행되도록 하기 위해서 소집단을 4명으로 구성하는 것이 좋다). 직소 Ⅰ과 달리, 교사는 학생이 교과서의 학습단원 전체를 읽고 학습의 전체적인 맥락과 흐름을 파악하게 한다. 그다음 학생들끼리 의논하여 전체 학습지의 하위주제와 문제들 중에 어느 문제를 담당할 것인가를 자율적으로 정한다(표 7–47).

표 7–47. 전체 학습지의 예시

전체 학습지
*** 학습목표**: 환경문제의 원인과 해결책을 제시할 수 있다. *** 하위주제와 탐구문제** 1. 대기오염의 원인과 해결책은 무엇인가? ① 대기오염 상태가 계속 심화되면, 어떤 결과가 발생할 것인가? ② 대기오염을 일으키는 주요 원인은 무엇인가? ③ 대기오염을 줄이기 위한 방안은 무엇인가? 2. 토양오염의 원인과 해결책은 무엇인가? ① 토양오염 상태가 계속 심화되면, 어떤 결과가 발생할 것인가? ② 토양오염을 일으키는 주요 원인은 무엇인가? ③ 토양오염을 줄이기 위한 방안은 무엇인가? 3. 수질오염의 원인과 해결책은 무엇인가? ① 수질오염 상태가 계속 심화되면, 어떤 결과가 발생할 것인가? ② 수질오염을 일으키는 주요 원인은 무엇인가? ③ 수질오염을 줄이기 위한 방안은 무엇인가?

4. 지구온난화의 원인과 해결책은 무엇인가?

① 지구온난화 상태가 계속 심화되면, 어떤 결과가 발생할 것인가?

② 지구온난화를 일으키는 주요 원인은 무엇인가?

③ 지구온난화 현상을 줄이기 위한 방안은 무엇인가?

(교사는 사전에 학습단원의 내용을 4개의 하위주제로 분류하여 전체학습지를 학생 인원 만큼 만들어야 한다.)

2단계: 전문가 집단에서 학습하기

각 학생은 모집단을 떠나 같은 하위문제를 선택한 학생들끼리 모여서 전문가 집단을 형성한다. 각 전문가 집단은 전체 학습지의 하위주제와 문제 중 자신들이 선택한 문제에 대해 서로 협력하여 집중적으로 학습한다. 그다음 학생들은 모집단으로 돌아가서 하위주제와 문제를 다른 학생들에게 가르칠 준비를 한다.

3단계: 모집단에서 다른 학생 가르치기

전문가 집단의 학습 활동이 끝나면 각 학생은 원래의 모집단으로 되돌아가서 다시 모집단을 형성한다. 그다음 각 전문가 학생이 돌아가면서 전문가 집단에서 학습한 하위주제와 문제를 다른 학생들에게 가르쳐준다.

4단계: 모집단에서 토론하기

각 전문가 학생이 하위주제와 문제에 대해 다른 학생들을 가르친 후에 모집단의 구성원들은 하위주제에 대해 토론한다. 각 구성원이 돌아가면서 하위주제에 대한 자기 의견을 발표하고, 나머지 학생들이 그 의견을 듣고 질문하면 해당 학생이 답변한다. 이 과정에서 교사는 학생들이 하위주제에 대해 서로 질문하고 토론하여 의사소통 기능과 협동 기능을 실천할 기회를 갖도록 한다.

수업시간에 여유가 있다면, 교사는 각 모집단의 토론내용을 전체 학생들이 공유할 수 있도록 도와주는 것이 좋다. 이를 위해 각 모집단의 대표가 토론내용을 전체학급 앞에서 발표하도록 한다.

5단계: 퀴즈와 개별 평가

전문가 집단과 모집단의 학습활동이 끝나면, 교사는 전체 학습내용과 관련된 퀴즈(형성평가)를 실시한다. 각 학생은 개별적으로 퀴즈를 푼다.

6단계: 향상점수에 의한 소집단 보상

교사는 과거 퀴즈에서 각 학생이 받은 기본점수와 현재 퀴즈의 점수를 비교하여, 각 학생의 향상점수를 계산한다. 각 개인과 소집단의 향상점수가 산출되면, 교사는 향상점수가 높은 개인과 소집단에 대해 보상한다.

직소 Ⅱ는 직소 Ⅰ과 STAD 모형의 평가방식을 결합했기 때문에 학습과제의 해결과 보상을 위한 학생들의 상호의존성을 더 높일 수 있다. 그러나 직소 II에 따른 수업은 실제로 초·중등학교의 수업 시간(40~50분) 안에 완료하기 어렵고, 학생이 학습내용을 정리하고 형성평가에 대비할 시간이 부족하다는 문제점을 안고 있다.

④ 직소 III(과제분담 학습모형 III)

직소 II 모형은 전문가 집단의 학습 이후에 학습내용을 정리하고 퀴즈(형성평가)에 대비해 공부할 시간이 없는 문제점을 가진다. 그리하여 직소(Jigsaw) III 모형은 과제분담 협동학습이 끝난 후 모집단별로 학습의 기회를 주고, 일정 기간이 지난 후에 평가한다.

(3) 집단성취 분담모형

협동학습에서 가장 오래되고 널리 사용되는 수업모형이 바로 집단성취 분담모형(STAD: Student Teams-Achievement Division)이다. STAD 모형은 존스홉킨스대학에서 개발한 학생집단학습(STL: Student Teams Learning) 프로그램 중의 하나이다. STL의 특징은 소집단 구성원들이 함께 학습하면서 서로의 학습에 대해 책임지고, 구성원들이 학습목표를 함께 달성함으로써 얻는 집단의 성공(소집단 보상)을 강조하는 것이다. 즉 STL은 개별적 책무성, 소집단 보상, 성공기회의 균등이라는 특징을 갖는다.

STAD 모형은 '보상'을 통해 열등한 학생들에게 학습의 동기를 부여함으로써 학습의 효과를 높이고자 한다. 협동학습의 보상에는 3가지 방식이 있다. 첫째, 소집단의 성공에 가장 기여도가 크거나, 학업성취 결과가 가장 향상된 학생에게 최대의 보상을 해 주는 것이다. 둘째, 학생의 기여도와 점수에 관계없이 모든 학생에게 동일한 보상을 하는 것이다. 셋째, 학습자의 능력이 아니라, 필요에 따라 차별적으로 보상하는 것이다. 이런 3가지 보상체제를 적절하게 조화시켜 학습동기를 유발하는 협동학습이 집단성취 분담모형(STAD)이다.

이런 STAD 모형은 (1) 교사의 수업 안내, (2) 소집단 학습과 토론, (3) 향상점수에 따른 소집단 보상 등으로 특징지어진다. STAD 모형은 수업 절차가 비교적 간단하고, 소집단 보상을 통해 협동학습의 효과를 쉽게 달성할 수 있다는 장점을 지닌다. 반면에 교사가 사전에 소집단 학습지와 정답지를 만들어야 하고, 개인별 기본점수와 개인 및 소집단의 향상점수를 모두 계산해야 하는 번거로움이 발생한다.

STAD 모형의 수업단계는 학자들마다 약간 차이가 있다. 슬라빈(Slavin, 1990), 자콥스(Jacobs et al., 1997: 78-79), 정문성(2006: 247-251) 등의 견해를 종합하여, 박상준(2009)은 STAD 교수·학습 과정을 다음과 같이 제시한다.

1단계: 교사의 수업 안내

먼저 교사는 이질적인 학생들 4~6명씩 소집단(모둠)을 구성한다. 교사는 강의, 토론, 시청각 자료 등 다양한 방법을 통해 학습내용을 학생들에게 소개한다. 그리고 교사는 소집단 활동의 방향, 퀴즈 평가와 소집단 보상에 대해 간략히 안내한다.

2단계: 소집단 학습과 토론/정답지와 비교·채점

교사는 각 소집단에게 학습지와 학습자료를 배부한다(표 7-48). 각 학생은 학습자료를 읽고, 학습문제에 대해 잠정적으로 자신의 답을 적는다. 그다음 소집단별로 학생들이 각각 돌아가면서 학습문제를 읽고, 함께 협력하여 학습문제를 해결한다. 즉 한 학생이 첫 번째 학습문제를 읽고 자기가 생각한 해답을 말하면 거기에 대해 다른 학생들이 의견을 제시한다. 만약 학생들의 의견이 서로 다르면 토론을 통해 한 가지 해답에 합의해야 한다. 이런 방식으로 하나의 학습문제를 해결한 후에 다른 학생이 두 번째 학습문제를 읽고 자기가 생각한 대답을 말하면, 거기에 대해 구성원들이 토론을 통해 한 가지 해답에 도달한다. 여기서 주의해야 할 점은 교사가 각 소집단에게 1~2장의 학습지만 나눠주어야 한다는 것이다. 학생 개인에게 학습지를 1장씩 모두 나눠주면, 각자 학습문제를 개별적으로 해결함으로써 협동학습이 잘 이루어지지 않을 개연성이 높다.

학생들이 학습문제를 모두 풀었다면, 교사는 각 소집단에게 정답지를 제공한다. 각 소집단은 정답지와 비교하여 자신의 학습지를 채점하고, 틀린 문제의 경우에 왜 틀렸는지 토론한다.

표 7-48. 소집단 학습지의 예시

소집단 학습지

모둠 이름: ____________________

* **학습목표**: 농촌 인구가 감소하는 이유를 알아보자.

* **학습자료**: 뒷면 첨부

* **학습문제**:

1. 사람들이 농촌을 떠나 도시로 이동하는 이유는 무엇인가? 2. 직업선택의 기회와 농촌인구의 감소는 어떤 관계가 있는가?
3. 교육의 기회와 농촌인구의 감소는 어떤 관계가 있는가? 4. 문화생활의 혜택과 농촌인구의 감소는 어떤 관계가 있는가?
5. 농촌의 인구감소를 해결하기 위한 효과적인 방안은 무엇인가?

* **학습자료**:

1. 농촌 인구의 변화 추이 2. 농업종사자의 추이 3. 농촌 인구의 노령화 4. 농촌의 자녀교육

3단계: 퀴즈와 개별평가

소집단의 학습활동이 끝나면 교사는 학생들이 학습내용을 얼마나 이해했는가를 평가하는 퀴즈(형

성평가)를 실시한다. 각 학생은 개별적으로 퀴즈를 풀어야 하며, 소집단 구성원을 도와주어서는 안 된다(소집단 학습과 토론에 많은 시간이 소요되기 때문에 퀴즈평가는 그 수업시간에 바로 이루어지는 것이 아니라 일정 기간 공부할 시간을 준 뒤에 실시된다).

4단계: 향상점수에 의한 소집단 보상

교사는 과거 퀴즈에서 각 학생이 받은 기본점수와 현재 퀴즈 점수를 비교하여, 각 학생의 향상점수를 산출한다(표 7-49). 기본점수는 과거 학생들이 받은 퀴즈점수들의 평균점수이다. 향상점수는 본 학습에서 각 학생이 얻은 실제의 퀴즈점수가 아니라, 과거의 기본점수를 기준으로 현재의 퀴즈점수가 얼마나 향상되었는가를 비교하여 산출된 점수이다. 교사는 기본점수를 기준으로 학업성취 결과가 향상된 정도에 따라 향상점수를 부여할 수 있다.

표 7-49. 향상점수 산출표의 예시

퀴즈점수	향상점수
기본점수보다 하락한 경우	0점
기본점수에서 동점이 경우	5점
기본점수에서 1~20점 상승한 경우	10점
기본점수에서 11~20점 상승한 경우	15점
기본점수에서 21점 상승한 경우	20점
기본점수와 퀴즈점수에서 모두 만점 받은 경우	30점

학생 개인별 향상점수가 산출되면 소집단별로 구성원들의 향상점수를 합하여 소집단 전체의 향상점수를 산출한다. 그다음 교사는 향상점수가 우수한 개인과 소집단에 대해 보상한다.

(4) 찬반 협동학습

찬반(pro-con) 협동학습 모형은 존슨과 존슨(Johnson and Johnson, 1994)이 창안하였으며, 소모둠(small group) 내의 미니 모둠(mini group)이 찬성(pro)과 반대(con)의 역할을 통해 찬반논쟁을 한다고 해서 붙여진 이름이다. 이 협동학습 모형에서는 소모둠의 규모가 4명이면 2명과 2명으로 미니 모둠을 구성할 수 있어 가장 좋다. 대개 학생들 개인의 찬반에 따라 미니 모둠을 구성하는 것이 가장 바람직하다. 그러나 학생들이 미니 모둠을 만드는 데 시간을 너무 많이 소모하면, 교사가 임의로 만들어 주어도 좋다(예를 들어, 출석번호의 홀짝, 남학생과 여학생을 짝으로 함).

존슨과 존슨(Johnson and Johnson, 1994)은 논쟁 과정에서 일어나는 논리적이고 심리적인 사고과정을 수업절차로 그대로 재현하여 이 모형을 만들었다. 개인이 어떤 논쟁적인 문제에 직면하면 그림 7-16과 같은 사고과정이 발생한다. 먼저 개인은 자신이 그때까지 가지고 있던 불안전한 정보, 제한된 경험, 자신의 관점에 기초하여 최초의 가설적인 결론을 내린다. 다음으로 자신의 생각과 다른 타인의 정보, 경험, 관점에 의한 다른 결론들을 접하게 된다. 따라서 자신의 잠정적 결론의 정확성에 대해 회의를 품게 되고 개념 갈등과 불평형 상태를 경험한다. 이러한 개념 갈등과 불평형 상태를 해소

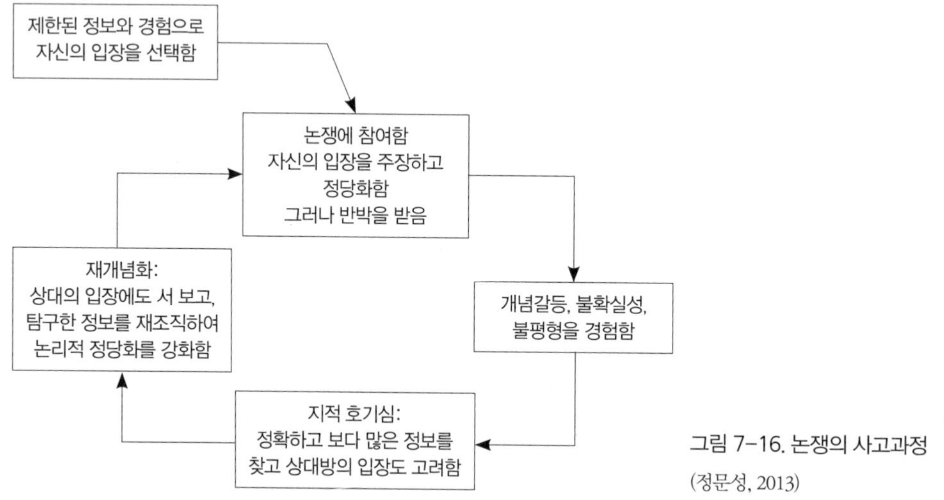

그림 7-16. 논쟁의 사고과정
(정문성, 2013)

하기 위해 보다 많은 정보, 새로운 경험, 적절한 관점, 정확한 추론을 추구하면서 확산적 사고를 하게 된다. 이런 과정을 거쳐 논쟁에 대한 새롭고 재개념화하고 재구성된 결론을 얻게 된다(정문성, 2013).

찬반(pro-con) 협동학습 모형은 이러한 사고과정을 소집단 토의·토론을 통해 그대로 수업 방법으로 재현한 것이다. 즉 모둠 내에 서로 반대되는 미니 모둠을 만들어 갈등 상황을 연출하고, 전술한 상황을 경험한 다음에 최종적인 모둠 결정을 하는 것이다. 즉 두 미니 모둠이 찬반 대립 토론을 하지만 이것은 모둠이 의사결정을 하기 위한 과정이 된다.

이 방법은 소모둠 내에서 최대한 극단적인 찬반 의견들을 경험하려는 데 목적이 있다. 따라서 교사는 미니 모둠이 최대한 찬성과 반대의 입장을 옹호하도록 자극할 필요가 있다.

(5) 집단 탐구

집단 탐구(GI: Group Investigation)는 민주적 교수·학습 방법을 실천에 옮기려는 많은 학자들에 의해 탄생하였다(윤기옥 외, 2001). 듀이(Dewey, 1910)는 이를 실천한 최초의 사람 중 한 명이다. 그는 학교를 민주사회의 축소판으로 조직할 것을 권장하였다. 그는 학생이 교실의 민주사회에 참여하고, 경험을 통하여 점차적으로 과학적 방법을 인간 사회 개선에 어떻게 적용할 수 있는가를 배우게 해야 하며, 이것이 민주사회에서 시민을 준비시키는 최선의 방법이라고 생각했다(정문성, 2013).

집단 탐구는 이러한 교육관을 계승한 텔렌(Thelen, 1960), 샤란과 샤란(Sharan and Sharan, 1990) 등이 발전시켰다. 연구할 과제를 교사가 조직하여 제시하는 대신에 학생이 스스로 소과제의 아이디어를 내고, 자신이 하고 싶은 소과제를 선택하여 같은 관심을 가진 학생들끼리 모둠을 구성하여 함께 과

글상자 7.7

찬반 협동학습 모형을 활용한 수업방법

찬반 협동학습 모형을 활용할 수업은 다음과 같이 크게 4단계로 이루어진다.

1단계: 소모둠 내에 미니 모둠 구성/과제에 대한 찬반 주장 준비

- 4명으로 구성된 소모둠을 만들고, 그 안에 2명씩 미니 모둠을 만들도록 한다.
- 미니 모둠은 주어진 과제에 대해 찬성팀과 반대팀의 입장에서 각각의 주장을 하기 위한 근거들을 의논하게 한다.

2단계: 미니 모둠의 각자 자기 주장 발표

- 미니 모둠은 찬성 주장, 또 다른 미니 모둠이 반대 주장을 소모둠 내에서 하게 된다.
- 이때는 찬성 또는 반대 주장의 이유 또는 근거를 발표하게 한다.

3단계: 서로 입장을 바꾸어서 미니 모둠이 주장한 것에 대한 평가

- 두 미니 모둠의 발표가 끝나면, 서로가 상대 미니 모둠의 주장에 대해 평가를 해 준다.
- 이것은 찬반주장을 한 미니 모둠이 토론 시합을 하는 것이 아니라 같은 소모둠이기 때문에 협동적 의사결정을 하기 위한 것이다.

4단계: 소모둠의 입장을 정리하여 제출

- 이제 찬성과 반대의 입장을 모두 경험하였으므로 모둠은 토의·토론을 통해 찬성 주장의 장·단점, 반대 주장의 장·단점을 정리하여 모둠 전체의 입장을 정리하여 선생님께 제출한다.
- 수업 시간에 여유가 있으면 몇 소모둠의 결과를 발표한다.

(정문성, 2013 재구성)

제를 해나가는 활동이다.

모둠 활동을 할 때에는 함께 탐구 계획을 세우게 된다. 첫째, 우리는 무엇을 탐구할 것인가? 둘째, 우리는 어떤 자료가 필요한가? 셋째, 어떻게 활동을 분담해야 하는가? 넷째, 우리가 발견한 것들을 어떻게 요약해야 하는가에 대해 계획을 세운다. 교사는 이러한 계획에서부터 진행되는 과정에 순회하면서 지도해 준다.

집단 탐구는 모둠 내에서 많은 토의·토론이 일어나는 것이 특징이다. 그러나 상당 부분 모둠 활동을 자율에 맡기기 때문에 모둠이 어떻게 운용되는지가 수업 성공의 열쇠가 된다. 그러므로 이 방법은 학생들이 토의·토론에 익숙한 후에 실천하는 것이 바람직하다. 교사는 모둠의 활동이 전체 학급 과제 완성에 어떤 기여를 했는지 칭찬과 정리를 해 준다. 또 모둠 활동을 모범적으로 잘 한 모둠을 칭

그림 7-17. 집단 탐구 수업 절차 개념도

(정문성, 2013)

찬한다.

집단 탐구는 학생들이 스스로 좋아하는 과제를 선택할 수 있게 하는 것이 핵심이다. 그래야 더욱 자신의 과제를 열심히 할 수 있다. 그러므로 교사가 강제로 소과제를 부여하면 안 된다. 그러나 모둠 내에서 어떤 방식으로 과제를 진행하는지에 대한 자세한 안내는 없기 때문에 모둠의 역량에 따라 수업이 영향을 받는다. 그러므로 모둠별로 제공되는 학습지가 상당히 큰 역할을 한다. 즉 학습지가 모둠활동의 가이드가 될 수 있다. 또한 모둠별로 활동이 이루어지므로 교사가 순회하면서 구체적으로 도와주어야 한다(정문성, 2013).

보통은 시간이 부족한 경우가 많다. 그럴 때는 모둠 학습지의 60% 정도를 교사가 채워서 주는 것도 학습시간을 줄여주는 좋은 방법이다. 또한 가급적이면 모둠별 발표를 시키는 것보다 모둠 내에서 활발한 토의·토론과 학습기회를 제공해 주고, 보고서만 제출하게 하는 것도 좋다. 그리고 그 보고서를 교사가 잘 정리하고 보완해서 다음 시간에 그 보고서를 가지고 마무리 수업을 하는 것이 바람직하다(정문성, 2013).

(6) 집단 탐구 II

집단 탐구 II(Co-op Co-op)는 샤란과 샤란(Sharan and Sharan, 1976), 밀러와 셀러(Miller and Seller, 1985)의 모형에 근거하여 케이건(Kagan, 1985)이 고안한 협동학습 모형이다. 이 모형은 집단 탐구 모형이 모둠 활동에 대한 통제가 없다는 문제점을 해결하기 위해 고안된 것이다. 즉 학생들이 원하는 소과제를 한다고 해서 학생들이 정말 최선의 학습 경험을 얻는다고 보장할 수는 없다. 처음에는 하고 싶었으나 막상 하다 보면 흥미가 없어질 수도 있고, 책임을 다하지 않을 수도 있다.

집단 탐구 II는 모둠 협동 속의 미니 모둠 협동 수업이라는 뜻이다. 이 모형은 한 학급에서 정한 전

글상자 7.8

집단 탐구 모형을 활용한 수업방법

집단 탐구 모형을 활용한 수업은 다음과 같이 크게 5단계로 이루어진다.

1단계: 교사가 전체 학급 과제를 제시하고, 학생들과 소과제로 무엇을 정할지 정한다.

- 교사는 전체 학급 과제를 제시한다(예, 도시에는 어떤 문제가 있는지를 각종 자료를 통해 조사해 보자).
- 이를 위해 어떤 소과제들이 필요한지 학생들이 자유롭게 발표하게 하고, 이를 칠판에 적는다.
- 그런 후 학생들과 함께 교사가 주도로 몇 개의 영역으로 묶는다.

2단계: 학생들은 선호하는 과제를 선택해서 모둠을 구성한다.

- 몇 개의 과제로 분류가 되면, 교사는 학생들에게 어떤 과제를 하고 싶은지 선택하게 한다.
- 학생들이 자기의 이름이나 번호가 적힌 자석 토큰을 교사가 분류해 놓은 과제에 나와서 붙인다.
- 이때 특정 과제에 너무 몰리지 않도록 유도하여 골고루 과제에 분산되도록 한다.

3단계: 모둠별 탐구계획을 세운다.

- 학생들이 원하는 과제가 정해지면 필요한 역할을 분담하고, 모둠별로 탐구계획을 세우게 한다.
- 학생들은 토의·토론을 통해 탐구 계획과 역할을 분담한다.
- 이때 교사는 소주제별 학습지를 모둠별로 주는 것이 좋다(아래 참조). 그래야 학생들이 어떻게 학습을 해야 할지 감을 잡는다.

4단계: 모둠별 탐구결과를 발표한다.

- 모둠 활동이 끝나면 모둠별로 학급 전체에 결과를 발표한다.
- 이때 시간이 없으면 발표하지 않고, 보고서로 제출하게 해서 따로 교사가 정리해 줄 수도 있다.

5단계: 교사는 모둠의 탐구결과들이 전체 학급 과제 완성에 어떤 역할을 했는지 정리해 준다.

- 교사는 모둠의 활동이 전체 학급 과제 완성에 어떤 기여를 했는지 칭찬과 정리를 해 준다.
- 또 모둠 활동을 모범적으로 잘 한 모둠을 칭찬한다.

소주제별 학습지

1학년 (　　　)반 (　　　)번 이름 (　　　　　　　)

도시문제	발생 지역	간단한 설명	자료 출처	비고

(정문성, 2013 재구성)

체 과제를 여러 모둠으로 구성된 학급 전체가 협동으로 해결하되, 모둠 안에서도 또 다른 모둠 또는 개인이 협동으로 모둠 소과제를 완성하는 독특한 수업방법이다.

학생들이 전체 학급에서 교사가 제시한 과제에 관해 대략적인 학습 내용을 토론한 뒤 여러 소과제(sub-topics)를 나누고, 자신이 원하는 소과제를 선택하는 것은 집단 탐구와 동일하다. 그러나 소과제를 다루는 모둠에 속하여, 모둠 내에서의 토의를 통해 그 소주제를 또다시 더 작은 소주제(mini-topics)로 나누어 각각의 맡은 부분을 심도 있게 조사하여 모둠 내에서 발표하는 점이 다른 점이다. 즉 집단 탐구를 좀 더 정교화해서 학생들에게 더 분명한 개별적 책무성을 부여하여 적극적으로 수업에 참여하게 하는 것이 특징이다(정문성, 2013).

이를 통해, 학생들은 높은 수준의 분류, 과제와 관련되어 있는 것을 연결하는 능력, 다양한 방법의 창안, 관계된 자료 수집, 자료의 해석과 분석, 전체와 부분의 통합, 그리고 모둠의 구성원이나 모둠 및 학급의 대집단과의 의사소통능력 등과 같은 고급 사고력을 향상시킬 수 있다. 또한 스스로 학습의 방향을 결정하는 능력, 동료 교수 기능, 분업을 통한 학습의 능력 강화, 자기의 주장과 다른 사람의 주장을 조절하는 능력 등 다양한 효과를 기대할 수 있다(정문성, 2006).

이상과 같이 이 모형은 집단 탐구의 단점인 모둠 활동에 대한 통제력을 보완하기 위해 만든 것으로 구성원 개인의 책무성이 강조된 수업 방법이다. 또한 개인의 참여 기회가 더욱 구체화되었으므로 좀 더 많은 토의·토론이 일어날 가능성이 많다. 이러한 장점을 가졌지만 역으로 개인의 부담이 그만큼 강화되었고, 모둠 내에서 개인의 역할이 중요해졌기 때문에 개인의 능력에 따라 모둠의 과제가

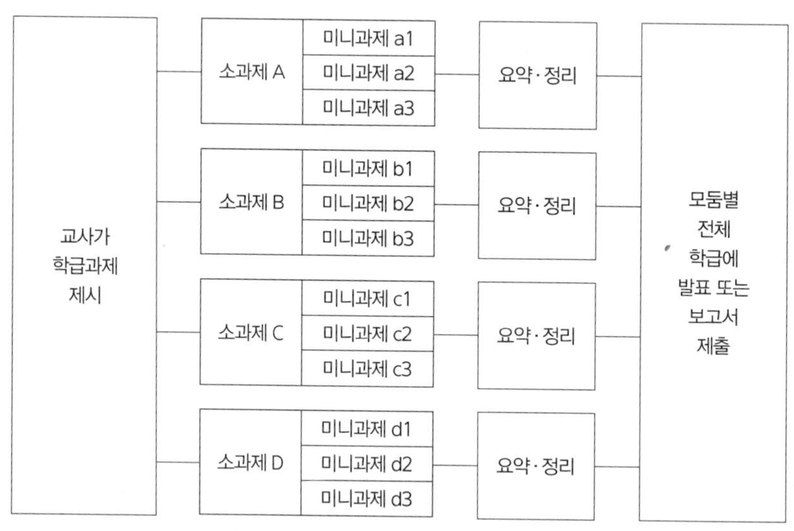

그림 7-18. 집단 탐구 II 수업 절차 개념도

영향을 받을 가능성도 그만큼 많아졌다. 그러므로 교사는 개인의 능력에 따라 모둠의 미니과제가 잘 배분되도록 개입할 필요가 있다(정문성, 2013).

글상자 7.9

집단 탐구 II를 활용한 수업방법

집단 탐구 II를 활용한 수업은 다음과 같이 크게 5단계로 이루어진다.

1단계: 교사가 전체 학급 과제를 제시하고, 학생들과 소과제로 무엇을 할지 정한다.

- 집단 탐구와 마찬가지로 교사는 전체 학급 과제를 제시하고, 이를 위해 어떤 소과제들이 필요한지 학생들이 자유롭게 발표하게 한다.
- 이를 칠판에 적은 후 학생들과 함께 교사가 주도로 몇 개의 영역으로 묶는다.

2단계: 학생들은 선호하는 과제를 선택해서 모둠을 구성한다.

- 몇 개의 과제로 분류가 되면, 교사는 학생들에게 어떤 과제를 하고 싶은지 선택하게 한다.
- 학생들이 자기의 이름이나 번호가 적힌 자석 토큰을 교사가 분류해 놓은 과제에 나와서 붙이고 모둠을 정한다.

3단계: 모둠별 소과제를 정교화하고, 미니과제를 정한다.

- 학생들이 원하는 과제가 정해지면 소과제를 연구하기 좋도록 정교화한다.
- 필요한 역할을 분담하고, 모둠별로 탐구계획을 세우게 한다.
- 이때 소과제의 미니과제를 정한다. 예를 들어, 소과제가 도시문제를 조사하는 것이라면, 미니과제는 교통문제, 주택문제, 환경문제 등이 될 것이다.
- 그리고 학생들이 원하는 미니과제를 분담한다.

4단계: 모둠별 미니과제 수행 결과를 발표한다.

- 모둠 내에서 미니과제를 분담한 학생들이 과제를 수행한 후 모둠 내에서 각자 미니과제 결과를 발표한다.
- 이들을 정리하면 모둠 과제가 완성된다. 이 활동이 집단 탐구와 다른 점이다.

5단계: 모둠별 탐구결과를 발표한다.

- 모둠 활동이 끝나면 모둠별로 학급 전체에 결과를 발표한다. 또는 보고서로 대신할 수 있다.

6단계: 교사는 모둠의 탐구결과들이 전체 학급 과제 완성에 어떤 역할을 했는지 정리해 준다.

- 교사는 모둠의 발표, 또는 보고서를 정리해서 전체 학급 과제가 어떻게 완성되었는지 정리해 준다.
- 이때 각 모둠에 어떻게 미니 모둠이 과제를 수행했는지도 알려준다.

(정문성, 2013 재구성)

9. 게임과 시뮬레이션

시뮬레이션은 논리적 수단을 통한 정보처리보다는 경험, 그리고 그 경험에 입각한 반성을 통한 학습을 제공한다. 게임이나 역할극에 참여하는 학생들은 단순히 생각을 듣기보다는, 자신의 경험과 다른 동료들과의 토론을 통해 생각을 받아들인다(Walford, 1987: 79).

1) 학습의 관점에서 게임과 시뮬레이션의 의의

게임과 시뮬레이션은 지리수업에서 학생들에게 적극적인 학습 경험을 제공할 수 있는 방법이다. 따라서 게임과 시뮬레이션은 지리교사들의 교수 전략에서 중요한 부분을 차지할 수 있다. 지리수업에 사용되는 게임과 시뮬레이션은 단순한 활동에서부터 아주 복잡한 활동까지 매우 다양하다. 월포드(Walford, 1987)는 게임과 시뮬레이션이 공통적으로 학생들을 가상 세계로 안내하여 다른 사람의 입장에 처해 볼 수 있는 기회를 주고, 어떤 결정을 내리기 위해 사고하도록 유도할 수 있다고 주장한다.

지리수업에 게임과 시뮬레이션을 적용한다면, 분명히 학생들에게 학습의 관점에서 보다 높은 동기를 부여할 수 있다. 그러나 게임과 시뮬레이션은 이외에 다른 중요한 역할도 할 수 있다. 게임과 시뮬레이션은 학생들에게 지리적 프로세스에 대한 이해를 향상시키고, 분석·종합·평가와 같은 고차사고기능을 활용하도록 하여 지적 자극을 제공한다. 이러한 고차사고기능은 학생들이 결정을 내리고 문제를 해결하는 과정에 사용된다. 게임과 시뮬레이션은 또한 학생들의 사회적 기능, 상호협동 기능, 그리고 의사소통 기능을 개발하는 데 도움이 될 수 있는 유의미한 교실 토론, 협상, 그리고 다른 협동 활동에 더 많은 기회를 제공한다.

시뮬레이션 활동은 또한 학생들이 급변하는 세계의 역동성을 좀 더 쉽게 이해할 수 있도록 세계를 단순화한다(Walford, 1987: 79). 베일(Bale, 1987: 125)에 의하면, 시뮬레이션은 학생들로 하여금 현실적인 상황의 여러 특성들을 인식할 수 있도록 도와준다. 베일과 월포드는 시뮬레이션 활동이 학생들로 하여금 다른 장소, 환경, 문화, 직업에 있는 사람들에게 부분적으로나마 감정이입하는 방법을 개발시켜준다고 제안한다.

게임과 시뮬레이션은 전체 학급 학생들이 동시에 학습 활동에 참여하도록 하며, 협동 활동을 통해 가치 있는 사회적 훈련을 제공한다. 이뿐만 아니라 게임과 시뮬레이션은 다양한 능력을 가진 학생들이 쉽게 학습내용 및 문제상황을 이해할 수 있다는 장점이 있다. 한편 게임과 시뮬레이션은 종종 서로의 의견이 불일치하는 다양한 문제해결 상황과 의사결정 상황을 제시하기도 한다. 게임과 시뮬레이션 활동을 통한 학습의 성공 여부는 학생들 자신의 태도와 지능에 달려 있다(Grenyer, 1986: 25).

그레니어(Grenyer, 1986)는 지리수업에서의 게임과 시뮬레이션을 구분한다. 시뮬레이션은 지리적 패턴이 어떻게 전개될 것인가에 대한 예측과 그 패턴의 전개에 대한 이유를 분석하려는 시도를 통해 복잡한 현실을 단순화한 모형이다. 반면에 게임은 시뮬레이션의 한 형태이지만, 경쟁의 요소가 더해진다. 게임의 의도는 현실을 단순화하여 제시함으로써, 학생들이 게임에서 이기려는 과정 속에서 현실에 대해 이해하도록 하는 것이다. 그러나 월포드(Walford, 1987: 83)에 의하면, 시뮬레이션을 현실의 복제품으로 보는 것은 잘못된 생각이다. 시뮬레이션은 현실을 완전히 반영하지는 못한다. 시뮬레이션은 현실을 가르치기 위한 전달수단인 동시에, 현실을 더 잘 이해시키기 위해 학생들을 감정이입의 틀로 데려가는 데 도움을 주기 위한 것이다.

2) 게임과 시뮬레이션 활동의 계획과 관리

게임과 시뮬레이션 활동의 효과가 극대화되기 위해서는 교사가 활동을 철저하게 계획, 준비, 관리해야 한다. 또한 교사는 게임과 시뮬레이션 활동의 결과를 어떻게 평가할 것인가를 고려해 보아야 한다. 여기서는 게임과 시뮬레이션 활동의 계획과 관리에 대해 살펴본다.

첫째, 게임과 시뮬레이션의 계획 및 준비 단계는 다음 사항들을 포함한다. 계획 및 준비 단계에서는 적절한 자료를 선택하고 준비해야 한다. 만약 초보교사라면 이미 상용화되거나 무료로 제공되는 게임 및 시뮬레이션을 사용하는 것이 편리하다. 예를 들면, 영국의 개발교육센터(DEC)는 다양한 지리적 문제, 특히 개발교육(development education)과 관련한 주제를 다루는 게임과 시뮬레이션 자료를 제공하고 있다. 이런 개발교육 자료들은 학생들의 협동학습을 용이하게 할 수 있으며, 학생들에게 현실적 문제들, 장소들, 그리고 이와 관련된 지리적 과정들에 대한 이해를 발달시키도록 신중하게 고안되어 있다. 이러한 자료들은 교사들이 적절한 시뮬레이션 자료와 활동을 고안하고 조직하는 방법에 대해 이해하도록 도와준다. 교사들은 또한 수업에서 이러한 게임과 시뮬레이션 활동을 효과적으로 관리할 수 있는 적절한 교수 전략들을 배우는 데 집중할 수 있다. 교사가 기존의 게임과 시뮬레이션을 효과적으로 사용할 수 있는 방법을 이해할수록, 자신만의 자료를 개발할 수 있다. 또한 기존의 자료들을 좀 더 복잡하거나 좀 더 단순한 활동으로 각색할 수도 있다. 그리고 교사는 게임과 시뮬레이션의 계획 단계에서 특정 게임과 시뮬레이션을 수업 중 언제 사용할지 결정해야 한다. 수업의 도입부에 간단한 게임이나 시뮬레이션을 사용한다면, 교사와 학생들 간에 교감을 형성할 뿐만 아니라 학생들에게 흥미유발과 동기를 부여할 수 있다.

둘째, 교사들은 수업에서 게임과 시뮬레이션 활동을 어떻게 관리할 것인가를 결정해야 한다. 교사는 수업 관리 기능뿐만 아니라, 게임과 시뮬레이션 활동을 관리하는 기능을 향상시킬 필요가 있다. 교사는 자신감을 가져야 하며, 자신의 수업에 대해 잘 알아야 한다. 게임과 시뮬레이션 활동이 일반적으로 수업의 흥미를 유발하고 활기를 띠게 할 수 있지만, 각각의 학생들은 다양한 방식으로 반응할 것이다. 예를 들면, 특정 학생은 자신의 역할을 잘 소화하지 못하고 적절한 반응을 하지 못할 것이다. 따라서 교사의 관찰 능력은 학생들의 행동을 파악하여 진행 중인 학습을 관리하도록 도와준다. 이것이 바로 교사가 게임과 시뮬레이션 활동을 관리하는 데 가장 큰 노력을 해야 하는 이유 중 하나이다.

교사는 게임과 시뮬레이션 활동에서 일어나는 다양한 행동들을 관찰하고 관리할 필요가 있다. 교사는 언제 그리고 어떻게 개입할 것인지를 결정해야 한다. 교사의 개입은 게임과 시뮬레이션 활동에서 일어난 사건이나 학습을 복습하기 위한 것일 수 있다. 또한 교사의 개입은 새로운 요인이나 상황을 소개하거나, 특정한 활동의 방향을 바꾸기 위한 것이 될 수도 있다. 교사는 개입에 있어서 유연할 필요가 있으며, 너무 단단히 고삐를 당기지 않도록 애써야 한다. 교사가 수업 내내 너무 많이 개입한다면, 학습의 속도와 흐름을 감소시키고 어느 정도 학생들의 학습 기회를 방해할 수 있다.

셋째, 교사는 게임과 시뮬레이션 활동에서 언제 그리고 어떻게 개입할 것인가를 계획해야 할 뿐만 아니라, 게임과 시뮬레이션 활동에 대한 결과보고 및 사후 조치를 위해 사용할 전략들을 고려해 보아야만 한다. 학생들은 게임과 시뮬레이션 활동을 통해 학습한 것을 탐구하고 강화시킬 기회를 가져야 한다. 여기서 교사의 타이밍과 준비가 매우 중요하다. 교사는 게임과 시뮬레이션이 끝난 후, 즉시 토론과 심사숙고를 위한 충분한 시간을 제공해야 한다. 교사가 학생들로 하여금 그들의 활동, 게임과 시뮬레이션이 운영되는 방식, 이것이 어떻게 실제 세계의 역동성을 반영하는지에 대해 숙고할 수 있도록 해 주는 것은 그들의 학습에 중대한 기여를 할 수 있다.

활동결과에 대한 결과보고(debriefing)는 다양한 요인들로 이루어져 있는 게임이나 시뮬레이션 활동을 통한 학습결과를 평가하기 위해, 교사와 학생들이 함께 작업할 수 있는 시간이다. 월포드(Walford, 1996: 143)는 활동 결과에 대한 요약 보고 시간을 통해, 학생들이 지난 활동의 핵심적인 순간과 개입을 상기하고 파악해야 한다고 주장한다. 이 전략이 효과적으로 활용되지 못한다면, 결과적으로 학생들은 그들이 학습한 것에 대해 귀중한 통찰력을 가질 수 없게 된다.

활동 결과 보고는 학생들이 다양한 관점들을 지지하기 위해 사용한 증거뿐만 아니라, 역할극을 하는 동안 제시한 관점들을 조직적으로 분석해 보아야 한다. 예를 들면, 다양한 이익집단들의 관점을 요약하고 이익집단 간의 갈등을 돋보이게 하면서 이러한 분석 체계를 제공하기 위해 도표를 사용할 수 있다. 또한 학생들이 역할극을 하는 동안에 제시한 관점들과 학생들이 그 역할을 벗어났을 때 표현할 수 있는 관점들 간의 대립을 만들 수도 있다.

교사들은 시뮬레이션을 통해 학생들이 발달시킨 개념과 일반화를 탐구하기 위해 다양한 전략을 사용할 수 있다. 예를 들어, 제5장에서 다룬 개념도는 다양한 요인들과 과정들 간의 연결고리를 확인하기 위해 사용될 수 있으며, 특정한 사건이나 행동에 대한 설명을 탐구할 수 있다. 교사가 실생활의 자료와 사례 연구들을 소개한다면, 학생들은 그들의 개념적인 이해를 현실에 적용시킬 수 있다. 또한 시뮬레이션이 토대를 두고 있는 모형을 시험할 수 있는 기회가 되기도 한다.

활동결과에 대한 결과보고는 게임과 시뮬레이션 활동에 대한 학생들의 인지적 성취결과(cognitive outcomes)뿐만 아니라, 정의적 성취결과(affective outcomes)에도 관심을 기울여야 한다. 교사는 학생들에게 게임과 시뮬레이션에서의 특정 사건을 떠올려보게 하거나, 일어난 일에 대한 그들의 반응을 설명해보도록 요구할 수 있다. 레이드(Reid, 1996: 168)는 학생들이 '무역 게임(Trading Game)'을 수행한 후, 활동 결과를 보고하는 시간에 학생들 자신의 학습경험을 숙고할 수 있는 다양한 질문들을 제시하고 있다(표 7-50). 그러므로 활동결과에 대한 숙련된 결과보고는 학생들의 학습 경험과 관련된 정의적 측면과 인지적 측면을 조화시킬 수 있다. 월포드(Walford, 1996: 143)에 의하면, 많은 시뮬레이션은 정신(minds)뿐만 아니라 감정(feelings)도 포함한다. 따라서 어떤 시뮬레이션은 주요 목표로써 참여자의 태도를 평가하기도 한다.

게임과 시뮬레이션 활동에 대한 학습 결과를 검토할 때, 활동을 통한 학습 경험이 학생들의 개인적이고 사회적인 교육에 미칠 수 있는 영향에 대해 고찰해 보아야 한다. 학생들이 게임과 시뮬레이션 활동에서 맡은 특정 역할에 대한 경험을 통해 자신의 반응을 설명할 때, 학생들은 그들의 감정과 행동에 대해 성찰할 수 있다. 게임과 시뮬레이션은 학생들이 상호협동적인 학습을 하도록 할 수 있다. 또한 학생들은 모둠활동을 통해 모둠이 작동하는 방법을 배우고, 자신의 대인관계 기능을 숙고해 볼 수 있는 기회를 가질 수 있다. 이뿐만 아니라, 학생들은 게임과 시뮬레이션 활동을 통해 리더십과 개인적 역할, 의사소통 기능, 공유와 지원, 모둠의 조직과 구조를 탐구할 수 있다. 그러한 경험적 학습을 통해서 학생들은 자신에 대해서 더 많은 것들을 배우게 된다. 특히 학생들은 리더십, 의사소통, 협상 등과 같은 기능에서 자신의 장점과 약점에 대해 이해할 수 있게 된다. 지리수업에서 게임과 시뮬레이션을 통한 경험적 학습은 학생들의 개인적 발달과 이러한 발달에 대해 반성할 수 있는 능력 향상에 많은 기여를 한다.

슬레이터(Slater, 1993)에 의하면 마지막 정리는 게임이나 시뮬레이션 활동에서 핵심적이고도 필수적인 부분이다. 게임이나 시뮬레이션 활동에 대한 정리가 이루어지지 않는다면, 학생들은 계속해서

표 7-50. 무역 게임 후 활동결과에 대한 결과보고를 위한 질문들

- 게임에서 무슨 일이 진행되었으며, 그것이 무엇을 자극했는가?
- 게임에서 당신의 역할로부터 발생한 당신의 행동에 대해 어떻게 느끼는가? 현실 세계와의 유사점은 무엇인가?
- 게임 내에서 어떤 자원들은 결국 고갈될 것이다. 만약 게임이 중단되지 않고 계속된다면 무슨 일이 일어나겠는가? 자원 고갈의 결과는 무엇인가?
- 이 게임에서 어떤 대안적인 전략들이 사용될 수 있는가? 어떤 결과를 가지고?
- 현실 세계에 적용시켜 봄으로써 누가 이득을 얻고 누가 손해를 보는가?
- 이러한 시뮬레이션에 어떤 가치와 행동이 함축되어 있고 조성되어 있는가? 어떤 가치와 행동은 어떻게 이의가 제기될 수 있는가? 어떤 가치와 행동이 이의가 제기되어야 하는가?

(주의: 이 질문들은 다른 연령층과 능력 집단에 사용할 경우 수정될 수 있다.)

(Reid, 1996: 168)

왜곡된 견해를 간직할 수 있다. 다음 질문들은 이러한 정리를 위한 지침들이다.

① 이 게임에서 무슨 일이 벌어졌는가? 이 게임의 목표는 무엇이었는가? 이 목표를 달성하기 위해 어떤 전략이 효과적이었는가? 어떤 전략이 부정적인 효과가 있었는가? 이 단계에서 때로는 학생들에게 수업에서 진행된 것들을 일기로 작성하도록 하는 것이 유용할 수 있다.

② 만약 게임의 규칙(이나 가치)이 변화된다면, 혹은 벌칙이나 보상이 변화된다면 무슨 일이 벌어지겠는가? 이것은 여러분들의 행동에 어떻게 영향을 미칠까?

③ 이 게임(혹은 시뮬레이션)과 현실을 어떻게 비교할 수 있는가? 어떤 요인이 추가된다면 이 게임이 보다 현실적이겠는가? 이 게임이 보다 현실적이려면 어떻게 다시 설계해야 하겠는가?

④ 게임의 결과는 공정해 보이는가? 이것은 게임의 결함인가? 현실의 결함인가?

⑤ 이 게임은 현실에 대해서 어떤 가설을 제시하는가? 이 가설을 입증하려면 무엇을 해야 하는가?

⑥ 이 게임은 당신의 가치와 상반되게 진행되었는가?

⑦ 이 게임이 진행된 후에 읽을거리나 영화 등 다른 학습 자료가 제시되어야 하겠는가?

3) 게임과 시뮬레이션 활동의 유형

(1) 역할극

역할극(role-play)은 학생들이 다른 사람의 역할을 맡음으로써 가상 회의나 협상을 통한 의사결정 활동에 참여하는 것이다. 역할극 사례로는 정부나 의회 회의, 공공 질의, 전체 집회 등의 활동이 있다(예를 들어 환경, 경제, 무역, 개발 쟁점에 대한 회의). 학생들은 개인적으로 가지고 있는 견해를 발표하거나

주장한다.

역할극을 위한 모의수업의 질은 학생들의 태도(준비 정도)와 능력(의사소통 기능), 그리고 교사의 활동을 관리하는 능력에 달려 있다. 교사는 학생들이 역할극 활동에서 최대의 결과를 얻도록 하기 위해 학생들이 준비할 수 있는 시간을 적절하게 제공해야 한다. 또한 교사는 학생들로 하여금 자신이 맡은 역할과 관련하여 취해야 할 태도에 대해 토의하게 하고, 짝이나 소규모 모둠을 기준으로 학생들에게 역할을 할당하여 견해를 준비하도록 해야 한다.

역할극은 특별한 구조를 가지지 않는다. 이는 역할극에서 교사들이 단지 장면을 설정하고, 토론해야 할 문제점을 설명하며, 특정 학생이나 모둠에게 역할을 할당하기 때문이다. 또한 역할극은 전체 학급 토론이나 발표를 이끌어 낼 필요도 없다. 역할극에서는 일반적으로 시각 자료(짧은 비디오 연속물, 슬라이드, 교재의 사진)가 제시되고, 어떤 문제점이나 질문이 설정되며, 학생들은 토론하기 위해서 짝을 지어 어떤 장면을 연기하거나 특정한 역할을 맡아야 한다. 학생들은 맡은 역할에 감정이입을 하고, 그 사람들이 가지고 있는 가치와 태도를 고려해 보아야 한다. 이런 역할극은 다양한 결론이 도출되며, 결과를 예측하기 어렵기 때문에 교사와 학생 모두에게 도전적이다.

물론 역할극을 좀 더 구조화할 수도 있다. 교사는 학생들에게 각각의 역할이 설명되어 있는 역할카드를 지급하고, 사람들이나 집단들의 그럼 직한 태도들에 대한 정보를 제공할 수 있다. 때때로 교사는 학생들이 자신의 견해나 의견을 발표하도록 안내하기 위해 조언이나 질문을 사용할 수도 있다. 특히 역할카드는 학생들이 다양한 집단들을 위해 가능한 해결책을 생각해 보도록 도와줄 수 있는 질문들을 담고 있다. 어떤 학생들은 단지 역할카드에 근거하여 해결책을 모색하는 반면, 좀 더 기발하고 조리 있는 학생들은 자신의 아이디어 및 다른 가능성을 제시할 수도 있다.

교사는 학생들이 자신의 역할에 몰입하도록 역할카드에 정보를 제공하는 것뿐만 아니라, 토론을 위한 절차를 적절히 안내해야 한다. 표 7-51은 학생들이 역할극에서 맡게 될 구체적인 임무들을 보여 주는 지시사항을 담고 있다. 이러한 임무들은 학생들이 토론하는 데 필요한 명확한 초점을 제공해 주며, 그에 따라 교사가 이 활동을 효과적으로 관리할 수 있도록 도와준다.

표 7-51. 에콰도르 나포(Napo) 사람들은 그들의 미래를 위해 무엇을 원하는가?

역할극 시나리오

이 역할극은 학생들이 공동체 구성원들의 역할을 맡음으로써, 나포 사람들이 직면하고 있는 문제들을 논의하도록 요구한다. 이 역할들은 마을의 지도자, 거주자, 퀴차(Quicha)족, 농부, 로컬 개발 노동자의 역할을 포함한다. 각 학생들은 그들이 묘사할 사람의 그럴 듯한 태도와 관심을 개관한 역할카드를 제공받는다.

학생들은 행동을 위한 3가지 조건을 제공받는다.

1. 그들이 하고 있는 일을 계속함. 많은 사람들은 모험을 두려워하고 있다. 그들은 많은 자원을 가지고 있지 않아서 불확실한 이익을 초래할 수 있는 위험한 계획에 투자할 수 없다. 모든 사람들은 그들의 농장에서 일하는 데 바빠 추가로 노동을 하기 어렵다.
2. 환금작물. 카카오 콩과 같은 환금작물을 파는 것은 모든 사람들에게 돈을 벌게 할 것이다. 주로 큰 농장과 더 많은 돈을 가진 거주자들이 환금작물을 재배한다. 하지만 토양은 환금작물을 재배하기에 적합하지 않은 편이다. 이 조건은 퀴차족에게 덜 유리하다.
3. 생태관광. 보존되어 있는 살림을 활용하여 사람들은 관광객들을 안내할 수 있는 그들의 지식을 사용하여 돈을 벌 수 있다. 이 공동체는 관광객들에게 숙소와 식사를 제공하기 위해 함께 일을 해야 할 것이다. 그러나 관광객들은 범죄를 비롯하여 로컬 주민들에 대한 존중의 부족 등과 같은 문제를 초래할 수 있다.

준비(학생들)

학생들은 각자 하나의 카드를 가져야 하고, 역할에 대한 정보를 읽는 데 시간을 보내야 한다. 학생들에게 그들의 역할에 대한 다음과 같은 질문들에 답하도록 요구하라. 당신은 누구인가? 당신은 무엇을 하나? 당신은 미래를 위해 무엇을 하기를 원하나?

그리고 나서 학생들은 지시카드를 따른다.

> **지시카드**
>
> **규칙**
> - 사람들이 말하고 있을 때, 방해하지 마라.
> - 모든 사람이 자신의 관점을 토론하도록 하라.
> - 마을 지도자는 모든 사람들이 말할 수 있는 공정한 기회를 주도록 해야 한다.
>
> **단계**
> - 다음 순서로 정보를 읽어라: 마을 지도자, 거주자, 퀴차족, 농부, 로컬 개발 노동자
> - 당신이 가지고 있는 상이한 조건들의 목록을 만들어라.
> - 당신이 하기 위해 선택한 모든 것을 써라.
> - 만약 당신이 한 집단으로서 결정할 수 없다면, 당신이 동의할 수 없는 이유들을 써라.

이 질문들은 토론을 조직화하기 위해 사용될 수 있다.
- 각 조건의 이익과 불이익은 무엇인가?
- 각 조건을 성공시키려면 무엇이 일어나야 하는가?
- 각 조건으로부터 누가 이익을 얻고, 누가 손해를 보는가?

학생들의 후속활동을 조직하기 위해 가능한 질문들(예를 들면, 글쓰기 숙제)
- 당신은 누구인가?
- 당신은 어떤 문제들에 직면했나?
- 당신은 이 지역을 위해 무엇을 원했나?
- 다른 사람들은 이 지역을 위해 무엇을 원했나?
- 당신은 어떤 결정들에 동의했나?
- 그들은 이 집단이 옳은 결정을 했다고 느꼈나?

(ActionAid; Lambert and Balderstone, 2010 재인용)

교사는 학생들이 그저 다양한 관점이나 주장을 제시하는 것 그 이상을 원할 수도 있다. 교사는 학생들이 다양한 자료로부터 정보를 획득하여, 특정한 관점이나 주장을 지지할 수 있는 적절한 증거를 선택하도록 요구할 수 있다. 교사는 현실적인 토론을 위해, 학생들이 다른 이해 집단들로부터 받을 수 있는 질문의 문제점과 증거를 이용해서 대답할 수 있도록 고찰할 필요가 있다.

로버츠(Roberts, 2003)는 지리적 쟁점에 대한 상이한 관점을 가진 사람들의 태도와 가치를 탐구할 수 있는 수업 활동으로 이해 당사자(stakeholders), 뜨거운 의자(hot seating), 역할극을 제시하고, 각각에 대한 사례를 제공한다. 먼저 이해 당사자 활동에서 학생들에게 부과하는 과제는 주로 '누가 왜 이 쟁점에 관심을 가지고 있을까?'라는 질문을 탐구하도록 하는 것이다. 일반적으로 이해 당사자 활동을 위한 단계는 표 7-52와 같다.

표 7-52. 이해 당사자 활동을 위한 단계

1단계: 학생들은 쟁점에 대해 소개받는다. 예를 들면, 레저 센터가 건설되도록 허용되어야 하는가?

2단계: 짝별 또는 모둠 활동-학생들은 쟁점에 관해 제공된 데이터(예를 들면, 사진, 비디오, 신문기사)를 공부한다. 그리고 어떤 사람들과 조직이 개발을 찬성할지, 누가 개발에 반대할지를 결정한다. 찬성 또는 반대한 모든 사람들은 이 쟁점에서의 이해 당사자이며, 그들은 그것이 진행되어야 할지 말아야 할지에 대해 관심을 가지고 있다.

3단계: 짝별 또는 모둠 활동-학생들은 이해 당사자를 보여 주는 거미 다이어그램을 만든다. 그리고 나서 그들은 각 이해 당사자가 개발에 대해 찬성할지 아니면 반대할지를 보여 주는 방법을 고안하고 범례를 만든다.

4단계: 중간 결과보고-학생들은 이 쟁점에서 누가 이익을 가지는지에 대한 그들의 아이디어를 공유한다. 학생들은 그들의 다이어그램에 핵심적인 이해 당사자가 빠져 있다면 추가한다.

5단계: 짝별 또는 모둠 활동-학생들은 각 이해 당사자가 왜 찬성하거나 반대할지에 대해 토론하고 상이한 유형의 이유들에 대한 목록을 만든다.

6단계: 결과보고-학생들은 사람들이 개발에 대해 찬성하거나 반대하는 상이한 유형의 이유를 전체 학급 학생들에게 들려준다. 이러한 이유들에 대해서 논의가 이루어지고, 학급 학생들은 기저 가치 목록에 동의하려고 시도한다. 그것이 진행되어야 하는지 어떨지를 누가 결정해야 하는가? 그러한 결정들은 어떻게 이루어지나? 무엇이 그러한 결정에 영향을 미치나?

7단계: 후속활동-도표 형식(찬성 또는 반대하는 이해 당사자, 그리고 이유를 기록하는)의 글쓰기, 확장된 글쓰기, 개발에 관한 개인의 논리정연한 관점을 표현하는 글쓰기

(Roberts, 2003)

뜨거운 의자(hot seating) 활동은 학생들이 뜨거운 의자에 앉아서 학급의 나머지 학생들에게 이야기하거나, 자신들이 맡은 역할에 대한 질문에 답변함으로써 곤혹스러움을 겪게 되는 활동이다. 뜨거운 의자를 위한 가장 적합한 교실 배열은, 모든 학생들이 서로를 쉽게 볼 수 있도록 의자를 둥글게 배치하는 것이다. 뜨거운 의자 활동을 위한 일반적인 단계는 표 7-53과 같다.

표 7-53. 뜨거운 의자 활동을 위한 단계

1단계: 학생들은 쟁점과 호기심을 가지고 탐구할 수 있는 핵심질문을 소개받는다.

2단계: 모둠활동-학생들은 이 쟁점을 특정 집단의 관점에서 조사한다. 그들은 제공된 데이터(전체 학급에 공통적으로 제공되는 데이터 또는 학생들의 역할에 따라 다르게 제공되는 특정 데이터 또는 둘 다)에서 정보를 수집한다.

3단계: 뜨거운 의자 종합-가능하다면 학급 학생들은 둥글게 둘러앉는다. 그리고 모둠들은 돌아가며 뜨거운 의자에 앉는다. 이 활동을 위해서는 말하기와 질문하기를 위한 기본원칙이 설정될 필요가 있다.

4단계: 각 모둠은 간단하게 자신들을 소개한 후, 다른 모둠들의 질문에 대답한다.

5단계: 결과보고-이 쟁점에 관한 주요 요점은 무엇인가? 왜 사람들은 그것에 대한 상이한 태도를 가지고 있나? 어떤 질문들이 뜨거운 의자에 앉아서 답하기에 어려웠나? 왜 그것들은 어려웠나? 뜨거운 의자에 앉아서 우연히 발견한 최고의 관점은 무엇이었나? 당신은 지금 이 쟁점에 관해 어떻게 생각하나?

(Roberts, 2003)

로버츠(Roberts, 2003)는 역할극의 사례로 공적 미팅 또는 사적 미팅을 제시한다. 공적 미팅 또는 사적 미팅은 교실에서 다양한 사람들의 가치를 탐구하기 위한 훌륭한 시나리오이다. 역할극 수업은 항상 학생들에게 흥미롭고, 자극적이며, 매우 기억하기 쉽다. 역할극은 학생들에게 쟁점에 대해 더 많이 토론하고 사고하도록 한다. 전형적인 수업이 교사의 이야기에 의해 지배되는 반면에, 역할극 수업은 학생들의 이야기와 학생들의 높은 참여로 이루어진다. 로버츠(Roberts, 2003)는 공적 미팅의 역할극을 위한 적합한 쟁점들과 함께(표 7-54), 공청회 역할극을 준비할 때 고려해야 할 것에 대한 체크리스트를 제시하였다(표 7-55).

표 7-54. 공청회 역할극을 위한 적합한 쟁점

몇몇 장소 중 하나를 찾기

이 범주에서, 학생들은 특정 지역을 지지하는 역할을 맡을 수 있다. 적절한 쟁점의 사례들은 다음을 포함한다.

- 주요 스포츠 행사(예를 들면, 2012년 올림픽 게임)를 위한 개최지는 어디로 선정되어야 할까?
- 이들 읍 중 어느 곳이 도시로 승격되어야 할까?
- 새로운 공장이 입지할 최적의 장소는 어디인가?

몇몇 정책 중 하나를 선택하기

이 범주에서, 학생들은 상이한 정책에 관한 일부 전문적 지식을 가진 역할을 맡을 수 있을 것이다. 그리고 또한 상이한 정책에 관심을 가진 역할을 맡을 수도 있다. 가능한 사례들은 다음을 포함한다.

- 우리는 이 해안을 위한 제안 중에서 어떤 것을 받아들여야 하나?
- 영국의 미래 에너지를 위한 제안 중에서 어떤 것이 채택되어야 하나?

계획에 대해 찬반 결정하기

이 범주에서, 상이한 집단들은 특정 쟁점에 관심을 가진 역할을 맡을 수 있다. 가능한 사례들은 다음을 포함한다.

- 슈퍼마켓은 이곳에 지어져야 하는가?
- 가정용 쓰레기는 전기를 생산하기 위해 연소되어야 하는가?
- 이 우회로는 건설되어야 하는가?

부족한 자원을 할당하기

이 범주에서, 학생들은 상이한 제안을 지지하는 역할을 맡을 수 있다. 제안들 각각은 자금 제공을 요구한다. 결정은 각 제안에 자금을 얼마나 많이 할당할 것인가 또는 어떤 제안을 지지하고 어떤 제안을 지지하지 않을 것인가에 관한 것이다. 가능한 사례들은 다음을 포함한다.

• 우리는 이들 개발 프로젝트들(예를 들면, 옥스팸을 위해) 중에서 어떤 것을 지지해야 하는가?
• 이 도시는 다음 지진에 대비하기 위해, 한정된 돈을 어떻게 사용해야 하는가?

(Roberts, 2003)

표 7-55. 공청회 역할극을 계획하기 위한 확인 사항

적절한 쟁점을 선정하라
• 핵심질문과 의사결정의 유형을 결정하라.

역할에 관해 결정하라
• 다음을 포함하여 어떤 역할이 요구되는지를 결정하라.
 –의장
 –결정을 하는 사람
 –상이한 관점을 나타내는 집단
 –만약 필요하다면 다른 역할

자료를 준비하라(데이터는 텍스트, 지도, 통계, 소책자, 광고 등의 형태로 제공될 수 있다.)
• 모든 학생들을 위한 배경 정보를 준비하라.
• 특정 집단과 가능한 한 집단 내의 개인들을 위한 정보를 준비하라.
• 이름 카드를 준비하라.

역할극을 위한 절차를 결정하라
• 분배 또는 전시를 위해, 공적인 모임을 위한 의제를 만들어라.
• 만약 필요하다면, 모임을 하는 동안에 완성되어야 할 노트필기 프레임을 만들어라.

수업을 준비하라
• 책상을 재배열하라.
• 필요한 지도, 전시 정보, 의제를 설치하라.
• 이름 카드를 배치하라.

결과보고 시간을 계획하라
• 결과보고를 위한 몇몇 핵심질문을 준비하라.

후속활동을 계획하라
• 글쓰기 활동이 요구되어야 할지를 결정하라. 만약 그렇다면, 지시사항을 써라.

(Roberts, 2003)

역할극은 학생들에게 어떤 목소리가 다른 목소리보다 더 많이 들릴 수 있는지 알 수 있도록 한다. 또한 쟁점에 관한 결정이 태도 및 가치뿐만 아니라 권력 및 기득권과 어떻게 관련될 수 있는지에 관해서도 알 수 있도록 한다. 표 7-56은 중국 양쯔강에 있는 삼협댐의 건설과 관련된 역할극을 위한 절차와 일부 자료를 제시하고 있다. 이 역할극은 그럴듯한 모임을 반복하지는 않지만, 댐의 건설과 관련된 환경적, 사회적, 경제적, 인권적 쟁점에 대한 토론을 격려한다.

표 7-56. 삼협댐(Three Gorges Dam) 프로젝트-역할극

(a) 절차

핵심질문
- 삼협댐 프로젝트의 주요 특징은 무엇인가?
- 삼협댐은 왜 만들어졌나?
- 이 프로젝트의 이점은 무엇인가? 누가 이익을 얻는가?
- 이 프로젝트의 문제점은 무엇인가? 누가 불이익을 받는가?

자료
- 지도책의 중국 지도
- 프로젝트 지역의 지도(www.probeinternational.org에서 찾을 수 있음)
- 프로젝트에 관한 배경정보(사례 b)
- 역할카드(사례 c)
- 노트필기 프레임(사례 d)
- 사진(Google.co.uk의 이미지에서 찾을 수 있음)

역할목록
- 의장
- 의사결정을 할 국제적 팀
- 중국 정부(찬성)
- 이 프로젝트로부터 이익을 얻을 것이라고 생각하는 지역 주민(찬성)
- 이 프로젝트로부터 이익을 얻을 것이라고 생각하는 지역 무역업자와 실업가(찬성)
- 환경론자와 보존론자(반대)
- 상황이 나빠질 것이라고 생각하는 지역 주민(반대)
- 프로젝트에 반대하는 경제학자(반대)

시작
- 시나리오를 소개하라. 삼협댐 프로젝트를 완성하기 위해서는 더 많은 국제적 투자가 필요하다. 3개의 국가가 더 많은 투자를 지원할지에 대해 고민하고 있다. 이것을 논의하기 위한 모임이 있을 것이다. 그곳에서 이 프로젝트에 대한 찬성과 반대를 위한 주장들이 제기될 것이다.
- 이 프로젝트를 소개하라(사례 b에 있는 정보를 사용하거나 검토하기). 특히 다음을 강조하라.
  -프로젝트의 스케일: 세계에서 가장 큰 댐, 저수지의 규모(영국의 저수지 크기와 비교하라)
  -프로젝트의 목적: 홍수 방지(홍수의 역사에 관한 정보를 제공하라), 전력 생산, 항행의 개선
- 역할을 분배하라.
- 노트필기 프레임을 소개하라.

활동: 공적 모임 역할극을 위한 준비

학습들은 모둠으로 활동하여,
- 역할 카드에 있는 정보를 읽는다.
- 부가적인 정보를 찾는다.
- 역할극을 위한 연설을 준비하고 누가 무엇을 말할 것인지를 결정한다.
- 각 모둠의 이름표를 준비하여 앞에 둔다.

활동: 공적 모임 역할극
- 의장은 모든 사람들을 소개한다.

- 삼협댐 프로젝트를 찬성하는 사람들이 자신들의 정당성을 주장한다(각각의 발표에 뒤이어 국제적 팀으로부터 하나의 질문이 이어진다).
- 삼협댐 프로젝트를 반대하는 사람들이 자신들의 정당성을 주장한다(각각의 발표에 뒤이어 국제적 팀으로부터 하나의 질문이 이어진다).
- 5분간의 모둠 간 협의: 각 모둠은 제시된 주장에 근거하여, 반대하는 모둠에게 던질 질문을 고안한다(역할 카드에 기록된 것처럼)
- 질문 시간: 각 모둠은 질문하고, 관련된 모둠은 대답한다.
- 국제적 팀은 그들의 결정을 고찰하기 위해 교실을 떠난다.
- 결정이 이루어지고 있는 동안의 중간 결과보고: 이 프로젝트를 찬성하는 주장들 중에서 어떤 것이 가장 그럴 듯하다고 생각되었는가? 이 프로젝트를 반대하는 주장들 중에서 어떤 것이 가장 그럴 듯하다고 생각되었는가? 당신은 국제적 팀이 어떻게 결정할 것이라고 생각하는가? 왜 그러한가?
- 국제적 팀은 모둠에게 결정을 발표한다.

활동: 결과보고
- 국제적 팀에게: 당신에게 있어 가장 주요한 쟁점들은 무엇이었나?
- 모든 모둠에게: 당신은 결정이 정당했다고 생각하나? 당신의 주장 가운데 가장 큰 약점은 무엇이었다고 생각하나? 당신과 반대되는 가장 강력한 주장은 무엇이었나? 당신은 어떤 면에서 이 역할극이 사실적이라고 생각하나? 당신에게 역할극의 어려운 점은 무엇이었나? 당신은 다른 어떤 정보가 필요했었나? 당신은 삼협댐에 관해 무엇을 배웠나? 이 프로젝트로부터 누가 가장 이익을 얻나? 이 프로젝트로부터 누가 가장 손해를 보나?
- 개별적인 투표: 만약 당신이 역할을 맡고 있지 않다면, 당신은 이 프로젝트에 투자하는 네 찬성표를 던질 것인가, 아니면 반대표를 던질 것인가? 득표수를 계산하라. 찬반의 의사 표시가 아직 역할 속에 있는지 아닌지를 주의시켜라.

(b) 배경정보

핵심적인 사실
- 삼협댐이라는 명칭은 중국의 양쯔강에 있는 세 개의 아름다운 협곡[취탕샤(瞿塘峽), 우샤(巫峽), 시링샤(西陵峽)]를 따라 댐이 지어진 것에서 유래한다.
- 1992년에 이창(宜昌) 인근의 싼더우핑(三斗坪)에 댐을 건설하기로 결정하였으며, 1995년에 건설이 시작되었다. 댐은 2009년에 완공되었다.
- 댐은 높이 185m이며, 길이는 2.3㎞이다.
- 양쯔강의 낮은 지역으로부터 높은 지역으로 배가 통과할 수 있도록 5개의 갑문이 있다.
- 댐 배후의 저수지는 길이 600㎞가 될 것이다.
- 하천의 최대 수위는 175m가 될 것이다.

댐 건설을 위한 주요한 이유
- 양쯔강의 홍수를 막고 조절하기 위해(20세기에 30만 명이 넘는 사람들이 양쯔강의 범람으로 죽었다.)
- 연간 1820만 ㎾의 전력을 생산하기 위해
- 양쯔강을 이용한 충칭(重慶)으로의 수운을 개선하기 위해
- 저수지로부터 용수를 공급하기 위해

저수지 축조의 영향
- 새로운 저수지에 의해 침수될 지역은 삼협, 13개의 도시, 100개의 촌락, 대규모의 농지, 1,300개의 공장, 많은 고대 유적지 등을 포함한다.
- 총 1,300,000명 이상의 사람들이 이 프로젝트가 완공되는 시점까지 이주해야 할 것이다.

(c) 역할 카드

<table>
<tr>
<td>

농부를 포함한 지역 주민(프로젝트 찬성)

- 여러분 중 일부는 저수지에 의해 침수될 지역에 살고 있다. 당신의 오래된 집은 비좁고 갑갑하며 습기가 많고, 용수 및 전력 공급이 없었다. 당신이 살 새로운 지역은 용수 및 전력 공급과 함께, 넓은 도로와 근대적인 아파트 단지를 가지고 있다. 당신의 주거 조건은 훨씬 더 향상될 것이다.
- 여러분 중 일부는 댐 아래에 있는 양쯔강 옆의 땅에 살고 있다. 당신은 항상 당신의 집과 농지가 침수될 위험에 있어왔다. 당신의 친척들 중 일부는 최근의 홍수로 물에 빠져 죽었으며, 다른 사람들은 가지고 있던 모든 것을 잃었다. 양쯔강의 물이 조절될 때, 당신은 더 이상 홍수에 관해 걱정할 필요가 없을 것이다.
- 당신은 이사를 위해 보상을 받았으며, 지금까지보다 잘 살 것이라고 생각한다.

이 프로젝트에 반대하는 지역 주민이 발표를 할 때, 그들에게 할 질문에 대해 생각하라. 또한 그들이 여러분에게 할 질문에 대한 답변을 준비하라.

</td>
<td>

환경론자와 보존론자(프로젝트 반대)

- 당신은 저수지의 오염에 관해 걱정하고 있다. 저수지는 무수한 쓰레기 더미를 물에 잠기게 하고, 1,300개의 공장을 물에 잠기게 할 것이다. 유해한 쓰레기는 비소, 수은, 납, 시안화물(청산가리)을 포함할 것이다. 이것은 저수지로 들어갈 것이며, 또한 농지와 식수에도 들어갈 것이다.
- 당신은 양쯔강에 있는 모든 실트에 관해 걱정하고 있다. 양쯔강은 더욱더 느리게 흘러갈 것이고, 실트는 계속해서 쌓일 것이다. 양쯔강에 있는 또 다른 댐에서 생산되던 많은 전력은 실트 때문에 줄어들 것이다.
- 당신은 1,200개의 고대 유적지 범람에 관해 걱정하고 있다. 그것들은 중국 역사의 중요한 부분이다.

중국 정부가 발표를 할 때, 그들에게 할 질문에 대해 생각하라. 또한 그들이 여러분에게 할 질문에 대한 답변을 준비하라.

</td>
</tr>
<tr>
<td>

중국정부(프로젝트 찬성)

당신은 다음과 같은 이유로 이 프로젝트에 찬성한다.

- 삼협댐 건설은 역사에 남을 프로젝트다. 전 세계에서 가장 큰 프로젝트이다.
- 삼협댐은 양쯔강의 물을 조절할 것이다. 이것은 특히 이창 아래의 양쯔강에서 발생하는 홍수의 위험을 감소시킬 것이다. 20세기 동안 양쯔강 홍수로 인해, 300,000명이 죽었으며, 많은 사람들이 그들의 농지를 잃었다.
- 삼협댐은 중국의 중부와 동부를 위해 많은 양의 전력을 생성시킬 것이다. 전력에 대한 수요가 중국에서 빠르게 증가하고 있다. 수력발전소에서 생산되는 전력은 주변을 오염시키지 않으며, 재생가능하다. 이것은 많은 화력발전소를 폐쇄시키게 할 수 있을 것이다. 또한 대기로 이산화탄소의 방출을 줄일 것이며, 산성비와 지구온난화를 줄일 것이다.
- 저수지는 중국의 광범위한 지역에 용수를 공급하기 위해 사용될 수 있다.

부가 정보

이 지역은 지진의 위험에 관한 연구가 수행되어 왔다. 댐은 매우 품질이 높은 콘크리트로 지어지고 있으며, 기술자들은 이 댐이 예측되는 어떤 지진도 견딜 수 있다고 확신한다.

환경론자들이 발표를 할 때, 그들에게 할 질문에 대해 생각하라. 또한 그들이 여러분에게 할 질문에 대한 답변을 준비하라.

</td>
<td>

무역업자와 실업가(프로젝트 찬성)

- 당신은 이 프로젝트에 관해 매우 흥미를 느끼고 있다. 충칭까지 배로 여행하는 것은 훨씬 빠르고 안전할 것이다. 양쯔강의 삼협 지역에서는 더 이상 위험할 정도로 유속이 빠르지 않을 것이다. 수로는 더 넓어질 것이고, 특히 수위는 건기에 훨씬 더 높아질 것이다. 이것은 수송이 훨씬 더 유리해짐을 의미한다. 새로운 도로와 다리가 건설될 것이며, 이러한 모든 것이 무역을 더 활발하게 만들 것이다.
- 당신은 관광이 증가할 것이라고 생각한다. 삼협의 경관은 드라마틱하다. 양쯔강 양안에 있는 1,000m 이상의 산들이 시야에 들어온다. 수위가 175m 상승한 이후에도, 경관은 여전히 드라마틱할 것이다. 가장 중요한 고대 유적들은 이주할 것이다. 매우 높은 곳에 있는 일부 유적지는 이전보다 오르기에 훨씬 더 쉬울 것이다. 당신은 이 프로젝트가 세계의 불가사의 중 하나가 될 것이며, 점점 더 많은 관광객을 끌어들일 것이라고 생각한다. 이로 인해 더 많은 호텔들이 필요하게 될 것이다. 더 많은 관광용 선박이 필요하게 될 것이다. 이것은 무역을 위해서도 좋을 것이다.
- 이 지역의 모든 사람들을 위한 훨씬 더 많은 직업이 생길 것이다.

경제학자들이 발표를 할 때, 그들에게 할 질문에 대해 생각하라. 또한 그들이 여러분에게 할 질문에 대한 답변을 준비하라.

</td>
</tr>
</table>

농부를 포함한 지역 주민(프로젝트 반대)	경제학자(프로젝트 반대)
• 당신은 양쯔강 인근의 읍과 마을에 살았었다. 지금 당시의 집과 농지는 물에 잠겨 있다. 당신은 당신의 토지를 가지고 직접 채소, 오렌지, 레몬을 재배했었다. 그러나 당신은 어떤 사람도 알지 못하는 수 백 킬로미터 떨어진 읍으로 이사해야 했다. 그곳의 사람들은 당신과 생각하는 것이 많이 다르며, 그들은 당신을 모질게 대한다. 여러분들 중의 일부는 토지를 제공받았지만, 그것은 충분하지 않다. 여러분들 중 일부는 읍에서 일자리를 찾아야 한다. 당신은 자신의 식품을 직접 재배할 수 없고, 새로운 읍에서의 식품은 매우 비싸다. 당신은 약속받았던 보상을 받지 못했다. • 당신은 보상을 받지 못한 것에 관해 저항했던 몇몇 사람들을 알고 있다. 그들 중 일부는 감옥에 갔다. 이 프로젝트에 찬성하는 지역 주민이 발표를 할 때, 그들에게 할 질문에 대해 생각하라. 또한 그들이 여러분에게 할 질문에 대한 답변을 준비하라.	• 당신은 이 프로젝트에 돈을 쓰는 것은 위험하다고 생각한다. 매우 먼 거리로 전력을 보내는 것은 비용이 많이 든다. 이 프로젝트에 의해 생산된 전력은 매우 비싸게 될 것이다. 또한 전력에 대한 수요는 충분하지 않을 것이다. • 만약 전력에 대한 수요가 있다고 하더라도, 전력이 생산되지 않을 위험이 있다. 양쯔강에 있는 또 하나의 댐은 실트가 너무 많이 쌓여 계획된 전력의 단지 반만 생산한다. 또한 큰 저수지가 있을 때는 물의 무게 때문에 항상 지진에 대한 위험이 증가하기 마련이다. • 당신은 댐이 테러범의 목표물이 될 수 있다고 생각한다. 댐을 보호하는 데 비용이 많이 들 것이다. 지역 무역업자와 실업가가 발표를 할 때, 그들에게 할 질문에 대해 생각하라. 또한 그들이 여러분에게 할 질문에 대한 답변을 준비하라.

국제적 팀(당신은 결정을 해야 한다.)

당신은 3개의 국가를 대표한다.

캐나다	일본	영국
과거부터 당신의 국가는 이 프로젝트를 지원해 왔다. 당신의 산업들은 이 프로젝트에 다음을 제공하고 있다. • 시멘트 공장 • 터빈 발전기 • 고전압 전기 설비 수출개발협회(EDC)는 이 프로젝트를 위해 중국인민건설은행(PCBC)에 대부를 제공해 왔다. 당신은 이 프로젝트를 지원할 것이다. 왜냐하면 캐나다 회사들이 이 프로젝트에 많은 돈을 투자해 왔기 때문이다. 당신이 주장들을 들을 때 이것을 고려하라. 당신은 당신의 국가가 이 프로젝트에 더 많은 투자를 지원해야 할지를 결정해야 한다.	당신의 국가는 이 프로젝트에 일부 투자를 하고 있다. 당신의 산업들은 이 프로젝트에 다음을 제공해 왔다. • 일부 건설 장비 • 강판 당신의 국가는 중국의 화력발전소 때문에 산성비 피해를 입고 있다. 화력발전소가 수력발전소로 대체될 때, 이러한 피해는 줄어들 것이다. 당신은 많은 투자를 하고 있지는 않지만, 산성비를 걱정하고 있을지 모른다. 당신이 주장들을 들을 때 이것을 고려하라. 당신은 당신의 국가가 이 프로젝트에 더 많은 투자를 지원해야 할지를 결정해야 한다.	당신은 이 프로젝트에 많은 투자를 하고 있지는 않다. 당신의 산업들은 다음을 생산한다. • 준설 선박을 위한 통제 시스템 당신은 중국과의 무역을 증가시키기를 원할지 모른다. 당신 국가의 일부 국민들은 중국의 인권에 관해 걱정하고 있다. 당신이 주장들을 들을 때 이것을 고려하라. 당신은 당신의 국가가 이 프로젝트에 더 많은 투자를 지원해야 할지를 결정해야 한다.

(d) 노트필기 프레임

주요 초점	프로젝트를 찬성하는 사람들	프로젝트를 반대하는 사람들
환경적 쟁점	중국정부	환경론자와 보존론자

사회적쟁점과 인권	농부를 포함한 지역 주민	농부를 포함한 지역 주민
경제적쟁점	무역업자와 실업가	경제학자

(Roberts, 2003)

이와 같은 역할극 활동의 발표 단계는 대개 즐겁고 활기를 띠며, 유의미한 학습을 수반한다. 교사는 역할극 활동의 발표 단계에서 재미를 줄이지 않으면서도, 학생들로 하여금 유의미한 학습을 통해 내면화하도록 해야 한다. 교사가 학생들에게 필기를 요구한다면, 그들은 또래들이 말하는 모든 것을 쓰려고 애쓸 것이다. 그러므로 교사는 학생들에게 필기를 하는 목적을 분명하게 알려주고, 무엇을 필기해야 하는지를 안내해야 한다. 다음은 노트필기를 위해 사용될 수 있는 질문들의 사례이다.

- 그 모둠은 어떤 역할을 맡았는가? 그들은 누구를 대표하는가?
- 그들의 견해들은 무엇인가?
- 그들은 왜 이런 견해를 가지고 있는가?
- 그들은 자신의 견해를 뒷받침하기 위해 어떤 증거를 사용하는가?
- 이러한 견해들을 반대하기 위해, 어떤 것을 주장할 수 있는가?

학생들은 다른 모둠들의 견해를 의문시하고 질문함으로써, 그러한 견해를 명료화 할 수 있다. 이러한 전략들은 학생들에게 그저 내용을 외우도록 하는 것이 아니라, 논쟁이 되고 있는 것들을 분석하도록 하기 때문에 더 적극적인 학습을 촉진한다. 또한 학생들로 하여금 자신의 역할을 준비하도록 하고, 연기하는 동안 다양한 집단들에서 일어나고 있는 일들을 기록하는 관찰자가 되어 보도록 함으로써 역할극의 진행을 분석할 수 있다.

교사들은 역할극 활동을 하는 동안 다양한 단계에서 종종 현명하게 개입할 필요가 있다. 예를 들어, 막다른 골목에서부터 학생들의 사고와 주장을 안내하고, 그들이 토론하고 있는 주제에 대한 더 깊은 암시를 모둠이 이해하도록 도와줄 수 있다. 혹은 적절한 시기에 신선한 통찰력과 정보를 이용하여, 시들해져가는 토론에 활기를 불어넣을 수도 있다(Walford, 1996: 143). 상대적으로 합리적인 토론 능력이 부족한 학생들이 방향을 잃었을 때, 교사는 적절한 생각과 주장에 다시 집중하도록 도와주어야 한다. 교사는 필요한 시점에서 학생들의 연기를 중단시킴으로써, 학생들이 어떤 일이 발생하고 있고 특정 사람들과 모둠들이 어떻게 느끼고 있는지를 토론해 보도록 할 수도 있다. 어떤 경우에는 교사가 특정 모둠에게 도움을 주기 위해 더 많은 정보를 소개할 수도 있다.

(2) 게임과 시뮬레이션 활용 수업

지리 수업에서는 다양한 게임을 사용할 수 있다. 이러한 게임은 출판사에서 발행되는 교재에 첨부되어 있는 경우도 있다. 특히 월포드(Walford, 2007)는 게임을 활용한 지리수업 방법에 대한 글을 많이 썼는데, 이를 집대성하여 『Using Games in School Geography』를 간행하였다. 특히 최근에는 지리 교과서에도 퍼즐 맞추기, 보드 게임 형식 등 간단하게 할 수 있는 게임들이 수록되어 있다. 그리고 상업적 목적으로 제작된 훌륭한 역할극과 시뮬레이션이 결합된 게임도 있다[예를 들면, 심시티(Sim City), 무역 게임(Trading Game), 트레이딩 트레이너스 게임(Trading Trainers Game)]

지리수업에 활용할 수 있는 이러한 게임들은 일련의 규칙을 가지고 있으며, 참여하는 학생들이 일련의 계획을 세우고 결정을 내려야 한다는 공통점을 가지고 있다. 그리고 이러한 게임은 종종 의사결정을 유도하는 경쟁적인 요소를 포함하고 있다. 또한 의사결정은 주사위 던지기나 임의의 카드 뽑기 등 예측 불가능한 우연적 사건들에 의해서 복잡해지기도 한다.

게임을 활용한 지리수업에서 교사의 역할은 활동의 속도와 방향을 조정하고, 학생들의 이해를 조사하며, 학생들의 활동을 도와주는 일종의 게임 마스터(game master)이다. 교사는 게임이나 시뮬레이션을 단순화할 필요가 있다(Walford, 1996: 139). 물론 게임이나 시뮬레이션을 단순화하기 위해서는 교사가 철저하게 준비해야 하지만, 게임의 규칙에 대한 긴 설명을 할 필요가 없다는 장점이 있다. 게임의 목표와 규칙을 짧고 빠르게 제공하는 것이 다양한 능력과 연령의 학생들에게 효과적이다(Lambert and Balderstone, 2000).

교사는 상업용 게임을 활용할 수 있지만, 자신만의 게임을 창의적으로 만든다면 교실 활동에 다양성을 불어넣을 수 있다. 가장 손쉽게 만들 수 있는 것이 바로 카드 게임이다. 일련의 카드에 기호들(예를 들어, 지형도의 기호들, 날씨 기호들)을 그리거나 붙이고, 다른 카드에는 단어들을 써넣는다. 학생들은 카드를 섞고 카드를 골고루 흩뜨린 다음, 차례대로 새로운 카드를 한 장씩 가져오며 일치하는 기호들을 만들 때까지 계속한다. 게임의 다양성은 끝이 없으며[스냅(snap), 루미(rummy, 특정한 조합의 카드를 모으는 단순한 형태의 카드놀이) 등등], 특히 상상력이 풍부한 지리교사는 다양한 카드 게임을 만들 수 있다. 이러한 카드 게임은 수업의 도입부나 요약 및 정리 단계에서 사용할 수 있으며, 전체 수업 활동에서 사용될 수도 있다. 여기서는 지리교사 또는 지리교육 전문가에 의해 만들어진 몇몇 카드 활용 게임을 소개한다.

테일러(Taylor, 2004)는 이전 수업에서 배운 내용을 확인하는 진단학습의 방법 중 하나로, 개발교육과 관련한 수업의 도입부에 쓸 수 있는 '개발 도미노'라는 게임을 소개하고 있다(표 7-57). 개발 도미노(development dominoes) 게임은 이전 수업에서 학습한 내용(선행학습)을 재생하는 방법으로써, 본시 수업에서 설계하여 활용할 수 있다. 도미노 세트는 필요한 수만큼 복사하고 잘라서 카드로 만든다. 도미노 카드가 8장이기 때문에 8명씩 모둠을 구성하고, 한 세트의 카드를 모둠원들에게 1장씩 분배한다. 그리고 나서 한 학생이 카드의 오른쪽에 있는 정의를 읽으면, 그에 대응하는 용어를 가진 학생이 그것을 읽는다. 이러한 과정을 맨 처음 학생에게로 돌아갈 때까지 계속해서 반복한다. 그 후 그 카드들을 모둠의 구성원에게 재분배하고, 다시 처음부터 시도한다. 이때는 더 빨리 진행한다.

표 7-57. 개발 도미노 게임을 위한 카드

1인당 국민총생산	돌이 되기 전에 죽는 아기 수(인구 1,000명당)
기대 수명	매년 태어나는 아기 수 (인구 1,000명당)
1차 산업 고용비율	매년 사망하는 사람 수 (인구 1,000명당)
3차 산업 고용비율	의사 1명당 평균 사람 수

유아 사망률	사람들이 평균적으로 얼마나 살 수 있는가?
출생률	농업과 어업 같은 직업에 종사하는 사람 수(인구 100명당)
사망률	서비스업에 종사하는 사람 수 (인구 100명당)
의사/환자 비율	1년 동안 한 국가에서 생산된 모든 상품과 서비스의 가치를 인구규모로 나누기

(Taylor, 2004)

로버츠(Roberts, 2003)는 사람들을 거침에 따라 전달되는 내용이 조금씩 달라지는 게임인 '차이니즈 위스퍼스(Chinese whispers)'를 도입하였다. 이 활동은 학생들로 하여금 시각적 정보를 관찰하고 그것을 그들의 마음속에 있는 그림으로써 기억하도록 한 후, 그 정보를 보지 못한 학생들에게 그것을 기술하는 것이다. 이 절차는 표 7-58에 제시되어 있다. 그림은 모두가 볼 수 있는 매우 큰 그림이거나, 슬라이드 또는 컴퓨터를 통해 제시될 수 있다. 이 활동의 목적은 학생들로 하여금 이미지를 정확하게 표현하는 데 요구되는 것이 무엇인지 더 잘 알게 하도록 하는 데 있다.

청취자들은 그들의 마음속에 이미지를 구축할 때, 들은 것에 의존할 뿐만 아니라 이전의 지식과 경험에도 의존한다. 청취자들이 들은 말들은 그들이 현재 가지고 있는 지식으로부터 이미지를 떠올리게 하며, 때때로 이것들은 보여 준 이미지와 매우 상이하다. 그들은 들은 것을 그들의 현재의 도식 또는 세계에 관해 사고하는 방식에 따라 해석한다. 이러한 것들은 결과보고에서 끌어낼 수 있다. 그림을 본 학생들은 완전히 이 활동에 몰입되는 경향이 있다. 그들은 그들의 마음의 눈으로 이미지를 간직하게 되고, 새로운 묘사에서 놓치거나 변화된 것을 알게 될 것이다. 학생들은 정신적으로 기술(description)한 이미지와 비교하고, 불일치에 주목하게 된다.

표 7-58. 차이니즈 위스퍼스 게임

절차

- 5명의 학생들을 교실 밖으로 내보내거나, 보고 들을 수 없는 장소에 격리시킨다.
- 학급의 나머지 학생들은 슬라이드 또는 그림을 본다. 만약 그들이 그림(사진)이 어디에서 찍혔는지를 듣지 못한다면 가장 이상적이다. 사진의 주요 특징에 대한 간단한 토론이 있을 수 있다. 이후 그림/슬라이드가 제거되고, 그것을 본 학생들은 그들의 '마음의 눈'으로 그것을 기억한다. 첫 번째 청취자에게 누가 그 그림에 대해 기술할 것인지를 결정한다.
- 첫 번째 청취자인 한 학생이 교실로 다시 들어온다.
- 교실에 있는 한 명 또는 더 많은 학생들이 그들이 본 것을 기술하지만, 이 장소가 어디일지에 관한 구체적인 정보는 제공하지 않는다. 첫 번째 청취자는 질문을 할 수 없고, 단지 듣는 것에만 의존한다. 첫 번째 청취자는 자신의 '마음의 눈'으로 그림을 그린다.
- 두 번째 학생이 교실에 들어오고, 첫 번째 청취자는 자신이 그 그림에 관해 들었던 것, 즉 기술(description)에 의해 전달된 이미지를 설명한다. 어떤 부가적인 도움도 그 그림을 보았던 다른 학생들로부터 제공받지 못한다. 뒤이어 세 번째 학생이 교실에 들어오고, 두 번째 청취자가 그 그림에 관해 간접적으로 들었던 것을 들려준다.
- 이 과정은 교실 밖에 있는 모든 5명의 학생들이 모두 교실로 다시 돌아올 때까지 계속된다.
- 마지막 학생은 그 그림이 어떤 그림일지 예상되는 것을 기술해야 한다.
- 그림이 다시 제시된다.
- 몇몇 가능한 결과보고 지시 메시지:
  1. (청취자에게) 가장 유용한 기술(description)은 무엇이었나? 어떤 단어와 문장이 유용했나? 당신은 마음속에 어떤 그림을 그렸나? 왜? 이들 이미지는 어디로부터 왔나? 당신은 특정 장소에 대해 생각하고 있었나?
  2. (전체 학급 학생들에게) 어떤 것을 기억했고 어떤 것을 기억하지 못했나? 당신은 이것을 설명할 수 있나? 어떤 것들이 변화되었나? 왜? 당신은 당신의 처음 기술을 어떻게 개선할 수 있었나? 당신은 이 장소가 어디라고 생각하나? 왜? 간접적으로/제삼자를 통해 전해들은 정보는 얼마만큼 신뢰할 수 있나? 당신은 어떤 장소에 관해 듣고 그림을 그린 것이, 그 장소와 완전히 달랐던 적이 있었나?

(Roberts, 2003)

월포드(Walford, 1991)는 기상(meteorology)을 공부하는 A 레벨 학생들을 위한 '기상 카드게임(Metrummy)'이라는 게임을 고안했다. 여기에는 훌륭한 상상력이 포함되어 있으며(표 7-59), 이 게임 활동을 통해 학생들은 '분류(classification)'라는 사고기능을 학습할 수 있을 것이다. 지리교사들은 다양한 지리적 주제와 관련하여 이와 유사한 게임을 만들어 활용할 수 있다.

표 7-59. 기상 카드게임

기상 카드게임(Metrummy)

1. 기상(혹은 다른 토픽)의 요소들에 대해 생각해 보고, 기본적인 용어 목록을 만들어라. 이러한 목록을 13개 단어씩 4개의 세

트로 정렬하라(표 참조).

2. 작고 평평한 파일 카드 세트를 가져와서, 한 면에 선택된 52개의 단어를 기입하라(큰 글자로 카드의 중앙에 표기를 하고, 카드 게임을 하는 방식으로 쥐었을 때 보일 수 있도록 작은 글자를 좌측 상단에 표기하라).
3. 학급을 모둠별로 나누어라. 단 한 모둠에 6명 이상은 안 된다. 필요하다면 동시에 2게임 혹은 3게임이 진행될 수 있도록 여러 벌의 카드를 만들어라.
4. 모둠들이 테이블에 앉도록 하라. 딜러는 4장의 카드를 각각의 모둠들에게 나눠주고, 카드의 나머지는 아래를 향하도록 테이블 위에 올려두어라. 그리고 오직 예외적인 한 장의 카드만을 위로 향한 채로 남은 카드들의 옆에 두어라.
5. 모둠들은 게임을 시작한다. 딜러의 옆에 앉은 사람이 위로 향한 카드 혹은 나머지 카드들로부터 한 장을 집고, 손에 있는 카드들 중 한 장을 위로 향한 채 카드더미에 버린다. 이 게임의 러미(rummy에서처럼 목적은 모둠들이 한 세트의 카드들을 모으는 것이다. 그러나 러미와 다르게 각각의 카드들이 어떤 세트에 속해 있는지는 알 수 없다. 모둠들 자신이 게임을 할 때 무엇이 한 세트를 구성하는지를 결정해야만 한다. 이것은 그들의 선택에 따라 협동적으로 혹은 개별적으로 행해질 수 있다.
6. 어떤 모둠이 하나의 세트를 완성했다고 생각했을 때, 그 세트는 점검을 위해 테이블 위에 놓여진다. 모둠들은 게임에 이기기 위해서 그 세트에 이름(명칭)을 부여해야 한다.
7. 모둠들의 카드에 대한 친밀도를 높이기 위해서, 4번에서 6번까지의 과정을 두세 번 반복해라(그리고 바라건대 카드 간의 관련성을 토론하라).
8. 게임을 20~30분 정도 한 후, 모둠들에게 게임을 멈추고 그들 앞에 있는 테이블 위에 52장의 카드들을 펼치라고 제안하라. 각각의 모둠에게 52장의 카드들을 13개의 세트로 분류하라고 제안하라.
9. 야기된 대안들 또는 논쟁들에 대해 토론하고, 필요하다면 단어들을 설명하라.
10. 모둠들에게 13개 세트의 각각에게 이름(명칭)을 붙여보라고 요구하라. 그리고 나서 세트들의 이름들(명칭들)과 각각의 세트를 구성하고 있는 단어들을 그들의 노트에 적절한 절차에 따라 기록하도록 하라

기상 게임을 위한 이름(명칭)

흡수 (absorption)	저기압 (depression)	등일조선 (isohels)	근일점 (perihelion)
산성비 (acid rain)	확산 (diffusion)	등강수량선 (isohyets)	복사 (radiation)
풍속계 (anemometer)	적도무풍대 (doldrums)	등온선 (isotherms)	반사 (reflection)
고기압 (anti-cyclone)	춘분 또는 추분 (equinox)	구로시오 (Kuro Siwo)	노호하는 40도대 (roaring forties)
원일점 (aphelion)	페렐순환 (Ferrel Cell)	래브라도 (Labrador)	로스비파 (Rossby Waves)
아르곤 (Argon)	전선 (front)	계절풍의 (monsoonal)	하지 또는 동지 (solstice)
기압기록계 (barograph)	지구온난화 (Global Warming)	비구름(난운) (nimbus)	성층권 (stratosphere)
벵겔라 (Benguela)	멕시코 만류 (Gulf Stream)	질소 (nitrogen)	층운 (stratus)
이산화탄소 (carbon dioxide)	해들리 순환 (Hadley Cell)	북동무역풍 (North-East trades)	아열대 제트류 (Subtropical Jetstream)

권운 (cirrus)	아열대무풍대 (Horse Latitudes)	폐색 (occlusion)	온도계 (thermometer)
대류의 (convectional)	습도계 (hygrometer)	산악성의 (orographic)	대류권계면 (tropopause)
적운 (cumulus)	전이권(이온층) (ionosphere)	산소 (oxygen)	대류권 (troposphere)
저기압성 (cyclonic)	등압선 (isobars)	오존홀 (Ozone Hole)	염화플루오르탄소의 사용 (use of CFCs)

혼자 힘으로 해결하여 이름(명칭)을 분류하면 만족감이 든다. 그러나 시간이 없는 경우에는 다음을 제시할 수 있다.

이름(명칭)의 분류

해류	기후요소	대기의 층
대기의 요소	일기도의 등치선의 유형	태양의 위치
지구(행성)에의 위협	구름의 유형	가열의 유형
기후 관측 도구	지구 기후 시스템의 요소	강수의 유형
풍계		

(Walford, 1991: 174)

마지막으로 니콜스와 킨닌먼트(Nichols and Kinninment, 2001)는 『More Thinking Through Geography』에서, 학생들의 사고기능을 길러주기 위한 게임으로서 '터부(taboo)' 게임을 제시하고 있다. 터부는 많은 가정에서 즐기는 게임이며, TV 게임쇼에서도 가끔 볼 수 있다. 터부 게임은 어떤 학생이 카드에 제시된 용어(주제어)를 설명할 때, 카드의 하단에 있는 쉽게 떠오르는 단어, 즉 터부 단어를 사용하지 않고 설명해야 하며, 다른 학생들은 그것을 듣고 정확한 용어를 알아맞히는 게임이다. 이것은 팀 게임으로써, 학생들은 선의의 경쟁 상황 속에서 협동적으로 사고하는 데 열중하게 된다. 게임을 하는 사람들에게 충분한 지적 도전을 제공하는 것이 게임을 성공적이고 지속적으로 하기 위한 필수조건이다. 이러한 터부 게임은 단원을 학습한 후, 그 단원에 나온 용어나 개념에 대한 이해를 확인하기 위해 진단평가를 실시할 때 매우 유용하다. 만약 학생들이 특정 용어를 설명하는 데 사용할 수 없는 금기 단어(taboo words)를 직접 만들 수 있다면, 그 용어(주제어)에 대한 그들의 이해도를 잘 보여줄 것이다. 또한 이를 통해 교사는 학생들이 가지고 있는 오개념과 혼란을 쉽게 확인할 수도 있다. 따라서 터부 게임은 형성평가의 역할도 할 수 있다. 여기에서는 '물의 순환'과 관련된 터부 게임을 소개한다(표 7-60).

표 7-60. 물의 순환과 관련한 터부 게임

지시

1. 9개의 카드가 있기 때문에, 학급 학생들을 9개의 모둠으로 나누어라. 그리고 각 모둠이 자신들의 핵심 용어를 설명하기 위한 단어들을 기록하거나, 다른 모둠들로부터 들은 단어를 기록할 수 있도록 충분한 종이를 가지고 있는지 확인하라. 각 모둠에게 모둠명이나 모둠번호를 부여하라.
2. 학급 학생들에게 각 모둠은 맨 위에 '물의 순환'과 관련된 핵심 용어가 적혀있고 아래에는 터부 단어의 목록이 적혀 있는 카드를 받게 될 것이라고 말하라. 학생들은 그 용어를 설명하거나 묘사할 계획이다. 하지만 카드에 제시된 터부 단어나 이를 변형한 유사 단어를 사용하는 것은 금지된다.
3. 학생들에게 핵심 용어에 대한 묘사/설명을 계획하도록 5분의 시간을 제공하라. 학생들은 그 용어를 나중에 다른 모둠들에게 설명할 것이다.
4. 각 모둠은 대변인을 선정하거나, 모둠에서 합의한 것을 설명하기 위한 과제를 분담하라.
5. 부정확하거나 기이한 설명을 하여 다른 모둠이 핵심 용어를 명료화하지 못하도록 의도적으로 방해하는 것을 막기 위하여, 학생들에게 채점 시스템을 설명하라. 다음을 제안한다.
   * 채점: 다른 모둠이 설명하는 핵심 용어를 제대로 맞춘 모둠에게 1점.
   핵심 용어에 대한 설명을 제대로 하여 다른 모둠이 맞출 수 있게 한 모둠에게 1점.
   어떤 모둠이 금기 단어를 사용하여 핵심 용어를 설명했다면, 그 카드에 대한 점수를 취소한다.
6. 모든 모둠에게 자신들의 핵심 용어를 설명하기 위해 준비하는 데(토론하고 합의하는 데) 필요한 시간을 5분 준다.
7. 각 모둠의 대변인에게 자신들의 핵심 용어에 대한 설명을 천천히 두 번씩 읽도록 하고, 각 모둠이 핵심 용어를 명료화하기 위해 상의하고 기록할 수 있도록 시간을 제공한다.

자료

강수(Precipitation)	증발(Evaporation)	차단 저류(Interception Storage)
비(rain)	물(water)	물(water)
우박(hail)	주전자(kettle)	나뭇잎(leaves)
눈(snow)	가열(heat)	가지(branches)
물(water)	기체(gas)	나무(trees)
구름(clouds)	수증기(vapour)	저장(store)
기체(gas)	증기(steam)	식물(plants)
응결(condensation)	목욕탕(bath)	지면강우(ground rain)
액체(liquid)	소나기(shower)	

(식물)증산작용(Transpiration)	와지 저류(Depression Storage)	응결(Condensation)
물(water)	물(water)	물(water)
식물(plants)	지표면(surface)	액체(liquid)
나뭇잎(leaves)	포화된(saturated)	기체(gas)
물방울(습기)(sweat)	흐우(soak)	목욕탕(bath)
호흡(breathe)	동물의 둥지(lie)	주전자(kettle)
나무(trees)	웅덩이(puddle)	증기(steam)
뿌리(roots)	지면(ground)	운반(transfer)
가열(heat)	작은 못(pool)	냉각(cold)

증발산(Evapo-Transpiration)	지하수류(Groundwater Flow)	통과류(Throughflow)
증발(evaporation)	운반(transfer)	토양(soil)
증산작용(transpiration)	지하 수면(water table)	호우(soak)
물(water)	암석(rock)	물(water)
식물(plants)	대수층(aquifer)	입자(particles)
나뭇잎(leaves)	이동(move)	운반(transfer)
물방울(습기)(sweat)	흐름(flow)	이동(move)
호흡(breathe)	배수(drain)	침투(infiltration)
운반(transfer)	침투(infiltration)	땅(earth)

표면유출(Surface Run-Off)	침투(Infiltration)
물(water)	물(water)
지면(ground)	스며들다(percolate)
유출량(running)	졸졸 흐르다(trickle)
흐름(flowing)	여과(filter)
위(over)	공간(spaces)
맨위(top)	안으로(into)
이동(move)	토양(soil)
	지면(ground)

(Nichols and Kinninment, 2001)

한편 지리수업에 시뮬레이션이 활용되기 시작한 것은 미국의 고등학교 지리교육과정 프로젝트인 HSGP의 개발과 그 맥락을 같이한다. 여기서는 가상의 지도에서 다양한 조건에 부합하는 최적의 입지를 선택하는 시뮬레이션 모형이 제공되었다. 예를 들어, 산업입지에 영향을 미치는 요인들에 대한 학생들의 이해를 돕기 위해 시뮬레이션을 사용하는 수많은 방법들이 소개되었다. 다양한 조건을 고려하여 새로운 제조업 공장의 적합한 위치를 찾는 연습은 이제 너무도 일반화되었다. 이러한 산업입지 연습을 통해, 학생들은 다양한 지리적 자료에 대한 조직화된 탐구 활동을 하면서 의사결정을 연습하게 된다. 학생들은 데이터를 분석하고, 대안적 입지를 평가하며, 어떤 입지를 추천할 것인지에 대한 의사결정을 하게 된다. 이와 같은 입지 시뮬레이션 활동을 통해 개발된 탐구 기능은 문제해결과 의사결정을 요구하는 시험 문제의 해결에 활용될 수도 있다.

뉴스룸(Newsroom) 시뮬레이션은 다양한 지리적 문제를 탐구하는 데 사용될 수 있다. 이 전략은 지리수업과 ICT를 통합할 수 있게 한다. 교사가 처음 이것을 접하더라도 이미 만들어져 있는 뉴스룸 시뮬레이션을 활용한다면 이 구조와 전략에 친숙해질 수 있다. 예를 들면, 액션 에이드(Action Aid)에서는 다양한 자료와 학습 활동을 통합한 '대 카라자스 프로그램(Great Carajas Programme)'이라는 뉴스룸 시뮬레이션을 제공하고 있다. 학생들은 브라질 아마조니아 지역에서 '대 카라자스 프로그램'에 대한 기사를 쓰는 저널리스트의 역할을 맡는다. 학생들은 지도, 스케치 도표, 데이터, 광고물, 인용문 등의 다양한 증거자료를 받게 된다. 이 프로젝트를 통해, 학생들은 왜 다양한 집단이 이 프로젝트에 관련되어 있고 철광석 산출로부터 누가 이익을 얻고 손해를 볼 것인지를 조사하는 과제를 수행할 수 있다.

이외에도 연안류에 의해 사취가 발달하는 것을 보여 주는 '사취 게임[Spit Game, 옥스퍼드 지리 프로그램(Oxford Geography Programme)]'을 비롯하여, 지리수업에 활용할 수 있는 다양한 게임 및 시뮬레이션이 존재한다. 또한 옥스퍼드 지리 프로젝트(Oxford Geography Project)(Book 3, Grenyer et al., 1975)에서는 확산이론에 기반하여 질병의 확산을 탐구하기 위해 개발된 몬테카를로(Monte Carlo) 시뮬레이션을 단순화하여 콜레라의 확산에 대한 시뮬레이션을 개발하였다. 최근에는 이러한 확산 시뮬레이션이 ICT 소프트웨어의 형태로 개발되고 있다. 예를 들면, 여러 변수들을 변화시킴으로써 연안 또는 수문 프로세스들의 다양한 요인들의 영향에 대해 학습하는 시뮬레이션, 고속도로와 우회 도로 건설의 영향 평가와 입지를 결정하는 시뮬레이션, 여행과 여행 경로 계획 시뮬레이션 등이 있다. 일부 컴퓨터 시뮬레이션은 지도의 기능과 같은 지리적 기능과 자료를 통합하고 있다. 예를 들면, 앞에서도 언급했던 도시변화에 대한 컴퓨터 시뮬레이션인 '심시티(Sim City)'는 특히 학령이 높은 학생들이 학습하는 데 도움을 줄 수 있다.

10. 사고기능 학습

> 장황한 설명, 호기심을 억누르는 과도한 직접 교수, 교사에 의해 중재된 계획과 토론에 의해 특징지어지는 일련의 교수방법에는 때때로 편협함이 있다. 그러한 모든 것은 사고를 발달시킬 수 있는 기회를 감소시킨다. … 또한 어떤 교사들은 너무 빨리 개입하고, 그리고 나서 자기 나름의 단어로 답변을 제공한다(Smith, 1997: 126).

1) 지리를 통한 사고기능 교수·학습 전략

전통적으로 지리는 사실에 대한 암기나 회상을 요구하는 교과로 인식되어, 지적으로 도전적인 교과로 간주되지 않는 경향이 있다. 그렇다면 지리는 적용, 분석, 종합, 평가 등의 고차적인 사고의 발달과는 관계가 없는 것일까? 리트(Leat, 1997: 143)는 학교에서의 지리 교수가 여전히 심각한 문제를 안고 있다고 지적한다. 즉 교수에는 과도하게 관심을 가지지만, 학습에는 충분한 관심을 기울이지 않는다는 것이다. 또한 지리의 본질적 양상을 너무 강조하면서, 학생들의 지적 발달에 대해서는 충분히 강조를 하지 않는다고 지적한다. 그리고 지리교사들은 종종 사고를 촉진시키기에 부적절한 활동 또는 지리적 맥락을 사용한다고 지적한다. 이러한 원인은 지리 교육과정이 학생들의 사고를 촉진할 수 있는 활동 중심보다는, 내용 중심에 초점을 두고 있기 때문이다.

리트(Leat, 1997: 144)는 학생들의 사고력을 길러주기 위해서, 학생들의 지능은 고정된 것이 아니라 개발될 수 있다는 교수·학습 관점으로의 전환이 필요하다고 주장한다. 이러한 교수·학습에 대한 전환을 위해, 리트(Leat, 1998) 교수의 주도로 뉴캐슬대학교는 〈지리를 통해 사고하기 프로젝트(TTGP: Thinking Through Geography Project)〉를 도입했다. 이 프로젝트의 목적은 지리교사들이 학생들의 지리 성취수준을 끌어올릴 수 있는 활동을 설계할 수 있도록 도움을 주는 것이다(University of Newcastle School of Education, 1995: 3). 즉 학생들에게 성공의 기회를 부여하기 위해 교육과정을 약간 부드럽게 조정하는 것이 아니라, 오히려 진정한 성취감을 통해 자존감을 향상시킬 수 있도록 지적으로 도전적인 과제를 제시해 줌으로써 학생들의 능력을 발달시키는 것이다.

이 프로젝트는 과학교육에서의 인지적 속진(CASE: Cognitive Acceleration in Science Education)뿐만 아니라, 더 일반적인 서머싯 사고기능(Somerset Thinking Skills)과 같은 인지적 속진 프로젝트로부터 영감을 받았다. 이러한 사고기능 프로그램들이 성공적으로 실행되었을 때, 학생들의 성취도와 동기부여가 향상되었다는 많은 증거가 제시되었다(Adey and Shayer, 1994). 예를 들면, 과학교육에서의 인지적 속진(CASE) 프로젝트는 7~9학년에서 인지적 속진 프로그램을 경험했던 학생들이 중등교육자격시험(GCSE)의 과학뿐만 아니라, 영어와 수학에서도 보다 나은 성취를 했다는 결과를 도출했다.

리트(Leat, 1997: 145)는 〈지리를 통한 사고하기 프로젝트(TTGP)〉의 목적을 다음과 같이 정의하고 있다.

- 지리수업을 더 자극적이고 도전적으로 만들 수 있도록 적용 가능한 전략과 교육과정 자료를 고안하는 것
- 지리에서의 기본적인 개념들이 새로운 맥락에 전이될 수 있도록, 학생들이 개념을 명백하게 이해하도록 도와주는 것
- 학생들이 더 복잡한 정보를 조작할 수 있고, 보다 큰 학문적 성공을 성취할 수 있도록 학생들의 지적 발달을 도와주는 것

그림 7-19는 인지적 속진 프로세스의 주요한 요소들을 보여 주며, '지리를 통한 사고하기(TTG)' 그룹이 주안점을 둔 교육과정 설계와 교수의 주요한 원리들을 명확하게 제시하고 있다. 교수를 위한 구체적인 준비(concrete preparation)는 학생들에게 새로운 전문적 용어를 제공하고, 학생들이 그러한 전문적 용어를 확실하게 사용할 수 있도록 도와주는 수업의 도입부에서 일어난다. 구성주의(constructivism)는 학생들이 자신의 기존 지식과 이해에 접근하는 방법을 학습하는 구조틀을 제공한다. 학생들은 새로운 정보를 기존의 '지식의 구조(knowledge structures)'를 통해 해석함으로써 인지적 갈등을 경험하게 되고, 이를 통해 그들의 현재 사고를 넘어서도록 격려받는다. 리트(Leat, 1997)에 의하면, 예를 들어, 차가운 창문에 입김을 불어넣는 사례는 학생들이 응결을 이해하는 데 도움이 되지만, 가족 구성원의 갈등과 해결에 대한 사례는 국립공원의 갈등과 해결을 이해하는 데 그렇게 도움이 되

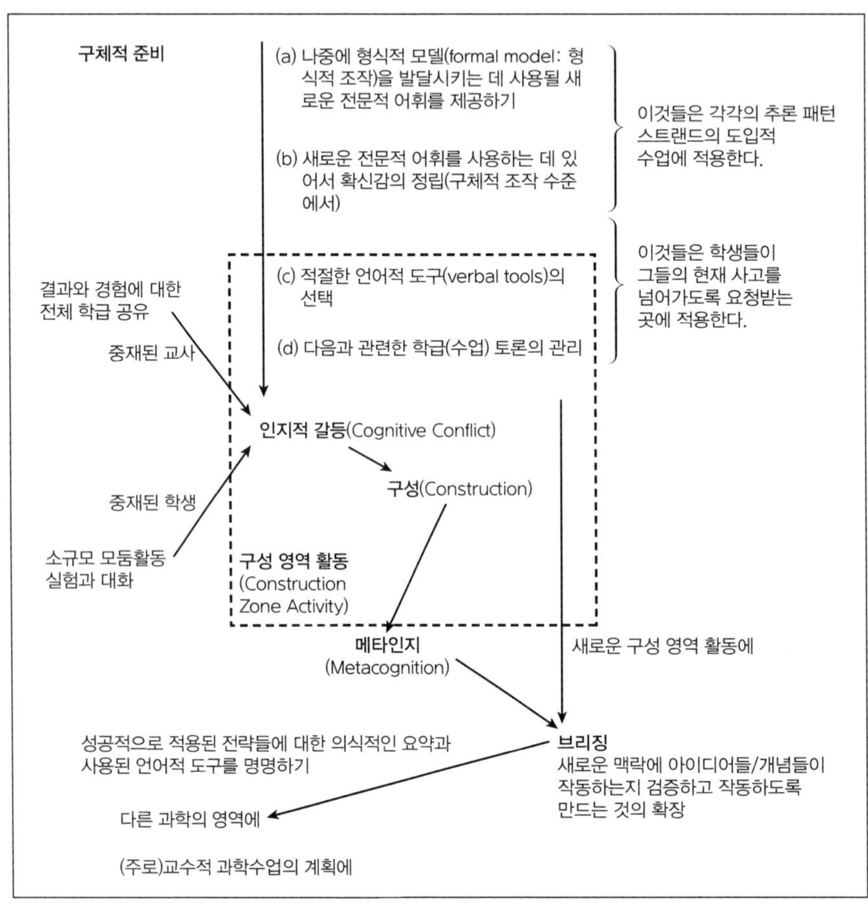

그림 7-19. 인지적 속진 프로그램의 특징 요약

(Leat, 1998)

지는 못한다.

구성 영역(construction zone) 내에서의 활동은 학생들의 지적 발달에 매우 중요하다. 학생들의 사고는 새로운 경험 또는 증거에 의한 인지적 갈등에 의해 도전받을 필요가 있다. 이것은 학생들의 기존의 이해가 확립되고 난 이후에 가능하다(Leat, 1997: 146). 다양한 전략들이 이러한 도전 또는 인지적 갈등을 제공하기 위해 사용될 수 있다. 학습 과제는 학생들의 인지발달과 사고를 촉진하기 위해 모호성(ambiguity)을 가지고 있을 수도 있다.

구성 영역 활동 단계에서 교사의 역할은 변할 수 있다. 교사는 구체적인 준비 단계에서 학생들이 전문적인 용어를 확실하게 사용하고 탐구할 수 있도록 도와주지만, 구성 영역 활동 단계에서는 학생들의 활동에 개입하지 말아야 한다. 교사는 학생들의 행동을 신중하게 탐색하고, 학습 과제에 대한 대화에 귀 기울이며, 인지적 갈등을 해결하기 위해 사용하는 추론과 전략을 이해하려고 시도하는 관찰자가 되어야 한다.

구성 영역 활동이 완료되면, 활동에 대한 결과보고(debriefing) 단계에 접어들게 된다. 교사는 이 단계에서 다양한 질문을 사용하여 학생들의 사고를 탐구한다. 또한 학생들이 이해를 명확하게 할 수 있도록 도우며, 사용된 추론을 확립하도록 직접적인 통제를 더 많이 한다. 이러한 결과보고 활동의 목적은 학생들로 하여금 그들이 수행해 온 것의 중요성을 이해하도록 도와주는 것이다(Leat, 1997). 활동을 통해 발달한 지식과 개념은 다시 사용될 수 있도록 조직되거나 정리된다. 메타인지(metacognition)와 브리징(bridging)은 이러한 결과보고를 떠받치고 있는 두 개의 중요한 원리이다. 메타인지는 학생들이 자신의 사고에 대한 이해를 발달시키는 것이다. 학생들은 메타인지를 통해 그들에게 상이한 문제와 상황에 적합한 추론 패턴이 무엇인지를 해석하여 그것을 적용할 수 있다. 브리징(bridging)은 학습을 일반화하고 강화하도록 하기 위해, 이러한 개념들과 추론 패턴들을 지리의 다른 맥락에 전이(transfer)하는 것이다.

표 7-61. TTG의 교육과정 설계 원칙과 빅 개념 그리고 사고기능

교육과정 설계 원칙	빅 개념(big concept)	사고기능
• 구성주의 • 메타인지 • 도전 • 대화와 모둠활동 • 빅 개념 • 브리징과 전이 • 모든 감각에 호소하기	• 원인과 결과 • 계획 • 의사결정 • 입지 • 분류 • 불평등 • 개발 • 시스템	• 정보처리기능 • 추론기능 • 탐구기능 • 창의적 사고기능 • 평가기능

구성 영역(construction zone)에서 학생들의 인지적 갈등을 촉진하기 위해 적절한 활동과 전략을 설계하는 것은, 인지적 속진 프로그램에서 교사가 계획과 준비를 하는 데 있어서 중요한 부분이다. 지리를 통해 사고하기(TTG) 그룹은 학생들에게 적절한 도전을 제공하기 위해 사용되거나 적용될 수 있는 다양한 전략들을 개발했다. 리트(Leat, 1998)는 『Thinking Through Geography』를 통해 8개의 전략(이상한 하나 골라내기, 살아있는 그래프, 마인드 무비, 미스터리, 스토리텔링, 사실이냐 의견이냐?, 분류, 사진읽기)과 각각의 전략에 대한 3가지의 사례를 제시하고 있다(조철기 역, 2013 참조).

2) 지리를 통한 사고기능 교수·학습의 실제

이러한 8가지 전략 중, '살아있는 그래프', '미스터리', '이상한 하나를 골라내기' 전략에서 제시하고 있는 실제 수업 사례를 중심으로 사고기능 교수·학습 방법에 대해 알아본다. 곧이어 살펴볼 살아있는 그래프 전략을 적용한 수업 사례의 주제는 인구변천모델이고, 미스터리 전략을 적용한 수업 사례의 주제는 도시 재개발이다. 마지막으로 이상한 하나를 골라내기 전략을 적용한 수업 사례의 주제는 하천 유역과 홍수이다. 이들 주제들은 사실 중등학교에서 일반적으로 접할 수 있는 평범한 것이다. 그러나 사고기능의 교수·학습에 초점을 두고 있는 이들 전략들은 일반적인 학교 수업과 다른 방식으로 접근하고 있다는 것을 아래 사례를 통해 알 수 있을 것이다. 여기에 제시된 전략 및 사례 에 대한 더 자세한 내용과 이들 이외의 전략 및 사례에 대해서는, 조철기(2013) 『사고기능 학습과 지리수업 전략』을 참고하면 된다.

(1) 살아있는 그래프 전략의 수업 사례

살아있는 그래프(Living Graphs) 전략의 목적은 추상적이고 복잡한 그래프의 변화가 실생활에서 어떤 변화로 나타나는지 기술함으로써, 그래프를 우리의 실제적인 삶과 관련시키는 것이다. 살아있는 그래프의 사례로 그림 7-20은 인구변천모델 그래프의 각각의 단계에 맞도록 진술문들을 일치 또는 연결시켜야 하는 활동이다. 이 활동은 학생들이 그래프가 실제로 보여 주는 것에 대해 얼마나 이해하고 있는지를 질문한다. 학생들이 각각의 진술문들을 그래프의 적절한 단계에 일치시켰을 때, 교사는 학생들에게 진술문들 중에서 어떤 것이 그래프상의 변화의 원인이 되며, 어떤 것이 결과가 되는지(어떤 것은 둘 다일 수 있다.) 표시하도록 할 수 있다. 이러한 활동은 학생들이 지리에서의 중요개념(big concepts) 중 하나인 '원인과 결과' 간의 차이를 토론하도록 할 수 있다. 또한 학생들이 각각의 진술문들을 그래프에 놓기 위해 추론할 수 있는 기회를 제공하기도 한다.

학생들이 이러한 활동을 모두 수행한 후 실시하는 결과보고(debriefing)는 학생들이 어떻게 추론했는지에 대한 흥미로운 통찰 및 결과를 제공한다. 만약 학생들이 인구가 어떻게 변화하는가에 대한 일부 선행지식을 가지고 있다면, 그들은 이러한 기존 지식과 그래프를 함께 연결시킬 수 있을 것이다. 학생들은 종종 각 진술문들에 있는 이야기를 어떻게 재연했는지, 그리고 자신의 사고가 심상 이미지(mental images)에 의해 어떻게 영향을 받았는지(달리 말하면, 진술문을 어떻게 그림으로 변형했는지)를

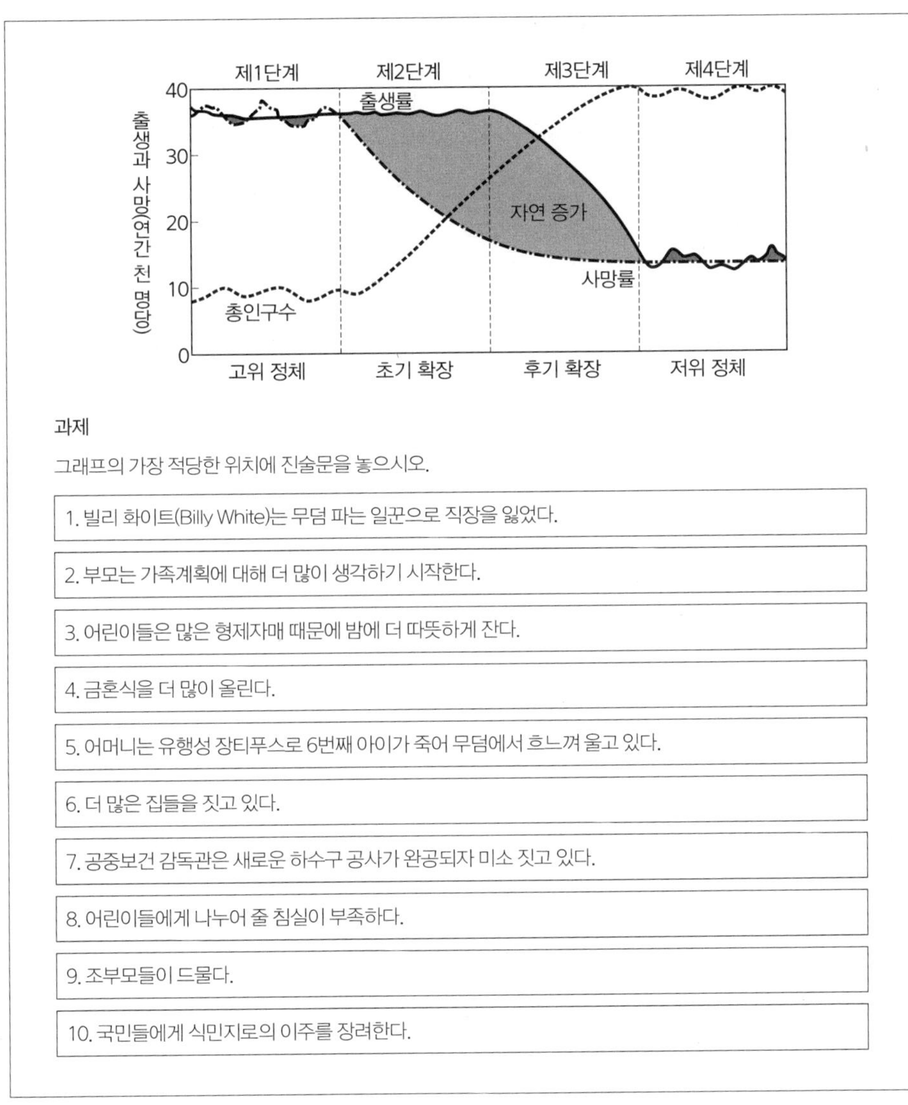

과제

그래프의 가장 적당한 위치에 진술문을 놓으시오.

1. 빌리 화이트(Billy White)는 무덤 파는 일꾼으로 직장을 잃었다.
2. 부모는 가족계획에 대해 더 많이 생각하기 시작한다.
3. 어린이들은 많은 형제자매 때문에 밤에 더 따뜻하게 잔다.
4. 금혼식을 더 많이 올린다.
5. 어머니는 유행성 장티푸스로 6번째 아이가 죽어 무덤에서 흐느껴 울고 있다.
6. 더 많은 집들을 짓고 있다.
7. 공중보건 감독관은 새로운 하수구 공사가 완공되자 미소 짓고 있다.
8. 어린이들에게 나누어 줄 침실이 부족하다.
9. 조부모들이 드물다.
10. 국민들에게 식민지로의 이주를 장려한다.

그림 7-20. 살아있는 그래프-인구변천모델

(Leat, 1998)

기술한다. 후자는 지리교사들이 학습에서 어린이들의 시각 또는 심상 이미지(visual and mental images)의 역할을 과소평가하지는 않는가에 대해 질문하도록 한다. 학생들이 자신들의 설명에 세부적인 사항을 어떻게 부가하는지를 관찰하는 것은 인지적 발달에서 추상화의 역할에 대한 흥미로운 통찰을 제공한다.

살아있는 그래프 전략을 사용한 교사들은 이것이 다양한 연령과 능력을 가진 학생들 모두에게, 사고를 촉진할 수 있는 매우 유연하고 효과적인 전략이라는 것을 발견했다(Leat, 1998). 그래프와 진술문은 교육과정차별화(differentiation)를 지원하기 위해 적절하게 조정될 수 있다. 성취수준이 낮은 학생들을 위해서는 진술문을 보다 단순화할 수 있으며, 등장인물에 의한 이야기 구조를 통해 그들에게 더욱 친근하게 다가가도록 할 수 있다. 성취수준이 높은 학생들에게는 그래프 각각의 단계에 적합한 진술문들을 직접 만들고 정당화하도록 요구하거나, 다른 그래프를 사용하여 유사한 활동을 만들도록 함으로써 그들의 사고를 더욱 확장시킬 수 있다.

(2) 미스터리 전략의 수업 사례

미스터리(Mystery) 전략은 학생들에게 16~30개의 정보가 담긴 정보 카드를 제공한 후, 핵심질문에 답변하도록 하는 것이다. 미스터리는 하나의 정확한 답을 가지고 있는 것이 아니다. 따라서 미스터리 전략은 어떤 정보가 적절하다고 확신할 수 없는 질문을 통해, 학생들이 모호성(ambiguity)을 처리해 나가도록 설계된다. 이러한 전략은 실제 생활에 가까운 상황이 설정되며, 이를 통해 학생들은 다음과 같은 중요한 사고기능들을 익히고 개발할 수 있다.

- 부적절한 정보로부터 적절한 정보를 분류하기
- 정보 해석하기
- 상이한 정보들 사이의 연결 만들기
- 가설을 형성하기 위해 심사숙고하기
- 점검하고 정교화하기
- 설명하기

미스터리 전략의 성공적인 수행은 생산적인 학습과 사회적 관계를 발달시켜 주는 모둠활동을 통해서 이루어진다. 때때로 활동 중 불가피하게 학생들 각자의 의견만을 주장함으로써, 생각들이 불일치되는 경우가 나타날 수도 있다. 그러나 학생들이 현명하게 그리고 인내를 가지고 활동한다면, 말하기와 듣기 기능, 그리고 모둠 갈등을 해결하는 방법을 학습할 수 있을 것이다.

미스터리 전략이 다루는 큰(중요)개념(big concepts)은 원인과 결과이다. 분류 개념 또한 학생들이 미스터리를 해결하기 위해 필요한 전략 가운데 하나이다. 더욱이 일부 미스터리는 의사결정과 시스템 같은 다른 개념들을 다루기도 한다.

여기에서는 '누가 고층의 플랫식 공동주택(Sharpe Point Flats)에 책임이 있는가?'라는 주제로 구성된 미스터리 전략의 사례를 살펴본다(표 7-62, 표 7-63). 여기에서는 학생들이 사고기능을 발달시킬 수 있도록 모둠으로 토론하여 정보 카드를 분류하는 활동을 하게 한다. '누가 고층의 플랫식 공동주택(Sharpe Point Flats)에 책임이 있는가?'는 도시재개발에 따른 도시주거환경의 변화에 미치는 사회적, 경제적, 환경적 영향을 조사하는 데 목적이 있다. 니콜스(Nichols, 1996)에 의하면, 이 활동은 훌륭한 교육과정차별의 정수이다. 왜냐하면 다양한 능력의 학생들을 위해 적절하게 자료나 활동이 조정될 수 있기 때문이다.

표 7-62. 미스터리 전략에 사용된 정보 카드

(a) 정보 카드

진술문 – 고층의 플랫식 공동주택

1. 환경 보건 담당자(Environmental Health Officer)는 난방 배관이 석면으로 덮여 있는 것을 발견했다.
2. 북부 지방 주택 조합(Northern Housing Association)은 최근에 강 근처에 있는 빅토리아 시대풍의 집 100채를 보수했다.
3. 세입자 협회 회원들은 건물을 수리하고 밤에 출입구 경비원을 배치할 때까지 임대료 납부를 거부하였다.
4. 뉴에이지 여행자 집단(new age traveller group)은 (182개 플랫 중에) 22개의 텅빈 플랫 중 하나인 38번 플랫(Flat 38)에 모여들고 있다.
5. 스티브(Steve)와 클레어 맥클레인(Claire McLean)은 자녀와 함께 구역 내에 플랫이 만들어지는 것을 반대하기 위해 지방자치단체 사무실 밖에 캠프를 치고 있었을 때, TV 뉴스에 나왔다.
6. 석면이 사람들의 폐로 들어갈 경우 암을 유발할 수 있는 것으로 알려져 있다.
7. 보행자는 그 구역의 플랫에 거주하는 사람들뿐이다.
8. 노인 클라크(Clark) 씨는 사망한지 8일이 지나서야 누군가에 의해 발견되었다. 그들은 그의 관을 승강기로 옮길 수가 없었다.
9. 재넷 돌턴(Janet Dalton)은 다이앤(Diane, 8세)과 리치(Richie, 10세)가 밖에 나가서 노는 것을 허락하지 않았다. 왜냐하면 이전에 경찰이 청소년들과 함께 계단 밑에서 본드를 흡입하고 있는 것을 발견했기 때문이다.
10. 많은 사람들이 그 주택 단지에서 강도를 당하고, 차를 도둑맞았고, 공공기물은 파손되었다.

11. 1969년에 주택 장관이 고층의 플랫식 공동주택의 건설을 공식적으로 시작한다고 했을 때, 플랫식 주택은 강철 구조와 콘크리트 패널을 사용하는 신기술로 인해 찬사를 받았다. 플랫들은 빠르게 건설되었다.
12. 플랫의 벽은 매우 얇다.
13. 건설회사 스미스 패스트빌드(Smith Fastbuild Ltd.)는 조립식 주택 공법의 기술적 결함 파문 이후 1978년에 파산했다.
14. 이 구역에 거주하는 사람들의 절반 이상이 은퇴자이거나 실업자이다.
15. 꼭대기 층에서 도시와 하천을 따라 펼쳐진 경관을 조망하는 것은 환상적이다.
16. 워커(Walker) 씨 부부는 곰팡이로 인해 매년 벽지를 교체해야 한다.
17. 72세의 시릴 비챔(Cyril Beecham) 씨는 저녁에 발목까지 오는 오리털 오버코트를 입고 TV를 본다.
18. 스파이크(Spike, 12세)와 배즈(Baz, 14세)는 승강기에서 노는 것을 좋아한다.
19. 자치단체에 등록된 모든 세입자들(council tenants)은 자치단체(council)로부터 할인된 가격으로 집을 살 수 있는 권리가 있다.
20. 이 구역에 위치한 주택단지는 통계상으로 이 도시에서 가장 나쁜 건강 상태를 보여 준다.
21. 임대 연립주택(council homes)을 위한 대기자 명단에는 약 1,500명의 이름이 등록되어 있다.
22. 공영 플랫과 임대 연립주택(council flats and houses)의 판매 수익금은 지방자치단체의 남은 부동산을 현대화하고 수리하는 데 사용될 수 있다.
23. 배즈는 생일 선물로 중고 드럼 세트를 받았다. 그는 엄마가 보일러메이커의 군부대(The Boilermaker's Arms)에 있는 바에 일하러 나가면 그의 친구와 함께 드럼을 연습한다.
24. 보일러메이커의 군부대와 세인트 저스틴 교회(St Justin church)는 모두 오랫동안 남아 있다.
25. 세이프버리(Safebury's)는 새로운 슈퍼마켓을 위해 큰 도심 지역에 있는 부지를 찾고 있으며, 부지를 정리하기 위한 비용을 준비하고 있다.
26. 워커 씨는 반 마일 떨어진 대여 시민농장(allotment)에 비둘기 집을 가지고 있다.
27. 오래된 테라스들이 1968년에 철거되었을 때, 지역주민들은 외곽 지역에 위치한 서로 다른 공영 주택단지(council estates)의 새로운 집으로, 뿔뿔이 흩어졌다.
28. 지난 5월 지방 자치단체는 개리 패인(Gary Payne)을 고층 플랫식 주택 세입자 협회(Sharpe Point tenants' association) 회장으로 선출했다.

(Nichols, 1996)

표 7-63. 미스터리 전략에 사용된 주요 활동 및 자료

(b) 전략

주제: 누가 고층의 플랫식 공동주택에 책임이 있는가?

주요 활동(Construction Zone): 지시

이 플랫식 공동주택들은 1969년에 지어진 이후 지금까지 논란의 중심에 위치해오고 있으며, 지방의회는 "어떤 조치가 취해져야 한다!"고 결정했다.

정보 카드를 세 그룹으로 분류하라.

- 배경 문제들
- 지방의회가 이러한 결정을 하도록 한 최근의 사건들[유인 요인들(trigger factors)]
- 여러분들이 적절하지 않다고 느끼는 정보, 즉 이러한 결정을 설명하는 데 도움이 되지 않는 정보

[정보 카드의 수는 학생들의 연령과 능력에 따라 줄일 수도 있고 늘릴 수도 있다. 니콜스(Nichols)는 평균적인 능력을 가진 중등교육자격시험(GCSE) 그룹들이 보통 30개의 정보를 다룰 수 있다고 지적한다. 다른 기술적인 정보, 예를 들면, 종합적인 재개발 이전의 도심지역(inner city)에 관한 정보와 플랫식 공동주택의 건설에 관한 정보가 사진 카드들에 추가될 수 있다.]

선택 활동 1

비록 이 활동이 논쟁에 개방적이지만, 공통적으로 5가지의 '핵심 요인들(core factors)'을 선정할 수 있다.

- 구조적/설계 문제
- 불안감/두려움
- 건강
- 텅 빈 플랫식 공동주택
- 지방의회의 재정

이러한 요인들은 많은 방식으로 서로 밀접한 관련을 맺고 있다. 아마도 학생들은 개념 웹(concept web)을 사용함으로써, 요인들 간의 관계를 설명할 수 있다.

선택 활동 2

이 쟁점에 대한 구조화된 분석을 촉진하기 위해 학생들은 각 정보를 사회적, 정치적, 경제적, 환경적 범주들로 분류하도록 요청받을 수 있다. 이것은 요약 표에 기록될 수 있다.

누가 철거되어야 하는 고층의 플랫식 공동주택(Sharpe Point Flats)에 책임이 있는가? 학생들은 정보를 다음과 관련한 범주들로 재분류한다.

1. 지방의회
2. 거주자들
3. 건축가들과 건축업자들

그 후 학생들은 왜 각 집단이 플랫식 공동주택의 철거에 부분적으로 책임이 있는지를 논의하고 기록한다.

상황을 설명할 부가적인 자료들

- 오래된 도심지역(inner city)에 대한 1:10,000 지형도(테라스식 주택, 혼합된 산업 등을 보여 주는)
- 도심지역 재개발에 관한 비디오 클립
- 고층의 플랫식 공동주택으로 재개발된 구역에서의 '실제적인 삶의 이야기'를 제공하는 신문기사
- 고층의 플랫식 공동주택으로 재개발된 구역의 사진들

도입(구체적인 준비)

1. 고층의 플랫식 공동주택 구역에 살았거나 방문한 경험들을 포함하여, 학생들의 기존 지식을 탐색하라.
2. 고층 주택 지구(high-rise blocks), 도심지역, 테라스식/다닥다닥 붙여 지은 주택, 종합적인 재개발 등과 같은 중요한 전문적인 용어의 의미에 대해 토론하라. (이러한 용어들의 이해를 돕기 위한 시각적 자료로써 사진 등을 사용할 수 있다.)
3. 심사숙고하라: 여러분은 이와 같은 플랫식 공동주택 지구에 사는 것이 좋다고 생각하는가?
4. 도심지역 재개발과 고층의 플랫식 공동주택 지구의 철거에 관한 비디오 클립을 보여 주어라.
5. 각각의 짝별 학생들은 정보 카드를 면밀히 검토하여, 고층의 플랫식 공동주택이 직면하고 있는 환경을 기술하는 데 도움을 줄 어떤 것을 발견한다.

그 후 학생들은 자신의 기술(description)을 기록할 수 있을 것이다.

(Nichols, 1996)

(3) 이상한 하나 골라내기 전략의 수업 사례

이상한 하나 골라내기(Odd one out) 전략은 분류(classification) 기능을 발달시키기 위한 것이 목적이다. 만약 어떤 현상의 가장 중요한 특징들을 확인하지 못한다면, 학생들은 그것을 분류할 수 없을 뿐만 아니라 그것을 묘사하거나 다른 중요한 정보들과 연결하지도 못할 것이다. 이 전략을 통해 학생들은 이러한 분류와 연결 기능을 발달시킬 수 있다. 또한 여기에는 게임적 요소가 들어 있어 학생들의 흥미를 유발할 수 있다.

이 활동은 수업에서 매우 유연하게 사용될 수 있다. 예를 들어, 어떤 주제를 학습하는 수업의 시작(도입) 단계에서, 학생들이 이미 알고 있는 선행지식이 무엇인지를 알기 위해 사용될 수 있다. 또한 단원의 말미에서 학습한 내용을 평가하거나 한 단원을 복습하기 위한 최종 목적으로써 사용할 수도 있다. 이 활동의 장점으로는 첫째, 학생들은 주요 학습 용어의 의미에 대해 더욱 친숙하게 되고, 인지능력이 강화될 것이다. 둘째, 학생들은 주요 용어들 사이의 유사점과 차이점을 발견하도록 자극 받고, 그 결과 학생들은 주제와 관련된 큰 그림을 그릴 수 있을 것이다. 셋째, 이 활동은 매우 흥미 있으며, 교사들도 학생들만큼 생각해야 한다. 넷째, 교사들은 학생들이 어떻게 생각하는지를 바라볼 수 있는 창을 얻게 된다.

이 사례는 하천 유역과 홍수라는 주제에 대해 학습한 후, 이와 관련된 단어 카드들의 조합에서 이상한 하나 골라내기를 하는 활동이다(표 7-64, 표 7-65). 첫 번째 과제에서 학생들은 각 세트에 있는 단어들 중 어떤 하나가 이상한지를 골라내고, 무엇이 나머지 다른 두 단어들을 연결하는지를 설명해야 한다. 더 도전적인 심화과제에서는 학생들이 스스로 이상한 하나 골라내기 단어 조합을 만들고, 그것을 다른 학생들에게 풀어보도록 요구할 수 있다. 따라서 이 활동에는 적절한 교육과정차별화가 자연스럽게 구축되어 있다. 이 활동은 학생들에게 인지적 도전에 반응하게 하고, 토론을 통해 사고와 이해를 명료하게 하며, 자신의 결정을 정당화할 수 있는 기회를 제공한다.

표 7-64. 이상한 하나 골라내기: 하천 유역과 홍수의 단어 시트

(a) '이상한 하나 골라내기' 자료 시트 1

단어 시트 – 하천 유역과 홍수

1. 증발	10. 식생	19. 저장	28. 하상
2. 타맥 포장	11. 하천유역	20. 해일	29. 지하수
3. 초지	12. 응결	21. 사면	30. 지표수
4. 나무 심기	13. 콘크리트	22. 호수	31. 융설

5. 분수계	14. 도시화	23. 강수	32. 하천제방 축조
6. 폭우	15. 댐건설	24. 모래	33. 투과 흐름
7. 운반	16. 발원지	25. 삼림 벌채	
8. 만조	17. 지류	26. 태풍	
9. 계절풍	18. 가뭄	27. 하구	

(Leat, 1998)

표 7-65. 이상한 하나 골라내기: 하천 유역과 홍수 전략의 지시사항 및 과제

(b) 이상한 하나 골라내기 자료 시트 2

지시

여러분들은 '하천과 홍수'에 관한 활동을 하는 동안에 우연히 만날 수 있는 단어 목록을 받았습니다. 여러분은 이 단어들을 사용하여 다음의 과제를 완성해 나갈 것입니다.

과제 1

짝꿍과 함께 활동하면서 오른쪽의 숫자 세트를 보세요. 이 숫자들을 단어 시트에 있는 단어들과 맞추어 보세요. 단어들을 뽑아서 여러분의 책에 적으세요. 그리고 나서 어느 단어가 이상한 하나(odd one out)인지 결정해 보세요. 여러분의 책에 찾은 단어에 밑줄을 긋고 왜 이상한 하나인지를 설명하세요. 그리고 나머지 두 단어의 공통점이 무엇인지 말해 보세요.

과제 2

이제 여러분은 어떤 하나의 패턴을 보기 시작했기 때문에 각 그룹에 여분의 단어를 추가하세요. 하지만 마찬가지로 이상한 하나를 골라내기를 계속 하세요.

과제 3

이제 이상한 하나를 가지고서 여러분의 단어 그룹을 모아 보세요. 그리고 반드시 그렇게 한 충분하고도 명백한 이유가 있어야만 합니다. 당신이 만든 단어 그룹을 짝꿍과 바꾸세요. 그리고 당신이 준 단어 그룹을 갖고서 짝꿍이 잘 수행해 내는지를 살펴 보세요.

과제 4

이제 단어 시트에 있는 모든 단어들을 4~6개의 그룹으로 분류해 보세요.

Set A	2	13	3
Set B	4	15	6
Set C	8	27	31
Set D	22	10	25
Set E	1	12	14
Set F	30	11	29
Set G	14	20	32
Set H	31	20	8
Set I	23	28	17
Set J	5	16	19

(Leat, 1998)

3) 사고기능 교수·학습에서 결과보고의 중요성

피셔(Fisher, 1998: 76)는 인지적 속진을 '복잡한 교수 기능을 요구하는 단순한 과정'으로 묘사한다. 사고기능 교수·학습에서 교사가 직면하게 되는 실제적인 도전은 학생들의 학습을 관찰하고 평가할 때, 그리고 활동을 마친 후 결과보고(debriefing)를 할 때 나타나게 된다.

리트(Leat, 1997)는 교사가 사고를 가르치는 것이 어렵기 때문에, 이를 위해서는 자신의 교수 스타일에 변화를 주어야 한다고 주장한다. 이것은 매우 당혹스러운 것일 수 있다. 교사는 모호성(ambiguity)

과 학생들의 대화를 인내할 수 있어야 하며, 자신의 교과를 개념적으로 매우 잘 알아야 한다. 또한 교사는 너무 많은 폐쇄적 질문과 유사 개방적 질문(pseudo-open questions)을 하지 않아야 하며, 활동에 대한 결과보고(debriefing)를 위해 학습을 해야 한다.

교사는 학생들이 모둠 활동을 하는 동안에는 최소한으로 개입해야 하지만, 활동이 끝난 후 결과보고를 할 때는 적극적으로 개입해야 한다. 결과보고의 목적은 학생들로 하여금 그들이 학습한 것을 확인하도록 하고, 이것을 다른 상황에 어떻게 활용 또는 적용할 수 있는지에 관해 생각하도록 도와주는 것이다. 그림 7-19에 제시된 인지적 속진 과정은 이러한 결과보고에 명백한 단계들이 있다는 것을 암시한다. 교사가 학생들에게 요약(briefing)을 할 때, 학생들이 그 과제와 관련된 주요 개념들을 확실히 이해하도록 해야 한다. 그러므로 결과보고는 과제의 맥락과 의미를 설정한 교사의 요약 범위에 달려 있다. 또한 결과보고는 모둠들이 학습 과제를 수행하는 동안, 교사가 활동을 관찰하거나 엿들었던 것에 의존한다.

결과보고의 첫 번째 단계는, 학생들이 활동 과제에 대한 자신들의 아이디어와 해결책을 설명하도록 하는 것이다. 그 후 교사는 학생들이 활동 과제에 어떻게 접근했는지를 이야기하도록 할 필요가 있다. 이것은 학생들이 유용한 전략을 구체화하고 명료화할 수 있도록, 메타인지와 종합적인 평가를 포함해야 한다. 정보 카드와 진술문들 간의 연계를 조직화하는 상이한 방법들, 예를 들면, 선으로 연결하기, 다이아몬드 순위매기기, 흐름도 등이 사용될 수 있다.

결과보고의 마지막 단계에서는 학습의 브리징 또는 전이가 일어나도록 할 필요가 있다. 브리징(bridging)은 학생들로 하여금 그들의 사고와 학습이 다른 맥락에 어떻게 적용될 수 있는가를 볼 수 있도록 하는 것이다. 이를 위해서는 신중한 계획이 필요하다. 이상한 하나를 골라내기 전략을 예로 들면, 교사는 학생들이 '하천 유역과 홍수'를 주제로 한 활동에서 개발한 전략 또는 분류 기능을 다른 지리적 쟁점과 맥락에 사용하도록 요구할 수 있다.

교사가 학생들이 사고하도록 유도하는 것은 단순히 앞에서 언급한 몇몇 전략들을 사용한다고 해서 일어나는 것이 아니다. 사고 학습은 누적적인 과정이다. 교사와 학생들 모두 상이한 전략들을 확실하게 사용할 수 있도록 계속해서 학습할 필요가 있다. 이를 위해서는 적절한 수업 환경 및 분위기를 만드는 것이 중요하다. 또한 교사는 모든 학생들이 기여하고, 그러한 기여가 소중하게 취급되는 분위기를 만들 필요가 있다. 교사는 긍정적인 교실 분위기와 학생들 간의 상호작용을 위한 여건을 조성하고, 지리적 대화를 위한 적절한 언어를 사용하도록 긍정적인 강화를 제공해야 한다. 교사는 학생들에게 다른 학생들이 말하는 것을 신중하게 듣도록 하고, 자신의 아이디어를 발달시키고 이를 다시 해석하도록 도와주며, 대안들을 제공하도록 격려할 필요가 있다. 교사는 일부 핵심 아이디어를 도출하고 학생들의 서로 다른 기여들을 연결할 필요가 있지만, 교사 자신의 해석을 부가하지 않도록 주의를 해야 한다. 교사는 학생들의 대화에 귀 기울여 들을 필요가 있다.

4) TTG 및 MTTG 전략과 결과보고

사고기능 학습은 학생들을 활동하게 하며 진정으로 도전하게 하지만, 마지막의 대화/토론 장면을 빈번하게 마무리 짓지 못한다는 점에서 비판을 받는다. 따라서 종합(plenary) 또는 결과보고(debriefing) 단계는 활동 내용과 기능의 발달뿐만 아니라, 학습과정에 관해 성찰하도록 한다는 점에서 중요하다. 영국 뉴캐슬대학교 '지리를 통해 사고하기(Thinking Through Geography)'팀의 『지리를 통한 사고하기(TTG)』와 『지리를 통해 더 많이 사고하기(MTTG)』를 떠받치고 있는 핵심적인 원칙은 다음과 같다. 만약 학생들이 사고 과정에 관해 더 생각하고 이해할 수 있다면, 보다 나은 사고자(better thinkers)와 학습자가 된다는 것이다. 이것은 메타인지(metacognition)와 관련이 깊다. 메타인지는 교과와 상황을 가로질러 사고의 전이를 촉진함으로써, 학생들의 학습에 가치를 부여한다. 달리 말하면, 메타인지는 학생들이 자율적인 학습자가 되도록 도와준다.

사고를 가르치는 것은 반드시 결과보고를 필요로 한다. 사고를 가르치기(Teaching Thinking) 모델(그림 7-21)은 결과보고가 이 과정의 어느 곳에 적합한지를 보여 준다.

모둠 활동에서 결과보고는 때때로 덜 형식적인 형태로 모둠 내에서 일어나기는 하지만, 결과보고는 항상 전체 학급 환경을 포함하는 수업의 마지막 단계에서 이루어지는 종합(plenary) 단계이다. 교사는 학습을 일반화하기 위해 새로운 사고를 다른 맥락들에 연결시키는 데 중요한 역할을 한다. 학생들이 그들의 학습을 다른 맥락들에 전이하여 사용할 수 있는 모델을 만드는 데 도움을 준다.

결과보고는 주로 학습기능(learning skills)에 초점을 둔다. 학생들은 학습기능을 익힘으로써 정보를 조작하고 처리하는 능력을 발달시키며, 서로 협동하여 도전적인 과제의 결론을 도출할 수 있다. 지리를 통해 사고하기(TTG)의 기본 원칙은 모둠 활동을 격려하는 것이다. 즉 학습을 사회적 과정으로 보기 때문에, 사고를 가르치기(TT)는 사회적 기능을 발달시킨다. 학생들은 동료들의 말을 귀 기울여 들으며, 그들이 무엇을 들었으며 서로 어떻게 배웠는지에 관해 매우 건설적인 논평을 한다.

교사는 결과보고 과정에서 많은 중요한 역할을 담당한다. 이 중 하나는 토론을 촉진하고 관리하는 것이다. 교사는 학생들이 토론의 이점을 알도록 함으로써, 토론을 소중히 여기도록 해야 한다. 그리고 교사는 토론이 소규모 모둠에서부터 전체 학급 결과보고에 이르기까지 활발히 일어나도록 촉진해야 한다. 교사는 또한 너무 많은 것을 제공하지 말아야 하며, 모둠들이 활동하는 데 간섭하지 않도

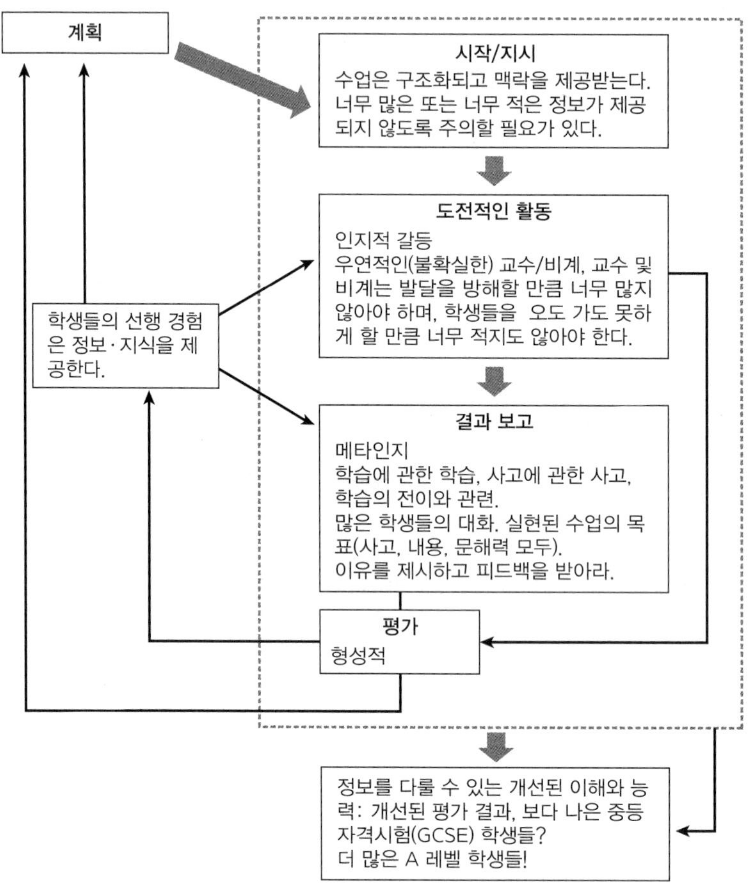
계획
시작/지시
수업은 구조화되고 맥락을 제공받는다. 너무 많은 또는 너무 적은 정보가 제공되지 않도록 주의할 필요가 있다.
도전적인 활동
인지적 갈등
우연적인(불확실한) 교수/비계, 교수 및 비계는 발달을 방해할 만큼 너무 많지 않아야 하며, 학생들을 오도 가도 못하게 할 만큼 너무 적지도 않아야 한다.
학생들의 선행 경험은 정보·지식을 제공한다.
결과 보고
메타인지
학습에 관한 학습, 사고에 관한 사고, 학습의 전이와 관련.
많은 학생들의 대화. 실현된 수업의 목표(사고, 내용, 문해력 모두).
이유를 제시하고 피드백을 받아라.
평가
형성적
정보를 다룰 수 있는 개선된 이해와 능력: 개선된 평가 결과, 보다 나은 중등자격시험(GCSE) 학생들?
더 많은 A 레벨 학생들!

그림 7-21. 사고를 가르치기(TT) 모델

(Nichols and Kinninment, 2001: 158)

록 주의해야 한다. 이뿐만 아니라 교사는 전체 학급 결과보고에서 학생들이 과제를 해결하는 데 사용한 아이디어들 또는 전략들을 대조해야 한다. 그렇게 될 때, 학생들이 사용한 아이디어들과 전략들이 전체 학습에서 고찰되고 평가될 수 있다. 이것은 훌륭한 사고가 공유되도록 한다.

결과보고의 주요한 특징들 중의 하나는 개인들에게 즉시 피드백을 제공할 수 있다는 것이다. 이러한 형성평가(formative assessment)를 통해 학생들의 성취를 상당히 끌어올릴 수 있다. 또한 교사는 학생들에게 피드백을 제공해야 할 뿐만 아니라, 학생들이 동료들에게도 피드백을 제공하도록 격려해야 한다. 특히 모든 학생들의 추론을 소중하게 취급하는 것이 중요하다. 왜냐하면 이것은 학생들에게 자신감과 자존감을 제공하기 때문이다. 그렇다고 학생들의 추론이 비판받지 않아야 한다는 것을 의미하는 것은 아니다.

교사는 결과보고 단계에서 학생들에게 종종 그들의 사고에 대해 상세하게 설명하도록 요구한다. 교사는 학생들의 설명에 간섭하지 않고 기다리거나, 학생들에게 '조금 더 말해봐' 또는 '계속해'라고 요구함으로써 이것을 촉진할 수 있다. 사고를 가르치기(TT) 수업에서의 훌륭한 결과보고는 학생들에게 기존의 지식과 새로운 지식 사이의 연결을 만들도록 격려하는 것이며, 발견학습(일반적인 문제해결전략)을 제공하는 것이다. 교사들이 학생들로 하여금 스스로 연결을 만들도록 도와줄 때, 학생들은 자신의 학습을 다른 상황에 전이할 수 있다. 이것은 종종 비유(analogy) 또는 이야기(story)를 사용하여 촉진된다.

표 7-66. 성공적인 결과보고를 위한 팁

- 터부(Taboo)와 같이 도전적이면서도 상대적으로 간단한 활동에 대한 짧은 결과보고로 시작하라. 결과보고의 초점을 계획하고, 물어볼 적절한 질문들을 구체화하라. 학생들에게 그 과제를 어떻게 착수했는지 물어봄으로써 시작하라. 학생들이 사고의 어휘를 구축하도록 도와주기 위해 도입해야 할 필요가 있는 사고를 가르치기(TT)의 어휘를 알아라.
- 당신이 탐구해야 할 일부 아이디어들과 그것들을 탐구할 방법들을 명확하게 나타내기 위해, 결과보고를 위한 계획(Planning for Debriefing) 양식을 사용하라. 결국 당신이 이 시트를 사용하는 빈도는 점차 감소될 것이다. 이를 통해 당신은 결과보고 전문가가 될 것이다.
- 학생들이 상세하게 이야기하는 것을 허용하라. '그리고…' 또는 '계속해…' 등을 말하거나, 손동작으로 학생들이 이야기를 계속하도록 유도함으로써 그들을 지속적으로 격려하라.
- 학생들에게 그들의 답변에 관해 생각할 시간을 제공하라. 학생들이 침묵을 지키거나 잡담을 하는 것을 두려워하지 마라. 당신은 어떤 모둠에게 피드백 할 것을 요구하기 전에, '나는 이것에 관해 토론할 1분의 시간을 줄 것이다'라고 명확하게 나타낼 필요가 있다.
- 모둠을 활용하라. 모둠활동을 통해 학생들은 토론과 사고에서 서로를 지원하고 격려할 것이기 때문이다.
- 학생들이 수업의 요점을 아는지 확인하라. 이를 위해 수업을 자유롭게 요약하거나 종합해라.
- 학생들이 서로의 답변을 평가하도록 시켜라. 그것이 어떻게 보다 개선될 수 있을까?
- 결과보고를 위한 지나친 계획을 하지마라. 지나친 계획은 당신과 학생 모두를 과도하게 제한할 수 있다. 수업에서 전이 가능한 맥락들에 관해 생각하라. 그러나 당신이 학생들에게 요점을 제공하는 것이 아니라, 학생들에게 전이 가능한 맥락을 물어보아라.
- 당신이 원하는 답을 얻었을 때, 학생을 중단시키지 마라. 정답이 어떠해야 하는지에 관해 너무 많이 예측하여 생각하지 말고, 학생들의 다양한 답변을 들어라.
- 모둠들이 활동을 하는 동안, 심지어 어떤 것들을 적는 동안에 학생들이 무엇을 하고 있는지 주의하라. 이러한 관찰은 당신에게 결과보고 단계에 대한 어떤 훌륭한 출발점을 제공할 것이기 때문이다. 이것은 당신에게 '이 모둠은 꽤 흥미 있는 어떤 것을 했네, 너희 모둠은 우리에게 그것에 관해 말해 주지 않을래'라고 말하도록 허용할 것이다.
- 단지 한 단어로 된 답변에 안주하지 마라. 학생들에게 그들의 추론을 설명하도록 요구하고, 그 답변(정답)을 제시하지 마라.
- 당신의 수업들이 자극적인지, 그리고 과제들이 도전적인지 확인하라. 그렇지 않다면, 학생들이 결과보고를 통해 답변할 것이 거의 없을 것이다.
- 만약 처음에 잘 작동하지 않더라도 그것을 포기하지 마라. 당신과 당신의 학급 학생들 모두 그것에 익숙해지도록 시간을 가지는 것이 중요하다. 당신의 수업이 위험과 모호성을 가지는 것을 두려워하지 마라.
- 무엇보다도, 결과보고 시간을 위해 계획하라.

(Nichols and Kinninmnet, 2001)

11. 야외조사학습

1) 조사학습과 교수 전략

우리는 사회조사와 다른 관련 통계가 사회적 · 문화적 세계를 이해하는 데 끼치는 영향을 인식해야 한다(Shurmer-Smith, 2002: 109).

(1) 조사를 활용한 지리 교수 · 학습

학생들이 지리교과서와 미디어에서 만나게 되는 많은 2차 데이터는 조사로부터 획득된다. 학생들이 이러한 데이터가 어떻게 만들어지는지를 정확하게 이해하려면, 지리적 질문에 답변하기 위해 만들어진 설문조사를 사용하는 과정에 참여할 필요가 있다. 설문조사는 보통 야외조사와 결합하여 사용되지만, 교실 내에서 일어나는 탐구활동을 위해서도 사용될 수 있다. 이러한 설문조사를 통해 데이터가 수집되는 방법 역시 다양하다. 데이터는 교실에서 학생들을 통해 수집될 수 있으며, 학생들에게 숙제로 해 오도록 할 수도 있다. 또한 야외조사를 하는 동안에 수집될 수 있으며, 마지막으로 교사가 설문조사 데이터를 제공할 수도 있다.

설문조사는 사실뿐만 아니라, 의견과 관련된 일련의 지리적 핵심질문에 대답하기 위해 사용될 수 있다(예를 들면, 무엇? 어디? 언제? 얼마나 자주? 왜? 당신은 어떻게 생각하나? 당신은 동의하나 동의하지 않나? 당신에게 가장 중요한 것은 무엇인가?). 그리고 설문지는 설문지에 답변하는 사람의 특성(예를 들면, 연령), 행동(예를 들면, 쇼핑 습관), 의견(예를 들면, 쟁점에 대한 태도), 현재의 지식[예를 들면, 어떤 유럽연합(EU) 국가의 이름을 말할 수 있나?]에 관한 정보를 제공할 수 있다.

로버츠(Roberts, 2003)는 설문조사에 사용되는 8가지의 일반적인 질문 유형을 표 7-67과 같이 제시하고 있다. 교사가 학생들이 스스로 설문지를 만들도록 할 때, 이러한 질문 유형을 소개할 필요가 있다. 만약 교사들이 탐구를 위해 설문지를 작성한다면, 학생들이 익숙하도록 제한된 질문의 유형을 선택하는 것이 바람직하다. 중등학교 학생들을 대상으로 하는 설문지에는, 일반적으로 폐쇄적인 질문과 공란 메우기 질문이 가장 적절하다. 왜냐하면 그것들은 분석하기가 훨씬 쉽기 때문이다. 폐쇄적 질문은 응답자들에게 이미 설문지에 있는 무언가를 체크(√)하고, 가위표 하고, 동그라미표 하도록 요구한다(질문 유형 1~5). 단지 하나의 숫자에 대해 묻는 공란 메우기 질문(질문 유형 6) 역시 분석하기 쉽다. 개방적 질문(질문 유형 7~8)은 예기치 못한 반응을 허용하는 이점이 있지만, 분석하기에 훨씬 더 어렵다.

표 7-67. 설문지에 사용할 수 있는 질문 유형

1. 선택지로부터 하나의 답을 고르기

예) 당신은 지난 1년 동안 해외에 갔다 왔습니까? 예/아니오

예) 당신이 살고 있는 주택의 유형은? (유목 자료)

테라스 하우스 연립주택

단독주택 플랫(flat) 이동식 주택 기타

예) 몇 살입니까? (그룹화된 자료)

16세 이하 16~40세 41~65세 65세 이상

2. 선택지로부터 하나 또는 더 많은 답(또는 전혀 없음)을 고르기

예) 당신은 이들 유럽연합(EU)의 국가들 중 어느 곳을 방문했습니까?

오스트리아	벨기에	덴마크	핀란드	프랑스
독일	그리스	아일랜드	이탈리아	룩셈부르크
영국	포르투갈	스페인	스웨덴	네덜란드

3. 항목을 순위매기기

예) 휴가를 선택할 때, 다음 중 어떤 것이 당신에게 가장 중요합니까?
당신의 선호 순서를 1, 2, 3 등으로 표시하라.

휴가 특징	선호 순서
날씨	
스포츠와 야외활동을 위한 기회	
야간에 할 수 있는 오락	
방문하기에 흥미 있는 곳, 박물관	
음식	
매력적인 경관	

4. 리커트 척도를 사용하여 서열을 정하기

1932년 렌시스 리커트(Rensis Likert)에 의해 개발된 리커트 척도는 진술문의 목록에 관한 견해를 물어본다.

진술문	전혀 그렇지 않다	그렇지 않다	그저 그렇다	그렇다	매우 그렇다
지리는 11학년 말까지 필수 교과이어야 한다.					

5. 의미상의 차이(의미변별척도)

예) 스미스 거리(Smith Street)는,

지저분한	1	2	3	4	5	깨끗한
지루한	1	2	3	4	5	흥미 있는
시끄러운	1	2	3	4	5	조용한
위험한	1	2	3	4	5	안전한

6. 빈칸 채우기

예) 당신은 지난 달에 얼마나 자주 영화관에 갔습니까? ______________ 회

7. 열린 목록

예) 당신은 어떤 국가들을 방문했습니까?

8. 열린 반응

예) 당신은 향후 5년 이내에 당신의 읍에서 어떤 변화를 보고 싶습니까?

(Roberts, 2003)

많은 지리적 현상들은 설문조사를 통해 어느 정도 학습될 수 있다. 예를 들면, 학생들의 장소에 대한 지각, 날씨, 휴가, 친척 방문, 등교, 쇼핑, 가정에서 에너지의 사용, 이주 등이 그러하다. 앞에서 살펴본 바와 같이, 지리수업에서 설문조사를 사용하는 것은 많은 이점이 있다. 그럼에도 불구하고, 설문조사는 지리 교실 수업의 맥락에서 일부 한계점을 가지고 있다(표 7-68). 교사가 학생들이 정보를 비판적으로 다룰 수 있도록 격려하려면, 학생들은 데이터가 어떤 방법으로 그리고 어떤 목적을 위해 수집되는지를 이해할 필요가 있다. 특히 학생들은 종종 객관적인 정보로서 제시되는 정보가 선별적인 산물이라는 것을 이해해야 한다.

표 7-68. 지리수업에서 설문조사 활용의 장점과 단점

장점	단점
• 학생들로 하여금 질문을 고안하고, 결론에 도달하며, 활동을 평가하는 지리탐구의 전체적인 과정에 참여하도록 할 수 있다. • 폭넓은 데이터 조작 기능을 발달시킬 수 있다. • 학생들에게 설문지 설계 기법과 그래픽 표현 기법을 소개할 수 있다. • ICT 기능을 발달시키기 위한 유목적적인 맥락을 제공할 수 있다. • 지리적 이해를 강화시킬 수 있다. • 학생들에게 지식이 조사를 통해 어떻게 구성되는지를 알도록 도울 수 있다. • 학생들이 설문조사로부터 얻은 결과의 한계를 알도록 도울 수 있다.	• 친구, 이웃, 친척, 교사 또는 학생 주변의 가능한 응답자들이 얼마나 자주 조사에 기꺼이 참여하려고 할 것인지 불분명하다. • 샘플이 너무 작아 타당한 일반화를 도출할 수 없을 수도 있다. 즉 결과는 오해로 이어질 수 있다. • 샘플이 무작위가 될 개연성이 있다. 이로 인해 결과가 왜곡될 수 있다. • 질문을 만들고 결론에 도달하는 과정이 시간의 소모가 클 수 있다. • 인간 행위가 양적인 데이터의 수집과 일반화를 통해 얼마나 연구될 수 있는지 논쟁의 여지가 있다.

(Roberts, 2003)

(2) 조사를 활용한 교수·학습의 사례

설문지는 학생들이 특정 주제에 대해 기존에 가지고 있던 지식을 확인하기 위한 진단평가로 사용할 수 있다. 이러한 설문지의 진단적 사용은 학생들의 현재 지식, 그들의 오해, 그리고 그들의 태도를 드러나게 할 수 있다. 이것은 또한 학생들로 하여금 상이한 유형의 조사 질문에 익숙해지도록 할 수 있다. 교사들은 설문지를 설계하고, 학생들은 수업에서 설문지의 질문에 대답한다. 표 7-69는 환경

문제와 관련한 학습 단원을 시작하기 전에, 환경문제에 대해 현재 학생들이 얼마나 이해하고 있는지 알아보기 위해 사용된 설문지를 보여 준다.

표 7-69. 진단평가를 위해 사용된 (설문)조사

1) 당신은 '환경 문제'라는 용어가 무엇을 의미한다고 생각합니까?

____

____

2) 글로벌 환경 문제를 3가지 적으세요.

a) ______________________________

b) ______________________________

c) ______________________________

3) 로컬 환경 문제를 3가지 적으세요.

a) ______________________________

b) ______________________________

c) ______________________________

산성비

1) 산성비는 무엇일까요? ______________________________

2) 산성비는 왜 발생할까요? ______________________________

3) 산성비의 효과는 무엇일까요? ______________________________

4) 당신은 누가 산성비에 영향을 받는다고 생각합니까? 산성비는 당신에게 영향을 미칩니까? ______________________________

____

5) 산성비는 어디에서 문제가 됩니까? ______________________________

6) 당신은 산성비에 관해 어떻게 알고 있습니까? ______________________________

____

주석: 설문지는 지구온난화와 수질오염에 관한 유사한 질문 세트를 포함했다.

교사는 학생들로 하여금 학급 단위로 또는 개인별로 자신의 설문지를 설계하도록 할 수 있다. 이것의 장점은 학생들이 전체 탐구 과정에 관여하도록 할 수 있다는 것이다. 학생들은 적절한 질문을 만드는 것은 물론, 스스로 설문지를 설계하는 것에 관해 배울 수 있다. 그리고 학생들은 설문지를 만드는 과정에서 여러 시행착오를 통해 많은 것을 배울 수 있을 것이다. 학생들은 다양한 기능과 기법을 배울 수 있고, 스스로 선택하는 것을 배울 수도 있다. 또한 학생들은 전체 과정에 활동적으로 참여함으로써, 지식의 선택적인 본질과 다양한 이유로 인해 결과가 잘못 도출될 수 있다는 것을 배울 수 있다. 학생들은 조사를 통해 수집된 사실적 정보가 현실에 대한 선택에 불과하며, 질문의 본질에 매우 의존적이며, 샘플의 성격을 지니며, 반응에 대한 다양한 해석 중 하나라는 것을 알 수 있게 된다. 로버츠(Roberts, 2003)는 표 7-70과 같이, 설문조사를 사용하고 평가하는 8단계를 제시했다.

표 7-70. 설문조사를 사용하고 평가하는 8단계

1단계: 조사 범위를 설정하기
교사는 탐구의 초점이 될 주제 또는 쟁점을 소개한다. 학생들은 조사할 수 있는 토픽의 양상들을 구체화하고, 이에 관한 자료를 수집하고 토론한다. 특히 학급 학생들은 누가 설문지에 답해야 할지 토론해야 한다. 예를 들면, 이 학교에 있는 또 다른 학급 학생들, 학생들과 동일한 가정에 살고 있는 사람들, 또는 특정 연령 집단 중 누구를 대상으로 할 것인지 토론한다.

2단계: 질문 고안하기
교사는 학생들에게 설문지를 위해 적합한 3개 내지 4개의 질문 유형을 소개한다. 만약 학생들이 자신의 설문지를 처음 고안하는 것이라면, 학생들과 관련된 토픽, 예를 들면, 학교 교과들, 여가 활동들과 관련한 각각의 질문 유형에 대해 토론하는 것이 유용할 것이다.
학생들이 짝별 또는 모둠별로 활동하면서, 조사해야 할 주제에 관한 질문들을 고안한다. 이것들은 학급 단위로 공유되며, 토론을 거친 후 적절한 질문들이 마지막 설문지를 위해 선택된다. 특히 질문이 계열성을 가질 수 있도록 토론되어야 한다.

3단계: 설문지 만들기
교사는 설문지의 복사본을 만든다.

4단계: 반응 수집하기
학생들은 적절한 사람들을 찾아 그들의 설문지를 완성한다.

5단계: 데이터를 수집·분석하기
설문조사로부터 수집된 데이터는 결합될 필요가 있다. 이것은 학생들이 자신의 데이터를 직접 컴퓨터의 스프레드시트 또는 데이터베이스에 입력함으로써 이루어진다. 또한 교사에 의해서도 수행될 수 있다.

6단계: 데이터를 표현하기
학생들은 수집하여 분석된 데이터를 공부한다. 학생들은 이 데이터를 그래픽으로 표현할 수 있는 가능한 방법들에 대해 토론한다. 학생들은 가능한 ICT를 사용하여 데이터를 표현할 수 있는 적절한 방법을 선택한다.

7단계: 데이터를 해석하고, 결론에 도달하기
학생들은 중요한 특징들을 구체화하면서, 그래프가 보여 주고 있는 것을 기술하고 일반화한다. 또한 학생들은 설문조사의 주요한 결과를 요약한다. 결과는 전시 또는 설문조사에서 도움을 준 사람들을 위한 보고서로써 보다 다양한 청중에게 제공될 수 있다.

8단계: 조사를 평가하기
결과는 비판적으로 토론된다. 데이터는 질문에 잘 답변하고 있나? 데이터는 어떤 면에서 잘못 인도될 수 있나?

(Roberts, 2003)

설문조사를 사용하는 다른 방법도 있다. 이는 교사가 설문지를 설계하지만 학생들이 데이터를 수집·표현·분석하는 데 참여하도록 하는 것이다. 교사가 설문지를 만듦으로써 시간을 절약할 수 있으며, 학생들이 만든 설문지보다 질적인 면에서 완성도가 높다. 표 7-71은 '에너지 조사'와 관련하여 교사가 설문지를 만들고, 학생들이 답변하는 사례를 보여 준다.

표 7-71. 에너지 조사

(a) 절차

핵심질문

오늘날의 에너지 사용과 비교하여, 50년 전에는 에너지를 어떻게 사용했나?

1차시 수업

- 교사는 지난 50년 동안에 어떤 변화가 있었는지 의문을 제기하면서 에너지라는 주제를 소개한다.
- 교사는 설문조사를 사용하기 위해 필요한 아이디어와 4개의 상이한 질문 유형에 대한 아이디어를 소개한다. 4개의 상이한 질문 유형은 '선택 목록으로부터 하나의 답을 선택하기', '제시된 진술문에 동의하는지 동의하지 않는지를 선택하기', '열린 목록', '열린 반응'이다.
- 각 질문 유형은 사례와 함께 설명되고 토론된다.
- 학생들은 모둠별로 활동하여 질문을 고안한다.
- 각 모둠은 최선의 질문들을 선택한다.
- 최선의 질문들이 칠판에 기록되고 논의된다.
- 학급 학생들은 설문지를 완성하도록 요청받을 수 있는 사람들에 대해 토론한다.

2차시 수업 전

교사는 1차시 수업에서 학생들이 토론한 내용을 바탕으로, 질문들을 사용하여 설문지를 만든다.

2차시 수업

- 설문지를 학생당 한 장씩 나누어 준다.
- 학급 학생들은 설문지가 어떻게 완성되어야 할지에 대해 토론한다.

3차시 수업 전

- 각각의 학생은 설문지 복사물을 집에 가지고 가서, 50년 전을 기억할 수 있는 누군가가 설문지에 답변하도록 한다.
- 학생들은 완성된 설문지를 제출한다.
- 교사는 데이터를 엑셀에 입력하고, 학급 학생들을 위해 이것을 복사한다.

3차시와 4차시 수업

컴퓨터에 접속할 수 없다면, 아래와 같은 활동을 실시한다.

- 평가 과제 시트에 대한 토론(사례 b)
- 그래프의 사용에 대한 토론
- 학생들은 독립적으로 활동하여 보고서를 쓰고, 그래프를 만든다.

(b) 에너지 조사를 위한 평가 과제 시트

50년 전에 사용된 에너지의 주요 유형은 무엇이었나? 오늘날 사용되고 있는 에너지의 주요 유형은 무엇인가?
이 시트에 따라 당신의 평가를 완료하라. 당신이 각 항목을 완료한 것을 보여 주기 위해 박스에 체크하라. 행운이 있기를!

도입

□ 당신은 무엇을 할 목적인가?
□ 당신은 위의 질문들에 답하려고 어떻게 노력했나?
□ 당신은 무엇을 발견하기를 예상하나?

50년 전에 어떤 유형의 에너지가 사용되었나?

□ 당신은 무엇을 발견하고 싶었나?
□ 당신의 그래프는 무엇을 보여 주나?
□ 당신은 이 조사에서 무엇을 발견했나?
□ 결과는 당신이 예상한 것인가? 어떤 것이 당신을 놀라게 했나?

오늘날 어떤 유형의 에너지가 사용되고 있나?

□ 오늘날 사용되고 있는 에너지의 주요 유형은 무엇인가?
□ 우리는 50년 전과는 달리, 오늘날 어떤 유형의 에너지를 사용하고 있나?

결론

□ 당신은 처음 질문에 성공적으로 답변했나?
□ 당신이 질문에 답변하기 위해 할 수 있는 어떤 다른 것이 있나?
□ 당신이 이 탐구로부터 발견한 주요 결과는 무엇인가?
□ 당신은 당신이 예상한 것을 발견했나? 아니면 당신은 어떤 다른 것을 발견했나?

(Roberts, 2003)

2) 야외조사학습과 교수 전략

(1) 야외조사의 교육적 의의

교실 밖에서 직접적인 경험을 통해 학습이 이루어지는 곳이 야외(또는 현장)(field)이다. 야외는 학습자에게 많은 기회를 제공하는 학습 환경이다. 'fieldwork'는 야외조사, 야외답사활동, 현장체험학습, 야외학습, 야외현장학습 등 다양한 용어로 사용되고 있다(오선민, 2013). 사실 영미권에서는 야외학습(outdoor learning), 현장학습(field trip) 등 다른 용어들이 사용되기도 하지만, 이 책에서는 편의상 '야외조사'로 통일하여 사용한다. 다만 야외조사의 유형을 분류할 때와 같이, 꼭 필요한 경우에만 구분하여 사용한다.

지리 교수·학습에서는 특히 실세계(real world)를 다루어야 할 경우가 종종 발생한다. 교사는 진정한 지리 학습 설계를 위하여 학생들의 일상생활 세계를 충분히 고려해야 하며, 이를 바탕으로 학생들이 실제 세계의 상황 안에서 실제적인 과제를 다룰 수 있도록 해야 한다(임은진, 2009). 많은 지리교육학자들과 지리교사들은 지리교육에서 야외조사가 차지하는 중요성을 인식하고 있다. 심지어 한 차시의 야외수업은 7차시의 실내수업만큼 가치가 있다는 말이 있을 정도다. 홈즈와 워커(Homes and Walker, 2006)의 경우, 야외조사는 지리의 정신, 문화, 교수법의 중심을 차지한다고 주장한다. 스티븐스(Stevens, 2001, 66)의 경우, 야외조사의 중요성에 대해 다음과 같이 더 구체적으로 언급하고 있다.

> 나에게 야외조사는 지리의 중심에 있다. … 야외조사는 지구와 지구의 토지 다양성, 생활과 문화에 대한 직접적인 경험을 새롭게 하고 심화시키며, 지리의 핵심인 세계에 대한 이해를 풍요롭게 한다. … 야외조사가 없다면, 지리는 2차적인 보고(secondhand reporting)와 탁상공론적인 분석에 지나지 않는다. 또한 지리와 세계의 관련성, 지리의 통찰력, 지리의 권위, 지리의 로컬 및 글로벌 쟁점에의 기여, 지리의 존재 이유를 잃어버리게 된다(Stevens, 2001: 66).

지리학자와 지리교사들은 지리의 본질적인 요소 중 하나로 답사 또는 야외조사(fieldwork)를 선택할 것이다. 특히 지리 교과의 정체성을 이야기할 때, 지도학습과 야외조사는 가장 중요한 특징으로 제시된다. 야외조사에 대한 경험은 교사뿐만 아니라, 학생들 또한 매우 소중한 경험으로 간직하는 경향이 있다. 왜냐하면 야외조사는 학생들을 교실 안에서 밖으로, 그리고 자신의 경험의 세계로 직접 데리고 가기 때문이다.

야외조사는 학생들에게 최소 몇 시간에서부터 심지어 하루 전체의 시간 동안, 서로 협동하여 과제를 수행하는 활동을 하도록 한다. 이는 교실 안에서 이루어지는 수업들이 여러 교과로 분할된 시간표를 가지는 것과 매우 대조적이다. 야외조사는 학생들의 참여가 보장될수록 매우 실천적인 활동이 될 수 있다. 야외조사는 학생들이 조사할 질문을 만들고, 가능한 탐구 경로를 구체화하는 데 학생들을 참여시킨다는 점에서 매우 학습자 중심적이다. 그리고 야외조사는 활동과 성취에 있어서 강한 집단적 결속의식을 부여한다. 야외조사는 다양한 실천적 기능을 수행하도록 할 뿐만 아니라, 모둠 활동을 통해 학생들의 사회적 기능을 발달시키도록 도와준다. 나아가 야외조사는 학생들에게 환경에 대한 관심과 경외감을 가지게 함으로써, 인성발달에도 기여할 수 있다(May and Richardson, 2005: 6). 따라서 야외조사를 통한 학습은 학생들의 삶을 변화시킬 수 있다.

지리를 통한 야외조사는 철저하게 계획되고, 효과적으로 가르쳐지며, 의미 있는 추수지도가 뒤따라야 한다. 이를 통해 야외조사는 학생들에게 교실 경험을 훨씬 더 풍요롭게 할 수 있는 지리적 지식, 이해, 기능을 발달시키도록 기회를 제공한다. 그러나 야외조사가 학생들의 학습 경험에 매우 중요한 영향을 미침에도 불구하고, 학교 현장에 쉽게 뿌리내리지 못하고 있다. 왜냐하면 야외조사는 비용과 시간이 많이 들 뿐만 아니라, 안전을 비롯하여 동료 교사의 수업을 방해할 수 있는 잠재적 요인들이 있기 때문이다. 이러한 점들은 야외조사를 계획할 때 충분히 고려되어야 할 중요한 사안이다.

(2) 야외조사의 목적

잡(Job, 2002)은 야외조사의 목적을 다음과 같이 요약하고 있다. 지리 교수의 다른 측면들처럼, 지리교사들이 야외조사를 조직하는 방법은 그들이 가지고 있는 가치, 선호하는 학습 스타일, 학생들의 요구, 교육과정의 요구 등에 의해 영향을 받는다. 표 7-72는 야외조사의 목적을 선별하여 제시한 것이다. 그리고 표 7-73은 표 7-72에 제시된 야외조사의 목적을 더 넓은 교육목적과 연결한 것이다.

표 7-72. 야외조사 목적의 선별

01. 과학적인 조사를 통해 지리적 프로세스 이해하기
02. 개인적 경험을 통해 지리에서의 개념적 이해를 증가시키기
03. 직접적인 경험을 통해 가설 검증과 데이터 수집에 익숙하게 되기
04. 자연적, 인문적 시스템 사이의 상호작용에 대한 이해 발달시키기
05. 학생들이 야외조사와 1차적인 사례학습으로부터 얻은 지식을 시험의 답변에 적용할 수 있게 하기
06. 감성적인 반응에 근거한 장소와의 관련성 확립하기
07. 자연적 세계에 관한 보다 깊은 통찰 발달시키기
08. 자연적 세계에 대한 존중 강화시키기
09. 삶의 웹을 구성하는 복잡한 상호연결을 이해하기
10. 인간을 위한 자연과 경관의 유용성보다 자연과 경관 그 자체를 소중히 하기
11. 확신과 활기를 구축하기 위해 자연적 도전을 제공하기
12. 그룹 활동에 참여하는 것을 통해, 협동과 의사소통 기능 발달시키기
13. 지리에 대한 동기와 헌신 증가시키기
14. 학습 집단 사이의 우정과 사회적 제휴 촉진하기
15. 모험심과 야외 활동에 대한 관심 발달시키기
16. 학생들이 발견하고, 학습하고, 평가하는 방법에 대해 알도록 하여, 자율적인 시민이 될 수 있도록 권한을 부여하기
17. 학생들로 하여금 혜택을 받지 못하는 사람들(소수민족)에 대한 감정이입을 발달시키도록 함으로써, 사회적 약자를 배려하는 태도 발달시키기
18. 불평등과 환경적 남용을 조사하도록 함으로써, 사회에 대한 급진적 비판을 발달시키기
19. 학생들이 보다 나은 세계를 만드는 데 참여하는 능동적인 시민이 되도록 격려하기
20. 상이한 문화와 사회집단에 대한 노출을 통해, 더 자유로운 태도와 감정이입을 격려하기
21. 보다 큰 심미적인 감수성과 이해로 이끌어 줄, 환경에 대한 감각적, 감성적 반응을 계발하기
22. 경관을 '읽는' 능력 습득하기
23. 장소감을 이해하는 데 요구되는 감수성을 촉진하기
24. 경관의 다양성을 이해하기
25. 학생들이 환경에 대한 자신의 개인적 반응을 표현할 기회를 제공하기
26. 학습자를 경관에 몰두하게 하기
27. 직접적으로 탐구학습을 경험하도록 하기 위한 기회 제공하기
28. 개인적 조사 활동으로 전이될 수 있는 야외조사 기법에 대한 경험 얻기
29. 통계와 IT 기능을 실천하는 데 사용될 수 있는 데이터 수집하기
30. 지도 해석과 내비게이션 기능 발달시키기
31. 활동의 세계와 관련된 기능을 습득하고 실천하기
32. 환경을 조사하기 위한 새로운 기술을 사용하는 경험 얻기

- 진술 01-05: 지식과 이해를 강조하는 교육과정에 초점을 둔 목적들
- 진술 06-10: 보다 심층적인 생태학적 관점들
- 진술 11-15: 개인적, 사회적 발달과 관련한 목적들
- 진술 16-20: 변화를 위한 행동을 자극하는 목적들
- 진술 21-26: 감각적, 심미적 감수성과 관련한 목적들
- 진술 27-32: 기능 관련 목적들 또는 직업적 목적들

(Job, 1999)

표 7-73. 야외조사의 목적 요약

넓은 교육목적	관련된 야외조사 목적	구체적인 야외조사의 사례
개념 (지식과 이해)	지리적 지식과 이해의 촉진을 통해 지리교육과정 지원하기	• 만져서 알 수 있는(실제의) 사례들을 통해, 지리적 용어 강화하기 • 지리적 질문, 쟁점, 문제를 구체화하고 분명히 하기 • 지리적 요소들 사이의 관계 이해하기 • 공간과 시간의 지리적 패턴에 놓여 있는 프로세스 이해하기
기능	지리 및 활동과 관련된 조직적·기술적 기능 발전시키기	• 지리적 조사 또는 탐구를 계획하기 • 개인적 탐구, 교과과정, 고용에 전이될 수 있는 지리적 기능 발달시키기 • 실제적 세계의 맥락에서, 기술적 기능(IT 포함)을 실천하고 적용하기 • 정보를 위치시키고, 복구하고, 처리하는 기능 발달시키기
감수성 (심미적)	경관과 자연에 대한 감수성과 이해 발달시키기	• 장소감 발달시키기 • 경관 '읽기'에 대한 능력 발달시키기 • 환경에 대한 감성적 반응 격려하기
가치	사회적, 정치적, 생태적 관심 및 관점에 대한 인식 발달시키기	• 타자에 대해 인정하고 존중하기 • 개인적 가치를 명료화하고 정당화하기 • 환경의 변화에 미치는 보다 넓은 사회적, 생태적 영향 보기
사회적, 개인적 발달	자존감과 협동적으로 활동하는 능력 촉진하기	• 그룹 활동에 참가함으로써 협동적, 의사소통 기능 발달시키기 • 모험심 격려하기 • 도전을 제안함으로써 확신과 활기 구축하기 • 공통의 노력에 참여함으로써, 우정과 사회적 연계 촉진하기

(Job, 1999)

야외조사의 목적은 자명하다. 야외조사는 학습에 대한 동기를 부여하여 학생들을 직접 학습에 참여하도록 한다. 야외조사는 학생들이 환경에 대해 중재된 이미지 또는 2차 자료가 아니라, 직접적인 관찰에 의한 1차 자료에 접근할 수 있도록 한다. 그림 7-22는 야외조사의 목적이 학생들의 환경에 대한 인식과 순응에서 출발하여, 환경에 대해 조사하고, 최종적으로 환경에 대한 관심을 가지고 책임감 있는 행동을 취하도록 하는 것임을 보여 준다.

잡(Job, 1996)은 야외조사를 환경교육의 맥락에 따라 분류한다. 그는 환경교육의 관점에서 야외조사를 '환경에 관한 야외조사(fieldwork about environment)'(지식과 이해를 발달시키는 것), '환경을 통한 야외조사(fieldwork through environment)'(실천적 기능을 발달시키고, 활동기반 학습 경험을 제공하는 것), '환경을 위한 야외조사(fieldwork for the environment)'(사회적 변화를 위한 의제와 함께, 더욱더 지속가능한 생활방식을 촉진하는 데 목적을 두는 것)로 구분한다. 특히 마지막 세 번째는 지속가능한 미래를 위한 생활양식을 촉진하기 위해 만들어진 교육목적에 의해 추동된 것으로, 가치교육과 사회변화에 대한 더 명백한 의제를 가지는 것으로 간주된다. 따라서 피엔(Fien, 1993)은 이러한 구분을 다음과 같이 표현했다.

인식(awareness)/환경순응(acclimatization)

개인적 경험에 근거하여 환경에 대한 인식을 강화하기 위한 활동들.
지각을 예리하게 하기, 비판적인 시각적 분석의 개발, 개인적 반응을 의사소통하기 등을 포함하라.
학습자들은 개인적인 접촉 지점을 발견함으로써, 환경에서 자신의 경로를 발견한다.

조사(investigation)

개인 또는 모둠을 통해, 환경에 대한 지식과 이해를 증가시키기 위한 활동들

관심(concern)/행동(action)

환경을 위한 개인적 책임감과 환경에 영향을 주는 결정들에 참여하려는 욕망의 발달

그림 7-22. 야외 경험을 위한 '과정' 교수·학습 모형

(Hawkins, 1987)

환경에 관한 교육(education about the environment)과 환경을 통한 교육(education through the environment)은, 환경을 위한 교육(education for environment)의 변혁적인 의도를 지원하기 위한 기능과 지식을 제공하기 위해 사용될 때 가치가 있다(Fien, 1993).

(3) 야외조사를 통한 교수·학습의 유형 및 전략

야외조사를 통한 교수·학습의 유형은 매우 다양하다. 이는 지리교사가 학생들의 지리학습을 위해 야외조사를 실시하려고 할 때, 이용할 수 있는 야외조사의 유형 및 전략이 상이하다는 것을 의미한다. 교사들이 적절한 야외조사의 유형 및 전략을 결정하기 위해서는, 야외조사 활동이 수행하고자 하는 목표에 근거해야 한다. 특히 무엇보다 중요한 것은 선택된 야외조사의 유형 및 전략이 가능한 한 효과적이어야 하며, 유의미 학습을 위해 학습 목표에 근거해야 한다는 것이다.

켄트 외(Kent et al., 1997)는 학생들의 자율성과 의존성의 정도에 따라, 그리고 관찰과 참여의 정도에 따라 야외조사의 교수·학습을 5가지 유형으로 구분하였다(그림 7-23 좌측). 견학(Cook's tour)은 학생들이 전적으로 교사(인솔자)에 의존하여 관찰만 하는 그야말로 교사(인솔자) 중심의 야외조사이다. 반면에 개별 프로젝트는 학생들에게 전적으로 자율성과 참여를 보장하는 학생 중심의 야외조사이다.

패널리와 웰치(Panelli and Welch, 2005)는 켄트 외(Kent et al, 1997)의 유형 분류에 근거하여, 야외조사

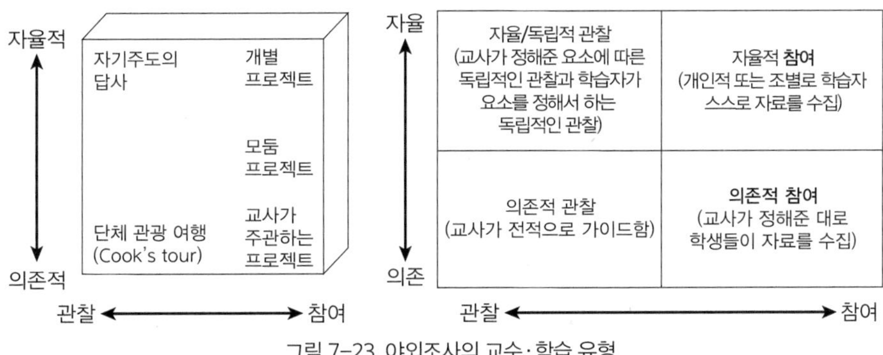

그림 7-23. 야외조사의 교수·학습 유형

(좌—Kent et al, 1997: 317; 우—Panelli and Welch, 2005; 오선민, 2013 재인용)

의 교수·학습을 4개 유형으로 구분하였다(그림 7-23 우측). 이들은 야외조사를 학생들에게 경험을 제공하는 유형에 따라 관찰-참여, 의존-자율에 따른 연속체로 보았다. 그러나 일반적인 야외조사의 경우, 4개 유형 중 특정한 것만을 실시하는 것이 아니라 복합적으로 현실에 맞게 적용할 수 있다(오선민, 2013).

한편 잡(Job, 1996)은 야외조사의 교수·학습 방법 유형을 교사주도-학생주도, 인지적-정의적 접근에 따라 구분하였으며, 각 유형에 맞는 교사의 역할을 함께 제시하였다(그림 7-24). 이 분류에서 교사주도-학생주도의 준거는 앞에서 제시한 유형 분류의 준거와 유사하다. 그러나 야외조사를 인지적 영역과 정의적 영역의 측면으로 분류한 것은 매우 특징적이라 할 수 있다.

인지적 영역에서 주로 실증주의적 야외조사를 지향한다면, 정의적 영역에서는 인간주의적 야외조사 또는 질적 야외조사를 지향한다고 할 수 있다. 인지적 기능 및 기법에 초점을 둔 야외조사는 학생들의 환경에 대한 느낌과 감정을 중시하지 않는다. 잡(Job, 1996: 42)은 인지적 기능의 발달에 초점을 둔 야외조사의 목적과 정의적 영역(예를 들면, '장소감의 이해,' '경외감', '환경에 대한 민감성')에 초점을 둔 야외조사의 목적 간에는 긴장이 있다고 주장한다.

한편 잡(Job, 1999)은 그림 7-24에서 제시한 야외조사를 통한 교수·학습의 유형 또는 전략에서 더 나아가, 분류된 각 야외조사의 목적과 특징적인 활동 사례를 더 자세하게 설명하고 있다(표 7-74). 여기에서 어떤 야외조사 전략을 선택하느냐에 따라, 야외조사를 통한 교수·학습에 명백한 영향을 줄 수 있다. 예를 들어 '가설 검증에 기반한 야외조사(field research based on hypothesis testing)'를 선택한다면, 학생들은 모델을 검증하기 위해 과학적 접근을 사용하여 답을 찾는 활동을 전개해 나갈 것이다. 학생들은 데이터를 수집하고, 표현하고, 분석하는 과정을 통해 일련의 기능을 발달시킨다. 그러나 야외조사를 통해 성취된 참여와 개념 학습에 대해서도 여러 문제점이 제기되고 있다(Caton, 2006).

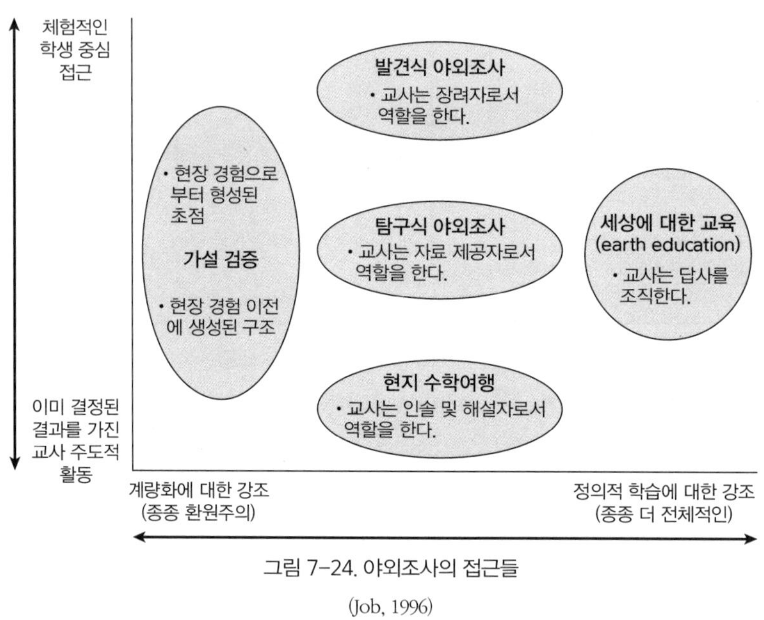

그림 7-24. 야외조사의 접근들

(Job, 1996)

특히 계량적인 야외조사(quantitative fieldwork)를 통해 학습한 개념들은 시험으로 전이가 제한적으로 이루어진다는 단점이 있다.

지리교사가 학생들에게 야외조사를 실시하기 위해서는 많은 것을 고려해야 한다. 야외조사는 교실 수업을 계획하고 조직하는 것과 동일하지 않다. 그림 7-24의 '현지 수학여행(field excursion)'과 같은 전통적인 야외 교수·학습은 많은 비판을 받아왔다. 전통적인 야외 교수·학습에서는 학생들이 매우 수동적으로 교사(인솔자)의 설명에 의존해야 하기 때문이다. 이로 인해 야외에서 학생들이 능동적으로 참여할 수 있는 교수·학습 계획에 대한 요구가 계속해서 제기되고 있다.

이러한 요구의 결과로 등장한 것이 바로 탐구식 야외조사이다. 탐구식 야외조사는 교사가 탐구경로를 설계하여 제공하고, 학생들은 이를 바탕으로 수행하는 것이다. 1970년대 이후 계량적인 야외조사가 중요하게 부각되면서, 학생들에게 지리 '하기(doing)'에 참여하는 것이 강조되었다. 학생들은 탐구식 야외조사에 기반한 지리하기를 통해 수치적 데이터를 수집하여 이를 통계적으로 처리하고 분석하며, 그래프로 표현하는 활동을 하게 된다. 탐구식 야외조사는 실제적으로 조사(investigation)를 하는 야외조사(field investigation)이다. 이러한 탐구식 야외조사를 통해 학생들이 지리와 관련된 구체적인 요소들과 기법들을 많이 배울 수 있겠지만, 지리라는 보다 큰 그림을 그리기는 어려울 수 있다. 따라서 탐구식 야외조사에서 중요한 과제는 전체로서 지리를 유지시키는 것이다.

한편 학생들에게 야외조사를 통한 탐구를 장려하는 데 또 하나의 문제로 남는 것은, 장소에 대한

표 7-74. 야외조사 전략과 목적

전략	목적	특징적인 활동
전통적인 현지 수학여행 (the traditional field excursion)	• 지리적 관찰, 기록하기, 해석 기능 발달 • 자연적, 인문적 경관 특징 사이의 관계 보여주기 • 시간에 걸쳐 진화하는 경관의 개념 발달시키기 • 경관에 대한 이해 발달시키기와 장소감 촉진하기	• 학생들은 로컬적 지식을 가진 교사에 의해 경관을 중심으로 안내된다. 종종 대축척 지도의 경로를 따른다. 사이트들은 좌표체계로 제시된다. 또한 기저 지질학, 지형적 특징, 토사와 식생의 역할, 인간활동의 관점에서 경관의 역사를 탐구하기 위해, 경관 스케치와 스케치 지도의 도움을 받아 기술된다. • 학생들은 경관에 대해 가능한 해석을 듣고, 기록하고, 답한다.
가설검증에 기반한 야외조사 (field research based on hypothesis testing)	• 실제 세계의 상황에 지리적 이론 또는 일반화된 모델 적용하기 • 적절한 필드 데이터의 수집을 통해 검증될 이론에 근거한 가설들을 생성하고 적용하기 • 지리적 이론과 상반된 필드 상황을 검증하기 위해, 통계적 데이터를 분석하는 기능 발달시키기	• 전통적인 연역적 접근은 먼저 지리적 이론에 대해 고려한다. 그것은 가설을 형성하고 양적 자료의 수집을 통해 필드 상황을 검증하고, 그 후 기대된 패턴과의 관계를 검증한다. • 이 접근은 좀 더 유연하게 변형될 수 있다. 학생들에게 초기 필드 관찰에 근거하여 탐구의 어떤 요소를 통합하도록 함으로써, 그들 자신의 가설을 세우도록 격려하는 것이다.
지리적 탐구 야외조사 (geographical enquiry fieldwork)	• 학생들이 지리적 질문을 구체화하고, 이를 바탕으로 구성하도록 격려하기 • 학생들이 관련 정보를 구체화하고 수집하여, 지리적 질문에 답하고 그들의 결과에 대한 설명과 해석을 제시할 수 있도록 하기 • 학생들이 그들의 결과를 보다 넓은 세계와 개인적 결정들에 적용할 수 있도록 하기	• 쟁점 또는 문제에 대한 지리적 탐구는, 필드에서의 학생들 자신의 경험으로부터 이상적으로 구체화된다. • 학생들은 그 후 그들의 핵심 질문에 답하기 위해, 적절한 데이터(양적, 질적)를 수집할 수 있도록 지원을 받는다. • 평가된 그들의 결과는 적절한 곳에서 보다 넓은 세계와 개인적 결정들에 적용된다.
발견 야외조사 (discovery fieldwork)	• 학생들이 그들 스스로 경관을 발견하고 관심을 가지도록 허용하기 • 학생들이 조사의 학습과 방법에 대한 그들 자신의 초점을 발달시키도록 허용하기 • 학생들이 그들 학습을 스스로 통제하도록 함으로써, 자기 확신과 자기 동기화를 격려하기	• 교사는 그룹이 경관을 통해 자신의 경로를 따르는 것을 허용하도록, 주동자의 역할을 가정한다. • 학생들의 질문을 더 심층적인 질문으로 논박함으로써, 보다 깊은 사고를 격려한다. • 그 후 브레인스토밍을 통해, 소규모 그룹은 더 많은 또는 심층적인 조사를 위해 주제를 구체화한다. • 이러한 심오한 활동은 교사의 지각과 선호보다는, 학생들의 지각과 선호로부터 야기된다.
감각적 야외조사 (sensory fieldwork)	• 모든 감각을 사용함으로써, 환경에 대한 새로운 감수성을 격려하기 • 감성적인 개입을 통해, 자연과 다른 사람들에 대한 돌봄을 발달시키기 • 감각적인 경험이 우리의 환경을 이해하는 데 있어서 지적인 활동만큼 타당하다는 것을 인식시키기	• 환경에 대한 인식을 촉진하기 위해, 감각을 자극하도록 계획된 구조화된 활동들을 만든다. 감각적 걷기, 눈가리개의 사용, 사운드 맵, 시, 예술적 제작 활동이 특징적인 활동이다. • 전통적인 조사 활동의 사전 도입 활동으로 사용될 수 있다. 또는 장소감, 심미적 이해를 발달시키거나, 환경 변화에 대한 비판적 평가를 발달시킬 수 있다.

(Job, 1999)

학생들의 개인적 반응을 어떻게 이끌어 낼 것인가 하는 것이다. 즉 야외조사를 통해 학생들에게 자연, 장소, 경관에 대한 느낌과 감정을 어떻게 표현하도록 할 것인지에 대해 고찰해야 한다. 스케치하기, 시, 사진을 비롯한 다른 창의적 활동들은 모두 야외 경험을 풍부하고 윤색하도록 할 것이다.

지리적 탐구 야외조사(geographical enquiry fieldwork)는 지리적 쟁점 또는 문제를 조사하기 위해, 일련의 지리적 요인들을 탐구하는 데 학생들을 참여시킨다(그림 7-25 참조). 지리적 탐구 야외조사는 학생들이 지리학의 원리를 이용하여 사실탐구를 통해 지리적 개념을 학습하도록 하며, 상이한 공간 스케일에서 활동하도록 요구한다. 학생들은 가치분석을 통해 지리적 질문들을 구체화할 수 있는 의사결정 기능과 능력을 발달시킬 수 있다. 그러나 잡(Job, 1996; 1999)은 지리적 탐구 야외조사의 많은 한계를 지적한다. 그는 탐구 야외조사가 학생들이 관심을 가지는 지리적 쟁점들에 관해 질문을 하지 않는다면, 학생들은 개인적으로 조사에 몰입하거나 동기를 부여받지 못할 수 있다고 주장한다. 그는 또한 탐구 야외조사에서 학생들은 종종 결정에 대한 결과를 예측하도록 요구받는데, 이는 정확하게 수행하기 어렵다고 지적한다. 그뿐만 아니라 학생들은 특정한 측면만을 탐구하도록 제한받아서는 안 되며, 모든 것을 비판적으로 고찰할 수 있어야 한다고 주장한다.

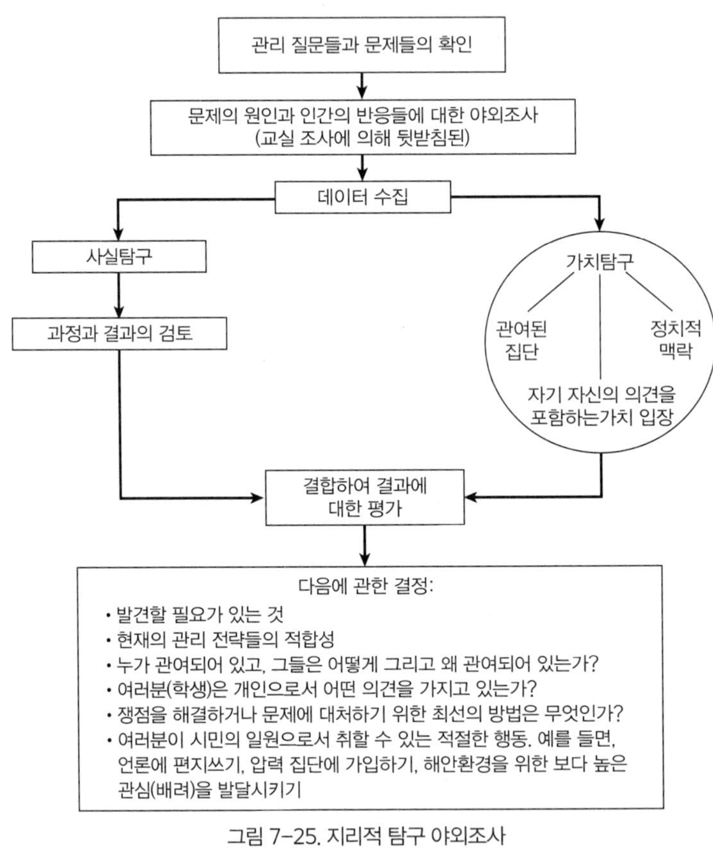

그림 7-25. 지리적 탐구 야외조사

(Naish et al, 1987)

이상에서 살펴본 것과 같이, 야외조사의 유형과 전략은 나름대로의 장단점을 가지고 있다. 학생 주도적인 탐구, 발견식 답사가 교사 주도적인 관찰 형태의 답사보다 효과적이라고 단정할 수는 없다. 야외조사를 통해 얻으려고 하는 목표, 즉 지식, 기능, 가치와 태도가 무엇인지에 따라, 야외조사의 유형은 다양하게 선택될 수 있다.

(4) 야외조사와 교수·학습 스타일

교수·학습 스타일에 관한 관점들은 지리 야외조사에 대한 다양한 접근들을 이해하는 데 사용될 수 있다. 앞서 지리교육에서 야외조사의 역할과 목적을 검토했다. 야외조사의 역할과 목적을 환경교육의 관점에 따라, 환경에 관한 야외조사(fieldwork about the environment)(지식과 이해를 발달시키는 것), 환경을 통한 야외조사(fieldwork through the environment)(실천적 기능을 발달시키고, 활동기반 학습 경험을 제공하는 것), 환경을 위한 야외조사(fieldwork for the environment)(사회적 변화를 위한 의제와 함께, 더욱더 지속가능한 생활방식을 촉진하는 데 목적을 두는 것) 등으로 구분하였다. 이러한 야외조사의 목적은 야외조사를 통한 교수·학습의 전략을 선택하는 데 중요한 영향을 미친다.

앞에서 구분하여 살펴본 야외조사의 유형 및 전략 이외에, 야외조사 전략은 로버츠(Roberts, 1996; 2003)가 분류한 지리탐구의 스타일에 따라, 폐쇄적 스타일(closed style), 구조화된 스타일(framed style), 협상적 스타일(negotiated style)로 구분하여 살펴볼 수 있다.

① 폐쇄적 스타일의 야외조사

폐쇄적 스타일로 계획되고 실행된 야외조사의 사례를 살펴보자. 예를 들면, 교사는 하천 하류로 이동하면서 하천의 특성이 어떻게 변화하는지에 관해 학생들이 학습하기를 원한다. 야외조사 과제는 하천의 특성(폭, 깊이, 단면도, 하상면의 횡단거리, 수력 반경), 하천의 속도, 하천이 운반하는 하중의 성질 등을 관찰하고, 측정하고, 기록하는 것으로 계획될 수 있다. 교사는 마음속으로 의도된 학습결과를 가지고 있기 때문에, 이러한 야외조사의 설계에 있어서 가설검증 접근을 채택할 수 있을 것이다.

교사는 이러한 하천의 특징들이 하천의 상이한 지점들 간에 어떻게 변화하는지에 대한 가설을 설정한다. 그리고 학습을 위한 하천의 지점과, 이러한 특징들을 측정하기 위해 사용되어야 할 기법을 선정한다. 학생들은 교사의 지시에 따라 데이터를 수집하고, 데이터를 표현하고 분석하기 위한 다양한 그래픽과 통계적 기법들을 사용한다. 결과는 예측되며, 이를 벗어난 것은 충분한 이유가 제시되어야 한다.

이러한 폐쇄적 스타일로 계획된 야외조사에서는 다양한 능력을 가진 학생들이 모두 학습에 성공해야 한다. 왜냐하면 학생들은 다양한 과제를 완성하기 위해 교사의 지시를 따르고 있기 때문이다.

교육과정차별화는 결과에 의해 일어나며, 데이터 표현의 정확성뿐만 아니라 결과에 대한 분석의 깊이 정도에 따라 이루어질 수 있다. 학생들은 데이터를 수집하기 위한 야외조사 기법과, 그러한 결과를 표현하고 분석하기 위한 지리적 기법을 통하여 탐구를 수행할 수 있는 방법을 배운다.

학생들은 보통 데이터를 수집하는 육체적 행동에 참여하도록 동기를 부여받는다. 학생들이 제시한 결과들이 예측한 패턴에 적합할 때, 즉 결과가 처음의 가설을 지지할 때 성취감과 만족감을 얻게 된다. 그러나 이러한 폐쇄적 스타일에 의한 야외조사는 많은 한계를 가지고 있다. 잡(Job, 1996: 37)에 의하면, 이러한 스타일은 가설 형성 과정이 환원주의적이고 협소할 수 있다. 또한 학생들로 하여금 장소의 독특성에 대한 감각으로부터 멀어지게 할 수 있다. 그리고 특정한 자연적 하위 시스템 또는 인문적 하위 시스템에 초점을 둠으로써, 전체적이고 통합적인 경관의 관점을 전달하는 데 실패할 수 있다.

② 구조화된 스타일의 야외조사

구조화된 스타일의 야외조사 활동에서 교사는 야외조사(field investigation)를 위한 구조틀을 제공하기 위해 의사결정 연습을 만들 수 있다. 예를 들면 레크리에이션이 농촌에 미치는 영향을 조사하고, 이러한 영향들을 감소시키거나 완화시킬 수 있는 방법을 고찰하는 것이다. 교사는 인간-환경 상호작용의 훌륭한 사례를 제공하고, 학생들이 야외조사 탐구에서 일련의 데이터 수집 기법을 사용할 수 있는 기회를 제공한다. 또한 교사는 학생들에게 해결해야 할 문제를 제공하며, 학생들이 우선순위를 설정하고, 상이한 방식으로 데이터를 해석하며, 쟁점에 관한 관점을 고찰하고, 이러한 쟁점과 관련한 지리적 아이디어에 대한 자신의 이해를 적용할 수 있도록 한다.

야외조사를 위한 준비 단계는 교사가 학생들에게 동기를 부여하는 것을 포함해야 한다(Roberts, 1996: 243). 예를 들어 학생들이 조사해야 할 지점들은 국립공원 근처에서 대중을 끌어들일 수 있는 매력적인 곳으로 설정된다. 학생들은 이 지역의 다양한 레크리에이션 활동들을 고찰하고, 이러한 활동들이 환경에 어떠한 영향을 끼치는지를 고찰한다. 교사는 야외조사를 안내하는 다양한 탐구질문들을 제시하며, 학생들로 하여금 조사할 가치가 있는 다른 질문들을 제시하도록 한다.

그리고 나서 학생들은 이 탐구질문들을 조사하기 위해 어떤 정보가 수집될 수 있으며, 어떤 야외조사 방법들이 데이터 수집을 위해 사용될 수 있는지를 결정한다. 교사는 학생들에게 쟁점에 대한 주의를 환기시키고, 학생들이 환경적 영향들(예를 들면, 오솔길 침식, 식생 파괴 등)을 평가하기 위한 기법들을 계획하도록 도와준다. 학생들은 과제를 수행하기 위해 모둠활동을 한다. 교사는 모둠원의 협동이 학생들에게 탐구질문의 적실성뿐만 아니라, 야외조사에서의 데이터 수집 방법을 이해하도록 도와줄 것이라 믿기 때문이다. 모둠원의 협동은 또한 수집된 데이터를 분석할 때에도 중요한 역할을 한다. 왜냐하면 이러한 데이터는 해석되고 평가될 수 있는 증거로서 표현될 것이기 때문이다.

각 모둠은 오솔길 침식을 측정하는 데 필요한 도구(줄자, 사분면 등)를 제공받는다. 그리고 각 모둠은 조사할 지점의 대규모 개발 계획들을 제공받고, 레크리에이션의 영향에 관한 정보를 기록하기 위해 직접 방문하기도 한다. 또한 각 모둠은 이러한 영향을 촬영하기 위해 필름을 제공받고, 레크리에이션과 관련된 관리 전략들을 제공받는다.

학생들은 레크리에이션의 영향에 관해 수집한 증거를 통해 야외조사 결과를 설명하고, 이러한 영향을 줄이기 위한 전략들을 포스터 발표를 통해 제기한다. 학생들은 다양한 기법을 사용하여 그들의 결과를 그래픽 또는 지도로 표현한다. 각 모둠은 관찰한 레크리에이션의 영향을 설명하고, 이 지역의 관리 계획을 정당화하기 위해 적절한 사진들을 활용할 수 있다. 마지막 후속활동 수업에서, 각 모둠은 관찰된 문제들과 사용된 데이터 수집의 방법을 기술하고, 그들의 관리 전략을 설명하는 짧은 발표를 한다. 교사는 야외조사를 통해 구체화된 레크리에이션의 영향을 요약하고, 학생들이 선택한 다양한 관리 전략을 위한 이론적 근거를 탐색한다.

이러한 구조화된 스타일의 야외조사 활동은 여러 이점을 가지고 있다. 학생들은 스스로 지리적 아이디어들과 쟁점에 대한 지식과 이해를 발달시킬 뿐만 아니라, 데이터를 수집하고 분석하는 기능들을 발달시킬 수 있다. 교사는 '프레임'의 개발을 통제함으로써, 학생들이 지리의 기법과 원리를 익히도록 할 수 있다(Roberts, 1996: 245). 교사는 학생들에게 이러한 원리들을 이해하고, 데이터를 수집·표현·분석하는 다양한 방법들을 선택하도록 도와줄 수 있다.

구조화된 스타일의 야외조사 활동에서 학생들이 학습하는 것은 폐쇄적 스타일에서보다 덜 예측 가능할지 모른다. 그러나 수집된 데이터와 개발된 기능들은 여전히 교사에 의해 통제된다. 데이터는 해석되기 위해 증거로서 표현되며, 상충하는 정보들 또는 의견들이 탐구될 수 있다. 또한 학생들은 논의되고 도전받을 수 있는 상이한 결론들을 도출할 수 있다. 따라서 구조화된 스타일의 야외조사 활동은 보다 심층적인 이해를 도울 수 있으며, 학생들의 문제해결 능력을 강화시킬 수 있는 폭넓은 교수·학습 스타일을 적용할 수 있다.

③ 협상적 스타일의 야외조사

협상적 스타일의 야외조사 활동의 본질은 탐구해야 할 질문들을 학생들이 제기한다는 것이다(Roberts, 1996). 그리고 학생들은 탐구질문에 대한 답변을 제공하기에 적합한 자료(1차 자료와 2차 자료)를 스스로 선택한다. 또한 학생들은 수집한 데이터를 분석하기 위해 사용해야 할 방법을 선택해야 하며, 이러한 데이터의 해석에 대한 책임을 져야 한다. 이러한 협상적 스타일의 야외조사 활동에서 교사의 역할은 학생들의 활동을 조언하고 지원하는 조언자이다. 이러한 교사의 조언적 역할은 특히 학생들이 적절한 탐구질문과 방법을 선정할 때, 그리고 그들이 결과들을 평가할 때 중요하다.

협상적 스타일의 야외조사 활동은 많은 측면에서 지리탐구와 관련한 학생들의 성취의 정점을 보여 준다. 또한 지리적 아이디어와 기능에 대한 지식과 이해를 예증할 수 있는 기회뿐만 아니라, 지리적 쟁점 또는 질문을 조사할 때 이것들을 성공적으로 적용할 수 있는 능력을 제공한다.

④ 종합적 논의

야외조사의 교수·학습과 관련하여 학생들이 얼마나 참여할 것인지를 고려하는 것은 매우 중요하다. 왜냐하면 학생들은 개인적 탐구를 성공적으로 수행하기 위해, 일련의 야외조사 스타일과 전략들을 경험할 필요가 있기 때문이다. 교사들은 다양한 야외조사 전략들이 어떻게 학생들로 하여금 적절한 탐구 기능을 발달시키도록 돕는지, 그리고 그것들을 독립적으로 적용할 수 있는 방법을 배울 수 있도록 할 수 있는지에 대해 이해해야 한다.

그림 7-26은 지리 야외조사에서 사용되는 일련의 교수 스타일과 전략에 대한 일반화된 분류를 보여 준다(Job, 1999). 야외조사에 대한 이러한 폭넓은 접근은 학생들이 사용할 수 있는 상이한 학습 스타일 및 전략들과 관련되어 상이한 목적을 가진다. 개별 지리교사들의 경험과 교육철학에 따라 서로 다른 야외조사 접근이 사용될 수 있다. 그러나 여기에서 중요한 것은, 다양한 야외조사에 대한 접근이 학습자의 다양한 경험을 촉진할 수 있는 관점에서 이루어져야 한다는 것이다.

야외 교수(field teaching)와 야외조사(field research)는 모두 바람직한 교육적 결과를 얻을 수 있다. 데

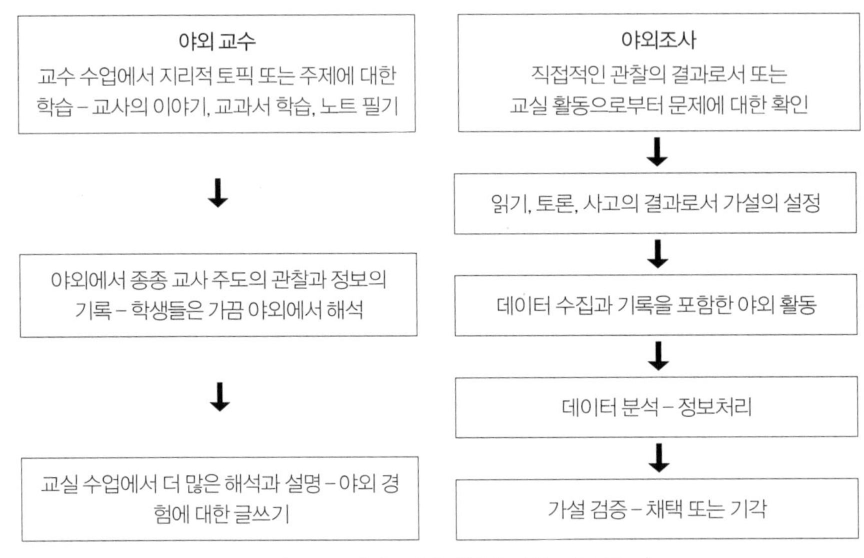

그림 7-26. 야외조사에 대한 상이한 교수 접근

(Laws, 1984)

이터를 관찰하고, 수집하며, 기록하는 많은 과제들은 학생들에게 새로운 기능을 습득하게 하고, 일련의 야외조사, 실험 및 데이터 조작 기능에서 전문적 역량을 발달시키도록 도와준다. 지리적 탐구에 초점을 둔 조사(focused investigations)와 신중하게 구조화된 접근들(structured approaches)은 학생들에게 이러한 기능들과 구조틀을 자신의 독립적인 조사에 전이시킬 수 있도록 도와준다.

(5) 감각적 또는 심미적 야외조사 교수·학습의 사례

잡(Job, 1996)은 야외조사 기법, 조사 지점 선정 등이 학생들 자신의 야외 경험이나 지각으로부터 이루어져야 한다고 주장한다. 만약 이러한 선정이 교사에 의해 미리 결정되었다면, 이를 통한 데이터 수집이 진정으로 학생중심 학습으로 간주될 수 있는지에 대해 의문을 제기한다. 그는 가설검증 접근(hypothesis-testing approaches) 활동에서, 학생들의 개념 발달이 직접적인 야외 경험보다는 오히려 가공한 데이터에 더 많이 의존한다고 주장한다. 이에 따르면, 일반화를 추구하는 계량적 접근에 의한 야외조사는 학생들의 장소감(sense of place)을 무시할 수 있다.

잡(Job, 1996)은 경관과 환경적 쟁점에 관한 보다 심층적인 사고를 촉진하기 위해서 보다 덜 구조화된 다양한 야외조사를 제안한다. 이러한 질적 활동들은 '세상, 땅에 대한 교육(earth education)'(그림 7-24 참조)의 창시자인 스티브 반 마트레(Steve Van Matre, 1979)의 연구와 다른 연구들에서 유래하며, 그것들은 자연에 대한 사랑과 존중을 촉진하는 데 목적이 있다. 표 7-75에서 보여 주는 것과 같이, 조향 카드(steering cards)와 다른 감각적 활동(sensory activities)(그림 7-27)은 학생들이 개인적 경험과 지각에 근거하여 환경을 인식할 수 있도록 도와주는 야외조사(field investigations)를 위한 출발점으로 사용될 수 있다. 학생들의 장소와 경관에 관한 배려와 관심을 발달시키는 데 있어서, 이러한 감성적 또는 감각적 수준에서 장소와 관계 맺기는 중요하다. 이것은 심층적인 환경적 관점을 발달시키기 위한 핵심요소이다.

표 7-75. 농촌지역 야외조사를 위한 도입적 활동으로서 '조향 카드'

다음 카드들(잘라서 붙이게 될)은 농촌 환경을 이해하기 위한 도입 활동으로써, 사고와 관찰을 자극하는 데 사용된다.

당신은 6개월 후 이 경관에서 어떤 변화를 볼 수 있을까?
북쪽, 동쪽, 남쪽, 서쪽을 차례대로 보아라. 만약 당신이 여기에 와 본적이 없는 누군가에게 이 장소가 어떤 모습인지를 보여 주기를 원한다면, 어떤 방향에서 사진을 찍을 것인가?
당신 앞의 조망이 어떤 모습이었을까? 10,000년 전에? 100년 전에? 10년 전에?

당신은 이 경관의 암석 유형이 당신에게 들려주는 것을 통해, 어떤 단서를 볼 수 있는가?
당신이 눈가리개를 한 채 옮겨져, 이 지점에 처음 오게 되었다고 상상하라. 당신이 눈가리개를 제거하자마자, 이 경관의 어떤 단서를 통해 당신은 이 지점을 파악할 수 있는가? 1) 당신은 어떤 국가에 있나? 2) 당신은 어떤 지역에 있나?
사람들이 이 경관을 좋게 만든 두 가지 방법과, 사람들이 이 경관을 나쁘게 만든 두 가지 방법을 제시하라.
당신은 이 경관의 어떤 3가지 특징을 가장 보존하고 싶은가? 그리고 왜 그런가?
당신은 이 경관의 어떤 3가지 특징을 가장 제거하거나 변화시키고 싶은가? 그리고 왜 그런가?
당신은 현재 이 경관에 대한 인간의 이용을 주로 지속가능한 것으로 기술할 것인가? 아니면 지속불가능한 것으로 기술할 것인가?
당신은 이 경관에서 어떤 자연 재해(만약 있다면)를 확인할 수 있는가?
이 경관의 어떤 특징들이 과거 프로세스들의 결과일 수 있을까?
이 경관에서 지구적 환경 변화에 기여할 수 있는 두 가지 프로세스들(자연적, 생태학적, 인문적)을 찾아라.
다음 5분 동안 당신 주위의 경관을 관찰하라. 어떤 사건이 일어날까?
여러분의 눈을 감고, 신중하게 귀기울여 들어라. 당신이 인지한 첫 번째 소리는 무엇인가? 당신이 인지한 두 번째, 세 번째 소리는 무엇인가? 어떤 소리가 인간의 결과이며, 어떤 소리가 자연으로부터 야기된 소리인가?
이 곳의 지역성을 전형적으로 보여 줄(요약할) 세 단어를 선택하라.

(Job, 1996; Lambert and Balderstone, 2000: 249 재인용)

케이턴(Caton, 2006)은 야외조사를 하고 있는 장소를 면밀히 관찰하고 경험하도록 격려하기 위해, 트레일(발자국)(trail)이 학생들에게 어떻게 사용될 수 있는지를 제시하고 있다. 이를 위한 효과적인 접근은 특별한 요구를 가진 사람들(예를 들면, 노인들, 시각 장애인, 육체적 장애인)을 위한 트레일을 고안하도록 요구하는 것이다. 한편 테일러(Taylor, 2004)는 개미발자국, 소리동그라미 등을 활용하여, 감각적이고 심미적인 야외조사 교수·학습 방법의 사례를 제시하고 있다(조철기 외 역, 2012, '1.9 야외조사에 대한 보다 넓은 관점' 참조).

지도막대기(mapsticks)는 학생들에게 야외조사에 대한 개인적인 소유의식을 제공하고, 또한 장소들 사이에 무엇이 있는지를 보도록 격려하는 자극적인 방법이 될 수 있다. 지도막대기란 야외조사에서 수집한 사물들을 지도로 표현하기 위해, 야외조사를 할 때 가지고 다니는 막대기를 의미한다. 즉 학생들은 장소를 답사할 때, 막대기를 들고 다니면서 자신이 특별하다고 느낀 물건들을 털실을 사용하여 막대기에 묶는다. 그 후 학생들은 교실로 돌아와 각자 수집한 물건들을 사용하여 최종적인 결과물로 지도를 만든다. 이렇게 학생들은 자신의 여행에 대한 개인적인 기록을 완료한 후, 자신의 이야기들을 다른 모둠들과 간단히 공유한다. 이것은 조사에서 관찰력을 증가시키고, 새로운 환경에 순응하도록 할 수 있는 효과적인 전략이다.

이러한 감각적이고 심미적인 야외조사를 위한 교수·학습이 의미하는 것은 지리 야외조사를 계획하는 것이 단지 데이터를 수집하고 처리하며 조직하는 것 이상을 포함해야 한다는 것이다. 야외조

자갈(pebbles)과의 만남

핵심질문들과 지리적 조사에 대한 감각적 탐구로부터
(그리고 만약 당신이 원한다면 심층생태학!)

1. 하나의 자갈을 선택하라. (심미적 판단/소유의식의 확립)
2. 눈을 감아라. 자갈에 대한 느낌을 기술하라. (한 단어 또는 두 단어)
3. 눈을 떠라. 여러분 자신의 단어로 형태와 색깔을 기술하라. (지각/관찰)
4. 자갈에 이름을 부여하라. [인격화(의인화)]
5. 자갈에게 두 가지 질문을 해라. 개인적 질문(비밀의)과 지리적 질문.

후속활동(follow-up):
더 심층적인 조사활동을 위한 기초로써, 핵심질문들의 정련을 위해 지리적 질문들을 브레인스토밍하라. 그 후 다음의 어떤 지리적 조사는 집단의 노력에 기여하는 개인의 감각적 경험에 뿌리를 두고 있다. 우리는 우리가 선택한 자갈들을 가지고 할 수 있는 것에 대해 가치 있는 토론을 할 수 있다. 우리는 그것들을 기념품으로 간직해야 하는가? 또는 우리가 그것들을 해변에 두고 보존해야 하는가? 아마도 우리가 하는 개인적 질문들에 관해 고찰하고 반성함으로써, 우리 자신의 답변을 찾는 가치 있는 토론을 열어젖힐 수 있다(환경적 가치와 태도, 소유/그대로 두기에 관한 반성).

그림 7-27. 감각적 야외조사 활동의 사례

(Job, 1996.)

사는 학생들의 인지적이고 실천적 기능을 발달시킬 뿐만 아니라, 환경에 관한 보다 심층적인 사고를 격려하기 위해 가치 있고 질적이며 정의적인 학습 경험을 제공할 수 있다.

한편, 야외조사는 '지속가능성(sustainability)'을 충족시켜야 한다. 잡(Job, 2002: 135)이 주장한 것처럼, 야외조사는 감성적 차원을 회복하고 세계에 대한 보다 심층적인 비판을 발달시키는 것으로 재평가되어야 한다.

> 우리가 교실 밖을 모험하고 실제 세계를 경험할 때, 우리가 희망하는 아름다움과 조화를 만날 수 있다. 그러나 우리는 또한 다 허물어지고 있는 생태계, 소비주의에 의해 파괴된 경관, 응집력을 잃고 있는 도시와 시골의 사회적 구조를 발견한다. 생태학적, 사회적 상처를 노출시켰기 때문에, 우리는 또한 우리의 학생들을 힐링 프로세스 속으로 안내할 책임을 가지고 있지 않을까?(Job, 2002: 135)

잡(Job, 2002)은 지속가능성을 충족하기 위한 야외조사를 '심층적 야외조사(deeper fieldwork)'라고 명명했다. 그는 노스데번(North Devon)의 외딴 지역을 심층적 야외조사의 사례로 제시한다. 이러한 사례에서는 먼저 타카 트레일(Tarka Trail)을 따라 분포하는 3개의 삼림지역 환경에서 지식뿐만 아니라 감성에 참여할 수 있는 감각적 경험을 겪도록 한다. 이후에 삼림 생태학에 대한 더 많은 과학적인 조사와 벌목꾼, 목탄 만드는 사람, 약초재배자와 같은 로컬 사용자들과의 인터뷰가 이어진다. 이 야외조사의 '관심과 행동' 단계는 지속가능한 실천이 포함할 수 있는 것에 대한 창의적이고 실천적인 경험을 제공한다. 또한 어린 나뭇가지가 빨리 자라도록 윗가지를 잘라주는 활동과 목공예(woodcraft) 활동을 통해 감성적 차원을 회복하도록 도와준다.

(6) 야외조사의 계획

야외조사가 학생들에게 항상 효과적인 학습을 보장하는 것은 아니다. 효과적이고 효율적인 야외조사를 위해서는 철저한 계획과 준비가 필요하다(Bland et al., 1996). 특히 학교에서 실제적으로 적용 가능한, 성공적인 야외조사를 위해서는, 답사를 계획하고 진행하는 교사의 치밀하면서도 전체적인 계획이 중요하다. 임은진(2011)은 야외조사의 절차를 답사 계획, 답사 전 활동, 답사 활동, 답사 후 활동으로 나누어, 각 단계의 주요 활동을 교사 활동과 학생 활동으로 구분하여 제시했다(표 7-76).

많은 학자들은 바람직한 학습결과를 성취하는 데, 야외조사 전 준비 단계(pre-fieldwork preparation)와 야외조사 후 후속활동 단계(post-fieldwork follow-up)의 중요성을 강조한다(Lambert and

표 7-76. 야외조사의 절차

단계	활동	
야외조사의 계획	• 목표 세우기 • 야외 답사 유형 선정 • 시행 일시 결정 • 행정 사항 준비(숙소, 이동 교통, 비용 책정 등)	• 답사 지역 선정 • 자료집 개발 • 홍보 및 참가 학생 모집
야외조사 전 활동	〈교사 활동〉 • 야외 답사의 목적과 답사 지역 소개 • 구체적인 일정 안내 • 답사 지역과 관련된 주요 개념 설명 • 야외 답사의 절차 및 주의 사항 전달	〈학생 활동〉 • 모둠 편성 • 답사 지역에 대한 사전 학습 • 탐구 주제 해결을 위한 자료 수집 방법 모색
야외조사 활동	〈교사 활동〉 • 탐구 활동의 지원 • 답사 지역에서의 다양한 활동 유도 • 각 장소에 대한 적절한 설명 및 안내	〈학생 활동〉 • 관찰 및 직접적 체험 • 자료 수집·기록·분석 및 해석 • 사진 촬영 및 스케치
야외조사 후 활동	〈교사 활동〉 • 전체적인 활동에 대한 정리 • 학습자들의 잘못된 해석에 대한 수정 • 보고서 평가 및 피드백	〈학생 활동〉 • 모둠 활동을 통한 답사 활동 정리 • 관찰한 것에 대한 체계적 정리 • 보고서 작성 및 제출

(임은진, 2011)

Balderstone, 2010). 야외조사에서 가장 중요한 부분은 효과적이고 효율적인 사전 계획이다. 블랜드 외(Bland et al., 1996: 165)는 성공적이면서도 안전한 야외조사를 위해서 철저한 계획이 가장 중요하다고 강조한다. 교사는 학생들에게 블랜드 외(Bland et al, 1996)가 제시한 질문들에 대해 답변하도록 하는 것이 바람직하다(그림 7-28). 학생들이 야외조사로부터 최대의 이익을 얻고자 한다면, 교사는 그들이 알고자 하고, 이해하고자 하며, 할 수 있는 것에 초점을 두어야 한다. 이것은 지리교육과정을 비롯하여, 보다 넓은 교육과정 목표와 범교육과정 목표에 의해 영향을 받을 수도 있다.

야외조사를 위한 적절한 지리적 아이디어 및 프로세스, 적절한 장소, 그리고 인간과 환경의 상호작용 등을 구체화하는 것은 교사가 어떤 데이터를 수집할 필요가 있는지를 결정하는 데 도움을 준다. 또한 교사는 학생들이 야외조사 준비를 효과적으로 수행할 수 있도록 필요한 지식과 기능을 습득하도록 할 필요가 있다. 그리고 야외조사에 대한 목적과 목표, 자료 기록 방법, 답사에서의 행동과 그에 따른 책임감, 평가 등이 어떻게 연관되는지를 학생들에게 설명하는 것이 중요하다.

실제적인 야외조사 활동은 학생들에게 본질적으로 가치 있는 경험들을 제공한다. 그러나 교사는 학생들의 학습을 강화하고 확장하기 위해, 그들이 얻은 결과와 경험을 사용하는 답사 후의 후속활동(follow-up)을 계획해야 한다. 이것은 단지 학생들이 수집한 데이터를 요약하고 기록하며, 작성하여 표현하고 발표하는 것 이상을 포함한다. 교사는 이러한 답사 후의 후속활동 단계를 통해, 학생들을 상상력이 풍부하고 창의적인 방향으로 유도하도록 노력해야 한다.

야외조사 활동에는 다양한 야외조사 스타일과 전략들이 사용될 수 있다. 실제로 지리교사들은 며칠 동안 지속되는 야외조사를 계획할 때, 다양한 스타일과 전략들을 끌어 올 수 있다. 또한 흥미 있는

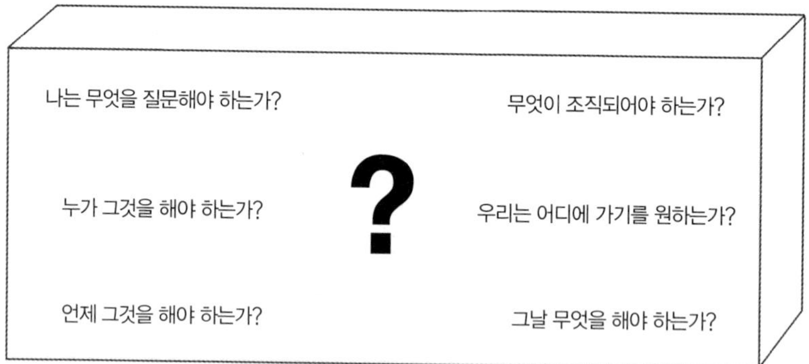

그림 7-28. 문제에 대한 주요 질문

(Bland et al., 1996: 166)

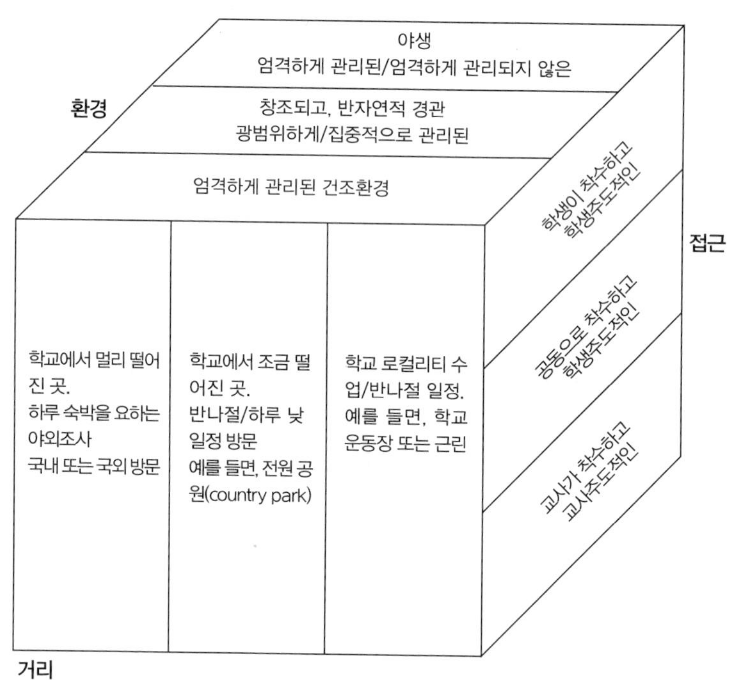

그림 7-29. 교사가 고려해야 하는 야외조사 계획

(Bland et al., 1996: 166)

<생각해 보기/활동>

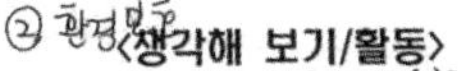

1. 삼랑진 발전소의 (잉여) 전력 공급처는 어디인가?

2. 삼랑진에 양수식 발전소가 입지하게 된 이유는 무엇인가? 양수식 발전소를 설립하기 위한 최적 입지가 있다면 어떤 조건인가?

3. 삼랑진 발전소의 경우 상부저수지와 하부저수지의 낙차(고도차)는 얼마인가? 삼랑진 발전소를 사례로 하여 양수식 발전소의 발전원리를 모식적으로 그려보자.

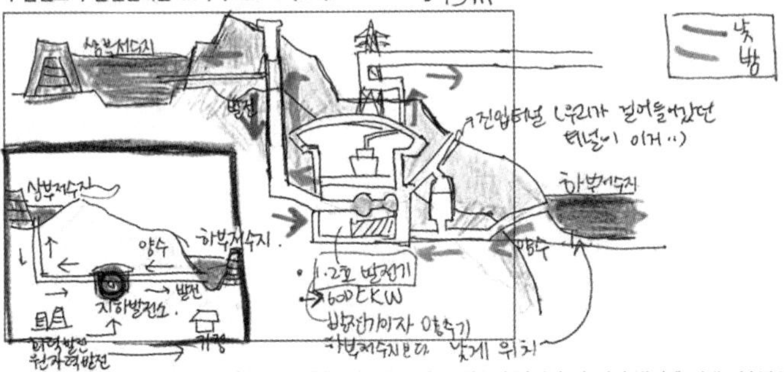

4. 다음은 삼랑진 양수발전소의 월별 발전량을 나타낸 표이다. 양수식 발전이 타 발전 방식에 비해 강수량의 편차를 극복하여 일정한 전력을 생산한다는데 우수성이 있다는 연구결과와 달리, 실제 발전량에서는 월별로 적지 않은 편차를 보이는 원인을 알아보자.

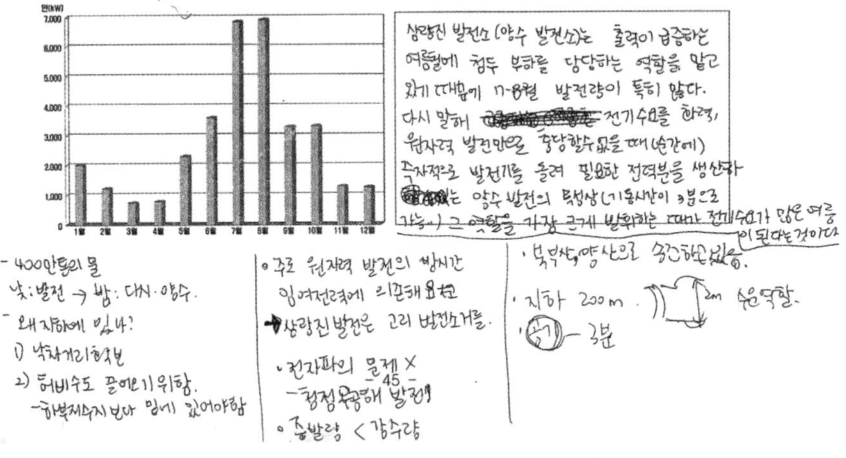

그림 7-30. 야외조사를 위한 자료 시트: 워크북 스타일

(이종원 외, 2007: 360-361)

야외조사가 한 차시 또는 하루의 몇 시간을 활용하여 학교나 학교 주변의 로컬 지역에서 수행될 수도 있다(예를 들면, 학교의 미기후, 로컬지역에서의 토지이용). 블랜드 외(Bland et al, 1996)는 지리교사가 고려해야 하는 야외조사 계획을 환경, 거리, 접근의 세 가지 측면에서 제시하고 있다(그림 7-29).

야외조사를 위한 탐구의 구조가 계획되고 목표와 전략들이 구체화되었다면, 적절한 자료와 도구를 준비하는 데 주의를 기울여야 한다. 야외조사는 보통 특별한 목적을 위하여 정보를 수집한다. 따라서 교사는 활동지(worksheet) 또는 자료시트(resource sheets)를 준비할 필요가 있다(그림 7-30). 왜냐하면 활동지 또는 자료 시트는 학생들이 따라야 할 지시사항을 제공하거나, 수집된 데이터들을 기록하기 위한 구조틀을 제공하기 때문이다. 잘 구조화된 자료 시트는 야외조사에서의 데이터의 수집, 표현, 분석을 지원하기 위해 만들어진다.

야외조사를 계획하는 데 있어서 교사가 고려해야 할 쟁점에 대해 여러 학자들이 명료한 구조틀을 제공하고 있다. 먼저 블랜드 외(Bland et al., 1996)는 야외조사를 조직, 준비, 수행하는 데 안내해 줄 수 있는 유용한 체크리스트를 제공하고 있다(그림 7-31). 교사들은 안전하고 성공적인 야외조사 활동을 조직하고 계획하기 위해, 학교의 정책을 잘 준수해야 한다. 안전을 담보해야 한다는 전제하에서, 도

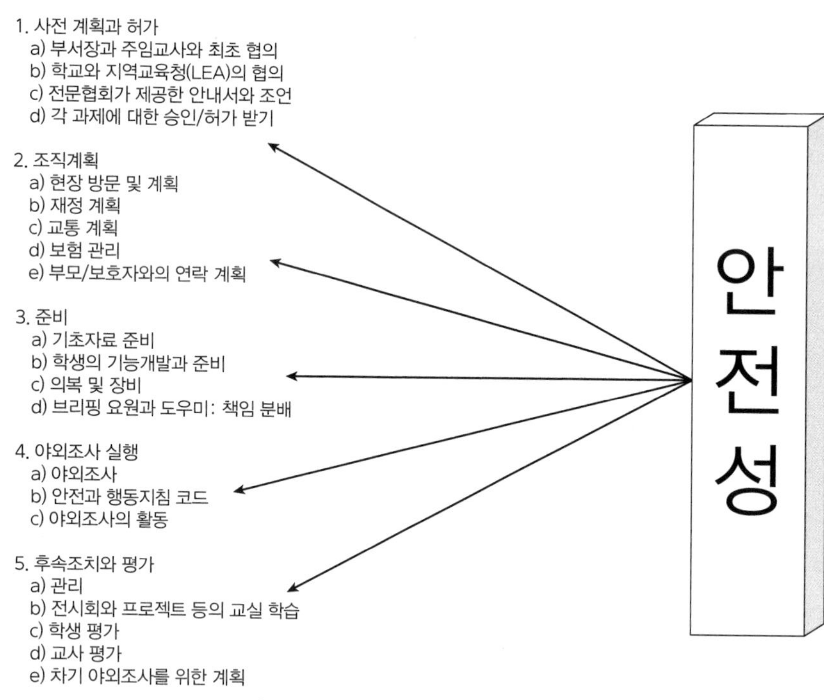

그림 7-31. 야외조사 계획을 위한 체크리스트

(Bland et al., 1996: 167)

전적인 야외조사 경험은 교사와 학생들이 책임감 있게 행동하고, 야외조사를 위한 준비와 계획을 철저하게 따르도록 할 수 있다.

학생들을 현장으로 인솔하기 전에 가능한 안전문제를 해결하기 위해서 교사가 야외조사 장소를 미리 방문하는 것이 중요하다. 특히 새로운 장소를 답사하는 교사는 철저한 사전 현장조사를 해야 한다. 사전 현장답사는 하나의 위험평가(risk assessment)이다. 위험평가의 목적은 야외조사 활동에 포함된 모든 위험들을 예측하고, 최소화하며, 관리하는 것이다(Holmes and Walker, 2006; May and Richardson, 2005). 사전 현장답사의 평가는 잠재적 위험들(예를 들면, 구체적인 위험 지역, 일어날법한 날씨 상황, 장애 학생)을 평가하기 위해, 그리고 이러한 위험들을 제거하거나 통제하기 위한 방법을 계획하기 위해 수행된다. 야외조사에서의 위험평가를 위한 사례는 홈즈와 워커(Homes and Walker, 2006: 214), 마리와 리처드슨(Mary and Richardson, 2005), 그리고 야외학습 위원회(FSC: Field Studies Council)와 같은 야외조사 전문 기관들이 제공하고 있다.

이상과 같이 위험평가에 대한 준비, 야외조사의 신중한 조직, 야외조사 활동의 상세한 계획은 학생들의 학습 경험을 발달시키는 데 매우 중요하다. 야외조사를 안전하고 성공적으로 만들기 위해, 상세한 계획은 필수적이다. 이뿐만 아니라, 학생들이 야외조사 활동에 적극적으로 참여하도록 하는 것 역시 매우 중요한 측면이다. 교사는 학생들이 상상력을 사용하도록 격려하고(예를 들면, '눈을 감고, 우리가 있는 곳을 상상해 보라!'라고 이야기한다), 안전한 상황 내에서 조사 지역을 탐구할 수 있는 기회를 충분히 제공해야 한다. 교사는 학생들이 모든 감각을 사용하여 어떤 냄새가 나고, 어떤 느낌이 들며, 무엇이 보이는지를 기술하도록 해야 한다. 그리고 교사는 적절한 질문을 통해 학생들이 알고 느끼고 있는 것을 끌어내어, 그들의 이해를 강화하고 확장하도록 해야 한다. 케이턴(Caton, 2006)에 의하면, 야외조사 활동을 하는 동안 실시하는 형성평가는 중요하다. 학생들을 야외조사 활동의 마지막까지 내버려 두어서는 안 된다. 학생들이 무엇을 이해하지 못했는지를 발견하기 위해, 그들이 학습한 것을 정기적으로 관찰하고 검토해야 한다.

교사는 또한 모둠들의 물리적인 위치와 이동을 신중하게 관리해야 한다. 특히 교사는 자신의 경험담을 통해 학생들의 주의를 집중시킬 필요가 있다. 때로는 드라마 기법을 사용하여 흥미를 불러일으킴으로써 학습을 활동적으로 만들 수도 있다(Caton, 2006).

무엇보다도 교사가 야외조사 탐구를 계획할 때, 학생들이 창의성과 상상력을 발휘할 수 있도록 해야 한다. '틀에서 벗어난' 사고를 하며, 학생들을 자극하고 참여시킬 새로운 아이디어를 시도해야 한다. 야외조사는 시험이나 사례학습과 같은 특정한 결과를 성취하기 위한 목적으로 추동되어서는 안 되며, 개방적인 야외조사를 통해 유의미하고 상상력이 풍부한 경험이 될 수 있도록 해야 한다. 홈즈와 워커(Homes and Walker, 2006)는 상상력이 풍부하며 창의적인 야외조사 탐구를 위한 방법을 제공하고 있다(표 7-77).

표 7-77. 지리 야외조사에 대한 창의적인 접근

시도할 가치가 있는 아이디어들은 다음을 포함한다.

- **예술가로서 지리학자**: 예술적이고 시각적인 경향을 가진 학생들에게 호소하는 야외조사 활동 설계하기. 창의적인 반응들을 환경적 프로세스들에 통합하기. 이것은 시, 드라마, 조각, 노래, 춤을 사용하는 아이디어들을 포함할 수 있다.
- **연결 만들기-로컬과 글로벌 연계하기**: 일련의 스케일에서 인간과 장소 간의 상호연결들을 탐색하는 야외조사 경험하기. 예를 들면, 일련의 이미지들을 수집하여 연구지역이 어떻게 세계의 다른 지역과 연계되는지를 묘사하기. 그러한 연계들의 함의는 무엇이며, 그것들이 다른 사람들의 삶의 질에 어떻게 영향을 미치는가?
- **웹디자이너**: 장소에 관한 학습을 위한 매커니즘으로서 웹 스토리보드를 사용하기. 학생들에게 인터넷 검색을 수행하여, 실제 답사를 하기 전에 사용할 수 있는 가상의 답사 코스를 만들도록 격려하기. 그들은 조사 지역 주변의 내비게이션을 어떻게 설계할 것인가? 사람들은 무엇을 알고 싶어 할까? 이 활동은 학생들을 그 위치와 연결시켜줌으로써, 사전 코스 준비의 중요한 부분을 형성한다.
- **까다로운 트레일**: 학생들에게 로컬 타운 주변에 두 개의 짧은 트레일을 설계하도록 요청하기. 첫 번째 트레일은 최고의 요소들, 높은 삶의 질, 최고의 명소 등을 보여 주는 경로이다. 나머지 트레일은 최악의 지역들을 보여 주는 것으로, '눈에 거슬리는' 경로이다. 사진들과 캡션들의 사용이 작은 지리적 지역에서의 이러한 대조들을 어떻게 묘사할 수 있는지를 탐색하기. 이 활동은 편견과 선택이라는 더 복잡한 아이디어를 소개하는 데 확장될 수 있다. 즉 이것들이 사람들과 경관들에 관한 우리의 관점에 어떻게 영향을 주는가?

(Holmes and Walker, 2006: 218)

연습문제

1. 개념학습의 방법 중 속성모형과 원형모형의 차이점에 대해 설명해 보자.

2. 이중부호화이론과 다중표상학습의 의의를 개념학습의 측면에서 설명해 보자.

3. 오수벨의 설명식 수업의 원리를 제시한 후, 특정 지리적 주제에 적용한 사례를 제시해 보자.

4. 브루너의 발견학습과 오수벨의 설명식 수업의 차이점을 설명해 보자.

5. (과학적) 탐구학습의 원리 및 절차를 설명한 후, 사회과학의 관점에서 변형된 탐구학습의 유형을 제시하고 설명해 보자.

6. 문제기반학습(PBL)의 의의를 탐구학습과 비교하여 설명해 보자.

7. 게임과 시뮬레이션을 활용한 지리수업이 학생들의 학습에 미치는 영향을 설명한 후, 이를 활용한 다양한 방법에 대해 설명해 보자.

8. 가치교육을 위한 교수·학습 방법(가치주입, 가치분석, 도덕적 추론, 가치명료화, 행동학습)의 특징에 대해 설명해 보자.

9. 협동학습 모형 중 직소 I, II, III 모형[과제분담 학습모형 I, II, III)과 집단성취 분담모형(STAD)]에 대해 설명해 보자.

10. 협동학습 중 찬반(pro-con) 협동학습, 집단 탐구(GI), 집단 탐구 II(Co-op, Co-op)의 수업 절차에 대해 설명해 보자.

11. 지리적인 논쟁적 쟁점의 사례를 제시하고, 이를 지리수업에서 교수·학습하기 위한 논쟁문제 해결학습 및 의사결정학습의 과정에 대해 설명해 보자.

12. 지리적 사고기능(특히 고차사고기능)을 제시하고, 이를 교수·학습하기 위한 전략에 대해 설명해 보자.

13. 야외조사를 위한 교수·학습의 유형을 다양한 관점에서 분류하여 설명해 보자.

14. 다음 용어 및 개념에 대해 설명해 보자.

> 상호작용 모델, 속성, 원형, 실례와 비실례, 선행조직자, 점진적 분화, 통합적 조정, 문제해결학습, 역할극, 비판적 탐구, 환경교육의 유형, 가치주입, 가치분석, 도덕적 추론(가치추론), 가치명료화, 공공쟁점, 살아있는 그래프, 미스터리, 이상한 하나 골라내기, 사고기능, 결과보고, 사실탐구, 가치탐구, 뜨거운 의자, 비판적 사고력, 창의적 사고력, 의사결정력, 문제해결력, 전이 및 전이의 유형, 메타인지, 도덕적 딜레마, 1차 자료, 2차 자료, 비조작 자료, 조작 자료, 차이니스 위스퍼스, 협력과 협동, 지시적 발언, 비지시적 발언, 반성적 실천가, 실천적 지식, 개인화/배경화, 탈개인화/탈배경화, 구조화된 스타일, 핵심질문, 직소 I 모형(과제분담 학습모형 I), 직소 II 모형(과제분담 학습모형 II), 집단성취 분담모형(STAD), 야외조사

임용시험 엿보기

1. '사막' 개념의 형성에 관한 A와 B 학자의 관점이다. 이와 관련된 설명으로 옳은 것을 〈보기〉에서 모두 고른 것은? (2010년 중등임용 지리 1차 9번)

[A]

개념은 사건, 상황, 사물, 아이디어 등이 공통으로 가지고 있는 속성을 추상화한 것이다. 예를 들어, 사막은 그 모습이 다양하지만(예: 모래사막, 자갈사막, 암석사막 등), 사막으로 분류될 수 있는 결정적 속성(연강수량 250mm 이하)을 갖고 있다. 학생들은 이러한 결정적 속성을 기준으로 사례를 분류함으로써 개념을 이해하게 된다. 따라서 효과적인 개념학습의 순서는 '개념의 정의 → 개념의 속성 검토 → 사례 제시와 분류'가 된다.

[B]

어린 학생들이 사막의 결정적 속성을 통해 사막이라는 개념을 습득한다고 보기 어렵다. 학생들은 결정적 속성보다는 사막의 원형이나 대표적 사례를 갖고 있으며, 이러한 원형이나 대표적 사례에 얼마나 근접하는가에 따라 대상이나 사례를 사막으로 분류할 것인지를 결정하게 된다. 따라서 효과적인 개념학습의 순서는 '개념의 대표적 사례 제시 → 개념의 속성 도출'이 된다.

〈보 기〉

ㄱ. [A]의 관점은 대상 개념의 결정적 속성이 명확하지 않은 경우 개념 인식이 어려운 단점이 있다.
ㄴ. [A]의 관점에서 사례의 분류 및 범주화의 결과는 일반화가 어려워 다른 상위 및 하위 개념으로 전이가 어렵다.
ㄷ. [B]의 관점에서 개인들이 갖는 사막의 대표적 사례는 차이가 있을 수 있다.
ㄹ. [B]의 관점은 사례를 통해 보편적인 개념의 속성을 이해한다는 측면에서 귀납적 수업모형에 가깝다.

① ㄱ, ㄴ ② ㄴ, ㄹ ③ ㄷ, ㄹ ④ ㄱ, ㄴ, ㄷ ⑤ ㄱ, ㄷ, ㄹ

2. '위치에 따른 기후 특성'에 대한 수업이다. 이와 관련된 설명으로 옳은 것을 〈보기〉에서 고른 것은? **[2.5점]** (2010학년도 중등임용 지리 1차 7번)

교 사: 기후그래프를 통해 서울의 기온과 강수량의 특징을 설명한다. 학생들에게 미국 워싱턴 D.C.의 기후그래프를 제시하고, 기온과 강수량의 패턴을 파악하게 한다.
학생들: (가)워싱턴 D.C.의 기온과 강수량의 패턴이 서울과 유사하다는 것을 파악한다.
교 사: 두 지역이 공통적으로 대륙 동안의 비슷한 위도대에 위치하고 있어 유사한 기후 패턴이 나타난다는 것을 설명한다.
학생들: (나)지구 상의 두 지점이 속한 위도대와 대륙에서의 위치(대륙 동안, 대륙 서안 등)가 유사할 경우 두 지점의 기후 특성이 유사하게 나타남을 이해한다.
교 사: (다)미국 캘리포니아 남부 해안의 기후 특성을 설명하고, 이와 유사한 기후가 나타날 것 같은 지역을 세계지도에서 찾아보게 한다.
학생들: (라)캘리포니아 남부 해안의 위도와 대륙에서의 위치 분석을 통해 유사한 기후가 나타나는 지역을 찾는다.
교 사: (마)캐나다의 중부 내륙과 러시아의 시베리아 내륙 지역의 기후를 비교하고, 남미의 아마존 지역과 아프리카 콩고분지의 기후를 비교하는 사례를 제공한다.

〈보 기〉

ㄱ. (가)는 사례를 통해 개념을 적용하는 것이 목적이다.
ㄴ. (다)가 요구하는 학생 활동은 (나)의 학습과는 내용 및 상황이 상이한 원격전이(far transfer)를 요구한다.
ㄷ. (라)활동을 통해 학습의 전이가 제대로 이루어진 것인지 평가가 가능하다.
ㄹ. (마)는 부가적으로 유사한 사례를 제시함으로써 학습내용을 강화하는 역할을 한다.

① ㄱ, ㄴ ② ㄱ, ㄷ ③ ㄴ, ㄷ ④ ㄴ, ㄹ ⑤ ㄷ, ㄹ

3. 지리수업에서 사용될 수 있는 질문의 두 차원을 그래프로 나타낸 것이다. (가)와 (나)에 해당하는 가장 적절한 질문의 사례를 〈보기〉에서 골라 바르게 짝지은 것은? **[2.5점]**

(2011학년도 중등임용 지리 1차 11번)

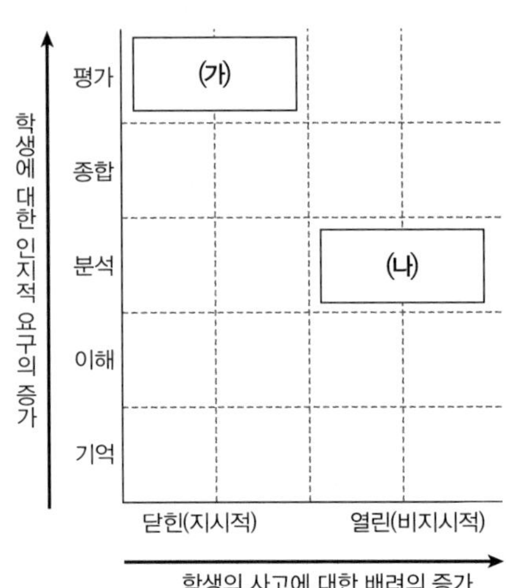

〈보 기〉

ㄱ. 지도에서 공장이 가장 밀집해 있는 곳은 어디입니까?
ㄴ. 이 세 곳 중에서 어느 곳에 공장이 입지해야 합니까?
ㄷ. 원료를 운반하는 데 드는 비용을 무엇이라고 합니까?
ㄹ. 이 공장의 입지결정에 가장 중요한 요소는 무엇입니까?

(가) — (나)	(가) — (나)	(가) — (나)
① ㄱ — ㄴ	② ㄱ — ㄷ	③ ㄴ — ㄷ
④ ㄴ — ㄹ	⑤ ㄷ — ㄹ	

4. (가), (나)는 박 교사가 지리수업에 활용하기 위한 자료 수집을 위해 만든 설문지이다. 이에 대한 설명으로 옳지 않은 것은? (2013학년도 중등임용 지리 1차 8번)

(가)

설문지 A (학부모용)

• 만약 여러분이 살고 있는 도시에서 새로운 주거지를 선택한다면, 다음 항목에 얼마나 중요성을 부여하겠습니까? 해당하는 중요도에 ○표 해 주세요.

중요도 / 항목	전혀 중요하지 않음	중요하지 않음	보통	중요함	매우 중요함
(a) 적절한 가격이나 임대료					
(b) 직장 근처나 교통이 편리한 곳					
(c) 좋은 공교육 기관이 있는 곳					
(d) 좋은 사설교육 기관이 있는 곳					
(e) 문화 시설, 쇼핑 시설이 있는 곳					
(f) 혐오 시설이 있는 곳					
(g) 쾌적한 자연환경					
(h) 주택 가격이 오를 가능성이 높은 곳					
(이하 생략)					

* 그 밖의 다른 이유가 있으면 표의 공란에 기재하고, 해당하는 중요도에 ○표 해 주세요.

(나)

설문지 B (학부모용)
1. 여러분이 현재 살고 있는 동네는 어떠한가요?

지저분한	1	2	3	4	5	깨끗한
지루한	1	2	3	4	5	흥미 있는
시끄러운	1	2	3	4	5	조용한
위험한	1	2	3	4	5	안전한

2. 여러분이 현재 살고 있는 도시에서 살고 싶지 않은 지역들을 들고, 그 이유를 설명하세요.
3. 여러분이 현재 살고 있는 도시에서 살고 싶은 지역들을 들고, 그 이유를 설명하세요.
4. 여러분이 현재 살고 있는 도시에서 가장 선호하는 지역과 그렇지 않는 지역은 어디인가요? 왜 그런가요?

① (가)는 정의적 특성의 척도화 기법을 사용하고 있다.

② (나)의 2번과 3번 문항은 학생들의 공적지리에 초점을 둔 지시적 질문이다.

③ (가)와 (나)를 통해 획득된 원자료는 1차 자료이다.

④ (가)와 (나)를 통해 도시의 지리적 환경과 주거 입지에 관한 학습 자료를 획득할 수 있다.

⑤ (가)는 (나)의 2~4번 문항보다 획득된 자료를 ICT와 연계하여 그래프로 변환하기에 용이하다.

5. (가)는 '하천과 홍수'에 관한 2차시 수업에 사용한 활동지이며, (나)는 모둠활동의 결과이다. 이에 대한 설명으로 옳은 것만을 〈보기〉에서 있는 대로 고른 것은? **[2.5점]**

(2013학년도 중등임용 지리 1차 7번)

(가)

[과제] 다른 단어 골라내기
• [자료 1]은 1차시 수업에서 학습한 내용에서 발췌한 주요 단어들이며, [자료 2]는 각 모둠에 할당된 단어 목록입니다. 각 모둠은 단어 목록 중에서 다르다고 생각하는 단어를 하나 골라내어야 합니다. 단, 왜 다른지, 나머지 두 단어는 어떤 공통점이 있는지를 다른 모둠에게 설명할 수 있어야 합니다.

[자료 1]

1. 증발	8. 응결	15. 강수
2. 아스팔트 포장	9. 콘크리트	16. 해일
3. 초지	10. 도시화	17. 삼림 벌채
4. 나무심기	11. 댐 건설	18. 태풍
5. 분수계	12. 발원지	19. 융설
6. 폭우	13. 지류	20. 하천제방 축조
7. 만조	14. 가뭄	21. 식생

[자료 2]

A 모둠: 2. 아스팔트 포장 9. 콘크리트 3. 초지
B 모둠: 4. 나무심기 11. 댐 건설 6. 폭우
C 모둠: 10. 도시화 16. 해일 20. 하천제방 축조

(이하 생략)

(나)

- A 모둠은 '초지'를 다른 하나로 골라내었으며, 자연지리적 특성과 인문지리적 특성이라는 준거를 사용하였다.
- B 모둠은 '폭우'를 다른 하나로 골라내었으며, 원인과 대책이라는 준거를 사용하였다.
- C 모둠은 '하천제방 축조'를 다른 하나로 골라내었으며, 원인과 대책이라는 준거를 사용하였다.

(이하 생략)

〈보 기〉

ㄱ. 교사와 학생 간의 협상적인 탐구 활동에 기반하고 있다.
ㄴ. 활동지는 학습한 내용을 확인하거나 복습하기 위한 목적으로 사용되고 있다.
ㄷ. 학생들에게 요구되는 사고기능 중의 하나는 유사점과 차이점에 따른 분류하기이다.
ㄹ. B 모둠에서 골라낸 다른 단어는 홍수의 원인이며, C 모둠에서 골라낸 다른 단어는 홍수의 대책이다.

① ㄱ, ㄴ ② ㄱ, ㄷ ③ ㄷ, ㄹ ④ ㄱ, ㄴ, ㄹ ⑤ ㄴ, ㄷ, ㄹ

6. 학생들과의 하천지형 야외조사 대한 김 교사의 평가이다. ㉠자료와 비교할 때 ㉡활동의 특징으로 옳은 것은? **[1.5점]** (2011학년도 중등임용 지리 1차 3번)

학생들과 함께 하안단구를 관찰하기 위해 버스에서 내렸다. 지난 주 수업 시간에 모식도를 통해 하안단구를 배웠기 때문에 어렵지 않게 하안단구를 파악할 수 있을 것이라 예상하였다. 그러나 버스에서 내린 학생들은 어디를 보아야 하는지, 어디가 하안단구인지 전혀 단서를 찾지 못하고 있었다. ㉠모식도를 활용해 수업에서 배운 내용이 ㉡야외에서 하안단구를 인식하고 확인하는 데 도움이 되지 못하는 것 같았다.

① 간략화되고 모범적인 사례
② 실제적 과제(authentic task)
③ 비맥락화된 결과적 지식
④ 선언적 지식(declarative knowledge)
⑤ 브루너(J. Bruner)의 상징적 표상(symbolic representation)

7. 그림은 지리 야외조사(fieldwork)에 대한 접근 방법을 도식화한 것이다. (가)~(다)에 해당하는 교사의 역할로 가장 적절한 것은? **[1.5점]** (2012학년도 중등임용 지리 1차 5번)

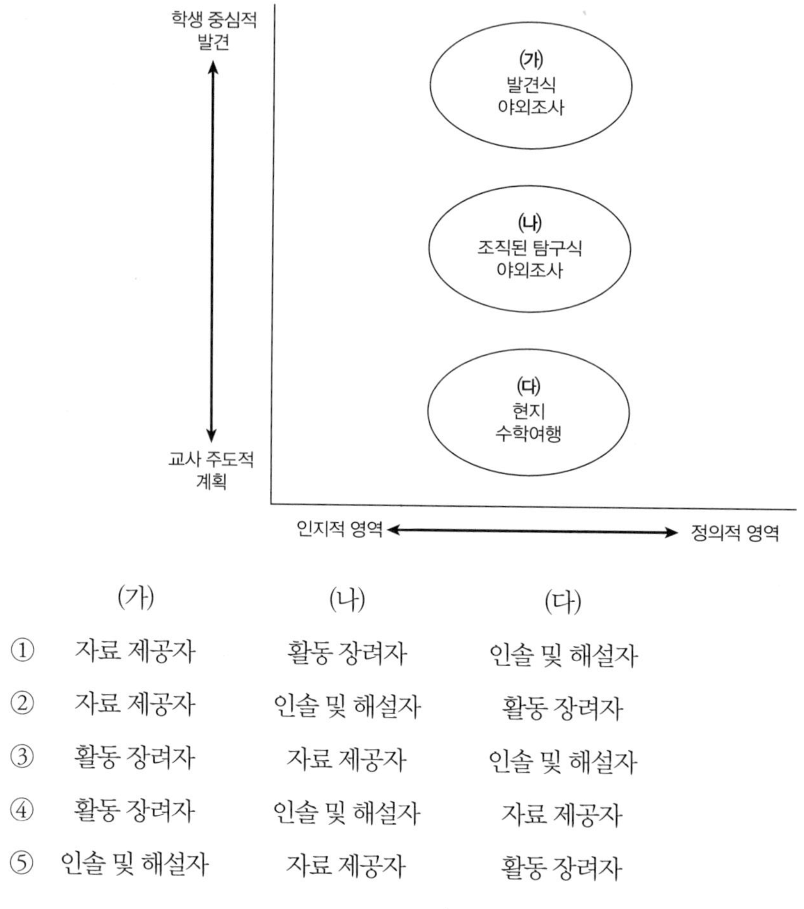

	(가)	(나)	(다)
①	자료 제공자	활동 장려자	인솔 및 해설자
②	자료 제공자	인솔 및 해설자	활동 장려자
③	활동 장려자	자료 제공자	인솔 및 해설자
④	활동 장려자	인솔 및 해설자	자료 제공자
⑤	인솔 및 해설자	자료 제공자	활동 장려자

8. '공업' 단원의 학습을 설계하기 위해 활용한 (가), (나) 접근방식에 대한 설명으로 옳은 것을 〈보기〉에서 고른 것은? (2012학년도 중등임용 지리 1차 4번)

(가)	(나)
1. 입지와 교통 2. 자원의 영향 3. 우연적 요소와 기타 요인 4. 절대적 입지와 상대적 입지	1. 공장들은 어디에 입지하고 있는가? 2. 공장들은 왜 그곳에 있는가? 3. 공장들의 입지가 초래한 결과는 무엇인가? 4. 어떠한 대안적 입지가 고려될 수 있는가?

〈보 기〉

ㄱ. (가)는 (나)보다 공업 입지와 관련한 개념 및 요소 위주로 구성된 내용모형에 가깝다.
ㄴ. (가)는 (나)보다 학생들에게 공업 입지와 관련한 분석과 의사결정 과정이 강조된다.
ㄷ. (나)는 (가)보다 탐구계열 측면에서 하위주제 간 연계성이 뚜렷하다.
ㄹ. (나)는 (가)보다 학생들이 중간언어(middle language)를 습득할 가능성이 높다.

① ㄱ, ㄷ ② ㄱ, ㄹ ③ ㄴ, ㄷ ④ ㄴ, ㄹ ⑤ ㄷ, ㄹ

9. (가)는 김 교사가 인구변천모형을 활용한 수업의 상황이고, (나)는 수업 자료이다. 이 수업에 대한 설명으로 옳지 않은 것은? (2012학년도 중등임용 지리 1차 10번)

(가)

○ 김 교사는 모둠에 [자료 A]와 [자료 B]를 나누어 주었다.
○ 김 교사는 [자료 A]를 스크린에 띄워 놓고, [자료 B]에서 한 장의 카드를 선택하여 서로 다른 두 단계에 각각 놓아 가며 그에 합당한 이유를 학생들에게 설명했다.
○ 학생들은 모둠별로 주어진 20분 동안 [자료 B]에 있는 6장의 카드를 합당한 이유와 함께 [자료 A]의 적절하다고 여겨지는 단계에 배치하는 활동을 했다.
○ 주어진 시간보다 빨리 성공적으로 활동을 마친 두 모둠에 한해서 각각 4장의 카드를 직접 만들어 보고, 적절하다고 생각되는 단계에 배치할 수 있는 기회가 주어졌다.

(이하 생략)

(나)

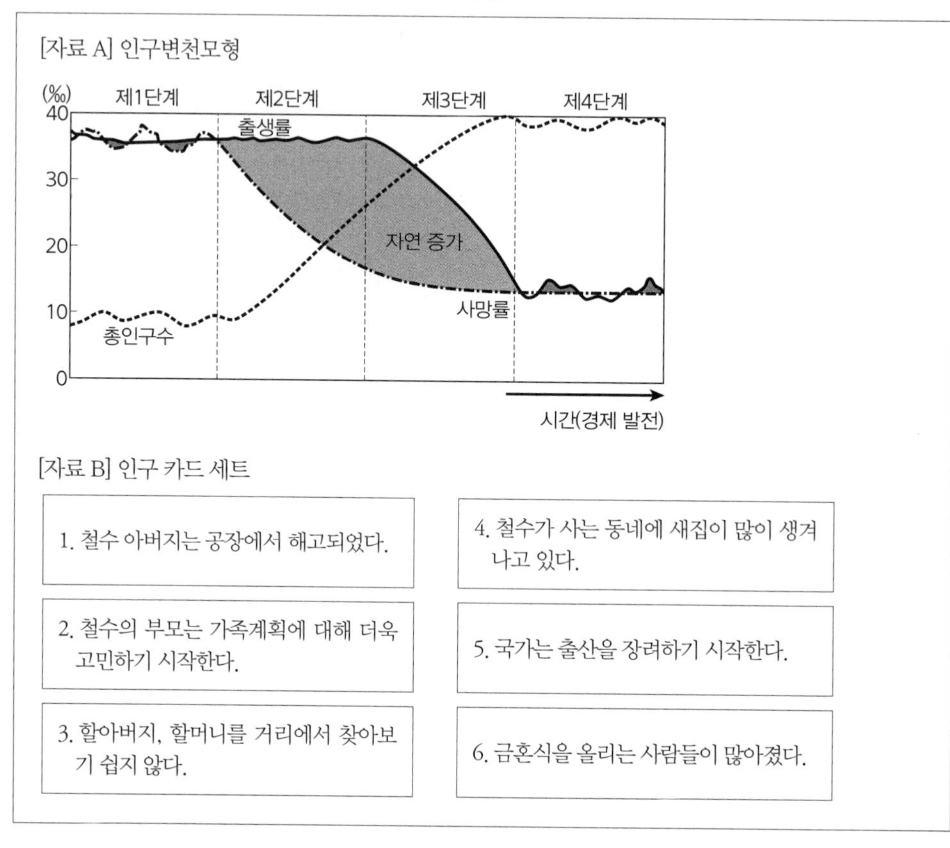

[자료 B] 인구 카드 세트

1. 철수 아버지는 공장에서 해고되었다.
2. 철수의 부모는 가족계획에 대해 더욱 고민하기 시작한다.
3. 할아버지, 할머니를 거리에서 찾아보기 쉽지 않다.
4. 철수가 사는 동네에 새집이 많이 생겨나고 있다.
5. 국가는 출산을 장려하기 시작한다.
6. 금혼식을 올리는 사람들이 많아졌다.

① 교사는 모델화된 시범을 통해 카드를 사용하는 방법을 안내하고 있다.

② 학생들 스스로 인구 카드를 인구변천모형의 단계와 연관 짓도록 하는 활동 중심 수업이다.

③ 학생들의 사고기능의 숙달 정도에 따라 과제 수준을 달리함으로써 교육과정차별화(differentiation)를 의도하고 있다.

④ 시간(경제 발전) 변수와 출생률과 사망률 변수만을 고려한 추상적인 인구변천모형에 인간의 경험을 관련시켜 맥락적으로 이해하게 한다.

⑤ 인구 카드의 진술문을 통해 볼 때, 각각의 카드는 인구변천모형의 어느 한 단계와 일대일로 대응하므로 학생들의 수렴적 사고 활동에 초점을 두고 있다.

10. 다음은 김 교사가 고등학교 한국지리 '해안 지역' 단원을 수업하기 위하여 작성한 수업 계획 중 일부이다. 이를 읽고 물음에 답하시오. **[35점]** (2012학년도 중등임용 지리 2차 1번)

[수업 계획]

○ 수업 주제

–간석지 개발의 긍정적인 면과 부정적인 면

○ 수업목표: ______________________

○ 수업 자료: 사진 3장

〈사진 1〉 서해안의 간석지

〈사진 2〉 대산 산업 단지

〈사진 3〉 간석지에서의 생활과 생태

○ 수업 내용

우리나라 서·남해안에는 간석지가 잘 발달되어 있는데, 그중 서해안 지역에 전체 간석지 면적의 80% 이상이 분포한다. 그런데 간석지는 간척 사업으로 점점 그 면적이 줄어들고 있다. 이로 인하여 간석지 개발 문제에 대한 사회적 논란이 계속되고 있다.

가. 간척 사업은 왜 필요한가?

우리나라는 좁은 국토에 많은 인구가 밀집하여 살고 있으며, 산지가 국토의 2/3를 차지하여 이용 가능한 토지가 적다. 경제 발전과 인구 증가에 따라 토지의 수요는 계속 늘어나고 있는데, 경제 활동에 쓰이는 토지는 대부분 평탄한 농지이다. 이처럼 농지는 줄고 산업 용지에 대한 수요는 증가하여 간척 사업이 필요하다. 간척 사업은 간석지 전면에 방조제를 쌓아 국토를 확장하는 것으로, 간척지는 농경지, 주택지, 산업 용지, 항만 시설 용지, 공항 부지 등으로 활용된다. 간척지에 담수호를 조성하여 해안 지역의 부족한 용수 문제를 해결할 수 있고, 임해 공단이 조성되면 지역 소득 증대에 기여할 수 있다. 그리고 방조제를 이용하여 지역 주민의 교통 여건이 개선되는 효과도 있다.

나. 간척 사업은 어떤 피해를 가져오는가?

간척 사업이 이루어지는 지역은 주로 만이나 하구 등 수산 자원이 풍부한 곳이다. 이 지역은 세계적으로 생산성이 가장 높은 곳 중의 하나이다. 간석지를 포함한 연안 지역은 같은 면적에서 벼농사를 짓는 것보다 생산성이 3~4배 높고, 해안 습지는 육지보다 17배나 높은 경제적 가치를 지닌다는 보고도 있다. 간석지를 매립함으로써 자연 상태의 간석지를 이용하는 양식장과 어장이 사라진다. 해양 생물의 서식처이자 철새의 도래지가 감소하여 생태계가 교란된다. 간석지는 자연 정화 기능이 우수한데, 이의 파괴로 주변 바다의 부영양화와 오염을 심화시켜 국가·사회적 비용이 증가한다. 또한 생태 및 문화 체험의 기회를 잃어 문화·심미적 가치가 상실된다.

10-1. 위의 내용을 토대로 수업을 진행할 경우, 적절한 수업목표를 지식·이해, 기능, 가치·태도 측면에서 각각 하나씩 진술하시오. 제시된 수업 자료를 활용하여 수업을 전개할 때, 그것이 학생의 학습 활동과 교사의 교수 활동 측면에서 각각 어떻게 기여할 수 있는지를 설명하시오. **[15점]**

10-2. 위의 내용을 토대로 가치분석 방법에 맞추어서 가치탐구 수업을 진행하고자 할 때, 그 과정을 단계별로 제시하고 단계별 핵심 수업 활동을 서술하시오. 그리고 본 가치탐구 수업의 수업목표 성취도를 알아보기 위한 평가 요소(기준)를 두 가지 제시하고, 그 이유를 설명하시오. **[20점]**

11. (가)와 (나)는 김 교사가 고등학교 세계지리수업에서 '지구적 환경문제: 서부 유럽의 산성비'라는 주제로 학생들에게 제공한 모둠별 탐구 활동지이다. 이를 읽고 물음에 답하시오. **[35점]**

(2013학년도 중등임용 지리 2차 1번)

(가)

※ 모둠별로 다음 진술문 카드를 읽고, 유사한 것끼리 묶으시오. 활동을 일찍 마친 모둠은 스스로 진술문 카드를 만들어 추가하시오.

1. 1985년에는 헬싱키 의정서가, 1988년에는 소피아 의정서가 탄생했다.	6. 자동차 문화의 대중화로 배기가스가 급격히 증가한다.
2. 금속이나 대리석으로 만들어진 동상, 기념탑 등의 유적과 각종 구조물이 부식되고 있다.	7. 대기권 상층의 편서풍에 의해 오염 물질이 먼 곳으로 이동한다.
3. 석탄, 석유 등 화석 연료를 과다하게 사용한다.	8. 독일은 삼림이 많이 훼손되었다.
4. 삼림, 호수, 하천에 석회를 뿌린다.	9. 무연 연료를 사용함으로써 자동차 배기가스를 줄인다.
5. 정화 장치 설치를 의무화하거나 청정 연료의 사용을 권장한다.	10. 스웨덴의 호수 중에는 물고기가 살 수 없는 곳이 많다.

(나)

※ A와 B는 환경문제에 대해 서로 다른 관점을 가진 단체가 발행한 책자에서 발췌한 내용이며, C는 이를 바탕으로 작성한 탐구 질문이다. 모둠별로 A와 B를 읽고 C의 탐구 질문에 답해 보자.

A

산성비는 위협적인 대기오염의 한 유형이다. 산성비의 원인이 되는 대기오염 물질 중에서 비중이 큰 두 가지는 황산화물과 질소산화물이다. 황산화물 중에서 이산화황은 석탄이나 석유 같은 화석 연료가 연소될 때 방출되고, 이산화질소는 거의 모든 연소 과정에서 발생하는 부산물이다. 대기오염 물질의 일부는 연소 금지 구역 도입 등의 조치를 통해서 많이 감소하였지만, 황산화물과 질소산화물은 같은 정도로 감소하지는 않았다. 오늘날에도 석탄을 사용하는 화력 발전소는 이산화황을 배출하는 대기오염의 최대 주범이다.

공장이나 가정에서 배출되는 가스나 분진의 일부는 멀리 가지 않고 오염원 주변에 떨어져 내리는데, 이것을 '건성침전'이라고 한다. 그러나 훨씬 많은 양의 물질이 대기 중으로 운반되고, 이 물질이 대기 중에서 수증기와 결합하여 황산과 질산이 만들어진다. 이렇게 수증기의 형태로 대기에 포함된 오염 물질은 대기권 상층의 편서풍을 타고 수백 ㎞를 날아간 후, 안개·눈·비 등에 포함되어 지표에 도달하는데, 이것을 '습성침전'이라고 한다.

이산화황은 유럽과 북미에서 발생하는 대기오염의 주요 원인 물질로 간주되어 왔으나, 최근에는 이산화질소가 주요 대기오염 물질로 지목되고 있다. 이는 자동차가 배출하는 배기가스가 급속하게 증가하는 데에 기인한다. 따라서 지속가능한 환경을 위해서는 오염 물질의 배출을 적극 규제할 필요가 있다.

B

산성비의 기준이 되는 산도는 pH 5.6이다. 5.6의 산도는 인위적 요인에 의해서 나타날 수도 있지만, 자연적인 원인에 의해서도 나타난다. 동식물의 호흡, 육상이나 수중에서의 유기물의 부패, 화산 분출, 번개 등의 광범위한 현상이 자연적인 원인으로 간주된다. 산성비에 대한 인간의 영향은 주로 화석 연료의 연소와 광석의 제련에서 기인하는데, 자연 현상의 영향에 비해서는 미미한 수준이다.

산성화에 영향을 미치는 주요 기체는 이산화탄소, 이산화황, 이산화질소 등이다. 인간의 거주 비율이 낮은 남반구에서는 자연적인 원인으로 발생하는 이산화황의 양이 인위적인 원인에 의한 것보다 훨씬 많다. 북반구에서도 인간에 의한 이산화황의 방출량은 자연적인 요인에 의한 것과 엇비슷하다. 공업 지대나 화력 발전소와 가까운 지역에서도 산성비가 내리지만, 이곳에서 멀리 떨어진 지역에서조차도 산성비가 보편적으로 나타난다.

물론 화력 발전소나 그 밖의 곳에서 화석 연료의 연소로 인해 방출되는 이산화황은 빗물의 산도를 더 높게 만들 수 있고, 경우에 따라서는 이 방출물이 환경에 해를 끼칠 수도 있다. 그렇다고 산성비의 발생 원인을 전적으로 공업 지대나 화력 발전소 등과 같은 인위적 요인의 탓으로 돌리는 것은 문제의 소지가 있다. 또한 우리는 산성비를 줄이고 환경을 관리할 수 있는 충분한 기술을 가지고 있다.

석유, 천연가스, 석탄 등의 화석 연료는 유기체가 자연적 과정을 통해 변형·생성되어 만들어진 것이다. 이 과정에서 생명체가 필요로 하는 수소, 탄소, 황, 질소 및 기타 원소들이 결합하여 산화물이 형성된다. 따라서 굴뚝이나 연소기관에서 방출되는 물질에는 이러한 산화물이 포함되어 있다. 이 산화물 중 하나가 수소 산화물이고, 그 나머지는 탄소, 황, 질소 형태의 산화물이다. 후자는 대기 중에서 건조한 상태로 이동될 수 있으며, 물에 부분적으로 용해되어 약한 산성비를 생성한다. 대기 중에서 일어나는 이러한 과정은 비에서 검출되는 강한 산성도에 일부만 영향을 끼칠 뿐이다.

C

[탐구 질문]

1. 산성비가 발생하는 원인은 무엇인가?
2. 밑줄 친 문장은 무슨 뜻이라고 생각하는가? 이 진술들은 산성비에 대해 어떠한 견해를 지지하는가?
3. 각각의 자료가 추구하는 관점(이데올로기 또는 가치)은 무엇인가?
4. A 자료와 B 자료를 모두 읽은 후 산성비에 대한 생각 또는 신념에 변화가 있었는가? 변화가 있었다면 무엇인가?

11-1. (가)에 제시된 지구적 환경문제에 근거하여 학생들이 학습해야 할 지리적 핵심개념과 가치(태도)를 각각 세 가지만 제시하고, 이 탐구 활동에 제공된 진술문 카드를 적절한 준거별로 묶어 제시한 후, 이 학습에서 학생들에게 요구하는 가장 중요한 사고기능을 설명하시오. 그리고 이와 같은 환경문제를 가르치기 위한 환경교육의 세 가지 접근 방법을 제시하고 설명하시오. **[20점]**

11-2. (나)에서 A 자료와 B 자료가 주장하는 환경에 대한 관점(이데올로기 또는 가치)을 각각 제시하고, 그렇게 생각하는 이유를 텍스트에 사용된 단어 또는 문장을 인용하여 정당화하시오. 그리고 C의 탐구 질문 1번과 4번을 참고하여, A 자료에 대한 B 자료의 역할을 학생들의 개념 형성 및 가치 형성의 관점에서 각각 설명하시오. **[15점]**

12. 지리과 교육실습에 참여하고 있는 강○○는 중학교 3학년 '공업과 입지조건'에 대한 수업을 준비하면서 다음과 같은 협동학습 수업모형을 적용해 보았다. 이 수업모형을 무엇이라고 하는지 쓰시오. 일반적인 협동학습에서 나타날 수 있는 집단책무성 결여의 문제를 보완하기 위한 단계를 (가)~(아) 중에서 1가지를 찾아 쓰시오. 그리고 (다)의 ㉠, ㉡, ㉢에 들어갈 주제를 쓰시오. **[5점]** (2008학년도 중등임용 지리 3번)

소단원	공업과 입지조건	학년	3
학습 목표	• 공업입지에 영향을 주는 조건들을 열거할 수 있다. • 공업입지 유형을 알고, 유형별 공업의 종류를 분류할 수 있다.		
학습의 흐름	교수-학습 활동	준비물	유의점
도입	(가) 집단조직-이질적인 5명으로 이루어진 소집단을 구성한다. (나) 각 소집단에 5개 주제가 질문형식으로 적힌 전문가 용지를 나누어 준다.		-학습목표 제시
전개	(다) 공업입지 유형과 관련된 주제 선정 ▶ 주제 1-(㉠) ▶ 주제 2-(㉡) ▶ 주제 3-(㉢) ▶ 주제 4-(집적 지향성 공업) ▶ 주제 5-(중간지 지향성 공업) (라) 위 주제를 각각의 소집단 구성원 1명에게 하나씩 할당하고, 각 주제를 맡은 구성원은 그 주제에 한하여 전문가가 된다. (마) 모든 학생이 학습 주제에 대해 잘 이해하도록 하고, 특히 자신이 맡은 주제를 단원 주제의 맥락에서 이해하고, 이와 관련된 자료를 찾는다. (바) 같은 주제를 맡은 각 소집단의 전문가들이 모여 전문가 집단을 구성하고, 자신들의 주제에 관해 토론한다. 이때 토론 용지를 나누어 준다. (사) 전문가 집단의 토론을 통해 자신이 얻은 지식을 원래 속했던 소집단으로 돌아가서 다른 구성원들에게 설명하고, 다른 주제에 대해서도 진지하게 탐구하여 5개 주제 모두를 학습한다.	-협동학습을 위한 교실 환경 조성 -집단별 토론 용지	-학생들의 학습 활동을 위해 모둠을 배정한다. -모든 학생이 5개 주제에 관해 모두 조사할 수 있도록 한다. -전문가 집단별로 토론 용지를 나누어 준다. -학생들은 주어진 자료를 찾아 읽는다. -교사는 학생들이 찾을 수 없는 자료를 제시한다.
정리	(아) 퀴즈 등을 통한 개별평가는 물론, 개인별 향상 점수를 집단별로 산정하여 결과에 따라 보상한다.		

• 협동학습 수업모형: ____________________

• 집단책무성 결여의 문제를 보완하기 위한 단계: ____________________

• 주제 ㉠: ____________________

• 주제 ㉡: ____________________

• 주제 ㉢: ____________________

13. 자료 (나)는 (가)에 나타나는 생각을 바탕으로 하는 지리수업의 장면을 기술하고 있다. (가)의 (A)와 같은 것을 지칭하는 용어를 적고, 이를 가르쳤을 때의 장점을 기술하시오. 그리고 (나)에서 보여 주는 학습의 형태를 적고, (가)와 (나)에 나타나는 방식으로 1960~1970년대 미국에서 진행된 지리교육과정 개발 프로젝트의 명칭을 쓰시오. **[4점]** (2007학년도 중등임용 지리 4번)

(가) 지리교육은 지리학을 이해함으로써 공간구조를 '볼 수 있도록 하는 활동'이라고 할 수 있다. 우리가 부정할 수 없는 사실은 학생이 무제한의 내용을 무제한의 시간을 들여 배울 수가 없다는 것이다. 그렇다면 어떻게 이 제한된 접촉을 통하여 나머지 일생 동안 사고하는 데 중요한 것을 배울 수 있는가의 문제가 생긴다. 이 문제에 대한 대답은 무슨 교과에서든지 학생들에게 (A)그 학문의 성격을 가장 잘 드러낼 수 있는 것, 즉 그 교과를 가장 그 교과답게 하는 것을 가르쳐야 한다는 것이다. 교육의 목적은 바로 이것을 찾아내도록 이끌어 주는 것이다.

(나) 하버드대학 인지문제연구소에서 실시한 실험연구에서는 학생들에게 미국 중서부 지역의 인문지리 단원을 다음과 같이 가르쳤다. 지형적인 조건과 자연자원이 표시되어 있을 뿐 지명은 표시되어 있지 않은 미국 중서부 지역의 지도를 보여 주었다. 학생들은 지도에서 주요 도시가 어디에 있는가를 알아내게 되어 있었다. 학생들은 서로 토의한 결과 도시가 갖추어야 할 지리적 조건에 관한 여러 가지 그럴듯한 이론을 쉽게 만들어 내었다. 말하자면 시카고가 오대호 연안에 입지하게 된 경위를 설명하는 수상교통이론이라든지, 시카고가 메사비 산지 근처에 입지하게 된 경위를 설명하는 지하자원이론이라든지, 아이오와의 비옥한 평야에 큰 도시가 입지하게 된 경위를 설명하는 식품공급이론 따위가 그것이다.

• 용어: ____________________

• 장점: ____________________

• (나)의 학습형태: ____________________

• 명칭: ____________________

14. 다음은 박 교사와 김 교사가 철원 지역을 사례로 설계한 지리 조사 학습내용이다. (가)와 (나) 수업안을 비교하여 교수·학습 방법의 차이점을 두 가지만 쓰시오. **[4점]**

(2006학년도 중등임용 지리 3번)

> **(가) 박 교사**
> 학생들에게 화산 지형과 관련된 철원 지역의 지형 특성을 설명한다. '땅사랑반'과 함께 용암대지, 한탄강 협곡, 직탕폭포 및 주상절리를 보면서 각각의 지형에 대하여 설명한다. 답사 과정에서 학생들은 지형의 특성을 파악하여 답사 기록장에 기록하도록 한다. 답사 후 형성평가를 통해서 수업 내용을 재확인하고, 부족한 학습내용은 보충 지도를 한다.

> **(나) 김 교사**
> 1. 철원 지역의 화산 지형을 학습하기 위하여 학생들을 3개 모둠으로 나누어 아래와 같은 탐구 과제를 제시한다.
>   - 산 모둠: 철원의 용암대지에서는 쌀(오대미)을, 제주도의 용암대지에서는 당근을 생산하고 있다. 유사한 성격의 용암대지임에도 불구하고 서로 다른 농작물을 재배하는 이유는?
>   - 강 모둠과 별 모둠의 과제는 생략
> 2. 각 모둠은 아래와 같은 가설을 설정하도록 한다.
>   - 산 모둠: 철원 지역의 벼농사는 저수지가 많은 것과 밀접한 관계가 있을 것이다.
>   - 강 모둠과 별 모둠의 가설은 생략
> 3. 각 모둠은 도서관과 인터넷 조사를 통하여 가설 검증에 필요한 자료를 수집한다.
> 4. 각 모둠은 교사와 함께 답사하면서, 다음 사항에 대한 관찰 결과를 선생님께 보고한다.
>   - 산 모둠: 벼농사를 하는 주민에게 저수지 이용 상황을 물어 본다.
>   - 강 모둠과 별 모둠의 결과보고는 생략
> 5. 답사 후 야외조사에서 얻은 결과를 바탕으로 각 모둠의 가설을 검증하고, 잘못된 가설은 수정하여 새로운 사실을 파악하도록 한다.

- (가) 수업안: ______________________________

____

- (나) 수업안: ______________________________

____

15. 다음은 김 교사가 작성한 교수·학습 지도안의 일부이다. 김 교사가 채택한 교수·학습 방법을 쓰고, 교수·학습 과정 3단계에서 학생들이 수집할 자료의 특징을 두 가지만 쓰시오. **[3점]**

(2005학년도 중등임용 지리 5번)

• 단원: Ⅱ. 자연환경과 인간 생활
1. 지형과 인간 생활
• 학습목표: 수도권의 도시화와 홍수 피해의 상관관계를 이해한다.
• 교수·학습 과정
-1단계(문제 인식): 수도권은 급속한 도시화에 따라 홍수 피해 규모가 커지고 있다.
-2단계(가설 설정): 수도권의 홍수 피해 규모가 커지는 것은 도시화에 따라 하천 유량이 변동하기 때문이다.
-3단계(자료 수집, 분석): 수도권의 도시화율과 홍수 피해 추이 상황, 수도권 신도시 난개발에 따른 홍수 피해 상황을 조사한다.
-4단계(검증): 수도권은 우리나라 인구의 약 43%가 집중되어 있고, 도시화로 한강 범람이 자주 일어나 홍수 피해의 규모가 커지고 있다.
-5단계(결론 도출): 급속하고 과도한 도시화는 홍수 피해를 가중시킨다.

• 학습 방법: ______________________

• 특징: ______________________

16. 다음은 두 교사가 지리수업 중에 사용한 발문을 대응시켜 제시한 것이다. 김 교사의 발문과 비교하여 최 교사 발문의 특징을 쓰고, (가)에 들어갈 적합한 발문을 쓰시오. **[3점]**

(2005학년도 중등임용 지리 10번)

발문자	김 교사	최 교사
발문 내용	택리지의 저자는 누구인가?	택리지의 저자는 어떤 관점에서 이 책을 썼는가?
	충청지방에서 가장 큰 도시는?	(가)
	기온역전 현상이 잘 일어나는 곳은?	침식분지에서 기온역전 현상이 잘 일어나는 이유는?
	인구공동화 현상이란 무엇인가?	도시의 인구공동화 현상은 도심의 기능과 어떤 관계를 갖고 있는가?

• 특징: ____________________

• (가): ____________________

17. 다음의 수업 활동을 읽고 물음에 답하시오. **[총 7점]** (2004학년도 중등임용 지리 2번)

> 김 교사는 야외조사 수업을 하였다.
> (가) 학생들은 스스로 5명씩 모둠을 만들고 모둠별로 이름을 정하였다.
> (나)
> (다)
> (라) 학생들은 조사 지역별로 찾아가 조사를 수행하였다.
> (마) 학생들은 모둠별로 보고서를 작성하였다.
> (바) 김 교사는 보고서 및 다른 방법을 통해 학생들의 지역 조사 활동 결과를 평가하였다.

17-1. 야외조사의 절차에 따라 (나)와 (다) 단계에 들어갈 적절한 학생 활동의 내용을 쓰시오. **[4점]**

(나): ____________________ (다): ____________________

17-2. 지리 조사 보고서는 다른 과목의 보고서와 차이점이 있다. 이와 관련하여 보고서 작성에 포함되어야 할 사항을 두 가지만 쓰시오. **[2점]**

17-3. (바)의 단계에서 모둠별 보고서를 평가할 때 문제점은 한 모둠 내의 모든 학생이 같은 점수를 받는다는 것이다. 그래서 모둠에 속하는 학생들의 개인별 활동도 평가에 반영하고자 할 때, 사용할 수 있는 대표적 방법을 1가지만 쓰시오. **[1점]**

18. 송 교사가 작성한 다음 수업 지도안을 읽고 물음에 답하시오. **[총4점]**

(2003학년도 중등임용 지리 3번)

■ 학습 주제: 간척 사업의 지리적 조건
■ 학습목표: 지도를 활용하여 간척 사업이 활발한 지역의 지리적 특성을 파악할 수 있다.
■ 수업 절차:
가) 교사: 지도 A를 제시하고 시화 방조제와 간척 사업을 설명한다.
나) 교사: 지도 A의 ㉠ 지역에 아산 방조제를, ㉡ 지역에 삽교천 방조제를, ㉢ 지역에 대호 방조제를 그려 넣는다.
다) 교사 발문: 그러면 또 다른 방조제는 어디에 건설되어 있을지 예측해 보자. ㉣, ㉤, ㉥에서 찾아 보자.
라) 학생: ㉣, ㉤, ㉥ 중에서 하나를 선택하고, 선택한 이유를 발표한다.
마) 교사: 간척 사업의 현재 현황을 나타낸 지도 B를 제시한 다음, 학생들이 예상한 결과의 진위 여부를 판정하고, 그 이유를 설명한다.
바) 학생: 지금까지 과정을 종합하여 간척 사업이 활발한 지역의 지리적 특성을 정리하여 발표한다.

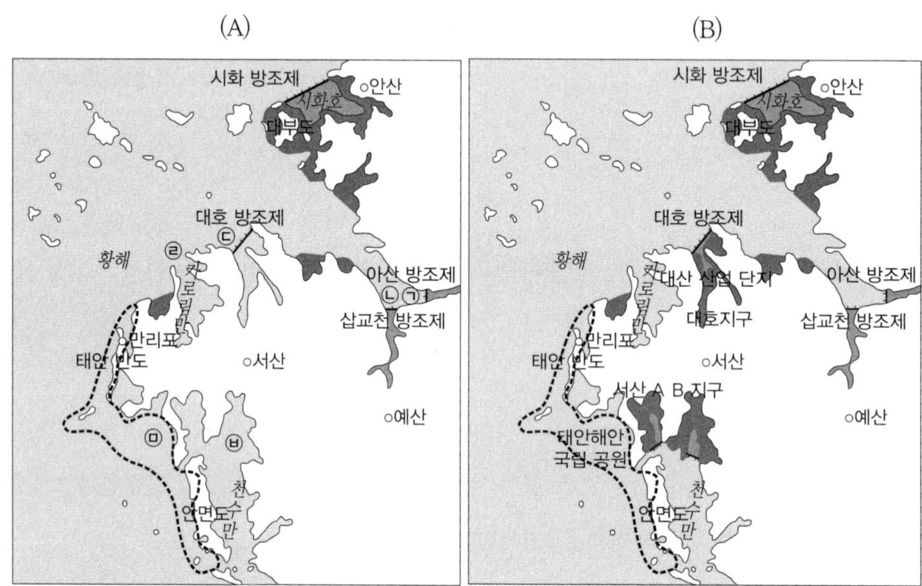

18-1. 위와 같은 수업의 원리로서 ① 브루너가 제시한 학습의 유형은 무엇이며, ② 이를 토대로 마시알라스가 수정하여 제시한 수업 방법은 무엇인지 쓰시오. **[2점]**

① ______________________________

② ______________________________

18-2. 송교사는 2차시 수업에서 간척 사업에 대한 찬반 논쟁에 대하여 가치분석 모형을 통한 가치 교육을 하고자 한다. 간척 사업 반대 시위를 하는 환경 단체와 간척사업 지지 성명을 발표하는 지역 상공인 단체의 예를 들어, 이들의 행동에 내재된 가치체계를 각각 제시하시오. **[2점]**

환경 단체: ______________________________

상공인 단체: ______________________________

문항 분석: 평가 요소 및 정답 안내

1번 문항

- 평가요소: 개념학습
- 정답: ⑤
- 제시문 해설: [A]는 고전적인 속성모형, [B]는 현대적인 원형 또는 실례 모형
- 보기 해설: ㄴ에서 [A]는 결정적 속성을 사례를 분류함으로써 개념을 이해하기 때문에 일반화가 용이하며 다른 상위 및 하위 개념으로의 전이가 용이하다

2번 문항

- 평가요소: 학습의 전이
- 정답: ⑤
- 보기 해설: ㄱ에서 (가)는 개념보다는 사례를 통해 원리를 적용하는 것이 목적이다. ㄴ에서는 학습 상황이 유사한 근접전이에 해당한다.

3번 문항

- 평가 요소: 질문의 위계
- 정답: ④
- 보기 해설: ㄱ은 닫힌(지시적) 질문이면서, 자료의 이해에 대한 질문이다. ㄴ은 닫힌(지식적) 질문이면서, 평가에 대한 질문이다. ㄷ은 닫힌(지시적) 질문이면서, 지식의 회상(기억)에 대한 질문이다. ㄹ은 열린(비지시적) 질문이면서 자료의 분석에 대한 질문이다.

4번 문항

- 평가 요소: 조사학습/자료
- 정답: ②
- 답지 해설: ②에서 (나)의 2번과 3번 문항은 학생들의 '사적지리(개인지리)'에 초점을 둔 비지시적 질문이다.

5번 문항

- 평가 요소: 사고기능 학습/이상한 하나 골라내기
- 정답: ⑤
- 보기 해설: ㄱ은 교사와 학생 간의 '협상적 탐구 활동'이 아니라, 교사에 의해 제공된 '구조화된 탐구 활동'이라고 해야 한다.

6번 문항

- 평가 요소: 모식도와 실제적 과제의 비교/답사
- 정답: ②
- 답지 해설: ①에서 간략화되고 모범적인 사례는 모식도의 특징이라고 할 수 있다. ③에서 비맥락화된 결과적 지식 역시 모식도의 특징이라고 할 수 있다. ④에서 선언적 지식은 모식도를 통한 지식에 가까우며, ㉡은 방법적 지식에 가깝다고 할 수 있다. ⑤에서 ㉡은 행동적 표상에 가깝다.

7번 문항

- 평가 요소: 야외조사의 유형
- 정답: ③

8번 문항

- 평가 요소: 주제적 접근/탐구식 접근의 구분
- 정답: ①
- 답지 해설: ㄴ에서 (나)가 (가)보다 분석과 의사결정 과정을 강조한다. ㄹ에서 (가)가 (나)보다 학생들이 중간언어를 습득할 가능성이 높다.

9번 문항

- 평가 요소: 사고기능학습/살아있는 그래프
- 정답: ⑤
- 보기 해설: ⑤에서 일대일 대응이 아니라 하나의 카드가 여러 단계에 놓일 수 있기 때문에 발산적(확산적) 사고 활동에 초점을 둔 것이다.

10-1번 문항

- 평가 요소: 수업목표 진술/사진 자료의 역할
- 정답: 이 주제와 관련한 수업목표를 지식과 이해, 기능, 가치와 태도의 측면에서 진술하면 다음과 같다. 먼저 지식과 이해 목표는 '우리나라 해안 중 어디에 간석지가 많이 분포하는지 말할 수 있다. 간석지 개발의 긍정적인 면과 부정적인 면을 각각 한 가지 이상 설명할 수 있다.' 등을 제시할 수 있다. 다음으로 기능 목표는 '지도상에 우리나라 주요 간척지의 위치를 표시할 수 있다. 간척지의 토지이용도를 간략하게 그릴 수 있다.' 등으로 제시할 수 있다. 마지막으로 가치와 태도 목표는 '간척 사업으로 생활터전을 잃은 어민들의 삶에 관심을 가진다. 간석지 개발의 장단점을 균형적인 시각에서 탐구하려는 자세를 가진다.' 등으로 제시할 수 있다.

  수업 자료로서 사진의 역할은 학습 활동과 교수 활동의 측면에서 고찰할 수 있다. 먼저 학습 활동의 측면에서 사진 자료는 시각적인 정보를 제공하며, 학생의 지각을 도울 수 있다. 그리고 간석지라는 실제 경관의 사실적 이미지를 제공함으로써, 학생들이 수업내용을 이해하는 데 도움을 줄 수 있다. 또한 간석지나 간척지와 관련된 정보를 풍부하게 담고 있어 지리적 설명에도 유용하다.

다음으로 교수 활동 측면에서, 사진 자료는 직접 방문하여 조사·관찰하기 어려운 간석지에 대한 과제물로 활용할 수 있다. 그리고 학생들의 학습 동기를 유발하고 수업의 주제와 문제를 유도함으로써, 수업에 관심을 집중하게 한다. 사진의 내용 요소를 분석하거나 해석하고, 두 사진 간의 비교 활동을 유도함으로써 탐구 능력을 신장한다.

10-2번 문항

- 평가 요소: 가치분석/목표 성취를 파악하기 위한 평가 요소
- 정답: 가치분석 단계는 학자에 따라 다양하게 제시된다. 그러나 대체로 가치문제에 대한 의사결정은 (문제 제기)–확인–분석–결과–예측과 선택–(행동)으로 이루어지며, '선택' 단계가 다양한 가치문제에 대한 분석 후에 이루어진다. 수업 활동은 첫째, '문제 제기 단계'로 간석지 개발 문제에 관한 자료를 제시하고, '왜 이 문제가 발생하고 있는가?'라는 질문을 한다. 둘째, '확인' 단계로 '간석지의 개발 문제에서 서로 대립하고 있는 가치는 무엇인지, 왜 대립하는지, 누가 주장하는지 등'을 알아본다. 셋째, '분석' 단계로 '간석지 개발에 대한 찬반의 입장을 긍정적 측면과 부정적 측면에서 분석하고, 두 입장의 주장 이유나 근거를 살펴본다. 넷째, '결과 예측' 단계로 분석 내용에 근거하여 각 입장 선택의 예측되는 결과, 예를 들어 '간석지 개발 시 담수호에는 어떤 결과가 예측되는지 등을 알아본다' 등을 검토한다. 그리고 이를 순위화하는 활동을 한다. 다섯째, '선택' 단계로 간석지 개발에 대한 찬성과 반대 중에서 자신의 입장을 의사결정하고 그 이유를 밝힌다. 그리고 그 결정으로 인해 일어날 수 있는 부정적 결과에 대한 대비책도 알아본다. 예를 들어 개발 입장을 선택했을 때, 이로 인한 부정적 측면을 보완할 수 있는 대책을 마련하고 활동한다. 여섯째, '행동' 단계로 이 의사결정을 실제 생활 속에서 실천한다.

  이 가치탐구 수업의 목표 성취를 파악하기 위한 평가 요소(기준)는 다음과 같다. 첫째, 간석지 개발 문제와 관련된 다양한 가치 및 관점에 대한 이해 능력의 평가 요소가 필요하다. 둘째, 간석지 개발 문제 속에는 다양한 입장, 사고, 경험, 주장 등을 가진 집단들이 관련되어 있다. 따라서 이들이 가진 사고와 관점을 이해하고 있는지를 알아볼 수 있는 평가 요소가 요구된다. 셋째, 간석지 개발에 대해서 합리적으로 의사결정을 하는 능력과 이의 실천 능력에 대한 평가 요소가 필요하다. 합리적 의사결정을 위해서는 자신의 의사결정에 대한 근거와 이유를 분명하게 제시할 수 있는 능력과 실천적 측면에서 자신의 입장에 일관성을 지니고서 지속적으로 실행할 수 있는지에 대한 평가 요소가 요구된다.

11-1번 문항

- 평가 요소: 핵심개념과 가치(태도)/카드분류 활동과 사고기능/환경교육의 접근법
- 정답: 핵심개념과 가치(태도)는 상호의존성, 지속가능성(지속가능한 개발), 인간과 환경과의 관계, 관계적 사고, 세계 시민성 등이며, 카드는 원인(3, 6, 7), 결과(2, 8, 10), 대책(1, 4, 5, 9)이라는 준거로 분류하여 묶을 수 있다. 따라서 여기에 사용되는 중요한 사고기능은 유사성과 차이에 따라 분류하거나

유목화하는 능력이다. 이와 같은 환경문제를 가르치기 위한 환경교육의 세 가지 접근법으로는 환경에 대한 교육, 환경 속에서의 교육, 환경을 위한 교육으로 구분할 수 있다. 이에 대한 구체적인 설명은 본문을 참조하기 바란다.

11-2번 문항

- 평가 요소: 환경에 대한 관점(이데올로기)/개념 및 가치 형성
- 정답: (나)의 A 자료는 국제보존교육센터(1983)에서 작성한 발췌문이며, B 자료는 영국 중앙전력생산위원회(1983)에서 작성한 발췌문이다. A 자료는 환경에 대한 '보존'의 관점을 강조하는 반면, B 자료는 '환경'에 대한 '개발'의 관점을 강조하고 있다. 이를 위해 A 자료의 경우 '위협적인', '최대의 주범', '오염' 등의 단어를 사용하며, 인간에 의해 산성비가 발생한다고 강조한다. 반면에 B 자료에서는 '오염'이라는 단어를 전혀 사용하지 않고 있으며, 자연적인 상태에서 내리는 비도 산성비라는 것을 강조한다. A 자료에 대한 B 자료의 역할은 가치갈등과 인지갈등을 유발하는 역할을 한다.

12번 문항

- 평가 요소: 협동학습 모형
- 정답: 과제분담 학습모형 II(직소 II 모형)/(아)/원료 지향성 공업/시장 지향성 공업/노동 지향성 공업

13번 문항

- 평가 요소: 학문중심 교육과정(지식의 구조)/발견학습
- 정답: 지식의 구조/전이력이 높다/발견학습/HSGP

14번 문항

- 평가 요소: 야외조사학습
- 정답:

(가) 야외현장견학(설명식 수업): 교실에서 지리적 주제에 대한 교사의 강의식 수업 → 현장에서 교사 주도의 설명과 관찰 → 정보의 기록 → 교실에서의 해설·설명

(나) 야외현장조사(탐구식 야외조사): 교실 또는 현장의 직접 관찰에 의한 문제 제기 → 가설 설정 → 자료 수집 → 자료 분석 → 가설 검증 → 일반화

15번 문항

- 평가 요소: 탐구학습 또는 탐구수업
- 정답: 탐구학습 또는 탐구수업/통계적 자료, 경험적 자료

16번 문항

- 평가 요소: 질문 또는 발문의 유형

• 정답: 열린 또는 비지시적 발문으로, 지리적 사고력 함양에 기여할 수 있는 고차 수준의 인지적 발문이다./대전이 충청도에서 가장 큰 도시가 된 이유는?

17번 문항

• 평가 요소: 야외조사학습

• 정답:

17-1번: 조사 주제(목적), 조사 지역 선정/지도, 문헌, 통계, 사진 등을 이용한 실내 조사

17-2번: 사진, 스케치, 표본 등을 통해 야외조사 시 수집한 자료/도표나 지도를 이용하여 수집된 자료를 분석한 내용

17-3번: 동료평가

18번 문항

• 평가 요소: 발견학습/탐구학습/가치교육

• 정답:

18-1번: 발견학습/탐구학습

18-2번: 갯벌의 생태적 가치 존중(환경보존, 자연보존)/갯벌의 경제적 가치(지역개발, 경제개발)

제8장

지리수업설계

1. 수업설계

2. 수업지도안
   1) 수업지도안의 목적과 형식
   2) 수업지도안의 주요 구성요소

3. 수업설계 모형
   1) 딕·캐리의 수업설계 모형
   2) 딕·레이저의 수업설계 모형
   3) 윌리엄스의 체제적 지리수업설계 모형
   4) 목표 모형과 과정 모형

4. 지리수업의 계열적 설계: 탐구계열
   1) 계열적 설계의 의미
   2) 활동계획의 설계 방법
   3) 탐구과정에 초점을 둔 활동계획
   4) 장소감 발달에 초점을 둔 활동계획

5. 교육과정차별화를 반영한 지리수업의 설계
   1) 교육과정차별화 전략
   2) 교육과정차별화 방법

6. 지리학습의 계속성과 진보를 위한 설계
   1) 계속성
   2) 진보

7. 지리교육과정 개발과 지리교사의 전문성

8. 지리수업자료의 개발
   1) 자료의 선정 원리
   2) 자료의 제작 및 준비
   3) 자료의 역할: 증거와 기능의 실습
   4) 수업자료: 교과서

1. 수업설계

교사의 철저한 수업설계와 수업의 질 사이에는 밀접한 관계가 있다. 교사의 주요 과업은 의도한 학습결과를 학생들이 성취할 수 있도록 학습활동을 설계하는 것이다. 스미스(Smith, 1997: 125)에 의하면, 교사들은 성취수준이 낮은 학생들로 구성된 학급에서 사고를 촉진하기 위해, 종종 부적절한 활동 또는 지리적 맥락을 사용한다. 부적절한 수업설계로부터 초래되는 불명료한 수업목표는 학생들로 하여금 그들이 무엇을 하고 있고 왜 하고 있는지에 대해 확신하지 못하도록 한다. 그 결과 학생들은 이전의 활동을 새로운 학습에 정착시킬 수 없게 된다. 이러한 스미스의 지적은 교사의 신중한 수업설계가 학생들의 효과적인 지리학습을 촉진하는 데 중요한 역할을 한다는 것을 보여 준다.

수업설계란 주어진 수업시간을 구조화하며, 수업에 사용할 자료와 활동을 조직하는 문제를 도전적으로 처리해 나가는 문제해결 과정이라고 할 수 있다(Lambert and Balderstone, 2000). 이러한 측면에서, 수업설계는 교사가 수업을 하는 동안 해야 할 생각의 양을 줄일 수 있도록 도와준다. 그리하여 교사들은 학생들의 학습을 안내하고 그들의 학습에 대한 요구에 반응하면서, 그 수업을 관리하는 데 집중할 수 있다.

그러나 효과적인 수업설계는 이보다 훨씬 더 많은 것을 포함한다. 수업설계의 과정에서 교사는 수업의 목적과 목표를 설정해야 하며, 무엇을 가르치고(내용) 그것을 어떻게 가르칠지(교수 방법 또는 전략) 결정해야 한다. 수업이란 일정한 목적을 가지고 학습자의 내적 환경과 외적 환경을 조정하는 활동이므로, 체계적인 계획의 수립이 중요하다. 따라서 수업설계란 교사가 좋은 수업을 위해 수업목표, 학습자료와 수업방법, 평가절차 등을 고려하여, 학습의 원리와 이론에 따라 학습활동을 체계적으로 조직하는 것이다. 효과적인 지리수업을 설계하기 위해서는 학습목표, 학습내용, 학습방법, 평가절차 등이 상세하게 기술되어야 하며, 학습시간 등에 대한 고려 또한 필요하다. 특히 수업지도안(lesson plans)은 교수·학습에 대한 모든 사항을 담고 있기 때문에, 교사들에게 유용한 구조틀이다.

2. 수업지도안

1) 수업지도안의 목적과 형식

수업지도안이란 무엇이며 왜 작성하는 것일까? 디 랜드로(Di Landro, 1993)는 수업지도안을 필수적인 재료들과 따라야 할 방법들을 명시한 조리법(recipe)에 비유하면서, 교수와 요리 간의 공통점을 바탕으로 설명한다. 또한 수업은 명확한 구조를 가지고 목표와 관련된 다양한 줄거리를 전개해 나가는 연극으로 간주되기도 한다. 이러한 관점에서 볼 때 수업지도안은 하나의 대본이 되는 셈이다. 키리아쿠(Kyriacou, 1991)는 교수·학습 활동, 활동의 순서, 시간에 관한 결정 등을 수업의 각본으로, 준비된 학습자료는 소품으로, 교실 배치는 무대로 간주한다. 경력이 적은 초보 교사의 경우, 실제적인 교수를 위해 리허설을 할 수도 있을 것이다.

경험이 많은 교사들은 수업지도안을 여러 번 수업에 적용하여 사용했기 때문에, 이를 자신의 정신적 구조 속에 가지고 있는 경우가 많다. 그러므로 이들의 경우 구체적인 수업지도안을 굳이 작성할 필요가 없다. 그러나 예비 교사나 초보 교사들은 자신의 수업을 위한 구체적인 수업지도안을 작성해야 한다. 예비 교사 및 초보 교사들은 시간이 지남에 따라 효과적인 수업을 설계하기 위한 자신만의 수업지도안 형식을 발전시킬 수 있을 것이다. 이러한 의미에서 볼 때, 수업지도안의 형식과 내용은 고정되어 있는 것이 아니다. 교사마다 자신에게 적합한 다양한 형식의 수업지도안을 구안하여 사용할 수 있다. 그렇지만 대부분의 교사들은 일반적으로 학교 현장에서 주로 사용되는 몇 가지 유형의 수업지도안의 형식을 선호한다. 여기에서는 영국에서 주로 사용되고 있는 지리수업지도안의 형식을 하나 소개한다(표 8-1).

표 8-1. 수업지도안의 형식과 특징

일시________ 수업________ 시간________ 학반________ 교실________ 수업의 제목:	
수업목적 수업의 전체적인 목적을 명료하게 진술하라–성취하기를 바라는 것	
학습목표와 탐구질문 이것은 학생들의 학습을 위한 구체적인 목표를 나타낸다. 이 수업활동의 결과로 학생들이 알고, 이해하고, 할 수 있을 것이라고 기대하는 것을 명확하게 진술하라.	
교과 내용: 국가교육과정/교수요목 연계 국가교육과정의 학습프로그램 또는 시험 교수요목의 어떤 양상들이 이 수업에서 다루어지고 있는지를 표시하라.	**범교육과정 연계/주제/역량** 다른 교과들의 내용과 연계될 수 있는 것들을 표시하라. 다른 명백한 학습의 양상들을 표시하라. 이 수업은 시민성과 같은 범교육과정 주제의 전달에 기여한다.
자료 이 수업의 교재와 교구를 위해 어떤 자료가 필요할까? 이것을 당신의 준비를 위한 체크리스트로 사용하라.	**사전 준비(교실과 교구)** 계획한 활동을 위해 이 교실에서 어떤 것이 준비될 필요가 있는가?(모둠과 좌석 배치) 어떤 교구가 설치될 필요가 있는가?

<table>
<tr><td colspan="2">교육과정차별화
특별한 학생들의 학습 요구–자료와 전략의 구체적 적용, 심화/강화 활동–를 어떻게 검토할 계획인가? 학습지원 도우미들을 어떻게 활용할 것인가?</td><td>실행 포인트
전시수업에서 일어났던 학습과 어떤 관련이 있는가? 또한 이 모둠과 수행한 전시수업에 대해, 추수활동을 할 필요가 있는 어떤 쟁점을 표시하라(학생, 학습, 교실 관리).</td></tr>
<tr><th>학습활동/과제</th><th>시간</th><th>교수전략/실행</th></tr>
<tr><td>학습활동의 본질을 기술하라. 학생들에게 무엇을 요구할 것인가? 학습자료는 어떻게 사용될 것인가? 학습기능은 어떻게 사용될 것인가? 어떤 학습 과정을 명료화 할 것인가?</td><td>각 활동마다 계획한 시간이 얼마인지를 표시하라. 이것은 이 수업에서 활동들의 속도를 관찰하는 데 도움을 줄 것이다.</td><td>활동을 어떻게 소개할 것인가? 설명, 증명, 전시를 위해 상기시켜 주는 말로서 핵심 단어를 사용하라. 또한 물어보고 싶은 특별한 질문들도 표시할 수 있다. 이것은 활동 문서이기 때문에 너무 상세한 것은 피해라. 활동을 어떻게 관찰하고, 관리하고, 결론을 내릴 것인가?</td></tr>
<tr><td colspan="3">평가 기회, 목표 그리고 증거
학습활동과 과제로부터 잠재적인 학습결과를 생각하라. 이 과제들이 제공할 수 있는 성취의 증거는 무엇인가? 이것은 국가교육과정의 성취수준 설명서 또는 시험 교수요목의 평가목표의 어떤 양상들과 적절하게 관련될 수 있는가? 수업 중에 일어났던 학습을 관찰한 결과를 통해, 이 수업 이후 이 부분을 추가할 수도 있다.</td></tr>
<tr><th colspan="2">학습에 대한 평가</th><th>교수에 대한 평가</th></tr>
<tr><td colspan="2">수업 중에 일어났던 학습에 관해 논평하라. 학습목표를 다시 언급하라. 이러한 목적과 목표의 성취에서 학습활동은 얼마나 성공적이었나? 학습에 있어서 학생들의 진보, 역량, 동기, 관심에 관해 논평하라. 특별한 학생들의 학습 요구를 충족하는 데 있어서 활동은 얼마나 적절했나?</td><td>이 수업에 사용된 교수 전략의 효과에 대해 반성하라. 당신의 설명과 전시의 명료성에 초점을 두어라. 활동을 관리하거나 학생들의 학습을 관찰했을 때, 어떤 전략·행동·개입이 효과적이었나? 특별한 교실 관리 전략들은 얼마나 성공적이었나? 객관적이고 현실적이 되도록 해라. 너무 자기 비판적이지 마라.</td></tr>
<tr><td colspan="3">실행 포인트
어떤 쟁점들을 더 알아볼 필요가 있을까? 이것은 강화되어야 할 개념 및 일반화, 그리고 명료화되어야 할 기능 및 관점을 포함할 수 있다. 이것은 또한 교실 관리 및 학습을 관찰하거나 지원할 방법들과 같은 자신의 전문성 개발과 관련된 쟁점들을 포함할 수 있다.</td></tr>
</table>

(Lambert and Balderstone, 2000: 44–45)

2) 수업지도안의 주요 구성요소

교사마다 다양한 형식의 수업지도안을 만들 수 있지만, 표 8–1에서처럼 수업지도안은 기본적으로 갖추어야 할 특징들을 가지고 있다. 이러한 특징들은 수업의 제목, 학습 집단, 시간, 목적과 목표, 수업전략과 방법, 학습활동, 학습자료의 제시, 평가절차 등을 포함하고 있다. 이 중에서도 특히 중요한 사항을 중심으로 살펴본다.

(1) 수업목표 또는 학습목표

수업지도안은 수업이 달성하고자 하는 것에 대한 명백한 진술[목적(aims)]과 의도된 학습결과(learning outcomes) 또는 학습목표(learning objectives)를 포함해야 한다. 예비 교사 및 초보 교사들은 종종 목적(aims)과 목표(objectives)를 구별하는 데 어려움을 겪는다. 학습목표는 수업이 끝날 무렵 학생들이 알고, 이해하고, 할 수 있는 것을 의미한다. 이러한 구체적인 수업목표 또는 학습목표를 설정하는 것은, 수업을 설계하는 데 있어 필수적인 첫 번째 단계이다. 교사는 학생들이 성취하기를 바라는 목표를 마음속에 명확하게 가지고 있어야 하다. 이는 수업 중에 학생들의 학습을 지시·안내하고, 수업이 끝난 후 수업의 효과를 평가하는 데 도움을 줄 것이다.

교사가 이러한 학습목표를 학생들과 공유하는 것은, 교수·학습을 학습자 중심으로 이끌 수 있도록 도와준다. 데이비드슨(Davidson, 1996)은 이렇게 하는 교사들을 관찰하기란 쉽지 않다고 하면서, 이것이 학생들로 하여금 학습을 안내하는 교사들에게 의존적이도록 만든다고 주장한다. 따라서 교수·학습이 학생중심이 되기 위해서는 학생들이 수업에서의 성공여부를 알 수 있는 준거가 되는 학습목표를 알 필요가 있다.

> 학습에 대한 동기·관심·책임성을 촉진하기 위해, 학생들은 무엇을 하도록 요구받는지, 왜 그것을 하도록 요구받는지, 그리고 그들이 어떻게 성공할 수 있는지를 알 필요가 있다(Davidson, 1996: 11).

지리교사가 지리수업을 설계할 때, 구체적인 학습목표(지식과 이해, 기능, 가치와 태도)뿐만 아니라 보다 넓은 교육목적을 고려해야 한다. 후자는 문해력, 도해력, 구두표현력, 수리력 등과 같은 핵심기능의 발달과 관련될 수 있다. 또한 후자는 수업에 포함된 학습의 과정(예를 들면, 학생들이 독립적으로 활동할 것인지, 아니면 협동하여 활동할 것인지)을 결정할 수 있을 것이다.

한편 구체적인 수업목표 또는 학습목표에 대한 진술방식은 학자마다 상이하게 제시되는데, 이 책에서는 이에 대해 언급하지 않는다. 이와 관련한 구체적인 사항에 대해서는 교육학 및 교육실습 관련 서적을 참고할 수 있다.

(2) 교과 내용

수업목표 또는 학습목표는 그 수업에서 다룰 구체적인 교과 내용과 관련된다. 이러한 교과 내용은 주로 교육과정 또는 교과서에 의해 주로 결정되며, 반드시 수업지도안에 표시되어야 한다. 수업은 또한 다양한 범교육과정 주제에 기여할 수 있으며, 다른 교과들의 내용과도 연계될 수 있다. 이러한 내용들이 수업지도안에 표시되어야 한다.

교사의 수업설계는 수업의 맥락에 관한 정보를 포함해야 한다. 이러한 수업의 맥락에 관한 정보는 수업을 참관하는 동료교사나 교감 및 교장, 그리고 장학사 등 참관자들에게 특히 유용할 것이다. 수업의 맥락에 관한 정보는 전시수업에서 가져온 선행학습과 실행 포인트에 관한 배경 정보뿐만 아니라, 모둠(규모, 성별 균형, 능력 범위)의 구성에 관한 세부사항을 포함할 수 있다.

(3) 교육과정차별화 고려

최근 수준별 교육과정, 개별화 교육과정에 대한 강조와 더불어, 많은 교사들이 수업지도안의 특정 부분에 구체적인 교육과정차별화 전략을 포함시킨다. 교육과정차별화는 학생들과 그들의 학습 요구에 관한 정보뿐만 아니라, 이러한 학생들을 지원하는 데 사용될 전략들에 관한 정보를 포함한다. 예를 들어 어떤 학급에 매우 유능한 학생들이 있을 때, 그들에게 학습에 대한 도전을 제공하기 위해 '강화' 또는 '심화' 활동이 필요할 수 있다. 반대로 다소 학습 능력이 떨어지는 학생들이 있다면, '보충' 활동을 계획할 필요가 있다. 이를 위해서는 학생들의 활동을 지원할 수 있는 보조교사의 활용 유무를 고려할 필요가 있다. 다양한 교육과정차별화 전략에 대해서는 이 장의 5절을 참조하기를 바란다.

(4) 교구 및 학습자료의 준비

교사의 수업설계는 수업을 위한 제반 준비와 밀접한 관련이 있다. 교사는 학습 활동을 지원할 수 있는 유용한 자료들과, 사용할 구체적인 교구를 확인하고 준비해야 한다. 교사는 교실의 배치, 교구의 위치뿐만 아니라 학습자료도 철저하게 준비해야 한다. 때때로 교사들은 수업계획에서 구상한 활동을 지원하기 위해, 자신이 직접 자료를 만들어 준비할 필요가 있다. 지리교사들이 학생들의 다양한 학습경험을 자극하기 위해 제공하는 교수·학습 자료에 대해서는 이 장의 8절에서 살펴본다.

(5) 학습활동과 교수전략

특정 학령의 학생들이 배워야 할 교과 내용은 교육과정에 의해 결정되지만, 이러한 교과 내용이 어떻게 전달될 것인가에 대한 결정은 대개 교사가 하게 된다. 지리수업을 위한 교수·학습을 설계할 때, 교사들은 다양한 학습활동과 교수전략들을 선정할 수 있다. 지리학습에 대해서는 제4장과 제5장, 그리고 지리교수를 위한 전략에 대해서는 제6장에서 상세하게 언급했다.

교사가 수업을 위해 선정한 학습활동은 이러한 활동이 학생들의 학습에 효과가 있을 것이라 여기는 교사의 신념과 이해를 반영한다(Kyriacou, 1991). 그리고 교사들은 특별한 학습 요구(예를 들면, 유능한 학생, 장애를 가진 학생 등)를 가진 학생들의 요구를 고려할 것이다. 효과적인 학습활동을 만드는 교사의 능력은 자신의 경험을 통한 실천적 지식이 증가함에 따라 개선될 것이다. 왜냐하면 교사는 실천적 지식이 증가함에 따라 학생들의 학습에 대해 보다 잘 이해할 수 있게 되며, 어떤 교수전략과 학습활동이 더 효과적인지에 대해 더 잘 알 수 있게 되기 때문이다. 이러한 교사의 전문적 지식과 이해의 발달은 교수·학습에서의 학생중심 접근을 위한 기본적인 요구사항이 된다.

교사는 학생들로 하여금 의도한 학습목표를 성취하도록 도와주는 것뿐만 아니라, 어떻게 하면 학생들의 주의, 관심, 동기를 유발하고 지속시킬 수 있을지에 대해 관심을 가지게 된다. 키리아쿠(Kyriacou, 1991: 24)에 의하면, 학습활동은 학생들에게 학습이 일어날 수 있는 적절한 지적 경험을 제공해야 할 뿐만 아니라, 학생들이 이러한 지적 경험에 계속해서 참여할 수 있도록 동기를 부여해야 한다. 결과적으로, 수업은 다양한 학습활동들을 포함하는 것이 바람직하다.

교사는 주로 학생들로 하여금 학습자료에 익숙하게 하거나, 학생들이 학습과제를 이해할 수 있도록 도와줌으로써 학습활동을 안내한다. 어떤 수업은 더 많은 자료를 필요로 할 것이다. 교사들은 학생들이 관련 정보나 자료를 기록하거나 분석할 수 있는 활동지(worksheet)를 준비할 수 있다. 활동지는 학생들에게 학습을 위한 구조를 제공하며, 학습결과를 요약하고 기록하도록 도와준다.

교사는 학습활동의 마지막 단계에서, 수업 중에 일어났던 학습을 검토하기 위한 계획을 세워야 한다. 이것은 일반적으로 요약 및 정리 단계로 명명된다. 요약 및 정리 단계에서는 학생들이 학습활동을 통해 발달시킨 기능에 대한 논평뿐만 아니라, 핵심개념 및 용어에 대한 강화가 다시 이루어져야 한다. 또한 다음 차시의 학습과의 연계가 이루어져야 한다. 여기서 각 학습활동 단계를 위한 시간은 유연하게 적용될 필요가 있다. 왜냐하면 각 학습활동 단계를 거치는 과정에서 예기치 않은 문제가 발생할 수 있기 때문이다.

수업이 이상과 같은 일반적인 패턴을 꼭 따라야 하는 것은 아니다. 그러나 예비 교사 또는 초보 교사들은 실천적인 교수 경험이 부족하기 때문에, 수업을 설계할 때 명료한 구조틀을 가지는 것이 도움이 된다. 때때로 학생들은 지리적 지식과 이해, 기능을 심화하기 위해서, 한 차시 수업이 아닌 장기간에 걸쳐 활동을 수행할 필요가 있다. 그러나 어떠한 경우라 하더라도, 교사는 성공적인 지리수업을 설계하기 위해 수업의 명백한 단계들을 구체화하고 계획해야 한다. 이처럼 교사는 효과적인 수업을 위해 수업을 잘 구조화할 필요가 있다. 데이비드슨(Davidson, 1996: 13)에 의하면, 학생들은 명료한 학습목표와 학생들의 능력에 적절한 속도와 깊이로 신중하게 구조화된 수업에서 가장 잘 반응하고 학습한다.

(6) 평가

학습에 대한 평가는 수업설계의 마지막 부분에 위치하고 있지만, 성공적인 교수·학습의 과정에서 필수적인 부분이다. 교사는 수업설계에서 학생들의 학습 발달을 어떻게 관찰하고 평가할 것인지 고려해야 한다. 학습활동의 결과로서 생산된 결과물은 학생들의 지식과 이해, 기능, 가치와 태도의 발달을 평가하기 위해 사용될 수 있다. 그러나 이외에도, 수업 중에 학생들의 발달을 관찰할 수 있는 많은 비형식적인 기회들이 있다. 때때로 학생의 발달에 대한 평가는 수업 중 교사의 질문을 통해서 이루어질 수도 있다. 또한 교사는 학생들의 학습 경험에 대한 관찰을 통해, 그들의 발달에 관한 정보를 얻을 수도 있다.

교사가 수업을 설계할 때, 이러한 평가를 할 수 있는 곳에 표시하는 것은 도움이 될 수 있다. 또한 교사는 미리 계획을 하지 않더라도, 수업을 하는 도중에 평가할 수 있는 기회를 알게 될 수도 있다. 교사는 이러한 모든 제반 사항들을 수업지도안에 기록할 필요가 있다. 이러한 의미에서 수업설계는 또한 지리교사 자신의 학습에 대한 기록이기도 하다. 그러므로 교수에 대한 평가는 수업설계의 중요한 구성요소가 된다. 대개 교수에 대한 평가는 수업에 대한 교사의 반성에 근거하며, 반성은 수업에 대한 교사의 지각에 달려 있기 때문에 주관적일 수 있다. 때때로 교수에 대한 평가는 수업 후 멘토 또는 참관자의 비평에 의해 이루어질 수도 있다. 이를 수업컨설팅이라고 한다. 그러나 사실 우리나라에서 주로 사용되는 수업지도안 양식에는 교사들이 수업을 한 후 자신의 교수나 학생들의 학습에 관해 평가하거나 반성하는 부분이 없다. 교사가 자신의 수업에 대해 평가와 반성을 하는 것은, 실천적 경험과 지식을 획득하는 데 매우 중요한 자산이 된다. 어떻게 보면 수업비평의 출발점은 교사 자신에게 있는지도 모른다. 최근에 수업비평 또는 수업컨설팅에 대한 관심이 높아지고 있어, 이 부분에 대해 진지하게 고려해 볼 필요가 있다.

예비 교사 또는 초임 교사의 교수에 대한 반성과 평가는 대개 수업 관리와 관련되는 경우가 많다. 그러나 전문성을 갖춘 지리교사로 발전하고자 한다면, 교수전략과 학습활동에 대한 자신의 평가에 초점을 두어야 한다. 예를 들면, 교수전략들이 얼마나 효과적으로 사용되었나? 이 활동이 학생들로 하여금 의도된 학습결과 또는 목표를 성취할 수 있도록 계획되었나? 나의 설명, 표현, 사용한 기능이 얼마나 명료하고 효과적이었나? 나는 수업 설계, 수업 및 활동의 준비와 전달, 수업에서의 교수 전략에 어떤 개선을 할 수 있었나? 이러한 제반 사항들에 대한 평가는 교사들이 다음의 교수를 위한 목표를 설정하는 데 도움을 줄 수 있으며, 이는 교사의 전문성 개발에 중요한 부분을 차지할 것이다.

지금까지 지리수업을 설계하는 도움이 될 수 있는 수업지도안을 작성할 때 고려해야 할 다양한 양상들을 분리하여 고찰했다. 이러한 수업지도안을 활용한 수업설계 과정의 다양한 양상 또는 단계는 편리를 위한 구분일 뿐, 실제로 이들 간에는 매우 긴밀한 연계가 있다. 예를 들면, 의도된 학습목표, 학습활동, 교수전략, 학생들의 학습에 대한 요구, 학습에 대한 평가 간에는 긴밀한 관계가 있다.

3. 수업설계 모형

1) 딕과 캐리의 수업설계 모형

수업설계 모형 중에서 가장 대표적인 모형으로 알려진 딕과 캐리(Dick and Carey)의 수업설계 모형은 체제적 접근에 입각한 절차적 모형으로서 효과적인 교수 프로그램을 개발하는 데 필요한 일련의 단계들과 그 단계들 간의 역동적인 관련성에 초점을 두고 있다(박성익 외, 2011). 따라서 딕과 캐리의 수업설계 모형은 교사들이 수업을 계획하는 데 적용 가능성이 높다. 딕과 캐리의 수업설계 모형을 도식화하면 그림 8-1과 같다.

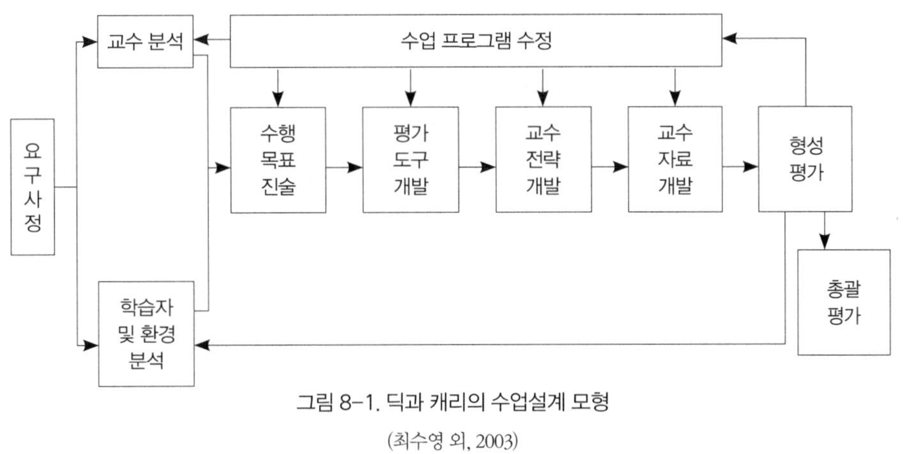

그림 8-1. 딕과 캐리의 수업설계 모형
(최수영 외, 2003)

2) 딕과 레이저의 수업설계 모형

딕과 레이저(Dick and Reiser, 1989)는 효과적인 수업을 계획하는 방법으로 수업계획에 체제적인 접근을 도입할 것을 제시하였다. 그리고 수업이 체제적으로 계획되었다는 것을 충족하기 위해서는 다음의 4가지 원리를 따라야 한다고 하였다. 첫째, 학습자들이 획득할 일반적 목적과 구체적 목표를 분명하게 확인함으로써 계획 과정을 시작한다. 둘째, 학습자가 이러한 목표를 획득하도록 하는 수업활동을 계획한다. 셋째, 이러한 목표의 획득을 평가할 수 있는 평가도구를 개발한다. 마지막으로, 각 목표에 학습자의 수행과 수업 활동에 대한 학습자 태도에 비추어 수업을 수정한다. 딕과 레이저(Dick and Reiser, 1989)의 체제적 수업설계 모형은 그림 8-2와 같다.

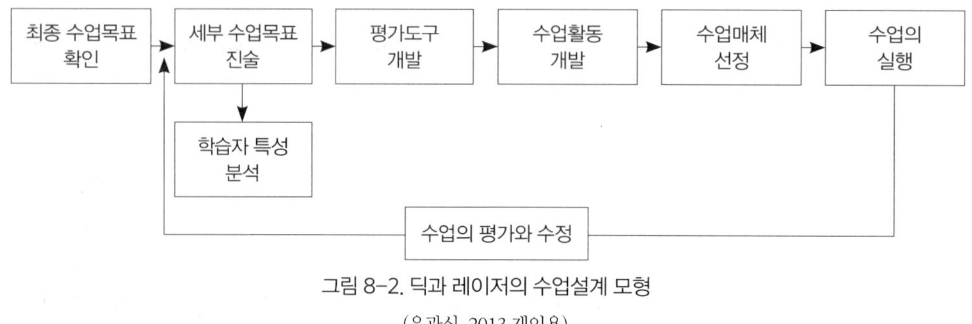

그림 8-2. 딕과 레이저의 수업설계 모형
(윤관식, 2013 재인용)

수업설계는 특정 교과나 프로그램에 대한 교수활동을 위하여 실제적인 절차를 조직하는 전략 및 방안으로, 수업 프로그램을 설계, 제작, 실행, 평가하는 체계적 과정을 말한다. 수업설계는 미시적인 관점에서 볼 때 교수자가 학습자를 가르치기 위하여 학습지도안을 개발하는 과정이다. 수업설계는 8가지 요소로 구성되며 이 구성요소들이 통합될 때, 학습자에게 좋은 수업을 전달할 수 있는 계획을 위한 하나의 틀을 형성할 수 있다. 수업설계는 이들 구성요소들에 대한 충분한 고려와 적절한 결정을 수행하는 과정이다(윤관식, 2013). 딕과 레이저(Dick and Reiser, 1989)의 수업설계 모형 8단계를 간략하게 기술하면 다음과 같다.

(1) 최종수업목표의 확인

최종수업목표는 단위 수업의 결과로서 학습자가 할 수 있는 것을 일반적 수준에서 진술을 하거나 이를 분석하는 행위이다. 최종수업목표는 한 단위의 수업시간, 즉 초등학교는 40분, 중학교는 45분, 고등학교는 50분 정도의 교수 내용을 포함한다.

(2) 세부수업목표의 진술

세부수업목표는 단위 수업이 끝났을 때 학습자가 할 수 있게 되는 것이 무엇인지를 매우 구체적으로 진술하는 행위이다. 세부수업목표는 최종수업목표로부터 도출되므로, 최종수업목표는 세부수업목표에 나타난 각 목표 행동을 성취하면 자연스럽게 도달하게 되는 단위 수업을 위한 최종적인 학습 성과이다.

(3) 학습자 특성 분석

학습자 특성 분석은 학습자의 출발점 행동을 확인하는 작업으로, 출발점 행동이란 특정 수업 단위가 시작할 때 학습자가 지니고 있거나, 지니고 있어야 하는 그 수업과 관련된 지식, 기능 및 태도와 관련된 행동을 말한다. 교수자는 학습자의 지적 특성으로는 학습자의 선수학습과 선행학습의 정도를 확인하며, 이외에도 학습에 영향을 미치는 학습자를 둘러싼 개인적 특성(사회·경제적 배경, 사전 경험, 성별 등)과 심리적 특성(학습동기, 학습에 대한 불안감, 자아개념, 학습스타일 등)을 확인하기도 한다.

(4) 평가도구의 개발

평가도구의 개발은 각 수업목표의 성취 정도를 확인할 수 있는 평가도구를 선정하거나 개발하는 것을 말한다. 평가도구는 학습자가 실제로 수업목표에 성공적으로 도달하였는지를 밝혀 주는 역할을 하므로 준거지향검사의 형태로 개발된다. 이 평가방법은 최종적인 학습자의 성취도를 목표에 비추어 평가하기 때문에 목표지향평가라고도 한다.

(5) 수업활동의 개발

수업활동의 개발은 설정된 수업목표를 학습자가 잘 성취할 수 있도록 교수·학습 활동 및 활동의 내용과 절차를 선정하거나 결정한다.

(6) 수업매체의 선정

수업매체의 선정은 교수자가 자신의 수업에서 사용할 매체를 결정하거나 제작하는 행위이다. 수업매체는 학습자에게 수업을 전달하기 위한 물리적 수단으로 기자재인 하드웨어와, 하드웨어를 통해 제시되는 수업자료인 소프트웨어가 있다.

(7) 수업의 실행

수업의 실행은 지금까지 개발한 교수·학습지도안을 사용하여 직접 학습자를 가르치는 것이다. 교수자는 수업활동을 통하여 학습자에게 기대하였던 목표를 성취할 수 있도록 노력해야 한다.

(8) 수업의 평가와 수정

수업의 평가와 수정은 수업을 시행하는 것만으로 수업이 종결되는 것이 아니므로, 자신이 수행한 수업을 검토하여 보완하거나 수정하는 것을 말한다. 이 활동은 앞으로 보다 좋은 수업을 개발하기 위한 주요한 과정이다.

3) 윌리엄스의 체제적 지리수업설계 모형

앞에서 살펴본 수업설계 모형은 주로 교육학자들에 의해 고안된 것이다. 사실 교과교육에서도 교육학에서 정립된 체제적 수업설계모형을 그대로 활용하는 경우가 많지만, 교과의 특수성에 따라 다소 수정하여 사용하기도 한다. 이러한 맥락에서 지리교육학자 윌리엄스(Williams, 1997)는 지리수업을 위한 체제적 수업설계 모형을 제시하였다. 그는 그림 8-3과 같이, 수업설계의 원칙적 특징은 시스템(체제)으로서 표현된다고 주장한다(Williams, 1997: 134).

이러한 시스템(체제)에 들어가는 것은 개성적 특성에 의해 개별화된 학생들이다. 학생들이 특정한 활동 단원 또는 토픽의 학습에 들어갈 때, 그 활동 단원 또는 토픽과 관련한 그들의 적성(aptitude), 경험(experience), 열의(enthusiasm)와 관심(interest)은 매우 중요하다. 교사는 활동 단원 또는 토픽을 설계할 때 이들을 고려하고, 이를 통해 교사 또한 명백한 적성, 경험, 열의와 관심을 가지게 될 것이다. 활동 단원 또는 토픽의 학습에 대한 결론에서, 학생들은 많은 학습결과를 성취해야 하고, 이러한 성취는 평가(assessment)할 수 있어야 한다.

그리고 그는 수업설계는 특정 학생, 교사 또는 지리적 토픽과 관계없이, 다음과 같은 일련의 단계로 기술될 수 있다고 주장한다(Williams, 1997: 135).

1. 학생들의 요구 확인
2. 확인된 요구 분석
3. 학생들의 요구 순위화

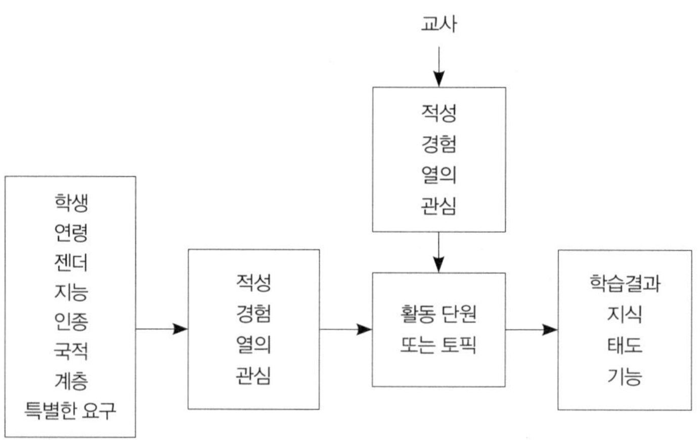

그림 8-3. 시스템(체계)으로서 수업설계

4. 토픽의 목적에 대한 진술
5. 수업목표의 진술
6. 지리 내용의 구체화
7. 지리 내용의 배열
8. 자료를 검색하기
9. 교수·학습 전략의 계획
10. 학생 평가(assessment)의 계획
11. 교수·학습 전략과 학생 평가의 실행
12. 전체 수업설계를 모니터링하기
13. 형성평가
14. 총괄평가

이러한 단계는 준비(preparation), 교수(teaching), 후속활동(follow-up)이라는 더 일반적으로 언급되는 단계를 세부적이고 분석적으로 제시한 것이라고 할 수 있다. 또한 이러한 단계는 수업 전 단계(pre-instructional), 수업 단계(instructional), 수업 후 단계(post-instructional)라는 3단계의 시퀀스로 언급될 수도 있다. 윌리엄스(Williams, 1997: 135)는 이러한 일련의 단계들을 떠받치는 중심 원리를 다음과 같이 제시한다.

- 수업설계는 단계들의 논리적 시퀀스를 따르는 합리적 과정이다.
- 수업설계는 학습자 중심이다. 그것은 학습자들의 요구와 함께 시작한다.
- 수업설계는 학습결과의 성취에 기여하는 모든 요인들을 고려한다는 점에서 종합적이다.
- 수업의 교수는 전체 수업 과정의 단지 일부분이다.
- 목적은 목표와 구별된다.
- 학생에 대한 평가(assessment)는 평가(evaluation)와 구분된다.

4) 목표 모형과 과정 모형

지금까지 살펴본 수업설계 모형은 체제적 수업설계 모형이었다. 그러나 최근 구성주의 학습관에 의해 이러한 체제적 수업설계 모형에 대한 비판이 계속해서 제기되고 있다. 지리교육에서는 이러한

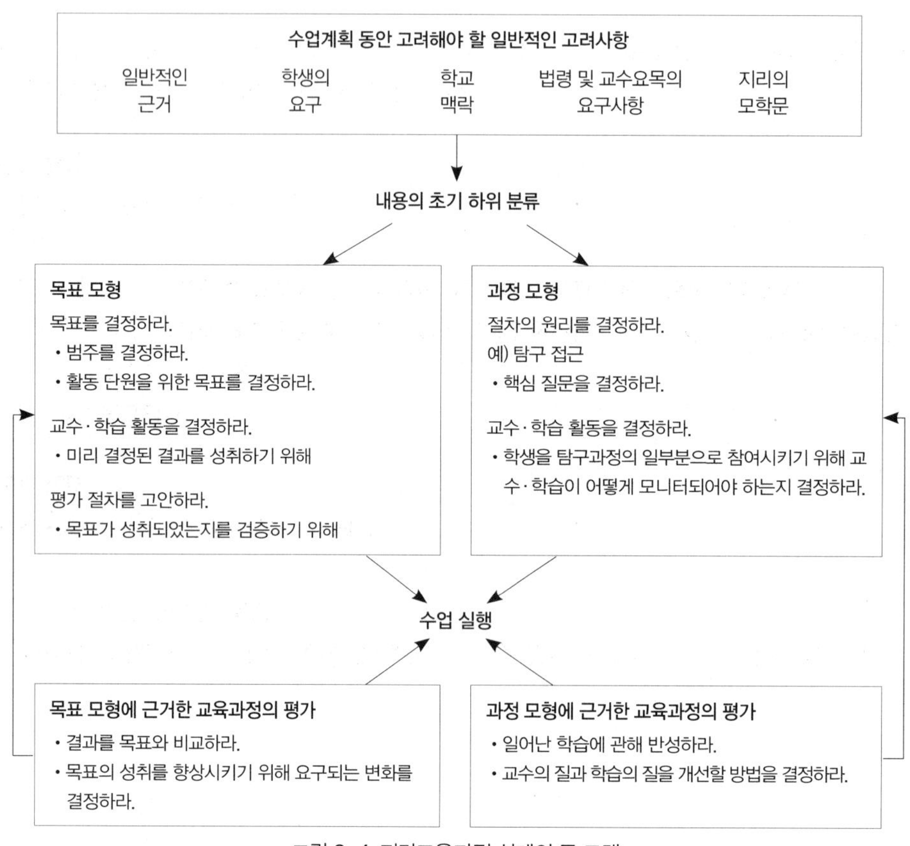
수업계획 동안 고려해야 할 일반적인 고려사항
일반적인 근거
학생의 요구
학교 맥락
법령 및 교수요목의 요구사항
지리의 모학문
내용의 초기 하위 분류
목표 모형
목표를 결정하라.
• 범주를 결정하라.
• 활동 단원을 위한 목표를 결정하라.
교수·학습 활동을 결정하라.
• 미리 결정된 결과를 성취하기 위해
평가 절차를 고안하라.
• 목표가 성취되었는지를 검증하기 위해
과정 모형
절차의 원리를 결정하라.
예) 탐구 접근
• 핵심 질문을 결정하라.
교수·학습 활동을 결정하라.
• 학생을 탐구과정의 일부분으로 참여시키기 위해 교수·학습이 어떻게 모니터되어야 하는지 결정하라.
수업 실행
목표 모형에 근거한 교육과정의 평가
• 결과를 목표와 비교하라.
• 목표의 성취를 향상시키기 위해 요구되는 변화를 결정하라.
과정 모형에 근거한 교육과정의 평가
• 일어난 학습에 관해 반성하라.
• 교수의 질과 학습의 질을 개선할 방법을 결정하라.

그림 8-4. 지리교육과정 설계의 두 모델

(Roberts, 2002)

체제적 수업설계 모형과 유사한 목표 모형(objective model)에 대한 비판으로 대안적인 수업설계 모형인 과정 모형(process model)을 강조하고 있다(Roberts, 2002; Lambert and Balderstone, 2010). 목표 모형은 행동주의를 근간으로 하고 있으며, 과정 모형은 구성주의를 근간으로 하고 있다(그림 8-4). 목표 모형과 과정 모형 중 어느 것이 수업설계를 위해 더 바람직하다고 말하기는 곤란하다. 왜냐하면 둘 다 각각 장단점을 가지고 있기 때문이다.

(1) 목표 모형

① 특징

목표 모형은 목표가 이후의 모든 것을 결정하는 수업설계 모형이다. 이 모형은 현재까지도 매우 큰 영향력을 행사하고 있다. 보드만(Boardman, 1986)은 수업설계 과정에 관여하는 상이한 요소들인 목표, 내용, 방법, 평가 간의 상호관계를 그림 8-5와 같이 제시하면서, 이를 상호작용하는 수업설계 모형으로 명명했다. 이 모형은 목표지향 접근으로서, 거의 30년 동안 지리교육에서 수업설계에 중요한 영향을 끼쳐왔다.

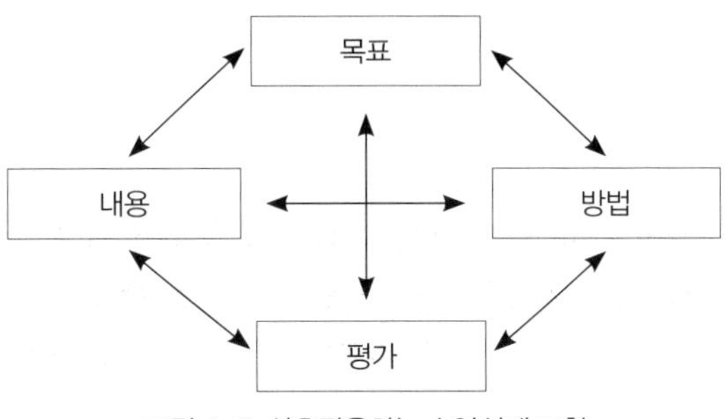

그림 8-5. 상호작용하는 수업설계 모형
(Boardman, 1986: 33)

수업설계의 목표 모형은 주요 특징으로 3가지를 들 수 있다(Fien, 1984; Roberts, 2002). 첫째, 학습과정의 시작에서 의도된 결과에 관한 결정들이 이루어진다. 이러한 결정들은 먼저 폭넓은 목적으로 표현되고, 그 후 더 세부적인 목표, 즉 학생들이 학습하기로 기대되는 것에 대한 진술들로 표현된다. 둘째, 교수와 학습 활동은 선택된 목표들이 성취될 수 있도록 하기 위해 설계된다. 셋째, 학습의 성공은 목표가 성취된 정도에 의해 결정된다.

② 기원

이러한 수업설계의 목표 모형은 행동주의 심리학이 교육과정 설계에 적용되었던 미국에 그 기원을 두고 있다(Bobbitt, 1918; Tyler, 1949; Taba, 1962). 사실 구체적인 수업목표를 어떻게 진술해야 하는지에 대해서는 상당한 논쟁이 있어 왔다. 구체적인 목표 진술 방식에 대한 논의는 타일러(Tyler), 메이거(Mager), 그룬룬드(Grunlund) 등에 의해 이루어졌다.

미국 학계의 교육과정 설계에서 목표의 사용은 상이한 유형의 학습결과들에 관한 사고를 격려했고, 그 결과 학습결과의 가장 영향력 있는 범주가 블룸(Bloom et al., 1956)에 의해 고안되었다. 그는 두 가지 영역에서 교육목표분류학을 출판했다. 하나는 학습결과가 상이한 사고의 유형에 의해 규정되는 인지적 영역이며, 다른 하나는 학습 결과들이 상이한 유형의 반응과 태도에 의해 규정된 정의적 영역이다. 그는 각 영역을 성취수준의 계층으로 하위 구분했다. 예를 들면, 그는 인지적 영역을 지식(회상에 대한 강조와 함께), 이해(comprehension), 분석, 종합, 평가로 하위 구분했다.

③ 장점

목표 모형의 장점은 무엇보다도 학습의 결과, 학습에 관한 체제적 사고를 격려한다는 것이다. 즉 평가를 통해 목표의 성취 여부를 확인할 수 있는 것처럼, 수업설계에서 목표를 사용하는 것은 교수·학습에 진정한 목적 의식을 제공해 준다. 그리고 상이한 유형의 학습에 대한 평가를 비롯하여 더 가치 있다고 여겨지는 활동을 격려할 수 있다. 지식과 이해, 기능, 가치라는 목록은 지리교육과정 및 교과서를 조직하기 위한 유용한 구조틀을 제공해 오고 있다. 또한 교육과정 계획에서 목표는 교수와 학습에 대한 목적 의식을 제공할 수 있다. 학생들의 목표에 대한 성취는 학생 자신은 물론 학부모와 사회에 중요한 정보를 제공한다.

④ 단점

목표 모형은 널리 활용되고 있음에도 불구하고 신랄하게 비판을 받아 왔다. 그 비판들은 실제적인 것과 이론적인 것 두 가지 유형이 있다(Roberts, 2002).

먼저 실제적인 측면에서의 문제점은 다음과 같다(James, 1968; Sockett, 1976; Roberts, 2002). 첫째, 목표 모형이 제대로 수행되려면 많은 목표들이 진술되어야 한다는 것이다. 즉 목표를 규정하는 데 명료성의 추구는 목표 진술의 확산으로 이어질 수 있다. 명료성을 위해 요구되는 목표를 전부 진술하는 것은 부담이며, 진술되는 모든 것의 성취를 평가하는 것은 비현실적이다. 둘째, 목표 진술에 걸리는 시간이 부담으로 작용한다. 셋째, 인지적 목적뿐만 아니라 특히 정의적 목적을 구체적이고 명시적인 목표로 진술하기란 쉽지 않다. 넷째, 학생들의 학습을 규정된 목표로만 제한할 수 없다.

다음으로 이론적인 측면에서의 문제점은 다음과 같다. 첫째, 구체적인 수업목표의 성취가 일반적인 목적의 성취로 이어진다는 전제에 대한 문제점이 제기된다. 즉 교육의 과정은 그 부분들의 합 이상이라는 것이다. 둘째, 목표 모형은 복잡한 상황에 대한 이해의 결과보다는 간단한 기능의 학습에 대한 결과를 처방하고 규정하기에 쉽다. 즉 쉽게 진술되고 규정될 수 있는 목표가 반드시 더 가치 있는 것이라고는 할 수는 없다. 셋째, 목표 모형은 미리 결정된 결과를 강조하는데, 이에 대한 문제점이 계속해서 제기된다(Roberts, 2003). 왜냐하면 이러한 목표 모형에서는 교사의 계획을 따르는 것 이외에 학생들을 위한 역할이 거의 없기 때문이다. 만약 교육목적 중의 하나가 학생들에게 사고하도록 하는 것이라면, 어떻게 모든 결과를 미리 결정(예측)할 수 있겠는가? 스텐하우스(Stenhouse, 1975: 82)는 '지식 또는 사고를 위한 교육은 학생들의 행동적인 결과를 예측할 수 없게 만드는 정도에 따라 성공적이다'라고 하였다. 넷째, 목표 모형은 학습의 최종적인 산물에 너무 많은 초점을 둘 수 있다. 이것은 예측할 수 없는 결과를 가진 활동보다 시험에 대한 교수, 폐쇄적이고 제한된 활동을 격려할 수 있다. 또한 교사들로 하여금 결과를 예측할 수 없는 토픽을 사용하지 못하게 하며, 수업 과정에서 출현하는 예측불가능성을 차단할 수 있다. 다섯째, 목표를 지나치게 강조하다 보면 수업에서 실제로 일어나고 있는 것에 대한 눈가리개로서 역할을 할 수 있다. 즉 교사는 목표와 관련 없이 일어나는 학습에 대해서는 알지 못하게 된다. 여섯째, 교육과정 설계는 모든 학생들을 위해 공통의 목표를 추구하여 개별적인 차이와 요구를 간과하는 경향이 있다. 마지막으로, 피엔(Fien, 1984)의 경우, 목표보다는 학습자가 가지고 있는 지식, 믿음, 경험과 흥미들이 교육과정 계획에서 출발점이 되어야 한다고 주장한다.

(2) 과정 모형

① 특징

과정 모형은 목표가 모든 것을 결정한다고 보지 않는다. 사실 모든 학습결과가 미리 예측될 수 있는 것은 아니다. 수업에서는 종종 예측할 수 없고 의도하지 않은 학습이 일어날 수 있다. 지리에서 과정 모형은 학습에 대한 탐구적 접근의 발달에 영향을 끼쳤다. 탐구적 접근은 교사들과 학생들 모두에게 질문의 중요성을 강조한다. 따라서 학생들은 탐구 질문에 답변하기 위해, 학습 과정에 능동적으로 참여할 필요가 있다(Naish et al., 1987).

교육과정 개발의 과정 모형은 3가지의 주요 특징이 있다(Roberts, 2012). 첫째, 세부적인 계획이 일어나기 전에 교수와 학습 활동을 안내해야 하는 절차의 원칙에 관한 결정이 이루어진다. 둘째, 교수와 학습 활동은 절차의 원리에 따라 설계된다. 셋째, 교과과정(수업)은 학습의 결과뿐만 아니라 과정을 관찰함으로써 평가된다.

② 기원

교육과정 개발의 과정 모형은 교육의 과정(process)에 대한 본질적인 가치로부터 출현했으며, 교육과정 설계의 목표 모형에 대한 비판으로부터 발달했다(Peters, 1959; Bruner, 1966; Raths, 1971; Stenhouse, 1975).

과정 모형에 근거한 교육과정 개발의 첫 번째 사례들 중의 하나는 1960년 제롬 브루너(Jerome Bruner)에 의해 개발된 미국 사회과학 교과과정이었다. 이 교과과정은 "인간: 학습의 과정(Man: A Course of Study)"이며, 목적을 목표(objectives) 대신에 원리(principles)로 표현했다. 7개의 원리들 중 첫 번째는 '젊은이들에게 질문하기 과정을 착수시키고 발달시키기'였다. 학습의 종착점(목표)을 진술하는 대신에, 이러한 7개의 원리들이 수업 활동을 떠받치도록 의도되었다.

과정 모형이 사용된 또 하나의 주목할 만한 사례는 1970년대에 로렌스 스텐하우스(Lawrence Stenhouse)에 의해 주도된 학교위원회 인문학 교육과정 프로젝트(School Council Humanities Curriculum Project)였다. 이것의 원리들 중 하나는 논쟁적인 쟁점에 대한 탐구는 일방적인 교수보다 토론을 통해 이루어져야 한다는 것이었다(Roddock, 1983: 8).

교육과정의 과정 모형이 발달됨에 따라, 교사들이 자신의 수업에서 일어나는 과정들을 조사하는 실행연구를 포함하여, 교수와 학습을 평가하는 새로운 방법들이 발달되었다. 과정 모형은 비록 교사들이 가르치고 있더라도 수업 중 일어나는 교사들의 '행위 중 반성(reflecting in action)'에 의존하는 평가와 관련이 있다(Schön, 1983). 그리고 교실 경험 동안 수집된 상이한 증거를 고찰하는 '행위 후 반성[reflecting after(on) action]'을 통해 이루어진다. 과정 모형을 활용한 교육과정 설계는 학생들을 위한 교육과정을 제공하는 수단이 될 뿐만 아니라, 계속적인 전문성 계발의 수단이 된다.

③ 지리교육과정 계획에의 영향

실제로 여전히 목표 모형이 지리교육과정 계획에 많은 영향을 주고 있다. 그러나 최근 구성주의 학습관의 발달에 따라 과정 모형이 지리교육과정 개발에 '탐구 접근의 발달'과 '수업 과정에 관한 연구'가 큰 영향을 끼치고 있다(Roberts, 2003).

먼저 과정 모형이 탐구 접근의 발달에 미친 영향에 대해 살펴보자. 탐구 접근에 내재된 절차의 첫 번째 원리는 교사와 학생 모두에게 질문하는 것의 중요성을 강조한다는 것이다. 지리에서 질문하기에 주어진 중요성은 교육과정 계획의 초기 단계에서 질문들의 중요성으로 이어졌다. 목표 모형이 학습의 최종적인 산물들을 규정함으로써 교육과정 계획을 시작했다면, 과정 모형은 공통적으로 학습의 시작과 함께 질문들을 사용한다. 과정 모형의 대표적인 사례로는 영국 학교위원회의 '지리 16-19 프로젝트'와 1995년 영국 국가교육과정이다. 여기에서는 다양한 지리적 질문들이 제시되었다(조철기, 2014 참조). 그리고 탐구 접근의 두 번째 함축적인 원칙은 교사로부터 답을 제공받는 것보다 질문에 답변하기 위해 필요한 과정에 학생들의 능동적인 참여의 중요성을 강조한다.

다음으로 과정 모형은 지리를 학습하는 데 있어서 교사와 학생이 사용하는 언어에 초점을 둔 교수와 학습의 과정에 관한 연구를 격려했다. 구두표현력에 관한 조사(Carter, 1991), 글쓰기 활동(Barnes, 1976)과 읽기(Davies, 1986)에 관한 조사는 학생들이 지리에 대한 이해를 발달시키는 데 할 수 있는 역할을 드러냈다. 소규모 모둠 활동, 역할극, 시뮬레이션, 상이한 장르의 글쓰기, 학습 다이어리 등의 사용이 증가하였는데, 이는 지리적 지식의 구성에서 학생들의 역할과 교육과정에 대한 그들의 기여를 보여 주는 증거라고 할 수 있다.

로버츠(Roberts, 2002)는 교육과정 설계에 과정 모형을 채택한다면, 다음 질문들이 고려될 필요가 있다고 주장한다.

- 학생들이 이 주제에 몰입할 수 있는 핵심질문은 무엇인가?
- 교사에 의해 어떤 질문이 처음에 제기되어야 하는가?
- 교수와 학습 활동이 학생들에게 자신의 질문을 하도록 격려하기 위해 어떻게 고안될 수 있는가?
- 학생들이 이러한 질문에 답변할 수 있도록 격려하기 위해서는 어떤 자료가 필요한가?
- 이러한 자료는 어떻게 수집되고 선택되는가?
- 그러한 질문들에 답변하기 위해 어떤 지리적 기법과 절차가 사용될 수 있는가?

- 이러한 기법들과 절차들이 활동에 어떻게 통합될 수 있는가?
- 학생들은 단원 및 개별 수업 동안 탐구과정의 어떤 부분에 몰입될까?
- 학생들이 관계한 과정이 수업 동안 그리고 수업 이후에 어떻게 평가될 수 있을까?
- 평가로부터 학습된 것이 어떻게 후속 수업과 활동 단원에 구축될 수 있을까?

스텐하우스(Stenhouse, 1975)는 교수과정 설계의 목표 모형의 대안인 과정 모형의 열렬한 지지자이다. 과정 모형은 특히 학습자중심의 교수과정에 적합하나 개념, 원리와 주제중심 교수과정에도 쉽게 이용될 수 있다.

피엔(Fien, 1980; 2002)은 과정 모형에 근거한 지리교육과정 설계를 위한 8단계를 다음과 같이 제시하였다.

- 교육과정이 계획하고 있는 대상인 학습자와 학습 집단의 고찰
- 학생들의 공간적·환경적 필요, 관심과 흥미를 고양시키기 위하여 학생들의 개인지리 분석
- 지리교육이 학생들의 환경적 필요, 관심과 흥미에 기여할 수 있는 바의 분석
- 학생들의 개인지리에 토대를 둔 지리교육의 프로그램을 학생들에게 제공하는 데 사용될 수 있는 지리학의 주요 아이디어의 고찰
- 이 주요 아이디어와 관련된 교육과정 단원의 선택과 개발
- 선택된 교육과정 단원을 통하여 개발될 수 있고 필요로 하는 학습 기능의 고찰
- 학생들의 개인지리와 교육과정 단원 내의 기능과 주요 아이디어를 교사가 연계시킬 수 있는 교수전략의 결정
- 교육과정 본질과 가치 그리고 그것들의 기여에 관하여 학생, 또래와 교사들이 의사결정을 할 수 있는 평가 방법의 선택

④ 장점

교육의 내재적 가치에 근거한 교육과정 개발의 과정 모형은 무엇보다 학습에 초점을 둔다. 과정 모형은 학생들이 학습한 것을 형성하는 데 그들 자신의 역할을 인식하고, 학생들이 지리를 스스로 구성하는 데 그들의 역할을 강조한다. 또한 과정 모형은 교실수업에서의 상호작용의 복잡성을 인식하며, 의도되었든 의도되지 않았든 또는 예측하지 않았든 간에 수업 과정에서 실제 일어나는 학습에 가치를 부여한다. 여기에는 교사의 전문적 판단이 교과과정을 평가하고 학생들을 평가하는 데 중요

하게 작용한다.

⑤ 단점

과정 모형은 새로운 접근 방법으로, 목표 모형이 확고한 자리를 잡고 있을 때에도 많은 교사들이 과정 모형을 수 년간 교육을 받았으나, 많은 교육과정은 여전히 목표 모형에 근거하고 있다. 이는 과정 모형이 교육과정 설계에 있어 가지는 문제들이 있기 때문인데, 학습자중심의 과정 모형은 목표 모형보다는 학생들의 필요, 관심과 흥미에 더욱 민감한 반응을 요한다(Fien, 1984).

또한 과정 모형을 사용하여 계획된 교육과정을 떠받치는 원칙들은 평가에서 객관적으로 사용될 만큼 충분히 정확하지 않다는 것이다. 즉 수업 과정 동안에 일어난 것에 대한 이해는 교사의 개인적 해석과 전문적 판단을 위한 문제이다. 그러한 판단들은 목표 모형을 따르는 교육과정 계획에 기반한 판단들보다 덜 가치로울 수 있다는 것이다(Roberts, 2002).

글상자 8.1

슬레이터에 의해 정교화된 지리수업설계 활동

지리수업설계 활동의 핵심단계들

1. 질문들을 파악하기 위하여 브레인스토밍을 하시오.
2. '최상의' 질문 목록을 추려 내시오.
   - 그 질문들은 중요한가?
   - 그 질문들은 지리적인가?
   - 그 질문들은 학습자에게 동기를 유발할 것 같은가?
3. 하위 질문들(핵심질문들 각각에 적합한 탐구의 계열)을 명료화하시오.
4. 여러분이 수업설계를 하는 데 고려하고 있는 개념, 일반화, 중심적 이해를 열거하시오.
5. 적절한 학생 활동과 교수 전략을 파악하기 위하여 다시 한 번 브레인스토밍을 하시오.
   - 그 활동을 시작하기 위한 아이디어에 대해 특별히 고려하시오.
6. 학습 자료와 교재를 고찰하시오.
   - 무엇이 이미 존재하고 있는지, 무엇을 개발할 수 있을지 고찰하시오.
   - 어떤 데이터베이스가 적절한가?
   - 정보는 어떻게 설명되고 표현될 수 있는가?
   - 어떤 순서로 자료가 제시될 것인가?
7. 가장 적절한 학생 활동과 교수 전략을 선정하시오.
   - 학생들의 과제는 구체적 학습목표와 같아야 한다는 것을 인식하시오.

• 학생들의 과제는 일반화에 도달하기 위한 수단이라는 것을 인식하시오.
• 과제는 균형 잡혀 있고 범위가 제시되는가?

8. 과제의 형식과 조직에 대하여 결정하시오.
   • 어떤 자료와 자료의 처리 방법을 사용할 것인가? 어떤 순서로?
9. 적어도 일반적 용어로, 그리고 개발하고자 하는 일반적인 아이디어에 비추어, 질문들로부터 드러나는 학습목표를 고찰하시오.
10. 평가(assessment)와 평가(evaluation) 절차를 개발하시오.
   • 평가를 핵심질문 및 학습 활동과 결부시키시오.
   • 이용 가능한 범위, 즉 공식적 시험인지 아니면 비공식적 시험인지, 구술 시험인지 아니면 지필 시험인지에 대해 고려하시오.
   • 학습 활동 내에서, 그리고 학습 활동 간에 어떤 조화와 우연성이 존재하는가?

(Secondary Geography Education Project, 1977; Slater, 1993: 25 재인용)

지리탐구학습의 과정

슬레이터(1982)는 『지리를 통한 학습(Learning Through Geography)』에서 탐구과정 모형을 제시했다. 슬레이터는 기존의 탐구학습 과정을 질문 → 자료의 처리 방법과 기능의 실습 → 일반화로 단순화하여, 지식, 기능, 가치, 태도 등을 모두 다룰 수 있도록 하였다. 이러한 질문으로부터 일반화에 이르는 지리탐구학습의 과정은 개별적이고 사소한 사실적 정보를 더 큰 일반적 정보의 매듭으로 연계시키는 의미와 이해의 개발에 기여한다.

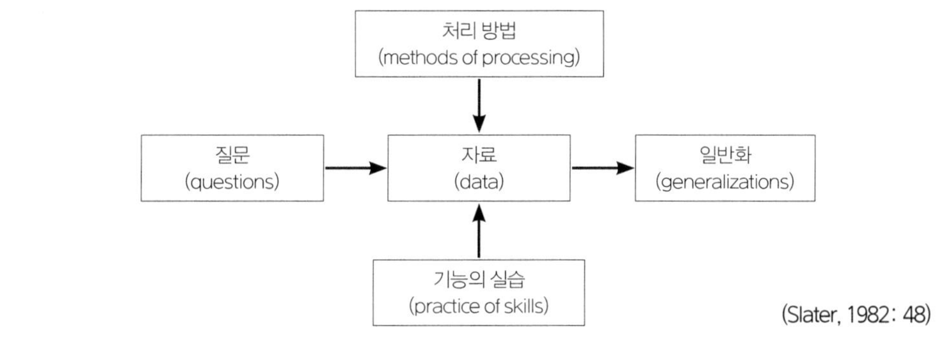

(Slater, 1982: 48)

4. 지리수업의 계열적 설계: 탐구계열

교사의 처음 목표는 한 차시의 수업을 성공적으로 실행할 수 있도록 능숙해지는 것이다. 그러나 이윽고 진정한 문제는 한 차시의 개별 수업이 아니라, 한 달 이상 또는 반 학기 동안의 수업 운영이라는 것이 명백하게 된다. 이것은 학생들의 학습경험들을 창출하는 것이다(Marland, 1993: 141).

1) 계열적 설계의 의미

우리나라의 관점에서 보면, 지리수업의 계열적 설계란 말이 다소 생소할 수 있다. 우리나라의 경우, 일반적으로 교사들이 수업을 설계할 때 염두에 두는 것은 대단원 계획과 본 차시 계획이다. 이러한 대단원 계획과 본 차시 계획은 주로 교과서에 의존하여 기계적으로 계열화된다. 따라서 교사가 한 학기 또는 일 년 동안 가르쳐야 할 수업을 교과서에 따라 기계적으로 계열화하다 보니, 실제로 한 차시 한 차시 수업 간에는 계열화가 이루어지지 않는 경우가 많다. 이러한 점을 보완하기 위해서는 교과서를 재구성하여 수업을 계열적으로 구성하든지 아니면 특정 주제에 따라 수업을 계열적으로 구성해야 한다.

여기서 수업의 계열적 구성을 돕기 위해 라이거루스(Reigeluth, 1987)의 정교화이론을 간단하게 언급할 필요가 있다. 정교화이론은 교사가 학생들에게 효과적이고 효율적인 학습을 시키고자 할 때, 교과내용을 어떻게 조직하고 제시해야 하는가에 대한 원리와 기법을 인지심리학적 관점에서 설명하고 있는 거시적인 교수이론이다. 즉 교수내용을 선택하고 계열화하여, 이를 종합·요약하기 위한 거시적 수준의 조직이론이다. 이 이론에서는 학습과제 또는 내용을 어떻게 연결하고 계열화하는가에 대한 교수전략을 다루고 있다. 계열화란 학습자의 학습을 최적화하기 위해 학습과제의 순서를 정하는 것, 즉 학습내용을 구조화하는 방법이다. 이러한 원리는 '단순한 것에서 복잡한 것'으로 또는 '일반적인 것에서 구체적인 것'의 순서로 학습내용을 조직하는 것을 의미한다. 가장 일반적이면서도 쉽고 기본적인 개요(수업의 정수)를 가르친 뒤, 점차 상세하고 어려운 내용을 가르쳐야 한다는 것이다. 정교화이론의 과정은 먼저 줌렌즈(zoom lens)를 통해 사물의 전체적인 모습을 관찰함으로써, 각 부분들이 서로 어떠한 관계를 형성하고 있는지 파악한다. 각 부분별로 줌인(zoom-in)해 들어가 세부 사항들을 관찰한 다음, 다시 줌아웃(zoom-out)하여 전체와 부분 간의 관계를 반복적으로 검토한다.

이와 같은 관점에서 볼 때, 지리수업의 계열적 설계란 교과서의 단원 구성에 따라 학습내용을 순차적으로 계열화하는 것이 아니라, 교사가 주제에 대해서 몇 차시(보통 4차시에서 8차시)로 수업을 계열화하는 것을 의미한다. 로버츠(Roberts, 2003)와 테일러(Taylor, 2004)(조철기 외 역, 2012 참조)는 한 학기 또는 일 년 단위의 수업을 계열적으로 구성하는 것을 장기간의 탐구계열이라고 한 반면, 특정 주제 아래 몇 차시(4차시에서 8차시)의 수업으로 계열화하는 것을 중기간의 탐구계열이라고 하였다. 표 8-2는 포장지 지리와 관련한 중기간의 탐구계열 사례를 보여 준다. 그리고 교사의 전문적 역량은 이러한 중기간의 탐구계열을 얼마나 잘 설계할 수 있는가에 달려 있다고 하였다.

표 8-2. 활동계획의 사례: 탐구계열 계획(포장지 지리)

하위 질문	시간 (차시)	학습목표	제안된 활동
1. 슈퍼마켓에서는 어떤 나라들을 볼 수 있을까?	1	• 식품 포장지/광고에 일반적으로 재현된 국가에 대한 개관적인 내용을 얻기 • 영국은 왜 다른 국가들보다 몇몇 국가로부터 특정 식품에서 더 큰 연계를 가지는지에 대해 생각하기 • 식품산업의 국제적인 특성 알기	• 학생은 국가(어느 곳이 필요한지 교사에 의해 교묘하게 부가된)의 이미지를 포함하고 있는 식품 포장지/광고를 가져온다. • 포장지/광고에 재현된 국가를 지도에 표시한다(짝별로, 벽지도/디지털 화이트보드의 지도 위에). 예를 들면, 학생들은 각자 포스트잇에 국가를 쓰고 그것을 지도 위에 붙일 수 있다. • 어떤 국가가 자주 언급되고(인도, 중국, 미국, 이탈리아, 멕시코, 프랑스 등과 같이), 어떤 국가는 덜 언급되며(일본, 남아프리카공화국), 어떤 국가는 전혀 재현되지 않을까?(아프리카, 남아메리카, 동부 유럽 등의 많은 나라들과 같이) • 짝별로 이러한 현상이 나타나는 이유를 제시하고 피드백 한다(이들 국가와의 역사적 관계, 다른 나라로부터 건너온 식품의 대중성, 영국의 문화적 다양성, TV 요리사들에 의해 소개된 어떤 국가의 식품 등에 관해 이야기할 수 있다). • 세계적인 연계에 주목하고, 만약 그 식품이 이들 국가에서 실제적으로 생산되는지를 고려한다. 상표를 체크한다. 패턴은 어떨까, 왜 그럴까?
2. 그 국가는 어떻게 '포장'되어 있을까?	1	• 포장지에 재현된 국가의 이미지를 세부적으로 보기	• 지난 주부터 수집한 포장지/광고를 다시 본다. 이러한 활동 유형이 새로운 것이라면, 교사는 전체 수업에 이미지 분석틀 사용에 대한 시범을 보이는 것이 유용하다. 대안적으로 학생은 모든 포장지를 개관할 수 있고, 공통적인 특징을 도출할 수 있다(예를 들면, 웃고 있는 사람, 시골 지역). • 짝별로 학생들은 특히 흥미를 느끼는 포장지/광고를 하나씩 선택한다. 학생들은 이미지 분석틀을 사용하여 그 국가에 대해 재현된 이미지를 세부적으로 관찰하고, 왜 그것이 선택되었는지에 대해 생각한다. 그 이미지가 선택된 목적을 탐구하기 위해, '이미지에 관해 사고하기'를 사용한다. 수업 내내 아이디어를 공유하고, 심화 활동을 위해 몇몇 질문을 도출해 낸다. 어떤 종류의 쟁점이 떠오르는가? • 전체/짝별로 다음 2차시를 위한 초점을 협상한다. 교사에 의해 제공되는 안내 수준은 학생들이 질문을 선택하고 진행하는 것과 함께 그들의 경험에 의존하겠지만, 주도권은 가능한 한 학생들에게 주어져야 한다. 계획 시트에 핵심질문, 핵심질문에 대답하기 위한 전략, 의도된 결과를 기록하는 것은 유용하다.
3. 자기 주도적 탐구 활동	2–3	• 이미지로부터 생성된 질문에 대한 대답을 도출해 내기(그 국가의 다른 이미지들을 조사하는 것을 포함하여) • 결과를 도출해 내기(예를 들면, 포스터 발표 또는 파워포인트로써)	• 교사의 노트에서 아이디어를 찾는다. • 각 수업의 시작 시에 핵심 목적을 설정하고, 수업 마지막에 지금까지 이루어진 학습의 진보에 관해 피드백 한다. 2차시에 아이디어의 발표(포스트 발표 또는 간단한 대화)에 관한 활동을 시작한다.

4. 종합하기	1 + 숙제	• 학생은 다른 국가의 재현에 관한 그들 자신의 학습 내용을 요약하고, 다른 사람의 학습 내용으로부터 배운다.	• 짝별로 그들의 결과(시간이 제한되어 있다면 핵심 포인트를 요약해야 할 것이다)에 관한 간단한 발표를 하거나, 활동에 대한 결과물을 본다. • 학습의 핵심 영역을 확립하고 다른 조의 활동과 연결시키도록, 10~15분간의 결과보고 시간을 제공한다. • 학생들이 활동의 전체 단원에 걸쳐 이루어진 그들의 학습에 대해 반응하고 성찰할 수 있는 숙제를 낸다.

(Taylor, 2004)

우리의 시각에서 교육과정이라고 하면 교육부에서 고시한 문서 정도로 생각하는 경향이 높다. 그러나 영국과 같이 국가교육과정의 역사가 오래되지 않은 국가에서는 교육과정을 만드는 주체가 교사이다. 심지어 앞에서도 언급했듯이 영국의 지리교육과정에서는 국가교육과정이 제정된 1991년 이전까지 지리교사들이 학교에서 자율적이고 독자적인 지리교육과정을 만들었다. 그리고 교육과정을 만든다는 것은 결국 장기적으로 한 학기 또는 일 년의 교육과정을 만드는 것이 되는데, 이는 주로 중기간에 가르쳐야 할 것들이 모여서 만들어지게 된다. 따라서 교사가 교육과정을 만드는 데 있어 전문적 역량을 발휘할 수 있는 것은, 특정 주제를 중심으로 4차시에서 8차시 정도에 걸친 중기간의 탐구계열을 만드는 것이라고 할 수 있다. 영국의 국가교육과정에서는 탐구계열이라는 용어보다, 활동계획(schemes of work) 또는 활동단원(unit of work)이 공식적인 용어로 많이 사용된다. 윌리엄스(Williams, 1997: 139)는 지리수업에서의 활동단원 또는 '토픽의 구조'가 학생들이 그 토픽과 관련한 학습을 성취하기 위해 출발하고, 더 많은 학습을 위해 정해진 길을 찾아가는 여행으로 개념화될 수 있다고 주장한다.

성공적인 지리수업을 설계하기 위해서는 많은 노력이 요구되며, 고려해야 할 많은 사항들을 포함하고 있다. 지리와 관련한 학생들의 지식과 이해, 기능, 가치와 태도는 한 차시의 수업이 아니라 오랜 시간에 걸쳐 개발될 필요가 있다. 그러므로 활동계획은 학생들이 지리에서 교육적 경험들을 발달시키기 위한 이론적 근거와 구조를 제공한다.

활동계획은 지리 교과과정의 교육목적을 구체화하고, 그러한 교육목적을 성취하기 위한 전략을 분명히 표현하는 공식적인 용어이다. 활동계획은 다루어져야 할 교과내용, 유용한 학습자료, 적절한 학습활동을 개관한 것이다. 따라서 활동계획은 무엇보다 수업설계를 위한 도구의 역할을 한다. 즉 활동계획은 더 상세한 수업설계를 위한 구조와 가이드라인을 제공하는 교과과정에 대한 교사들의 사고를 요약한 작업 문서이다. 이러한 활동계획은 학생들의 지리학습에 계속성(continuity)과 진보(progression)를 촉진하는 데 중요한 역할을 한다. 또한 활동계획은 학생들의 학습을 위한 보다 장기적인 설계를 의미한다. 여기에서 중요한 것은 활동계획이 엄격하게 따라야 하는 계획이 아니라, 상황에 따라 유연하게 수정될 수 있는 계획으로 인식되어야 한다는 것이다. 즉 교사는 활동계획을 필요에 따라 개선 또는 수정할 수 있도록 검토하고 평가해야 한다.

2) 활동계획의 설계 방법

활동계획의 설계 역시 목표와 질문의 설정, 내용의 선정, 학습방법과 교수전략의 선정 등이 중요한 요소로 작용한다.

(1) 목적, 목표, 그리고 질문의 설정

지리수업의 설계에서 목표와 질문이 중요한 것처럼, 이들은 활동계획을 설계하는 데 있어서도 중요한 역할을 한다. 로버츠(Roberts, 1997: 47)에 의하면, 활동계획은 서로 다른 활동단원에 각기 다른 모형을 적용하는 것을 의미한다. 즉 몇몇 단원은 질문하기와 탐구과정을 강조하고, 몇몇 다른 단원들은 학습결과물에 중점을 둔다. 또한 활동계획은 과정 모형을 수정하여, 교사에 의해 통제되는 폐쇄적인 탐구를 설계할 수도 있다. 그리고 활동계획은 탐구과정에 참여하는 학생들의 형성평가를 계획하는 것을 포함할 것이다.

활동계획을 설계하는 유용한 방법은 활동계획안의 개발을 통해 고려해야 할 모든 요소들을 구체화하는 것이다(표 8-3). 활동계획안은 의도된 학습 방향에 관한 일반적인 진술인 목적과 교과과정 내에서의 우선권을 포함하여, 이 교과과정의 전체적인 교육목적에 대한 명확한 지시를 제공하는 데 목적이 있다. 학습목표는 전체적인 교육목적을 실현하기 위한 교과과정의 더 구체적인 목적을 보여 주는 것이다. 이러한 학습목표는 지리적 지식과 이해, 기능, 가치와 태도를 나타낸다.

표 8-3. 활동계획의 특징

<table>
<tr><td colspan="6">학년 ____________ 시간/ 차시 ____________
단원 명/ 주제 ____________</td></tr>
<tr><td colspan="3">교수요목/ 교과 내용/ 학습프로그램 적용
다루어질 교과내용의 폭넓은 영역, 즉 장소, 주제, 쟁점 등을 표시하라. 교수요목 또는 국가교육과정의 학습프로그램의 구체적인 양상들을 구체화하라.</td><td colspan="3">범교육과정 요소
이 단원이 어떤 범교육과정의 주제, 범위, 차원 또는 역량에 기여할지를 표시하라. 다른 교과의 활동과는 어떤 연계가 있는가?</td></tr>
<tr><td>핵심질문</td><td>학습목표 핵심
아이디어와 일반화</td><td>학습활동
교수전략</td><td>기능</td><td>자료</td><td>평가기회
목표와 증거</td></tr>
</table>

핵심질문을 사용하여 학습목표를 구조화하고, 탐구접근을 통한 학습의 계열을 제공하라.	교수요목, 일반화, 국가교육과정의 학습 프로그램과 연관된 구체적인 학습목표를 정하라. 지식과 이해, 기능, 가치와 태도 영역의 목표가 균형을 이루어야 한다.	다양한 학습활동과 교수전략을 사용하라. 활동은 핵심질문을 조사하고, 구체화된 학습목표를 발달시키기 위해 설계되어야 한다.	어떤 지리적 기능이 학습활동에 사용되거나 개발될 것인가를 표시하라. 또한 개발될 수 있는 다른 일반적 학습 기능을 표시하라.	학습을 지원하고 학습경험에 흥미와 동기를 제공하기 위해, 다양한 학습 자료를 사용하라.	학생들의 지리 성취에 대한 증거를 제공할 수 있는 가능한 학습결과를 표시하라. 이것들이 교수요목의 평가목표나, 국가교육과정의 성취수준 설명과 어떻게 관련되는가? 평가과제를 학습목표에 일치시켜라. 지식, 이해, 기능, 태도/가치의 평가를 균형 있게 실시해라. 반드시 필요한 것만 선택해라. 당신은 모든 것을 다 평가해서는 안 된다.

(Lambert and Balderstone, 2000: 70)

(2) 학습내용의 선정

학습내용은 다양한 방법으로 선정할 수 있다. 학습내용의 선정은 특히 교육과정과 교과서의 영향을 많이 받는다. 램버트와 발더스톤(Lambert and Balderstone, 2000: 71)은 학습내용의 선정·조직이 장소, 주제, 토픽과 쟁점의 관점에서 이루어질 필요가 있다고 주장한다(표 8-4). 그리고 구체적인 학습내용은 핵심개념을 중심으로 기술되며, 이러한 핵심개념으로부터 생겨난 핵심질문은 수업에서 학습을 위한 구조로 사용될 수 있다고 제시한다. 핵심개념과 핵심질문의 계열은 신중하게 설계되어야 한다. 왜냐하면 그것은 교과과정에서 학생들의 학습 발달에 중요한 영향을 끼치기 때문이다.

표 8-4. 활동계획에서 지리내용의 조직

주제	활동계획 접근은 내용조직을 위한 구조를 제공하기 위해 구체적인 지리적 주제(주거, 지형, 경제적 활동, 기후와 날씨와 같은)를 사용한다.
장소	지리적 주제와 관련된 체계적 학습을 위한 초점으로써, 지역(area/regions)을 사용한다.
쟁점	쟁점은 종종 인간과 환경의 상호작용과 관련된 질문 및 주제에 대한 학습을 포함한다. 예를 들면, 인간활동은 단기적 또는 장기적으로 환경을 어떻게 변화시킬까? 그리고 그 결과는 무엇일까? 이들 쟁점들은 보통 정치적, 경제적, 사회적, 환경적 차원을 포함한다.

(Lambert and Balderstone, 2000: 71)

(3) 학습활동과 교수전략 결정

학습내용이 선정·조직되고 나면, 의도된 학습을 위해 가장 적절한 학습활동과 교수전략에 관한 결정이 이루어질 수 있다. 활동계획은 교사와 학생들의 다양한 교수·학습 스타일에 맞는 일련의 학습활동과 교수전략을 포함해야 한다(제5장과 제7장 참조). 또한 활동계획은 학습자들의 학습 요구와 능력의 범위를 고려해야 한다. 이것은 목표, 전략, 활동, 자료가 어떻게 차별화될 것인가에 대한 지표를 제공한다. 이러한 교육과정차별화(differentiation)는 모둠들의 조직에 의해서도 영향을 받을 것이다.

(4) 평가

학습활동과 교수전략의 설계는 학생들의 지리학습 성취와 발달을 평가하기 위한 기회를 제공한다. 교사는 모든 학생들이 알고, 이해하고, 할 수 있는 것을 보여 줄 수 있도록, 다양한 평가 방법을 사용해야 한다. 교사는 지식과 이해, 기능, 가치와 태도를 균형 있게 평가해야 하고, 평가과제를 학습목표에 일치시켜야 한다. 또한 교사는 학습활동과 평가과제로부터 잠재적인 결과를 예측할 수 있다.

(5) 협력적 설계

활동계획은 개별 교사에 의해 만들어질 수 있지만, 학교 차원에서도 활동계획에 대한 협력적 접근이 필요하다. 활동계획의 설계와 관련한 협력적 토론은 피상적인 가정들을 의문시하고 반성할 수 있게 한다. 협력적 토론을 통해 교사들은 학습내용, 학습활동, 교수전략 등을 선정하기 위한 준거를 파악할 수 있으며, 중요한 교육과정 쟁점에 초점을 둘 수 있다. 또한 학생들의 성취와 발달이 어떻게 관찰되고 평가되며, 기록될 것인가에 대한 합의에 도달할 수 있다.

활동계획은 이러한 설계 과정에 참여하지 않았던 다른 교직원(예를 들면, 비전공교사, 학습보조교사, 수석교사, 교장 및 교감, 장학사 등)에게 학교 지리교육과정에 대한 정보를 제공할 것이다. 또한 활동계획은 다각적인 교섭 과정의 일부분으로써 다른 학교에 있는 교과 동료들과 가치 있는 대화를 촉진시킬 수 있다.

(6) 범교육과정에 대한 고려

지리교육과정은 학생들의 전체 교육과정 경험에 중요한 기여를 해야 한다. 그러므로 지리 교과의 활동계획은 전체 교육과정과의 연계와 균형을 검토해야 한다. 교사는 지리 교과를 통한 학습활동이 다른 교과들의 학습활동에 어떻게 도움을 줄 수 있을지를 고려함으로써, 범교육과정(범교과) 연계에 주의를 기울여야 한다(표 8-5, 표 8-6). 특히 지리과 활동계획이 범교육과정 주제에 기여하는 점을 활동계획안에 표시할 수 있다. 또한 지리과 활동계획은 범교과적인 언어(예를 들면, 문해력, 의사소통)와 학습기능(예를 들면, 사고기능)의 발달을 고려할 수도 있다.

표 8-5. 범교육과정 주제

범교육과정주제	맥락/내용 영역(사례)	핵심개념(사례)	기능, 경험(사례)
경제와 산업에 대한 이해	• 산업과 경제 활동의 특징/입지/유형 • 상품/서비스의 소비 • 경제적인 성장/쇠퇴 그리고 모든 스케일에서 공동체에 미치는 영향 • 무역, 원조, 경제적 상호의존 • 환경 쟁점과 자원의 쟁점	• 자원의 부족/선택 • 기회비용 • 개인적, 사회적 이익/비용 • 부의 발생/분배 • 형평성 • 상호의존성 • 성장/쇠퇴	• 회사, 산업 그리고 환경에 대한 직접적인 관찰과 조사 • 산업체 직원 및 지역민과 함께 학습하기 • 문제해결/의사결정 • 공간적 패턴/경향을 분석하고 표현하기 위한 기법
건강교육	• 삶/음식/주거에 대한 기본적 환경 • 다양한 환경의 안전한 양상들 • 건조환경의 영향과 결과 계획하기 • 여가와 교외활동 • 복지의 불평등/모든 스케일에서의 건강	• 유사점/차이점 • 환경과 삶의 질 • 환경오염 • 접근성 • 불평등/평등 • 환경재해 • 안전/위험	• 다양한 장소에서의 야외조사 • 정보를 해석하고 그래프로 표현하기 • 공간적 패턴/경향 분석하기 • 자신, 가족, 공동체에 영향을 미치는 쟁점 조사하기
직업교육	• 지역 공동체-노동, 역할, 기대산업-구조, 유형, 입지 • 모든 스케일에서의 경제활동 입지 변화 • 산업/일자리에 대한 정부의 영향	• 노동역할/직업만족 • 기술적인 변화 • 사회/환경의 영향 • 성장/쇠퇴 • 회사의 관리/조직 • 책임과 권리 • 노동의 분업	• 의사결정, 계획고안, 통계 사용 • 공장에서 사람들과 일하기 • 회사와 상업적 환경을 직접 조사 • 공동체 프로젝트에 참여하기
환경교육	• 자연적/인문적 환경, 생태계-식물과 동물의 특징 • 환경 변화의 과정 • 자원 사용/관리 • 모든 스케일에서 인구자원의 쟁점 • 환경계획/의사결정 • 건조환경과 자연적 환경에 대한 이해	• 자원/환경 • 환경관리 • 환경적인 영향 • 사회와 환경 비용/이익 • 상호관련성/인과관계 • 환경변화 • 의사결정	• 직접적인 환경 관찰과 조사 • 자연적/인간적 상호관계 분석 • 문제해결/의사결정 • 증거사용(창의적/예술적/과학적) • 환경을 보호할 의무
시민성	• 모든 스케일(로컬-글로벌)에서의 사람, 장소 그리고 환경에 대한 의사결정 • 환경적 쟁점/일, 고용, 여가 기회/책임성에 대한 개인적 반응 • 국가들의 특성과 관계 • 국제적인 집단화/블록화	• 의사결정 • 갈등/협력 • 유사성/차이점 • 인간복지 • 평등/불평등 • 개발/상호의존성 • 책임감/권리	• 쟁점, 사람, 장소, 그리고 환경에 대한 직접적인 경험 • 환경문제와 관련된 다양한 관점 분석 • 다양한 지도 유형/축척으로 활동하기 • 과제/문제에 관한 모둠 활동

(Rawling, 1991; Battersby, 1995: 10 수정)

표 8-6. 범교육과정 주제

<table>
<tr><td colspan="9">범교육과정 차원들
'젊은이들이 그들이 살고 있는 세계에 대한 폭넓은 이해를 발달시키기 위해 탐구할 필요가 있는 몇몇 주요 주제들'
자아, 자신의 공동체, 보다 넓은 세계와 관련한 지식, 기능, 이해를 적용할 수 있는 역량의 연속체</td></tr>
<tr><td colspan="2">자아/직접적인 것에 초점을 둔 범교육과정 차원들</td><td colspan="6">→</td><td>자아를 넘어 보다 넓은 세계에 초점을 둔 범교육과정 차원들</td></tr>
<tr><td>범교육과정 차원들</td><td>건강한 생활양식:
나는 내가 사는 방식에 관해, 어떻게 안전하고 건강한 선택을 할 수 있을까?</td><td>공동체 참여:
나는 어떻게 참여하며, 차이를 만들 수 있을까?</td><td>정체성/문화:
우리는 누구인가?
우리는 어떤 종류의 사회에 살기를 원하는가?</td><td>창의성/비판적 이해:
나는 삶의 질을 개선하기 위해 어떻게 아이디어와 긍정적인 혁신을 생성할 수 있을까?</td><td>기업과 기업가 정신:
나는 경제에 어떻게 긍정적인 기여를 할 수 있을까?</td><td>기술과 미디어:
나는 내가 읽고/보는 것을 믿을 수 있는가? 미디어는 나와 공공 의견에 어떻게 영향을 주는가?</td><td>지속가능한 미래:
우리는 더 지속가능한 미래를 어떻게 성취할 수 있을까? 나는 어떻게 기여할 수 있을까?</td><td>글로벌 차원:
나는 큰 쟁점들을 어떻게 이해하는가?
우리는 지구를 어떻게 공유하는가?</td></tr>
<tr><td>지리의 기여 (몇몇 양상들)</td><td>**상호의존성, 장소, 프로세스**
개인지리; 가정/학교/로컬리티; 야외조사/야외활동; 건강/부의 불평등</td><td colspan="2">**장소, 문화적 다양성, 상호의존성**
로컬리티, 공동체, 지역, 문화적 다양성과 변화; 영국 지리; 이주, 도시 및 농촌 변화; 유럽연합 맥락, 개발의 상이한 상태에서 다른 국가들과의 대조; 야외조사, 야외교육과 야외활동 경험, 환경 및 공동체 프로젝트들에의 참여</td><td>**상호의존성, 스케일, 프로세스**
지리적 탐구, 특히 문제해결, 의사결정, 지리적 아이디어를 장소와 환경에 창의적으로 적용하기</td><td>**공간, 장소, 프로세스, 환경적 상호작용**
산업 및 경제활동; 소비자/생산자; 노동과 여가활동; 무역/원조; 의사결정; 지리적 아이디어의 창의적 적용</td><td>**프로세스, 스케일, 상호의존성**
ICT와 인터넷을 포함한 자료들을 활용한 지리적 탐구; 미디어; 뉴스에서의 지리; 인간/환경 갈등; 경제적, 사회적, 정치적 쟁점들</td><td>**환경적 상호작용, 지속가능한 개발, 상호의존성, 스케일, 프로세스**
사회/자연 연계; 기후변화; 상이한 개발 쟁점들을 가진 국가들에 대한 학습</td><td>**상호의존성, 스케일, 프로세스, 장소**
로컬-글로벌 연결과 탐구; 환경적/사회적 변화의 원인과 결과; 개인지리; 인터넷/GIS/지도</td></tr>
</table>

(Rawling, 2007: 44)

3) 탐구과정에 초점을 둔 활동계획

지리탐구는 우리가 이해하고 있는 세계를 탐구하려는 태도를 가지는 것과 관련된 것이다(Roberts, 2006: 97).

로버츠(Roberts, 2003)는 그녀의 저서인 『탐구를 통한 학습(Enquiry Through Learning)』에서, 지리 탐구과정에 초점을 둔 활동계획의 사례를 보여 준다. 로버츠(Roberts, 2006: 90)에 의하면 영국 지리국가

교육과정의 경우 지리탐구가 중요한 위치를 차지하고 있지만, '탐구'의 사용에 있어서 특히 새롭거나 지리적인 것이 없다고 비판한다. 탐구를 '지리적'으로 만드는 것은 무엇이 조사되고 있으며, 어떤 질문이 제기되고 있는가와 밀접한 관련을 가진다. 지리를 통한 탐구는 교육의 목적과 지식 구성의 관점에서 정당화된다. 왜냐하면 지리를 통한 탐구는 학습에 대한 학생중심 접근을 강조할 뿐만 아니라, 학생들로 하여금 스스로 새로운 정보를 이해하고 지리지식을 구성하도록 하기 때문이다.

로버츠(Roberts, 2003; 2006)는 개별적인 수업들(즉 한 차시의 수업)과 활동계획 모두를 설계할 때 고려되어야 할, 지리탐구의 4가지 필수적인 양상들을 제시하고 있다. 그것은 동기부여 방법(creating to know), 증거로 데이터를 사용하기(using data as evidence), 데이터 이해하기(making sense of data), 학습에 관해 반성하기(reflecting on learning)이다(그림 8-6 참조).

교사가 탐구질문들을 구체화하여 제시하더라도, 학생들의 학습에 대한 동기유발을 위해서는 그들에게 탐구질문들에 대한 소유의식을 가지도록 해야 한다. 학생들은 탐구기능을 사용하고 발달시키기 위한 조사학습에서, 증거로 사용하기 위한 데이터를 수집해야 한다. 지리탐구는 이러한 데이터로부터 수집된 정보를 사용하여, 이해를 발달시키고 지리지식을 구성하는 것을 포함한다. 학생들은 자신이 학습하고 있는 것을 이해할 필요가 있으며, 상이한 정보의 조각들 사이의 관계를 볼 수 있어야 한다. 그리고 그것을 그들이 이미 알고 있는 것과 연결시킬 수 있어야 한다. 로버츠(Roberts, 2006:

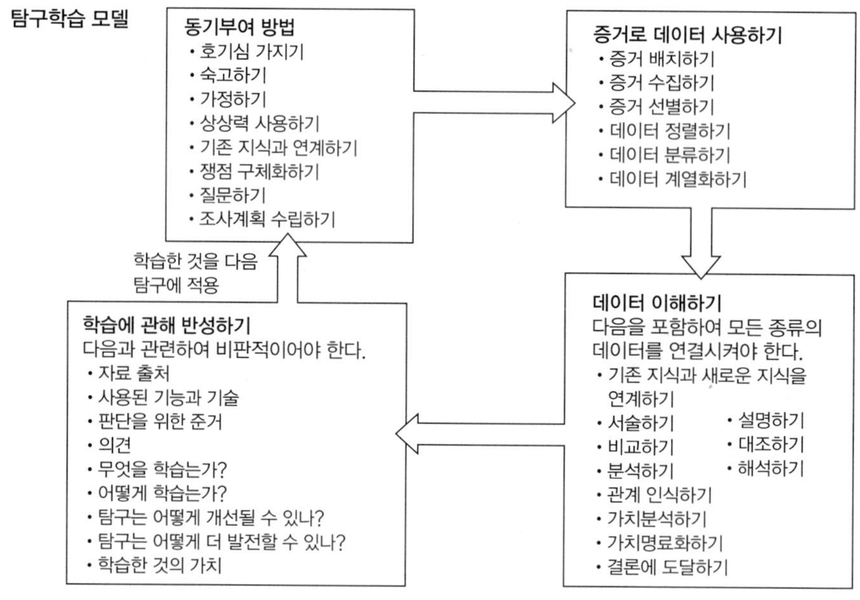

그림 8-6. 탐구를 통한 학습을 위한 구조틀

(Roberts, 2003: 44)

101)에 의하면, 지리교사들은 학생들이 탐구를 수행하는 동안 비판적으로 성찰적 사고를 하도록 할 필요가 있다. 그것은 학생들의 메타인지를 촉진하여, 자신의 사고 과정에 대해 더 많이 알도록 도움을 준다.

지리에서 쟁점, 질문, 문제를 조사할 때, 질문의 계열은 '지리탐구를 위한 경로'를 통해 학생들의 학습을 안내하도록 사용될 수 있다. 또한 질문의 계열은 수업의 계열을 계획하는 과정에서 구조로서 사용될 수 있다. 탐구학습은 학생들이 교사들과 다른 자료로부터 정보를 수동적으로 받아들이는 것이 아니라, 쟁점, 질문, 문제에 관해 능동적으로 탐구하는 상황들을 말한다. 활동계획을 설계하기 위해 탐구과정을 사용할 때, 핵심질문과 학습활동은 탐구과정의 상이한 단계들과 관련지어 개발될 필요가 있다.

환경에 영향을 끼치는 의사결정이나 개인과 집단 사이에 갈등을 불러일으키는 상황에서는 인간과 환경 간의 쟁점, 질문, 문제에 대한 학습이 가치와 태도를 중요하게 고려할 수밖에 없다(Naish et al., 1987). 그러므로 지리탐구를 위한 경로는 가치탐구를 포함하게 된다. 이것은 가치분석(values analysis)과 가치명료화(values clarification)를 위한 기회를 제공하며, 또한 학생들이 자신의 가치와 반응을 발달시키고 정당화할 수 있는 구조를 제공한다. 수업에서 가치탐구를 다루기 위한 전략들은 제7장에서 이미 논의되었다.

4) 장소감 발달에 초점을 둔 활동계획

지리탐구는 학생들이 장소감을 발달시킬 수 있도록 가장 적절한 수단을 제공한다. 배터스비(Battersby, 1995: 21)에 의하면 학생들은 탐구를 통해 쟁점을 맥락화할 수 있고 장소들의 상호관련성을 알 수 있다. 또한 지리 교과의 인문적 요소와 자연적 요소에 포함된 프로세스를 이해하며 지리에 대한 지식과 이해를 증가시킬 수 있다. 장소학습에 대한 탐구기반 접근은 다음과 같은 기본적인 질문들을 고려한다(Lambert and Balderstone, 2000).

- 이 장소는 무엇인가?
- 이 장소는 어디에 있나?
- 이 장소는 어떤 모습인가?
- 이 장소는 어떻게 이렇게 되었는가?
- 이곳은 어떻게 다른 장소와 연결되는가?

• 이 장소는 어떻게 변하고 있는가?
• 지역주민들이 변화에 대해서 어떻게 느끼는가?
• 왜 이 장소에 살거나 방문하고 싶은가?

우리는 주로 재현을 통해 세계를 알게 된다. 중등학교 학생들은 몇몇 직접적인 경험들을 이해할 수도 있다. 그러나 대개 그들은 부모나 친구에 의해서, 그리고 텔레비전, 컴퓨터 게임, 영화, 신문과 잡지, 광고, 지리교과서에서 재현되는 방식을 통해 세계에 관해 배울 것이다. 이러한 재현들은 학생들로 하여금 가 보지 못한 다른 장소에 관해 알 수 있도록 하지만, 장소에 대한 고정관념적과 오해의 소지를 불러일으킬 수도 있다. 따라서 장소의 재현에 관한 탐구활동을 개발하는 것은 가치가 있다. 로버츠(Roberts, 2003)는 장소의 재현에 초점을 둔 지리탐구 활동계획을 구안하였다(그림 8-7). 그리고 그녀는 장소의 재현에 초점을 두고 있는 지리탐구활동의 핵심질문을 다음과 같이 제시하였다.

• 이 장소는 어떻게 재현되어 왔나?
• 누가 이 장소를 재현해 왔나?
• 이 장소의 재현이 의미하는 것은 무엇인가?

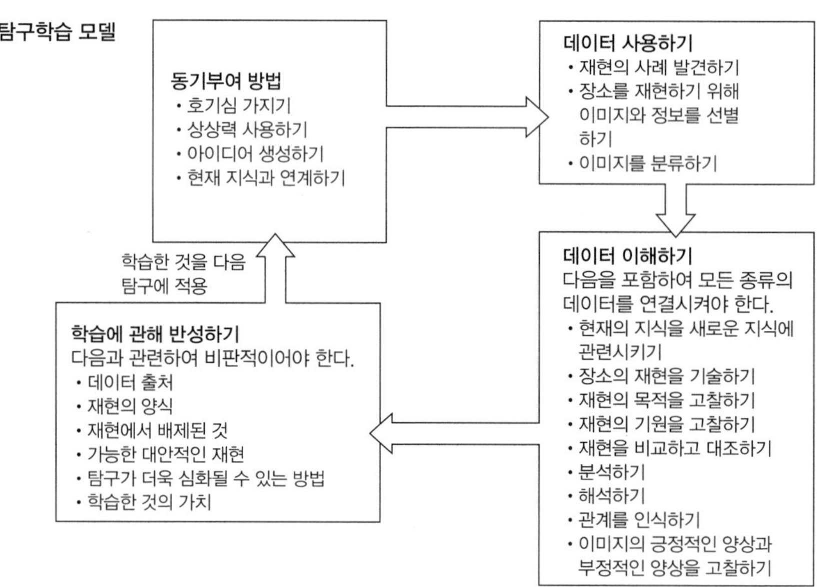

그림 8-7. 장소의 재현에 초점을 둔 탐구를 통한 학습을 위한 구조틀

(Roberts, 2003)

• 그것은 왜 이런 방식으로 재현되어 왔나?
• 이것은 어느 정도로 공정한 재현인가? 그것은 누구를 위해 공정한가?
• 왜 어떤 장소는 자신을 판촉하기를 원하는가?
• 어떤 장소는 자신을 어떻게 판촉할 수 있나?

이와 같이 장소에 대한 질문들을 제기하는 장소학습은 학생들의 글로벌 교육에 대한 기초가 될 수 있다. 레인저(Ranger, 1995)에 의하면, 글로벌 교육은 인종, 문화, 그리고 다른 사람들의 환경과 장소에 대해 긍정적인 태도를 길러주어야 한다. 이러한 글로벌 교육에는 기회균등, 정신·도덕·문화 교육에 대한 지리의 기여를 개발할 수 있는 이상적인 기회가 있다. 특히 지리교육과정은 상이한 스케일에서의 학습의 중요성을 강조한다. 지리 교과과정과 활동계획이 로컬 스케일에서 출발하여 지역과 국가를 거쳐, 글로벌 스케일에 이르는 탐구의 범위를 포함하지 않는다면, 학생들은 탐구기능 개발을 위한 기회를 제한받을 것이다(Naish et al., 1987; Robinson, 1995). 표 8-7에 제시된 주제 및 장소와 스케일을 연계하는 매트릭스는 학생들이 현명한 세계관을 기를 수 있도록 도와주는 학습을 설계하는 데 유용하다.

로컬 스케일은 세계의 여러 작은 스케일에 대한 학습을 할 수 있게 한다. 리우데자네이루의 파벨라(Favela: 빈민가), 수도권에서 나타나는 역도시화는 로컬적 쟁점의 사례이다. 특정 개발도상국과 선진국의 도시화는 국가적 스케일에서의 도시화 과정을 학습할 수 있는 반면, 서부유럽에서 나타나는 산성비와 우리나라-미국 간의 교역은 국제적 스케일을 반영한다. 그리고 세계의 기후변화 또는 경제활동의 세계화 같이, 모든 국가에 영향을 주는 세계적 패턴 및 변화는 글로벌(세계) 학습으로 분류될 것이다.

여기에서 유념해야 할 점은 로컬, 지역, 국가, 국제, 세계를 분절적이고 파편적으로 바라보아서

표 8-7. 스케일의 범위를 구체화하기 위한 교육과정 매트릭스

주제 및 장소 / 스케일	주제 및 장소 1	주제 및 장소 2	주제 및 장소 3
로컬과 작은 스케일			
지역적			
국가적			
국제적			
세계적			

(Lambert and Balderstone, 2000: 76 일부 수정)

는 안 된다는 것이다. 다시 말하면 특정 스케일에서의 장소 또는 지리적 쟁점에 대한 학습에서, 다른 스케일들과의 상호관련성을 무시해서는 안 된다는 것이다. 로컬과 글로벌의 관계는 그림 8-8에서 보여 주는 것처럼, 모자이크(mosaic)로 인식하던 관점에서 시스템(system)으로, 그리고 더 나아가 네트워크(network)로 파악하는 관점으로 전환되고 있다. 예를 들어, 로컬 스케일에서 런던 도클랜드(Docklands) 지역의 도시재생(urban regeneration)에 대한 학습을 통해, 이 지역의 사회적·환경적 변화에 관한 영향들뿐만 아니라 인구이동, 고용과 지역경제의 변화를 조사할 수 있다. 그러나 도클랜드 지역에서 일어났던 변화에 대한 진정한 이해를 위해서는 국가적, 정치적 그리고 계획정책의 영향뿐만 아니라 지역적, 국가적, 국제적 스케일에서의 경제적 변화를 고려할 필요가 있다(Lambert and Balderstone, 2000). 또 다른 사례로는 햄버거 재료가 되는 소고기를 얻기 위한 목장 조성에 의해 파괴되는 열대우림 파괴현상과 관련한 '햄버거 커넥션(hamburger connection)'을 들 수 있다.

로빈슨(Robinson, 1995)에 의하면 멀리 있는 장소와 사람에 대한 학습은 가까이 있는 작은 또는 로컬 스케일에서의 장소와 사람에 대한 학습과 연계되어야 한다. 예를 들어 브라질의 파벨라에 대한 학습을 위해서는 자신이 살고 있는 가까운 작은 또는 로컬 스케일의 지역에 사는 사람들의 삶과 연계하여 배울 필요가 있다. 또한 로빈슨(Robinson, 1995: 27)은 교사들이 활동계획을 설계하는 도구로써 매트릭스를 사용할 때, "선택된 스케일에서의 학습에 확실하게 초점을 두어라. 그러나 각 학습에서 프로세스에 대한 이해를 높이기 위해, 전체 스케일로 올라가라. 그리고 장소와 사람들의 실재(현실)를 학습하기 위해 다시 로컬 스케일로 내려와라"라고 주장한다. 이와 유사하게 매시(Massey, 1991)는 장소를 상호관계의 망(a web of interrelationship)의 일부라고 하면서, 열린 장소감 또는 다중정체성(multiple identities)으로서 세계적 지역감(global sense of local) 또는 세계적 장소감(global sense of place)을 강조한다.

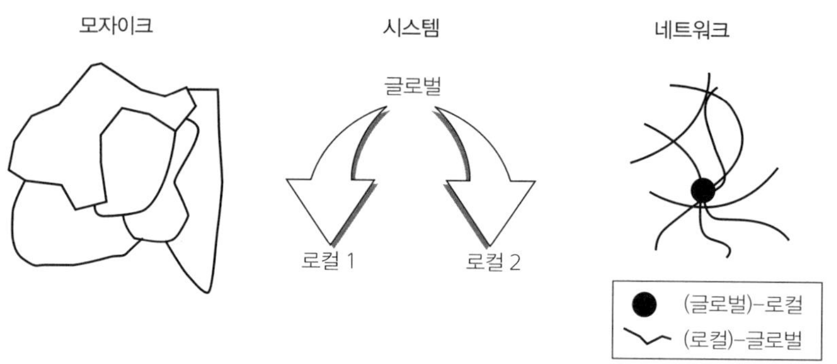

그림 8-8. 로컬과 글로벌의 관계: 모자이크, 시스템, 네트워크

(Crang, 1999: 27)

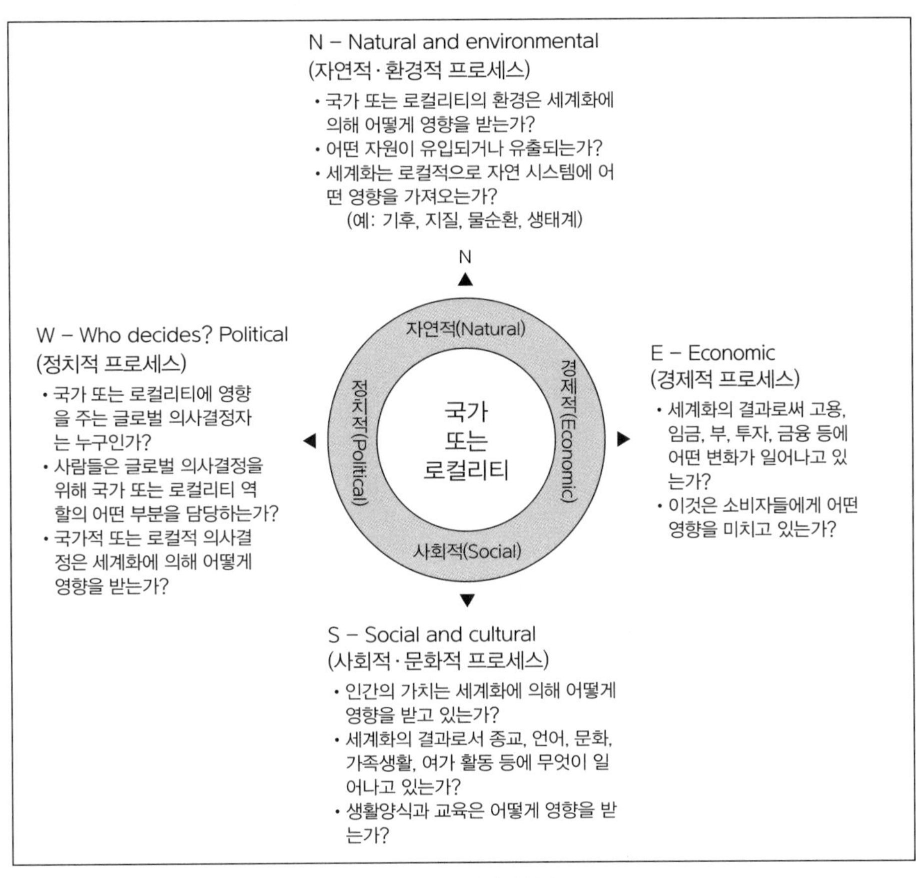

그림 8-9. 개발나침반

(Carter, 2000: 178)

작은 또는 로컬 스케일에 대해 학습할 때, 개발나침반(DCR: Development Compass Rose)은 이에 영향을 미치는 상이한 스케일에 대해 사고하도록 하는 데 유용하다(그림 8-9). 나침반의 각 지점들은 장소에 영향을 미치는 4개의 주요한 차원 또는 프로세스로 대체된다. 즉 북쪽(N)은 자연적·환경적 프로세스(Natural and environmental process), 남쪽(S)은 사회적·문화적 프로세스(Social and cultural process), 동쪽(E)은 경제적 프로세스(Economic process), 서쪽(W)은 정치적 프로세스(Who decides? Political process)로 대체된다. 이러한 자연적·환경적, 사회·문화적, 경제적, 정치적 프로세스 간의 상호작용은 사람과 장소를 이해하는 데 필수적이다. 이러한 점에서 개발나침반은 장소학습이 탐구에 초점을 둔 지리학습에 뿌리내릴 수 있도록 도와준다.

5. 교육과정차별화를 반영한 지리수업의 설계

좋은 수업에서는 서로 다른 능력을 가진 학생들이 학습을 통해 발달해 나갈 수 있고, 과제와 활동이 모든 학생들의 확장된 이해력 내에 있게 된다(Davidson, 1996: 13).

1) 교육과정차별화 전략

교수·학습 설계에 있어서 고려해야 할 또 하나의 문제는 학생들의 능력과 흥미에 따른 교육과정차별화(differentiation)에 관한 것이다. 교육과정차별화가 없다면, 학습에 어려움을 가진 학생들은 학업성취에 실패할 가능성이 높다. 교육과정차별화는 대조적인 두 수업을 통해 그 필요성이 증명되었다(OFSTED, 1995: 21-22). 한 수업에서는 특별한 도움을 필요로 하는 학생들이 정보를 기록하는 데에만 몰두하면서, 지리적 주거 패턴을 관찰하여 설명해야 하는 이 수업의 진정한 목적에 도달하지 못했다. 그러나 다른 수업에서는 그들에게 적절한 도전이 제공되면서, 학생들이 잘 선택되고 차별화된 과제에 열심히 그리고 성공적으로 활동할 수 있었다.

교육과정은 사실 양면성을 가지고 있다. 교육과정은 학생들의 능력에 관계없이 모든 학생들에게 유익하고 포괄적인 교육목적을 반영해야 한다. 그렇지만 다른 한편으로는 같은 연령의 학생이라 하더라도, 학생들의 서로 다른 개성과 능력의 차이를 인정하고 이를 반영해야 한다. 이것은 성공적인 교수·학습을 계획할 때, 교사가 직면하게 되는 가장 큰 문제 중의 하나이다. 따라서 교사는 교수·학습을 설계할 때, 교육과정차별화를 신중하게 고려해야 한다.

교사가 전체 학급의 성취수준을 끌어올리기 위해서는 교육과정차별화에 대한 전략을 세워야 한다. 대부분의 학교에서 이루어지는 교수는 평균적인 능력을 가진 학생들에게 맞추어져 있다. 이로 인해 일반적인 수업에서 학생들에게 제공되는 과제는 개별 학생들의 능력에 맞지 않을 때가 많기 때문에, 학생들이 불만족스럽게 생각하는 경향이 있다. 또한 성취수준이 매우 높은 학생들에게는 더 도전적인 과제가 제공될 필요성도 제기되고 있다. 그뿐만 아니라, 구조화된 교사중심의 수업은 학생들의 독립적인 탐구를 제한할 수도 있다. 왜냐하면 성취수준이 매우 높은 학생들은 조사, 토론, 협동과 계획 등의 환경에서 학습을 더 잘 수행하는 경향이 있기 때문이다(Leat, 1998; Roberts, 2003). 그러나 수업에서 학생들의 개별적인 능력에 따라 과제를 부여한다는 것은 그렇게 쉬운 과업은 아니다.

교육과정차별화 전략이 성공적인 교수·학습을 위한 열쇠라면, 교육과정차별화가 왜 그렇게 많은 논쟁의 대상이 되는 걸까? 사실 교육과정차별화의 정의는 복잡하지 않다. 교육과정차별화란 학생들의 개인적 요구에 근거하여, 학습의 잠재력을 최대한 이끌어내기 위해 설계된 수업에서의 계획된 개입(지원 또는 도움) 과정이다(Lambert and Balderstone, 2000: 96). 다시 말하면 교사가 학생들의 능력을 감안하여 학습의 효과를 최대화하기 위해, 수업 전 또는 수업 중에 계획적으로 제공하는 비계(scaffolding)라고 할 수 있다. 모든 수업에는 학생들의 차이가 존재한다. 이러한 학습자의 차이는 학생들이 독립적으로 또는 협동적으로 활동을 할 수 있는 능력에도 있고, 읽기·쓰기·듣기와 같은 특정한 학습의 기능에도 있으며, 완료할 수 있는 활동의 양에도 존재할 것이다. 교육과정차별화는 이러한 상이한 능력을 가진 학생들에게 개입(지원 또는 도움)하여, 모든 학생들이 그들의 잠재력을 최대화하도록 도와주는 것이다.

교육과정차별화는 그냥 저절로 일어나는 것이 아니며, 의도적으로 무언가를 해야 이루어질 수 있다. 다시 말하면 교육과정차별화는 계획적인 과정이다. 교사는 교육과정차별화 전략을 위해 수업의

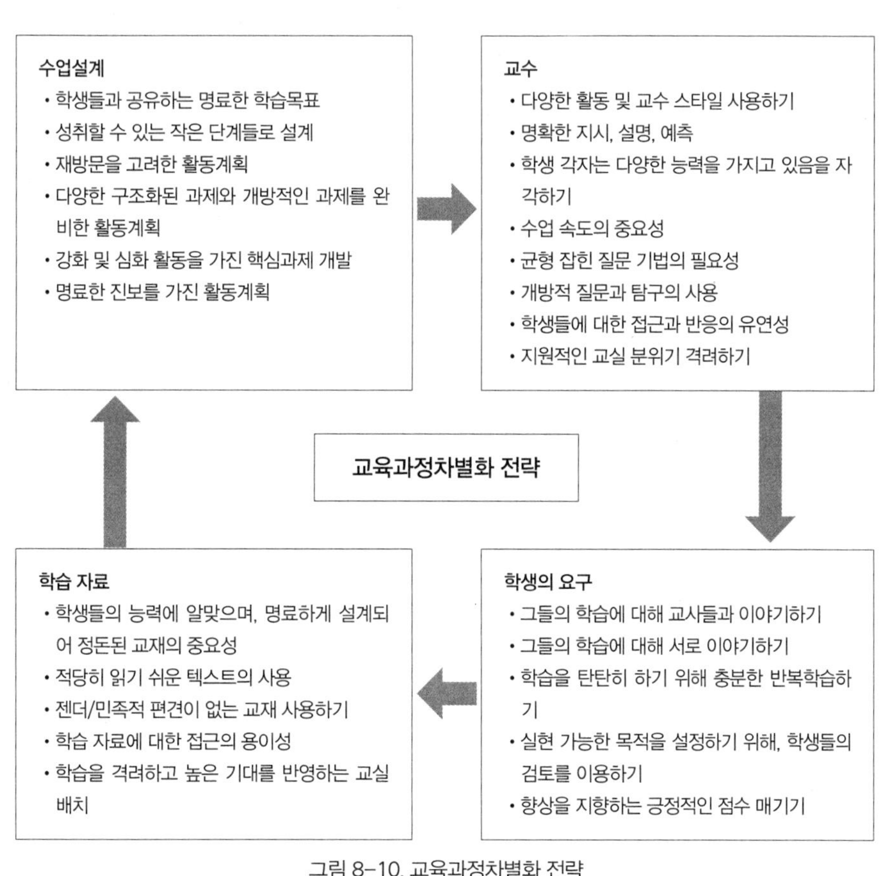

그림 8-10. 교육과정차별화 전략

(Waters, 1995: 81-84)

설계 단계에서 계획을 해야 한다. 하지만 여기에서 중요한 것은, 교육과정차별화 전략이 일회성으로 끝나는 하나의 이벤트(event)가 아니라 연속적인 과정(process)이라는 것이다. 이러한 과정은 개별 학생의 학습 발달 정도에 관한 교사와 그 학생 간의 지속적인 대화를 통해 이루어질 것이다.

교사가 성공적으로 차별화된 수업을 실행하기 위해서는 수업에 영향을 미치는 다양한 여건들을 고려해야 한다. 교육과정차별화는 단순히 학습과제의 설계에 관한 것만은 아니다(Waters, 1995). 워터스(Waters, 1995)는 성공적인 수업 실천을 위한 지리학습의 원리를 검토한 후, 효과적인 교육과정차별화를 성취하기 위한 일련의 전략들을 제안했다(그림 8-10). 교사는 주어진 제약 내에서 최대한 효과적인 학습을 수행하도록 학습경험의 질(즉, 다루기 쉽고 성취할 수 있는 것)에 중점을 두어야 하며(Waters, 1995: 82), 이를 위한 교사의 지도 원리는 항상 목적에 부합되어야 한다고 주장한다.

교육과정 설계는 교사들에게 교육과정차별화 쟁점에 대해 생각할 수 있는 많은 기회를 제공한다. 교사는 다양한 학생들을 고려하여, 학습목표, 학습내용, 교수전략과 학습활동, 학습자료와 평가전략에 대한 의사결정을 할 수 있다. 배터스비(Battersby, 1995: 26)는 효과적인 교육과정차별화를 고려하여, 교육과정을 설계하는 데 영향을 주는 몇 가지 핵심적인 원리들을 제시했다.

- 학생들의 지식과 이해, 기능, 가치와 태도의 관점에서 명료화된 학습목표와 학습결과
- 학생들의 학습경험을 차별화하기 위한 다양한 교수·학습 전략
- 학생들의 학습을 지원하기 위한 다양한 학습자료
- 학생들의 학습과 상이한 학습결과를 위해, 상이한 기회를 제공하는 다양한 과제와 활동
- 학습의 속도와 깊이의 다양화
- 학생들의 학습에 대한 평가를 위한 상이한 전략
- 학생들의 학습결과에 대한 효과적인 피드백과 다음의 학습을 위한 목표 설정

디킨슨과 라이트(Dickenson and Wright, 1993: 3)는 수업에서 차별화된 학습기회를 촉진할 수 있는 일련의 전략에 대해, 몇 가지 실천적인 충고를 제공한다(그림 8-11). 학생들의 학습결과는 다양하지만, 교육과정차별화가 일어나도록 하는 것은 이러한 학습결과에 대한 교사의 반응이다. 교사는 교육과

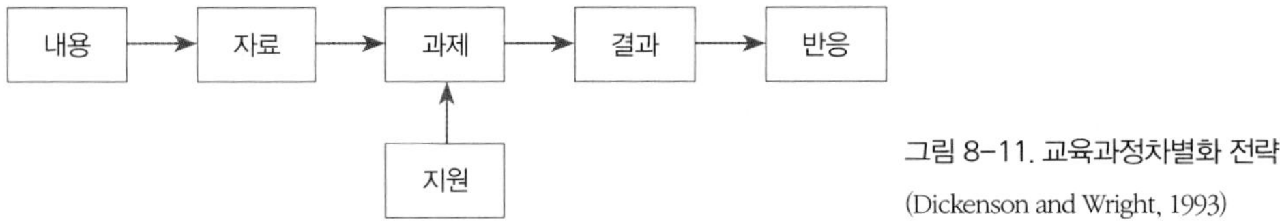

그림 8-11. 교육과정차별화 전략
(Dickenson and Wright, 1993)

정의 내용을 전달하기 위하여, 학습과제와 자료를 만든다. 특히 학습과제는 학생들의 역량(competences)을 발달시킬 뿐 아니라, 지식과 이해를 습득하도록 고안해야 한다. 학생들이 과제를 수행하는 동안, 이러한 과정을 잘 수행할 수 있도록 교사의 안내와 도움을 받을 수 있다.

2) 교육과정차별화 방법

배터스비(Battersby, 1997)는 지리에서 교육과정차별화를 성취하기 위한 다양한 전략들을 결과에 의한 교육과정차별화, 진보의 비율에 의한 교육과정차별화, 과제에 의한 교육과정차별화, 이용 가능한 자료에 의한 교육과정차별화, 이런 것들의 결합에 의한 교육과정차별화 등 5가지로 분류하여 제시하였다(그림 8-12). 그는 목표지향적인 활동전략(targeted work strategies)의 가치를 인정하고 있지만, 계획되지 않고 예기치 못한 결과들이 학습자에게 도움을 줄 수 있듯이 교사들은 유연한 방법으로 그러한 접근법들을 사용해야 한다고 주장한다. 예를 들면, 학생들은 예상했던 것보다 더 잘할 수도 있으며, 그 반대로 그들의 발달 단계의 범위를 벗어남으로써 목표에 도달하는 데 실패할 수도 있다. 교사들은 학생들의 학습에서의 발달을 관찰하고 평가하면서, 학생들이 성취할 수 있는 것에 대한 기대를 계속해서 조절해야 한다.

이러한 교육과정차별화 전략의 이론적 표현 속에 숨겨져 있는 진정한 핵심은 다음과 같다. 교사는 학생 개개인이 모두 가장 경이로운 성취를 시도할 수 있도록 개별 학습자를 차별적으로 도와주어야 한다.

그림 8-13은 탐구활동지에 반영된 과제에 의한 교육과정차별화 사례(Taylor, 2004)이다. 여기서 (a) 탐구활동지는 (b) 탐구활동지보다 더 구체적인 질문들, 더 많은 비계가 설정되어 있다. 따라서 (a) 탐구활동지가 성취수준이 낮은 학생들에게 더 적합하다면, (b) 탐구활동지는 성취수준이 높은 학생들에게 더 적합하다.

1. 학습결과에 의한 교육과정차별화

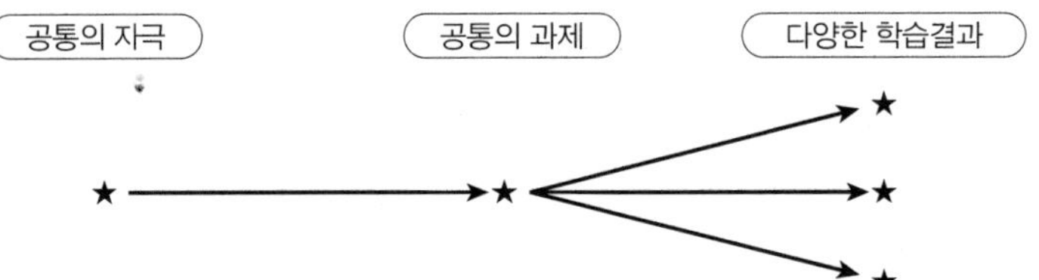

2. 학습자료와 학습결과에 의한 교육과정차별화

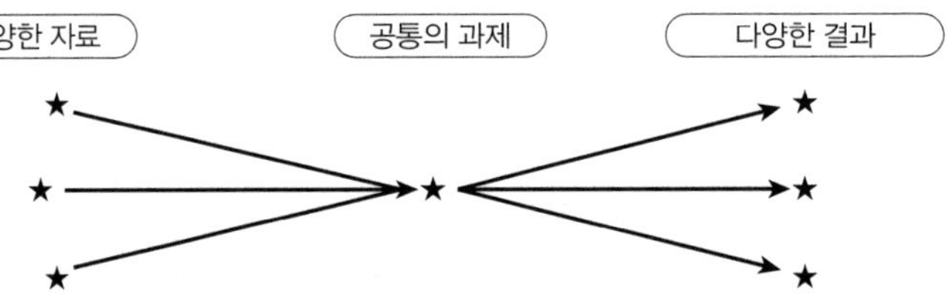

3. 단계화된 학습과제와 학습결과에 의한 교육과정차별화

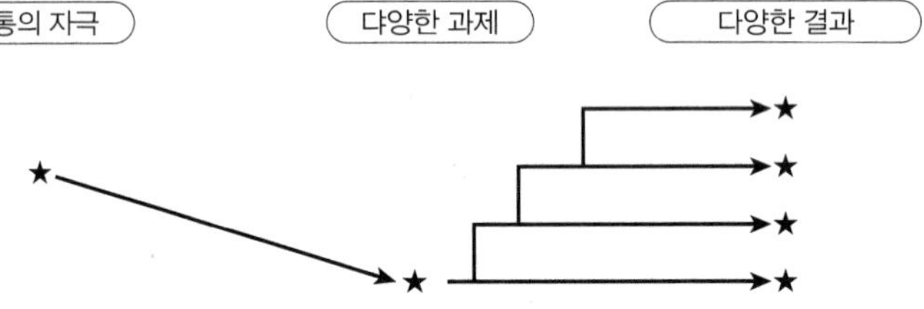

4. 학습과제와 학습결과에 의한 교육과정차별화

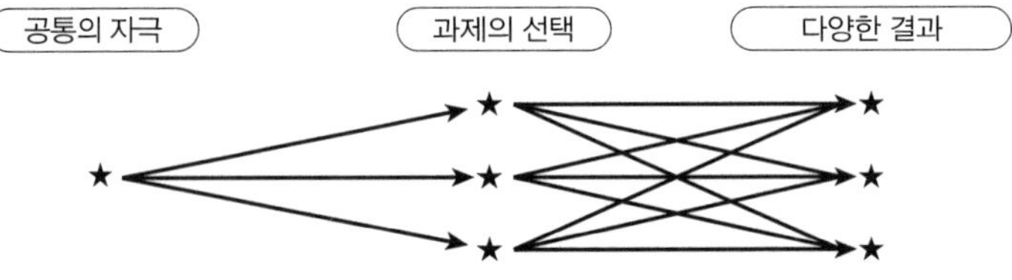

5. 자극과 학습과제에 의한 교육과정차별화

그림 8-12. 교육과정차별화 전략의 사례

(Davies, 1990; Battersby, 1997 수정)

1. 학습결과에 의한 교육과정차별화

학생들은 공통의 학습 자료를 통해 공통의 과제를 수행한다. 교육과정차별화는 학생들이 공통의 과제에 반응하여 도출해 낸 상이한 결과에 의해 나타난다.

2. 학습자료와 학습 결과에 의한 교육과정차별화

모든 학생들은 동일한 학습과제를 일련의 상이한 학습 자료를 가지고 활동한다. 이러한 학습 자료는 제공된 교재를 읽고 이해하며 해석할 수 있는 학생들 각각의 능력을 고려하여, 개별 학생들에게 맞추어져 있다. 학생들이 모두 동일한 활동을 할 필요가 없고, 그들 자신이 그렇게 하지 않는 것이 더 나을지도 모른다는 것을 받아들이는 것은, 특히 초보교사들에게 큰 발전을 의미한다. 그러나 이것은 교사에게 매우 신중하고 정확한 계획을 요구한다.

3. 단계화된 학습과제와 학습 결과에 의한 교육과정차별화

학생들은 동일한 자극과 교재 및 자료를 사용하지만, 그들은 점점 더 어려워지고 노력을 요하는 일련의 과제나 질문을 수행해야 할 것이다. 모든 학생들은 동일한 출발자(starter)로 시작하지만, 난이도가 높아짐에 따라 학생들 간 과제에 있어 수행의 차이가 나타날 것이다. 이론적으로 단계적 과제(stepped tasks)는 고안하기가 매우 어렵다. 많은 중등교육자격시험(GCSE)의 질문들은 이런 방식으로 고안되어 분석하기에 유용할 것이다.

4. 학습과제와 학습결과에 의한 교육과정차별화

이 범주는 세 번째 교육과정차별화에서 언급된 내용의 어려움을 솔직하게 인정한다. 학생이 단지 더 어려운 단계로 도달하는 것이 곧 높은 수준의 성취를 보장하는 것은 아니기 때문이다(반대로도 마찬가지이다). 이러한 점은 교사들이 학생들이 생산한 활동 결과에 대해 열린 마음을 유지해야 한다는 것을 상기시켜 준다.

5. 자극과 학습과제에 의한 교육과정차별화

이 범주에서 교사는 처음의 자극(아마도 학생들이 읽어야 할 텍스트를 포함해서)을 제공한 뒤, 과제의 난이도를 학생들의 요구와 맞추기 위한 매우 빠른 결정을 내린다. 이것은 학생들에 대한 상세하고 정확한 지식의 기초 위에서만 수행될 수 있다. 이 다이어그램은 일직선의 형태를 취하고 있다. 즉 그것은 어느 정도 자기충족적 예언(self-fulfilling prophecy)을 보여 주고 있는 것이 아닐까? 그러므로 학생들의 성취를 극대화하는 것은 불가능(방해)할까? 항상 마음을 넓게 가져라.

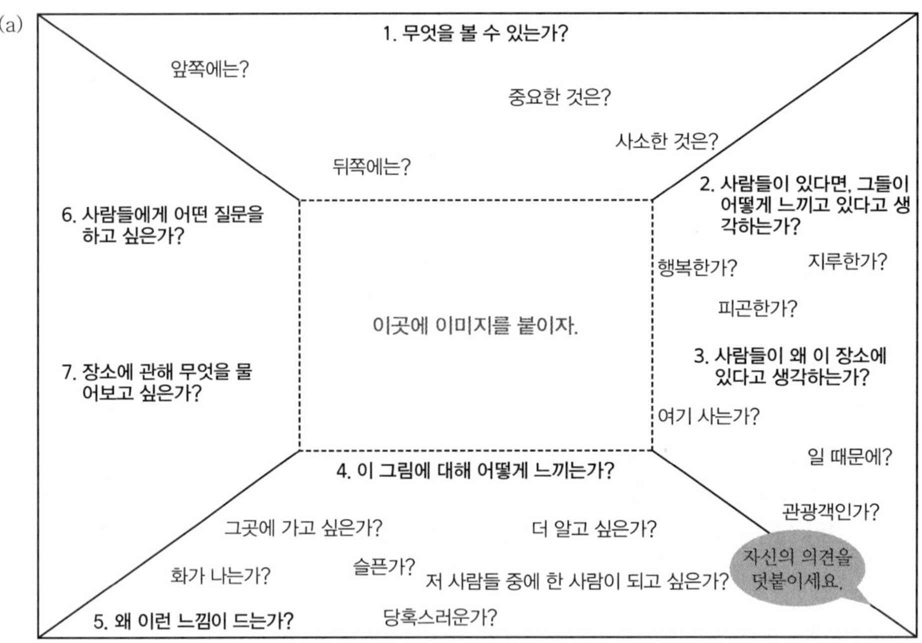

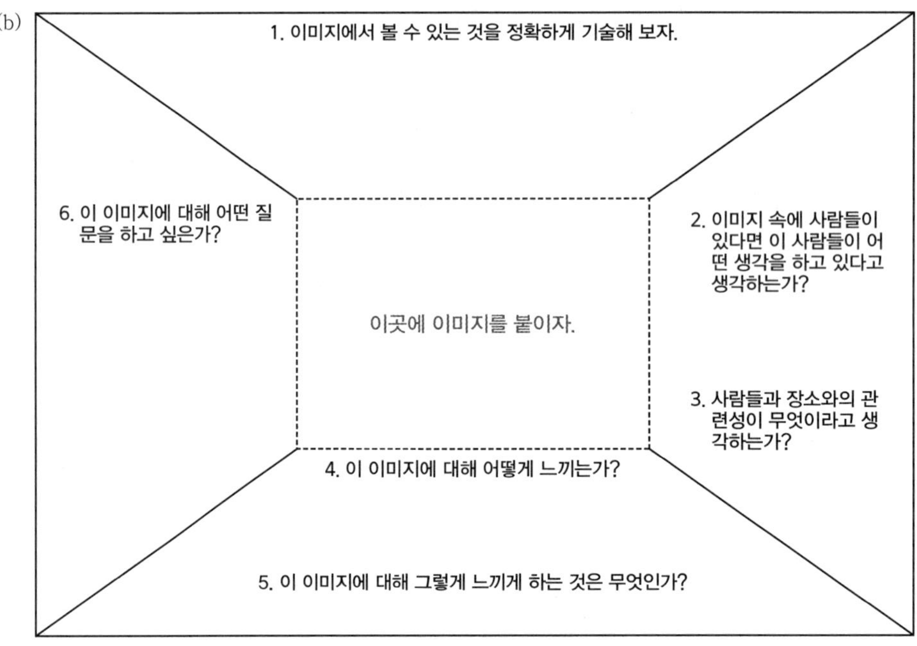

그림 8-13. 탐구활동지에 반영된 과제에 의한 교육과정차별화 사례

(Taylor, 2004)

6. 지리학습의 계속성과 진보를 위한 설계

학생들의 지리적 이해에 대한 진보는 지리적 상황, 패턴, 관계, 변화를 기술할 수 있고 설명할 수 있는 능력의 발달과 밀접한 관련이 있다. 이것은 보통 학생들이 일반적인 지리적 아이디어(개념, 일반화, 모델)를 발전시키고, 이것들을 새로운 상황에 적용시킬 수 있는 것을 의미한다. 지리적 이해는 학생들이 정보를 해석하고, 분석하고, 종합하고, 평가할 수 있는 능력에 의해 드러난다. 그러므로 이해의 발달과 더 높은 지적인 역량 사이에는 밀접한 관련성이 있다(Bennetts, 1995: 18).

1) 계속성

학생들이 지적으로 성숙해 감에 따라, 그들이 경험하는 지리교육과정도 이러한 발달을 반영해야 한다(Bennetts, 2005). 활동계획은 학생들의 학습을 위한 보다 장기간의 단계들을 의미한다. 그러므로 활동계획은 학생들이 지리학습의 계속성(continuity)과 진보(progression)를 확실하게 유지하는 데 중요한 역할을 한다. 계속성은 특정 교과에서 학습의 폭과 깊이가 확장되면서 학생들의 이해를 넓힐 수 있는 기회를 제공할 수 있도록 교육과정이 구조화되는 방법을 의미한다. 이것은 종종 나선형 교육과정(Bruner, 1960)과 맥락을 같이하며, 학습을 강화하기 위해 다른 맥락에서 아이디어, 지식, 기능 등을 반복하여 심화하는 것을 의미한다.

활동계획이 학습의 계속성을 담보하기 위해서는 지리에서 학생들의 선수학습이 그들의 인지구조에 잘 정착되도록 설계되어야 한다. 계속성이란 학생들이 학교교육을 통해 중요한 지리 내용과 활동을 계속해서 경험하는 것을 의미한다. 교사들은 그들이 설계한 활동계획이 실제로 학생들을 어디로 데려가고 있는지를 그들에게 알려주어야 하며, 이를 통해 학생들을 더 발달시킬 수 있도록 해야 한다(Rawling, 2007). 계속성이 담보되는 곳에서 학생들은 그들의 선수 경험과 학습을 잘 정착시킬 수 있을 것이다. 계속성은 학생들로 하여금 지식을 습득하도록 도와주며 구조화된 방식으로 지식과 이해, 기능, 가치와 태도를 발달시키도록 도와줄 것이다. 중등학교의 지리 교과과정은 학생들이 초등학교로부터 배운 지리에 대한 경험과 학습을 쌓아올려야 한다. 또한 중등학교의 교사들은 중등학교 내에서, 즉 중학교와 고등학교 간 지리교육과정의 계속성을 구체화할 수 있어야 한다.

2) 진보

진보(progression)라는 용어는 두 가지 의미로 사용된다. 하나는 학생들의 학습이 향상되는 방법을 의미하며, 다른 하나는 시간에 걸쳐 학생들의 지리에 대한 지식과 이해, 기능, 가치와 태도가 구조화된 방식으로 계획적으로 발달하는 것을 의미한다. 그러므로 진보의 개념은 계속성의 개념과 상호보완적이다. 지리교사들은 지리를 통해 학생들의 기능과 능력이 향상되기를 바라지만, 학생들은 지리 그 자체를 보다 잘 하기를 원한다. 데이비드슨(Davidson, 2006: 106)에 의하면, 지리에서의 진보는 단지 사실과 정보의 누적이 아니라는 것을 기억해야 한다. 즉 지리학습은 세계를 형성하는 복잡한 쟁점을 해석하고 이해할 수 있는 보다 향상된 능력을 요구한다.

베네츠(Bennetts, 1996: 82, 85)에 의하면, 지리학습에서 학생들의 이러한 발달은 그들의 교육적 경험뿐만 아니라 성숙에 의해서도 영향을 받는다. 그는 '지리에서의 진보'와 이에 대한 결과를 표 8-8과 같이 제시하였다.

표 8-8. 지리에서의 진보와 그 결과

지리에서의 진보(5~16세)	지리에서의 진보의 결과(KS3)
• **학습의 폭의 증가** 상이한 장소, 새로운 경관, 다양한 지리적 상황, 일련의 인간 활동을 포함하도록 내용의 점차적인 확장이 있어야 한다. • **복잡성과 추상적 개념을 다룰 수 있는 학생들의 증가하는 역량과 관련된 학습의 폭의 증가** 학생들은 지적으로 성숙함에 따라 더 복잡한 상황을 이해할 수 있고, 더 많이 요구되는 정보에 대처할 수 있다. 또한 더 복잡한 상호관련성의 망을 고려할 수 있으며, 더 복잡한 과제를 시작할 수 있게 된다. • **학습해야 할 내용의 공간적 스케일 확대** 더 큰 복잡성을 고려하여 일반적인 아이디어를 사용할 수 있게 되는 학생들의 능력 향상은, 더 넓은 지역에 대한 성공적인 지리학습을 가능하게 한다. • **특별한 기법의 사용과 학생들의 발전하는 인지적 능력에 일치하는 더 일반적인 탐구 전략들을 포함하는 계속적인 기능의 발달** • **학생들이 사회적, 경제적, 정치적, 환경적 쟁점들을 조사할 수 있는 기회의 증가** 학령이 높은 학생들은 사건과 행위의 대안적 원인들의 결과를 평가하는 데 더 능숙해야 할 뿐만 아니라, 사람들의 신념, 태도와 가치의 영향을 더 잘 인식하고 이해할 수 있어야 한다.	• 장소와 주제에 대한 그들의 지식과 이해가 넓어지고 깊어질 것이다. • 폭넓고 정확한 지리적 어휘(용어)를 사용할 것이다. • 지리적 패턴의 과정과 변화를 기술하기보다는 오히려 분석할 것이다. • 어떤 환경에서 작동하는 자연적 프로세스와 인문적 프로세스 내에서, 그리고 그것들 사이에서의 상호작용을 이해할 것이다. • 장소들 간의 상호의존성을 이해할 것이다. • 다양한 스케일에서의 학습을 비롯하여, 대조적인 장소와 환경에서의 학습을 수행하고 비교하는 데 능숙해질 것이다. • 그들의 지리적 지식과 이해를 익숙하지 않는 내용에 적용할 것이다. • 그들의 지리적 조사를 지원하는 기능과 기술을 효과적으로 사용하고 선택할 것이다. • 어떤 지리적 증거가 한계를 가지고 있는지, 그리고 어떤 설명이 불확실하고 불완전한 특성을 가지고 있는지 올바르게 인식할 것이다.

(Bennetts, 1996: 82, 85)

월리엄스(Williams, 1997)는 이러한 학습에서의 진보 원리를 '교육과정의 계단(curriculum staircase)'으로 나타냈다(그림 8-14). 그는 학생들이 의무교육에서 학년이 올라감에 따라, 이러한 계단을 오를 것이라고 제안했다. 각각의 단계는 이전에 배웠던 것과 다음 단계에서 더 배워야 할 것을 구축하는 데 목적을 둘 것이다. 한편으로 각 단계에서는 지리적 지식과 이해, 기능, 가치와 태도 간의 균형을 이루어야 하며, 또 한편으로는 교수전략과의 균형도 고려해야 한다.

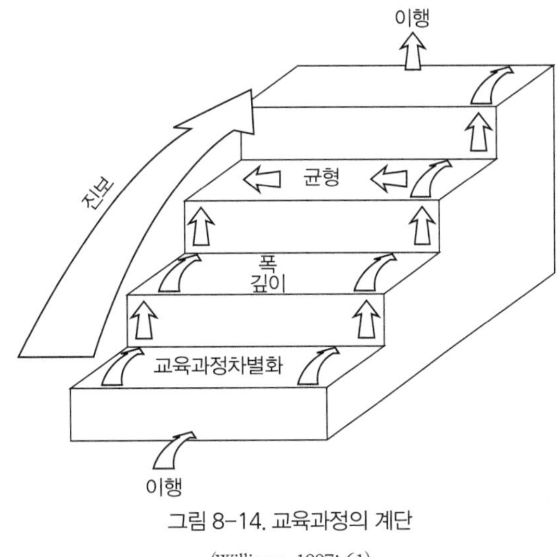

그림 8-14. 교육과정의 계단
(Williams, 1997: 61)

교사가 학생들의 진보를 계획을 할 때, 교수는 학생들의 기존 지식과 사전 경험을 바탕으로 이루어져야 하며, 학습과제는 학생들의 역량과 일치하도록 해야 한다. 또한 교사의 교과에 대한 전체적인 계획은 학생들이 중등교육 기간 동안 지적·사회적·육체적으로 성숙하는 방향을 고려하여 이루어져야 한다. 특히 베네츠(Bennetts, 1996: 82)가 제시한 바와 같이, 교과에서 학생들의 미래 학습에 중요할 것 같은 사고와 기능의 진보에 특별한 주의를 기울여야 한다.

교사의 지리학에 대한 교과지식은 학습의 진보를 계획하는 과정에 있어서, 아이디어와 이해의 주요한 원천이 된다. 지리학에 대한 교과지식은 교사들로 하여금 학습할 가치가 있는 주제를 구체화하고, 이러한 주제의 학습에 적절한 지리적 개념, 이론 및 주제학습과 관련된 학습모델을 선택하는 데 도움이 된다.

교사의 지리 교수에 대한 실제적 지식 또는 실천적 경험 또한 계속성과 진보에 대한 이해에 도움을 준다. 교사의 실천적 경험은 다양한 연령과 능력의 학생들에게 폭넓은 교수전략, 학습활동과 자료들을 사용함으로써 획득된다. 이뿐만 아니라, 교사의 계속성과 진보에 대한 이해는 학생들의 지리학습을 관찰하고 평가하는 경험을 획득해 나가면서 더욱 발달된다.

표 8-9는 학생들의 지리학습의 진보를 계획할 때 고려해야 할 몇 가지 핵심적인 쟁점에 대한 정보를 제공한다. 교사들은 또한 수업설계를 충만하게 하기 위해서 학생들의 역량(일반적 역량과 지리적 역량 모두)의 발달에 관한 교육 연구를 참고할 수 있다.

표 8-9. 지리에서 진보를 위한 설계

지리적 지식의 폭	지리적 이해의 깊이	지리적 기능의 사용	가치와 태도
국가교육과정의 요구사항 또는 시험 교수요목을 포함하여, 교육과정의 내용에 의해 강력하게 영향을 받는다. 지식의 폭을 계획하기 위해 다음을 고려해야 한다. • 유용한 선택의 정도를 구체화하기(토픽과 사례학습) • 선행학습 구체화하기(즉 이전 key stage/수준에서 학습한 사례학습, 토픽, 장소, 주제, 쟁점) • 새로운 학습과 관련된 이전에 습득한 지식을 구체화하기 • 어떤 정보가 학습과정의 일부분으로서 우선적으로 사용되고, 어떤 정보가 미래의 회상을 위해 기억될 필요가 있는지를 구체화하기 **핵심원리들** • 지식의 폭은 학생들이 다양한 장소들을 일련의 환경적, 사회적 상황들과 프로세스들의 측면에서 학습하도록 함으로써 촉진된다. • 지식이 습득되어야 하는 시퀀스는 맥락과 사용에 의존한다. • 폭과 계속성 간에 균형이 있어야 한다.	현재의 주제 내에서 이해의 진보를 위해 계획해야 한다. • 소개해야 할 아이디어들을 구체화하기 • 이러한 아이디어들을 분석하여 각각의 의미, 그것들 사이의 연계, 그것들의 적용의 범위를 명료화하기 • 학생들의 연령, 능력, 경험을 위해 적합한 이해의 수준을 고려하기 • 새로운 아이디어들의 수용과 발달을 억제하는 선개념들을 탐색하기 • 학습을 위한 장벽 또는 곤란을 초래할 수 있는 다양한 차원들, 예를 들면 경험으로부터의 격리, 복잡성과 추상성의 수준, 요구된 정확성의 정도, 특정한 상황과 관련한 아이디어에 어떤 가치들이 내재되어 있는 정도 등을 고려하기 • 학생들의 역량에 적절하게 상응하는(교육과정차별화) 학습자료를 준비하고, 학습과제를 설계하기 • 학생들로 하여금 진보적으로 이해를 발달시키도록 할 수 있는 주제를 위한, 전체적인 구조를 고안하기	다음에 제시된 것을 구별해야 한다. 1. **구체적인 기법들**–지도활동, 야외조사, 통계적 기법, 다이어그램의 사용, IT, 원격탐사 2. **인지적 활동의 일반적인 범주들**–결과보고, 분석, 설명, 평가 3. **탐구 전략들**–타당하고 증명된 결론에 도달하기 위해 조사를 수행하는 방법들. 반복적인 사용은 질을 개선한다. 학생들로 하여금 그들이 하고 있는 것의 질을 개선하도록 할 수 있는 학습활동의 시퀀스를 계획하기 기능의 진보는 다음을 포함한다. • 선행학습 구축하기 • 과제들을 학생들의 책임감에 일치시키기 • 점증하는 복잡성 • 기능의 사용에 요구되는 점증하는 정확성의 수준 기능의 적용을 맥락과 분리해서는 안 된다. 지식과 이해의 연계는 분석, 종합, 평가 등의 고차사고기능의 개발과 사용에 중요하며, 또한 조사의 수행에 중요하다.	가치와 태도는 보통 인간과 환경의 상호작용으로부터 야기하는 쟁점들과 관련하여 출현한다. 교사는 학생들에게 다음을 할 수 있는 기회를 제공해야 한다. • 다양한 쟁점과 주제에 대한 자신의 가치와 태도를 탐색하기 • 다른 사람들이 가지고 있는 가치와 태도를 탐색하기. 그리고 그것들이 어떻게 그들의 결정과 행동에 영향을 주는지를 인식하기 • 이들 결정과 행동의 영향 탐색하기 • 결정들이 어떻게 이루어지는지를 탐색하기 진보는 학생들이 특정한 쟁점들과 상황들에 대해, 점점 세부적이고 합리적인 반응을 보여 줄 수 있는 정도에 의해 결정된다. 학생들이 다양한 개인들과 집단들이 가지고 있는 다양한 가치와 태도에 대한 이해를 발달시키도록 도와야 한다. 이를 위한 전략들은 역할극, 시뮬레이션, 의사결정 연습을 포함한다.

(Bennetts, 1996)

7. 지리교육과정 개발과 지리교사의 전문성

지리가 젊은이들의 교육에 지속적이고 명백한 기여를 하려면, 지리교육과정 개발은 계속적인 전문적 활동이어야 할 것이다(Rawling, 1987: 31).

지금까지 지리수업을 위한 교수·학습 설계에 대해 살펴보았다. 지리수업은 한 차시의 수업에서부터 출발하여 하나의 주제 아래 여러 차시의 수업이 계열화되고, 이들이 모여 한 학기 또는 일 년간의 학교 교육과정을 형성하게 된다. 사실 우리나라의 경우 국가 수준에서 고시한 교육과정이 학교 교육과정과 동일시되는 경향이 있지만, 교육과정을 재해석하고 이를 실천하기 위한 교수·학습 설계의 주체는 바로 교사이다. 그레이브스(Graves, 1997: 30)에 의하면, 교사들은 교육과정이 목적에 대한 수단이지 목적 그 자체가 아니라는 사실을 명심할 필요가 있다. 이는 교육과정이 교사들에 의해 통제되고 효율적으로 사용되어야 함을 의미한다. 따라서 지리교사는 지리교육의 목적을 실현하기 위한 교육과정 개발자가 되어야 하며, 교육과정을 설계하는 데 있어서 학생들의 지식과 이해에 기반해야 한다(Morgan and Lambert, 2005: 95).

교육과정(curriculum)은 매우 단순하게 정의되기도 한다. 예를 들면, 교육과정은 국가에서 고시한 문서를 지칭하기도 하고, 종종 수업 시간표에 계획된 것으로 간주되기도 한다(Dowson, 1995). 그러나 이러한 정의는 간결하지만 피상적일 수 있다. 교육과정의 의미에 대해 좀 더 곰곰이 생각해 보면, 상식적으로 해결할 수 없는 문제들에 직면하게 된다. 따라서 도우슨(Dowson, 1995)은 교육과정을 전체 교육과정(whole curriculum)과 교과 교육과정(subject curriculum), 인간적 교육과정(pastoral curriculum)과 학문적 교육과정(academic curriculum), 잠재적 교육과정(hidden curriculum)과 가시적 교육과정(visible curriculum)으로 구분한다. 또한 이 목록에 범교육과정(cross curriculum)과 정규 교과 이외의 교육과정(extra-curricular curriculum)을 부가하기도 한다.

지리 교과 내에서 교육과정 사고가 없다면, 학생들의 지리에 대한 실제적인 경험(내용과 활동)은 많은 면에서 불충분하게 될 수 있다. 교사는 완전하게 계획된 수업을 뛰어넘는 교육과정 사고를 할 필요가 있다. 교사는 확실히 좋은 수업을 설계할 수 있어야 하지만, 그것만으로 효과적이고 유목적적인 지리교육을 실행할 수는 없다. 예를 들면, 지리교사들은 세계에 대한 이해에 초점을 두는 지리의 내용이 잠재적으로 무한하다는 것을 인식할 것이다. 그렇다면 지리교사들이 선정한 내용이 적절하다는 것을 어떻게 장담할 수 있는가? 교사는 이러한 쟁점을 해결할 수 있는 일종의 메커니즘이 필요하다. 교사들은 능숙해야 하고, 기능을 개발해야 하며, 실천적 경험을 획득해야 하고, 자신의 교과 내용과 접근에 대해 질문을 할 수 있어야 한다. 기본적인 실천적 역량을 가진 교사가 반성적이고 능숙한 교사가 되는 척도는 교육과정 개발의 원리를 이해하고 적용할 수 있는 능력과 관련된다.

아마도 교사들은 수업의 목적을 일일이 말로 열거하기 어려웠던 경험을 가지고 있을 것이다. 일반적으로 교사가 이 수업을 왜 하는지에 대한 질문은 수업의 계획 단계, 즉 수업이 이루어지기 전에 일어날 것이다. 그러나 그것은 수업 중에(즉 어떤 일이 생각만큼 또는 계획대로 잘되고 있지 않다고 감지했을 때),

또는 수업 후 평가 중에, 그리고 멘토/동료교사와 수업비평을 할 때에도 일어날 수 있다.

교육과정 개발은 수업 전·수업 중·수업 후 이 3가지 요소를 모두 포함하는 과정이며, 특히 '왜'라는 질문은 소위 교육과정 사고의 출발점이다. 교사의 완전한 교육과정 사고는 단 한 차시의 수업을 바라보는 관점에서 이루어지는 것은 아니다. 만약 교사가 한 차시의 수업을 잘 했다고 하더라도, 지리를 가르치는 포괄적인 목적을 수행했다고는 할 수 없을 것이다. 교사의 교육과정 사고는 개별 수업(이 시간에 성취하고 싶은 것), 중기간(한 학기/학년에 걸쳐 학생들과 함께 성취하고 싶은 것), 장기간(학생들이 지속적인 가치를 획득하도록 바라는 것, 지리교육의 부산물)이라는 3가지 수준에서 이루어질 수 있다. 이러한 교육과정 사고는 수업계획, 활동계획, 교육과정 등을 통합한 교육과정 설계와 동일하다고 할 수 있다. 롤링(Rawling, 1996)은 교육과정 설계의 수준들에 대한 사고를 표 8-10과 같이 제시했다.

표 8-10. 지리를 위한 교육과정 설계의 수준들

단계	누가 하는가?	어떤 질문을 해야 하는가?	무엇을 제공 하는가?
단계1 일반적 수준	국가 단체-정부를 대행하여 교육과정과 평가를 담당하는 국가기관인 교육과정평가원(QCA). 교과 공동체와의 협의(1970년대 학교위원회로부터 기금을 받아 수행한 교육과정 프로젝트)	• 교과가 젊은이들의 교육에 어떤 기여를 할 수 있고/해야 하는가? • 학교에서 학생이 획득해야 할 지리적 지식과 기능 개발은 어느 범위만큼 필요한가? • 학교가 이러한 잠재력을 개발할 수 있도록 하기 위해, 교과의 기여도를 가장 잘 요약할 수 있는 방법은? • 학생들의 성취를 위해 어떤 목표가 설정되어야 하며, 이를 어떻게 관찰할 수 있는가?	• 교과를 위한 광범위한 목표 • 교과의 기본적인 주제, 개념, 기능의 구조틀 • 그 구조틀의 해석과 실행에 관한 절차/안내 • 평가 요구사항과 방식
단계2 학교 수준	학교의 지리과(교과 간의 자극과 교사그룹의 토론을 사용하기)	• 광의의 목적을 어떻게 번역할 것인가? 학생들에게 적절한 지리교육의 일반적 목적과 특징은 무엇인가? • 특정한 연령층의 학생들에게 어떤 내용을 강조하고, 어떤 핵심 아이디어, 기능과 학습 경험을 제공할 것인가? • 학생들의 진보와 성취를 어떻게, 그리고 언제 평가할 것인가? • 제공된 프로그램의 성공을 어떻게 평가할 것인가?	• 학교와 학령별 지리교육을 위한 구체적 목표 • 교과과정 개요와 교수 프로그램 • 교과협의회별 평가 전략과 교과과정의 관찰/검토에 관한 합의된 정책
단계3 교실 수준	동료들과 토론하는 개별 지리교사	• 나는 지리 교과과정의 각 요소를 위해 어떤 특별한 활동과 경험의 계열을 제공하는가? • 나는 특정 수업에서 어떤 교수/학습 접근법과 자료를 사용할 것인가? • 나는 학생들의 진보와 성취를 어떻게/언제 평가할 것인가? • 나의 수업이 얼마나 성공적인지 어떻게 알 수 있을까?	• 세부적 활동계획 • 세부적인 수업지도안과 자료에 관한 결정 • 평가 과제를 준비/관리하고, 결과를 기록/보고하기 위한 계획 • 증거를 수집하고, 수업을 비평하는 데 헌신

(Rawling, 1996: 102)

먼저 단계 1은 일반적[또는 거시적(macro)] 수준이다. 이 단계는 실제적인 의도와 목적에 관한 것으로, 법령 또는 국가 기관에 의해 정해진다. 또한 이 단계는 내용 선택에 대한 중기적인 목적, 폭넓은 원칙, 대략적인 안내를 제공한다. 따라서 이 단계는 교사가 교육과정을 설계하는 범위를 벗어난다. 따라서 지리교사에 의한 교육과정 설계는 나머지 두 단계에 초점을 맞추어야 한다. 즉 학교/지리과[또는 작은(meso)] 수준의 단계 2와, 교실[미세한(micro)] 수준의 단계 3에 초점을 맞추어야 한다. 단계 2의 교육과정 설계는 보통 활동계획(scheme of work)이며, 단계 3은 수업지도안(lesson plan)이다. 이러한 각각의 단계들에 대해서는 앞부분에서 충분히 고찰하였으므로, 여기서는 언급하지 않는다.

교육과정 사고가 이러한 수준들의 포섭적인 위계로 인식된다면, 목적(goals), 목적(aims), 목표(objectives)가 서로 연계된다는 것을 한 눈에 알 수 있다(표 8-11). 다시 말하면 수업목표(lesson objectives)는 교과과정의 목적(aims)에 영향을 받고, 그 교과과정의 목적은 그 교과의 교육목적(educational goals)에 의해 안내된다. 그러나 여기에서 중요한 것은, 이러한 구분에 너무 얽매여서는 안 된다는 것이다. 허스트(Hirst, 1974: 16)가 목적과 목표에 대한 특별한 사용을 법으로 정하려고 시도해 봤자 얻어지는 건 아무것도 없다고 주장한 것처럼, 목적과 목표의 구별은 애매할 뿐이다. 따라서 목적과 목표의 구분은 확고한 것이 아니라, 유용한 출발점으로 간주하여야 한다. 표 8-12에서 한 예비교사(student

표 8-11. 교육과정 사고: 목적(goals), 목적(aims), 목표(objectives)

구분	내용
장기간 (longer term)	• 광의의 교육목적으로 기술된다. • 이것은 목적 그 자체로, 지리 교과를 넘어서는 무언가를 명시하는 것이다. • 네이쉬(Naish, 1997)와 같은 저자들이 지리를 교육의 매개체(도구 또는 수단)로 언급할 때, 그리고 슬레이터(Slater, 1993)가 그의 유명한 책을 『지리를 통한 학습(Learning Through Geography)』이라고 제목을 붙였을 때, 그들이 염두에 두었던 것은 장기적 목적이다. • 이러한 의미에서 장기간의 목적은 도덕적인 목적, 즉 지리를 가르치는 가치와 관련된다.
중기간 (medium term)	• 중기간의 목적(aims)을 요구한다. • 목표보다는 덜 구체적이지만(더 개방적인), 그래도 여전히 학습결과라는 느낌으로 표현된다. • 목적(aims)의 예를 들면, 지리에서 그래픽 의사소통(graphical communication)의 잠재력과 한계점에 대한 인식을 강화하기이다. • 이것은 중기간에서 지속적으로 유지되는 목적들 중의 하나이지만, 개별 수업에서는 학생들에게 지도제작법(cartography)과 도해력(graphicacy)과 관련된 구체적인 기능을 길러 주어야 한다. • 주목해야 할 것은 중기간의 목적을 종종 교수요목 문서나 국가교육과정의 학습프로그램에서 직접 가져올 수 있다는 점이다.
단기간 (개별 수업) (short term)	• 구체적인 목표(objectives)를 요구하며, 종종 학습 요소의 관점에서 지식과 이해, 기능, 가치와 태도로 구체화된다. • 목표를 구체화하는 것은 수업시간에 가능한 모든 학습을 다룬다는 의미가 아니라, 어디를 강조하고 우선시할 것인가를 보여 주는 것이다.

(Lambert and Balderstone, 2000: 102 일부 수정)

표 8-12. 목적과 목표를 진술하기

목적과 목표의 역할을 이해하기: 교사자격인증석사(PGCE) 과정이 거의 끝나가고 있는 예비교사. 그녀는 목적(aims)을 언급하지 않는다. 즉 그녀의 여행 메타포에서, 목적(goals)은 우선 맨체스터에 가야 하는 이유와 관계가 있다. 그것은 할 만한 가치가 있는 여행일까? 어떤 이유로?

'당신은 반드시 당신의 목적(aims)과 목표(objectives)를 진술해야 한다'고 나의 지도교사가 말했다. '당신은 당신의 목적과 목표를 진술해야 한다'고 나의 다른 지도교사도 말했다. 두 분의 지도교사 모두 '당신의 목적과 목표는 어디에 있는가?'라고 물었다.

그들 입장의 일관성에도 불구하고, 나는 그 메시지를 이해하기가 참 어려웠다는 것을 인정해야만 한다. 그들은 정말로 내가 수업지도안을 채우는 데 동의하는 것이 나를 더 훌륭한 교사(또는 훌륭한 관료)로 만드는 것이라고 생각했을까? 그렇다면 답이 나왔다! 나는 목적과 목표는 내가 일종의 관료주의적 전환을 하는 것을 의미하는 것이 아니라는 사실을 깨달았다. 그리고 만약 내가 나의 교수에서 어디로 가고 있는지를 구체화할 수 없다면(구체화하려고 하지 않는다면), 아마 나의 교수의 효과에는 한계가 있을 것이라는 것을 깨달았다. 설상가상으로, 만약 내가 아이들과 함께 어디로 가고 있는지를 말하지 않는다면, 그들이 나에게 올 거라고 어떻게 기대 하겠는가? 설상가상으로, 내가 어디로 가고 있는지를 모른다면, 내가 그곳에 성공적으로 도착할 수 있다고 어떻게 주장하겠는가?

나는 지도의 아이디어가 정말로 유용하다는 것을 알았다. 예를 들어 나는 목적을 '나는 맨체스터로 여행할 것이다(나는 런던에 산다)'에서처럼 목적지로 이해한다. 나는 목표를 맨체스터에 도착하기 위해(중간단계) 성취해야만 하는 것으로 이해한다(그리고 나는 결국 나의 목적을 완수한다). 이러한 여행 메타포가 또한 가져다주는 유익한 점은 정확하게 성취하도록 요구되는 어떤 목표는 관련된 여행자의 출발점(기존의 지식과 기능을 포함하는)에 전적으로 의존한다는 것이다. 즉 목표는 집단마다, 그리고 개별 학생마다 다양할지 모른다.

(Balderstone and Lambert, 2010: 217)

teacher)는 지도에 대한 적절한 메타포를 사용하여, 이러한 '큰 그림'을 이해하고 있다.

한편, 그레이브스(Graves, 1979)는 일찍이 중기간의 지리교육과정 설계를 위한 모델을 제시했는데, 이는 목표 모형보다는 과정 모형에 가깝다(비록 둘을 절충하고 있지만). 왜냐하면 그레이브스(Graves)는 지리에서의 교육과정 사고의 명료화에 큰 영향을 미쳤는데, 그는 교육과정을 기계적인 목표중심 시스템(objectives led system)보다는 오히려 상호작용적인 과정(interactive process)으로 설정하려고 하였기 때문이다. 그림 8-15는 그레이브스가 지리교육과정의 맥락에서 발전시키려고 했던 '상호작용적인 과정'의 요소들을 보여 준다. 초보교사들은 당연히 요소 5와 6에 먼저 초점을 둘 것이다(또는 특정한 지리의 정신과 목적을 가지고 있다면, 요소 2일 수도 있을 것이다). 그러나 그레이브스의 모델은 과정(process)이 교육의 목적(aims)과 함께 시작한다는 것을 강력하게 암시한다. 일반적인 교육의 목적에 대한 관점이 없다면, 이 모델은 교육에서 지리의 목적(즉, 지리교육의 목적)에 대한 개념화가 상대적으로 방향타를 잃어버릴 것이라는 것을 보여 준다.

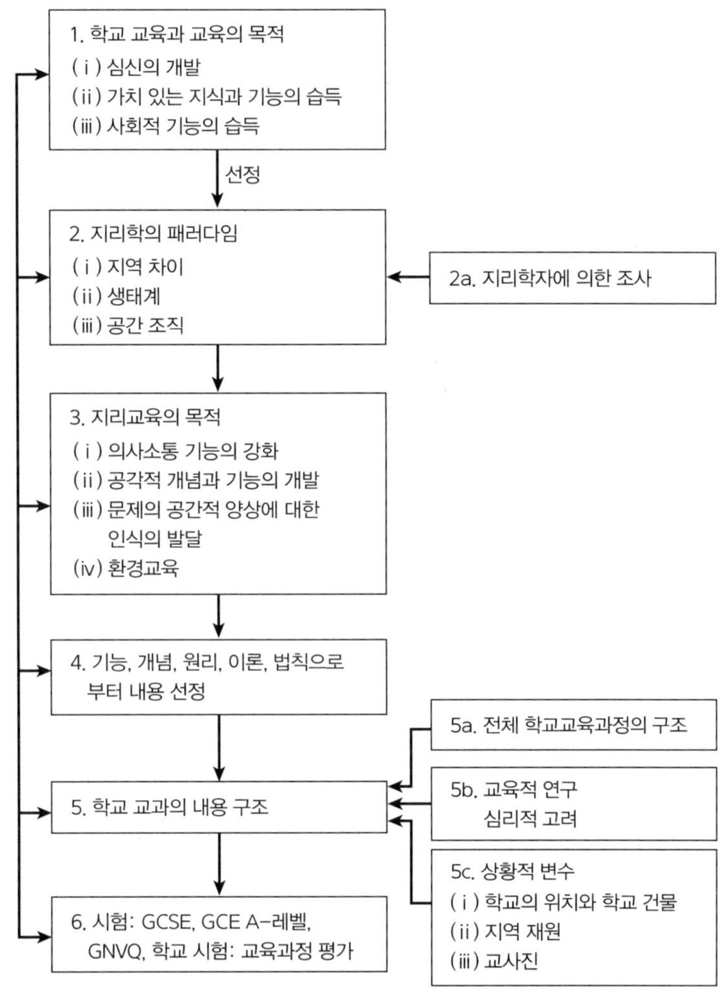

그림 8-15. 그레이브스의 지리교육과정 설계 모델

(Graves, 1979)

8. 지리수업자료의 개발

1) 자료의 선정 원리

교사의 준비와 노력은 교사가 학생들의 학습에 관심을 가지고 있다는 증거이며, 학생들로 하여금 수행해야 할 활동이 가치 있고 중요하다고 인식하도록 하는 긍정적인 영향을 끼칠 수 있다

(Kyriacou, 1991: 27).

자료(resources)란 일반적으로 교사의 교수를 지원하고, 학생의 학습을 도와주기 위해 사용되는 것이라고 할 수 있다. 교수·학습을 위해 사용되는 자료의 종류에는 교과서, 잡지, 상업용으로 제공되는 활동 꾸러미와 자료 시트, 시청각 자료(DVD, TV 프로그램, 사진 이미지, 음악), 교사가 수집한 모형, 인공물, 재료, 교사가 직접 만든 자료 시트, 활동 시트, 삽화 자료 등 매우 광범위하다. 특히 최근에는 인터넷을 통한 이러닝(e-learning) 자료가 빠르게 증가하고 있고, 그 유용성 또한 높아지고 있다. 이와 같이 지리교사들이 지리수업에 활용할 수 있는 자료의 범위는 매우 넓다.

지리 교과의 다양하고 풍부한 자료는 학생들을 흡입하는 중요한 요인 중의 하나이다. 로빈슨(Robinson, 1987)은 지리수업에서 지리 교과를 활기 넘치게 하는 것은, 지리교사의 교수의 질뿐만 아니라 그들이 사용하는 자료의 질에 달려 있다고 주장한다. 이러한 관점에서 볼 때, 지리교사가 자료를 창의적으로 사용하는 것은 매우 중요하다. 지리교사가 사용하는 자료의 질과 다양성, 그리고 활용 방법은 학생들의 학습에 대한 흥미와 동기유발에 매우 중요한 영향을 끼칠 수 있다. 스미스(Smith, 1997)는 지리교사들이 수업에서 빈번하게 질 낮은 자료를 사용함으로써, 교수·학습과 수업자료가 효과적으로 연계되지 못한다고 주장한다. 이것은 자료의 질과 자료의 활용 방법이 학생들의 지적 발달에 중요한 영향을 끼친다는 것을 말해 준다.

지리교사들은 이러한 점을 염두에 두면서, 그들이 만나게 되는 지리 자료에 대한 비판적 평가를 할 수 있어야 한다. 왜냐하면 지리 자료는 학생들의 흥미와 동기를 유발하고, 성공적인 지리 교수·학습을 촉진할 수 있는 잠재력을 가지고 있기 때문이다. 지리교사들은 학생들에게 자료에 대한 동등한 기회를 부여해야 하며, 흥미와 동기를 유발해야 한다. 또한 성공적인 학습으로 안내할 수 있는 원리에 기반하여, 지리 교수·학습을 위한 자료를 선정하고 개발해야 한다. 표 8-13 질문들은 교수·학습 자료를 평가하기 위한 일반적인 준거를 제공해 준다.

표 8-13. 지리 교수·학습 자료를 평가하기 위한 일반적인 준거

핵심질문

- 이 자료는 학생들의 지리학습에 중요한 기여를 할까?

내용

- 지리적 내용은 적절하고, 정확하며, 최신의 것인가?
- 지리적 내용은 학생들의 지적인 발달에 어떻게 기여할까?
  - 습득되어야 할 지식은?
  - 개발되어야 할 개념들은?
  - 사용되거나, 개발되어야 할 기능은?

디자인
• 이 자료는 잘 제시되어 있고, 명료한가?
• 내용, 표현, 접근방식이 독창적이거나 창의적인가?
• 학생들은 이러한 표현과 접근방식이 흥미롭고 동기를 유발한다고 생각할까?
• 이미지와 텍스트는 명료하고, 서로를 지원하는가?

학생들의 학습 요구
• 이미지, 텍스트, 활동은 서로 다른 학습 요구를 가진 학생들이 접근하기 쉽도록 사용되었는가?
• 자료는 특별한 능력을 가지거나, 능력의 한계를 가지고 있는 학생들을 위해 적절한가?

언어
• 언어의 수준/가독성은 적절한가?
• 이 자료는 학생들의 지리 언어의 이해와 사용을 발달시킬까?
• 이 자료는 학생의 문해능력을 강화시킬까?

공정한 기회
• 이미지, 텍스트, 활동은 편견이 없는가?
• 이 자료는 인간과 장소에 관한 고정관념적 이미지와 관점에 의문을 제기하는가 아니면 그것을 강화하는가?
• 이 자료에 사용된 이미지와 사례들은 젠더의 균형과 인종적/문화적 균형을 이루고 있는가?

학생들의 참여
• 학생들은 이 자료를 사용하는 데 흥미를 가질까?
• 학생들은 이 자료를 능동적인 방법으로 사용할 수 있을까?
• 이 자료의 사용을 통해 학생들은 탐구 기능의 발달과 이해를 촉진할 수 있을까?

(Lambert and Balderstone, 2010: 231 일부 수정)

한국교육과정평가원(2009)의 연구보고서 역시 교수·학습 자료 선정 기준을 사회과 교육과정 요인, 학습자 요인, 교수·학습 환경 및 매체 요인, 교수자 요인으로 구분한 후(표 8-14), 교수·학습 자료 선정 기준을 적용한 사례를 제시했다.

표 8-14. 교수·학습 자료 선정 기준

선정 요인	특징
사회과 교육과정 요인	• 사회과 교육목표인 고등사고능력을 기르는 데 필요한 자료를 선정한다. • 해당 차시의 수업 목표와 내용을 고려하여 선정한다. • 내용이 정확하고 출처를 신뢰할 수 있는지 고려하여 선정한다. • 수업 단계와의 적합성을 고려하여 선정한다.
학습자 요인	• 학습자의 경험이나 실생활과 관련하여 선정한다. • 학습자의 수준을 고려하여 선정한다.
교수·학습 환경 및 매체 요인	• 수업 시간을 고려하여 선정한다. • 교실의 물리적 환경을 고려하여 선정한다. • 자료의 가독성과 디자인을 고려하여 선정한다.
교수자 요인	• 자료를 조작하여 활용할 수 있는 교사의 능력을 고려한다.

(한국교육과정평가원, 2009)

교사와 학습자 자신 역시 명백히 지리학습을 위한 소중한 자료가 될 수 있다. 그러나 교사와 학습자 자신들의 지식과 경험은 지리수업에 거의 사용되지 않거나 탐색되지 않는다. 교사와 학생들은 종종 여행을 하며, 이러한 과정에서 수집된 인간과 장소에 대한 이미지, 시각자료, 경험들 또한 훌륭한 자료가 될 수 있다. 자연적 현실이거나 실제적 경험(authentic experiences)(또는 개인지리)인 이러한 자료들은 내러티브 방식을 사용하여 얼마든지 교실 수업으로 가져와 사용할 수 있다.

키리아쿠(Kyriacou, 1991)는 교사들이 신중하게 자료를 준비한다면, 학생들의 학습 태도에 긍정적인 영향을 미칠 것이라고 지적하였다. 좋은 자료는 학생들의 학습에 대한 기대 수준을 반영한다. 만약 교사가 학생들을 위해 준비한 자료의 질이 낮다면, 학생들에게 질 높은 활동을 기대할 수도 없을 것이다.

2) 자료의 제작 및 준비

지리수업을 위한 교수·학습 설계 과정과 자료의 준비 간에는 매우 밀접한 관련이 있다. 지리교사들은 자료를 찾거나 선택할 때 또는 새로운 자료를 설계하고 준비할 때, 자료의 목적에 대한 명료한 생각을 가지고 있어야 한다. 달리 말하면, 자료의 선정은 의도된 학습결과를 성취하거나 특정 탐구 질문을 조사하기 위해 계획된 교수전략과 학습활동에 의해 결정된다.

최근 교육에 있어서 새로운 기술(technology)의 급속한 발전은 교사들로 하여금 수업에 사용할 수 있는 질 높은 자료를 설계할 수 있도록 하고 있다. 특히 많이 활용되고 있는 유비쿼터스(ubiquitous) 워크시트(활동지)는 지리수업의 많은 목적에 기여할 수 있다(Lambert and Balderstone, 2000). 다음은 교사가 학생들에게 도움이 될 수 있는 질 높은 자료를 준비하기 위한 방법들이다.

- 교과서나 전체 학급을 위한 다른 자료에서 발견되지 않은 정보를 제공한다. 이것은 로컬 사례에 관한 부가적인 데이터, 사례학습 자료 또는 정보를 포함할 수 있다. 이러한 정보는 종종 관련된 질문들을 수반한다.
- 교과서 자료를 활용한 부가적 활동 또는 대안적 활동을 제공한다.
- 만화, 다이어그램, 시사적인 신문기사를 소개한다.
- 숙제를 위한 자료와 활동을 제공한다.
- 텍스트, 삽화, 과제를 학급 학생들의 다양한 요구에 적합하게 함으로써, 교육과정차별화를 지원한다.

• 탐구 또는 활동을 위한 지시와 안내를 제공한다.
• 학생들이 쓰거나 그릴 수 있는 활동지를 제공한다(예를 들면, 그래프를 완성하거나, 다이어그램에 필요한 정보를 적거나, 계곡의 단면도를 그리기 위한 빈 시트를 제공한다). 이것은 복사하는 시간을 최소화하고, 학습에 포함된 정신작용(mental processes)을 최대화한다.
• 학생들에게 컴퓨터 프로그램, CD-ROM, 시청각 기구와 같은 자료를 사용하는 방법에 대해 단계별 안내를 제공한다.
• 단어 찾기, 퀴즈, 퍼즐과 같은 재미있는 활동을 소개한다.

교사의 수업설계에 있어서 워크시트(활동지)(work sheet)와 다른 자료시트(resource sheet)의 준비는 중요한 부분을 차지한다. 교사가 좋은 수업자료를 만드는 과정은 많은 시간이 걸리며 힘든 과업이다. 하지만 교사가 좋은 자료를 통해 학생들에게 흥미롭고 자극적인 학습을 제공하려는 시도는, 교사들에게 창의성과 상상력을 발휘할 수 있는 기회를 제공한다. 또한 자료는 학생들의 학습을 능력에 따라 교육과정 차별화하기 위해 가장 빈번하게 사용되는 전략들 중의 하나이다. 그러나 주의해야 할 점은 워크시트를 과도하게 만들어서는 안 되며, 워크시트지에 너무 심하게 의존하지 않아야 한다는 것이다. 워크시트의 과도한 사용과 의존을 경계하는 말이 '워크시트 피로(worksheet fatigue)'이다.[1] 워크시트 피로는 학생의 동기부여에 오히려 악영향을 줄 수 있다. 그러므로 교사가 제작하는 워크시트에는 분명한 목표가 있어야 하고, 내용이 신중하게 계획되어 잘 표현되어야 한다.

디자인 역시 자료를 조직하고 표현하는 방법 중의 하나이다. 지리수업에 사용되는 대부분의 워크시트는 텍스트, 삽화, 학생들을 위한 학습활동을 결합하고 있다. 이들이 조직되고 표현되는 방식이 바로 디자인이며, 이는 학생들의 학습에 중요한 영향을 미친다. 현재 지리교사들이 좋은 자료시트를 만드는 데 도움을 줄 수 있는 유용하고 다양한 디자인 기술이 발달해 있다.

외국 교과서의 경우, 복사하여 사용할 수 있는 교사용 자료 꾸러미를 포함하고 있는 경우가 많다. 최근에는 교과서와 교사용 교수 자료가 전자 출판되어, 교사들이 유연하게 사용할 수 있는 다양한 토픽에 관한 정보와 활동을 제공하고 있다. 이뿐만 아니라, 학습에 어려움을 가진 학생들이 할 수 있는 활동을 포함한 전자 자료 역시 제공되고 있다. 결과적으로 이렇게 전자 출판된 자료시트는 상이

1 호퍼(Hoepper)에 의하면, 오스트레일리아를 비롯한 선진국에서는 1970년대에 이러한 워크시트가 수업에 가장 활발하게 사용되었다. 그러나 이러한 워크시트를 통한 수업활동은 교사와 학생들에게 '종이 전쟁(paper warfare)'이라 불릴 정도였다. 즉 워크시트를 통한 학습은 바쁘기만 하고, 성과는 없는 활동에 지나지 않는 것으로 받아들여졌다. 그러나 이러한 나쁜 경험들은 워크시트에 대한 포기가 아니라 반성의 기회로 간주되었다(Hoepper, 1989: 75).

한 학습 맥락에 사용할 수 있도록 적절하게 수정될 수 있다. 이러한 자료들은 사용하기에 유용하고 상대적으로 최신의 정보와 흥미 있는 활동을 제공할 뿐만 아니라, 교사들에게 워크시트의 디자인과 레이아웃에 관한 풍부한 아이디어들을 제공한다. 그리고 학생들과 함께 사용하기 위해 설계된 이러한 워크시트들은 공통의 형식을 따르고 있어, 수업에 적용하기에 용이하다.

톨리 외(Tolley et al., 1996)는 자료의 설계와 준비 과정을 6단계로 제시했다(그림 8-16). 여기에 제시된 많은 질문들은 실천적인 쟁점들과 관련되며, 교사들이 자료를 생산하고 사용하는 데 영향을 주는 요인들을 이해하기 위한 평가의 역할을 강조한다. 표 8-15는 워크시트 설계의 원리를 보여 주고 있으며, 표 8-16에서 디커스와 니콜스(Dikes and Nicolls, 1988)는 워크시트를 설계할 때 고려해야 할 주요 요소들을 제시했다. 이러한 원리와 요소들은 지리교사들이 학습의 어려움을 가진 학생들에게 사용하기 위한 지리 워크시트를 만드는 데 도움을 줄 수 있는 유용한 체크리스트 역할을 한다.

1단계: 자료를 개발하기 위한 결정
- 나는 무엇을 성취하려고 하는가?
- 나는 누구를 위해 그 자료가 필요한가?
- 이미 만들어진 사용하기에 적절하고 유용한 자료가 있는가?

2단계: 실제적 함의
- 나의 아이디어는 활동계획과 관련한 국가교육과정의 학습프로그램과 어떻게 관련이 있는가?
- 나의 아이디어는 학생들의 학습 요구와 어떻게 관련이 있는가?
- 나는 질 높은 자료를 개발하기 위한 실천적 기능, 예를 들면 컴퓨터 활용 기능을 가지고 있는가?
- 학교는 나의 자료를 충분한 양으로 재생산할 수 있는 충분한 자원들을 가지고 있는가?
- 나의 자료를 사용함으로써 이익을 얻을 수 있는 다른 교사 또는 집단이 있는가?

3단계: 세부사항 계획
- 내 자료의 주제는 무엇인가?
- 나는 학생들에게 어떤 기능과 개념을 발달/강화시키려고 하는가?
- 내가 학생들이 사용하기를 원하는 일반적인 기능(수리력/문해력)은 무엇인가?
- 나는 학급 내의 상이한 능력을 가진 학생들을 어떻게 충족시킬 것인가?
- 나는 나의 아이디어를 나의 멘토와 언제 논의할 것인가?

4단계: 프레젠테이션의 쟁점들
- 나는 나의 자료에 어떤 제목을 붙일 것인가?
- 나는 자료를 만드는 데 어떤 활자의 크기와 스타일을 사용할 것인가? a) 학생들은 접근가능한가? b) 보기에 흥미로운가?
- 나는 어떤 시각이미지, 예를 들면 다이어그램을 포함하기를 원하는가?
- 나는 학생들이 접근하기를 원하는 정보/과제를 어떻게 제시할 것인가?
- 나는 상이한 학습 요구를 가진 학생들을 어떻게 (교육과정)차별화할 것인가?

5단계: 자료 사용

- 나의 자료를 만들 때 고려해야 할 시간 척도는 어느 정도인가? 즉, 나는 제시간에 자료를 복사할 수 있는가?
- 나는 자료를 나의 수업지도안에 어떻게, 그리고 어디에 구축해야 할 것인가?
- 나는 자료를 나 자신과 다른 사람이 쉽게 접근할 수 있도록 하기 위해, 어디에 저장해야 할 것인가?
- 나는 자료를 학생들에게 어떻게 소개할 것인가?

6단계: 평가

- 그 자료는 나의 목표를 성취하는 데 도움이 되었는가?
- 상이한 능력을 가진 학생들이 그 자료를 사용할 수 있었는가?
- 나는 학생들이 그 자료를 사용하는 데 흥미를 느꼈다고 생각하는가?
- 그 결과물은 활동 계획의 요구사항과 관련이 있었나?
- 나는 이 자료를 다시 사용할 것인가?
- 만약 그 자료를 수정하려고 한다면, 어떻게 변화시키고 싶은가?
- 나는 자료의 계획과 사용에 대해 무엇을 배웠는가?

그림 8-16. 자료의 계획, 준비, 사용의 단계들

(Tolley et al., 1996: 31)

표 8-15. 워크시트의 설계

스타일: 한 장의 자료 시트 또는 자료 소책자

인물사진 (수직적)		또는 경관 (수평적)	

레이아웃

- 텍스트, 삽화, 활동의 조직
- 학생은 텍스트와 삽화의 계열을 쉽게 따라갈 수 있어야 한다.
- 텍스트와 삽화 사이의 균형을 이루도록 하라. 많은 양의 텍스트는 피하고, 한 장의 시트에 너무 많은 내용을 채우지 않도록 하라.
- 흥미를 자극하고 시각적 다양성을 창조하기 위해 삽화와 테두리 장식을 사용하라.
- 활동과 과제는 분명히 식별할 수 있어야 한다.
- 가능한 한, 각 시트가 독립적인 환경을 갖추도록 하라.

텍스트

- 텍스트가 한 페이지에서 다른 페이지로 넘어가지 않도록 하라. 표가 활동을 위한 구조를 제공하기 위해 사용될 수 있다(즉 칼럼을 사용하여 활동의 넓이와 깊이를 결정하기).
- 손으로 쓴 텍스트도 깔끔하고 분명하다면 사용될 수 있다. 어떤 경우에는 손으로 쓰는 것이 워크시트(활동지)의 프레젠테이션에 다양성을 도입하기 때문에 효과적일 수 있다.
- 핵심 단어와 제목은 별개의 글꼴 또는 볼드체를 사용하라.

삽화(지도와 다이어그램)

- 명료한 검은 선을 그리는 것이 더 효과적으로 인쇄될 수 있다.

- 가능한 한 테두리를 사용하여, 지도와 다이어그램을 프레임에 넣고 강조하라.
- 모든 지도는 제목, 축척, 북쪽 방향의 화살표가 제시되어야 하며, 적절한 곳에 범례가 있어야 한다.
- 사진은 항상 명료하게 복사되지 않는다. 때때로 특별한 도구나 스캐너를 사용하여 복사를 위한 원본이 만들어질 필요가 있으며, 그것은 컴퓨터에서 만들어지고 있는 문서 내 사진들과 다른 삽화들을 통합하는 데 사용될 수 있다. 또한 사진 이미지를 강조하기 위해, 명료한 검은 외곽선이나 음영을 추가하는 것은 도움이 될 수 있다.

그래픽

- 컴퓨터 문서 작업과 전자 출판 소프트웨어 패키지는 현재 광범위한 그래픽과 삽화를 포함하고 있다.
- 이러한 그래픽들은 정보를 효율적으로 제시하거나, 활동 또는 텍스트의 영역들을 강조하는 데 사용될 수 있다.

(Lambert and Balderstone, 2010: 234)

표 8-16. 지리 워크시트를 만들기 위한 체크리스트

1. 가능한 한, 텍스트를 인간화하라(학생들은 인간과 관련지을 수 있다면, 어려운 개념에도 접근할 수 있다).
2. 문장들이 필요한 계열에 따라 서로 이어질 수 있도록, 각 단락을 위한 조직의 원리를 가져라(만약 문장들이 의미를 훼손하지 않으면서 재배열될 수 있다면, 그 단락은 구조화되어 도움이 될 것이다).
3. 아이디어들 사이의 연계를 명확하게 하라. 어려운 연결어(결과적으로, 게다가, 그러므로, 마찬가지로, 더욱이, 유사하게, 즉, 따라서)는 피하라.
4. 너무 긴 주제, 장애물, 생략부호 등은 피하라.
5. 엄격하게 필요한 곳에서만 전문적 어휘와 외래어를 사용하라.
6. 특히, 다른 일상적 의미를 가질 수 있는 전문적 용어들[예를 들면, 하천의 제방(bank: 은행)]을 사용할 때, 주의를 기울여라.
7. 일반적인 어휘의 불필요한 형식을 피하라.
8. 괄호와 인용부호가 함축적 의미의 무게감을 전달하지 않도록, 그것들의 사용을 줄여라.
9. 무엇보다도 최선의 가독성 검사는 문장을 크게 소리내어 읽는 것이다. 그것은 즐거워야 하고, 이야기처럼 읽기 쉬워야 한다.

(Dikes and Nicholls, 1988)

현재 지리수업에서 활용되는 워크시트는 일반적으로 자료 제시용 워크시트(resources worksheet)와 학생 활동용 워크시트(exercise worksheet)로 나눌 수 있지만, 통합된 형식으로도 제시될 수 있다.[2] 학생 활동용 워크시트는 학생들을 위한 모든 지시를 담고 있어야 하고, 자료와 연계시켜 제시하거나 참고한 자료를 토대로 해야 한다. 그리고 자료 제시용 워크시트는 학생 탐구를 위한 자극과 자료를 제공하기 때문에, 선택된 자료는 가능한 한 흥미롭고 자극적이어야 한다(Fien, 1989: 75). 둘 중 어떤 것을 선택하든 간에, 워크시트는 학생들이 탐구해야 할 내용과 활동을 잘 구조화해야 한다.

이와 관련하여, 호퍼(Hoepper, 1989: 75)는 표 8-17과 같이 워크시트 설계 요소로서 지리탐구를 위한 워크시트 설계의 원칙, 그리고 워크시트에 포함되어야 할 자료 및 학생들의 반응에 대해 제시하

2 자료 제시용 워크시트와 학생 활동용 워크시트를 각각 분리하여 제시한다면, 다른 색깔의 용지(예를 들면, 자료 제시용 워크시트-흰 종이, 학생 활동용 워크시트-노란 종이)로 구분하여 제시하는 것이 바람직하다.

표 8-17. 지리탐구를 위한 워크시트 설계의 요소

워크시트 설계의 원칙	워크시트에 포함되어야 할 자원	워크시트에 요구되는 학생의 반응
• 워크시트는 지리교육과정 내의 중요한 쟁점에 초점을 두어야 한다. • 워크시트는 쟁점에 관한 토론을 강조하기 위해 핵심적인 증거 항목을 제시해야 한다. • 워크시트는 인지적, 정의적 반응을 위한 질문과 활동을 제공해야 한다. • 워크시트는 학생들 자신의 경험, 지식, 감정을 탐구할 수 있도록 해야 한다. • 워크시트는 학생들에게 미디어에 반응할 기회를 제공함으로써, 그들의 상이한 능력과 관심을 탐구하도록 해야 한다. • 질문과 활동은 명백해야 하고, 실천할 수 있어야 한다. • 워크시트를 통한 교수·학습은 학생들이 교사의 조력없이 수행할 수 있도록 충분히 명확해야 한다. • 워크시트는 상업적인 텍스트와 비교하여 학생들이 신뢰할 수 있도록, 가치 있는 형식으로 제시되어야 한다.	• 텍스트: 교과서 발췌물, 신문기사, 정부 보고서, 전문가 견해, 관찰 기사 • 그래픽: 사진, 스케치, 만화, 지도, 그래프, 단면도, 다이어그램, 플로차트, 포스터 • 연구서: 쟁점에 관련되고, 워크시트에 참고가 되며 학생들에게 유용한 것 • 프린트 디스플레이: 교실에 전시되는 차트, 지도, 포스트 • '인공물' 디스플레이: 모델, 복제품, 교실에 전시된 물건 • 시청각 프리젠테이션: 필름, 비디오 테이프, 슬라이드, 오디오, 영사슬라이드, 교실에 전시한 컴퓨터 • 학생의 사전 지식: 학생들이 이미 알고 있거나 믿고 있는 것, 또는 경험해 온 것 • 타인: 학생, 교사, 공동체 구성원의 경험, 지식, 태도, 신념 • 로컬 환경: 학교와 주위 환경의 자연적, 사회적 특징 • 다른 장소들: 쟁점과 관련된 장소, 그리고 소풍이나 여행을 통해 갈 수 있는 장소	• 인지적 반응: 분석, 해석, 종합, 평가를 통한 이해로부터의 일련의 반응 • 연구조사: 학생들로 하여금 관련 자료들을 사용하도록 요구, 그들에게 이들 자료를 그들 스스로 위치시키도록 요구 • 야외조사: 지도화, 필드스케치, 조사, 앙케이트, 사진, 필름, 기록 • 토론/논쟁: 쟁점을 토론하기 위한 집단 형성, 형식적인 토론 조직 • 상상적 반응: 글쓰기, 말하기, 예술, 음악, 영화에서의 창조적 반응 • 역할학습: 워크시트에서 제기된 쟁점에 근거한 역할학습을 고안하고 수행 • 판단: 증거에 근거하여 신중히 숙고한 의견을 표현하는 것 • 공감적 반응: 자신의 관점과 다른 타인의 관점에 대한 이해 • 가치 반응: 학생 자신의 가치에 근거하여, 쟁점에 대한 의사결정 수행 • 폭넓은 관련짓기: 사회공간적 쟁점의 보다 넓은 의미에 대한 이해를 기술함

(Hoepper, 1989: 76-77 수정)

였다. 이와 같은 요소들을 고려하여 워크시트가 잘 설계되었을 때, 쟁점 또는 문제에 대해 학생들에게 보다 구조화된 접근을 제공할 수 있다. 또한 워크시트는 학생들에게 제시하는 질문과 학생들에게 요구하는 반응을 통해, 전통적인 텍스트보다 더 포괄적으로 사고하도록 유도할 수 있다(Hoepper, 1989: 75). 이와 같이 잘 구조화된 워크시트는 그 자체의 장점뿐만 아니라,[3] 단지 언어에 의존하는 것보다 학생들의 탐구활동을 더 촉진시킬 수 있다.

3) 자료의 역할: 증거와 기능의 실습

여기에서는 자료를 일반적인 수업 자료(resource)가 아니라, 학생들의 지리탐구를 위한 데이터(data)로서 살펴본다.[4] 우리나라를 비롯한 대부분의 국가 또는 주 지리교육과정에서는, 학생들이 정

3 워크시트를 통한 탐구학습은 여러 장점이 있다. 만약 내용과 활동이 차별화되고 상이한 미디어를 통해 자극과 반응을 제공한

보를 수집하고 분석하며 표현하는 정보처리기능을 강조한다. 그러므로 지리수업에서 자료(data)의 역할은 매우 중요하다. 지리수업에 사용되는 자료는 학생들이 직접 가져올 수도 있고, 교사들이 자료를 선택하여 제공할 수도 있다.

지리탐구에 사용되는 자료는 야외조사, 설문조사 등을 통해 직접 수집하여 가공하지 않은 원자료인 1차 자료(first-hand data)와, 이를 가공한 2차 자료(secondary data)로 구분하기도 한다(Roberts, 2003).[5] 실제로 교실 탐구수업에서는 1차 자료보다 2차 자료가 많이 사용된다. 왜냐하면 학생들이 1차 자료를 직접 수집하기에는 한계가 있을 뿐만 아니라, 많은 주제들이 학생들에게 1차 자료의 수집을 요구하지도 않기 때문이다. 지리 수업에서 탐구 활동을 위해 사용할 수 있는 자료는 매우 다양하며(표 8-18), 지리탐구를 위해서는 이러한 자료들이 사실로서 보다는 증거로서 사용되어야 한다. 즉 증거로서 자료를 사용하는 것(using data as evidence)이 지리탐구의 본질적인 양상이라고 할 수 있다(Roberts, 2003).

슬레이터(Slater) 역시 지리탐구에 사용되는 자료의 광범위한 정의를 내렸을 뿐만 아니라, 자료가 증거와 일반화를 위해 사용되어야 한다고 주장한다. 지리탐구에 사용되는 자료는 과학적 지식을 탐구하기 위한 객관적 자료뿐만 아니라, 개인의 가치 탐구를 위한 주관적 자료도 함께 다루어져야 한다. 즉 탐구활동에서 다루어지는 자료는 통계 수치와 보고서, 지도, 사진, 신문 등에서 수집된 증거로서의 객관적 자료뿐만 아니라, 인간주의적 딜레마에 봉착한 학생들의 반응으로서의 주관적 자료가 함께 다루어져야 한다. 학생들의 지식뿐만 아니라 그들의 감정이 개발·변화·평가되기 위해서는 이처럼 주관적 요소가 포함된 자료에 대한 광범위한 정의가 필수적이기 때문이다(Slater, 1993: 148-149).

로버츠(Roberts, 2003)에 의하면, 교사들이 자료를 선택하는 데 일반적인 준거로 삼는 것은 다음과 같다. 첫째, 자료는 문해력과 수리력의 관점에서 학생들이 이해하기 쉬워야 하고, 흥미로워야 한다. 둘째, 자료는 상대적으로 덜 가공된 상태로 있어야 한다. 이를 통해 학생들이 자료를 혼자 힘으로 이해할 수 있는 범위가 확대된다. 셋째, 자료는 학생들이 교실 밖에서 접촉할 수 있는 지리적 정보를 포함해야 한다. 예를 들면, 안내지도, 신문기사, 텔레비전 일기예보 등이다.

다면, 학생들의 상이한 능력을 개발할 수 있는 개별화가 가능하다. 그리고 학생들에게 선택의 기회가 제공된다면, 학생들의 상이한 관심을 발전시킬 수 있다. 한편 워크시트는 항상 자기충족적이기 때문에, 교사는 수업 중에 자유롭게 이동하면서, 비형식적인 방법으로 진도를 체크할 수 있다. 또한 어려움에 처한 학생의 활동을 도울 수 있으며, 소집단 활동에서 이탈하는 학생을 체크할 수 있다.

4 우리말의 자료에 해당하는 영어 단어는 material, source, information, resource, data 등이 있다. 이 단어들은 의미의 차이가 있지만, 우리말로는 자료 또는 정보라는 의미로 번역되어 사용된다.

5 1차 자료를 비조작 자료, 2차 자료를 조작 자료로 구분하기도 한다(송언근, 2009).

표 8-18. 교실 탐구수업에서 증거로 사용되는 자료의 유형

자료로서 텍스트	통계 자료	개인적 지식
• 교과서의 서술과 설명 • 여행기 등의 논픽션 • 픽션 • 신문기사 • 논평 • 편지 • 잡지 • 안내책자 • 광고 **시각 자료** • 사진 • 그림 • 소묘 • 다이어그램 • 광고 • 비디오 • 만화 • 위성영상	• 숫자를 포함한 표 • 막대그래프 • 파이그래프 • 단계구분도 • 선그래프 • 홍수 수문 곡선 • 인구 피라미드 • 기후 그래프 **지도** • 지형도 • 지리부도의 지도: 정치, 자연, 주제 • 교실 밖에서 사용하는 지도: 안내책자, 신문, 축구 티켓 등에 있는 지도 • 기후도	• 기억된 이미지를 포함한 장소에 대한 기억 • 사건에 대한 기억 • 심상지도 • 개인적 이론들 • 세계를 보는 방법(ways of seeing) • 간접적으로 획득한 개인적 지식 **물건** • 쓰레기 봉투 • 인공물 • 음식 • 암석

(Roberts, 2003)

모든 지리교과서들은 지도, 사진, 통계, 보고서, 신문, 안내책자 등 이러한 준거를 만족시키는 자료를 일부 포함하고 있지만, 그렇지 못한 자료들 역시 포함하고 있다. 교과서에 있든 교사가 만든 워크시트에 있든, 이러한 자료들이 탐구활동을 위해 그렇게 유용하지 못한 이유는 중요한 결과(중간언어)만 요약하여 핵심적인 사고로 제공하고 있기 때문이다. 이러한 자료 또는 정보는 학생들에게 학습의 종착점으로 당연한 것이 무엇인지를 제공할 수 있지만, 학생들이 자신의 사고를 통해 이러한 결론에 도달할 수 있는 기회를 제공하지는 못한다. 즉 지리수업에 사용되는 자료는 지리적 현상에 대한 사실적 지식과 결과를 확인하기 위한 목적으로 사용되기 때문에, 학생들이 자신의 사고를 통해 이러한 자료를 분석하고 해석할 수 있는 기회를 제공하지 못하는 것이다(Roberts, 2003). 그리하여 지리수업에 사용되는 자료는 지리적 사실과 개념을 보다 쉽게 습득하기 위한 보조적 자료 정도로 전락하게 되고, 학생들의 학습에 있어 사고 활동을 유발하는 유의미한 학습 자료가 되지 못한다.

이상과 같이, 슬레이터(Slater, 1993)와 로버츠(Roberts, 2003)는 지리수업에서의 자료가 사실보다는 증거로서 사용되어야 한다고 주장한다. 지리수업에서 자료가 지리적 현상에 대한 증거로 사용되기 위해서는, 학습의 주체인 학생들이 이를 처리하고 해석하는 과정이 중요하다. 따라서 자료는 교사가 학생들에게 지리적 사실과 결과를 전달하거나 확인시키기 위한 보조적 역할에서 벗어나, 학생들이 능동적으로 읽고 해석해야 할 자료로 인식될 필요가 있다.

슬레이터(Slater, 1993)에 의하면, 지리탐구에 있어서 자료는 일반화의 근거가 되면서, 일반화가 정리되어 도출되는 근거 및 증거로서 기능해야 한다. 특히 일반화가 암기학습으로 전락되지 않도록,

자료에 '처리 방법'과 '기능의 실습'을 동시에 결합시켜야 한다. 즉 자료 처리에 있어서, 학습자는 결론에 도달하기 위하여 많은 기능을 적용하거나 일련의 과제를 수행해야 한다. 따라서 학습자들은 제시된 과제(자료 수집과 처리)에 자료처리 방법(인지적 기능, 사회적 기능, 실천적 기능)(그림 7-5, 글상자 8.1참조)을 적용하는 과정을 통해 기능이 숙달된다(Slater, 1993: 61).

로버츠(Roberts, 2003)는 지리탐구가 본질적으로 자료로부터 수집된 정보를 사용하여 이해를 발달시키고 지리적 지식을 구성하는 것과 관련된다고 주장한다. 정보와 지식 사이에는 차이점이 있다. 학생들은 다양한 자료로부터 정보를 찾을 수 있지만, 그것 자체가 탐구하는 것이라고 볼 수는 없다. 탐구는 단순히 정보를 발견하여 질문들에 답하는 것이 아니며, 이해를 발달시키는 것이다. 학생들은 이해를 발달시키기 위해 자신이 수집해 온 정보 또는 자료를 검토할 필요가 있으며, 자료를 그들이 이미 알고 있는 것과 관련시킬 필요가 있다. 그리고 상이한 정보 사이의 관계를 알 필요가 있으며, 모든 종류의 연결을 만들고 그들이 학습하고 있는 것에 대한 자신의 이해를 발달시킬 필요가 있다.

자료를 사용하는 것과 자료를 이해하는 것의 차이점, 답을 발견하는 것과 지식을 구성하는 것의 차이점은 다음 사례를 통해 설명될 수 있다. 예를 들어, 학생들은 '지진은 어디에서 일어날까?'라는 질문에 대해, 지진의 분포에 관한 일반화된 범주를 제공하는 교과서를 사용하여 답변할 수 있다. 그들은 이러한 질문 또는 답변에 관해 진정으로 많이 사고하지 않고도 원하는 정보를 공책에 적을 수 있을 것이다. 만약 그들이 정확하게 옮겨 적었다면, 그들은 그 질문에 대한 정확한 답변을 한 것이 된다. 이와 달리 학생들은 지도책 또는 인터넷 등을 사용하여 혼자 힘으로 자료를 찾고, 그것을 이해하려고 노력할 수도 있다. '어디에'라는 질문에 답변하는 방법은 단순히 다른 사람들에 의해 구성된 지식을 수용하는 것보다, 오히려 혼자 힘으로 지식을 구성하는 데 학생들을 참여하도록 유도하는 것이 더 의미가 있을 것이다.

학생들은 그들이 가지고 있는 개념적 구조에 의존하여, 자료로부터 정보를 해석하고 의미를 부여한다(Roberts, 2003). 예를 들어, 학생들이 어떤 사진 자료를 본다면, 각각의 학생들은 상이한 것을 떠올릴 것이다. 학생들은 사진을 보는 각자의 개인적 방법을 가지고 있는데, 그것은 그들의 지식, 경험, 관심에 의해 영향을 받는다. 즉 학생들이 같은 자료를 본다고 할지라도, 그들은 각자의 관점으로 자료 속의 상이한 양상들에 주목할 것이다. 지리교사가 학생들에게 지리적 사고를 유발하고 싶다면, 학생들에게 지리적 구조틀(geographical frameworks) 또는 보는 방법(ways of seeing)을 소개할 필요가 있다(Roberts, 2003). 이러한 구조틀은 조사의 목적에 따라 다양한데 예를 들어, 학생들은 사회적, 경제적, 환경적 요인과 같은 범주를 사용하여 사진 자료를 분석할 수 있다. 교사가 학생들이 자료를 분석하거나 해석하는데 비계를 제공하기 위한 지리적 구조틀의 사례로는 비전프레임(vision frame), 개발나침반(DCR: Development Compass Rose) 등을 들 수 있다. 이에 대해서는 이미지 자료에서 자세하게 살펴본다.

4) 수업자료: 교과서

(1) 교과서의 유형

① 내용과 활동에 따른 분류: 내용중심 교과서와 활동중심 교과서

우리나라는 국가 수준의 교육과정을 채택하여, 교과서가 학교교육에 차지하는 비중이 거의 절대적이라고 할 수 있다. 이는 지리교사들이 하나의 교과서에 의존하는 경향성이 높다는 것을 의미한다. 스미스(Smith, 1997)는 지리교사들이 교과서에 너무 심하게 의존하는 현상의 위험성에 대해 경고하면서, 지리교사들에게 무엇보다 중요한 것은 교과서 자료를 평가할 수 있는 능력과 관점을 가지는 것이라고 주장한다.

지리교사들이 교과서 자료를 분석하고 평가할 수 있는 능력 또는 관점은 실제로 교과서를 가지고 수업을 설계하고 교수·학습에 사용하는 실천적 경험을 축적해 감에 따라 발전할 것이다. 그러나 지리교사들이 이러한 오랜 경험을 쌓기 이전에, 지리교과서에 제공된 자료와 활동에 대해 분석하고 평가할 수 있는 능력을 가지고 있다면 더욱더 도움이 될 것이다.

현실적으로 교과서는 학생들이 사용하는 근본적인 자료가 된다. 교과서는 교육과정을 반영하여 구성되지만, 실제로는 교과서 그 자체가 교육과정이 되어버리는 위험이 있을 수 있다(Lambert and Balderstone, 2000). 왜냐하면 국가에서 고시한 지리교육과정은 지리 교과를 위한 공통의 내용을 제시하고 있지만, 이러한 요구사항들은 교과서의 저자들에 의해 상이하게 해석되어 반영될 수 있기 때문이다.

지리교사가 교과서를 중심으로 교수·학습 활동을 계획하는 것은, 확실히 학생들에게 공통의 교육과정을 경험하도록 할 수 있다. 그러나 교사가 교육과정을 전달하는 것은 교과의 내용을 전달하는 것 그 이상이다. 여기에서 중요한 것은 교과서의 자료와 활동을 활용하여 학생들이 학습에 더 참여할 수 있는 방법을 생각해 볼 필요가 있다는 것이다. 이것은 학생들에게 단지 활동과 과제를 바쁘게 수행하도록 하는 것이 아니라, 학생들이 지리를 학습함으로써 사고를 강화시킬 수 있도록 노력해야 한다는 것을 의미한다.

월포드(Walford, 1995)는 지리 교과서의 텍스트, 삽화, 활동 간 균형의 변화에 대한 연구를 수행하였다. 그에 의하면, 지난 20년간 지리 교과서에서 텍스트는 점점 사라져 왔고, 학습을 위한 자료와 활

동이 증가해 왔다. 이처럼 내용 또는 텍스트 중심의 교과서에서 활동 또는 과제 중심의 교과서로 전환된 것은 매우 환영할 만한 일이다. 그러나 그가 문제시하는 것은 정작 진정한 문제해결 및 의사결정 과제는 부족하고, 다양하고, 반복적인 활동으로 인해 지리탐구의 폭과 깊이가 제한될 수 있다는 것이다. 따라서 성취 수준이 높은 학생들에게는 적합한 도전을 제공하지 못하는 한계를 안고 있다. 비록 교과서들이 다양하고 활동을 포함하고 있다고 하더라도, 학생들에게 고차사고 기능을 사용하도록 요구하는 도전적인 과제가 부족한 것은 문제가 될 수 있다. 만약 많은 과제들이 단순한 정보를 전이하거나 재조직하는 활동이라면(예를 들면 복사하거나 문장과 표에 있는 빈칸을 채우는 활동), 이러한 과제들을 제공받는 학생들은 정보를 분석·종합·평가하는 데 요구되는 기능들보다, 오히려 이해와 관련한 기능만을 발달시킬 수 있을 것이다.

또한 월포드는 활동 중심의 교과서로 전환되면서 텍스트의 양이 줄어들어, 학생들의 문해력과 언어 발달을 위한 잠재력을 제한할 수 있다고 지적한다. 물론 대부분의 교과서들이 다양한 자료를 포함하고 있지만, 텍스트의 부족은 학생들로 하여금 읽기를 위한 기회를 제한할 수 있다. 또한 사실적인 사진을 사용하기보다는, 과도한 단순화와 고정관념화로 이어질 수 있는 토킹헤즈(talking heads)[6] 및 만화와 같은 삽화 또는 그래픽의 남용에 대해서도 우려를 하고 있다. 표 8-19는 교과서 자료를 평가할 수 있는 간단한 시트를 보여 준다.

② 서술 방식에 의한 분류: 설명식 교과서와 내러티브 교과서

최근 교과서의 유형을 구분하는 기준으로 텍스트의 서술 방식이 주목받고 있다. 텍스트의 서술 방식에 따라, 교과서는 설명식 텍스트(expository text)로 서술된 교과서와 내러티브 텍스트(narrative text)로 서술된 교과서로 구분된다. 이러한 교과서의 구분은 기존의 교과서들이 설명식 텍스트로 이루어져 있다는 한계를 지적하면서, 내러티브 텍스트로의 전환을 강조하는 데 있다. 이에 대한 인식론적 배경은 최근 학습에 대한 사고방식의 변화, 즉 패러다임 사고(paradigmatic thinking)에서 내러티브 사고(narrative thinking)로의 전환에 대한 브루너(Bruner, 1996)의 강조에서 찾을 수 있다. 이러한 사고방식의 변화는 내러티브 사고에 대한 강조와 함께 교과서 서술 방식의 변화를 요구하고 있다.

설명식 텍스트에 기반한 교과서는 기본적으로 논리적 방식 또는 순서에 따라 서술하거나 설명하는 것을 원칙으로 삼는다. 특정 주제를 중심으로 개념이나 원리를 범주화하여 나열하거나, 보다 쉽게 풀어서 설명하는 방식으로 진술한다. 그리고 시간적·공간적 계열에 따라 쉬운 것에서 어려운 것

---

6 토킹헤즈(talking heads)란 말하는 사람의 얼굴이 텔레비전 화면 가득이 잡히는 1인 샷으로, 단조롭고 영상적인 임팩트가 부족하다.

표 8-19. 교과서 자료의 평가

교과서 자료에 관한 처음의 사고를 조직하는 데 도움을 줄 수 있는 간단한 시트

제 목 ______________________________

저 자 ______________________________

출판사 ______________________________

범주	긍정적	부정적
출판사에 의한 주장들		
내용들이 어떻게 조직되어 있고 표현되어 있는가?		
텍스트는 어떻게 표현되어 있고 조직되어 있는가?		
핵심 개념들, 주제들 또는 아이디어들은 얼마나 명료하게 제시되어 있는가?		
사진들과 삽화들은 얼마나 훌륭하게 사용되어 있는가?		
어떤 유형의 연습과 활동이 설계되어 있는가?		
이 책의 정신(ethos)은 무엇으로 나타나 있는가?		
이 책은 젊은 독자들에게 얼마나 매력적인가?		
그 외 언급하고 싶은 다른 것은?		

(Boardman, 1996)

으로, 구체적인 것에서 추상적인 것으로, 부분에서 전체로, 일반적인 것에서 구체적인 것으로 진술한다. 그러나 그러한 지식에는 목소리(voice)와 관점(view)이 들어 있지 않으며, 어떠한 인격적 특성도 찾아볼 수 없다. 예를 들면, 지리 교과서에 등장하는 인간은 주로 통계학적 숫자로 환원되어 있어, 진정한 인간의 모습은 찾아볼 수 없다. 그리고 무엇보다 심각한 것은 교과서들이 마치 이론의 여지도 없어 보이는 기정사실들만을 영구불변한 것처럼 제시하고 있는 점이다(안정애, 2007). 즉 교과서에서 주로 다루어지는 지식은 학습자의 학습과정이나 지식의 탐구과정은 배제된 채, 결과적 측면에서의 완결형 지식을 지나치게 강조하고 있다. 이러한 지식관은 지식을 학습하는 당사자의 학습과정이나 지식의 탐구과정을 적극적으로 고려하지 못한다는 문제를 안고 있다.

지리 교과서도 마찬가지로 설명적 텍스트 양식에 따라 기술되어 있어, 진리 또는 실재에 기반하여 설명을 중시하는 소위 객관적인 지리 서술을 지향한다. 일부 읽기자료는 일기, 편지, 시, 소설, 기행문 및 수필, 영화, 만화 등 다양한 서술 형식을 보이기도 하지만, 본문 서술은 많은 양의 지리적 지식을 지나친 단순화와 설명의 비약을 통해 요약하고 있다. 리드스톤(Lidstone, 1992)에 의하면, 지리 교과서는 학생들이 학습해야만 하는 설명적 텍스트로 구성되어 있으며, 단지 지리적 연구의 성과만을

담고 있다. 그리하여 학생들은 교과서를 읽을 수 없을 뿐만 아니라, 읽고 싶어하지도 않는다. 설명적 텍스트에는 저자나 화자가 드러나지 않음으로써, 독자와 저자, 그리고 독자와 텍스트 사이의 거리를 멀게 하여 의사소통이 부족해진다. 이처럼 저자나 화자의 목소리가 들리지 않는 설명적 텍스트는 학생들의 흥미를 불러일으킬 수 없다. 그 결과 학생들은 지리를 딱딱하고, 어렵고, 재미없고, 지루한 과목으로 인식하게 되어 흥미와 관심을 떨어뜨리게 된다. 또한 읽기 발달 능력과 사고력 향상, 지역에 대한 가치관과 태도의 발달에 있어서도 부정적인 영향을 미칠 수 있을 뿐만 아니라, 학생들의 마음을 자극하고 감동을 전달하지 못하는 한계를 드러낸다.

설명적 텍스트는 사람 없는 지리(geography without people)로서 인간의 행위와 의도를 배제하여 인간의 정서와 감정을 전달하지 못한다. 이로 인해 설명적 텍스트 형식의 교과서는 학생들에게 많은 정보를 제공해 줄지는 모르지만, 텍스트에 대한 학생들의 적극적인 개입을 이끌어내지 못한다. 지리 서술을 통해 의도하였던 지리적 설명에도 실패함으로써, 지리적 이해와 사고의 양 영역에서 소기의 교육목적을 달성하지 못한다. 결국 저자의 목소리나 화자가 없는 설명적 텍스트만으로 구성된 교과서는, 학습자들의 학습 주제에 대한 흥미를 잃게 하고 집중력을 떨어뜨리는 원인이 된다. 따라서 학습자들의 흥미를 자극하는 내러티브 텍스트로의 전환을 모색할 필요가 있다.

학생들은 저자가 드러난 글이나, 이야기 형식의 내러티브 텍스트(narrative text)에 적극적으로 관심을 보인다(김한종·이영효, 2002). 학습은 내러티브 과정으로 이해될 수 있으며, 일정한 과정이나 에피소드를 중심으로 이루어진다(Bruner, 1996). 따라서 교과서 역시 학습 행위의 흐름이나 절차에 부응하는 방식으로 그리고 스토리 전개 방식으로 내용이 구성되어야 한다. 학생들은 비록 자기 나름의 지리적 시각과 관점을 논리적으로 구축하지는 못할지라도, 내러티브 텍스트를 통해 저자의 의도를 파악하고 비판을 제기하거나 지리적 사건을 저자와 다른 의미로 해석할 수 있게 된다.

기존의 교과서가 마치 교사를 대상으로 하여 쓰인 인상을 주었다면, 앞으로 쓰인 교과서는 보다 쉽고, 재미있고, 친절하며, 현장 친화적인 교과서가 되어야 한다. 다시 말해 교과서는 학생들이 이해하기 쉬워야 하며, 흥미롭게 학습할 수 있으며, 학습 과정을 친절하게 이끌고, 누구에게나 활용성이 높아야 한다(강현석·이순옥, 2007). 이런 맥락에서 보면, 교과서 서술 방식의 질적 개선을 위해서 내러티브의 활용 가치가 매우 크다고 할 수 있다.

실제로 지리 교과서를 대상으로 분석한 결과(조철기, 2011), 최근 내러티브 텍스트에 대한 의존율이 높아지고 있다. 우리나라 지리 교과서의 경우 내러티브 텍스트로 많이 활용되고 있는 것은 문학작품(시, 수필, 소설, 기행문 등)이었으며, 그 이외에도 저자가 가공의 인물을 설정하여 화자 중심의 내러티브 텍스트(만화, 말풍선 등을 이용한)를 구성하여 제공하고 있다. 그러나 영국의 지리 교과서(특히 Geog. 시리즈)의 경우, 이미 내러티브 형식으로 서술된 신문기사를 비롯하여 실제 인물의 자전적 내러티브를 많이 활용하고 있다. 이들 교과서의 공통점은 주로 본문이 설명식 텍스트로 구성되는 반면에, 읽기 자료 등의 보조적 자료의 일부가 내러티브 텍스트로 구성되어 있다. 그러나 최근 오스트레일리아 빅토리아주에서 사용되고 있는 지리 교과서 『헤이네만 지리: 내러티브 접근(Heinemann Geography: A Narrative approach)』의 경우, 본문 내용 전체가 내러티브 텍스트로 구성되어 있다.

(2) 교육과정차별화 문제

교과서가 안고 있는 쟁점 또는 문제 중의 하나는 다양한 능력을 가진 학생들을 위한 배려이다. 많은 학자들이 교과서가 다양한 잠재적 독자들의 요구를 충족시킬 수 있어야 한다고 주장한다. 즉 교과서는 다양한 능력을 가진 학생들의 요구를 충족시킬 수 있어야 한다. 그러나 교과서의 대부분은 주로 중간 정도 이상의 능력을 가진 학생들에게 초점이 맞추어져 있다. 따라서 지리교사들이 효과적으로 교육과정을 차별화하기 위해서는 학생들의 능력에 맞는 적절한 활동을 개발할 필요가 있으며, 교과서를 보충하기 위한 부가적인 자료를 만들 필요가 있다.

(3) 왜곡, 편견, 고정관념 문제

지리교사들은 교과서들이 사람과 장소에 관해 전달하는 메시지를 알 필요가 있다. 지리교사들은 교수와 학습을 위해 사용되는 다른 자료와 마찬가지로, 교과서를 사용함으로써 초래할 수 있는 잠재적 학습결과(지식과 이해, 기능, 가치와 태도)를 고려해야 하며, 교과서의 내용도 비판적으로 검토해야 한다. 지리교사들은 학생들이 사람과 장소에 대한 부정적인 고정관념을 발달시키거나 강화하지 않도록 해야 한다. 또한 일부 교과서들에서 발견될 수 있는 오개념(misconceptions)과 과도한 일반화(over-generalization)에 주의를 기울여야 한다.

① 왜곡, 편견, 고정관념의 의미

왜곡(bias)이란 어떤 것 또는 누군가에게 호의적(편애)이거나 비호의적인(편견) 경향 또는 성질이다. 따라서 왜곡은 좋은 뜻으로도 쓰일 수 있고, 나쁜 뜻으로도 쓰일 수 있다. 그렇지만, 본질적으로 왜곡은 실재로부터 편견을 갖게 하는 것이다(Butt, 2000). 교과서에서 다른 나라의 인간과 장소를 재현할 때는 이러한 왜곡이 포함되기 마련이다. 따라서 왜곡(bias)은 후술할 편견(prejudice)과 구분 없이, 일반적으로 편견이라는 용어로 사용된다.

편견(prejudice)은 개인이나 집단에 대해 미리 인지된 부정적인 태도이다. 편견은 인종, 민족, 성, 계층, 연령 등과 같은 특성에 기초한 불관용과 차별을 보여 주는 것으로서, 종종 무지와 미지에 대한 두려움으로부터 초래된다(Butt, 2000). 편견은 어떤 대상에 대해 불충분하거나 잘못된 정보 또는 자료에 근거하여 부정적인 태도를 가지는 것이라고 할 수 있다. 모든 사람은 의식적이든 무의식적이든 간에, 능력, 나이, 외모, 계층, 장애, 문화, 가족구성, 성, 인종 등에 걸쳐 다양하게 표출되는 편견을 가지고 있다.

고정관념(stereotype)은 개인과 집단에 대한 일반화되거나 과도하게 단순화된 관점이다. 고정관념은 어떤 집단의 일부 구성원들이 가지는 특성을 마치 그 집단의 모든 사람들이 가지는 것으로 간주한다. 교과서는 복잡한 실재(현실)를 일반화하고 단순화하기 때문에, 고정관념적 이미지가 만들어질 수 있는 위험을 내포하고 있다. 고정관념 역시 종종 인종, 성, 계층, 연령, 문화 등과 관련된다(Butt, 2000).

고정관념과 편견 모두 개체를 하나의 집단으로 범주화하여 그에 대한 신념을 표현하는 용어이다. 그러나 고정관념이 다소 가치중립적 의미로 사용된다면, 편견은 주로 부정적 의미를 내포하는 정의적 개념이다. 그러므로 우리가 어떤 집단에 대해서 어떠한 고정관념을 지니고 있는지를 살펴보는 것이, 편견을 살펴보는 것보다는 집단에 대한 신념을 포괄적으로 파악하는 데 더욱 적절하다고 할 수 있다.

② 왜곡, 편견, 고정관념의 원천

길버트(Gilbert, 1984: 178)에 의하면, 교과서는 특정 기득권층의 사회적, 정치적 이데올로기를 반영한다. 이로 인해 교과서의 내용은 편파적으로 선정되며, 그로 인해 내용의 왜곡을 동반할 수밖에 없다. 교과서에 나타나는 왜곡은 불공정한 왜곡(undue or unfair bias)과 내용의 선택과 배제에서 항상 존재하는 피할 수 없는 왜곡(unavoidable bias)으로 구분된다. 더욱 문제가 되는 것은 불공정한 왜곡이다. 불공정한 왜곡이 적절하게 고려되지 않는다면, 학생들은 그들이 직접적으로 접촉하는 세계에서 이루어지는 더욱 과장된 왜곡으로부터 보호받지 못할 것이기 때문이다.

마스덴(Marsden, 2001)에 의하면, 교과서의 왜곡에 대한 책임은 출판업자, 자료를 자신의 가치로 전환시키는 저자, 교과서를 채택하는 행위자, 교과서를 가르치는 교사, 교과서를 통해 배우는 학생에게 있다. 이 중에서 교사와 학생은 교수·학습과 관련되기 때문에, 교과서 내용 그 자체와 관련이 되는 것은 출판업자와 집필자라고 할 수 있다. 먼저 교과서를 출판하는 출판업자들이 왜곡의 출발점이 된다. 출판사 또는 출판업자가 어떤 이데올로기를 가지고 있느냐에 따라 저자(집필자)가 선정되며, 이러한 선정을 통해 그들의 의도가 교과서에 투영될 수 있다. 그러나 이들이 교과서의 구체적인 내용 구성에 관여하는 데에는 한계가 있으며, 이는 저자의 몫으로 남게 된다.

교과서의 저자들은 왜곡의 중요한 원천이 된다. 특히 교과서 집필자들은 교육에서 왜곡의 가장 중요한 위치에 있는 것으로 비판받고 있다. 그 이유는 첫째, 집필자들이 가지고 있는 학문적, 이데올로기적 관점에 주목할 수 있다. 교과서 집필자들은 교육과정과 관련된 그들의 사고와 해석에 기반한 특정 이데올로기로부터 지식을 선택한다. 결국 교과서의 텍스트적 재현은 집필자들에 의해 재구성되고 사회적으로 중재된 것이다. 길버트(Gilbert, 1984)에 의하면, 집필자들이 교육에 대한 어떤 이데올로기적 관점을 가지느냐에 따라, 교과서 내용 구성의 전체적인 맥락이 달라질 수 있다. 예를 들면, 1970년대 영국의 지리교과서 집필자들은 설명적 패러다임(explanatory paradigms)에 과도하게 의존적이었다. 계량적 접근에 과도하게 영향을 받은 집필자들은 지리 교과를 탈인간화시킨 것으로 비난받았다.

둘째, 집필자들과 관련된 왜곡의 원천은 그들이 가지고 있는 지식과 이해의 수준과 밀접한 관련이 있다. 전문적인 지식과 이해를 가지지 못한 집필자일수록 이러한 왜곡에 종속될 가능성이 높다. 그렇다고 전문적인 지식이 공정성을 담보하는 것은 결코 아니다. 아무리 전문적 지식을 가지고 있다 하더라도, 집필자들의 개인적 가치와 편견들이 그들의 공정성을 훼손할 수 있기 때문이다. 따라서 왜곡은 집필자의 전문적인 지식과 이해뿐만 아니라, 그들의 가치와 신념에 따른 선택과 배제에 의해서도 일어날 수 있다.

셋째, 집필자들과 교사에 의한 과도한 단순화와 일반화도 문제가 될 수 있다. 교과서 집필자들과 교사들은 학생들의 능력에 적합하게 교과서의 내용을 선정하고 조직해야 한다. 이로 인해 교과서 집필자들과 이를 가르치는 교사들은 복잡한 내용을 가능한 한 단순화하려고 시도한다. 바로 이렇게 복잡한 것을 단순화하려고 하는 과정에서 왜곡 및 편견이 필수 불가결하게 나타나게 된다. 앞에서도 살펴보았듯이, 고정관념은 바로 그러한 단순화의 결과이다.

넷째, 최근 지역 또는 장소와 관련한 학습은 사례학습에 많이 의존하고 있다. 사례학습을 통해 학생들은 그 지역의 대표적인 지역성을 쉽게 파악하고 이해할 수 있다. 그러나 모든 지역을 다루지 않고 특정 주제와 가장 밀접한 지역을 사례로 선정하여 내용을 조직할 때, 집필자의 왜곡이 관여할 수 있다. 사례학습은 특정한 사례를 선택하는 행위로써, 다른 많은 논쟁 또는 주장을 생략하는 것을 의미한다. 예를 들면, 콩고 삼림의 황폐를 피그미족과 결부시키거나, 스페인을 관광산업에 국한시키거나, 일본을 공업과 연계할 때 왜곡이 발생할 수 있다.

이외에도, 쟁점중심 접근은 비관적인 것을 조명하거나 후진국을 나쁜 장소로 고정관념화 시키는 방향으로 왜곡시킬 수 있다. 마지막으로, 집필자들의 나이, 성, 인종, 국가 또는 출신 지역, 사회적 계층 등도 왜곡의 원천이 된다.

하지만 무엇보다도 교과서의 집필자와 이를 가르치는 교사가 가장 큰 편견의 원천이 될 수 있다.

교사는 가치와 편견에 대한 모든 것에 신경 쓰지 않고, 계속해서 사실만을 가르치려고 다짐한다. 그러나 이것은 마음속의 외침일 뿐이다. 45분 내지 50분이라는 짧은 수업 시간 동안 멀리 떨어진 지역을 여행하려면, 어느 정도의 일반화와 상투적 표현이 불가피하다. 또한 가치중립적인 학습자료는 가치중립적인 교사만큼이나 불가능하다. 따라서 교과서 집필자들과 교사들이 편견으로부터 벗어날 수 있다는 환영에 빠지는 것보다는, 차라리 학생들에게 왜곡과 편견을 인식할 수 있는 소양을 갖게 하고 설득과 교화에 저항하도록 하는 것이 더 유용하다.

③ 왜곡, 편견, 고정관념의 유형

교과서에 나타난 왜곡 및 편견의 양상은 다양하다. 특히 반즈(Barnes, 1926)는 왜곡 및 편견의 유형에 대한 단초를 제공하였다. 그는 편견의 유형을 가장 지속적인 것은 종교적 편견으로, 가장 불가사의하고 비속한 것은 인종적 편견으로, 야만스러운 것은 애국적 열정으로, 바보스러운 것은 당파적인 정치적 제휴로, 신과의 동맹은 특별한 경제적 계층과 관련되어 있다는 매우 황당한 카스트 제도 등으로 제시하고 있다. 한편 빌링턴(Billington, 1966: 5-13)은 교과서에 나타날 수 있는 왜곡의 유형을 다음과 같이 구별하고 있다.

- 현재의 학문 조류를 따라잡지 못하고, 왜곡을 포함할 수 있는 진부한 논의를 계속하는 **관성의 왜곡**
- 외국인의 눈을 통해 국가의 역사를 봄으로써, 그들 스스로를 다른 문화에 종속시키도록 하는 집필자에 의한 **무의식적인 변조**
- 선택과 배제에 의해 불가피하게 초래되는 것으로, 여자보다 남자의 행위를 강조하는 **생략에 의한 왜곡**
- 교과서 저자들은 없애려고 하지만, 특정 국가 및 인종의 긍정적 기여를 무시하는 **누적적인 함축에 의한 왜곡**
- 의도적이거나 비의도적으로 좋지 못한 형용사(모멸적 어구)를 사용하는 **언어 사용에서의 왜곡**

다음에 제시하는 편견의 유형은 여러 학자들의 의견을 종합하여 일반적으로 받아들여지는 것을 정리한 것이다.

㉠ 종교적 편견

종교적 왜곡과 편견은 진실과 거짓이라는 이분법적 사고에 의해 나타난다. 일반적인 서구 기독교의 관점에서, 이교도가 믿는 신은 진실한 신이 아니라는 것을 강조한다. 예를 들면, 기독교 내에서도 신교도는 관대한 것으로, 가톨릭은 고집불통인 것으로 대조적으로 묘사된다. 더욱이 이슬람교는 기독교와 대비되어 매우 부적절한 것으로 묘사되는 경향이 있다. 이슬람교는 잔인하거나 미개하며 전쟁을 좋아하는 특성으로 묘사될 뿐, 문화적 진보에 있어서 그들의 긍정적인 역사적 측면은 무시된다(Rogers, 1981: 6–7).

㉡ 국가 및 인종적 편견

교과서에 나타나는 편견 중 가장 일반적인 것이 국가 및 인종적 편견이다. 19세기 서구의 교과서들은 지리결정론적 관점에서, 주로 북반구의 중위도에 거주하는 백인을 세계에서 가장 문명화된 위대한 여행자, 탐험가, 발명가로 묘사하였다. 반면 열대지역의 흑인들은 기억력이 떨어지고, 게으르다는 편견을 심어주었다. 여기에 우성학적 관점이 더해지면서, 존재 사슬의 정점에는 가장 우성적인 유럽, 가장 아래에는 열등한 아프리카 흑인들이 떠받친다고 주장하여 유럽에 의한 아프리카의 지배를 정당화하였다. 유럽은 어린이들에게 아프리카의 적대적인 기후와 식생을 가르침으로써, 아프리카인이 위험한 동물 또는 미개인이라는 가설을 심어주었다.

제2차 세계대전 이후의 교과서에는 이러한 노골적인 인종주의가 줄어들었지만, 오히려 더 파악하기 어렵도록 은밀하게 내재되었다. 예를 들면 제3세계 국가, 그중에서도 특히 아프리카 및 라틴아메리카 사람들은 자본주의에 의한 불균등발전의 희생자로써 묘사되기보다는, 고용될 수 없는 하층 사회의 슬럼 거주자로 은유되었다. 즉 이들은 문제 있는 민족으로 간주되면서, 문제 있는 장소에 거주하는 인종적 소수집단으로 분류되었다. 이러한 서구의 시선으로 바라보는 제3세계 국가에 대한 이미지는 우리에게 편견을 강화시켜 준다. 소위 선진국 사람들은 개발도상국 사람들에 대하여 그다지 좋은 이미지를 가지고 있지 않다. 그들은 개발도상국 사람들을 무식하고, 비합리적이며, 방탕하고, 분별없으며, 자신의 삶에 질서를 부여할 수 없는 사람들로 이미지화한다.

많은 지리교육학자들은 지리교과서가 인간과 장소를 재현하는 과정에서 자민족중심주의와 유럽중심주의 관점에 근거하고 있다고 경고한다. 왜 지리교과서에서 인간과 장소에 대한 자민족중심적 관점이 재현되는 것일까? 이것은 문화적 헤게모니에 근거한 국가정체성을 설립하려는 움직임과 관련되는 것으로 해석할 수 있다(Goodson, 1994: 109). 특히 윈터(Winter, 1997: 180)는 지리교사들이 자민족중심주의 편견의 증거를 보여 주는 지리교과서들을 구체화하고 거부하기 위해, 지리 교과서들을 비판적으로 검토할 필요가 있다고 주장한다. 그녀는 또한 교사들에게 교육과정에 대한 교과서 집필자들의 해석을 함축적으로 떠받치고 있는 가치들에 관해 탐구하도록 촉구한다. 그녀는 맥도웰(McDowell, 1994)의 신문화지리 관점을 끌어와, 지리교과서 『Key Geography: Connections』(Waugh and Bushell, 1992: 78–79)에 기술된 마사이족의 삶의 방식에 대한 사례 학습을 분석하였다. 이 분석은 케냐의 마사이족과 관련된 국가지리교육과정에 대한 집필자들의 해석을 해체하는 데 목적이 있었다. 이 분석에서 나온 다음의 발췌문은 지리교과서가 자민족중심적인 편견을 어떻게 스스로 명백하게 보여 주는지를 설명한다.

> 국가교육과정 정책 문서에서 변화(change)라는 아이디어에 대한 빈번한 언급에도 불구하고, 집필자들은 마사이족이 살고 있는 장소와 마사이족이 겪고 있는 변화에 대해 전혀 언급하고 있지 않는다. 대신에 정적이고 불변적인 삶의 방식이 제시되어 있을 뿐이다. 교과서에는 유럽 정착민들이 토지를 점유함으로써, 마사이족의 목초지가 감소한 것에 대한 어떤 언급도 없다. 단지 상당히 줄어든 토지에서의 과도한 방목으로 인해 야기된 토양침식, 그리고 유럽 농장주들에 의해 목동으로 고용되거나 빈곤으로 인해 관광무역에 고용된 마시이족에 대해 다루고 있을 뿐이다. 그러나 목재로 만든 집으로 이루어진 마을들에 정착생활을 하게 된 마사이족들, 탱크에 저장된 물의 공급, 학교들과 공동체의 건강 프로젝트 등의 발달에 대해서는 전혀 언급이 없다. 이러한 재현은 학습되고 있는 장소에 포함된 일련의 목소리들에 대한 어떤 증거도 보여 주지 않는다. 이 텍스트는 백인, 남성, 서구의 목소리에 의해 지배될 뿐, 그들의 장소, 역사, 이야기, 삶에 관한 마사이족의 어떤 관점도 존재하지 않는다. 만약 마사이족의 집필자들이 이 두 페이지를 썼다면, 그들은 어떤 모습을 보여 줄까? 그들은 그들 스스로와 그들의 토지에 대해 어떻게 재현할까? 마사이족 여성들은 그들의 장소에 대해 어떻게 말할까? 그리고 이 장소에 대한 학습에서 다른 목소리들, 즉 케냐 정부, 관광객, 목장 주인, 사파리 여행회사의 목소리는 어떻게 들릴까?(Winter, 1997: 183)

이러한 사례학습에 대한 윈터(Winter, 1997: 187)의 해체는, 국가교육과정에 대한 교과서 집필자의 해석이 어떻게 케냐의 사람과 장소에 대한 일차원적이고, 정적인 재현을 통해 자민족중심주의적 관점을 표현할 수 있는지를 보여 준다. 따라서 윈터(Winter, 1997)는 학생들이 사회정의라는 관점에서 자신의 합리적 반성에 근거하여, 교과서에 대해 생각하고, 질문하며, 의사결정하고 판단할 수 있는 능력을 발달시켜야 함을 강조한다. 그녀는 또한 여기에서 지리교사의 역할을 매우 강조한다.

㉢ 젠더 편견

페미니즘 지리학의 발달과 더불어, 1980년대는 젠더와 관련한 왜곡과 편견에 관심을 가지게 된 시기이다. 이러한 관심은 대부분 지리 교과서에 등장하는 남자와 여자의 비율에 초점을 두었다(Bale, 1981; Wright, 1985). 대부분의 교과서에서 여자들은 양적으로 적을 뿐만 아니라, 평범하고, 복종적이며, 수동적이고, 주변적인 보조적 역할로서 묘사되었다. 그들의 경제적 역할은 무시되었으며, 특히 유색 인종 여자들은 더욱더 주변적으로 다루어졌다. 최근 교과에서의 젠더 편견이 감소하고 있음에도 불구하고, 교과서는 여전히 어느 정도의 젠더 차별을 나타내고 있다. 그리고 여전히 나열된 젠더 편견은 계획적인 것으로 보일 만큼 지나치다.

최근 교과서 자료는 언어와 삽화의 사용에 있어서 젠더 편견을 감소시키기 위해 많은 관심을 기울이고 있다. 언어가 잘못 사용되면 실제를 왜곡시킬 뿐만 아니라, 고정관념적 이미지와 편견을 강화시킬 수 있기 때문이다. 과거 지리 교과서에서 젠더 편견이 사용된 사례로는, 인간과 환경(man and environment)의 학습에서 '남자(man)'를 '인간'으로 기술한 것이다. 최근에는 이러한 문제를 시정하여 '인간-환경(people-environment)'을 사용함으로써 더 적절하고 성차별적이지 않은 이미지를 전달하고 있다. 페미니즘의 등장과 함께 지리 교과에 나타난 젠더 편견은 주요 관심이 되었고, 학교에서 사용되는 교과서에서 이를 검사하기 위한 준거들이 개발되어 사용되었다(표 8-20과 표 8-21). 이러한 준거를 사용하여 1990년대 초반 영국에서 사용된 교과서를 분석한 결과, 지리교과서는 특히 삽화 또는 시각 이미지에서 계획적일 만큼 지나치게 성차별적인 편견을 보여 주었다(Connolly, 1993). 이러한 연구에 참여한 코널리(Connolly, 1993: 63)는 다음과 같이 제안하였다.

> 고정관념에 도전하는 것은 편견을 깨는 데 중요한 역할을 하며, 시각 이미지는 아이디어들을 전달하는 데 강력한 매개체이다. … 우리는 역할에 대한 공통적인 고정관념에 도전하는 다양한 여성과 남성의 이미지를 제시함으로써, 이러한 프로세스를 더 많이 고려할 필요가 있다.

표 8-20. 교과서의 젠더 편견을 검사하기 위한 준거

a) 학교 교과서의 젠더 편견을 검사하기 위한 준거

1. 삽화
삽화에 여성이 나타나 있는가? 여성이 나타난 곳에서 여성의 역할은 무엇인가?

2. 언어
그 언어는 성차별적인 편견인 "man", "he" 등의 사용을 나타내고 있는가?

3. 역할극 훈련에서의 역할
역할극 연습에서 여성은 어느 정도까지, 그리고 어떤 방법으로 나타나 있는가?

4. 생략
어떤 주제들이 생략되어 여성에 대한 차별을 초래할 수 있는가?

5. 신분을 증명할 수 있는 집단으로서의 여성
여성이 신분을 증명할 수 있는 집단으로서 단독으로 표현된 사례들이 있는가?
그 사례들의 본질은 무엇인가?

b) 정확하고 편견없는 의사소통을 성취하기 위해 변화하는 언어

일반적인 사용	편견 없는 용어
man's search for knowledge	people have continually sought
man, mankind	people, humanity, humankind
manpower	workforce, personnel, human resource
mothering	parenting, nurturing

(Lambert and Balderstone, 2000 재인용)

표 8-21. 교과서의 젠더 편견을 평가하기 위한 모형

<table>
<tr><td colspan="13">제목 ________ 출판사 ________ ISBN ________</td></tr>
<tr><td colspan="13">(1) 집필자(들): 성별: 출간일:</td></tr>
<tr><td>(2) 삽화</td><td colspan="2">남성만</td><td colspan="2">여성만</td><td colspan="2">흑인만</td><td colspan="2">백인만</td><td colspan="2">혼합</td><td colspan="2">사람이 없는 삽화</td></tr>
<tr><td>사진</td><td colspan="2"></td><td colspan="2"></td><td colspan="2"></td><td colspan="2"></td><td colspan="2"></td><td colspan="2"></td></tr>
<tr><td>스케치</td><td colspan="2"></td><td colspan="2"></td><td colspan="2"></td><td colspan="2"></td><td colspan="2"></td><td colspan="2"></td></tr>
<tr><td>(3) 삽화에서 사람의 역할</td><td colspan="3">남성의 역할들</td><td colspan="3">여성의 역할들</td><td colspan="3">백인의 역할들</td><td colspan="3">흑인의 역할들</td></tr>
<tr><td>사진</td><td colspan="3"></td><td colspan="3"></td><td colspan="3"></td><td colspan="3"></td></tr>
<tr><td>스케치</td><td colspan="3"></td><td colspan="3"></td><td colspan="3"></td><td colspan="3"></td></tr>
<tr><td colspan="13">(4) 스케치들은 실물과 꼭 닮았는가 아니면 고정관념화되어 있는가?</td></tr>
<tr><td rowspan="2">(5) 일반적인 상황에서 구체적인 성적 언어의 사용(목록에 추가하라)</td><td colspan="2">He</td><td colspan="2">She</td><td colspan="2">His</td><td colspan="2">Her</td><td colspan="2">Man</td><td colspan="2"></td></tr>
<tr><td colspan="2"></td><td colspan="2"></td><td colspan="2"></td><td colspan="2"></td><td colspan="2"></td><td colspan="2"></td></tr>
<tr><td rowspan="2">(6) 역할극과 연습</td><td colspan="3">남성의 역할</td><td colspan="3">여성의 역할</td><td colspan="3">백인의 역할</td><td colspan="3">흑인의 역할</td></tr>
<tr><td colspan="3">합계</td><td colspan="3">합계</td><td colspan="3">합계</td><td colspan="3">합계</td></tr>
<tr><td colspan="13">(7) 생략</td></tr>
<tr><td colspan="13">(8) 신분을 증명할 수 있는 집단으로서 여성</td></tr>
<tr><td colspan="13">(9) 흑인들은 일반적으로 신분을 증명할 수 있는 집단으로서 어떻게 묘사되어 있는가?</td></tr>
<tr><td colspan="13">(10) 신체적 장애를 가진 사람들이 보이는가? 어떤 상황에서?</td></tr>
</table>

(Lambert and Balderstone, 2000 재인용)

㉣ 사회계층, 연령, 장애와 관련한 편견

교과서에는 사회계층, 연령, 장애 등과 관련한 편견도 존재한다. 사회계층과 관련한 편견의 사례로는, 역사교과서가 왕조 중심으로 쓰여 있어 지배 계층의 시각에서 역사적 사건을 바라보는 것이다. 또한 지리교과서에서도 산업의 입지와 관련하여 주로 자본가에 초점이 맞추어져 있으며, 노동자에 대한 관심은 매우 적다는 것이 사례가 될 수 있다. 한편 선진국을 비롯하여, 우리나라는 점점 노령

인구의 급격한 증가를 경험하고 있다. 교과서에 나타난 노령인구는 주로 생산활동에 참여할 수 없는 무능력과 가난의 소유자로 취급되고 있다. 또한 노인들은 여자 및 소수인종보다는 교과서에서 덜 취급되며, 좋지 못한 고정관념, 즉 회색머리를 가지며, 심술궂고, 병약하며, 건망증이 심하고, 지치고, 매력적이지 못하고, 생산적이지 못한 것으로 비춰지고 있다. 그러나 교과서에서 고령자들에 대한 차별을 고발하기 위한 부분은 매우 부족하다. 그리고 교과서에는 대부분 사적공간보다는 공적공간에 대한 조명을 하고 있으며, 장애인을 위한 배려의 공간으로서의 장소에 대한 조명이 매우 부족하다.

연습문제

1. 윌리엄스(Williams)의 체제적 지리수업설계모형에 대해 설명해 보자.

2. 지리수업설계에 있어서 목표 모형과 과정 모형의 차이점에 대해 설명해 보자.

3. 슬레이터(Slater, 1982)에 의해 정교화된 지리수업설계 활동의 핵심단계들을 제시해 보자.

4. 지리 교수·학습 설계에서 실현할 수 있는 교육과정차별화 전략을 유형별로 사례를 들어 설명해 보자.

5. 지리 교수·학습 자료를 선정, 배열, 평가하기 위한 기준 또는 준거를 설명해 보자.

6. 지리 교수·학습 자료로써 워크시트(활동지)를 설계하기 위한 원칙과 갖추어야 할 요소들에 대해 설명해 보자.

7. 지리 교수·학습 자료로써 교과서의 유형을 분류하고 설명해 보자.

8. 지리 교과서에 나타날 수 있는 왜곡, 편견, 고정관념의 유형을 제시하고 설명해 보자.

9. 다음에 제시된 개념 또는 용어에 대해 설명해 보자.

> 체제적 교수설계, 목표 모형, 과정 모형, 교육과정차별화, 워크시트, 교수학습 자료의 선정기준, 1차 자료, 2차 자료, 비조작 자료, 조작 자료, 토킹헤즈, 내용중심 교과서, 활동중심 교과서, 설명식 텍스트, 내러티브 텍스트, 왜곡, 편견, 고정관념

임용시험 엿보기

1. 자료는 김 교사가 실행한 수업의 단계별 교수·학습 활동과 고민을 보여 준다. 김 교사의 고민이 갖는 의의로 옳은 것을 〈보기〉에서 모두 고른 것은? **[1.5점]**

(2009학년도 중등임용 지리 1차 12번)

수업목표: 이탈리아 남부와 북부 지역의 지역차를 이해한다.

단계	교수·학습 활동
도입	이탈리아 남부와 북부 지역의 생활모습이 잘 나타난 만화를 보여 주고 학생들에게 두 지역이 어떤 차이가 있는지 질문한다.
전개	학생들은 2명씩 짝을 지어 이탈리아의 사진을 남부 지역의 사진과 북부 지역의 사진으로 분류한다.
	사진 분류의 결과를 다른 학생들과 비교한다. 교사는 사진 분류 활동을 종합할 수 있는 질문(이탈리아 남부 지역은 어떤 모습일까? 등)을 한다.
(이하 생략)	

김 교사의 고민

- 만화가 이탈리아 남부와 북부의 지역차를 잘 드러내고 있을까?
- 학생들이 만화에서 이탈리아 남부와 북부 지역의 차이를 찾을 수 있을까?

- 사진은 이탈리아 남부와 북부의 지역의 특징을 대조적으로 나타내고 있을까?
- 자료를 분류하는 기준으로 무엇을 제시할까?

- 사진 분류 결과가 이탈리아 남부와 북부의 지역차를 잘 드러내지 못할 경우 어떻게 할까?
- 사진 분류 활동을 종합할 수 있는 질문은 인문환경과 자연환경 중 어디에 초점을 둘까?

〈보 기〉

ㄱ. 학생들의 학습 동기, 흥미를 파악하는 데 중점을 둔다.
ㄴ. 평가의 주안점을 학생들의 학습 과정보다 학습 결과에 둘 수 있다.
ㄷ. 학생들에게 제시된 자료가 학습 활동에 적합한 것인지 평가할 수 있다.
ㄹ. 학생들의 학습 곤란도를 파악하고 해결하기 위한 전략으로 활용될 수 있다.
ㅁ. 수업 진행에 따라 학생들의 학습이 계획대로 이루어지고 있는지 점검할 수 있다.

① ㄱ, ㄴ, ㄷ　② ㄱ, ㄷ, ㄹ　③ ㄴ, ㄷ, ㄹ
④ ㄴ, ㄹ, ㅁ　⑤ ㄷ, ㄹ, ㅁ

2. 김 교사는 '아마존 열대우림의 미래'라는 주제의 4차시분 수업을 계획하고 있다. 〈보기 A〉와 〈보기 B〉를 순서대로 배치할 경우 (가)~(라)에 적합한 것을 바르게 연결한 것은?

(2012학년도 중등임용 지리 1차 8번)

○ 주제: 아마존 열대우림의 미래
○ 하위 주제의 계열화 원리
• 사실 인식 → 문제의 원인과 결과 파악 → 가치판단 및 의사결정

차시	하위 주제	주요 활동
1차시		
2차시	(가)	(다)
3차시		
4차시	(나)	(라)

〈보기 A-하위 주제〉

ㄱ. 삼림 벌채로 누가 이익을 얻고 누가 피해를 입는가?
ㄴ. 아마존 열대우림을 개발하는 것을 허용해야 하는가?
ㄷ. 아마존 열대우림은 어디에 있고 특징은 무엇인가?
ㄹ. 아마존 열대우림에 어떤 문제가 있고 그 이유는 무엇인가?

〈보기 B-주요 활동〉

a. 교사는 지역 정보를 제공하는 대표적인 인터넷 사이트를 소개하고, 학생들은 이를 활용하여 기초적인 정보를 수집한다.
b. 교사는 서론, 본론, 결론으로 이루어진 글쓰기 구조틀이 있는 학습지를 제공하고, 학생들은 주제에 대한 자신의 의견을 논리적으로 서술한다.
c. 교사는 벌채, 목축, 플랜테이션, 이동식 경작, 도로, 광업 등의 단어가 적힌 카드를 제공하고, 학생들은 제시된 카드를 순위별로 분류하는 활동을 한다.
d. 교사는 육식 동물, 새, 원주민, 다국적 기업, 공무원, 부유한 가족, 가난한 가족 등의 단어가 적힌 카드를 제공하고, 학생들은 제시된 카드를 순위별로 분류하는 활동을 한다.

	(가)	(나)	(다)	(라)
①	ㄱ	ㄴ	a	b
②	ㄴ	ㄷ	b	c
③	ㄷ	ㄱ	b	a
④	ㄹ	ㄱ	c	d
⑤	ㄹ	ㄴ	c	b

3. 서부 유럽의 환경문제를 주제로 한 3차시 수업 중 1차시 수업 과정안의 일부이다. (가), (나) 단계에 대한 설명으로 알맞지 <u>않은</u> 것은? (2009학년도 중등임용 지리 1차 3번)

<table>
<tr><th>단계</th><th colspan="2">교수·학습 활동</th><th>교수·학습 자료</th></tr>
<tr><td rowspan="2">도입</td><td colspan="2">산성비가 옥외 문화재 및 건축물에 미치는 영향에 대한 동영상을 보여 주고 그 내용에 대해 학생들에게 간략하게 질문한다.</td><td>산성비 관련 동영상</td></tr>
<tr><td colspan="2">산성비의 원인, 산성비가 환경에 미치는 영향 등에 대해 학생들에게 설명한다.</td><td>산성비 관련 PPT 자료</td></tr>
<tr><td rowspan="2">전개</td><td>(가)</td><td>교사가 미리 추출한 대기 오염과 관련된 주요 개념이 적혀 있는 15장의 카드를 한 세트씩 학생들에게 제공한다.
학생들은 카드를 읽고 서로 관련이 높다고 생각하는 카드끼리 가깝게 배열한다.</td><td>[예시] 대기오염 관련 카드 세트
산림파괴 / 아황산 가스 / 산성비 / 산업화 / 토양 산성화 / 화석연료 / 대기오염 / 스모그</td></tr>
<tr><td>(나)</td><td>학생들은 자신이 배열한 카드를 큰 종이 위에 고정하고 서로 관련 있다고 판단한 카드끼리 선을 그어 연결한다. 연결한 선 위에 개념 간의 관계를 설명하는 짧은 글을 적는다.</td><td>큰 종이, 투명 테이프</td></tr>
<tr><td colspan="4">[이하 생략]</td></tr>
</table>

① (가) 단계: 학생들이 대기오염에 대한 주요 개념을 추출할 수 있는 수준이라면 카드에 사용될 주요 개념을 추출하는 과정을 학생 활동으로 전환할 수 있다.

② (가) 단계: 학생들의 카드 배열 결과는 대기오염에 대한 학문적 지식의 구조를 그대로 반영하기보다는 학습자 개인의 인지구조를 반영한다.

③ (나) 단계: 학생들의 활동 결과물은 객관적 채점이 어려워 학생 평가 도구로 활용하기 어렵다.

④ (나) 단계: 학생들의 활동 결과물에 대한 분석은 교사가 다음 차시의 방향과 수준을 결정하는 데 도움을 준다.

⑤ (가), (나) 단계: 학생들은 대기오염에 대한 개념 및 현상을 관계적, 구조적으로 이해하는 경험을 하게 된다.

4. 〈자료 1〉을 바탕으로 〈자료 2〉를 활용하여 지리수업 활동을 설계하고자 한다. 〈자료 1〉의 '활동 1'과 '활동 3'에 각각 해당하는 것을 〈보기〉에서 고른 것은?

(2013학년도 중등임용 지리 1차 2번)

〈자료 1〉

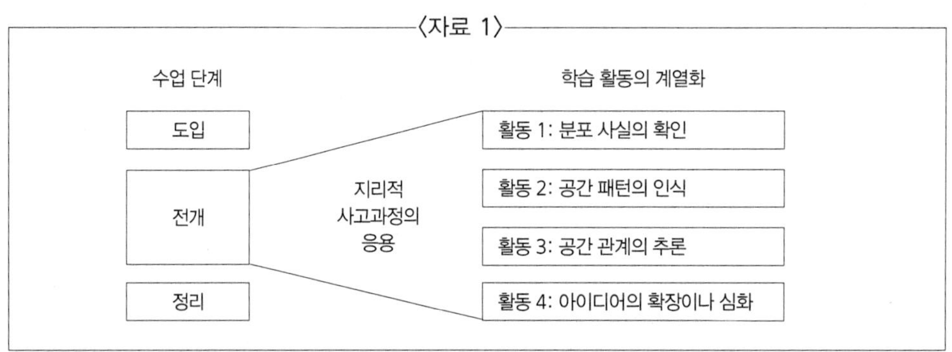

〈자료 2〉

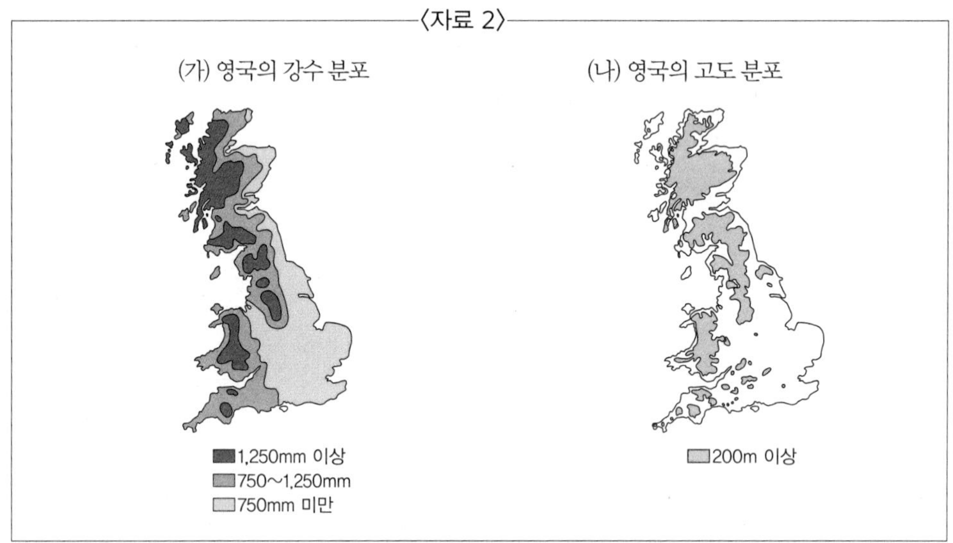

〈보 기〉

ㄱ. 고도 분포와 강수 분포 사이의 관계가 다른 지역에서도 적용될 수 있는지, 그리고 강수에 영향을 미치는 다른 요인은 없는지 알아보자.

ㄴ. (가) 지도에서 다우지와 소우지가 어디에 있는지 찾아보자.

ㄷ. 지리부도를 보고 해발고도 상위 5개의 산을 (나) 지도에 표시하면서 고도가 전체적으로 어떤 분포 특징을 나타내는지 알아보자.

ㄹ. (가), (나) 지도를 통해서 고도 분포와 강수 분포 사이에는 어떤 연관이 있는지 알아보자.

	활동 1	활동 3		활동 1	활동 3
①	ㄱ	ㄴ	②	ㄱ	ㄷ
③	ㄴ	ㄷ	④	ㄴ	ㄹ
⑤	ㄷ	ㄹ			

5. 지리조사 방법에서 김 교사가 생각하는 '좋은 자료'에 대한 견해이다. 지리조사에서 김 교사가 강조하는 내용으로 알맞지 않은 것은? **[1.5점]** (2010학년도 중등임용 지리 1차 5번)

> 학생들이 지리조사에서 사용할 자료는 되도록 가공이 덜 된 것들이 좋습니다. 즉 학생들이 필요로 하는 정보가 자료에서 완전히 추출되지 않은 상태를 말하죠. 그리고 학생들에게 교실 밖에서도 흔히 볼 수 있는 자료를 찾아보라고 합니다. 지하철의 노선도, TV의 기상 정보 등의 자료는 지리수업뿐만 아니라 자신들의 일상생활을 이해하는 데도 도움이 됩니다. 또한 가끔 부적절한 정보를 포함하고 있는 자료도 도움이 됩니다. 학생들은 적절한 결론에 도달하기 위해 적절한 자료와 부적절한 자료를 구분하는 방법도 배워야 한다고 생각해요.

① 학교수업의 학습내용을 학생들의 일상생활과 연계해 이해하는 것이 중요하다.

② 지리조사에서 학습할 내용뿐만 아니라 조사의 방법을 습득하는 것이 중요하다.

③ 지리조사에서 다른 학습자들과의 사회적 상호작용을 통한 이해의 내면화가 중요하다.

④ 지식은 지리학자들이 만들어 놓은 것이 아니라 학습자 스스로 구성해 나가는 것이다.

⑤ 지리조사에서 학생들은 자료를 사실(fact)이 아닌, 판단을 위한 대상으로 보는 것이 필요하다.

6. 다음은 '해안지형과 해저지형'에 대한 수업 활동 계획이다. 교사의 계획을 가장 효율적으로 실현할 수 있는 학습 자료를 순서대로 바르게 배열한 것은? (2009학년도 중등임용 지리 1차 5번)

> (가) 해안의 주요 지형을 도식적으로 나타내고 있는 자료를 이용해서 주요 해안지형과 해안의 특색을 파악하도록 한다.
> (나) 파랑의 침식작용과 퇴적작용의 원리를 나타내는 자료로 해안지형의 형성 과정을 이해하도록 한다.
> (다) 황해안의 간척사업에 의한 시기별 지형 변화를 넓은 지역에 걸쳐 가시적으로 보여 주는 자료를 제시하여, 해안지형의 개발과 보존에 대해 탐구하도록 한다.
> (라) 수심에 따른 해저지형을 잘 나타내고 있는 자료를 이용하여 주요 해저지형과 그 특색을 파악하도록 한다.

	(가)	(나)	(다)	(라)
①	모식도	플래시	위성영상	단면도
②	플래시	위성영상	모식도	단면도
③	모식도	플래시	지형도	사진
④	모식도	사진	위성영상	지형도
⑤	플래시	사진	지형도	항공사진

7. 최 교사가 지리수업에 사용하기 위해 구상한 학습 활동지이다. 이 활동에 대한 설명으로 옳은 것만을 〈보기〉에서 있는 대로 고른 것은? (2013학년도 중등임용 지리 1차 10번)

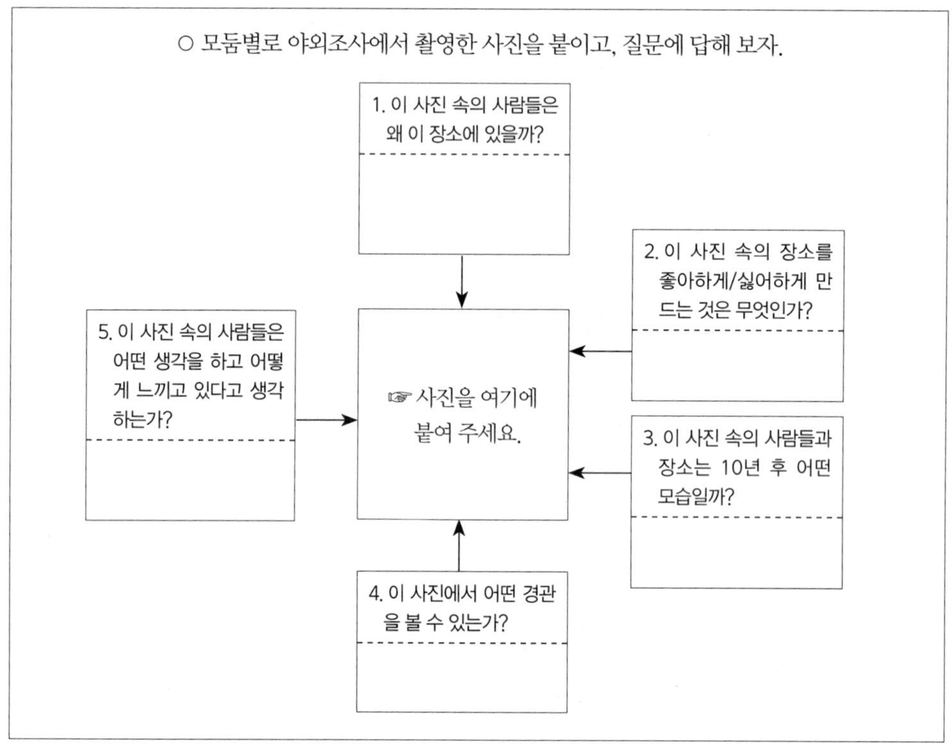

〈보 기〉

ㄱ. 학생들의 개인적 반응과 의미 형성으로서의 지리를 강조한다.
ㄴ. 이 활동에서 필요한 기능 중의 하나는 비주얼 리터러시(visual literacy)이다.
ㄷ. 이미지에 대한 분석과 추론을 통한 일반화의 도출을 중시한다.
ㄹ. 활동지는 질문의 계열화를 통해 교육과정차별화를 구현하고 있다.

① ㄱ, ㄴ　② ㄱ, ㄷ　③ ㄷ, ㄹ
④ ㄱ, ㄴ, ㄹ　⑤ ㄴ, ㄷ, ㄹ

8. ○○시의 고등학교에 근무하는 김 교사는 수업 시간에 이 지역의 항공사진(1:10,000)을 활용하기로 하였다. 제시된 자료 개발 원리에 맞는 학습 활동의 단계를 〈보기〉에서 골라 순서대로 바르게 배열한 것은? (2009학년도 중등임용 지리 1차 10번)

자료 개발원리	○ 친숙한 것에서 낯선 것으로 나아감 ○ 단순한 것으로부터 복잡한 것으로 나아감

〈보 기〉

ㄱ. 항공사진을 보고 학생들이 자주 찾는 특징적인 지표물(예: 유명한 건물, 주요 하천과 도로, 토지 이용 등)을 찾아본다.
ㄴ. 항공사진과 지형도(1:5,000, 1:25,000)를 활용하여 어디가 새 쓰레기 소각장의 입지로 가장 적합한지 조사한다. 소각장의 입지선정을 위해 학생들은 토지이용, 주거지역과의 거리, 교통망, 지형 기복 등을 고려한다.
ㄷ. 항공사진에 나타난 공간적 패턴(예: 하계망 패턴)과 공간적 관계(예: 도로망과 주거지 분포의 관계)를 파악한다.

① ㄱ—ㄴ—ㄷ　② ㄱ—ㄷ—ㄴ　③ ㄴ—ㄱ—ㄷ
④ ㄴ—ㄷ—ㄱ　⑤ ㄷ—ㄴ—ㄱ

9. '중국의 농업'에 관한 세계지리 교과서 초안의 일부이다. 이에 대한 검토 의견으로 타당하지 않은 것은? (2010학년도 중등임용 지리 1차 1번)

중국의 농업

학습목표: 중국의 농업 특징을 자연적·사회적 환경과 관련하여 분석할 수 있다.

〈자료 1〉 벼와 밀의 재배 조건
벼는 고온성 작물이고, 성장기에 물이 많이 필요하기 때문에 강수량이 많거나 관개가 유리한 곳에서 재배된다.
밀은 품종이 다양하고, 봄밀과 겨울밀로 구분된다. 중국은 겨울밀이 재배량의 약 80% 이상을 차지한다.

〈자료 2〉 주요 농작물의 지역별 생산 비율과 지역 구분도

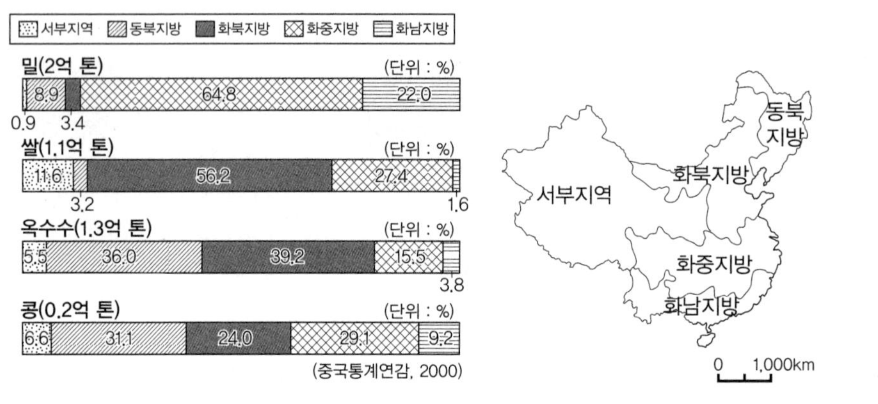

[활동 A]

〈자료 1〉과 〈자료 2〉의 막대그래프를 보고, 〈자료 2〉의 지역구분도에 논농사와 밭농사 지역을 구분하고 강수량을 표시해 보자.

[활동 B]

〈자료 2〉의 통계를 보고 지역별 주요 농작물의 생산량을 파이그래프로 표현해 보자.

① 〈자료 1〉은 제목과 내용이 일치하지 않아 수정이 필요하다.

② 〈자료 2〉의 밀과 쌀의 막대그래프가 서로 바뀌었다.

③ [활동 1]은 〈자료 1〉과 〈자료 2〉를 활용하여 수행할 수 없다.

④ [활동 2]는 〈자료 2〉를 활용하여 수행할 수 없다.

⑤ 제시된 자료와 탐구 활동만으로는 학습목표를 성취하기 어렵다.

10. 홍 교사는 지리수업 자료 (가), (나)를 분석하면서 일반적인 교육과정 내용 선정 준거에 비추어 두 자료가 가지고 있는 문제를 발견하였다. (가) 자료의 문제점 1가지와 (나) 자료의 문제점 2가지를 쓰시오. 그리고 이러한 자료 분석은 특히 (다)의 ㉠~㉢에서 무엇을 고려한 것인지 찾아 기호를 쓰시오. 또한 자료의 선택과 재구성 과정에서 교사는 가치중립적인 태도와 함께 어떤 태도를 가져야 하는지 1줄 이내로 쓰시오. **[5점]** (2008학년도 중등임용 지리 2번)

(가)

오직 평양과 안주 두 고을만은 큰 도회지여서 시장에 중국 물품이 많다. 중국에 가는 사신을 따라 왕래하는 장사꾼 중에는 부자가 아주 많다. 또한 청남(淸南)은 내지와 가까워서 학문을 숭상하지만, 청북(淸北)은 풍속이 유치하고 어리석어 무예를 숭상한다. 그러나 정주만은 과거에 합격한 문사가 많다. – 이중환, 『택리지』 –

(나)

(다)

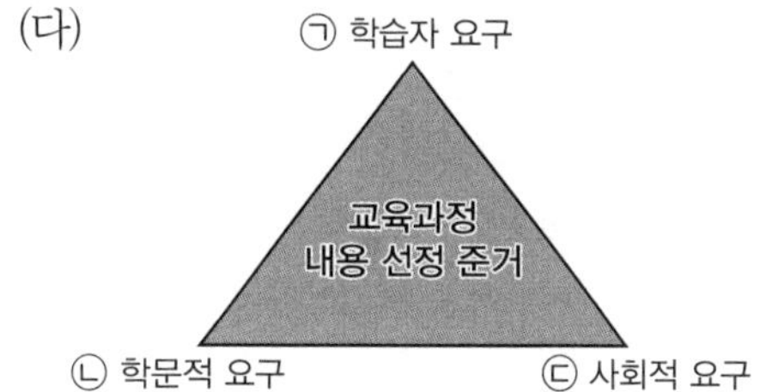

• (가), (나) 자료가 가지고 있는 문제점

(가): ______________________

(나): ______________, ______________

• 교육과정 내용 선정 준거 기호: ______________________

• 교사의 태도: ______________________

11. 전문계 고등학교에 근무하는 권 교사는 자신의 수업이 지리교육의 특성을 살린 수업이 아니었다는 생각을 하게 되었다. 다음과 같은 권 교사의 수업설계 과정을 보고, (다)의 ㉠과 ㉡에 해당하는 용어가 무엇인지 쓰시오. 그리고 ㉠과 ㉡에 해당하는 대표적인 자료 1가지를 각각 쓰시오. **[4점]** (2008학년도 중등임용 지리 4번)

(가) 지금까지 권 교사는 교과서의 핵심 내용을 일목요연하게 담고 있는 여러 가지 자료들을 모두 좋은 자료라고 생각했다. 그러나 교육대학원 수업을 통해서 이러한 자료 대부분이 이미 '가공된 자료'라는 생각을 하게 되었다.

⬇

(나) 특히, 지리교사는 학생들에게 무미건조하거나 추상적인 설명 자료와 읽기 자료보다는 생생하고 흥미 있는 '가공되지 않은 자료'를 제공하는 것이 중요하다는 생각을 하게 되었다.

⬇

(다) 무엇보다도 지리탐구 활동의 주제나 질문이 탐구적인 것으로 제시되어야 한다는 생각을 하게 되었다. 즉 <u>가공된 자료인 (㉠)</u>보다는 <u>가공되지 않은 자료인 (㉡)</u>을(를) 통하여 학생들이 쟁점이나 아이디어를 조사하도록 이끄는 것이 중요하다는 생각을 하게 되었다.

(라) 이렇게 가공되지 않은 자료로 수업을 할 경우, 학습자의 능동적이고 자기주도적인 지리적 탐구가 이루어질 수 있다고 생각했다. 그리고 이러한 수업은 '문제 제기 - 가설 설정 - 자료 수집 - 자료 분석 및 해석 - 결론'으로 진행되는 탐구과정과는 다른 '지리교육의 특성을 살린 수업'이 될 것이라는 생각을 하게 되었다.

• (다)의 ㉠과 ㉡에 해당하는 용어

㉠: ____________________ ㉡: ____________________

• ㉠에 해당하는 대표적인 자료 1가지: ____________________

• ㉡에 해당하는 대표적인 자료 1가지: ____________________

12. 자료 (가)와 (나)는 서로 다른 교과서 내용 구성 방식을 반영한 내용 사례이다. (나) 유형 교과서의 특징을 설명하고, 장점과 단점을 각각 1가지씩 쓰시오. **[3점]**

(2006학년도 중등임용 지리 4번)

(가)

우리 국토의 모습은 호랑이일까? 토끼일까?

우리의 국토는 어떤 모습일까? 일본인들은 일제강점기에 우리 국토가 토끼처럼 생겼다고 주지시켜 국토에 대한 부정적 인식을 유포시켰다. 그들은 우리 민족이 스스로 살아갈 수 있는 능력이 부족한 민족이라는 점을 기정 사실화하여 영구 통치를 기도했던 것이다.

이와는 달리 우리는 우리 국토가 '대륙을 향해 포효하는 호랑이'처럼 생겼다고 믿어 왔다. 그러나 우리 국토가 호랑이를 닮았음을 강조한다고 해서 우리가 저절로 호랑이가 되는 것은 아니다. 이제 우리는 우리 국토를 진정으로 포효하는 호랑이로 만들어 가야 할 시기가 도래했음을 깨달아야만 한다.

(나)

우리 국토의 모습은 호랑이일까? 토끼일까?

다음 그림은 20세기 초 한국인과 일본인이 우리 국토의 모습을 형상화한 것이다.

(1) 두 그림은 우리 민족의 기상을 어떻게 나타내고 있습니까?
(2) 우리나라 사람이 그린 것은 둘 중 어느 것일까요?
(3) 우리 국토에 대한 자긍심이 더 강하게 나타나 있는 그림은 둘 중 어느 것인지 토론해 봅시다.
(4) 여러분들은 우리나라의 모습을 무엇으로 나타내고 싶습니까? 각자의 생각을 모둠별로 토론하여 정리하시오.

• (나) 교과서의 특징:

• 장점: ______________________________

____

• 단점: ______________________________

____

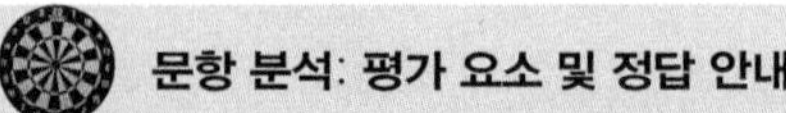

문항 분석: 평가 요소 및 정답 안내

1번 문항

- 평가 요소: 수업설계
- 정답: ⑤
- 보기 해설: 제시된 김 교사의 고민에는 학생의 동기유발과 흥미는 고려하고 있지 않아 ㄱ은 틀리며, 학생들이 사진 분류 활동을 수행하는 학습 과정에 평가의 주안점을 둘 수 있으므로 ㄴ도 틀린 설명이다.

2번 문항

- 평가 요소: 탐구계열/활동계획의 계열
- 정답: ⑤
- 보기 해설: 〈보기 A〉의 하위 주제를 계열화 원리에 따라 제시하면 ㄷ-ㄹ-ㄱ-ㄴ이며, 이에 따라 〈보기 B〉의 주요 활동을 순서대로 배열하면 a-c-d-b이다.

3번 문항

- 평가 요소: 수업설계
- 정답: ③
- 답지 해설: ③에서 (나) 단계에서의 학생들의 활동 결과물은 객관적 채점이 가능하며 평가도구로 활용할 수 있다.

4번 문항

- 평가 요소: 수업설계/계열화
- 정답: ④
- 보기 해설: ㄱ은 활동 4, ㄴ은 활동 1, ㄷ은 활동 2, ㄹ은 활동 3과 관련이 있다.

5번 문항

- 평가 요소: 지리조사/교수·학습 자료
- 정답: ③
- 답지 해설: ③의 설명이 틀린 이유는 제시문에서 학생들이 자료를 수집하기 위해 협동한다는 내용이 없기 때문이다.

6번 문항

- 평가 요소: 수업 활동계획/학습 자료

• 정답: ①

7번 문항

• 평가 요소: 학습 활동지/비주얼 리터러시
• 정답: ①
• 보기 해설: 학습 활동지는 학생들의 개인적 반응에 초점을 두고 있기 때문에, ㄷ의 설명은 틀렸다. 또한 활동지의 질문이 계열화되지 않았으며, 교육과정차별화를 반영하지도 않았기 때문에 ㄹ도 틀린 설명이다.

8번 문항

• 평가 요소: 항공사진/자료 개발 원리/학습 활동
• 정답: ②

9번 문항

• 평가 요소: 교과서 검토
• 정답: ④

10번 문항

• 평가 요소: 자료의 선정 원리
• 정답: 객관성 결여/젠더 편견(고정적 성 역할 피력), 인종적 편견(인종차별)/ⓒ/학습자·학문적·사회적 요구를 모두 반영

11번 문항

• 평가 요소: 자료의 유형
• 정답: 2차 자료(조작 자료), 1차 자료(비조작 자료)/그래프, 다이어그램 등/설문, 통계, 관찰 자료 등

12번 문항

• 평가 요소: 교과서의 유형
• 정답 해설: (가)는 내용중심 교과서이며, (나)는 (탐구)활동중심 교과서이다.
• 정답: (나)는 (탐구)활동중심 교과서로서, 학생들이 질문에 답변하기 위해 (시각) 자료를 분석, 해석, 추론해야 하므로 고차사고력 함양에 기여할 수 있다./흥미 및 동기유발, 협력을 통한 사회적 기능의 학습, 고차사고력 함양/토론 시 주제에 대한 초점 유지 곤란

제9장

지리평가

1. 평가의 개념과 목적

2. 평가의 유형
   1) 목적에 따른 분류: 진단평가, 형성평가, 총괄평가
   2) 참조 유형에 따른 분류: 규준참조평가 vs 준거참조평가
   3) 학습에 대한 평가 vs 학습을 위한 평가

3. 수행평가 vs 참평가
   1) 전통적 평가의 한계와 대안적 평가의 등장
   2) 수행평가의 개념과 특징
   3) 참평가의 개념과 특징
   4) 아이즈너의 교육적 감식안
   5) 참평가와 수행평가의 비교
   6) 수평평가의 유형
   7) 수행평가 자료의 기록

4. 선택형 문항 분석
   1) 문항난이도
   2) 문항변별도
   3) 오답지 매력도
   4) 타당도와 신뢰도

1. 평가의 개념과 목적

평가는 교수·학습의 마지막 단계로 남겨져야 할 것이 아니다. 그리고 평가는 사전에 상당한 고려를 하지 않고 적용될 수 있는 것도 아니다. 평가는 학생들이 수업에 들어오기 전에 잘 계획할 필요가 있는 하나의 과정이다. 위던과 버트(Weeden and Butt, 2009)는 "모든 수업은 마음속으로 평가와 함께 설계되어야 한다. 교사들이 다양한 수업설계의 스케일(한 차시의 수업, 단원, 교육과정)을 고려할 때, 이들 각각에 평가의 역할을 명확하게 인식해야 한다. 이를 위해 교사는 매일매일 학생들과 활동하는 가장 어려운 최전선에서 학생의 성취를 측정할 수 있는 방법에 대한 자신의 역할을 명백하게 인식해야 한다"라고 주장한다.

평가는 교수·학습의 필수적인 부분이다. 평가의 목적은 학생들로 하여금 지리 학습에서 발전하도록 도와주는 것이다(Balderstone, 2000: 9). 따라서 지리교사들은 학생들이 지리교과를 학습함으로써 무엇을 성취하는지에 대해 반드시 관심을 가져야 한다. 학생들의 성취 증거를 수집하는 것은 교사들에게 매우 중요하다. 왜냐하면 그것은 지리교사들이 이후의 학습에서 학생들에게 무엇을 격려해야 하며, 특정 토픽을 가르칠 때 무엇을 피해야 할지를 알려주기 때문이다. 성취에 대한 증거 수집은 학생들에게도 마찬가지로 중요하다. 이를 통해 학생들은 그들의 강점을 확인할 수 있고, 학습에서의 성공을 확신할 수 있으며, 동기를 지속적으로 부여받을 수 있기 때문이다. 그리고 그것은 학생들이 어떻게 진보하고 있는지를 알기 원하는 학부모에게도 중요하다. 이뿐만 아니라 그것은 성취를 예측하고, 분류하고, 선정하고, 책무성을 보여 줄 필요가 있는 학교에도 중요하다.

이러한 긍정적인 평가의 역할에도 불구하고, 평가는 긴장을 유발하기도 한다. 평가는 학생들의 학습에 대한 문제를 진단하는 역할도 하지만, 학생들을 등급화하고 선별하는 역할도 하기 때문이다. 따라서 평가에 대한 균형적인 접근이 요구된다. 도허티와 램버트(Daugherty and Lambert, 1994: 339)에 의하면, 교사들의 평가에 대한 해석은 자신과 자신의 수업을 어떻게 인식하느냐와 밀접한 관련이 있다. 최근 평가에 대한 연구들에 의하면 평가가 학생들의 사고, 개념 발달, 지식의 효과적인 사용을 지원하지 못하는 것으로 나타나고 있다.

평가는 선별하기, 자격 증명하기, 학습 지원하기, 교수 안내하기, 교육과정 개발하기 등의 과제를 수행해야 한다. 이를 위해서는 학생들의 지리적 성취에 관한 다양한 정보가 필요하다. 전통적인 평가방식, 즉 측정 모델은 이러한 많은 과제를 충족시키기에 더 이상 적합하지 않다(Gipps, 1994). 왜냐하면 측정을 통한 전통적인 평가방식이 수집할 수 있는 성취의 증거는 매우 협소하기 때문이다. 게다가 전통적인 평가방식은 검사 항목에 대한 결과가 객관적으로 개별 학생들을 비교할 수 있는 정보를 제공해 준다고 가정한다. 따라서 이러한 성취는 선별을 목적으로 학생들을 식별하기 위해 사용된다. 따라서 전통적인 측정이론은 검사 항목의 점수들이 신뢰할 수 있는 학생의 능력에 대한 측정과 일관되기를 요구한다(Biggs, 1995). 이러한 전통적인 평가방식의 관점에서 학생들의 학습은 지리적인 사실, 지식, 개념, 기능, 가치와 태도의 습득으로 간주된다. 따라서 평가는 이러한 많은 학습이 어떻게 습득되었는지를 발견하는 것과 관련된다.

그러나 많은 지리교사들은 전통적인 평가방식이 학생들의 지리적 사고력을 자극하고 측정하는 데 실패한다고 주장한다. 이러한 한계에 대한 인식 속에서 지리교사들은 평가를 학생들의 학습을 도와주기 위한 장치로서 바라보려고 시도하였다. 그러나 이러한 과제는 어렵고 때때로 실천하기에 불가능하므로, 결국 교사들은 교수·학습과 평가를 분리하게 되었다(Wilson, 1990).

전통적인 측정이론은 객관적으로 측정가능한 지리적 사실, 지식, 개념, 기능, 가치와 태도에 초점을 둔다. 이러한 양적인 관점에서 성취를 측정하는 전통적인 지필시험에 의존한다면, 지리 교육과정 및 교수·학습에서의 실질적인 변화를 기대하기는 어려울 것이다. 이러한 평가로는 학생들의 문제해결력, 창의적 사고력, 비판적 사고력 등과 같은 고차사고기능을 자극하지 못할 것이다(Biggs, 1995).

최근 학생들의 고차사고력 향상이 강조되면서, 평가에 대한 교사들의 사고 변화 또한 급속하게 요구되고 있다. 지리교사들은 다른 교사들과 마찬가지로 성취에 대한 기록, 형성평가, 준거참조평가, 차별화된 평가 등 새로운 접근의 도입에 대한 요구에 폭격을 맞고 있을 정도이다. 그러나 새로운 평가 기법을 기계론적으로 사용하는 것 또한 문제가 될 수 있다.

평가는 종종 교사가 하고, 학생들은 성취 판단을 수용하는 일방적인 과정으로 간주되어 왔다. 그러나 평가에 대한 교사와 학생 간의 쌍방향적 접근이 이루어질 때, 교수·학습에 훨씬 더 도움이 될 수 있다. 쌍방향적 접근을 통해 교사와 학생은 수집된 평가 정보에 대해서, 그리고 다음 단계의 학습 과정에 대해서 활발한 토론을 할 수 있다. 이러한 과정을 거치면서 교사는 학습자에 대해 더 알게 되며, 이에 근거하여 다음의 학습 경험을 계획할 수 있게 된다. 램버트(Lambert, 1997)에 의하면 평가의 가장 중요한 목적은 학생들을 '알게 되는' 과정이다.

앞으로 살펴볼 목적에 따른 다양한 평가의 유형을 고찰하기 전에 먼저 전제되어야 할 것이 있다. 첫째, 수업지도안의 학습목표가 평가의 중심이 되어야 한다. 지리교육과정은 지리교사들이 학습목표 또는 평가목표를 설정하는 데 중요한 원천이 된다. 따라서 지리교육과정에 근거하여 지리수업을 설계할 때, 먼저 명료한 학습목표와 평가 및 수행 준거를 설정해야 한다. 둘째, 교사는 학생들의 활동을 점수화하는 데 신중한 고려를 해야 한다. 교사가 학생의 활동이 가치 있다는 것을 증명하려면, 먼저 교사와 학생들 모두 반드시 평가의 준거를 정확하게 이해해야만 한다.

2. 평가의 유형

1) 목적에 따른 분류: 진단평가, 형성평가, 총괄평가

평가는 목적에 따라 주로 진단평가 형성평가, 총괄평가로 구분된다. 이를 차례대로 살펴보자(표 9-1).

첫째, 진단평가(diagnostic assessment)는 학습이 시작되기 전에 학생이 소유하고 있는 특성을 체계적으로 관찰, 측정하여 진단하기 위한 평가로, 사전 학습 정도, 적성, 흥미, 동기, 지능 등을 분석한다. 수업에서 진행될 교사의 치료적 처치가 효과적으로 계획되고 실행될 수 있도록, 학생이 특정 학습에 대해 가지고 있는 어려움을 확인하고 측정하기 위해 설계된다.

둘째, 형성평가(formative assessment)는 교수·학습이 진행되고 있는 도중에 실시되는 것으로, 학생들에게 피드백을 주고 교육과정 및 수업방법을 개선시키기 위한 평가이다. 형성평가는 교사와 학생들에게 학습이 이루어지고 있는 상황을 관찰하고 판단할 수 있도록 도와준다. 따라서 형성평가는 목적에 있어서 '교육적'이다. 형성평가는 교사와 학생들에게 무엇이 학습되었고, 현재의 수업 과정에 어떤 문제들이 있으며, 어떤 학습 영역들을 더 많이 활동해야 할 필요가 있는지를 들려준다. 그러므로 형성평가의 목적은 앞으로 실행될 교수·학습이 학생들의 요구에 더 부합될 수 있도록, 학생들이 잘하고 있는 것과 학생들이 고군분투하고 있는 것을 진단하는 데 도움을 주는 것이다. 진단을 위해 활용할 수 있는 평가의 형식은 매우 다양하며, 형식적 평가와 비형식적 평가 모두 포함될 수 있다. 즉 형성평가는 수업에서의 질문과 답변 시간, 토론 활동, 글쓰기 활동, 학급 시험, 모둠 활동에 대한 평가 등을 포함한다.

셋째, 총괄평가(summative assessment)는 교수·학습의 효과와 관련해서 학습이 종료된 후 실시되는 것으로, 교육목표의 달성 여부를 종합적으로 판정하는 평가이다. 주로 학습 단원의 마지막 또는 학기의 마지막에 이루어지면서, 학생들의 성과를 요약한다. 총괄평가는 보통 형식적 평가이며, 여러 상이한 목적을 위해 설계된다. 총괄평가는 학부모에게 학생들의 성취(attainment)에 대한 정보를 제공하고, 교사들에게 자신의 교수가 성공적이었는지를 평가하는 데 도움을 주며, 점점 단위 학교의 효과를 판단하는 데에도 사용된다. 총괄평가는 또한 학생들의 성취에 대한 등급이나 수준을 매기기 위해 사용될 수도 있다. 이러한 총괄평가는 신뢰도를 확보하고 표준화될 필요가 있지만, 이것은 그렇게 간단한 과정이 아니다. 심지어 최근 교사와 평가기관이 부여하는 등급 또는 수준의 타당도에 관해서 많은 논쟁이 일어나고 있다.

표 9-1. 진단평가, 형성평가, 총괄평가

내용 \ 구분	진단평가	형성평가	총괄평가
시기	• 교수·학습 시작 전	• 교수·학습 진행 도중	• 교수·학습 완료 후
목적	• 적절한 교수 투입	• 교수·학습 진행의 적절성 • 교수법 개선	• 교육목표 달성 • 교육프로그램 선택 결정 • 책무성
평가 방법	• 비형식적, 형식적 평가	• 수시평가 • 비형식적, 형식적 평가	• 형식적 평가
평가주체	• 교사, 교육내용 전문가	• 교사	• 교육내용 전문가, 평가전문가
평가기준	• 준거참조	• 준거참조	• 규준 혹은 준거참조
평가문항	• 준거에 부합하는 문항	• 준거에 부합하는 문항	• 규준참조: 다양한 난이도 • 준거참조: 준거에 부합하는 문항

(성태제, 2005: 66)

총괄평가는 또한 형성적 요소(formative elements)와 평가적 요소(evaluative elements)를 가진다. 평가적 요소란 국가 또는 주 수준에서 교육 서비스의 효과성(즉 투자 가치)을 개인, 교사, 학교, 교육청 등의 수준에서 합법적으로 평가하는 것을 의미한다.

만약 평가를 하는 목적이 학생과 학교를 평가하기 위한 평가적인(evaluating) 것이라면, 총괄평가에 매우 의존할 것이다. 이러한 총괄평가의 결과는 교사들과 학생들 모두에게 고부담(high stake)이 된다. 왜냐하면 매년 평가결과를 향상시켜야 하는 압력에 직면하기 때문이다. 따라서 고부담 평가(high stakes assessment)의 위험은 교사가 학생들에게 시험을 위한 수업을 진행하도록 유도하며, 학생들의 성취를 객관적인 시험 점수로 가치화하도록 만든다. 이러한 결과에 대한 압력은 지리교육과정을 왜곡할 수 있다. 예를 들면, 지리적 쟁점에 대한 개방적이고, 심사숙고하거나 창의적인 토론 또는 탐구를 위한 수업 시간을 줄어들게 할 것이다.

고부담 총괄평가(high stakes summative assessment)는 실수를 피하고, 신중을 기하며, 정보와 법칙을 기억할 수 있는 학생들이 좋은 결과를 얻을 것이다. 반대로 평가의 주요한 목적이 형성적(formative)이라면, 교사와 학생의 부담(stakes)은 보다 낮아질 것이다. 저부담 형성평가(low stakes formative assessment)는 주로 실수를 분석하는 데 중점을 두며, 실패를 두려워하지 말고 위험을 감수할 것을 격려한다. 저부담 형성평가는 형식적인 평가에서부터 비형식적인 평가까지, 글쓰기에서부터 구술까지, 집에서 행하는 활동에서부터 학교에서 행하는 활동까지, 개인적으로 행하는 활동에서부터 모둠의 구성원으로서 행하는 활동까지 모든 일련의 평가 기회들을 탐색한다.

형성평가의 목적은 학생을 다른 학생들과 비교하거나 서열을 매기는 것이 아니라, 학생과 교사가 서로를 보다 잘 이해하고 그들이 다음에 무엇을 해야 하는지를 이해하도록 하는 것이다. 또한 형성평가는 준거참조평가(criterion referenced assessment)에 기반을 두어야 한다. 이는 총괄평가가 학생들의 등급을 매길 필요성(즉, 본질적으로 학생들을 선발할 목적을 위해 서열화함)에 의해, 주로 규준참조평가(norm referenced assessment)에 기반을 두는 것과 비교된다. 이에 대해서는 바로 아래에서 살펴볼 것이다.

2) 참조 유형에 따른 분류: 규준참조평가 vs 준거참조평가

평가는 참조 유형에 따라 크게 규준참조평가와 준거참조평가로 구분된다(표 9-2). 이 두 가지 유형의 차이점에 대해 살펴보자.

첫째, 규준참조평가(norm-referenced evaluation)란 개인이 얻은 점수나 측정치를 비교집단의 '규준(norm)'에 비추어 상대적인 서열에 의해 판단하는 평가를 말한다. 따라서 규준참조평가는 상대평가라고 부르기도 한다. 규준참조평가에 사용되는 상대적 서열에 대한 변환점수의 예로는, 대학수학능력시험 점수에 사용하는 백분위나 T점수 등을 들 수 있다. 좀 더 쉬운 예를 들면, 규준참조평가는 학생들을 검사한 후 인원의 구간에 따라 등급을 매긴다. 예를 들면, 상위 15% 점수를 성취한 학생은 모두 A 등급을 부여받는 반면, 하위 10%는 등급을 부여받지 못한다. 여기에서 학생들의 활동은 다른 학생들의 활동과 비교하여 판단되므로, 특정한 등급을 받기 위해 성취해야 할 고정된 기준은 없다. 만약 모든 학생들이 검사를 잘 받아 높은 점수를 받는다면, 하위 10%는 만족스러운 성과에도 불구하고 여전히 등급을 받지 못한다. 즉 이들 중의 일부는 아무리 시험을 잘 치른다 해도, 불가피하게 이 시험에서 실패해야 한다.

둘째, 준거참조평가(criterion-referenced evaluation)는 학생들이 무엇을 얼마만큼 알고 있느냐에 관심을 두는 평가이다. 즉 준거참조평가는 학습자 또는 개인이 성취해야 할 과제의 영역(domain) 혹은 분야를 얼마만큼 알고 있는지를 준거에 비추어 재는 평가이다. 준거참조평가에서 가장 중요한 요소는 과제의 영역과 준거이다. 과제의 영역은 교육내용으로써 측정해야 할 대상이며, 준거는 교육목표를 설정할 때 도달해야 할 최저 기준이라 할 수 있다. 보통 준거참조평가에서는 학생들이 평가받을 준거(또는 국가교육과정의 성취기준 또는 성취수준)를 진술함으로써, 성과의 기준을 고정시킨다. 따라서 주어진 준거를 충족하는 학생은 그 성취수준(예를 들면, A, B, C, D)을 수여받으며, 개인의 성취는 다른 학생들의 성과에 의존하지 않는다. 준거참조평가는 학습목표와 관련된 긍정적인 성취를 인정하는 데 근거를 두고 있다. 우리나라에서 이루어지는 국가수준의 성취도 평가를 비롯하여, 대부분의 수행평가가 이에 해당된다.

준거참조평가에서 가장 문제가 되는 것은, 학생들이 성취해야 할 성취수준을 결정하고 성취한 성과의 수준을 판단하는 것이다. 여기에서 관건이 되는 것은 학생들의 성취가 주어진 상세한 일련의 준거들 내에서 어디에 가장 적합한지를 판단하는 문제이다. 왜냐하면 정확하고 모호하지 않은 성취준거를 제공하는 것은 사실 불가능에 가깝기 때문이다.

표 9-2. 규준참조평가와 준거참조평가의 비교

구분 내용	규준참조평가	준거참조평가
강조점	상대적인 서열	특정 영역의 성취
교육신념	개인차 인정	완전학습
비교대상	개인과 개인	준거와 수행
개인차	극대화	극대화하지 않으려고 함
이용도	분류, 선별, 배치 행정적 기능 강조	자격부여 교수적 기능 강조

(성태제, 2005: 66)

이상과 같이 살펴본 바에 따르면, 규준참조평가와 준거참조평가 중에서 준거참조평가가 훨씬 바람직하고, 공정한 시험인 것으로 보인다. 그러나 어느 평가가 더 옳고 그른지는 판단할 수 없다. 맥락에 따라서 규준참조평가와 준거참조평가 모두 잘 적용될 수도 있고, 잘못 적용될 수도 있다. 규준참조평가와 준거참조평가는 수업에서 교육의 질을 강화하는 것을 넘어, 다양한 요구사항에 기여할 수 있다.

규준참조평가는 나쁘고 준거참조평가는 좋다고 생각하는 것은 곤란하다. 그것들은 양극단의 상반된 것이 아니다. 왜냐하면 모든 준거의 배후에는 어느 정도의 규범이 숨어 있기 때문이다. 예를 들면, 교사들이 어떤 쟁점에 대한 찬반 학습에 있어서, 성공을 평가하기 위한 정확하고 객관적인 준거를 제공하는 것은 사실상 불가능하다. 심지어 간단하다고 생각되는 원그래프나 지형도를 읽기 위한 점수를 부여하는 방법을 정확하게 말하는 것조차도 어려울 것이다. 준거는 규범(norms)을 설정하는 과정, 즉 그 활동을 훑어보고 기대(expectations) 또는 표준(standards)을 설정하는 과정에 의해 생기가 돌아야 한다. 그러나 준거가 전혀 없다면, 이 과정은 기초가 없는 것이다. 즉 동일한 지리과에서도 교사들은 상이한 표준을 가질 것이며, 학생들을 혼동하게 만들 것이다.

블랙과 윌리엄(Black and Wiliam, 1998a; 1998b)에 의하면, 학생들이 낮은 성취를 보이는 이유는 그들에게 요구되는 것을 이해하는 데 실패하기 때문이다. 학생들에게 요구되는 것은 단지 한 차시의 수업에서 칠판에 제시된 학습목표를 아는 것이 아니다. 학생들은 한 차시의 수업에서 그들이 해야 할 것에 집중하기보다는, 오히려 그들이 배워야 할 것에 초점을 두는 학습의도를 명료화하고 공유해야 한다. 이러한 학습의도는 측정할 수 있어야 하고, 성취할 수 있어야 하며, 실현 가능해야 한다. 또한 성공을 위한 준거는 항상 학생들에게 투명해야 하며, 언어로 그들이 이해할 수 있어야 한다. 이전 학년의 학생들이 완성한 활동의 결과를 공유하는 것은, 준거와 의도를 명료화하는 데 도움을 줄 수 있

표 9-3. 교육평가의 주요 유형의 용어 해설

유형	의미	유형	의미
형성평가	학습 과정에서 미래의 학습을 지원하기 위한 평가	총괄평가	학습 과정의 마지막에 실시되는 평가
형식적 평가	시험(tests)에서처럼 표준화된 절차의 정도를 포함	비형식적 평가	학생과의 관찰과 대화에 근거
형식적 기록	종종 숫자로 점수, 등급 등을 구성함	비형식적 기록	교사들의 머릿속에서 수행된 질적 정보
학생들의 활동에 점수 매기기	전체적인 지식 구축 과정의 한 부분으로 실제로 행해진 활동을 관찰하는 것과 마찬가지 일 수 있다.	준거참조	학생들의 활동에 대한 성취수준을 기술함으로써, 학생의 성취를 구체화하는 명백한 준거와 관련하여 판단된다.
규준참조	학생들의 활동이 다른 학생들의 수행과 비교하여 판단된다.	자기의존적 평가	학생들의 활동이 개별 학생의 이전 수행과 상황의 맥락하에서, 단독으로 판단된다.
교육적 타당도	평가는 보통 채택된 내용 또는 전략과 관련이 있다. 이것은 내가 그것이 평가하려고 계획했던 것을 제대로 평가하고 있는가?	평가의 신뢰도	측정하려고 하는 것을 얼마나 안정적이고 일관성 있게 측정하는지와 관련된다. 이 질문, 절차, 점수매기기는 얼마나 잘 표준화되어 있나?
목적을 위한 적합성	평가 정보는 그것이 적용될 수 있는 몇몇 목적을 가지고 있다. 채택된 평가 방법이 올바른 형식으로 데이터를 제공하는가?	성취 (achievement)	성과(attainment)보다 넓은 개념이다. 동기 부여, 사회적 기능, 개인적 기능과 같은 비학문적인 목적들을 포함한다.
성과 (attainment)	보통 특별한 '성취목표(Attainment Targets)'와 관련하여, '수준(Level)'으로 기술된다.	교사평가 (국가교육과정)	학생들의 전체적인 수행과 진보에 근거하여, 학기말 근처에 이루어지는 총괄적인 판단이다.
수행	일련의 과제, 연습 등을 지칭한다. 수행은 성취(attainment)와 관련한 판단이 근거하는 증거를 제공한다.	능력	이는 복잡한 개념이다. 학생들의 수행에서 기인한 제한된 증거에 근거하여, 성급하게 추정한 일반적인 '능력'을 의미한다.

(Lambert, 1996: 261)

다. 즉 무엇이 훌륭하며, 무엇을 개선할 필요가 있는지를 언급함으로써, 준거와 의도를 명료화하는 데 도움을 준다.

3) 학습에 대한 평가 vs 학습을 위한 평가

최근 평가는 크게 학습에 대한 평가(assessment of learning) 또는 총괄평가와, 학습을 위한 평가(assessment for learning) 또는 형성평가로 구별된다. 이와 같은 평가에 대한 구분은 우리에게 중요한 메시지를 제공해 준다. 특히 최근에는 학습에 대한 평가보다는 학습을 위한 평가에 대한 관점이 더 중요해지고 있다.

학습에 대한 평가는 학습이 얼마나 많이 일어났는지를 평가하기 위한 다양한 기술적인 장치(시험,

의사결정 연습, 논술 등)를 적용하는 것과 관련된다. 학습에 대한 평가는 주로 학습의 정도를 측정하기 위한 양적인 방법에 초점을 두며, 학습의 질에 덜 관심을 가진다. 반면 학습을 위한 평가는 학습자에 초점을 두며, 학습의 질과 훨씬 더 관련된다. 블랙 외(Black et al., 2003)에 의하면, 학습을 위한 접근은 계량적 방법(등급 또는 점수)을 전혀 사용하지 않을 수도 있다. 학습을 위한 평가의 목적은 교사들과 학습자들이 학습을 이해하고, 그것을 개선하는 데 몰입하도록 하는 것이다.

블랙과 윌리엄(Black and Wiliam, 1998b: 6)은 현재 주로 이루어지고 있는 평가에 대해, 다음과 같이 진단했다. 첫째, 점수를 주고 등급을 매기는 기능은 지나치게 강조되는 반면, 유용한 조언을 해 주고 학습을 도와주는 기능은 덜 강조된다. 둘째, 학생들을 서로 비교하는 데 치중하면서 학생들의 개인적 향상보다는 경쟁에 최우선적인 목적을 두고 있다. 그 결과 평가 피드백은 학생들에게 능력이 부족하다는 것을 의미하는 낮은 성취도만을 깨닫게 한다. 그리하여 학생들은 학습할 수 없다고 믿으면서 의욕을 잃게 된다. 이러한 진단과 함께 그들은 학습을 위한 평가의 중요성을 강조하였다. 이미 잘 발달된 체계를 가지고 있는 학습에 대한 평가(assessment of learning)(성취에 대한 총괄적 피드백)가 여전히 중요하지만, 형성피드백의 중요한 구성요소와 함께 학습을 위한 평가(assessment for learning)에 대해서도 더 주의를 기울일 필요가 있다고 제안한다(표 9–4).

학생들은 자신의 학습에 대해 책임을 지고 있으며, 다른 학생들과의 상호작용을 통하여 세계에 대한 이해를 구성하는 데 활발히 참여한다. 이를 고려한다면, 평가의 주된 목적은 학생의 특별한 요구에 부합하는 맞춤식 지원(tailored support)을 제공하는 것이다. 블랙과 윌리엄(Black and Wiliam, 1999: 9)의 연구는 학습을 위한 평가(assessment for learning)가 잘 실천되었을 때, 특히 학습에 어려움을 느끼는 학생들의 향상에 도움이 될 수 있음을 증명했다.

우리나라의 교사와 학생들은 학교와 국가 수준에서 실시하는 평가에 과부하가 걸려 있다. 이는 학

표 9–4. 학습을 위한 평가의 특징

학습을 개선하기 위한 평가의 요소	학습을 촉진하는 평가의 특징
• 학생들에게 효과적인 피드백을 제공하기 • 학생들이 자신의 학습에 능동적으로 참여하도록 하기 • 평가의 결과를 고려하여, 가르치는 것을 적합하도록 하기 • 평가가 학생들의 동기와 자존감에 미치는 심오한 영향력에 대해 인식하기. 이러한 동기와 자존감은 학습에 중요한 영향을 미칠 수 있다. • 학생들이 스스로를 평가할 수 있고, 스스로 (학습을) 향상시킬 수 있는 방법을 이해하도록 하기	• 교수와 학습의 관점에 뿌리를 두고 있다. • 학생들과 학습목표를 공유한다. • 학생들이 지향하고 있는 표준을 알도록 도와준다. • 학생들의 자기 평가를 포함한다. • 학생들이 그들의 다음 단계와 그것에 도달하는 방법을 인식하도록, 안내하는 피드백을 제공한다. • 모든 학생들이 향상될 수 있다는 자신감에 의해 지지된다. • 교사와 학생이 평가 자료에 대해 재검토하고 반성하는 것을 포함한다.

(Black and Wiliam, 1999: 4–5, 7)

습에 대한 평가가 대부분을 차지하기 때문이다. 그러한 시험은 학생들을 성인의 삶을 위한 능력 또는 잠재력이라는 고정된 범주로 분류하며, 이에 대한 등급을 매기기 위해 설계된다. 그러나 최근 이러한 학습에 대한 평가가 가지고 있는 문제점들에 대한 비판의 목소리가 계속해서 들려온다. 만약 교사가 지능을 일반적이고, 타고나는 것이며, 고정된 것이라고 가정한다면, 학생들의 학습 결과가 다소 결정되어 있는 것을 알면서도 교사들은 계속해서 학생들을 이러한 시험을 위해 준비시키게 될 것이다. 좋은 결과를 얻기 위해 교사는 학생들에게 질문에 답변하는 연습을 시키고, 실수를 피하도록 학습시킬 것이다.

그러나 교사들이 지능을 다면적이며 학습될 수 있다(Perkins, 1996)고 믿는다면, 교사들의 학습자와 학습에 대한 관점은 변화할 것이다. 예를 들면, 교사들은 학생들에 대한 결정론적 사고를 지양할 것이다. 또한 학생들을 교사가 제공하는 것을 마지못해 받아들이는 수동적인 수용자가 아니라, 능동적인 학습자(learners)로 간주할 것이다. 교사는 이러한 학습을 위한 평가 체제에서 학습자들을 능동적인 개인으로 간주하여, 그들에게 귀 기울이고 그들의 학습에 대한 장점과 단점을 알도록 할 것이다. 그 후 교사들은 학생들이 더 나은 지적인 도전을 하도록 격려하고, 이를 도와줄 수 있는 방법을 찾는 데 열중할 것이다.

그림 9-1은 교수, 학습, 평가의 상이한 목적과 기능이 어떻게 상호관련되는지를 보여 준다. 이 모형은 평가 과정 동안 사용할 수 있는 교사와 학생 모두에게 중요한 질문들을 포함하고 있다. 그리고 이 모형은 학습자가 '피드백'과 '피드포워드'를 통해 학습을 지원받는 능동적인 주체로, 평가 과정의 중심에 있다는 것을 강조한다(Weeden and Hopkin, 2006).

최근 결과 타당도에 대한 중요성이 부각되고 있다. 결과 타당도(consequential validity)란 검사나 평가의 실시를 통해 도출된 결과에 대한 가치 판단으로, 평가결과의 목적과의 부합성, 평가결과를 이용할 때의 목적 도달, 평가결과가 사회에 주는 영향, 그리고 평가결과를 이용할 때 사회의 변화들과 관계 있다(Gipps, 1994; 박도순, 2007: 98). 달리 말하면, 결과 타당도는 평가가 학습을 개선하기 위한 결과를 가져야 한다는 것을 의미한다.

깁스(Gipps, 1994: 167)는 "평가는 정확한 과학이 아니다. 우리는 평가를 그와 같이 표현하는 것을 멈추어야 한다"라고 주장한다. 정밀성을 강조하는 과학적 평가(통제된 상황하에서의 표준화된 검사)는 교사들의 교육적 목적에 잘 기여하지 못한다. 훌륭한 평가란 이러한 과학적 평가를 넘어서는 것이며, 더욱더 복잡하다. 어떻게 보면, 평가는 과학(science)이라기보다는 하나의 예술(art)이다(Lambert and Balderstone, 2000). 그리고 훌륭한 평가는 교사들이 학생들의 활동에 대해 믿을 수 있는 공정한 판단을 내리는 데 달려 있다. 결국 훌륭한 평가란 형성평가(formative assessment) 또는 학습을 위한 평가

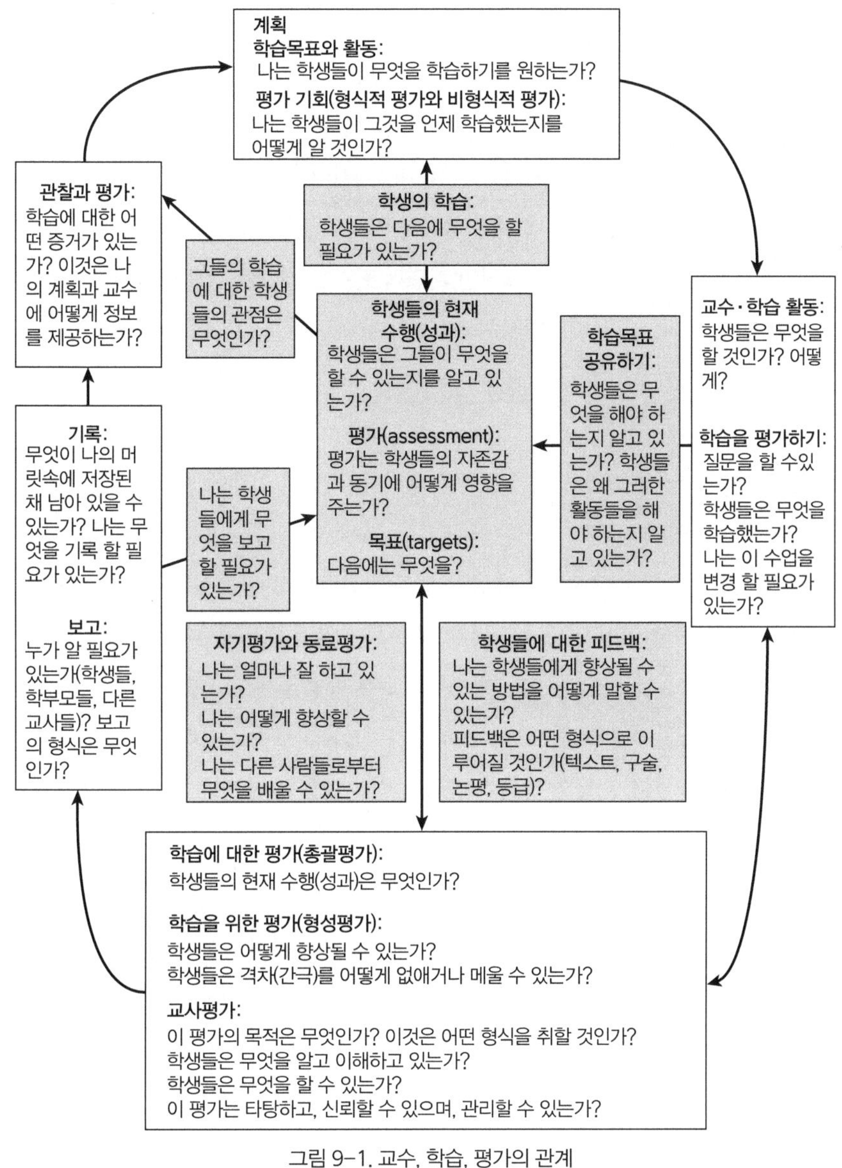

그림 9-1. 교수, 학습, 평가의 관계

(Weeden and Hopkin, 2006: 415)

(assessment for learning)를 의미한다. 이것은 총괄평가와 다르다. 왜냐하면 총괄평가는 학기 말 또는 학년 말에 이루어지므로, 학생들에게 제대로 된 피드백을 제공하기 어렵기 때문이다. 또한 미래의 학습에 대한 정보를 제공하기 위한 피드포워드를 하는 데 있어서도, 매우 제한된 잠재력을 가질 수 밖에 없다.

특히 효과적인 피드백은 학생들의 학습을 지원하는 가장 유용한 방법들 중의 하나이며, 학습에 관한 피드백 제공은 학습을 위한 평가의 필수적인 부분이다. 새들러(Sadler, 1989)는 학습자들이 그들의 잠재력을 성취하고 진보하는 데 도움을 주는 피드백의 역할을 강조한다. 사실 학생들에게 피드백을 제공하는 가장 일반적인 방법은 성적을 매기는 것이다. 그러나 이는 학생들의 학습에 도움이 되지 않으며, 학생들 또한 그것을 사용하여 더 나은 성취를 이룰 수 없다. 그러므로 교사들은 학생들이 학습을 발달시키도록 도와줄 수 있는 더 효과적인 피드백 전략을 개발할 필요가 있다(Weeden, 2005). 블랙과 윌리엄(Black and Wiliam, 1999)의 연구는 학생들이 필요로 하는 피드백의 유형에 관한 몇몇 유용한 지침을 포함하고 있다.

> 학생이 수행해야 하는 과업을 통해 좋은 질문을 제시했다면, 그 이후에 피드백을 확실하게 하는 것이 필수적이다. 이 연구는 만약 학생들이 평가를 통해 오직 점수나 등급만을 제공받는다면, 학생들은 활동에 대한 피드백으로부터 도움을 얻지 못한다는 것을 보여 준다. 최악의 시나리오는 몇몇 학생이 지난번에 이어 이번에도 낮은 점수를 받았기 때문에, 다음번에도 낮은 점수를 받을 것으로 기대하게 되는 것이다. 이러한 시나리오는 학생들이 그다지 똑똑하지 못하다는 인식을 그들 자신과 교사들에게 편견으로서 심어 줄 수 있다. 피드백은 각각의 학생들에게 되도록이면 점수에 대한 언급없이, 그들의 강점과 약점에 대한 명확한 안내를 해 줄 때 학습을 향상시키는 것으로 증명되었다(Black and Wiliam, 1999: 12).

교사는 피드백 과정에서 중요한 역할을 하지만, 학생 역시 중요한 역할을 담당한다. 평가 과정에서 학생 참여의 중요성은 다음과 같이 강조되고 있다. 블랙과 윌리엄(Black and Wiliam, 1999: 10)에 의하면, 형성평가가 생산적이기 위해서는 학생들이 학습의 주요 목적을 이해해야 한다. 또한 그들이 그 목적을 성취하기 위해 해야 할 것이 무엇인지를 파악할 수 있도록, 자기평가를 할 수 있는 훈련을 해야 한다.

새들러(Sadler, 1989)는 자기평가(self-assessment)가 학습에 필수적이라고 주장한다. 학생들이 스스로의 활동을 평가하기 위해서는 평가의 기본이 되는 학습목적을 명확히 이해해야 하기 때문이다. 교사가 학생들로 하여금 동료평가 및 자기평가를 발달시킬 수 있도록 돕는 것은 학습을 위한 평가의 가장 도전적인 양상들 중의 하나이다. 대개 학생들은 성공을 위한 준거와 학습 의도에 비추어, 활동과 학습의 진보를 평가할 수 있는 이해와 기능이 부족하다. 따라서 학생들이 서로 가르치고 그들의 동료에 의해 평가를 받음으로써 학습하는 동료 활동은, 그들에게 이러한 기능들을 발달시킬 수 있도록 도와줄 것이다. 교사들은 학생들의 오개념 또는 잘못된 지식이 다른 학생들에게 전이될 수 있다는 두려움을 가질 수 있지만, 신중하게 모둠을 선정하고 토론을 관찰한다면 이러한 문제를 줄일 수 있을 것이다.

블랙과 윌리엄(Black and Wiliam, 1999: 9-10)은 동료평가와 자기평가가 가져다줄 이점을 매우 강조한다. 그러나 그들은 또한 이러한 평가가 실현가능하고 효과적일 수 있는 교실환경을 구축하기 위해 요구되는 교사의 시간과 능력에 관해서는 현실적이다.

> … 그러한 자기평가를 개발할 때 마주칠 수 있는 주요 문제는, 신뢰도와 신용이 아니라는 것에 먼저 주목해야 한다. 일반적으로 학생들은 자신과 서로를 평가할 때 정직하고 신뢰할 만하다. 그리고 학생들은 종종 자기 자신에게는 지나치게 엄격할 수도 있다. 그러나 문제가 되는 것은, 학습이 의도하고 있는 성취목표에 대해 학생들이 명확한 그림을 그리고 있을 때에만 자신을 평가할 수 있다는 것이다. 놀랍게도 그리고 슬프게도, 많은 학생들은 그러한 그림을 그리지 못하고 있다. 그리고 그들은 교실에서 이루어지는 교수 행위를, 어떤 이론적 근거도 없이 뒤죽박죽 행해지는 연습의 계열로서 받아들이는 데 익숙한 것으로 보인다. 이렇게 지속된 수용의 패턴을 극복하기 위해서는, 엄격하고 지속적인 활동이 요구된다. 학생들이 그러한 개요를 습득할 때, 그들은 학습자로서 더 헌신적이고 더 바람직하게 된다. 학생들 자신이 한 평가는 교사와 학생들 서로 간에 토론해야 할 대상이 된다. 그리고 이것은 좋은 학습이 되기 위해 필수적인, 자기 자신의 아이디어에 대한 성찰을 훨씬 더 촉진시킨다.

3. 수행평가 vs 참평가

1980년대 후반부터 미국과 영국 등 선진국을 중심으로 전통적인 평가(traditional assessment)에 대한 한계를 지적하면서, 대안적 평가(alternative assessment)인 수행평가(performance assessment)와 참평가(authentic assessment)의 중요성이 부각되었다. 기존의 전통적인 평가방식과 차별되는 수행평가와 참평가의 개념과 특징에 대해서 살펴보자.

1) 전통적 평가의 한계와 대안적 평가의 등장

수행평가(performance assessment)는 새로운 교수·학습 이론의 등장과, 그에 따른 전통적인 선택형 표준화 검사의 문제점을 보완하기 위해 개발된 대안적 평가(alternative assessment) 방법 중 하나이다. 따라서 수행평가를 이해하기 위해서는 전통적인 선택형 검사가 가지고 있는 한계와, 수행평가의 이론적 배경이라고 할 수 있는 '새로운 교수·학습 이론'에 대한 이해가 선행되어야 한다.

전통적인 평가란 보통 표준화된 선택형 검사를 의미하는 것으로, 명확한 정답이 정해진 객관식 시험으로 불리기도 한다. 이러한 객관식 시험은 주로 교사평가(teacher assessment)(교사에 의한 평가)에 의존하며, 시험 문항은 주로 4지 내지 5지 선다형, 진위형(O·X), 연결형, 빈칸 채우기 또는 단답형 등의 선택형으로 제시된다. 이러한 표준화된 선택형 문항에 기초한 전통적 평가 방식은 오랫동안 학교에서 사용되어 왔다. 그 이유는 쉽게 평가할 수 있으며, 평가결과를 점수 또는 등급으로 계산함으로써 학생 개인 간 또는 학급 간 비교가 용이하기 때문이다. 실제로 선택형 검사는 교수·학습을 돕거나 개선하기 위한 평가 방법으로 개발된 것이 아니라(즉 '교육적인' 평가를 위해 개발된 것이 아니라), 학생들을 효율적으로 선발·분류·배치하기 위한 목적으로 개발된 것이다(백순근, 2002: 27).

이러한 선택형 검사에 기초한 전통적 평가방식은 종래의 절대주의적 진리관과 교육의 개념에 기초하고 있다. 즉 전통적인 교육은 외부 세계와 그에 대한 지식이 개별 인간과는 독립적으로 존재한다고 간주하는 절대주의적 진리관에 기초한다. 학습은 객관적인 지식이나 정보를 단계적으로 축적해나가는 과정으로 이해되고, 가장 높은 수준의 학습자는 지식이나 정보를 가장 많이 기억하고 재생할 수 있는 학생이 될 것이다. 따라서 교사는 상대적으로 더 많은 지식과 정보를 가진 것으로 가정되며, 학생들은 교사가 제시하는 지식이나 정보를 수동적으로 받아들이거나 단순히 재생산하는 존재로 간주된다. 교사는 객관적이고 타당한 것만을 골라 모아둔 것이라 가정되었던 교과서에 있는 지식이나 정보들을 학생들에게 가르쳐야 했으며, 학생들은 그러한 지식이나 정보를 나중에 다시 기억하거나 재생산할 수 있어야 했다(백순근, 2002: 30-31). 그에 따라 평가는 선택형 검사, 표준화 검사, 규준지향검사가 중시되었다.

그러나 최근에 새롭게 등장한 구성주의 학습관에 따르면, 세계와 진리는 학습자의 외부에 객관적으로 존재하는 것이 아니라 학습자 개개인의 경험에 의해 주관적으로 구성되는 것이다. 구성주의에서 학습은 학생 개개인이 새로운 지식이나 기능을 경험하면서, 기존의 인지와 사고틀에 맞게 구성하고 재조직함으로써 일어나는 것으로 본다. 즉 객관적인 지식과 정보는 존재하지 않으며, 개별 학습자가 불완전한 정보와 지식을 자신의 입장에서 이해하고 의미를 구성해가는 주체라고 본다. 따라서

표 9-5. 전통적 평가체제와 대안적 평가체제의 비교

구분	전통적 평가체제(예: 선택형 시험)	대안적 평가체제(예: 수행평가)
진리관	절대주의적 진리관	상대주의적 진리관
지식관	객관적인 사실이나 법칙 개인과 독립적으로 존재	상황이나 맥락에 따라 변함 개개인에 의해 창조되고, 구성되고, 재조직됨
철학적인 근거	합리론, 경험론, 행동주의 등	구성주의, 현상학, 해석학, 인류학, 생태학 등
시대적 상황	산업화 시대, 소품종 대량 생산	정보화 시대, 다품종 소량 생산
학습관	직선적·위계적·연속적 과정 추상적·객관적 상황 중시 학습자의 기억·재생산 중시	인지구조의 계속적 변화 구체적·주관적 상황 중시 학습자의 이해·성장 중시
평가 체제	상대평가, 양적평가, 선발형 평가	절대평가, 질적평가, 충고형 평가
평가 목적	선발·분류·배치, 한 줄 세우기	지도·조언·개선, 여러 줄 세우기
평가 내용	선언적(결과적, 내용적) 지식 학습의 결과 중시 학문적 지능의 구성요소	절차적(과정적, 방법적) 지식 학습의 결과 및 과정도 중시 실천적 지능의 구성요소
평가 방법	선택형 평가 위주, 표준화 검사 중시, 대규모 평가 중시, 일회적·부분적인 평가, 객관성·일관성·공정성 강조	수행평가 위주, 개별 교사에 의한 평가 중시, 소규모 평가 중시, 지속적·종합적인 평가, 전문성·타당도·적합성 강조
평가 시기	학습활동이 종료되는 시점 교수·학습과 평가활동 분리	학습활동의 모든 과정 교수·학습과 평가활동 통합
교사의 역할	지식의 전달자	학습의 안내자·촉진자
학생의 역할	수동적인 학습자 지식의 재생산자	능동적인 학습자 지식의 창조자
교과서의 역할	교수·학습·평가의 핵심 내용	교수·학습·평가의 보조 자료
교수·학습 활동	교사의 획일적 전달과 학습자의 암기, 암기 위주, 인지적 영역 중심, 기본학습 능력 강조	학생에 의한 능동적인 정보의 이해와 의미의 구성, 탐구 위주, 지·정·체 모두 강조, 창의성 등 고등 사고기능 강조

(백순근, 2002: 47-48)

교사는 학생의 능력과 소질에 맞추어, 개별 학생이 능동적으로 어떤 지식이나 정보를 이해하고 구성하도록 도와주는 안내자가 되어야 한다. 학습은 객관적인 지식을 수용하여 축적하는 과정이 아니라, 학습자가 어떤 지식이나 정보를 능동적으로 이해하고 의미를 구성하는 과정으로 간주된다.

따라서 이러한 상대주의적 진리관 또는 구성주의 학습관의 입장에서 보았을 때, 정답과 오답이 객관적으로 존재한다는 전제하에 사용되는 선택형 검사는 많은 비판의 여지가 있다. 또한 선택형 검사는 교육적 가치를 중시하기보다는 학생들을 효율적으로 선발·분류·배치하기 위한 목적으로 개발되었기 때문에, 교수·학습 활동에 미치는 영향에 대해서도 많은 비판이 있다. 백순근(2002: 34-39)은 선택형 검사가 가지는 한계를 다음과 같이 지적한다.

- 선택형 검사는 단순한 지식이나 정보의 습득 여부에 대한 평가를 하기에는 좋은 방법일지 모르나, 학생들의 창의성, 문제해결력, 비판력, 판단력, 통합력, 정보수집력 및 분석력 등 고등 사고기능을 평가하기가 어렵다.
- 선택형 검사로는 학생들의 인지구조 변화나 이해 수준에 대해 정확한 진단이 어려우며, 학습 과정에 대한 평가가 어렵다.
- 선택형 검사는 출제자에 의해 만들어진 선택지 중에서만 정답을 찾도록 하기 때문에 비록 학생들이 교과서나 교사의 수준을 능가하여 더 좋은 답을 알고 있다고 하더라도 그러한 능력을 드러내 보일 수 있는 기회가 없다.
- 선택형 검사를 지나치게 강조하게 되면, 비교적 선택형 문항으로 평가하기 쉬운 단편적 지식이나 정보를 중심으로 평가하게 된다. 이로 인해 선택형 문항으로 평가하기 쉽지 않은 정의적 영역이나 심동적 영역에 대한 평가를 소홀히 하게 된다.
- 선택형 검사는 제공되는 답지 중에서 정답을 선택하도록 되어 있기 때문에, 본질적으로 추측의 요인을 제거하기 어렵다.

이와 같이 교육 및 지리교육에 대한 관점이 상대주의적 진리관 또는 구성주의 학습관으로 전환되면서, 전통적 평가방식의 대안으로 새로운 대안적 평가방식의 필요성이 대두되고 있다. 전통적인 평가방식이 학생들의 학습에 대한 평가를 강조하였다면, 구성주의 학습관에 토대한 대안적 평가방식은 학생들의 학습을 위한 평가를 강조하게 된다. 오늘날 전통적 평가방식의 대안으로 참평가, 수행평가, 성과평가, 과정평가 등이 제시되고 있다. 이러한 대안적 평가는 의미상의 차이는 있지만, 서로 교환되어 사용하기도 한다(표 9-6).

표 9-6. 수행평가와 관련하여 사용되는 유사 용어들

유사 용어	주요 특성
대안적 평가 (alternative assessment)	-한 시대의 주류를 이루는 평가 체제와 성질을 달리하는 체제 -선택형 문항을 사용하는 표준화된 검사의 대안적인 평가 (선택형이 아닌 서술형이나 논술형 문항 강조) -대학수학능력시험과 같은 1회성 시험에 대한 대안적 평가 (표준화된 일회성 검사보다는 지속적이면서도 종합적인 내신성적 강조) -결과 중심의 평가에 대한 대안적인 평가(결과뿐만 아니라 과정도 중시) -수행평가는 대안적 평가의 한 사례임

실제 상황에서의 평가 (authentic assessment)	–평가 상황이나 내용이 가능한 한 실제 상황이나 내용과 유사해야 함을 강조 –도덕 성적이 높은 것과 도덕성이 높은 것은 별개라는 입장과 유사 –'True assessment'라고도 함. 진정한 평가, 참평가로 번역되기도 함 –교사의 교수 능력을 평가하기 위해 직접 가르쳐 보도록 하는 것과 유사 –수행평가 방식 중의 한 특수한 사례라고도 할 수 있음
직접적 평가 (direct assessment)	–간접적인 평가 방법보다는 직접적인 평가 방법을 중시 –정답을 선택할 수 있는 것보다, 정답을 서술하거나 구성할 수 있는 것을 중시 –지필식이나 구두시험보다는, 학생의 행동을 직접 보고 도덕성을 평가하는 것 –수행평가는 가능한 한 직접적인 평가의 성격을 풍부하게 포함하려고 함
실기시험 (performance-based assessment)	–지필식 시험보다 실기 시험 중시 –단순히 아는(기억하는) 것보다 실제로 할 줄 아는 것이 중요함을 강조 –실기평가는 수행평가의 한 유형임
포트폴리오법 (portfolio)	–시험이 아니라 학생이 쓰거나 만든 작품집이나 서류철 등을 이용한 평가 (예: 대학원에서 지도 교수가 학생의 논문을 지도하고 심사하는 것과 유사) –결과가 나오게 된 과정 및 변화에 대한 평가를 중시함 –성취도 자체도 중요하지만, 학생의 노력이나 향상도 중요 –일회적이고 단절적인 평가가 아니라, 지속적이면서도 통합적인 평가 중시 –수행평가의 대표적인 한 유형임
과정(중심)평가	–학습의 결과가 아니라 학습의 과정을 주요 대상으로 설정하는 평가 –과정(중심)평가는 수행평가가 강조하는 중요한 측면 중의 하나임
⇒ 1990년대부터 이러한 유사 개념들의 주요 특성들을 포괄적으로 지칭하기 위해, '수행평가'라는 용어를 사용하고 있음	

(백순근, 2002: 43-44)

2) 수행평가의 개념과 특징

원래 수행평가는 직업 관련 분야나 예체능 분야에서 이론시험이 아닌 실기시험이라는 제한적인 의미로 사용되었다. 그러다가 1990년대부터 수행평가라는 말을 종래의 평가체제와는 대비되는 새로운 대안적 평가체제라는 의미로 사용하기 시작하였다. 즉 수행평가는 선택형(객관식) 시험이 아닌 다른 평가 방법들을 포괄적으로 지칭하는 의미로, 서술형이나 논술형, 실기시험 등 다양한 형태의 평가 방법을 모두 포괄하는 것이다. 최근에는 수행평가라는 용어를 대안적 평가, 참평가, 직접적인 평가, 실기시험, 포트폴리오법, 과정(중심)평가 등이 가지는 주요 특성들을 모두 포괄하는 의미로 사용하고 있다.

넓은 의미의 수행평가란 교사가 학생이 학습과제를 수행하는 '과정'이나 그 결과를 보고, 학생의 지식, 기능, 가치와 태도 등에 대해 전문적으로 판단하는 평가 방식이다. 즉 학생 스스로 답을 작성(서술 혹은 구성)하거나, 발표하거나, 산출물을 만들거나, 행동으로 표현함으로써, 자신의 지식, 기능, 가치와 태도를 나타내도록 요구하는 평가 방식이라고 정의할 수 있다(백순근, 2002). 이러한 수행평가는 학교현장에서 학생, 교사, 학습내용, 교수·학습 과정을 개선하는 자료로 활용할 수 있다는 점에서 의의가 있다.

전통적 평가방식은 주어진 선다형 문제에서 정답을 고르는 능력을 파악하여 간접적으로 학생의 지적 수준이나 학업성취도를 측정한다. 이와 달리 대안적 평가로써 수행평가는 학습자가 스스로 어떤 결과물을 산출하거나 행동으로 나타낸 것을 파악하여, 직접적으로 학생의 사고기능과 행동을 평가하는 것이다. 최근에는 학습한 지식의 적용, 비판적 사고력, 문제해결력, 창의적 사고력 등이 실제 생활에서 어떻게 사용되는가를 측정하는 참평가가 강조되고 있다(남명호 외, 2000: 24-27).

백순근(2002: 49-54)은 수행평가의 일반적인 특징을 다음과 같이 8가지로 제시하고 있다.

- 수행평가는 학생의 지식, 기능, 가치와 태도 등을 평가할 때, 교사의 전문적인 판단에 의거하여 평가하는 방식이다.
- 수행평가는 학생이 정답을 선택하게 하는 것이 아니라, 자기 스스로 답을 작성(서술 혹은 구성)하거나 행동으로 나타내도록 하는 평가방식이다.
- 수행평가는 추구하고자 하는 교육목표의 달성 여부를 가능한 한 실제 상황에서 파악하고자 하는 평가방식이다.
- 수행평가는 교수·학습의 결과뿐만 아니라, 교수·학습의 과정도 함께 중시하는 평가방식이다.
- 수행평가는 학생의 학습과정을 진단하고 개별 학습을 촉진하려는 노력을 중시하는 평가방식이다.
- 수행평가는 개개인을 단위로 해서 평가하기도 하지만, 집단에 대한 평가도 중시하는 평가방식이다.
- 수행평가는 단편적인 영역에 대해 일회적으로 평가하기보다는, 학생 개개인의 변화·발달 과정을 종합적으로 평가하기 위해 전체적이면서도 지속적으로 평가하는 것을 강조한다.
- 수행평가는 학생의 인지적 영역(창의력이나 문제해결력 등 고등 사고기능을 포함)뿐만 아니라 학생 개개인의 행동발달 상황이나 흥미·태도 등과 관련된 정의적인 영역, 그리고 운동기능과 관련된 심동적 영역에 대한 종합적이고 전인적인 평가를 중시하고 있다.

한편, 백순근(2002: 54-59)은 교수·학습에 수행평가가 필요한 이유를 구체적으로 다음과 같이 제시하고 있다.

- 지식 · 정보화 시대를 맞이하여, 사고의 다양성과 창의성을 신장시키기 위해서 수행평가가 필요하다. 즉 창의성이나 문제해결력 등 고등 사고기능을 직접적으로 평가함으로써, 궁극적으로 그러한 능력을 신장시키는 것이 목적이다.
- 수행평가는 여러 측면의 지식이나 능력을 지속적으로 평가함과 아울러, 교수 · 학습 활동을 개선하기 위해서 필요하다.
- 학생이 인지적으로 아는 것뿐만 아니라, 아는 것을 실제로 적용할 수 있는지 여부를 파악하기 위해서 필요하다. 인지적으로 '아는 것'과 실제로 적용하는 것(혹은 '할 줄 아는 것')의 구별을 강조하기 위해서, 인간의 지능을 아는 것과 관련된 학문적 지능(academic intelligence)과 할 줄 아는 것과 관련된 실천적 지능(practical intelligence)으로 구분하기도 하였다.
- 학습자 개인에게 의미 있는 학습 활동이 이루어지도록 하기 위해서 필요하다.
- 교수 · 학습 목표나 내용 및 평가 목표를 학습 내용과 좀 더 직접적으로 관련시키기 위해서 필요하다. 예컨대, 교수 · 학습 목표가 고등 사고기능을 키우는 것이라면, 평가 목표도 고등 사고기능이 신장되었는지를 확인하는 것이어야 한다. 그러한 교수 · 학습 목표의 달성 여부를 제대로 확인하기 위해서는 선택형 검사와 같은 간접적 평가 방법이 아니라, 가능한 한 논술형 검사나 연구 보고서법과 같이 좀 더 직접적인 평가 방법이 활용되어야 한다.

대안적 평가방식이 중요한 이유 중 하나는, 교사가 평가규정을 만들고 학생들에게 미리 알려준다는 점이다. 평가규정의 제시는 학생들이 학습내용을 습득하고 학습과제를 달성하는 것을 도와주는 가장 좋은 방법이다. 평가규정은 학생들에게 요구되는 평가요소, 기준, 주요 가치와 태도 등을 미리 제시해줌으로써, 학생이 해야 하는 활동을 분명하게 알려준다. 예를 들어, 지리에 대한 평가규정을 미리 알려준다면, 학생들은 이를 통해 기대되는 목표를 미리 알고, 그들이 무엇을 배우고 어떻게 활동해야 하며, 학습결과가 어떻게 평가되고 채점되는지를 충분히 이해할 수 있다. 그에 따라 학생들은 보다 능동적으로 학습목표를 달성하기 위해 노력할 수 있고, 교사는 대안적 평가에서 나타날 수 있는 주관성의 개입 정도를 많이 줄일 수 있다.

3) 참평가의 개념과 특징

참평가(authentic assessment)는 대안적 평가(alternative assessment) 또는 평가를 위한 변화하는 의제라고 불린다(Stimpson, 1996). 깁스(Gipps, 1994)는 평가가 정신 측정 평가에서 폭넓은 교육적 평가의 모델로, 검사와 시험 문화에서 평가의 문화로 패러다임적 이동을 겪고 있다고 주장한다. 이와 함께 등장한 용어 중 하나가 바로 실제성(authenticity)이다. 교육의 실제성 문제는 교육이 가르치려고 목표하는 바를 정말로 가르치느냐와 관련된 것이다. 가르치려고 하는 것을 정말로 가르치는 교육은 실제성이 있는 교육이고, 그렇지 못한 교육은 실제성이 없는 교육이다. 평가 역시 같은 맥락에서 살펴볼 수 있다. 참평가는 교육의 실제적 성취(authentic performance)를 측정하는 것이 목적이다.

최근 인지과학에서는 교사가 학생들의 지리적 이해 정도를 진정으로 이해하고, 그들의 학습을 도와주고 지원해 주려고 한다면, 교사는 학생들이 의미를 구성하는 방법을 관찰할 필요가 있다고 주장한다. 이는 학생들의 학습을 위한 평가에 중요한 함의를 가진다. 여기에서 교사는 학생들의 교실 내 학습과 교실 밖 학습을 분리할 수 없으며, 분리해서도 안 된다. 왜냐하면 그것들은 상호의존적이기 때문이다. 이와 같이 참평가는 평가 상황이나 내용이 가능한 한 실제 세계(real-world)나 내용과 유사해야 한다고 강조한다. 즉 참평가 또는 실제적 평가는 학생들의 실제 생활(real life) 속에서의 성취를 측정하는 것이다.

참평가는 수행평가와 관련하여 많이 혼동되는 개념이다. 사실 처음에는 수행평가가 참평가와 동일한 것으로 간주되기도 했다. 그러나 깁스(Gipps, 1994)는 미국에서 수행평가가 종종 선다형 문제를 사용하지 않은 평가의 형식을 의미하는 것으로 간주되는 반면, 참평가는 실제 생활의 상황들이 사용되는 수행평가의 특별한 사례라고 언급해 왔다. 이에 따르면 참평가는 단지 수행평가의 부분집합에 지나지 않는다. 실제성은 수행평가와는 관계없는 다른 중요한 개념으로 간주될 수 있다. 참평가는 상황학습(situated learning)과 관련된 것처럼, 상황평가(situated assessment)에 초점을 둔다. 즉 평가는 학습의 맥락 그 자체만큼 "실제적(authentic)"이어야 한다는 것이다(Stimpson, 1996). 표 9-7은 실제성에 기반하여 참평가와 비참평가를 구분하고 있다. 참평가의 초점은 평가과제가 학생들로 하여금 실제 세계에서 생각하고, 결정하고, 행동하도록 하는 것이다. 즉 참평가를 위해서는 학생들이 교실 밖에서 경험하게 되는 실제적 과제(authentic tasks)가 평가의 대상으로 들어와야 한다.

이와 같이 참평가 또는 실제적 평가는 단순한 지식보다는 고차사고력이나 문제해결력을 얼마나 실제 생활에서 발휘할 수 있는 수준으로 습득하고 있는지를 측정하는 평가이다. 따라서 교육목표, 내용, 평가의 일관성, 그리고 사고의 복합성과 교육의 실제성 등이 강조된다. 이러한 참평가는 전문적 개념이라기보다는 오히려 철학적인 개념이다. 참평가는 평가를 지리학습의 보다 넓은 구조틀 속에 통합하는 데 중점을 둔다. 참평가는 교사들로 하여금 학습과 평가에 관해 생각하도록 격려하는 수단이며, 특히 타당도의 쟁점에 초점을 둔다.

아이즈너(Eisner, 1993: 226-231)는 실제성 발달을 위한 8가지 준거를 적실성(relevance), 과정(process),

표 9-7. 참평가와 비참평가의 비교

참평가(authentic assessment)	비참평가(non-authentic assessment)
• "실제 세계"의 맥락에서 이해와 관련된 삶에 대한 평가이다. • 강한 자기의존적 요소(ipsative element)를 가지며, 학생의 학습 지향을 유도한다. • 타당도, 특히 구인타당도에 대한 최우선적인 관심을 가진다. • 사용된 다양한 수업 기법에 대해 강조한다. 그러나 더욱더 개방적인 수업 기법에 대해서도 강조한다. • 학습과 평가를 완전히 통합하려는 명백한 욕구를 가진다. • 학생의 성취에 대한 매우 상세한 기술적 요소를 요구한다.	• 대개 지식과 관련된 학문에 대한 평가이며, 또한 교과의 학문 맥락과 관련된 쟁점들에 대한 평가이다. • 대개 규범적이며, 학문/학교 교과 지향적이다. • 타당도(주로 내용 타당도)에 대한 관심을 가지지만, 종종 신뢰도와 관련된 쟁점이 가장 중요한 특징이다. • 일반적으로 더 폐쇄적인 형식에 대한 강조와 함께, 보다 협소한 범주의 기법을 사용한다. • 학습과 평가가 별개의 활동이다. • 강력한 판단의 구성요소를 가지지만, 이는 보다 덜 상세하게 기술된다.

(Stimpson, 1996: 121)

표 9-8. 실제성 발달을 위한 준거

준거	특징
적실성	학생들이 알고 있고 할 수 있는 것을 평가하기 위해 사용되는 과제들은 학교 그 자체에만 제한된 세계가 아니라, 학교 밖의 세계에서 만나게 될 과제를 반영할 필요가 있다.
과정	학생들을 평가하기 위해 사용된 과제들은 단지 학생들이 만들어 낸 해결책들을 제시하는 것이 아니라, 학생들이 어떤 문제를 해결하기 위해 어떤 과정을 거쳤는지를 드러내어야 한다.
가치	평가과제는 그 과제들이 유래하는 지적인 공동체의 가치를 반영해야 한다.
사고의 발산	새로운 평가 과제들은 하나의 문제에 대해 하나 이상의 수용가능한 해결책을 적용할 수 있도록 만들어야 하며, 하나의 질문에 대해 하나 이상의 수용가능한 답변을 할 수 있도록 만들어야 한다.
폭	평가과제는 교육과정에 있어 적실성을 가져야 한다. 그러나 가르치는 데 있어서 교육과정에만 제한되어서는 안 되며, 세계에 대한 넓은 폭을 가져야 한다.
홀리스틱 접근	홀리스틱 접근이란 평가과제는 학생들에게 단순히 별개의 요소들에 대한 민감성이 아니라, 구성 또는 전체에 대한 민감성을 드러내 보이도록 요구해야 한다는 것이다.
개별과제와 모둠과제	평가과제들은 단독 수행으로만 제한될 필요가 없다.
유연한 학생들의 반응	평가과제는 학생들이 학습한 것을 자유롭게 표현하기 위해, 다양한 프레젠테이션의 형식을 선택하도록 허락해야 한다.

(Eisner, 1993: 226-231)

가치(values), 사고의 발산(divergence of thought), 폭(breadth), 홀리스틱 접근(holistic approach), 개별 과제와 모둠 과제(groups as well as individual tasks), 유연한 학생들의 반응(flexible pupil responses) 등으로 제시하고 있다(표 9-8).

한편 임은진(2009)은 그림 9-2와 같이 일상생활세계를 바탕으로 형성되는 개인지리, 학문지리, 실천지리의 상호적이고 순환적인 관계를 나타내면서, 이와 같은 상호순환적인 관계가 학교 지리 수업을 통해 성공적으로 이루어지기 위해 실제적 활동이 필요하다고 주장한다. 이러한 실제적 활동에 대

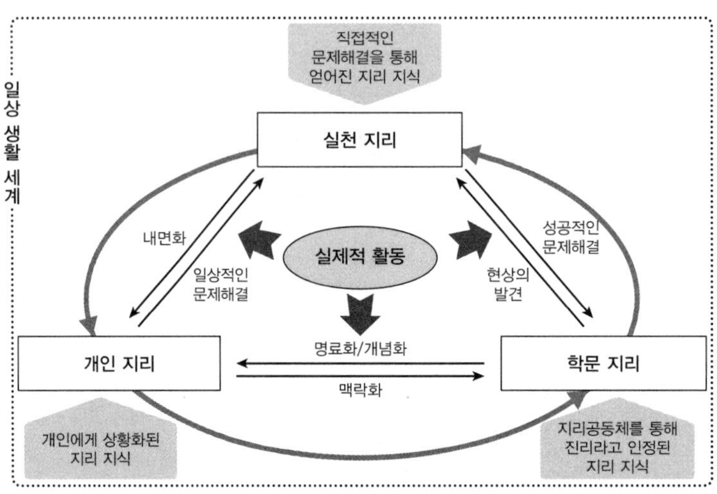

그림 9-2. PAP 모델(personal-academic-practical geography model)

(임은진, 2009)

한 평가가 바로 참평가이다. 즉 참평가는 야외조사, 문제기반학습(PBL)에서와 같이 실제적 과제 수행에 대한 평가라고 할 수 있다.

4) 아이즈너의 교육적 감식안

최근 학습목표를 준거로 평가하는 타일러(Tyler)식의 준거지향평가 모형에 대한 반성으로, 아이즈너(Esiner)의 교육적 감식안(educational connoisseurship) 및 교육적 비평(educational criticism)에 따른 평가(assessment)의 개념이 주목받고 있다. 아이즈너(Eisner, 1977)는 교실 내에서 일어나는 교육 현상의 풍부함과 복잡성은 측정되는 것 이상이기 때문에, 인간의 지식이 객관적으로 관찰 가능한 것만으로 이루어질 수 없는 점을 지적하였다. 따라서 교육 활동을 평가할 때는 그 과정이 얼마나 교육적으로 진행되었는지가 중요한 평가 대상이자 기준이 되어야 한다고 보았다. 아이즈너는 '과정으로서의 교육'을 강조하면서, 아무리 훌륭한 성취가 이루어졌다고 하더라도 그 과정이 교육적이지 않다면 좋게 평가할 수 없다고 하였다(곽진숙, 2000: 160). 이러한 아이즈너의 평가에 대한 관점은 학습에 대한 평가가 아니라, 학습을 위한 평가가 되어야 함을 강조한다. 평가는 성취에 대한 평가라기보다는 학습을 위한 평가이며, 학습과정의, 학습과정에 대한, 학습과정을 위한 평가다.

판단의 행위는 분석 능력뿐만 아니라 예술적 감각을 요구한다. 교사는 교실과 같은 복잡한 특성을 기술하기 위하여, 교육적 감식안을 가지고 그곳에서 이루어지는 교육적 상호작용의 의미를 파악할 수 있어야 한다. 교육적 감식안은 복잡성을 감상하는 지각의 예술로서 대상의 특성을 파악하도록 한다(Eisner, 1977). 교사가 교육적 현상을 관찰하고 해석하며 가치를 판단하는 일련의 행위에서 요구되는 능력을 아이즈너(Eisner, 1991)는 교육적 감식안이라고 칭하였다. 즉 교육적 감식안이란 교육 현상의 질을 포착하는 눈을 의미한다(박선미, 2009). 교사는 이러한 교육적 감식안을 가지고, 교실 안팎에서 이루어지는 교육적 상호작용의 의미를 파악할 수 있어야 한다. 그러나 교실 내에서 일어나는 교육 현상의 풍부함과 복잡성은 측정되는 것 그 이상이다. 따라서 이 개념은 상호 소통을 전제로 하는 것으로, 공적 표현을 통해 교육적 비평이 이루어짐으로써 실현될 수 있다. 교육적 비평은 교실에서 일어나는 일련의 사태를 말로 생생하게 그려내는 것으로서, 단순히 교실 상황을 기술하는 것뿐만 아니라 활동의 의미를 해석하고 의미나 가치를 판단하는 것을 포함한다. 아이즈너의 교육적 감식안과 교육적 비평의 개념에 비추어 볼 때, 평가는 교육적 행위의 가치를 판단하는 것이라고 정의할 수 있다.

5) 참평가와 수행평가의 비교

앞에서 논의했듯이, 최근에는 수행평가가 참평가를 포괄하는 광의의 개념으로 사용되고 있다. 참평가와 수행평가는 모두 전통적 평가방식의 한계로 등장한 대안적 평가라는 점에서 공통점을 갖는다. 그리고 이 두 평가는 모두 학습의 결과나 산출물보다는 학습의 과정에 대한 평가를 중시한다는 공통점을 가지고 있다.

참평가는 수행평가의 부분 집합으로 생각할 수 있다. 따라서 참평가는 모두 수행평가이지만, 모든 수행평가가 반드시 참평가가 되는 것은 아니다. 참평가와 수행평가는 유사한 점이 많지만, 엄연한 차이점 역시 존재한다. 참평가는 학교를 넘어선 실제적인 상황에서의 수행 능력을 측정하는 반면, 수행평가는 반드시 실제적인 맥락에서 이루어지는 것만을 평가하는 것이 아니다.

예를 들어 해안단구를 연구하는 학생의 경우, 수행평가에서는 지형도를 분석하여 해안단구의 특징을 찾고 입체모형을 만드는 것 등이 평가의 대상이 될 수 있다. 그러나 참평가에서는 실제로 해안단구를 찾아 조사하고, 그 결과를 제출하는 것만이 평가의 대상이 된다. 이처럼 참평가는 수행평가 중에서도 실제성에 초점을 둔 평가방식이다. 한편 임은진(2009)은 성공적인 실제적 평가를 위해서, 실제적 과제(authentic tasks)를 해결하기 위한 실제적 활동의 필요성을 강조한다. 이를 위해 입지 이론을 사례로 설명한다.

상황인지론자들은 상황 안에서 학습되지 않는 개별적인 지식은 문제 해결에 도움을 줄 수 없기 때문에 일상생활에 활용될 수 있는 실제적 과제로 학습하여야 한다고 주장한다. 실제적 과제란 현실세계에서 사용되는 과제를 말한다. … 예를 들면, 입지에 관한 것은 우리가 일상적으로 겪을 수 있는 문제이다. 이러한 문제를 해결하기 위해서는 다양한 상황이 복잡하게 연결되어 있다. 교사가 학생들에게 입지에 대한 실제적이고 일상적인 맥락과, 입지 이론이 형성되기까지의 연구자들의 실제 활동 과정과, 그것이 어떻게 사용되는지에 관한 것을 무시하고 수업할 경우, 입지는 단지 학교 문화 안에서 가르쳐져야만 하는 형식적인 지식이 되어 결국 일상생활에 사용할 수 없는 무기력한 지식(inert knowledge)이 될 수밖에 없다. 이러한 문제를 극복하기 위해서는 학습자가 지리수업을 통해 이러한 실제적인 과제를 가지고 실제적 활동을 할 수 있는 기회를 갖도록 하여야 한다(임은진, 2009: 62-63).

6) 수평평가의 유형

오늘날 세계화와 지식·정보화 시대가 급속하게 진전되고 있다. 이러한 현대사회는 기존의 지식을 단순 기억하고 재생하는 능력보다 학습자가 스스로 지식과 정보를 구성하고 자신의 능력과 역량을 최대한 발휘하며, 실제 생활에 필요한 다양한 사고와 행동을 실천할 수 있는 능력이 요구된다. 이러한 능력을 길러주고 적절하게 평가하기 위해서는 전통적인 평가방식보다는 대안적인 평가방식으로써 수행평가가 실시될 필요가 있다.

수행평가는 보통 서술형 및 논술형 검사, 구술시험, 토론법, 실기시험, 실험·실습법, 면접법, 관찰법, 자기평가 및 동료평가 보고서법, 연구보고서법, 포트폴리오법 등 다양한 형태로 실시될 수 있다(남명호 외, 2000: 60-83; 백순근, 2002: 61-114). 지리 교과의 경우 이와 같은 수행평가의 유형뿐만 아니라 개념도 그리기, 지도 활용 과제 해결, 경관 묘사, 역할극, 시뮬레이션 등 다양한 유형을 추가할 수 있다. 여기에서는 이러한 다양한 형태의 수행평가 중에서 특히 지리 학습을 위한 평가에 효과적으로 사용될 수 있는 수행평가의 주요한 유형과 방법을 살펴본다.

(1) 서술형 및 논술형 검사

서술형 및 논술형 검사는 '주관식 평가'라고 하기도 한다. 이는 학생들로 하여금 출제자가 제시한 답을 '선택'하도록 하는 평가 방식이 아니라, 학생들이 답이라고 생각하는 지식이나 의견 등을 직접 '서술'하도록 하는 평가 방식이다. 이러한 서술형 및 논술형 검사는 학생의 생각이나 의견을 직접 서술하도록 하기 때문에, 학생의 창의성, 문제해결력, 비판력, 판단력, 통합력, 정보 수집력 및 분석력 등 고등 사고기능을 쉽게 평가할 수 있다는 것이 가장 큰 특징이다(백순근, 2002: 63).

서술형 평가와 논술형 평가는 구분되기도 한다. 서술형 평가는 정답이 정해지지 않은 주관식 문제에 학생들이 직접 서술하는 평가방식이다. 질문의 형태가 종전에는 단편적 지식을 묻는 것이 대부분이었으나, 최근에는 분석적 사고, 비판적 사고, 창의적 사고 등 고차적 사고를 평가하는 것이 중심을 이루고 있다. 또한 논술형 평가는 일종의 서술형 평가라고 할 수 있지만, 서술형 평가에 비해 서술해야 할 분량이 많고 개인이 스스로 자신의 생각과 주장을 창의적이고 설득력 있게 조직하여 작성하는 것을 강조한다는 점에서 서술형 평가와 구별된다. 따라서 논술형 평가에서는 서술된 내용의 깊이와 넓이뿐만 아니라, 글의 표현력과 글을 조직하고 구성하는 능력 또한 동시에 평가한다.

표 9-9. 서술형 및 논술형 평가 문항의 유형

평가 문항	문항의 유형(Ⅰ)	문항의 유형(Ⅱ)	비 고
서술형 및 논술형 문항	응답 제한형	내용 제한형 분량 제한형 서술방식 제한형	응답에 제한을 하는 방식에 따른 분류
	응답자 유형	범교과형 특정교과형	내용의 특성에 따른 분류
		단독과제형 자료제시형	자료나 정보의 제시 방식에 따른 분류

백순근(2002)은 수행평가를 강조하는 입장에서, 교육 현장의 교사들이 서술형 및 논술형 문항을 제작할 때나 실시할 때 유의해야 할 사항들을 제시하고 있다.

- 서술형 및 논술형 문항의 경우, 가능한 한 학생이 자신의 생각이나 의견을 드러낼 수 있도록 작성해야 한다.
- 구체적인 교육목적을 평가할 수 있도록 평가 문항을 구조화시키고, 제한성을 갖도록 출제해야 한다.
- 출제하는 과정에서 사전에 출제자가 모범답안을 작성해야 하며, 모범답안을 작성한 후에 채점 기준표를 작성해야 한다.
- 선발을 위한 시험에서는 여러 서술형 및 논술형 문항 중, 일부만 선택하여 응답하게 하는 일이 없도록 해야 한다.

- 가능한 한 2명 이상의 채점자가 채점하는 것이 바람직하다. 가능하다면 2명 이상의 채점자가 서로 합의하여 채점하거나, 각자가 채점한 후 그 평균 점수를 이용하는 것이 바람직하다. 채점자들은 사전에 채점자 훈련을 거친 후에 채점을 해야 할 것이며, 경우에 따라서는 가채점을 한 후에 최종적인 채점을 하는 것도 고려해 볼 만한 일이다.
- 한 번 시행한 서술형 및 논술형 문항에 대해서는 문항뿐만 아니라 그 문항에 대해 출제자가 작성한 모범답안 및 채점기준, 그리고 학생들이 제출한 답안지와 그 답안에 대한 교사의 채점 사례 등을 모두 공개하는 것이 바람직하다(선발 시험인 경우 예외).

(2) 구술시험 및 면접법

구술시험은 학생들이 교육 내용이나 주제에 대한 자신의 생각과 의견 및 주장을 발표하도록 함으로써, 학생의 이해력, 표현력, 판단력, 사고력, 의사소통능력 등을 평가하는 방법이다(백순근 2002: 78). 구술시험은 주로 대학원생이 졸업하기 위해 학위논문의 심사과정에서 치루는 시험의 한 형태로 많이 사용되어 왔다. 현재는 대학 입시에서 많이 활용되고 있지만, 초·중등학교에서도 마찬가지로 사용될 수 있다.

구술시험은 특정 주제나 질문을 사전에 미리 알려주고 실시할 수도 있지만, 학습내용에 대해 학생별로 다른 질문을 제시하고 그에 대해 발표하도록 하는 방식으로 진행될 수도 있다. 구술시험을 실시할 때 교사는 평가기준표를 작성하여 학생들에게 평가요소와 내용을 알려주고, 최대한 공정하게 평가하도록 노력해야 한다.

표 9-10. 구술시험을 위한 평가기준표 예시

평가 요소		점수				
		매우적절	적절	보통	미흡	매우미흡
준비도	구술시험을 위해 관련 자료 등을 제대로 준비했는가?	5	4	3	2	1
이해력	질문의 내용을 정확하게 이해하고 답변하는가?	5	4	3	2	1
조직력	질문에 대한 답변을 체계적으로 정리하여 발표하는가?	5	4	3	2	1
표현력	발표할 때 자신의 의견을 제대로 표현하는가?	5	4	3	2	1
판단력	주어진 시간 안에 적절하게 자신의 생각을 발표하는가?	5	4	3	2	1
의사소통능력	다른 사람이 쉽게 설명하고 납득하도록 발표하는가?	5	4	3	2	1
발표 태도	청중과 주변 환경을 고려하여 적절한 태도로 발표하는가?	5	4	3	2	1
합계						

(백순근, 2002 일부 수정)

한편 면접법은 교사와 학생이 서로 대화를 하면서 필요한 정보를 수집하여 평가하는 방법이다. 즉 면접법은 교사가 학생과 직접 대면한 상황에서 교사가 질문하고 학생이 대답하는 과정을 통해, 지필식 시험이나 서류만으로 파악할 수 없는 사항들을 알아보고 평가하는 방법이다(백순근, 2002: 95).

면접법은 구술시험과 유사하지만 차이점도 있다. 면접법은 교사와 학생이 질문하고 대답하는 과정을 평가한다는 점에서는 구술시험과 유사하다. 그러나 구술시험이 주로 특정 주제나 문제에 대한 인지적 능력을 평가하는 방법이라면, 면접법은 주로 정의적 영역이나 행동적 영역을 평가하는 방법이라고 할 수 있다.

면접법은 학생들에 대한 심층적인 정보를 얻을 수 있고, 미처 생각하지 못하거나 예측하지 못한 추가 정보를 획득할 수도 있다는 장점이 있다. 지리 교과에서 면접법은 다양한 스케일(로컬, 국가, 글로벌)에서의 시민성, 환경에 대한 가치와 태도 및 책임성, 공간적 불평등을 합리적으로 해결하려는 태도와 실천하려는 행동 등을 확인하고 자극하는 방식으로 사용될 수 있다. 면접법을 시행할 때에는, 구술시험과 마찬가지로 평가기준표를 작성하여 평가해야 한다.

(3) 토론법

토론법이란 교수·학습 활동과 평가 활동을 종합적으로 수행하는 대표적인 방법으로, 특정 주제와 문제 또는 쟁점에 대해 학생들이 서로 토론하는 것을 보고 평가하는 방법이다(백순근 2002: 81). 수행

표 9-11. 토론법의 평가기준표 예시

평가 요소		점수				
		매우적절	적절	보통	미흡	매우미흡
준비도	토론을 위해 주제와 관련된 적절한 자료를 준비하였는가?	5	4	3	2	1
이해력	토론 문제와 상대방의 질문을 정확히 이해하고 토론하는가?	10	8	6	4	2
조직력	토론할 내용을 체계적으로 정리하여 토론하는가?	10	8	6	4	2
표현력	토론할 때 자신의 주장과 근거를 적절하게 발표하는가?	10	8	6	4	2
판단력	상대편이 발표한 내용의 핵심을 제대로 파악하고 대응하는가?	5	4	3	2	1
의사소통 능력	민주적으로 의견을 교환하고, 합리적인 해결책에 합의하도록 노력하는가?	5	4	3	2	1
토론 태도	상대방의 주장을 경청하고, 다른 의견을 존중하면서 토론에 참여하는가?	5	4	3	2	1
합계						

(백순근, 2002 일부 수정)

평가에서 토론법은 학생의 분석력, 비판적 사고력, 문제해결력 같은 고등 사고기능뿐만 아니라, 의사소통능력, 협동능력, 대인관계 기능 등을 기를 수 있다. 특히 수행평가에서 많이 사용되는 찬반 토론법은 서로 다른 의견을 제시할 수 있는 토론 문제 또는 쟁점을 제시하고, 개인별 또는 소집단별로 찬반 토론을 하게 하는 것이다. 이를 통해 교사는 학생들이 토론을 위해 사전에 준비한 자료의 다양성이나 충실성, 토론 내용의 충실성과 논리성, 반대 의견을 존중하는 태도, 토론의 진행 태도 등을 종합적으로 평가할 수 있다. 찬반 토론법을 시행할 때는 구술시험과 마찬가지로, 평가기준표를 작성하여 학생들에게 미리 알려주고 공정하게 평가해야 한다.

(4) 연구보고서법

백순근(2002: 98-105)은 연구보고서법을 자기평가 및 동료평가 보고서법, 연구보고서법, 프로젝트법으로 구분하고 있지만, 이들 간에는 유사점이 많아 일반적으로 통칭하여 연구보고서법으로 부른다. 또한 연구보고서법은 보통 프로젝트법(project)이라고 불리기도 한다. 연구보고서법은 학생들이 다양한 연구주제에 대하여 스스로 자료를 수집하여 분석한 후, 최종적으로 연구보고서를 제출하도록 하는 평가 방법이다. 연구주제는 교사가 제시할 수도 있고, 학생들이 스스로 선정할 수도 있다. 연구주제의 선정에서 보고서 제출은 연구의 주제와 범위에 따라 개별적으로 수행할 수도 있고, 관심 있는 학생들 3~4명이 소모둠을 형성하여 함께 수행할 수도 있다. 학생들은 연구를 수행하고 보고서를 작성하는 과정에서 연구방법, 자료를 수집하고 분석하는 방법, 결론 도출 방법, 보고서의 작성법 등을 학습하게 된다. 또한 연구보고서의 발표회나 연구보고서의 상호 교환을 통해, 표현력이나 의사소통능력 등 더 많은 것을 배울 수도 있다.

특정 주제에 관한 연구보고서를 작성하기 위해서 학생들은 관련 서적들, 인터넷 등을 탐색하여 필

표 9-12. 연구보고서법의 평가기준표 (예시)

평가 요소		점수		
		상	중	하
연구 주제의 참신성 및 내용의 적정성	연구 주제가 얼마나 참신하며, 연구내용이 연구 주제를 설명하는 데 얼마나 기여했는가?	2	1	0
자료수집 능력	연구 주제에 대해 얼마나 다양하고 적절한 자료를 수집했는가?	2	1	0
자료분석 능력	수집한 자료나 정보를 분석하거나 종합하는 능력은 어느 정도인가?	2	1	0
보고서 작성 능력	보고서의 작성법에 맞게 연구 방식과 연구 주제를 적합하게 작성했는가?	2	1	0
합계				

(백순근, 2002: 103 일부 수정)

요한 자료를 모두 수집하여 분석한 후, 스스로 결론을 내리고 보고서를 작성한다. 이러한 일련의 과정에서 교사는 학생들의 연구 진행 상황을 주기적으로 확인하여 평가하고, 필요한 경우 자료를 찾는 방법이나 자료의 분석과 해석 방법 등에 대해 적절하게 도움을 주어야 한다. 또한 교사는 연구보고서를 부과할 때, 연구보고서를 작성하는 방법과 보고서에 포함되어야 할 내용요소를 명확하게 알려주어야 한다. 보고서를 작성한 후에는 개인별 또는 모둠별 연구 과정 및 결과에 대해서 자기평가를 실시해야 한다. 또한 연구발표회를 통해 다른 학생들 또는 모둠들로부터 동료평가를 받을 수도 있다.

(5) 포트폴리오법

포트폴리오법(portfolio)은 학생들 자신이 쓰거나 만든 작품 또는 결과물을 일정 기간 누적적이면서도 체계적으로 모아둔 개인별 작품집 혹은 서류철을 이용한 평가 방법이다. 예컨대 어떤 화가 지망생이 유명한 화가에게 지속적으로 지도를 받으면서 자신이 그린 그림을 순서대로 모아둔다면, 자기 자신의 변화 과정을 스스로 파악할 수 있고 그 작품집을 이용하여 자기의 스승이나 다른 사람에게 평가를 받을 수 있을 것이다(백순근, 2002: 105).

마찬가지 방식으로 교사는 학생의 과제물, 연구보고서, 실험보고서 등을 정리한 자료집을 평가할 수도 있다. 포트폴리오법은 특정한 영역 또는 주제에 대해 일회적으로 평가하는 것이 아니라, 학생 개개인의 변화과정을 누적적이면서도 종합적으로 평가하기 위해 일정기간 동안 지속적으로 평가하는 방법이다. 따라서 포트폴리오법은 수행평가의 대표적인 방법 중 하나로 각광받고 있다.

학생들은 자신이 제작한 포트폴리오를 통해 자신의 변화 과정을 쉽게 파악할 수 있으며, 자신의 강점이나 약점, 잠재 가능성, 변화 과정 등을 스스로 인식할 수 있다. 또한 교사는 포트폴리오를 통해 학생들의 과거와 현재 상태를 쉽게 파악할 수 있을 뿐만 아니라, 학생의 발전 방향에 대해 조언을 하기 위한 참고 자료를 얻을 수 있다.

지리 교과에서 포트폴리오법을 구체적으로 활용할 수 있는 방법의 사례로는 다음과 같다. 먼저 우리나라 각 지역의 생활에 대한 단원을 가르치고 난 후, 학생들에게 각 지역의 생활과 관련된 자료나 사진을 모으고 정리하여, 편집하도록 한다. 이를 통해 각 지역의 생활에 대한 홍보 자료집(포트폴리오)을 만들어 제출하게 한 후, 그 결과에 대해 평가기준표를 이용하여 평가한다. 물론 자료수집과 자료집의 제작 과정에서 교사는 학생들의 활동을 주기적으로 확인해야 하며, 자료를 찾는 방법이나 자료집의 작성법 등에 대해 적절하게 지도해야 한다.

표 9-13. 포트폴리오법의 평가기준표 (예시)

평가 요소		점수		
		상	중	하
내용 구성의 적정성	각 지역을 대표할 만한 내용으로 구성했는가?	4	2	0
자료수집 능력	각 지역을 홍보할 자료나 사진이 다양하고 적절하게 수집되었는가?	4	2	0
자료 분석 및 종합 능력	수집한 자료나 사진을 적절하게 분석하고 종합하였는가?	4	2	0
조직 능력	자료와 사진을 적절하게 편집하여 홍보물을 멋지게 제작했는가?	4	2	0
호응도	다른 사람들의 시선을 끌면서 설득력 있도록 제작되었는가?	2	1	0
합계				

(백순근, 2002 일부 수정)

7) 수행평가 자료의 기록

수행평가는 평가자의 관찰 및 판단에 많이 의존할 수밖에 없다. 이로 인해 평정자의 관찰기술에 따라 평가의 신뢰성이 좌우된다. 수행평가는 무엇보다도 평가자의 관찰로부터 평가가 시작된다. 따라서, 교사에게는 학생의 수행이나 결과물을 정확하고 객관적으로 관찰할 수 있는 능력이 필요하다. 관찰 내용을 기록하는 데 어떤 도구를 이용하느냐에 따라 평정법, 체크리스트, 행동기록법, 일화기록법 등으로 나눌 수 있다(남명호 외, 2000: 137-156).

(1) 평정법

평정법(rating scale)은 평정자가 주어진 문항들을 일정한 연속선상의 한 점이나 의미 있게 배열된 몇 개의 범주들 가운데 하나에 위치시켜, 평가 대상의 속성이나 가치를 평정하는 방법이다. 평정척도를 만들 때 범하기 쉬운 잘못은, 평정척도를 구성하는 수준(또는 범주)을 지나치게 많이 설정하는 것이다.

평정척도는 숫자 평정법(numerical rating scale), 도식 평정법(graphic rating scale), 기술도식 평정법(descriptive rating scale) 등이 활용된다. '숫자 평정법'은 평정하려는 속성의 단계를 숫자로 표시하는 방법으로, 제작이 간편하고 결과를 통계적으로 처리하기 쉬우므로 가장 널리 사용된다. 숫자를 1, 2, 3…과 같이 주는 것을 단극 척도라고 하며, -2, -1, 0, 1, 2와 같이 0을 중심으로 양쪽 방향으로 대칭을 이루는 것을 양극 척도라고 한다. 평정의 단계는 3, 5, 7, 9 단계를 사용하는 것이 보통이며, 그중 가장 많이 사용하는 것이 5단계와 7단계이다.

예시

※ 학생이 문제해결 과제에 기여하는 정도를 나타내는 알맞은 숫자에 ○표 하시오(Linn and Gronlund, 1995; 남명호 등, 2000: 138 재인용).

숫자는 다음과 같은 뜻을 가짐.

4 – 지속적으로 적절하고 효과적임　　3 – 일반적으로 적합하고 효과적임
2 – 개선이 필요하며 주제에 벗어남　　1 – 불만족스러움

[1] 집단 토의에 어느 정도 참여하는가?

1　　2　　3　　4

[2] 토의 내용이 주제와 어느 정도 관련이 있는가?

1　　2　　3　　4

도식평정법은 평정을 선으로 나타내도록 하는 방법이다. 수평선이나 수직선 모두 사용할 수 있으나, 주로 수평선을 사용하는 경향이 있다. 일정 단위의 간격을 수치로 표시한 선만 제시되는 경우도 있고, 선의 중간 중간에 숫자나 간단한 형용사, 부사가 함께 지시되는 형태도 있다. 이 평정법이 갖는 뚜렷한 특징은 각각의 특성이 수평선을 따라 제시된다는 점이다. 평정은 선 위에 체크를 하면 된다.

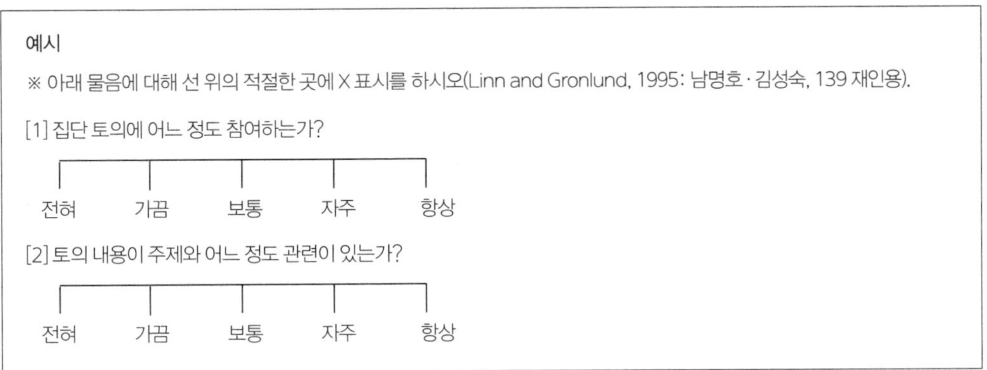

예시
※ 아래 물음에 대해 선 위의 적절한 곳에 X 표시를 하시오(Linn and Gronlund, 1995: 남명호 · 김성숙, 139 재인용).
[1] 집단 토의에 어느 정도 참여하는가?
전혀
가끔
보통
자주
항상
[2] 토의 내용이 주제와 어느 정도 관련이 있는가?
전혀
가끔
보통
자주
항상

기술도식 평정법은 척도의 각 유목을 간단한 단어나 구, 문장으로 표시하는 방법이다. 학생이 얼마나 다른 단계로 행동했는지 나타내기 위해 척도의 각 유목에 행동 용어로 간단하게 설명하는 것이 보통이다. 평정자가 평정을 좀 더 정확하게 하기 위해, 그래프 아래에 공란을 두어 코멘트를 할 수 있게 하기도 한다.

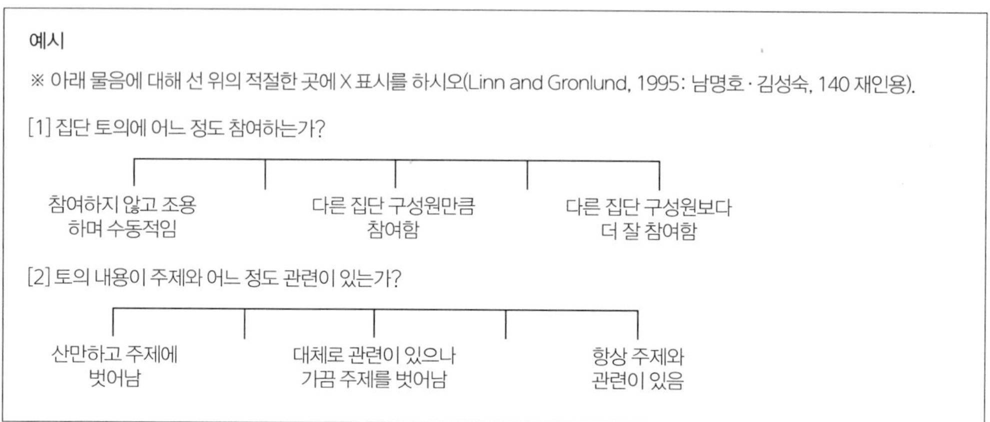

예시
※ 아래 물음에 대해 선 위의 적절한 곳에 X 표시를 하시오(Linn and Gronlund, 1995: 남명호 · 김성숙, 140 재인용).
[1] 집단 토의에 어느 정도 참여하는가?
참여하지 않고 조용
하며 수동적임
다른 집단 구성원만큼
참여함
다른 집단 구성원보다
더 잘 참여함
[2] 토의 내용이 주제와 어느 정도 관련이 있는가?
산만하고 주제에
벗어남
대체로 관련이 있으나
가끔 주제를 벗어남
항상 주제와
관련이 있음

평정법은 평정자가 대상을 정확하고 객관적으로 관찰 또는 판단할 수 있다는 가정에 기초를 두고 있다. 그러나 평정자는 실제 행동이 아닌 기억된 행동이나 지각된 행동에 의해 평정하기 때문에, 여러 가지 오류를 범할 가능성이 있다. 평정자에 의한 오류의 유형과 이를 피할 수 있는 방법은 표 9-14에 제시되어 있다.

표 9-14. 평정자에 의한 오류의 유형과 특징/해결방법

구분	특징/해결방법
집중화 경향의 오류	평정이 중간 부분에 지나치게 모이는 경향으로, 훈련이 부족한 평정자가 자주 저지르는 오류이다. 이러한 오류는 주로 극단적인 판단을 꺼리는 인간 심리와 피평정자를 잘 모르는 데서 근거하며, 이를 해결하기 위해서는 중간 평정점의 간격을 넓게 잡아야 한다.
인상의 오류	평정 대상에 대해 가지고 있는 특정 인상을 토대로, 또 다른 특성을 보다 좋게 또는 나쁘게 평정하는 경향성으로 인해 주로 나타나는 오류이다. 이는 관대함에서 오는 오류와 엄격함에서 오는 오류로 구분할 수 있다. 이러한 오류는 평정 특성이 분명히 정의되어 있지 않거나 쉽게 관찰할 수 없는 경우에 나타난다. 이를 해결하기 위해서는 모든 피험자에 대해 한 번에 한 가지 특성만을 평정하거나, 한 페이지에 한 가지 특성만을 평정하게 하는 것 또는 강제선택법을 사용하게 함으로써 해결될 수 있다.
논리적 오류	전혀 다른 두 가지 행동 특성을 비슷한 것으로 간주하여 평정하는 오류이다. 예를 들어, '사교성이 있으면 명랑하다'라든가, '정직성이 낮으면 준법성도 신통치 않다'라는 논리적으로 모순된 판단이 평정 결과에 그대로 나타나는 경우이다. 이를 극복하기 위해서는 객관적인 자료 및 관찰을 통하거나, 특성의 의미론적 변화를 정확히 할 필요가 있다.
표준의 오류	평정자가 표준을 어디에 두느냐에 따라 생기는 오류이다. 예를 들어 7단계 평정에서 어떤 평정자는 3을, 또 다른 평정자는 5를 표준으로 삼을 수 있다. 이렇게 해서 나타나는 결과는 표준이 다르므로 서로 상치된다. 따라서 척도에 관한 개념을 서로 정립시키고, 평정 항목에 관한 차이를 줄일 필요가 있다.
대비의 오류	평정자가 가지고 있는 특성이 피평정자에게 있으면 신통치 않게 여기고, 평정자에게 없는 특성이 피평정자에게 있으면 좋게 보는 현상이다. 즉 사실보다 과대, 또는 과소평가 하게 되는 경향성을 말한다.
근접의 오류	'시간적으로나 공간적으로' 가깝게 평정하는 특성 사이에 상관이 높아지는 경향을 말한다. 예를 들어, 같은 페이지에서 평정되는 특성은 다른 페이지에서 평정되었을 경우보다 상관이 더 높게 나타나는 경향을 보인다. 이를 해결하기 위해서는 비슷한 성질을 띤 측정은 시간적으로나 공간적으로 멀리 떨어지게 해야 한다.

(남명호 외, 2000: 144-145)

(2) 체크리스트법

체크리스트(checklist)는 관찰하려는 행동 단위를 미리 자세히 분류하고, 이것을 기초로 그러한 행동이 나타났을 때 체크하거나 빈도로 표시하는 방법이다(황정규, 1998). 체크리스트는 외형이나 쓰임이 평정법과 유사하지만, 요구되는 판단의 형식에 있어 근본적으로 차이가 있다. 평정법에서는 어떤 특성이나 특징이 나타난 정도 또는 어떤 행동이 발생한 빈도를 표시할 수 있지만, 체크리스트는 단순히 '예/아니오'와 같은 판단만을 요구한다. 체크리스트는 어떤 특성이 있는지 없는지, 또는 어떤 행위를 했는지 안했는지를 기록하는 방법이다. 그러므로 발생의 정도나 빈도가 중요한 요소가 되는 평가의 경우, 체크리스트를 사용해서는 안 된다. 초등학교 수준에서의 평가는 시험보다 관찰에 많이 의존하기 때문에, 체크리스트가 유용하게 쓰일 수 있다.

예시

이름: ________________ 날짜: ________________ 관찰자: ________________

다음 행동이 관찰되면 '예'에, 관찰되지 않으면 '아니오'에 V 표 하시오.

	예	아니오
1.	______	______
2.	______	______
3.	______	______
4.	______	______

(남명호 외, 2000: 148)

체크리스트는 복잡한 평정이 별로 요구되지 않으며, 평정자가 비교적 경험이 적고 미숙한 경우에 많이 사용된다. 그리고 체크리스트의 범주는 가능한 한 명확하고 정밀해야 한다. 특히 체크리스트를 개발할 때에는 행동적 언어 사용에 주의를 기울여야 한다. 만일 체크리스트를 구성하는 어떤 요소가 다른 요소보다 더 중요하다고 판단되면, 중요도에 따라 서로 다른 가중치를 줄 수 있음은 평정법과 같다.

(3) 행동기록법

어떤 행동이 발생할 때 관찰자가 그 행동을 기록하는 가장 손쉬운 방법 중 하나는 바로 그 행동이 일어날 때마다 기록하는 것이다. 기록지에 수록될 행동은 관찰 가능한 용어로 정의되어야 한다. 이 방법은 특히 분절된 단위로서 다른 행동과는 분리된 독특한 행동 단위를 관찰하고 기록할 때 유용하게 사용할 수 있다. 그러나 분절적인 행동 단위로 정의하기 어려운 경우가 있을 수 있는데, 이때에는 빈도 기록보다 행동의 지속시간을 기록하는 것이 편리하다.

행동기록법(behavior tally)은 관찰할 행동 단위에 따라 두 가지로 나눌 수 있다. 분절적인 행동 단위인 경우에는 행동의 발생 빈도를 기입하는 방식을 사용하고, 행동이 분절되지 않을 경우에는 행동의 지속시간을 측정, 기입하는 방식을 사용한다.

행동기록법은 체크리스트와 비슷하지만, 차이점 또한 존재한다. 일반적인 체크리스트는 예상되는 여러 가지 관찰 행동 목록으로 제시되는 반면에, 행동기록법은 대체로 행동 단위에 한정하여 그 빈도나 지속시간을 체크하는 데 용이한 기록 유형이다. 특히 빈도를 기록하는 방식은 평정법과 유사하기 때문에, 행동기록법은 체크리스트와 평정법의 특성을 혼합한 형태라고 할 수 있다.

예시

학생명: 평정자:
활동명: 날짜:

행동	빈도			
	항상	자주	가끔	거의 안함
읽고 지시에 따른다.				
일을 시작하기 전에 계획을 세운다.				
다른 사람에게 금전상의 도움을 청한다.				
다른 사람과 정보를 공유한다.				
집단 내에서 다른 사람과 어울려 일한다.				
다양한 문제해결전략을 사용한다.				
선행 학습을 현재의 과제 해결에 활용한다.				
활동 내내 과제에 매달려 있다.				
해답을 찾기 위해 다양한 사고 과정을 활용한다.				
관련이 있는 질문을 한다.				
관련 정보를 가지고 해답을 정당화한다.				
관찰/해석:				

(남명호 외, 2000: 151)

(4) 일화기록법

일상적인 사건은 학생의 학습과 발달을 평가하는 데 있어 특별한 의미를 가질 수 있다. 사건은 한 학생이 일반적으로 어떻게 작업을 수행하는지, 혹은 다양한 상황에서 어떻게 행동하는지를 판단할 수 있게 해 준다. 일화기록법(anecdotal record method)을 통해 얻은 정보는 체크리스트나 평정법과 같은 객관적인 방법으로 얻은 자료를 보완해 준다. 만약 우리가 관찰을 정확하게 기록하지 않는다면, 관찰을 통해 얻은 인상은 불완전하고 편파적인 정보를 제공하는 경향이 있다. 일화기록법은 이러한 관찰을 정확하게 기록하는 간단하고 편리한 방법이라고 할 수 있다. 일화기록법은 발생하는 사건, 행동, 혹은 현상에 대해 언어적으로 묘사하는 방법이므로, 관찰 대상이 되는 사건을 사실적으로 기술해야 한다. 황정규(1998)는 일화기록법의 특징을 그 사람의 입장을 통해 구체적인 사태 혹은 사건을 관찰함으로써, 개성적, 질적으로 대상을 기술하려는 것으로 보고 있다.

요컨대 일화기록법은 교사가 관찰한 의미 있는 사고나 사건을 사실적으로 기술하는 것이다. 따라서 각 사건은 발생한 후에 바로 기록되어야 하며, 각 사건은 또한 별도의 카드에 기록되어야 한다. 일화기록을 잘 작성하기 위해서는, 사건의 객관적인 기록과 행동의 의미에 대한 해석을 구별하여 적어야 한다. 때에 따라서는 학생의 학습을 개선하기 위한 방법과 관련하여, 논평을 쓸 수 있는 공란을 마련하는 것이 좋다.

예시

성명: ______________________ 날짜: ______________________

관찰자: ______________________

관찰내용:

해석:

(남명호 외, 2000: 155)

4. 선택형 문항 분석

일반적으로 문항은 문항난이도, 문항변별도, 문항추측도, 문항 교정난이도, 오답지 매력도 등의 관점에서 계산·추정된다. 여기에서는 문항난이도, 문항변별도, 오답지 매력도, 타당도와 신뢰도를 중심으로 살펴본다.

1) 문항난이도

문항난이도(item difficulty)란 문항의 쉽고 어려운 정도를 나타내는 지수로서, 총 피험자 중 답을 맞힌 피험자의 비율이다. 지수가 높을수록 문항이 쉽다는 것을 의미하므로, 'Item easiness'라고 표현해야 한다고 주장하는 학자들도 있다. 그러나 오랜 기간 동안 'Item difficulty'로 사용하여 왔기에 그대로 사용하고 있으며, 영문을 그대로 해석하여 문항곤란도라고 하기도 한다. 그렇지만 의미상 문항의 쉽고 어려운 정도를 나타내므로, 문항난이도로 표현되기도 한다(성태제, 2005).

문항난이도 지수는 0~1 사이에 분포한다. 문항난이도 지수가 높으면 쉬운 문항이고 낮으면 어려운 문항이다. 그러나 실제로 학교에서는 주로 문항난이도를 말할 때 상이라면 어려운 문항, 하라면 쉬운 문항으로 이해한다. 또한 문항난이도를 높인다면 어렵게, 낮춘다면 쉽게 하는 것을 의미한다고 습관적으로 통용되고 있다.

$$P=\frac{R}{N}$$

N: 총피험자 수

R: 문항의 답을 맞힌 피험자 수

2) 문항변별도

문항변별도(item discrimination)란 문항이 피험자를 변별하는 정도를 나타내는 지수를 말한다. 능력이 높은 피험자가 문항의 답을 맞히고 능력이 낮은 피험자가 문항의 답을 틀렸다면, 이 문항은 피험자들을 제대로 변별하는 문항으로 분석된다. 반대로 그 문항에 능력이 높은 피험자의 답이 틀리고 능력이 낮은 피험자의 답이 맞았다면, 이 문항은 검사에 절대로 포함되어서는 안 될 부적 변별력을 가진 문항이라 할 수 있다. 또한 답을 맞힌 피험자나 답이 틀린 피험자 모두 같은 점수를 받은 문항이 있다면, 이 문항은 변별력이 없는 변별도 지수가 0인 문항이 될 것이다. 그러므로 문항의 변별도 지수는 문항 점수와 피험자 총점의 상관계수에 의하여 추정된다.

문항변별도 지수는 −1.00~1.00 사이에 분포하며 −가 붙으면 역변별(부적 변별력)이 된다. 대체로 0.30 이상이면 변별력이 있고, 0.40을 넘어서면 변별력이 높은 문항으로 간주된다. 문항변별도가 0.20 미만인 문항은 수정하거나 제거되어야 할 문항이며, 특히 문항변별도가 음수인 문항은 나쁜 문항이므로 검사에서 제외되어야 한다. 문항의

$$R=\frac{N\Sigma XY-\Sigma X\Sigma Y}{\sqrt{N\Sigma X^2-(\Sigma X)^2}\sqrt{N\Sigma Y^2-(\Sigma Y)^2}}$$

N: 총피험자 수

R: 각 피험자의 문항 점수

Y: 각 피험자의 총점

문항변별도가 높으면 검사도구의 신뢰도가 높아진다.

3) 오답지 매력도

선다형 문항에서 답지 작성은 문항의 질을 좌우할 뿐만 아니라, 고등정신능력의 측정에도 영향을 준다. 답지들이 그럴듯하고 매력적일 때 문항이 어려워지며, 비교·분석·종합 등의 고등정신 능력을 측정할 수 있게 된다. 만약 문항에서 매력이 전혀 없는 답지가 있는 경우, 그 답지는 기능을 상실하게 되어 5지 선다형 문항이 4지 선다형 문항으로 변하게 된다. 따라서 선다형 문항에서 답지에 대한 분석은 문항의 질을 향상시키는 중요한 작업이 된다.

답지 중 오답지를 선택한 피험자들은 문항의 답을 맞히지 못한 피험자들이며, 이들은 확률적으로 균등하게 다른 오답지들을 선택하게 된다. 그러므로 문항의 답을 맞히지 못한 피험자들이 오답지를 선택할 확률은 다음과 같다.

각 오답지들이 매력적인지 아닌지는 각 오답지에 대한 응답 비율에 의해 결정된다. 오답지에 대한 응답 비율이 오답지 매력도보다 높으면 매력적인 답지이며, 그 미만이면 매력적이지 않은 답지로 평가된다.

$$P_0 = \frac{1-P}{Q-1}$$

P_0: 답지 선택 확률

P: 문항난이도

Q: 보기 수

4) 타당도와 신뢰도

타당도와 신뢰도는 종종 형식적인 평가에서 가장 쟁점이 된다. 타당도와 신뢰도는 기본적으로 기회의 공정성(fairness)과 균등성(equality)에 관한 것이다. 즉 실제로 사용된 평가 방법이 교사가 평가하기를 원하는 정보를 제공하는지(타당도), 그리고 이러한 평가들이 표준화되고 반복해서 이루어지더라도 동일한 결과를 생산할 수 있는지(신뢰도)와 관련된다.

타당도(validity)는 검사가 원래 의도한 것을 제대로 잘 측정하고 있는 정도를 말한다. 따라서 실재(reality)에 대한 근접 정도, 생각하고 있는 것을 측정하고 있는 정도, 검사도구와 측정 목적의 부합 정도 등을 의미한다. 이러한 타당도는 표 9-18과 같이 여러 종류로 구분된다.

신뢰도(reliability)는 지속적으로 검사·측정할 수 있는 역량, 측정치의 안정성을 재현할 수 있는 정도, 동일한 측정 결과를 얻을 수 있는 역량, 측정도구의 정확성과 정밀성 등을 의미한다. 따라서 신뢰도는 평가 방법이나 도구를 이용하여 수집한 검사의 점수가 얼마나 정확하고 일관성이 있느냐의 정도이다. 즉 측정의 오차가 얼마나 적은가를 의미한다. 이러한 신뢰도 또한 표 9-18과 같이 여러 종류로 구분된다.

객관도(objectivity)는 평가자 혹은 채점자에 대한 신뢰도로, 평가자 신뢰도라고도 한다. 객관도는 채점자의 채점이 어느 정도 신뢰성과 일관성이 있는지와 관련되며, 사람이나 시간 간격에 따라 차이가 얼마나 적은가의 문제이다. 즉 신뢰도가 측정 도구의 변화에 의해 결정된다면, 객관도는 채점자의 변화에 의해 결정되는 신뢰도이다. 객관도는 어떤 유형의 평가에서도 확실히 담보하기 어렵다. 아무리 객관적인 준거를 사용할지라도, 학생들을 평가하는 전체 과정은 교사들과 평가자들의 주관적 판단에 의존하기 때문이다. 그러나 아직도 총괄평가는 객관적이고 신뢰할 수 있다는 믿음이 유지되고 있다. 예를 들면, 매우 표준화된(gold standard) 수학능력시험의 경우 더욱 그러하다. 그러나 수학능력시험과 같이 매우 표준화된 시험은 교사가 평가를 통해 얻은 정보를 앞으로의 교수 전략에 관한 결정을 하는 데 사용하지 않는 한, 실천적인 이용 가치가 없을 것이다.

표 9-18. 타당도와 신뢰도의 유형

구분		의미
타당도	안면타당도 (face validity)	• 안면(顏面)타당도란 관련 분야 전문가나 평가 전문가가 특정 평가 방법이나 도구에 대해, 전문가 입장에서 나름대로 검토하여 타당성 여부를 판단하는 것
	내용타당도 (content validity)	• 평가하고자 하는 내용이 평가 방법이나 평가도구에 제대로 반영되었는지를 연역적·논리적으로 검토하는 것 • 평가 방법이나 도구가 평가하고자 의도한 목표나 내용을 모두 포괄할 수 있는 대표성을 가지고 있는지, 평가 요소들이 적절하게 구성되어 있는지 등을 검토하는 것 • 내용타당도를 논리적 타당도(logical validity)라고 부르기도 함 • 학교 현장에서 가장 많이 사용될 뿐만 아니라 주로 교육성취도 평가에서 많이 사용되기 때문에, 교과타당도(혹은 교육과정타당도, curricular validity)라고 부르기도 함
	구인타당도 (construct validity)	• 구인(構因)이란 어떤 개념이나 특성을 구성한다고 생각할 수 있는 가상적인 하위 개념 혹은 하위 특성이라고 할 수 있음 • 구인타당도를 검토하는 과정이란 특정 평가 방법이나 도구가 어떤 심리적 특성을 재고 있다고 주장하는 경우에, 그것이 정말로 그러한 특성을 재어 주고 있는지를 이론적인 가설을 세워서 경험적·통계적으로 검증하는 과정
	공인타당도 (concurrent validity)	• 공인(共因)타당도란 이미 널리 사용하고 있는 평가도구와 그것과 비슷한 내용을 평가한다고 상정되는 새롭게 제작한 평가도구와의 상호관련성을 검토함으로써, 새롭게 제작한 평가도구의 타당성을 검토하는 것
	예언타당도 (predictive validity)	• 특정 평가 방법이나 평가도구를 사용한 평가결과가 피험자의 미래에 발생할 행동이나 특성을 얼마나 잘 예언하느냐에 관한 것 • 예언타당도가 공인타당도와 다른 점은, 타당성을 검토하기 위해 사용하는 준거가 현재에 있는지 아니면 미래에 있는지와 관련됨 • 예언타당도와 공인타당도의 공통점은 타당성을 검토하기 위해 외부의 다른 준거를 사용한다는 것 • 예언타당도와 공인타당도를 합하여 준거타당도(criterion-related validity)라고도 부름

신뢰도	재검사 신뢰도 (retest reliability)	• 같은 사람에게 동일한 평가 방법이나 평가도구를 시간적인 간격을 두고 두 번 실시한 다음 각각의 평가 결과에 일관성이 있느냐를 확인하는 방법으로, 흔히 두 결과 간의 상관계수를 이용함
	동형검사 신뢰도 (equivalent-form reliability)	• 미리 두 개의 동형검사를 제작하고 그것을 같은 피험자에게 거의 같은 시간에 실시해서, 두 동형검사에서 얻은 점수 사이의 상관계수를 산출하는 방법
	반분 신뢰도 (split-half reliability)	• 한 개의 평가도구 혹은 검사를 같은 피험자 집단에 실시한 다음, 그 검사에 포함된 문항들을 가능한 한 동형검사에 가깝도록 두 부분으로 나눈다 그 후 각 부분을 독립된 하나의 동형검사인 것처럼 생각하여, 반분된 검사의 점수들 간의 상관계수를 산출하는 방법
	채점자 간 일치도 (agreement between/among raters)	• 2명 이상의 채점자가 채점을 하였을 때, 그 결과가 어느 정도 일치하는가를 확인하는 것

(백순근, 2002: 126–140)

연습문제

1. 평가의 목적에 따라 평가의 유형을 구분하고 설명해 보자.

2. 규준참조평가와 준거참조평가의 차이점에 대해 설명해 보자.

3. '학습에 대한 평가'와 '학습을 위한 평가'의 차이점에 대해 설명해 보자.

4. 타당도와 신뢰도의 차이점을 기술하고, 타당도와 신뢰도의 하위 유형을 각각 제시하고 설명해 보자.

5. 전통적 평가(예: 선택형 시험)와 대안적 평가(예: 수행평가)의 차이점에 대해 설명해 보자.

6. 수행평가와 참평가의 유사점과 차이점에 대해 설명해 보자.

7. 아이스너(Eisner)의 '교육적 감식안(educational connoisseurship)'에 대해 설명해 보자.

8. 수행평가의 유형을 제시한 후, 각각의 특징에 대해 설명해 보자.

9. 다음 용어 및 개념에 대해 설명해 보자.

> 교사평가, 자기평가, 동료평가(또래평가), 고부담 평가, 저부담 평가, 결과 타당도, 실제성, 상황평가, 실제적 과제, 교육적 감식안, 평정법, 체크리스트법, 행동기록법, 일화기록법, 프로젝트법, 포트폴리오법, 이원목적분류표, 단원별 이원목적분류표, 문항별 이원목적분류표

임용시험 엿보기

1. (가)는 고등학교 1학년 학생을 대상으로 실시한 학업성취도 평가문항이고, (나)는 문항 반응 결과이다. 이에 대한 해석으로 가장 알맞은 것은? (2009학년도 중등임용 지리 1차 8번)

(가)

그림의 (A) 지역에서 상주인구 밀도가 오른쪽 그래프와 같이 변했을 때, (A) 지역에서 나타난 현상을 바르게 추정한 것은?

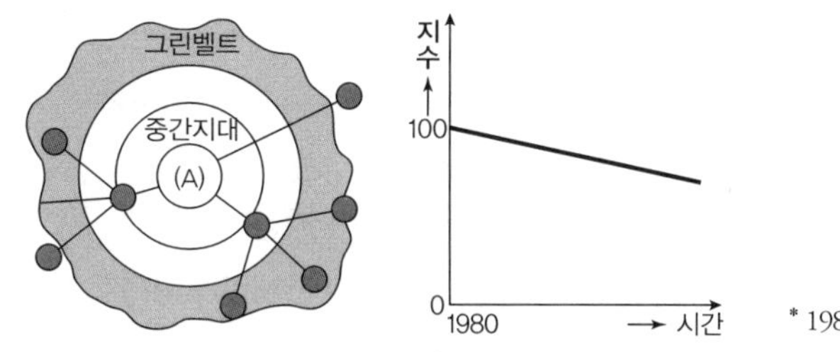

* 1980년을 100으로 함

㉠ 교통량이 과거에 비해 줄어들었을 것이다.
㉡ 임대용 사무실의 공급이 늘어났을 것이다.
㉢ 기온이 내려가면서 습도가 낮아졌을 것이다.
㉣ 지역 주민들의 경제 여건이 나빠졌을 것이다.
㉤ 넓은 땅을 차지하는 단독 주택이 많아졌을 것이다.

(나)

정답률(%)	변별도	답지 반응 분포(%)					성취 수준별 정답률(%)			
		㉠	㉡	㉢	㉣	㉤	우수학력	보통학력	기초학력	기초미달
55.4	0.52	17.5	55.4	4.0	9.1	14.0	92.6	74.8	41.5	14.5

① 답지 반응 분포를 볼 때 ㉠와 ㉤은 매력적인 오답으로서 정답률을 낮추는 역할을 한다.
② 기초학력 학생의 58.5%는 그래프의 의미를 읽지 못하였기 때문에 오답에 반응하였다.
③ 변별도를 볼 때 상위 집단과 하위 집단이 거의 같은 반응을 한 것으로 해석할 수 있다.
④ 성취 수준별 정답률은 학생의 개인차를 엄밀하게 변별하고 서열화하기 위한 자료이다.
⑤ 학생의 절반 이상이 도심의 상주인구 감소를 도심의 인구 감소로 잘못 알고 있다.

2. (가)는 수행 과제이고, (나)는 그에 대한 채점기준표이다. 채점기준표에 대한 분석으로 적절하지 <u>않은</u> 것은? (2009학년도 중등임용 지리 1차 11번)

(가)

> 다음 '항목'을 포함하여 북아메리카의 상업적 농업 지역의 특징에 대한 보고서를 조별로 작성하시오.
> • 취락 유형과 분포
> • 농업의 특성에 영향을 미치는 요인
> • 농업과 관련된 산업

(나)

수준(점수) / 채점영역	미흡 (1점)	보통 (2점)	우수 (3점)
집단 활동	집단 활동에 소극적이고 조원의 참여도가 낮다.	조사활동에 참여하고 책임감은 있으나 조원의 역할 분담이 이루어지지 않았다.	모든 조원이 조사활동에 책임감을 가지고 임하며 역할 분담을 통해 협의하면서 활동한다.
자료의 수집과 분석	관련 자료를 수집하였으나 주제에 대한 이해가 부족하다.	관련 자료를 수집하였으나 북아메리카 상업적 농업지역의 특징을 드러내는 데 미흡하다.	관련 자료를 수집하여 분석함으로써 북아메리카 상업적 농업지역의 특징을 파악한다.
보고서 작성	보고서의 내용 전개가 조직적이지 못하다.	주제와 관련된 시각자료를 사용하였으나 보고서의 진술이 체계적이지 못하다.	주제가 잘 드러나는 시각자료를 사용하여, 보고서가 조직적이고 체계적이다.

① 조별 자료 수집 능력을 변별할 수 있도록 수준 구분이 체계화되어 있다.
② 수행 과제에 제시되지 않은 시각 자료 사용 항목이 채점기준에 포함되어 있다.
③ 수행 과제에 제시된 '항목'에 대한 상세화된 채점기준이 포함되어 있지 않다.
④ 집단 활동에서 책임감, 역할분담 등은 자기평가, 동료평가 방법으로 평가될 수 있다.
⑤ 채점기준을 적용할 때 채점자의 주관이 반영되어 평가의 신뢰성이 낮아질 수 있다.

3. (가)와 (나)는 '문화축제와 지역특성'에 대한 학습목표 진술이다. (가)와 (나)의 진술 방식에 대한 비교로 가장 알맞은 것은? (2010학년도 중등임용 지리 1차 2번)

(가)	다양한 문화축제를 그 지역의 특성과 관련지어 이해한다.
(나)	우리나라 보령의 머드축제, 일본의 삿포로 눈축제, 독일의 뮌헨 맥주축제, 프랑스의 망통 레몬축제에 대한 정보와 해당 지역에 대한 자료를 보고, 조별 분석 및 토론 활동을 통하여 각 축제가 그 지역에서 이루어진 이유를 500자 이내로 서술할 수 있다.

① (가)는 (나)보다 암묵적이고 추상적인 학습목표를 간과할 가능성이 높다.

② 규준참조평가(norm-referenced evaluation)를 시행한다면 (가)보다 (나) 방식으로 학습목표를 진술하는 것이 바람직하다.

③ (나)는 (가)보다 교사가 자신의 경험과 선행지식을 고려하여 학습목표를 재해석할 여지가 많다.

④ (나)는 (가)보다 학습목표로부터 내용, 교수-학습 방법, 평가까지 일관성을 유지하기 쉽다.

⑤ 학습목표 성취 정도를 판단할 때 (가)보다 (나)방식이 아이스너(E. W. Eisner)가 말한 교사의 교육적 감식력(educational connoisseurship)을 더 요구한다.

4. 지리교사의 평가 방법과 평가의도를 제시한 것이다. (가)~(다)의 평가 방법으로 가장 적절한 것은? **[1.5점]** (2011학년도 중등임용 지리 1차 2번)

평가 방법	평가의도
(가)	학생들이 특정 주제인 '공업입지이론' 단원을 학습하는 동안 지리적 이해가 발달하는 과정을 전체적으로 평가하고 싶습니다. 또한, 학생 스스로의 반성적인 자기평가도 이루어지면 좋겠습니다.
(나)	학생 개개인이 스스로 문제를 찾고, 이를 해결하기 위해 자신의 추론 능력이나 도해력, 야외조사를 할 수 있는 능력, 자신의 아이디어를 다른 사람에게 전달하는 능력을 평가하고 싶습니다.
(다)	지도 보는 것을 좋아하고, 지리공부 하는 것을 재미있어 하는데, 성적은 항상 낮은 학생이 있습니다. 그 학생을 꾸준히 살펴보면서 왜 그러한 결과가 나오는지를 알아보고 싶습니다.

	(가)	(나)	(다)
①	포트폴리오	프로젝트	참여관찰과 면담
②	포트폴리오	참여관찰과 면담	프로젝트
③	참여관찰과 면담	프로젝트	포트폴리오
④	프로젝트	참여관찰과 면담	포트폴리오
⑤	프로젝트	포트폴리오	참여관찰과 면담

5. (가)는 김 교사가 2009년 1학기 초에 공지한 수행평가 과제와 채점기준이고, (나)는 한 학생의 수행평가 제출물 목록이다. 김 교사가 실시한 수행평가에 대한 설명으로 옳지 않은 것은?

(2010학년도 중등임용 지리 1차 11번)

(가)

☑ 과제: 자원분쟁지역 중 한 지역을 선정하여, 분쟁의 원인과 현황을 조사·분석한 후 발표하고 보고서로 작성하기

☑ 제출물: 과제 수행과정을 보여 주는 증거물과 결과물의 모음집

☑ 제출 마감일: 2009년 6월 26일

☑ 채점기준표

평가 요소	채점기준		
	상	중	하
□ 학습의 과정과 성취를 잘 보여 주고 있는가?			
□ 자료의 수집과 분석이 체계적으로 이루어졌는가?			
□ 분석한 내용을 설득력 있게 발표하였는가?			
□ 결과물을 체계적으로 조직하였는가?			
□ 반성적 활동이 적절하게 이루어졌는가?			

(나)

주제: 기니 만의 원유 매장지를 둘러싼 자원분쟁

〈제출물 목록〉

1. 계획 수립 과정을 보여 주는 증거물
2. 자료 수집 및 분석 과정을 보여 주는 증거물
3. 발표 자료(파워포인트 자료)와 보고서
4. 발표 내용에 대한 교사, 동료, 자기 검토 의견
5. 검토 의견을 반영한 수정 보고서
6. 반성 및 평가

① 학생 스스로 학습 과정을 계획하고 점검하며, 학습 과정을 조절할 수 있는 메타인지를 요구한다.

② 채점자 내 신뢰도(intra-scorer reliability)를 높이기 위해 채점기준을 상세하게 명시할 필요가 있다.

③ 학생 스스로 내용과 구성 방법을 선택할 기회를 제공함으로써 학습에 대한 책임감을 갖도록 한다.

④ 학생의 학습목표 성취 정도를 평가함으로써 교수자의 교수 방법과 내용을 반성하는 것이 목적이다.

⑤ 일정 기간 이루어진 학생 개개인의 학습 과정과 변화 과정을 종합적으로 판단하도록 하는 포트폴리오법이다.

6. (가)는 '사례를 들어 도시 문제를 이해하고, 이를 해결할 수 있는 방안을 제시한다.'라는 학습목표의 성취 정도를 평가하기 위한 문항이다. (나)는 (가)문항에 대한 김 교사와 박 교사의 검토 의견이다. 두 교사의 문항 검토 기준으로 가장 알맞은 것은?

(2010학년도 중등임용 지리 1차 12번)

(가)

다음 글에 제시된 도시 문제에 대한 대책으로 알맞지 않은 것은?
도시 문제는 좁은 공간에 많은 사람과 경제활동이 집중되기 때문에 발생한다. 사람이 도시에 몰리다 보면 실업, 도시기반시설과 공공서비스의 부족, 주택난, 교통 혼잡, 환경 파괴 및 오염, 이질적인 주민 집단에서 생겨나는 사회적 갈등, 범죄 증가와 같은 심각한 문제가 나타난다.
① 도시재개발 사업 시행　② 도시 시가지의 무한 확장 ③ 환경오염에 대한 규제 강화　④ 대중교통 서비스 시설의 확충 ⑤ 대도시 기능과 인구의 분산 정책 시행
정답: ②

(나)

김 교사: 이 문항을 가지고 제시된 학습목표의 성취 여부를 측정하기 어렵다. 본 문항에서 제시한 일반적이고 다양한 도시 문제를 글 자료로 제시하기보다는, 학습목표에 제시된 것처럼 구체적인 도시 문제 사례를 제시한 후, 자료에 적합하게 문항의 지시문과 답지를 수정해야 할 것이다.

박 교사: 지시문 "~대책으로 알맞지 않은 것은?"에서 '않은'에 밑줄을 표시해 주어야 한다. 그리고 '② 도시 시가지의 무한 확장'에서 '무한'이라는 용어가 정답의 단서로 작용하여 정답을 모르는 학생일지라도 ②번을 정답으로 선택할 확률이 높아진다.

① 김 교사는 문항의 타당성에, 박 교사는 추측에 의한 답지 반응을 최소화하는 데 초점을 두었다.

② 김 교사는 학습자의 능력을 변별하는 데, 박 교사는 답지의 추정 오차를 최소화하는 데 초점을 두었다.

③ 김 교사와 박 교사는 문항의 추정 오차를 최소화하여 검사의 신뢰도를 높이는 데 초점을 두었다.

④ 김 교사와 박 교사는 문항에서 측정하고자 하는 능력을 타당하게 측정하고 있는가에 초점을 두었다.

⑤ 김 교사와 박 교사는 검사 시간과 환경을 고려하여 문항 자료와 지시문을 명료화하는 데 초점을 두었다.

7. 예비교사가 작성한 문항 카드이다. 이에 대한 검토 의견으로 옳지 <u>않은</u> 것은?

(2011학년도 중등임용 지리 1차 12번)

[평가목표]

• 군산-장항 지역의 변화를 이해할 수 있다.

[문항]

지도에 표시된 A-E에 대한 설명으로 옳지 <u>않은</u> 것은?

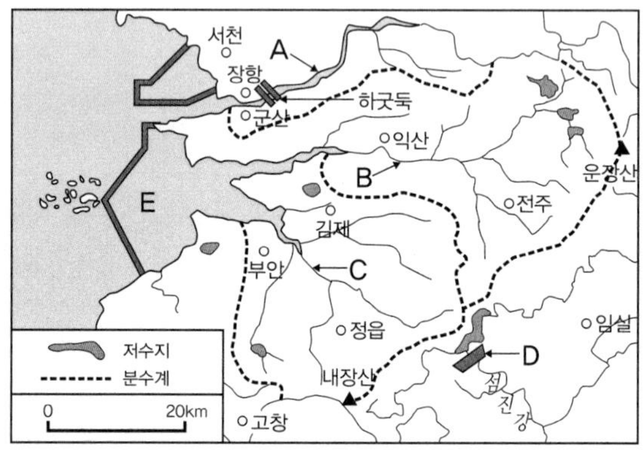

(가) A 하천의 수운기능이 호남선 등 철도의 개설로 활성화되었다.

(나) B 하천은 본래 곡류하였으나, 제방축조와 간척사업으로 직선화되었다.

(다) C 하천 주변의 간척지는 내륙에서 해안 쪽으로 확대되었다.

(라) D 댐의 건설로 확보한 물을 C 하천 유역에 공급하고 있다.
(마) E 지구의 간척사업을 둘러싸고 토지 확보와 간석지 보전이라는 주장이 대립하고 있다.

정답: (가)

① (가)는 지도를 통해 파악할 수 없기 때문에 학생의 선지식을 평가하고 있다.

② (나)는 지도를 보고 바로 답을 찾을 수 있어 매력도가 떨어진다.

③ (라)는 지도를 통해서는 확인할 수 없다.

④ 문항이 평가목표에 제시된 지역 범위를 벗어난다.

⑤ 지도에서 분수계와 하천의 경계를 명확하게 표시할 필요가 있다.

8. 다음은 △△고등학교의 한국지리 시험 이원분류표와 시험 문항의 일부이다. (가), (나)에 대해 분석한 내용으로 옳지 <u>않은</u> 것은? (2013학년도 중등임용 지리 1차 1번)

(가) 이원분류표

내용 \ 행동		지식			기능		가치·태도		정답	배점
		사실	개념	일반화	정보 분석	정보 표현	가치 내면화	가치 분석		
1	지리정보				○					각 3점
				(중		략)				
32	지역변화	○								
33	지역구분	○								4
계		5	10	5	6	5	1	1		100

(나)

1. 제시된 〈조건〉을 활용하여 학생수련원을 세울 최적 장소를 선정하려고 한다. A~E 중에서 가장 적절한 장소는?

〈조 건〉

1. 배수가 양호해야 한다. 2. 지면 경사가 5° 이하여야 한다.

	A	
B	C	
	D	E

〈수련원 후보지〉

불량	양호	불량
양호	불량	양호
불량	불량	양호

〈배수 조건〉

5	6	5
6	7	5
6	5	3

〈지면 경사(°)〉

① A ② B ③ C ④ D ⑤ E

… (중략) …

32. 다음에서 설명하고 있는 행정구역의 명칭은? ( )

> 2012년 7월 1일 출범한 행정중심복합도시로서, 수도권에 집중된 기능을 분산시켜 국토의 균형 발전을 도모하기 위해 조성되고 있다.

33. 각기 다른 지리적 특성을 지닌 지역과 지역 사이의 경계부로서, 두 지역의 특성이 섞여 있는 중간 지대를 무엇이라고 하는가? ( )

① (가)는 (나)의 내용타당도 제고에 도움을 준다.

② (가)에서 볼 때, 이 시험은 행동 영역 중 기능 영역의 평가 비중이 가장 높다.

③ (나)의 1번 문항은 (가)에 표시된 행동 영역과 부합한다.

④ (나)의 32번 문항은 응답자의 반응 형식을 기준으로 볼 때, 서답형에 해당한다.

⑤ (나)의 33번 문항은 (가)의 행동 영역 중 개념 영역에 표시되는 것이 더 적절하다.

9. 박 교사는 '지속가능한 관광 개발'이라는 주제로 모둠별 프로젝트 발표 수업을 실시했다. (가)는 이를 평가하기 위한 척도이며, (나)는 모둠 E의 구성원이 합의하여 다른 모둠(A, B, C, D)을 평가한 채점표이다. 이에 대한 설명으로 옳지 않은 것은? **[2.5점]**

(2012학년도 중등임용 지리 1차 9번)

(가)

평가 요소	평가 수준				
㉠	1점	2점	3점	4점	5점
	기본적인 위치만 제시하고 있다.		위치를 기후, 경관, 관광 명소 등과 관련하여 제시하고 있다.		위치를 기후, 경관, 관광 명소 등과 관련하여 상세하고 정확하게 제시하고 있다.
㉡	2점	4점	6점	8점	10점
	지리 정보를 제시하고 있지만, 다른 관점은 언급하고 있지 않다.		지리 정보는 쟁점을 위해 활용하고, 다른 관점이 관광에 영향을 준다고 인식하고 있다.		지리 정보는 결론을 지지하기 위해 활용하고, 관광에 대한 다른 관점을 분석하고 있다.

	1점	2점	3점	4점	5점
㉢	관광의 긍정적 또는 부정적 영향을 제시하고 있다.		관광의 긍정적 또는 부정적 영향을 설명하고, 야기된 문제점을 다루는 방법을 제안하고 있다.		관광의 긍정적 또는 부정적 영향을 설명하고, 지속 가능한 관광을 어떻게 발전시킬 수 있는지에 관하여 제안하고 있다.

(나)

평가 요소 / 모둠	㉠	㉡	㉢	합계
A	3	6	3	12
B	3	6	3	12
C	3	6	3	12
D	3	8	3	14
E	–	–	–	–

① (가)는 모둠의 학습을 평가하기 위한 동료평가 척도이다.

② (가)의 ㉠은 지리적 사실 정보의 인식 정도에 대한 평가 요소이다.

③ (가)의 ㉡은 ㉠보다 상위의 인지적 영역에 대한 평가 요소이다.

④ (나)는 3간 척도로 구성된 체크리스트를 적용한 평가 결과이다.

⑤ (나)의 ㉠, ㉡, ㉢에 대한 평가 결과는 집중화하는 경향을 보인다.

10. 고등학교에서 지리를 담당하는 김 교사는 '자연환경과 인간생활' 단원에 대한 평가계획을 세웠다. 〈지필평가〉의 과정 중 '나'와 〈수행평가〉의 과정 중 'd'에서 작성하는 표의 명칭을 각각 적고, 〈지평평가〉에서 '라' 단계의 밑줄 친 부분이 설명하고 있는 준거의 명칭을 쓰시오. **[4점]**

(2007학년도 중등임용 지리 2번)

〈지필평가〉

1. 대단원명: 자연환경과 인간생활
   중단원명: 환경과 자연재해
2. 평가 과정
   가. 자연재해가 발생하는 과정을 이해시키기 위해 중점을 두었던 아이디어나 목표를 확인한다.
   나. 자연재해와 관련된 중요한 내용과 학생들의 학습 활동을 항목화하여 확인한다.

다. 지필평가문항의 형태를 선택반응형과 구성반응형의 여러 가지 형태 중에서 선정한다.

라. 지필평가문항을 개발하고, 교과적인 입장에서 문항을 통해 평가하려고 하는 것을 어느 정도 충실하게 평가하고 있는지를 검토한다.

마. 지필평가를 실시한다.

〈수행평가〉

1. 대단원명: 자연환경과 인간생활
   중단원명: 환경과 자연재해
2. 평가 과정
   a. 자연재해가 발생하는 과정을 이해시키기 위해 중점을 두었던 아이디어나 목표를 확인한다.
   b. 수행평가도구 중에서 가장 적절한 것을 고른다.
   c. 선택한 수행평가도구의 수행 과정 및 절차를 상세하게 기술한다.
   d. 채점하는 근거 및 기준을 마련한다.
   e. 수행평가를 실시한다.

- '나'에서 작성하는 표: ________________
- 'd'에서 작성하는 표: ________________
- 평가 준거: ________________

[11-12] 다음은 영희가 제출한 수행평가 보고서이다. 물음에 답하시오.

(2005학년도 중등임용 지리 7~8번)

1. 주제: 고령화에 따른 우리나라의 사회문제 조사
2. 자료수집: 신문 자료, 통계청 홈페이지(www.nso.go.kr) 검색
3. 자료분석:

〈자료 1〉 농촌 지역은 청년층 노동력이 도시로 이동하는 추세가 두드러지면서 군 단위에서 매우 빠른 속도로 고령화가 진행되고 있다.

〈자료 2〉 우리나라가 이런 고령화 추세를 유지할 경우, 2020년이면 고령사회로 진입하고, 고령화지수도 100을 넘어 노인인구가 유년인구보다 많아질 것으로 전망된다.

〈자료 3〉 노년부양비(比)도 늘어나 2004년에는 경제활동인구 8.6명이 노인 1명을 부양하고 있으나 2020년에는 경제활동인구 4.7명이 노인 1명을 부양하게 될 전망이다.

〈자료 4〉 공업, 군사, 광업, 인구 기능이 집중된 지역에 남초 현상(성비: 106~111)이 뚜렷하게 나타난다.

4. 결론: 우리나라는 급속한 고령화에 따라 노동력 부족, 국민부담의 증가, 경제활동인구의 생산력 감소와 그에 따른 경제성장률 둔화, 노인 일자리 부족 등 사회문제가 나타나고 있다.

[수집 자료]

〈자료 1〉

통계청이 발표한 고령자 통계에 따르면 2003년 기준으로 전국 256개 시·군·구의 65세 이상 고령인구 비율은 30개 군이 20%를 넘은 것으로 나타났다. 경남 의령군과 남해군이 각각 24.7%로 가장 높았고 다음으로 경북 의성군, 군위군, 전남 곡성군, 경남 산청군, 전북 순창군, 전남 고흥군(23.0%)이 뒤를 이었다. ○○일보 2004. 10. 1

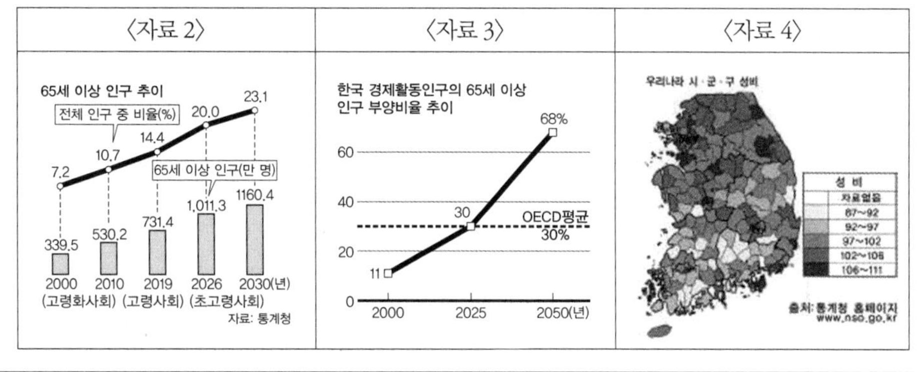

11. 다음은 김 교사가 영희의 보고서에 적용한 평가 요소와 평가기준이다. (가)에 들어갈 평가기준을 쓰시오. **[3점]**

평가 요소	평가기준		
	상	중	하
(1) 자료수집의 객관성과 다양성	객관적이고 다양한 자료를 수집하였다.	수집한 자료가 다양하지만 객관적이지 못하다.	수집한 자료가 다양하지 않고 객관적이지도 않다.
(2) 수집자료의 적절성	수집한 자료 모두가 주제에 적합하다.	수집한 자료 중 주제와 관련 없는 것이 포함되어 있다.	수집한 자료가 대부분 주제와 관련이 없다.
(3) 자료분석 및 종합	수집한 자료를 분석하여 고령화에 따른 사회문제를 정확하게 파악하고, 적절한 대책을 제시하였다.	(가)	고령화에 따른 사회문제를 정확하게 파악하지 못하였고, 적절한 대책도 제시하지 못하였다.

• (가): ________________________________

12. 다음은 김 교사가 영희의 보고서를 평가한 평정 척도이다. 김 교사가 평가 요소 (2) 수집자료의 적절성에서 '중'으로 평가한 이유를 평가기준을 참고하여 보고서에서 찾아 1줄 이내로 쓰시오. **[3점]**

평가 요소	평가 결과		
	상	중	하
(1) 자료수집의 객관성과 다양성	○		
(2) 수집자료의 적절성		○	
(3) 자료분석 및 종합		○	

13. 다음은 강 교사가 고등학교 2학년 학생들에게 한국지리 6단원 "국토 통일의 과제와 노력"을 지도하기 위해 구상한 수행평가 절차이다. 다음 물음에 답하시오. **[총 5점]**

(2003학년도 중등임용 지리 2번)

1. 수행평가문항: 통일의 필요성을 인식하고, 통일 후의 변화된 우리나라의 모습을 예상하면서 통일 신문을 만들어 보자.
2. 수행평가 절차:

(가) 단계: 6~7명으로 이루어진 6개의 모둠을 구성한다.

(나) 단계: 한국언론재단, 정부, 사회 기관의 홈페이지를 검색하여 북한에 대한 자료를 수집하고 정리한다.

(다) 단계: 통일의 필요성에 대해 가족 및 주변 사람들의 의견을 조사하고, 통일 이후 정치·경제 및 사회·문화적인 면에서 어떤 변화가 나타날 수 있는지 토의한다.

(라) 단계: 다음 내용을 참고로 하여 통일 신문을 만든다.

> ※ 통일 신문에 들어갈 내용
> 1. 통일을 상징하는 신문 제목
> 2. 통일의 필요성을 강조한 사설
> 3. 통일 이후에 예상되는 정치·경제 및 스포츠 뉴스
> 4. 통일 이후 예상되는 문제점
> 5. 북한 말을 이용한 광고

(마) 단계: 교사는 6개 모둠이 만든 통일 신문을 모둠마다 전부 나누어 주고, 각 모둠은 통일 신문의 내용과 형식을 검토하여 잘된 순서를 정한다.

(바) 단계: 첫 번째 모둠 대표가 나와서 자기 모둠이 정한 잘된 순서에 따라 통일 신문을 배열하고 그 이유를 발표한다.

(사) 단계: 나머지 모둠 대표가 차례로 나와서 (바) 단계를 반복한다.

13-1. 강 교사는 학생들이 통일 이후의 상황을 예측해 보고, 그 긍정적 측면을 인식하는 학습 활동이 필요하다고 판단하였다. 이러한 목적으로 계획된 수업 절차의 단계를 두 가지 쓰시오. **[2점]**

13-2. 제7차 교육과정에서는 집단 활동이나 토론 과정의 참여도, 토론 전개 능력, 다른 견해의 존중 및 타인에 대한 배려 정도를 평가하기 위하여 교사 관찰이라는 기존의 정형화된 평가에서 벗어나도록 권고하고 있다. 이를 고려하여 계획된 (마), (바), (사) 단계는 어떠한 평가를 위한 활동인가? **[3점]**

14. 다음 글을 읽고 물음에 답하시오. **[6점]** (2002학년도 중등임용 지리 3번)

제7차 사회과 교육과정은 야외 현장 학습을 강조하고 있다. 주암호 주변에 위치한 중학교에 근무하는 박 교사는 '섬진강 수계의 주암호 오염 문제'를 주제로 아래의 절차에 따라 수업을 하고자 한다.

(가) 단계: 교사는 지역 환경 전문가에게 자문을 구하여 수업을 구상한다. (나) 단계: 학생들에게 지역의 개관을 설명한 후 야외조사를 위한 안내서를 나누어 준 다음, 각 6명으로 이루어진 소집단을 구성한다. (다) 단계: 각 모둠별로 지역의 환경 오염 문제와 대책에 대하여 조사 주제를 정하되, 기존 관념과 절차 및 형식에 구애되지 않고 다양한 아이디어가 나오도록 토의한다. (라) 단계: 토의 결과를 이용하여 모둠별 활동 계획서를 작성한다. (마) 단계: 계획서에 따라 학생들은 모둠별로 야외조사 활동을 한다. (바) 단계: 야외조사 결과를 수집하여 보고서를 작성하고, 이를 학급에서 모둠별로 발표한 후 제출한다.

① (다) 단계에서 나타나는 토의의 기법을 쓰시오.

② 위의 단계에 따라 수업을 한 후 제출한 보고서와 이미 여러 번에 걸쳐 제출한 다른 보고서들을 함께 모아서 이를 토대로 학기 말에 평가하고자 한다. 이러한 수행평가 방법의 명칭을 쓰시오.

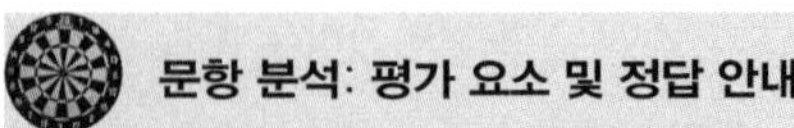

문항 분석: 평가 요소 및 정답 안내

1번 문항

- 평가 요소: 평가문항/문항 반응 결과 분석
- 정답: ①
- 답지 해설: ②에서 기초학력의 58.5%가 오답을 한 이유는 다양하여 정확하게 말할 수 없다. ③에서 변별도 0.52는 변별력이 높은 문항으로, 상위 집단과 하위 집단을 잘 구별한다. ④에서 성취 수준별 정답률은 학생들이 교육목표에 도달하였는지를 진단하기 위한 목적이다. ⑤의 설명은 알 수 없으므로 틀린 답이다.

2번 문항

- 평가 요소: 수행평가
- 정답: ①
- 답지 해설: ①의 설명은 채점기준표에 나타나 있지 않아 틀린 진술이다.

3번 문항

- 평가 요소: 학습목표 진술/평가목표
- 정답: ④
- 답지 해설: ①에서는 (가)와 (나)가 서로 바뀌었으며, ②에서는 규준참조평가를 준거참조평가로 바꾸던지, 아니면 (가)와 (나)를 서로 바꾸어야 한다. ③에서도 (나)와 (가)가 바뀌어야 하며, ⑤에서도 (가)와 (나)가 바뀌어야 한다.

4번 문항

- 평가 요소: 수행평가의 유형
- 정답: ①

5번 문항

- 평가 요소: 수행평가
- 정답: ④
- 답지 해설: ④가 틀린 이유는 학생의 학습 과정에 대한 평가이면서, 동시에 학생의 학습을 위한 평가이기 때문이다.

6번 문항

- 평가 요소: 평가/평가문항 검토

• 정답: ①

7번 문항

• 평가 요소: 문항 출제/검토
• 정답: ②
• 답지 해설: ②가 틀린 이유는 이와 같은 소축척 지도에서 하천이 곡류하는지 직류하는지 정확하게 판단할 수 없기 때문이다. 즉 소축척 지도에서는 실제로 곡류하는 하천도 직류하는 것처럼 나타날 수 있다.

8번 문항

• 평가 요소: 문항 출제/검토
• 정답: ②
• 답지 해설: ②가 틀린 이유는 이원(목적)분류표를 통해 볼 때, 지식 영역의 평가 비중이 가장 높기 때문이다.

9번 문항

• 평가 요소: 수행평가/동료평가
• 정답: ④
• 답지 해설: ④가 틀린 이유는 (나)가 5간 척도로 구성된 평정법을 적용한 평가 결과이기 때문이다.

10번 문항

• 평가 요소: 지필평가/수행평가
• 정답: 이원목적분류표/채점기준표/타당도

11/12번 문항

• 평가 요소: 수행평가
• 정답: 수집한 자료를 분석하여 고령화에 따른 사회문제를 정확히 파악했지만, 적절한 대책을 제시하지 못하였다./〈자료 4〉 주제와 관련이 없다.

13번 문항

• 평가 요소: 수행평가
• 정답: (다), (라)/상호평가, 동료평가

14번 문항

• 평가 요소: 야외조사/수행평가
• 정답: 브레인스토밍/포트폴리오(프로파일)

참고문헌

강 완, 1991, 수학적 지식의 교수학적 변환, 수학교육, 한국수학교육학회, 30(3), 71-89.

강창숙, 2007, 교생의 지리 수업 경험에서 나타나는 실천적 지식의 내용, 한국지리환경교육학회지, 15(4), 323-343.

강창숙·박승규, 2004, 지리적 사고력 신장을 위한 기능의 상세화, 한국지역지리학회지, 10(3), 579-591.

강현석, 2006, 교과교육학의 새로운 패러다임, 아카데미프레스.

강현석·강이철·권대훈·박영무·이원희·조영남·주동범·최호성 옮김, 2005, 신 교육목표분류학의 설계, 아카데미프레스.

강현석·이순옥, 2007, 내러티브를 활용한 교과서 진술 방식의 탐구, 초등교육연구, 20(3), 177-207.

곽진숙, 2000, 아이즈너의 교육평가론, 교육원리연구, 5(1), 153-194.

교육과학기술부, 2009, 고등학교 교육과정 해설 ④ 사회(역사), 교육과학기술부.

교육과학기술부, 2009, 사회과 교육과정, 교육과학기술부.

교육과학기술부, 2009, 중학교 교육과정 해설 Ⅱ-국어, 도덕, 사회-, 교육과학기술부.

교육과학기술부, 2011, 사회과 교육과정, 교육과학기술부.

교육과학기술부, 2012, 사회 과목 교육과정, 교육과학기술부.

교육부, 1998, 사회과 교육과정, 교육부.

교육부, 2015, 사회과 교육과정, 교육부.

구정화, 1995, 사회과 동위개념의 효과적인 학습방법 연구, 서울대학교 대학원 박사학위논문.

권재술·김범기·우종옥·정완호·정진우·최병순, 2010, 과학교육론, 교육과학사.

김민성, 2007, 공간적 사고와 GIS의 교육적 사용에 대한 가능성 탐구, 15(3), 233-245.

김민정, 2002, 지리수업에서 교수학적 변환에 근거한 극단적인 교수현상 연구, 한국교원대학교 대학원 석사학위논문.

김병연, 2011, 생태 시민성 논의의 지리과 환경 교육적 함의, 한국지리환경교육학회지, 19(2), 221-234.

김영만, 2009, 하이브리드적 사고와 한국 문화 교육 방향, 겨레어문학, 42, 27-45.

김진국, 1998, 지리교육에서의 오개념(misconception) 연구, 한국교원대학교 대학원 석사학위논문.

김한종·이영효, 2002, 비판적 역사 읽기와 역사 쓰기, 역사교육, 81.

김현미, 2013, 21세기 핵심역량과 지리 교육과정: 21세기 핵심역량과 지리 교육과정 탐색, 한국지리환경교육학회지, 21(3), 1-16.

김현미, 2014, 21세기 핵심역량과 지리 교육과정(2): 오스트레일리아의 핵심역량 기반 국가 수준 지리 교육과정 탐색, 한국지리환경교육학회지, 22(1), 33-43.

김현미, 2014, 오스트레일리아의 핵심역량 기반 국가 수준 지리 교육과정 탐색, 한국지리환경교육학회지, 22(1), 33-

43.
김혜란, 2009, SOLO 분류에 기초한 사회과 관계적 사고 수업모형의 구안, 공주교육대학교 석사학위논문.
김혜숙, 2006, 고등학교 초임과 경력지리교사의 실천적 지식 비교연구, 사회과교육, 45(3), 91–113.
남명호·김성숙·지은림, 2000, 수행평가–이해와 적용–, 문음사.
남상준, 1999, 지리교육의 탐구, 교육과학사.
노석준·소효정·오정은·유병민·이동훈·장정아 옮김, 2006, 교육적 관점에서 본 학습이론, 아카데미프레스.
류재명, 2003, 지리교육이 나아갈 방향과 앞으로의 과제, 대한지리학회보, 78.
마경묵, 2007, 수행평가 과정을 통해서 본 지리교사의 실천적 지식, 대한지리학회지, 42(1), 96–120.
마경묵, 2011, 공간적 사고의 평가를 위한 지리 평가 도구의 개발, 한국지리환경교육학회지, 19(2), 69–89.
문용린, 2010, 이제는 창의인성교육이다, 과학창의, 한국과학창의재단.
박경환, 2014, 글로벌 시대 인문지리학에 있어서 행위자–네트워크 이론(ANT)의 적용 가능성, 한국도시지리학회지, 17(1), 57–78.
박도순, 2007, 교육평가–이해와 적용–, 교육과학사.
박도순, 홍후조, 1998, 교육과정과 교육평가, 문음사.
박배균·김동완, 2013, 국가와 지역: 다중스케일 관점에서 본 한국의 지역, 알트.
박상준, 2009, 사회과교육의 이론과 실제, 교육과학사.
박선미, 2006, 협력적 설계가로서 사회과 교사 전문성 개발을 위한 패러다임 탐색, 사회과 교육, 45(3), 189–208.
박선미, 2009, 사회과 평가론, 학지사.
박선미·최정호·정이화, 2012, 텍스트와 그림 자료 제시 방식에 따른 지리 학습의 효과 분석, 한국지리환경교육학회지, 20(3), 19–32.
박선희, 2005, 고급 사고력 신장을 위한 역할놀이 교수–학습 모형 개발에 관한 현장 연구, 대한지리학회지, 40(1), 109–125.
박성익·임철일·이재경·최정임, 2011, 교육방법의 교육공학적 이해 (4판), 교육과학사.
박승재·조희형, 2001, 교수–학습 이론과 과학교육, 교육과학사.
백순근, 2002, 수행평가: 이론적 측면, 교육과학사.
서태열, 2002, 지리교과서 내용구성에서 활동중심접근의 의의와 전망, 한국지리환경교육학회지, 10(2), 1–11.
서태열, 2003, 지구촌 시대의 '환경을 위한 교육'의 개념적 모형의 재정립, 한국지리환경교육학회지, 11(1), 1–12.
서태열, 2003, 지평확대 역전 모형에 대한 옹호, 대한지리학회보, 79.
서태열, 2005, 지리교육학의 이해, 한울.
성태제, 2005, 현대교육평가, 학지사.
소경희, 2007, 학교교육의 맥락에서 본 '역량(competency)'의 의미와 교육과정적 함의, 교육과정연구, 25(3), 1–21.
소경희·이상은·박정열, 2007, 캐나다 퀘벡주 교육과정 개혁 사례 고찰: 역량기반(competency–based) 교육과정의 가능성과 한계, 비교교육연구, 17(4), 105–128.
손민호, 2011, 역량중심교육과정의 가능성과 한계, 한국교육논단, 10(1), 101–121.

송언근, 2009, 지리하기와 지리교육, 교육과학사.

심광택, 2007, 사회과 지리 교실수업과 지역 학습, 교육과학사.

안정애, 2007, 내러티브 역사교재의 개발과 적용, 전남대학교 대학원 박사학위논문.

오선민, 2013, 중등학교 지리교사들의 야외 답사 실행에 관한 사례 연구, 이화여자대학교 대학원 석사학위논문.

오은강, 2006, 지리교육에서 문학작품의 활용연구, 이화여자대학교 대학원 석사학위논문.

윤기옥·정문성·최영환·강문봉·노석구, 2002, 수업모평의 이론과 실제, 학문출판.

이간용, 2001, 지리교육의 지능공정한 참평가 모형 개발 및 적용, 대한지리학회지, 36(2), 177-190.

이경한, 2001, 추상성 정도에 따른 지리교과의 개념학습방법 개발에 관한 연구, 한국지리환경교육학회지, 9(1), 1-18.

이경한, 2004, 사회과 지리 수업과 평가, 교육과학사.

이경한 역, 1995, 국제 지리 교육 헌장, 한국지리환경교육학회지, 3(1), 85-97.

이근호·곽영순·이승미·최정순, 2012, 미래 사회 대비 핵심역량 함양을 위한 국가 교육과정 구상, 한국교육과정평가원.

이무용, 2005, 공간의 문화정치학, 논형.

이상우, 2009, 살아있는 협동학습, 시그마프레스.

이양우, 1990, 사고력 신장을 위한 지리과 학습방법 연구, 사회과교육연구, 6, 89-156.

이영희, 2005, 탄력적 환경확대법에 따른 사회과 교육과정 재구성, 한국교원대학교 석사학위논문.

이인화·고욱·전봉관·강심호·전경란·배주영·한혜원·이정엽, 2003, 디지털 스토리텔링, 황금가지.

이종원, 2011, 도해력 다시 보기: 21세기 도해력의 의미와 지리교육의 과제, 한국지리환경교육학회지, 19(1), 1-15.

이종원·함경림·김보경, 2007, 워크북 스타일 답사 자료집의 개발과 적용, 한국지리환경교육학회지, 15(4), 345-361.

이 찬, 1975, 지리과 교육, 능력개발사.

이혁규, 2008, 수업, 비평의 눈으로 읽다, 우리교육.

이홍우, 2001, 지식의 구조와 교과, 교육과학사.

이홍우·유한구·장성모, 2003, 교육과정이론, 교육과학사.

임덕순, 1979, 중학교 현행 지리교육과정의 특징, 지리학, 19.

임덕순, 1993, 지리교육원리, 법문사.

임은진, 2009, '실제적 활동'에 대한 이론적 고찰 및 지리 수업에의 적용, 사회과교육, 48(4), 1-17.

임은진, 2009, 상황인지론에 근거한 지리 수업 모델의 개발과 적용, 고려대학교 대학원 박사학위논문.

장영진, 2003, 영국의 지리과 국가교육과정 제정과 그 영향, 대한지리학회지, 38(4), 640-656.

장의선, 2004, 지리교과 교수요소간 유기적 정합성: 내용특성과 학습스타일, 스캐폴딩을 중심으로, 한국교원대학교 대학원 박사학위논문.

장의선, 2007, 시스템 사고를 배경으로 한 지리적 사고의 재구성, 한국지리환경교육학회, 15(1), 77-92.

정문성, 2006, 협동학습의 이해와 실천 (개정판), 교육과학사.

정문성, 2013, 토의·토론 수업방법, 교육과학사.

정문성·김동일, 1999, 협동학습의 이론과 실제, 형설출판사.

정정호, 2001, 세계화 시대의 비판적 페다고지, 생각의 나무, 서울.
조성욱, 2009, 지리지식의 유형별 교수학적 변환 방법, 한국지리환경교육학회지, 17(3), 211-224.
조철기, 2011, 지리 교과서에 서술된 내러티브 텍스트 분석, 한국지리환경교육학회지, 19(1), 49-85.
조철기, 2011. 내러티브를 활용한 지리 수업의 가치 탐색. 한국지리환경교육학회지, 19(2), 153-170.
조철기, 2012, 미디어 리터러시 함양을 위한 지리교육, 한국지역지리학회, 18(4), 445-463.
조철기, 2013, 비주얼 리터러시에 기반한 사진 활용 지리수업 방법, 한국사진지리학회지, 23(1), 13-23.
조철기, 2014, 지리교육학, 푸른길.
조철기, 2015, 지리 교재 연구 및 교수법, 푸른길.
조철기, 2016, 지리 교과내 융합 교육과정 및 융합적 사고에 대한 탐색, 한국지리환경교육학회지, 24(3), 47-63.
조철기·김갑철·신질걸·조명희, 2011, 사회과 스토리가 있는 지도학습 교재 만들기, 교육과학사.
조희형·김희경·윤희숙·이기영, 2010, 과학교육의 이론과 실제, 교육과학사.
차경수, 1997, 현대의 사회과교육, 학문사.
존스톤·그레고리·스미스 엮음, 한국지리연구회 옮김, 1992, 현대인문지리학사전, 한울.
차경수·모경환, 2008, 사회과교육, 동문사.
최석진·류재택·서재천·김정호·한면희·오영태, 1989, 사회과 사고력 신장 프로그램 개발을 위한 방안 탐색, 한국교육개발원.
최용규·정호범·김영석·박남수·박용조, 2005, 사회과, 교육과정에서 수업까지, 교육과학사.
최재영, 2007, 지리교육에서 만화의 도입과 만화의 유형에 따른 학습자 선호도 및 학습 효과, 서울대학교 대학원 석사학위논문.
한국교육과정평가원, 2004, 대학수학능력시험 출제매뉴얼 사회탐구영역, 한국교육과정평가원.
한국교육과정평가원, 2009, 교수·학습 자료 선정 기준 개발 연구–중학교 사회과, 기술·가정과를 중심으로– 한국교육과정평가원.
한국언론학회 미디어교육위원회, 2005, 학교로 간 미디어, 다홀미디어.
한승희, 1997, 내러티브 사고 양식의 교육적 의미, 교육과정연구, 15(1), 400-423.
허 숙, 1997, 교육과정의 재개념화를 위한 이론적 탐색 –실존적 접근과 구조적 접근–, 허숙·유혜령(편), 교육현상의 재개념화–현상학, 해석학, 탈현대주의적 이해–, 교육과학사, 103-143.
홍기대, 1996, 초등 사회과 지리 분야에서의 창의적 사고력 신장, 사회과교육, 29, 105-125.
홍미화, 2005, 교사의 실천적 지식에 대한 이론적 논의: 사회과 수업을 중심으로, 사회과교육, 44(1), 101-124.
홍성욱, 2003, 하이브리드 세상읽기, 안그라픽스.
홍원표·이근호·이은영, 2010, 외국의 역량 기반 교육과정 현장적용 사례 연구: 호주와 뉴질랜드, 캐나다, 영국의 사례를 중심으로, 한국교육과정평가원 연구보고 RRC 2010-2.
황정규, 1998, 학교학습과 교육평가, 교육과학사.
草原和博, 2001, グローバル問題の地理的探求GIGIの性格–〈社會工學科〉としての地理教育–, 社會科教育研究, 85, 11-23.

文部省, 1989, 學習指導要領(小學校, 中學校, 高等學校), 文部省.

文部科學省, 2008, 學習指導要領(小學校, 中學校, 高等學校), 文部科學省.

Abbott, J., 1994, *Learning Makes Sense: Re-creating Education for a Changing Future*, Letchworth: Education 2000.

ACARA, 2011, *Shape of the Australian Curriculum: Geography,* Australian Curriculum, Assessment and Reporting Authority. retrieved from http://www.acra.edu.au/vreve/_resources/Shape_of_the_Australian_Curriculum_Geography.pdf.

Adey, P. and Shayer, M., 1994, *Really Raising Standards*, London: Routledge.

Allen, G., Siegel, A.W. and Rosinski, R.R., 1978, The role of perceptual context in structuring spatial knowledge, *Journal of Experimental Psychology: Human learning and Memory*, 4, 617-630.

Allen, J., Massey D. and Cochrane, A., 1998, *Rethinking the Region*, London: Routledge.

Ainsworth, S., 1999, The functions of multiple representations, *Computers & Education*, 33, 131-152.

Amin, A., 2002, Spatialities of globalization, *Environment and Planning A*, 34, 385-399.

Ananiadou, K. and Claro, M., 2009, 21st Century skills and Competences for New Millennium Learners in OECD countries, *OECD Education Working Papers*, No. 41, OECD Publishing.

Anderson, L.W. and Krathwohl, D.R., (Eds.), 2001, *A Taxonomy for Learning, Teaching, and Assessing: A Revision of Bloom's Taxonomy of Educational Objectives*, Longman, New York(강현석 · 강이철 · 권대훈 · 박영무 · 이원희 · 조영남 · 주동범 · 최호성 옮김, 2005, 교육과정과 수업평가를 위한 새로운 분류학, 아카데미프레스).

Anderson, B., 1991, *Imagined Communities: Reflections on the origin and spread of nationalism* (revised edition), London: Verso.

Anderson, L.W. and Sosniak, L.A., 1994, *Bloom's taxonomy: A forty-year retrospective: Ninety-third yearbook of the National society for the study of education,* University of Chicago Press, Chicago(강현석 · 강이철 · 권대훈 · 박영무 · 이원희 · 조영남 · 주동범 · 최호성 옮김, 2005, 신 교육목표분류학의 설계. 아카데미프레스).

Aronson, A., Blaney, N., Stephan, C., Sikes, J. and Snapp, M., 1978, *The Jigsaw Classroom*, CA: Sage pub.

Aronson, E. et al, 1978, *The Jigsaw Classroom*, CA: Sage.

Ausubel, D.P., 1963, *The Psychology of Meaningful Verbal Learning*, New York: Grune and Stratton.

Ausubel, D.P., 1968, *Educational Psychology: A Cognitive view*, New York: Holt, Rinehart and Winston.

Ausubel, D.P., 2000, *The acquisition and retention of knowledge: a cognitive view*, Boston: Kluwer Academic Publishers.

Ausubel, D.P., Novak, J.D. and Hanesian, H., 1978, *Educational psychology: A cognitive view*, 2nd (ed.), NY: Holt, Rinehart and Winston.

Bailey, P. and Fox, P., 1996, Teaching and Learning with Maps, in Bailey, P. and Fox, P. (eds.), *Geography Teachers Handbook*, Sheffield: The Geogaphical Association.

Balchin, W. and Coleman, A., 1965, Graphicacy should be the Fourth Ace in the Pack, *The Times Educational Supplement*, 5/Nov.

Balchin, W., 1972, Graphicay, *Geography*, 57.

Balderstone, 2000, Beyond testing: some issues in teacher assessment in geography, in Hokin, J., Telfer, S. and Butt, G. (eds.), *Assessment Working*, Sheffield: The Geographical Association.

Bale, J., 1981, *The Location of Manufacturing Industry*, Harlow: Oliver and Boyd.

Bale, J., 1987, *Geography in the Primary School*, London: Routledge and Kegan Paul.

Banks, F., Leach, J. and Moon, B., 1999, New Understandings of Teachers' Pedagogic Knowledge, in Leach, J. and Moon, B., (eds.), *Learners and Pedagogy*, London: Paul Chapman Publishing, 89-110.

Banks, J.A., 1990, *Teaching Strategies for the Social Studies*, 4th ed., New York: Longman.

Banks, J.A. and Clegg, Jr., A.A., 1977, *Teaching Strategies for the Social Studies: Inquiry, Valuing and Decision Making*, Addison-Wesley Publishing Company Inc.

Barnes, D., 1976, *From Communication to Curriculum*, Harmondsworth: Penguin Books.

Barnes, D. and Todd, F., 1977, *Communication and Learning Small Group*, London: Routledge.

Barnes, D. and Todd, F., 1995, *Communication and Learning Revisited*, Portsmouth, USA: Boynton/Cook Publisher Inc.

Barnes, D., Johnson, G., Jordan, S., Layton, D., Medway, P. and Yeoman, D., 1987, *The TVEI Curriculum 14-16: An Interim Report Based on Case Studies in Twelve Schools*, University of Leeds.

Barnes, H., 1926, *History and Social Intelligence,* New York: Alfred A. Knopf.

Barnett, M. and Milton, M., 1995, Satellite Images and IT capability, *Teaching Geography*, 20(3), 142-143.

Barrows, H.S., 1985, *How to design a problem-based curriculum for the preclinical years*, New York: Springer.

Bartlett, V.L., 1989, Critical Inquiry: The Emerging Perspective in Geography Teaching, in Fien J., Gerber, R. and Wilson, P., (eds.), *The Geography Teacher's Guide to the Classroom*, 2nd (ed.), Melbourne: Macmillan, 22-34.

Bartlett, V.L., 1989, Look into my mind: Qualitative inquiry in teaching geography, in Fien J., Gerber, R. and Wilson, P., (eds.), *The Geography Teacher's Guide to the Classroom*, 2nd (ed.), Melbourne: Macmillan, 141-152.

Battersby, J., 1995, *Teaching Geography at Key Stage 3*, Cambridge: Chris Kington Publishing.

Battersby, J., 1997, Differentiation in teaching and learning geography, in Tilbury, D. and Williams, M. (eds.), *Teaching and Learning Geography*, London: Routledge.

Battersby, J., 2000, Does differentiation provide access to an entitlement curriculum for all pupils?, in Fisher, C. and Binns, T. (eds), *Issues in Geography Teaching*, London: RoutledgeFalmer.

Bayer, B.K., 1985, Critical thinking: What is it?, *Social Education*, 49(4), 270-276.

Beddis, R., 1983, Geographical education since 1960: a personal view, in Huckle, J. (ed.), *Geographical Education: Reflection and Action*, Oxford: Oxford University Press, 10-19.

Bennett, N., 1995, Managing learning through group work, in Desforges, C. (ed.), *An Introduction to Teaching: Psychological Perspectives*, Oxford: Blackwell.

Bennetts, T., 1995, Continuity and Progression, *Teaching Geography*, 20(2), 75-79.

Bennetts, T., 1996, Progression and differentiation, in Bailey, P. and Fox, P. (eds.), *Geography Teachers' Handbook*, Sheffield: The Geographical Association.

Bennetts, T., 2005, The Links Between Understanding, Progression and Assessment in the Secondary Geography Curriculum, *Geography*, 90(2), 152-170.

Bennetts, T., 2008, Improving geographical understanding at KS3, *Teaching Geography*, 32(2), 55-60.

Bennetts, T., 2010, Whatever has happened to 'understanding' in geographical education?, *Geography*, 95(1), 38-41.

Bennett, N. and Dunne, E., 1992, *Managing Classroom Group*, London: Simon and Schuster.

Best, B., 2011, *The Geography Teacher's Handbook*, London: Continuum.

Biggs, J. and Moore, P., 1993, *The Process of Learning*, Sydney: Prentice Hall.

Biggs, J., 1995, Assumptions underlying new approaches to educational assessment: Implications for Hong Kong, *Curriculum Forum*, 4(2), 1-22.

Billington, R., 1966, *The Historian's Contribution to Anglo-American Misunderstanding*, London: Routledge and Kegan Paul.

Binkley, M., Erstad, O., Herman, J., Raizen, S., Ripley M., Miller-Ricci, M., & Rumble, M., 2012, Defining twenty-first century skills, In Griffin, P., McGaw, B. & Care, E. (eds.), *Assessment and teaching of 21st century skills,* New York: Springer, 17-66.

Black, P. and Wiliam, D., 1998a, Assessment and classroom learning, *Assessment in Education*, 5(1), 7-74.

Black, P. and Wiliam, D., 1998b, *Inside the black box*, University of London: Department of Education, King's College.

Black, P. and Wiliam, D., 1999, *Assessment for Learning: Beyond the black box*, Cambridge: University of Cambridge, School of Education.

Black, P., Harrison, C., Lee, C., Marshall, B. and Wiliam, D., 2003, *Assessment for Learning: Putting it into Practice*, Maidenhead: Open University Press.

Bland, K., Chambers, B., Donert, K. and Thomas, T., 1996, Fieldwork, in Bailey, P. and Fox, P. (eds.), *Geography Teacher's Handbook*, Sheffield: The Geographical Association, 165-175.

Bloom, B.S. (ed.), 1956, *Taxonomy of Educational Objectives, Handbook 1: Cognitive Domain*, Longman.

Board of Studies NSW, 2003, *Syllabus: Geography Years 7-10*, Board of Studies NSW.

Boardman, D. and Towner, E., 1980, Problems of correlating air photographs with Ordnance Survey maps, *Teaching Geography*, 6(2), 76-79.

Boardman, D., 1983, *Graphicay and Geography Teaching*, London: Croom Helm.

Boardman, D., 1985, Spatial concept development and primary school mapwork, in Boardman, D. (ed.), *New Directions in Geographical Education*, London: Falmer Press.

Boardman, D., 1986, Planning, Teaching and Learning, in Boardman, D. (ed.), *Handbook for Geography Teachers*, Sheffield: The Geographical Association.

Boardman, D., 1987, Maps and mapwork, in Boardman, D. (ed.), *Handbook for Geography Teachers*, Sheffield: The Geographical Association.

Boardman, D., 1989, The development of graphicay: children's understanding of maps, *Geography*, 74(4), 321-

331.

Boardman, D., 1996, Learning with Ordnance Survey maps, in Bailey, P. and Fox, P. (eds.), *The Geography Teachers' Handbook*, Sheffield: The Geographical Association.

Bobbitt, J.F., 1918, *The Curriculum*, Boston: Houghton Mifflin.

Boggs, J.S. and Rantisi, N.M., 2003, The 'relational turn' in economic geography, *Journal of Economic Geography*, 3, 109-116.

Bosco, F.J., 2013, The Relational Turn and the Political Geographies of Youth, in Kenreich, T.W. (ed.), *Geography and Social Justice in the Classroom*, New York: Routledge,11-25.

Boyle, C. T., 1995, *The Tortilla Curtain*, London: Bloomsbury.

Brainerd, C.J., 1978, *Piaget's theory of intelligence*, Englewood Cliffs, New Jersey: Prentice-Hall, Inc.

Bright, N. & Leat, D., 2000, Toward a new professionalism. in A. Kent(ed.), *Reflective Practice in Geography Teaching*, London: Paul Chapman Pub.

British Film Institute, 1999, *Making Movies Matter*, London: BFI.

British Film Institute, 2000, *Moving images in the classroom,* London: BFI.

British Film Institute, 2003, *Look Again!: A Teaching Guide to Using Film and Television with Three to Eleven Year Olds*, London: BFI.

Brooks, C. and Morgan, A., 2006, *Theory into Practice: Cases and Places*, Sheffield: The Geographical Association.

Brooks, C., 2013, How do we understand conceptual development in school geography?, in Lambert, D. and Jones, M. (eds.), *Debates in Geography Education*, London and New York: Routledge.

Brough, E., 1983, Geography through art, in Huclke, J. (ed.), *Geographical Education: Reflection and Action*, Oxford: Oxford University Press.

Brousseau, G., 1997, *Theory of Didactical Situation in Mathematics*, Dordrecht: Kluwer Academic Publishers.

Brown, A.L., 1980, Metacognitive development and reading, In Spiro, R.J., Bruce, B.C. and Brewer, W.F. (eds.), *Theoretical issues in reading comprehension*, Hillsdale, NJ: Erlbaum, 453-481.

Brown, A.L., 1987, Metacognition, executive control, self regulation and other more mysterious mechani⊠, in Weinert, Franz, Kluwe and Rainer (eds.), *Metacognition, Motivation and Understanding*, London: Lawrence Erlbaum Associates.

Bruner, J.S., 1960, *The process of education*, Cambridge: Harvard University Press.

Bruner, J.S., 1964, The course of cognitive growth, *American Psychologist*, 19, 1-15.

Bruner, J.S., 1967, *Towards a Theory of Instruction*, Cambridge: Belknap Press.

Bruner, J.S., 1968, *Toward a theory of instruction*, New York: W.W. Norton & Company, Inc.

Bruner, J.S., 1986, *Active Minds, Possible World*, Cambridge, MA: Harvard University.

Bruner, J.S., 1996, *The Culture of Education*, Cambridge MA: Harvard University Press.

Bruner, J.S. and Haste, H., 1987, *Making Sense*, London: Methuen.

Bryant, P.E., 1974, *Perception and Understanding in Young Children*, Methuen.

Buckingham, D., 1986, Against de-mystification: a response to 'Teaching the Media', *Screen*, 27, 80-85.

Buckingham, D., 1987, *Public Secrets: EastEnders and its Audience*, London: British Film Institute.

Buckingham, D., 2003, *Media Education: Literacy, Learning and Contemporary Culture*, Cambridge: Polity Press

Burgess, J. and Gold, J., (eds.), 1985, *Geography, the Media and Popular Culture*, Beckenham: Croom Helm.

Bustin, R., 2007, Whose right? - Moral issues in geography, *Teaching Geography*, 32(1), 41-44.

Butt, G., 1990, Political understanding through geography teaching, *Teaching Geography*, 15(2), 62-65.

Butt, G., 1991, Have we got a video today?, *Teaching Geography* 16(2), 51-55.

Butt, G., 1993, The effects of audience-centered teaching on children's writing in geography, *International Research in Geography and Environmental Education*, 2(1), 11-25.

Butt, G., 1997, Language and learning in geography, in Tilbury, D. and Williams, M. (eds.), *Teaching and Learning in Geography*, London: Routledge.

Butt, G., 2000, *Continuum Guide to Geography Education,* London: Continnum.

Butt, G., 2001, *Theory into Practice: Extending writing skills*, Sheffield: The Geographical Association.

Buzan, T., 1974, *Use Your Head*, London: BBC Books.

Cairney, T.H., 1995, *Pathways to Literacy*, London: Cassell.

Capel, S., Leask, M. and Turner, T., 1995, *Learning to Teach in the Secondary School: A Companion to School Experience*, London: Routledge.

Carroll, J., 1993, *Human Cognitive Abilities: A Survey of Factor-analytical Studies*, New York: Cambridge University Press.

Carter, R. (ed.), 1991, *Talking about Geography: The Work of the Geography Teachers in the National Oracy Project*, Sheffield: The Geography Association.

Carter, R., 2000, Aspects of global citizenship, in Fisher, C. and Binns, T., (eds.), *Issues in Geography Teaching*, London: Routledge/Falmer, 175-189.

Castree, N. and Braun, B., 2001, *Social nature: theory, practice and politics*, Oxford and New York: Blackwell.

Castree, N., 2005, *Nature*, Oxford: Routledge.

Catling, S.J., 1973, *A Consideration of the Relationship Between Children's Spatial Conceptualization and the Structure of Geography as a Theoretical Guide to the Objectives in Geographical Education*, unpublished M.A. dissertation, University of London.

Catling, S.J., 1976, Cognitive mapping: judgements and responsibilities, Architectural Psychology, *Newsletter*, VI(4), New York, USA.

Catling, S.J., 1978, Cognitive mapping exercises as a primary geographical experience, *Teaching Geography*, 3(3), 120-123.

Catling, S.J., 1978, The child's spatial conception and geographi education, *Journal of Geography*, 77(1), 24-28.

Caton, D., 2006, Real world learning through geographical fieldwork, in Balderstone, D. (ed.), *Secondary Geography Handbook*, Sheffield: The Geographical Association.

Caton, D., 2006, *Theory into Practice: New Approaches to Fieldwork*, Sheffield: The Geographical Association.

Cherryholmes, C.H., 1996, Critical pedagogy and social education, in Evans, R. W. and Saxe, D. W., (ed.), *Handbook on Teaching Social Issues*, National Council for Social Studies, 75-80.

Chevallard, Y., 1985, *The didactical transposition*, Grenovel, France: Le Pansee Sauvage.

Clandinin, D.J., 1985, Personal Practical Knowledge: A Study of Teacher's Classroom Images, *Curriculum Inquiry 15(4), 361-385.*

Clifford, N., Holloway, S., Rice, S. and Valentine, G. (ed.), 2009, *Key Concepts in Geography*, London: Sage.

Cloke, P. and Johnston, R., 2005, *Spaces of Geographical Thought: Deconstructing Human Geography's Binaries*, London: Sage Publications.

Coleman, D., 1996, *Emotional Intelligence: Why it can matter more than IQ*, London: Bloomsbury.

Connell, J. and Gibson, C., 2003, *Sound Tracks: Popular Music*, Identity and Place, London: Routledge.

Connolly, J., 1993, Gender balanced geography: have we got it right yet?, *Teaching Geography*, 16(2), 61-64.

Cook, I., Evans, J., Griffiths, H., Mayblin, L., Payne, B. and Roberts, D., 2007, Made in...? Appreciating the everyday geographies of connected lives, *Teaching Geography*, 32(2), 80-83.

Corney, G., 1992, *Teaching Economic Understanding Through Geography*, Sheffield: The Geographical Association.

Counsell, C., 2001, Challenges facing the literacy co-ordinator, in Strong, J. (ed.), *Literacy Across the Curriculum: Making it happen*, London: Collins Educational, 14-15.

Cowie, P.M., 1978, Geography: A Value Laden Subject in Education, *Geographical Education*, 3(2), 133-146.

Cox, B., 1989, Making inquiries work in the geography classroom, in Fien J., Gerber, R. and Wilson, P., (eds.), *The Geography Teacher's Guide to the Classroom*, 2nd (ed.), Melbourne: Macmillan, 64-74.

Crang, P., 1999, Local-global, in Cloke, P., Crang, P. and Goodwin, M., (eds.), *Introducing Human Geographies*, London: Arnold, 24-34.

CSTS(Committee on Support for Thinking Spatially), 2006, *Learning to Think Spatially*, Washington, D.C.: The National Academies.

Daugherty, R. (ed.), 1989, *Geography in the National Curriculum: A Viewpoint from the Geographical Association*, Sheffield: The Geographical Association.

Daugherty, R. and Lambert, D., 1994, Teacher assessment and geography in the National Curriculum, *Geography*, 79(4), 339-349.

Daugherty, R., 1990, Assessment in Geography Curriculum, *Geography*, 75(4), 289-301.

Davidson, G., 1996, Using Ofsted criteria to develop classroom practice, *Teaching Geography*, 21(1), 11-14.

Davidson, G., 2006, Start at the beginning, *Teaching Geography*, 31(3), 105-108.

Davies, M., 2011, Concept mapping, mind mapping, argument mapping: what are the differences and do they matter?, *Higher Education*, 62(3), 279-301.

Davies, P., 1990, *Differentiation in the Classroom and in the Examination Room: Achieving the Impossible?*, Cardiff: Welsh Joint Education Committee.

Davis, F., 1986, *Books in the School Curriculum*, London: Educational Publishers Count and National Book

League.

Day, C., 2004, *A Passion for Teaching*, Oxford: Blackwell.

DES, 1975, *Language Across the Curriculum*(the Bullock Report), London: HMSO.

Dewey, J., 1910, *How to think*, MA: Heath.

Dewey, J., 1933, *How We Think: A Restatement of the Relation of Reflective Thinking to the Educative Process*, Boston: D.C. Heath and Company.

DfEE, 1999, *Geography: the National Curriculum for England*, London: DfEE.

Di Landro, C., 1993, Some Food for Thought, *Teaching Geography*, 18(4), 179.

Dicken, P., Peck, J. and Tickell, A., 1997, Unpacking the global, in Lee, R and Wills, J. (eds.), *Geographies of economies*, London: Arnold.

Dickenson, C. and Wright, J., 1993, *Differentiation: A Practical Handbook of Classroom Strategies*, Conventry: NECT.

Dick, W. and Carey, L., 1996, *The systemic design for instruction* (4th ed.), New York: Harper Collins.

Dick, W. and Reiser, R.A., 1989, *Planning effective instruction*, NJ: Prentice Hall, Inc.

Diekhoff, G.M. and Diekhoff, K.B., 1982, *Cognitive maps as a tool in communicating structural knowledge*, Educational Technology, April, 28-30.

Dikes, J. and Nichols, M. (eds.), 1988, *Low Attainers and the Teaching of Geography*, The Geographical Association and the National Association for Remedial Education.

Dobson, A., 2000, Ecological Citizenship: a disruptive influence?, in Pierson, C. and Tormey, S. (eds.), *Politics at the Edge: the PSA yearbook 1999*, New York: St. Martin's Press.

Dobson, A., 2003, *Citizenship and the Environment*, Oxford:mOxford University Press.

Dove, J., 1999, *Theory into Practice: Immaculate Misconceptions*, Sheffield: The Geographical Association.

Downs, R.M. and Stea, D., 1973, Cognitive maps and spatial behavior: process and products, In Downs, R.M. and Stea, D. (eds.), *Image and Environmental*, Chicago: Aldine.

Dowson, J., 1995, The School Curriculum, in Capel, S., Leask, M. and Turner, T. (eds.), *Learning to Teach in the Secondary School*, London: Routledge.

Driver, R. and Easley, J., 1978, Pupils and paradigms: A review of literature related to concept development in adolescent science students, *Studies in Science Education*, 5, 61-84.

Driver, R., Squires, A., Rushworth, P. and Wood-Robinson, V., 1994, *Making Sense of Secondary Science: Research into children's ideas*, London: Routledge.

Duplass, J.A., 2004, *Teaching Elementary Social Studies*, Boston: Houghton Mifflin Co.

Durbin, C., 1995, Using televisual resources in geography, *Teaching Geography*, 20(3), 118-121.

Durbin, C., 1996, Teaching Geography with televisual resources, in Bailey, P. and Fox, P. (eds.), *The Geography Teachers' Handbook*, Sheffield: The Geographical Association.

Durbin, C., 2000, Moving images in geography, in BFI, *Moving Images in the Classroom*, London: British Film Institute.

Durbin, C., 2006, Media Literacy and geographical imaginations, in Balderstone, D., (ed.), *Secondary Geography Handbook*, Sheffield: The Geographical Association, 226-237.

Edwards, G., 1996, Alternative speculation on geographical futures: Towards a postmodern perspective, *Geography*, 81, 217-224.

Egan, K., 1986, *Teaching as story telling*, The University of Chicago Press.

Eggen, P.D. and Kauchak, D., 2004, *Educational Psychology: Windows on Classroom*, 6th (ed.), Pearson Education(신종호 · 김동민 · 김정섭 · 김종백 · 도승이 · 김지현 · 서영석 옮김, 교육심리학: 교육실제를 보는 창, 2010, 학지사).

Eisner, E.W., 1969, Instructional and expressive educational objectives: their formulation and use in curriculum, *Curriculum Evaluation*, A.E.R.A. Monograph no. 3, Rand McNally.

Eisner, E.W., 1977, On the uses of educational connoisseurship and criticism for evaluating classroom life, *Teachers College Record*, 78(3), 345-358.

Eisner, E.W., 1979, *The Educational Imagination: on the design and evaluation of school programs*, New York: Macmillan.

Eisner, E.W., 1991, Taking a second look: Educational connoisseurship revisited, in Mcaughlin, M.W. and Phillips, D.C., (eds.), *Evaluation and Education: At quarter century*, Chicago: University of Chicago Press, 169-187.

Eisner, E.W., 1993, Reshaping assessment in education: some criteria in search of practice, *Journal of Curriculum Studies*, 25(3), 219-233.

Elbaz, F., 1981, The teacher's practical knowledge: Report of a case study, *Curriculum Inquiry*, 11(4), 43-71.

Elbaz, F., 1983, *Teacher Thinking: A Study of Practical Knowledge*, New York: Nichols.

Elbaz, F., 1991, Research on teacher's knowledge: The evolution of a discourse, *Curriculum Studies*, 23(1), 1-19.

Eliot, J., 1970, Children's spatial visualization, in Bacon, P. (ed.), *Focus on Geography*, 40th Year Book, National Council for the Social Studies in Education, Washington DC, USA.

EXEL, 1995, *Writing Frames*, Exter: University of Exter School of Education.

Fairgrieve, J., 1926, *Geography in School*, London: University of London Press.

Ferretti, J., 2007, *Meeting the Needs of Your Most Able Pupils: Geography*, Abingdon: A David Fulton Book.

Fielding, M., 1992, *Descriptions of learning styles*, unpublished INSET resource.

Fien, J., 1983, Humanistic geography, in Huckle, J. (ed.), *Geographical Education: Reflection and Action*, Oxford University Press, 43-55.

Fien, J., 1984, Planning and teaching a geography curriculum unit, in in Fien J., Gerber, R. and Wilson, P., (eds.), *The Geography Teacher's Guide to the Classroom*, 2nd (ed.), Melbourne: Macmillan, 248-257.

Fien, J., 1988, Skills for living: a geographical perspective, in Gerber, R. and Lidstone, J., (eds.), *Developing Skills in Geographical Education*, IGU Commission on Geographical Education, 121-128.

Fien, J., 1989, Planning and Teaching a Geography Curriculum Unit, in Fien, J., Gerber, R. and Wilson, P., (eds.), *The Geography Teacher's Guide to the Classroom*, 2nd (ed.), Melbourne: Macmillan, 346-358.

Fien, J., 1993, *Education for the Environment: Critical Curriculum Theorizing and Environmental Education*, Geelong: Deakin University Press.

Fien, J., 1999, Towards a Map of Commitment: A Socially Critical Approach to Geographical Education, *International Research in Geographical and Environmental Education*, 8(2), 140-158.

Fien J., Gerber, R. and Wilson, P., (eds.), 1984, *The Geography Teacher's Guide to the Classroom*, Melbourne: Macmillan(이경한 옮김, 1999, 열린 지리수업의 이론과 실제, 형설출판사).

Fien, J. and Gerber, R., (eds.), 1986, *Teaching Geography for a Better World*, Brisbane: Jacaranda Press/Australian Geography Teachers Association.

Fien, J. and Gerber, R., (eds.), 1988, *Teaching Geography for a Better World*, 2nd (ed.), Edinburgh: Oliver & Boyd.

Fien, J. and Slater, F., 1981, Four strategies for values education in geography, *Geographical Education*, 4(1), 39-52.

Firth, R. and Biddulph, M., 2009, Whose life is it anyway? Young People's geographies, in Mitchell, D., *Living Geography: Exciting futures for teachers and students*, Cambridge: Chris Kington Publishing, 13-28.

Firth, R., 2011, Debates about Knowledge and the Curriculum: Some Implications for Geography Education, in Butt, G. (ed.), *Geography, Education and the Future*, Continuum, London, 141-164.

Firth, R., 2013, What constitutes knowledge in geography?, in Lambert, D. and Jones, M. (eds.), *Debates in Geography Education*, London and New York: Routledge.

Fisher, K. and Lipson, J., 1986, Twenty questions about student errors, *Journal Research in Science Teaching*, 23, 783-803.

Fisher, R., 2003, *Teaching Thinking: Philosophical Enquiry in the Classroom* (2nd), Cassell.

Fisher, T., 1998, *Developing as a Geography Teacher*, Cambridge: Chris Kington Publishing.

Freeman, D. and Hare, C., 2006, Collaboration, collaboration, collaboration, in Balderstone, D. (ed.), *Secondary Geography Handbook*, Sheffield: The Geographical Association.

Freeman, D. and Morgan, A., 2009, Living in the future-education for sustainable development, in Mitchell, D., *Living Geography*, Chris Kington Publishing, Cambridge, 29-52.

Gagné, R.M., 1966, The Learning of principles, in Klausmeier, H.J. and Harris, C.W. (eds.), *Analysis of Concept Learning*, Academic Press.

Gagné, R.M., 1985, *The conditions of learning*, 4th (ed.), New York: Holt, Rinehart an Winston.

Gale, N., 1982, Some applications of computer cartography to the study of cognitive configurations, *Professional Geographer*, 34, 313-321.

Gallagher, R. and Rarish, R., 2005, *Geog.1,2,3*, Oxford: Oxford University Press.

Gardner, H., 1983, *Frames of Mind: The theory of multiple intelligences,* New York: Basic Books.

Garlake, T., 2007, Interdependence, in Hicks, D. and Holden, C., (eds), *Teaching the Global Dimension: Key principles and effective practice*, London: Routledge, 114-126.

Gerber, R., 1981, Young children's understanding of the elements of maps, *Teaching Geography*, 6(3), 128-133.

Gerber, R., 1989, Teaching graphics in geography lessons, in Fien, J. Gerber, R. and Wilson, P., (eds.), *The Geography Teacher's Guide to the Classroom*, Melbourne: Macmillan, 179-196.

Gerber, R. and Wilson, P., (eds.), 1989, *The Geography Teacher's Guide to the Classroom*, Melbourne: Macmillan.

Gersmehl, P., 2008, *Teaching Geography (2ed)*, New York: Guilford Press.

Ghaye, A. and Robinson, E., 1989, Concept maps and children's thinking: a constructivist approach, in Slater, F. (ed.), *Language and Learning in the Teaching of Geography*, London: Routledge.

Gilbert, R., 1984, *The Impotent Image: reflection of ideology in the secondary school curriculum*, Lewes: The Falmer Press.

Gilbert, R., 1988, Critical Skills in Geography Teaching, in Gerber, R. and Lidstone, J., (eds.), *Developing Skills in Geographical Education*, IGU Commission on Geographical Education, 169-171.

Gilbert, R., 1997, Issues for Citizenship in a Postmodern World, in Knnedy, K. J., (ed.), *Citizenship Education and the Modern State*, London: The Falmer Press, 65-81.

Ginnis, P., 2002, *The Teacher's Toolkit*, Carmarthen: Crown House Publishing.

Gipps, C., 1994, *Beyond Testing: Towards a Theory of Educational Assessment*, Brighton: Falmer Press.

Giroux, H. A., 1980, Critical theory and rationality in citizenship education, *Curriculum Inquiry*, 10(4), 327-336.

Goleman, D., 1996, *Emotional Intelligence: Why it can matter more than IQ*, London: Bloomsbury.

Golledge, R.G., 1977, Environmental cues, cognitive mapping and spatial behavior, In Blurke, D. et al. (eds.), *Behavior-Environment Research Methods*, Institute for Environmental Studies, University of Wisconsin, 35-46.

Golledge, R.G. and Stimson, R.J., 1997, *Spatial Behavior: A Geographic Perspective*, New York: Guilford Press.

Golley, F. B., 1998, *A Primer for Environmental Literacy*, Yale University Press.

Goodey, B., 1971, *Perceptions of the Environment*, Birmingham: Centre of Urban and Regional Studies, University of Birmingham.

Goodson, I., 1994, *Studying Curriculum,* Milton Keynes: Open University Press.

Goudie, A., Atkinson, B.W., Gregory, K.J., Simmons, I.G., Stoddart, D.R. and Sugden, D. (eds.), 1994, *The Encyclopedic Dictionary of Physical Geography*, Oxford: Blackwell.

Gouvernement du Quebec Ministere de l'ducation, 2004, *Quebec Education Program Secondary School Education,* Cyle one.

Graves, N., 1979, *Curriculum Planning in Geography*, London: Heinemann.

Graves, N., 1980, *Geography in Education*, 2nd (ed.), London: Heinemann Educational Books(이희연 옮김, 1984, 지리교육학개론, 교육과학사).

Graves, N., 1982, *New Unesco Source Book for Geography Teaching*, Essex: Longman/The Unesco Press(이경한 옮김, 1995, 지리 교육학 강의, 명보문화사).

Graves, N., 1984, *Geography in Education*, 3rd (ed.), London: Heinemann Educational Books.

Graves, N., 1997, Geographical education in the 1990s, in Tilbury, D. and Williams, M. (eds.), *Teaching and Learning Geography*, London: Routledge.

Grenyer, N., 1986, *Geography for Gifted Pupils*, London: School Curriculum Development Committee.

Gudmundsdottir, S., 1995, The narrative nature of pedagogical content knowledge, in NcEwan, H. and Egan, K. (eds.), *Narrative in teaching, learning and research*, Teachers College, Columbia University.

Guest, J., Boyle, M., Leahy, K., McALister, Y., Miles, A., Stuchbery, M. and Summerhayes, K., 2009, *Heinemann Geography 1: A narrative approach*, Melbourne: Heinemann.

Gutmann, A., 2004, Unity and diversity in democratic multicultural education: Creative and destructive tensions, in Banks, J. A. (ed.), *Diversity and citizenship education: Global perspective*, San Francisco: Jossey-Bass, 71-96.

Habermas, J., 1972, *Knowledge and Human Interests*, London: Heinemann.

Hall, D., 1989, *Knowledge and Teaching Styles in the Geography Classroom*, in Fien J., Gerber, R. and Wilson, P., (eds.), *The Geography Teacher's Guide to the Classroom*, 2nd (ed.), Melbourne: Macmillan, 10-21.

Hanson, S., 2004, Who ar "we"? An important question for geography's future, *Annals of the Association of American Geographers*, 94(4), 715-722.

Harrow, A.J., 1972, *A Taxonomy for the Psychomotor Domain*, McKay Co. Inc.

Hart, R.A., and Moore, G.T., 1973, The Development of spatial cognition, a review, in Downs, R.M. and Stea, D. (eds.), *Image and Environment*, London: Arnold.

Hartwick, E., 1998, Geographies of consumption: a commodity chain approach, *Environment and Planning D: Society and Space*, 16, 423-437.

Harvey, D., 1973, *Social Justice and City*, The Johns Hopkins University Press.

Harvey, D., 1996, *Justice, nature and the geography of difference*, Malden: Blackwell.

Hashweh M., 1986, Toward an explanation of conceptual change, *European Journal of Science Education*, 8(3), 229-249.

Hawkins, G., 1987, From awareness to participation: new directions in the outdoor experience, *Geography*, 72(3), 217-222.

Hay, D., Kinchin, I. and Lygo-Baker, S., 2008, Making learning visible: the role of concept mapping in higher education, *Studies in Higher Education*, 33(3), 295-311.

Helburn, N., 1968, The educational objectives of high school geography, *Journal of Geography*, 67(5), 274-281.

Hernandez, D., 1991, Relative representation of spatial knowledge,: The 2-D case, In Mark, D.M. and Frank, A.U. (eds), *Cognitive and Linguistics Aspects of Geographic Space*, Dordrecht: Kluwer, 373-385.

Henry Wai-chung Yeung, 2005, Rethinking relational economic geography, *Transactions of the Institute of British Geographers*, 30, 37-51.

Hicks, D., 2001, Re-examining the Future: the challenge for citizenship education, *Educational Review*, 53(3), 229-240.

Hill, A.D. and Natori, S. J., 1996, Issues-Centered Approach to Teaching Geography, in Evans, R. W. and Saxe, D. W., (ed.), *Handbook on Teaching Social Issues*, National Council for Social Studies, 167-176.

Hill, D., Dunn, J. M. and Klein, P., 1995, *Geographic Inquiry into Global Issues*, Student DataBook & Teacher's

Guide, Encyclopaedia Britannica Educational Corporation.
Hirst, P., 1974, *Knowledge and the Curriculum*, London: RKP.
Hirst, P.H. and Peters, R.S., 1970, *The Logic of Education*, London: Routledge and Kegan Paul.
Hoepper, B., 1989, Designing Worksheet to Promote Student Inquiry in Geography, in Fien J., Gerber, R. and Wilson, P., (eds.), *The Geography Teacher's Guide to the Classroom*, 2nd (ed.), Melbourne: Macmillan, 75-84.
Holloway, S., Rice, S. and Valentine, G., (eds.), 2003, *Key concepts in geography*, London: Sage
Homes, D. and Walker, M., 2006, Planning geographical fieldwork, in Balderstone, D. (ed.), *Secondary Geography Handbook*, Sheffield: The Geographical Association.
Honey, P. and Mumford, A., 1986, *The Manual of Learning Styles*, Maidenhead: Honey.
Howard, R.W., 1987, *Concepts and Schemata*, London: Cassel.
Huckle, J. (ed.), 1983, *Geographical Education: reflection and action*, Oxford: Oxford University Press.
Huckle, J., 1981, Geography and values education, in Walford, R. (ed.), *Signposts for Geography Teaching*, Harlow: Longman.
Huckle, J., 1997, Toward a critical school geography, in Tilbury, D. and Williams, M., (ed.), *Teaching and learning geography*, London: Routledge, 241-252.
Hunt, P.H. and Metcalf, L.E., 1968, *Teaching High School Social Studies: Problems in Reflective Thinking and Social Understanding* (2nd Ed.), New York: Harper & Row Publishers.
IGU, 1992, *International Charter on Geographical Education*, IGU.
Jackson, P., 1987, *Maps of Meaning*, London: Routldege.
Jackson, P., 2000, New directions in human geography, in Kent, A., (ed.), *Reflective Practice in Geography Teaching*, London: Paul Chapman Publishing, 50-56.
Jackson, P., 2006, Thinking Geographically, *Geography*, 91(3), 189-204.
Jacobs, G.M. et al., 1997, *Learning cooperative learning via Cooperative Learning*, San Clemente, CA: Kagan Cooperative Learning.
Jacobson, D., Eggen, P. and Kauchak, D., 1981, *Method for Teaching: A Skills Approach*, Columbus, OH: Merrill Publishing.
Job, D., 1996, Geography and environmental education: an exploration of perspectives and strategies, in Kent, A., Lambert, D., Naish, M. and Slater, F. (eds.), *Geography in Education: Viewpoints on Teaching and Learning*, Cambridge: Cambridge University Press, 22-49.
Job, D., 1998, *New Directions in Geographical Fieldwork* (Geography UPDATE Series), Cambridge: CUP with Queen Mary and Westfield College, University of London.
Job, D., 1999, *Beyond the Bikesheds: Fresh Approaches to Fieldwork in the School Locality*, Sheffield: The Geographical Association.
Job, D., 1999, *New Directions in Geographical Fieldwork*, Cambridge: Cambridge University Press.
Job, D., 2002, Towards Deeper Fieldwork, Smith, M. (ed.), *Aspects of Teaching Secondary Geography*, London: RoutledgeFalmer.

Johnson, D.W. and Johnson, R.T., 1989, *Cooperation and competition: Theory and research*, Edina, MN: Interaction Book Co.

Johnson, D.W. and Johnson, R.T., 1994, Pro-con Cooperative Group Strategy Structuring Academic Controversy within the Social Studies Classroom, Stahl, R. J. (ed.), *Cooperative Learning in Social Studies: A Handbook for Teachers*, NY: Addison-Wesley Publishing Company, 306-331.

Johnson, D.W. and Johnson, R.T., 1999, Making cooperative learning work, *Theory into Practice*, 38(2), 67-73.

Johnson, D.W. et al., 1981, Effects of cooperative, competitive and individualistic structures on achievement: A Meta-Analysis, *Psychological Bulletin*, 89(1), 47-62.

Johnson, D.W., Johnson, R.T. and Holubec, E., 1998, *Cooperation in the classroom*(7th ed.), Edina, MN: Interaction Book Co.

Johnson, P. and Gott, R., 1996, Constructivism and evidence from children's idea, *Science Education*, 80(5), 561-577.

Johnston, R., 1986, *On Human Geography*, Oxford: Blackwell.

Jones, F.G., 1989, Expository Teaching for Meaningful Learning in Geography, in Fien J., Gerber, R. and Wilson, P., (eds.), *The Geography Teacher's Guide to the Classroom*, 2nd (ed.), Melbourne: Macmillan, 35-43.

Jones, M., 1986, Evaluation and Assessment 11-16, in Boardman, D., (ed.), *Handbook for Geography Teachers*, Sheffield: The Geographical Association, 234-249.

Jones, M., 2009, Phase space: geography, relational thinking, and beyond, *Progress in Human Geography*, 33(4), 487-506.

Joseph, K., 1985, Geography in the school curriculum, *Geography*, 70(4), 290-298.

Joyce, B. and Weil, M., 1980, *Models of Teaching*, 2nd (ed.), Englewood Cliffs, New Jersey: Prentice Hall.

Joyce, B.R., Weil, M. and Calhoun, E., 2006, *Models of teaching* (7th ed.), Boston: Allyn and Bascon.

Kagan, S., 1985, Co-op Co-op: A flexible cooperative learning technique, in Slavin, R. E. (ed.), *Learning to cooperate, cooperating to learn*, NY: Plenum Press.

Kagan, S., 1994, *Cooperative learning*, San Juan Capistrano, CA: Kagan Cooperative Learning(기독초등학교 협동학습 연구모임 옮김, 1999, 협동학습, 서울: 디모데).

Kalafsky, R., and Conner, N., 2014, Examining the Geographies of Supply Chains in Introductory Coursework, *Journal of Geography*, DOI: 10.1080/00221341.2014.938685

Kemmis, S., Cole, P. and Suggett, D., 1983, *Orientations to Curriculum and Transition: Towards the Socially-Critical School*, Melbourne: Victorian Institute for Secondary Education.

Kent, M., Gillderstone, D. and Hunt, C., 1997, Fieldwork in geography teaching: A critical review of the literature and approaches, *Journal of Geography in Higher Education*, 21(3), 313-332.

Kincheloe, J. and Steinberg, S., 1998, *Unauthorized Methods: Strategies for Critical Teaching*, London: Routledge.

Kinder, A. and Lambert, D., 2011, The National Curriculum Review: what geography should we teach?, *Teaching Geography*, 36(3), 93-95.

King, S., 1999, Using questions to promote learning, *Teaching Geography*, 24(4), 169-172.

Kitchin, R. and Blades, M., 2002, *The Cognition of Geographic Space*, London: I.B.Tauris.

Knox, P. and Pinch, S., 2009, *Urban Social Geography: An Introduction*, Routledge (박경환 · 류연택 · 정현주 · 이용균 옮김, 2012, 도시사회지리학의 이해, 시그마프레스).

Kohlberg, L. and Turiel, E., 1971, Moral Development and Moral Education, In Lesser, G.S. (ed.), *Psychology and Educational Practice,* Glenview, IL: Scott, Foresman & Company, 410-465.

Kohlberg, L., 1981, *The Philosophy of Moral Development*, Harper & Row(김민남 · 김봉소 · 진미숙 옮김, 2000, 도덕발달의 철학, 교육과학사).

Kolb, D., 1976, *Learning Style Inventory: Technical Manual*, Boston: McBer and Company.

Krathwohl, D.R., Bloom, B.S. and Masia, B.B, 1964, *Taxonomy of Educational Objectives, Handbook II: Cognitive Domain*, Longman.

Krathwohl. D.R., 2002, A revision Bloom's taxonomy: An overview, *Theory into Practice*, 41(4), 212-218.

Kuiper, J., 1994, Student ideas of science concepts: alternative frameworks, *International Journal of Science Education*, 80(5), 561-577.

Kymlicka, W., 1995, Multicultural Citizenship: A Liberal Theory of Minority Rights, Oxford: Oxford University Press.

Kyriacou, C., 1986, *Effective Teaching in Schools: Theory and Practice*, Oxford: Basil Blackwell.

Kyriacou, C., 1991, *Essential Teaching Skills*, Oxford: Basil Blackwell.

Kyriacou, C., 1997, *Essential Teaching Skills*, 2nd ed., Cheltenham: Stanley Thornes.

Kyriacou, C., 2007, *Essential Teaching Skills*, Cheltenham: Nelson Thornes.

Lambert, D., 1997, Principles of pupil assessment, in Tilbury, D. and Williams, M. (eds.), *Teaching Learning in Geography*, London: Routledge, 255-265.

Lambert, D., 2004, Geography, in White, J. (ed.), *Rethinking the School Curriculum: Values, aims and purposes*, London: RoutledgeFalmer.

Lambert, D., 2007, Curriculum making, *Teaching Geography*, 32(1), 9-10.

Lambert, D., 2011, Reviewing the case for geography, and the "knowledge turn" in the English National Curriculum, *Curriculum Journal*, 22(2), 243-264.

Lambert, D. and Balderstone, D., 2000, *Learning to Teach Geography in the Secondary School*, London: Routledge.

Lambert, D. and Balderstone, D., 2010, *Learning to Teach Geography in the Secondary School*, 2nd (ed.), London: Routledge.

Lambert, D. and Morgan, J., 2010, *Teaching Geography 11-18: A Conceptual Approach*, Open University Press.

Lambert, D., 1996, Assessing pupil attainment, in Kent, A., Lambert, D., Naish, M. and Slater, F. (eds.), *Geography in Education: Viewpoints on Teaching and Learning*, Cambridge: Cambridge University Press.

Latour, B., 1993, *We Have Never Been Modern*, Harvard University Press (홍철기 옮김, 2009, 우리는 결코 근대인이었던 적이 없다, 갈무리).

Lauritzen, C. and Jager, M., 1997, *Integrating Learning Through Story: The Narrative Curriculum*, Thomson

Learning Inc.

Laws, K., 1984, Teaching the gifted student in geography, in Fien J., Gerber, R. and Wilson, P., (eds.), *The Geography Teacher's Guide to the Classroom*, Melbourne: Macmillan, 226-234.

Leadbeater, 2008, *We-think: Mass Innovation not Mass Production*, London: Profile.

Leask, M., 1995, Teaching styles, in *Learning to Teach in the Secondary School a Companion to School Experience*, London: Routledge, 245-254.

Leat, D., 1997, Cognitive acceleration in geographical education, in Tilbury, D. and Williams, M. (eds.), *Teaching and Learning Geography*, London: Routledge.

Leat, D., 1998, *Thinking through Geography*, Cambridge: Chris Kington Publishing(조철기 옮김, 2012, 사고기능 학습과 지리수업 전략, 교육과학사).

Leat, D. and Chandler, S., 1996, Using concept mapping in geography teaching, *Teaching Geography*, 21(3), 108-112.

Leat, D. and McAleavy, T., 1998, Critical thinking in the humanities, *Teaching Geography*, 23(3), 112-114.

Lee, 1980, Pop and the teacher: some uses and problems, in Vulliamy, G. and Lee, E. (eds.), *Pop Music in School*, Cambridge: Cambridge University Press, 158-174.

Lee, T., 1968, Urban neighborhood as a social-spatial schema, *Human Relations*, 21, 241-262.

Libbee, M. and Stoltman, J., 1994, Geography Within the Social Studies Curriculum, in Natoli, S. J., (ed.), *Strengthening Geography in the Social Studies*, National Council for the Social Studies, 22-41.

Lidstone, J., (ed.), 1995, *Global Issues of our Time*, Cambridge University Press.

Lidstone, J., 1992, In Defence of Textbooks, in Naish, M., (ed.), *Geography and Education*, Institute of Education, University of London, 177-193.

Lipman, M., 2003, *Thinking in Education (2nd ed.)*, Cambridge: CUP.

Lloyd, R., 1982, A look at images, *Annals of the Association of American Geographers*, 72, 532-548.

Lohman, D.F., 1979, *Spatial Ability: Review and Re-analysis of the Correlational Literature. Aptitude Research Project, Report #8*, Stanford University, CA: Press Stanford.

Longacre, E., 1976, *An Anatomy of Speech Notions*, Lisse: Peter De Ridder.

Lowenthal, D., 1961, Geography, experience and imagination: toward a geographical epistemology, *Annals, AAG*, 60, 241-260.

Lunzer, E. and Gardner, K., 1979, *The Effective Use of Reading*, Oxford: Heinemann.

Lynch, K., 1960, *The Image of the City*, Cambridge, MA: MIT Press.

Machon, P. and Walkington, H., 2000, Citizenship: the role of geography?, in Kent, A., (ed.), *Reflective Practice in Geography Teaching*, London: Paul Chapman Publishing, 179-191.

Mackintosh, M., 2004, Images in geography: using photographs, sketches and diagrams, in Scoffham, S.(ed.), *Primary Geography Handbook*, Sheffield: The Geographical Association, 121-133.

Marchant, E.C. (ed.), 1971, *The Teaching of Geography at School Level*, Council of Europe, Harrap.

Marland, M., 1993, *The Craft of the Classroom*, London: Heinemann.

Marsden, B., 2001, Citizenship education: permeation or pervasion?, in Lambert, D. and Machon, P., (eds.), *Citizenship through Secondary Geography*, RoutledgeFalmer, 11-30.

Marsden, W., 1989, All in a good cause: geography, history and the politicization of the curriculum in nineteenth and twentieth century England, *Journal of Curriculum Studies*, 21(6), 509-526.

Marsden, W., 1992, Cartoon geography: the new stereotyping?, *Teaching Geography*, 17(3), 128-130.

Marsden, W., 1995, *Geography 11-16: Rekindling Good Practice*, London: David Fulton.

Marsden, W., 2001, *The School Textbook: Geography, History and Social Studies,* London: Woburn Press.

Martin, F. and Owens, P., 2011, Well, what do you know? The forthcoming curriculum review, *Primary Geography*, Summer, 28-29.

Martin, F., 2006, *Teaching Geography in Primary Schools*, Cambridge: Chris Kington Publishing.

Marton, F. and Saljo, R., 1976, On qualitative differences in learning - 1: Outcome and process, *British Journal of Educational Psychology*, 46, 4-11.

Martorella, P.H., 1991, *Concept learning in the social studies: Models for structuring curriculum*, Intext Educational Publishers.

Massey, D., 1991, A global sense of place, *Marxism Today*(June), London: Arnold.

Massey, D., 2005, *For Space*, Sage, London.

Masterman, L., 1984, Introduction, in Masterman, L. (ed.), *Television Mythologies: Stars, Shows and Signs*, Comedia/MK Media Press, 1-6.

Masterman, L., 1985, *Teaching the Media*, London: Comedia.

Maton, K. and Moore, R. (eds.), 2010, *Social Realism, Knowledge and the Sociology of Education*, London: Continuum.

Matthews, H., 1992, *Making Sense of Place: Children's understanding of large-scale environments*, Hemel Hempstead: Harvester Wheatsheaf.

Matthews, J.A. and Herbert, D.T., 2004, *Unifying Geography: Common Heritage, Shared Future*, London, Routledge.

Matthews, M., 1984, Environment cognition of young children: images of journey to school and home area, *Transactions of the Institute of British Geographers*, 9, 89-105.

Maude, A. M., 2014, Developing a national geography curriculum for Australia, *International Research in Geographical and Environmental Education*, 23(1), 53-63.

May, S. and Richardson, P., 2005, *Managing Safe and Successful Fieldwork*, Sheffield: The Geographical Association/Field Studies Council.

Maye, B., 1984, Developing valuing and decision making skills in the geography classroom, in Fien, J., Gerber, R. and Wilson, P., (ed.), *The Geography Teacher's Guide to the Classroom*, Melbourne: Macmillan. 29-43.

Mayer, R.E., 2004, Should There Be a Three-Strikes Rule Against Pure Discovery Learning?, *American Psychologist*, 59(1), 14-19.

Mayer, R.E., 2004, Should there be a three-strikes rule against discovery learning? A case for guided methods of instruction, *American Psychologist*, 95(4), 833-846.

McDowell, L., 1994, The transformation of cultural geography, in Gregory D., Martin, R. and Smith, G. (eds.), *Human Geogrpahy: Society, Space, and Social Science*, London: Routledge.

McElroy, B., 1988, Learning geography: a route to political literacy, In Fien, J. and Gerber, R. (eds.), *Teaching Geography for a Better World*, Harlow: Longman.

McEwen, N., 1986, Phenomenology and the curriculum: the case of secondary-school geography, in Taylor, P. (ed.), *Recent Developments in Curriculum Studies*, Windsor: NFER-Nelson, 156-167.

Mcgee, M.G., 1979, Human Spatial Abilities: Psychometric Studies and Environmental, Generic, Hormonal, and Neurological Influences, *Psychological Bulletin*, 86(5), 889-918.

McLaren, 1998, Culture or canon? Critical pedagogy and the politics of literacy, *Harvard Educational Review*, 58(1), 211-234.

McPartland, M., 1998, The use of narrative in geography teaching, *The Curriculum Journal*, 9(3), 341-355.

McPartland, M., 2001, Geography, citizenship and the local community, *Teaching Geography*, 26(2), 61-66.

McPartland, M., 2001, *Theory into Practice: Moral Dilemmas*, Sheffield: The Geographical Association.

McPartland, M., 2006, Strategies for approaching values education, in Balderstone, D. (ed.), *Secondary Geography Handbook*, Sheffield: The Geographical Association, 170-179.

Meece, J.L., 2002, *Child and adolescent development for educators* (2nd ed.), New York: McGraw-hill.

Mercer, N., 1995, *The Guide Construction of Knowledge*, Clevedon: Multilingual Matters Ltd.

Mercer, N., 2000, *Words and Minds*, London: Routledge.

Michael, W.G., Guilford, J.P., Fruchter, B., and Zimmerman, W.A., 1957, The Description of Spatial-Visualization Abilities, *Education and Psychological Measurement*, 17, 185-199.

Miller, J. and Seller, W., 1985, *Curriculum, perspectives and practice*, New York: Longman.

Miller, J.P., 1983, *The Educational Spectrum: Orientations to Curriculum*, New York: Longman.

Mills, W., 1959, *The Sociological Imagination*, New York: Oxford University Press.

Ministere de I'Education, 2004, *Québec Education Program: Secondary school education*, cycle one.

Moore, A., 2000, *Teaching and Learning: Pedagogy, Curriculum and Culture*, London: RoutledgeFalmer.

Morgan, J., 1996, What a Carve Up! New times for geography teaching, in Kent, A., Lambert, D., Naish, M. and Slater, F., 1996, *Geography in Education: Viewpoints on Teaching and Learning*, London: Cambridge University Press, 50-70.

Morgan, J., 2002, Teaching Geography for a Better World? The Postmodern Challenge and Geography Education, *International Research in Geographical and Environmental Education*, 11(1), 15-29.

Morgan, J., 2003, Teaching Social Geographies: Representing Society And Space, *Geography*, 88(2), 124-134.

Morgan, J., 2011, Knowledge and the school geography curriculum: a rough guide for teachers, *Teaching Geography*, Autumn, 90-92.

Morgan, J. and Lambert, D., 2005, *Geography: Teaching School Subjects 11-19*, London: Routledge(조철기 옮김, 2012, 지리교육의 새 지평: 포스트모더니즘과 비판지리교육, 논형).

Murdoch, J., 2006, *Post-structuralist geography: A guide to relational space*, London: Sage.

Naish, M., 1982, Mental Development and The Learning of Geography, in Graves, N., 1982, *New Unesco Source Book for Geography Teaching*, Longman/The Unesco Press.

Naish, M., 1988, Teaching styles in geographical education, in Gerber, R. and Lidstone, J. (ed.), *Developing Skills in Geography Education*, Brisbane: IGU Commission on Geographical Education/Jacaranda Press, 11-19.

Naish, M., 1997, The scope of school geography: a medium of education, in Tilbury, D. and Williams, M. (eds.), *Teaching and Learning Geography*, London: Routledge.

Naish, M., Rawling, E. and Hart, C., 1987, *Geography 16-19. The Contribution of a Curriculum Project to 16-19 Education*, Harlow: Longman.

Naish, M., Rawling, E. and Hart, C., 2002, The enquiry-based approach to teaching and learning Geography, in Smith, M., (ed.), *Teaching Geography in Secondary Schools: A Reader*, London: RoutledgeFalmer, 63-69.

Nash, P., 1997, Card sorting activities in the geography classroom, *Teaching Geography*, 22(1), 22-25.

Neisser, U., 1976, *Cognition and Reality*, San Francisco: Freeman.Newmann, F.M., 1991, Classroom Thoughtfulness and Students' Higher Order Thinking: Common Indicators and Diverse Social Studies Courses, Final Deliverable.

Nelson, B.D., Aron, R.H. and Francek, M.A., 1992, Clarification of Selected Misconceptions in Physical Geography, *Journal of Geography*, 92(2), 76-80.

Newman, F.M., 1970, *Clarifying Public Controversy: An Approach to Teaching Social Studies*, Boston: Little Brown and Co.

Nichols, A. and Kinninment, D., 2001, *More Thinking through Geography*, Cambridge: Chris Kington Publishing.

Nichols, A., 1996, Who's to Blame for Sharpe Point Flats? in *Northumberland 'Thinking Skills' in the Humanities Project: A Report on the First Year 1995-96*, Northumberland Advisory/Inspection Division.

Novak, J., 2010, *Learning, Creating and Using Knowledge: Concept maps as facilitative tools in schools and corporations*, London: Routledge.

Novak, J.D., 1977, *A theory of education*, Ithaca: Cornell University Press.

Novak, J.D. and Cañas, A.J., 2008, The theory underlying concept maps and how to construct them, *Technical Report IHMC Cmap Tools* 2006-01 *Rev* 01-2008.

Novak, J.D. and Gowin, D.B., 1984, *Learning how to learn*, Cambridge: Cambridge University Press.

Oakeshott, M., 2001, Learning and Teaching, in Fuller, T.(ed.), *The Voice of Liberal Learning*, Indianapolis: Liberty Fund, *35-61*.

OFSTED, 1995, *Geography. A Review of Inspection Findings 1993/4*, London: TSO.

Oliver, D.W. and Shaver, J.P., 1966, *Teaching Public Issues in the High School*, Boston: Houghton Mifflin Co.

O'Riordan, T., 1976, *Environmentalism*, London: Pion.

Orr, D., 1992, *Ecological Literacy: Education and the Transition to A Postmodern World*, Stage University of New

York Press.

Osborne, R.J., Bell, B.F. and Gilbert, J.K., 1983, Science teaching and children's views of the world, *European Journal of Science Education*, 5(1), 1-14.

Oxfam, 1997, *A curriculum for Global Citizenship*, Oxford: Oxfam.

Oxfam, 2006, Teaching controversial issues, *Global Citizenship Guides*, Oxford: Oxfam.

Paivio, A., 1986, *Mental representations: A dual-coding approach*, New York: Oxford University Press.

Paivio, A., 1991, Dual Coding Theory: Retrospect and current status, *Canadian Journal of Psychology*, 45(3), 255-287.

Paivio, R.E. and Sims, 1994, For whom is a picture worth a thousand words Extension of a dual-coding theory of multimedia learning, *Journal of Educational Psychology*, 86(3), 389-401.

Panelli, R. and Welch, R., 2005, Teaching research through field studies: A cumulative opportunity for teaching methodology to human geography undergraduates, *Journal of Geography in Higher Education*, 29(2), 255-277.

Pantiz, T., 1996, *A definition of collaborative vs cooperative learning*, http://www.city.londonmet.ac.uk/delibrations/collab.learning/panitz2.html.

Parry, L., 1996, The geography teacher as curriculum decision maker: perspectives on reflective practice and professional development, in Gerber, R. and Lidstone, J. (eds), *Developments and directions in geographical education*, Clevedon: Channel View Publications, 53-62.

Perkins, D., 1996, *Outsmarting IQ: The Emerging Science of Learnable Intelligence*, Cambridge, MA: Harvard University Press.

Pepper, D., 1984, *The Roots of Modern Environmentalism*, London: Routledge.

Peters, R.S., 1965, *Education as Initiation Inaugural Lecture*, London: Institute of Education, University of London.

Peters, R.S., 1966, *Ethics and Education*, London: George Allen and Unwin(이홍우·조영태 옮김, 2003, 윤리학과 교육(수정판), 교육과학사).

Piaget, J. and Inhelder, B., 1948, *The child's conception of space*, London: Routledge & Kegan Paul.

Piaget, J., 1929, *The Child's Conception of the World*, London: Routledge & Kegan Paul.

Piaget, J., 1930, *The Child's Conception of Physical Causality,* London: Kegan Paul/Trench, Trubner & Co.

Piaget, J., 1964, Development and learning, in Ripple, R. and Rockcastle (eds.), *Piaget rediscovered*, NY: Cornell University Press, 7-20.

Piaget, J., 1965/1995, *Sociological Studies*, New York: Routledge.

Piaget, J., 1969, *Science of education and the psychology of the child*, New York: Viking.

Pinar, W.F., (eds.), 1975, *Curriculum theorizing: The reconceptualists*, Berkeley: McCutchan.

Pocock, D.C.D., 1973, Environmental perception: process and product, *Tijdschrift Voor Econmische en Social Geografie*, 64, 251-257.

Polanyi, M., 1958, *Personal Knowledge: Towards a Post-Critical Philosophy*(표재명·김봉미 옮김, 2001, 개인적 지식: 후기비판적 철학을 향하여, 아카넷).

Polkinghorne, D., 1988, *Narrative knowing and the human science*, State University of New York Press.

Potter, C. and Scoffham, 2006, Emotional Maps, *Primary Geography*, Summer, 20-21.

Pring, R., 1973, *Objectives and innovations: the irrelevance of theory*, London Educational Review, 2, 3.

Putnam, J.W., 1995, Cooperative learning for inclusion, In Hick, P., Kershner, R.B, Kershner, R., and Farrell, P., *Psychology for Inclusive Education: New Directions in Theory and Practice*, London: Taylor & Francis, 81-95.

QCA, 2001, Citizenship: *A scheme of work for key stage 3*, Teachers' Guide, London: QCA.

QCA, 2007, *Geography: Programme of Study for key stage 3 and attainment target*, QCA, London.(www.qca.org.uk/curriculum)

Ranger, G., 1995, Choosing Places, *Teaching Geography*, 20(2), 67-68.

Raths, J.D., 1971, Teaching without specific objectives, *Educational Leadership*, April: 7, 20.

Raths, L.M., Harmin, M., Simon, S.B., 1978, *Value and Teaching*, 2nd (ed.), Columbus: Charles E. Merrill.

Rawding, C., 2013, *Effective Innovation in the Secondary Geography Curriculum: A Practical Guide*, London: Routldege.

Rawling, E., 1987, Geography 11-16: criteria for geographical content in the secondary school curriculum, in Bailey, P. and Binns, T. (eds.), *A Case for Geography*, Sheffield: The Geographical Association.

Rawling, E., 1991, Geography and cross curricular themes, *Teaching Geography*, 16(4), 147-154.

Rawling, E., 1991, Making the most of the National Curriculum, *Teaching Geography*, 16(3), 130-131.

Rawling, E., 1996, The impact of the National Curriculum on school based curriculum development in geography, in Kent, A., Lambert, D., Naish, M. and Slater, F. (eds.), *Geography in Education: Viewpoints on Teaching and Learning*, Cambridge: Cambridge University Press, 100-132.

Rawling, E., 2000, Ideology, politics and curriculum change: Reflections on school geography 2000, *Geography*, 85(3), 209-220.

Rawling, E., 2001, *Changing the Subject: The impact of national policy on school geography 1980-2000*, Sheffield: The Geographical Association.

Rawling, E., 2007, *Planning your Key Stage 3 Geography Curriculum*, Sheffield: The Geographical Association.

Rawling, E., 2008, Planning Your Key Stage 3 Curriculum, *Teaching Geography*, 33(3), 114-119.

Reid, A., 1996, Exploring values in sustainable development, *Teaching Geography*, 21(4), 168-171.

Reid, J., Forrestal, P. and Cook, J., 1989, *Small Group Learning in the Classroom*, Scarborough: Chalk Face Press.

Reigeluth, C.M., 1987, *Instructional theories in action: lessons illustrating selected theories and models*, L. Erlbaum Associates.

Renwick, M., 1985, *The Essentials of GYSL*, Sheffield City Polytechnic, GYSL National Center.

Rider, R. and Roberts, R., 2001, Improving essay writing skills, *Teaching Geography*, 26(1), 27-29.

Roberts, M., 1986, Talking, reading and writing, in Boardman, D., (ed.), *Handbook for Geography Teachers*, Sheffield: The Geographical Association, 68-78.

Roberts, M., 1996, Teaching styles and strategies, in Kent, A., Lambert, D., Naish, M. and Slater, F. (eds.), *Geography in Education: Viewpoints on Teaching and Learning*, Cambridge: Cambridge University Press, 231-259.

Roberts, M., 1997, Curriculum planning and course development: a matter of professional judgement, in Tilbury, D. and Williams, M. (eds.), *Teaching and Learning Geography*, London: Routledge.

Roberts, M., 1998, The nature of geographical enquiry at key stage 3, *Teaching Geography*, 23(4), 164-167.

Roberts, M., 2002, Curriculum planning and course development, in Smith, M. (ed.), *Teaching Geography in Secondary Schools*, London: The Open University, 70-82.

Roberts, M., 2002, Curriculum planning and course development: a matter of professional judgement, in Tilbury, D. and Williams, M. (eds), *Teaching and Learning Geography*, London: Routledge.

Roberts, M., 2003, *Learning through enquiry: Making Sense of Geography in the Key Stage3 Classroom*, Sheffield: The Geographical Association.

Roberts, M., 2006, Geographical Enquiry, in Balderstone, D. (ed.), *Secondary Geography Handbook*, Sheffield: The Geographical Association.

Roberts, M., 2013, *Geography Through Enquiry*, Sheffield: Geographical Association, 141-147.

Robinson, R., 1987, Discussing photographs, in Boardman, D. (ed.), *Handbook for Geography Teachers*, Sheffield: The Geographical Association.

Robinson, R., 1995, Enquiry and Connections, *Teaching Geography*, 202(2), 71-73.

Robinson, R. and Serf, J.(eds.), 1997, *Global Geography: Learning through Development Education at Key Stage 3*, Birmingham: GA/DEC.

Rogers, P., Introduction, Rogers, P. (ed.), 1981, *Islam in History Textbooks,* London: University of London/School of African and Oriental Studies.

Romey, W.D. and Elberty, Jr., W., 1984, On being a geography teacher in the 1980s and beyond, in Fien, J., Gerber, R. and Wilson, P., (ed.), *The Geography Teacher's Guide to the Classroom*, Melbourne: Macmillan, 306-316.

Rosaldo, R., 1997, Cultural citizenship, inequality, and multiculturalism, in Florres, W.V. and Benmayor, R. (eds.), Latino Cultural Citizenship: Claiming Identity, Space, and Rights, Boston: Beacon, 27-28.

Rose, G., 2001, *Visual methodologies*, London: Paul Chapman Publishing.

Ross, E.W., 1994, Teacher as Curriculum Theorizers, in Ross, E.W. (ed.), *Reflective Practice in Social Studies*, NCSS, Bulletin No.88.

Ruddock, J., 1983, *The Humanities Curriculum Project: An Introduction*, Norwich: University of East Anglia.

Rychen D.S. & Salganki, L.H. (eds.), 2001, *Defining and selecting key competencies*, Fourth General Assembly of the OECD Educational Indicators Programme.

Ryle, G., 1949, *The Concept of Mind*, New York: Barnes & Nobles, Inc.

Sadler, R., 1989, Formative assessment and the design of instructional systems, *Instructional Science*, 18, 119-144.

SCAA, 1997, *Curriculum, Culture and Society*, London: SCAA.

Schmidt, H., Rotgans, J. and Yew, E., 2011, The Process of problem-based learning: what works? and why?, *Medical Education*, 45, 792-806.

Schön, D.A., 1983, *The reflective practitioner: How professionals think in action*, N.Y.: Basic Books.

Schön, D.A., 1987, *Educating the Reflective Practitioner: Toward a New Design for Teaching and Learning in the Professions*, San Francisco: Jossey-Bass.

Schön, D.A., 1991, *The Reflective Turn: Case Studies In and On Educational Practice*, New York: Teachers College Press.

Schunk, D.H., 2004, *Learning Theories: An Educational Perspective*, 4th (ed.), Pearson Education, (노석준·소효정·오정은·유병민·이동훈·장정아 옮김, 2006, 교육적 관점에서 본 학습이론, 아카데미프레스).

Scoffham, P., 2011, Core knowledge in the revised curriculum, *Geography*, 96(3), 124-130.

Scoffham, S. (ed.), 2013, *Teaching Geography Creatively*, Routledge.

Self, C.M. and Golledge, R.G., 1994, Sex-Related Differences in Spatial Ability: What every geography educator should know, *Journal of Geography*, 93(5), 234-243.

Shaftel, F.R. and Shaftel, G., 1982, *The Role of Playing in Social Intellectual Development*, Oxford: Oxford University Press.

Sharan, S. and Sharan, Y., 1976, *Small group teaching*, NJ: Educational Technology Publication.

Sharan, S. and Sharan, Y., 1989, Group investigation expands cooperative learning, *Educational Leadership*, 47(4), 17-21.

Sharan, S. and Sharan, Y., 1992, *Expanding Cooperative Learning through Group Investigation*, NY: Teachers College Press.

Sharan, S., 1980, Cooperative learning in small groups: Recent methods and effects on achievement and ethnic relations, *Review of Education Research*, 50, 241-271.

Shayer, M. and Adey, P., 2002, *Learning intelligence: Cognitive acceleration across the curriculum demand*, London: Heinemann Educational Books.

Shulman, L.S., 1986, Those who understand: knowledge growth in teaching, *Educational Researcher*, 15(2), 4-14.

Shulman, L.S., 1987, Knowledge and Teaching: Foundations of the New Reform, *Harvard Educational Review*, 57(1), 1-22.

Shurmer-Smith, P., 2002, *Doing Cultural Geography*, London: Sage.

Sibley, S., 2003, *Teaching and Assessing Skills in Geography*, Cambridge International Examinations.

Skemp, R., 1987, *The Psychology Learning Mathematics*, Routledge, London(황우혁 옮김, 2000, 수학학습심리학, 사이언스북).

Skilbeck, M., 1982, Three educational ideologies, in Horton, T. and Raggatt, (eds.), *Challenge and Change in the Curriculum*, London: Hodder and Stoughton.

Slater, F. (ed.), 1989, *Language and Learning in the Teaching of Geography*, London: Routledge.

Slater, F., 1970, *The Relationship between Levels of Learning in Geography, Piaget's Theory of Intellectual Development and Bruner's Teaching Hypothesis*, Australia: Geographical Education AGTA.

Slater, F., 1982, *Learning Through Geography*, London: Heinemann Educational Books.

Slater, F., 1986, Steps in planning, in Boardman, D. (ed.), *Handbook for Geography Teachers*, Sheffield: The Geographical Association, 41-55.

Slater, F., 1988, Teaching style?, A case study of post graduate teaching students observed, in Gerber, R. and Lidstone, J. (ed.), *Developing Skills in Geography Education*, Brisbane: IGU Commission on Geographical Education/Jacaranda Press.

Slater, F., 1992, ...to Travel With a Different View, in Naish, M., (ed.), *Geography and Education*, Institute of Education, University of London, 97-113.

Slater, F., 1993, *Learning Through Geography*, National Council For Geographic Education.

Slater, F., 1994, Education through geography: knowledge, understanding, values and culture, *Geography*, 79(2), 147-163.

Slater, F., 1996, Illustrating research in geography education, in Kent, A., Lambert, D., Naish, M. and Slater, F., (eds), *Geography in Education: Viewpoints on Teaching and Learning*, London: Cambridge University Press, 291-320.

Slater, F., 1996, Values: toward mapping their locations in a geography education, in Kent, A., Lambert, D., Naish, M. and Slater, F., (eds.), *Geography in Education: Viewpoints on Teaching and Learning*, Cambridge University Press, London, 200-230.

Slavin, R.E., 1980, Cooperative Learning, *Review of Educational Research*, vol.50.

Slavin, R.E., 1986, *Using student team learning*, Baltimore, John Hopkins University: Center for Research on Elementary and Middle Schools.

Slavin, R.E., 1989, Cooperative learning and student achievement, in Slavin, R. E. (ed.), *School and Classroom Organization*, Hillsdale, N.J.: Erlbaum.

Slavin, R.E., 1990, *Cooperative Learning: Theory, Research and Practice*, Englewood Cliffs, N.J.: Prentice Hall.

Slavin, R.E., 1995, *Co-operarive Learning*, Needham Height MA: Allyn and Bacon.

Smith, P., 1997, Standards achieved: a review of geography in secondary schools in England, 1995-96, *Teaching Geography*, 22(3), 123-124.

Smuts, J.C., 1926, *Holism and evolution*, New Yor: Macmillan.

Solomon, J., 1994, The rise and fall of constructivism, *Studies in Science Education*, 22, 1-19.

Steinbrink, J.E. & Stahl, R.J., 1994, JigsawIII=Jigsaw+Cooperative Test Review: Applications to the social studies Classroom In Cooperative Learning in Social Studies: A Handbook for Teachers, edited by R. J. Stahl, New York: Addison-Wesley Publishing, Company, 134.

Steiner, C. and Perry, P., 1997, *Achieving Emotional Literacy*, London: Bloomsbury.

Stenhouse, L., 1975, *An Introduction to Curriculum Research and Development*, London: Heinemann.

Stevens, S., 2001, Fieldwork as commitment, *The Geographical Review*, 91, 66-73.

Stlyles, E., 1972, Affective educational objectives and a technique for their measurement in secondary school school geography, *Geographical Education*, 1(4).

Stimpson, P., 1994, Making the most of discussion, *Teaching Geography*, 19(4), 154-157.

Stimpson, P., 1996, Reconceptualising Assessment in Geography, in Gerber, R. and Lidstone, J. (eds.), *Developments and Directions in Geographical Education*, Channel View Publications, 117-128.

Stradling, R., et al., 1984, *Teaching Controversial Issues*, Arnold.

Sunley, P., 2008, Relational economic geography: a partial understanding or new paradigm?, *Economic Geography*, 84(1), 1-26.

Taba, H., 1962, *Curriculum Development: Theory and Practice*, Harcourt, Brace.

Taylor, R., 2004, *Re-presenting Geography*, Cambridge: Chris Kington Publishing(조철기 · 김갑철 · 이하나 옮김, 2012, 교실을 바꿀 수 있는 지리수업 설계, 교육과학사).

Tanner, J., 2004, Geography and the Emotions. in Scoffham, S. (ed.) *Primary Geography Handbook.* Sheffield: The Geographical Association, 35-47.

Tanner-Bisset, R., 2001, *Expert Teaching: Knowledge and Pedagogy to lead the Profession*, David Fulton.

Taylor, L., 2008, Key concepts and medium term planning, *Teaching Geography*, 33(2), 50-54.

Thelen, H., 1960, *Education and the Human Quest*, NY: Harper & Row.

Thompson, L. and Clay, T., 2008, Critical literacy and the geography classroom: including gender and feminist perspectives, *New Zealand Geographer*, 64, 228-233.

Tide~, 1995, *Development compass rose*, Birmingham: DEC.

Tide~, 1995, *Development Compass Rose: a consultation pack*, Birmingham: DEC.

Tolley, H. and Biddulph, M. and Fisher, T., 1996, *Beginning Initial Teacher Training*, Cambridge: Chris Kington Publishing.

Tolley, H. and Reynolds, J.B., 1977, *Geography 14-18. A Handbook for School-based Curriculum Development*, Basingstoke: Macmillan Education.

Tolman, E.C., 1948, Cognitive maps in rats and men, *Psychological Review*, 55, 189-208.

Torrance, E.P., 1966, *Torrance tests of creative thinking—norms technical manual research edition—verbal tests, forms A and B—figural tests, forms A and B,* Princeton: Personnel Pres. Inc.

Traves, P., 1994, Reading, in Brindley, S. (ed.), *Teaching English*, London: Routledge, 91-97.

Tyler, R., 1949, *Basic Principle of Curriculum and Instruction*, Chicago: University of Chicago Press.

Underwood, B.L., 1971, *Aims in Geographical Teaching and Education 1870-71*, unpublished M.A. dissertation University of Sussex.

Vygotsky, L.S., 1962, *Thought and Language*, Cambridge, MA: MIT Press.

Vygotsky, L.S., 1978, *Mind in society: The development of higher mental process*, Cambridge, MA: Harvard University Press.

Vygotsky, L.S., 1986, *Thought and Language*, Cambridge, MA: MIT Press.

Walford, R., 1981, Language, ideologies and geography teaching, in Walford, R., (ed.), *Signposts for Geography Teaching*, London: Longman, 215-222.

Walford, R., 1987, Games and simulations, in Boardman, D. (ed.), *Handbook for Geography Teachers*, Sheffield: The Geographical Association.

Walford,R., 1991, *Role-play and the Environment*, London: English Nature.

Walford, R., 1991, *Viewpoints on Geography Teaching*, London: Longman.

Walford, R., 1995, Geographical textbooks 1930-1990: the strange case of the disappearing text, *Paradigm*, 18, 1-11.

Walford, R., 1996, The simplicity of simulation, in Bailey, P. and Fox, P. (eds.), *Geography Teachers' Handbook*, Sheffield: The Geographical Association.

Walford, R., 2007, *Using Games in School Geography*, Cambridge: Chris Kington Publishing.

Walford, R. and Haggett, P., 1996, Rejoinder, *Geography*, 81, 224.

Waterhouse, P., 1990, *Classroom Management*, Stafford: Network Educational Press.

Waters, A., 1995, Differentiation and classroom practice, *Teaching Geography*, 20(2), 81-84.

Watkins, C., Carnell, E., Lodge, C. and Whalley, C., 1996, *Effective Learning*, School Improvement Network, Research Matters: Institute of Education, University of London.

Waugh, D. and Bushell, T., 1992, *Key Geography Connections*, Cheltenham: Stanley Thornes.

Webb, N.M. and Kenderski, C.M., 1985, Gender differences in small group interaction and achievement in high and low achieving classes, in Wilkinson, L.C. and Marrett, C.B. (eds.), *Gender Differences in Classroom Interaction*, New York: Academic Press.

Webb, N.M., 1989, Peer interaction and learning in small group, *International Journal of Educational Research*, 13, 21-39.

Webster, A., Beveridge, M. and Reed, M., 1996, *Managing the Literacy Curriculum*, London: Routledge.

Weeden, P., 1997, Learning through Maps, in Tilbury, D. and Williams, M. (eds.), *Teaching and Learning Geography*, London: Routledge.

Weeden, P., 2005, *Feedback in the classroom: Developing the use of assessment for learning, Teaching and Learning Geography*, London: Routledge.

Weedon, P. and Butt, G., 2009, *Assessing progress in your key stage 3 geography curriculum*, Sheffield: The Geographical Association.

Weedon, P. and Hopkin, J., 2006, Assessment for learning in geography, in Balderstone, D. (ed.), *Secondary Geography Handbook*, Sheffield: The Geographical Association.

Weedon, P., 1997, Learning through Maps, in Tilbury, D. and Williams, M. (eds.), *Teaching and Learning Geography*, London: Routledge.

Westera, W., 2001, Competences in education: a confusion of tongues, *Journal of Curriculum Studies*, 33(1), 75-88.

Whitaker, M., 1995, *Managing to Learn: Aspects of Reflective and Experiential Learning in Schools*, London: Cassell.

Whitehead, A.N., 1929, *The aims of education*, New York: Macmillan.

Whittle, J., 2006, Journey Sticks and affective mapping, *Primary Geographer*, Spring, 11-13.

Whittow, J., 1984, *Dictionary of Physical Geography*, London: Penguin.

Wiegand, P., 1996, Learning with atlases and globes, in Bailey, P. and Fox, P. (eds.), *Geography Teachers' Handbook*, Sheffield: The Geographical Association.

Williams, M., 1981, *Language Teaching and Learning in Geography*, London: Ward Lock.

Williams, M., 1997, Progression and Transition, in Tilbury, D. and Williams, M. (eds.), *Teaching and Learning Geography*, London: Routledge.

Wilson, R.J., 1990, Classroom processes in evaluation student achievement, *The Alberta Journal of Educational Research*, 36, 1-17.

Winter, C., 1997, Ethnocentric bias in geography textbooks: a framework for reconstruction, Tilbury, D. and Williams, M. (eds.), *Teaching and Learning Geography*, London and New York: Routledge.

Wood, D., Bruner, J. and Ross, G., 1976, The role of tutoring in problem solving, *Journal of Child Psychology and Psychiatry*, 17(2), 89-100.

Wood, P., Hymer, B. and Michel, D., 2007, *Dilemma-based Learning in the Humanities*, Cambridge: Chris Kington Publishing.

Woolever, R.M. and Scott, K.P., 1988, *Active Learning in Social Studies K-12*, Belmont: Wadworth Pub. Co.

Woolfolk, A., 2007, *Educational Psychology*, 10th (ed.), Pearson Education, (김아영 · 백화정 · 정명숙 옮김, 2007, 교육심리학, 박학사).

Wray, D. and Lewis, M., 1997, *Extending Literacy: Children reading and writing non-fiction*, London: Routledge.

Wright, D., 1985, In black and white: racist bias in textbooks, *Geographical Education*, 5, 13-17.

WWW, 1991, *The Decade of Destruction*, Godalming: WWF.

Young, M., 2011, Discussion to part 3(mediating forms of geographical knowledge), in Butt, G. (ed.), *Geography Education and the future*, London: Continuum.

Young, M., 2011, The return to subjects: a sociological perspective on the UK Coalition government's approach to the 14-19 curriculum, *The Curriculum Journal*, 22(2), 265-278.

Zuylen, S., Trethewy, G. and McIsaac, H., 2011, *Geography Focus 1: stage four*, Melbourne: Pearson Australia

Zuylen, S., Trethewy, G. and McIsaac, H., 2011, *Geography Focus 2: stage five*, Melbourne: Pearson Australia.

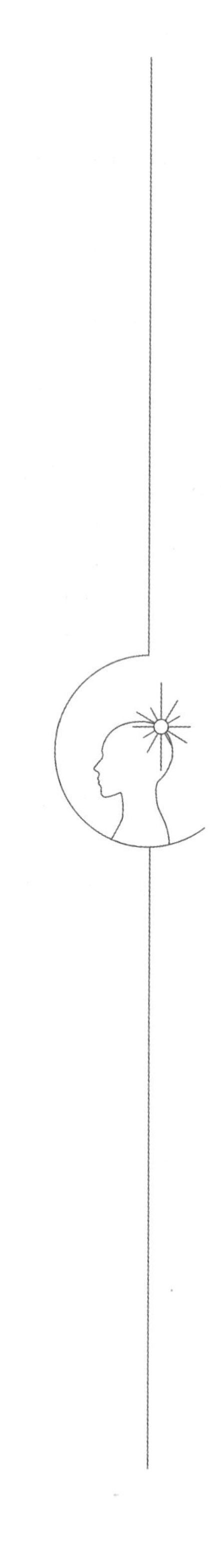

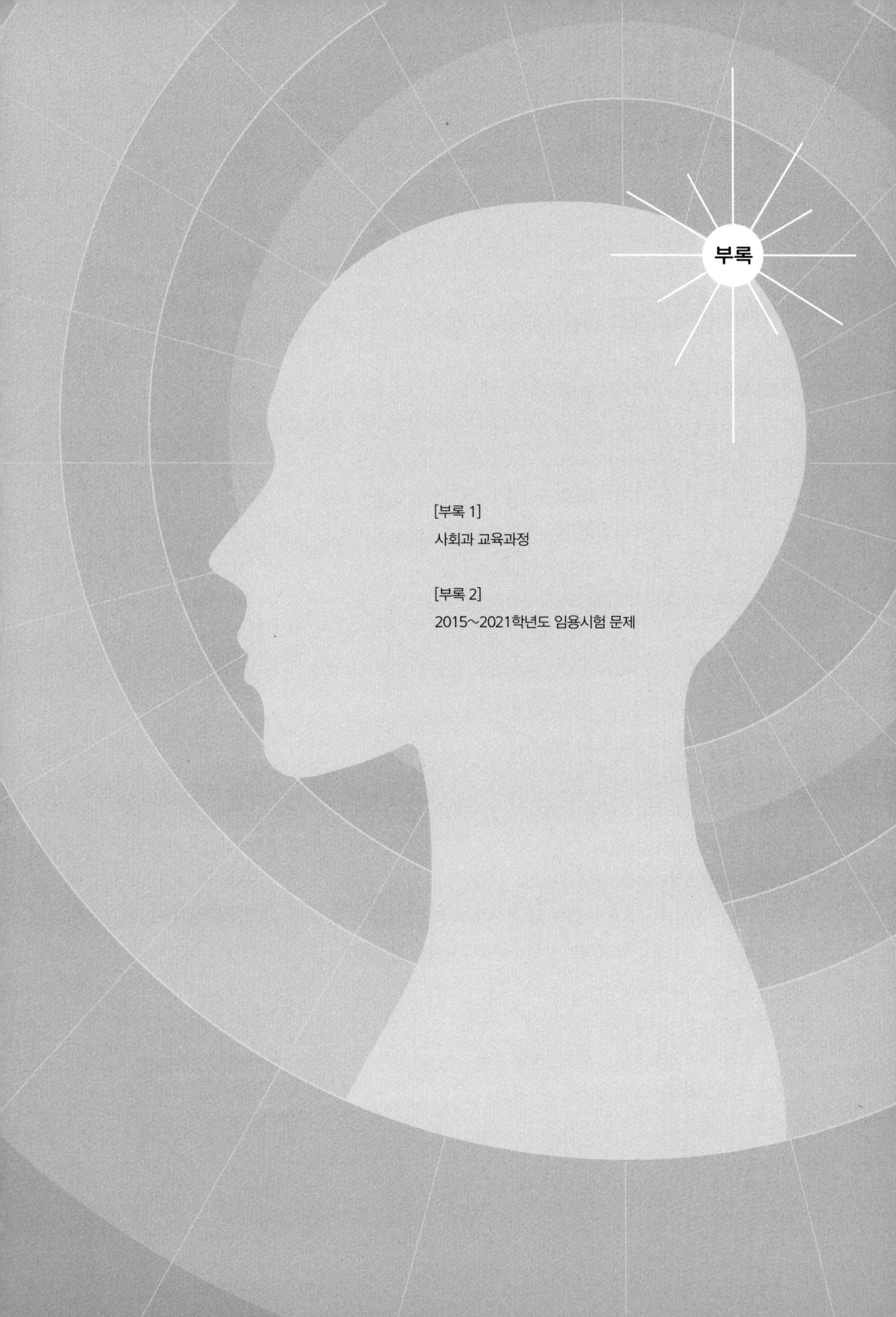

부록

[부록 1]

사회과 교육과정

[부록 2]

2015~2021학년도 임용시험 문제

[부록 1] 사회과 교육과정

1. 사회과 교육과정의 변천(1차~2007 개정)

1) 1차 교육과정: 고등학교(1955.08) 〉 사회과 〉 지리

2) 2차 교육과정: 고등학교(1963.02) 〉 사회과 〉 지리Ⅰ(공통과정), 지리Ⅱ(인문과정)

3) 3차 교육과정: 고등학교(1974.12) 〉 사회과 〉 국토지리, 인문지리

4) 4차 교육과정: 고등학교(1981.12) 〉 사회과 〉 지리Ⅰ(공통 필수 과목), 지리Ⅱ(과정별 선택 과목)

5) 5차 교육과정: 고등학교(1988.03) 〉 사회과 〉 한국지리(공통 선택 교과), 세계지리(과정별 선택 교과)

6) 6차 교육과정: 고등학교(1992.10) 〉 사회과 〉 공통사회(공통 필수 과목), 세계지리(과정별 필수 과목)

7) 7차 교육과정: 고등학교(1997.12) 〉 사회과 〉 사회(국민공통기본교과), 한국지리·세계지리·경제지리(심화선택과목)

   (1) 국민공통기본 교육과정: 3~10학년

   (2) 수준별 교육과정

8) 2007 개정 교육과정: 고등학교(2009.03) 〉 사회과 〉 사회(국민공통기본교과), 한국지리·세계지리·경제지리(심화선택과목)

   (1) 교육내용의 진술수준: 대강화 강조

      ① 제7차 사회과 교육과정: 교육내용의 진술수준이 주제(대단원)-소주제(중단원)-성취기준(소단원 및 학습내용)의 체제로 상세화 → 교육내용을 획일화시키고 교과서 저자 및 현장교사의 자율성을 크게 제약

      ② 2007개정 사회과 교육과정: 주제-성취기준 중심으로 대강화하여 제시 → 교과서 집필자와 학교, 특히 교사에게 더 많은 자율성 부과

   (2) 수준별 교육 폐지

2. 2009개정 사회과 교육과정

1) 주요한 변화

(1) 국민공통기본교육과정의 단축

① 공통교육과정이 중학교까지 단축되면서 고등학교 전 과정이 선택교육과정으로 운영됨

- 공통교육과정을 우리나라의 6-3-3 학제와 조화시키고, 의무교육연한과 일치시키는 것이 바람직하므로
- 고등학교 1학년 사회 과목의 일부 요소를 중학교 수준에 통합, 나머지 내용은 선택과목에 포함시키도록 개정

(2) 학년군제 도입

① 1년 단위의 학년제로 운영되던 기존 교육과정이 2~3개 학년을 하나의 학년군으로 묶어 교육과정 운영 → 학생 개인 간 발달 단계의 차이를 고려하고, 시기별 교육 중점을 강조한다는 취지에서 도입

② 초등학교 1~2학년, 3~4학년, 5~6학년, 중학교 3개 학년, 고등학교 3개 학년을 각각 하나의 학년군으로 편성

③ 사회과에서는 학년별로 제시되었던 성취 기준이 학년군 단위로 제시됨

(3) 교과군제 도입

① 교과의 교육목적 근접성, 학문탐구 대상이나 방법상의 인접성 등을 고려하여 일부 교과를 하나로 묶어 제시 → 교육과정 편성과 운영의 경직성을 해소하고, 개별 학교 수준에서 교육과정의 탄력적이고 자율적인 운영을 도모하기 위해

② 사회과는 도덕과와 함께 사회도덕 교과군으로 묶이고, 교과군을 단위로 하는 기준 시수만을 할당받음 → 교과군의 기준 시수를 지리, 역사, 일반사회, 도덕의 각 영역별로 분담하는 권한은 단위 학교가 가짐

(4) 집중이수제

① 학교의 여건과 교과별 특성에 따라 개별 교과의 이수 시기를 특정한 학년이나 학기에 집중하여

편성, 운영할 수 있는 제도 → 학기당 이수 교과목 수를 8개 이내로 편성, 각 교과군별 기준 수업 시수를 학년 단위가 아닌 학년군 단위에 따라 제시

② 기존의 교육과정에서 학생들이 동시에 많은 교과를 학습하게 되면서 수업, 과제, 평가 등에 부담을 느꼈으며, 교사들도 다학급을 담당하는 까닭에 수업의 질을 향상시키는 데 어려움이 따른다는 비판 반영

③ 장점: 수업의 효율성↑, 집중력↑, 다양한 체험활동 가능

④ 단점: 집중저하, 교사의 질 하락, 전학 시 문제 발생

2) 목표 · 방법 · 평가

(1) 목표

① 2009 개정 교육과정에서는 사회과의 성격이 삭제되고 이 내용이 목표에 통합됨

② 목표는 기존의 교육과정과 같이 총괄 목표와 하위 영역별 목표로 구성되어 있으며, 일부 항목에 있어서 수정을 실시함

(2) 교수 · 학습 방법

① 가장 효과적인 교수 · 학습 방법을 자율적으로 선택하여 실시하도록 함

② 사회현상에 대한 종합적인 인식을 위하여 다양한 교수 · 학습 방법 강조

(3) 평가

① 내용의 대강화와 교수 · 학습 방법의 자율화에 맞는 다양한 평가 방법 활용

② 지식 영역에 치우지지 않고, 기능과 가치 · 태도 영역에 대해 균형 있게 시행할 필요가 있음을 강조

3) 내용구성 및 조직원리

(1) 초등학교에서 고등학교까지 거의 모든 지리과목의 내용구성이 계통지리로 전환 → 지리의 정체성 문제를 우려

(2) 중학교 사회–지리 영역

① 영역별 표시

- 제7차 사회과 교육과정: 인간과 공간(지리), 인간과 시간(역사), 인간과 사회(일반사회)
- 2007, 2009 개정 사회과 교육과정: 지리 영역, 역사 영역, 일반사회 영역

② 내용체계

- 제7차 사회과 교육과정: 중학교 1학년 사회 지리영역은 지역지리, 중학교 3학년 사회 지리영역은 계통지리
- 2007개정 사회과 교육과정: 중학교 1학년 사회 지리영역이 계통지리로 전환 → 중학교 1학년과 중학교 3학년 모두 계통지리
- 2009개정 사회과 교육과정: 학년군제의 도입으로 중학교 1~3학년 사회의 지리영역이 한권으로 합본, 단원 수 증가(11개→14개), 모두 계통지리로 구성

(3) 고등학교 사회(선택과목)

① 2009년 개정 교육과정에 의해 지리와 일반사회의 통합적인 주제(쟁점 또는 문제 포함)로 구성됨 → 법, 정치, 경제, 사회문화, 자연지리, 인문지리, 문화지리 등의 기본개념들의 적절하게 균형을 이루면서, 다양한 사회현상을 파악하는 데 이들이 자연스럽게 융합되도록 내용 구성

② 사회 구성원으로서 갖추어야 할 최소한의 사회적 소양을 함양하기 위한 목적

- 중학교 『사회』에서 배운 내용을 토대로 학생들이 통합적인 시각을 가지고 자신의 삶에 영향을 미치는 다양한 사회 현상을 바라보는 능력을 기르는 데 중점을 둠
- 이 과목은 학생 자신으로부터 시작하여 삶의 공간을 확장시키면서, 지구촌과 미래라는 공간과 시간까지 포괄하여 사회 전반에 대한 이해를 중시함
- 다양한 공간 안에서 나타나는 사회현상이 복합적임을 파악하고, 그에 따라 자신의 삶을 어떻게 설계해야 하는지를 다각적으로 파악하도록 유도

2009 개정 교육과정에 의한 고등학교 『사회』의 내용체계

영역	내용 요소		
사회를 바라보는 창	• 개인 이해	• 세상 이해	
공정성과 삶의 질	• 개인과 공동체	• 다양성과 관용	
합리적 선택과 삶	• 고령화와 생애 설계	• 일과 여가	• 금융 환경과 합리적 소비
환경 변화와 인간	• 과학 기술의 발달과 정보화	• 공간 변화와 대응	• 세계화와 상호 의존
미래를 바라보는 창	• 인구, 식량 그리고 자원	• 지구촌과 지속가능한 발전	• 인류 미래를 위한 선택

(교육과학기술부, 2012)

(4) 고등학교 한국지리(선택과목): 7단원 '다양한 우리 국토'만 지역지리고, 나머지는 계통지리

① 1단원은 과목 소개 및 도입부, 2~3단원은 자연환경과 생태계, 4~5단원은 도시, 촌락, 산업활동 등의 계통 중심 인문 지리, 6단원은 지역조사와 지리정보처리로서 주로 핵심 기능에 초점, 7단원은 지역지리 관련 단원으로 구성, 8단원은 국토 공간이 당면한 주요 과제 제시

② 한국지리의 과목 성격을 고려하여, 1개의 지역 관련 단원 이외에도 각 단원마다 사례를 통해 지리적 지식을 구체화함

2009 개정 교육과정에 의한 『한국지리』의 내용 체계

영역	내용 요소	
국토 인식과 국토 통일	• 국토에 대한 인식 변화 • 국토 통일의 당위성	• 우리나라의 위치 특성 • 국토의 정체성과 영토 문제
지형 환경과 생태계	• 산지 지형과 우리나라의 지형 형성 과정 • 해안 지형과 경관 특성	• 하천 지형과 물 자원 • 생태계로서 인간과 지형의 관계
기후 환경의 변화	• 우리나라의 기후 특성과 주민 생활 • 자연 재해와 주민 생활	• 기후변화와 주민 생활 • 자연 생태계에 대한 인간의 영향
거주 공간의 변화	• 촌락의 변화 • 도시의 내부 구조 • 도시 재개발과 주민 생활	• 정주 및 도시 체계 • 대도시권의 형성과 주민 생활 • 도시와 농촌의 여가 공간
생산과 소비 공간의 변화	• 자원의 의미와 특성 • 공업 입지와 공업 지역의 변화 • 교통·통신의 발달과 공간 변화	• 농업 구조의 변화와 농촌 문제 • 상업 및 소비 공간의 변화 • 정보화 사회와 서비스 산업의 고도화
지역 조사와 지리정보처리	• 지역의 의미와 지역 구분 • 지리정보의 수집과 분석 방법	• 지역 조사 방법
다양한 우리 국토	• 우리나라 각 지역의 특성 • 각 지역의 지역 문제와 주민 생활	• 각 지역의 구조 변화
국토의 지속가능한 발전	• 인구 문제와 대책 • 환경보전과 지속가능한 발전	• 지역 격차와 공간적 불평등

(교육과학기술부, 2011)

(5) 고등학교 세계지리(선택과목)

① 2007 개정 교육과정까지는 지역지리로 내용이 구성되었지만, 2009 개정 교육과정에서는 모든 단원이 계통지리로 구성

② 경제지리 과목이 없어지면서 그 내용을 수용하게 되어 학습량 증가

③ 1단원은 과목 소개 및 세계화와 지역화에 대한 이해 및 지리정보처리와 관련한 핵심기능, 2단

원은 기후, 식생, 지형 등 자연환경 중심의 계통지리, 3~5단원은 문화, 인구와 도시, 산업 활동 등 인문환경 중심의 계통지리, 6단원은 세계가 당면한 주요 과제가 제시됨

2009 개정 교육과정에 의한 『세계지리』의 내용 체계

영역	내용 요소	
세계화와 지역 이해	• 세계 인식의 시공간적 차이 • 지리정보 수집 방법과 지리정보 체계	• 세계화와 지역화 • 세계의 지역 구분
세계의 다양한 자연환경	• 열대 우림과 열대 사바나 • 건조 기후와 건조 지형 • 세계 주요 대지형	• 온대 동안 기후와 서안 기후 • 냉·한대 기후와 빙하 지형 • 세계의 하천 및 해안 지형
세계 여러 지역의 문화적 다양성	• 민족 및 언어 분포의 특징 • 음식 문화의 발생과 전파	• 종교의 분포와 확산 • 지역 문화의 특성
변화하는 세계의 인구와 도시	• 인구 성장과 인구 문제 • 도시화의 차이	• 인구 이동과 지역 변화 • 세계화와 세계 도시
경제활동의 세계화	• 에너지 자원의 특성 • 세계의 공업 활동과 변화 • 서비스 산업의 변화	• 농업 및 목축업의 특성 • 기업 활동의 세계화
갈등과 공존의 세계	• 세계의 영역 분쟁 • 세계 경제 환경의 변화와 환경문제	• 문화적 차이와 교류

(교육과학기술부, 2011)

3. 2015 개정 사회과 교육과정

1) 주요한 변화

(1) **창의융합형 인재 양성:** 인문학적 상상력과 과학·기술 창조력을 두루 갖추고 바른 인성을 겸비해 새로운 지식을 창조·융합하여 가치할 수 있는 인재 양성

(2) **핵심 역량 기반 교육과정:** 창의융합형 인재가 갖추어야할 핵심역량 제시 → 각 과목마다 핵심 역량이 무엇인지 바라보는 것이 중요함

① 단편지식보다는 핵심개념과 원리를 제시하고 학습량을 적정화하여, 토의·토론 수업, 실험·실습 활동 등 학생들이 수업에 직접 참여하면서 역량을 함양하도록 함

② 핵심 역량의 종류

자기관리역량, 지식정보처리역량, 창의융합사고역량, 심미적 감성 역량, 의사소통역량, 공동체 역량

(3) 고등학교 과정에서 문·이과 구분을 없애 모든 학생이 배우는 공통과목(국어, 수학, 영어, 한국사, 통합사회, 통합과학, 과학탐구실험) 도입

① 문·이과의 진로와 관계없이 모든 학생들이 인문·사회·과학기술에 대한 기초 소양을 함양하고, 미래사회가 요구하는 역량을 기르도록 함 → 문·이과로 나뉘어 지나치게 특정 계열에 편중하여 이루어지던 지식 교육에서 탈피하고, 균형잡힌 소양교육이 가능하도록 함

② 통합사회와 통합과학은 필수로 지정하여 문·이과 상관없이 이수해야 함 → 수능과의 연계는 아직 정해지지 않음, 학습부담 경감을 위해 과목 수를 줄이는 것이 목적이었으나, 이를 위해서 선택과목은 어떻게 해야 할지 논란이 됨

③ 문·이과 대신 경상계열, 어문계열, 예술계열, 이공계열로 세분화

(4) 학생의 희망과 적성을 고려하여 진로에 따른 다양한 선택과목 개설

① 일반선택: 고등학교 단계에서 필요한 각 교과별 학문의 기본적 이해를 바탕으로 한 과목으로, 기본 이수단위는 5단위이며 2단위 범위 내에서 증감 운영 가능 → 한국지리, 세계지리, 세계사, 동아시아사, 경제, 정치와 법, 사회문화, 생활과 윤리, 윤리와 사상

② 진로선택: 교과 융합학습, 진로 안내학습, 교과별 심화학습 및 실생활 체험학습 등이 가능한 과목으로, 기본 이수단위는 5단위이고 3단위 범위 내에서 증감 운영 허용 → 여행지리, 사회문제 탐구, 고전과 윤리

(5) 소프트웨어 교육, 안전교육 강화

① '정보' 과목이 중학교에서 선택에서 필수 과목으로 바뀌고, 고등학교에서도 심화선택에서 일반선택으로 전환됨

② 안전 교과 또는 단원 신설

(6) 중학교 자유학기제 전면 실시

(7) 2009 개정과 2015 개정 교육과정 비교

구분	주요 내용	
	2009 개정	2015 개정
교육과정 개정 방향	• 창의적인 인재 양성 • 전인적 성장을 위한 창의적 체험활동 강화 • 국민공통교육과정 조정 및 학교교육과정 편성·운영의 자율성 강화 • 교육과정 개편을 통한 대학수능시험 제도 개혁 유도	• 창의 융합형 인재 양성 • 모든 학생이 인문·사회·과학기술에 대한 기초 소양 함양 • 학습량 적정화, 교수·학습 및 평가 방법 개선을 통한 핵심역량 함양 교육 • 교육과정과 수능·대입제도 연계, 교원 연수 등 교육 전반 개선
핵심역량 반영	• 명시적 규정 없이 일부 교육과정개발에서 고려	• 총론 추구하는 인간상에 6개 핵심역량 제시 • 교과별 교과 역량을 제시하고, 역량 함양을 위한 성취기준 개발
인문학적 소양 함양	• 예술고 심화선택 연극 신설	• 연극교육 활성화 → 초중학교 국어에 연극 단원 신설
소프트웨어 교육 강화	• 실과교과에 ICT 활용교육 단원 포함	• 실과 교과 내용을 SW 기초소양교육으로 개편
안전교육 강화	• 교과 및 창체에 안전 내용 포함	• 안전 교과 또는 단원 신설 – 초1~2: 안전한 생활 단원 신설 – 초3~고3: 관련 교과에 단원 신설
범교과 학습주제 개선	• 39개의 범교과 학습 주제 제시	• 10개 내외 범교과학습 주제로 재구조화

2) 중학교 사회

(1) 교과 역량: 민주 시민으로서 갖추어야 할 자질을 함양하는데 필요한 역량

창의적 사고력	새롭고 가치 있는 아이디어를 생성하는 능력
비판적 사고력	사태를 분석적으로 평가하는 능력
문제해결력 및 의사결정력	다양한 사회적 문제를 해결하기 위해 합리적으로 결정하는 능력
의사소통 및 협업 능력	자신의 견해를 분명하게 표현하고 타인과 효과적으로 상호작용하는 능력
정보활용 능력	다양한 자료와 테크놀로지를 활용하여 정보를 수집, 해석, 활용, 창조할 수 있는 능력

(2) 내용 체계

영역	핵심개념	일반화된 지식	내용 요소	기능
지리 인식	지리적 속성	지표상에 분포하는 모든 사건과 현상은 절대적, 상대적 위치와 다양한 규모의 영역을 차지하며, 위치와 영역은 해당 사건과 현상의 결과이자 주요 요인으로 작용한다.	• 위치와 인간생활	인식하기 표현하기 지도읽기 수집하기 기록하기 비교하기
	공간 분석	다양한 공간 자료와 도구를 활용한 지리 정보 수집과 지리 정보 시스템의 활용은 지표상의 현상과 사건들을 분석하고 해석하며 추론하는 데에 필수적이다.	• 지도 읽기 • 지리 정보 • 지리정보기술	

<table>
<tr><td></td><td>지리
사상</td><td>지표상의 일정한 위치와 영역을 차지하는 인간 집단들은 자신들을 둘러싼 주변의 장소와 지역, 다양한 세계에 대한 고유하고도 지속적인 경험, 인식, 관점을 갖고 있다.</td><td>• 자연-인간 관계</td><td>활용하기
실행하기
해석하기</td></tr>
<tr><td rowspan="3">장소와
지역</td><td>장소</td><td>모든 장소들은 다른 장소와 차별되는 자연적, 인문적 성격을 지니며, 어떤 장소에 대한 장소감은 개인이나 집단에 따라 다양하다.</td><td>• 우리나라 영역
• 국토애</td><td rowspan="3">설계하기
수집하기
기록하기
분석하기
평가하기
의사결정하기
비교하기
구분하기
파악하기
공감하기</td></tr>
<tr><td>지역</td><td>지표 세계는 장소적 성격의 동질성, 기능적 상호 관련성, 지역민의 인지 등의 측면에서 다양하게 구분되며, 이렇게 구분된 지역마다 고유한 지역성이 나타난다.</td><td>• 세계화와 지역화</td></tr>
<tr><td>공간
관계</td><td>장소와 지역은 인구, 물자, 정보의 이동 및 흐름을 통해 네트워크를 형성하고 상호작용한다.</td><td>• 인구 및 자원의 이동
• 지역 간 상호 작용</td></tr>
<tr><td rowspan="3">자연
환경과
인간
생활</td><td>기후
환경</td><td>지표상에는 다양한 기후 특성이 나타나며, 기후 환경은 특정 지역의 생활양식에 중요하게 작용한다.</td><td>• 기후 지역
• 열대우림 기후 지역
• 온대 기후 지역
• 기후 환경 극복
• 자연재해 지역</td><td rowspan="3">도출하기
활용하기
구성하기
의사소통하기
그리기
해석하기
도식화하기
공감하기</td></tr>
<tr><td>지형
환경</td><td>지표상에는 다양한 지형 환경이 나타나며, 지형 환경은 특정 지역의 생활양식에 중요하게 작용한다.</td><td>• 산지지형
• 해안지형
• 우리나라 지형 경관</td></tr>
<tr><td>자연-
인간
상호
작용</td><td>인간 생활은 자연환경과 상호작용하면서 이루어지고, 자연환경은 인간 집단의 활동에 의해 변형된다.</td><td>• 열대우림 지역의 생활
• 온대 지역의 생활
• 기후 환경 극복
• 산지 지역의 생활
• 해안 지역과 관광
• 자연재해와 인간 생활</td></tr>
<tr><td rowspan="4">인문
환경과
인간
생활</td><td>인구의
지리적
특성</td><td>인구는 지표상의 특성에 따라 차별적으로 분포하며, 인구 밀도와 인구 이동, 인구 성장 단계는 지역의 특성을 반영하고 동시에 지역의 변화에 영향을 미친다.</td><td>• 인구 분포
• 인구 이동
• 인구 문제</td><td rowspan="4">도출하기
수집하기
기록하기
분석하기
평가하기
의사결정하기
해석하기
그리기
비교하기
설명하기
구분하기
탐구하기
공감하기</td></tr>
<tr><td>생활
공간의
체계</td><td>촌락과 도시는 인간의 생활공간을 이루는 기본 단위이고, 입지, 기능, 공간 구조와 경관 등의 측면에서 다양한 유형이 존재하며, 여러 요인에 의해 변화한다.</td><td>• 도시 특성
• 도시화
• 도시구조
• 살기 좋은 도시</td></tr>
<tr><td>경제
활동의
지역구
조</td><td>지표상의 자원은 공간적으로 불균등한 분포를 보이고, 인간의 경제 활동은 지역에 따라 다양한 구조를 나타내며, 여러 요인에 의해 변화한다.</td><td>• 농업 입지와 변화
• 공업 입지와 변화
• 서비스업 입지와 변화
• 자원의 편재성
• 자원과 인간생활
• 지속가능한 자원 개발</td></tr>
<tr><td>문화의
공간적
다양성</td><td>인간은 자연환경 및 인문환경에 적응하거나 이를 극복하는 과정에서 장소나 지역에 따라 다양한 문화를 형성하고, 문화는 여러 요인에 의해 변동된다.</td><td>• 문화권
• 지역의 문화 변동
• 지역의 문화공존과 갈등</td></tr>
</table>

지속 가능한 세계	갈등과 불균등의 세계	자원이나 인간 거주에 유리한 조건은 공간적으로 불균등하게 분포하고, 이에 따라 지역 간 갈등이나 분쟁이 발생한다.	• 지역 불균형	수집하기 기록하기 분석하기 평가하기 설명하기 공감하기 탐구하기 의사결정하기 그리기 해석하기 조사하기
	지속 가능한 환경	자연환경과 조화를 이루며 살아가려는 인간의 신념 및 활동은 지구환경의 지속가능성을 담보한다.	• 지구환경문제 • 지역 환경문제 • 환경 의식	
	공존의 세계	인류는 공동의 번영을 위해 지역적 수준에서 지구적 수준까지 다양한 공간적 스케일에서 상호 협력 및 의존한다.	• 인류공존을 위한 노력	

(3) 내용 구성

① 12개 단원: 중1(1–6단원), 중3(7–12단원), 중1(지리+일사), 중3(일사+지리)

② 계통적 주제 중심 방법, 다층적 스케일(로컬, 국가, 글로벌)의 적용

③ 2009 개정과 유사: 단원 간 내용 일부 조정

④ 1단원에 지도 읽기, 8단원에 세계의 다양한 도시와 도시화 과정의 지역차, 9단원에 세계화와 서비스업 입지 변화, 10단원에 환경문제 유발 산업의 국제적 이동, 12단원에 개발 지리(development geography) 내용 신설

영역	내용 요소	성취기준
내가 사는 세계	• 지도 읽기 • 공간 규모에 따른 위치 표현 • 경·위도에 따른 생활 모습 • 지리 정보와 지리 정보 기술	• 다양한 지도에 나타난 자연환경과 인문환경의 위치와 분포 특징 을 읽는다. • 공간 규모에 맞게 위치를 표현하고, 위치의 차이가 인간 생활에 미친 영향을 설명한다. • 지리 정보가 공간적 의사 결정에 미친 영향을 분석하고, 일상생활에서 지리 정보 기술을 다양하게 활용한다.
우리와 다른 기후, 다른 생활	• 세계 기후 지역 • 열대 우림 기후와 생활 모습 • 지중해성 기후와 생활 모습 • 서안 해양성 기후와 생활모습 • 건조 기후와 생활 모습 • 툰드라 기후와 생활 모습	• 기온과 강수량 자료를 분석하여 이를 기준으로 세계 기후 지역을 구분하고, 인간 거주에 적합한 기후 조건에 대해 논의한다. • 열대 우림 기후 지역의 위치를 확인하고, 열대 우림 기후 지역의 다양한 생활 모습을 조사하여 그 공통점과 차이점을 분석한다. • 지중해성 기후와 서안 해양성 기후를 우리나라 기후와 비교하고, 이들 지역의 농업과 생활 모습을 조사한다. • 건조 기후와 툰드라 기후 지역에서 살아가는 사람들이 기후 환경에 적응하거나 극복한 생활 모습을 조사한다.
자연으로 떠나는 여행	• 산지지형의 경관 특징과 형성 과정 • 산지 지역에서의 생활 모습 • 해안지형의 경관 특징과 형성 과정 • 관광 산업으로 인한 해안 지역의 변화 • 우리나라 자연경관	• 세계적으로 유명한 산지지형과 관련된 지역을 파악하고, 그 경관 특징과 형성 과정 및 그곳에서 살아가는 사람들의 독특한 생활 모습을 조사한다. • 해안지형으로 유명한 세계적 관광지를 선정하여 그 지형의 형성 과정을 파악하고, 관광산업이 현지에 미친 영향을 평가한다. • 우리나라의 세계 자연유산과 매력적인 자연경관을 조사하고, 그 경관 특징과 형성과정을 탐구한다.

다양한 세계, 다양한 문화	• 문화지역 • 지역 간 문화 접촉 • 지역 간 문화 전파 • 문화 변용 • 문화 공존 • 문화 갈등	• 다양한 기준으로 문화지역을 구분해 보고, 지역별로 문화적 차이가 발생하는 이유를 지역의 자연환경, 경제·사회적 환경의 관점에서 파악한다. • 지역 간 문화 접촉과 문화 전파에 따른 문화 변용의 사례를 조사하고, 세계화가 문화 변용에 미친 영향을 평가한다. • 서로 다른 문화가 공존하는 지역과 갈등이 있는 지역을 비교하여, 그 차이가 발생하는 이유를 분석한다.
지구 곳곳에서 일어나는 자연재해	• 자연재해 발생 지역 • 자연재해 발생 원인 • 자연재해 발생 지역의 주민 생활 • 자연재해 대응 방안	• 자연재해가 빈번히 발생하는 지역을 조사하고, 그 이유를 설명한다. • 자연재해가 지역 주민의 삶에 미친 영향을 사례를 중심으로 탐구한다. • 자연재해로 인한 피해가 증가하거나 감소한 지역을 비교하여, 자연재해로 인한 피해를 줄일 수 있는 방안을 모색한다.
자원을 둘러싼 경쟁과 갈등	• 자원 분포의 편재성 • 자원 소비량의 지역적 차이 • 자원 갈등 • 자원 개발과 주민 생활 • 지속가능한 자원 개발	• 자원 분포의 편재성과 자원 소비량의 지역적 차이를 파악하고, 이로 인해 발생하는 국가 간 경쟁과 갈등을 조사한다. • 자원이 풍부한 지역을 사례로 자원이 그 지역 주민의 삶에 미친 영향을 평가한다. • 지속가능한 자원의 개발 사례를 조사하고, 그것의 긍정적·부정적 효과를 평가한다.
인구 변화와 인구문제	• 세계와 우리나라의 인구 분포 • 인구 이동 • 인구 유입 지역 • 인구 유출 지역 • 선진국의 인구 문제 • 개발도상국의 인구 문제	• 세계 및 우리나라의 인구 분포 특징을 파악하고, 이에 영향을 미치는 지리적 요인을 탐구한다. • 인구 이동의 다양한 요인을 조사하고, 인구 유입 지역과 인구 유출 지역의 특징과 문제점을 분석한다. • 우리나라를 포함한 선진국과 개발도상국의 인구 문제를 비교하여 분석하고, 그 원인과 대책을 논의한다.
사람이 만든 삶터, 도시	• 도시의 위치와 특징 • 도시 경관의 변화 • 선진국과 개발도상국의 도시화 과정 • 도시 문제 • 살기 좋은 도시	• 세계적으로 유명하거나 매력적인 도시의 위치와 특징을 조사한다. • 도시 중심부에서 주변지역으로 나가면서 관찰되는 경관과 지가의 변화를 분석한다. • 선진국과 개발도상국의 도시화 과정을 비교하고, 선진국과 개발도상국의 도시 문제를 탐구한다. • 도시 문제를 해결하여 살기 좋은 도시로 변화된 사례를 조사하고, 살기 좋은 도시가 갖추어야 할 조건을 제안한다.
글로벌 경제 활동과 지역변화	• 농업의 기업화와 세계화 • 다국적 기업의 공간적 분업 체계 • 서비스업의 세계화 • 세계화와 경제 공간의 변화	• 농업 생산의 기업화와 세계화가 농작물 생산 지역과 소비 지역의 변화에 미친 영향을 조사한다. • 세계화에 따른 다국적 기업의 공간적 분업 체계가 생산 지역의 변화에 미친 영향을 탐구한다. • 세계화에 따른 서비스업의 변화를 조사하고, 이러한 변화가 지역 변화와 주민 생활에 미친 영향을 평가한다.
환경 문제와 지속가능한 환경	• 기후 변화 • 환경 문제 유발 산업의 국가 간 이전 • 생활 속의 환경 이슈	• 전 지구적인 차원에서 발생하는 기후 변화의 원인과 그에 따른 지역 변화를 조사하고, 이를 해결하기 위한 지역적·국제적 노력을 평가한다. • 환경 문제를 유발하는 산업이 다른 국가로 이전한 사례를 조사하고, 해당 지역 환경에 미친 영향을 분석한다. • 생활 속의 환경 이슈를 둘러싼 다양한 의견을 비교하고, 환경 이슈에 대한 자신의 의견을 제시한다.

세계 속의 우리나라	• 우리나라 영역 • 독도의 중요성 • 지역화 전략 • 우리나라의 위치 • 통일의 필요성 • 통일 이후의 변화	• 우리나라의 영역을 지도에서 파악하고, 영역으로서 독도가 지닌 가치와 중요성을 파악한다. • 우리나라 여러 지역의 특징을 조사하고, 지역의 특색을 살리는 지역 브랜드, 장소 마케팅 등 지역화 전략을 개발한다. • 세계 속에서 우리 국토의 위치가 갖는 중요성과 통일의 필요성을 이해하고, 통일 이후 우리 생활의 변화를 예측한다.
더불어 사는 세계	• 지리적 문제의 현황과 원인 • 저개발 지역의 발전 노력 • 지역 간 불평등 완화 노력	• 지도를 통해 지구 상의 다양한 지리적 문제를 확인하고, 그 현황과 원인을 조사한다. • 다양한 지표를 통해 지역별로 발전 수준이 어떻게 다른지 파악하고, 저개발 지역의 빈곤 문제를 해결하기 위한 노력을 조사한다. • 지역 간 불평등을 완화하기 위한 국제 사회의 노력을 조사하고, 그 성과와 한계를 평가한다.

3) 고등학교 통합 사회

(1) 성격

① 인간, 사회, 국가, 지구 공동체 및 환경을 개별 학문의 경계를 넘어 통합적인 관점에서 이해하고, 이를 기반으로 기초 소양과 미래 사회의 대비에 필요한 역량을 함양하는 과목

② 초·중학교 사회의 기본 개념과 탐구방법을 바탕으로 지리, 일반사회, 윤리, 역사의 기본적 내용을 대주제 중심의 통합적 접근을 통해 사회 현상을 종합적으로 이해할 수 있도록 구성

③ 교과 역량: 글로벌 지식 정보 사회와 개인의 일상에서 성공적으로 삶을 영위하기 위해 필요한 능력을 키우는 데 초점

비판적 사고력 및 창의성	자료, 주장, 판단, 신념, 사상, 이론 등이 합당한 근거에 기반을 두고 그 적합성과 타당성을 평가하는 능력과 새롭고 가치 있는 아이디어를 생성해 내는 능력
문제해결능력과 의사결정능력	다양한 문제를 인식하고 그 원인과 현상을 파악하여 합리적인 해결 방안들을 모색하고 가장 나은 의견을 선택하는 능력
자기 존중 및 대인관계 능력	자기 자신을 존중하고 자신의 삶을 주체적으로 관리하며, 나와 다른 사람들과의 관계의 중요성에 대한 인식을 토대로 다른 사람을 존중·배려하고, 다양성을 인정하고 갈등을 조정하여 원만한 대인 관계를 유지하고 협력하는 능력
공동체적 역량	지역, 국가, 세계 등 다양한 공동체의 구성원으로 필요한 지식과 관점을 인식하고, 가치와 태도를 내면화하여 실천하면서 공동체의 문제 해결 및 발전을 위해 자신의 역할과 책임을 다하는 능력
통합적 사고력	시간적, 공간적, 사회적, 윤리적 관점에 대한 폭넓은 기초 지식을 바탕으로 자신, 사회, 세계의 다양한 현상을 통합적으로 탐구하는 능력

(2) 목표: 사회과(역사 포함)와 도덕과의 교육 목표를 바탕으로 한 통합적 성격을 가짐

① 시간적(역사), 공간적(지리), 사회적(일사), 윤리적(윤리) 관점을 통해 인간의 삶과 사회현상을

통합적으로 바라보는 능력을 기른다. → 기존 사회과는 지리와 일사가 양분하였으나 윤리가 추가되면서 교과별 경쟁이 심화됨

② 인간과 자신의 삶, 이를 둘러싼 다양한 공간, 그리고 복합적인 사회현상을 과거의 경험, 사실 자료와 다양한 가치 등을 고려하면서 탐구하고 성찰하는 능력을 기른다.

③ 일상생활과 사회에서 발생하는 다양한 문제에 대한 합리적인 해결 방안을 모색하고 이를 통해 공동체 구성원으로서 자신의 삶을 통합적인 관점에서 성찰하고 설계하는 능력을 기른다.

(3) 내용 구성

① 단원이 어느 영역(지리, 일사, 윤리)에 해당되는지 구분되지 않도록 함 → 과거에는 병렬적 구성으로 이루어져 각 단원별로 나눠서 가르치면 되므로 통합이라는 취지에 맞지 않았으나, 이제는 완전히 통합되어 제시됨

예) 1-1 행복 단원도 여러 가지 교과 관점을 통합하여 제시함 → 질 높은 정주 환경의 조성(지리), 경제적 안정(일사), 민주주의의 발전(일사), 도덕적 실천(윤리) 등 행복과 관련된 각 영역별 내용이 모두 섞여 있음

② 핵심개념이 단원명이 되고, 일반화된 지식을 통하여 학생들이 단원을 통해 무엇을 할 수 있게 되는지 알 수 있음. 내용 요소는 핵심개념보다 더 구체적이며, 기능은 단원마다 넣기에는 다소 모호하므로 단원을 통합하여 제시함

영역	대단원명	핵심개념	일반화된 지식	내용 요소	기능
삶의 이해와 환경	인간, 사회, 환경과 행복	행복	질 높은 정주 환경의 조성, 경제적 안정, 민주주의의 발전 그리고 도덕적 실천 등을 통해 인간 삶의 목적으로서 행복을 실현한다.	• 통합적 관점 • 행복의 조건	파악하기 설명하기 조사하기 비교하기 분석하기 제안하기 적용하기 추론하기 분류하기
	자연환경과 인간	자연 환경	자연환경은 인간의 삶의 방식과 자연에 대한 인간의 대응방식에 영향을 미친다.	• 자연환경과 인간생활 • 자연관 • 환경문제	
	생활공간과 사회	생활 공간	생활공간 및 생활양식의 변화로 나타난 문제에 대한 적절한 대응이 필요하다.	• 도시화 • 산업화 • 정보화	
인간과 공동체	인권보장과 헌법	인권	근대 시민 혁명 이후 확립된 인권이 사회제도적 장치와 의식적 노력으로 확장되고 있다.	• 시민 혁명 • 인권 보장 • 인권 문제	
	시장경제와 금융	시장	시장경제 운영 과정에서 나타난 문제 해결을 위해서는 다양한 주체들이 윤리 의식을 가져야 하며, 경제 문제에 대해 합리적인 선택을 해야 한다.	• 합리적 선택 • 국제 분업 • 금융 설계	

	정의와 사회 불평등	정의	정의의 실현과 불평등 현상 완화를 위해서는 다양한 제도와 실천 방안이 요구된다.	• 정의의 의미 • 정의관 • 사회 및 공간 불평등	예측하기 탐구하기 평가하기 비판하기 종합하기 판단하기 성찰하기 표현하기
사회 변화와 공존	문화와 다양성	문화	문화의 형성과 교류를 통해 나타나는 다양한 문화권과 다문화 사회를 이해하기 위해서는 바람직한 문화 인식 태도가 필요하다.	• 문화권 • 문화 변동 • 다문화 사회	
	세계화와 평화	세계화	세계화로 인한 문제와 국제 분쟁을 해결하기 위해서는 국제 사회의 협력과 세계시민 의식이 필요하다.	• 세계화 • 국제사회 행위 주체 • 평화	
	미래와 지속 가능한 삶	지속 가능한 삶	미래 지구촌이 당면할 문제를 예상하고 이의 해결을 통해 지속가능한 발전을 추구한다.	• 인구 문제 • 지속가능한 발전 • 미래 삶의 방향	

4) 고등학교 한국지리

(1) 개정의 주요 방향 및 중점

① 국토 공간의 최근 이슈 및 쟁점과 관련한 내용 강화

• 기존의 국토 공간의 최근 이슈 및 쟁점과 관련한 부분 보다 강화: 영역과 영토 문제

• 저출산, 고령화로 대표되는 인구 지리 관련 내용을 대단원으로 설정

② 학습 내용 적정화를 통한 학습 부담 완화 추구

• 대단원 수 축소(8개에서 7개로), 성취기준 수 축소(37개에서 28개로)

• 주로 계통지리 대단원의 성취기준 감축

(2) 개정의 주요 내용과 교육과정의 변화

① 대단원 수준에서의 변화

• 인구 관련 대단원 설정: 저출산, 고령화, 초국적 이주와 다문화가정 반영

• 2009개정 교육과정의 8단원(국토의 지속가능한 발전)을 해체함: 인구 문제와 관련된 것은 신설된 6단원(인구 변화와 다문화 공간)으로, 지역격차와 공간적 불평등 관련 내용은 4단원(거주공간의 변화와 지역개발)으로, 환경 및 지속가능한 발전과 관련한 내용은 3단원(기후환경과 인간 생활)로 각각 분산, 재구조화

② 성취기준(또는 중단원) 수준에서의 주요 변화

• 가급적 내용 중복성을 완화하는 차원에서 이루어짐

- 2009 개정 교육과정에서 배제되었던 화산 및 카르스트 지형의 경우 성취기준 수준으로 다시 환원시킴
- 2009 개정 교육과정에서 6단원에 배치되었던 지역조사와 지리정보와 관련한 성취기준을 도입단원인 1단원으로 재배치
- 2009 개정 교육과정에서는 지역지리 관련 대단원(7단원)의 지역 관련 성취기준이 주로 경제 및 도시 지리적 측면에 중심. 2015 개정 교육과정에서는 이에 더해 문화적 측면에서도 지역을 이해할 수 있도록 성취기준을 기술함

(3) 교과 목표

① 국토의 다양한 지리적 현상을 종합적으로 이해하고, 세계화의 흐름 속에서 우리의 삶이 이루어지는 공간이 가지고 있는 의미를 파악한다.

② 우리나라 각 지역의 특성과 지역 구조의 변화 과정을 다양한 관점에서 파악하고, 이를 통해 다면적이고 복합적인 국토 공간의 특성을 인식한다.

③ 국토 공간 및 자신이 살고 있는 지역의 당면 과제를 인식하고, 이를 합리적으로 해결할 수 있는 지리적 기능 및 사고력, 창의력 그리고 의사결정능력을 기른다.

④ 일상생활에서 접하게 되는 다양한 지리 정보를 선정, 수집, 분석, 종합하고, 이를 생활공간의 문제 파악 및 해결에 활용할 수 있는 능력을 기른다.

⑤ 자연환경 및 인문환경과 주민 생활의 연관성을 유기적·생태적인 사고를 바탕으로 이해함으로써 국토 공간과 환경에 대한 올바른 가치관을 형성하고 행동할 수 있는 능력과 태도를 기른다.

⑥ 국토 분단, 주변국과의 영역 갈등과 같은 우리 국토가 당면하고 있는 국토 공간의 정체성 문제를 올바른 시각에서 이해하고, 바람직한 국토관과 국토애를 함양할 수 있는 태도를 기른다.

(4) 내용 구성

① 7단원 우리나라의 지역 이해만 지역지리, 나머지는 계통지리

② 인구가 대단원으로 새롭게 들어옴 → 세계지리가 계통지리와 지역지리의 내용체계로 변하면서 세계지리의 인구 단원이 한국지리로 들어옴

③ 내용 체계

영역	내용 요소	성취기준
국토인식과 지리정보	• 국토의 위치와 영토 문제 • 국토 인식의 변화 • 지리 정보와 지역 조사	• 세계 속에서 우리나라의 위치와 영역의 특성을 파악하고, 독도 주권, 동해 표기 등의 의미와 중요성을 이해한다. • 고지도와 고문헌을 통하여 전통적인 국토 인식 사상을 이해하고, 국토 인식의 변화 과정을 설명한다. • 다양한 지리 정보의 수집·분석·표현 방법을 이해하고, 지역 조사를 위한 구체적인 답사 계획을 수립한다.
지형환경과 인간생활	• 한반도의 형성과 산지의 모습 • 하천 지형과 해안 지형 • 화산 지형과 카르스트 지형	• 한반도의 형성 과정을 이해하고, 이를 중심으로 우리나라 산지지형의 특징을 설명한다. • 하천 유역에 발달하는 지형과 해안에 발달하는 지형의 형성과정 및 특성을 이해하고, 인간의 간섭에 의해 발생하는 문제점에 대해 토론한다. • 화산 및 카르스트 지형형성과정과 특징을 파악하고, 이를 중심으로 관광 자원으로 활용되는 지형 경관의 사례를 제시한다.
기후환경과 인간생활	• 우리나라의 기후 특성 • 기후와 주민생활 • 기후 변화와 자연재해	• 우리나라의 기후 특성을 기후 요소 및 기후 요인과 관련지어 설명한다. • 다양한 기후 경관을 사례로 기후 특성이 경제생활 등 주민들의 일상생활에 미치는 영향을 설명한다. • 자연재해 및 기후 변화의 현상과 원인, 결과를 조사하고, 인간과 자연환경 간의 지속가능한 관계에 대해 토론한다.
거주공간의 변화와 지역 개발	• 촌락의 변화와 도시 발달 • 도시 구조와 대도시권 • 도시 계획과 재개발 • 지역 개발과 공간 불평등	• 우리나라 촌락의 최근 변화상을 파악하고, 도시의 발달 과정 및 도시체계의 특성을 탐구한다. • 도시의 지역 분화 과정 및 내부 구조의 변화를 이해하고, 대도시권의 형성 및 확대가 주민생활에 미친 영향을 설명한다. • 주요 대도시를 사례로 도시 계획과 재개발 과정이 도시 경관과 주민생활에 미친 영향에 대해 분석한다. • 지역 개발의 영향으로 나타나는 공간 및 환경 불평등과 지역갈등 문제를 파악하고, 국토 개발 과정이 우리 국토에 미친 영향에 대해 평가한다.
생산과 소비의 공간	• 자원의 의미와 자원 문제 • 농업의 변화와 농촌 문제 • 공업의 발달과 지역 변화 • 교통·통신의 발달과 서비스업의 변화	• 자원의 특성과 공간 분포를 파악하고, 이의 생산과 소비에 따른 문제점 및 해결 방안에 대해 모색한다. • 농업 구조 변화의 원인 및 특성을 이해하고, 이로 인해 발생하는 다양한 문제의 해결 방안을 탐구한다. • 공업의 발달 및 구조 변동으로 인한 공업 입지와 공업 지역의 변화를 파악하고, 이러한 현상이 지역 경관과 주민의 생활에 미친 영향을 설명한다. • 상업 및 서비스 산업의 입지에 영향을 미치는 요인과 최근의 변 화상을 파악하고, 교통·통신의 발달이 생산 및 소비 공간에 미치는 영향을 평가한다.
인구변화와 다문화 공간	• 인구 구조의 변화와 인구 분포 • 인구 문제와 공간 변화 • 외국인 이주와 다문화 공간	• 우리나라 인구 분포의 특성을 파악하고, 인구 구조의 변화 과정을 이해한다. • 저출산·고령화 등 인구 문제와 이에 따른 공간적 변화를 파악하고, 이의 해결 방안을 제시한다. • 외국인 이주자 및 다문화 가정의 증가와 이로 인한 사회·공간적 변화를 조사·분석한다.

우리나라의 지역이해	• 지역의 의미와 지역 구분 • 북한 지역의 특성과 통일 국토의 미래 • 각 지역의 특성과 주민생활	• 구체적인 사례를 통해 지역의 의미와 지역 구분 기준의 다양성을 이해하고, 학생 스스로 선정한 기준에 의해 우리나라를 여러 지역으로 구분한다. • 북한의 자연환경 및 인문환경 특성, 북한 개방 지역과 남북 교류의 현황을 파악하고 통일 국토의 미래상을 설계한다. • 수도권의 지역 특성 및 공간 구조 변화 과정을 경제적·문화적 측면에서 이해하고, 수도권이 당면하고 있는 문제점 및 이의 해결 방안에 대해 탐구한다. • 강원 지방에서 영동·영서 지역의 지역차가 나타나는 원인을 파악하고, 지역의 산업 구조 변화가 주민생활에 미친 영향을 조사한다. • 충청 지방의 지역 구조 변화를 교통 발달, 도시 및 산업단지 개발 등을 중심으로 설명한다. • 호남 지방의 농지 개간 및 주요 간척 사업이 지역 주민의 삶에 미친 영향을 이해하고, 최근의 산업 구조 변화를 파악한다. • 영남 지방의 인구 및 산업 분포를 통해 지역의 공간 구조를 파악하고, 이 지역 주요 도시의 특성을 경제적·문화적 측면에서 설명한다. • 세계적인 관광지로서 제주도의 자연 및 인문 지리적 특성을 조사하고, 이를 바탕으로 지역 발전의 현안과 전망에 대해 분석한다.

5) 고등학교 세계지리

(1) 개발 중점

① 지구촌 변화에 대응 할 수 있는 과목의 성격 및 목표 제시

• 세계시민성(global citizenship), 글로벌 리더십(global leadship)

② 핵심역량 중심 과목 및 성취 기준 진술

• 핵심역량: 학습자에게 요구되는 지식, 기능, 태도의 총체, 초중등 교육을 통해 모든 학습자가 길러야 할 기본적이고, 필수적이며, 보편적인 능력

• 지리과 공통의 5대 영역과 핵심개념 제시: 영역-교과의 성격을 가장 잘 드러내면서도 교과의 학습 내용을 범주화하는 최상위의 틀 혹은 체계

③ 핵심개념과 빅아이디어(big idea) 중심의 내용 요소 선정

• 반복적 지역 세분화에 의한 내용 조직 극복

• 지형, 기후, 인구, 자원, 산업 등으로 전개되는 종래의 토픽 중심의 접근 극복

• 핵심개념 선정

– 특정 교과의 학습에 대한 핵심을 제공하는 것, 특정한 교과의 가장 기본적인 구조, 핵심을 보여주는 것, 학년에 관계없이 그 교과에서 가르쳐야 할 공통적인 개념

– 지리적 속성, 공간분석, 지리사상, 장소, 지역, 공간관계, 기후환경, 지형환경, 자연과 인간의

상호작용 등

- 5대 빅아이디어 중심으로 한 주제적 접근
  - 빅아이디어: 유사성을 지닌 여러 개념을 서로 묶어 주는, 전이가 높은 차상위의 개념
  - 5대 빅아이디어: 자연환경에 적응한 삶의 모습, 종교와 문화의 지역적 다양성, 거주 공간의 형성과 도시화, 자원의 분포와 산업 구조, 최근의 지역 쟁점
  - 각 지역 단원마다 5대 빅아이디어를 적용하면 학습량 과다 문제 발생
  - 지역 단원마다 상대적 중요성을 지니는 빅아이디어를 3가지씩 선별하여 편성
  - 모든 지역 단원들을 총괄해 보면 5대 빅아이디어들이 지역 단원에 고르게 배분되도록 함

④ 계통적 접근과 지역적 접근의 상호보완적 내용체계

- 2009 개정에 의한 세계지리-계통적 접근의 한계 극복
- 지구적 규모에서 일반화된 지식을 토대로 이해할 필요성이 있는 주제들: 자연환경, 인문환경 등은 기존처럼 계통 단원으로 구성
- 지역 단원을 새롭게 편성: 세계를 4개의 권역(realm, major region)으로 나누고 주요 빅아이디어를 매개로 학습할 수 있게 함
- 종합적 지역 개념을 적용하여 지역 단원 수를 4개로 설정: 몬순 아시아와 오세아니아, 건조 아시아와 북부아프리카, 유럽과 북부아프리카, 사하라 이남 아프리카와 중남부아메리카
- 위에 제시된 지역 구분은 고정된 것이 아니라 변용 가능함
- 필요에 따라 지역적, 지구적 쟁점 중심의 접근을 부분적으로 가미함

(2) 교과 역량

① 세계의 자연환경 및 인문환경에 대한 체계적, 종합적 이해를 바탕으로, 다양한 자연환경 및 인문환경의 특징과 이에 적응해 온 각 지역의 여러 가지 생활 모습을 파악하고, 지역적, 국가적, 지구적 규모에서 다양하게 대두되는 지구촌의 주요 현안 및 쟁점들을 탐구한다.

② 세계 여러 국가 및 지역의 지리 정보에 대한 수집과 분석, 도표화와 지도화 작업을 바탕으로 주요 국가나 권역 단위의 지리적 속성 및 공간적 특징을 비교하고 평가한다.

③ 세계의 자연환경 및 인문환경의 공간적 다양성과 지역적 차이에 대한 공감적 이해를 통해 여러 국가나 권역 사이의 상호 협력 및 공존의 길을 모색하는 한편 지역 간의 갈등 요인 및 분쟁 지역의 본질과 합리적 해결 방안을 탐색한다.

(3) 내용 구성: 계통지리와 지역지리가 혼합된 형태로 변화

① 2009 개정 교육과정에서 한국지리와 세계지리를 모두 계통지리(주제 중심)로 내용을 구성하면서, 같은 내용이 중복되는 문제가 발생함

② 계통지리를 통해 먼저 보편적 원리를 배우고, 지역지리를 통해 실제 각 지역의 사례와 특수성을 배우도록 함

③ 2~3단원: 계통지리

- 지역 단원을 배우기에 앞서 세계 각 지역의 일반적 특징이나 세계의 보편적 원리를 학습함
- 세계를 관통하는 지리적 주요 개념이나 원리를 학습하는 단원 → 설명식 수업을 위주로 하되 시청각 자료를 매개로 문답식 토론을 병행하는 것이 효과적

④ 4~7단원: 지역지리

- 세계의 지역적 특수성에 대해 배우는 단원으로, 이전의 계통 단원에서 학습한 주요 지리적 개념이나 보편적 특성, 일반적 원리가 지역적 맥락에서 어떻게 적용될 수 있는가 혹은 어떤 편차를 보이는가에 주안점을 두고 학습
- 세계적 보편성에 비추어 본 지역적 차이를 학습하는 단원으로, 큰 틀에서 문제 해결 학습, 가치 탐구 학습 등을 중심으로 학생 중심의 참여형 수업이 이루어져야 함 → 기본적 지리 개념과 세계의 보편적 특성, 일반적 원리는 앞서서 배웠으므로

⑤ 쟁점 중심 교육과정 반영 → 지역지리로 나열식 구성을 하면 학습량이 많아지고 무미건조해지므로, 각 지역의 쟁점을 학습함으로써 학생들의 흥미를 돋우고 활동 중심의 수업을 장려

⑥ 2009 개정 교육과정에서 세계지리가 주제 중심으로 되면서 학생들에게 인기가 많아짐(학습 부담이 줄어들면서) → 다시 지역지리로 회귀하면서 학습량 증가로 학생들이 다시 피할 우려도 존재함

(4) 내용 체계

영역	내용 요소	성취기준
세계화와 지역 이해	• 세계화와 지역화 • 지리 정보와 공간 인식 • 세계의 지역 구분	• 세계화와 지역화가 한 장소나 지역의 정체성의 변화에 영향을 주는 사례를 조사하고, 세계화와 지역화가 공간적 상호작용에 미치는 영향을 파악한다. • 동·서양의 옛 세계지도에 나타난 세계관 및 지리 정보의 차이를 조사하고, 오늘날의 세계지도에 표현된 주요 지리 정보들을 옛 세계지도와 비교하여 분석한다. • 세계의 권역들을 구분하는 데에 활용되는 주요 지표들을 조사하고, 세계의 권역들을 나눈 기준의 여러 가지 사례들을 비교 분석하여 각각의 특징과 장·단점을 평가한다.

세계의 자연환경과 인간 생활	• 열대 기후 환경 • 온대 기후 환경 • 건조 및 냉·한대 기후 환경과 지형 • 세계의 주요 대지형 • 독특하고 특수한 지형들	• 기후 요인과 기후 요소에 대한 기본 이해를 바탕으로 열대 기후의 주요 특징과 요인을 분석한다. • 온대 동안 기후와 온대 서안 기후의 특징 및 요인을 서로 비교하고, 이러한 기후 환경에 적응한 인간 생활의 모습을 파악한다. • 건조 기후와 냉·한대 기후의 주요 특징을 이해하고, 이러한 기후 환경에서 형성된 주요 지형들을 탐구한다. • 지형형성작용에 대한 기본 이해를 바탕으로 세계의 주요 대지형의 분포 특징과 형성 원인을 분석한다. • 세계적으로 환경 보존이나 관광의 대상지로 주목받고 있는 주요 사례를 중심으로 카르스트 지형, 화산 지형, 해안 지형 등 여러 가지 특수한 지형들의 형성과정을 이해한다.
세계의 인문환경과 인문 경관	• 주요 종교의 전파와 종교 경관 • 세계의 인구 변천과 인구 이주 • 세계의 도시화와 세계도시체계 • 주요 식량 자원과 국제 이동 • 주요 에너지 자원과 국제 이동	• 세계의 주요 종교별 특징과 주된 전파 경로를 분석하고, 주요 종교의 성지 및 종교 경관이 지닌 상징적 의미들을 비교하고 해석한다. • 세계의 일반적 인구 변천 단계와 그 지역적 차이를 파악하고, 국제적 인구 이주의 주요 사례 및 유형을 도출한다. • 세계도시의 선정 기준과 주요 특징을 이해하고, 세계도시체계론과 관련지어 세계도시들 사이의 상호작용과 위계 관계를 탐구한다. • 세계 주요 식량 자원의 특성과 분포 특징을 조사하고, 식량 생산 및 그 수요의 지역적 차이에 따른 국제적 이동 양상을 분석한다. • 세계 주요 에너지 자원의 특성과 분포 특징을 조사하고, 에너지 생산 및 그 수요의 지역적 차이에 따른 국제적 이동 양상을 분석한다.
몬순 아시아와 오세아니아	• 자연환경에 적응한 생활모습 • 주요 자원의 분포 및 이동과 산업 구조 • 최근의 지역 쟁점: 민족(인종) 및 종교적 차이	• 몬순 아시아에서 나타나는 전통적 생활 모습을 지역의 자연환경과 관련지어 탐구한다. • 몬순 아시아와 오세아니아의 주요 국가의 산업 구조를 지역의 대표적 자원 분포 및 이동과 관련지어 비교 분석한다. • 몬순 아시아와 오세아니아의 주요 국가들에서 보이는 민족(인종)이나 종교적 차이를 조사하고, 이로 인한 최근의 지역 갈등과 해결 과제를 파악한다.
		〈학생활동 예시〉 • 주제: 동남아시아와 오세아니아의 민족(인종) 차별 사례와 요인 ① 말레이시아의 종교적 다양성과 과제 ② 오스트레일리아의 민족(인종) 차별 사례와 그 요인 ③ 인도네시아에서 다양한 민족(인종)과 종교가 나타난 지리적 배경
건조 아시아와 북부 아프리카	• 자연환경에 적응한 생활모습 • 주요 자원의 분포 및 이동과 산업 구조 • 최근의 지역 쟁점: 사막화의 진행 • 자연환경에 적응한 생활모습 • 주요 자원의 분포 및 이동과 산업 구조 • 최근의 지역 쟁점: 사막화의 진행	• 건조 아시아와 북아프리카에서 나타나는 전통적 생활 모습을 지역의 자연환경과 관련지어 탐구한다. • 건조 아시아와 북아프리카의 주요 국가의 산업 구조를 화석 에너지 자원의 분포와 관련지어 비교 분석한다. • 건조 아시아와 북아프리카의 주요 사막화 지역과 요인을 조사하고, 사막화의 진행으로 인한 여러 가지 지역 문제를 파악한다.
		〈학생활동 예시〉 • 주제: 서남아시아와 북부아프리카의 사막화의 진행과 과제 ① 과도한 목축과 사막화 ② 지나친 관개농업과 사막화 ③ 지구 온난화와 사막화 ④ 사막화로 인한 각 지역의 분쟁과 과제

유럽과 북부아메리카	• 주요 공업 지역의 형성과 최근 변화 • 현대 도시의 내부 구조와 특징 • 최근의 지역 쟁점: 지역의 통합과 분리 운동 • 주요 공업 지역의 형성과 최근 변화 • 현대 도시의 내부 구조와 특징 • 최근의 지역 쟁점: 지역의 통합과 분리 운동	• 유럽과 북부아메리카의 주요 공업 지역과 그 형성 배경을 조사하고, 최근의 변화 과정을 비교 분석한다. • 유럽과 북부아메리카의 세계적 대도시들을 조사하여 현대 도시의 내부 구조의 특징을 추론한다. • 유럽과 북부아메리카에서 나타나는 정치적 혹은 경제적 지역 통합의 사례를 조사하고, 지역의 통합에 반대하는 분리 운동의 사례와 주요 요인을 탐구한다. 〈학생활동 예시〉 • 주제: 유럽과 북부아메리카의 지역 통합과 분리 운동 ① 유럽연합의 탄생 배경과 회원국의 변화 ② 캐나다 퀘벡주의 분리 운동 ③ 문화(종교나 민족(인종), 언어 등)의 차이로 인한 분리운동지역 ④ 경제의 지역차로 인한 분리운동지역
사하라 이남 아프리카와 중·남부아메리카	• 도시 구조에 나타난 도시화 과정의 특징 • 다양한 지역 분쟁과 저개발 문제 • 최근의 지역 쟁점: 자원 개발을 둘러싼 과제 • 도시 구조에 나타난 도시화 과정의 특징 • 다양한 지역 분쟁과 저개발 문제 • 최근의 지역 쟁점: 자원 개발을 둘러싼 과제	• 중·남부아메리카의 주요 국가들에서 나타나는 도시 구조의 특징 및 도시 문제를 지역의 급속한 도시화나 민족(인종)의 다양성과 관련지어 탐구한다. • 사하라 이남 아프리카의 주요 국가들이 겪고 있는 분쟁 및 저개발의 실태를 파악하고, 그 주요 요인을 식민지 경험이나 민족(인종) 및 종교 차이와 관련지어 추론한다. • 사하라 이남 아프리카와 중·남부아메리카에서 나타나는 자원 개발의 주요 사례들을 조사하고 환경 보존이나 자원의 정의로운 분배라는 입장에서 평가한다. 〈학생활동 예시〉 • 주제: 사하라 이남 아프리카와 중·남부아메리카의 자원 개발과 지속가능한 발전 ① 저개발의 주요 요인과 과제 ② 다국적 기업의 진출과 자원 개발 ③ 자원 개발에 대한 지역민, 국가, 국제 사회의 서로 다른 입장
평화와 공존의 세계	• 경제의 세계화에 대응한 경제 블록의 형성 • 지구적 환경 문제에 대한 국제 협력과 대처 • 세계 평화와 정의를 위한 지구촌의 노력들	• 경제의 세계화가 파생하는 효과들이 무엇인지 파악하고, 경제의 세계화에 대응하여 여러 국가들이 공존을 위해 결성한 주요 경제 블록의 형성 배경 및 특징을 비교 분석한다. • 지구적 환경 문제에 대처하기 위한 국제적 노력이나 생태 발자국, 가뭄 지수 등의 지표들을 조사하고, 우리가 일상에서 실천할 수 있는 방안들을 제안한다. • 세계의 평화와 정의를 위한 지구촌의 주요 노력들을 조사하고, 이에 동참하기 위한 세계 시민으로서의 바람직한 가치와 태도에 대해 토론한다.

6) 고등학교 여행지리

(1) 진로선택 과목

① 교과 융합학습, 진로 안내학습, 교과별 심화학습, 실생활 체험학습 가능 과목

② 수학, 과학은 심화학습, 융합학습에 초점

③ 사회과는 지리(여행지리), 일반사회(사회문제탐구), 도덕(고전과 윤리)에서 1과목, 역사는 한국사가 필수로 제외

④ 기본 이수단위는 5단위, 3단위 범위내 증감 운영 가능

⑤ 단위 학교에서는 학생의 선택에 따라 진로선택과목을 3과목 이상 이수해야 함

(2) 사회과 진로선택 과목의 특징

① 계열(이과, 예술, 외고/마이스터고)에 관계없이 다양한 학생이 쉽게 배울 수 있어야 하고 심도 깊은 지식을 배우지 않고 학생 스스로 흥미에 따라 조사하는 학생중심 수업이 가능한 과목

② 〈참고〉 지리과의 경우, 처음에 계열별로 환경과 문명, 풍경과 문화, 세계여행지리

(3) 여행지리 교육과정 개발 방향

① 여행이라는 주제와 틀로 유용성과 흥미, 공감하는 능력을 높일 수 있도록 접근

② 미래사회의 변화와 진로 탐색에 통찰력과 상상력을 제공할 수 있도록 접근

③ 초안: 8개 대단원과 24개의 성취기준, 확정안: 6개 대단원과 21개의 성취기준

④ 교육과정 심의회 등의 의견: 가벼운 흥미 위주의 과목이라는 부정적 견해

⑤ 1단원명 수정: '일상으로부터 떠나는 여행 스케치'에서 '여행을 왜, 어떻게 할까?'

(4) 여행지리 개발 과정에서 도출된 논의

① 여행의 의미와 공간적 범위

• 여행, 관광, 답사는 어떻게 다른가?

– 여행, 관광, 답사의 사전적, 학술적 의미에 구속되지 않고 광의로 사용

– 여행을 여가 활동으로서 관광에 한정하지 않는다.

– 4단원 인류의 성찰과 공존을 위한 여행 대표적

– 여행지와 관광지, 여행자와 관광객 중 어떻게 표현하는 것이 맞는가?

• 단원구성상 해외여행 비중이 많은데, 해외여행을 경험하지 못하는 학생에 대한 배려는 어떠한가?

– 2단원 매력적인 자연을 찾아가는 여행, 3단원 다채로운 문화를 찾아가는 여행의 4번째 성취기준은 모두 우리나라의 자연과 우리나라의 문화를 다루도록 함

② 타 지리과목과의 관계 설정 및 차별성

• 일반선택과목인 한국지리와 세계지리와의 차별성 문제

• 세계지리를 흥미롭고 활동중심으로 구성하기 위한 대안으로 여행지리를 주장함. 그러나 진로

선택과목으로서의 여행지리는 한국지리와 세계지리가 존치하는 상태에서 신설됨. 그러므로 이들 과목과의 차별성이 요구됨

- 차별화를 위한 3가지 차원의 접근
  - 세계지리 과목보다 학습 분량을 줄이고 내용수준도 쉽게 구성
  - 내용구성상 세계지리를 지역지리적으로 구성, 여행지리를 계통지리, 즉 주제중심으로 구성
  - 세계지리는 수능과목으로서 지식 위주로 구성, 여행지리는 프로젝트 학습 등 활동 중심으로 구성
- 성취기준 상당수는 프로젝트형 학습의 가능성을 염두에 두고 구성
- 교과서 형태가 아닌 워크북 형식 모색 주장도 있었음

③ 성취기준 내용 및 서술 방식

- 일반선택 과목에 학생중심, 활동중심에 초점
- 프로젝트 학습 등 학생 활동 중심
- 대단원과 성취기준에 이를 반영
- 교수학습 및 평가방법, 예시 개발 제공

④ 진로선택과목으로서의 정체성

- 비수능과목으로 다양한 교과서 개발 한계
- 진로선택과목은 인정 교과서로서 개발에 참여할 출판사 많지 않을 것으로 판단(실제, 천재교육 1곳 출판)
- 특정 분야(여행 및 관광업)로의 진로에 초점을 맞추는 것의 한계
- 특성화고교가 아닌 일반고교 교육과정에 적합하지 않기 때문

(5) 교과 역량

① 의미 있고 바람직한 여행에 필요한 지식, 기능, 가치 및 태도를 익힘으로써 통합적 탐구력과 비판적 사고력, 문제 해결 능력 및 의사 결정 능력을 기른다.

② 국내 및 세계적으로 널리 알려진 지역별 자연환경 및 인문환경 특성과 그곳에서 살아가는 사람들의 다양한 생활모습을 이해하고 존중·배려 그리고 소통과 공감하는 태도를 기른다.

③ 여행의 특성과 그 변화를 통해 현대사회의 특성과 미래 사회의 변화 방향을 탐색하고, 자신뿐 아니라 인류 공동체의 바람직하고 행복한 삶을 만들어 나가는 데 필요한 진로 탐색 능력, 공동체에 대한 책임 의식, 사회참여 능력을 기른다.

(6) 내용 구성

영역	내용 요소	성취기준
여행을 왜, 어떻게 할까?	• 여행의 의미와 종류 • 교통수단과 여행 방식 • 지도 및 지리 정보 시스템의 활용 • 여행에 필요한 지식, 기능, 가치 및 태도 • 안전 여행	• 책이나 대중매체에 나타난 여행 사례를 통해 다양한 여행의 의미와 종류를 찾아보고 여행이 개인 삶과 세계 인식에 미치는 영향을 탐구한다. • 교통수단의 발전에 따라 여행의 일정, 경로, 방식 등이 어떻게 변화했는지 탐구함으로써 교통수단과 여행의 관계를 이해한다. • 다양한 지도 및 지리정보시스템을 활용하여 여행지 및 여행 경로에 대한 정보를 수집·정리·조직한다. • 바람직하고 안전한 여행을 위한 여행 계획 수립의 중요성을 이해하고 여행 준비에 필요한 지식과 기능, 가치 및 태도를 탐구하고 이를 몇몇 사례 지역에 적용한다.
매력적인 자연을 찾아가는 여행	• 지형의 관광적 매력 • 지형과 인간 생활 • 기후의 관광적 매력 • 기후와 인간 생활 • 지구환경의 다양성과 지속 가능성 • 우리나라의 자연	• 매력적인 지형으로 널리 알려진 지역을 선정하여 관광적 매력을 조사하고, 지형과 인간생활의 관계와 관광으로 인한 지역 특색을 탐구한다. • 매력적인 기후로 널리 알려진 지역을 선정하여 관광적 매력을 조사하고, 기후와 인간생활의 관계와 관광으로 인한 지역 특색을 탐구한다. • 천연기념물, 국립공원, 남극 같은 지구환경의 다양성과 지속가능성을 위해 여행이 제한되고 있는 지역의 가치를 이해하고, 보존과 개발의 갈등 속에서 변화하고 있는 모습을 탐구한다. • 우리나라의 매력적인 생태 및 자연여행이라는 주제로 우리나라의 생태 및 자연에 대한 이해를 높이고 즐길 수 있는 여행지를 선정하고 소개한다.
다채로운 문화를 찾아가는 여행	• 문화지역 • 세계 문화유산 • 문화 전파와 변동 • 촌락여행과 도시여행 • 우리나라의 문화	• 스포츠, 문화, 엑스포 등 세계 각국에서 벌어지는 축제의 사례를 선정하여 축제의 개최 배경, 의미, 성공적인 축제 관광의 조건을 탐구한다. • 종교, 건축, 음식, 예술 등 다양한 문화로 널리 알려진 지역을 사례로 각 문화의 형성 배경과 의미를 이해하고 관광적 매력을 끄는 이유를 탐구한다. • 촌락 여행과 도시 여행이 제공해 줄 수 있는 매력을 촌락과 도시의 기능적 특성과 관련시켜 사례 중심으로 탐구한다. • 우리나라의 다채로운 문화여행이라는 주제로 우리나라의 문화에 대한 이해를 높이고 즐길 수 있는 여행지를 선정하고 소개한다.
인류의 성찰과 공존을 위한 여행	• 산업 유산과 기념물여행 • 인류의 공존과 봉사여행 • 생태, 첨단, 문화 도시	• 산업유산이나 전쟁박물관 같은 다양한 기념물을 통해 인류의 물질적·정신적 발전 과정을 성찰할 수 있는 여행 계획을 세우고, 이를 통해 시민의식을 고취한다. • 분쟁, 재난, 빈곤, 환경 문제 등으로 고통받는 지역으로의 봉사여행이 지역과 여행자에게 주는 긍정적 변화를 탐구하고 인류의 행복한 공존을 위한 노력에 공감하고 실천 방법을 모색한다. • 생태, 첨단 기술, 문화 창조 등으로 미래를 지향하는 지역을 사례로 인류의 미래를 탐색하고 실현할 수 있는 방안을 모색한다.
여행자와 여행지 주민이 모두 행복한 여행	• 여행 산업과 지역 • 책임있는 여행 • 공정여행, 대안여행 • 지속가능한 관광 개발	• 여행 산업이 여행지에 미치는 경제적·환경적·문화적 영향을 파악하고 책임있고 바람직한 여행을 위한 실천 방법을 모색한다. • 공정여행, 생태관광 등 다양한 대안여행이 출현한 배경과 각 대안여행별 특징을 사례를 통해 조사하고 특히 관심이 가는 대안여행에 대해 분석·탐구한다. • 여행자에게는 의미 있는 경험이 되고 여행지 주민에게는 경제적 이익과 긍지, 지속가능한 개발이 된 사례를 찾아 분석한 뒤 우리 지역 여행 상품 개발에 적용한다.
여행과 미래 사회 그리고 진로	• 여행 산업 • 여행 관련 직업 • 미래 세계와 여행 • 진로 탐색	• 여행 산업의 특성과 변화 과정을 조사하고 미래 사회의 변화에 따라 여행 산업이 어떻게 변화할지 탐구한다. • 여행 산업과 관련된 직업의 종류와 특성에 대해 탐구하고 관심있는 직업에 대해서는 간접 또는 직접 체험한다. • 자신의 진로 탐색에 도움이 될 여행 주제를 탐구하여 정한 뒤 구체적인 여행 계획을 세우는 과정으로 실천적인 진로를 탐색한다.

[부록 2] 2015~2021학년도 임용시험 문제

〈2015학년도 임용시험〉

전공A 기입형

1. 다음은 우리나라 근대 이후의 지리교육 변천에 관한 내용이다. 괄호안의 ㉠, ㉡에 해당하는 지리교과의 교과서명과 과목명을 순서대로 쓰시오. **[2점]**

> 우리나라에서 근대적 의미의 지리교육은 개화기부터 시작되었으며, 근대 학교인 육영공원에서 처음으로 지리교과용 도서로 사용된 책은 (㉠)(으)로 많은 사람들에게 빨리 익히고 알리기 위하여 한글로 집필하였다. (㉠)은/는 1895년 이후 많은 종류의 지리교과서의 내용과 체계에 직·간접적으로 영향을 미쳤다. 제1차(1954~1963) 교육과정에서는 인문지리와 경제지리 내용을 중심으로, 제2차(1963~1973)와 제4차(1981~1987) 교육과정에서는 지리 Ⅰ과 Ⅱ, 제3차(1974~1981)교육과정에서는 우리나라에 대해 기술한 (㉡)와/과 세계에 대해 기술한 인문지리, 제5차(1987~1992)와 제6차(1992~1997)는 한국지리와 세계지리, 제7차(1997~2007) 교육과정에서는 한국지리, 세계지리, 경제지리, 2007 개정 교육과정에서는 한국지리와 세계지리로 편성되었다. 제3차(1974~1981) 교육과정에서 우리나라에 대해 기술한 (㉡)의 목차를 보면, 국토의 자연환경, 자원과 산업, 인구와 인구 문제, 촌락과 도시, 지역성과 지역 구분, 우리나라와 세계 등으로 이루어져 있다.

2. 지리교육의 목적을 내재적 목적과 외재적 목적으로 구분할 때, (가), (나)에서 설명하는 지리교육의 내재적 목적을 나타내는 개념을 순서대로 쓰시오. **[2점]**

> (가) 이것은 지도, 그래프, 그림 등의 시각적 표현을 읽고 이해하는 능력으로, 시각 자료가 풍부한 지리 학습을 통해 잘 함양될 수 있다고 평가되는 능력이다. 발친(W. Balchin)은 이것을 영국 지리교육학회장 취임 연설에서 '언어나 숫자로 전달할 수 없는 공간적 정보와 아이디어를 기록하고 전달하는 하나의 의사소통'이라고 정의하였다.
>
> (나) 이것은 공간적 패턴을 정확하게 지각하고 비교하여 방향을 잘 설정하며 대상을 공간 속에서 배열시키는 능력을 의미한다. 셀프와 골리지(C. Self and R. Gollege)는 이것을 공간적 가시화, 공간 정향, 공간관계 파악의 3가지로 제시하였다.

3. 다음은 지리 교수·학습에 관한 내용이다. 괄호 안의 ㉠, ㉡에 해당하는 용어를 순서대로 쓰시오. **[2점]**

> 1970년 무렵 학생들을 대상으로 한 (㉠)에 대한 학문적 관심이 증가하였다. 이 개념은 사람들이 자신의 주변에 존재하는 것들에 대한 경험으로 머릿속에 도식화되어 있는 이미지를 말한다. (㉠)에 대한 연구는 피아제(J. Piaget)의 인지발달이론으로부터 많은 아이디어를 끌어왔다. 교사들은 이러한 연구들을 통해 학생들의 지리학습을 이해하는 데 많은 도움을 받았다. 특히 지리교육에서는 학생들의 (㉠)을/를 파악하기 위해 (㉡)을/를 많이 활용하였다. 교사들은 학생들이 만든 (㉡)을/를 통해 학생들의 사전 학습 정도, 현재의 지각 상태, 학생들의 지각 능력에 관한 지식을 파악하기도 하였다. 또한 (㉡)은/는 학생들의 (㉠)에 영향을 주는 요인, 특히 가까운 지역과 먼 지역을 지각하는 데 영향을 주는 장애 요인과 한계가 무엇인지를 이해할 수 있는 평가도구로 간주되었다. (㉡)은/는 집, 학교 등과 같이 자신이 알고 있는 장소에 대한 기억의 재현이다.

전공 A 서술형

1. 다음은 지리평가론 시간에 이루어진 평가 문항의 설계와 분석에 관한 수업 장면이다. 괄호 안의 ㉠~㉢에 해당하는 용어를 순서대로 쓰고, ㉣을 서술하시오. **[5점]**

> 박 교수: 선다형 1번 문항의 질문 내용과 답지를 먼저 보여 주겠습니다.
>
> > 1. 지도를 읽고 분석한 내용으로 옳지 않은 것은?
> > ① A는 수직에 가까운 절벽이다.
> > ② B−C의 실제거리는 2km 정도이다.
> > ③ D의 해발고도는 80m가 넘는다.
> > ④ 농경지는 대부분 논으로 이용된다.
> > ⑤ 종합운동장은 E의 북쪽에 위치한다.
>
> 박 교수: 학생들이 답을 풀기 위해 지도에 어떤 것들이 표시되어야 할까요?
> 갑 학생: ①과 ③을 풀기 위해서는 지도에 (㉠)이/가 표시되어 있어야 합니다.
> 을 학생: ②를 풀려면 (㉡)이/가 필요합니다.
> 병 학생: ④에는 범례, ⑤에는 방위표가 필요합니다.
> 박 교수: 맞습니다. 문제에서 제시된 지도를 봅시다.
>
> … (중략) …
>
> 박 교수: 이제는 고전 검사 이론에 의한 문항의 양적 평가방법에 대해 알아봅시다.

구분	A	변별도	답지 반응 비율(%)					정답
			①	②	③	④	⑤	
1번	0.283	0.411	13.7	19.2	28.3	17.5	21.3	③
2번	0.643	0.312	64.3	6.7	23.4	2.1	3.5	①
…								

박 교수: A는 무엇일까요?

갑 학생: (　　　　　　ⓒ　　　　　　) 입니다.

박 교수: 변별도를 보면, 1번 문항이 2번 문항보다 높은데, 그것이 의미하는 것을 응답자의 총점과 관련하여 설명해 보세요.

을 학생: 1번 문항이 2번 문항에 비해서 ⓓ ________________________ 는 것을 의미합니다.

박 교수: 설명을 아주 잘했습니다.

2. 다음은 김 교육실습생에 의한 내용 지식의 교수학적 변환* 사례이다. 교수학적 변환의 과정을 도식화한 (가)의 괄호 안의 ㉠, ㉡에 해당하는 용어를 순서대로 쓰고, (나)에서 ㉠, ㉡에 해당하는 한 문장을 찾아서 각각 제시하시오. **[5점]**

(가) 교수학적 변환의 도식

(나) 김 교육실습생의 일기

오늘 교육 실습에 참여하여 처음으로 한국지리 수업을 하게 되었다. 수업 내용은 제주도는 현무암으로, 울릉도는 주로 조면암으로 이루어져, 용암의 점성 차이에 따라 경사도의 차이가 나타난다는 내용이었다. 그러나 나는 이 내용을 지형학 시간에 배우기는 했지만 잘 이해하지 못하고 있었다. 그래서 박 선생님께 여쭈어 보았고 자세한 설명을 들었다. 비로소 용암의 점성에 따라 제주도와 울릉도의 지형 경사가 다르게 된다는 것을 이해할 수 있게 되었다. 수업 준비를 하면서 내용을 정리하다 보니 학생들이 어려워할 것 같다는 생각이 들었다. 그래서 쉽게 가르쳐 주기 위해 한참을 궁리하며, 여러 가지 비유를 생각해 보았다. 학생들에게 혼란을 주지 않으면서 쉽게 이해시킬 수 있는 방법이 필요하다고 생각했다. 문득 이것이 밀가루 반죽에 들어가는 물의 양에 따라 점성이 달라지는 것과 같다고 생각되어 묽은 파전 반죽을 현무암질 용암에, 된 빵 반죽을 조면암질 용암에 비유하는 것으로 학생들을 이해시키기로 하였다. 그 내용을 프리젠테이션으로 제작하여 교실 수업을 진행하였다. 효과는 만점이었다. 학생들은 수업 내용을 쉽게 이해하며 즐거워하였다. 나도 이 정도면 참 뿌듯한 첫 수업이라고 생각하였다.

* 브루소(G. Brousseau) 등의 개념을 토대로 함.

전공B 서술형

1. 다음은 박 교사가 조이스, 웨일, 캘혼(B. Joyce, M. Weil, E. Calhoun)의 선행조직자 모형에 근거하여 작성한 고등학교 지리 수업과정안이다. ㉠에 들어갈 단계의 명칭을 쓰고, 학습자의 지식 수용 방법의 관점에서 암기 학습과 비교하여 서술하시오. 그리고 학습자 지식의 구성과정을 브루너(J. Bruner)가 주장한 발견학습과 비교하여 서술하시오. **[5점]**

관련 단원: 도시의 공업 활동

공업 도시 선행조직자 선정

- 공업 도시는 원료가 중간재와 소비재로 전환되는 공장이 많이 모여 있는 지역이다.
- 선행조직자: 원료, 중간재와 소비재, 전환

수업의 실행

(가) 선행조직자 제시 단계

- 공업 도시에 있는 공장들이 원료를 제품으로 전환하여 소비자에게 전 달하는 과정에 대한 개념을 제시한다.

(나) 학습 자료의 제시 단계

- 공업이 발달된 도시의 구체적인 특징이 드러나는 실제 사례가 포함된 학습 자료에 선행조직자 개념을 적용하고 확인한다.

(다) (㉠) 단계

- 다른 사례를 추가로 제시하고, 선행조직자 개념들과 다시 관련시켜 확실하게 이해한다.
- 다른 사례 학습에 적용한다.

〈2016학년도 임용시험〉

전공A

1. 다음은 지리교육학의 패러다임에 대한 설명이다. ㉠, ㉡에 해당하는 용어를 순서대로 쓰시오. **[2점]**

지리교육학의 패러다임은 지리교육에 대한 총체적인 견해나 사고를 지배하는 인식 체계 또는 이론적 틀로, 지리교육의 실천 방향과 범주를 제시해 준다. 그래서 지리교육자가 어떤 입장을 견지하느냐에 따라 지리교육의 목적, 내용, 방법, 평가 등은 달라질 수 있다. 그동안 지리교육학은 사회과학, 지리학, 교육학 등의 패러다임에 따라 다양하게 범주화되었다. 다음은 전통적인 지역지리 이후 지리학의 방법론적 패러다임에 근거하여 지리교육학의 패러다임을 구분한 것이다.

구분	지리교육학의 패러다임			
	㉠	구조주의	㉡	포스트모더니즘
주요 내용	• 공간 분포와 패턴 • 공간 관계 • 공간 프로세스	• 사회 공간적 정의 • 사회 공간적 구조 • 계급과 권력 관계	• 장소애와 장소감 • 개인 지리 • 생활세계의 지리	• 장소의 재현 • 텍스트로서의 경관 • 차이의 지리
주요 방법	• 가설 설정과 검증 • 예측과 추론 • 일반화와 법칙 추구	• 비판적 분석 • 사회 · 정치적 분석 • 사회 참여와 행동	• 이해와 해석 • 감정이입과 공감 • 성찰	• 기호학과 해체 • 담론 분석 • 비판적 분석과 해석
주요 목적	• 지적인 통찰력 함양	• 공간 비판력 함양	• 개인 지리의 확장과 정련화	• 다양성과 차이에 대한 인정 • 비판적 리터러시(literacy) 함양

9. 다음은 지리과 답사(fieldwork) 수업의 유형을 학생의 학습 활동 및 학습 태도를 기준으로 분류한 것이다. ㉠에 비해 ㉡이 지닌 상대적 특성을 교사의 역할과 지식의 유형 측면에서 서술하시오. **[4점]** (단, 지식의 유형은 라일(G. Ryle)의 지식론에 근거할 것.)

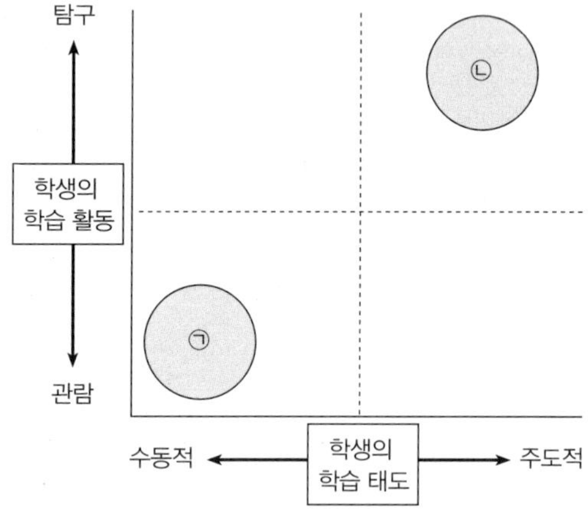

10. 다음 (가)와 (나)는 두 교사의 한국지리 수업 중 도입 단계의 일부이다. (가)에서 ㉠의 역할을 오수벨(D. Ausubel)의 학습 이론을 근거로 설명하고, (나)에서 ㉡의 역할을 피아제(J. Piaget)의 학습이론을 근거로 설명하시오. **[4점]**

(가)

이 교사: 지난 시간에 우리는 하천의 퇴적 지형 중 무엇을 배웠나요?
학　생: 선상지와 범람원을 배웠어요.
이 교사: 맞아요. 하천 상류에서 잘 발달하는 선상지와 중·하류에서 잘 발달하는 범람원을 배웠습니다. 오늘은 무엇을 배울 차례인가요?
학　생: (교과서를 보며) 삼각주입니다.
이 교사: 맞아요. 화면을 보며 오늘 학습할 내용을 대략적으로 살펴보겠습니다. (화면을 가리키며) ㉠ 개념도(concept map)에서 보듯이 삼각주는 하천 하구에 발달하는 퇴적 지형이죠. 오늘은 이러한 삼각주의 형성 요인, 토지 이용, 사례 등을 중심으로 배울 것입니다. 자, 그러면 활동지를 보면서 모둠 친구들과 함께 본격적으로 삼각주를 배워 보도록 하겠습니다.

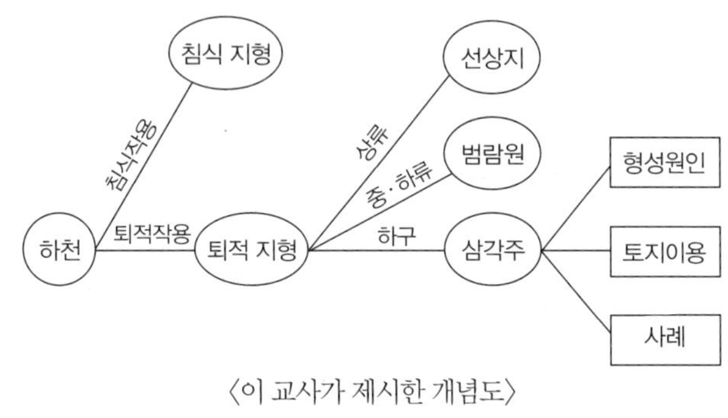

〈이 교사가 제시한 개념도〉

(나)

김 교사: 오늘 배울 개념은 하천의 퇴적 지형 중 삼각주입니다. 삼각주 모양은 어떻게 생겼을까요?
학　생: 삼각형이요.
김 교사: 왜 삼각형이라고 생각해요?
학　생: 삼각형의 땅이니까 삼각주라고 부르는 것 같아요.
김 교사: 여러분의 추론은 좋아요. 그런데 정말 그럴까요? 선생님이 삼각주 지도 한 장을 보여줄게요. ㉡ 미시시피강 하구에 발달한 삼각주 지도입니다. 자, 삼각형인가요?
학　생: (당황한 표정으로) 아……
김 교사: 삼각주는 모두 삼각형의 땅인가요?
학　생: 아뇨.

김 교사: 이제부터 본격적으로 하천의 퇴적 지형인 삼각주를 자세히 배워 봅시다.

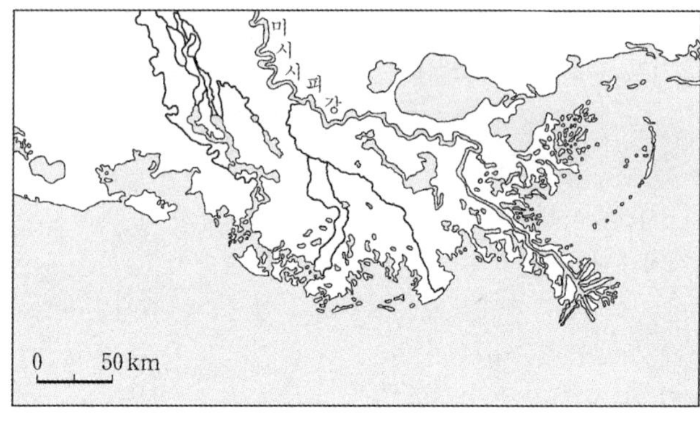

〈김 교사가 제시한 삼각주 지도〉

전공B 서술형

8. 한국지리를 담당하는 박 교사는 문제기반학습(problem-based learning: PBL)을 수업 시간에 적용하고자 한다. (가)는 수업 환경과 학습 내용을 고려하여 문제기반학습을 적용한 수업지도안이고, (나)는 수업 활동 평가지이며, (다)는 기말 고사 문제 중 일부이다. (가)에서 문제의 특성, ㉠의 한계점, (나)와 같은 평가유형의 특징에 대해, 〈작성 방법〉에 따라 논술하시오. **[10점]**

(가)

단원	Ⅷ. 국토의 지속가능한 발전 1. 인구 문제와 대책
학습 목표	㉠ <u>우리나라 인구문제에 대해 설명해 준다.</u>
학습 단계	교수·학습 활동
문제 제기	• 우리나라 인구 문제와 관련된 동영상을 보고 문제 상황 인식
문제 원인 확인	• 인구 문제 원인에 대한 모둠원 간 브레인스토밍 • 인구 문제 원인에 대한 잠정적 가설 설정
정보 수집	• 인구 문제와 관련된 문헌, 통계, 사진, 신문 등 자료 수합 및 적합한 정보 선택 • 문제 발생 원인에 대한 잠정적 결론
문제 해결안 발표	• 모둠별로 당면한 인구 문제를 해결할 수 있는 방안 수립하기 • 모둠별 해결 방안 발표하기
실천 계획 수립 및 정리	• 문제 해결책에 따라 구체적인 실천 계획 세우기 • 수업 활동 평가지 마무리하기 • 정리 및 차시 활동 예고

(나)

<table>
<tr><td colspan="2">수업 활동 평가지</td><td colspan="5">※ 해당되는 것에 √표 하세요.
1 = 전혀 아니다
5 = 매우 그렇다</td></tr>
<tr><td rowspan="3">내 자신에 대한 평가</td><td>문제 해결을 위해 많은 아이디어를 제공하였다.</td><td>1</td><td>2</td><td>3</td><td>4</td><td>5</td></tr>
<tr><td>모둠원들의 의견을 경청하였다.</td><td>1</td><td>2</td><td>3</td><td>4</td><td>5</td></tr>
<tr><td>본인이 맡은 과제를 해결하기 위해 최선을 다하였다.</td><td>1</td><td>2</td><td>3</td><td>4</td><td>5</td></tr>
<tr><td rowspan="3">나에 대한 모둠원들의 평가</td><td>최종 해결안 제시를 위해 적극적으로 참여하였다.</td><td>1</td><td>2</td><td>3</td><td>4</td><td>5</td></tr>
<tr><td>문제 해결을 위해 많은 아이디어를 제공하였다.</td><td>1</td><td>2</td><td>3</td><td>4</td><td>5</td></tr>
<tr><td>모둠원들의 의견을 경청하였다.</td><td>1</td><td>2</td><td>3</td><td>4</td><td>5</td></tr>
<tr><td rowspan="3">교사 평가</td><td>분담 맡은 역할을 성실하게 수행하였다.</td><td>1</td><td>2</td><td>3</td><td>4</td><td>5</td></tr>
<tr><td>문제 해결 과정에서의 성실성</td><td>1</td><td>2</td><td>3</td><td>4</td><td>5</td></tr>
<tr><td>문제에 대한 최종 해결안의 적합성</td><td>1</td><td>2</td><td>3</td><td>4</td><td>5</td></tr>
<tr><td colspan="2">〈이번 활동으로 내가 알게 된 것과 느낀 점〉 총점</td><td colspan="5"></td></tr>
</table>

(다)

○○학년도 2학기 기말고사 [한국지리]

3. 자료는 서로 다른 시기의 가족 계획 표어이다. (가), (나) 시기의 인구 문제에 대한 추론으로 적절한 것은?

> (가) 1970년대 – 딸, 아들 구별 말고 둘만 낳아 잘 기르자.
> (나) 2000년대 이후 – 아빠, 혼자는 싫어요. 엄마, 저도 동생을 갖고 싶어요.

	(가)	(나)
①	남아 선호 사상 높은	유소년 인구 부양비
②	높은 유소년 인구 부양비	저출산 현상
③	여성 노동력 부족	남아 선호 사상
④	인구 고령화 현상 성	비 불균형
⑤	저출산 현상 인구	고령화 현상

작성 방법
• (가)의 문제기반학습에서 다루는 '문제'의 특성을 브루너(J. Bruner)의 발견(탐구) 학습에서 '문제'의 특성과 비교하여 논할 것. • ㉠의 한계점을 학습 목표의 진술 방법과 역할 면에서 제시할 것. • (나)와 같은 평가 유형의 특징을 (다)와 대비하여 평가 시행 시기, 학생의 역할, 평가 영역을 중심으로 논할 것. • 답지를 논리적이고 체계적으로 구성할 것.

〈2017학년도 임용시험〉

전공A

1. 다음은 지리교육과정의 내용 조직 사례들이다. ㉠, ㉡의 내용조직 원리를 순서대로 쓰시오. [2점]

㉠	
아시아 및 아프리카의 생활	① 동부 아시아 지역의 생활 ② 동남 및 남부 아시아 지역의 생활 ③ 서남 아시아와 북부 아프리카 지역의 생활 ④ 중·남부 아프리카 지역의 생활
유럽, 아메리카 및 오세아니아의 생활	① 서부 유럽 지역의 생활 ② 동부 유럽 지역의 생활 ③ 앵글로 아메리카 지역의 생활 ④ 라틴 아메리카 지역의 생활 ⑤ 오세아니아와 극지방의 생활
㉡	
세계로 떠나는 여행	① 종교 경관을 사례로 아시아 지역의 문화적 다양성을 이해한다. ② 유럽의 다양한 축제를 조사하고, 축제가 지역의 문화 및 관광 산업에 미치는 영향을 파악한다. ③ 아프리카의 다양한 관광 자원을 이해하고, 관광 산업을 중심으로 지속 가능한 발전 방안을 모색한다. ④ 오세아니아의 원시·청정 자연을 통해 환경보전의 중요성을 이해한다. ⑤ 아메리카가 다문화 지역이 된 배경을 지리적 관점에서 이해하고, 특정 사례를 조사한다.

10. 다음은 개념도에 관한 자료이다. 괄호 안의 ㉠, ㉡에 해당하는 용어를 순서대로 쓰고, 제시된 개념도에서 ㉠의 사례를 2가지 찾아 그것들이 ㉠인 이유를 개념도 작성 방법을 고려하여 서술하시오. [4점]

개념도는 주요 개념이나 용어들 간의 관계를 선으로 연결하여 그 관계와 위계를 보여 주는 그림이다. 개념도는 지리적 지식 체계를 구성하는 사실, 개념, 이론 등의 관계를 도식적으로 나타낼 수 있어 지리 수업에서 다양하게 이용된다. 개념도는 학생이 가지고 있는 (㉠)을/를 확인하는 데 이용될 수 있다.

(㉠)은/는 학생이 알고 있는 개념이 과학적으로 검증된 지식과 다른 것을 의미하는데, 학생의 사전 경험, 고정관념, 잘못된 언어 사용 등 다양한 원인으로 발생한다.

그리고 개념도는 자신의 인지 활동에 대한 의도적인 조정과 통제를 의미하는 (㉡)을/를 발달시키는 데 도움을 준다. (㉡)은/는 자기가 하는 사고가 잘되고 있는지 판단하고, 또는 잘못되고 있다면 어떻게 하면 잘되게 할 수 있는지 반성하는 정신적인 활동으로서, 학습 과정에서 자신의 학습 활동을 스스로 돌아보면서 조정하고 통제할 수 있는 기회를 제공한다.

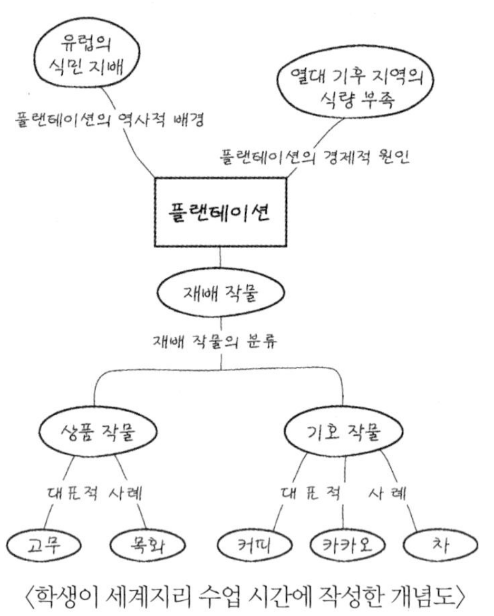

〈학생이 세계지리 수업 시간에 작성한 개념도〉

전공B

1. 다음은 고등학교 한국지리를 담당한 이 교사의 수업 설계이다. ㉠ 단계의 명칭을 쓰고, ㉠ 단계에서 제시된 과제 중 탐구과정의 성격이 다른 1가지를 찾아 쓰고, 그 이유를 서술하시오. 그리고 교수·학습 활동 중 교사의 비계설정(scaffolding) 활동에 해당하는 내용을 찾아 쓰시오. [4점]

단원	Ⅱ. 우리나라의 산지지형과 인간생활
학습 목표	여름철 배추 재배에 유리한 대관령 일대의 지리적 조건과 고랭지 농업이 그 주변 환경에 미치는 영향을 조사할 수 있다.
학습 단계	교수·학습 활동
문제 제기	• 대관령 일대의 배추밭 사진을 제시한다. • 탐구 문제: 대관령 일대에서 왜 여름철에 배추를 많이 재배할까?

<table>
<tr><td>가설 설정</td><td>• 대관령 일대에서 왜 여름철에 배추를 많이 재배 하는지 생각하고 모둠별로 가설을 설정하도록 한다.</td></tr>
<tr><td>자료 수집</td><td>• 다음 자료를 수집하여 모둠별로 제시한다.

배추의 생육조건에 관한 읽기 자료, 대관령 일대의 지형도, 우리나라의 지역별 여름철 기온분포도, 중부 지방 도로 지도, 영동고속도로 개통 전후의 배추 재배 면적 통계자료, 대관령 일대의 토양 침식에 관한 신문 기사</td></tr>
<tr><td>㉠</td><td>• 제시한 자료를 바탕으로 다음 과제를 순서에 따라 모둠별로 수행한다.
• 과제 수행에 어려움을 겪고 있는 학생들에게 주어진 자료를 과제별로 연결해 보도록 한다.

과제 1. 배추는 어떤 생육조건에서 잘 자라는가?
과제 2. 대관령 일대와 전라남도 해남의 여름철 기온은 얼마나 차이가 나는가?
과제 3. 대관령 일대와 전라남도 해남 중 여름철에 배추 재배가 유리한 지역은 어디인가?
과제 4. 영동고속도로 개통 전후로 배추 재배면적에 어떤 변화가 있는가?
과제 5. 배추 재배 면적의 증가가 토양 침식에 어떤 영향을 미치는가?
과제 6. 대관령 일대에서 배추 재배 면적을 늘려야 하는가?</td></tr>
<tr><td>가설 검증</td><td>• 수행한 과제를 바탕으로 대관령 일대에서 여름철에 배추를 많이 재배하는 이유를 찾고, 모둠별로 자신들이 설정한 가설과 비교한다.</td></tr>
<tr><td>결론 도출</td><td>• 대관령 일대에서 여름철에 배추를 많이 재배하는 이유와 그 영향을 정리하여 발표한다.</td></tr>
</table>

8. 다음은 세계지리를 담당하는 김 교사의 '열대 몬순 아시아의 전통적 생활 모습'에 대한 수업 설계이다. ㉠~㉤과 관련하여 아래의 〈작성 방법〉에 따라 논술하시오. **[10점]**

단원	Ⅷ. 몬순 아시아와 오세아니아
학습 목표	㉠ 열대 몬순 아시아의 전통적 생활 모습을 이해하기 위하여 열대 몬순 기후가 문화에 미친 영향을 조사한다.
학습 단계	교수·학습 활동

<table>
<tr><td colspan="2">㉡ 전시학습 확인</td><td>ㅇ 열대 몬순 기후에 속한 미얀마 양곤의 기온과 강수량의 특징을 예(example)로, 열대 우림 기후에 속한 싱가포르의 기온과 강수량의 특징을 비예(non-example)로 선택한다.
ㅇ 두 지역의 기후그래프를 보여준 후, 열대 몬순 기후와 열대 우림 기후의 연중 기온과 강수량의 특징을 비교한다.
ㅇ 열대 몬순 기후의 특징을 결정적 속성과 비결정적(일반적) 속성으로 구분하여 설명한다.</td></tr>
<tr><td rowspan="6">㉢</td><td>1단계: 모둠 구성하기</td><td>ㅇ ㉣ 지리 학습에 대한 흥미와 성취 수준이 서로 다른 4명의 학생으로 모둠을 구성한다.</td></tr>
<tr><td>2단계: 탐구 과제와 학습지 배분하기</td><td>ㅇ 모둠 구성원 각자가 '열대 몬순 아시아 지역의 전통적 생활 모습과 기후'에 관한 다음 탐구 과제 중 하나씩을 맡는다.
탐구 과제:
• 기후와 전통 음식 • 기후와 의복 문화
• 기후와 가옥 구조 • 기후와 토지 이용
ㅇ 탐구 과제를 맡은 학생에게 탐구 과제별 학습지를 각각 배분한다.</td></tr>
<tr><td>3단계: 전문가 집단에서학습하기</td><td>ㅇ 동일한 탐구 과제를 맡은 학생끼리 전문가 집단을 형성하여 자신들이 맡은 과제를 함께 조사하고 논의한다.</td></tr>
<tr><td>4단계: 모둠으로 돌아와 설명하기</td><td>ㅇ 전문가 집단의 활동이 끝났으면 원래 모둠으로 돌아와 자신이 맡은 탐구 과제를 다른 모둠원에게 설명해 준다.</td></tr>
<tr><td>5단계: 모둠별 학습 내용정리하여 발표하기</td><td>ㅇ 4가지 탐구 과제에 관한 학습 내용을 모둠원이 함께 학습활동지에 정리한 후 발표한다.</td></tr>
<tr><td>6단계: 개별적으로 퀴즈 풀고, 평가하기</td><td>ㅇ ㉤ 열대 몬순 아시아의 생활 모습과 기후 특징에 대한 퀴즈를 풀고, 각 학생이 받은 점수를 개인별 성적에 반영한다.</td></tr>
</table>

작성 방법
ㅇ ㉠을 문화생태론적 관점에서 비판적으로 서술할 것. ㅇ ㉡에서 사용한 예(example)와 비예(non-example)를 근거로 제시하여, 열대 몬순 기후 특성을 결정적 속성과 비결정적 속성으로 구분하여 서술할 것. ㅇ ㉢에 들어갈 협동학습모형을 쓰고, 이 모형의 한계를 ㉣, ㉤ 활동과 관련하여 각각 논술할 것. ㅇ 내용을 짜임새 있게 구성하고 논리적으로 표현할 것.

〈2018학년도 임용시험〉

전공A

1. 다음은 김 교사가 「한국지리」 수업을 설계하며 기록한 메모의 일부이다. 괄호 안의 ㉠에 들어갈 가치수업 모형을 쓰고, 이러한 수업 모형을 적용하기에 적절하지 않은 주제를 밑줄 친 ㉡에서 1가지를 찾아 쓰시오. **[2점]**

단원	Ⅴ-1. 우리나라의 자원 분포와 특성
주제	원자력 발전소를 건설해야 하는가?
수업 모형	(㉠)
수업 개요	- ○○ 원자력 발전소 건설 찬반 뉴스 제시 - 발문: 무엇이 문제이며, 왜 서로 갈등하고 있는가? - 발문: 원자력 발전소 건설과 관련하여 찬성과 반대 측 사람들이 어떤 행동을 하며, 행동에 내재된 가치는 무엇인가? - 발문: 원자력 발전소 건설 시 효용성과 위험성? 어떤 것이 더 클까? 낮은 발전 단가, 대기 오염물질 배출이 적다는 장점? 방사능 누출의 위험성, 폐기물 처리 비용이 많이 든다는 단점? - 활동: 원자력 발전소를 건설했을 때와 하지 않았을 때 각각 어떤 결과가 발생할지 가설 설정 후 구체적 자료 조사하기 - 발문: 원자력 발전 비중이 높은 우리나라에서 전력 생산을 위한 다른 대안은 어떤 것이 있을까? - 활동: 원자력 발전소 건설에 대해 최종적으로 찬반 선택하고 근거 발표하기
고민	명확한 답이 없는 문제인데 괜찮을까? 학생들이 과연 가장 합리적인 선택을 할까? 자신과 가족들의이해관계에 따라서 판단하지는 않을까?
일상생활에서 직면하는 지리적가치 문제	㉡ 수도권 규제 완화 문제, 4대강 댐 건설의 필요성, 하천 직강화의 필요성, 세계화에 따른 농업개방의 필요성, 한라산의 고도별 식생 분포, 상향식 개발과 하향식 개발 방식 적용 문제

9. (가)는 2015 개정 교육과정에 따른 사회과 교육과정 내용 체계에서 중학교 지리 영역에 대해 기술한 표의 일부이고, (나)는 고등학교 「세계지리」 단원 내용 체계표이다. 괄호 안의 ㉠, ㉡에 해당하는 핵심 개념을 순서대로 쓰시오. 그리고 (나)의 2009 개정 교육과정과 비교하여 2015 개정 교육과정의 내용 조직이 가지는 장점 2가지를 서술하시오. **[4점]**

(가)

<table>
<tr><th rowspan="2">영역</th><th rowspan="2">핵심
개념</th><th rowspan="2">일반화된 지식</th><th>내용 요소</th></tr>
<tr><th>중 1-3학년</th></tr>
<tr><td rowspan="3">지리
인식</td><td>지리적
속성</td><td>지표상에 분포하는 모든 사건과 현상은 절대적, 상대적 위치와 다양한 규모의 영역을 … (하략) …</td><td>• 위치와 인간
• 생활</td></tr>
<tr><td>(㉠)</td><td>다양한 공간 자료와 도구를 활용한 지리 정보 수집과 지리 정보 시스템의 활용은 지표상의 현상과 사건들을 분석하고 해석하며 추론하는 데에 필수적이다.</td><td>• 지도 읽기
• 지리 정보
• 지리 정보기술</td></tr>
<tr><td>지리
사상</td><td>지표상의 일정한 위치와 영역을 차지하는 인간 집단들은 자신들을 둘러싼 주변의 장소와 지역, 다양한 세계에 대한 … (하략) …</td><td>• 자연-인간관계</td></tr>
<tr><td rowspan="3">장소와
지역</td><td>장소</td><td>모든 장소들은 다른 장소와 차별되는 자연적, 인문적 성격을 지니며, … (하략) …</td><td>• 우리나라 영역
• 국토애</td></tr>
<tr><td>지역</td><td>지표 세계는 장소적 성격의 동질성, 기능적 상호 관련성, 지역민의 인지 등의 측면에서 다양하게 구분되며, …(하략)…</td><td>• 세계화와 지역화</td></tr>
<tr><td>(㉡)</td><td>장소와 지역은 인구, 물자, 정보의 이동 및 흐름을 통해 네트워크를 형성하고 상호작용한다.</td><td>• 인구 및 자원의 이동
• 지역 간 상호작용</td></tr>
</table>

(나)

2009 개정 교육과정	2015 개정 교육과정
1. 세계화와 지역 이해 2. 세계의 다양한 자연환경 3. 세계 여러 지역의 문화적 다양성 4. 변화하는 세계의 인구와 도시 5. 경제활동의 세계화 6. 갈등과 공존의 세계	1. 세계화와 지역 이해 2. 세계의 자연환경과 인간 생활 3. 세계의 인문환경과 인문 경관 4. 몬순 아시아와 오세아니아 5. 건조 아시아와 북부 아프리카 6. 유럽과 북부 아메리카 7. 사하라 이남 아프리카와 중·남부 아메리카 8. 평화와 공존의 세계

1. 다음은 박 교사가 「한국지리」에서 '호남 지방의 다양한 문화자원에 대해 발표할 수 있다.'라는 학습목표로 실시한 수업 자료이다. 사회과 교과 역량 중 비판적 사고력에 해당하는 내용을 (가)에서 찾아 쓰고, 밑줄 친 ㉠을 활용하여 신장시킬 수 있는 지리 기능을 쓰시오. 그리고 밑줄 친 ㉡과 관련해서 아이즈너(E. Eisner)가 대안으로 제시했던 교육 목표 용어를 쓰고, 그 사례를 (나)에서 찾아 쓰시오. **[2점]**

(가) 거문도 모둠 역할극 대본

다도해 해상 국립공원의 꽃 '거문도'

모둠원: ○○○ △△△ ◇◇◇

진행자: 저희 모둠은 전라도 남해안의 여러 섬들 중 멋진 경치와 민속문화를 간직한 거문도의 문화자원을 소개해 드리겠습니다. 그럼 주민 한 분 모시고 이야기 나눠보겠습니다.

주　민: 아따 거문도~ 소개할 게 겁나 많지라~ 하루 종일 해도 모자란당게~ 거문도·백도의 해안 절경, 은갈치,영국군 침략, ○○ 축제 등등 많지라~

… (중략) …

(뒤에서 뱃노래 소리가 들려옴)

(에이야라 술비야)
간다 간다 나는 간다 울릉도로 나는 간다
오도록만 기다리소 이번 맞고 금쳐 놓세 (술비여어~)
돛을 달고 노 저으며 울릉도로 향해보면
고향생각 간절하네 이번 맞고 금쳐 놓세 (술비여어~)

진행자: 이 소리는 무엇이죠?

주　민: 우리네 뱃노래 「술비소리」 지라. 거시기 무형문화재이고요.

진행자: 가사에 울릉도로 간다고 나오는데 조선 시대에 거문도 어부들이 울릉도까지 갔다는 것이 사실인가요? 일방적인 주장이 아닌가요?

주　민: 참말이지라. 배 만들 나무도 구하고 해산물도 채취할라고 매년 돛단배로 울릉도를 다녀왔제~ 독도도 우리가 '독섬'으로 불렀는디 나중에 독도로 이름지어졌당게~

… (중략) …

진행자: 네. 감사합니다. 이상 거문도의 문화 자원 소개를 마치겠습니다.

(나) △△△ 학생 자기 평가지

평가 요소	평가 기준		
	1점	2점	3점
자기주도적 학습 능력	과제를 정확히 이해하고 자신에게 주어진 역할을 충실하게 수행함.	과제를 정확히 이해하지 못했거나 자신에게 주어진 역할을 충실하게 수행하지 않음.	과제를 정확히 이해하지 못했고 자신에게 주어진 역할도 충실하게 수행하지 않음.
	○		
무엇을 소개하고 싶었는가?		아름다운 해안 경치와 소중한 문화 자원을 간직한 거문도의 자연 및 인문환경	
잘된 점과 잘못된 점을 평가해 보고, 어떻게 수정하면 더욱 개선될 수 있을 까?		사투리를 사용해서인지 애들이 재미있어했다. 하지만 거문도를 잘 모르는 것 같았다. ㉠거문도의 지도와 사진 등 시각 자료를 넣으면 더 좋을 것 같다.	
오늘 수업을 통해 얻은 성장과 배움의 경험을 써 보자.		자료를 조사하고, 다른 모둠의 발표를 보며 호남 지방의 다양한 문화 자원들을 이해하게 되었다. 또한 조선 후기 거문도 어부들이 매년 울릉도와 독도까지 진출하여 어로 활동을 해왔다는 사실을 알게 되었고, 독도가 예전부터 우리 영토라는 사실을 다시 한번 확인할 수 있었다.	

(다) △△△ 학생에 대한 학교생활기록부 기재 내용

학교생활기록부

모둠원과 협력하여 호남 지방의 다양한 문화 자원 중 거문도 지역의 관광자원을 선정하여 이에 대해 조사하고 역할극으로 만들어 소개함(3인 공동). 자신의 학습 과정을 돌아보고 평가하며, 발표를 더 개선시킬 수 있는 방안까지 제시함. 나아가 조사 과정 중 알게 된 자료를 토대로 ㉡교사가 의도했던 학습 목표를 넘어서는 학습 결과도 나타남.

8. 다음은 「세계지리」 '사막화 현상과 환경 문제'에 대한 교육실습생의 수업 관련 자료이다. 이 수업의 특징과 사고 양식(지식관)에 대하여 〈작성 방법〉에 따라 논하시오. **[10점]**

(가) 수업지도안

학습 주제	사막화 현상과 환경 문제

학습 목표	지식	• 사막화의 원인을 설명하고, 해결 방안을 제시할 수 있다.
	기능	• 지도를 활용하여 부르키나파소의 위치를 찾을 수 있다. • ㉠ 부르키나파소의 지리적 환경에 대한 주관적 느낌을 발표할 수 있다.
	가치·태도	• 환경 문제 해결에 관심을 가지고 실천하는 태도를 가진다.
단계	교수·학습 활동	
도입	• 사헬지대 사막화로 인해 어려움을 겪는 주민들의 동영상 제시	
전개	• 개인 활동지 작성 • 사막화 원인 설명 및 사막화 문제에 대한 탐구 활동 • 모둠 토론을 통한 도덕적 딜레마의 해결책 선택 및 이유 발표	
정리	• 요약정리 및 평가 • 차시예고	

(나) 학생이 수업 중 작성한 개인 활동지

개인 활동지

○학년 △반 이름: □□□

다음은 부르키나파소에 사는 에스너 씨의 이야기이다. 읽고 질문에 답하시오.

"아빠! 목말라." 아침부터 4살짜리 막내 루와가 칭얼거리더니 오후부터는 탈수가 오는 듯 칭얼거리지도 않고 힘없이 누워만 있다. 이대로 가다가는 우리 부부와 5명의 아이들 모두 버티지 못할 것 같다. 이곳은 최근 몇 년간 강수량 감소와 인구 증가로 인한 과도한 경작과 유목으로 사막화가 심각하다. 매일 아침 9살짜리 둘째 딸 제인이 3㎞나 떨어진 작은 웅덩이에서 힘겹게 물을 길어 왔다. 무거운 물통을 들고 힘들어 하는 모습을 보면 항상 마음이 아팠지만 그마저도 어제부터는 물을 길어올 수 없었다. 언젠가부터 웅덩이 주변의 땅 주인 아무치가 자신의 사유지라며 웅덩이를 막고 조금씩 돈을 요구하더니 어제부터는 내 수입으로 도저히 감당할 수 없을 만큼 물 가격을 올렸다. 정부와 정치권에 대책을 요구하며 민원을 제기하였지만 묵묵부답이다. 이들이 아무치로부터 뒷돈을 받은 것이 아닐까 의심이 되었다. 이제 도저히 다른 방법이 없다. 가족들을 위해 밤에 아무치의 웅덩이에 가서 몰래 물을 훔쳐 와야 할까?

Q1. 부르키나파소의 위치를 지리부도에서 확인하고 사막화의 원인을 쓰시오.

아프리카 사헬지대에 위치함, 강수량 감소, 인간 활동

Q2. 부르키나파소의 지리적 환경에 대한 자신의 느낌을 쓰시오.

무척 메마르고 건조한 것 같다. 물 부족 문제가 심각한 것 같다. 바다가 없는 것 같다. 상수도 시설이 부족한 것 같다. 위생 상태가 좋지 않은 것 같다. 사람들의 도덕성이 낮고 비리가 많을 것 같다.

Q3. 여러분이 에스너 씨라면 물을 훔칠 것인가? 그 이유는 무엇인지 쓰시오.

나는 훔치지 않을 것이다. 훔치면 벌 받기 때문이다.

… (하략) …

(다) 교육실습생의 교육실습 일지

교육실습 일지

2017. ◇◇. ◇◇. (수) 3교시 ○학년 △반

〈교육실습생 성찰〉

사막화가 나타나는 원인을 과학적 인과관계에 따라 설명해 주고, 그 해결방안을 학생들이 찾을 수 있도록 수업을 설계했지만 뜻대로 되지 않았다. 사막화의 의미 정도는 알고 있을 것이라 생각해 그 내용을 빼고 수업을 준비했는데 모르는 학생들이 많아 설명해 주느라 다른 활동 시간이 다소 줄었다. 부르키나파소에 대한 주관적 인식을 가지게 하고 싶었지만, 이곳에 대한 개인적 경험이 없어서 인지 부정적 인상만 심어주게 된 것 같다. 도덕적 딜레마의 해결 방안에 대한 학생들의 답변 수준도 아쉬웠다. 다음 반 수업은 보완해서 더 잘해야겠다.

〈지도교사 의견〉

교생선생님의 사막화에 대한 생각은 브루너(J. Bruner)의사고 양식(지식관)으로 볼 때 (㉡) 사고로 분류할 수 있습니다. 사막화의 원인은 일반화하기 어렵고 복잡하며 지역마다 차이가 있습니다. 몽골이나 카자흐스탄 등 타 지역의 사막화 사례들을 적절한 맥락적 정보(등장인물과 배경 상황 등)와 함께 제시해 보세요. 그래서 학생들이 각 지역에 대해 '여기는 왜 사막화가 진행될까?'라는 의문을 가지고 가설과 이야기를 만들어 가도록 한다면 고차적 사고를 촉진할 수 있습니다. 또한 등장인물에 대한 공감적 이해를 통해 모둠 토론도 더욱 활성화되어 도덕적 딜레마의 해결 방안 수준도 높아질 것입니다.

〈작성 방법〉

- ㅇ 수업 중 활용한 콜버그(L. Kohlberg)식 교수 방법 명칭을 포함하여 서술할 것.
- ㅇ 밑줄 친 ㉠을 통해 함양하고자 하는 지리교육 목표를 쓰고, 그 배경이 되는 지리교육의 패러다임을 제시할 것.
- ㅇ 괄호 안의 ㉡에 들어갈 용어를 쓰고, 사막화에 대한 지도교사의 인식을 브루너(J. Bruner)가 제시한 사고 양식(지식관)의용어를 포함하여 설명할 것.
- ㅇ 쇤(D. Schön)이 제시한 '행위 중 반성(reflection-in-action)'의 의미를 쓰고, 교육실습생에게서 이 행위를 관찰할 수 있는 사례를 (다)에서 찾아 쓸 것.
- ㅇ 답지를 논리적이고 체계적으로 구성할 것.

〈2019학년도 임용시험〉

전공A

1. 다음은 지리교육학의 패러다임에 관한 자료이다. 괄호 안의 ㉠,㉡에 해당하는 용어를 순서대로 쓰시오. **[2점]**

> 1961년 지리학자 로웬덜(D. Lowenthal)은 인간 개개인이 가지고 있는 환경적 신념, 선호, 동기의 본질과 기원에 관해 천착하였고, 인간 각자가 개인화한 환경적 지식과 가치를 '(㉠)'(이)라고 지칭하였다. 이러한 개인의 주관적 의미를 강조하는 (㉠)은/는 기존의 객관화되고 일반화된 세계에 대한 관점을 강조하는 (㉡)에 대한 반발로 나타난 것이다.
> 지리교육학자 피엔(J. Fien)은 학생들이 가지고 있는 (㉠)의 확장 및 질적 향상을 지리교육의 출발점으로 삼아야 한다고 주장하였다. 그에 의하면, (㉠)은/는 교육과정 설계에서 내용구성을 위한 원리로 적용될 수 있으며, 지리 수업은 이를 더욱 풍요롭게 할 수 있다.

	(㉠)	(㉡)
인식론	• 지식이란 세계에 대한 개인적·문화적 견해로 구성된다.	• 지식이란 세계에 대한 객관화되고 일반화된 견해로부터 도출된다.
강조점	• 학생이 체험한 경험을 강조한다. • 인간주의 지리학에서 추구하는 장소(감)에 주목한다.	• 모학문의 지식의 구조를 강조한다. • 실증주의 지리학에서 추구하는 공간 구조(조직) 개념에 주목한다.
목표	• 표현적 목표(결과)와 밀접하게 관련된다.	• 행동목표와 밀접하게 관련된다.
지식	• 암묵적 지식과 관련된다.	• 명시적 지식과 관련된다.

9. (가)~(다)는 박 교사가 '다국적기업의 공간적 분업 체계'를 주제로 오수벨(D. Ausubel)의 학습 이론에 근거하여 설명식 수업에 사용한 자료이다. 설명식 수업의 단계에 따라 (가)~(다)를 순서대로 배열하고, 각 수업절차에 따른 단계의 명칭(또는 원리)을 쓰시오. **[4점]**

(가)

> [자료] 다국적기업의 사례 A 사
> 컴퓨터와 스마트폰을 만드는 미국의 A 사는 다국적기업의 대표적인 사례이다. A 사의 본사는 미국의 실리콘밸리에 입지하고 있다. 이 회사에서 만드는 스마트폰의 뒷면을 보면 "미국 캘리포니아에서 디자인하고, 중국에서 조립함"이라고 표기되어있다. 이 회사의 본사는 디자인과 마케팅을 담당하고, 대만 업체인 F 사는 중국 광둥성의 선전, 허난성의 장저우, 산시성의 타이위안 공장에서 저렴한 노동력을 활용하여 세계 각국으로부터 공급받은 부품을 조립한다. 이렇게 조립된 스마트폰은 전 세계로 판매된다

(나)

> [자료] 다국적기업
> 다국적기업의 본사는 주로 모국의 대도시에 입지하여 핵심적인 의사 결정 기능을 수행하며, 해외 여러 지역에 분산되어 있는 지사와 생산 공장을 관리 · 통제한다. 연구 개발 센터는 주로 모국의 대도시 주변에 입지하여, 핵심 기술 및 디자인 개발을 주도하거나 해외 투자 지역에서 현지 시장을 공략하기 위한 연구를 진행한다. 다국적기업의 생산 공장은 인건비가 저렴한 개발도상국에 입지하거나 시장 확대를 목적으로 선진국에 설립되기도 한다. 중국, 인도, 베트남 등에 입지한 생산 공장은 저임금을 바탕으로 제품을 생산하여, 해당 지역 시장을 공략하거나 해외 여러 지역으로 수출을 한다. 반면, 미국이나 유럽에 진출한 생산 공장은 구매력이 높은 고객을 대상으로 시장 확대 전략을 펼친다. 이와 같이 다국적기업은 공간적 분업을 통해 기업 간 경쟁에서 우위를 차지하고자 노력하고 있다.

(다)

> [자료] A 사와 다른 다국적기업들
> 다국적기업인 A 사는 공간적 분업을 통해 스마트폰을 생산한다. 그 이유는 본사가 있는 미국에 비해 중국에서 스마트폰을 생산하면 노동비가 저렴하여 수익성을 높일 수 있기 때문이다. A사와 경쟁 관계에 있는 우리나라 S 사 역시 본사가 있는 수원에서 디자인과 연구 개발을 담당하고, 생산 공장은 인건비가 저렴한 베트남 등지에 입지하고 있다. 스마트폰을 생산하는 A 사, S 사 이외에도 유통업체인 W 사, 음료회사인 C 사 등 수많은 다국적기업들이 있다.
>
> 탐구 문제: 다른 사례학습에 적용
> 1. 패션업체의 공간적 분업은 어떻게 이루어지고 있는지 설명해 보자.
> 2. 항공기 제조업체의 공간적 분업은 어떻게 이루어지고 있는지 설명해 보자.

전공B

1. 다음은 교수학적 변환과 극단적 교수현상에 관한 설명이다. 밑줄 친 ㉠을 가르치는 데 요구되는 교사의 지식을 슐만(L. Shulman)의 용어로 제시하고, 괄호 안의 ㉡, ㉢에 해당하는 용어를 순서대로 쓰시오. 그리고 밑줄 친 ㉣의 의미를 서술하시오. **[4점]**

> 쉐바야르(Y. Chevallard)는 ㉠<u>학문적 지식</u>을 가르칠 지식으로 변환하는 것, 즉 교육적 의도를 가지고 지식을 변환하는 과정을 '교수학적 변환'이라고 지칭하였다. 지리교사들은 학문적 지식을 수업 시간 내에 효율적으로 가르치기 위해, 지리교과의 내용에 포함된 지리학자의 사고를 학생의 사고에 맞게 변환할 책임을 가지고 있다.
> 지리수업에서 교사는 자신의 (㉡)을/를 거친 지식을 가르치기 위한 지식으로 바꾸기 위해 (㉢)시키게 된다. 또한 학생들의 (㉡)이/가 용이하도록 학생들에 맞추어 지리적 내용을 변환하게 된다. 이 과정에서 교수·학습의 본질이 왜곡되는 극단적인 교수현상이 나타나는 경우가 있다. 브루소(G.Brousseau)는 이를 4가지, 즉 ㉣<u>토파즈 효과</u>, 죠르단(주르댕) 효과, 메타인지적 이동, 형식적 고착으로 제시하였다.

㉣ 토파즈 효과의 지리수업 사례
• 침식분지의 기온역전현상 설명

교사 : 밑에는 찬 공기가 있고 위에는 따뜻한 공기가 있죠. 이럴 경우 대기가 안정할까요, 불안정할까요?
교사 : 불안정? 차가운 게 밑에 있는데? 안정이죠. 그럼 이런 곳에 뭐가 발생할까요? 구름 비슷한 거 있잖아요.
불안정
안정
……
안정

8. 다음은 김 교사가 『한국지리』 수업을 위해 '자유 곡류 하천'에 대해 만든 3가지 유형의 학습 자료이다. (가)와 (나)의 특징과 차이점, (나)와 (다)의 특징과 차이점을 〈작성 방법〉에 따라 논하시오. **[10점]**

(가)

자유 곡류 하천(自由曲流河川)

자유 곡류 하천에 대해 한번 알아볼까요? 곡류라는 단어는 '曲(굽을 곡)', '流(흐를 류)'란 한자를 씁니다. 즉, 구불구불하게 흘러가는 하천을 곡류 하천이라고 부릅니다. 하천이 커브를 돌 때 커브 바깥쪽에서는 물이 땅을 깎게 되어 침식이 일어납니다. 이때 물 흐름이 하강하면서 침식이 일어나기 때문에 커브 바깥쪽으로 갈수록 수심이 깊어집니다. 이렇게 옆쪽 방향으로 침식이 일어난다고 하여, 이를 '側(옆 측)', '方(방향 방)'이란 한자를 써서 '측방 침식'이라고 부릅니다. 하천의 커브 안쪽에서는 물이 침식한 물질들이 쌓이게 됩니다.

… (중략) …

곡류 하천은 여름에 홍수 등으로 인해 물이 넘쳐흘러 원래의 유로를 따라 멀리 돌아서 흐르지 않고 새로운 유로로 가로질러 흐르는 일이 생기기도 합니다. 유로가 새로 생기면, 원래 돌아서 흐르던 곳은 호수로 남게 되는데, 그 모양이 마치 '소의 뿔' 같다고 하여 '우각호'라고 부릅니다. 우각호는 곡류 하천의 유로변경의 결과물인 것이지요.

(나) (다)

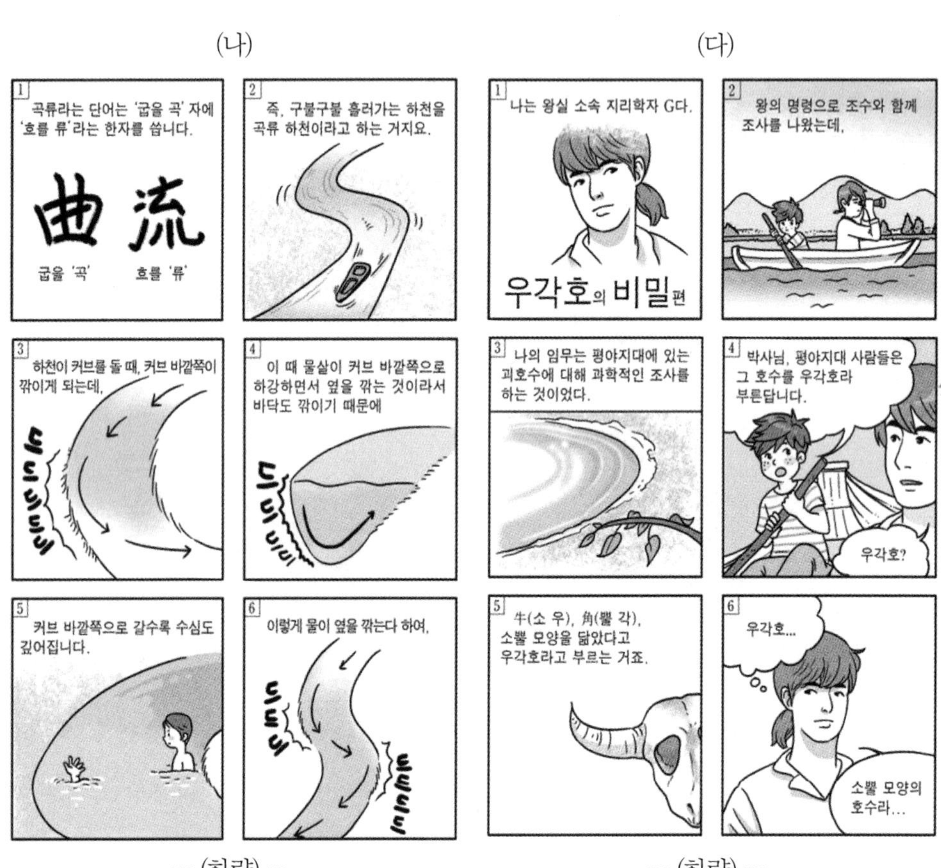

… (하략) … … (하략) …

〈작성 방법〉

ㅇ (가)와 (나)의 특징과 차이점

- 브루너(J. Bruner)의 지식의 표상방식 용어를 포함하여 서술할 것.
- 페이비오(A. Paivio)의 정보처리이론 명칭을 포함하여 특징을 쓰고, (가)와 (나) 중 어떤 것이 학습에 더 효과적인지를 서술할 것.

ㅇ 학습만화 (나)와 (다)의 특징과 차이점

- 텍스트 서술 방식의 관점에서 서술할 것.
- (나)와 (다) 중 어떤 것이 더 감정이입(공감)을 유발하는지를 포함하여 서술할 것.

ㅇ 답지를 논리적이고 체계적으로 구성할 것.

〈2020학년도 임용시험〉

전공A

5. 다음은 학교 밖 지리교사학습공동체에서 나눈 대화 중 일부이다. 밑줄 친 ㉠, ㉡을 가네(R. Gagné)의 개념 분류에 근거하여 설명하고, 밑줄 친 ㉢, ㉣에 해당하는 개념학습모형을 서술하시오. **[4점]**

> A 교사: 한국지리는 주로 계통적 방법을 중심으로 내용이 구성되어 있다 보니 가르쳐야 할 개념이 많아 고민입니다.
>
> B 교사: 맞습니다. 특히 지형과 도시 단원은 다른 단원에 비해 개념 수가 많습니다. 학생들은 지형 단원에서 ㉠하천, 해식애, 주상절리, 침식분지 등의 개념을 학습하고, 도시 단원에서도 ㉡주간인구지수, 배후지, 집적이익, 도시화 등의 개념을 학습합니다.
>
> A 교사: 선생님들은 이러한 개념들을 어떻게 가르치고 계시나요?
>
> C 교사: 지형 관련 개념들은 주로 ㉢개념의 정의와 고유한 특징을 설명한 뒤 관련 사례 를 제시합니다. 예를 들어 침식분지의 경우, 암석의 차별 침식으로 형성된 분지라는 정의와 고유한 특징을 설명하고 사진, 동영상, 위성 영상, 입체 지도 등을 활용하여 양구 분지, 춘천 분지 등을 사례로 제시합니다. 그런데 도시 관련 개념 중에는 사진 한 장으로 이해시킬 수 없는 개념이 많아 난감합니다.
>
> D 교사: 그래서 저는 도시 관련 개념들은 주로 ㉣대표적인 사례나 이상적인 형상을 먼저 제시한 후 개념의 특징을 설명하고 다른 사례를 제시합니다. 가령 도시화의 경우, 먼저 도시화가 빠르게 진행된 지역의 인구 및 2, 3차 산업 종사자 비율이 증가한 그래프, 그 지역 사람들의 생활 방식의 변화를 다룬 신문기사를 제시한 후, 도시화의 정의와 특징을 설명합니다. 그 다음 신문기사, 문학작품, 그래프, 표 등을 활용하여 김포시, 용인시, 김해시 등의 도시화 현상을 사례로 제시합니다.

9. 다음은 중학교 사회 교수·학습 지도안이다. 〈작성 방법〉에 따라 서술하시오. **[4점]**

<table>
<tr><td>단원</td><td>㉠ XII. 더불어 사는 세계</td></tr>
<tr><td>학습 목표</td><td>발전 지표를 통해 국가별 (㉡).</td></tr>
<tr><td>단계</td><td>교수·학습 활동</td></tr>
<tr><td>도입</td><td>○ 발전 지표의 의미를 설명하고, 카드게임을 활용한 수업을 안내한다.</td></tr>
<tr><td>전개</td><td>○ 2명씩 짝이 되어 한 모둠을 구성한다.
○ 각 모둠에 발전 수준이 상이한 국가의 발전 지표 카드를 배부한다.
〈발전 지표 카드 예시〉
<table><tr><td rowspan="4">말리(Mali)</td><td colspan="2">발전 지표</td></tr><tr><td>1인당 GDP</td><td>$2,200</td></tr><tr><td>인간 개발 지수</td><td>0.419</td></tr><tr><td>유아 사망률</td><td>1,000명당 100명</td></tr></table>〈카드 앞면〉 〈카드 뒷면〉
○ 모둠 가운데 카드를 쌓아 두고, 맨 위의 카드를 한 장씩 나누어 갖는다.
○ 자신과 상대방의 카드에 기록된 국가의 발전 지표를 비교한다.
○ 두 사람 중 발전 수준이 높은 국가의 카드를 가진 사람이 상대방의 카드를 얻는다.
○ 제한된 시간에 더 많은 카드를 가진 사람이 승자가 된다.
… (하략) …</td></tr>
<tr><td>정리</td><td>○ 발전 수준이 가장 높은 5개 국가와 가장 낮은 5개 국가를 선정한 후 세계 지도에 표시하여 국가 간 발전 수준의 차이를 이해한다.
○ ㉢국가 간 불균등 발전 문제를 해결하기 위해 특정 국가의 입장을 초월한 세계 공동체 구성원으로서의 실천적 방안에 대해 학습할 것임을 차시 예고 한다.</td></tr>
</table>

〈작성 방법〉

- ○ 2015 개정 사회과 교육과정(교육부 고시 제2018-162호) 내용 체계표에 따르면, 밑줄 친 ㉠ 단원은 '갈등과 불균등의 세계'라는 핵심개념과 관련되어 있다. 이 핵심개념이 2015 개정사회과 교육과정(교육부 고시 제2018-162호) 내용 체계표에 제시된 지리과 5대 영역 중 어느 영역에 해당하는지를 제시할 것.
- ○ 전개 단계에서 기술된 단어를 사용하여 수업 내용 전체를 포괄하도록 괄호 안의 ㉡을 '내용 요소와 행동 요소의 결합' 형태로 서술할 것.
- ○ 밑줄 친 ㉢을 통해 함양하고자 하는 지리교육의 외재적 목적을 쓸 것.

3. (가)는 '나의 장소에 대한 글쓰기'를 주제로 한 교수·학습 지도안이고, (나)는 학생의 글쓰기 결과물의 일부이다. 〈작성 방법〉에 따라 서술하시오. **[4점]**

(가)

<table>
<tr><th>단계</th><th colspan="2">교수·학습 활동</th></tr>
<tr><td>도입</td><td colspan="2">ㅇ 나의 장소에 대한 글쓰기 주제와 방법에 대해 안내한다.</td></tr>
<tr><td rowspan="3">전개</td><td>나의 장소 찾기</td><td>ㅇ 가장 좋아하는(혹은 소중한) 장소를 적은 종이를 상자에 넣는다.
ㅇ 상자 안에 든 종이를 섞은 후 무작위로 한 장씩 뽑는다.</td></tr>
<tr><td>장소 소개하기</td><td>ㅇ 자신이 뽑은 종이의 주인공을 찾는다.
ㅇ 왜 그 장소를 좋아하는지, 어떤 경험 때문이었는지, 언제 그 장소에 가고 싶은지, 그 장소에 가면 기분은 어떤지 등 장소에 대한 질문과 답을 한다.</td></tr>
<tr><td>장소에 대한 글쓰기</td><td>ㅇ 장소에 대한 경험과 느낌을 정리하여 나의 장소에 대한 글쓰기를 한다.</td></tr>
<tr><td>정리</td><td colspan="2">ㅇ 나의 삶에서 장소의 의미와 소중함을 이해한다.</td></tr>
</table>

(나)

내게 의미 있는 장소는 도구머리길인데, 바로 집 앞에 위치하고 있다. 이곳은 엄마 뱃속에 있을 때부터 자주 왔던 곳이고, 내가 태어나고 계속 이 길로 산책을 했던 곳이다. 유치원시절 식목일 날 산 위에 올라가서 나무를 심었던 것이 기억에 남고, 강아지를 키웠을 때 여기서 산책을 자주 했었던 이 길이 이제는 나의 하굣길이 되어 버렸다. 요즘 도구머리길을 걷다 보면 낙엽이 많이 떨어져 있어서 혼자 가을을 즐기곤 한다.

… (하략) …

〈작성 방법〉

- ㅇ (가)와 같이 인간에 대한 공감적 이해 발달을 강조하는 핵심역량을 2015 개정 교육과정 총론(교육부 고시 제2018-162호)에 근거하여 제시할 것.
- ㅇ (나)에 나타난 하버마스(J. Habermas)의 지식의 유형과 브루너(J. Bruner)의 사고 양식을 서술할 것.
- ㅇ (나)와 같은 장소감과 공감적 이해를 지향하는 지리교육학의 패러다임을 쓸 것.

7. 다음은 한국지리 '도시 계획과 재개발' 단원의 수업 계획과 평가방법이다. 〈작성 방법〉에 따라 서술하시오. **[4점]**

수업 계획

과목	한국지리	단원	(3) 도시 계획과 재개발	담당 교사	□□□
㉠	[12한지04-03] 주요 대도시를 사례로 도시 계획과 재개발과정이 도시 경관과 주민 생활에 미친 영향에 대해 분석한다.				
차시	교수·학습 활동				
1차시	ㅇ 본 단원의 수업 및 평가 계획 안내하기 ㅇ 우리 지역 신문 기사를 활용하여 도시 계획의 개념과 과정 설명하기 ㅇ 모둠별로 우리나라 주요 대도시의 도시 계획 사례 조사하기 ㅇ 모둠별로 사례 지역에서 도시 계획으로 인한 도시 경관과 주민 생활의 변화 분석하기				
2차시	ㅇ 동영상 자료를 활용하여 도시 재개발의 개념과 과정 설명하기 ㅇ 모둠별로 우리나라 주요 대도시에서 시행된 도시 재개발 사례 조사하기 ㅇ 모둠별로 사례 지역에서 도시 재개발로 인한 도시 경관과 주민 생활의 변화 분석하기				
3차시	ㅇ 보고서 작성을 위해 모둠 구성원 간 역할 분담표를 만들어 제출하기 ㅇ 지난 시간에 학습한 도시 계획 및 도시 재개발 개념과 과정, 사례 지역에서의 도시 계획 및 재개발 전후 도시 경관과 주민 생활의 변화 등을 보고서 형태로 정리하기 ㅇ 단원 평가로 단답형 지필 평가 실행하기 ㅇ 동료 평가 실행하기				

〈평가방법〉

(가)

〈단원 평가〉

_______ 반 _______ 번 이름: ______________

1. 도시의 여러 기능을 합리적으로 배치하기 위한 계획을 수립하고 실행하는 것을 무엇이라 하는지 쓰시오.
2. 노후화된 지역의 건물을 전면 철거하여 새로운 시가지를 조성하는 재개발 방식의 명칭을 쓰시오.
3. 기존의 건물과 환경을 최대한 살리면서 필요한 부분만 수리하고 개조하는 재개발 방식의 명칭을 쓰시오.

(나)

1. 평가 과제
우리나라 주요 대도시의 도시 계획 및 재개발 사례를 조사· 분석하는 모둠별 프로젝 트를 시행한 후 그 결과를 보고서로 제출한다.
2. 평가 일시 및 장소
2019. 11. ○○.~△△. 지리 수업 시간(1~3차시), 지리 실습실
3. 평가 항목, 요소, 배점

평가 항목	보고서 평가	동료 평가	교사 관찰 평가
평가 요소	○ 사례의 적절성 ○ 조사 내용의 충실성 ○ 분석 내용의 타당성	○ 모둠 활동에 대한 참여 정도 ○ 개별 역할에 대한 책임감 정도 ○ 타인 의견에 대한 존중과 경청 정도	○ 탐구 능력 정도 ○ 협업 능력 정도
평가 배점	20	5	5

〈작성 방법〉

- ㉠의 명칭을 2015 개정 사회과 교육과정(교육부 고시 제2018-162호)에 제시된 용어로 쓰고, 모둠 학습에서 개인의 책무성 결여(무임승차) 문제를 예방하기 위한 교사의 전략 2가지를 〈수업 계획〉에서 찾아 쓸 것.
- (가), (나) 형태의 평가 방법에서 강조하는 지식의 유형을 라일(G. Ryle)의 지식론에 근거하여 각각 서술할 것.

11. (가)는 예비 교사가 의사결정 수업 모형을 참고하여 작성한 세계지리 수업 설계용 메모의 일부이고, (나)는 수업 읽기 자료별 활용 방안을 요약한 것이다. 〈작성 방법〉에 따라 서술하시오. **[4점]**

(가)

- 수업 주제: 지구촌 환경 문제로서 지구 온난화
- 수업 목표: 지구 온난화에 대처하기 위한 국제적 노력과 생태 발자국을 조사하고, 공정한 세상을 만들기 위해 우리가 일상에서 실천할 수 있는 방안을 제안할 수 있다.

○ 수업 방향: ㉠사실은 객관적으로 확인하고 경험적 자료로 증명할 수 있는 정보나 자료를 의미하고, (㉡)은/는 개인의 신념 속에서 판단하고 평가하는 기준을 가리킴. 지리적 쟁점은 ㉠사실 문제와 (㉡) 문제가 모두 관련되어 있어 이를 동시에 탐구해야 함.

○ 수업 전개별 소주제

수업 전개	소주제
문제 제기	지구 온난화를 해결하는 데 왜 공정함이 필요할까?
㉠사실 탐구 ↓ (㉡) 탐구 ↓ 의사결정	A. 국가별 1인당 GDP는 1인당 CO_2 누적 배출량에 따라 차이가 있는가? B. 지구 온난화로 인한 피해는 누가 더 큰 책임을 져야 공정한가? C. 지구 온난화의 피해가 집중된 국가는 주로 어느 위도대에 위치하는가? … (하략) …
행동·실천	지구 온난화에 대한 책임 당사자가 생태 발자국 줄이기에 노력한다.

(나)

읽기 자료	수업에서의 활용 방안
○ 지난 50년간(1961~2010년) CO_2 누적 배출량이 1인당 300t을 넘는 중·고위도의 부유한 여러 나 라에서는 1인당 GDP가 증가했고, CO_2 누적 배출량이 1인당 10t 미만인 저위도의 가난한 여러 나라에서는 1인당 GDP가 감소하기도 했다. … (하략) …	㉢'1인당 CO_2 누적 배출량이 많은 국가들은 대체로 1인당 GDP가 증가했다'는 점을 학습할 수 있는 자료로, 소주제 A의 탐구 자료로 적절함.
○ 인간 활동이 지구에 피해를 주는 정도는 생태 발 자국으로 나타낼 수 있다. 생태 발자국은 자원을 생산하고 폐기하는 데 드는 모든 비용을 토지 면적으로 환산한 지수이다. 산업이 발달하고 자원 소비가 큰 국가일수록 생태 발자국이 크다. … (하략) …	㉣'생태 발자국은 대체로 가난한 국가들이 부유한 국가들보다 크다'는 점을 학습할 수 있는 자료로, 소주제 B의 탐구 자료로 적절함.
○ 전 세계 온실가스의 약 80%는 선진국이 배출하 는데, 지구 온난화로 인한 피해는 저위도의 가난 한 국가들에 집중된다. 가난한 국가의 산업은 농업을 비롯한 1차 산업의 비중이 큰데, 이러한 1 차 산업은 다른 산업에비해 환경 변화에 따른 피 해가 더 크기 때문이다. … (하략) …	㉤'저위도의 1차 산업 비중이 높은 가난한 국가들에게 지구 온난화로 인한 피해가 집중된다'는 점을 학습할 수 있는 자료로, 소주제 C의 탐구 자료로 적절함.

〈작성 방법〉
ㅇ 괄호 안의 ㉡에 해당하는 용어를 쓸 것. ㅇ (가)의 소주제 A, B, C가 밑줄 친 ㉠과 괄호 안의 ㉡ 중 어디에 해당하는지 모두 구분하여 제시할 것. ㅇ 밑줄 친 ㉢, ㉣, ㉤의 진술 중 오류가 있는 것을 1가지 찾아 기호를 쓰고, 오류를 바르게 수정하여 다시 서술할 것.

〈2021학년도 임용시험〉

전공A

5. (가)와 (나)는 발행 시기가 다른 지리 교과서의 주요 내용 체계이다. 〈작성 방법〉에 따라 서술하시오. **[4점]**

(가) 헐버트의 『(㉠)』의 주요 내용 체계

영역	내용 요소
ᄯᅡ덩이	㉡태양계와 그 현상, 지구와 그 현상, 인력, 일·월식, 기상 현상, 지진, 조석, 유성, 은하수, 화산 등 제 현상, 대륙과 해양, 경위선, 인종
유로바	아라사국, 노웨쉬덴국, 덴막국, 덕국, 네데란스국, 벨지암국, 엥길리국, 불란시국, 이스바니아국, 포츄갈국, 쉿스란드국, 이달리아국, 오스드로헝게리국, 터키국, 루마니아국, 셔비아국, 만트늬그로국, ᄭᅳ리스국
아시아	아시아아라사, 청국, 죠선국, 일본국, 안남국, 사-암국, 범아국, 인도ᄯᅡ, 별루기스단국, 압간니스단국, 아라비아, 베시아국, 아시아터키
[A] 아메리ᄭᅡ	가나다, 합즁국, 알나스가, 그린란드, 멕스고국, 센드랄아메리ᄭᅡ, 남북아메리ᄭᅡᄉᆞ이에 여러셤, 골롬비아국, 베네쉬일나국, 기아나, 브레실국, 엑궤도국, 베루국, 칠니국, ᄱᅩᆯ니비아국, 아젠틘합즁국, 우루궤국, 바라궤국

(나) 『세계지리』의 내용 체계 중 일부

영역	내용 요소
몬순 아시아와 오세아니아	• 자연환경에 적응한 생활 모습 • 자원의 분포 및 이동과 산업 구조 • 민족(인종) 및 종교적 차이
건조 아시아와 북부 아프리카	• 자연환경에 적응한 생활 모습 • 주요 자원의 분포 및 이동과 산업 구조 • 사막화의 진행
유럽과 북부 아메리카	• 주요 공업 지역의 형성과 최근 변화 • 현대 도시의 내부 구조와 특징 • 지역의 통합과 분리 운동
[B] 사하라 이남 아프리카와 중·남부 아메리카	• 도시 구조에 나타난 도시화 과정의 특징 • 다양한 지역 분쟁과 저개발 문제 • 자원 개발을 둘러싼 과제

〈작성 방법〉
ㅇ 괄호 안의 ㉠에 해당하는 책 이름을 쓸 것. ㅇ 패티슨(W. Pattison)이 분류한 지리학 4대 전통 중 밑줄 친 ㉡과 관련성이 가장 큰 것 을 쓸 것. ㅇ [A]와 [B]의 내용 조직 방법(원리)을 비교하여 서술할 것.

9. (가)는 탐구학습에 대한 설명이고, (나)는 탐구학습 모형을 적용한 『사회』 '12. 지구상의 지리적 문제' 단원의 수업 계획서이다. 〈작성 방법〉에 따라 서술하시오. **[4점]**

(가)

> 탐구학습의 주요 단계는 일반적으로 '문제 제시 → (㉠) → 자료 수집 및 분석 → 검증 → 결론 도출(일반화)'의 순으로 이루어진다. 하지만 모든 교과가 이러한 단계를 획일적으로 수용하는 것은 아니며, 학습 문제의 성격이나 학습 상황에 따라 수업 절차와 단계는 다양할 수 있다. ㉡브루너(J. Bruner)가 강조한 탐구(발견)학습은 ㉢문제중심학습(PBL: problem-based learning)과 수업 절차는 유사하지만, 몇 가지 관점에서 다르다. 특히 문제중심학습(PBL)은 ㉣학생 스스로 자신감을 가지고 자기 주도적으로 학습하는 능력이 중시된다.

(나)

단계	교수·학습 활동 내용
문제 제시	• 생물 다양성 감소가 생태계와 인간 생활에 미치는 영향
(㉠)	• 생물 다양성의 감소는 생태계 안정성을 해치고 인간 삶의 질을 저하시킨다.
탐색	• 생물 다양성 감소로 인한 생태계 영향과 관련한 자료 탐색 계획 세우기 • 생물 다양성 감소로 인한 인간 삶의 변화와 관련한 자료 탐색 계획 세우기
자료 수집·분석 및 검증	• 탐색 계획에 따른 모둠별 활동 분담 • 자료 수집·분석 및 검증 – 탄소 배출량 등 생태계 안정성과 관련된 자료 수집 – 인간 삶의 질과 관련된 국제 통계 자료 수집 – 탄소 배출량의 증가에 따른 생태계 안정성 변화분석 – 인간 삶의 질에 관한 유엔개발계획(UNDP)의 '인간개발지수' 및 '행복지 수' 분석 – 위 분석 결과의 상호 관련성 검증
결론 도출	• 생물 다양성의 감소는 생태계 안정성을 해치고 자정 능력을 떨어뜨리며, 장기적으로는 생태계 구성원인 인간 삶의 질의 저하로 이어진다.

〈작성 방법〉
ㅇ 괄호 안의 ㉠에 공통으로 해당하는 용어를 쓸 것. ㅇ 밑줄 친 ㉡과 관련된 주된 교육과정 사조를 쓰고, ㉡과 대비되는 밑줄 친 ㉢의 '문제' 특성을 서술할 것. ㅇ 밑줄 친 ㉣과 관련된 핵심역량을 2015 개정 교육과정의 총론에 근거하여 제시할 것.

전공B

3. (가)는 『한국지리』 '4. 공업의 입지와 지역 변화' 단원의 교수·학습 활동 계획이고, (나)는 수업 후 작성한 교사 성찰 일지이다. 〈작성 방법〉에 따라 서술하시오. **[4점]**

(가)

교수·학습 활동 계획

1. 주제: 공업의 입지
2. 학습목표: 공업의 다양한 입지 유형과 특성을 설명할 수 있다.
3. 학습 내용: 공업의 다양한 입지 유형과 특성
4. 수업 모형: 직소Ⅱ(JigsawⅡ)

▷ 5명으로 이루어진 모집단을 구성한다.

▷ 모집단에 서로 다른 전문가용 소주제를 배부한다.
소주제1(원료 지향 공업), 소주제2(시장 지향 공업), 소주제3(적환지 지향 공업),
소주제4(노동력 지향 공업), 소주제5(입지 자유형 공업)

▷ 같은 소주제를 가진 전문가 집단을 구성하여 토론한다.

▷ 각자가 모집단으로 돌아와 전문가 집단을 통해 배운 공업 입지에 대한 정보를 공유 한다.

▷ 평가 활동
1) 퀴즈와 개별 평가를 한다.
2) (㉠)
3) 개인과 모집단에 보상한다

교사 성찰 일지

직소Ⅰ모형과 (㉡) 모형의 평가 방식을 결합한 직소Ⅱ 모형으로 수업을 했는데 몇 가지 문제점이 발견되었다. 첫째, 모둠 활동 시간이 부족했다는 점, 둘째, 학생들에게 ㉢<u>칭찬이나 격려하는 말을</u> 많이 못해 줬다는 점, 셋째, 우려했던 ㉣<u>봉 효과(sucker effect)</u>가 나타났다는 점 등이었다.

〈작성 방법〉

ㅇ 제시된 수업 모형에 근거했을 때, 괄호 안의 ㉠에 들어갈 주요활동을 쓸 것.
ㅇ 괄호 안의 ㉡에 들어갈 협동학습 수업 모형을 쓸 것.
ㅇ 밑줄 친 ㉢을 플랜더스(N. Flanders)가 제시한 용어로 쓰고, 밑줄 친 ㉣의 의미를 서술 할 것.

7. 다음은 『한국지리』 '4. 거주 공간의 변화와 지역 개발' 단원에 대한 두 교사의 대화이다. 〈작성 방법〉에 따라 서술하시오. **[4점]**

선생님, '도시 지역 분화와 내부구조'에 대한 주제는 어떻게 수업하실 계획인가요?

저는 이론 중심의 강의식 수업보다 ㉠학생들이 일상생활 중에 가 보았던 백화점, 대형마트, 편의점 등에 대한 경험을 중심으로 수업을 설계하고자 합니다.

네, 좋은 생각입니다. 그런데 저는 ㉡학생들의 일상 경험보다, 객관화되고 일반화된 지리지식이 더 중요하다고 생각합니다. 특히, 이번 주제에서는 집심 현상, 이심 현상, 지역 분화 과정 등 중요한 지리적 원리와 법칙, 모델을 놓치지 않도록 유의해야 될 것 같습니다.

사실, 제가 초임 교사 시절 중심지 이론을 가르칠 때, ㉢학생들이 학습 내용을 낯설어하고 어려워하는데도, 자세히 설명하지 않고 여러 번 보면 알게 될 거라고 하면서, 그냥 외우라고 했던 적이 있습니다. 그때를 생각하면 좀 미안한 감이 있어서 학생들의 경험이나 활동을 중심으로 수업을 구상하게 됩니다.

〈작성 방법〉

ㅇ 밑줄 친 ㉠을 통해 형성된 지식의 유형을 폴라니(M. Polanyi)가 제시한 지식론에 근거 하여 제시할 것.
ㅇ 밑줄 친 ㉡과 같은 관점과 관련된 지리교육 패러다임을 쓸 것.
ㅇ 밑줄 친 ㉢과 같은 극단적인 교수 현상을 브루소(G. Brousseau)가 제시한 용어로 쓰고, '맥락화(contextualization)' 또는 '탈맥락화(decontextualization)'를 포함하여 그 의미를 서술할 것.

11. (가)는 『한국지리』 '6. 인구 변화와 다문화 공간' 단원의 수업 계획이고, (나)는 교사용 채점 기준표의 일부이다. 〈작성 방법〉에 따라 서술하시오. **[4점]**

(가) 수업 계획

<table>
<tr><td>단원명</td><td colspan="2">6. 인구 변화와 다문화 공간</td></tr>
<tr><td>성취
기준</td><td colspan="2">[12한지 06-03] 외국인 이주자 및 다문화 가정의 증가와 이로 인한 사회·공간적 변화를 조사·분석한다.</td></tr>
<tr><td>차시</td><td>교수·학습 활동</td><td>평가 활동</td></tr>
<tr><td rowspan="2">1</td><td>• 성취기준 확인
• 동기유발: 다문화 사회와 관련된 동영상 보기</td><td rowspan="5">• (㉡) 참조평가와 과정 중심 평가 실시
– 채점 기준표(루브릭)를 활용한 교사 평가 결과를 학생에게 제공
– 질문지법을 활용한 동료 평가와 자기 평가</td></tr>
<tr><td>• 다문화 사회와 관련된 자료 수집 및 활용하기
– 신문, 인터넷, 책 등 여러 매체를 활용해 다양한 자료 수집하기
– 수집된 자료의 분석 및 해석을 통해 다문화 사회의 특징 정리하기</td></tr>
<tr><td>2</td><td>• 다문화 공간 지도 만들기
– 통계 자료를 근거로 백지도에 다문화 공간 표시하기 ┐ ㉠
– 주어진 급간을 활용하여 단계구분도 완성하기 ┘
– 모둠별로 제작한 지도 발표하기</td></tr>
<tr><td rowspan="2">3</td><td>• 다양한 입장을 반영한 다문화 정책에 대해 토론하기
– 모둠별로 다양한 입장을 선택하여 각각의 관점에서 자료 준비하기
– '지속가능한 다문화 사회를 위해 어떤 노력이 필요할까?' 라는 주제로 토론하기</td></tr>
<tr><td>• 정리</td></tr>
</table>

(나) 1차시 교사용 채점 기준표 중 일부

수준 교과 역량 평가요소	상	중	하
㉢	다양한 자료와 테크놀로지를 활용하여 자료를 수집하였고, 이를 활용하여 다문화 사회의 특징을 정리한 것이 우수하며, 출처를 분명히 밝히고 있다.	일부 자료를 수집 하여 다문화 사회의 특징을 정리하였으나, 출처가 불분명하다.	자료 수집, 활용, 출처 제시 등 전반적으로 부족하다.

〈작성 방법〉

- ㉠과 같은 활동을 통해 얻을 수 있는 지리적 기능은 무엇인지 보드만(D. Boardman)이 제시한 용어로 쓸 것.
- 괄호 안의 ㉡에 해당하는 용어를 쓰고 이러한 평가의 목적을 제시할 것.
- ㉢에 가장 적절한 사회과 교과 역량을 2015 개정 사회과 교육과정에 근거하여 제시할 것.

찾아보기

● 인명 색인

ㄱ

가네(Gagne) 119–129, 131
가드너(Gardner) 58, 195–196
가예(Ghaye) 247–248
강완 352
강창숙 210, 343
강현석 58–59, 654
거버(Gerber) 276, 342
고윈(Gowin) 147, 247
고트(Gott) 259
골레이(Golley) 423
골먼(Goleman) 58
곽진숙 700
굿디(Goodey) 272
그레니어(Grenyer) 497
그레이브스(Graves) 14, 45, 54, 63, 129, 162, 230, 635, 638–639
길버트(Gilbert) 656–657
구드먼드스도티어(Gudmundsdottir) 31
김동일 475–477
김민정 352–354
김아영 172, 367
김진국 257, 259
깁스(Gipps) 688, 697–698

ㄴ

남명호 696, 702, 708
내쉬(Nash) 477
네이쉬(Naish) 127, 230, 247, 395, 416, 421, 637
노경주 457
노박(Novak) 245, 247, 253, 256
뉴먼(Newmann) 209
니콜스(Nichols) 246–247, 254, 478, 515, 525, 527, 644

ㄷ

데이비드슨(Davidson) 593, 595, 632
도브(Dove) 255, 257, 259
도허티(Daugherty) 265, 680
듀이(Dewey) 14, 21, 345, 401, 409, 465, 490
드라이버(Driver) 259
디킨슨(Dickenson) 626

ㄹ

라스(Raths) 443
라이거루스(Reigeluth) 610
라이트(Wright) 626
랜드로(Di Landro) 590
램버트(Lambert) 204, 236, 287, 319, 379, 614, 680–681
레이(Wray) 310–311
레인저(Ranger) 621
로버츠(Roberts) 162, 167, 173, 230, 235, 242, 255, 271, 273–274, 292, 296, 301, 304, 313, 333, 335, 337, 387–388, 390, 395, 398, 403–404, 478–479, 503–504, 512, 534, 538, 549, 606, 610, 613, 617–618, 620, 648–650
로빈슨(Robinson) 47–248, 261, 282, 622, 640
로즈(Rose) 282
롤링(Rawling) 236, 241, 399, 636
롱에이커(Longacre) 30
루이스(Lewis) 310–311
류재명 96
리드비터(Leadbeater) 318
리드스톤(Lidstone) 653
리처드슨(Richardson) 561
리트(Leat) 146, 225, 233–235, 246–248, 281, 303, 317–318, 407, 461, 478, 518–520, 522, 529

ㅁ

마스덴(Marsden) 238, 240, 268, 390, 426, 431, 447, 656

마트레(Matre) 553
마틴(Martin) 173, 200, 207-208
매스터먼(Masterman) 286
매시(Massey) 216, 218, 622
매튜(Matthews) 268, 272-273
맥도웰(McDowell) 659
맥라렌(McLaren) 287
맥얼레비(McAleavy) 407
맥엘로이(McElroy) 420
맥파틀랜드(Mcpartland) 30, 418, 432, 435, 438, 450
머서(Mercer) 297, 299-300
멈포드(Mumford) 189
마리(Mary) 561
메이(Maye) 418, 427, 444, 448, 458
메이어(Mayer) 384
메트칼프(Metcalf) 429
모건(Morgan) 33, 35-36, 211, 287, 319
모경환 456, 460
무어(Moore) 145, 189, 206, 289
밀러(Miller) 492
밀스(Mills) 48

ㅂ

바틀렛(Bartlett) 403, 407-408
박상준 339, 482, 485, 487
박선미 375
반두라(Bandura) 171
반즈(Barnes) 297-298, 300, 335, 473, 658
발더스톤(Balderstone) 379, 614
발친(Balchin) 264, 267
배터스비(Battersby) 619, 626-627
백순근 693, 696, 703, 706
뱅크스(Banks) 401, 429-430, 459
버스틴(Bustin) 438
버제스(Burgess) 24
버트(Butt) 291-292, 296, 307-308, 421, 680
베네츠(Bennetts) 231, 236, 633
베네트(Bennett) 467, 471-472
베디스(Beddis) 267
베이어(Bayer) 226
베일(Bale) 269, 496
베일리(Bailey) 279
보드먼(Boardman) 265, 268, 276, 279
부셀(Bushell) 261
브루너(Bruner) 14-15, 25, 28, 78, 119, 141, 149, 158-162, 166, 169, 171, 173, 225, 264, 366, 379, 382-383, 395, 467, 605, 652
브루소(Brousseau) 354
브룩스(Brooks) 235, 239, 241
블랙(Black) 685, 687, 690-691
블랜드(Bland) 557, 560
블룸(Bloom) 28, 54-56, 58-61, 210, 603
비고츠키(Vygotsky) 119, 146, 158, 162-166, 168-169, 171-173, 238, 290, 292-293, 296, 311, 396, 467-468
비덜프(Biddulph) 274
빅스(Biggs) 189
빌링턴(Billington) 658

ㅅ

새들러(Sadler) 690
서태열 47, 85, 96, 203, 421-422
서프(Serf) 261, 282
셰이버(Shaver) 455
솔로몬(Solomon) 259
숀(Schon) 339, 344-346
쉐바야르(Chevallard) 352
슐만(Shulman) 338-339, 341-344
스미스(Smith) 390, 590, 640, 651
스코팸(Scoffam) 273
스콧(Scott) 459-460
스킬벡(Skilbeck) 57
스타인브링크(Steinbrink) 482
스탈(Stahl) 482
스트래들링(Stradling) 452
스티븐스(Stevens) 540
스팀슨(Stimpson) 214, 467, 471-472
슬라빈(Slavin) 475, 482, 484-485, 487
슬레이터(Slater) 21-22, 26, 58, 63, 264, 291-292, 306-307, 316, 391-392, 399, 427, 442, 446, 452, 499, 608-609, 648-649

심광택 42

ㅇ

아이즈너(Eisner) 19, 21, 28, 63, 698, 700–701
엥글(Engle) 459
엘리어트(Eliot) 141, 144
영(Young) 206–207
오리어던(O'Riordian) 421
오수벨(Ausubel) 119, 147–152, 154–155, 161, 242, 245, 255, 257, 378–379
오스본(Osborne) 257
오언스(Owens) 200, 207
오초아(Ochoa) 459
올리버(Oliver) 429, 455
울레버(Woolever) 459–460
워커(Walker) 540, 561–562
워터하우스(Waterhouse) 380
워프(Waugh) 261
월포드(Walford) 21, 496–499, 511, 513, 651–652
웨브(Webb) 472
웨일(Weil) 151, 154, 379
웰치(Welch) 544
웹스터(Webster) 170, 293–294, 307
위든(Weedon) 276
윈터(Winter) 659–660
윌리엄(Wiliam) 685, 687, 690–691
윌리엄스(Williams) 292, 600–601, 612, 633
윌슨(Wilson) 276
이건(Egan) 31
이경한 364
이영희 96
이즐리(Easley) 259
임은진 556, 699, 701

ㅈ

자콥스(Jacobs) 482, 485, 487
자콥슨(Jacobson) 467
잡(Job) 308, 541, 543, 545, 548, 550, 553, 556
장의선 210–211
잭슨(Jackson) 233–234
정문성 475, 482, 485, 487
조성욱 352
조이스(Joyce) 151, 154, 379
조철기 522
존스(Jones) 152, 154
존스톤(Johnston) 20
존슨(Johnson) 259, 466, 489

ㅊ

차경수 242, 456, 459–460
챈들러(Chandler) 246–248
체리홀름스(Cherryholmes) 409
최용규 411
최재영 375, 377

ㅋ

카운셀(Counsell) 293
카터(Carter) 292, 296, 389
캐틀링(Catling) 142, 231, 267
케어니(Cairney) 294
케이건(Kagan) 466, 482, 485, 492
케이턴(Caton) 554, 561
켄트(Kent) 544
켈리(Kelley) 457
코널리(Connolly) 661
콕스(Cox) 391, 395
콜링우드(Collingwood) 392
콜먼(Coleman) 267
콜버그(Kohlberge) 429–431
콜브(Kolb) 189
크레스호올(Krathwohl) 56–57, 59, 204
크리스탈러(Christaller) 24
키리아쿠(Kyriacou) 378, 381, 595, 642
킨닌먼트(Kinninment) 246–247, 254, 478, 515
킨더(Kinder) 204

ㅌ

타바(Taba) 429
타일러(Tyler) 18, 28, 603, 700
토드(Todd) 298, 300, 473

톨리(Tolley) 644
톨먼(Tolman) 269
튜리엘(Turiel) 429

ㅍ
파이너(Pinar) 18
패널리(Panelli) 544
퍼스(Firth) 205, 274
페어그리브(Fairgrieve) 48, 140
페이비오(Paivio) 374, 376
페퍼(Pepper) 421
포터(Potter) 273
폭스(Fox) 279
폴킹혼(Polkinghorne) 30
프리먼(Freeman) 211, 469
플랜더스(Flanders) 393
피셔(Fisher) 228, 529
피엔(Fien) 27, 203–204, 427, 446, 543, 604, 607
피터스(Peters) 14–15, 21, 22, 44–47, 199

ㅎ
하버마스(Habermas) 17, 20
하비(Harvey) 48, 216
하슈웨(Hashweh) 262–263
하우드(Hawood) 457
하트(Hart) 145
한나(Hanna) 93
허스트(Hirst) 14–15, 21, 637
허클(Huckle) 32, 421, 429, 431
헌트(Hunt) 429
헤어(Hare) 469
헤이스트(Haste) 467
헬번(Helburn) 397
호퍼(Hoepper) 643, 646
휘테커(Whitaker) 467
휘틀(Whittle) 273

● 내용 색인

ㄱ
가상 질문 389
가설 검증에 기반한 야외조사 545
가설연역적 추론 139
가시적 교육과정 635
가역성 137–139
가치교육 23, 26, 58, 414–416, 418–419, 421, 423–424, 426, 429, 443, 447, 449, 450, 453–454, 543
가치명료화 414, 424–425, 442–448, 454, 458, 618–619
가치분석 400, 414, 424–431, 448, 454, 458, 548, 618–619
가치수업 414
가치적 질문 391
가치주입 424, 426, 442
가치추론 414, 430–431
가치탐구 402, 414, 416–417, 424, 429–430, 448, 453, 455, 459–461, 548, 619
가치판단 55, 390, 412, 418, 426–427, 454–455
감각운동기 135–137, 142–144
감각적 야외조사 547, 555
감성적 문해력 57–58, 290
감성적 지도화 57, 272, 274–275
감성지능 57–58, 290
감수성 48, 106, 422, 425, 542–543, 547
감정이입 283, 317, 319, 417, 420, 431–433, 435, 438, 496–497, 501, 542
강력한 지식 200, 205–208
개념 변화 262–263
개념 중심 교육과정 81
개념 중심 나선형 교육과정 81
개념도 150, 154, 195, 242, 245–249, 251–257, 305, 314, 364, 366, 369–370, 499, 702
개념적 방법 79
개념적 사고 168
개념적 지식 59–61, 204, 207
개념학습 25, 119–120, 122–125, 127, 129–131, 161,

247, 261, 364–372, 382
개발 도미노 512
개발교육 282–283, 497, 512
개발나침반 282–283, 285, 287, 623
개방적 질문 302, 387–389, 530, 534, 625
개별화 140, 146, 198–199, 295, 475, 594, 600, 648
개인적 반응으로서의 지리 26–27, 58, 63
개인지리 25–28, 58, 203–204, 238, 287, 403–405, 409, 607, 642, 699
개인화 27, 353–356
객관도 716
객관적 공간인지 단계 143
객관적 자료 412, 648
객관적 질문 391
거미 다이어그램 195, 242–243, 256–257, 503
게임 153, 193, 195, 244, 387, 425, 442, 475, 496–500, 504, 511–516, 518, 528, 620
결과 타당도 688
결과보고 225, 249, 251, 254, 302, 314–315, 470, 480, 498–500, 503–505, 507, 512–513, 521, 523, 529–533, 564, 579, 612, 634
경험·분석적 지식 17
경험주의 24, 119, 158, 161, 382, 390
계속성 132–133, 161, 612, 631–634
계열적 설계 609–610
계열화 74, 84, 140, 161, 205, 304, 306, 334, 391, 424, 610, 618, 635
계통적 방법 74–75, 78–79, 83–84, 86
계통지리 74, 79, 83–86, 95, 768–771, 788
고등정신과정 163–164
고부담 평가 683
고전적 인문주의 23
고정관념 20, 227, 261, 333, 407–408, 620, 641, 652, 655–658, 661–663
고정된 준거체계 144–145
고차사고기능 317, 468–469, 496, 634, 681
고차사고력 209–210, 225–226, 228, 468, 681, 698
곤란도 714
공간과학 24–25, 32, 74, 230
공간관계 22, 141–142, 144, 234, 782
공간능력 47, 141–142, 267
공간미디어 286
공간분포 214
공간인지 141–145, 267
공간인지발달 단계 142, 144–145
공간입지 141
공간적 개념화 119, 132, 141–143, 268
공간적 사고 212–215
공간적 차원 91, 95
공공쟁점 455
공인타당도 716
공적 탐구 427
공적공간 404, 663
공적지리 25, 27–28, 204
과도한 일반화 655
과정 모형 601–602, 605–609, 613, 638
과제분담 학습모형(직소 모형) 477, 481–482, 484, 487
과제분담 학습모형 Ⅰ(직소 Ⅰ 모형) 473, 482, 484–486
과제분담 학습모형 Ⅱ(직소 Ⅱ 모형) 473, 482, 484–487
과학으로서의 지리 24–28, 32, 74, 79, 415
과학적 탐구 25, 28, 395, 398–399, 406, 409, 412, 459
관계개념 242
관찰 질문 389
관찰에 의한 개념 127–129, 238
교과 목표 780
교사평가 560
교수 비계 171
교수내용지식 31, 338–342, 444
교수 스타일 188, 198, 332–335, 529, 552, 625
교수학적 변환 352–355
교실 생태학 292–294
교육과정 대강화 75
교육과정 사고 635–638
교육과정 전달자 347
교육과정 조정자 348
교육과정 지식 319, 340
교육과정 지역화 75
교육과정의 계단 633
교육과정의 이론가 348
교육과정차별화 140, 146, 196, 198–199, 248, 251, 478,

524, 528, 550, 572, 592, 594, 615, 624-630, 633-634, 642, 655
교육목표분류학 54, 56, 58-61
교육적 감식안 700-701
교육적 만남 62-63
교화 414, 423-424, 426, 443, 450, 452, 658
구두표현력 53, 264-265, 287, 296, 298, 593, 606
구성주의 58, 118-119, 145-146, 158, 160, 162, 172-174, 203, 205-207, 210, 255, 257, 259, 299, 302-303, 310, 386, 393, 396, 409, 422, 461, 465-466, 478, 520-521, 601-602, 606, 629-694
구술시험 702, 704-706
구술적 의사소통 264
구인타당도 699, 716
구조적 재개념주의자 18
구조주의 20-21, 23-24, 29, 35, 216, 289, 401
구조화된 스타일 335, 337, 549-551
구체적 개념 123-125, 129, 238-240, 365
구체적 조작기 135-139, 144, 162
국가 시민성 47-50
국가적 요구 21, 47-48
국제이해 47
국제이해교육 46
국토애 47-49, 774, 780
귀납적 방법 119
귀납적 추리 149, 158-159, 161, 319, 379, 382
규준참조평가 684-685
규칙학습 120, 122, 124, 131
그래픽 의사소통 264, 637
그래픽 조직자 256-257
극단적 교수 현상 352-353, 355
근접 전이 224
근접발달영역 119, 158, 163, 166-168, 171-173, 396
글로벌 교육 33, 621
글로벌 쟁점 87-92, 417, 540
글쓰기 프레임 310-312
급진적(개인적) 구성주의 21, 146
급진주의 22-23, 29, 35, 390
기계적 학습 147
기능적 문해력 287, 289
기본개념 79, 231, 379, 445, 769
기상 카드게임 513
기술적 관심 17
기하학적(유클리디언) 관계 142, 144

ㄴ

나선형 교육과정 74, 78-81, 83, 119, 158-161
나선형적 구조 56
내러티브 30, 431-434, 436-440, 642, 652, 654-655
내러티브 텍스트 652, 654-655
내러티브적 사고 28-29, 158, 161
내용조직 74-76, 78, 83-84, 87, 93, 614
내용중심 교과서 651
내용지식 31, 36, 40, 241, 338-342, 344, 348, 395, 406-408
내용타당도 716
내재적 동기 410
내재적 목적 44, 46-48
내적 대화 292
내적 언어 163-165
내적 조건 45, 120-126
네트워크 80, 95, 202, 215-220, 223, 233, 236, 247, 251, 622
논쟁문제해결 449, 454
논쟁적 쟁점 87, 95, 449-452, 454-455, 461
눈덩이토론 301

ㄷ

다이아몬드 순위매기기 479-480, 530
다중 시민성 47-48, 50
다중정체성 622
다중표상학습 374-375, 377
단면도 275, 278-280, 549, 643, 647
닫힌 질문 388
대상영속성 136
대안적 개념화 255, 257-259
대안적 구조틀 255
대안적 평가 691-697, 701
데이터 회상 질문 389
도구적 목적 47-48

도그마화 354, 356
도덕교육 33, 414
도덕발달론 430-431
도덕적 딜레마 425, 430-440, 451
도덕적 부주의 423
도덕적 추론 424-425, 429-431, 433, 440
도식 133-137, 224, 269, 354, 369-370, 512, 708-709, 774
도제 166, 169, 172
도해력 204, 264-267, 270, 275, 279, 281, 288, 593, 637
독도법 279
동기유발 313, 315
동료평가 689-691, 702, 706-707
동심원 450-451
동심원확대법 85, 93
동위개념 242
동형검사 신뢰도 717
동화 133-135, 149, 219, 257, 262-263, 310
동화자 189-190
등고선 276, 278-279
또래 협동 172
뜨거운 의자 450-451, 503-504

ㄹ

리커트 척도 535

ㅁ

만화 30, 287, 375, 377, 428, 642, 647, 649, 652, 653-654
메타 인지적 이동 354-356
메타인지 210, 223, 225-226, 319, 520-521, 530-532, 619
메타인지 지식 59-61, 204, 211
면접법 702, 704-705
명명식 질문 389
명세적 목표 52
모델링 22, 170-171, 253, 312, 426
모둠활동 196, 225, 298-303, 409, 438, 469-470, 477, 499, 504, 520-521, 524, 533, 550
모자이크 95, 219, 622
목록 순위화 444-445
목표 모형 601-608, 638
무기력한 사실적 지식 200
무기력한 지식 702
무역 게임 499, 500, 511
무전이 224
문제기반학습 409-410, 412-413, 454, 700
문제해결 질문 389
문제해결력 84, 87, 93, 10, 103, 106, 209-210, 226, 297, 410-411, 468, 694, 696-698, 703, 706, 773
문제해결학습 12, 122, 129, 113, 269, 395, 409-412, 454
문항난이도 713-714
문항변별도 713-715
문해력 53, 170, 264-265, 287-291, 293-295, 305, 310, 418, 593, 615, 648, 652
문화적 도구 164
문화적 문해력 287, 289
미디어 리터러시 104, 286, 450
미디어 이해 286
미래 지식 206-207
미스터리 195, 278, 522, 524-525, 527

ㅂ

반분 신뢰도 717
반성적 실천가 338-339, 344-345, 348
발견 야외조사 547
발견을 통한 개념학습 119
발견학습 147-149, 158-159, 161, 382-384, 386, 395-396, 533
배경화 353-356
버즈 모둠 301
범교육과정 221, 286, 291, 557, 591, 593, 613, 615-617, 635
변별학습 120, 122-123, 125, 131
보는 방법 174, 220, 395, 403, 649-650
보조된 학습 172
보존 136-139
부적 전이 223
분류적 고안물 230
분석력 55-56, 107, 694, 703, 706
불평형 135, 146, 163, 489-490

비계 119, 158, 161, 166-167, 169-173, 282, 310-312, 396, 410, 468, 532, 625, 627, 650
비계설정 158, 170, 310-311
비교 선행조직자 150
비실례 124, 130, 368-370, 372, 374, 384
비전 프레임 282-284
비조작 자료 648
비주얼 리터러시 265, 280-281
비판사회이론 36
비판적 문해력 287-289, 398, 407, 419
비판적 사고 102-103, 199-200, 209, 211, 226-229, 288, 407-408, 419, 703
비판적 사고력 87, 93, 103, 106-107, 209-210, 226-227, 229, 455, 681, 696, 706, 773, 777
비판적 지식 17-18
비판적 탐구 403, 406-409
비판적 페다고지 36
비평형 141, 262-263, 468
비형식적 평가 682, 686, 689

ㅅ
사고기능 23, 31, 53, 104, 120, 146, 206-207, 209-211, 246, 267, 281, 303, 316-319, 432, 450, 468-469, 496, 513, 515, 518-519, 521-522, 524-525, 529, 531, 615, 696
사실과 관련된 오개념 259
사실이냐 의견이냐? 461-463, 522
사실적 지식 58-61, 200-201, 204, 364
사실적 질문 391
사실탐구 25, 399-402, 412
사적공간 663
사적 언어 163-165
사적지리 22, 25-28, 58, 203-204
사회문화이론 119, 162-163, 171
사회문화적 구성주의 158, 162, 173
사회비판 23, 29, 31-33, 288-289, 406
사회적 구성 34, 205, 207
사회적 구성주의 119, 173-174, 205-207, 396
사회적 기능 316-318, 397, 466, 475-477, 496, 531, 541, 639, 650, 686
사회적 상호작용 131, 158, 163, 172, 263, 294, 410, 467-468
사회적 언어 163, 165
사회적 요구 47-48, 472-473
사회정의 18-19, 21, 23, 27, 31, 366, 406, 660
살아 있는 그래프 195
상대적 입지 157, 246, 392
상대주의 34, 205-207, 425, 431, 443, 446-447, 693-694
상보적 교수 119, 172
상위개념 242
상징적 표상 159, 161-162, 264, 312-313
상호이해 25
상호작용 모델 334
상황모형 371, 374
상황인지 172, 702
상황평가 698
생태 시민성 47-48, 51-52
생태적 문해력 288, 422-423
생태적 차원 91
서사 35
서열화 136, 139, 684
선개념 255, 257, 262-263, 634
선다형 문항 365, 715
선언적 지식 125, 201-202
선택형 시험 693
선행조직자 119, 149-156, 248, 252-253, 379-380
선행지식 118, 149-150, 243, 248, 251, 310, 379, 523, 528
설명 선행조직자 150-152
설명식 교수 148, 152, 154, 378-380
설명식 수업 154, 377-381, 392, 395, 784
설명식 텍스트 652, 655
설명적/분석적 접근 392
설문조사 534, 536, 538-539, 648
세계 시민성 47, 49-50
세계적 장소감 622
세계적 지역감 622
세계화 49-50, 76, 82-83, 95-96, 216, 222, 233-234, 261, 348, 366, 380, 621, 623, 702
소규모 모둠활동 298-300, 302, 438, 477, 520
소프트 스킬 318-319

속성모형 371-373
수단적 목적 47-48
수렵자 190
수리력 264-265, 288, 312, 416, 593, 644, 648
수리적 의사소통 264
수업 중 반성 339
수업 컨설팅 339
수업 후 반성 339
수업목표 24, 52-56, 58, 63, 120, 151, 338, 391, 590, 592-593, 599, 601, 603-604, 637
수업비평 349-352, 596, 636
수용학습 147-148, 151, 378, 382, 395
수행평가 252, 691-698, 701-703, 706-708
숙련자 166
순위화 315, 441-442, 444, 454, 586, 600
시뮬레이션 79, 153, 195, 420, 425, 475, 496-500, 511, 517-518, 606, 534
시스템 74, 95, 210-211, 220, 223, 233, 235, 258, 279, 294, 342, 419, 425, 448, 461, 509, 515-516, 521, 525, 542, 550, 600, 622-623
시학적 글쓰기 306-307
신 교육목표분류학 58-61, 204
신뢰도 259, 682, 688, 691, 713, 715-717
신사회과교육 78
신지리학 23, 74, 76, 79, 127, 415
신호학습 120, 122, 129, 131
실례 124, 130, 240, 279, 341, 366-372, 374, 382, 384
실용주의 19-21, 23, 409
실재 23, 27-28, 34, 205-206, 261, 268, 280, 286, 622, 653, 655-656, 715
실재론 20, 29, 205-207
실제성 698-699, 701
실제적 경험 642
실제적 과제 410, 698, 700-702
실존적 재개념주의자 18
실증주의 20-22, 24-28, 34-36, 76, 119, 127, 205-207, 230, 390, 401 545
실천적 관심 17-18
실천적 기능 316-317, 541, 543, 549, 556, 650
실천적 지식 202, 338-339, 343-347, 594
실행지식 406, 408
심미적 감수성 542
심미적 야외조사 553
심사숙고적 질문 389
심상지도 25, 141, 169, 268-270, 403, 649

ㅇ

아동중심 19, 21, 146, 416
안내된 발견 147, 172, 383-384, 386
안면타당도 716
암기학습 78-79, 90, 147-148, 378, 397, 649
암묵적 지식 28, 203, 345
야외 교수 546
야외답사활동 540
야외조사 80-81, 152-153, 195, 273, 308, 317, 398, 401, 448, 534, 540-562, 616-617, 634, 647-648, 700
야외학습 80-81, 540, 561
야외현장학습 540
약호화 276, 281, 287, 289
언어연합 123
언어연합학습 120, 122, 131
언어적 상호작용모형 393
언어적 의사소통 264
역량 98-107, 170, 172, 205, 211, 264, 319-320, 426-427, 447, 591-592, 610, 612-613, 617, 627, 633-635, 702, 715, 771-773, 777
역할극 79, 131, 194, 197, 299, 420, 425, 427-429, 442, 450-451, 496, 498-501, 503-507, 510-511, 606, 634, 661-662, 702
연구보고서법 702, 706
연쇄 122-124, 131
연쇄학습 120, 122-123, 131
연역적 추리 149, 161, 378
열린 질문 388
영상미디어 286
영상적 표상 141, 159, 161-162, 264
영역별 목표 768
예언타당도 716
오개념 134, 141, 208, 247, 249, 252, 254-255, 257, 259-262, 314, 364, 423, 515, 655, 691

오답지 매력도 713, 715
왜곡 81, 227, 267, 400, 452, 500, 536, 655–658, 660–661
외면적 독백 292
외재적 목적 44, 47–48
외적 조건 45, 120–126
운동기능적 영역 54
워크북 스타일 559
워크시트 642–648
원격 전이 224
원격탐사 267, 634
원리 중심 방법 74
원형 224, 240, 366–368, 370–371, 373–374
원형모형 240, 371, 373, 374
위계학습이론 119, 127, 131
위상적 관계 142
위성영상 81, 281, 649
유의미 수용학습 148
유의미 학습 147–149, 152, 154, 257, 544
유의미 학습이론 119, 147, 149, 151–152, 242, 245, 257, 379
의미변별척도 444, 535
의사결정력 84, 87, 93, 106, 209–210, 459, 773
의사결정학습 269
의사소통 능력 264, 267
의사전달적 글쓰기 306–308
이데올로기 16–24, 31, 36, 206, 217, 347, 406–407, 419, 422, 656–657
이상한 하나 골라내기 522, 528–529
이원목적분류표 56
이접개념 242
이중부호화 374–375
이중부호화이론 374–377
이중처리 376
이해 당사자 503
인간상 773
인간의 관심 17
인간적 교육과정 635
인간주의 20–22, 24–28, 32, 35, 58, 203, 390, 401, 416
인문주의 19, 21, 23
인지 갈등 모형 262
인지갈등 141
인지구조 133–137, 140, 147–152, 154, 156, 158–159, 163, 245, 252, 257, 259, 262–263, 379, 380, 631, 693–694
인지기능 132
인지도 141, 143, 252, 268–269
인지발달 단계 84, 135–136, 142, 144–145
인지발달이론 96, 119, 132, 136, 140–142, 146, 158, 161–162, 262, 431
인지부하이론 374, 376
인지적 비평형 262–263
인지적 속진 519–520, 522, 529–530
인지적 영역 54–56, 415, 422, 455, 545, 603, 696
인지적–정보처리 118
일반적 교수지식 340
일반화와 관련된 오개념 259–260
일화기록법 712–713
입문 14–16, 19, 21–22, 44–45, 174, 378

ㅈ

자극반응학습 120, 122
자기중심성 138
자기중심적 136, 142–144
자기중심적 언어 165
자기중심적 준거체계 145
자기중심적인 공간지각 단계 143
자기평가 70, 351, 408, 689–691, 702, 706–707
자동화 209, 376
자료 제시용 워크시트 646
자민족중심주의 659–660
자유주의 19, 21–22, 44–45, 422
자율적 발견학습 147
잠재적 교육과정 294, 635
잠재적 발달 수준 167
장소감 22, 25, 32–33, 47, 57–58, 270, 290, 542–543, 545, 547, 553, 619, 622, 774
장소애착 32–33
장소학습 269, 619, 621, 623
재개념주의자 18
재건주의 19–21, 422

재검사 신뢰도 717
재현 32–33, 205–206, 217, 230, 235, 237, 239–240, 261, 275, 281–282, 286, 341, 449, 489–490, 611, 620–621, 655, 657, 659–660, 715
쟁점 또는 문제 중심 방법 75, 87, 93
저차사고력 209–210
적실성 135, 420, 683
적응 132–134, 137
전달–수용 모델 334
전문성 개발 592, 596
전이 61, 126–127, 158, 161, 209, 223–224, 226, 519, 521, 530–533, 546, 553, 652, 691
전조작기 135–139, 141–142, 144
전체 교육과정 231, 318
전통적 평가 692–694, 696, 701
전통적인 교수 262, 333
전통적인 현지 수학여행 547
전통주의자 18, 37
절대적 입지 157, 246
절대주의 205–207, 692–693
절차적 지식 59–61, 201–202, 204, 221, 225
젊은이들의 지리 274, 404
점진적 분화 150–151, 154
접합개념 242
정개념 134, 141
정교화이론 610
정규 교과 이외의 교육과정 635
정보의 요약자 254
정보처리기능 209, 319, 521, 648
정보처리이론 468
정식으로 배우지 않은 신념들 255
정의에 의한 개념 127–129
정의적 영역 54, 56–58, 273, 401, 415, 422, 455, 545, 705
정의적 지도화 272–274
정적 전이 223
정초주의 35
정치적 문해력 288–289, 401, 418–421
젠더 31, 35–36, 87, 199, 295, 301, 600, 635, 641, 660–662
조건적 지식 60–61, 201–202, 225
조사학습 333, 534, 540, 618
조작 54–55, 122, 135–142, 144, 146, 159–160, 162, 213, 240, 376, 412, 543, 519–520, 536, 553, 641
조작 자료 648
조절 133–135, 149, 219, 262–263
조절자 190
조직개념 129–130, 231, 235–237, 239, 250
조직화 132–135, 139, 202, 423, 502, 517, 530
조형 172
좌표 142–145, 276–280, 312, 375
좌표화된(통합된) 준거체계 145
주관적 자료 648
주관적 질문 390–391
주제적 방법 79, 84
주제적/개념적 접근 392
준거참조평가 681, 684–685
준거체계 144–145
줌렌즈 610
줌아웃 610
줌인 610
중간언어 394, 649
중요 개념 234, 236, 522
쥬르댕 효과 354–356
지나친 단순화 354–356, 653
지도 그리기 142, 268–269, 273
지도 기능 267, 279
지리 14–18 프로젝트 395–396
지리 16–19 프로젝트 334, 396, 398–401, 416, 459, 606
지리교육과정 21, 23–24, 32, 36, 46, 74–75, 77–79, 81–84, 87–88, 90–91, 93, 97, 127–128, 140, 154, 211, 220, 233, 252, 318–319, 341, 347, 397, 399, 416, 449, 517, 543, 557, 602–603, 606–607, 612, 615, 621, 631, 634, 638–639, 647, 651, 660, 681, 683
지리도해력 47, 265, 267
지리수업 설계 478
지리적 구조틀 650
지리적 사고 31, 80, 210–212, 216, 238, 650
지리적 사고력 47, 107, 209–211, 681
지리적 상상력 30, 47–48, 80, 191, 209, 212, 219, 228, 236, 308

지리적 안목 24, 44, 46-47, 395
지리적 의사소통 80-81, 264
지리적 지식 21, 31, 80, 85, 88, 127, 161, 174, 199, 203-204, 207-208, 212,231, 235-236, 240, 246, 254, 280, 286, 387, 394, 461, 541, 543, 595, 606, 613, 632-634, 636, 650
지리적 탐구 야외조사 548
지리적 통찰력 47
지리정보체계(GIS) 46
지리탐구를 위한 경로 399-402, 416, 459, 619
지속가능성 33, 46, 104, 200, 220, 233, 288, 406, 418, 421, 446-447, 556, 775, 789
지속가능한 개발 80, 211, 232-233, 237, 402, 446-447
지시적 발언 393
지시적 질문 387
지식의 구조 14, 27-28, 74, 78-79, 93, 119, 158-159, 161, 206, 394, 520
지식의 표상 방식 159-162
지식의 형식 14-16, 19, 22, 44-45, 200, 207, 401, 408
지역 시민성 49
지역적 방법 74-79, 83-86
지역-주제 방법 75, 84-86
지역지리 22-23, 25, 74, 78-79, 84, 86, 91, 230, 392, 769-770, 780, 784, 788
지역화 49-50, 75-76, 83, 95-96, 212, 770-771, 774, 784
지적 기능 120-121, 316-317, 390
지평확대법 93-97, 140
지평확대역전모형 96, 98
직관적 개념들 255
직관적 사고 29, 134, 161, 219, 383
직소모둠 301
직소모형 Ⅱ(Jigsaw Ⅱ) 473, 475-476, 482, 484-487
직소모형(Jigsaw) 476-477, 481-482, 484
진단평가 252, 255, 515, 536, 537, 682-683
진보 18, 22, 62, 138, 166, 168, 205, 218, 223, 422, 474, 592, 611-612, 625, 627, 631-634, 636, 659, 680, 686, 690
진보적인 교수 333
진보주의 19, 21, 23, 27
질적 탐구 403, 406, 409
집단독백 138
집단성취 분담모형(STAD) 482, 487
집단행동 166
집중이수제 767

ㅊ

차이니즈 위스퍼스 513
참여자 모델링 기법 171
참평가 691, 694-701
창의력 103-105, 107, 210, 222, 318, 320, 696, 780
창의적 사고 81, 209, 211, 220, 222-223, 226-229, 256, 390, 432-433, 450, 521, 703
창의적 사고기능 209, 318-319, 521
창의적 사고력 106, 211, 227, 229, 681, 696, 773
채점자 간 일치도 717
척도순위화 444
청중중심 글쓰기 309-310
체크리스트법 711
초보자 166, 169-170, 172
총괄 목표 768
총괄평가 597, 601, 682-684, 686, 689, 716
추론 질문 389
추론기능 209, 391, 521
추상적 개념 152, 162, 238-239, 365, 371, 373, 632
추상적 공간인지 단계 143
충성의 배지 450-451

ㅋ

카드분류 활동 478-479

ㅌ

타당도 682, 698-699, 713, 715-716
타자중심적 142
탄력적 환경확대법 96-97
탈개인화 353-356
탈배경화 353-356
탈약호화 276, 281, 287
탈중심화 137, 219
탐구 능력 158, 209, 318

탐구계열 458, 609–612
탐구기능 209, 319, 521, 618, 621
탐구기반 접근 303, 334, 401, 619
탐구법정 450–451
탐구식/질문식 접근 392
탐구의 공동체 299
탐구적 대화 298–300
탐구학습 23, 79, 386, 390, 392, 394–396, 398–399, 401–402, 412, 454, 542, 609 618–620, 647
터부 게임 515–516
텍스트 23, 34–35,104, 124, 150, 191, 195, 197, 254, 265–226, 272, 282, 286–289, 294–296, 303–306, 310–312, 374–375, 378, 407, 419, 505, 625, 929, 641–643, 645–647, 649, 651–655, 657, 660, 689
텍스트 관련 지시활동 295, 304–306
토론법 702, 705–706
토파즈 효과 354–355
토킹헤즈 652
통제 질문 389
통합 교육과정 75
통합적 조정 150–151, 154
투영적 관계 142

ㅍ

패러다임 16–17, 20–22, 24, 26, 28–29, 74, 76, 392, 639
패러다임적 사고 28–29, 158, 652
페다고지 36
편견 62, 207–208, 227, 233, 304, 351, 368, 400, 417, 452–453, 562, 625, 641, 655–662, 690
평가기능 209, 319, 521
평가 질문 389
평정법 708–712
평형화 134–135, 158, 262
폐쇄적 스타일 335, 549–551
폐쇄적 질문 387, 388–389, 530
포섭 32, 36, 56, 149–151, 154, 230, 242, 274–275, 349, 637
포섭자 149–150
포스트모더니즘 33–35, 205–206, 289
포스트모던 24, 33–36, 223, 401
포트폴리오법 695, 702, 707–708
표상 23, 30, 33–35, 119, 133, 141–144, 159–164, 202, 212–215, 236–237, 244–245, 253, 264, 266, 268–269, 281, 292, 312–313, 365, 374, 377, 387
표상 방식 119, 159–162
표현적 결과 28, 62–63
표현적 글쓰기 306–308
표현적 대화 298–299
표현적 목표 28, 62–63
표현적 언어 307–308
프로젝트법 706
피드백 126, 146, 172, 190, 249, 301, 341–342, 391, 475–477, 532–533, 557, 611, 626, 682, 687–690

ㅎ

하드 스킬 318
하등정신과정 54
하위개념 80, 132, 153–154, 157, 242, 245
학년군제 767, 769
학문중심 교육과정 27, 78–79
학문지리 27–28, 204, 699
학생 활동용 워크시트 646
학생중심 21, 23, 25, 393, 533, 593, 595, 618, 787, 788
학습 스타일 188–192, 195–196, 198, 333–334, 541
학습결과 52–53, 62, 124–125, 333, 335, 379, 469, 484, 498, 549, 556, 590, 592, 595–596, 600–601, 603, 605, 613, 626, 628–629, 637, 642, 655, 697
학습목표 53, 469–470, 483, 485, 487–488, 590–593, 595–596, 608, 611, 613–614, 625–626, 681, 684–685, 687, 689, 697, 700
학습에 대한 평가 592, 595–596, 603, 626, 686–689, 694, 700
학습을 위한 평가 206, 686–690, 694, 698, 700, 702
학습이론 118–119, 148, 173–174, 364, 366, 371, 422, 468
학습자 중심 26, 541, 593, 601
학습준비도 140
학습지도안 598–599
학습하는 방법 103, 145, 206–207, 317, 319, 332
항공사진 265–267, 279–280

해방 18–21, 31, 422
해방적 관심 17–18
해석학적 지식 17–18
핵심개념 74–75, 79–84, 106, 166, 220, 231–238, 241, 253, 336, 380, 595, 614, 616, 771, 773, 778, 782
핵심기능 80, 281, 317, 593, 770
핵심역량 74–74, 98–107, 220, 235, 320, 771–773, 782
핵심 역량 중심 방법 75, 98
핵심지식 200–201
핵심질문 214, 250–251, 271, 391, 400, 404–405, 479, 504–506, 524, 534, 539, 555, 606, 608–609, 611, 613–614, 619–620, 640
핵심프로세스 75, 80–81, 281
행동기록법 708, 711–712
행동목표 28, 62
행동적 표상 159, 161–162, 264, 313
행동주의 19, 54, 58, 118–119, 158, 422, 602–603, 693
행동지리학 268
행동학습 424–425, 448–449
행동형성 모델 334
행위 중 반성 339, 346–347, 605
행위 후 반성 339, 346, 605
향토애 47–49
현장체험학습 540
협동 102–103, 105, 168–170, 172, 198, 283, 298, 300–301, 303, 311–312, 318, 320, 349, 409–410, 422, 432, 465, 469–470, 473, 475, 477–478, 481, 486, 491–492, 494, 514–515, 531, 541–543, 550, 593, 624, 625, 706
협동학습 119, 298, 413, 432–433, 465–477, 481–484, 487–492, 497
협력 166, 168, 172, 310, 319, 410, 455, 465–466, 468, 472–474, 476, 481–484, 486, 488, 616, 775, 777, 779
협상된 스타일 337
형성평가 482, 484, 486–487, 515, 532, 561, 601, 613, 681–683, 686, 688–690
형성피드백 687
형식적 고착 354–356
형식적 조작기 135–136, 139, 144, 162
형식적 평가 682–683, 686, 689
형식조작적 사고자 140
홀리스틱 접근 221, 699
확산자 190–191
확장된 글쓰기 405, 503
확장적 문해력 프로젝트(EXEL) 310
환경결정론 78
환경교육 23, 33, 421–422, 543, 616, 639
환경 속에서의 교육 421
환경에 관한 교육 421, 544
환경에 대한 교육 421–422
환경역전모형 96
환경으로부터의 교육 421–422
환경을 위한 교육 421–422, 544
환경을 통한 교육 421, 544
환경적 문해력 421, 423
환경확대법 93–94, 96–97
활동계획 611–615, 617–622, 625, 631, 636–637, 644
활동단원 253, 612–613
활동중심 교과서 651
활동지 199, 283, 305, 335, 440–441, 445, 560, 595, 627, 630, 642–643, 645

1차 자료 543, 551, 648
2차 자료 543, 551, 648
3인조 듣기 301–302, 321
GIGI 75, 88–90
GYSL 333, 395–396
HSGP 25, 75, 78, 395, 397, 517
KWL 311